CAD/CAM/CAE 微视频讲解大系

中文版 SOLIDWORKS 2018 从入门到精通（实战案例版）

238 节同步微视频讲解　70 个实例案例分析

☑零件设计　☑曲面设计　☑钣金设计　☑特征操作　☑装配体设计　☑工程图设计　☑动画制作

天工在线　编著

· 北京 ·

内容提要

SOLIDWORKS 软件是世界上第一个基于 Windows 开发的三维 CAD 系统，是一个以设计功能为主的 CAD、CAM、CAE 软件，它采用直观、一体化的 3D 开发环境，涵盖产品开发流程的所有环节，如零件设计、钣金设计、装配设计、工程图设计、仿真分析等，提供了将创意转化为上市产品所需的一切资源。

《中文版 SOLIDWORKS 2018 从入门到精通（实战案例版）》是一本详细介绍 SOLIDWORKS 使用方法和操作技巧的 SOLIDWORKS 教程、也是一本 SOLIDWORKS 视频教程。全书共 19 章，包括 SOLIDWORKS 2018 概述、草图绘制、草图尺寸标注与几何关系、3D 草图和 3D 曲线、零件建模、曲面设计、钣金设计、装配体设计、工程图设计和动画制作等。在讲解过程中，每个重要知识点均配有实例讲解，可以提高读者的动手能力，并加深对知识点的理解。**另外，本书还赠送一套完整的齿轮泵设计综合案例（第 20 章）（包括 70 页对应电子书、源文件和视频讲解），读者可根据前言中“关于本书服务”所述方法获取下载链接。**

《中文版 SOLIDWORKS 2018 从入门到精通（实战案例版）》**配备了 238 节微视频、70 个实例案例分析以及配套的实例素材源文件，还附赠了大量的相关学习视频和练习资料（如 12 大 SOLIDWORKS 行业案例设计方案及视频、全国成图大赛试题集等）。**

《中文版 SOLIDWORKS 2018 从入门到精通（实战案例版）》适合 SOLIDWORKS 入门或者需要系统学习 SOLIDWORKS 的读者使用。使用 SOLIDWORKS 2019、SOLIDWORKS 2017、SOLIDWORKS 2012 等版本的读者也可以参考学习。

图书在版编目（CIP）数据

中文版 SOLIDWORKS 2018 从入门到精通 ：实战案例版/
天工在线编著. -- 北京 ：中国水利水电出版社, 2018.9（2020.11 重印）
（CAD/CAM/CAE 微视频讲解大系）
ISBN 978-7-5170-6744-3

Ⅰ. ①中… Ⅱ. ①天… Ⅲ. ①机械设计－计算机辅助设计－应用软件 Ⅳ. ①TH122

中国版本图书馆 CIP 数据核字(2018)第 180382 号

丛书名	CAD/CAM/CAE 微视频讲解大系
书名	中文版 SOLIDWORKS 2018 从入门到精通（实战案例版） ZHONGWENBAN SOLIDWORKS 2018 CONG RUMEN DAO JINGTONG
作者	天工在线 编著
出版发行	中国水利水电出版社 （北京市海淀区玉渊潭南路 1 号 D 座 100038） 网址：www.waterpub.com.cn E-mail：zhiboshangshu@163.com 电话：（010）62572966-2205/2266/2201（营销中心）
经售	北京科水图书销售中心（零售） 电话：（010）88383994、63202643、68545874 全国各地新华书店和相关出版物销售网点
排版	北京智博尚书文化传媒有限公司
印刷	涿州市新华印刷有限公司
规格	203mm×260mm 16 开本 33 印张 688 千字 4 插页
版次	2018 年 9 月第 1 版 2020 年 11 月第 7 次印刷
印数	29001—34000 册
定价	89.80 元

凡购买我社图书，如有缺页、倒页、脱页的，本社营销中心负责调换

版权所有 · 侵权必究

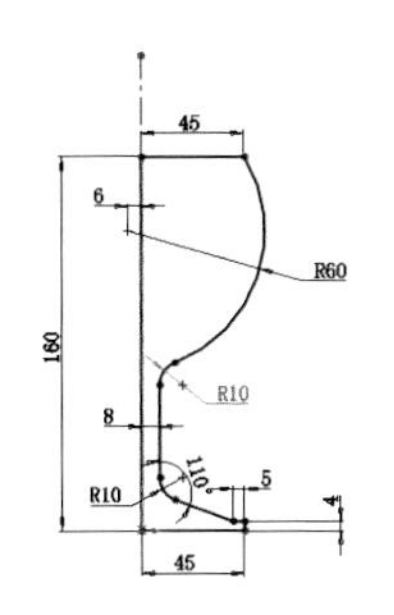

酒杯草图

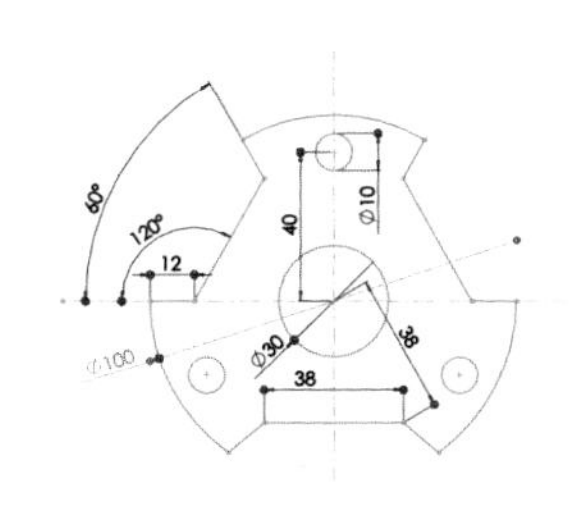

连接片截面草图

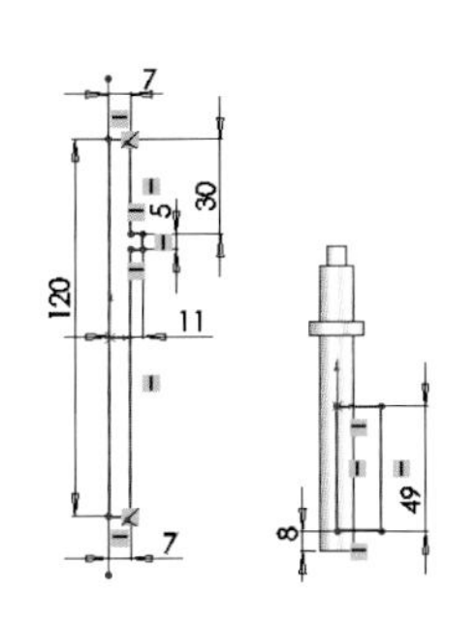

轴杆草图

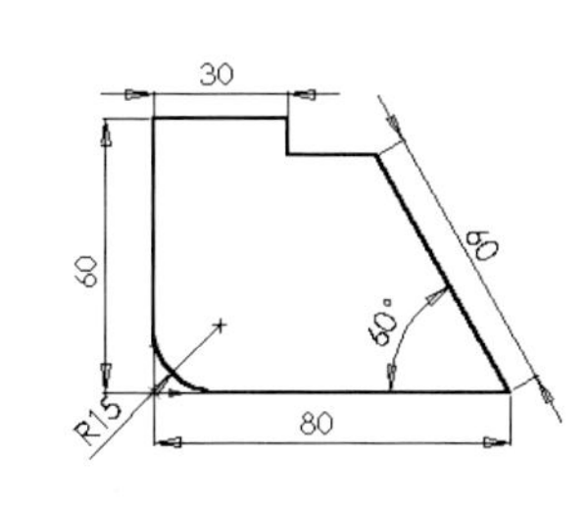

角铁草图

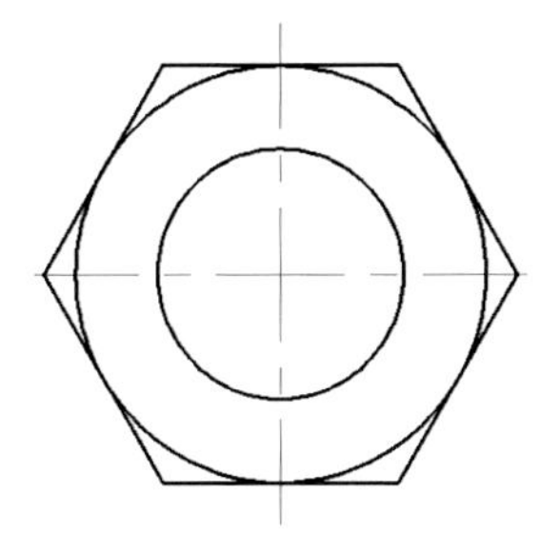

螺母

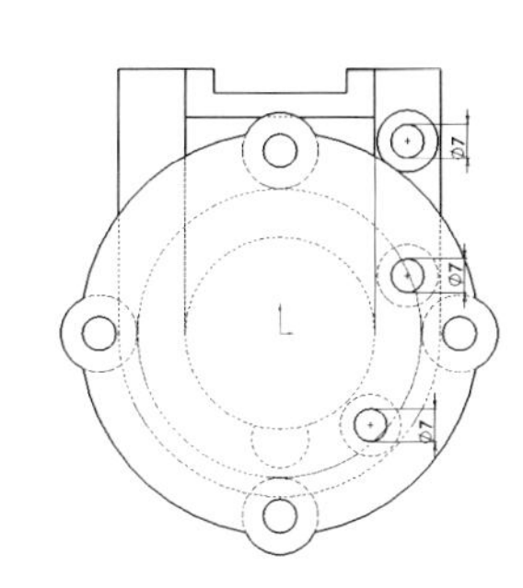

壳体草图

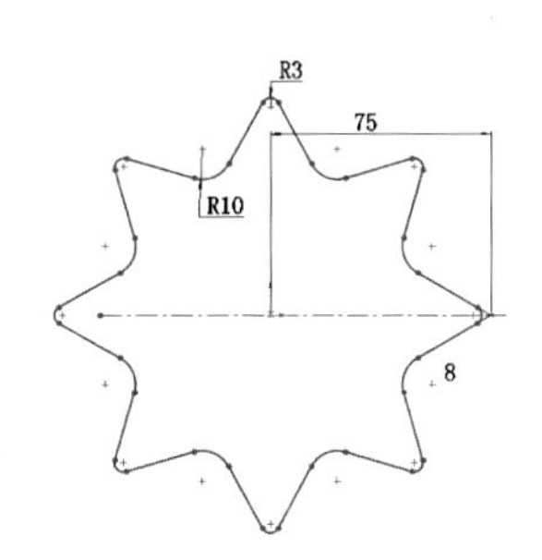

灯罩草图

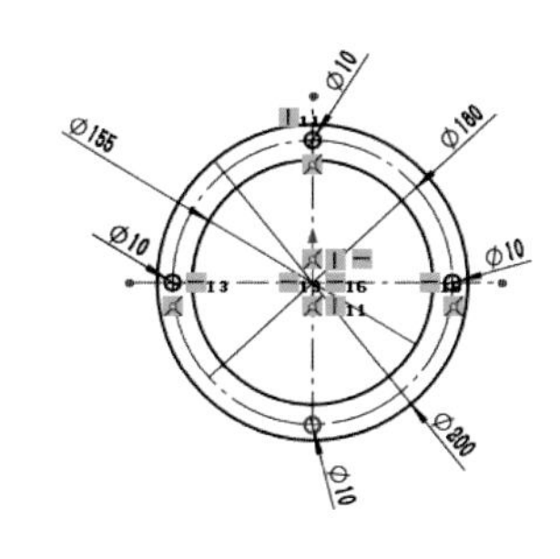

法兰草图

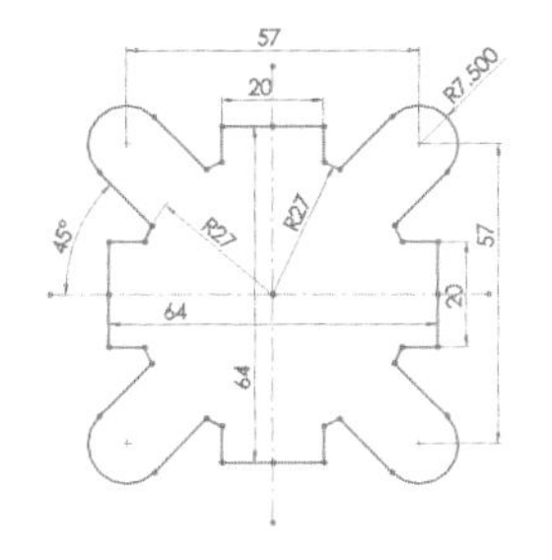

气缸体截面草图

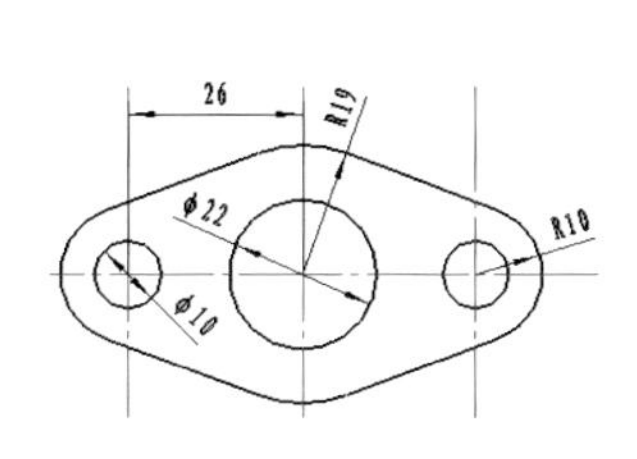

压盖草图

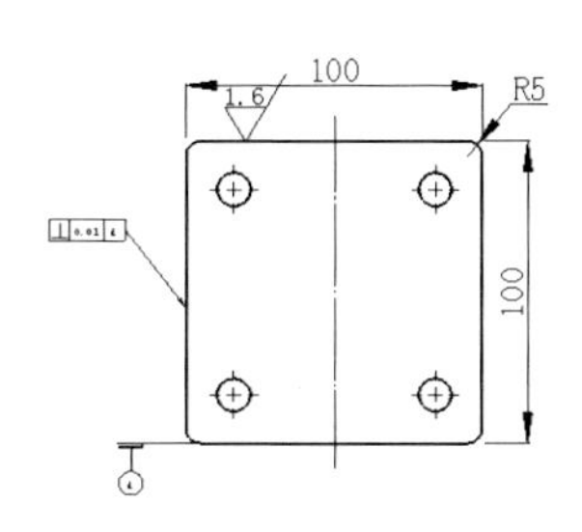

基座尺寸标注

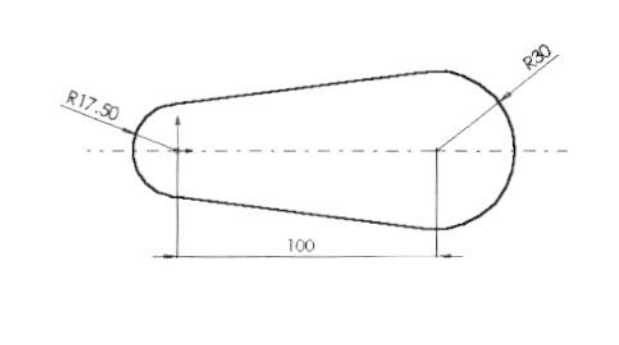

斜板草图

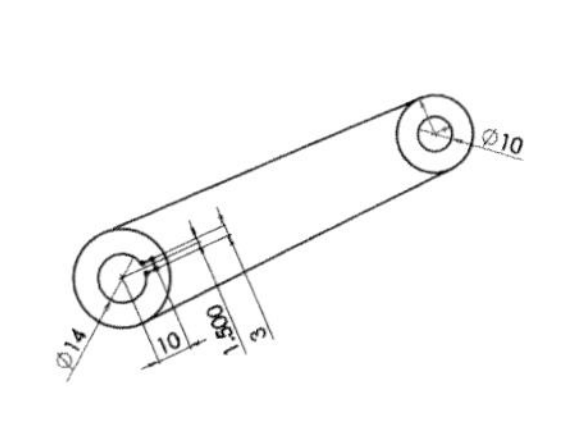

摇臂草图

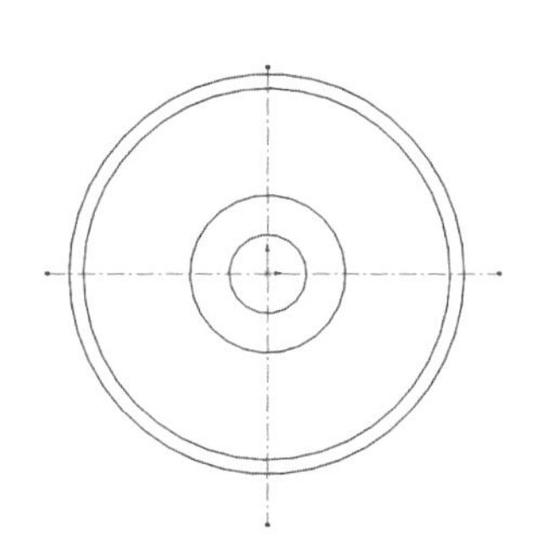

挡圈

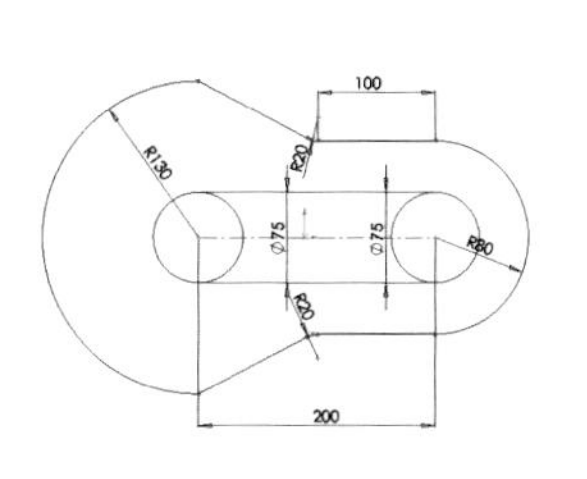

底座草图

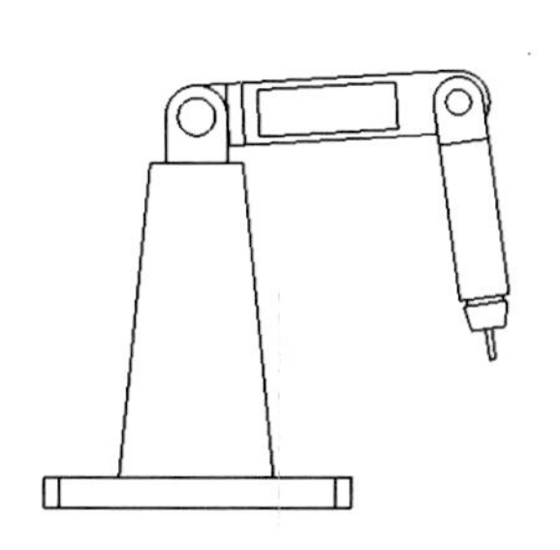

机械臂草图

本书部分案例

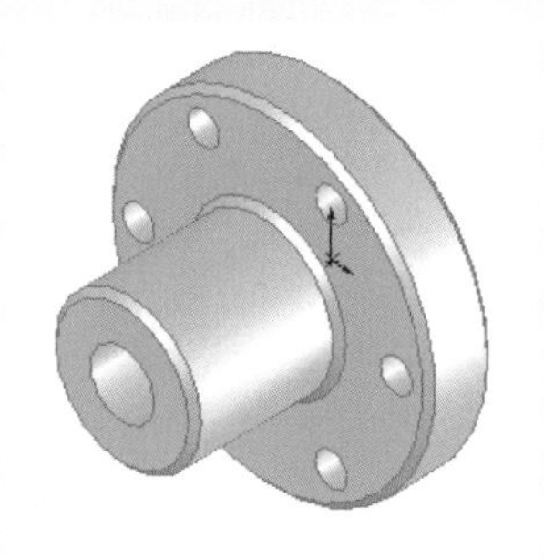
法兰盘

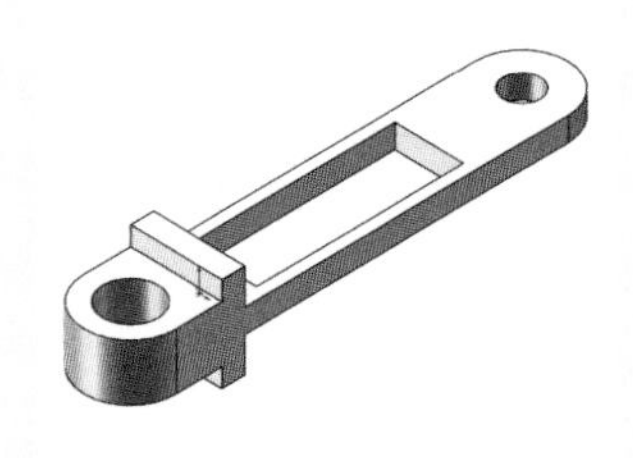
大臂

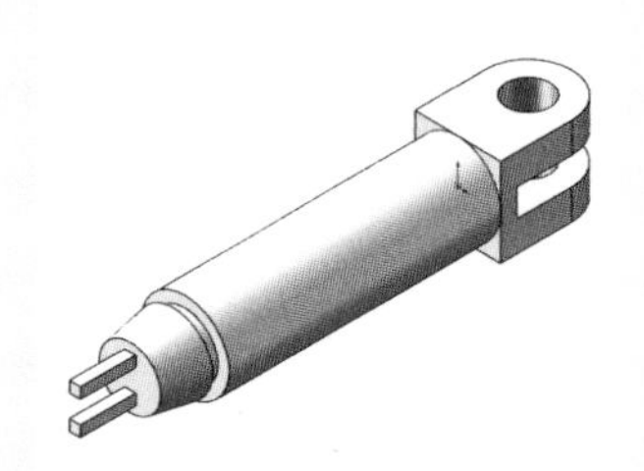
小臂

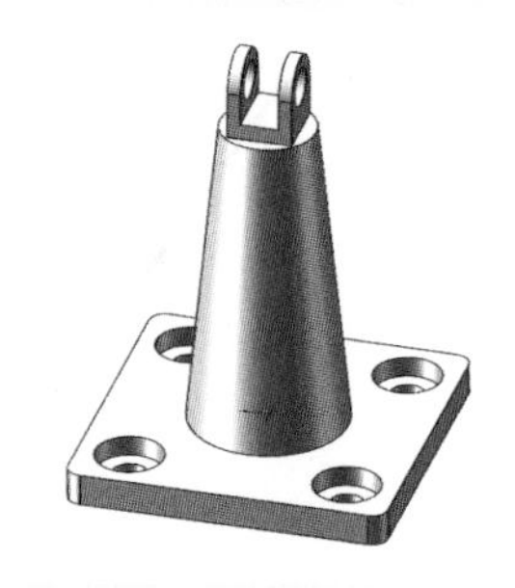
基座

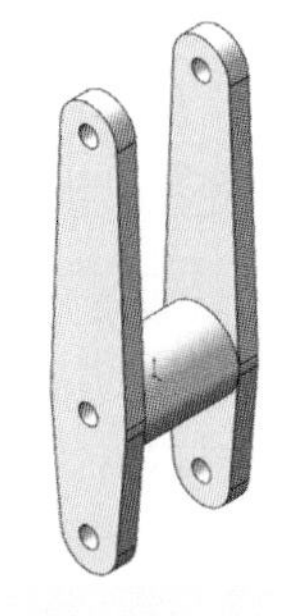
连杆

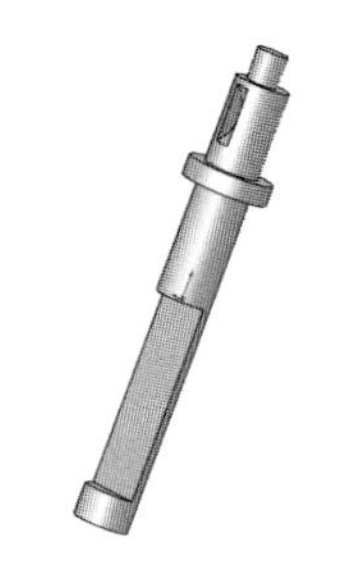
轴杆

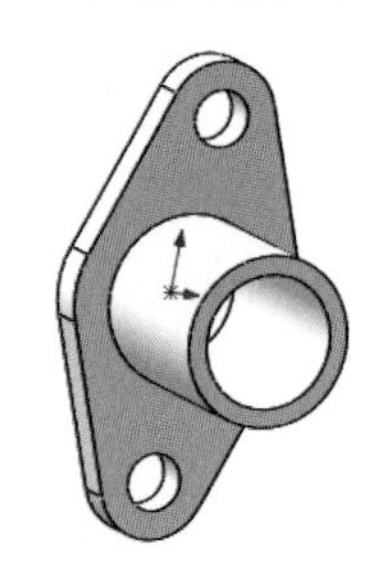
轴座

螺钉

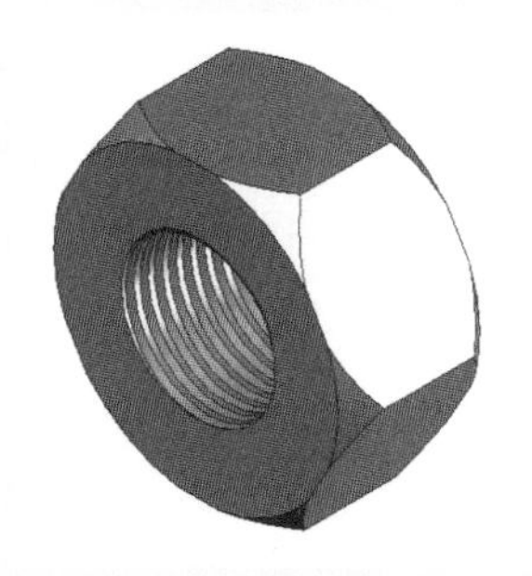
螺母

茶叶盒

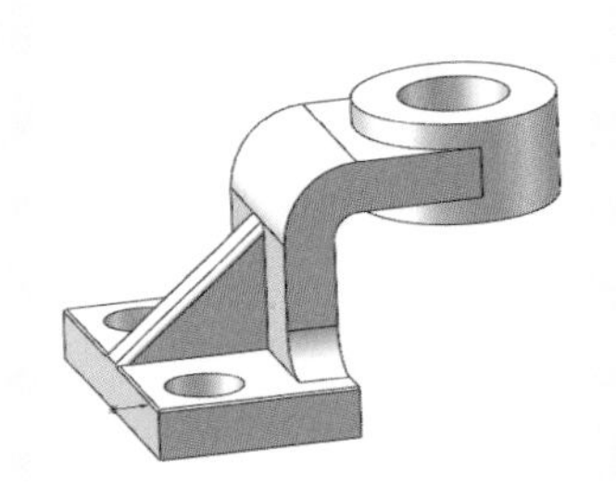
支架

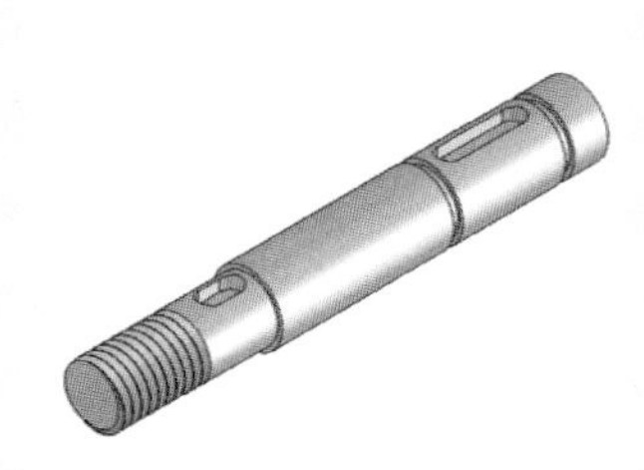
传动轴

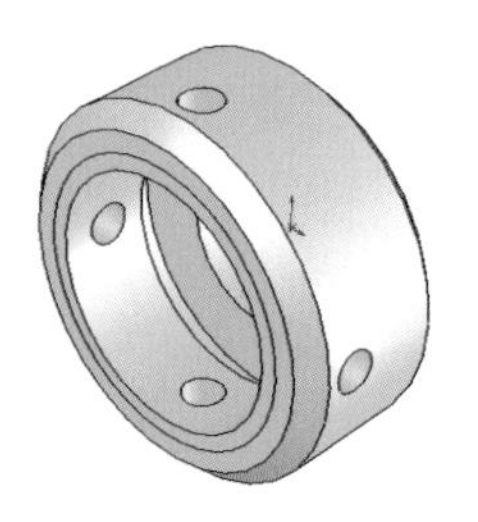
压紧螺母

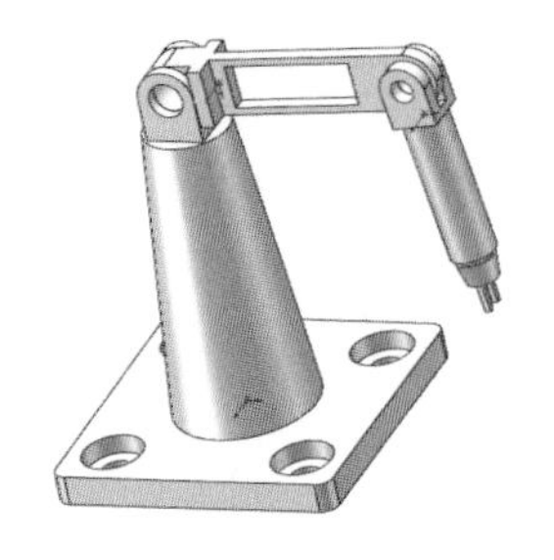
机械臂装配

圆锥齿轮

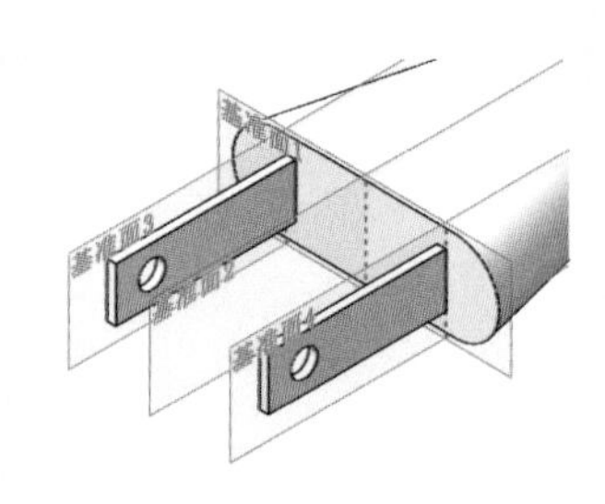
电源插头

本书部分案例

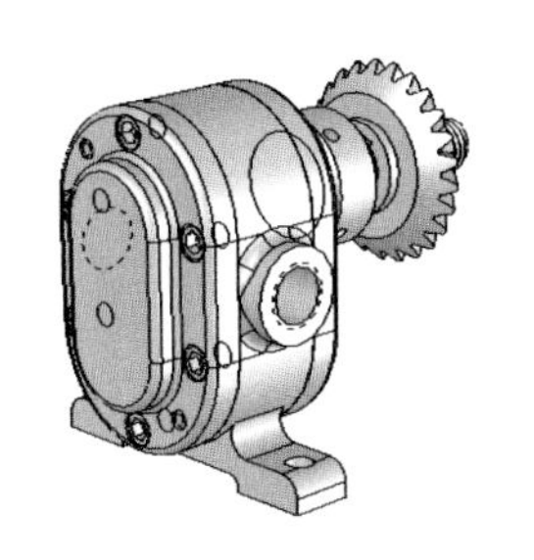

齿轮泵装配件

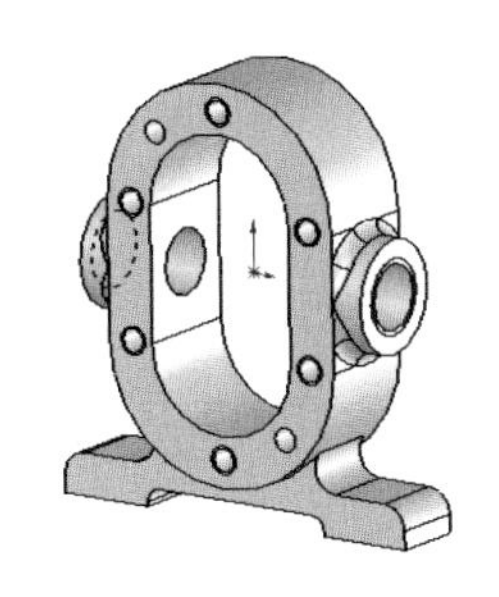

齿轮泵基座

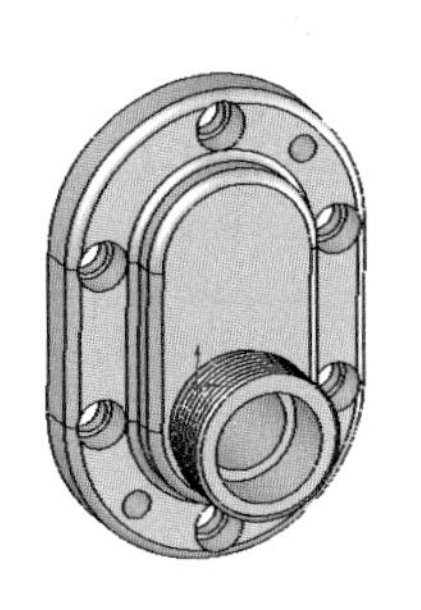

齿轮泵后盖

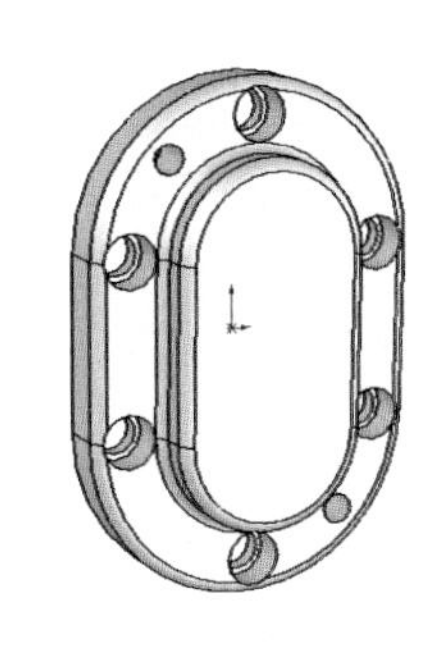

齿轮泵前盖

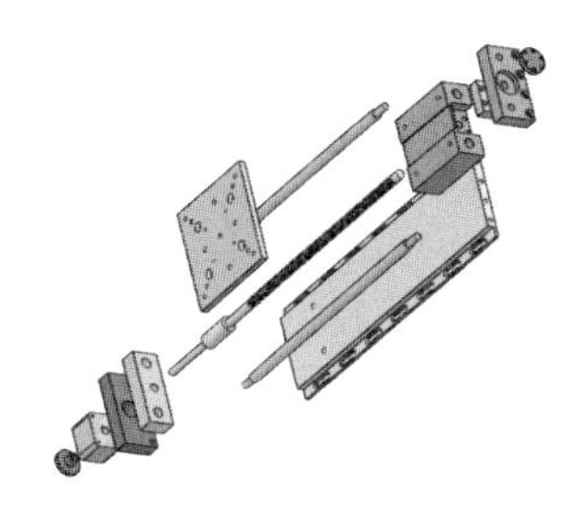

爆炸视图

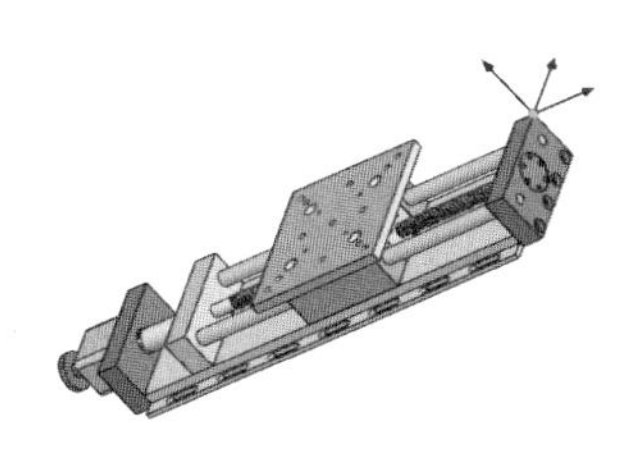

选择零件后的装配体

直齿圆柱齿轮

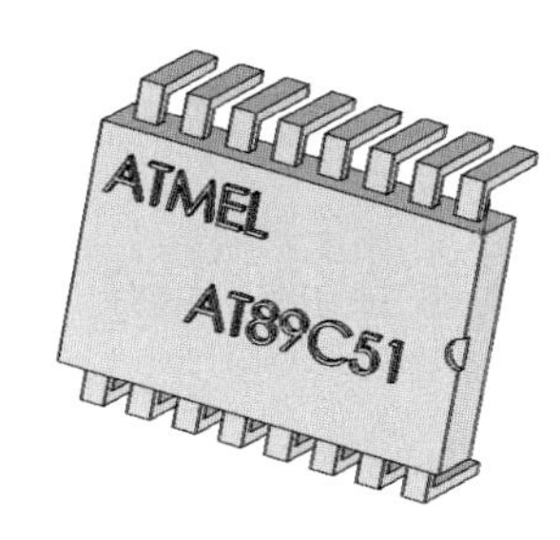

芯片

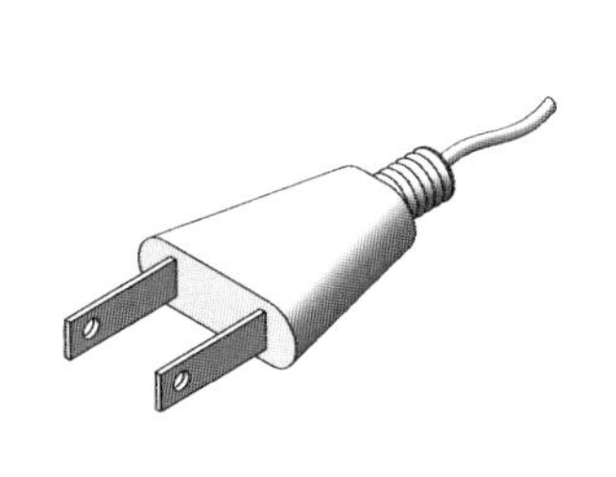

电源插头

电容

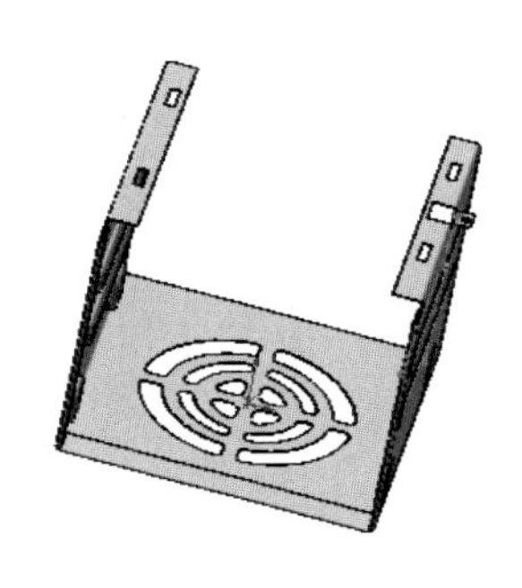

硬盘支架

公章

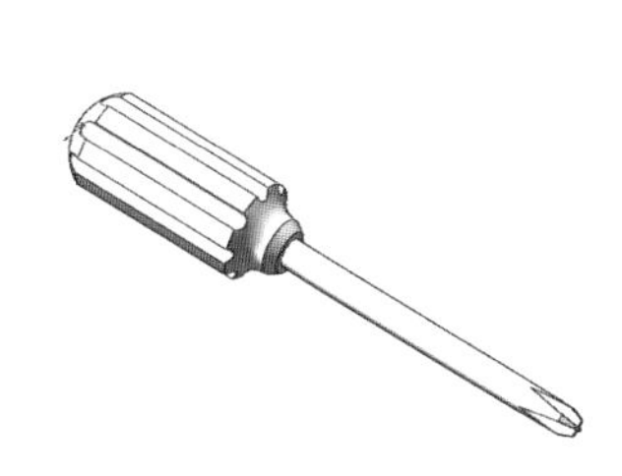

十字螺丝刀

摇臂

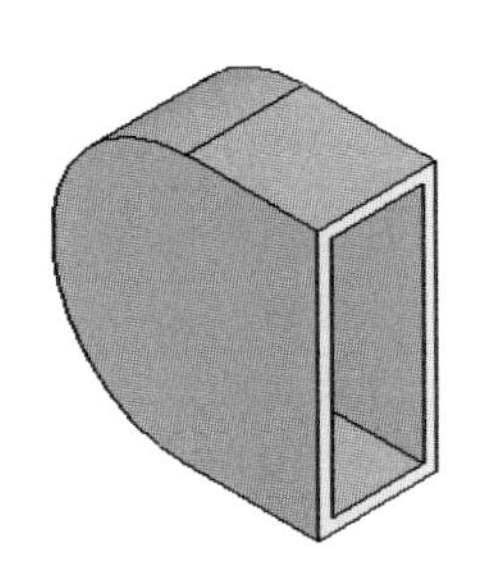

闪盘盖

显示器

本书部分案例

凉水壶

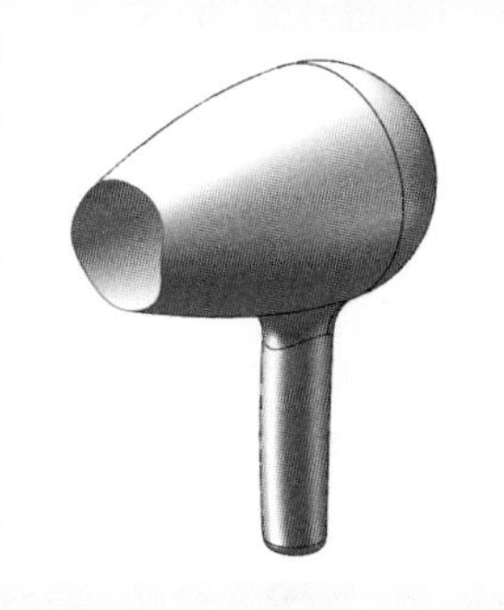

吹风机

机械臂基座

导流盖

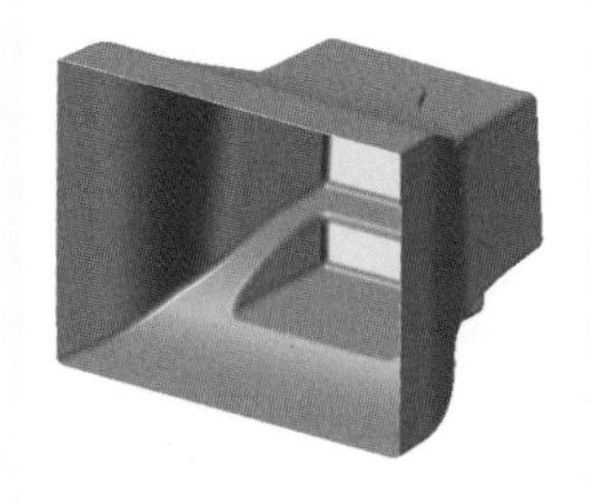

显示器壳体

机械臂装配体工程图

显示主轴和重心的图形

管接头

灯罩

熨斗

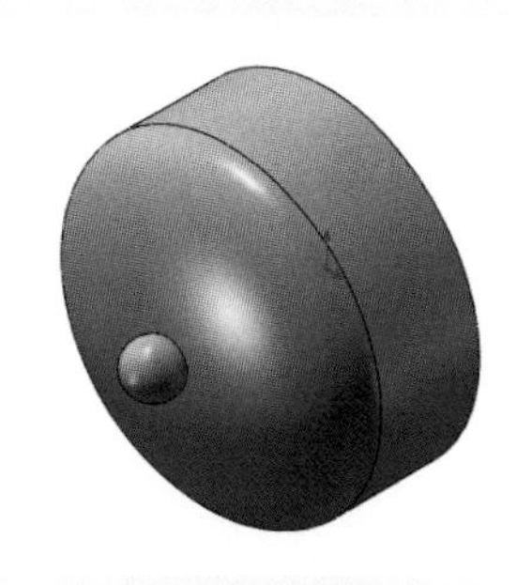

瓜皮小帽

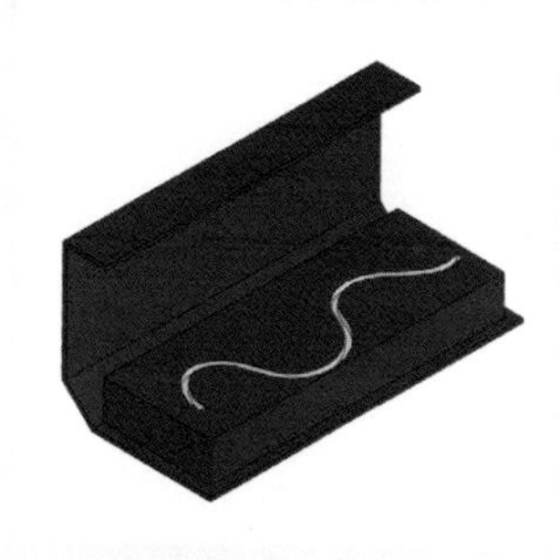

电线盒

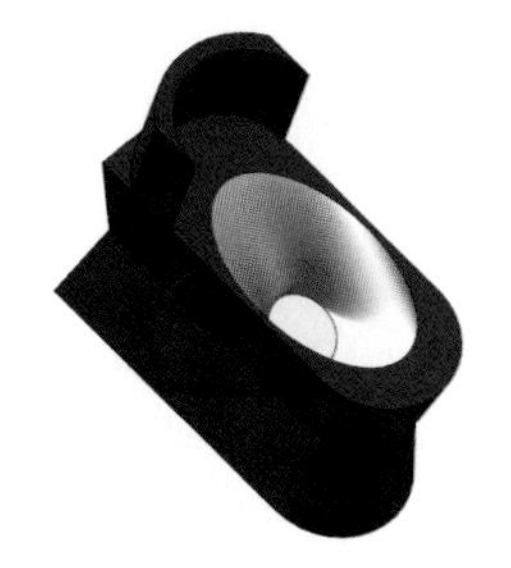

马桶

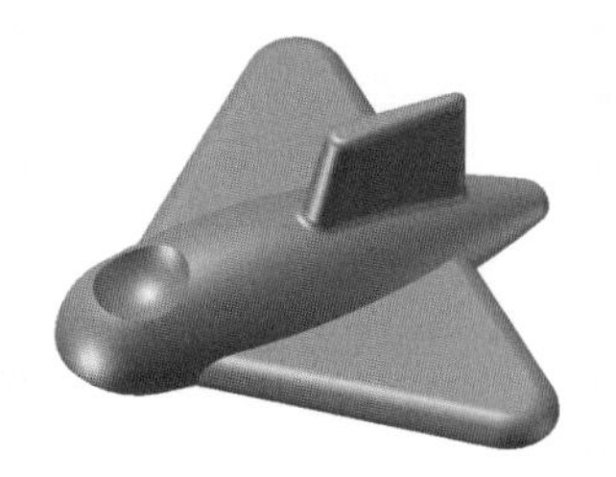

飞机模型

轮毂

调节螺母

酒杯

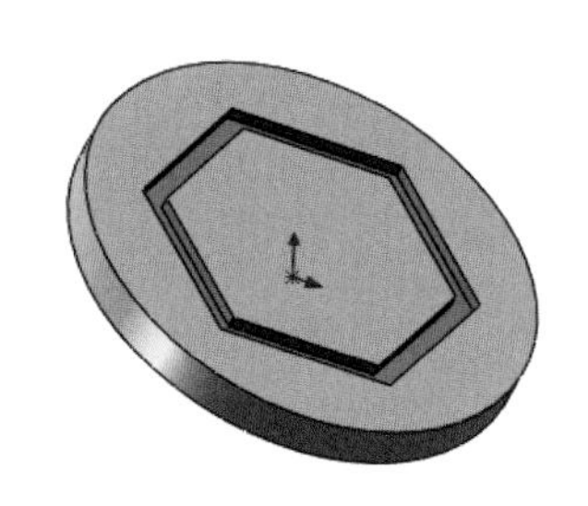
薄壁切除

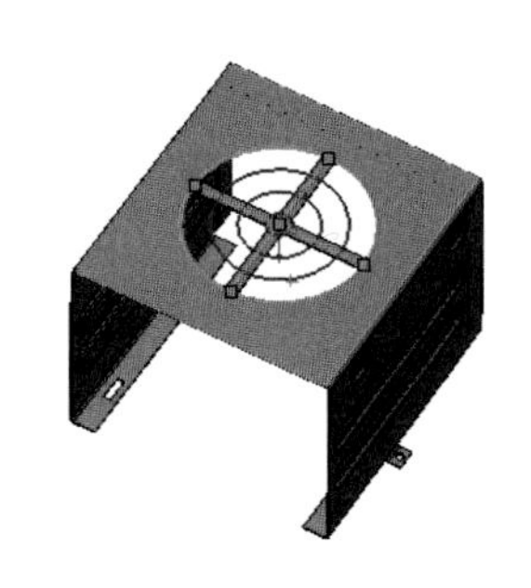
硬盘通风口

瓜皮小帽

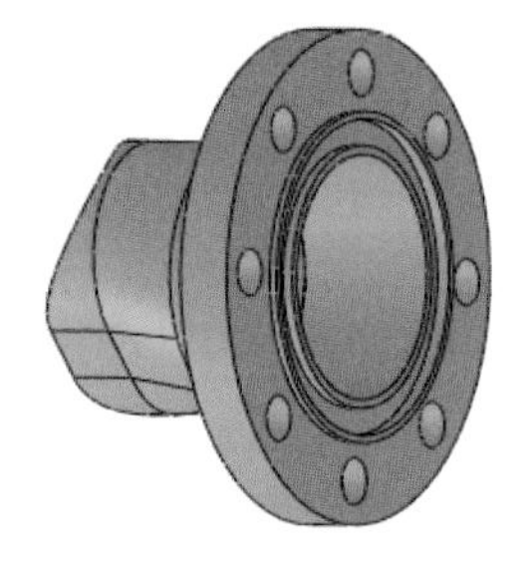
法兰盘

支撑轴

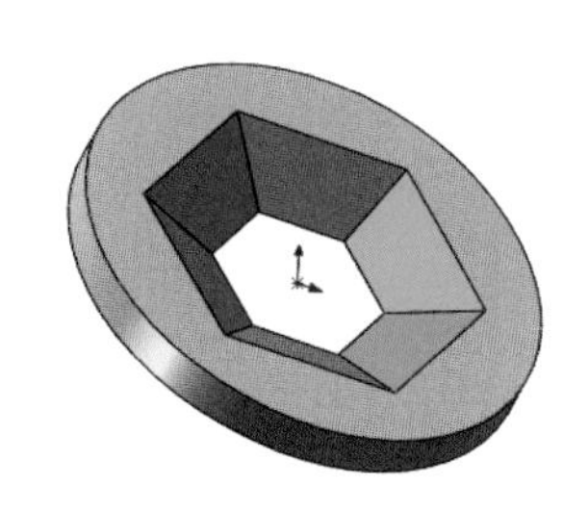
拔模切除

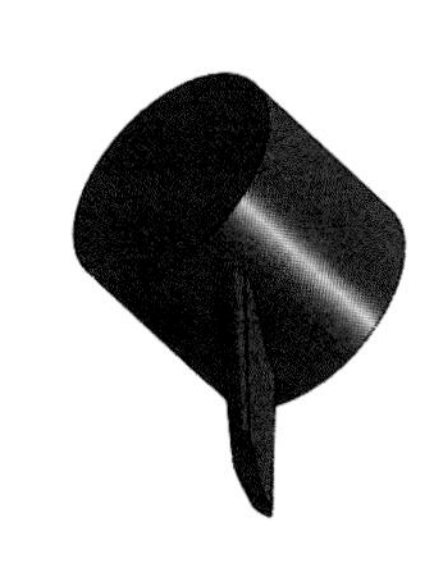
叶轮叶片

台灯

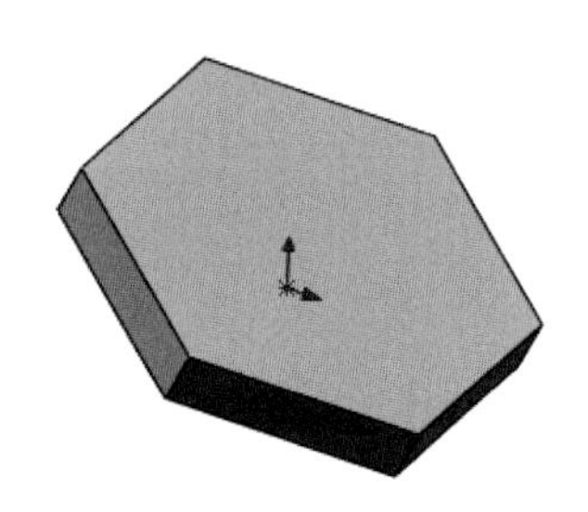
反侧切除

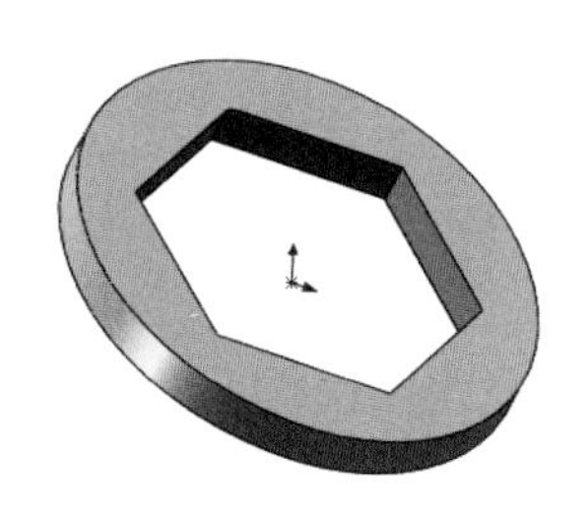
切除拉伸

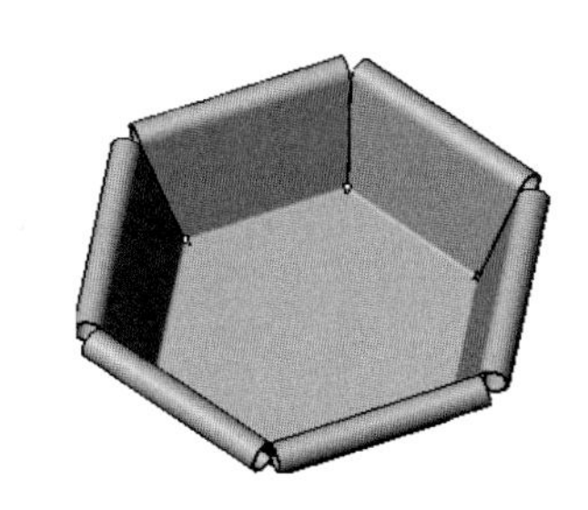
六角盒

三通管

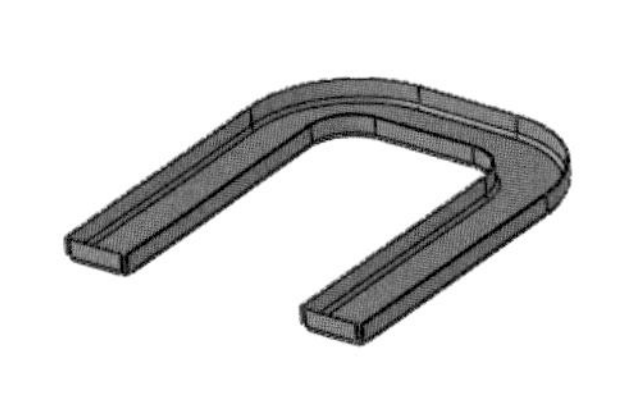
U形槽

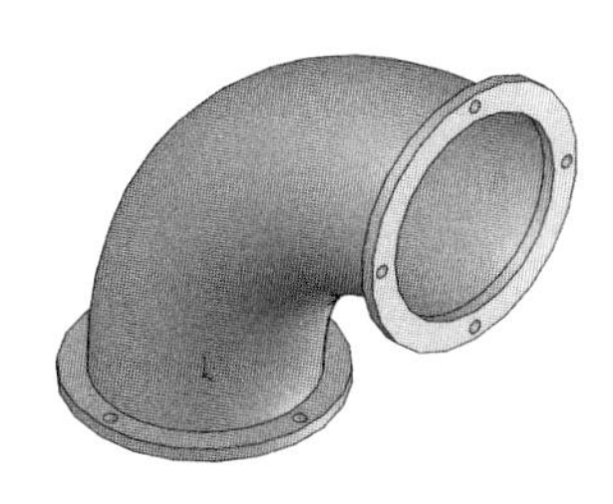
弯管

阶梯轴

本书部分案例

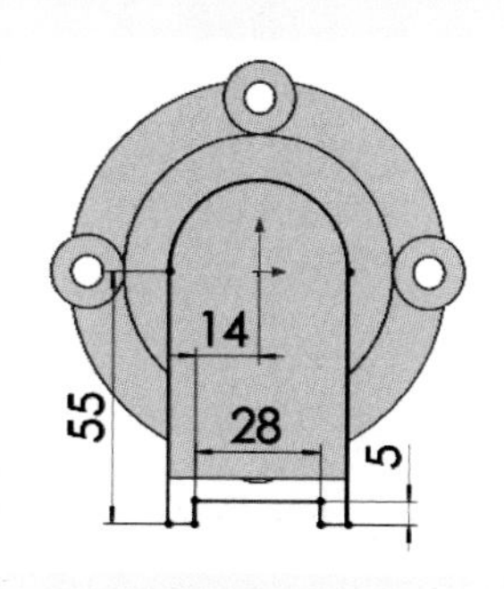

壳体模型底座草图

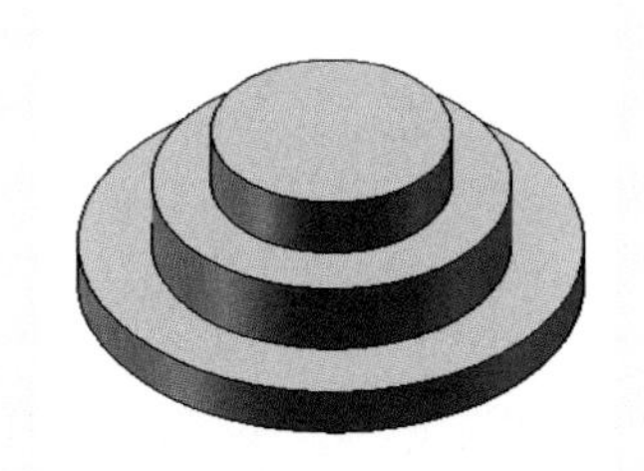

壳体创建步骤1

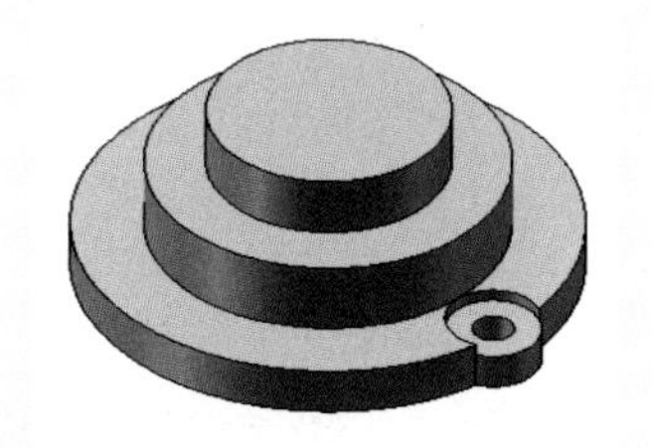

壳体创建步骤2

壳体创建步骤3

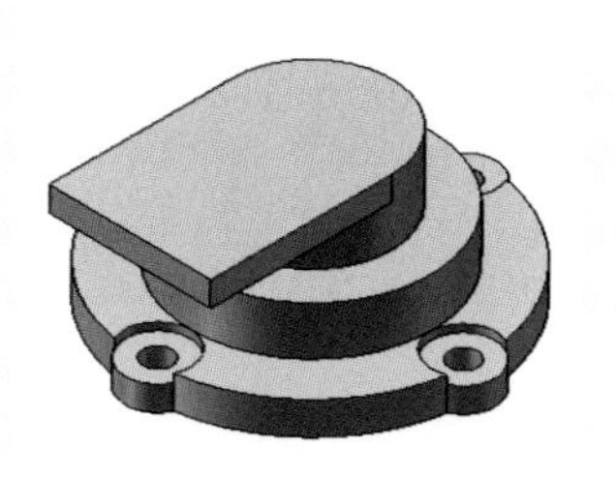

壳体创建步骤4

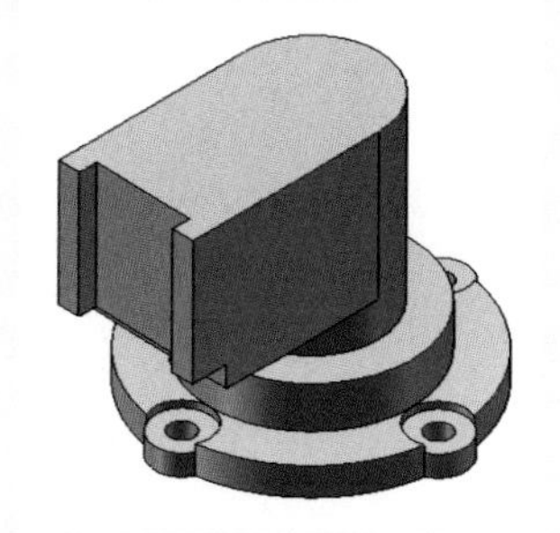

壳体创建步骤5

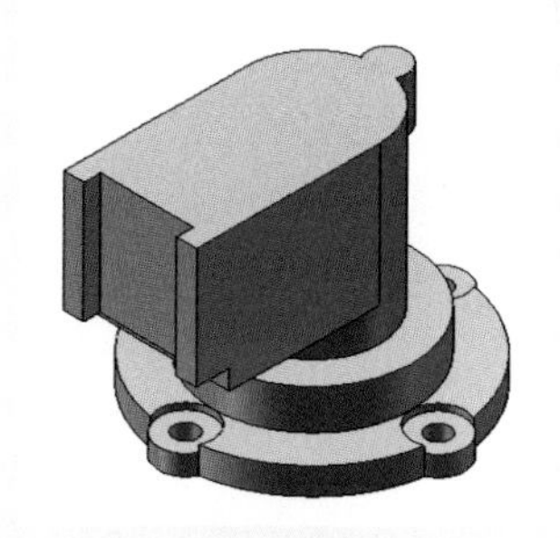

壳体创建步骤6

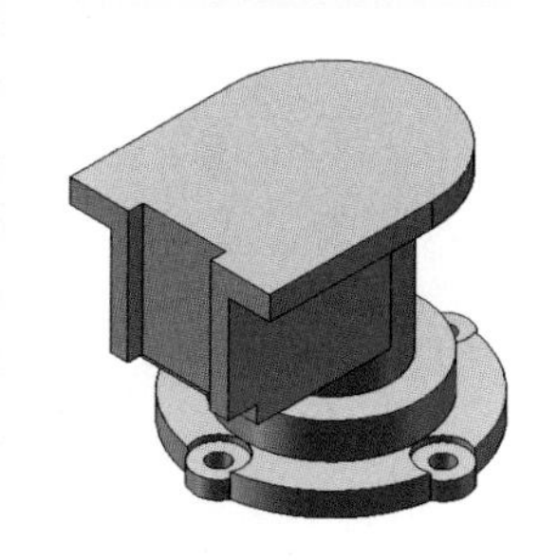

壳体创建步骤7

壳体创建步骤8

壳体创建步骤9

壳体创建步骤10

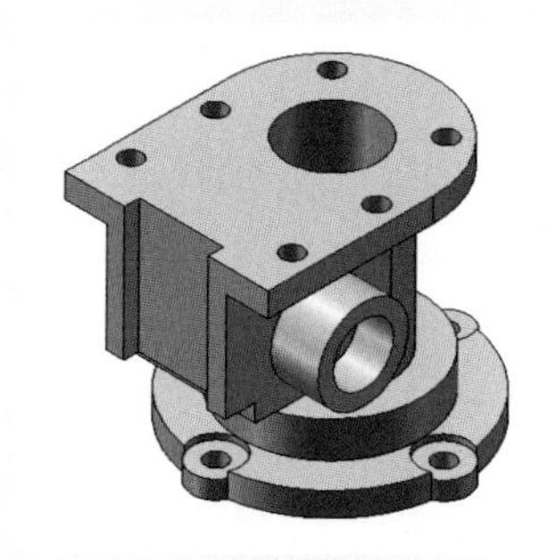

壳体创建步骤11

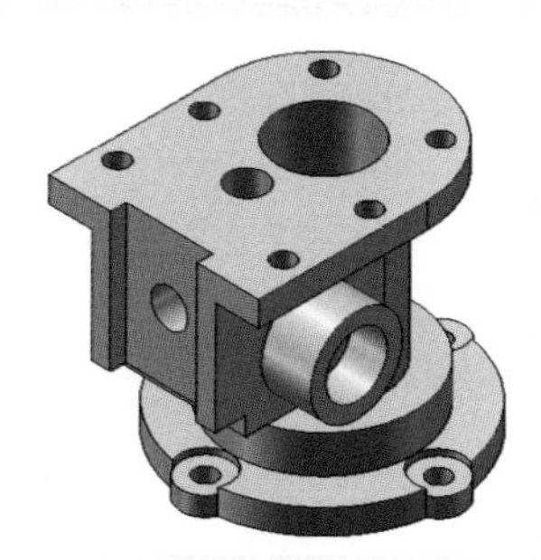

壳体创建步骤12

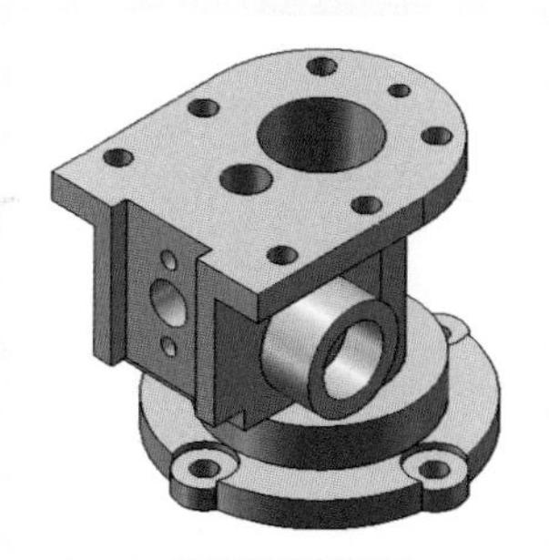

壳体创建步骤13

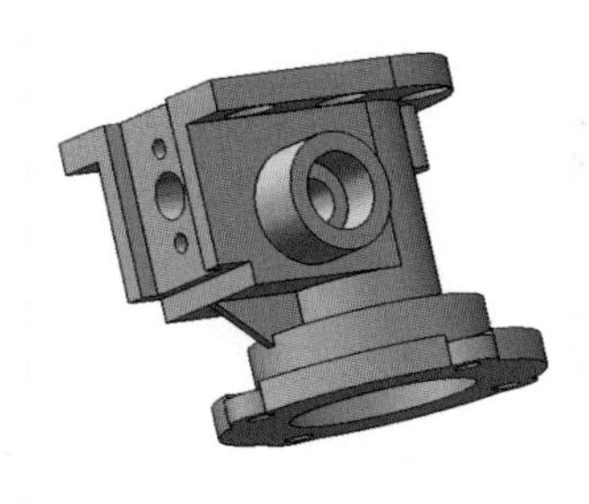

壳体创建步骤14

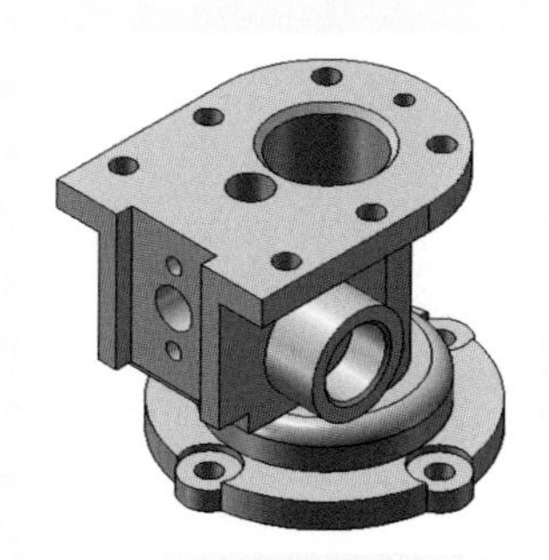

壳体创建步骤15

前　言

Preface

SOLIDWORKS 软件是世界上第一个基于 Windows 开发的三维 CAD 系统，是一个以设计功能为主的 CAD、CAM、CAE 软件，它采用直观、一体化的 3D 开发环境，涵盖产品开发流程的所有环节，如零件设计、钣金设计、装配设计、工程图设计、仿真分析、产品数据管理和技术沟通等，提供了将创意转化为上市产品所需的一切资源。

SOLIDWORKS 因其功能强大、易学易用和技术不断创新等特点，使其成为市场上领先的、主流的三维 CAD 解决方案。其应用涉及平面工程制图、三维造型、求逆运算、加工制造、工业标准交互传输、模拟加工过程、电缆布线和电子线路等领域。

一、本书特点

本书详细介绍了 SOLIDWORKS 2018 的使用方法和编辑技巧，内容涵盖 SOLIDWORKS 2018 概述、草图绘制、参考几何体、3D 草图和 3D 曲线、零件建模、曲面设计、钣金设计、装配设计、工程图设计、动画制作等知识。

➘ 体验好，随时随地学习

二维码扫一扫，随时随地看视频。书中大部分实例都提供了二维码，读者朋友可以通过手机扫一扫，随时随地看相关的教学视频。

➘ 实例多，用实例学习更高效

案例丰富详尽，边做边学更快捷。跟着大量实例去学习，边学边做，从做中学，可以使学习更深入、更高效。

➘ 入门易，全力为初学者着想

遵循学习规律，入门实战相结合。编写模式采用基础知识+实例的形式，内容由浅入深，循序渐进，入门与实战相结合。

➘ 服务快，让你学习无后顾之忧

提供在线服务，随时随地可交流。提供公众号、QQ 群等多渠道贴心服务。

二、本书配套资源

为了方便读者学习，本书提供了极为丰富的学习资源。

➘ 配套资源

（1）为方便读者学习，本书重点基础知识和所有实例均录制了视频讲解文件，共 238 节（可扫描二维码直接观看或通过下述方法下载后观看）。

（2）用实例学习更专业，本书包含 70 个中小实例（素材和源文件可通过下述方法下载后参考和使用）以及赠送的一个齿轮泵设计综合案例及视频文件（包括电子书、视频和源文件）。

➘ **拓展学习资源**

（1）12 大 SOLIDWORKS 行业案例设计方案及同步视频讲解。

（2）全国成图大赛试题集。

三、关于本书服务

➘ **“SOLIDWORKS 2018 简体中文版”安装软件的获取**

进行本书中的各类操作，都需要事先在计算机中安装 SOLIDWORKS 2018 软件。读者朋友可以登录官方网站购买正版软件，通过网络搜索或在相关学习群咨询软件获取方式。

➘ **本书资源下载及在线交流服务**

（1）扫描下面的微信公众号，关注后输入“sd067443”并发送到公众号后台，获取本书资源下载链接。然后将该链接粘贴到计算机浏览器地址栏中，按 Enter 键后即可进入资源下载页面，根据提示下载即可。

（2）推荐加入 QQ 群：147827753（若此群已满，请根据提示加入相应的群），可在线交流学习，作者会不定时在线答疑解惑。

四、关于作者

本书由天工在线组织编写。天工在线是一个 CAD/CAM/CAE 技术研讨、工程开发、培训咨询和图书创作的工程技术人员协作联盟，包含 40 多位专职和众多兼职 CAD/CAM/CAE 工程技术专家。其创作的很多教材成为国内具有引导性的旗帜作品，在国内相关专业方向图书创作领域具有举足轻重的地位。

本书具体编写人员有张亭、秦志霞、井晓翠、解江坤、闫国超、吴秋彦、毛瑢、王玮、王艳池、王培合、王义发、王玉秋、张红松、王佩楷、陈晓鸽、张日晶、禹飞舟、杨肖、吕波、李瑞、刘建英、薄亚、方月、刘浪、穆礼渊、张俊生、郑传文、韩冬梅、王敏、李瑞、张秀辉等，对他们的付出表示真诚的感谢。

五、致谢

本书能够顺利出版，是作者、编辑和所有审校人员共同努力的结果，在此表示深深地感谢。同时，祝福所有读者在通往优秀工程师的道路上一帆风顺。

编　者

目　录

Contents

超值赠送：为了进一步提高读者 SOLIDWORKS 的使用水平，特赠送一套完整的齿轮泵设计综合案例（电子版），读者可根据前言中“关于本书服务”所述方法获取下载链接(包括 70 页对应电子书、源文件和视频讲解)。

第1章　SOLIDWORKS 2018 概述

内容简介

本章简要介绍了 SOLIDWORKS 软件的基本知识，主要讲解软件的工作环境及视图显示，是对用户界面的基本了解。主要目的是为后面绘图操作打下基础。

内容要点

- SOLIDWORKS 2018 简介
- SOLIDWORKS 工作环境设置
- 文件管理
- 视图操作

案例效果

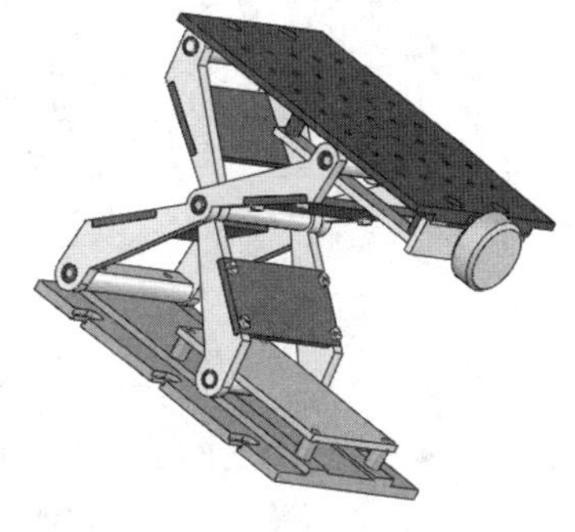

1.1　SOLIDWORKS 2018 简介

扫一扫，看视频

SOLIDWORKS 公司推出的 SOLIDWORKS 2018 在创新性、使用的方便性以及界面的人性化等方面都得到了增强，并对性能和质量进行了大幅度的完善，同时开发了更多 SOLIDWORKS 新设计功能，使产品开发流程发生根本性的变革；支持全球性的协作和连接，增强了项目的广泛合作，大大缩短了产品设计的时间，提高了产品设计的效率。

SOLIDWORKS 2018 在用户界面、草图绘制、特征、成本、零件、装配体、SOLIDWORKS Enterprise PDM、Simulation、运动算例、工程图、出样图、钣金设计、输出和输入以及网络协同等方面都得到了增强，比原来的版本至少增强了 250 个用户功能，使用户可以更方便地使用该软件。本节将介绍 SOLIDWORKS 2018 的一些基本知识。

注意：

关于 SOLIDWORKS 软件的下载和安装方法，可以在网上搜索，也可以登录本书前言所提到的网站或 QQ 群索取。

1.1.1 启动 SOLIDWORKS 2018

SOLIDWORKS 2018 安装完成后，就可以启动该软件了。在 Windows 操作环境下，单击屏幕左下角的“开始”→“所有程序”→SOLIDWORKS 2018 命令，或者双击桌面上的 SOLIDWORKS 2018 快捷方式图标，就可以启动该软件。SOLIDWORKS 2018 的启动画面如图 1-1 所示。

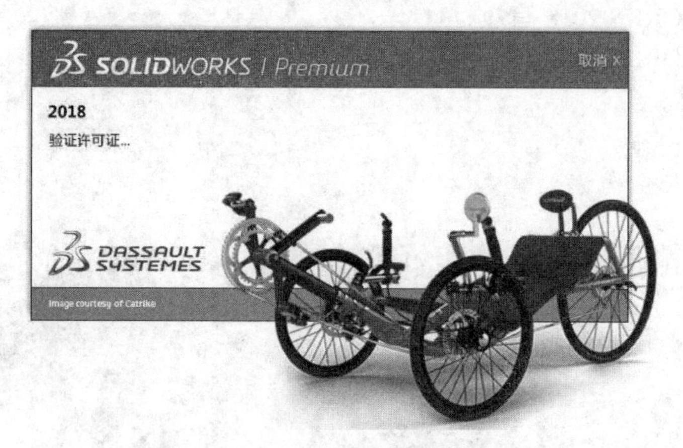

图 1-1 SOLIDWORKS 2018 的启动画面

启动画面消失后，系统进入 SOLIDWORKS 2018 的初始界面。初始界面中只有菜单栏和标准工具栏（用户可在设计过程中根据自己的需要打开其他工具栏），如图 1-2 所示。

图 1-2 SOLIDWORKS 2018 的初始界面

1.1.2 新建文件

单击标准工具栏中的 （新建）按钮，或者选择菜单栏中的“文件”→“新建”命令，弹出“新建 SOLIDWORKS 文件”对话框，如图 1-3 所示。

在 SOLIDWORKS 2018 中，“新建 SOLIDWORKS 文件”对话框有两个版本可供选择：一个是高级版本，一个是新手版本。

如图 1-3 所示是新手版本的“新建 SOLIDWORKS 文件”对话框，相对比较简单。其中主要包括“零件”“装配体”“工程图”3 个按钮，提供了对零件、装配体和工程图文档的说明。各按钮的功能分别介绍如下。

- （零件）按钮：单击该按钮，可以生成单一的三维零部件文件。
- （装配体）按钮：单击该按钮，可以生成零件或其他装配体的排列文件。
- （工程图）按钮：单击该按钮，可以生成属于零件或装配体的二维工程图文件。

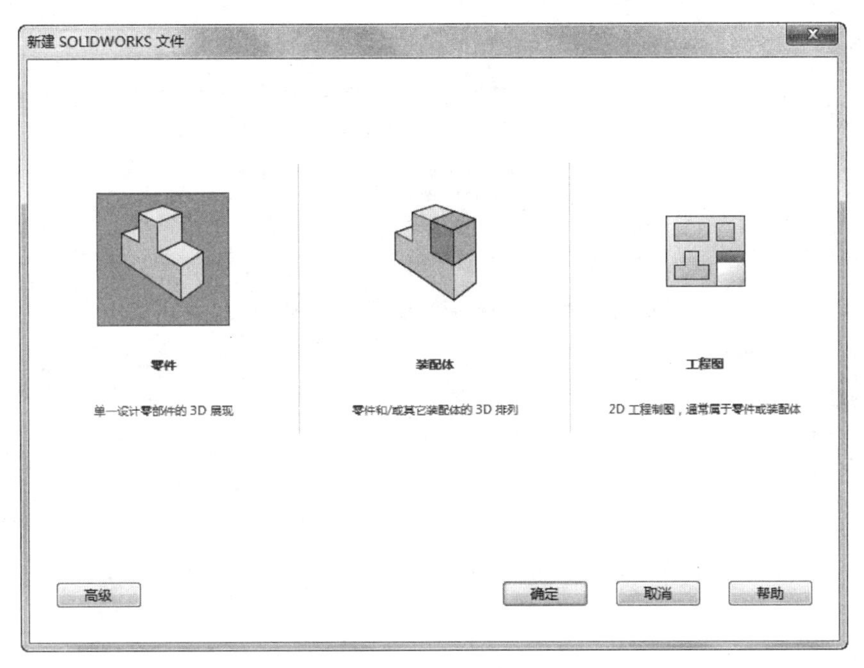

图 1-3 “新建 SOLIDWORKS 文件”对话框

在如图 1-3 所示的“新建 SOLIDWORKS 文件”对话框中单击“高级”按钮，即进入高级版本的“新建 SOLIDWORKS 文件”对话框，如图 1-4 所示。

1.1.3 SOLIDWORKS 用户界面

新建一个零件文件后，进入 SOLIDWORKS 2018 用户界面（装配体文件和工程图文件与零件文件的用户界面类似，在此不再赘述），如图 1-5 所示。其中包括菜单栏、工具栏、绘图区和状态栏等，下面分别介绍。

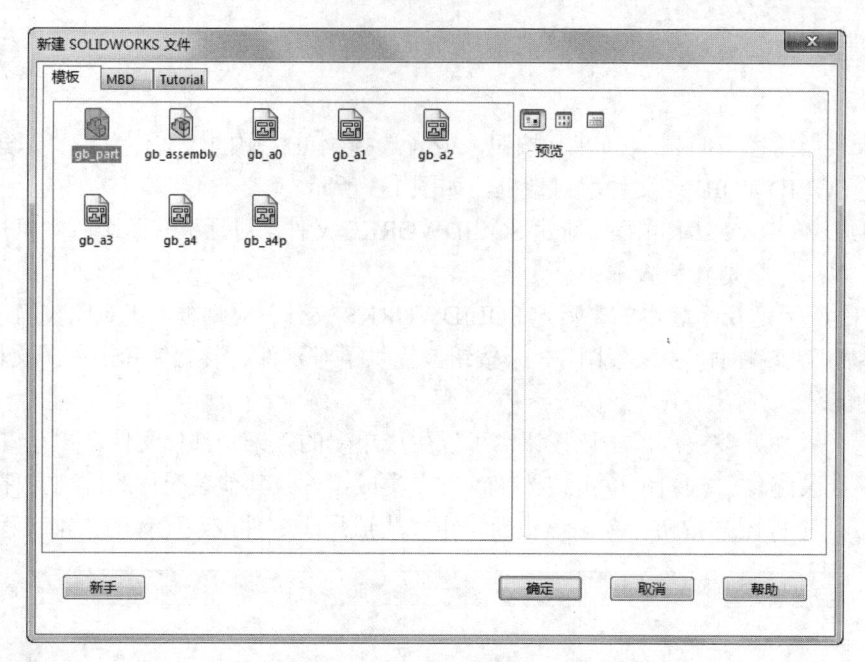

图 1-4　高级版本的“新建 SOLIDWORKS 文件”对话框

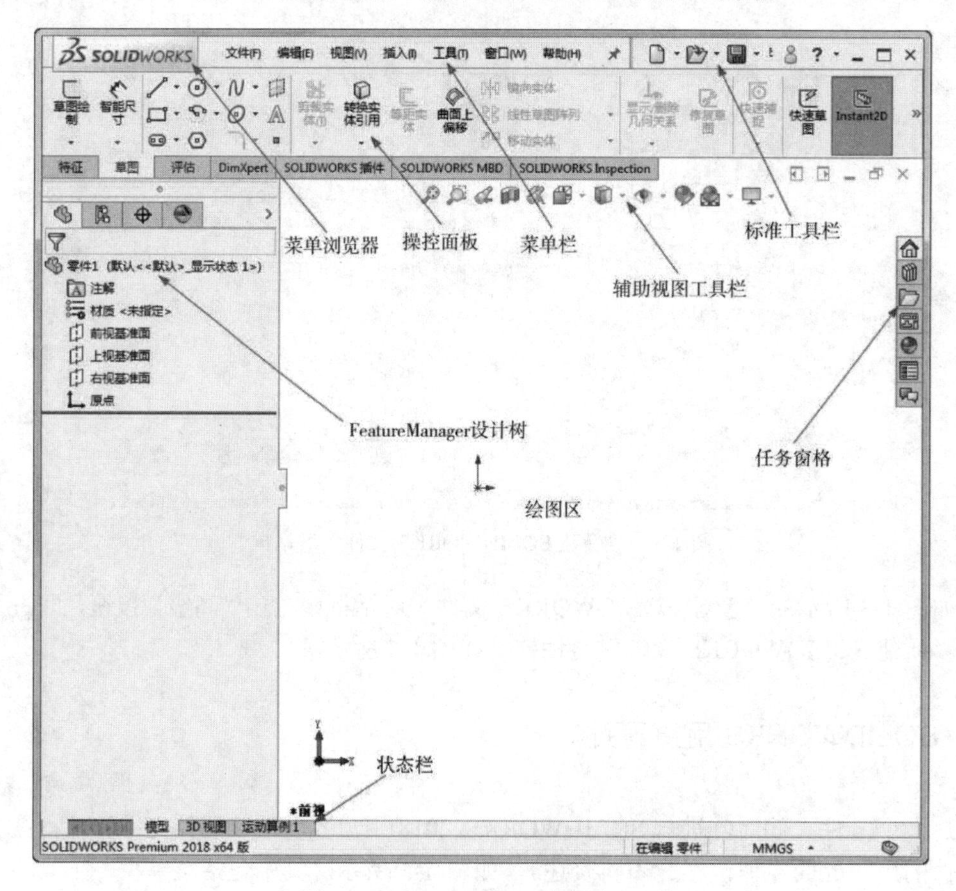

图 1-5　SOLIDWORKS 的用户界面

1. 菜单栏

菜单栏中包含 SOLIDWORKS 的所有操作命令。

2. 标准工具栏

与其他标准的 Windows 程序一样，标准工具栏中的工具按钮用来对文件执行最基本的操作，如新建、打开、保存、打印等。其中（重建模型工具）为 SOLIDWORKS 2018 所特有的，单击该按钮可以根据所进行的更改重建模型。

注意：

SOLIDWORKS 2018 的功能十分强大、丰富，提供了大量工具栏。由于篇幅限制，在此只介绍了常用的标准工具栏，其他专业工具栏将在以后的章节中逐步介绍。

3. 状态栏

状态栏位于 SOLIDWORKS 用户界面底端的水平区域，提供了当前窗口中正在编辑的内容的状态，以及指针位置坐标、草图状态等信息。典型信息如下。

- 重建模型图标：在更改了草图或零件而需要重建模型时，重建模型图标会显示在状态栏中。
- 草图状态：在编辑草图过程中，状态栏中会出现 5 种草图状态，即完全定义、过定义、欠定义、没有找到解、发现无效的解。在完成零件设计之前，最好完全定义草图。

4. FeatureManager 设计树

FeatureManager 设计树位于 SOLIDWORKS 用户界面的左侧，是 SOLIDWORKS 中比较常用的部分。它提供了激活的零件、装配体或工程图的大纲视图，用户可以很方便地查看模型或装配体的构造情况，或者查看工程图中的不同图纸和视图。

FeatureManager 设计树和绘图区是动态链接的。在使用时可以在任何窗格中选择特征、草图、工程视图和构造几何线。FeatureManager 设计树可以用来组织和记录模型中各个要素及要素之间的参数信息和相互关系，以及模型、特征和零件之间的约束关系等，几乎包含了所有设计信息。FeatureManager 设计树如图 1-6 所示。

FeatureManager 设计树的功能主要有以下几个方面。

- 以名称来选择模型中的项目，即可通过在模型中选择其名称来选择特征、草图、基准面及基准轴。该功能与 Windows 软件类似，例如在选择的同时按住 Shift 键，可以选取多个连续项目；在选择的同时按住 Ctrl 键，可以选取非连续项目。
- 确认和更改特征的生成顺序。在 FeatureManager 设计树中通过拖动项目可以重新调整特征的生成顺序，这将更改重建模型时特征重建的顺序。
- 单击特征的名称，可以显示特征的尺寸。
- 如要更改项目的名称，在名称上缓慢单击两次以选择该名称，然后输入新的名称即可，如图 1-7 所示。
- 压缩和解压缩零件特征和装配体零部件，在装配零件时是很常用的。同样，如要选择多个特征，在选择的时候按住 Ctrl 键。

- 右击清单中的特征，然后选择父子关系，可以方便地查看父子关系。
- 将文件夹添加到 FeatureManager 设计树中。

熟练操作 FeatureManager 设计树是应用 SOLIDWORKS 的基础，也是应用 SOLIDWORKS 的重点。由于其功能众多，在此不能一一列举，在后面章节中会多次用到。只有在学习的过程中熟练应用设计树的功能，才能加快建模的速度，提高工作效率。

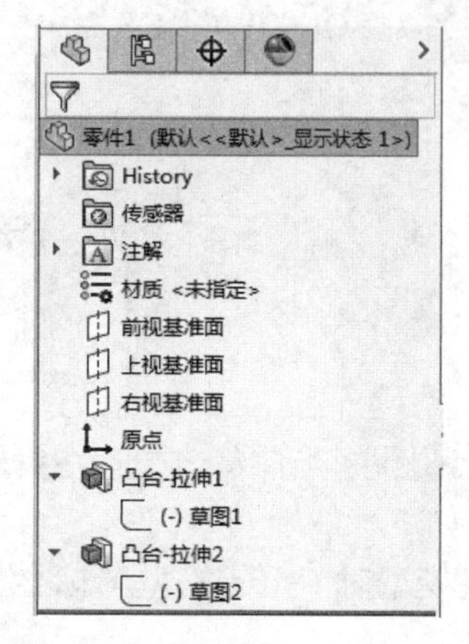

图 1-6　FeatureManager 设计树

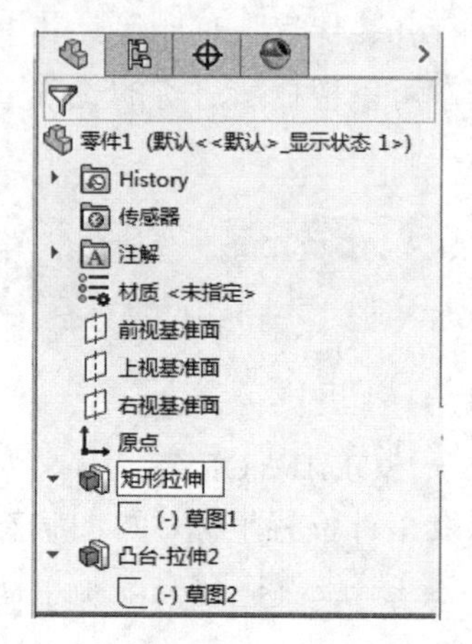

图 1-7　在 FeatureManager 设计树中更改项目名称

5. 绘图区

绘图区是进行零件设计、制作工程图、装配的主要操作窗口。以后提到的草图绘制、零件装配、工程图的绘制等操作，均是在这个区域中完成的。

1.2　SOLIDWORKS 工作环境设置

要熟练地使用一套软件，必须先了解其工作环境，然后设置适合自己的使用环境，从而使设计更加便捷。SOLIDWORKS 软件同其他软件一样，可以根据自己的需要显示或者隐藏工具栏，以及添加或者删除工具栏中的命令按钮，还可以根据需要设置零件、装配体和工程图的工作界面。

扫一扫，看视频

1.2.1　设置工具栏

SOLIDWORKS 有很多工具栏，由于绘图区的限制，不能显示所有的工具栏，因此默认显示的都是一些比较常用的工具栏。在建模过程中，用户可以根据需要显示或者隐藏部分工具栏。其设置方法有两种，下面将分别介绍。

1. 利用菜单命令设置工具栏

利用菜单命令添加或者隐藏工具栏的操作步骤如下。

（1）选择菜单栏中的“工具”→“自定义”命令，或者在工具栏区域右击，在弹出的快捷菜单中选择“自定义菜单”命令，弹出“自定义”对话框，如图 1-8 所示。

图 1-8 “自定义”对话框

（2）在该对话框中选择“工具栏”选项卡，此时会出现系统所有的工具栏，勾选需要打开的工具栏复选框。

（3）确认设置。单击“确定”按钮，在绘图区中便会显示所选的工具栏。

如果要隐藏已经显示的工具栏，取消对该工具栏复选框的勾选，然后单击“确定”按钮，即可在绘图形中隐藏取消勾选的工具栏。

2. 利用鼠标右键设置工具栏

利用鼠标右键添加或者隐藏工具栏的操作步骤如下。

（1）在工具栏区域右击，弹出“工具栏”快捷菜单，如图 1-9 所示。

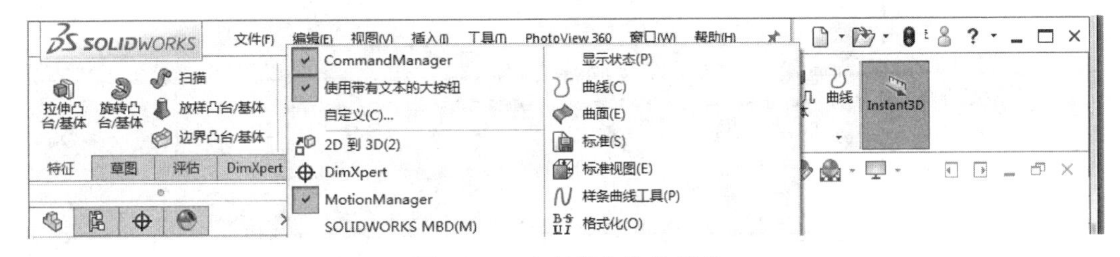

图 1-9 “工具栏”快捷菜单

（2）单击需要的工具栏，前面复选框的颜色会加深，则绘图区中将会显示选择的工具栏；如果单击已经显示的工具栏，前面复选框的颜色会变浅，则绘图区中将会隐藏选择的工具栏。

另外，隐藏工具栏还有一种简便的方法，即选择界面中不需要的工具栏，用鼠标将其拖到绘图区中。此时工具栏上会出现标题栏。如图 1-10 所示是拖至绘图区中的“注解”工具栏，单击“注解”工具栏右上角的（关闭）按钮，则绘图区中将隐藏该工具栏。

图 1-10 “注解”工具栏

扫一扫，看视频

1.2.2 设置工具栏命令按钮

系统默认工具栏中，并没有包括平时所用的所有命令按钮，用户可以根据自己的需要添加或者删除命令按钮。

设置工具栏中命令按钮的操作步骤如下。

（1）选择菜单栏中的“工具”→“自定义”命令，或者在工具栏区域右击，在弹出的快捷菜单中选择“自定义”命令，此时系统弹出“自定义”对话框。

（2）在该对话框中选择“命令”选项卡，如图 1-11 所示。

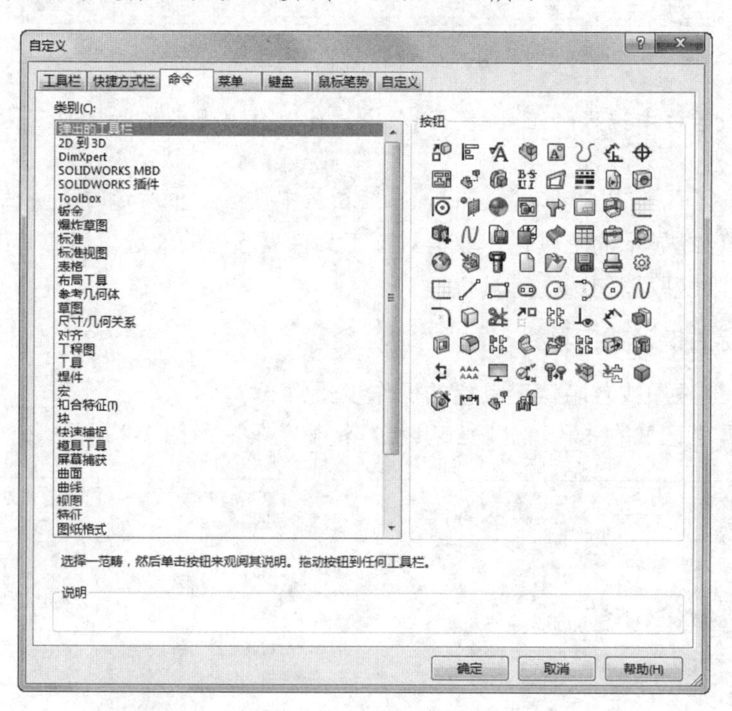

图 1-11 “自定义”对话框的“命令”选项卡

（3）在“类别”列表框中选择工具栏，此时会在“按钮”列表框中出现该工具栏中所有的命令按钮。

（4）在“按钮”列表框中选择要增加的命令按钮，然后按住鼠标左键将该按钮拖动到要放置的工具栏上，再松开鼠标左键。

（5）单击“确定”按钮，在该工具栏上便会显示添加的命令按钮。

如果要删除无用的命令按钮，只要打开“自定义”对话框的“命令”选项卡，然后在要删除的按钮上按下鼠标左键，将其拖动到绘图区即可。

例如，在“草图”工具栏中添加“椭圆”命令按钮。先选择菜单栏中的“工具”→“自定义”命令，打开“自定义”对话框。选择“命令”选项卡，在“类别”列表框中选择“草图”工具栏，在“按钮”列表框中选择（椭圆）按钮，按住鼠标左键将其拖到“草图”工具栏中合适的位置，然后松开鼠标左键，该命令按钮即可添加到工具栏中。如图 1-12 所示为添加命令按钮前后“草图”工具栏的变化情况。

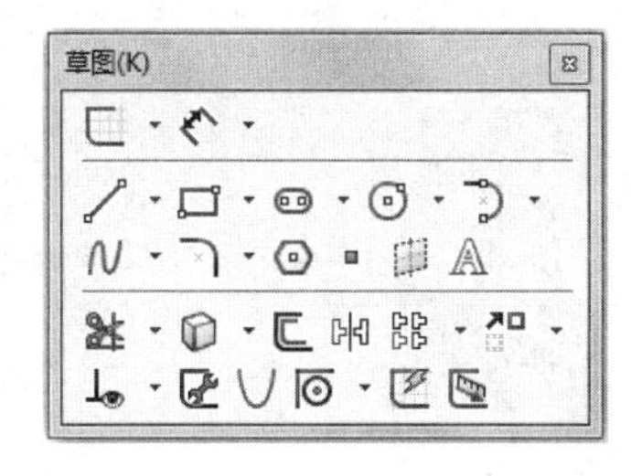

（a）添加命令按钮前

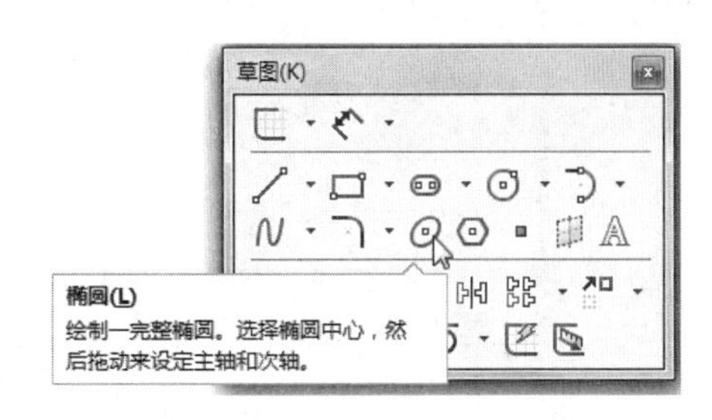

（b）添加命令按钮后

图 1-12　添加命令按钮

技巧荟萃：

对工具栏添加或者删除命令按钮时，对工具栏的设置会应用到当前激活的 SOLIDWORKS 文件类型中。

1.2.3　设置快捷键

扫一扫，看视频

除了可以使用菜单栏和工具栏执行命令外，SOLIDWORKS 软件还允许用户通过自行设置快捷键的方式来执行命令。其操作步骤如下。

（1）选择菜单栏中的“工具”→“自定义”命令，或者在工具栏区域右击，在弹出的快捷菜单中选择“自定义”命令，打开“自定义”对话框。

（2）选择“键盘”选项卡，如图 1-13 所示。

（3）在“类别”下拉列表框中选择“文件”选项，然后在下面的“显示”下拉列表框中选择“带键盘快捷键的命令”选项。

（4）在“搜索”文本框中输入要设置的快捷键，如之前未被使用，则输入的快捷键就会出现在“快捷键”栏中。

（5）单击“确定”按钮，快捷键设置成功。

图 1-13　“自定义”对话框的“键盘”选项卡

技巧荟萃：

（1）如果设置的快捷键已经被使用过，则系统会提示该快捷键已被使用，必须更改要设置的快捷键。

（2）如果要取消设置的快捷键，在“键盘”选项卡中选择“快捷键”栏中设置的快捷键，然后单击“移除快捷键”按钮，则该快捷键就会被取消。

扫一扫，看视频

1.2.4　设置背景

在 SOLIDWORKS 中，可以更改操作界面的背景及颜色，以设置个性化的用户界面。设置背景的操作步骤如下。

（1）选择菜单栏中的“工具”→“选项”命令，弹出“系统选项-颜色”对话框。

（2）在“系统选项”选项卡的左侧列表框中选择“颜色”选项，如图 1-14 所示。

（3）在“颜色方案设置”列表框中选择“视区背景”选项，然后单击“编辑”按钮，在弹出的如图 1-15 所示“颜色”对话框中选择设置的颜色，单击“确定”按钮。可以使用该方式，设置其他选项的颜色。

（4）选择“系统选项-颜色”对话框中的“确定”按钮，系统背景颜色设置成功。

在如图 1-14 所示对话框的“背景外观”选项组中，选中 4 个不同的单选按钮，可以得到不同的背景效果。用户可以自行设置，在此不再赘述。如图 1-16 所示为一个设置好背景颜色的零件图。

图 1-14　“系统选项-颜色”对话框

1.2.5　设置单位

在三维实体建模前，需要设置好系统的单位。系统默认的单位系统为 MMGS（毫米、克、秒），可以使用自定义的方式设置其他类型的单位系统等。

下面以修改长度单位的小数位数为例，说明设置单位的操作步骤。

（1）选择菜单栏中的“工具”→“选项”命令。

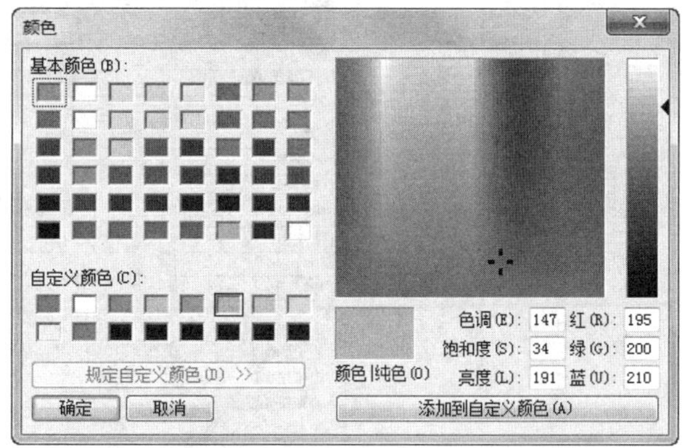

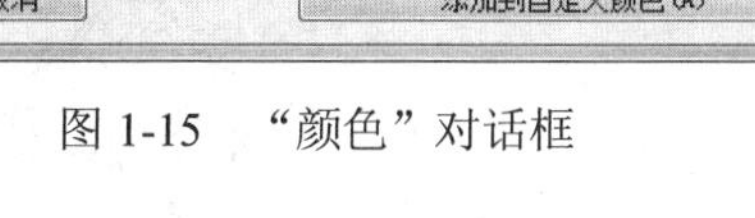

图 1-15　“颜色”对话框

（2）在弹出的“文档属性-单位”对话框中选择“文档属性”选项卡，然后在左侧列表框中选择“单位”选项，如图 1-17 所示。

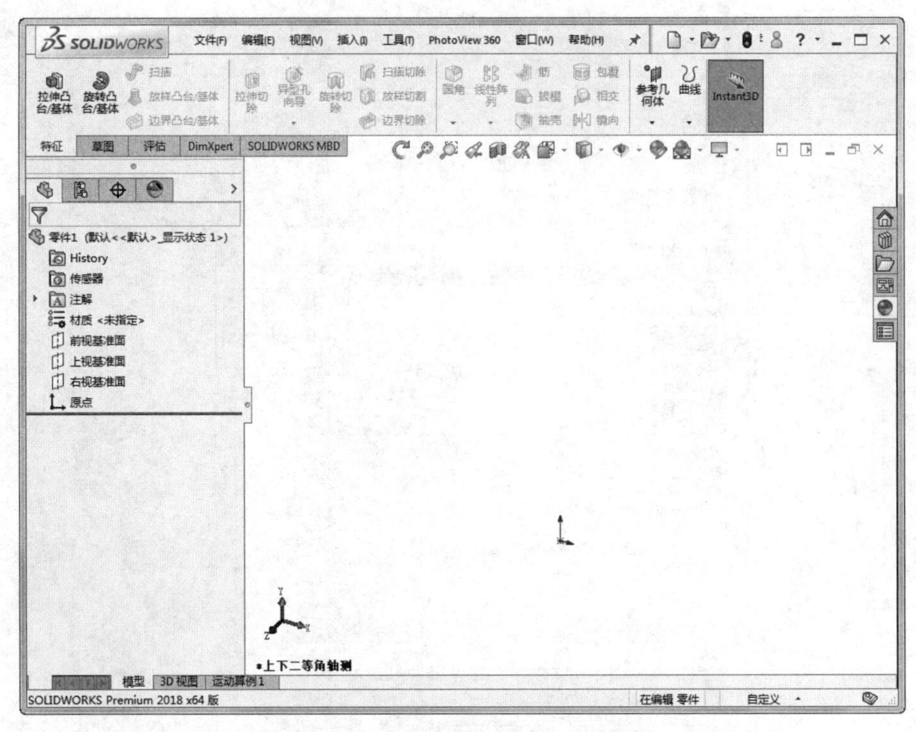

图 1-16　设置好背景颜色的零件图

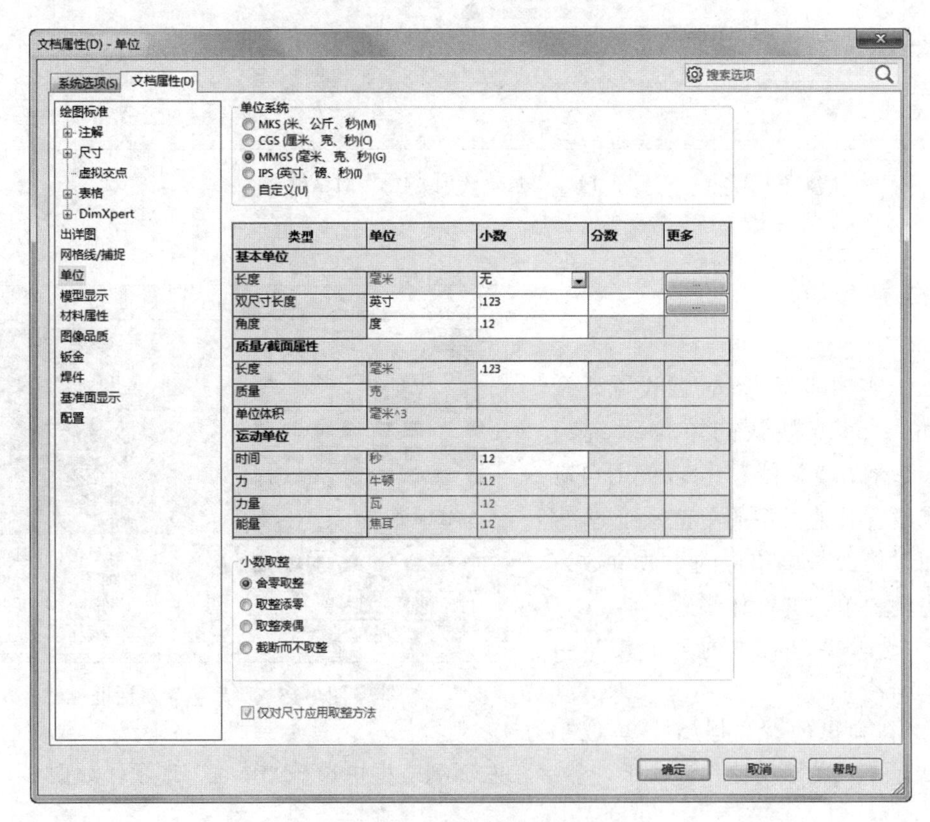

图 1-17　选择“单位”选项

（3）将“基本单位”选项组中“长度”的“小数”设置为“无”，然后单击“确定”按钮。如图 1-18 所示为设置单位前后的图形比较。

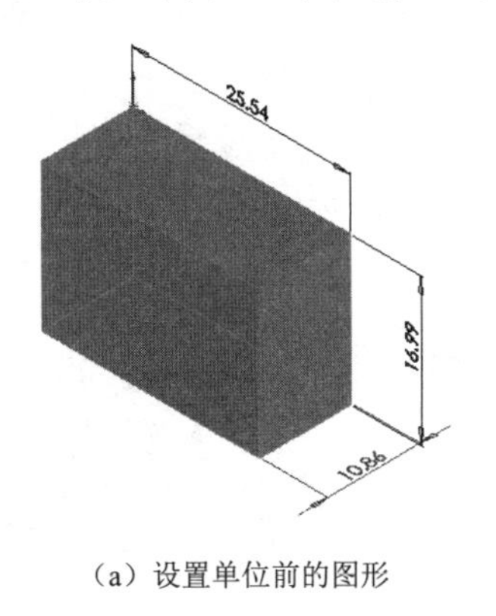

（a）设置单位前的图形

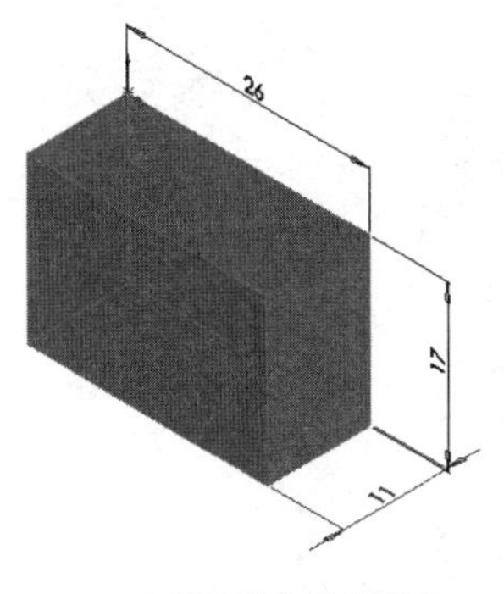

（b）设置单位后的图形

图 1-18　设置单位前后的图形比较

1.3　文件管理

扫一扫，看视频

除了上面讲述的新建文件外，常见的文件管理工作还有打开文件、保存文件、退出系统等。下面简要介绍。

1.3.1　打开文件

在 SOLIDWORKS 2018 中，可以打开已存储的文件，对其进行相应的编辑和操作。打开文件的操作步骤如下。

（1）选择菜单栏中的“文件”→“打开”命令，或者单击标准工具栏中的（打开）按钮，弹出如图 1-19 所示的“打开”对话框。

（2）在该对话框的“文件类型”下拉列表框中选择文件的类型，选择不同的文件类型，在对话框中会显示文件夹中对应文件类型的文件。单击“显示预览窗口”按钮，选择的文件就会显示在对话框的“预览”窗口中，但是并不打开该文件。

（3）选取了需要的文件后，单击“打开”按钮，就可以打开选择的文件，对其进行相应的编辑和操作。

提示：

在图 1-20 所示“文件类型”下拉列表框中，不仅可以选择 SOLIDWORKS 自带文件类型，还可以选择其他文件类型，调用其他软件（如 ProE、Catia、UG 等）生成的图形并对其进行编辑。

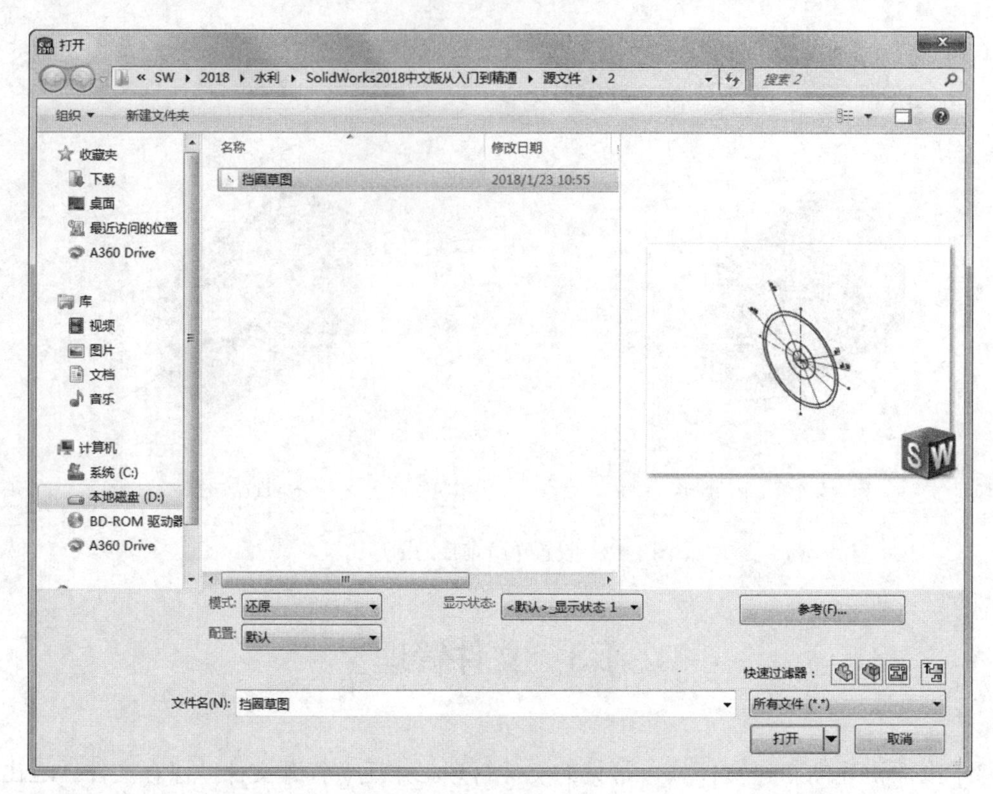

图 1-19　“打开”对话框

1.3.2　保存文件

已编辑的图形只有保存后，才能在需要时打开该文件，对其进行相应的编辑和操作。保存文件的操作步骤如下。

选择菜单栏中的“文件”→“保存”命令，或者单击标准工具栏中的（保存）按钮，弹出如图 1-21 所示的“另存为”对话框。首先选择文件存放的文件夹，然后在“文件名”文本框中输入要保存的文件名称，在“保存类型”下拉列表框中选择保存文件的类型（通常情况下，在不同的工作模式下，系统会自动设置文件的保存类型），单击“保存”按钮。

提示：

关于“保存类型”，并不限于 SOLIDWORKS 自带文件类型，如“*.sldprt”、“*.sldasm”和“*.slddrw”。也就是说，SOLIDWORKS 不但可以把文件保存为自身的类型，还可以保存为其他类型的文件，方便其他软件对其调用并进行编辑。

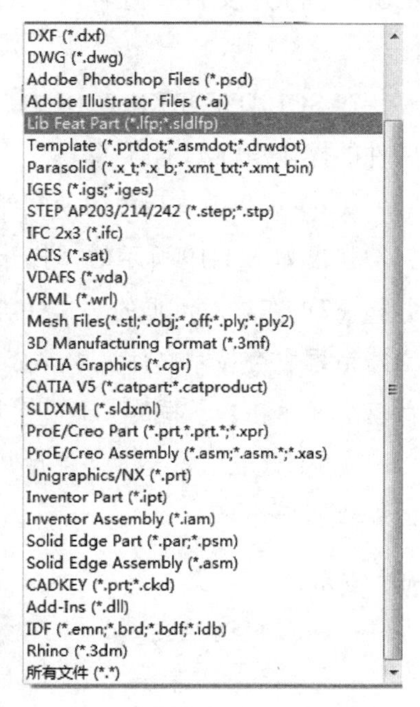

图 1-20　“文件类型”下拉列表框

通过图 1-21 所示“另存为”对话框保存文件的同时，还可以备份一份。保存备份文件，需要预先设置保存文件的目录。设置备份文件保存目录的步骤如下。

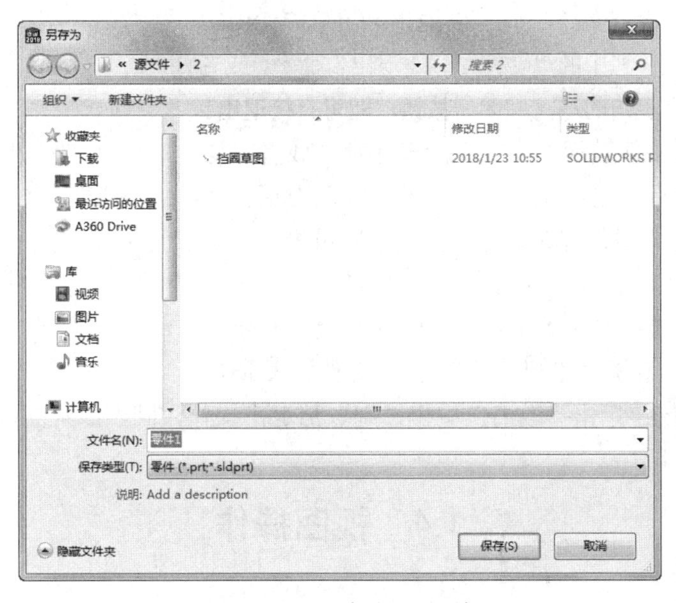

图 1-21　“另存为”对话框

选择菜单栏中的“工具”→“选项”命令，弹出如图 1-22 所示的“系统选项”对话框。选择“系统选项”选项卡，在左侧列表框中选择“备份/恢复”选项，在右侧“备份”选项组的“备份文件夹”文本框中可以修改保存备份文件的目录。

图 1-22　“系统选项”对话框

1.3.3 退出 SOLIDWORKS 2018

在文件编辑并保存完成后，就可以退出 SOLIDWORKS 2018 系统了。选择菜单栏中的“文件”→“退出”命令，或者单击系统操作界面右上角的×（关闭）按钮，即可直接退出。

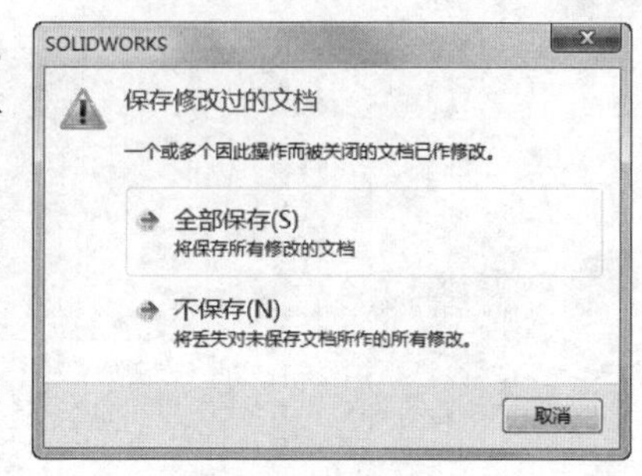

图 1-23 提示对话框

如果退出前对文件进行了编辑而没有保存，或者在操作过程中不小心执行了退出命令，则会弹出提示对话框，如图 1-23 所示。如果要保存对文件的修改，则单击“全部保存”按钮，系统就会保存修改后的文件，并退出 SOLIDWORKS 系统；如果不保存对文件的修改，则单击“不保存”按钮，系统将不保存修改后的文件，并退出 SOLIDWORKS 系统；单击“取消”按钮，则取消退出操作，回到原来的操作界面。

扫一扫，看视频

1.4 视图操作

在使用 SOLIDWORKS 绘制实体模型的过程中，视图操作是不可或缺的一部分。

常见的视图操作包括视图定向、整屏显示全图、局部放大、动态放大/缩小、旋转、平移、滚转、上一视图。相应命令集中在“视图”→“修改”子菜单中，如图 1-24 所示。下面依次讲解常用命令。

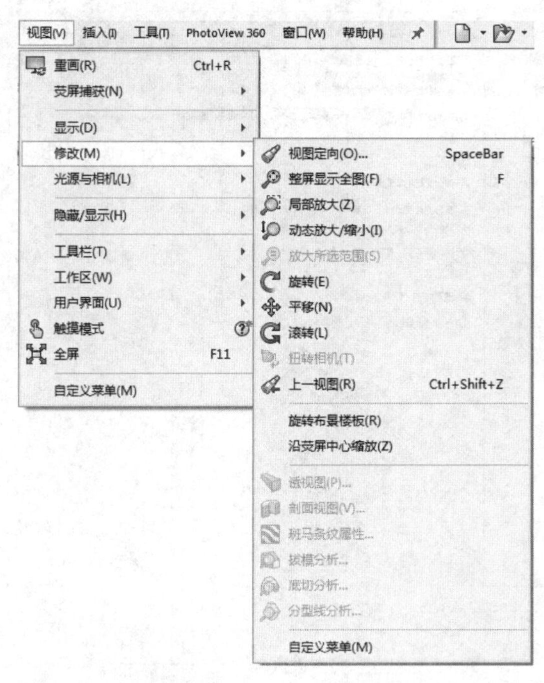

图 1-24 “视图”→“修改”命令

1．视图定向

选择模型显示方向。执行此命令有四种方式：

- 选择菜单栏中的“视图”→“修改”→“视图定向”命令，如图 1-24 所示。
- 按空格键。
- 单击鼠标右键，在弹出的快捷菜单中选择“视图定向”命令，如图 1-25 所示。
- 在“标准视图”工具栏中单击“视图定向”按钮，如图 1-26 所示。

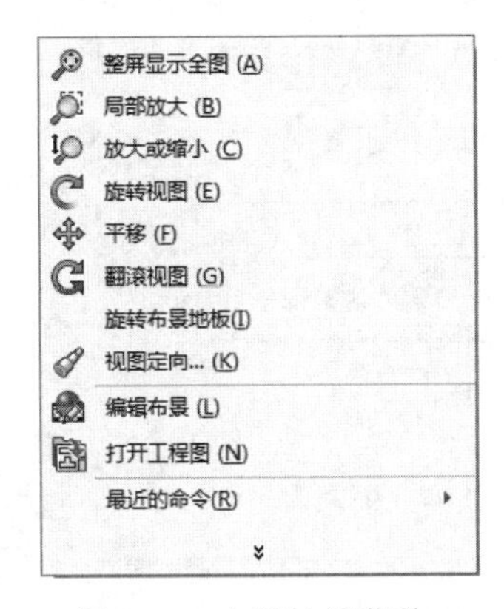

图 1-25　右键快捷菜单

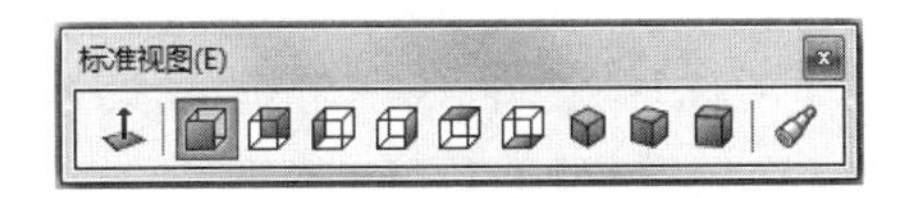

图 1-26　“标准视图”工具栏

选择“视图定向”命令后，弹出“方向”对话框，如图 1-27 所示。

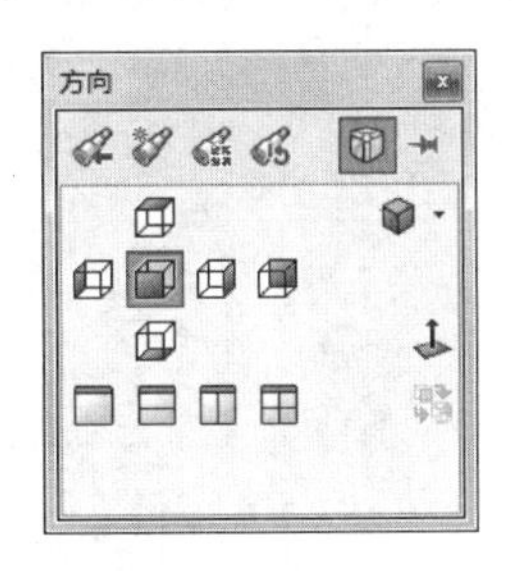

图 1-27　“方向”对话框

在该对话框中双击选择所需视图方向，实体模型转换到指定视图方向，如图 1-28 所示。

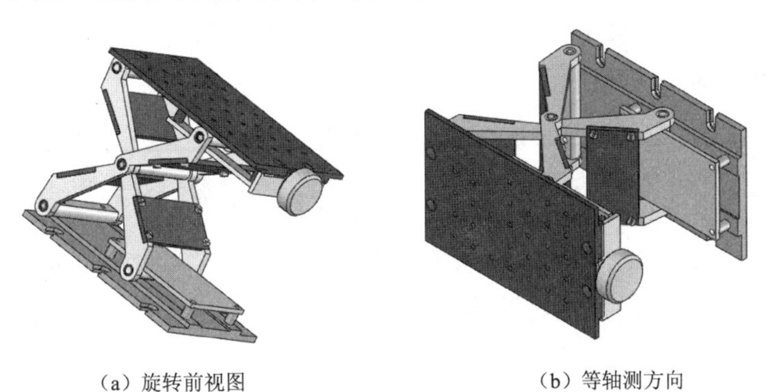

（a）旋转前视图　　（b）等轴测方向

图 1-28　转换视图

2. 整屏显示全图

缩放模型以套合窗口。执行此命令有 4 种方式：

- 选择菜单栏中的“视图”→“修改”→“整屏显示全图”命令，如图 1-24 所示。
- 在绘图区上方单击（整屏显示全图）按钮，如图 1-29 所示。
- 单击鼠标右键，在弹出的快捷菜单中选择“整屏显示全图”命令，如图 1-25 所示。
- 在“视图”工具栏中单击“整屏显示全图”按钮，如图 1-30 所示。

图 1-29　单击“整屏显示全图”按钮

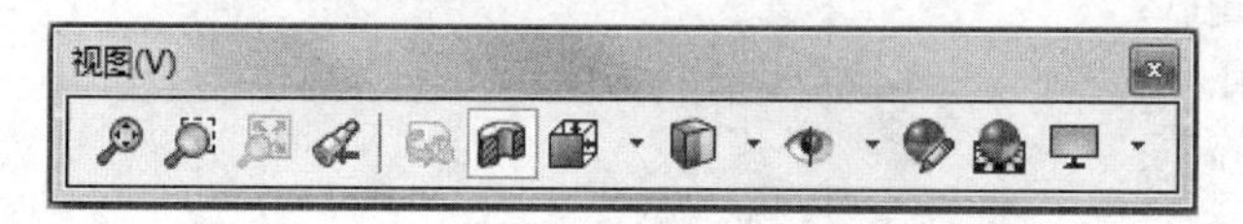

图 1-30　“视图”工具栏

使用此命令，可将模型全部显示在窗口中，如图 1-31 所示。

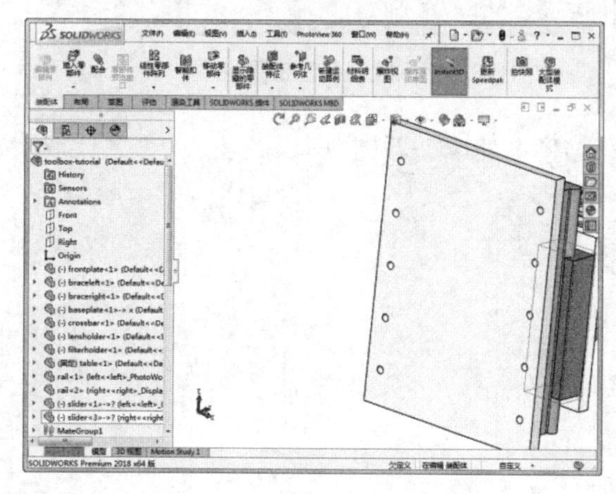

（a）部分显示模型

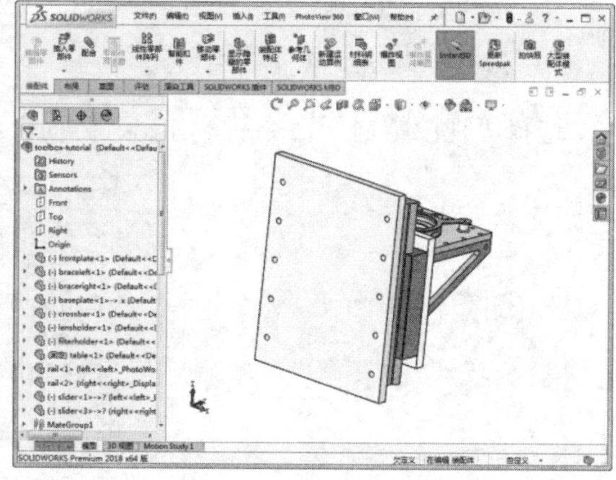

（b）全屏模型

图 1-31　显示视图

3. 局部放大

放大所选的局部区域。执行此命令有 4 种方式：

- 选择菜单栏中的“视图”→“修改”→“局部放大”命令，如图 1-24 所示。
- 在绘图区上方单击（局部放大）图标，如图 1-29 所示。
- 单击鼠标右键，在弹出的快捷菜单中选择“局部放大”命令，如图 1-25 所示。
- 在“视图”工具栏中单击“局部放大”按钮，如图 1-30 所示。

使用此命令，可放大局部模型，如图 1-32 所示。

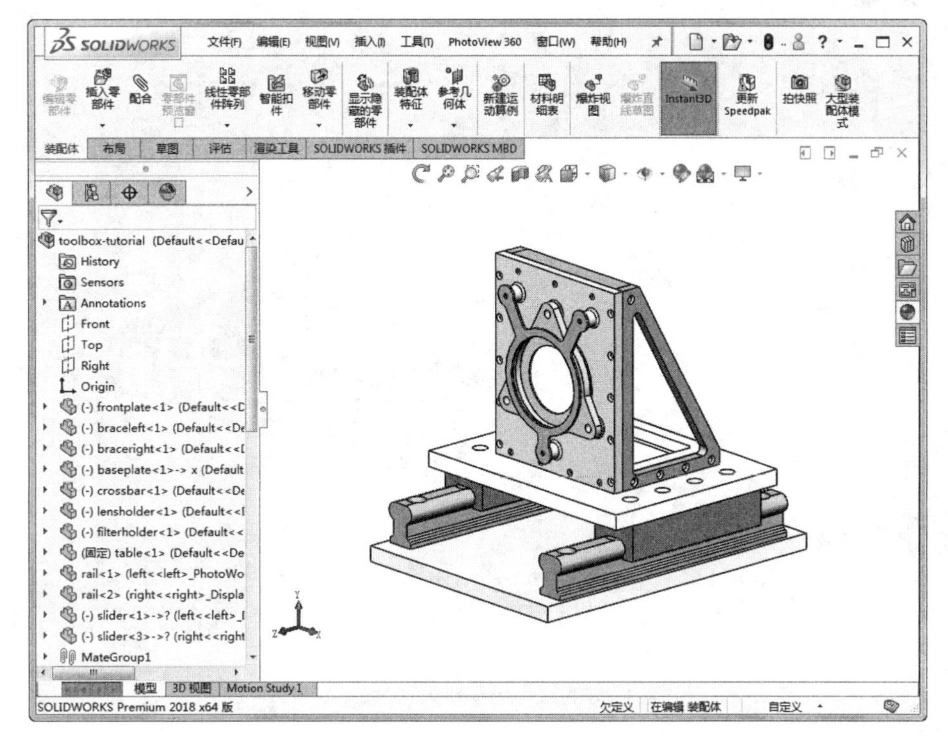

（a）放大前

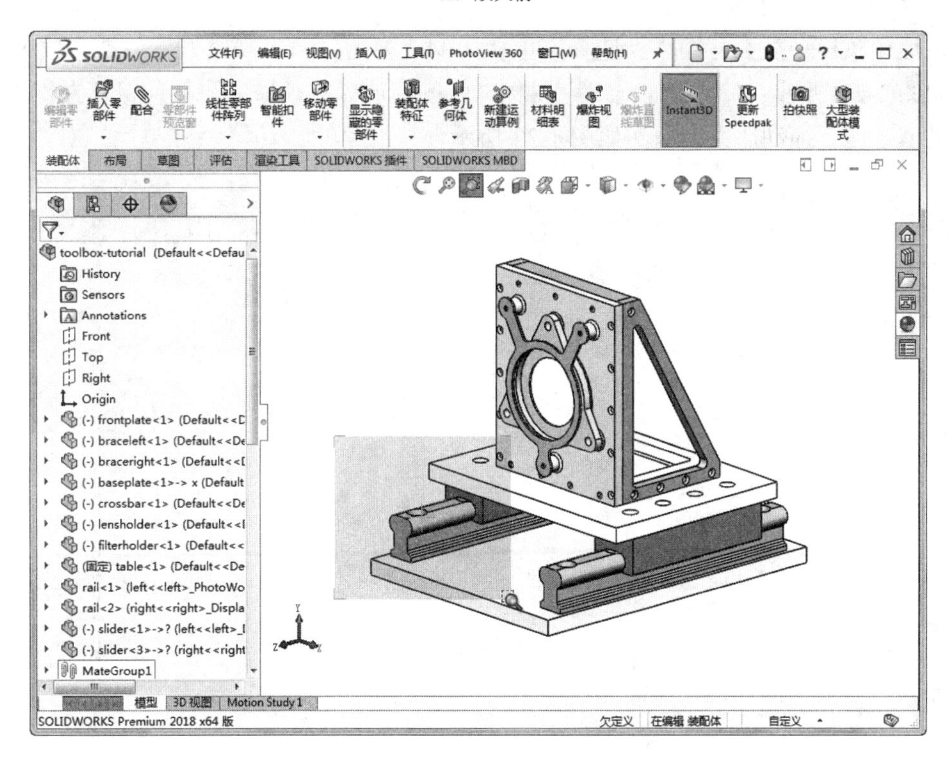

（b）选择放大区域

图 1-32　局部放大

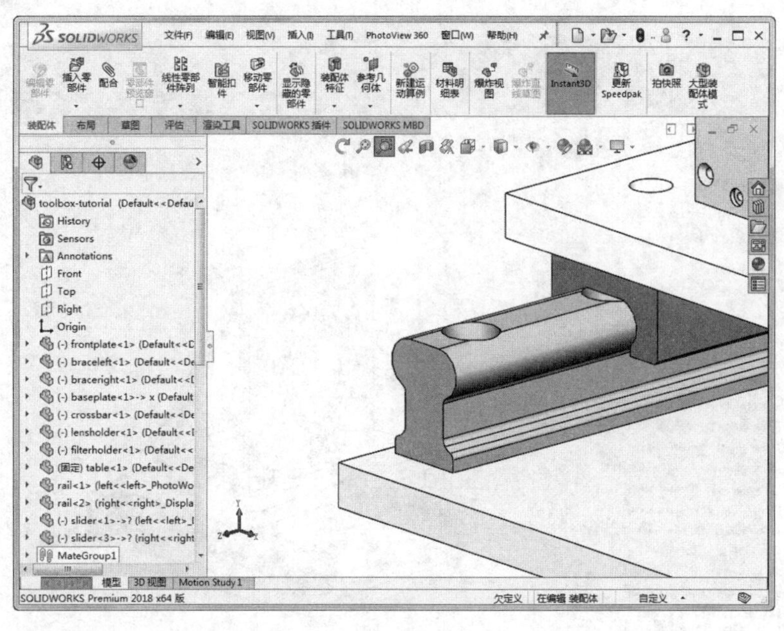

（c）放大后

图 1-32　局部放大（续）

4．动态放大/缩小

动态地调整模型放大与缩小。选择菜单栏中的“视图”→“修改”→“动态放大/缩小”命令，如图 1-24 所示。在绘图区出现图标，将图标放置在模型上，按住鼠标左键，向下拖动缩小模型，向上拖动放大模型，如图 1-33 所示。

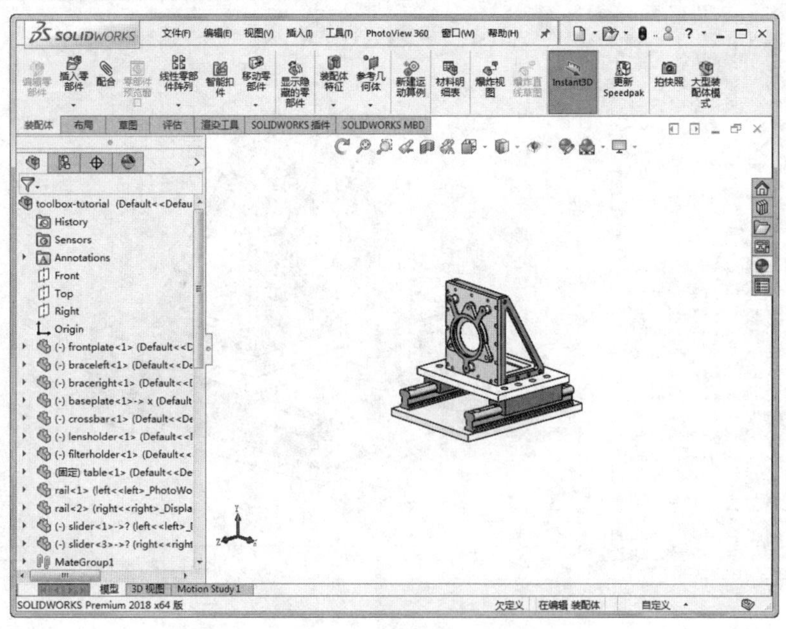

（a）缩小

图 1-33　动态放大/缩小

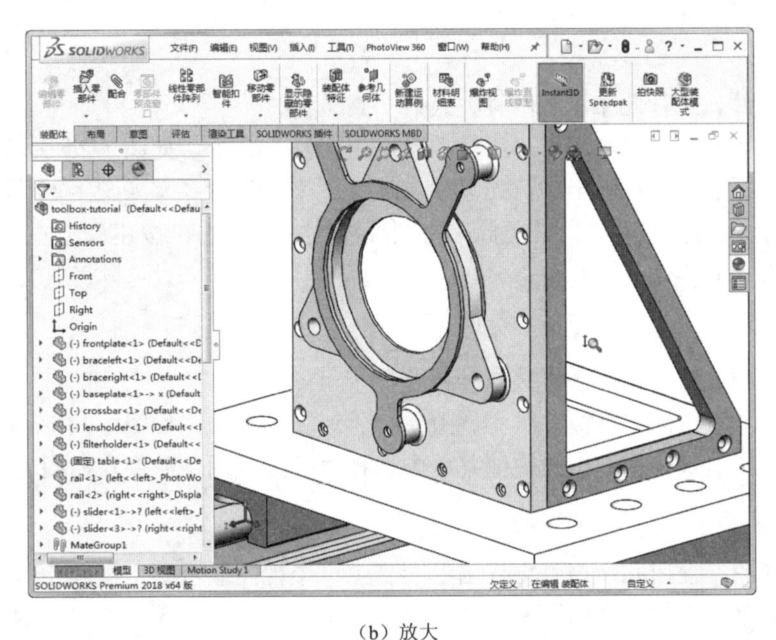

（b）放大

图 1-33　动态放大/缩小（续）

5. 旋转

旋转模型视图方向。执行此命令有两种方式：

- 选择菜单栏中的“视图”→“修改”→“旋转”命令，如图 1-24 所示。
- 单击鼠标右键，在弹出的快捷菜单中选择“旋转视图”命令，如图 1-25 所示。

选择此命令，在绘图区出现↻图标，将图标放置在模型上，按住鼠标左键，向不同方向拖动鼠标，模型随之旋转，如图 1-34 所示。

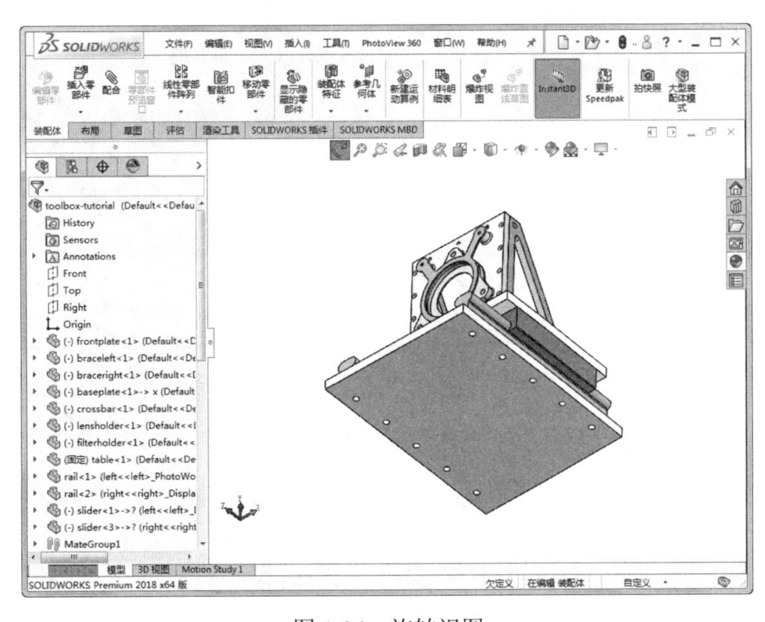

图 1-34　旋转视图

6．平移

移动模型零件。执行此命令有两种方式：

- 选择菜单栏中的“视图”→“修改”→“平移”命令，如图 1-24 所示。
- 单击鼠标右键，在弹出的快捷菜单中选择“平移”命令，如图 1-25 所示。

选择此命令，在绘图区出现图标，将图标放置在模型上，按住鼠标左键，模型随着鼠标向不同方向拖动而移动。

7．滚转

绕基点旋转模型。执行此命令有两种方式：

- 选择菜单栏中的“视图”→“修改”→“滚转”命令，如图 1-24 所示。
- 单击鼠标右键，在弹出的快捷菜单中选择“翻滚视图”命令，如图 1-25 所示。

8．上一视图

显示上一视图。使用此命令可将视图返回到上一个视图显示中。执行此命令有 3 种方式：

- 选择菜单栏中的“视图”→“修改”→“上一视图”命令，如图 1-24 所示。
- 在绘图区上方单击（上一视图）图标，如图 1-29 所示。
- 在“视图”工具栏中单击“上一视图”按钮，如图 1-30 所示。

第 2 章　草图绘制

内容简介

草图一般是由点、线、圆弧、圆和抛物线等基本图形构成的封闭和不封闭的几何图形，是三维实体建模的基础。SOLIDWORKS 中的大部分特征都是从 2D 草图绘制开始的，草图绘制在该软件的使用过程中占据着重要的地位。本章将详细介绍简单草图的绘制方法。

内容要点

- 草图绘制的基本知识
- “草图”操控面板

案例效果

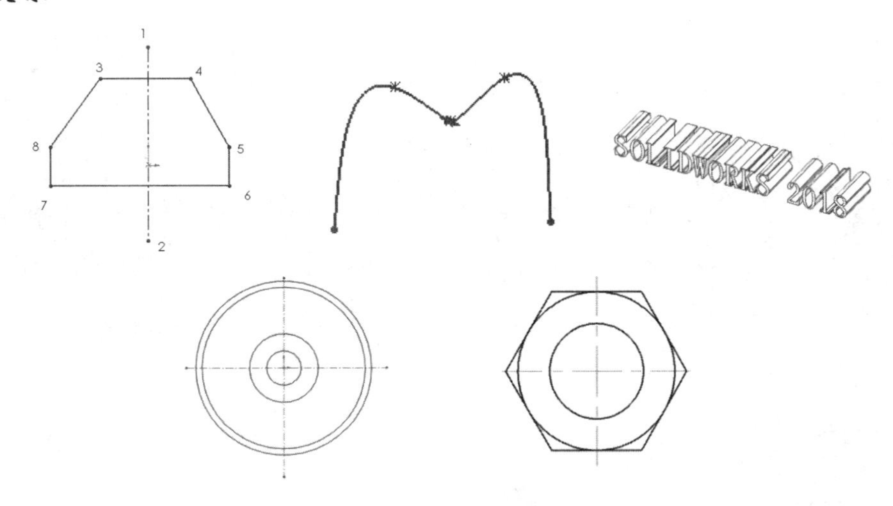

2.1　草图绘制的基本知识

草图（Sketch）是一个平面轮廓，用于定义特征的截面形状、尺寸和位置。通常，SOLIDWORKS 的模型创建都是从绘制二维草图开始的，然后生成基体特征，并在模型上添加更多的特征。所以，能够熟练地使用草图绘制工具绘制草图是一件非常重要的事。

2.1.1　建立并退出草图

扫一扫，看视频

要绘制二维草图，必须进入草图绘制状态才行。草图必须在平面上绘制，这个平面可以是基准面，也可以是三维模型上的平面。下面分别介绍两种方式的操作步骤。

1．先选择草图绘制实体的方式进入草图绘制状态

（1）执行命令。选择菜单栏中的“插入”→“草图绘制”命令，或者单击“草图”面板上的“草图绘制”按钮，或者直接单击“草图”面板中要绘制的草图实体按钮，此时绘图区将出现如图 2-1 所示的系统默认基准面。

（2）选择基准面。用鼠标左键选择绘图区中的 3 个基准面之一，确定要在哪个面上绘制草图实体。

（3）设置基准面方向。单击“前导视图”工具栏中的“正视于”按钮，使基准面旋转到正视于方向，以方便绘图。

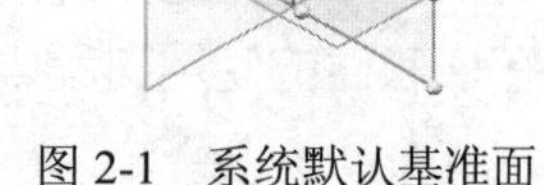

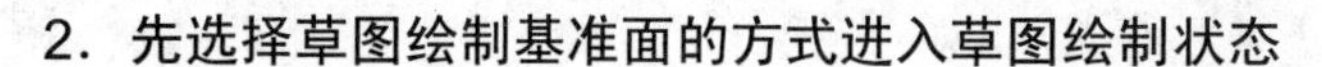

2．先选择草图绘制基准面的方式进入草图绘制状态

图 2-1　系统默认基准面

（1）选择基准面。先在左侧 FeatureManager 设计树中选择要绘制的基准面，即前视基准面、右视基准面和上视基准面中的一个面。

（2）设置基准面方向。单击“前导视图”工具栏中的“正视于”按钮，使基准面旋转到正视于方向。

（3）执行命令。单击“草图”面板中的“草图绘制”按钮，或者单击“草图”面板中要绘制的草图实体按钮，进入草图绘制状态，如图 2-2 所示。

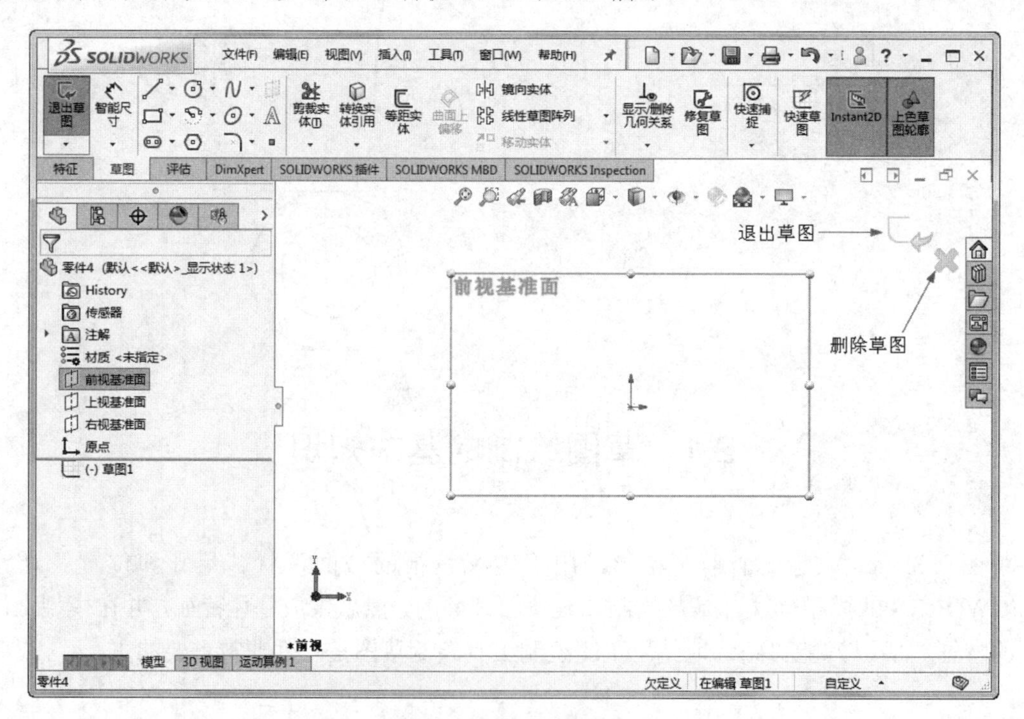

图 2-2　草图绘制模式

草图绘制完毕后，可立即建立特征，也可以退出草图绘制再建立特征（有些特征的建立需要多个草图，如扫描实体等），因此需要了解退出草图绘制的方法。退出草图绘制的方式主

要有如下几种：

（1）利用菜单命令方式。选择菜单栏中的“插入”→“退出草图”命令，退出草图绘制状态。

（2）利用工具栏按钮方式。单击标准工具栏中的“重建”按钮，或者单击“草图”工具栏中的“退出草图”按钮，退出草图绘制状态。

（3）利用快捷菜单方式。在绘图区单击鼠标右键，在弹出的如图 2-3 所示快捷菜单中单击“退出草图”按钮，退出草图绘制状态。

（4）利用绘图区确认角落的图标方式。在绘制草图的过程中，绘图区的右上角会出现如图 2-4 所示的提示图标。单击上面的图标，即可退出草图绘制状态。

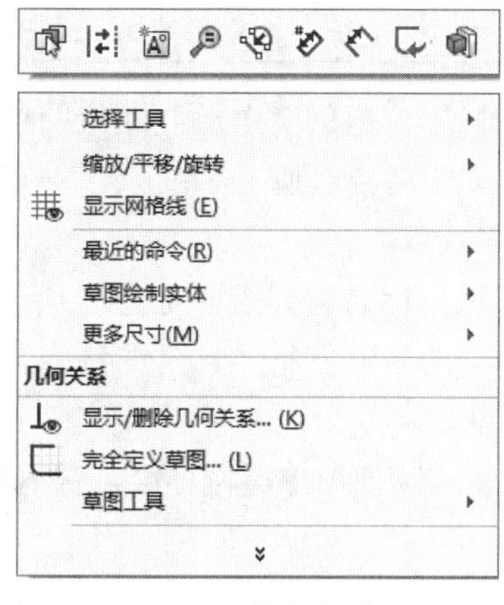

图 2-3　快捷菜单

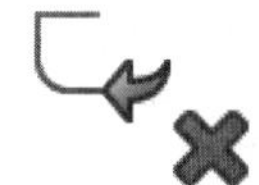

图 2-4　确认角落的图标

单击确认角落下面的图标，将弹出提示对话框，提示是否保存对草图的修改，如图 2-5 所示。如果丢弃对草图所做的更改，单击“丢弃更改并退出”按钮，即可直接退出草图绘制状态。

（5）利用控制面板方式。在绘制草图的过程中，单击“草图”面板中的“退出草图”按钮，退出草图绘制状态。

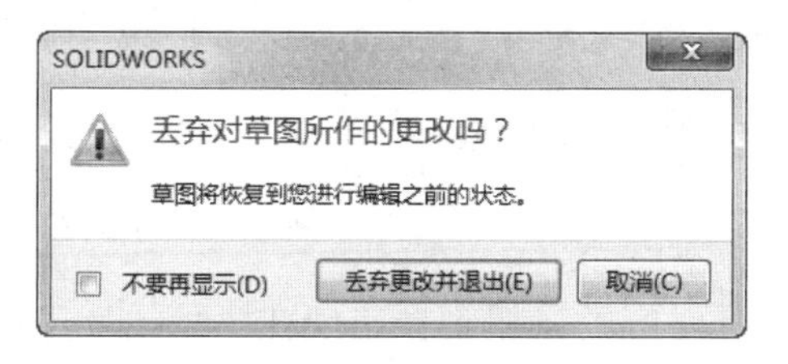

图 2-5　提示对话框

2.1.2　草图光标

在绘制或编辑草图实体时，光标会根据所选择的命令变为相应的图标形状。

绘图光标的类型以及作用如表 2-1 所示。

表 2-1　绘图光标的类型以及作用说明

光标类型	作用说明	光标类型	作用说明
	绘制一点		绘制直线或者中心线
	绘制 3 点圆弧		绘制抛物线
	绘制圆		绘制椭圆
	绘制样条曲线		绘制矩形
	绘制多边形		绘制四边形
	标注尺寸		延伸草图实体
	圆周阵列复制草图		线性阵列复制草图

为了提高绘制图形的效率，SOLIDWORKS 软件提供了自动判断绘图位置的功能。在执行绘图命令时，光标会在绘图区自动寻找端点、中心点、圆心、交点、中点以及任意点，这样提高了鼠标定位的准确性和快速性。

在相应的位置，光标会变成相应的图标形状，称之为锁点光标。锁点光标可以在草图实体上形成，也可以在特征实体上形成。需要注意的是，特征实体上的锁点光标只能在绘图平面的实体边缘产生，在其他平面的边缘不能产生。

锁点光标的类型在此不再赘述，读者可以在实际使用中慢慢体会。很好的利用锁点光标，可以提高绘图的效率。

2.2　“草图”操控面板

SOLIDWORKS 提供了草图绘制工具以方便绘制草图实体。如图 2-6 所示为“草图”操控面板（操控面板通常也称为工具栏）。

图 2-6　“草图”操控面板

并非所有的草图绘制工具对应的按钮都会出现在“草图”操控面板中，如果要重新安排“草图”操控面板中的工具按钮，可进行如下操作。

（1）选择“工具”→“自定义”命令，打开“自定义”对话框。

（2）选择“命令”选项卡，在“类别”列表框中选择“草图”，如图 2-7 所示。

（3）在“按钮”列表框中单击一个按钮，可以在“说明”文本框内查看对该按钮的说明，如图 2-7 所示。

（4）选择要使用的按钮，将其拖动到“草图”面板中。

（5）如果要删除面板中的按钮，只要将其从面板中拖放回“按钮”列表框中即可。

（6）更改结束后，单击“确定”按钮，关闭对话框。

图 2-7　在“类别”列表框中选择“草图”

2.2.1　直线的绘制

扫一扫，看视频

在所有图形实体中，直线是最基本的。如果要绘制一条直线，可进行如下操作。

【执行方式】

- 工具栏：单击“草图”工具栏中的“直线”按钮。
- 菜单栏：选择“工具”→“草图绘制实体”→“直线”命令。
- 控制面板：单击“草图”面板中的“直线”按钮。

【操作步骤】

此时出现“直线”属性管理器，鼠标指针变为形状。

（1）单击图形区域，标出直线的起始处。

（2）以下列方法之一完成直线的绘制。

- 将鼠标指针拖动到直线的终点，然后释放。
- 释放鼠标，将鼠标指针移动到直线的终点，然后再次单击。

 注意：

在二维草图绘制中有两种模式：单击－拖动或单击－单击。SOLIDWORKS 根据用户的提示来确定模式。
（1）如果单击第一个点并拖动，则进入单击－拖动模式。
（2）如果单击第一个点并释放鼠标，则进入单击－单击模式。

如果要对所绘制的直线进行修改，可以用以下方法完成。

（1）选择一个端点并拖动此端点来延长或缩短直线。

（2）选择整条直线拖动到另一个位置来移动直线。

（3）选择一个端点并拖动它来改变直线的角度。

如果要修改直线的属性，可以在草图中选中直线，然后在“直线”属性管理器中编辑其属性。

扫一扫，看视频

2.2.2 圆的绘制

圆也是草图绘制中经常使用的图形实体。SOLIDWORKS 提供了两种绘制圆的方法：创建圆和周边圆。

【执行方式】

- 工具栏：单击“草图”工具栏中的“圆”按钮或“周边圆”按钮。
- 菜单栏：选择“工具”→“草图绘制实体”→“圆”或“周边圆”命令。
- 控制面板：单击“草图”面板中的“圆”按钮或“周边圆”按钮。

【操作步骤】

1. 创建圆

创建圆的默认方式是指定圆心和半径。

（1）单击“草图”面板中的“圆”按钮，鼠标指针变为形状，随后弹出“圆”属性管理器。

（2）在图形区域选择合适位置放置圆心。

（3）拖动鼠标设定半径，系统会自动显示半径的值，如图 2-8 所示。

（4）如果要对绘制的圆进行修改，拖动圆的边线来缩小或放大圆，也可以拖动圆的中心来移动圆。

（5）如果要修改圆的属性，可以在草图中选择圆，然后在左边弹出的“圆”属性管理器中进行编辑。

2. 周边圆

周边圆即通过 3 点来生成圆。

（1）单击“草图”面板中的“周边圆”按钮，鼠标指针变为形状，随后弹出“圆”属性管理器。

（2）在图形区域选择合适的位置，单击鼠标，确定圆的起点位置。

（3）拖动鼠标单击圆的第 2 点位置。

（4）拖动鼠标单击圆的第 3 点位置，确定圆的大小。

（5）在“圆”属性管理器中进行必要的变更，然后单击属性管理器中的“关闭对话框”按钮✔，结果如图 2-9 所示。

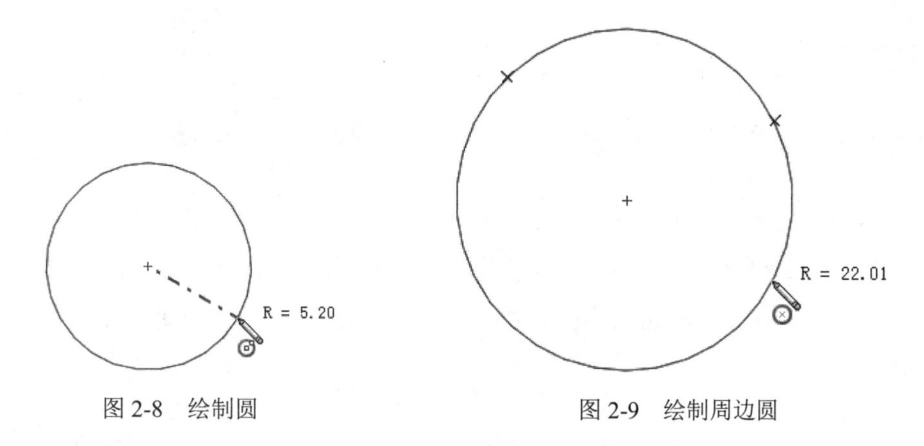

图 2-8　绘制圆　　　　图 2-9　绘制周边圆

2.2.3　圆弧的绘制

圆弧是圆的一部分。SOLIDWORKS 提供了 3 种绘制圆弧的方法：圆心/起点/终点画弧、三点画弧和切线画弧。

【执行方式】

- 工具栏：单击“草图”工具栏中的“圆心/起点/终点画弧”按钮、“三点圆弧”按钮或“切线弧”按钮。
- 菜单栏：选择“工具”→“草图绘制实体”→“圆心/起点/终点画弧”、“三点圆弧”或“周边圆”菜单命令。
- 控制面板：单击“草图”面板中的“圆心/起点/终点画弧”按钮、“三点圆弧”按钮或“切线弧”按钮。

【操作步骤】

1. 圆心/起点/终点画弧

即由圆心、圆弧起点、圆弧终点来决定圆弧。

（1）单击“草图”面板中的“圆心/起点/终点画弧”按钮，此时鼠标指针变为形状，随后弹出“圆弧”属性管理器。

（2）在图形区域选择合适的位置，单击鼠标，放置圆弧圆心。

（3）按住鼠标左键拖动到希望放置圆弧开始点的位置。

（4）释放鼠标。圆周参考线会继续显示。

（5）拖动鼠标以设定圆弧的长度和方向。

（6）释放鼠标。

（7）如果要修改绘制好的圆弧，选择圆弧后在“圆弧”属性管理器中编辑其属性即可。

2. 三点画弧

通过指定 3 个点（起点、终点及中点）来生成圆弧。

（1）单击“草图”面板中的“三点圆弧”按钮，此时鼠标指针变为形状，随后弹出“圆弧”属性管理器。

（2）在图形区域选择合适的位置，单击鼠标，放置圆弧起点。

（3）拖动鼠标到圆弧结束的位置。

（4）单击鼠标，放置圆弧终点。

（5）拖动鼠标以设置圆弧的半径，必要的话可以反转圆弧的方向。

（6）单击鼠标，放置圆弧中点。

（7）在“圆弧”属性管理器中进行必要的变更，然后单击属性管理器中的“关闭对话框”按钮，结果如图 2-10 所示。

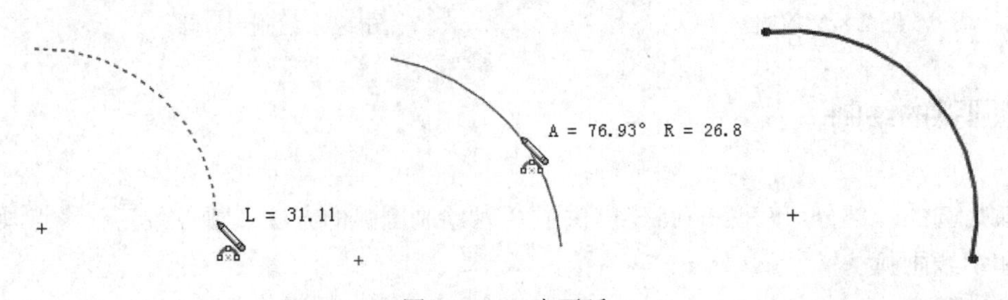

图 2-10 三点画弧

3. 切线弧

切线弧是指与草图实体相切的弧线，可以用两种方法生成：“切线弧”工具和自动过渡方法。

用“切线弧”工具生成切线弧的操作步骤如下。

（1）单击“草图”面板中的“切线弧”按钮。

（2）在直线、圆弧、椭圆或样条曲线的端点处单击，此时出现“圆弧”属性管理器，鼠标指针变为形状。

（3）拖动圆弧以绘制所需的形状，如图 2-11 所示。

（4）单击鼠标，在绘图区域合适位置放置圆弧终点。

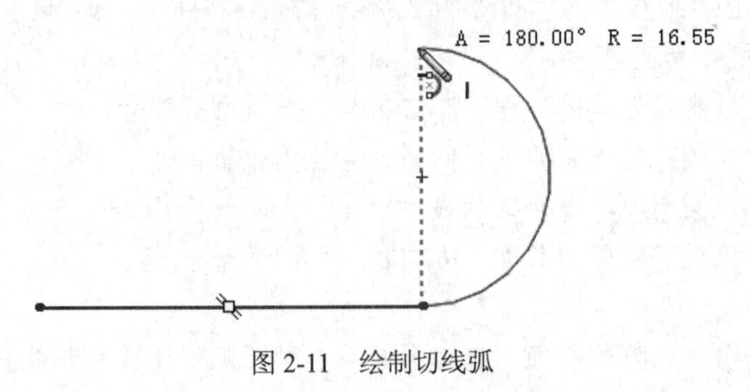

图 2-11 绘制切线弧

注意：

SOLIDWORKS 可从鼠标指针的移动中推理出用户想要绘制切线弧还是法线弧，存在 4 个目的区，具有如图 2-12 所示的 8 种可能结果。沿相切方向移动鼠标指针将生成切线弧；沿垂直方向移动将生成法线弧。可通过先返回到端点然后向新的方向移动来实现在切线弧和法线弧之间的切换。

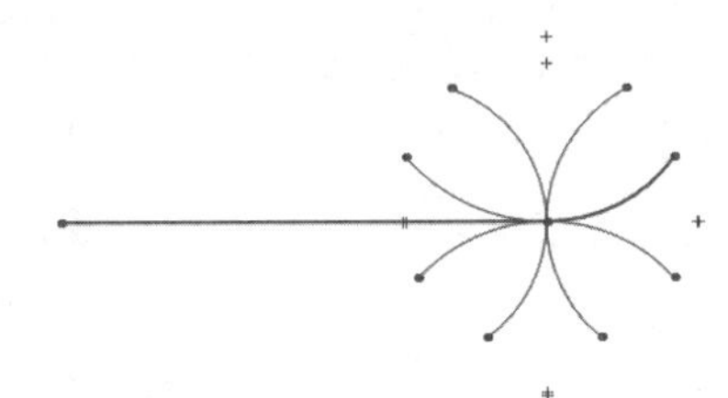

图 2-12　8 种可能的结果

以自动过渡方法绘制切线弧的操作步骤如下。

（1）单击“草图”面板中的“直线”按钮，此时鼠标指针变为形状。

（2）在直线、圆弧、椭圆或样条曲线的端点处单击，然后将鼠标指针移开。预览显示将生成一条直线。

（3）将鼠标指针移回到终点，然后再移开。预览显示生成一条切线弧。

（4）在图形区域选择合适的位置，单击鼠标，放置圆弧。

说明：

如果想要在直线和圆弧之间切换而不回到直线、圆弧、椭圆或样条曲线的端点处，操作的同时按 A 键即可。

2.2.4　矩形的绘制

扫一扫，看视频

矩形的 4 条边是单独的直线，可以分别对其进行编辑（如剪切、删除等）。

【执行方式】

- 工具栏：单击“草图”工具栏中的“边角矩形”按钮或“中心矩形”按钮、“3 点边角矩形”按钮或“3 点中心矩形”按钮。
- 菜单栏：选择“工具”→“草图绘制实体”→“边角矩形”或“中心矩形”“3 点边角矩形”“3 点中心矩形”命令。
- 控制面板：单击“草图”面板中的“边角矩形”按钮或“中心矩形”按钮、“3 点边角矩形”按钮、“3 点中心矩形”按钮。

【操作步骤】

1.“边角矩形”命令画矩形

矩形的 4 条边是单独的直线，可以分别对其进行编辑（如剪切、删除等）。

（1）单击“草图”面板中的“边角矩形”按钮，此时鼠标指针变为形状。

（2）在图形区域选择合适位置，单击鼠标确定矩形的一个角的位置。

（3）拖动鼠标，调整好矩形的大小和形状后，单击鼠标确定矩形的另一个角点。在拖动鼠标时矩形的尺寸会动态地显示，如图 2-13 所示。

图 2-13 绘制矩形

2．“中心矩形”命令画矩形

利用“中心矩形”命令画矩形的方法是指定矩形的中心与右上角点确定矩形的中心和 4 条边线。

（1）在草图绘制状态下，单击“草图”面板中的“中心矩形”按钮，此时鼠标指针变为形状。

（2）在绘图区选择合适位置，单击鼠标确定矩形的中心点 1。

（3）移动鼠标，单击确定矩形的一个角点 2，矩形绘制完毕。

3．“3 点边角矩形”命令画矩形

“3 点边角矩形”命令是通过指定 3 个点来确定矩形的，前面两个点用来定义角度和一条边，第 3 点用来确定另一条边。

（1）在草图绘制状态下，单击“草图”面板中的“3 点边角矩形”按钮，此时鼠标指针变为形状。

（2）在绘图区选择合适位置，单击鼠标确定矩形的边角点 1。

（3）移动鼠标，单击确定矩形的另一个边角点 2。

（4）继续移动鼠标，单击确定矩形的第 3 个边角点 3，矩形绘制完毕。

4．“3 点中心矩形”命令画矩形

“3 点中心矩形”命令是通过指定 3 个点来确定矩形。

（1）在草图绘制状态下，单击“草图”面板中的“3 点中心矩形”按钮，此时鼠标指针变为形状。

（2）在绘图区选择合适位置，单击鼠标确定矩形的中心点 1。

（3）移动鼠标，单击确定矩形一条边线的中点 2。

（4）继续移动鼠标，单击确定矩形的一个角点 3，矩形绘制完毕。

扫一扫，看视频

2.2.5 平行四边形的绘制

“平行四边形”命令既可以生成平行四边形，也可以生成边线与草图网格线不平行或不垂直的矩形。

【执行方式】

- 工具栏：单击“草图”工具栏中的“平行四边形”按钮。
- 菜单栏：选择“工具”→“草图绘制实体”→“平行四边形”命令。
- 控制面板：单击“草图”面板中的“平行四边形”按钮。

【操作步骤】

（1）单击“草图”面板中的“平行四边形”按钮，此时鼠标指针变为形状。

（2）在绘图区域选择合适位置单击，确定平行四边形的起始位置。

（3）拖动鼠标，并在调整好平行四边形一条边线的方向和长度后再次单击以确定。

（4）拖动鼠标，直至平行四边形的大小和形状正确为止。

（5）再次单击以结束此次操作。

（6）拖动平行四边形的一个角改变其形状。

如果要以一定的角度绘制矩形，可按如下操作。

（1）单击“草图”面板中的“平行四边形”按钮，此时鼠标指针变为形状。

（2）在矩形开始的位置单击。

（3）拖动鼠标，并在调整好矩形一条边线的方向和长度后再次单击以确定。

（4）拖动鼠标直至矩形的大小正确为止。

（5）再次单击以结束此次操作。

（6）可拖动矩形的一个角来改变其形状，但不能通过拖动更改矩形的角度。

2.2.6　多边形的绘制

扫一扫，看视频

多边形是由至少 3 条至多 1024 条长度相等的边组成的封闭图形。绘制多边形的方式是指定多边形的中心以及对应该多边形的内切圆或外接圆的直径。

【执行方式】

- 工具栏：单击“草图”工具栏中的“多边形”按钮。
- 菜单栏：选择“工具”→“草图绘制实体”→“多边形”命令。
- 控制面板：单击“草图”面板中的“多边形”按钮。

【操作步骤】

（1）单击“草图”面板中的“多边形”按钮，此时鼠标指针变为形状。

（2）出现“多边形”属性管理器，如图 2-14 所示。

（3）首先选择多边形的形成方式（内切圆或外接圆），然后设置多边形参数。

（4）在“参数”栏中设置多边形的属性。

（5）设置好属性后单击“关闭对话框”按钮，完成多边形的绘制。

也可以在绘图区合适位置单击，确定多边形的中心位置；然后拖动鼠标，根据显示的多边形半径和角度，调整好大小和方向；再次单击以确定多边形，如图 2-15 所示。

【选项说明】

- 微调框：用于指定多边形的边数。
- 微调框：用于指定多边形中央的 X 坐标。
- 微调框：用于指定多边形中央的 Y 坐标。
- 微调框：用于指定多边形的内切圆或外接圆的直径。该选项取决于选择了内切圆还是外接圆。
- 微调框：用于指定多边形旋转的角度。

➘ “新多边形”按钮：单击该按钮，将在关闭属性管理器之前生成另一个多边形。

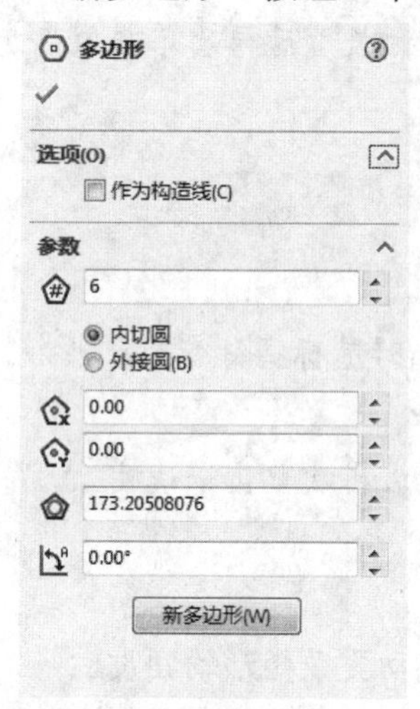

图 2-14　设置多边形属性

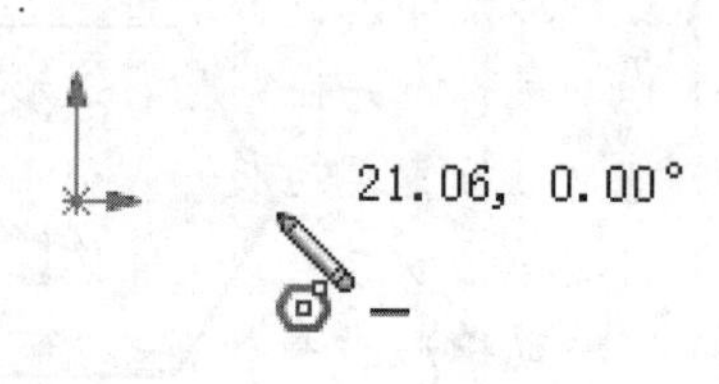

图 2-15　绘制多边形

扫一扫，看视频

2.2.7　椭圆和部分椭圆的绘制

【执行方式】

➘ 工具栏：单击“草图”工具栏中的“椭圆”按钮或“部分椭圆”按钮。

➘ 菜单栏：选择“工具”→“草图绘制实体”→“椭圆”或“部分椭圆”命令。

➘ 控制面板：单击“草图”面板中的“椭圆”按钮或“部分椭圆”按钮。

【操作步骤】

1．绘制椭圆

在几何学中，一个椭圆是由两个轴和一个中心点定义的，椭圆的形状和位置由 3 个因素决定：中心点、长轴、短轴。椭圆轴决定了椭圆的方向，中心点决定了椭圆的位置。

（1）单击“草图”面板中的“椭圆”按钮，此时鼠标指针变为形状。

（2）在绘图区合适位置单击，确定椭圆中心点的位置。

（3）拖动鼠标并再次单击以设定椭圆的长轴。

（4）拖动鼠标并再次单击以设定椭圆的短轴。

2．绘制部分椭圆

部分椭圆是椭圆的一部分。如同由圆心、圆弧起点和圆弧终点生成圆弧一样，也可以由中心点、椭圆弧起点以及终点生成椭圆弧。

（1）单击“草图”面板中的“部分椭圆”按钮，此时鼠标指针变为形状。

（2）在图形区域合适位置单击，放置椭圆的中心点。

（3）拖动鼠标并单击以定义出椭圆的一个轴。

（4）拖动鼠标并单击以定义出椭圆的第二个轴，同时定义了椭圆弧的起点。

（5）保留圆周引导线，绕椭圆周拖动鼠标定义椭圆的范围，如图 2-16 所示。

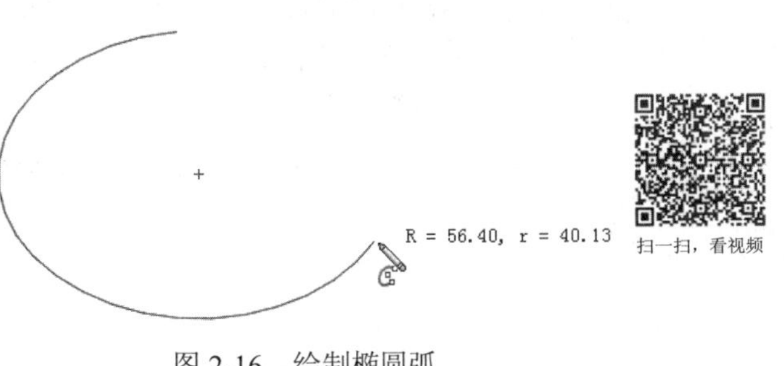

图 2-16　绘制椭圆弧

2.2.8　抛物线的绘制

【执行方式】

- 工具栏：单击“草图”工具栏中的“抛物线”按钮。
- 菜单栏：选择“工具”→“草图绘制实体”→“抛物线”命令。
- 控制面板：单击“草图”面板中的“抛物线”按钮。

【操作步骤】

1. 绘制抛物线

（1）单击“草图”面板中的“抛物线”按钮，此时鼠标指针变为形状。

（2）在图形区域合适位置单击，放置抛物线的焦点，出现“抛物线”属性管理器，然后拖动鼠标以放大抛物线。

（3）在绘图区合适位置单击，确定抛物线轮廓。

（4）继续在绘图区抛物线轮廓上单击，拖动来定义曲线的范围。

2. 修改抛物线

（1）当鼠标指针位于抛物线上时会变成形状。

（2）选择一抛物线，此时出现“抛物线”属性管理器。

（3）拖动顶点以形成曲线。当选择顶点时鼠标指针变成形状。

- 如要展开曲线，将顶点拖离焦点。在移动顶点时，移动图标出现在鼠标指针旁。
- 如要制作更尖锐的曲线，可将顶点拖向焦点，如图 2-17 所示。
- 如要改变抛物线一条边的长度而不修改抛物线的弧度，可选择一个端点并拖动，如图 2-18 所示。

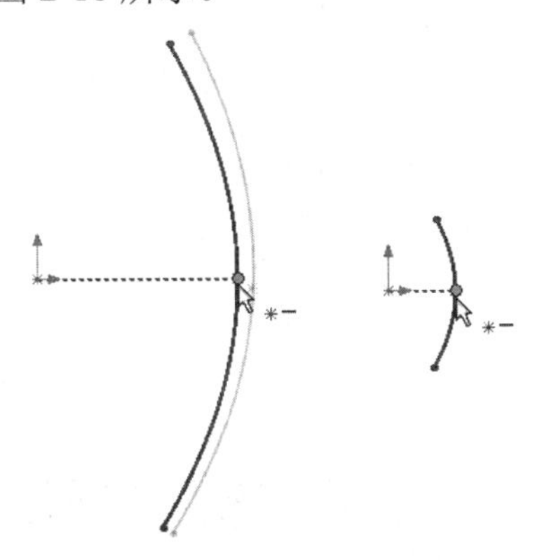

图 2-17　拖动顶点以展开抛物线

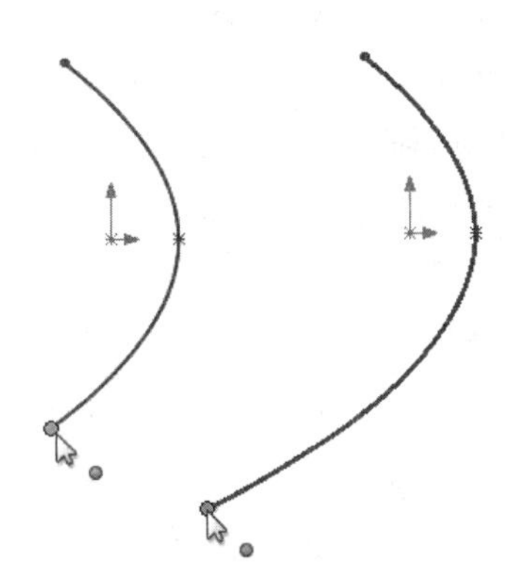

图 2-18　拖动端点以延长抛物线

- 如要将抛物线移到新的位置，选中抛物线的焦点并将其拖动到新位置，如图 2-19 所示。
- 如要修改抛物线两边的长度而不改变抛物线的圆弧，可将抛物线拖离端点，如图 2-20 所示。

（4）要修改抛物线属性，只需在草图中选择抛物线，然后在弹出的“抛物线”属性管理器中编辑其属性即可。

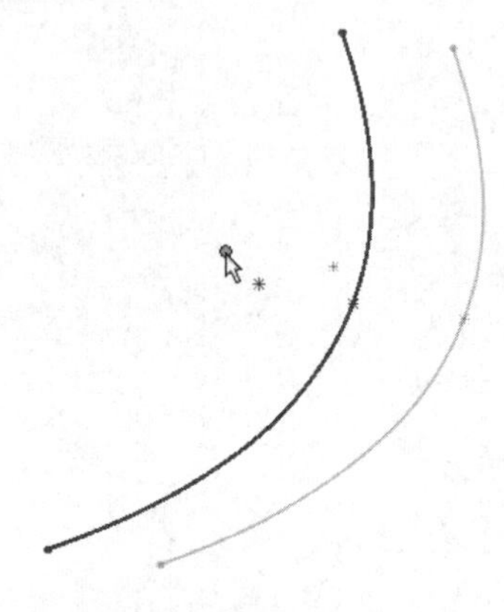

图 2-19　移动抛物线

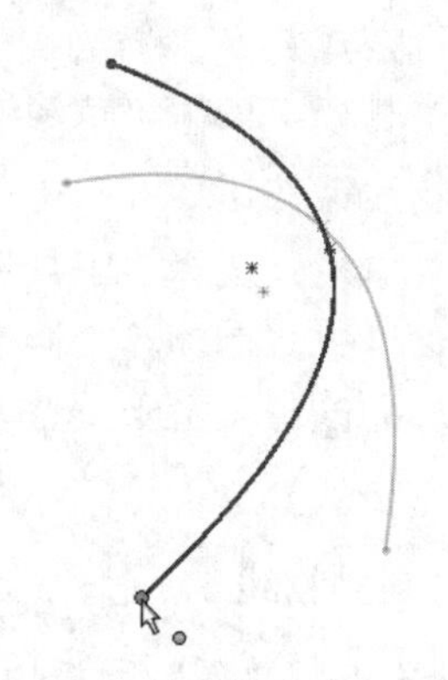

图 2-20　修改抛物线两边的长度

扫一扫，看视频

2.2.9　样条曲线的绘制

样条曲线是由一组点定义的光滑曲线，经常用于精确地表示对象的造型。在 SOLIDWORKS 中，最少只需两个点就可以绘制一条样条曲线，还可以在其端点指定相切的几何关系。

【执行方式】

- 工具栏：单击“草图”工具栏中的“样条曲线”按钮。
- 菜单栏：选择“工具”→“草图绘制实体”→“样条曲线”命令。
- 控制面板：单击“草图”面板中的“样条曲线”按钮。

【操作步骤】

1．绘制样条曲线

（1）单击“草图”面板中的“样条曲线”按钮，此时鼠标指针变为形状。

（2）单击以放置样条曲线的第一个点，然后拖动鼠标出现第一段曲线，此时出现“样条曲线”属性管理器。

（3）单击终点，然后拖动出第二段曲线。

（4）重复以上步骤直到完成样条曲线的绘制。

2．改变样条曲线

（1）选中样条曲线，如图 2-21 所示。

图 2-21　样条曲线上的控标

（2）可以使用以下方法修改样条曲线。

- 拖动控标来改变样条曲线的形状。
- 添加或移除样条曲线上的点来帮助改变样条曲线的形状。

- 右击样条曲线，在弹出的快捷菜单中选择“插入样条曲线型值点”命令，此时鼠标指针变为形状，在样条曲线上单击一个或多个需插入点的位置即可。要删除曲线型值点，只要选中该点后按 Delete 键。用户既可以通过拖动型值点来改变曲线形状，也可以通过型值点进行智能标注或添加几何关系来改变曲线形状。
- 右击样条曲线，在弹出的快捷菜单中选择“显示控制多边形”命令。通过移动方框操纵样条曲线的形状，如图 2-22 所示。

注意：

移动方框操纵样条曲线可以用于在 SOLIDWORKS 中生成的可以调整的样条曲线，而不能用于输入的或转换的样条曲线。

- 右击样条曲线，在弹出的快捷菜单中选择“简化样条曲线”命令，在弹出的“简化样条曲线”对话框（如图 2-23 所示）中对样条曲线进行平滑处理。SOLIDWORKS 2018 将调整公差并计算生成点更少的新曲线。点的数量在“在原曲线中”和“在简化曲线中”文本框中显示，公差在“公差”文本框中显示。原始样条曲线显示在图形区域中，并给出平滑曲线的预览。简化样条曲线可提高包含复杂样条曲线的模型的性能。

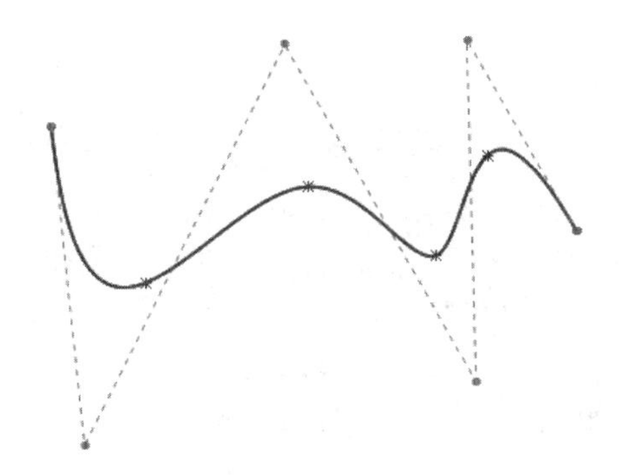

图 2-22　操纵样条曲线的形状

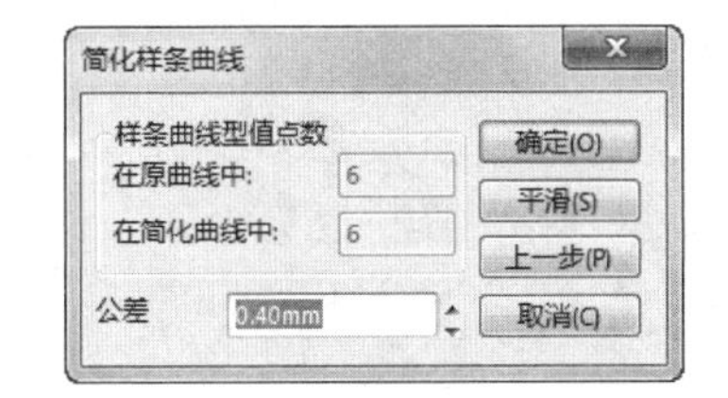

图 2-23　“简化样条曲线”对话框

注意：

如有必要，可单击“上一步”按钮返回到上一步；可多次单击，直至返回到原始曲线。
单击“简化样条曲线”对话框中的“平滑”按钮，将样条曲线简化到两个点时，该样条曲线将与所连接的直线或曲线相切。

除了绘制的样条曲线外，SOLIDWORKS 2018 还可以编辑通过输入和使用如转换实体引用、等距实体、交叉曲线以及面部曲线等工具而生成的样条曲线。

2.2.10　在模型面上插入文字

扫一扫，看视频

SOLIDWORKS 可以在一个零件上通过“拉伸切除”命令生成文字。

【执行方式】

- 工具栏：单击“草图”工具栏中的“文字”按钮A。
- 菜单栏：选择“工具”→“草图绘制实体”→“文本”命令。
- 控制面板：单击“草图”面板中的“文字”按钮A。

【操作步骤】

（1）单击需插入文字的模型面，打开一张新草图。

（2）单击“草图”面板中的“文字”按钮A，弹出“草图文字”属性管理器，如图 2-24 所示。

（3）在“草图文字”属性管理器的“文字”文本框中输入要插入的文字。文字自动出现在屏幕中的合适位置。

（4）如果要选择字体的样式及大小，取消选中“使用文档字体”复选框，然后单击“字体”按钮，打开“选择字体”对话框，如图 2-25 所示。在其中指定字体的样式和大小，单击“确定”按钮关闭该对话框。

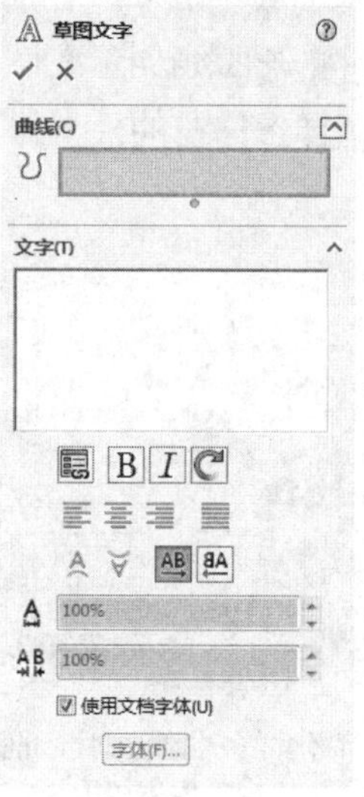

图 2-24 “草图文字”属性管理器

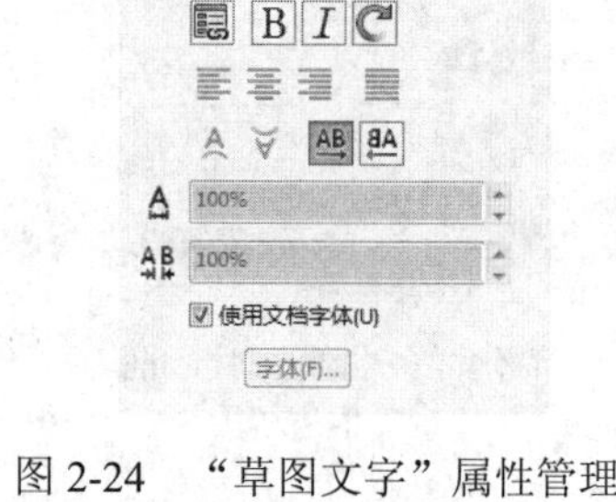

图 2-25 “选择字体”对话框

（5）在“草图文字”属性管理器的“宽度因子”微调框A中指定文字的放大或缩小比例。

（6）修改好文字，单击属性管理器中的“确定”按钮✓。

（7）如果要改变文字的位置或方向，可使用以下方法。

- 用鼠标拖动文字。
- 通过在文字草图中为文字定位点标注尺寸或添加几何关系定位文字。

（8）欲拉伸文字，单击“特征”面板中的“拉伸凸台/基体”按钮，通过“凸台-拉伸”属性管理器设置拉伸特征。效果如图 2-26 所示。

（9）欲切除文字，单击“特征”面板中的“拉伸切除”按钮，通过“切除-拉伸”属性管理器来设置切除特征。效果如图 2-27 所示。

图 2-26　拉伸文字效果

图 2-27　切除文字效果

2.3　综合实例——挡圈草图

扫一扫，看视频

本节利用草图绘制工具绘制如图 2-28 所示的挡圈草图，进一步介绍草图绘制工具的综合使用方法。

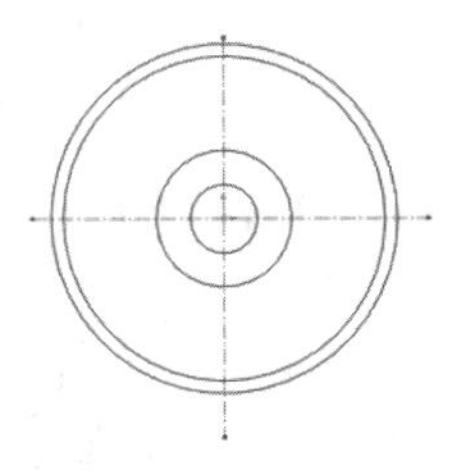

图 2-28　挡圈草图

首先绘制中心线，然后绘制圆。绘制流程如图 2-29 所示。

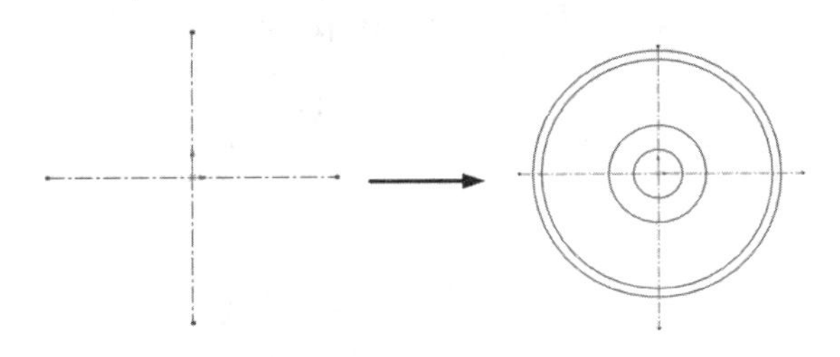

图 2-29　挡圈草图绘制流程

操作步骤

1. 新建文件

启动 SOLIDWORKS 2018，单击标准工具栏中的“新建”按钮，在弹出的“新建 SOLIDWORKS 文件”对话框中单击“零件”按钮，然后单击“确定”按钮，创建一个新的零件文件。

2. 创建基准面

在左侧的 FeatureManager 设计树中选择“前视基准面”作为绘图基准面。单击“草图”面板中的“草图绘制”按钮，进入草图绘制环境。

3. 绘制中心线

单击“草图”面板中的“中心线”按钮，绘制竖直和水平中心线，如图 2-30 所示。

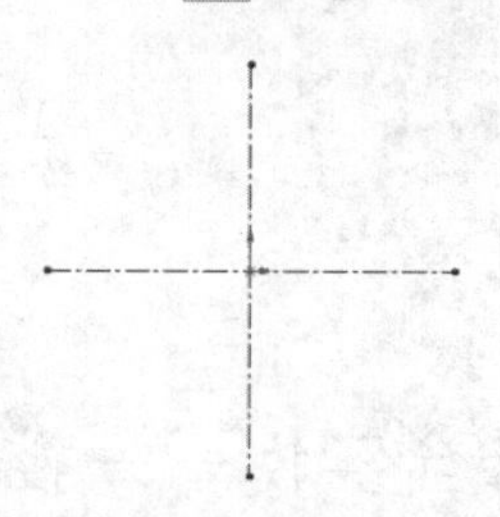

图 2-30　绘制中心线

4. 绘制圆

单击“草图”面板中的“圆”按钮，以原点为圆心绘制 4 个同心圆。结果如图 2-28 所示。

练一练——螺母

选取适当尺寸，绘制如图 2-31 所示的螺母草图。

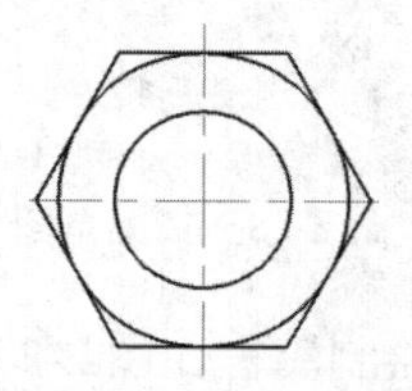

图 2-31　螺母草图

第 3 章　草图编辑

内容简介

对于一些复杂的草图，仅仅使用上一章介绍的基本草图绘制工具很难完成。为此，SOLIDWORKS 提供了一些复杂的草图编辑工具来帮助用户方便地绘制各种草图。本章将详细介绍各种草图编辑工具的使用方法。

内容要点

- 草图编辑工具
- 综合实例——底座草图

案例效果

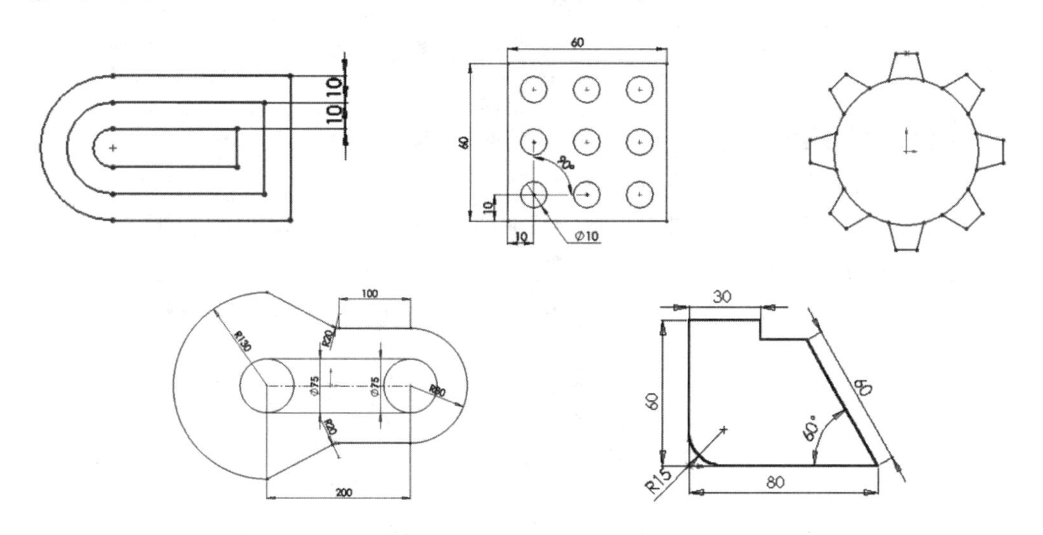

3.1　草图编辑工具

本节主要介绍草图编辑工具的使用方法，如圆角、倒角、等距实体、裁减、延伸、镜向移动、复制、旋转与修改等。

3.1.1　绘制圆角

扫一扫，看视频

绘制圆角工具是将两个草图实体的交叉处剪裁掉角部，生成一个与两个草图实体都相切的圆弧，此工具在 2D 和 3D 草图中均可使用。

【执行方式】

- 工具栏：单击“草图”工具栏中的“绘制圆角”按钮。
- 菜单栏：选择“工具”→“草图工具”→“圆角”命令。
- 控制面板：单击“草图”面板中的“绘制圆角”按钮。

【操作步骤】

（1）执行命令。在草图编辑状态下，绘制一个矩形，如图 3-2（a）所示。单击“草图”面板上的“绘制圆角”按钮，此时系统出现如图 3-1 所示的“绘制圆角”属性管理器。

（2）设置圆角属性。在“绘制圆角”属性管理器中，设置圆角的半径。如果顶点具有尺寸或几何关系，选中保持拐角处约束条件复选框，将保留虚拟交点。如果不选中该复选框，且如果顶点具有尺寸或几何关系，将会询问是否想在生成圆角时删除这些几何关系。如果选中标注每个圆角的尺寸复选框，将标注每个圆角尺寸。如果不选中该复选框，则只标注相同圆角中的一个尺寸。

（3）选择绘制圆角的直线。设置好“绘制圆角”属性管理器，鼠标左键选择图 3-2（a）中的直线 1 和 2、直线 2 和 3、直线 3 和 4、直线 4 和 1。

（4）确认绘制的圆角。单击“绘制圆角”属性管理器中的“确定”按钮，完成圆角的绘制，如图 3-2（b）所示。

（5）将剩下的直线 2 和 3、直线 3 和 4、直线 4 和 1 全都改成圆角，如图 3-2（c）所示。

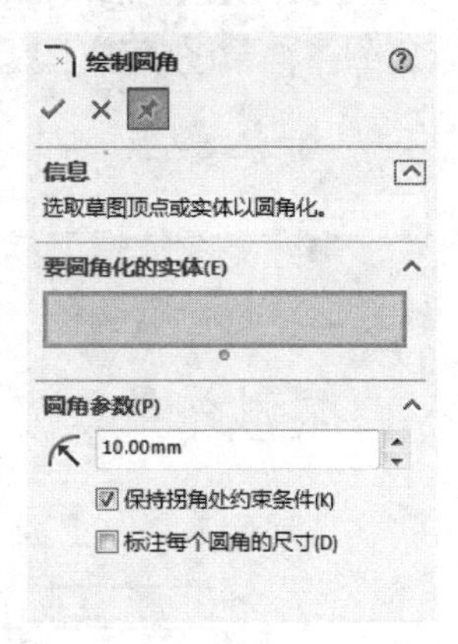

图 3-1 “绘制圆角”属性管理器

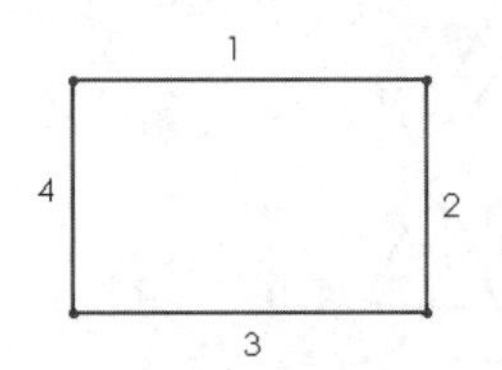

（a）绘制前的图形

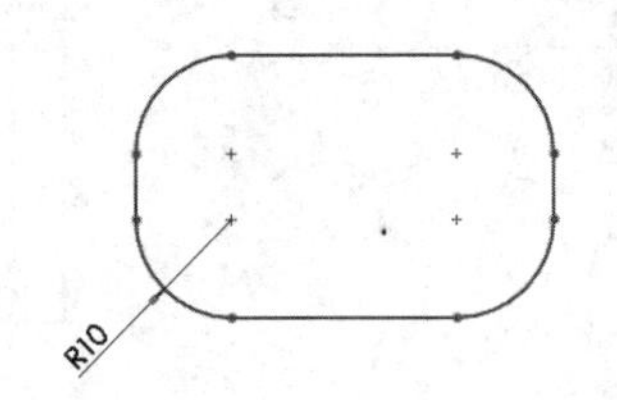

（b）不选中标注每个圆角的尺寸复选框

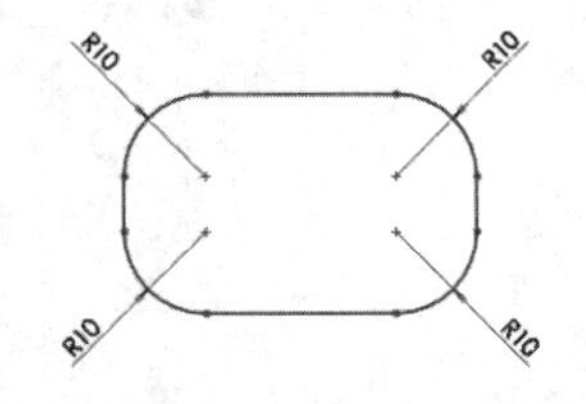

（c）选中标注每个圆角的尺寸复选框

图 3-2 圆角绘制过程

注意：

SOLIDWORKS 可以将两个非交叉的草图实体进行圆角。执行圆角命令后，草图实体将被拉伸，边角将被圆角处理。

扫一扫，看视频

3.1.2 绘制倒角

绘制倒角工具是将倒角应用到相邻的草图实体中，此工具在 2D 和 3D 草图中均可使用。

倒角的选取方法与圆角相同。“绘制倒角”属性管理器中提供了倒角的两种设置方式，分别是“角度距离”设置倒角方式和“距离－距离”设置倒角方式。

【执行方式】

- 工具栏：单击“草图”工具栏中的“绘制倒角”按钮。
- 菜单栏：选择“工具”→“草图工具”→“倒角”命令。
- 控制面板：单击“草图”面板中的“绘制倒角”按钮。

下面以绘制如图 3-5（b）所示的倒角为例说明绘制倒角的操作步骤。

【操作步骤】

（1）执行命令。在草图编辑状态下，绘制一个矩形，如图 3-5（a）所示。单击“草图”面板上的“绘制倒角”按钮，此时系统出现如图 3-3 所示的“绘制倒角”属性管理器。

（2）设置“角度距离”倒角方式。在“绘制倒角”属性管理器中，按照如图 3-3 所示以“角度距离”选项设置倒角方式，然后选择图 3-5（a）中的直线 1 和直线 4。

（3）设置“距离-距离”倒角方式。在“绘制倒角”属性管理器中，选择“距离-距离”单选按钮，按照如图 3-4 所示设置倒角方式，然后选择图 3-5（a）中的直线 2 和直线 3。

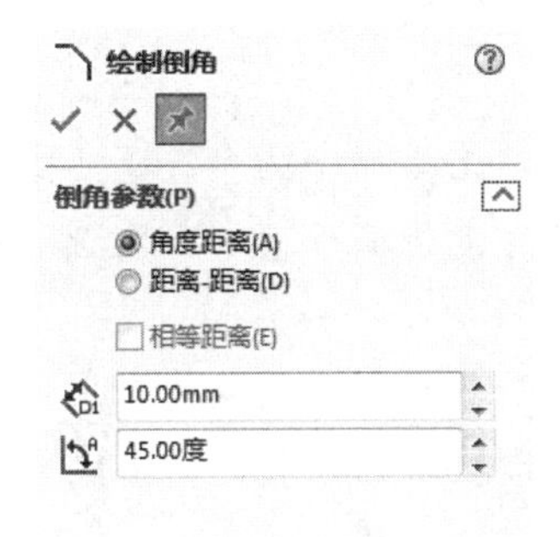

图 3-3 “角度距离”设置方式

图 3-4 “距离-距离”设置方式

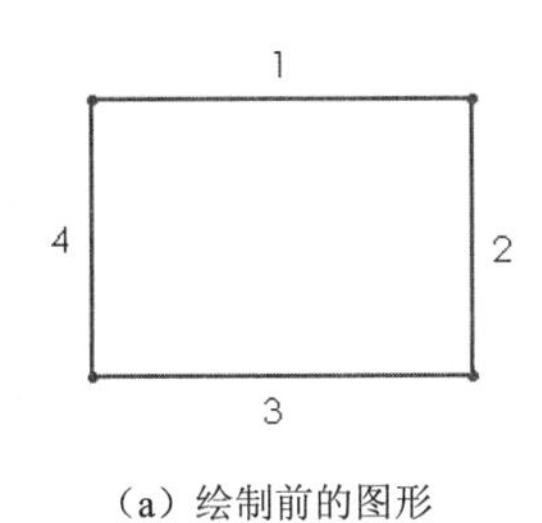

（a）绘制前的图形

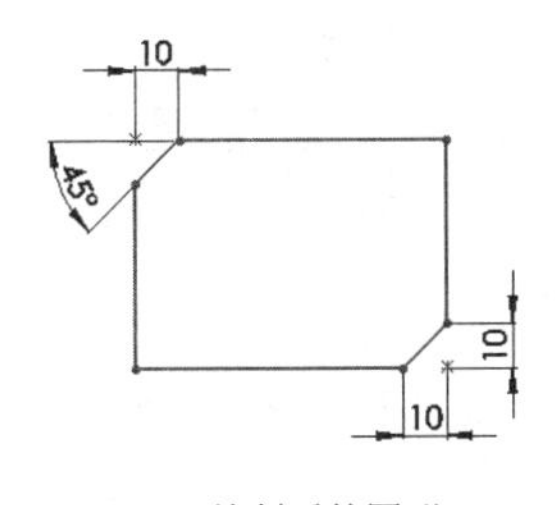

（b）绘制后的图形

图 3-5 倒角绘制过程

（4）确认倒角。单击“绘制倒角”属性管理器中的“确定”按钮，完成倒角的绘制。

以“距离-距离”方式绘制倒角时，如果设置的两个距离不相等，选择不同草图实体的次序不同，绘制的结果也不相同。例如，设置 D1＝10，D2＝20，如图 3-6（a）所示为原始图形；3-6（b）所示为先选取左边的直线，后选择右边直线形成的图形；3-6（c）所示为先选取右边的直线，后选择左边直线形成的图形。

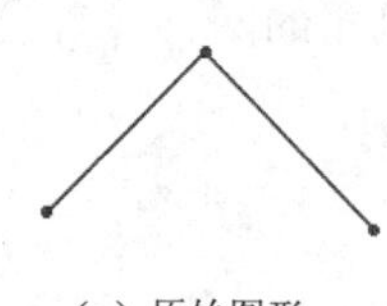

（a）原始图形

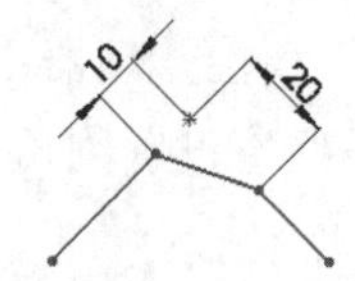

（b）先左后右的图形

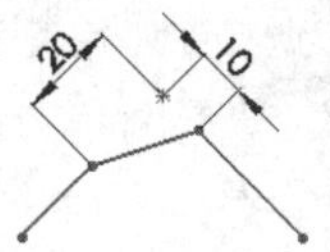

（c）先右后左的图形

图 3-6　选择直线次序不同形成的倒角

扫一扫，看视频

3.1.3　等距实体

等距实体工具是按特定的距离等距一个或者多个草图实体、所选模型边线或模型面，如样条曲线或圆弧、模型边线组、环等草图实体。

【执行方式】

- 工具栏：单击“草图”工具栏中的“等距实体”按钮。
- 菜单栏：选择“工具”→“草图工具”→“等距实体”命令。
- 控制面板：单击“草图”面板中的“等距实体”按钮。

【操作步骤】

（1）执行命令。在草图绘制状态下，单击“草图”工具栏上的“等距实体”按钮。

（2）设置属性管理器。此时系统弹出“等距实体”属性管理器，如图 3-7 所示。在“等距实体”属性管理器中，按照需要进行设置。

（3）选择等距对象。绘制任意一个草图，用鼠标选择要等距的实体对象。

（4）确认等距的实体。单击“等距实体”属性管理器中的“确定”按钮，完成等距实体的绘制。

【选项说明】

“等距实体”属性管理器中各选项的意义如下。

- 等距距离：设定数值以特定距离来等距草图实体。
- 添加尺寸：在草图中添加等距距离的尺寸标注，这不会影响到包括在原有草图实体中的任何尺寸。
- 反向：更改单向等距实体的方向。
- 选择链：生成所有连续草图实体的等距。
- 双向：在草图中双向生成等距实体。
- 构造几何体：将原有草图实体转换到构造性直线。
    - “基本几何体”复选框：勾选该复选框，将原有草图实体转换到构造性直线。
    - “偏移几何体”复选框：勾选该复选框，将偏移的草图实体转换到构造性直线。
- 顶端加盖：通过选择双向并添加一顶盖来延伸原有非相交草图实体。

如图 3-8 所示为按照如图 3-7 所示的“等距实体”属性管理器进行设置后，选取中间草图实体中任意一部分得到的图形。

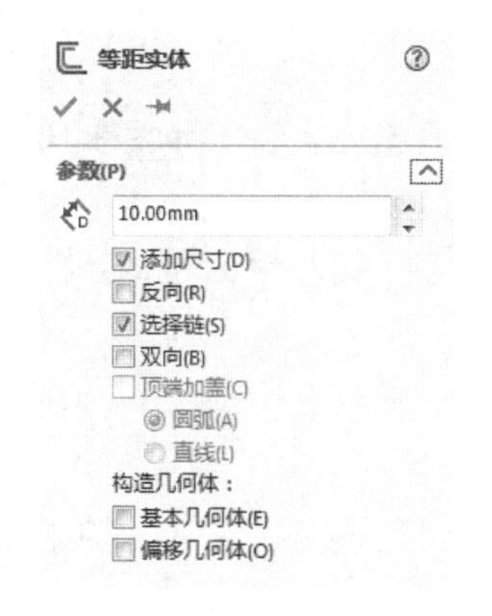

图 3-7　“等距实体”属性管理器

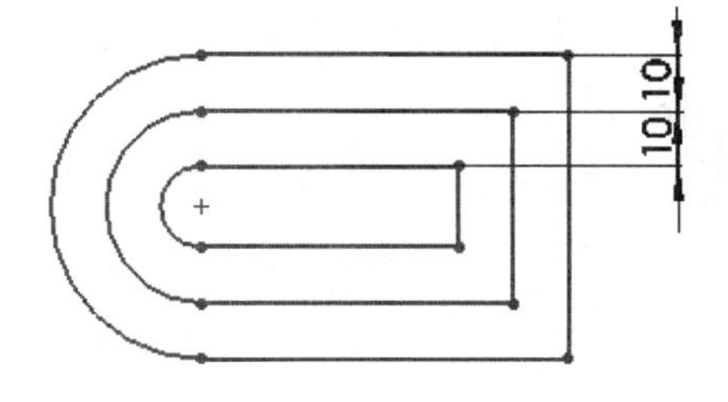

图 3-8　等距后的草图实体

如图 3-9 所示为在模型面上添加草图实体的过程，如图 3-9（a）所示为原始图形，如图 3-9（b）所示为等距实体后的图形。执行过程为：先选择如图 3-9（a）所示中模型的上表面，然后进入草图绘制状态，再执行等距实体命令，设置参数单向等距距离为 10。

（a）原始图形　　（b）等距后的图形

图 3-9　模型面等距实体

注意：

在草图绘制状态下，双击等距距离的尺寸，然后更改数值，就可以修改等距实体的距离。在双向等距中，修改单个数值就可以更改两个等距的尺寸。

3.1.4　转换实体引用

扫一扫，看视频

转换实体引用是通过已有模型或者草图，将其边线、环、面、曲线、外部草图轮廓线、一组边线或一组草图曲线投影到草图基准面上。通过这种方式，可以在草图基准面上生成一个或多个草图实体。使用该命令时，如果引用的实体发生更改，那么转换的草图实体也会相应地改变。

【执行方式】

- 工具栏：单击“草图”工具栏中的“转换实体引用”按钮。
- 菜单栏：选择“工具”→“草图工具”→“转换实体引用”命令。
- 控制面板：单击“草图”面板中的“转换实体引用”按钮。

下面以如图 3-10 所示为例说明转换实体引用的操作步骤。

【操作步骤】

（1）打开文件。资源包：源文件\原始文件\3\3.1.4 中的相应文件，如图 3-10（a）所示。

（2）创建基准面。选择添加草图的基准面。在左侧的 FeatureManager 设计树目录中，选择要添加草图的基准面，本例选择基准面 1，然后单击“草图”面板中的“草图绘制”按钮，进入草图绘制状态。

（3）选择实体边线。按住 Ctrl 键，选取如图 3-10（a）所示中的边线 1、2、3、4 以及圆弧 5。

（4）执行命令。单击“草图”面板上的“转换实体引用”按钮，执行转换实体引用命令。

（5）确认转换实体。退出草图绘制状态，如图 3-10（b）所示为转换实体引用后的图形。

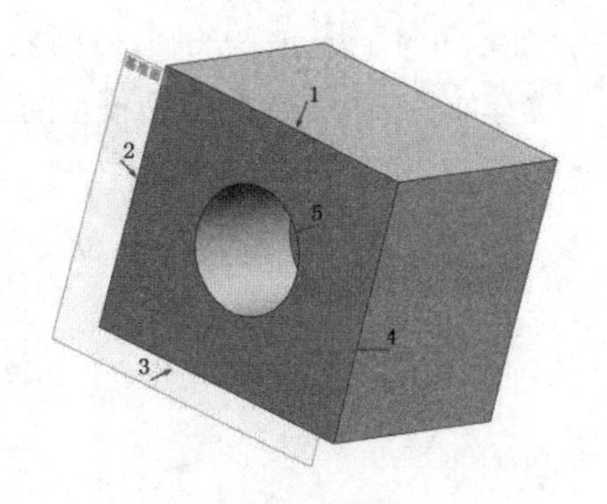

（a）转换实体引用前的图形

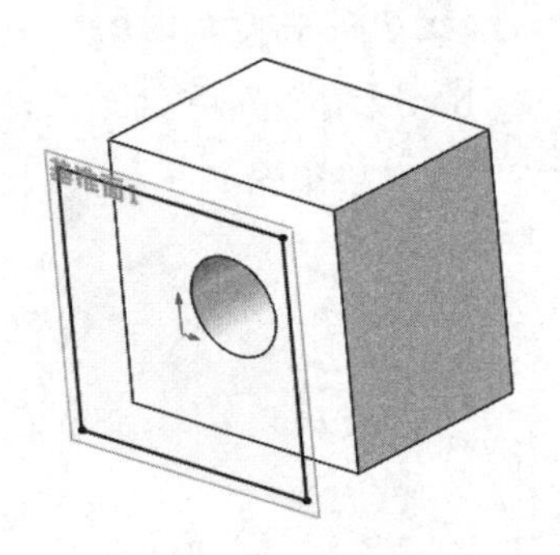

（b）转换实体引用后的图形

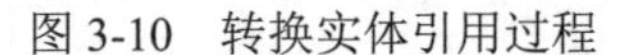

图 3-10 转换实体引用过程

扫一扫，看视频

3.1.5 草图剪裁

【执行方式】

- 工具栏：单击“草图”工具栏中的“剪裁实体”按钮。
- 菜单栏：选择“工具”→“草图工具”→“剪裁”命令。
- 控制面板：单击“草图”面板中的“剪裁实体”按钮。

下面以如图 3-11 所示为例说明草图剪裁的操作步骤，如图 3-11（a）所示为剪裁前的图形，如图 3-11（b）所示为剪裁后的图形。

【操作步骤】

（1）打开文件。资源包：源文件\原始文件\3\3.1.5 中的相应文件，如图 3-11（a）所示。

（2）执行命令。在草图编辑状态下，单击“草图”面板上的“剪裁实体”按钮，系统弹出“剪裁”属性管理器。

（3）设置剪裁模式。选择“剪裁”属性管理器中的“剪裁到最近端”模式。

（4）选择需要剪裁的直线。依次用鼠标单击图 3-11（a）中的 A 和 B 处，剪裁图中的直线。

（5）确认剪裁实体。单击“剪裁”属性管理器中的“关闭对话框”按钮✓，完成草图实体的剪裁。结果如图 3-11（b）所示。

草图剪裁是常用的草图编辑命令。执行草图剪裁命令时，系统会弹出如图 3-12 所示的“剪裁”属性管理器，根据剪裁草图实体的不同，可以选择不同的剪裁模式，

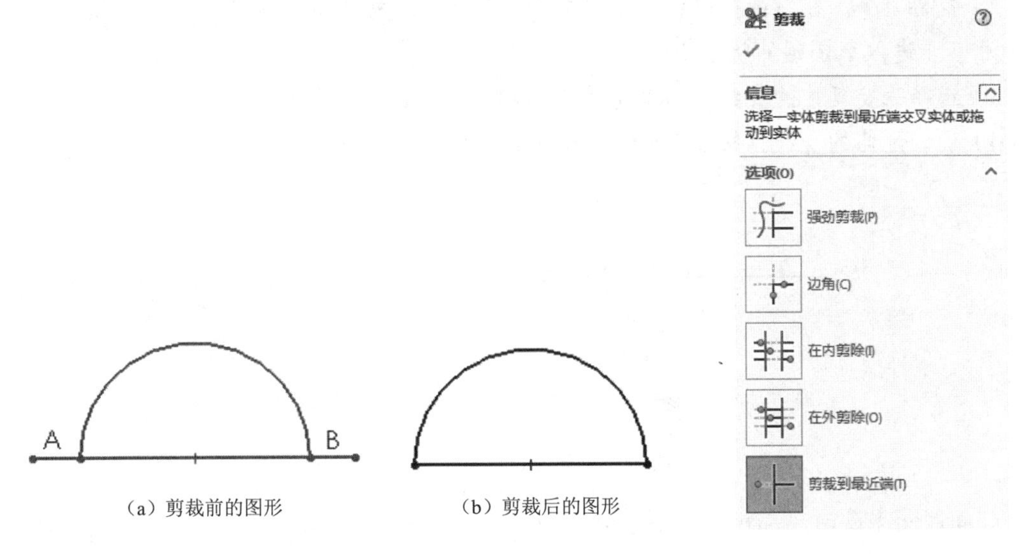

（a）剪裁前的图形　（b）剪裁后的图形

图 3-11　剪裁实体过程图示

图 3-12　“剪裁”属性管理器

【选项说明】

下面将介绍不同类型的草图剪裁模式。

- 强劲剪裁：通过将鼠标拖过每个草图实体来剪裁草图实体。
- 边角：剪裁两个草图实体，直到它们在虚拟边角处相交。
- 在内剪除：选择两个边界实体，然后选择要裁剪的实体，剪裁位于两个边界实体外的草图实体。
- 在外剪除：剪裁位于两个边界实体内的草图实体。
- 剪裁到最近端：将一草图实体裁减到最近端交叉实体。

3.1.6 草图延伸

扫一扫，看视频

草图延伸是常用的草图编辑命令。利用该工具可以将草图实体延伸至另一个草图实体。

【执行方式】

- 工具栏：单击“草图”工具栏中的“延伸实体”按钮T。
- 菜单栏：选择“工具”→“草图工具”→“延伸”命令。
- 控制面板：单击“草图”面板中的“延伸实体”按钮T。

下面以如图 3-13 所示为例说明草图延伸的操作步骤，如图 3-13（a）所示为延伸前的图形，如图 3-13（b）所示为延伸后的图形。

【操作步骤】

（1）打开文件。资源包：源文件\原始文件\3\3.1.6 中的相应文件，如图 3-13（a）所示。

（2）执行命令。在草图编辑状态下，单击“草图”面板上的“延伸实体”按钮，此时鼠标变为，进入草图延伸状态。

（3）选择需要延伸的直线。用鼠标单击如图 3-13（a）所示中直线。

（4）确认延伸的直线。按住 Esc 键退出延伸实体状态，结果如图 3-13（b）所示。

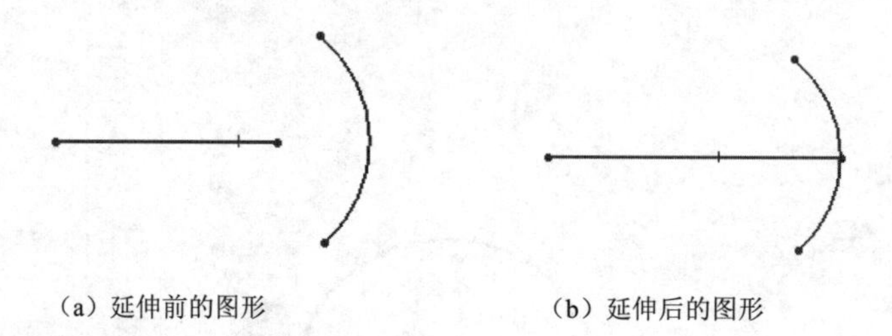

（a）延伸前的图形　　（b）延伸后的图形

图 3-13　草图延伸过程图示

在延伸草图实体时，如果两个方向都可以延伸，而需要单一方向延伸时，单击延伸方向一侧实体部分即可实现，在执行该命令过程中，实体延伸的结果预览会以红色显示。

扫一扫，看视频

3.1.7　分割草图

分割草图是将一连续的草图实体分割为两个草图实体，以方便进行其他操作。反之，也可以删除一个分割点，将两个草图实体合并成一个单一草图实体。

【执行方式】

- 工具栏：单击“草图”工具栏中的“分割实体”按钮。
- 菜单栏：选择“工具”→“草图工具”→“分割实体”命令。

下面以如图 3-14 所示为例说明分割草图的操作步骤，如图 3-14（a）所示为分割前的图形，如图 3-14（b）所示为分割后的图形。

【操作步骤】

（1）打开文件。资源包：源文件\原始文件\3\3.1.7 中的相应文件，如图 3-14（a）所示。

（2）执行命令。在草图编辑状态下，选择菜单栏中的“工具”→“草图工具”→“分割实体”命令，进入分割实体状态。

（3）确定添加分割点的位置。用鼠标单击如图 3-14（a）所示中圆弧的合适位置，添加一个分割点。

（4）确认添加的分割点。按住 Esc 键退出分割实体状态，结果如图 3-14（b）所示。

（a）分割前的图形　　（b）分割后的图形

图 3-14　分割实体过程图示

在草图编辑状态下，如果欲将两个草图实体合并为一个草图实体，则选中分割点，然后按 Delete 键即可。

3.1.8　镜像草图

在绘制草图时，经常要绘制对称的图形，这时可以使用“镜像实体”命令来实现。“镜像”属性管理器如图 3-15 所示。（因软件版本翻译问题，操作界面上的“镜向”代表“镜像”；为符合审读习惯，书中文字全部用“镜像”。）

【执行方式】

- 工具栏：单击“草图”工具栏中的“镜像实体（动态镜像）”按钮（）。
- 菜单栏：选择“工具”→“草图工具”→“镜像实体（动态镜像）”命令。
- 控制面板：单击“草图”面板中的“镜像实体”按钮。

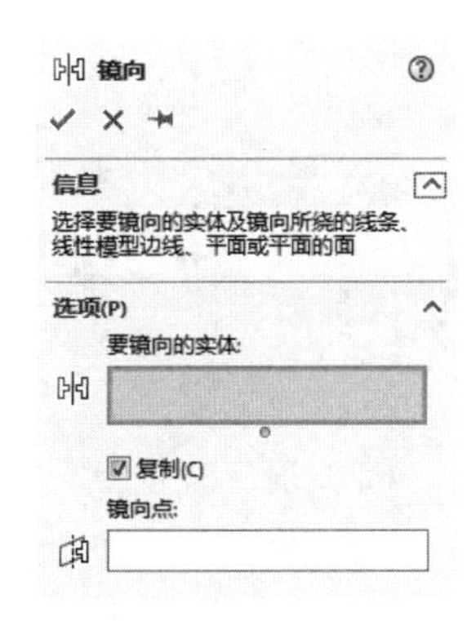

图 3-15　“镜像”属性管理器

在 SOLIDWORKS 2018 中，镜像点不再仅限于构造线，它可以是任意类型的直线。SOLIDWORKS 提供了两种镜像方式，一种是镜像现有草图实体；另一种是在绘制草图动态镜像草图实体。下面将分别介绍。

【操作步骤】

1．镜像现有草图实体

下面以如图 3-16 所示为例介绍镜像现有草图实体的操作步骤，如图 3-16（a）所示为镜像前的图形，如图 3-16（b）所示为镜像后的图形。

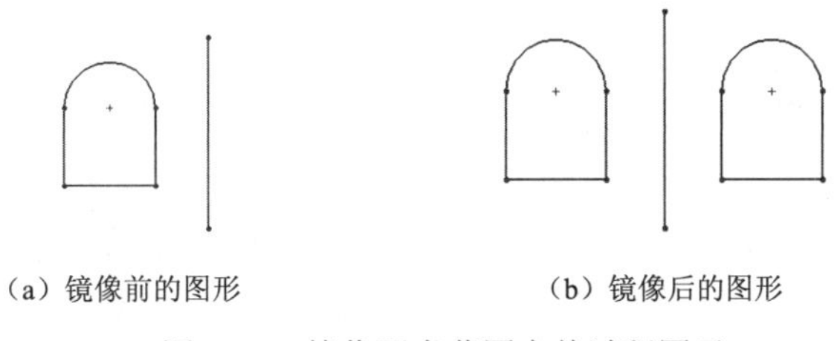

（a）镜像前的图形　　（b）镜像后的图形

图 3-16　镜像现有草图实体过程图示

（1）打开文件。资源包：源文件\原始文件\3\3.1.8 中的相应文件，如图 3-16（a）所示。

（2）执行命令。在草图编辑状态下，选择菜单栏中的“工具”→“草图工具”→“镜像”命令，或者单击“草图”工具栏上的“镜像实体”按钮，系统弹出“镜像”属性管理器。

（3）选择需要镜像的实体。单击属性管理器中“要镜像的实体”一栏下面的文本框，其变为浅蓝色，然后在绘图区域中框选图 3-16（a）中直线左侧的图形。

（4）选择镜像点。单击属性管理器中“镜像点”一栏下面的文本框，其变为浅蓝色，然后在绘图区域中选取图 3-16（a）中的直线。

（5）确认镜像的实体。单击“镜像”属性管理器中的“确定”按钮，草图实体镜像完毕。结果如图 3-16（b）所示。

2. 动态镜像草图实体

以如图 3-17 所示为例说明动态镜像草图实体的绘制过程。

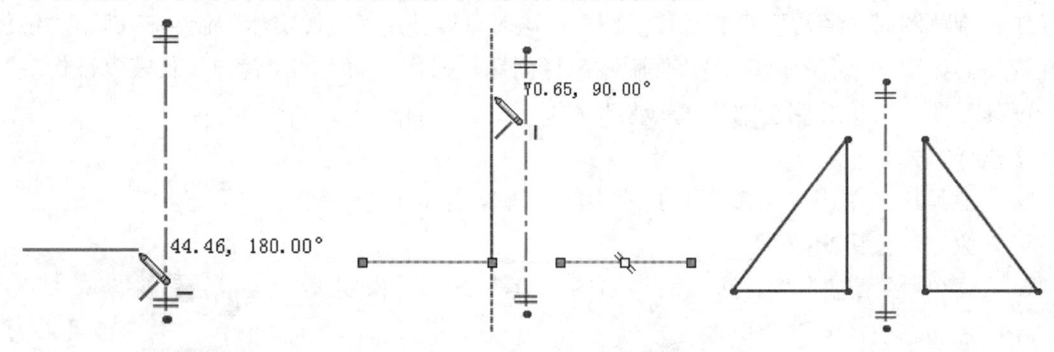

图 3-17　动态镜像草图实体过程图示

（1）确定镜像点。在草图绘制状态下，首先在绘图区域中绘制一条中心线，并选取它。

（2）执行镜像命令。选择菜单栏中的“工具”→“草图工具”→“动态镜像”命令，此时对称符号出现在中心线的两端。

（3）镜像实体。在中心线的一侧绘制草图，此时另一侧会动态地镜像绘制的草图。

（4）确认镜像实体。草图绘制完毕后，再次执行直线动态草图实体命令，即可结束该命令的使用。

注意：

镜像实体在 3D 草图中不可使用。

扫一扫，看视频

3.1.9　线性草图阵列

线性草图阵列就是将草图实体沿一个或者两个轴复制生成多个排列图形。执行该命令时，系统会弹出如图 3-18 所示的“线性阵列”属性管理器。

【执行方式】

- 工具栏：单击“草图”工具栏中的“线性草图阵列”按钮。
- 菜单栏：选择“工具”→“草图工具”→“线性阵列”命令。

➘ 控制面板：单击“草图”面板中的“线性草图阵列”按钮。

下面以如图 3-19 所示为例说明线性草图阵列的绘制步骤，如图 3-19（a）所示为阵列前的图形，如图 3-19（b）所示为阵列后的图形。

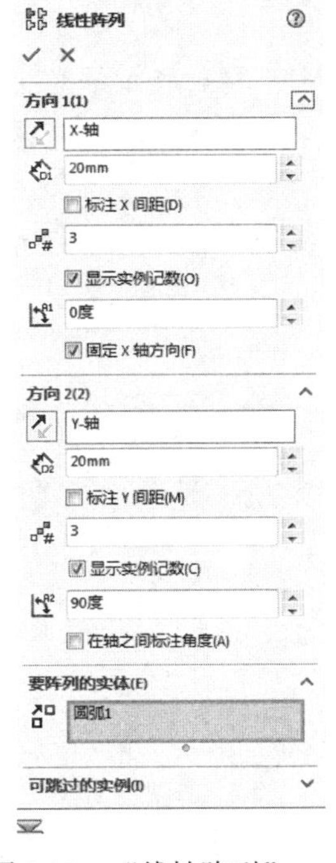

图 3-18　“线性阵列”属性管理器

【操作步骤】

（1）打开文件。资源包：源文件\原始文件\3\3.1.9 中的相应文件，如图 3-19（a）所示。

（2）执行命令。在草图编辑状态下，单击“草图”面板上的“线性草图阵列”按钮，此时系统出现“线性阵列”属性管理器。

（3）设置属性管理器。在“线性阵列”属性管理器的“要阵列的实体”一栏选取如图 3-19（a）所示直径为 10 的圆弧，其他按照如图 3-18 所示进行设置。

（4）确认阵列的实体。单击“线性阵列”属性管理器中的“确定”按钮，结果如图 3-19（b）所示。

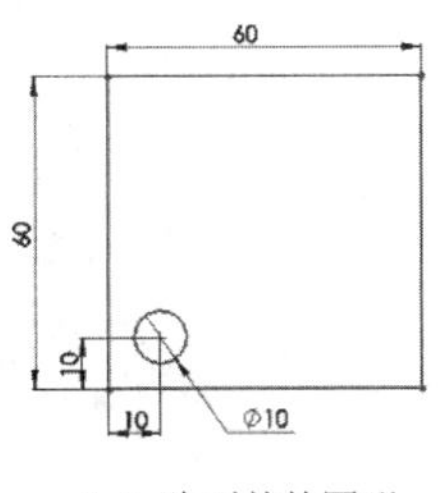

（a）阵列前的图形

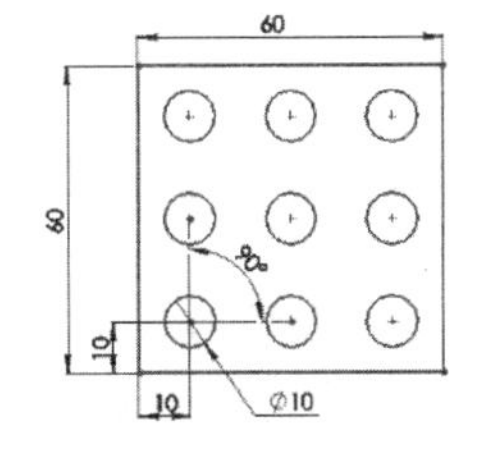

（b）阵列后的图形

图 3-19　线性草图阵列过程图示

3.1.10　圆周草图阵列

扫一扫，看视频

圆周草图阵列就是将草图实体沿一个指定大小的圆弧进行环状阵列。执行该命令时，系统会弹出如图 3-20 所示的“圆周阵列”属性管理器。

【执行方式】

➘ 工具栏：单击“草图”工具栏中的“圆周草图阵列”按钮。

➘ 菜单栏：选择“工具”→“草图工具”→“圆周阵列”命令。

➘ 控制面板：单击“草图”面板中的“圆周草图阵列”按钮。

下面以如图 3-21 所示为例说明圆周草图阵列的绘制步骤，如图 3-21（a）所示为阵列前的图形，如图 3-21（b）所示为阵列后的图形。

图 3-20　“圆周阵列”属性管理器

【操作步骤】

（1）打开文件。资源包：源文件\原始文件\3\3.1.10 中的相应文件，如图 3-21（a）所示。

（2）执行命令。在草图编辑状态下，单击“草图”面板上的“圆周草图阵列”按钮。此时系统出现“圆周阵列”属性管理器。

（3）设置属性管理器。在“圆周阵列”属性管理器的“要阵列的实体”一栏选取如图 3-21（a）所示圆弧外的三条直线，在“参数”一项的第一栏选择圆弧的圆心，在“数量”一栏中输入值 8。

（4）确认阵列的实体。单击“圆周阵列”属性管理器中的“确定”按钮，结果如图 3-21（b）所示。

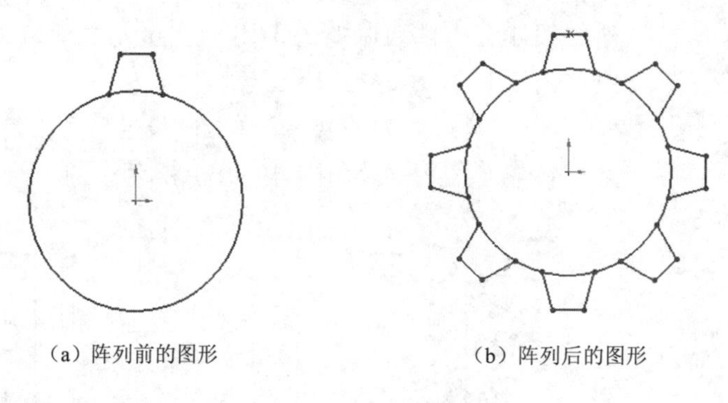

（a）阵列前的图形　　（b）阵列后的图形

图 3-21　圆周阵列过程图示

扫一扫，看视频

3.1.11　移动实体

将一个或者多个草图实体进行移动。

【执行方式】

- 工具栏：单击“草图”工具栏中的“移动实体”按钮。
- 菜单栏：选择“工具”→“草图工具”→“移动”命令。
- 控制面板：单击“草图”面板中的“移动实体”按钮。

【操作步骤】

（1）执行命令时，系统会弹出如图 3-22 所示的“移动”属性管理器。

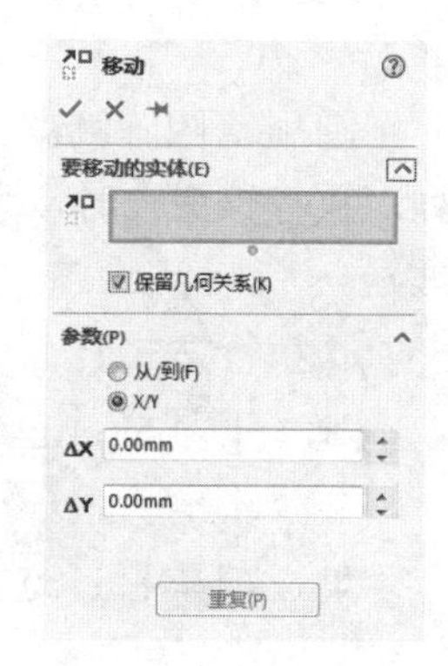

图 3-22　“移动”属性管理器

（2）在“移动”属性管理器中，“要移动的实体”一栏用于选取要移动的草图实体；“参数”中的“从\到”用于指定移动的开始点和目标点，是一个相对参数；选取“X\Y”单选按钮，出现新的对话框，在其中输入相应的参数可以以设定的数值生成相应的目标。

3.1.12 复制实体

将一个或者多个草图实体进行复制。

【执行方式】

➘ 工具栏：单击“草图”工具栏中的“复制实体”按钮。

➘ 菜单栏：选择“工具”→“草图工具”→“复制”命令。

➘ 控制面板：单击“草图”面板中的“复制实体”按钮。

【操作步骤】

执行命令时，系统会出现如图 3-23 所示的“复制”属性管理器，“复制”属性管理器中的参数与“移动”属性管理器中的参数意义相同，在此不再赘述。

3.1.13 旋转实体

旋转草图是通过选择旋转中心及要旋转的度数来旋转草图实体。执行命令时，系统会出现如图 3-24 所示的“旋转”属性管理器。

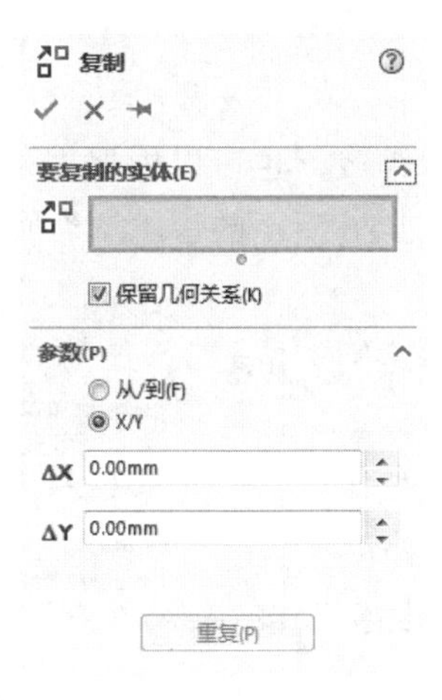

图 3-23 “复制”属性管理器

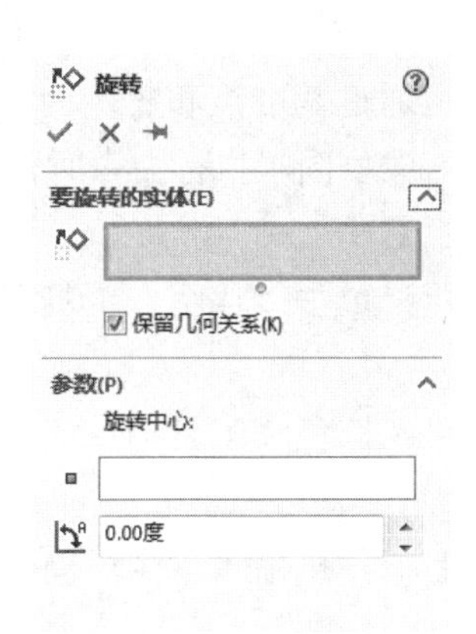

图 3-24 “旋转”属性管理器

【执行方式】

➘ 工具栏：单击“草图”工具栏中的“旋转实体”按钮。

➘ 菜单栏：选择“工具”→“草图工具”→“旋转”命令。

➘ 控制面板：单击“草图”面板中的“旋转实体”按钮。

下面以如图 3-25 所示为例说明旋转草图实体的操作步骤，如图 3-25（a）所示为旋转前的图形，如图 3-25（b）所示为旋转后的图形。

【操作步骤】

（1）打开文件。资源包：源文件\原始文件\3\3.1.13 中的相应文件，如图 3-25（a）所示。

（2）执行命令。在草图编辑状态下，单击“草图”面板上的“旋转实体”按钮，此时系统出现“旋转”属性管理器。

（3）设置属性管理器。在“旋转”属性管理器的“要旋转的实体”一栏选取如图 3-25（a）所示的矩形，在“基准点”一栏选取矩形的左下端点，在“角度”一栏设置为-60。

（4）确认旋转的草图实体。单击“旋转”属性管理器中的“确定”按钮，结果如图 3-25（b）所示。

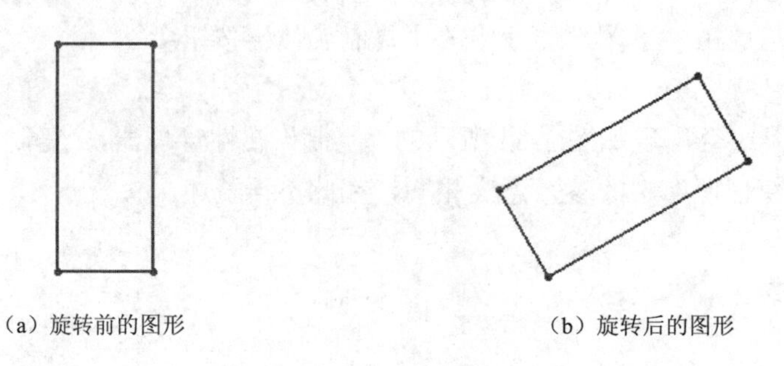

（a）旋转前的图形　　（b）旋转后的图形

图 3-25　旋转草图过程图示

扫一扫，看视频

3.1.14　缩放实体

缩放草图是通过基准点和比例因子对草图实体进行缩放，也可以根据需要在保留原缩放对象的基础上缩放草图。执行命令时，系统会出现如图 3-26 所示的“比例”属性管理器。

【执行方式】

- 工具栏：单击“草图”工具栏中的“缩放实体比例”按钮。
- 菜单栏：选择“工具”→“草图工具”→“缩放比例”命令。
- 控制面板：单击“草图”面板中的“缩放实体比例”按钮。

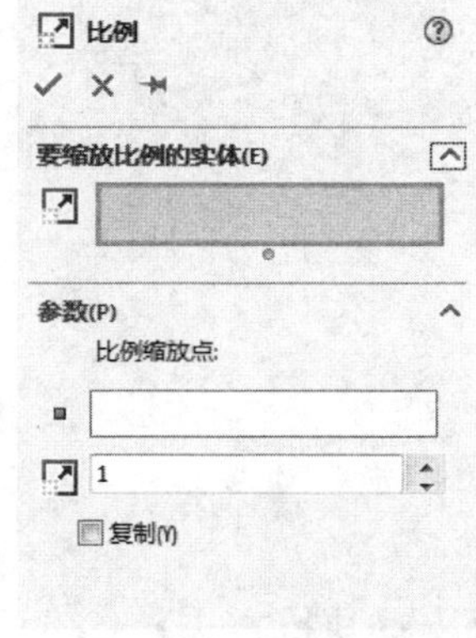

图 3-26　“比例”属性管理器

下面以如图 3-27 所示为例说明缩放草图实体的操作步骤，如图 3-27（a）所示为缩放前的图形，如图 3-27（b）所示为比例因子为 0.8 不保留原图的图形，如图 3-27（c）所示为保留原图且复制数为 5 的图形。

【操作步骤】

（1）打开文件。资源包：源文件\原始文件\3\3.1.14 中的相应文件，如图 3-27（a）所示。

（2）执行命令。在草图编辑状态下，单击“草图”面板上的“缩放实体比例”按钮。此时系统出现“比例”属性管理器。

（3）设置属性管理器。在“比例”属性管理器的“要缩放比例的实体”一栏选取如图 3-27（a）

所示的矩形，在“基准点”一栏选取矩形的左下端点；在“比例因子”一栏输入值 0.8，结果如图 3-27（b）所示。

（4）设置属性管理器。勾选“比例”属性管理器中的“复制”复选框，在“复制数”一栏输入值 4，结果如图 3-27（c）所示。

（5）确认缩放的草图实体。单击“比例”属性管理器中的“确定”按钮，草图实体缩放完毕。

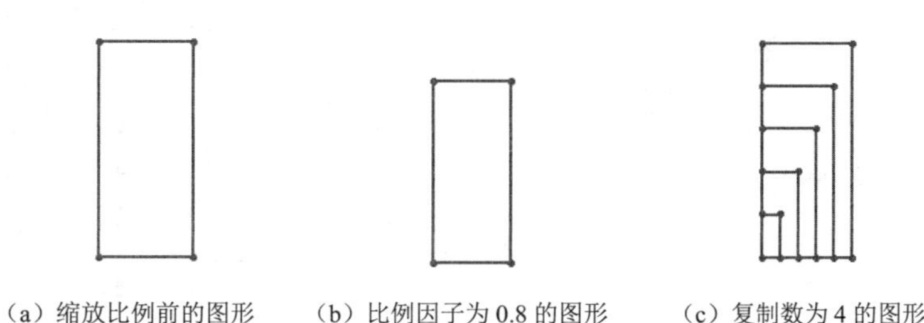

（a）缩放比例前的图形　（b）比例因子为 0.8 的图形　（c）复制数为 4 的图形

图 3-27　缩放比例过程图示

3.1.15　伸展草图

扫一扫，看视频

伸展实体是通过基准点和坐标点对草图实体进行伸展。

执行命令时，系统会出现如图 3-28 所示的“伸展”属性管理器。

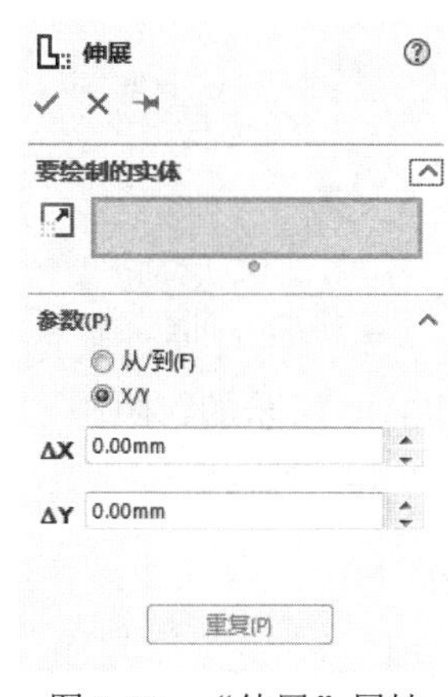

图 3-28　“伸展”属性管理器

【执行方式】

- 工具栏：单击“草图”工具栏中的“伸展实体”按钮。
- 菜单栏：选择“工具”→“草图工具”→“伸展实体”命令。
- 控制面板：单击“草图”面板中的“伸展实体”按钮。

下面以如图 3-29 所示为例说明伸展草图实体的操作步骤，如图 3-29（a）所示为伸展前的图形，如图 3-29（c）所示为伸展后的图形。

【操作步骤】

（1）打开文件。资源包：源文件\原始文件\3\3.1.15 中的相应文件，如图 3-29（a）所示。

（2）执行命令。在草图编辑状态下，单击“草图”面板上的“伸展实体”按钮。此时系统出现“伸展”属性管理器。

（3）设置属性管理器。在“伸展”属性管理器的“要绘制的实体”一栏选取如图 3-29（a）所示的矩形，选择“从/到”单选按钮，在（基准点）列表框中选取矩形的左下端点，单击基点然后单击草图设定基准点，拖动以伸展草图实体，当放开鼠标时，实体伸展到该点。

（4）勾选“X\Y”单选按钮，为ΔX和ΔY设定值以伸展草图实体，如图 3-29（b）所示，单击“重复”按钮以相同距离伸展实体。伸展后的结果如图 3-29（c）所示。

（5）单击“伸展”属性管理器中的✔（确定）按钮，草图实体伸展完毕。

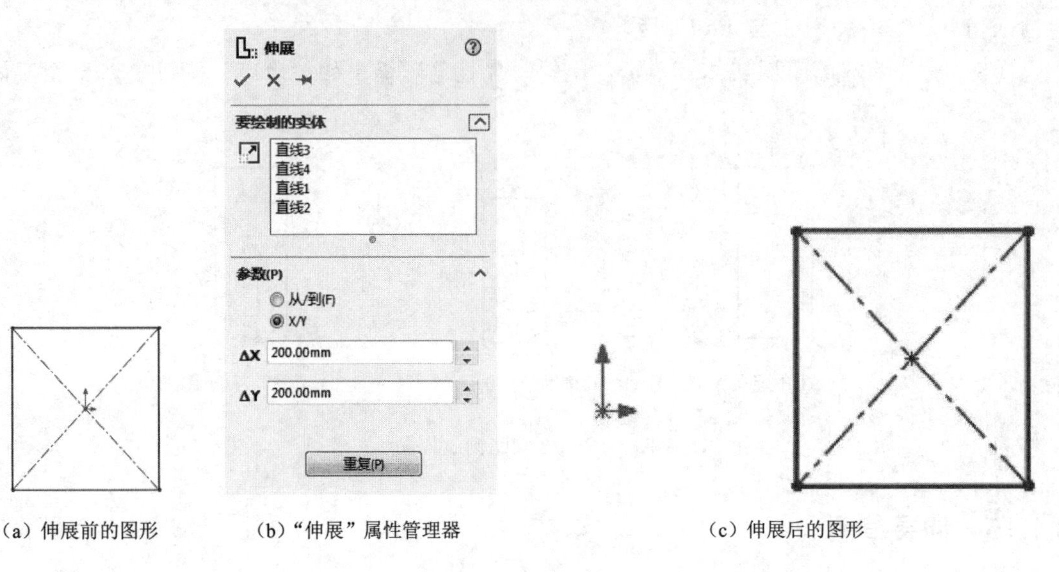

（a）伸展前的图形　（b）“伸展”属性管理器　（c）伸展后的图形

图 3-29　伸展草图过程图示

扫一扫，看视频

3.2　综合实例——底座草图

本节主要通过具体实例讲解草图编辑工具的综合使用方法。利用草图绘制工具绘制如图 3-30 所示的草图。

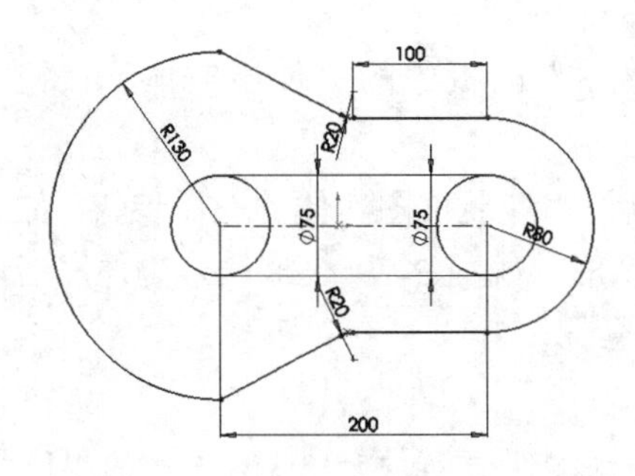

图 3-30　底座草图

操作步骤

（1）进入 SOLIDWORKS 2018，选择菜单栏中的“文件”→“新建”命令，或者单击“标准”工具栏中的“新建”按钮，在弹出的“新建 SOLIDWORKS 文件”对话框中单击“零件”按钮，然后单击“确定”按钮，进入零件设计状态。在左侧的 FeatureManager 设计树中选择前视基准面作为绘制图形基准面。

（2）单击“草图”面板中的“草图绘制”按钮，进入草图绘制界面。

（3）单击“草图”面板中的“中心线”按钮，绘制水平中心线，定义长度为 200。

（4）单击“草图”面板中的“圆”按钮，在中心线两头绘制两个圆。设置半径都为 R37.5，如图 3-31 所示。

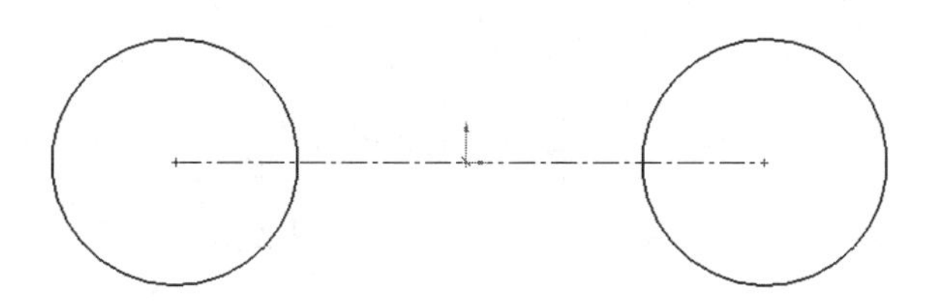

图 3-31　绘制圆

（5）以同样的方法绘制两个同心圆，半径分别为 R130 和 R80。

（6）单击“绘图”面板中的“添加几何关系”按钮，弹出“添加几何关系”属性管理器，如图 3-32 所示。

（7）在属性管理器中选择两个圆，添加同心以及固定几何关系。此时图形中出现约束几何关系图标，如图 3-33 所示。

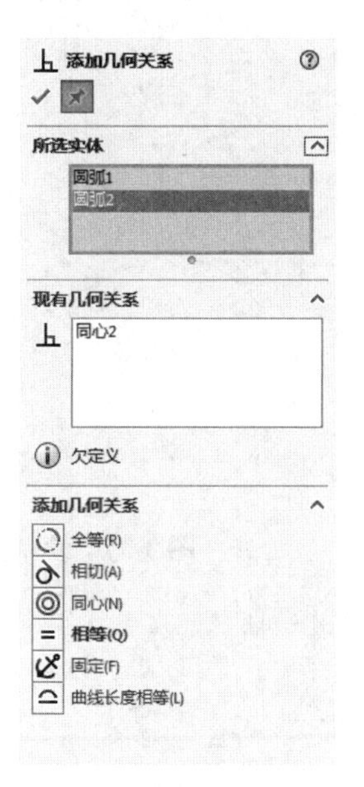

图 3-32　“添加几何关系”属性管理器

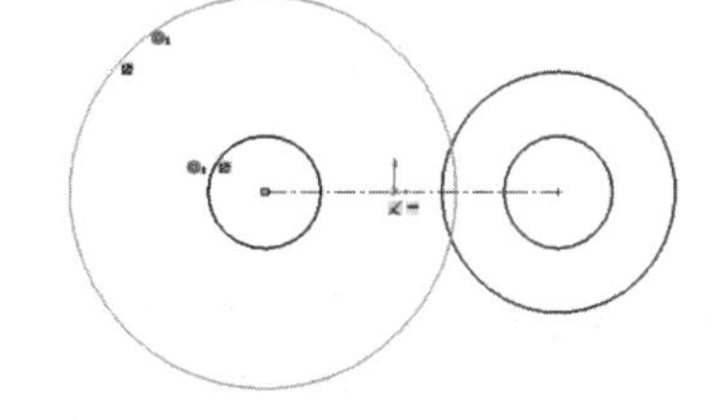

图 3-33　添加约束几何关系

（8）单击“草图”面板中的“直线”按钮，沿着 R80 的圆顶部绘制切线，设定长度为 100，然后连接 R130 的圆顶端端点，如图 3-34 所示。

（9）单击“草图”面板中的“镜像实体”按钮，选择刚绘制的两条直线段，镜像点选择中心线，如图 3-35 所示。

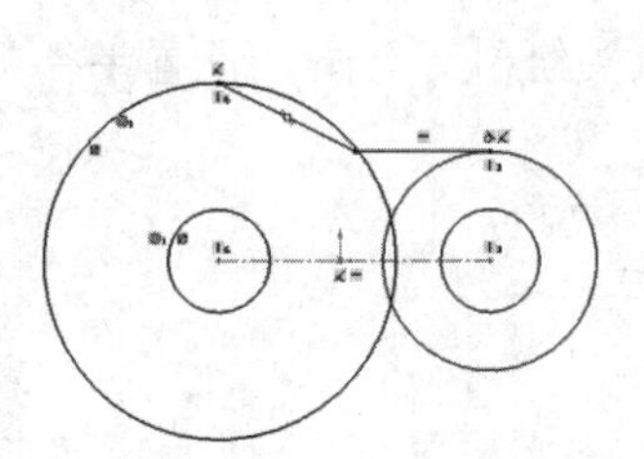

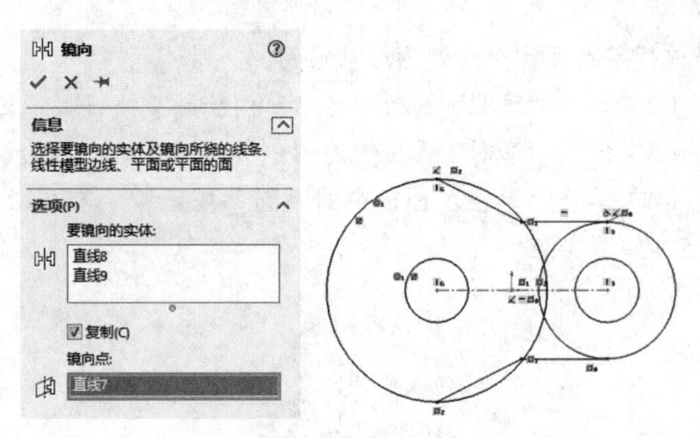

图 3-34　绘制直线　　　　图 3-35　镜像

（10）单击“草图”面板中的“剪裁实体”按钮，选择“剪裁到最近端”按钮，剪裁草图实体中多余的线条，如图 3-36 所示。

（11）单击“草图”面板中的“绘制圆角”按钮，绘制半径为 R20 的圆角，此时的草图如图 3-37 所示。

到此为止，草图的绘制已经完成。

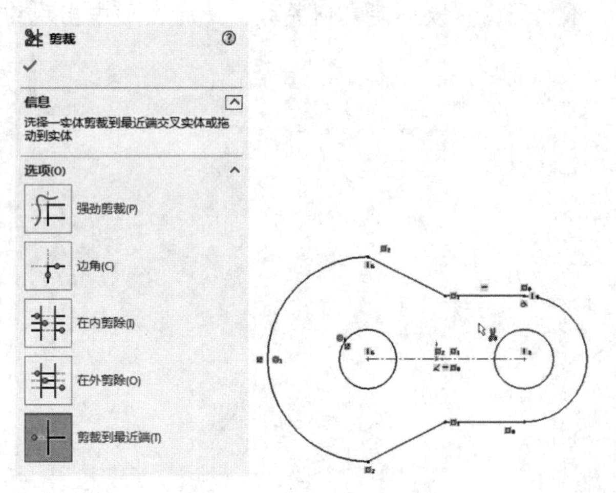

图 3-36　剪裁到最近端

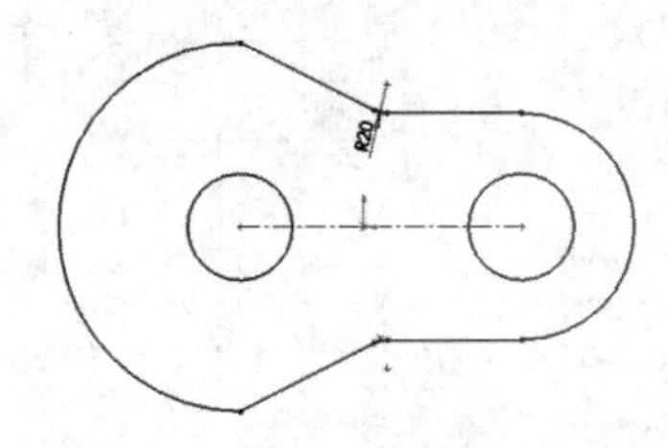

图 3-37　绘制圆角

练一练——角铁

利用草图绘制工具绘制如图 3-38 所示的角铁草图。

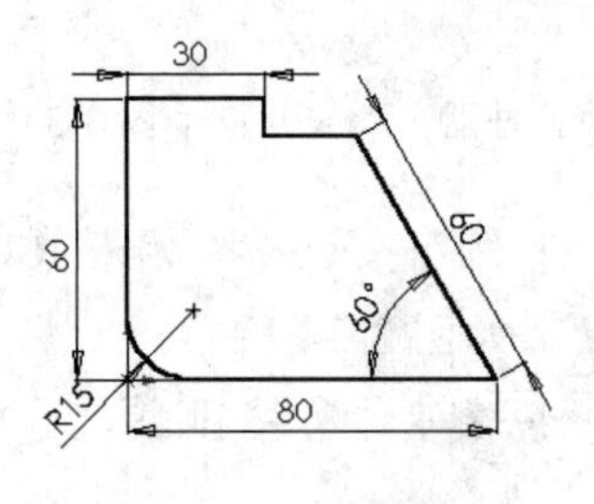

图 3-38　角铁草图

第 4 章　草图尺寸标注与几何关系

内容简介

SOLIDWORKS 的草图具有智能驱动功能，可以通过草图尺寸和几何关系达到约束草图形状和几何位置的效果。本章将详细介绍草图尺寸标注和几何关系的相关设置与操作方法。

内容要点

- 草图尺寸标注
- 草图几何关系

案例效果

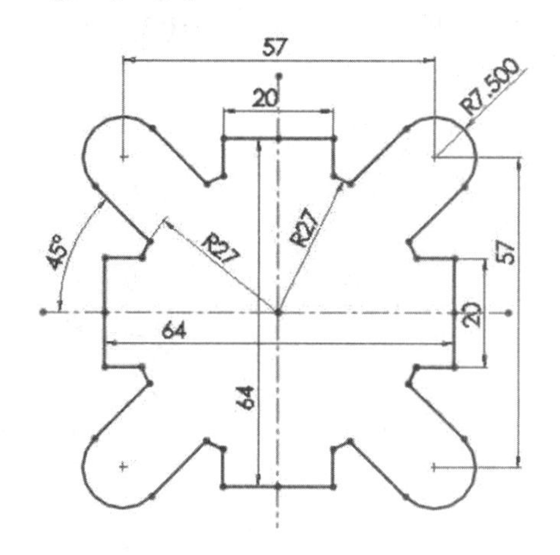

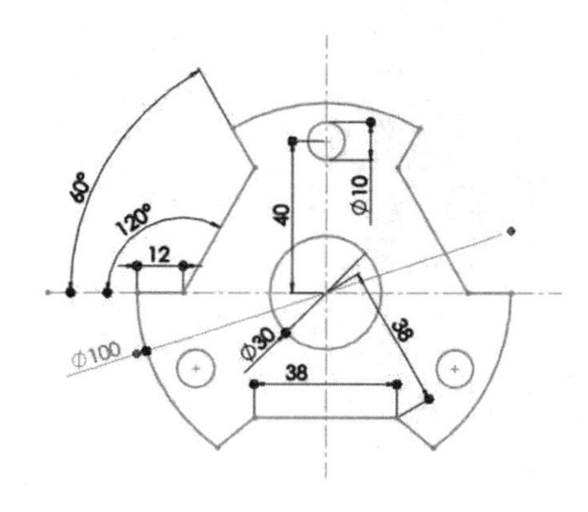

4.1　草图尺寸标注

在 SOLIDWORKS 中，“尺寸/几何关系”工具栏如图 4-1 所示，单击工具栏中的图标可以执行相应的命令。

图 4-1　“尺寸/几何关系”工具栏

草图尺寸标注主要是对草图形状进行定义。SOLIDWORKS 的草图标注采用参数式定义方式，即图形随着标注尺寸的改变而实时改变。根据草图的尺寸标注，可以将草图分为三种状态，分别是欠定义状态、完全定义状态与过定义状态。草图以蓝色显示时，说明草图为欠定义状态；

草图以黑色显示时，说明草图为完全定义状态；草图以红色显示时，说明草图为过定义状态。

扫一扫，看视频

4.1.1 设置尺寸标注格式

在标注尺寸之前，首先要设置尺寸标注的格式和属性。尺寸标注格式和属性虽然不影响特征建模的效果，但是好的标注格式和属性的设置可以影响图形整体的美观性，所以尺寸标注格式和属性的设置在草图绘制中占有很重要的地位。

尺寸格式主要包括尺寸标注的界限、箭头与尺寸数字等的样式。尺寸属性主要包括尺寸标注的数值的精度、箭头的类型、字体的大小与公差等样式。下面将分别介绍尺寸标注格式和尺寸标注属性的设置方法。

选择菜单栏中的“工具”→“选项”命令，此时系统弹出“系统选项-普通”对话框，在其中选择“文档属性”选项卡，在左侧树形列表中选择“绘图标准”，如图 4-2 所示。

在图 4-2 所示的“文档属性”选项卡中，“尺寸”选项用来设置尺寸的标注格式。

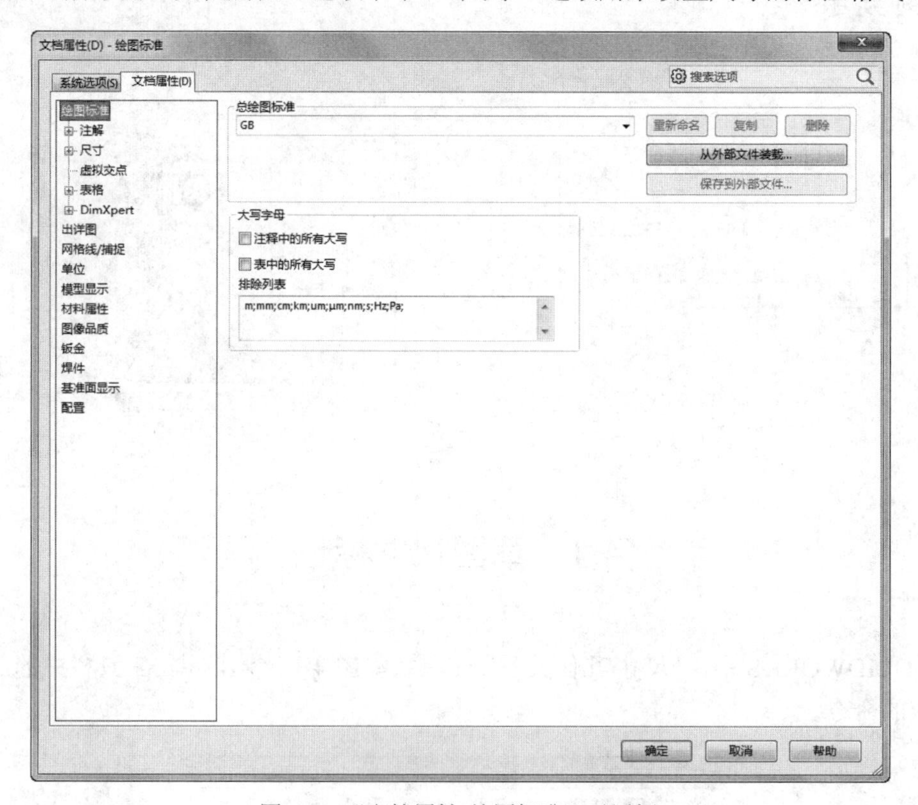

图 4-2 “文档属性-绘图标准”对话框

1. 设置“尺寸”选项卡中的各选项

（1）选择“尺寸”选项，此时弹出如图 4-3 所示的“文档属性-尺寸”对话框。在其中的“箭头”一栏，设置箭头的样式与放置位置。

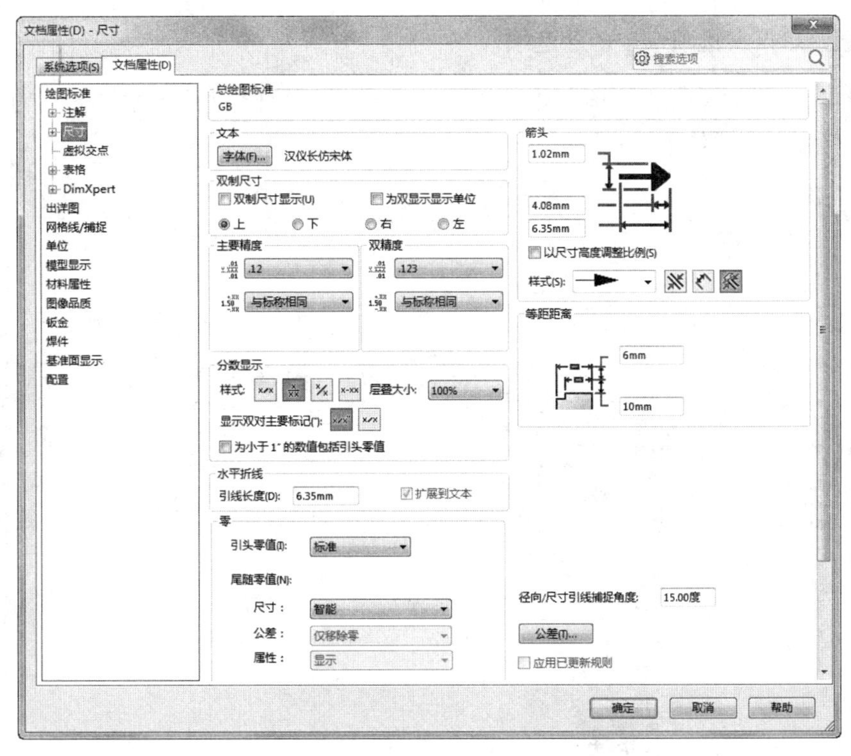

图 4-3　“文档属性-尺寸”对话框

（2）在“文档属性-尺寸”对话框的“主要精度”和“双精度”选项组中，可以详细地设置尺寸精度的标注格式。

（3）在“文档属性-尺寸”对话框的“水平折线”选项组中，设置引线长度。

（4）单击“文档属性-尺寸”对话框中的“公差”按钮，此时系统弹出如图 4-4 所示的“尺寸公差”对话框，在此可以详细地设置尺寸公差的标注格式。

（5）在“文档属性-尺寸”对话框的“文本”选项组中，单击“字体”按钮，此时系统弹出如图 4-5 所示的“选择字体”对话框，在其中设置尺寸字体的标注样式。

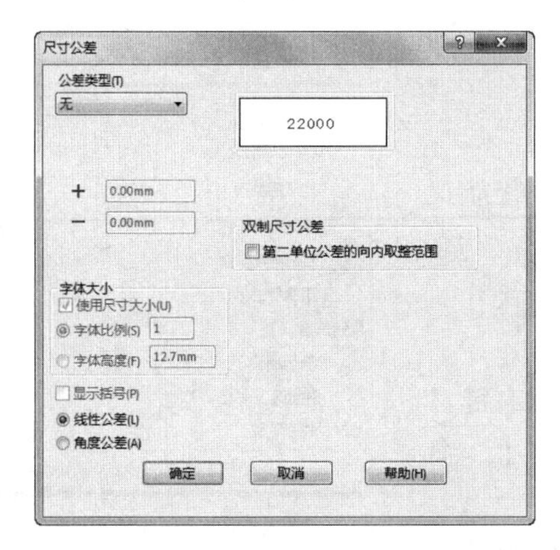

图 4-4　“尺寸公差”对话框

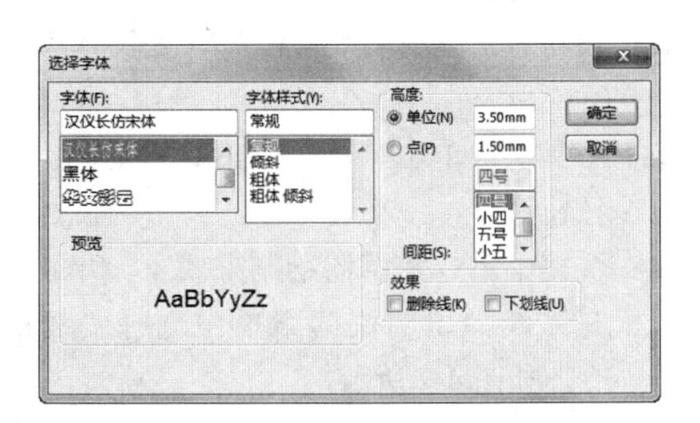

图 4-5　“选择字体”对话框

2. 设置“单位”选项卡中的各选项

选择图 4-2 中的“单位”选项，此时弹出如图 4-6 所示的“文档属性-单位”对话框，在其中设置标注尺寸单位的使用样式。

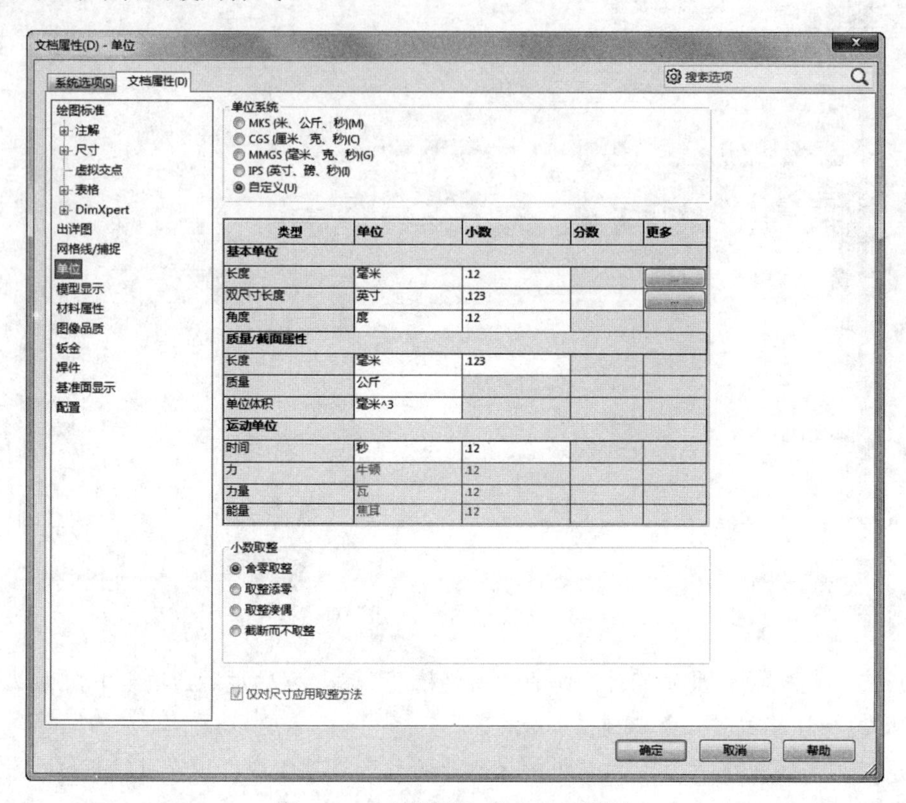

图 4-6 “文档属性-单位”对话框

扫一扫，看视频

4.1.2 尺寸标注类型

SOLIDWORKS 提供了 4 种进入尺寸标注的方法，下面将分别介绍。

【执行方式】

- 菜单栏：选择 “工具”→“尺寸”→“智能尺寸”命令。
- 工具栏：单击“草图”工具栏上的“智能尺寸”按钮。
- 快捷菜单：在草图绘制方式下，单击鼠标右键，在系统弹出的快捷菜单中选择“智能尺寸”命令，如图 4-7 所示。
- 控制面板：单击“草图”面板中的“智能尺寸”

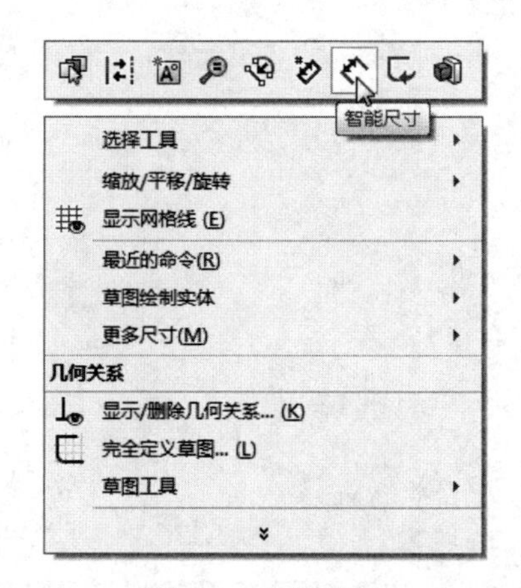

图 4-7 快捷菜单

按钮。

进入尺寸标注模式下，光标将变为。退出尺寸标注模式，对应的也用三种方式，第一为按 Esc 键；第二为再次单击“草图”工具栏上的“智能尺寸”按钮；第三为选择单击右键弹出的快捷菜单中的“选择”命令。

在 SOLIDWORKS 中，主要有以下几种标注类型：线性尺寸标注、角度尺寸标注、圆弧尺寸标注与圆尺寸标注等。

1．线性尺寸标注

线性尺寸标注不仅仅是指标注直线段的距离，还包括点与点之间、点与线段直径的距离。标注直线长度尺寸时，根据光标所在的位置，可以标注不同的尺寸形式，有水平形式、垂直形式与平行形式，如图 4-8 所示。

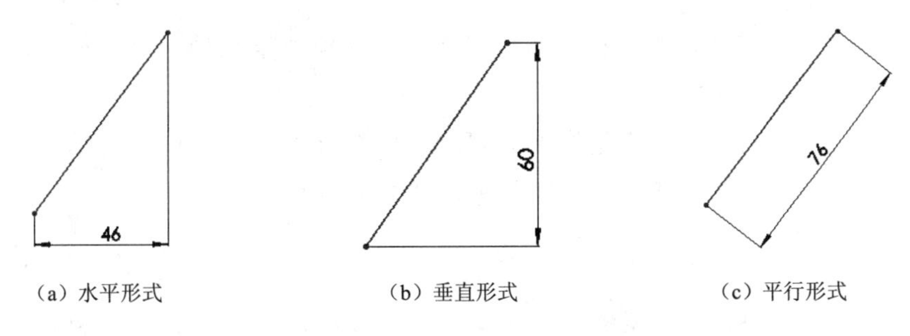

图 4-8　直线标注形式图示

标注直线段长度的方法比较简单，在标注模式下，直接用鼠标单击直线段，然后拖动鼠标即可，在此不再赘述。

下面以标注图 4-9 所示两圆弧之间的距离为例，说明线性尺寸的标注方法。

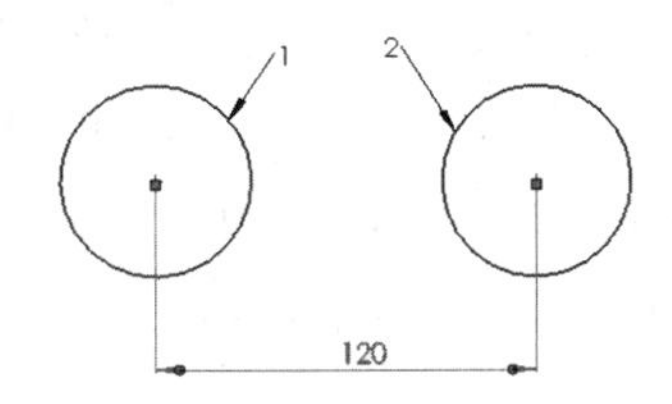

图 4-9　两圆弧之间的线性尺寸

【操作步骤】

（1）打开文件。资源包：源文件\原始文件\4\4.1.2 中的相应文件，如图 4-9 所示。

（2）执行命令。在草图编辑状态下，单击“草图”面板上的“智能尺寸”按钮，此时鼠标变为形状。

（3）设置标注实体。单击图 4-9 中的圆弧 1 上的任意位置，然后单击圆弧 2 上的任意位置，此时视图中出现标注的尺寸。

（4）设置标注位置。移动鼠标到要放置尺寸的位置，然后单击鼠标左键，此时系统出现如图 4-10 所示的“修改”对话框。在其中输入要标注的尺寸值，然后按 Enter 键，或者单击“修改”对话框中的 “确定”按钮，此时视图如图 4-11 所示，并在左侧出现“尺寸”属性管理器。

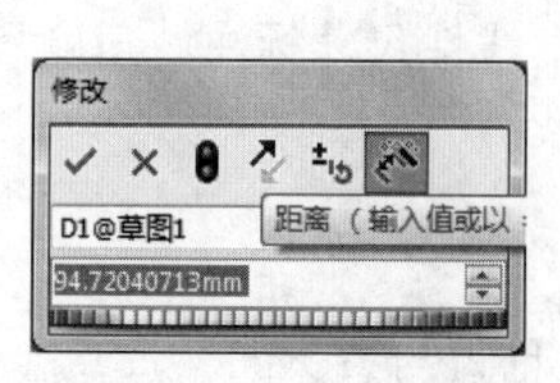

图 4-10 “修改”对话框

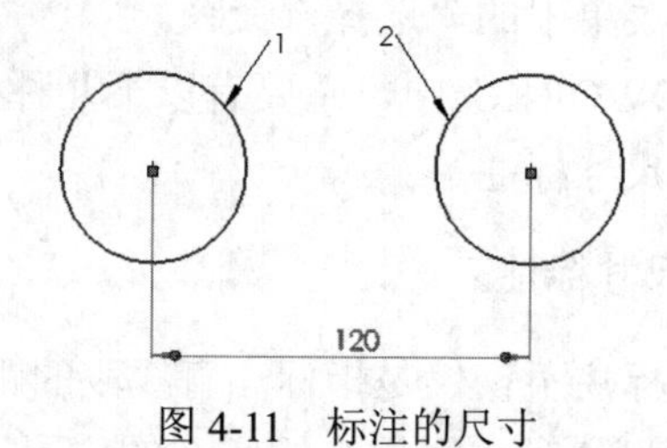

图 4-11 标注的尺寸

2. 角度尺寸标注

角度尺寸标注分为三种，第一种为两直线之间的夹角；第二种为直线与点之间的夹角；第三种为圆弧的角度。

- 两直线之间的夹角：直接选取两条直线，没有顺序差别。根据光标所放置位置的不同，有 4 种不同的标注形式，如图 4-12 所示。

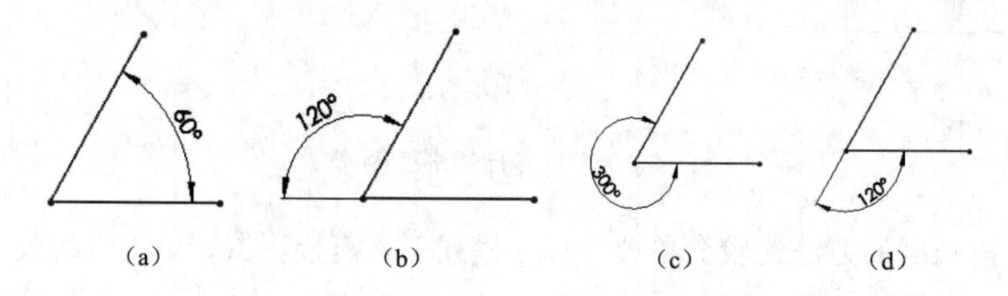

图 4-12 直线之间角度标注形式图示

- 直线与点之间的夹角：标注直线与点之间的夹角，有顺序差别。选择的顺序是：直线的一个端点→直线的另一个端点→点。一般有 4 种标注形式，如图 4-13 所示。
- 圆弧的角度：对于圆弧的标注顺序是没有严格要求的，人们一般的习惯是：起点→终点→圆心（顺序颠倒标注的效果是一样的）。

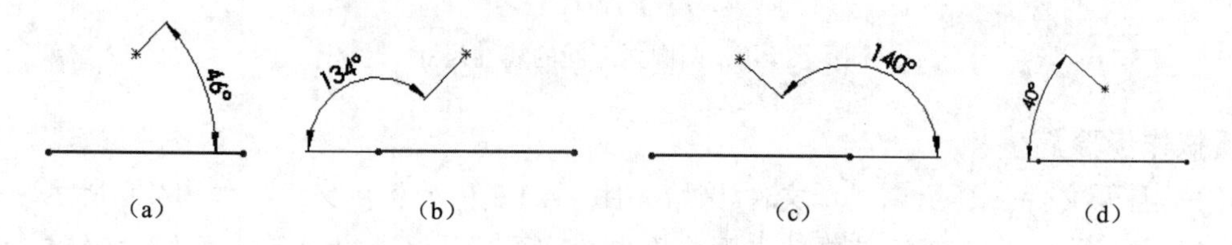

图 4-13 直线与点之间角度的标注形式图示

下面以图 4-14 为例介绍标注圆弧角度的操作步骤。

（1）打开文件。资源包：源文件\原始文件\4\4.1.2 中的相应文件，如图 4-14 所示。

（2）执行命令。在草图编辑状态下，单击“草图”面板上的“智能尺寸”按钮，此时鼠标变为形状。

（3）设置标注的位置。单击图 4-14 中的圆弧上的点 1，然后单击圆弧上的点 2，再单击圆心 3，此时系统出现“修改”对话框。在其中输入要标注的角度值，然后单击对话框中的“确定”按钮，此时在左侧出现“尺寸”属性管理器。

（4）确认标注的圆弧角度。单击“尺寸”属性管理器中的“确定”按钮，完成圆弧角度尺寸的标注。结果如图 4-14 所示。

3．圆弧尺寸标注

圆弧的尺寸标注分为三种标注方式：第一种为标注圆弧的半径；第二种为标注圆弧的弧长；第三种为标注圆弧的弦长。下面将分别说明各自的标注方法。

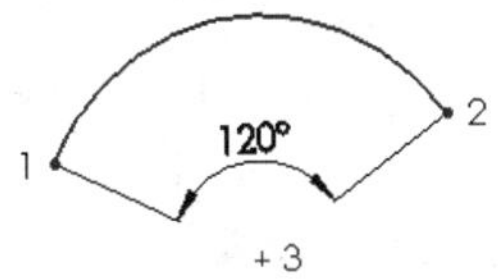

图 4-14　圆弧角度标注

- 标注圆弧的半径：标注圆弧半径的方法比较简单，直接选取圆弧，在“修改”对话框中输入要标注的半径值，然后单击放置标注的位置即可。如图 4-15 所示说明了圆弧半径的标注过程。

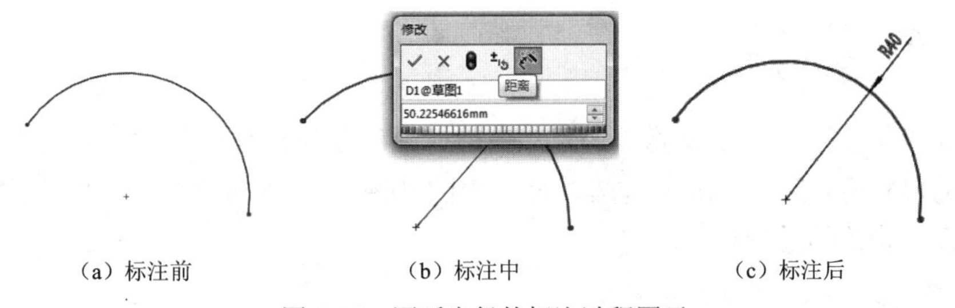

（a）标注前　（b）标注中　（c）标注后

图 4-15　圆弧半径的标注过程图示

- 标注圆弧的弧长：标注圆弧弧长的方式是，依次选取圆弧的两个端点与圆弧，在“修改”对话框中输入要标注的弧长值，然后单击放置标注的位置即可。如图 4-16 所示说明了圆弧弧长的标注过程。

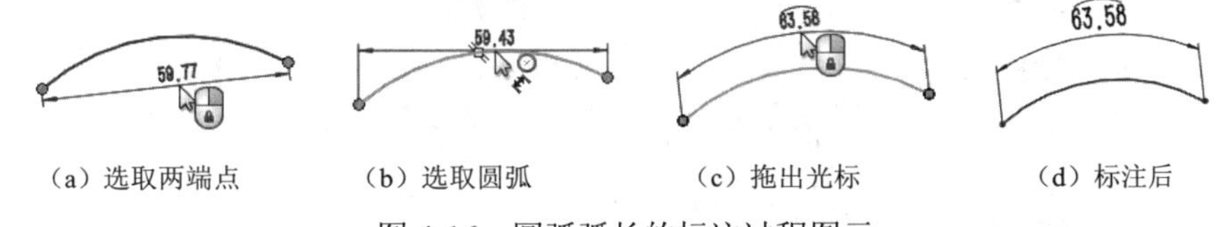

（a）选取两端点　（b）选取圆弧　（c）拖出光标　（d）标注后

图 4-16　圆弧弧长的标注过程图示

- 标注圆弧的弦长：标注圆弧弦长的方式是，依次选取圆弧的两个端点，然后拖动尺寸，单击要放置的位置即可。根据尺寸放置的位置不同主要有三种形式：水平形式、垂直形式与平行形式，如图 4-17 所示。

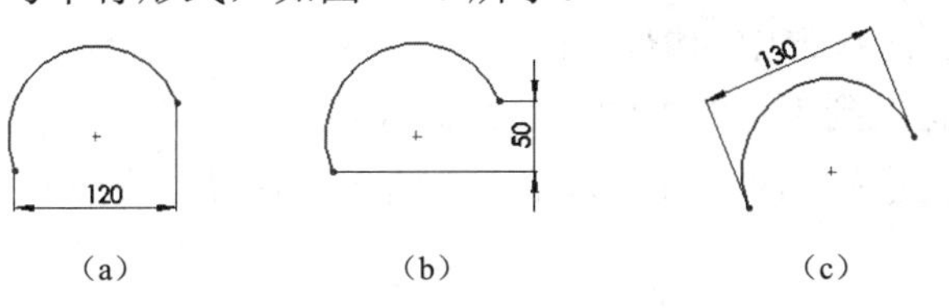

（a）　（b）　（c）

图 4-17　圆弧弦长的标注形式图示

4. 圆尺寸标注

圆尺寸标注比较简单，标注方式为：执行标注命令，直接选取圆上任意点，然后拖动尺寸到要放置的位置，单击鼠标左键，在“修改”对话框中输入要修改的直径数值。单击对话框中的“确定”按钮✓，即可完成圆尺寸标注。根据尺寸位置不同，通常圆分为三种标注方式，如图 4-18 所示。

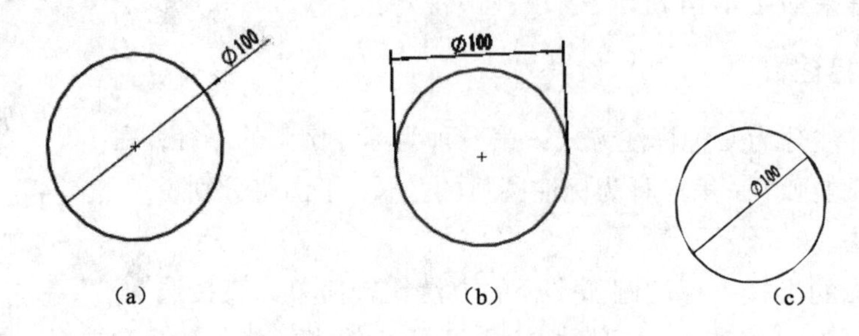

图 4-18　圆尺寸的标注形式图示

扫一扫，看视频

4.1.3　尺寸修改

在草图编辑状态下，双击要修改的尺寸数值，此时系统出现“修改”对话框。在对话框中输入修改的尺寸值，然后单击对话框中的“确定”按钮✓，即可完成尺寸的修改。如图 4-19 所示说明了尺寸修改的过程。

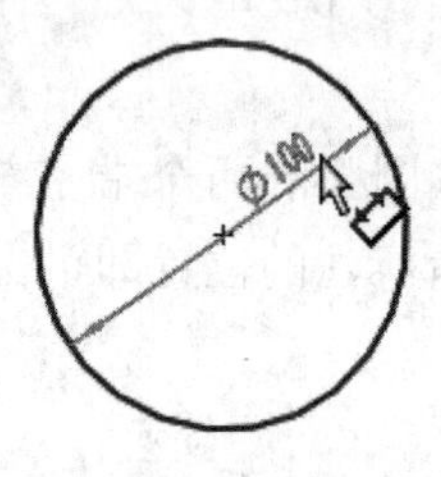

（a）选取尺寸并双击

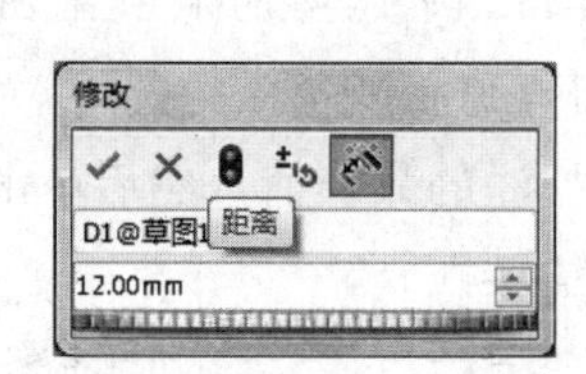

（b）输入要修改的尺寸值

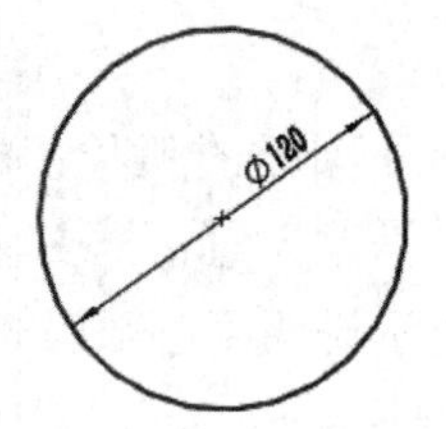

（c）修改后的图形

图 4-19　尺寸修改过程图示

“修改”对话框中各图标的意义如下。

- ✓：保存当前修改的数值并退出对话框。
- ×：取消修改的数值，恢复原始数值并退出此对话框。
- ：以当前的数值重新生成模型。
- ±：重新设置选值框中的增量值。
- ：标注要输入到工程图中的尺寸。此选项只在零件和装配体文件中使用。当插入模型项目到工程图中时，就可以相应地插入所有尺寸或插入标注的尺寸。

注意：

可以在“修改”对话框中输入数值和算术符号，将其作为计算器使用，计算的结果就是所求的数值。

4.2　草图几何关系

几何关系是草图实体和特征几何体设计意图中的一个重要创建手段，是指各几何元素与基准面、轴线、边线或端点之间的相对位置关系。

几何关系目前在CAD/CAM/CAE软件中起着非常重要的作用。通过添加几何关系，可以很容易地控制草图形状，表达设计工程师的设计意图，为设计工程师带来很大的便利，提高设计的效率。

添加几何关系有两种方式：一种是自动添加几何关系；另一种是手动添加几何关系。常见几何关系类型及结果如表4-1所示。

表4-1　几何关系类型及结果

几何关系类型	要选择的草图实体	所产生的几何关系
水平或竖直	一条或多条直线，或两个或多个点	直线会变成水平或竖直，而点会水平或竖直对齐
共线	两条或多条直线	所选直线位于同一条无限长的直线上
全等	两个或多个圆弧	所选圆弧会共用相同的圆心和半径
垂直	两条直线	两条直线相互垂直
平行	两条或多条直线	所选直线相互平行
相切	圆弧、椭圆或样条曲线，以及直线或圆弧	两个所选项目保持相切
同心	两个或多个圆弧，或一个点和一个圆弧	所选圆弧共用同一圆心
中点	两条直线或一个点和一直线	点保持位于线段的中点
交叉点	两条直线和一个点	点保持于直线的交叉点处
重合	一个点和一直线、圆弧或椭圆	点位于直线、圆弧或椭圆上
相等	两条或多条直线，或两个或多个圆弧	直线长度或圆弧半径保持相等
对称	一条中心线和两个点、直线、圆弧或椭圆	所选项目保持与中心线相等距离，并位于一条与中心线垂直的直线上
固定	任何实体	实体的大小和位置被固定
穿透	一个草图点和一个基准轴、边线、直线或样条曲线	草图点与基准轴、边线或曲线在草图基准面上穿透的位置重合
合并点	两个草图点或端点	两个点合并成一个点

注意：

（1）在为直线建立几何关系时，此几何关系相对于无限长的直线，而不仅仅是相对于草图线段或实际边线。因此，在希望一些实体互相接触时，它们可能实际上并未接触到。

（2）在生成圆弧段或椭圆段的几何关系时，几何关系实际上是对于整圆或椭圆的。

（3）为不在草图基准面上的项目建立几何关系，则所产生的几何关系应用于此项目在草图基准面上的投影。

（4）在使用等距实体及转换实体引用命令时，可能会自动生成额外的几何关系。

扫一扫，看视频

4.2.1 自动添加几何关系

自动添加几何关系是指在绘制图形的过程中，系统根据绘制实体的相关位置，自动赋予草图实体于几何关系，而不需要用于手动添加。

自动添加几何关系需要进行系统设置。设置的方法是：选择菜单栏中的“工具”→“选项”命令，此时系统出现“系统选项-普通”对话框，选择“系统选项”选项卡，在左侧树形列表中选择“几何关系/捕捉”选项，然后选中“自动几何关系”复选框，并相应地选中“草图捕捉”栏中各复选框，如图 4-20 所示。

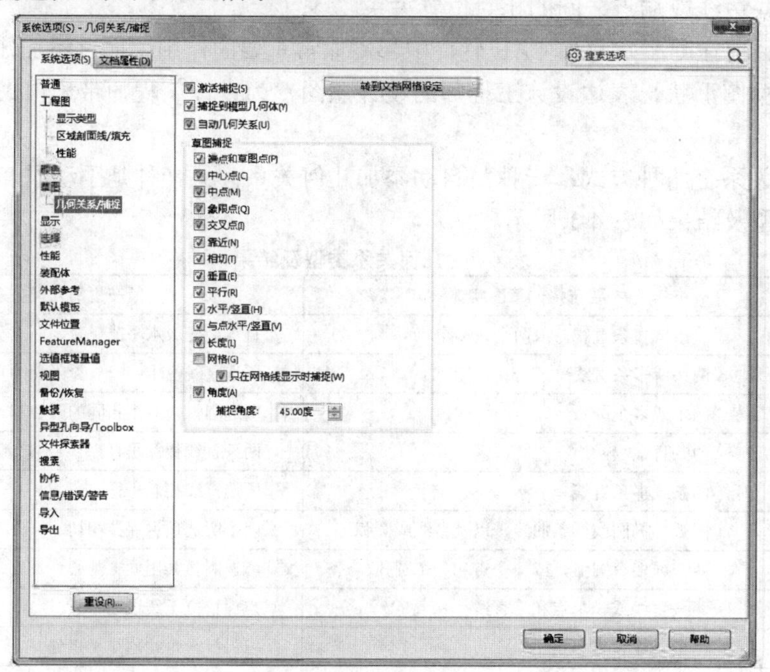

图 4-20　设置自动添加几何关系

如果取消选中“自动几何关系”复选框，虽然在绘图过程中有限制光标出现，但是并没有真正赋予该实体几何关系。如图 4-21 所示为常见的几种自动几何关系类型。

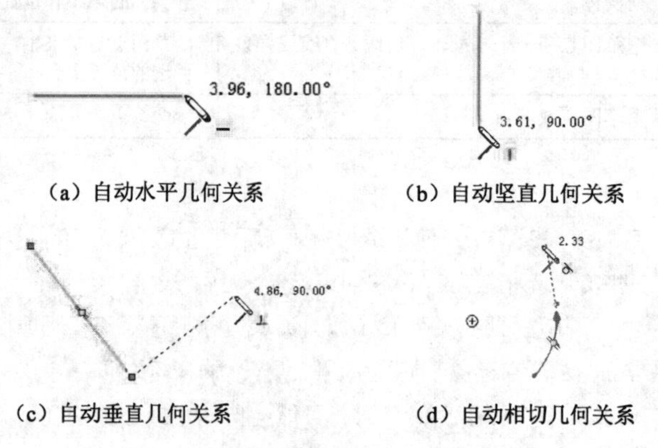

（a）自动水平几何关系　（b）自动竖直几何关系

（c）自动垂直几何关系　（d）自动相切几何关系

图 4-21　常见自动几何关系类型

4.2.2　手动添加几何关系

扫一扫，看视频

当绘制的草图有多种几何关系时，系统无法自行判断，需要设计者手动添加几何关系。

【执行方式】

- 工具栏：单击“草图”工具栏上的“添加几何关系”按钮。
- 菜单栏：选择“工具”→“关系”→“添加”命令。
- 控制面板：单击“草图”面板中的“添加几何关系”按钮。

手动添加几何关系是设计者根据设计需要和经验，添加的最佳几何关系，“添加几何关系”属性管理器如图 4-22 所示。

图 4-22　“添加几何关系”属性管理器

下面以图 4-23 为例说明手动添加几何关系的操作步骤，如图 4-23（a）所示为添加几何关系前的图形；如图 4-23（b）所示为添加几何关系后的图形。

【操作步骤】

（1）打开文件。资源包：源文件\原始文件\4\4.2.2 中的相应文件，如图 4-23 所示。

（2）执行命令。在草图编辑状态下，单击“草图”面板中的“显示/删除几何关系”下拉列表中的“添加几何关系”按钮。

（3）选择添加几何关系的实体。此时系统弹出“添加几何关系”属性管理器，用鼠标选择如图 4-23（a）所示的 4 个圆，此时所选的圆弧出现在“添加几何关系”属性管理器中的“所选实体”一栏中，并且在“添加几何关系”一栏中出现所有可能的几何关系，如图 4-22 所示。

（4）选择添加的几何关系。单击“添加几何关系”一栏中的“相等”按钮=，将 4 个圆限制为等直径的几何关系。

（5）确认添加的几何关系。单击“添加几何关系”属性管理器中的“确定”按钮✓，几何关系添加完毕。结果如图 4-23（b）所示。

注意：

添加几何关系时，必须有一个实体为草图实体，其他项目实体可以是外草图实体、边线、面、顶点、原点、基准面或基准轴等。

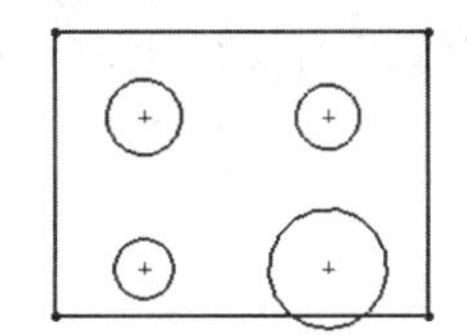

（a）添加几何关系前的图形

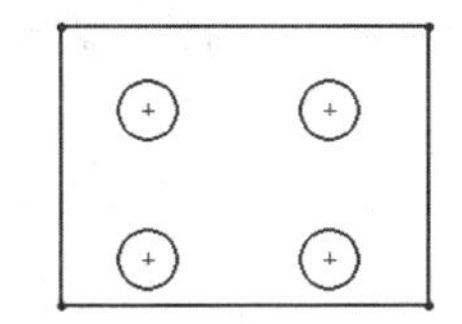

（b）添加几何关系后的图形

图 4-23　添加几何关系前后图形

扫一扫，看视频

4.2.3 显示几何关系

与其他 CAD/CAM/CAE 软件不同的是，SOLIDWORKS 在视图中不直接显示草图实体的几何关系，这样简化了视图的复杂度，但是用户可以很方便地查看实体的几何关系。

SOLIDWORKS 提供了两种显示几何关系的方法：一种为利用实体的属性管理器显示几何关系；另一种为利用“显示/删除几何关系”属性管理器显示几何关系。

1. 利用实体的属性管理器显示几何关系

双击要查看的项目实体，视图中就会出现该项目实体的几何关系图标，并且会在系统弹出的属性管理器的“现有几何关系”一栏中显示现有几何关系。如图 4-24（a）所示为显示几何关系前的图形，如图 4-24（b）所示为显示几何关系后的图形。如图 4-25 所示为双击如图 4-24（a）所示直线 1 后弹出的“线条属性”属性管理器，在“现有几何关系”一栏中显示了直线 1 所有的几何关系。

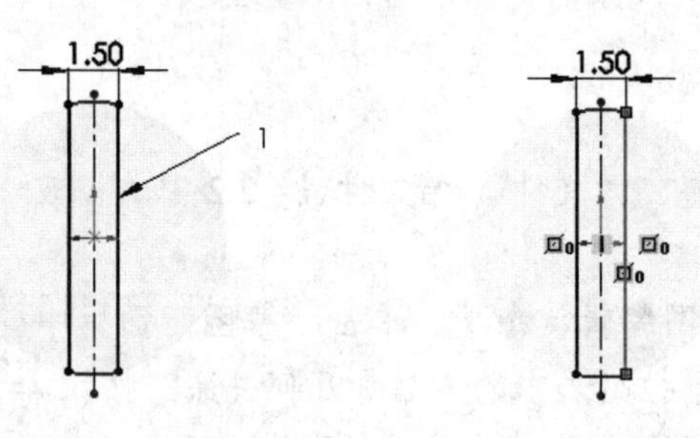

（a）显示几何关系前的图形　　（b）显示几何关系后的图形

图 4-24　显示几何关系前后图形比较

2. 利用“显示/删除几何关系”属性管理器显示几何关系

【执行方式】

- 工具栏：单击“草图”工具栏上的“显示/删除几何关系”按钮。
- 菜单栏：选择“工具”→“关系”→“显示/删除”命令。
- 控制面板：单击“草图”面板中的“显示/删除几何关系”按钮。

【操作步骤】

在草图编辑状态下，单击“草图”面板中的“显示/删除几何关系”按钮，此时系统弹出“显示/删除几何关系”属性管理器。如果没有选择某一草图实体，则会显示所有草图实体的几何关系；如果执行命令前，选择了某一草图实体，则只显示该实体的几何关系。

4.2.4 删除几何关系

如果不需要某一项目实体的几何关系，就需要删除该几何关系。与显示几何关系相对应，删除几何关系也有两种方法：一种为利用实体的属性管理器删除几何关系；另一种为利用“显示/删除几何关系”属性管理器删除几何关系。下面将分别介绍。

1．利用实体的属性管理器删除几何关系

双击要查看的项目实体，系统弹出实体的属性管理器，在“现有几何关系”一栏中显示了现有几何关系。以图 4-25 所示为例，如果要删除其中的“竖直”几何关系，则选取“竖直”几何关系，然后按 Delete 键即可。

2．利用“显示/删除几何关系”属性管理器删除几何关系

以图 4-26 所示为例，在“显示/删除几何关系”属性管理器中选取“竖直”几何关系，然后单击属性管理器中的“删除”按钮。如果要删除项目实体的所有几何关系，则单击属性管理器中的“删除所有”按钮即可。

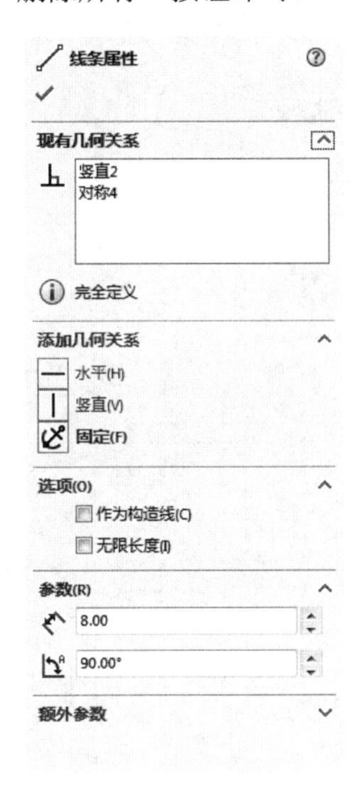

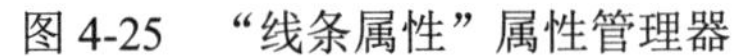
图 4-25　“线条属性”属性管理器

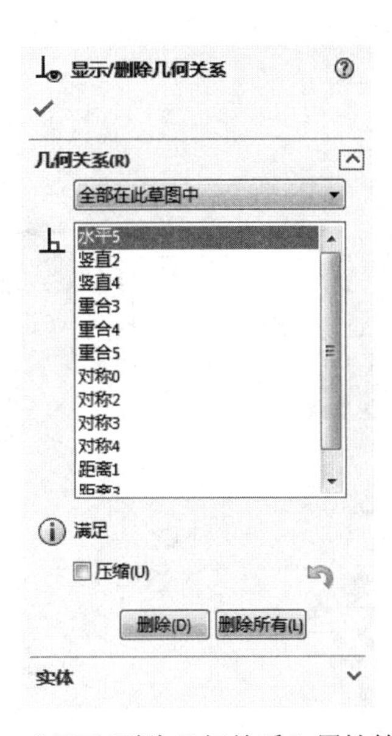

图 4-26　“显示/删除几何关系”属性管理器

4.3　综合实例

本节主要通过具体实例讲解草图编辑工具的综合使用方法。

4.3.1　汽缸体截面草图

扫一扫，看视频

在本实例中，将利用草图绘制工具，绘制如图 4-27 所示的汽缸体截面草图。

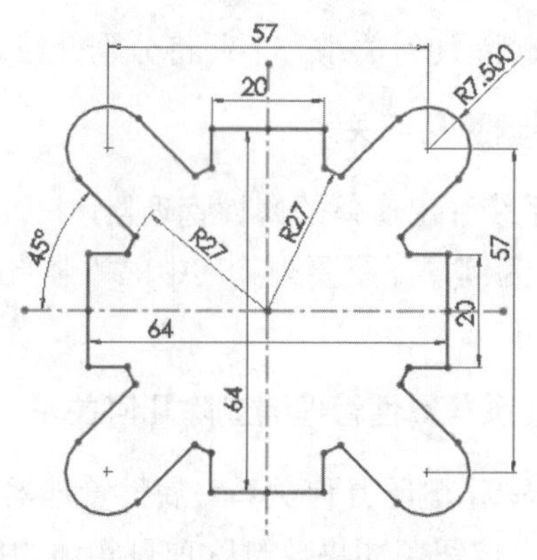

图 4-27　汽缸体截面草图

思路分析：

由于图形关于两坐标轴对称，所以先绘制关于轴对称部分的实体图形，再利用镜像或是阵列方式进行复制，完成整个图形的绘制。绘制流程如图 4-28 所示。

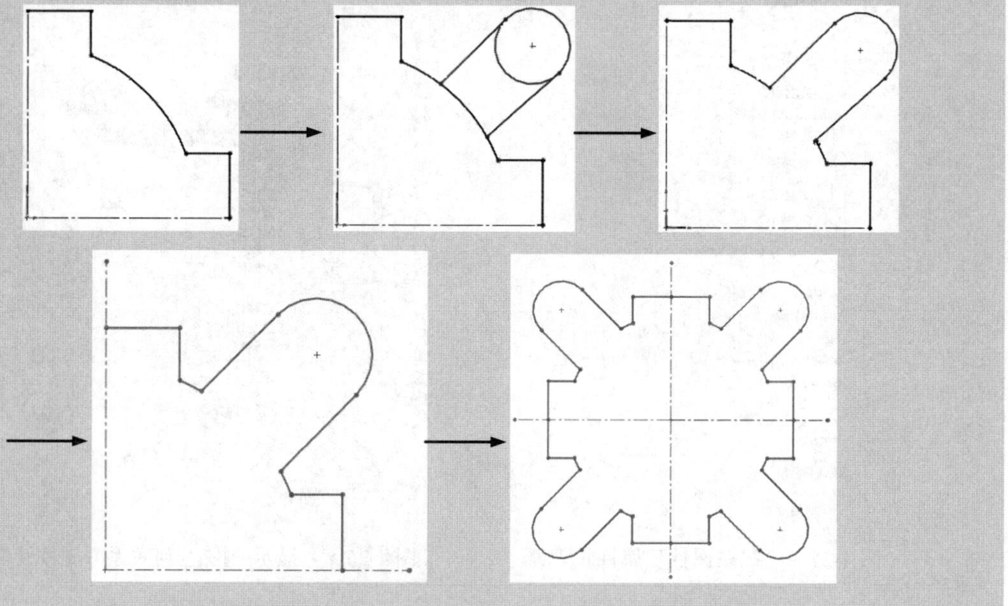

图 4-28　流程图

操作步骤

（1）新建文件。启动 SOLIDWORKS 2018，选择菜单栏中的“文件”→“新建”命令，或单击工具栏中的“新建”按钮，在打开的“新建 SOLIDWORKS 文件”对话框中单击“零件”→“确定”按钮。

（2）绘制截面草图。在 FeatureManager 设计树中选择前视基准面，单击“草图”面板中的“草图绘制”按钮，新建一张草图。单击“草图”面板中的“中心线”按钮和“圆心/起/终点画弧”按钮，绘制线段和圆弧。

（3）标注尺寸。单击“草图”面板中的“智能尺寸”按钮，标注尺寸 1，如图 4-29 所示。

（4）绘制圆和直线段。单击“草图”面板中的“圆”按钮和“直线”按钮，绘制一个圆和两条线段。

（5）添加几何关系。按住 Ctrl 键选择上一步绘制的一条线段和圆，在弹出的“属性”属性管理器中添加“相切”几何关系，用同样的方式使另一线段也与圆相切，如图 4-30 所示。

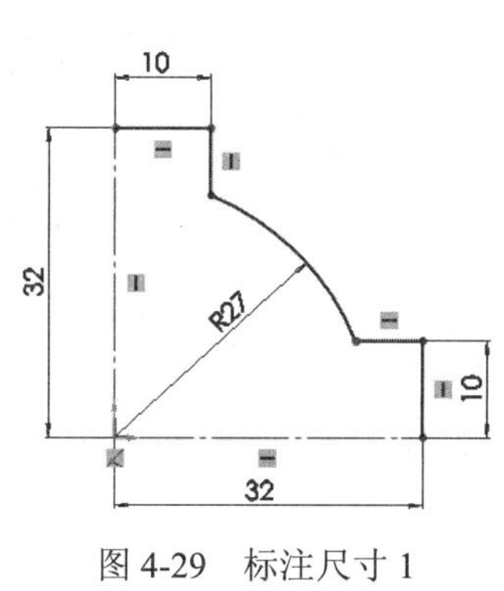

图 4-29　标注尺寸 1

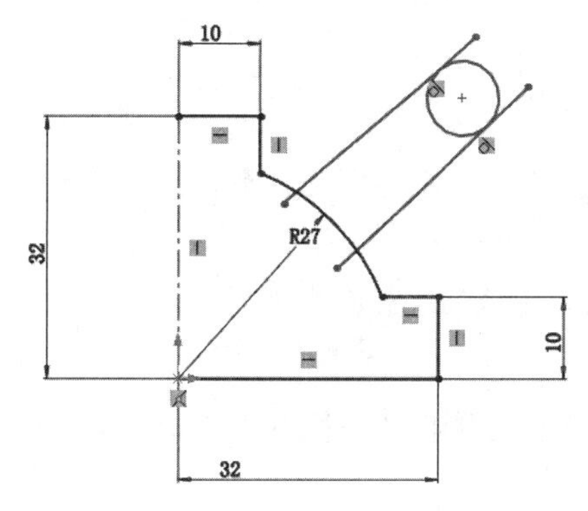

图 4-30　绘制圆和直线段

（6）裁剪图形。单击“草图”面板中的“裁剪实体”按钮，修剪多余圆弧。裁剪图形如图 4-31 所示。

（7）标注尺寸。单击“草图”面板中的“智能尺寸”按钮，标注尺寸 2，如图 4-32 所示。

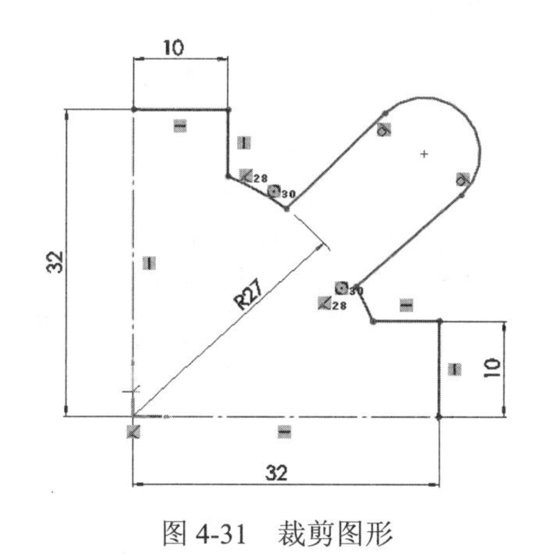

图 4-31　裁剪图形

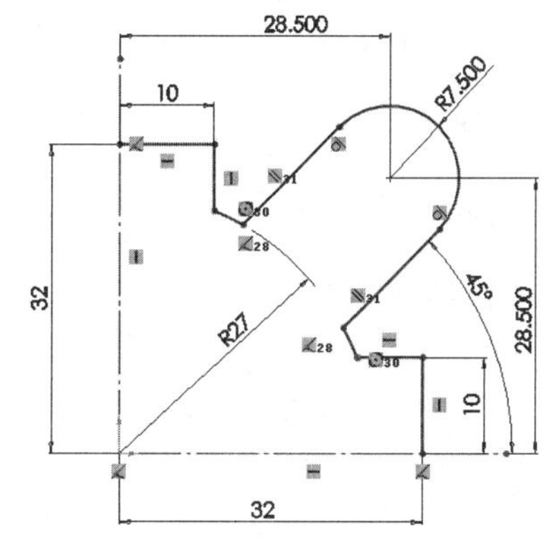

图 4-32　标注尺寸 2

（8）阵列草图实体。单击“草图”面板中的“圆周草图阵列”按钮，选择草图实体进行阵列，阵列数目为 4。阵列草图实体如图 4-33 所示。

（9）保存草图。单击“退出草图”按钮，单击“标准”工具栏中的“保存”按钮，将文件保存为“汽缸体截面草图.sldprt”。最终生成的汽缸截面草图如图 4-34 所示。

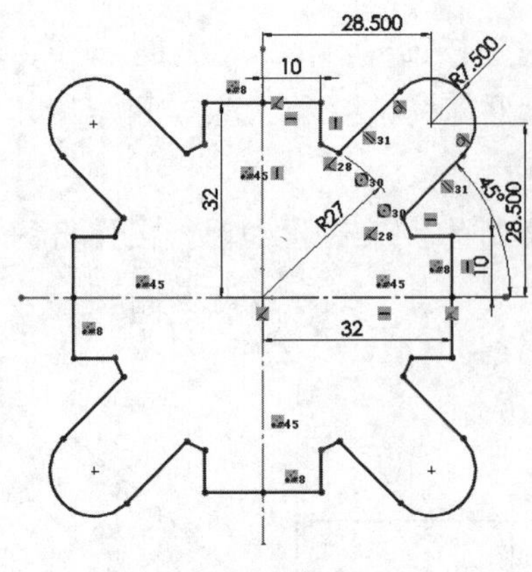

图 4-33　阵列草图实体

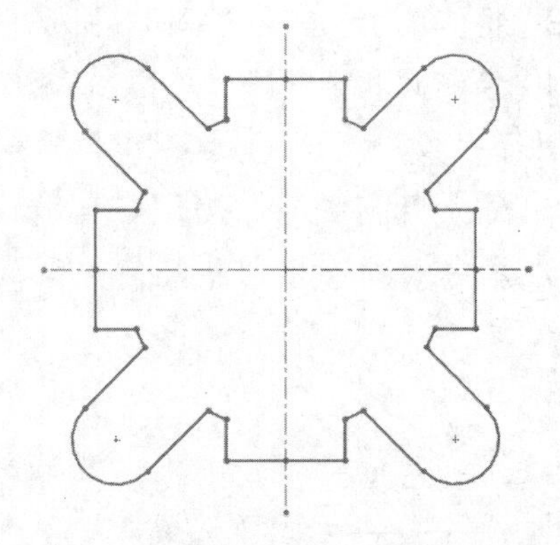
图 4-34　最终生成的汽缸体截面草图

扫一扫，看视频

4.3.2　连接片截面草图

在本实例中，将利用草图绘制工具，绘制如图 4-35 所示的连接片截面草图。

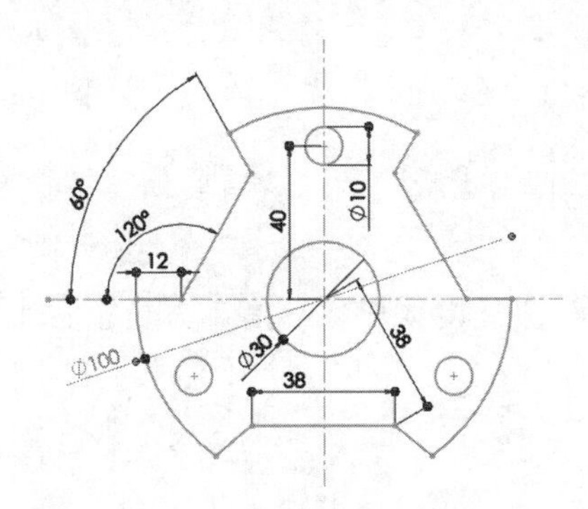

图 4-35　连接片截面草图

思路分析：

由于图形关于竖直坐标轴对称，所以先绘制除圆以外的关于轴对称部分的实体图形，利用镜像方式进行复制，调用“圆”命令绘制大圆和小圆，再将均匀分布的小圆进行环形阵列，尺寸的约束在绘制过程中完成。绘制流程如图 4-36 所示。

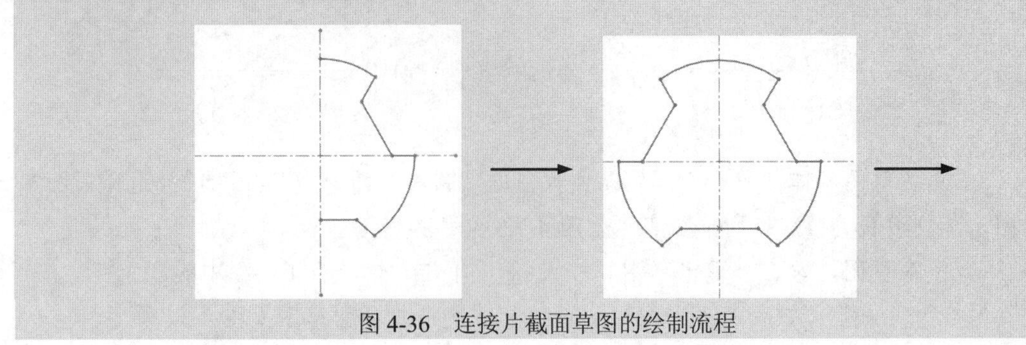
图 4-36　连接片截面草图的绘制流程

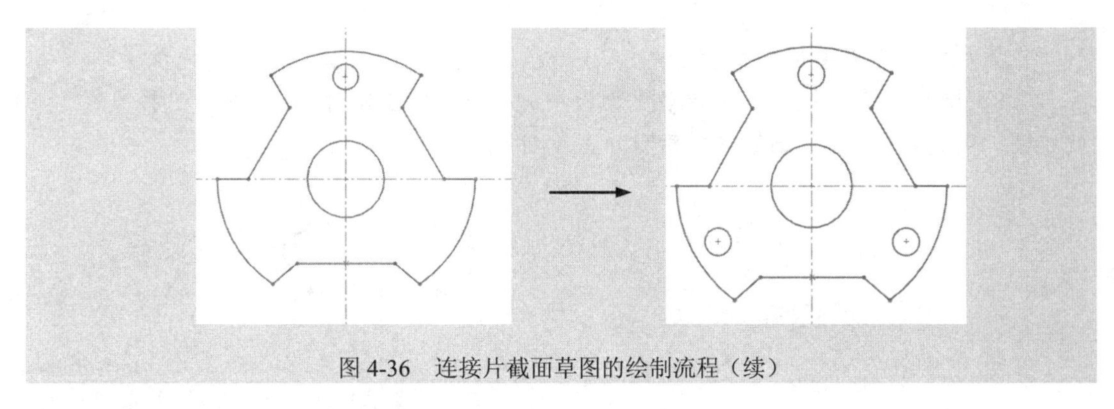

图 4-36　连接片截面草图的绘制流程（续）

操作步骤

（1）新建文件。启动 SOLIDWORKS 2018，选择菜单栏中的“文件”→“新建”命令，或单击工具栏中的“新建”按钮，在弹出的“新建 SOLIDWORKS 文件”对话框中单击“零件”→“确定”按钮，进入零件设计状态。

（2）设置基准面。在特征管理器中选择前视基准面作为绘制图形基准面。

（3）绘制中心线。选择菜单栏中的“插入”→“草图绘制”命令，或者单击“草图”面板中的“草图绘制”按钮，进入草图绘制界面。选择菜单栏中的“工具”→“草图绘制实体”→“中心线”命令，或者单击“草图”面板中的“中心线”按钮，绘制水平和竖直的中心线。

（4）绘制草图 1。单击“草图”面板中的“直线”按钮和“圆”按钮，绘制如图 4-37 所示的草图。

（5）标注尺寸。单击“草图”面板中的“智能尺寸”按钮，进行尺寸约束。单击“草图”面板中的“剪裁实体”按钮，修剪掉多余的圆弧线。尺寸标注如图 4-38 所示。

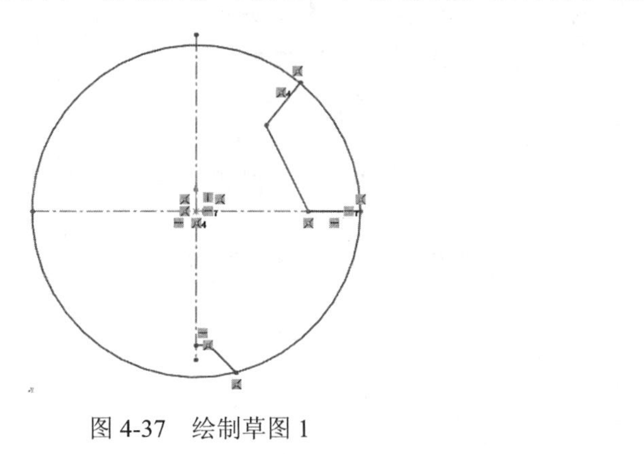

图 4-37　绘制草图 1

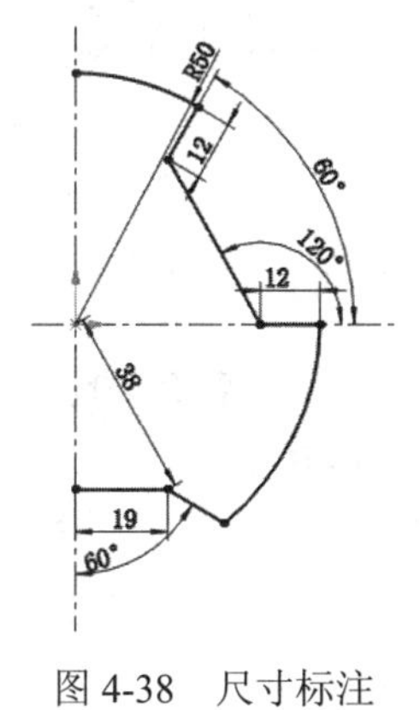

图 4-38　尺寸标注

（6）镜像图形。单击“草图”面板中的“镜像实体”按钮，选择竖直轴线右侧的实体图形作为复制对象，镜像点为竖直中心线段，进行实体镜像。镜像实体图形如图 4-39 所示。

（7）绘制草图 2。选择菜单栏中的“工具”→“草图工具”→“圆”命令，或者单击“草图”面板中的“圆”按钮，绘制直径分别为 10 和 30 的圆，并单击“智能尺寸”按钮，确定位置尺寸，如图 4-40 所示。

（8）圆周阵列草图。单击“草图”面板中的“圆周草图阵列”按钮，选择直径为 10mm 的小圆，阵列数目为 3。圆周阵列草图如图 4-41 所示。

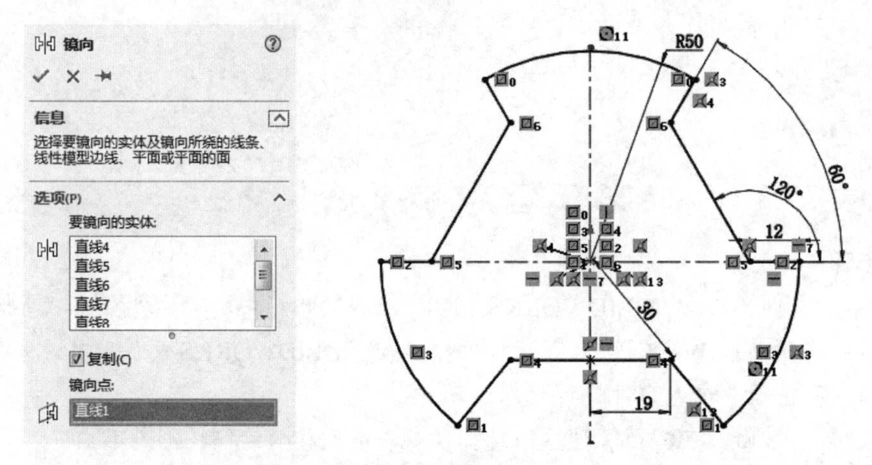

图 4-39　镜像实体图形

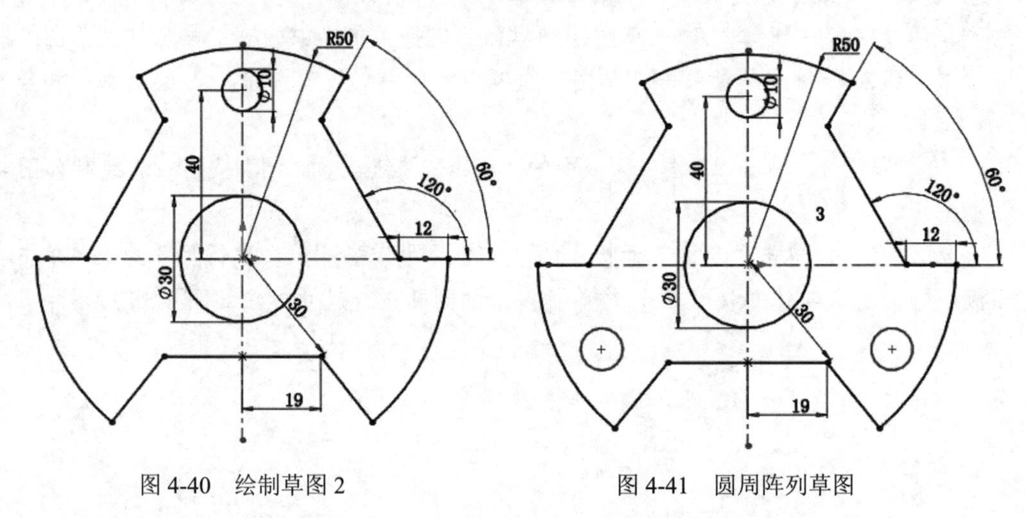

图 4-40　绘制草图 2　　　　　　图 4-41　圆周阵列草图

（9）保存草图。单击“标准”工具栏中的“保存”按钮，保存文件。

练一练——斜板草图

利用草图绘制工具绘制如图 4-42 所示的斜板草图。

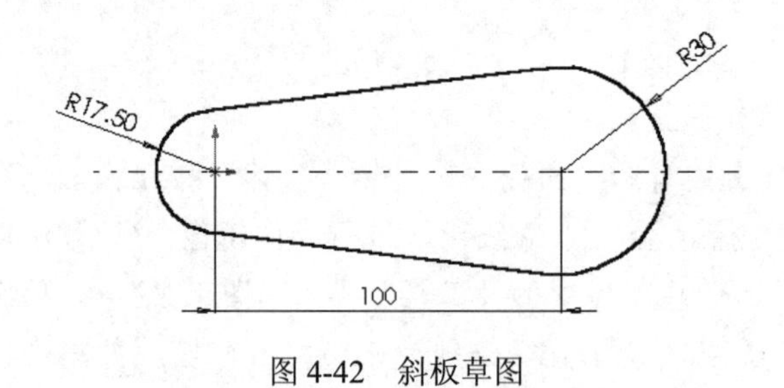

图 4-42　斜板草图

练一练——压盖草图

利用草图绘制工具绘制如图 4-43 所示的压盖草图。

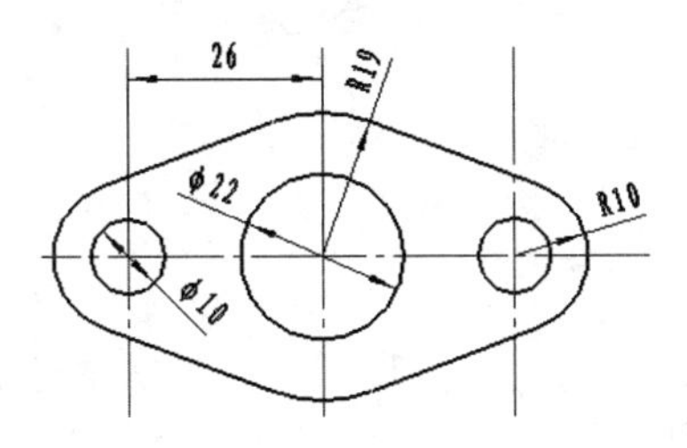

图 4-43　压盖草图

第 5 章　参考几何体

内容简介

在模型创建过程中不可避免地需要一些辅助操作，如参考几何体，与实体结果无直接关系，但却是不可或缺的操作桥梁。

本章主要介绍参考几何体的分类，参考几何体主要包括基准面、基准轴、坐标系、点与配合参考 5 个部分。

内容要点

- 基准面
- 基准轴
- 坐标系

案例效果

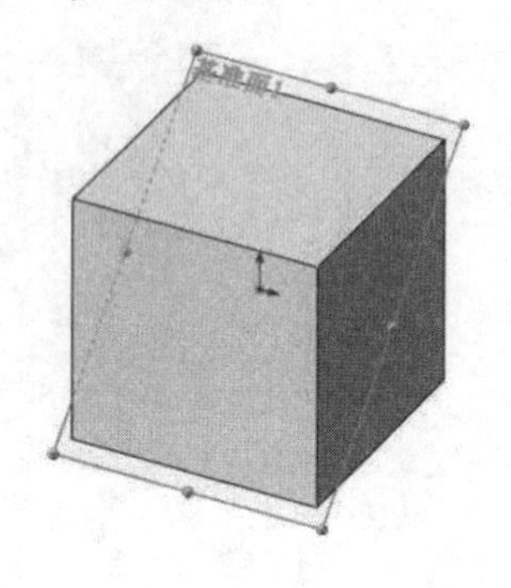

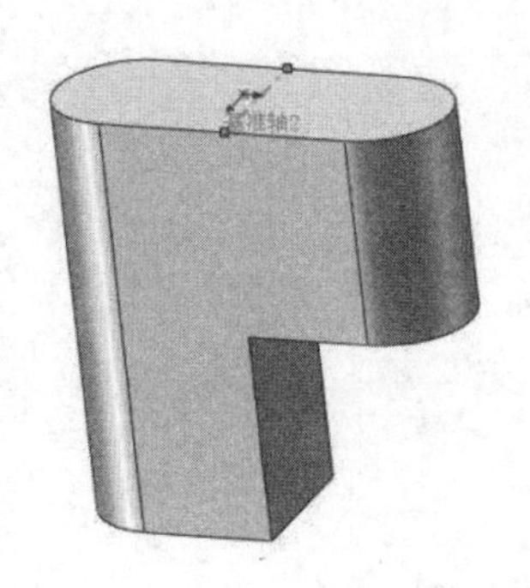

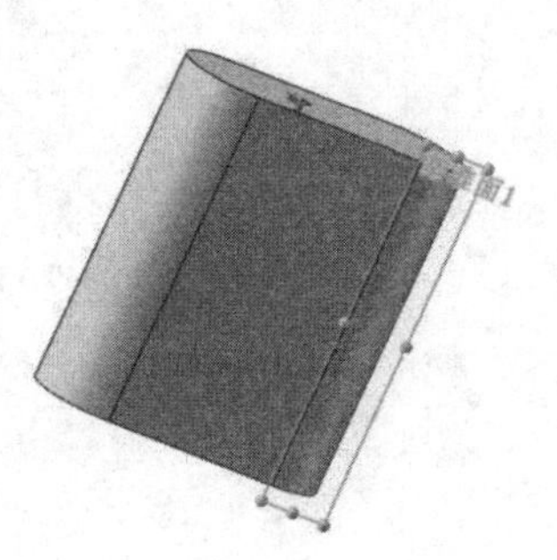

5.1　基准面

基准面主要应用于零件图和装配图中，可以利用基准面来绘制草图，生成模型的剖面视图，用于拔模特征中的中性面等。

SOLIDWORKS提供了前视基准面、上视基准面和右视基准面3个默认的相互垂直的基准面。通常情况下，用户在这3个基准面上绘制草图，然后使用特征命令创建实体模型即可绘制需要的图形。但是，对于一些特殊的特征，如扫描特征和放样特征，需要在不同的基准面上绘制草图，才能完成模型的构建，这就需要创建新的基准面。

【执行方式】

- 工具栏：单击“特征”工具栏“参考几何体”下拉列表中的“基准面”按钮。
- 菜单栏：选择“插入”→“参考几何体”→“基准面”命令。

➘　控制面板：单击“特征”控制面板“参考几何体”下拉列表中的“基准面”按钮。

创建基准面有6种方式，分别是通过直线/点方式、点和平行面方式、两面夹角方式、等距距离方式、垂直于曲线方式与曲面切平面方式。下面详细介绍这几种创建基准面的方式。

5.1.1　通过直线/点方式

扫一扫，看视频

该方式创建的基准面有三种：通过边线、轴；通过草图线及点；通过三点。下面介绍该方式的操作步骤。

【操作步骤】

（1）打开文件。资源包：源文件\原始文件\5\5.1.1 中的相应文件，如图 5-1 所示。

（2）执行“基准面”命令。单击“特征”控制面板“参考几何体”下拉列表中的“基准面”按钮（如图 5-2 所示），此时系统弹出“基准面”属性管理器。

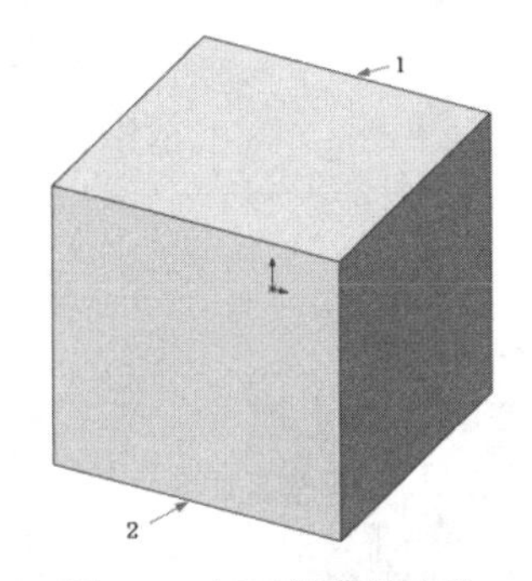

图 5-1　打开的文件实体

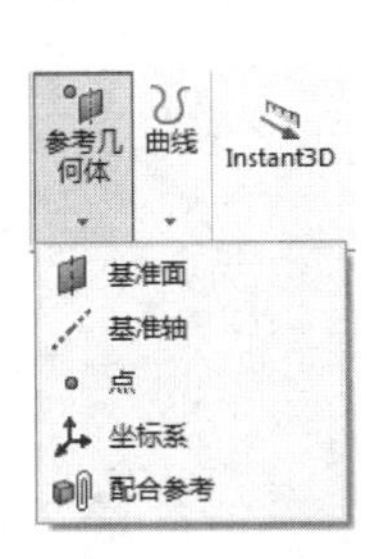

图 5-2　“参考几何体”操控板

（3）设置属性管理器。在“第一参考”选项框中，选择如图 5-1 所示的边线 1。在“第二参考”选项框中，选择如图 5-1 所示的边线 2 的中点。“基准面”属性管理器设置如图 5-3 所示。

（4）确认创建的基准面。单击“基准面”属性管理器中的（确定）按钮，创建的基准面 1 如图 5-4 所示。

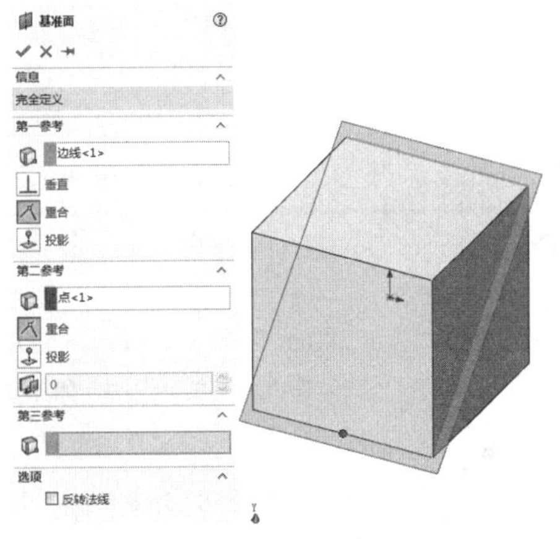

图 5-3　“基准面”属性管理器

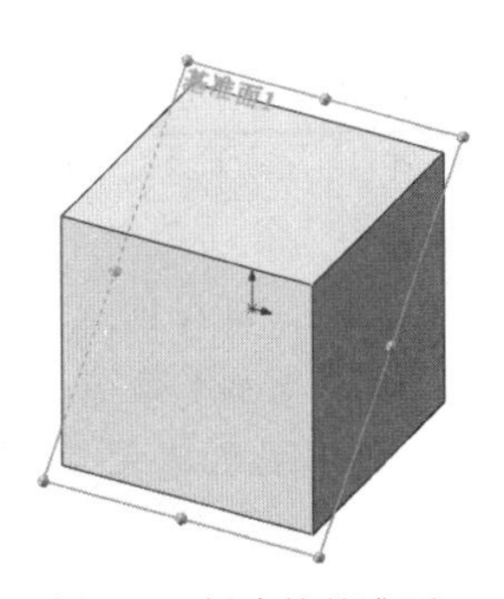

图 5-4　创建的基准面

扫一扫，看视频

5.1.2　点和平行面方式

该方式用于创建通过点且平行于基准面或者面的基准面。下面介绍该方式的操作步骤。

【操作步骤】

（1）打开文件。资源包：源文件\原始文件\5\5.1.2 中的相应文件，如图 5-5 所示。

（2）执行“基准面”命令。单击“特征”控制面板“参考几何体”下拉列表中的“基准面”按钮，此时系统弹出“基准面”属性管理器。

（3）设置属性管理器。在“第一参考”选项框中，选择如图 5-5 所示的边线 1 的中点。在“第二参考”选项框中，选择如图 5-5 所示的面 2。“基准面”属性管理器设置如图 5-6 所示。

（4）确认创建的基准面。单击“基准面”属性管理器中的✓（确定）按钮，创建的基准面 2 如图 5-7 所示。

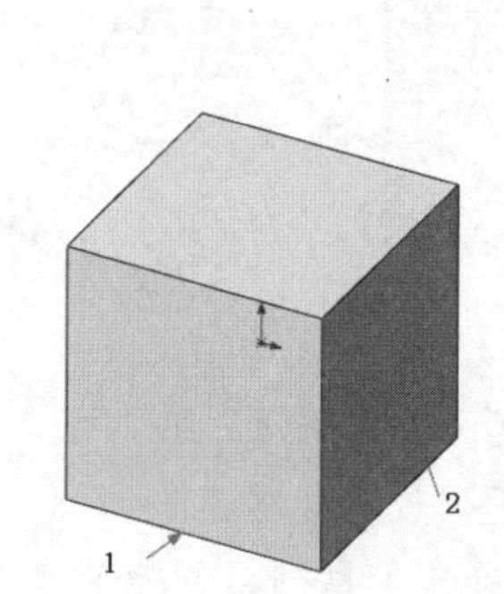

图 5-5　打开的文件实体

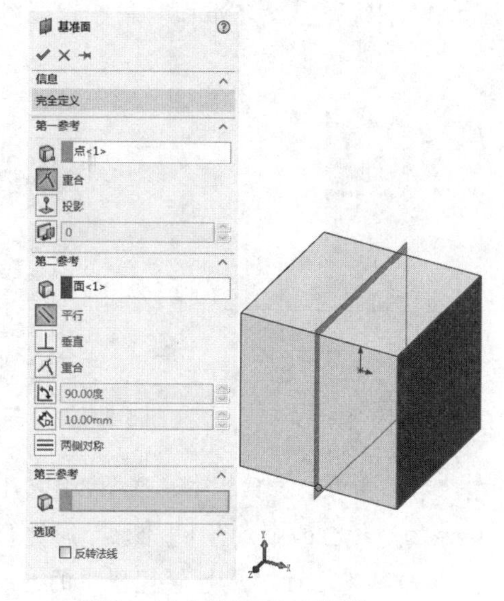

图 5-6　“基准面”属性管理器

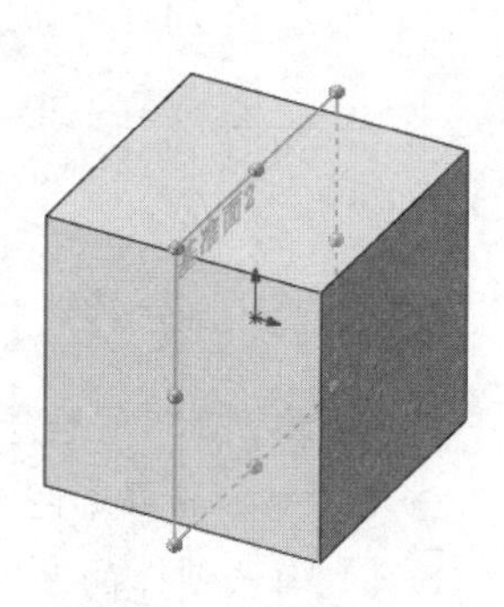
图 5-7　创建的基准面

扫一扫，看视频

5.1.3　两面夹角方式

该方式用于创建通过一条边线、轴线或者草图线，并与一个面或者基准面成一定角度的基准面。下面介绍该方式的操作步骤。

【操作步骤】

（1）打开文件。资源包：源文件\原始文件\5\5.1.3 中的相应文件，如图 5-8 所示。

（2）执行“基准面”命令。单击“特征”控制面板“参考几何体”下拉列表中的“基准面”按钮，此时系统弹出“基准面”属性管理器。

（3）设置属性管理器。在“第一参考”选项框中，选择如图 5-8 所示的面 1。在“第二参考”选项框中，选择如图 5-8 所示的边线 2。“基准面”属性管理器设置如图 5-9 所示，夹角为 60°。

（4）确认创建的基准面。单击“基准面”属性管理器中的✓（确定）按钮，创建的基准面 3 如图 5-10 所示。

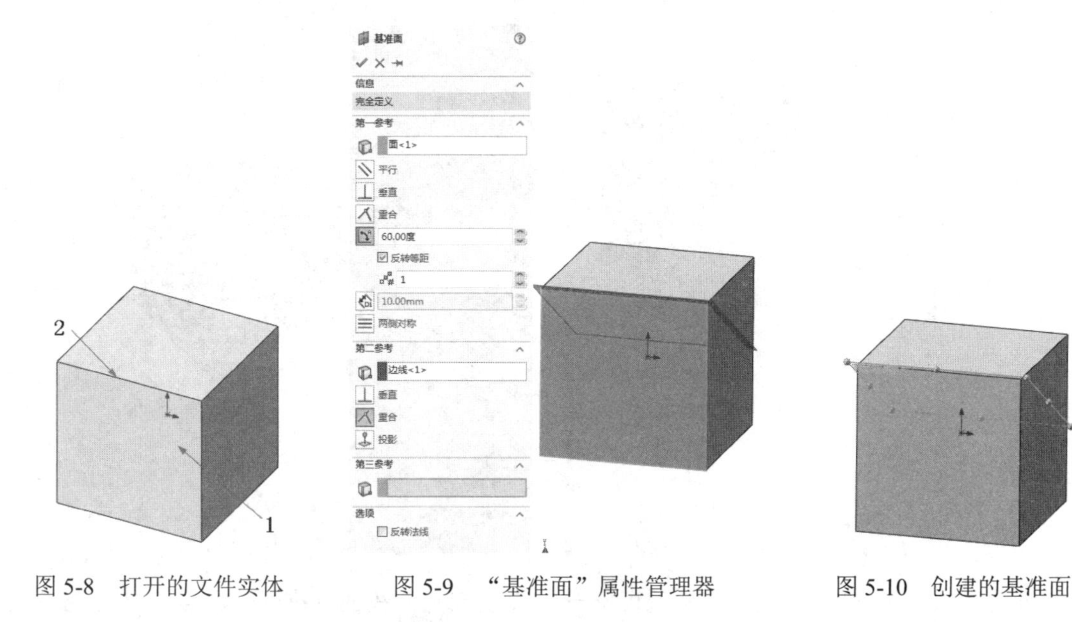

图 5-8　打开的文件实体　　图 5-9　“基准面”属性管理器　　图 5-10　创建的基准面

5.1.4　等距距离方式

扫一扫，看视频

该方式用于创建平行于一个基准面或者面，并等距指定距离的基准面。下面介绍该方式的操作步骤。

【操作步骤】

（1）打开文件。资源包：源文件\原始文件\5\5.1.4 中的相应文件，如图 5-11 所示。

（2）执行“基准面”命令。单击“特征”控制面板“参考几何体”下拉列表中的“基准面”按钮，此时系统弹出“基准面”属性管理器。

图 5-11　打开的文件实体

（3）设置属性管理器。在“第一参考”选项框中，选择如图 5-11 所示的面 1。“基准面”属性管理器设置如图 5-12 所示，距离为 20。勾选“基准面”属性管理器中的“反转等距”复选框，可以设置生成基准面相对于参考面的方向。

（4）确认创建的基准面。单击“基准面”属性管理器中的“确定”按钮✓，创建的基准面 4 如图 5-13 所示。

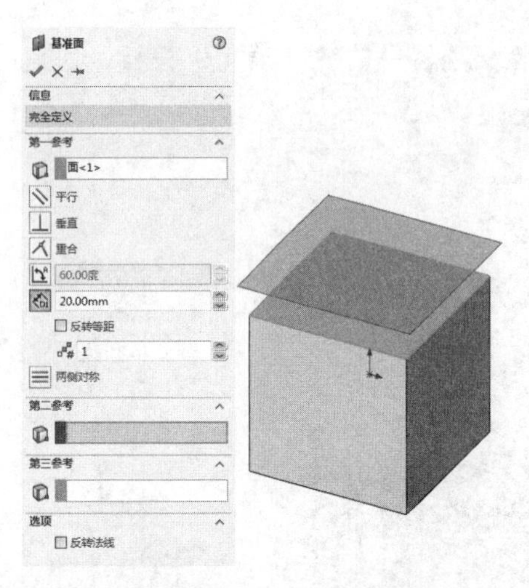

图 5-12 “基准面”属性管理器

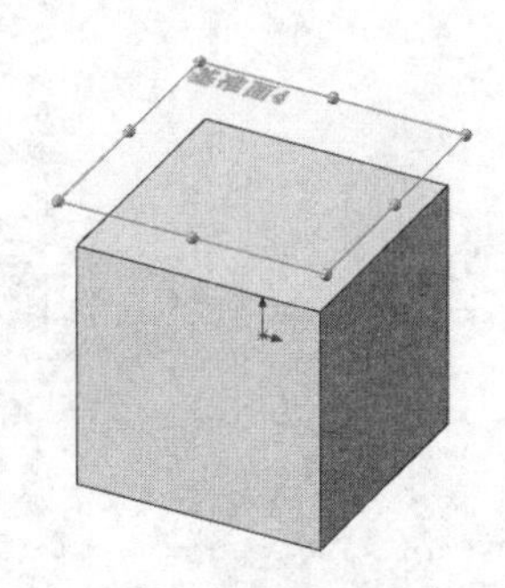

图 5-13 创建的基准面 4

扫一扫，看视频

5.1.5 垂直于曲线方式

该方式用于创建通过一个点且垂直于一条边线或者曲线的基准面。下面介绍该方式的操作步骤。

【操作步骤】

（1）打开文件。资源包：源文件\原始文件\5\5.1.5 中的相应文件，如图 5-14 所示。

（2）执行“基准面”命令。单击“特征”控制面板“参考几何体”下拉列表中的“基准面”按钮，此时系统弹出“基准面”属性管理器。

（3）设置属性管理器。在“第一参考”选项框中，选择如图 5-14 所示的点 A。在“第二参考”选项框中，选择如图 5-14 所示的线 1。“基准面”属性管理器设置如图 5-15 所示。

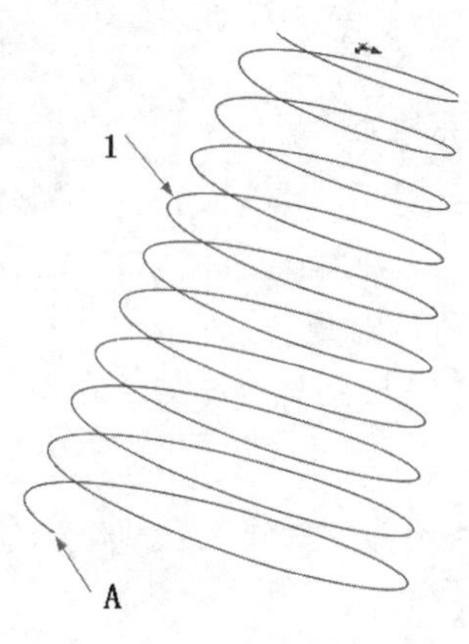

图 5-14 打开的文件实体

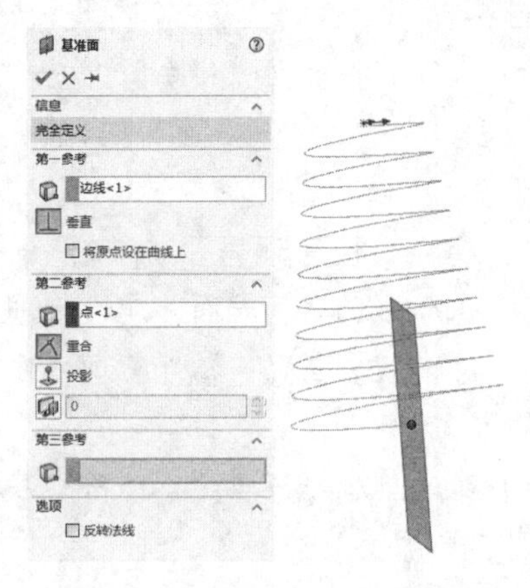

图 5-15 “基准面”属性管理器

（4）确认创建的基准面。单击“基准面”属性管理器中的✓（确定）按钮，则创建通过点 A 且与螺旋线垂直的基准面 1，如图 5-16 所示。

（5）单击右键，在弹出的快捷菜单中选择“旋转视图”命令，将视图以合适的方向显示，如图 5-17 所示。

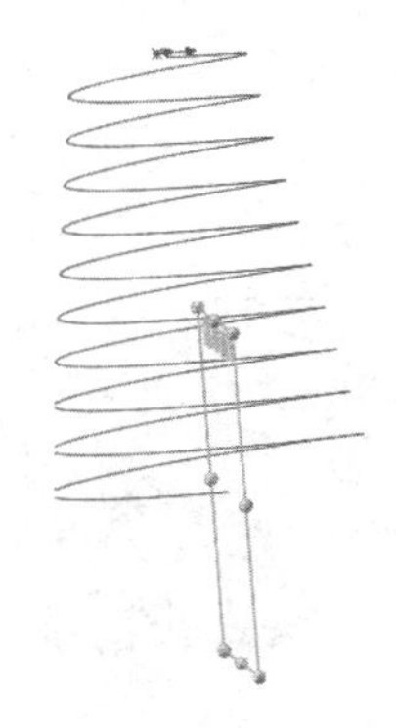

图 5-16　创建的基准面

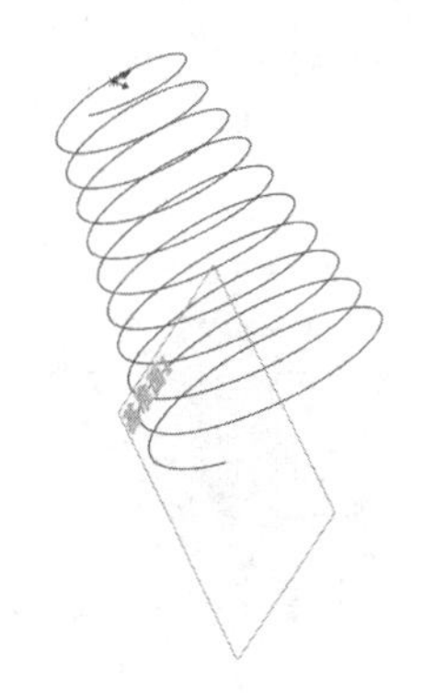

图 5-17　旋转视图后的图形

5.1.6　曲面切平面方式

扫一扫，看视频

该方式用于创建一个与空间面或圆形曲面相切于一点的基准面。下面介绍该方式的操作步骤。

【操作步骤】

（1）打开文件。资源包：源文件\原始文件\5\5.1.6 中的相应文件，如图 5-18 所示。

（2）执行“基准面”命令。单击“特征”控制面板“参考几何体”下拉列表中的“基准面”按钮，此时系统弹出“基准面”属性管理器。

（3）设置属性管理器。在“第一参考”选项框中，选择如图 5-18 所示的面 1。在“第二参考”选项框中，选择右视基准面。“基准面”属性管理器设置如图 5-19 所示。

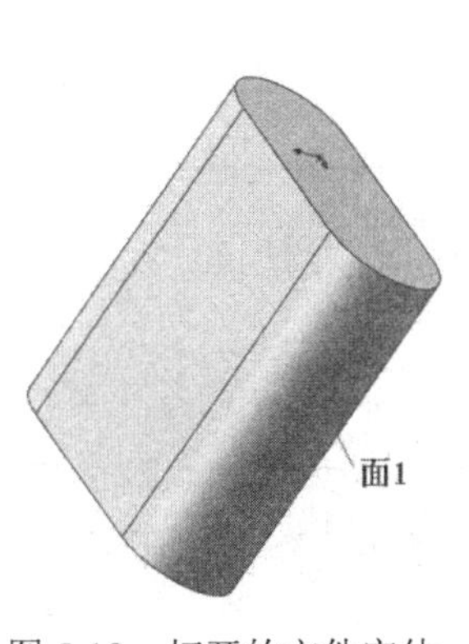

图 5-18　打开的文件实体

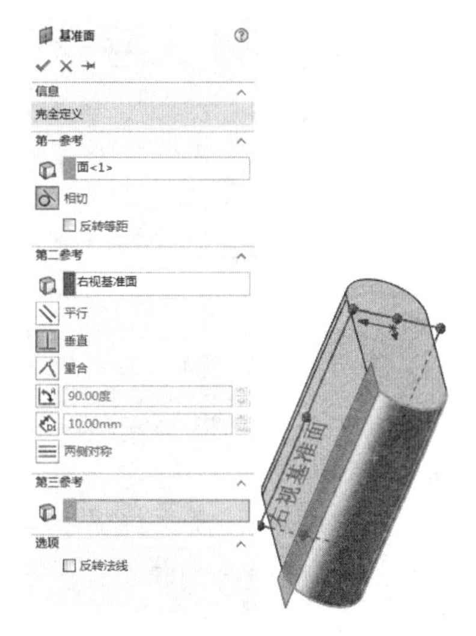

图 5-19　“基准面”属性管理器

（4）确认创建的基准面。单击“基准面”属性管理器中的“确定”按钮✓，则创建与圆柱体表面相切且垂直于上视基准面的基准面，如图 5-20 所示。

本实例是以参照平面方式生成的基准面，生成的基准面垂直于参考平面。另外，也可以参考点方式生成基准面，生成的基准面是与点距离最近且垂直于曲面的基准面。如图5-21所示为参考点方式生成的基准面。

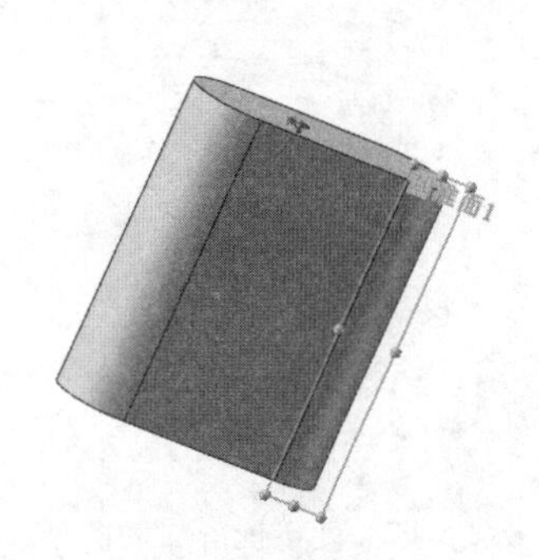

图 5-20 参照平面方式创建的基准面 6

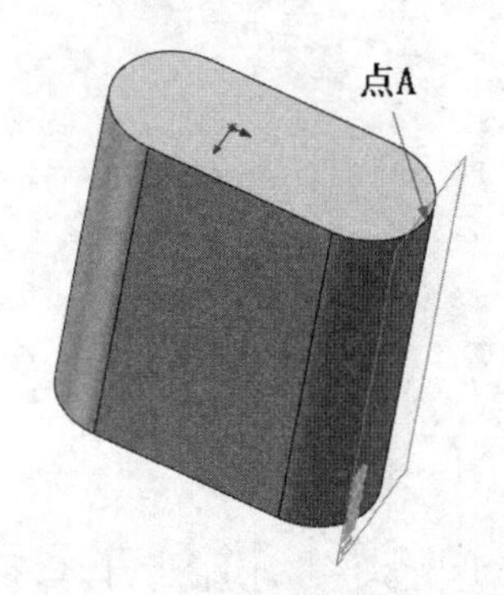

图 5-21 参考点方式创建的基准面

5.2 基准轴

基准轴通常在草图几何体或者圆周阵列中使用。每一个圆柱和圆锥面都有一条轴线。临时轴是由模型中的圆锥和圆柱隐含生成的，可以选择菜单栏中的“视图”→“临时轴”命令来隐藏或显示所有的临时轴。

【执行方式】

- 工具栏：单击“特征”工具栏“参考几何体”下拉列表中的“基准轴”按钮。
- 菜单栏：选择“插入”→“参考几何体”→“基准轴”命令。
- 控制面板：单击“特征”控制面板“参考几何体”下拉列表中的“基准轴”按钮。

创建基准轴有 5 种方式，分别是一直线/边线/轴方式、两平面方式、两点/顶点方式、圆柱/圆锥面方式与点和面/基准面方式。下面详细介绍这几种创建基准轴的方式。

扫一扫，看视频

5.2.1 一直线/边线/轴方式

选择一草图的直线、实体的边线或者轴，创建所选直线所在的轴线。

下面介绍该方式的操作步骤。

【操作步骤】

（1）打开文件。资源包：源文件\原始文件\5\5.2.1 中的相应文件，如图 5-22 所示。

（2）执行“基准轴”命令。单击“特征”控制面板“参考几何体”下拉列表中的“基准轴”按钮，此时系统弹出“基准轴”属性管理器。

（3）设置属性管理器。在“参考实体”选项框中，选择如图 5-22 所示的线 1。“基准轴”属性管理器设置如图 5-23 所示。

（4）确认创建的基准轴。单击“基准轴”属性管理器中的“确定”按钮✓，创建的边线 1 所在的基准轴 1 如图 5-24 所示。

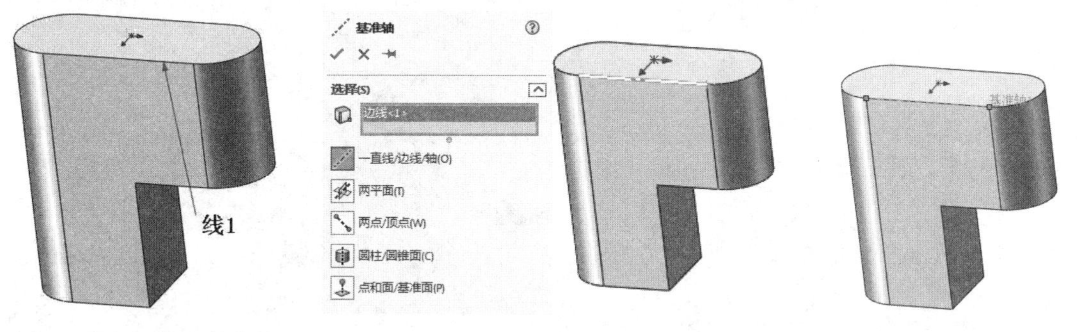

图 5-22 打开的文件实体　　图 5-23 “基准轴”属性管理器　　图 5-24 创建的基准轴 1

5.2.2 两平面方式

将所选两平面的交线作为基准轴。下面介绍该方式的操作步骤。

【操作步骤】

（1）打开文件。资源包：源文件\原始文件\5\5.2.2 中的相应文件，如图 5-25 所示。

（2）执行“基准轴”命令。单击“特征”控制面板“参考几何体”下拉列表中的“基准轴”按钮，此时系统弹出“基准轴”属性管理器。

（3）设置属性管理器。在“参考实体”选项框中，选择如图 5-25 所示的面 1、面 2。“基准轴”属性管理器设置如图 5-26 所示。

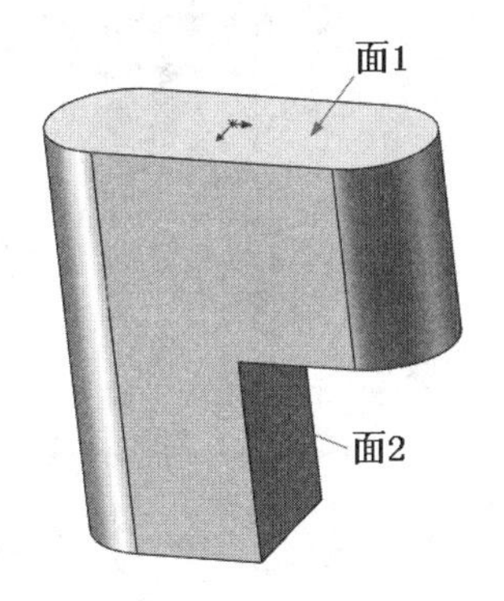

图 5-25 打开的文件实体

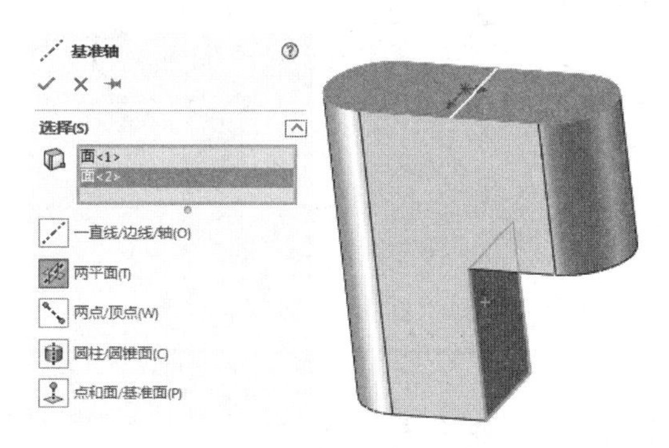

图 5-26 “基准轴”属性管理器

（4）确认创建的基准轴。单击“基准轴”属性管理器中的“确定”按钮✓，以两平面的交线创建的基准轴 2 如图 5-27 所示。

扫一扫，看视频

5.2.3　两点/顶点方式

将两个点或者两个顶点的连线作为基准轴。下面介绍该方式的操作步骤。

【操作步骤】

（1）打开文件。资源包：源文件\原始文件\5\5.2.3 中的相应文件，如图 5-28 所示。

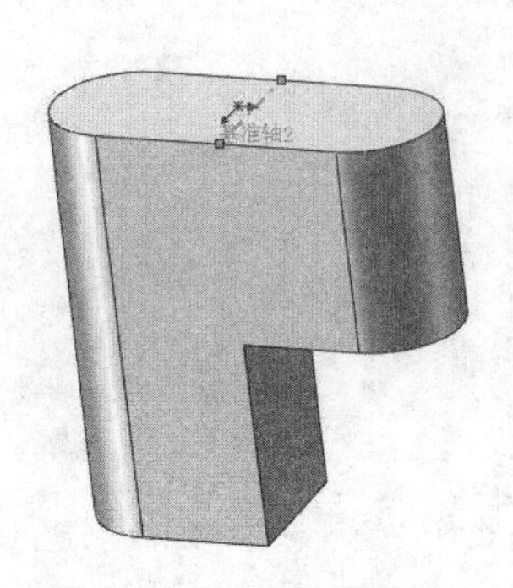

图 5-27　创建的基准轴 2

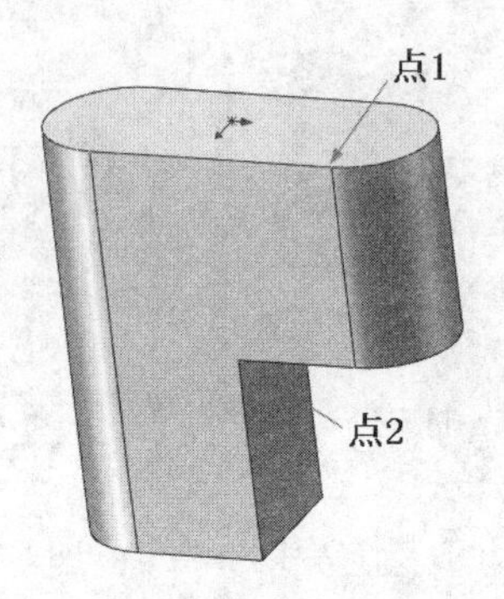

图 5-28　打开的文件实体

（2）执行“基准轴”命令。单击“特征”控制面板“参考几何体”下拉列表中的“基准轴”按钮，此时系统弹出“基准轴”属性管理器。

（3）设置属性管理器。在“参考实体”选项框中，选择如图 5-28 所示的点 1 和点 2。“基准轴”属性管理器设置如图 5-29 所示。

（4）确认创建的基准轴。单击“基准轴”属性管理器中的“确定”按钮，以两顶点的交线创建的基准轴 3 如图 5-30 所示。

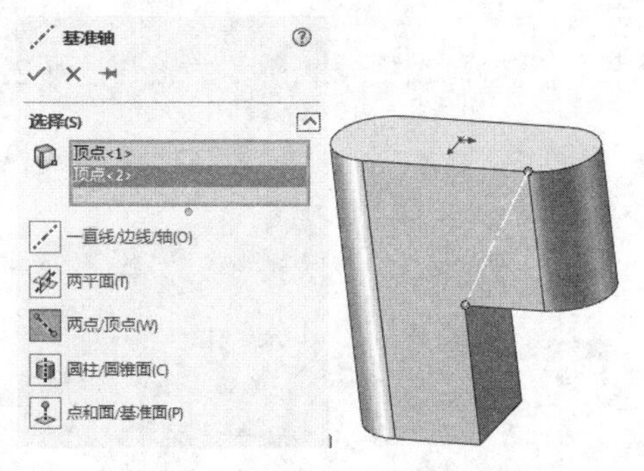

图 5-29　“基准轴”属性管理器

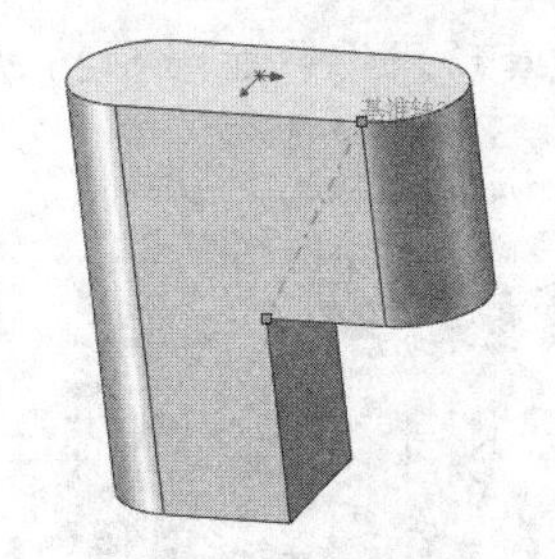

图 5-30　创建的基准轴 3

扫一扫，看视频

5.2.4　圆柱/圆锥面方式

选择圆柱面或者圆锥面，将其临时轴确定为基准轴。下面介绍该方式的操作步骤。

【操作步骤】

（1）打开文件。资源包：源文件\原始文件\5\5\5.2.4 中的相应文件，如图 5-31 所示。

（2）执行“基准轴”命令。单击“特征”控制面板“参考几何体”下拉列表中的“基准轴”按钮，此时系统弹出“基准轴”属性管理器。

（3）设置属性管理器。在“参考实体”选项框中，选择如图 5-31 所示的面 1。“基准轴”属性管理器设置如图 5-32 所示。

（4）确认创建的基准轴。单击“基准轴”属性管理器中的“确定”按钮，将圆柱体临时轴确定为基准轴 4 如图 5-33 所示。

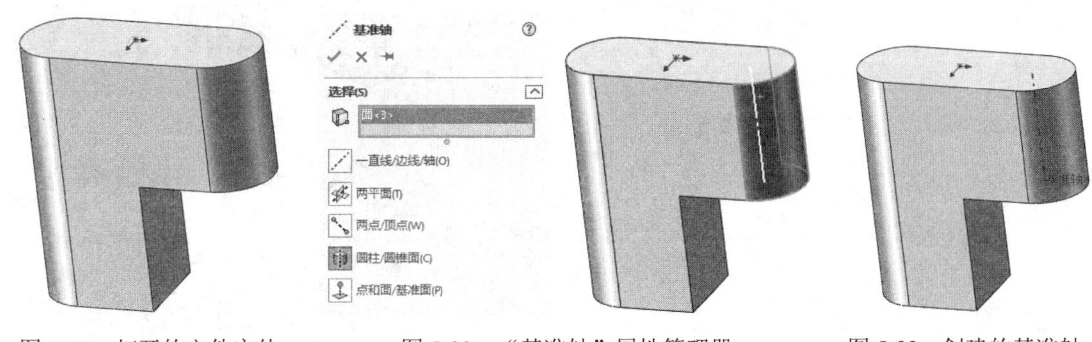

图 5-31　打开的文件实体　　图 5-32　“基准轴”属性管理器　　图 5-33　创建的基准轴 4

5.2.5　点和面/基准面方式

扫一扫，看视频

选择一曲面或者基准面以及顶点、点或者中点，创建一个通过所选点并且垂直于所选面的基准轴。下面介绍该方式的操作步骤。

【操作步骤】

（1）打开文件。资源包：源文件\原始文件\5\5.2.5 中的相应文件，如图 5-34 所示。

（2）执行“基准轴”命令。单击“特征”控制面板“参考几何体”下拉列表中的“基准轴”按钮，此时系统弹出“基准轴”属性管理器。

（3）设置属性管理器。在“参考实体”选项框中，选择如图 5-34 所示的面 1 和边线的中点 2。“基准轴”属性管理器设置如图 5-35 所示。

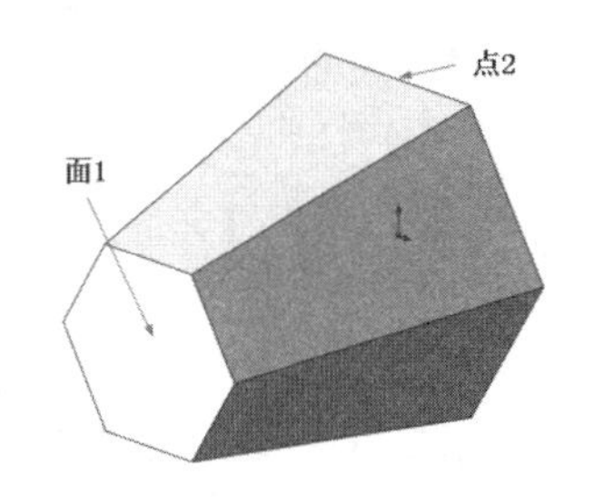

图 5-34　打开的文件实体

（4）确认创建的基准轴。单击“基准轴”属性管理器中的“确定”按钮，创建通过边线的中点 2 且垂直于面 1 的基准轴。

（5）旋转视图。单击右键，在弹出的快捷菜单中选择“旋转视图”命令或按住鼠标中间，在绘图区出现图标，旋转视图，将视图以合适的方向显示。创建的基准轴 5 如图 5-36 所示。

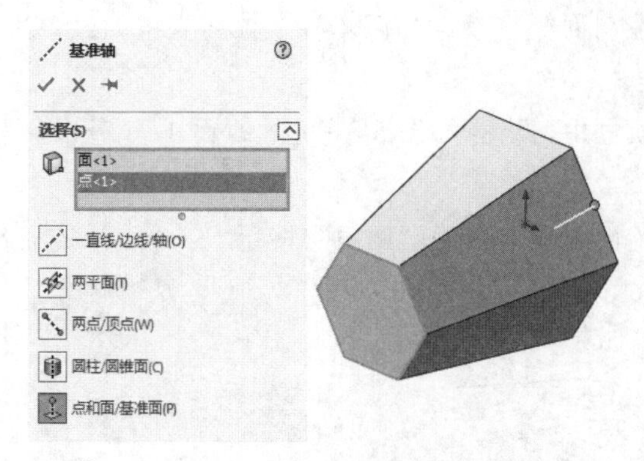

图 5-35 “基准轴”属性管理器

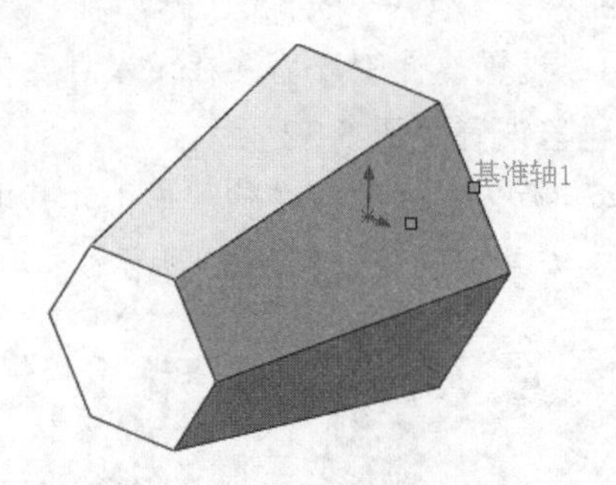

图 5-36 创建的基准轴 5

扫一扫，看视频

5.3 坐标系

【执行方式】

- 工具栏：单击“特征”工具栏“参考几何体”下拉列表中的“坐标系”按钮。
- 菜单栏：选择“插入”→“参考几何体”→“坐标系”命令。
- 控制面板：单击“特征”控制面板“参考几何体”下拉列表中的“坐标系”按钮。

“坐标系”命令主要用来定义零件或装配体的坐标系。此坐标系与测量和质量属性工具一同使用，可用于将SOLIDWORKS文件输出至IGES、STL、ACIS、STEP、Parasolid、VRML和VDA文件。

下面介绍创建坐标系的操作步骤。

【操作步骤】

（1）打开文件。资源包：源文件\原始文件\5\5.3 中的相应文件，如图 5-37 所示。

（2）执行“坐标系”命令。单击“特征”控制面板“参考几何体”下拉列表中的“坐标系”按钮，此时系统弹出“坐标系”属性管理器。

（3）设置属性管理器。在（原点）选项中，选择如图 5-37 所示的点 A；在“X 轴”选项中，选择如图 5-37 所示的边线 1；在“Y 轴”选项中，选择如图 5-37 所示的边线 2；在“Z 轴”选项中，选择图 5-37 所示的边线 3。“坐标系”属性管理器设置如图 5-38 所示。

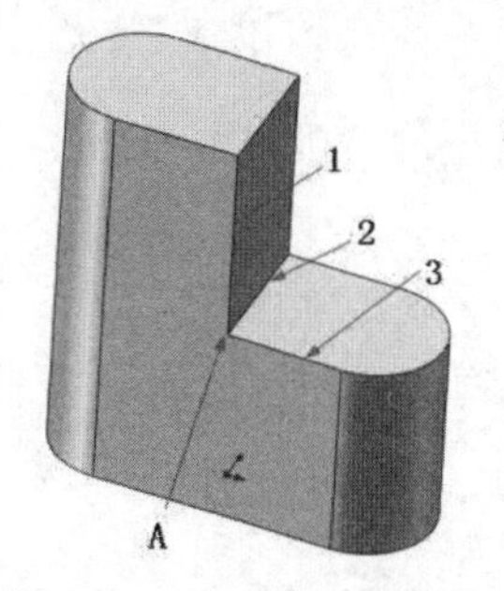

图 5-37 打开的文件实体

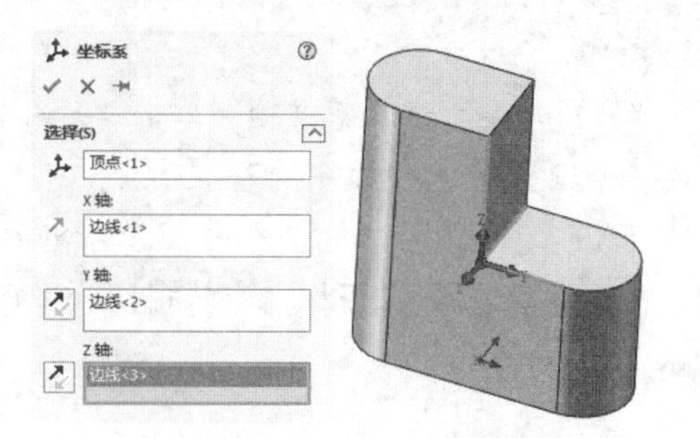

图 5-38 “坐标系”属性管理器

（4）确认创建的坐标系。单击“坐标系”属性管理器中的“确定”按钮✓，创建的新坐标系 1 如图 5-39 所示。此时所创建的坐标系 1 也会出现在 FeatureManager 设计树中，如图 5-40 所示。

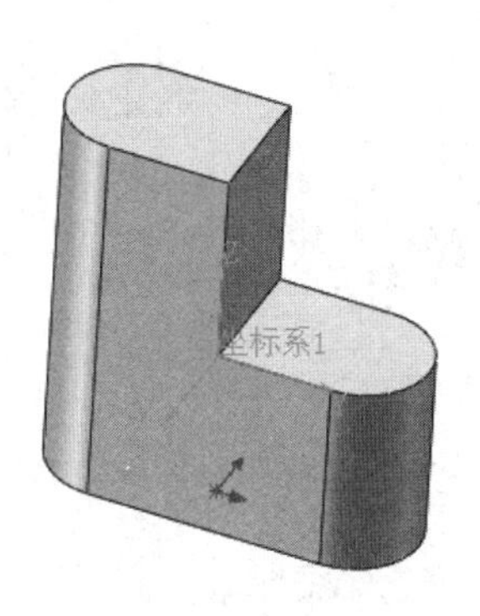

图 5-39 创建的坐标系 1

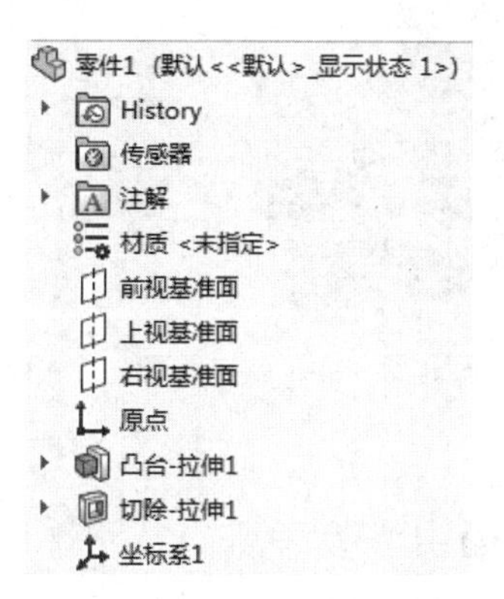

图 5-40 FeatureManager 设计树

5.4 参考点

【执行方式】

- 工具栏：单击“特征”工具栏“参考几何体”下拉列表中的“点”按钮。
- 菜单栏：选择“插入”→“参考几何体”→“点”命令。
- 控制面板：单击“特征”控制面板“参考几何体”下拉列表中的“点”按钮。

可生成数种类型的参考点来用作构造对象，还可以在指定距离分割的曲线上生成多个参考点。

5.4.1 圆弧中心参考点

扫一扫，看视频

在所选圆弧或圆的中心生成参考点。下面介绍该方式的操作步骤。

【操作步骤】

（1）打开文件。资源包：源文件\原始文件\5\5.4.1 中的相应文件，如图 5-41 所示。

（2）执行“点”命令。单击“特征”控制面板“参考几何体”下拉列表中的“点”按钮，此时系统弹出“点”属性管理器。

（3）设置属性管理器。单击“圆弧中心”按钮，设置点的创建方式为通过圆弧方式。在“参考实体”列表框中，选择圆弧边线。“点”属性管理器设置如图 5-42 所示。

（4）确认创建的点。单击“点”属性管理器中的“确定”按钮✓，创建的点 1 如图 5-43 所示。

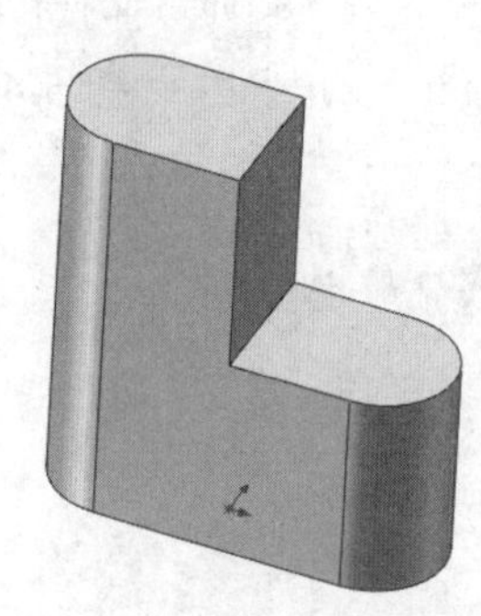

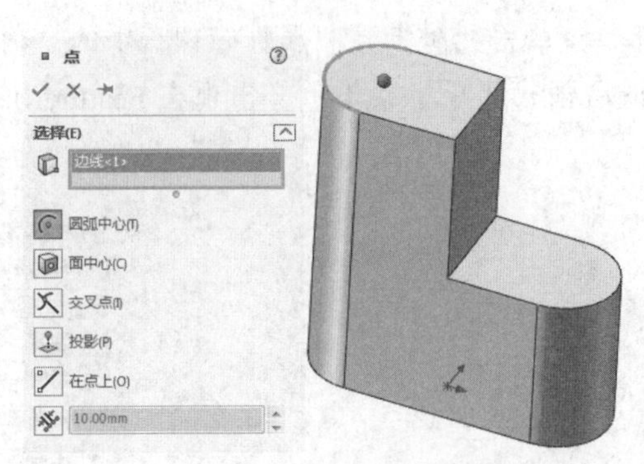

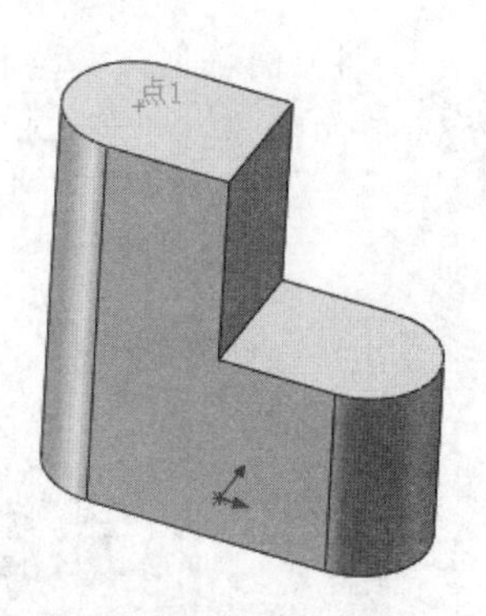

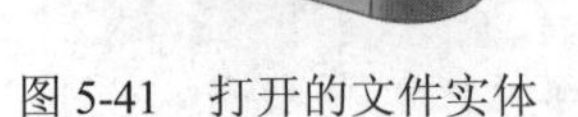

图 5-41　打开的文件实体　　图 5-42　“点”属性管理器　　图 5-43　创建的点 1

扫一扫，看视频

5.4.2　面中心参考点

在所选面的引力中心生成一参考点。下面介绍该方式的操作步骤。

【操作步骤】

（1）打开文件。资源包：源文件\原始文件\5\5.4.2 中的相应文件，如图 5-44 所示。

（2）执行“点”命令。单击“特征”控制面板“参考几何体”下拉列表中的“点”按钮，此时系统弹出“点”属性管理器。

（3）设置属性管理器。单击“面中心”按钮，设置点的创建方式为通过平面方式。在（参考实体）列表框中，选择如图 5-44 所示的面 1。“点”属性管理器设置如图 5-45 所示。

（4）确认创建的点。单击“点”属性管理器中的“确定”按钮，创建的点 2 如图 5-46 所示。

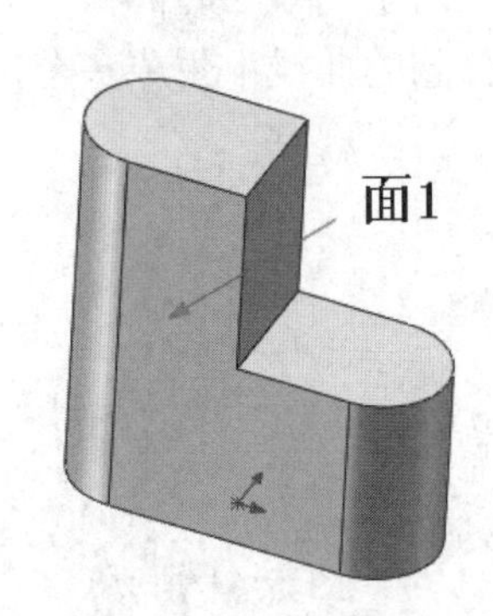

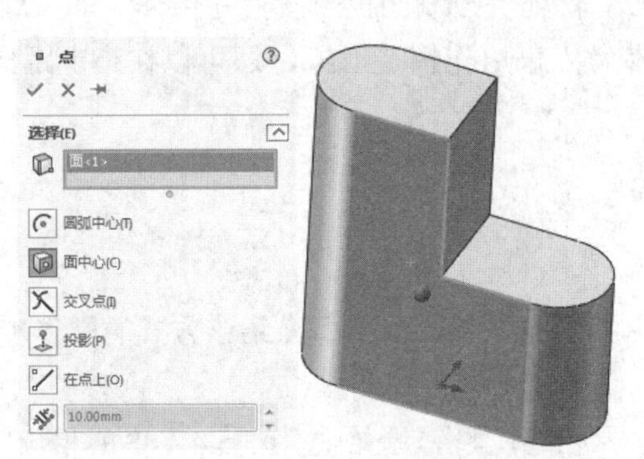

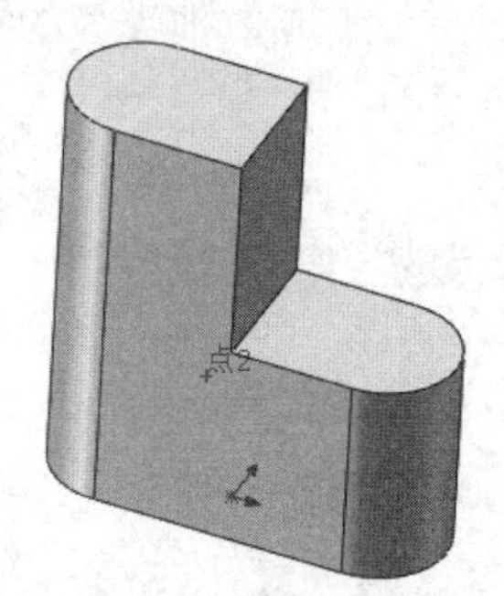

图 5-44　打开的文件实体　　图 5-45　“点”属性管理器　　图 5-46　创建的点 2

扫一扫，看视频

5.4.3　交叉点

在两个所选实体的交点处生成一参考点。下面介绍该方式的操作步骤。

【操作步骤】

（1）打开文件。资源包：源文件\原始文件\5\5.4.3 中的相应文件，如图 5-47 所示。

（2）执行“点”命令。单击“特征”控制面板“参考几何体”下拉列表中的“点”按钮●，此时系统弹出“点”属性管理器。

（3）设置属性管理器。单击“交叉点”按钮，设置点的创建方式为通过线方式。在（参考实体）列表框中，选择如图 5-47 所示的边线 1 和边线 2。“点”属性管理器设置如图 5-48 所示。

（4）确认创建的点。单击“点”属性管理器中的✔（确定）按钮，创建的点 3 如图 5-49 所示。

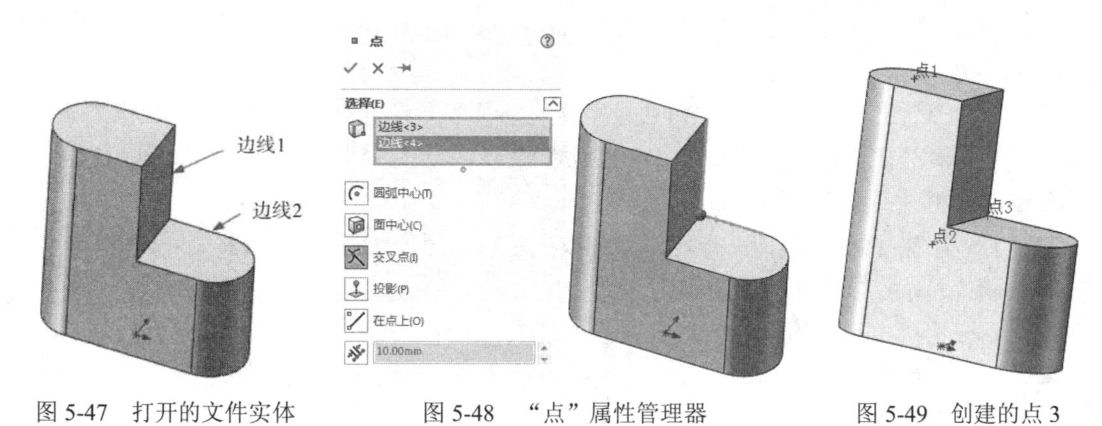

图 5-47　打开的文件实体　　图 5-48　“点”属性管理器　　图 5-49　创建的点 3

5.4.4　投影点

扫一扫，看视频

生成一从一实体投影到另一实体的参考点。下面介绍该方式的操作步骤。

【操作步骤】

（1）打开文件。资源包：源文件\原始文件\5\5.4.4 中的相应文件，如图 5-50 所示。

（2）执行“点”命令。单击“特征”控制面板“参考几何体”下拉列表中的“点”按钮●，此时系统弹出“点”属性管理器。

（3）设置属性管理器。单击（投影）按钮，设置点的创建方式为投影方式。在（参考实体）列表框中，选择如图 5-50 所示的顶点 1 和面 2。“点”属性管理器设置如图 5-51 所示。

（4）确认创建的点。单击“点”属性管理器中的“确定”按钮✔，创建的点 4 如图 5-52 所示。

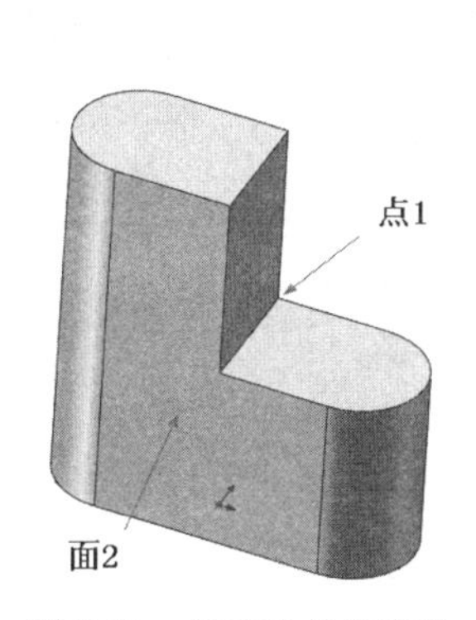

图 5-50　打开的文件实体

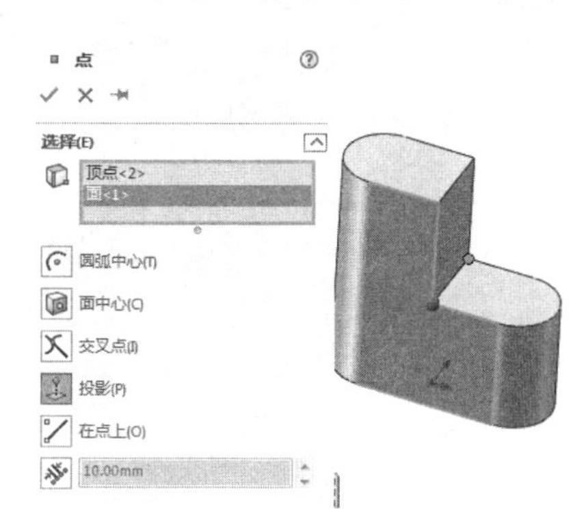

图 5-51　“点”属性管理器

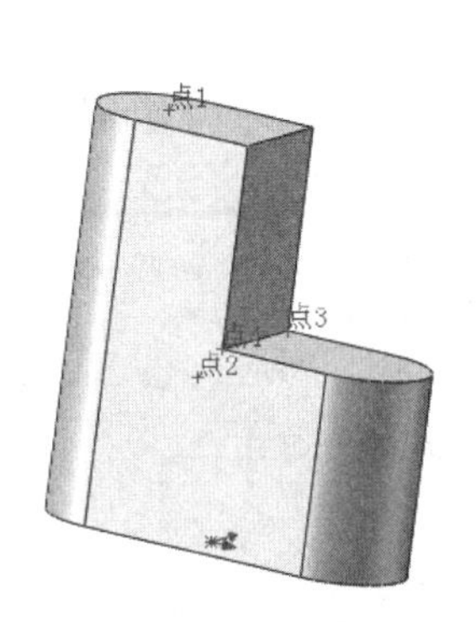

图 5-52　创建的点 4

扫一扫，看视频

5.4.5 创建多个参考点

沿边线、曲线或草图线段生成一组参考点。下面介绍该方式的操作步骤。

【操作步骤】

（1）打开文件。资源包：源文件\原始文件\5\5.4.5 中的相应文件，如图 5-53 所示。

（2）执行“点”命令。单击“特征”控制面板“参考几何体”下拉列表中的“点”按钮，此时系统弹出“点”属性管理器。

（3）设置属性管理器。单击“沿曲线距离”按钮，设置点的创建方式为曲线方式。在“参考实体”列表框中，选择如图 5-53 所示的边 1。“点”属性管理器设置如图 5-54 所示，在属性管理器中选择分布类型。

- 输入距离/百分比数值：设定用来生成参考点的距离或百分比数值。
- 距离：按设定的距离生成参考点数。
- 百分比：按设定的百分比生成参考点数。
- 均匀分布：在实体上均匀分布的参考点数。
- 参考点数：设定要沿所选实体生成的参考点数。

（4）确认创建的点。单击“点”属性管理器中的“确定”按钮，创建的点 5~7 如图 5-55 所示。

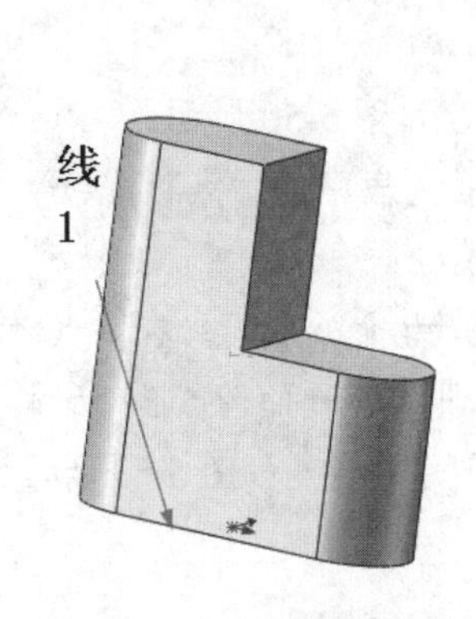

图 5-53　打开的文件实体

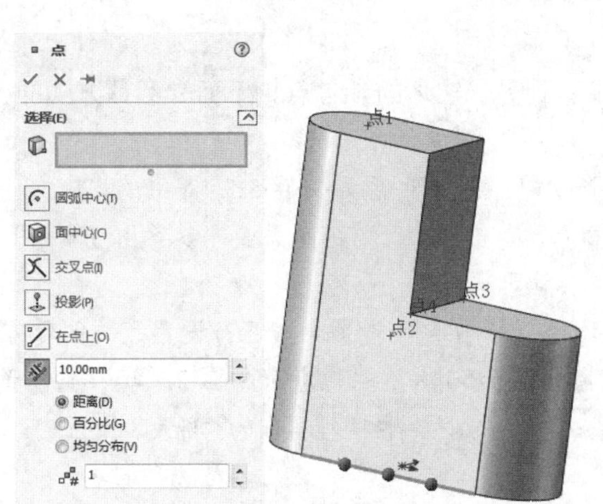

图 5-54　“点”属性管理器

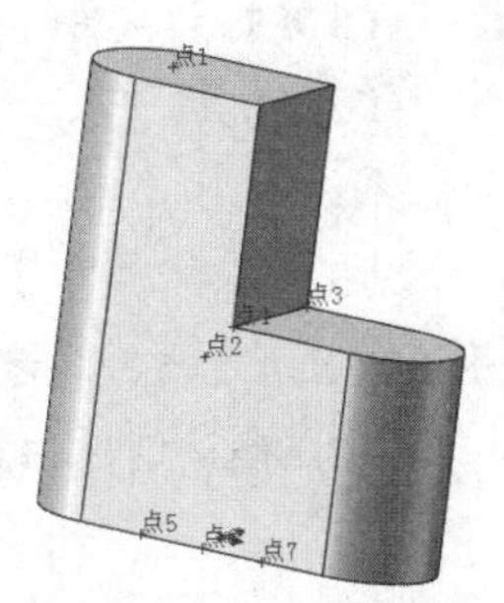

图 5-55　创建的点 5~7

第 6 章　3D 草图和 3D 曲线

内容简介

草图绘制包括二维草图和 3D 草图，3D 草图是空间草图，有别于一般平面直线，不但拓宽了草图的绘制范围，同时更进一步地增强了 SOLIDWORKS 软件的模型建立功能。三维草图的功能是为扫描、放样生成三维草图路径，或为管道、电缆、线和管线生成路径。

本章简要介绍了 3D 草图的一些基本操作，3D 直线、3D 曲线都是重点阐述对象，是对一般草图的升级，对绘制复杂不规则模型奠定了不可动摇的地位。

内容要点

- 三维草图
- 创建曲线

案例效果

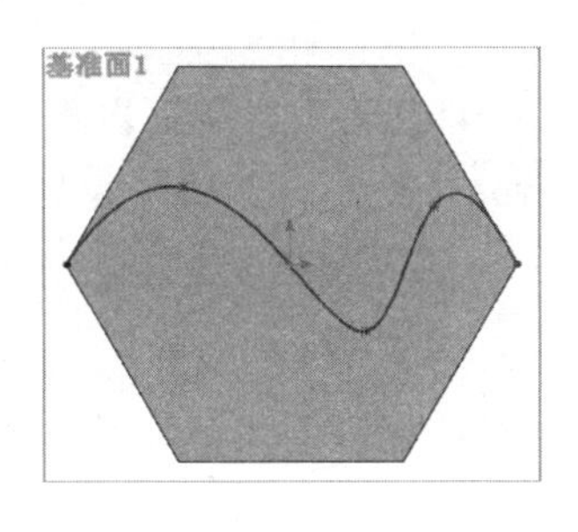

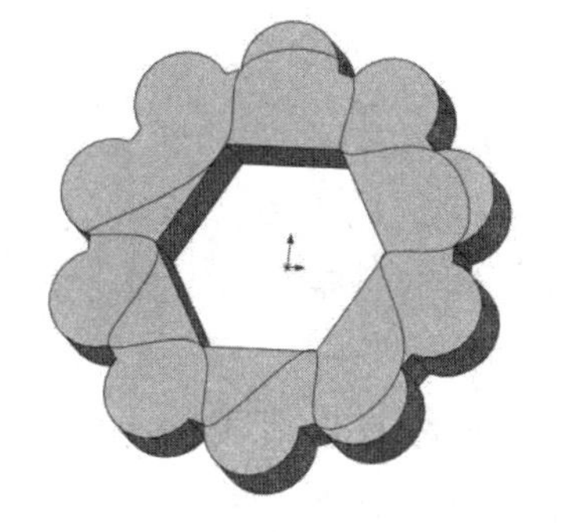

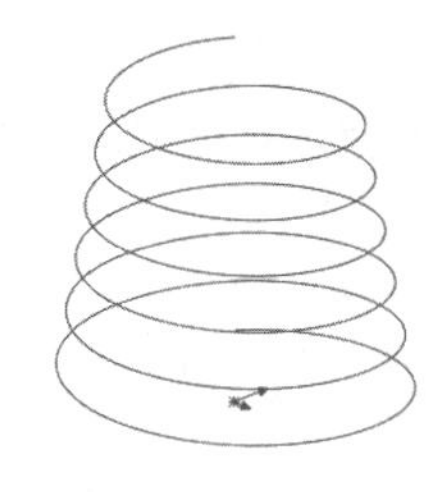

6.1　三维草图

在学习曲线生成方式之前，首先要了解3D草图的绘制，它是生成空间曲线的基础。

SOLIDWORKS可以直接在基准面上或者在三维空间的任意点绘制3D草图实体，绘制的3D草图可以作为扫描路径、扫描的引导线，也可以作为放样路径、放样中心线等。

2D草图和3D草图既有相似之处，又有不同之处。在绘制3D草图时，2D草图中的所有圆、弧、矩形、直线、样条曲线和点等工具都可用，曲面上的样条曲线工具只能用在三维草图中。在添加几何关系时，2D草图中大多数几何关系都可用于3D草图中，但是对称、阵列、等距和等长线例外。

下面仅以三维空间直线为例介绍一下三维草图的绘制方法。

扫一扫，看视频

★重点　动手学——3D 草图绘制

操作步骤

（1）新建一个文件。单击“前导视图”工具栏中的“等轴测”按钮，设置视图方向为等轴测方向。在该视图方向下，坐标 X、Y、Z 三个方向均可见，可以比较方便地绘制 3D 草图。

（2）选择菜单栏中的“插入”→“3D 草图”命令，或者单击“草图”面板中的“3D 草图”按钮，进入 3D 草图绘制状态。

（3）单击“草图”面板中需要绘制的草图工具，本例单击“直线”按钮，开始绘制 3D 空间直线，注意此时在绘图区中出现了空间控标，如图 6-1 所示。

（4）以原点为起点绘制草图，基准面为控标提示的基准面，方向由光标拖动决定。如图 6-2 所示为在 XY 基准面上绘制草图。

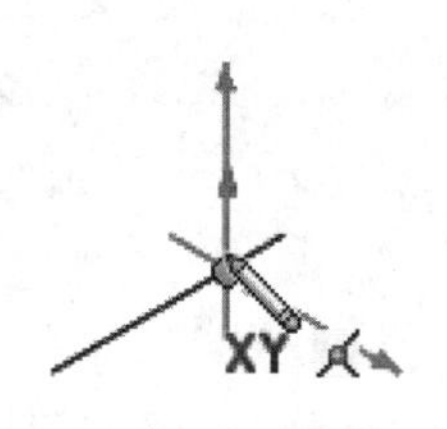

图 6-1　空间控标

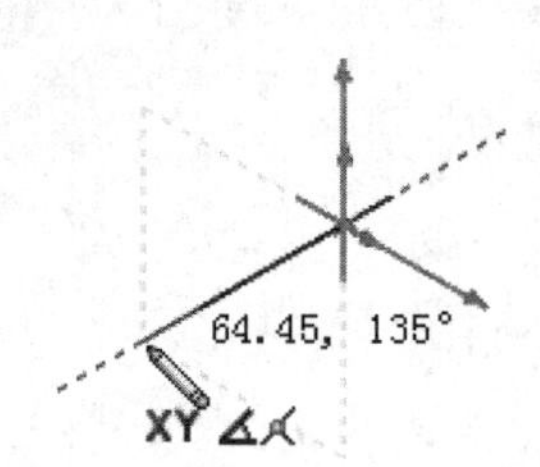

图 6-2　在 XY 基准面上绘制草图

（5）步骤 4 是在 XY 基准面上绘制直线，当继续绘制直线时，控标会显示出来。按 Tab 键，可以改变绘制的基准面，依次为 XY、YZ、ZX 基准面。如图 6-3 所示为在 YZ 基准面上绘制草图。按 Tab 键依次绘制其他基准面上的草图，绘制完的 3D 草图如图 6-4 所示。

（6）再次单击“草图”面板中的“3D 草图”按钮，或者在绘图区右击，在弹出的快捷菜单中，单击“退出草图”按钮，退出 3D 草图绘制状态。

技巧荟萃：

在绘制三维草图时，绘制的基准面要以控标显示为准，不要主观判断，通过按 Tab 键，变换视图的基准面。

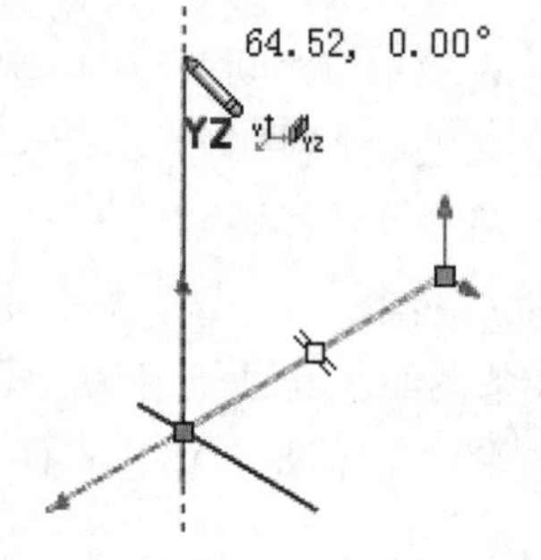

图 6-3　在 YZ 基准面上绘制草图

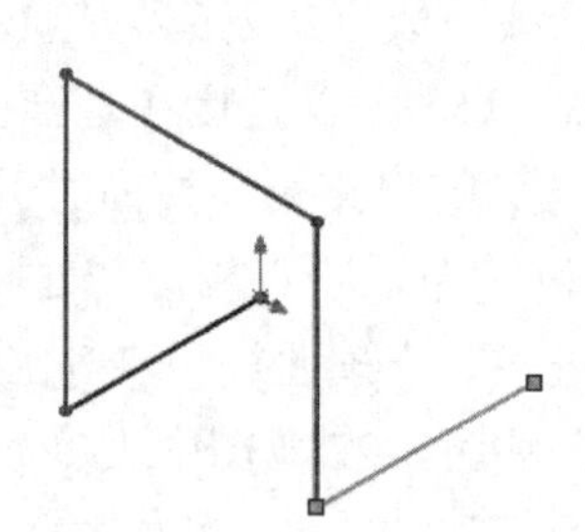

图 6-4　绘制完的三维草图

注意：

对于 2D 草图，其绘制的草图实体是所有几何体在草绘基准面上的投影，而三维草图是空间实体。

6.2　创建曲线

曲线是构建复杂实体的基本要素，SOLIDWORKS提供专用的“曲线”工具栏，如图6-5所示。

在“曲线”工具栏中，SOLIDWORKS 创建曲线的方式主要有分割线、投影曲线、组合曲线、通过 XYZ 点的曲线、通过参考点的曲线与螺旋线/涡状线等。本节主要介绍各种不同曲线的创建方式。

图 6-5　“曲线”工具栏

扫一扫，看视频

6.2.1　投影曲线

【执行方式】

- 工具栏：单击“曲线”工具栏上的“投影曲线”按钮。
- 菜单栏：选择“插入”→“曲线”→“投影曲线”命令。

在SOLIDWORKS中，投影曲线主要有两种创建方式。一种方式是将绘制的曲线投影到模型面上，生成一条3D曲线；另一种方式是在两个相交的基准面上分别绘制草图，此时系统会将每一个草图沿所在平面的垂直方向投影得到一个曲面，这两个曲面在空间中相交，生成一条三维曲线。下面将分别介绍采用两种方式创建曲线的操作步骤。

【操作步骤】

1．利用绘制曲线投影到模型面上生成投影曲线

具体绘制方法如下：

（1）打开文件。资源包：源文件\原始文件\6\6.2.1 中的相应文件，如图 6-6 所示。

（2）单击“草图”工具栏中的“样条曲线”按钮，绘制样条曲线。在基准面 1 上绘制样条曲线，如图 6-6 所示。绘制完毕退出草图绘制状态。

（3）选择菜单栏中的“插入”→“曲线”→“投影曲线”命令，或者单击“曲线”工具栏中的“投影曲线”按钮，系统弹出“投影曲线”属性管理器。

（4）选中“面上草图”单选按钮，在“要投影的草图”列表框中，选择如图 6-6 所示的样条曲线 1；在“投影面”列表框中，选择如图 6-6 所示的曲面 2；在视图中观测投影曲线的方向，是否投影到曲面，勾选“反转投影”复选框，使曲线投影到曲面上。“投影曲线”属性管理器设置如图 6-7 所示。

（5）单击（确定）按钮，生成的投影曲线如图 6-8 所示。

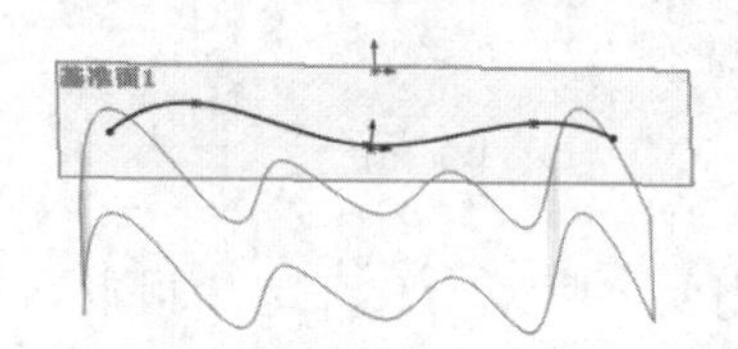

图 6-6　绘制样条曲线 1

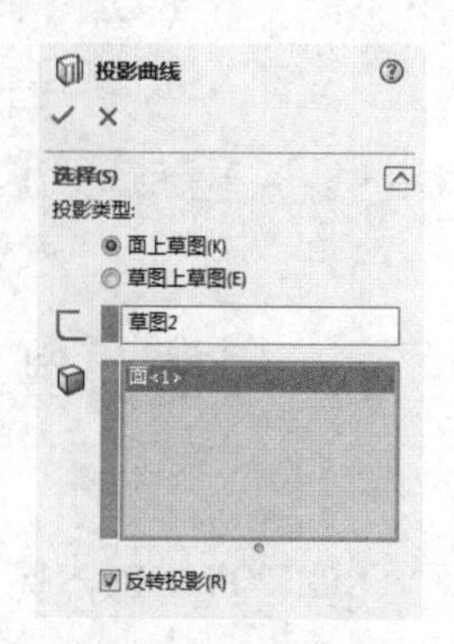

图 6-7　“投影曲线”属性管理器

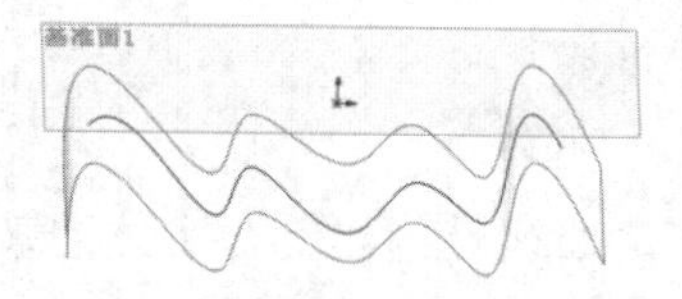

图 6-8　投影曲线

2. 利用两个相交的基准面上的曲线生成投影曲线

具体绘制方法如下：

（1）新建一个文件，在左侧的 FeatureManager 设计树中选择“前视基准面”作为草绘基准面。

（2）选择菜单栏中的“工具”→“草图绘制实体”→“样条曲线”命令，在步骤 1 中设置的基准面上绘制一个样条曲线，如图 6-9 所示，然后退出草图绘制状态。

（3）在左侧的 FeatureManager 设计树中选择“上视基准面”作为草绘基准面。

（4）选择菜单栏中的“工具”→“草图绘制实体”→“样条曲线”命令，在步骤 3 中设置的基准面上绘制一个样条曲线，如图 6-10 所示，然后退出草图绘制状态。

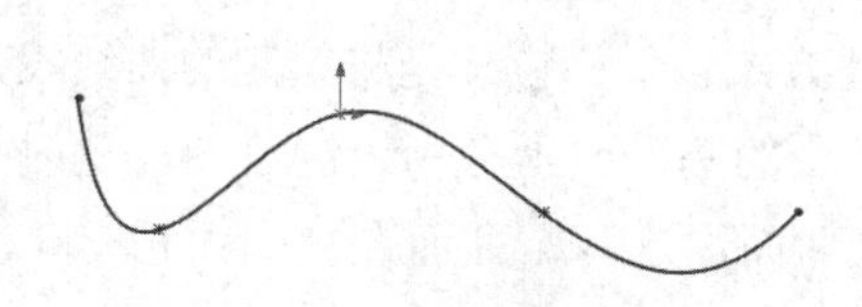

图 6-9　绘制样条曲线 2

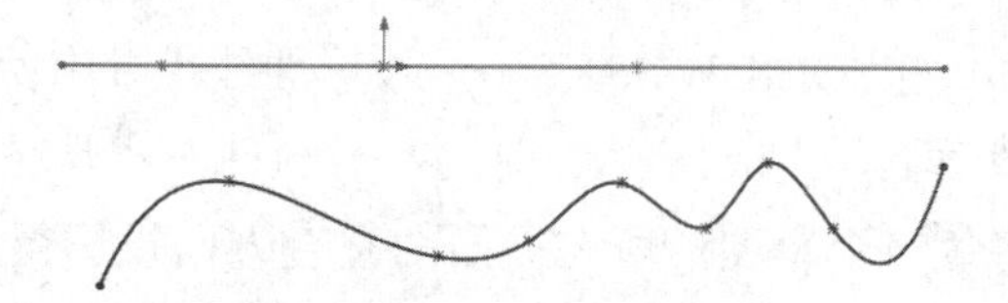

图 6-10　绘制样条曲线 3

（5）选择菜单栏中的“插入”→“曲线”→“投影曲线”命令，系统弹出“投影曲线”属性管理器。

（6）选中“草图上草图”单选按钮，在“要投影的草图”列表框中，选择如图 6-10 所示的两条样条曲线，如图 6-11 所示。

（7）单击✔（确定）按钮，生成的投影曲线如图 6-12 所示。

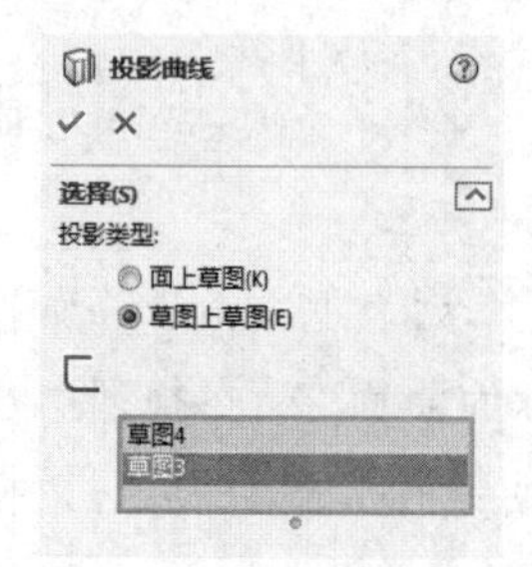

图 6-11　“投影曲线”属性管理器

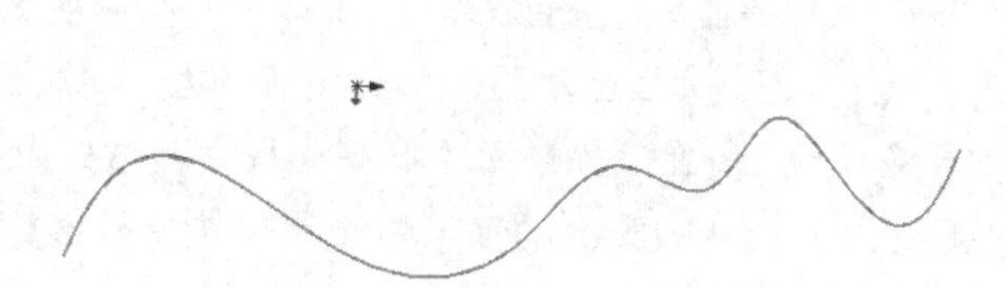

图 6-12　投影曲线

技巧荟萃：

如果在执行投影曲线命令之前，先选择了生成投影曲线的草图，则在执行投影曲线命令后，“投影曲线”属性管理器会自动选择合适的投影类型。

6.2.2　组合曲线

扫一扫，看视频

组合曲线是指将曲线、草图几何和模型边线组合为一条单一曲线，生成的该组合曲线可以作为生成放样或扫描的引导曲线、轮廓线。

【执行方式】

- 工具栏：单击“曲线”工具栏上的“组合曲线”按钮。
- 菜单栏：选择“插入”→“曲线”→“组合曲线”命令。

下面结合实例介绍创建组合曲线的操作步骤。

【操作步骤】

（1）打开文件。资源包：源文件\原始文件\6\6.2.2 中的相应文件，如图 6-13 所示。

（2）选择菜单栏中的“插入”→“曲线”→“组合曲线”命令，或者单击“曲线”工具栏中的“组合曲线”按钮，系统弹出“组合曲线”属性管理器。

（3）在“要连接的实体”选项组中，选择如图 6-13 所示的边线 1~边线 6，如图 6-14 所示。

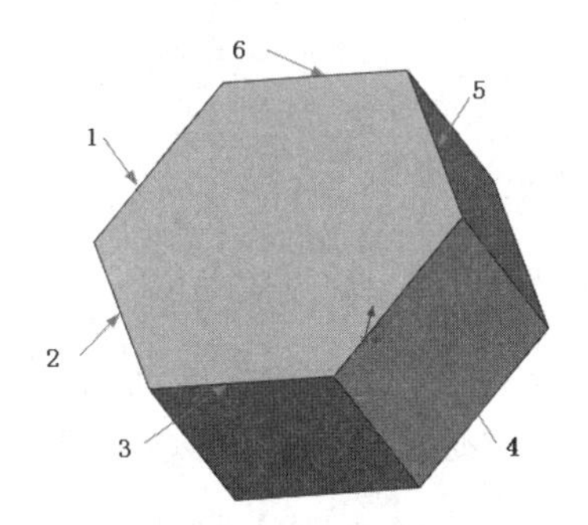

图 6-13　打开的文件实体

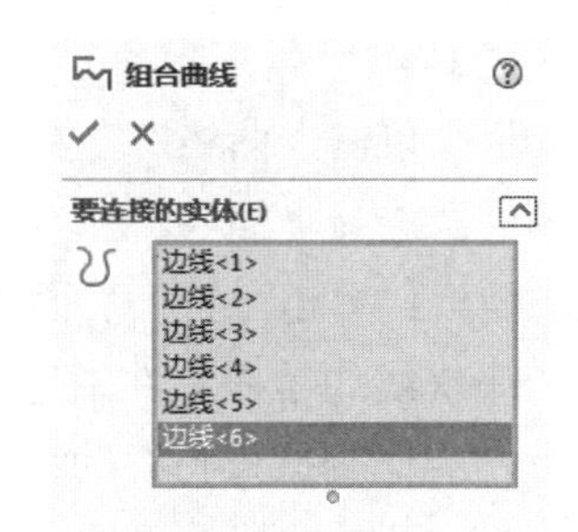

图 6-14　“组合曲线”属性管理器

（4）单击“确定”按钮✓，生成所需要的组合曲线。生成组合曲线后的图形及其 FeatureManager 设计树如图 6-15 所示。

技巧荟萃：

在创建组合曲线时，所选择的曲线必须是连续的，因为所选择的曲线要生成一条曲线。生成的组合曲线可以是开环的，也可以是闭合的。

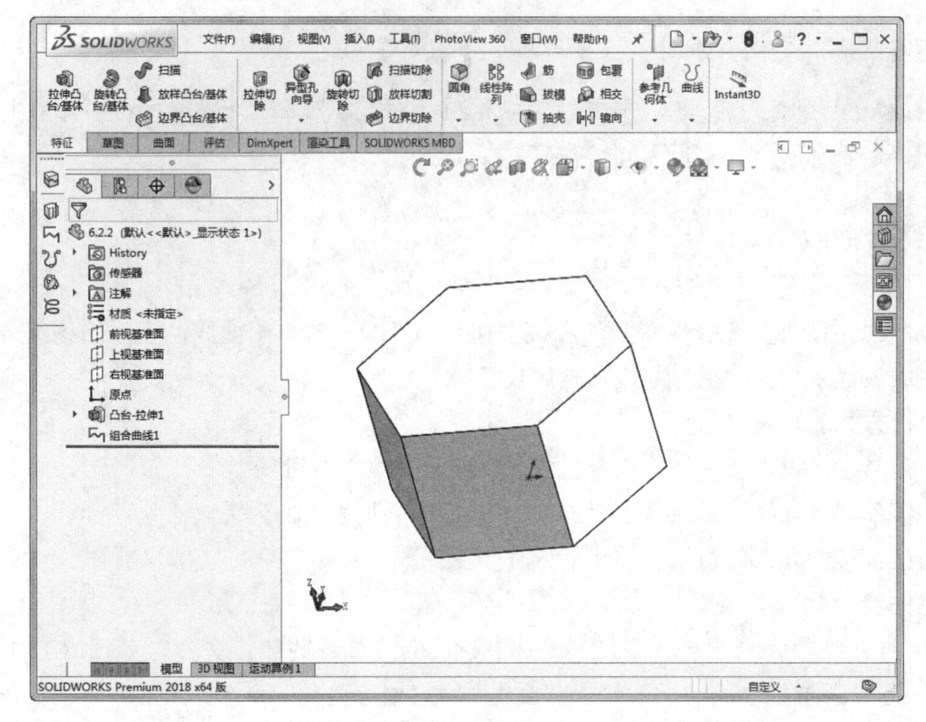

图 6-15　生成组合曲线后的图形及其 FeatureManager 设计树

扫一扫，看视频

6.2.3　螺旋线和涡状线

【执行方式】

- 工具栏：单击“曲线”工具栏上的“螺旋线/涡状线”按钮。
- 菜单栏：选择“插入”→“曲线”→“螺旋线/涡状线”命令。
- 控制面板：单击“特征”面板“曲线”下拉列表中的“螺旋线/涡状线”按钮。

螺旋线和涡状线通常在零件中生成，这种曲线可以被当成一个路径或者引导曲线使用在扫描的特征上，或作为放样特征的引导曲线，通常用来生成螺纹、弹簧和发条等零件。下面将分别介绍绘制这两种曲线的操作步骤。

【操作步骤】

1．创建螺旋线

具体绘制方法如下：

（1）新建一个文件，在左侧的 FeatureManager 设计树中选择“前视基准面”作为草绘基准面。

（2）单击“草图”面板中的“圆”按钮，在步骤 1 中设置的基准面上绘制一个圆，然后单击“草图”面板中的“智能尺寸”按钮，标注绘制圆的尺寸，如图 6-16 所示。

（3）选择菜单栏中的“插入”→“曲线”→“螺旋线/涡状线”命令，或者单击“曲线”工具栏中的“螺旋线/涡状线”按钮，系统弹出“螺旋线/涡状线”属性管理器。

（4）在“定义方式”选项组中，选择“螺距和圈数”选项；选中“恒定螺距”单选按钮；

在“螺距”文本框中输入“15”；在“圈数”文本框中输入“6”；在“起始角度”文本框中输入“135”，其他设置如图 6-17 所示。

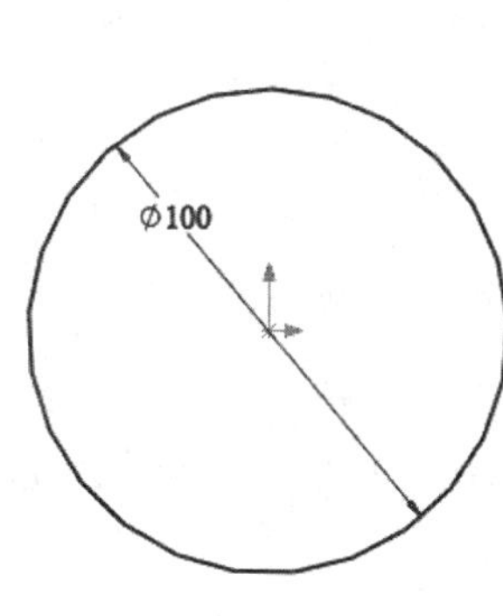

图 6-16　标注尺寸

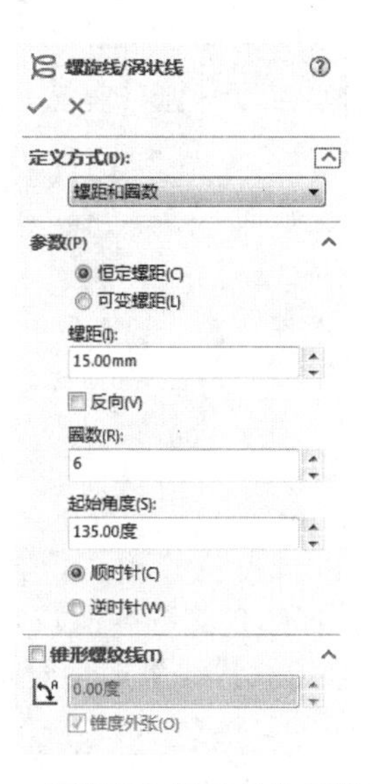

图 6-17　“螺旋线/涡状线”属性管理器

（5）单击“确定”按钮✔，生成所需要的螺旋线。

（6）单击鼠标右键，在弹出的快捷菜单中选择“旋转视图”按钮，将视图以合适的方向显示。生成的螺旋线及其 FeatureManager 设计树如图 6-18 所示。

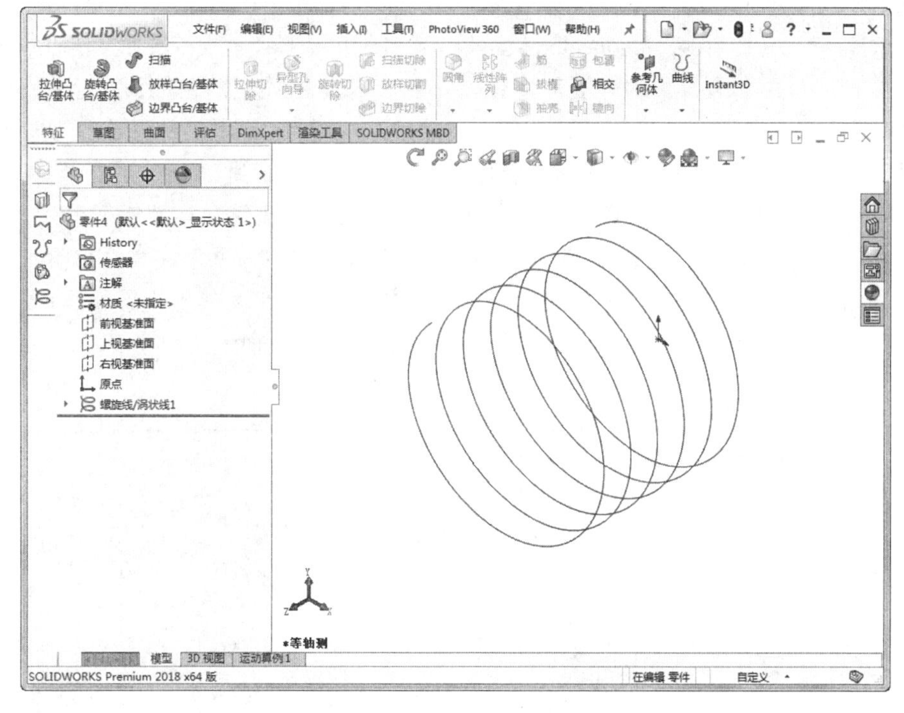

图 6-18　生成的螺旋线及其 FeatureManager 设计树

使用该命令还可以生成锥形螺纹线，如果要绘制锥形螺纹线，则在如图6-17所示的“螺旋线/涡状线”属性管理器中勾选“锥度外张”复选框。

如图6-19所示为取消对“锥度外张”复选框的勾选设置后生成的内张锥形螺纹线。如图6-20所示为勾选“锥度外张”复选框的设置后生成的外张锥形螺纹线。

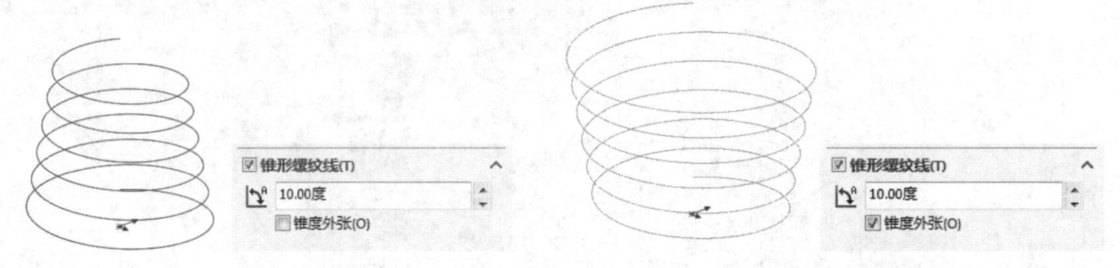

图 6-19　内张锥形螺纹线　　　　图 6-20　外张锥形螺纹线

在创建螺纹线时，有螺距和圈数、高度和圈数、高度和螺距等几种定义方式，这些定义方式可以在“螺旋线/涡状线”属性管理器的“定义方式”选项中进行选择。下面简单介绍这几种方式的意义。

- 螺距和圈数：创建由螺距和圈数所定义的螺旋线，选择该选项时，参数相应发生改变。
- 高度和圈数：创建由高度和圈数所定义的螺旋线，选择该选项时，参数相应发生改变。
- 高度和螺距：创建由高度和螺距所定义的螺旋线，选择该选项时，参数相应发生改变。

2. 创建涡状线

具体绘制方法如下：

（1）新建一个文件，在左侧的 FeatureManager 设计树中选择“前视基准面”作为草绘基准面。

（2）单击“草图”面板中的“圆”按钮，在步骤 1 中设置的基准面上绘制一个圆，然后单击“草图”面板中的“智能尺寸”按钮，标注绘制圆的尺寸，如图 6-21 所示。

（3）选择菜单栏中的“插入”→“曲线”→“螺旋线/涡状线”命令，或者单击“曲线”工具栏中的“螺旋线/涡状线”按钮，系统弹出“螺旋线/涡状线”属性管理器。

（4）在“定义方式”选项组中，选择“涡状线”选项；在“螺距”文本框中输入“15”；在“圈数”文本框中输入“6”；在“起始角度”文本框中输入“135”，其他设置如图 6-22 所示。

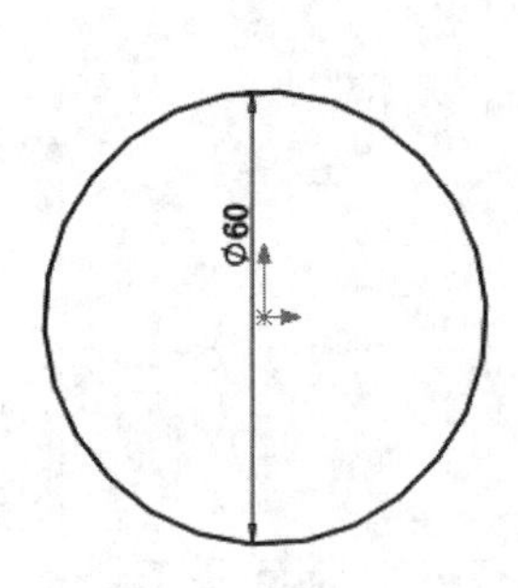

图 6-21　标注尺寸

图 6-22　“螺旋线/涡状线”属性管理器

（5）单击“确定”按钮✔，生成的涡状线及其 FeatureManager 设计树如图 6-23 所示。

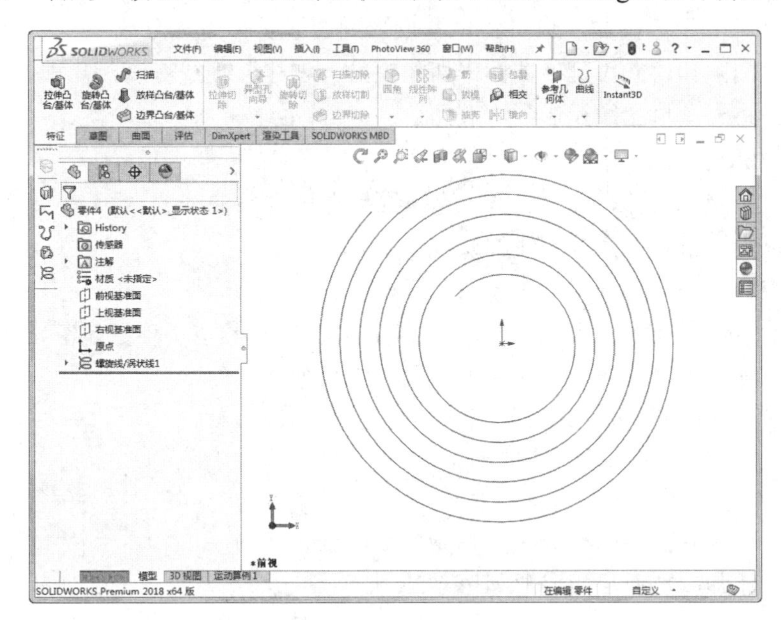

图 6-23　生成的涡状线及其 FeatureManager 设计树

SOLIDWORKS 既可以生成顺时针涡状线，也可以生成逆时针涡状线。在执行命令时，系统默认的生成方式为顺时针方式，顺时针涡状线如图 6-24 所示。在如图 6-22 所示“螺旋线/涡状线”属性管理器中选中“逆时针”单选按钮，就可以生成逆时针方向的涡状线，如图 6-25 所示。

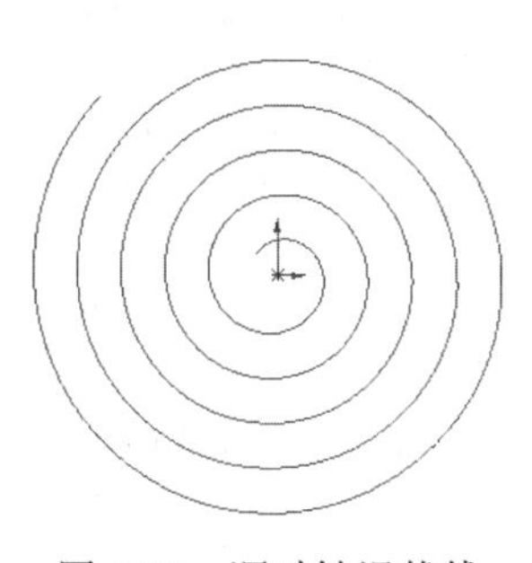

图 6-24　顺时针涡状线

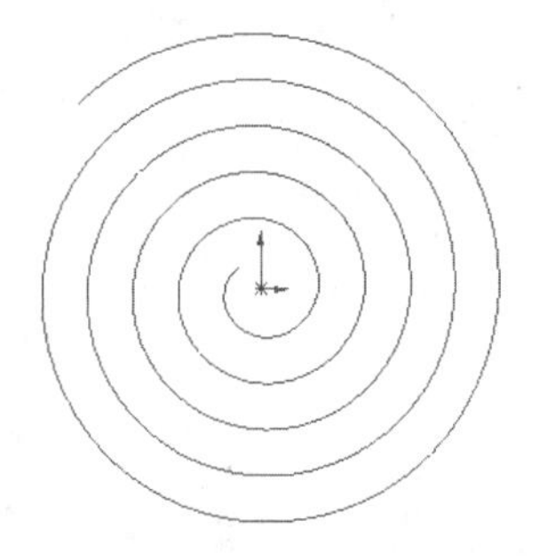

图 6-25　逆时针涡状线

6.2.4　分割线

扫一扫，看视频

【执行方式】

- 工具栏：单击“曲线”工具栏上的“分割线”按钮。
- 菜单栏：选择“插入”→“曲线”→“分割线”命令。
- 控制面板：单击“特征”面板“曲线”下拉列表中的“分割线”按钮。

分割线工具将草图投影到曲面或平面上，它可以将所选的面分割为多个分离的面，从而可以选择操作其中一个分离面，也可将草图投影到曲面实体生成分割线。利用分割线可创建拔模特征、混合面圆角，并可延展曲面来切除模具。创建分割线有以下几种方式。

- 投影：将一条草图线投影到一表面上创建分割线。
- 侧影轮廓线：在一个圆柱形零件上生成一条分割线。
- 交叉：以交叉实体、曲面、面、基准面或曲面样条曲线分割面。

下面介绍以投影方式创建分割线的操作步骤。

【操作步骤】

（1）打开文件。资源包：源文件\原始文件\6\6.2.4 中的相应文件，如图 6-26 所示。

（2）单击“特征”控制面板“参考几何体”下拉列表中的“基准面”按钮，系统弹出“基准面”属性管理器。在“参考实体”列表框中，选择如图 6-26 所示的面 A；在“偏移距离”文本框中输入“30”，并调整基准面的方向。“基准面”属性管理器设置如图 6-27 所示。单击“确定”按钮，添加一个新的基准面。添加基准面后的图形如图 6-28 所示。

（3）右击步骤 1 中添加的基准面，在弹出的快捷菜单中选择“正视于”按钮，将该基准面作为草绘基准面。

（4）单击“草图”控制面板中的“样条曲线”按钮，在创建的基准面上绘制一个样条曲线，如图 6-29 所示，然后退出草图绘制状态。

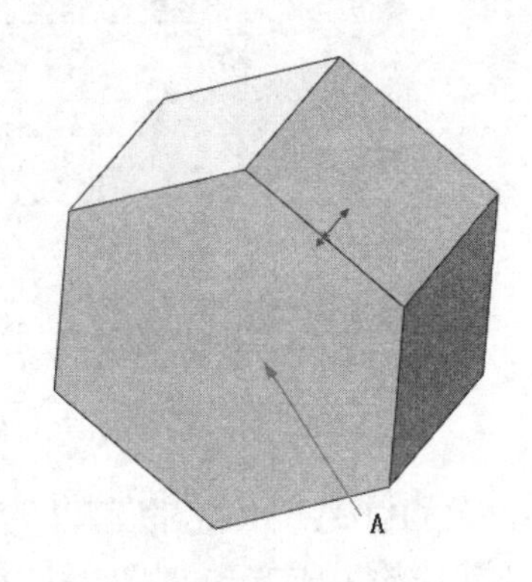

图 6-26　创建拉伸特征

图 6-27　“基准面”属性管理器

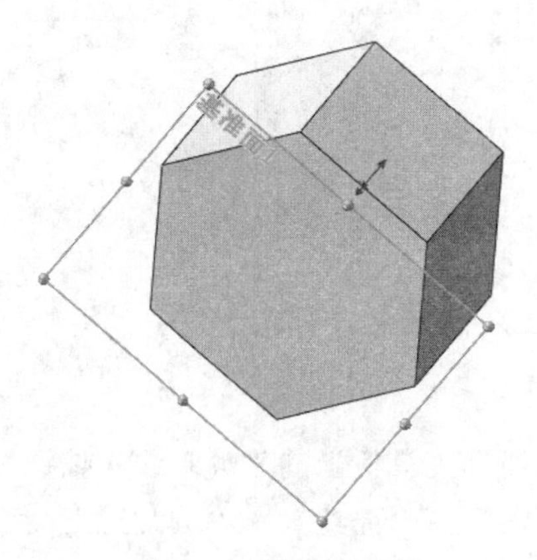

图 6-28　添加基准面

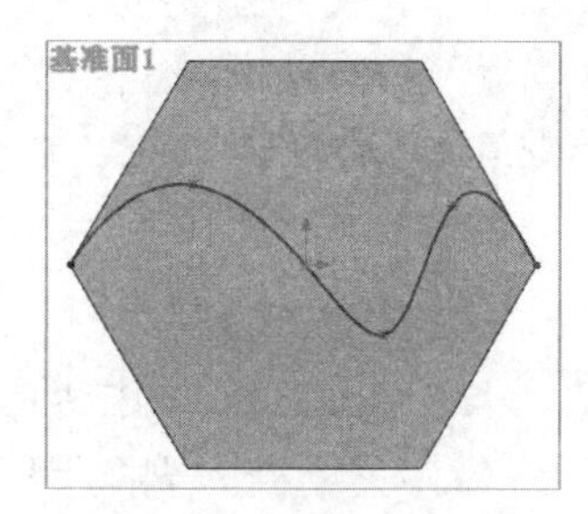

图 6-29　绘制样条曲线

（5）单击“前导视图”工具栏中的“等轴测”按钮，将视图以等轴测方向显示，如图 6-30 所示。

（6）选择菜单栏中的“插入”→“曲线”→“分割线”命令，或者单击“曲线”工具栏中的“分割线”按钮，系统弹出“分割线”属性管理器。

（7）在“分割类型”选项组中，选中“投影”单选按钮；在“要投影的草图”列表框中，选择如图 6-30 所示的草图 2；在“要分割的面/实体”列表框中，选择如图 6-30 所示的面 1，具体设置如图 6-31 所示。

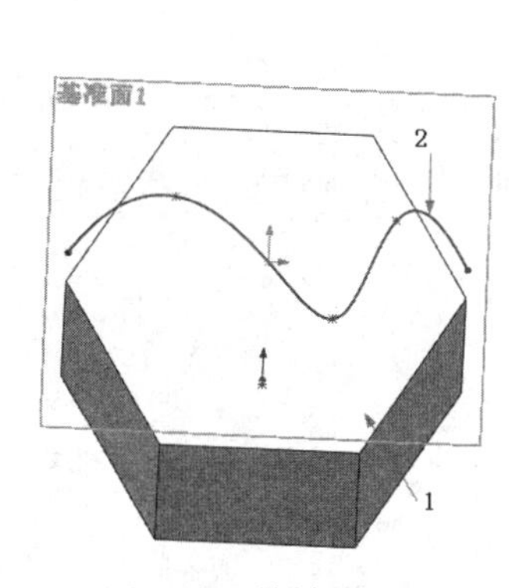

图 6-30　等轴测视图

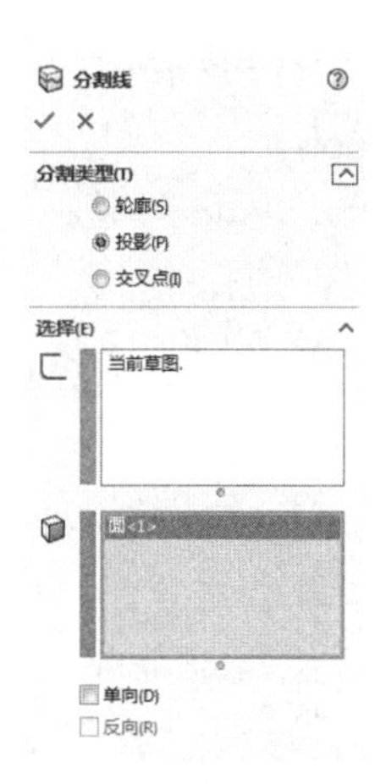

图 6-31　“分割线”属性管理器

（8）单击“确定”按钮，生成的分割线及其 FeatureManager 设计树如图 6-32 所示。

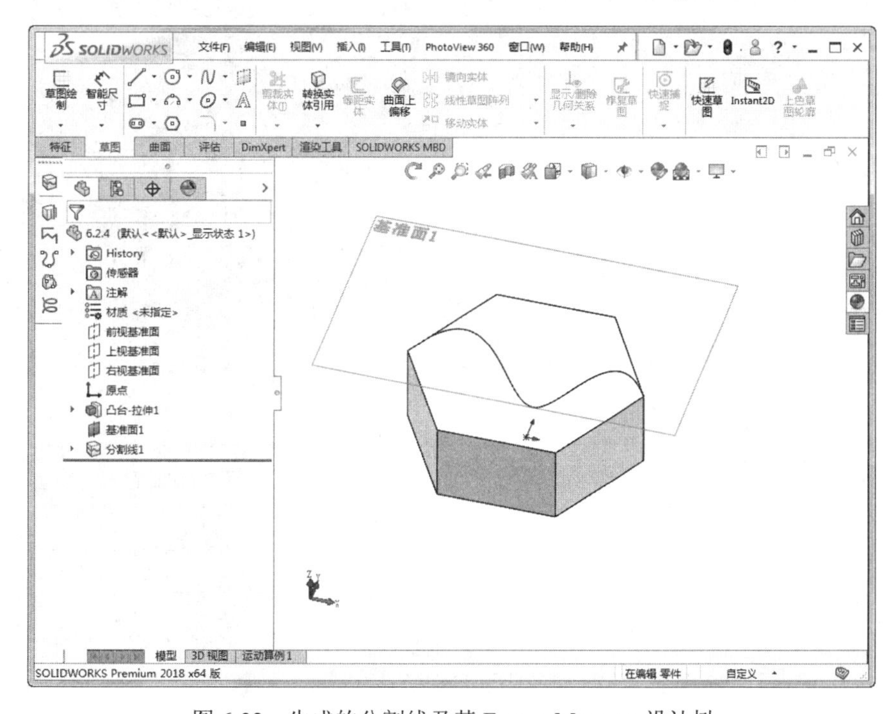

图 6-32　生成的分割线及其 FeatureManager 设计树

技巧荟萃：

在使用投影方式绘制投影草图时，绘制的草图在投影面上的投影必须穿过要投影的面，否则系统会提示错误，而不能生成分割线。

扫一扫，看视频

6.2.5 通过参考点的曲线

通过参考点的曲线是指生成一个或者多个平面上点的曲线。

【执行方式】

- 工具栏：单击“曲线”工具栏上的“通过参考点的曲线”按钮。
- 菜单栏：选择“插入”→“曲线”→“通过参考点的曲线”命令。
- 控制面板：单击“特征”面板“曲线”下拉列表中的“通过参考点的曲线”按钮。

下面结合实例介绍创建通过参考点的曲线的操作步骤。

【操作步骤】

（1）打开文件。资源包：源文件\原始文件\6\6.2.5 中的相应文件，如图 6-33 所示。

（2）选择菜单栏中的“插入”→“曲线”→“通过参考点的曲线”命令，或者单击“曲线”工具栏中的“通过参考点的曲线”按钮，系统弹出“通过参考点的曲线”属性管理器。

（3）在“通过点”选项组中，依次选择如图 6-33 所示的点，其他设置如图 6-34 所示。

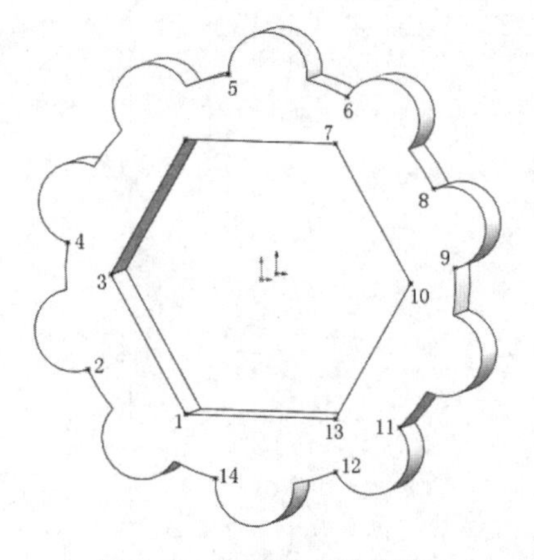

图 6-33 打开的文件实体

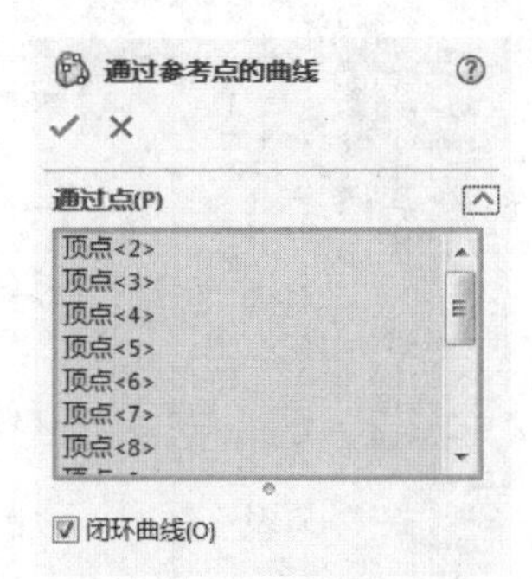

图 6-34 “通过参考点的曲线”属性管理器

（4）单击“确定”按钮，生成通过参考点的曲线。生成曲线后的图形及其 FeatureManager 设计树如图 6-35 所示。

在生成通过参考点的曲线时，系统默认生成的为开环曲线，如图 6-36 所示。如果在“通过参考点的曲线”属性管理器中勾选“闭环曲线”复选框，则执行命令后，会自动生成闭环曲线，如图 6-37 所示。

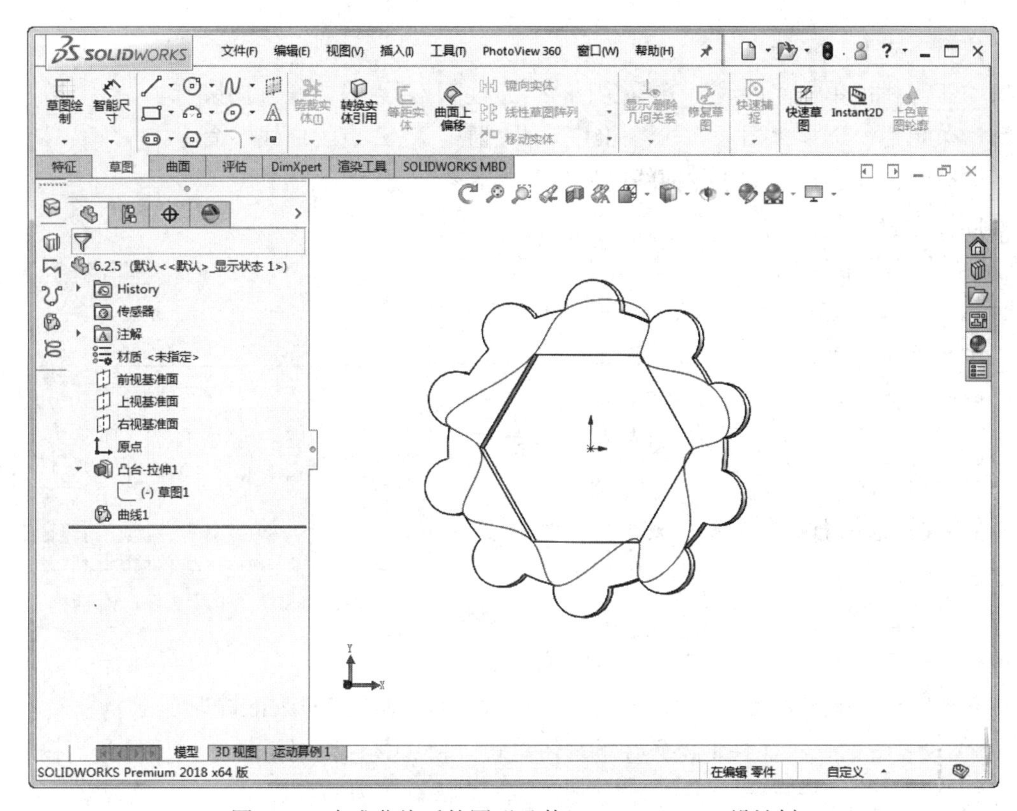

图 6-35　生成曲线后的图形及其 FeatureManager 设计树

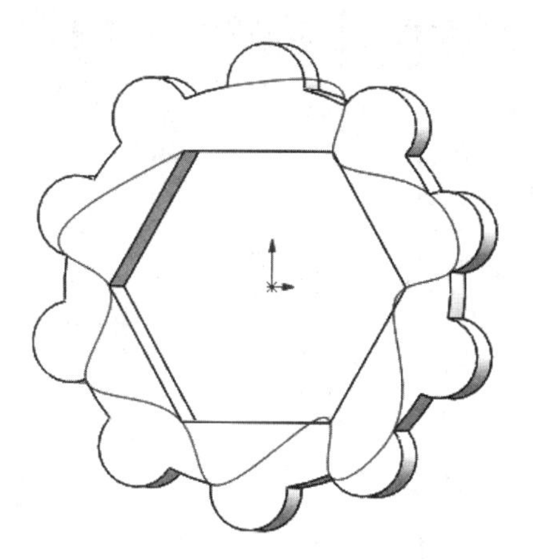

图 6-36　通过参考点的开环曲线

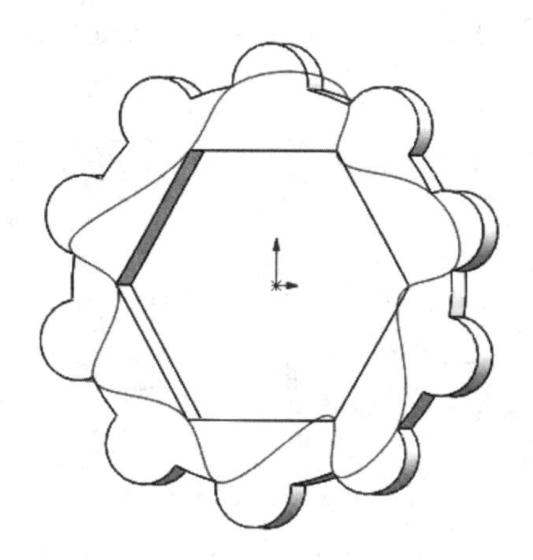

图 6-37　通过参考点的闭环曲线

扫一扫，看视频

6.2.6　通过 XYZ 点的曲线

通过XYZ点的曲线是指生成通过用户定义的点的样条曲线。在SOLIDWORKS中，用户既可以自定义样条曲线通过的点，也可以利用点坐标文件生成样条曲线。

【执行方式】

- 工具栏：单击“曲线”工具栏上的“通过 XYZ 点的曲线”按钮。
- 菜单栏：选择“插入”→“曲线”→“通过 XYZ 点的曲线”命令。

下面介绍创建通过XYZ点的曲线的操作步骤。

【操作步骤】

（1）选择菜单栏中的“插入”→“曲线”→“通过 XYZ 点的曲线”命令，或者单击“曲线”工具栏中的“通过 XYZ 点的曲线”按钮，系统弹出“曲线文件”对话框，如图 6-38 所示。

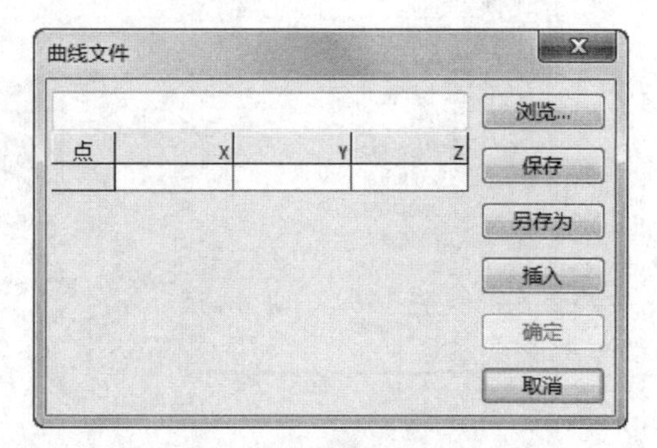

图 6-38 “曲线文件”对话框

（2）单击 X、Y 和 Z 坐标列各单元格并在每个单元格中输入一个点坐标。

（3）在最后一行的单元格中双击时，系统会自动增加一个新行。

（4）如果要在行的上面插入一个新行，只要单击该行，然后单击“曲线文件”对话框中的“插入”按钮即可；如果要删除某一行的坐标，单击该行，然后按 Delete 键即可。

（5）设置好的曲线文件可以保存下来。单击“曲线文件”对话框中的“保存”按钮或者“另存为”按钮，系统弹出“另存为”对话框，选择合适的路径，输入文件名称，单击“保存”按钮即可。

（6）如图 6-39 所示为一个设置好的“曲线文件”对话框，单击对话框中的“确定”按钮，即可生成需要的曲线，如图 6-40 所示。

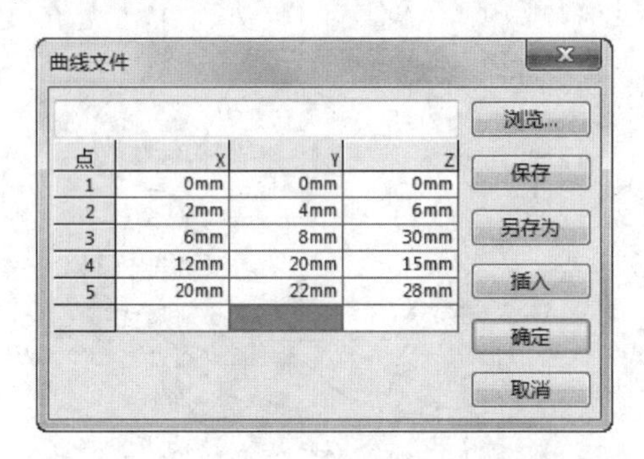

点	X	Y	Z
1	0mm	0mm	0mm
2	2mm	4mm	6mm
3	6mm	8mm	30mm
4	12mm	20mm	15mm
5	20mm	22mm	28mm

图 6-39 设置好的“曲线文件”对话框

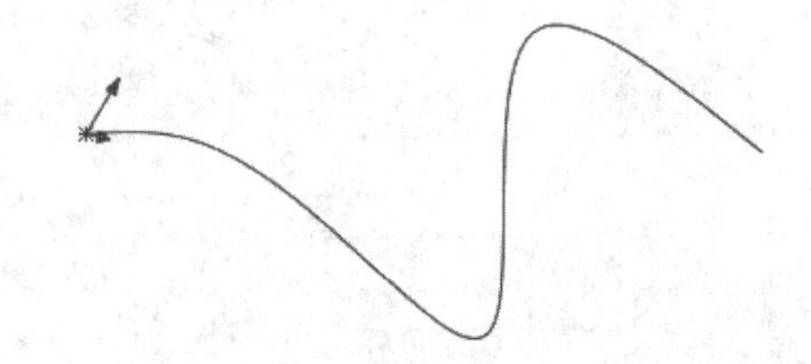

图 6-40 通过 XYZ 点的曲线

保存曲线文件时，SOLIDWORKS默认文件的扩展名称为“*.sldcrv”，如果没有指定扩展名，SOLIDWORKS应用程序会自动添加扩展名“.sldcrv”。

在SOLIDWORKS中，除了在“曲线文件”对话框中输入坐标来定义曲线外，还可以通过文本编辑器、Excel等应用程序生成坐标文件，将其保存为“*.txt”文件，然后导入系统即可。

技巧荟萃：

在使用文本编辑器、Excel 等应用程序生成坐标文件时，文件中必须只包含坐标数据，而不能是 X、Y 或 Z 的标号及其他无关数据。

下面介绍通过导入坐标文件创建曲线的操作步骤。

（1）选择菜单栏中的“插入”→“曲线”→“通过 XYZ 点的曲线”命令，或者单击“曲线”工具栏中的“通过 XYZ 的曲线”按钮，系统弹出“曲线文件”对话框，如图 6-41 所示。

（2）单击“曲线文件”对话框中的“浏览”按钮，弹出“打开”对话框，查找需要输入的文件名称，然后单击“打开”按钮。

（3）插入文件后，文件名称显示在“曲线文件”对话框中，并且在图形区中可以预览显示效果，如图 6-41 所示。双击其中的坐标可以修改坐标值，直到满意为止。

（4）单击“曲线文件”对话框中的“确定”按钮，生成需要的曲线。

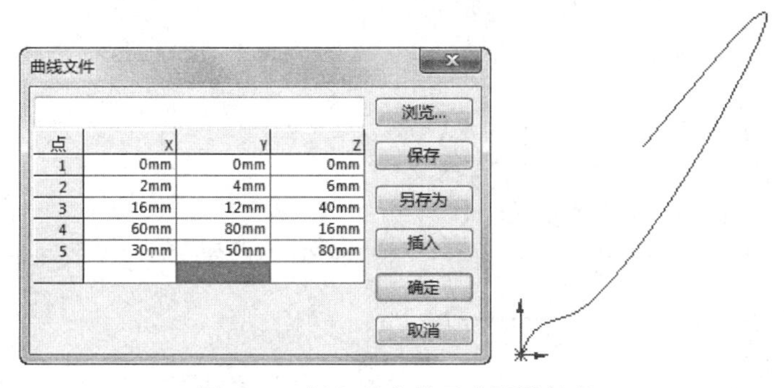

图 6-41　插入的文件及其预览效果

6.3　综合实例——暖气管道

扫一扫，看视频

本实例绘制的暖气管道如图6-42所示。

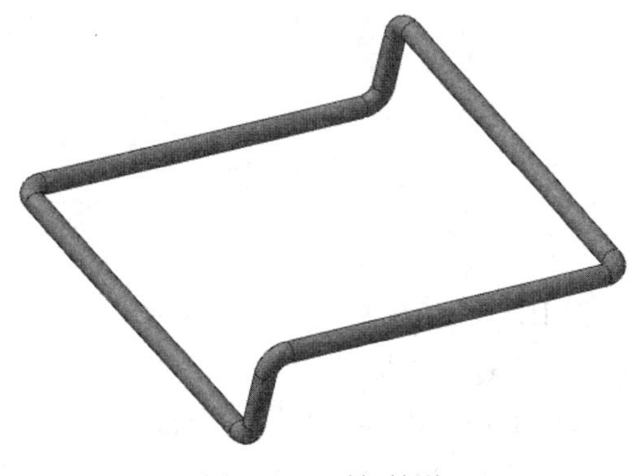

图 6-42　暖气管道

思路分析：

本例基本绘制方法是根据房间暖气管道接线图，结合“3D 草图”命令和“扫描”命令（后面章节讲解）来完成模型创建。暖气管道流程图如图 6-43 所示。

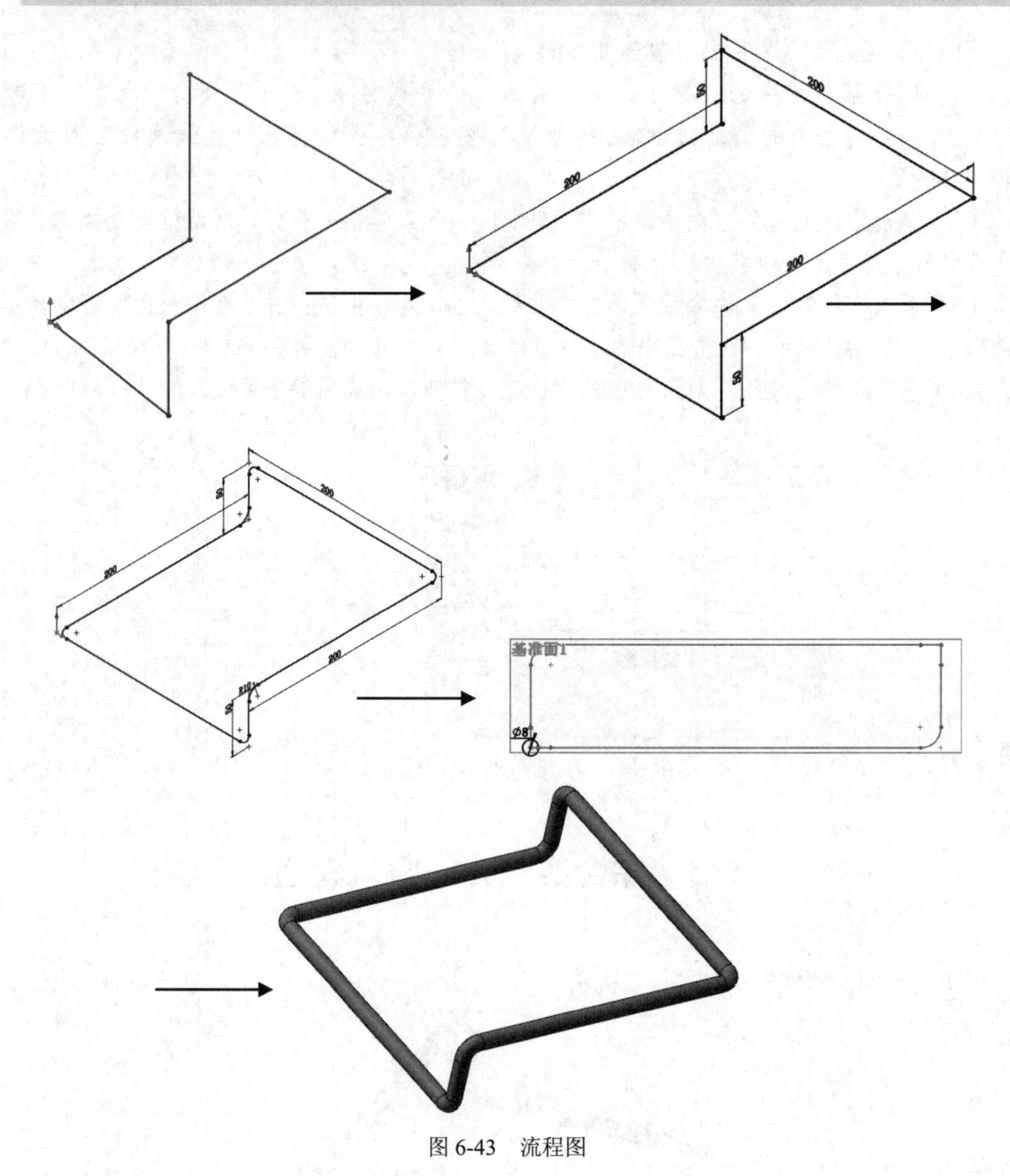

图 6-43　流程图

操作步骤

（1）新建文件。启动 SOLIDWORKS 2018，选择菜单栏中的“文件”→“新建”命令，或者单击“标准”工具栏中的“新建”图标，在弹出的“新建 SOLIDWORKS 文件”对话框中选择“零件”图标，然后单击“确定”图标，创建一个新的零件文件。

（2）绘制 3D 草图。选择菜单栏中的“插入”→“3D 草图”命令，或者单击“草图”面板中的“3D 草图”按钮，进入 3D 草图绘制状态。单击“草图”面板中需要绘制的草图工具，单击“直线”按钮，开始绘制 3D 空间直线，注意此时在绘图区中出现了空间控标，以原点为起点绘制草图，基准面为控标提示的基准面，方向由光标拖动决定，如图 6-44 所示绘制草图。

（3）标注尺寸。单击“草图”面板中的“智能尺寸”按钮，标注尺寸如图 6-45 所示。

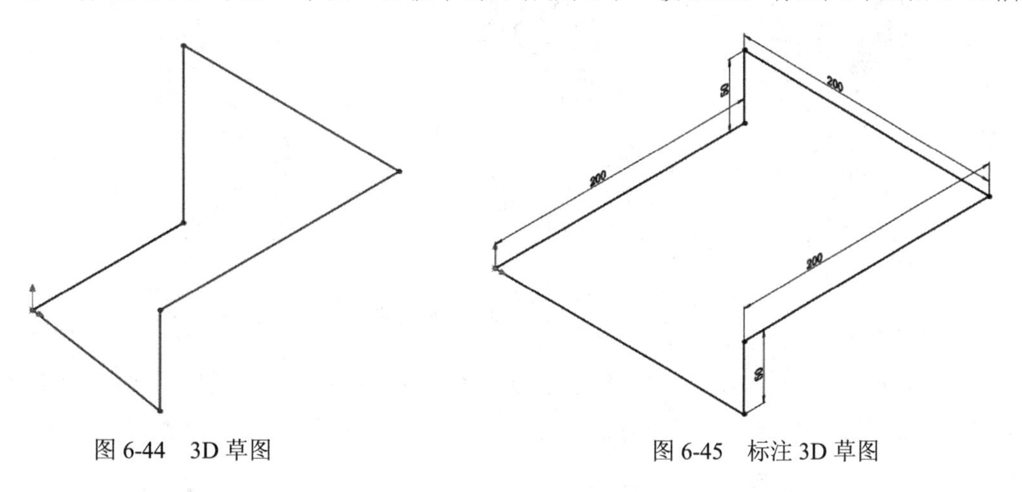

图 6-44　3D 草图　　　　图 6-45　标注 3D 草图

（4）圆角操作。单击“草图”面板中的“绘制圆角”按钮，或选择“工具”→“草图工具”→“圆角”命令，弹出“绘制圆角”属性管理器，并在图 6-46 中依次选择圆角端点。

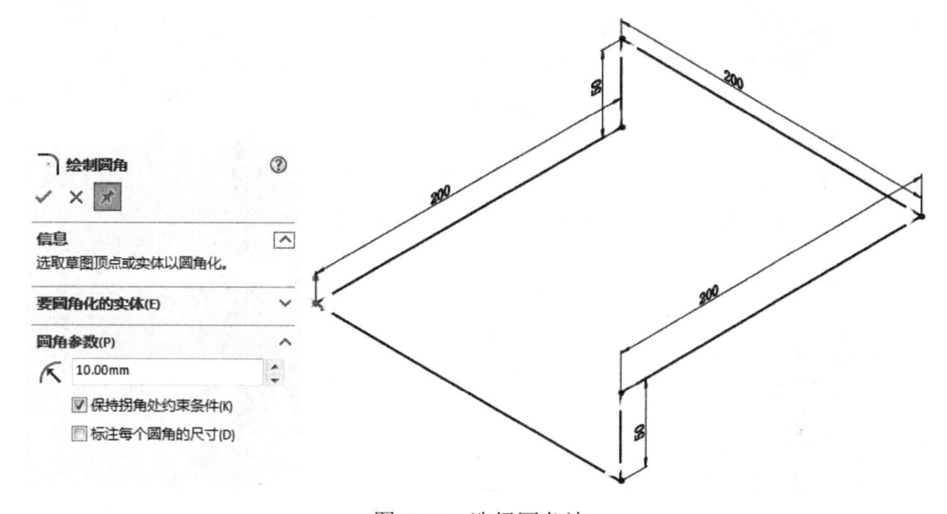

图 6-46　选择圆角边

（5）基准面设置。单击“特征”控制面板“参考几何体”下拉列表中的“基准面”按钮，弹出“基准面”属性管理器，第一参考选择“右视基准面”，并输入距离值为 20，如图 6-47 所示。

（6）绘制草图。在设计树中选择上一步创建的“基准面 1”，单击“草图”面板中的“草图绘制”按钮，新建一张草图。

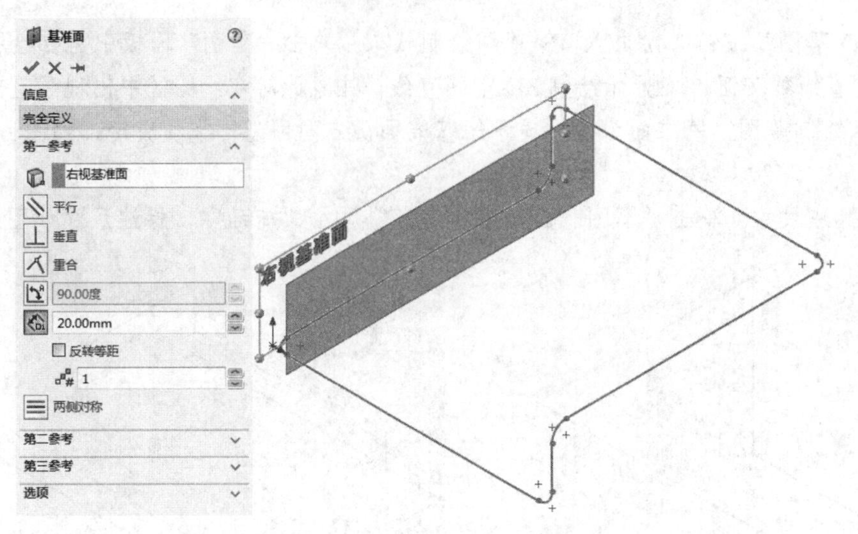

图 6-47　“基准面”属性管理器

（7）绘制圆和直线段。单击“草图”面板中的“圆”按钮，绘制一个圆和两条线段。

（8）标注尺寸。单击“草图”面板中的“智能尺寸”按钮，标注尺寸如图 6-48 所示。

图 6-48　草图标注

（9）扫描设置。单击“特征”面板中的“扫描”按钮，弹出“扫描”属性管理器，同时在右侧的图形区中显示生成的扫描特征，如图 6-49 所示。

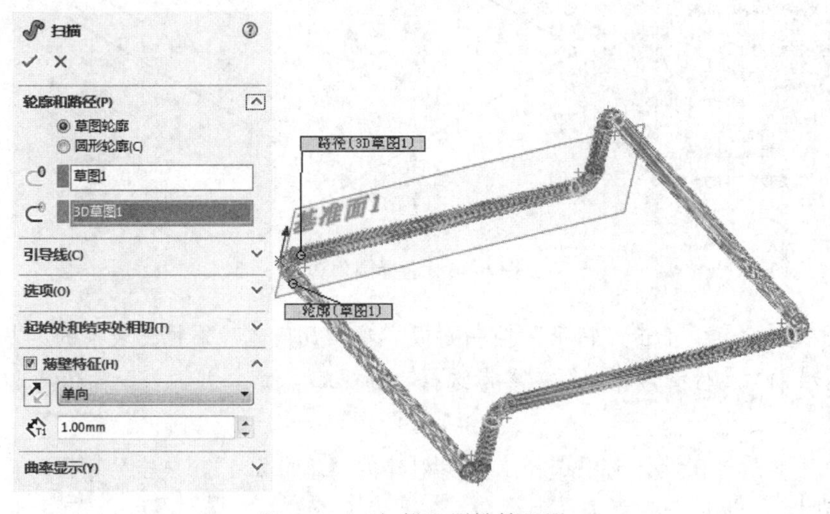

图 6-49　“扫描”属性管理器

（10）隐藏基准面。在绘图区选择基准面 1，单击右键，在弹出的快捷菜单中单击“隐藏”按钮，如图 6-50 所示。图形最终结果如图 6-51 所示。

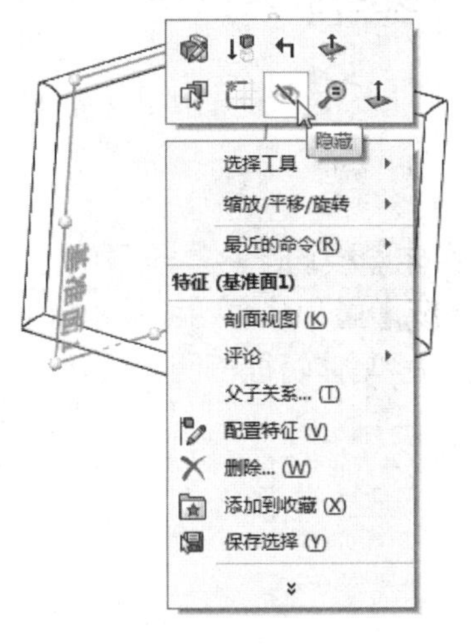

图 6-50　“隐藏”按钮

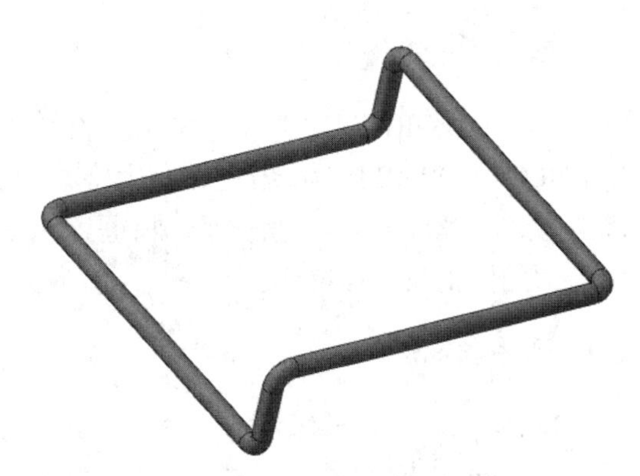

图 6-51　绘制结果

练一练——椅子 3D 草图

利用 3D 草图命令绘制如图 6-52 所示的椅子 3D 草图。

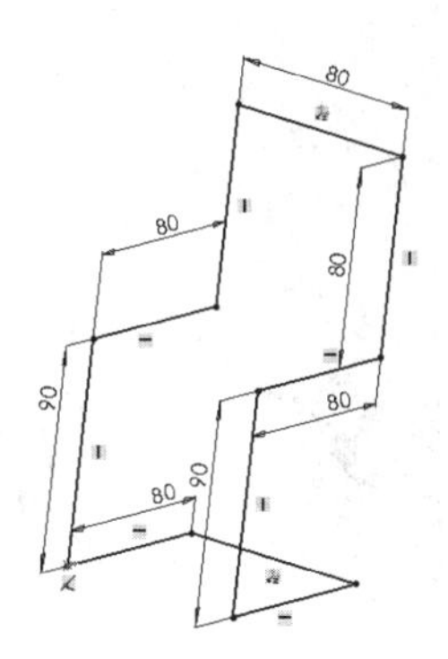

图 6-52　椅子 3D 草图

第 7 章　草绘凸台/基体特征

内容简介

SOLIDWORKS 提供了无与伦比的、基于特征的实体建模功能。基于草绘生成实体特征是 SOLIDWORKS 最简单的三维造型方式。这其中又分成增量和减量两种基本特征生成方法，增量生成的特征就叫作凸台/基体特征。本章介绍草绘凸台/基体特征的四大经典途径：拉伸、旋转、扫描以及放样操作。

内容要点

- 拉伸凸台/基体特征
- 旋转凸台/基体特征
- 扫描凸台/基体特征
- 放样凸台/基本特征

案例效果

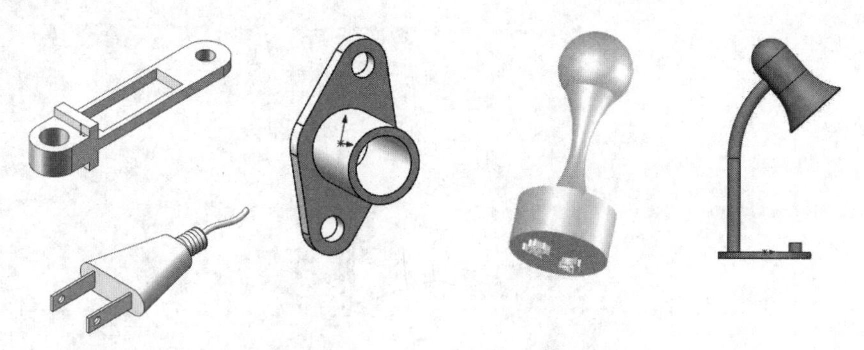

7.1　拉伸凸台/基体特征

拉伸特征由截面轮廓草图经过拉伸而成，它适合于构造等截面的实体特征。如图7-1所示展示了利用拉伸基体/凸台特征生成的零件。

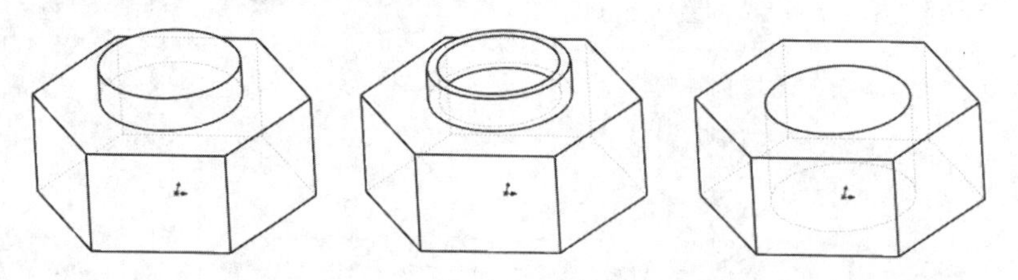

图 7-1　利用拉伸基体/凸台特征生成的零件

7.1.1　拉伸凸台/基体

拉伸特征是将一个二维平面草图，按照给定的数值沿与平面垂直的方向拉伸一段距离形成的特征。

【执行方式】

- 工具栏：单击“特征”工具栏中的“拉伸凸台/基体”按钮。
- 菜单栏：选择“插入”→“凸台/基体”→“拉伸”命令。
- 控制面板：单击“特征”面板中的“拉伸凸台/基体”按钮。

扫一扫，看视频

★重点 动手学——“拉伸凸台/基体”特征

操作步骤

（1）调用素材：源文件\原始文件\7\7.1.1.dwg，如图 7-2 所示。

（2）保持草图处于激活状态，如图 7-2 所示，单击“特征”面板中的“拉伸凸台/基体”按钮。此时系统弹出“凸台-拉伸”属性管理器，如图 7-3 所示。

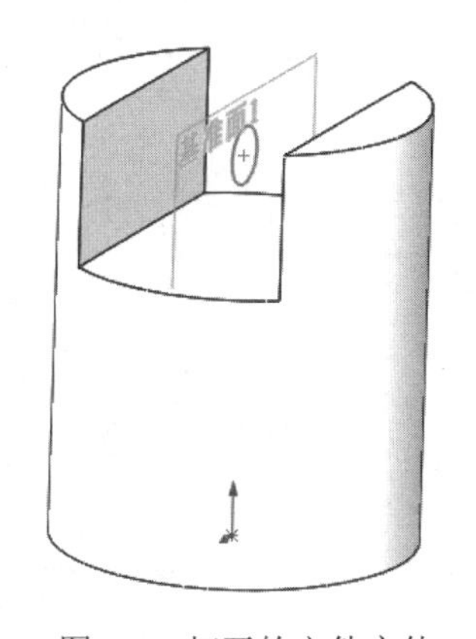

图 7-2　打开的文件实体

图 7-3　“凸台-拉伸”属性管理器

（3）在“方向 1”选项组的（终止条件）下拉列表框中选择拉伸的终止条件，有以下几种。

- 给定深度：从草图的基准面拉伸到指定的距离平移处，以生成特征，如图 7-4（a）所示。
- 完全贯穿：从草图的基准面拉伸直到贯穿所有现有的几何体，如图 7-4（b）所示。
- 成形到下一面：从草图的基准面拉伸到下一面（隔断整个轮廓），以生成特征，如图 7-4（c）所示。下一面必须在同一零件上。
- 成形到一面：从草图的基准面拉伸到所选的曲面以生成特征，如图 7-4（d）所示。
- 到离指定面指定的距离：从草图的基准面拉伸到离某面或曲面的特定距离处，以生成特征，如图 7-4（e）所示。
- 两侧对称：从草图基准面向两个方向对称拉伸，如图 7-4（f）所示。
- 成形到一顶点：从草图基准面拉伸到一个平面，这个平面平行于草图基准面且穿越指定的顶点，如图 7-4（g）所示。

➘ 成形到实体：从草图基准面拉伸草图到所选的实体，如图 7-4（h）所示。

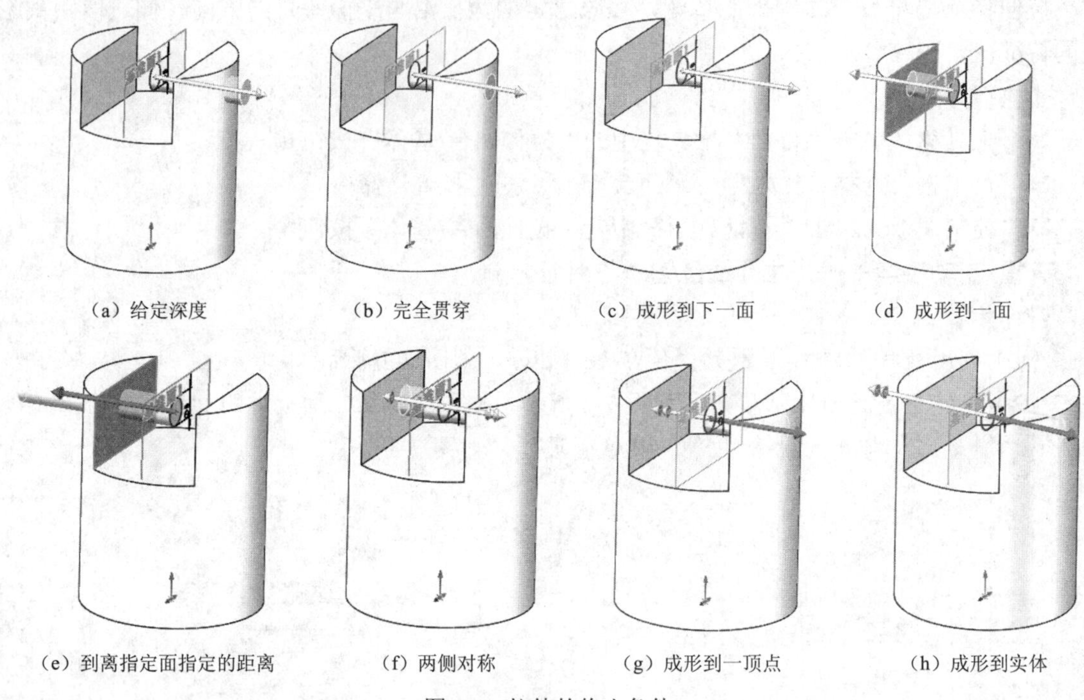

（a）给定深度　（b）完全贯穿　（c）成形到下一面　（d）成形到一面

（e）到离指定面指定的距离　（f）两侧对称　（g）成形到一顶点　（h）成形到实体

图 7-4　拉伸的终止条件

（4）在右面的图形区中检查预览。如果需要，单击（反向）按钮，向另一个方向拉伸。

（5）在（深度）文本框中输入拉伸的深度。

（6）如果要给特征添加一个拔模，单击（拔模开/关）按钮，然后输入一个拔模角度。如图 7-5 所示说明了拔模特征。

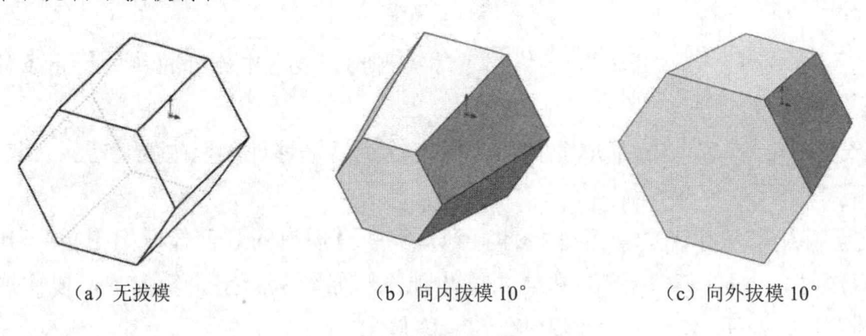

（a）无拔模　（b）向内拔模 10°　（c）向外拔模 10°

图 7-5　拔模说明

（7）如有必要，勾选“方向 2”复选框，将拉伸应用到第二个方向。

（8）保持“薄壁特征”复选框没有被勾选，单击（确定）按钮，完成凸台/基体的创建。

7.1.2　拉伸薄壁特征

★重点　动手学——创建圆环

SOLIDWORKS可以对闭环和开环草图进行薄壁拉伸，如图7-6所示。所不同的是，如果草图本身是一个开环图形，则拉伸凸台/基体工具只能将其拉伸为薄壁；如果草图是一个闭环图形，则既可以选择将其拉伸为薄壁特征，也可以选择将其拉伸为实体特征。

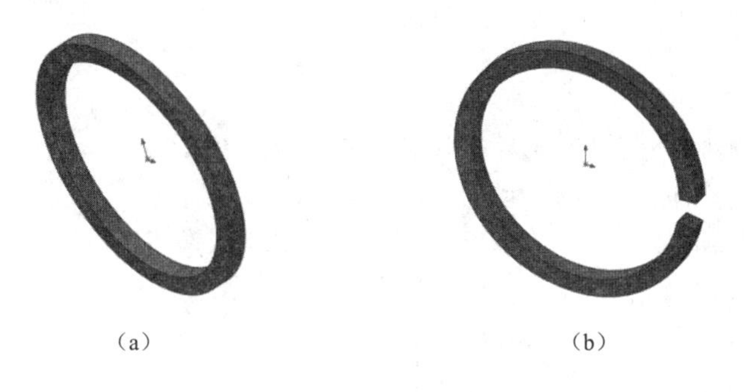

（a）　（b）

图 7-6　开环和闭环草图的薄壁拉伸

操作步骤

（1）单击“标准”工具栏中的“新建”按钮，进入零件绘图区域，绘制一个圆和一段折线。

（2）保持草图处于激活状态，单击“特征”面板中的“拉伸凸台/基体”按钮，或选择菜单栏中的“插入”→“凸台/基体”→“拉伸”命令。

（3）在弹出的“凸台-拉伸”属性管理器中勾选“薄壁特征”复选框，如果草图是开环系统，则只能生成薄壁特征。

（4）在右侧的“拉伸类型”下拉列表框中选择拉伸薄壁特征的方式。

- 单向：使用指定的壁厚向一个方向拉伸草图。
- 两侧对称：在草图的两侧各以指定壁厚的一半向两个方向拉伸草图。
- 双向：在草图的两侧各使用不同的壁厚向两个方向拉伸草图。

（5）在（厚度）文本框中输入薄壁的厚度。

（6）默认情况下，壁厚加在草图轮廓的外侧。单击（反向）按钮，可以将壁厚加在草图轮廓的内侧。

（7）对于薄壁特征基体拉伸，还可以指定以下附加选项。

- 如果生成的是一个闭环的轮廓草图，可以勾选“顶端加盖”复选框，此时将为特征的顶端加上封盖，形成一个中空的零件，如图 7-7（a）所示。
- 如果生成的是一个开环的轮廓草图，可以勾选“自动加圆角”复选框，此时自动在每一个具有相交夹角的边线上生成圆角，如图 7-7（b）所示。

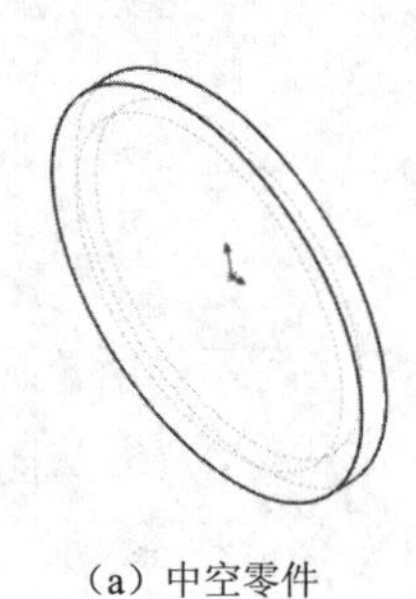

（a）中空零件

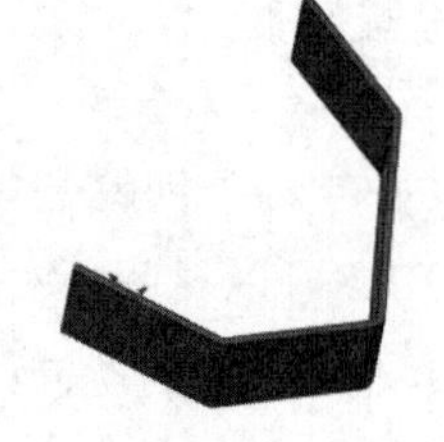

（b）带有圆角的薄壁

图 7-7　薄壁

（8）单击✔（确定）按钮，完成拉伸薄壁特征的创建。

扫一扫，看视频

7.1.3　实例——大臂

本例绘制的大臂如图 7-8 所示。

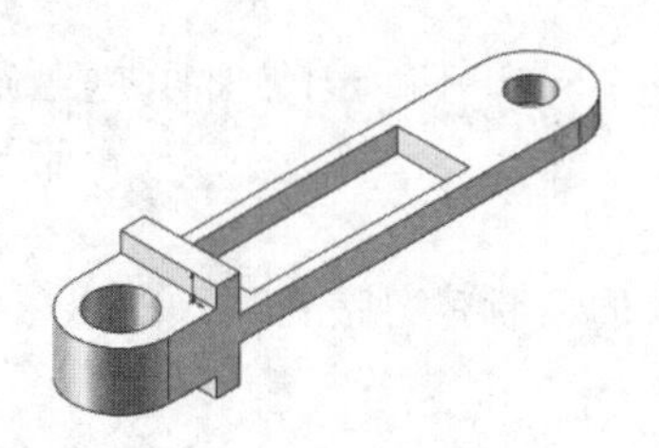

图 7-8　大臂

思路分析：

首先拉伸绘制大臂的外形轮廓，然后切除大臂局部轮廓，最后进行圆角处理。绘制的流程图如图 7-9 所示。

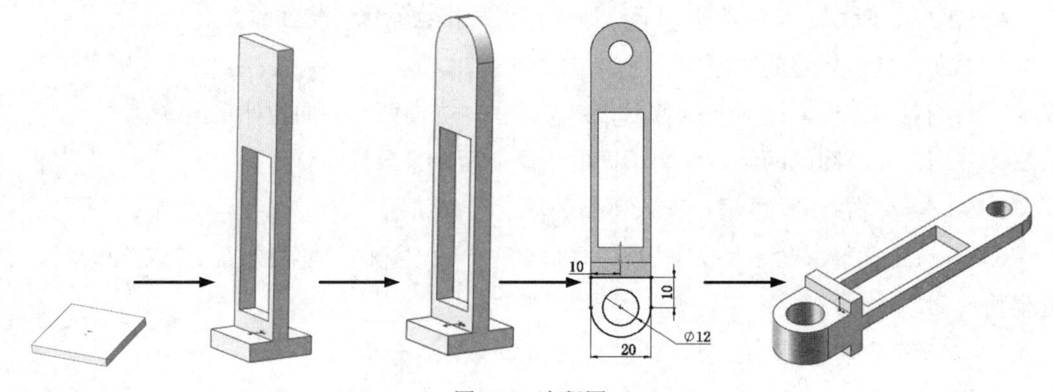

图 7-9　流程图

操作步骤

（1）新建文件。启动 SOLIDWORKS 2018，选择菜单栏中的“文件”→“新建”命令，或者单击“标准”工具栏中的“新建”按钮，在弹出的“新建 SOLIDWORKS 文件”对话框中选择“零件”按钮，然后单击“确定”按钮，创建一个新的零件文件。

（2）绘制草图。在左侧的“FeatureManager 设计树”中用鼠标选择“前视基准面”作为绘制图形的基准面。单击“草图”面板中的“中心矩形”按钮，在坐标原点绘制正方形，单击“草图”控制面板中的“智能尺寸”按钮，标注尺寸后结果如图 7-10 所示。

（3）拉伸实体。选择菜单栏中的“插入”→“凸台/基体”→“拉伸”命令，或者单击“特征”面板中的“拉伸凸台/基体”按钮，此时系统弹出如图 7-11 所示的“凸台-拉伸”属性管理器。设置拉伸终止条件为“给定深度”，输入拉伸距离为 5mm，然后单击“确定”按钮。结果如图 7-12 所示。

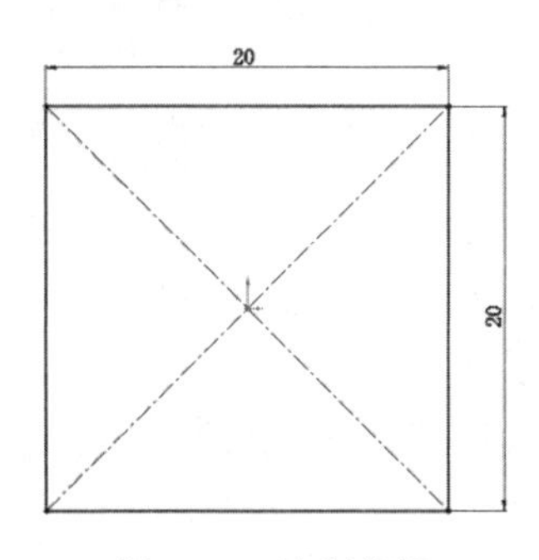

图 7-10　绘制草图

图 7-11　“凸台-拉伸”属性管理器

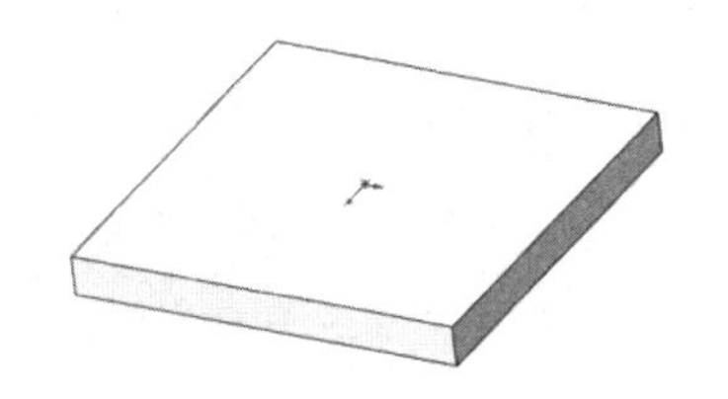

图 7-12　拉伸后的图形

（4）绘制草图。在左侧的“FeatureManager 设计树”中用鼠标选择“上视基准面”作为绘制图形的基准面。利用“草图”面板中的“边角矩形”按钮、“圆”按钮，以及“剪裁实体”按钮，绘制如图 7-13 所示的草图并标注尺寸。

（5）拉伸实体。选择菜单栏中的“插入”→“凸台/基体”→“拉伸”命令，或者单击“特征”面板中的“拉伸凸台/基体”按钮，系统弹出“凸台-拉伸”属性管理器。设置拉伸终止条件为“两侧对称”，输入拉伸距离为 5mm，然后单击“确定”按钮。结果如图 7-14 所示。

（6）绘制草图。在左侧的“FeatureManager 设计树”中用鼠标选择“上视基准面”作为绘制图形的基准面。单击“草图”面板中的“直线”按钮、“圆”按钮和“剪裁实体”按钮，绘制如图 7-15 所示的草图并标注尺寸。

（7）拉伸实体。选择菜单栏中的“插入”→“凸台/基体”→“拉伸”命令，或者单击“特征”面板中的“拉伸凸台/基体”按钮，系统弹出“凸台-拉伸”属性管理器。设置拉伸终止条件为“两侧对称”，输入拉伸距离为 12mm，然后单击“确定”按钮。结果如图 7-8 所示。

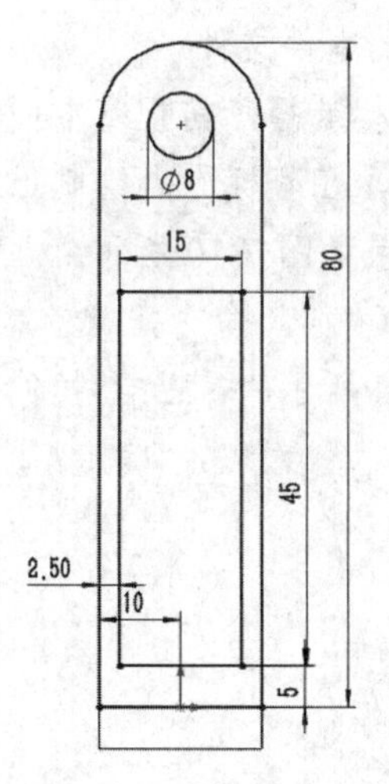

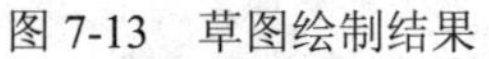
图 7-13　草图绘制结果

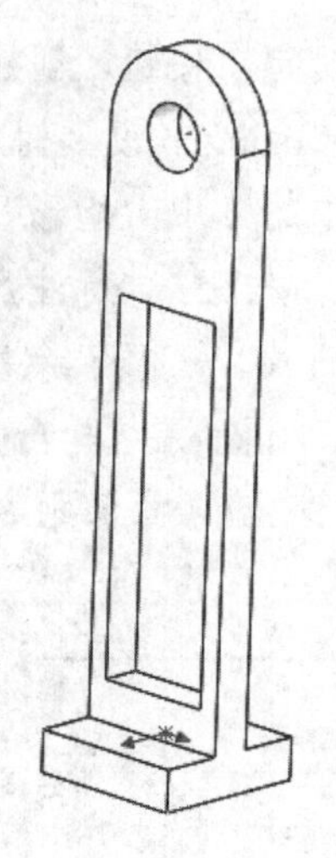
图 7-14　拉伸结果

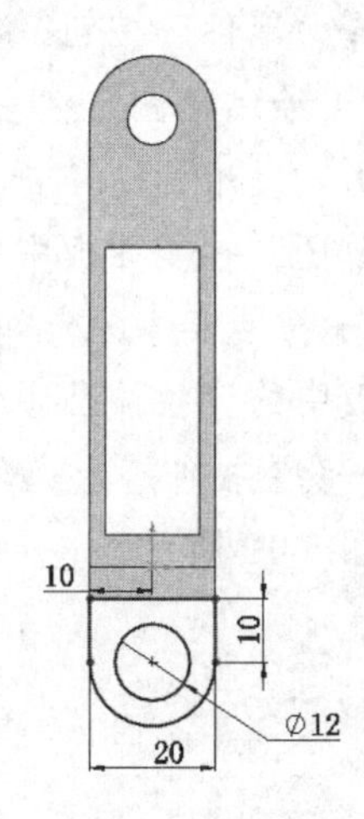

图 7-15　草图尺寸

练一练——轴座

试利用上面所学知识绘制如图 7-16 所示的轴座。

思路分析：

先绘制轴座底座草图，参考尺寸如图 7-17 所示，利用拉伸功能生成轴座底座实体；然后利用拉伸凸台/基体功能或者拉伸薄壁功能生成轴套。

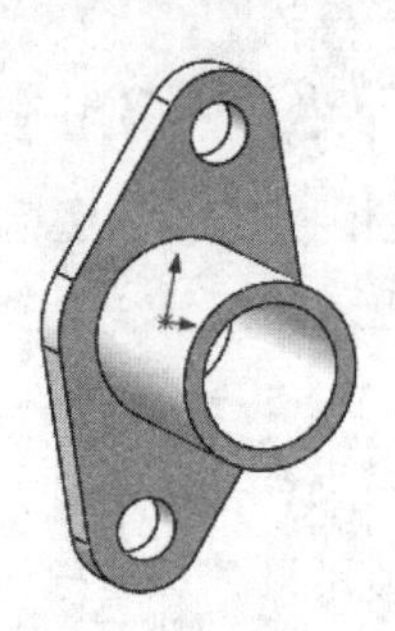
图 7-16　轴座

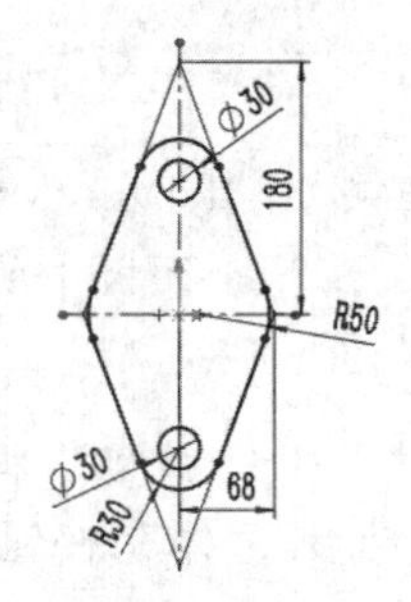

图 7-17　底座草图

7.2　旋转凸台/基体特征

【执行方式】

- 工具栏：单击“特征”工具栏中的“旋转凸台/基体”按钮。
- 菜单栏：选择“插入”→“凸台/基体”→“旋转”命令。
- 控制面板：单击“特征”面板中的“旋转凸台/基体”按钮。

旋转特征是由特征截面绕中心线旋转而成的一类特征，它适于构造回转体零件。如图 7-18 所示是一个由旋转特征形成的零件。

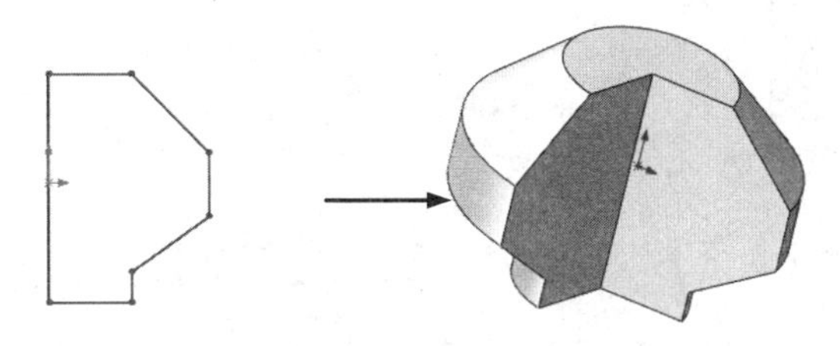

图 7-18　由旋转特征形成的零件

7.2.1　旋转凸台/基体

实体旋转特征的草图可以包含一个或多个闭环的非相交轮廓。对于包含多个轮廓的基体旋转特征，其中一个轮廓必须包含所有其他轮廓。如果草图包含一条以上的中心线，则选择一条中心线用作旋转轴。

旋转特征应用比较广泛，是比较常用的特征建模工具。主要应用在以下零件的建模中：

- 环形零件，如图 7-19 所示。
- 球形零件，如图 7-20 所示。
- 轴类零件，如图 7-21 所示。
- 形状规则的轮毂类零件，如图 7-22 所示。

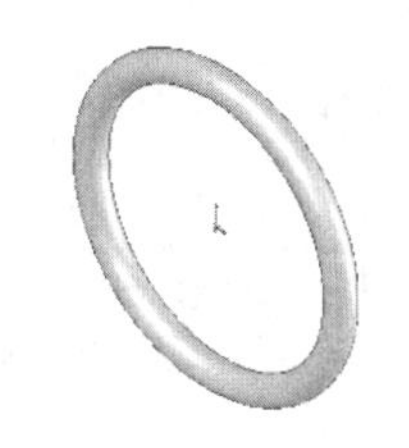

图 7-19　环形零件

图 7-20　球形零件

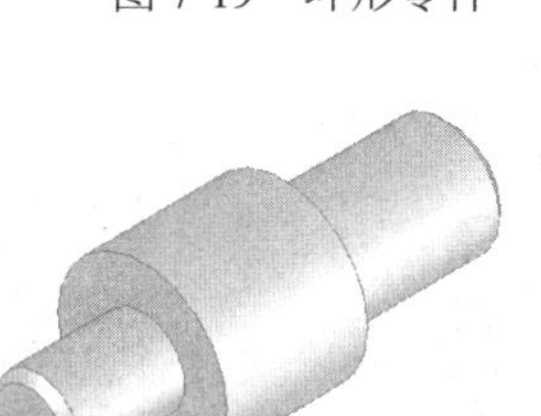

图 7-21　轴类零件

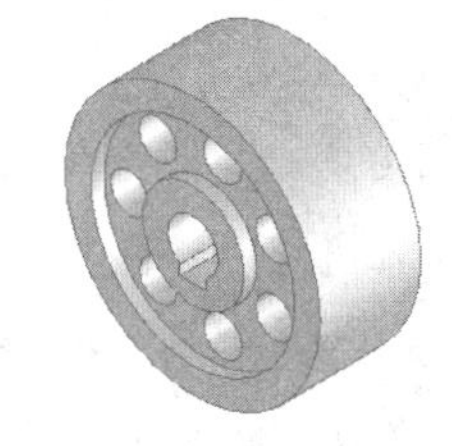

图 7-22　轮毂类零件

扫一扫，看视频

★重点　动手学——“旋转凸台/基体”特征

操作步骤

（1）调用素材：源文件\原始文件 7\7.2.1.dwg，如图 7-23 所示。

（2）单击“特征”面板中的“旋转凸台/基体”按钮，或选择菜单栏中的“插入”→“凸台/基体”→“旋转”命令，弹出“旋转”属性管理器，选择图 7-23 所示的闭环旋转草图及基准轴，同时在右侧的图形区中显示生成的旋转特征，如图 7-24 所示。

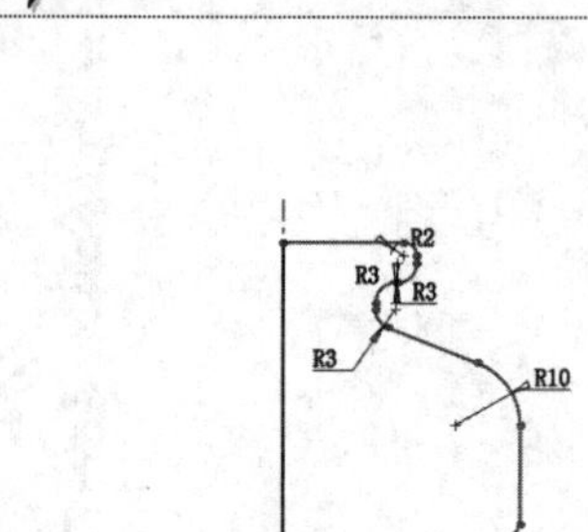

图 7-23　旋转草图

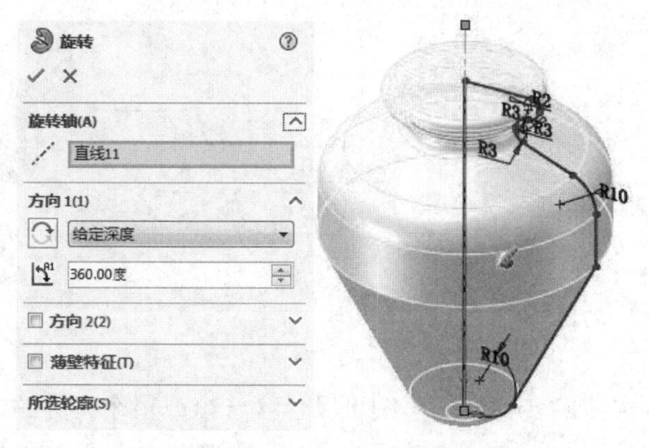

图 7-24　“旋转”属性管理器

（3）在（角度）文本框中输入旋转角度。

（4）在（反向）按钮后“类型”下拉列表框中选择旋转类型。

- 单向：草图向一个方向旋转指定的角度。在“方向 1”选项组下，选择“给定深度”类型，在（角度）文本框中输入所需角度，如果想要向相反的方向旋转特征，单击（反向）按钮，如图 7-25（a）所示，角度为 120°。
- 两侧对称：草图以所在平面为中面分别向两个方向旋转相同的角度，在“方向 1”选项组下，选择“两侧对称”类型，在（角度）文本框中输入所需角度，如图 7-25（b）所示，角度为 120°。
- 双向：草图以所在平面为中面分别向两个方向旋转指定的角度，分别在“方向 1”“方向 2”选项组的（角度）文本框中设置对应角度，这两个角度可以分别指定，角度均为 120°，如图 7-25（c）所示。

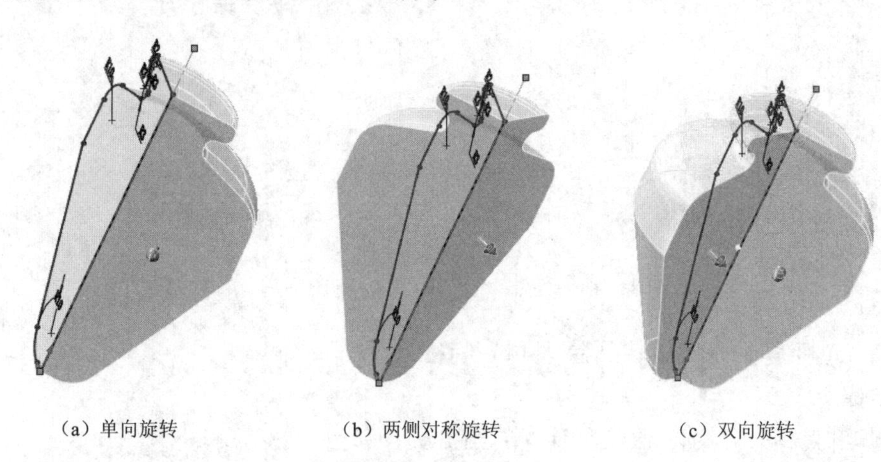

（a）单向旋转　　（b）两侧对称旋转　　（c）双向旋转

图 7-25　旋转特征

（5）单击（确定）按钮，完成旋转凸台/基体特征的创建。

7.2.2 旋转薄壁凸台/基体

薄壁或曲面旋转特征的草图只能包含一个开环或闭环的非相交轮廓。轮廓不能与中心线交叉。如果草图包含一条以上的中心线，则选择一条中心线用作旋转轴。

★重点 动手学——旋转凸台

操作步骤

（1）绘制如图 7-26 所示的草图。

（2）单击“特征”面板中的“旋转凸台/基体”按钮，或选择菜单栏中的“插入”→“凸台/基体”→“旋转”命令。

（3）弹出“旋转”属性管理器，选择图 7-26 所示的旋转草图及基准轴，由于草图是开环，属性管理器自动勾选“薄壁特征”复选框，设置薄壁厚度为 1mm，同时在右侧的图形区中显示生成的旋转特征，如图 7-27 所示。

图 7-26 旋转草图　　图 7-27 “旋转”属性管理器

（4）在（角度）文本框中输入旋转角度。

（5）在（反向）按钮后“类型”下拉列表框中选择旋转类型。

- 单向：草图向一个方向旋转指定的角度。在“方向 1”选项组下，选择“给定深度”类型，在（角度）文本框中输入所需角度，如果想要向相反的方向旋转特征，单击（反向）按钮，如图 7-28（a）所示，角度为 100°。
- 两侧对称：草图以所在平面为中面分别向两个方向旋转相同的角度，在“方向 1”选项组下，选择“两侧对称”类型，在（角度）文本框中输入所需角度，如图 7-28（b）所示，角度为 100°。
- 双向：草图以所在平面为中面分别向两个方向旋转指定的角度，分别在“方向 1”“方向 2”选项组的（角度）文本框中设置对应角度，这两个角度可以分别指定，角度均为 100°，如图 7-28（c）所示。

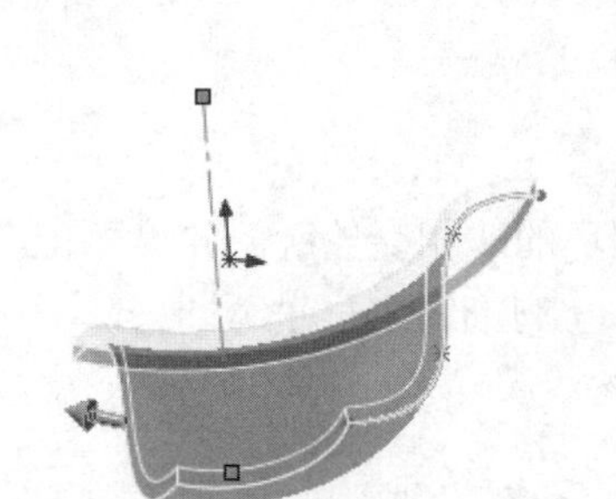

（a）单向旋转

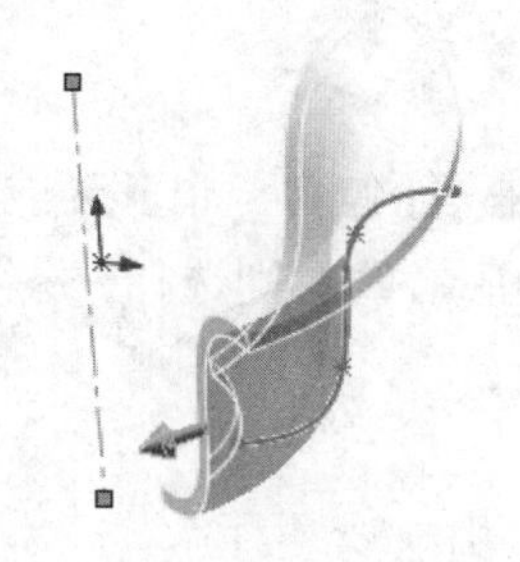

（b）两侧对称旋转

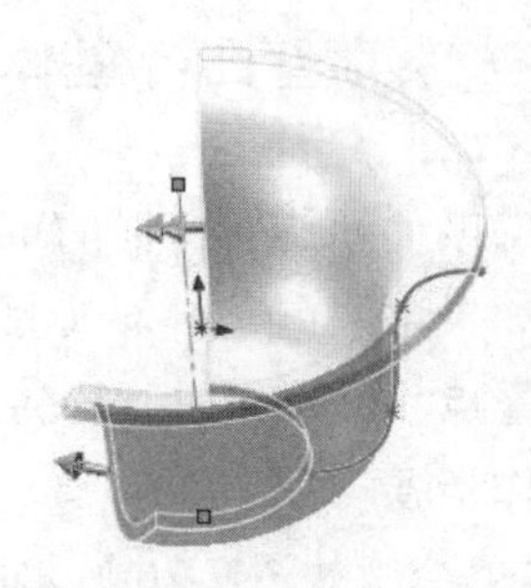

（c）双向旋转

图 7-28　旋转特征

（6）如果草图是闭环草图，准备生成薄壁旋转，则勾选“薄壁特征”复选框，然后在“薄壁特征”选项组的下拉列表框中选择拉伸薄壁类型。这里的类型与在旋转类型中的含义完全不同，这里的方向是指薄壁截面上的方向。

- 单向：使用指定的壁厚向一个方向拉伸草图，默认情况下，壁厚加在草图轮廓的外侧。
- 两侧对称：在草图的两侧各以指定壁厚的一半向两个方向拉伸草图。
- 双向：在草图的两侧各使用不同的壁厚向两个方向拉伸草图。

（7）在（厚度）文本框中指定薄壁的厚度。单击（反向）按钮，可以将壁厚加在草图轮廓的内侧。图 7-29 所示为壁厚加在外侧的旋转实体。

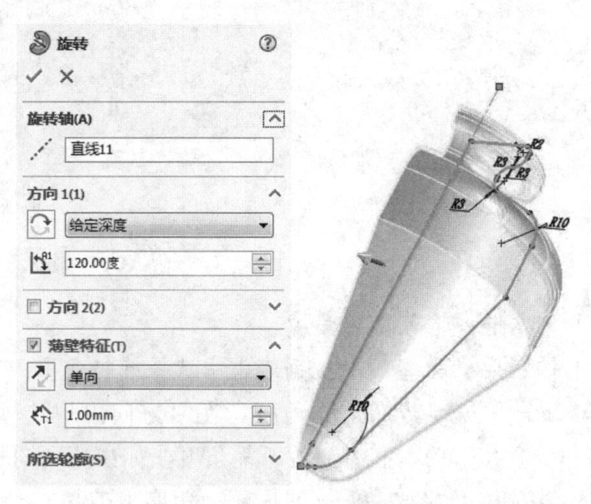

图 7-29　薄壁实体

（8）单击（确定）按钮，完成薄壁旋转凸台/基体特征的创建。

扫一扫，看视频

7.2.3　实例——公章

本例绘制的公章如图 7-30 所示。

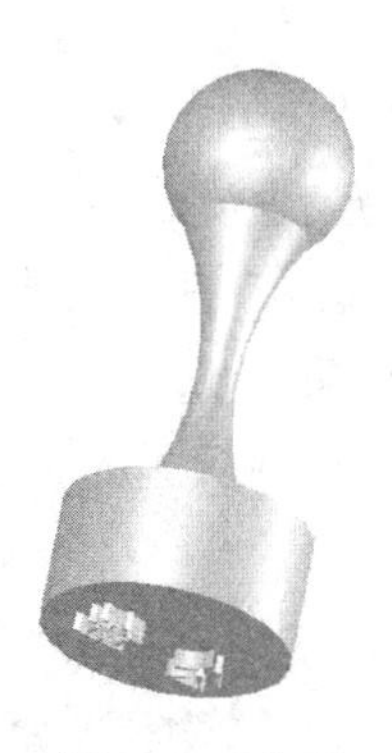

图 7-30　公章

思路分析：

这是一个比较复杂的实体。首先绘制公章的中间部分，然后绘制公章的顶部，接着绘制公章的下部，并绘制草图文字，最后拉伸实体。绘制的流程图如图 7-31 所示。

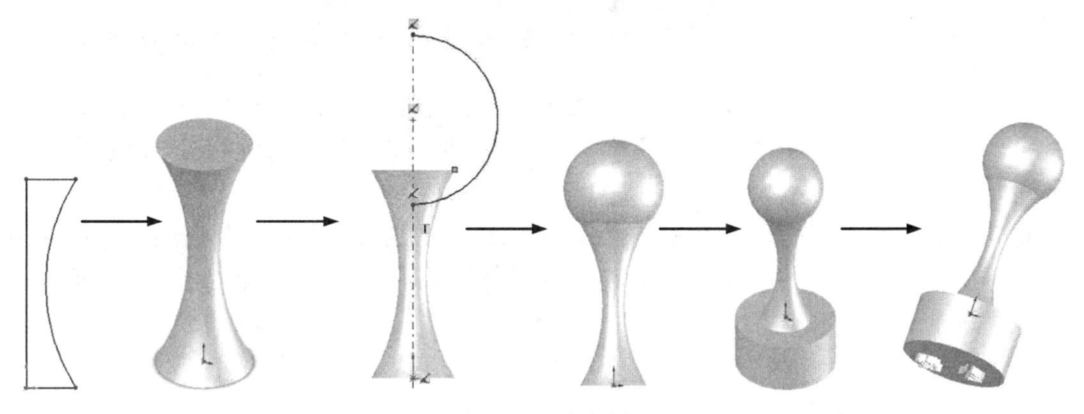

图 7-31　流程图

操作步骤

（1）新建文件。启动 SOLIDWORKS 2018，选择菜单栏中的“文件”→“新建”命令，或者单击“标准”工具栏中的“新建”按钮，在弹出的“新建 SOLIDWORKS 文件”属性管理器中选择“零件”按钮，然后单击“确定”按钮，创建一个新的零件文件。

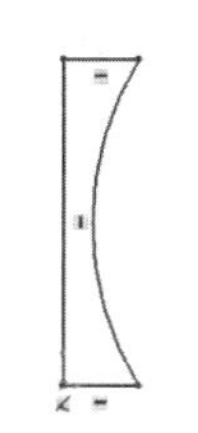

图 7-32　绘制的草图

（2）绘制草图。在左侧的“FeatureManager 设计树”中用鼠标选择“前视基准面”作为绘制图形的基准面。单击“草图”面板中的“直线”按钮，绘制图 7-32 中的直线段；单击“草图”工具栏中的“3 点圆弧”按钮，绘制图 7-32 中的圆弧。

注意：

在使用 3 点圆弧命令时，首先确定圆弧的起点和终点，然后通过第三点确定圆弧的方向。可以通过拖动鼠标在圆弧内外的位置来改变圆弧的方向。

（3）标注尺寸。选择菜单栏中的“工具”→“标注尺寸”→“智能尺寸”命令，标注图 7-32 中图形的尺寸。结果如图 7-33 所示。

（4）旋转实体。选择菜单栏中的“插入”→“凸台/基体”→“旋转”命令，或者单击“特征”面板中的“旋转凸台/基体”按钮，此时系统弹出如图 7-34 所示的“旋转”属性管理器。在“旋转轴”一栏中，用鼠标选择图 7-33 中最左边的直线段。单击属性管理器中的“确定”按钮，结果如图 7-35 所示。

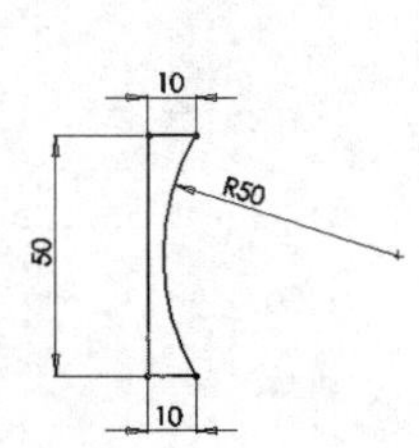
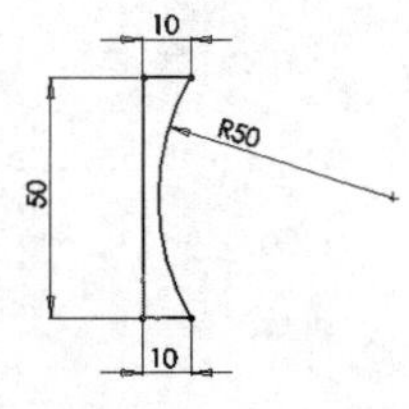

图 7-33　标注的草图

图 7-34　“旋转”属性管理器

图 7-35　旋转后的图形

（5）设置基准面。在左侧的“FeatureManager 设计树”中用鼠标选择“前视基准面”，然后单击“前导视图”工具栏中的“正视于”按钮，将该基准面作为绘制图形的基准面。结果如图 7-36 所示。

（6）绘制草图。单击“草图”面板中的“中心线”按钮，绘制一条通过原点的中心线；单击“草图”面板中的“圆心/起/终点画弧”按钮，绘制一个圆心在中心线上的圆弧。结果如图 7-37 所示。

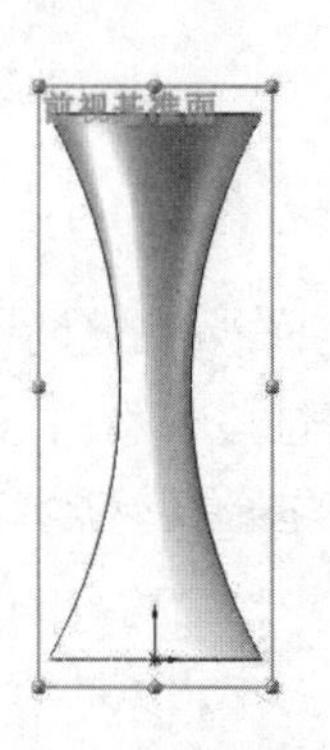

图 7-36　设置的基准面

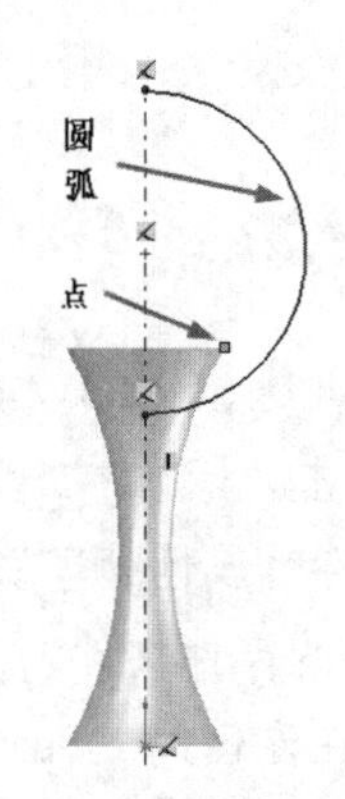

图 7-37　绘制的草图

（7）添加几何关系。单击“草图”面板中的“添加几何关系”按钮，此时系统弹出如图 7-38 所示的“添加几何关系”属性管理器。单击图 7-37 中右边标注的点和圆弧，此时所选的实体出现在属性管理器中，然后单击属性管理器中的“重合”按钮，此时“重合”关系出现在属性管理器中。单击属性管理器中的“确定”按钮，再单击“尺寸/几何关系”工具栏中的“智能尺寸”按钮，标注图 7-37 中圆弧的尺寸。结果如图 7-39 所示。

注意：

添加几何关系是 SOLIDWORKS 中常用的命令，它可以约束两个或者多个几何体的关系，也可以方便地设置几何体的位置关系以及尺寸关系。在实际使用中，灵活使用该命令，可以提高绘图的效率。

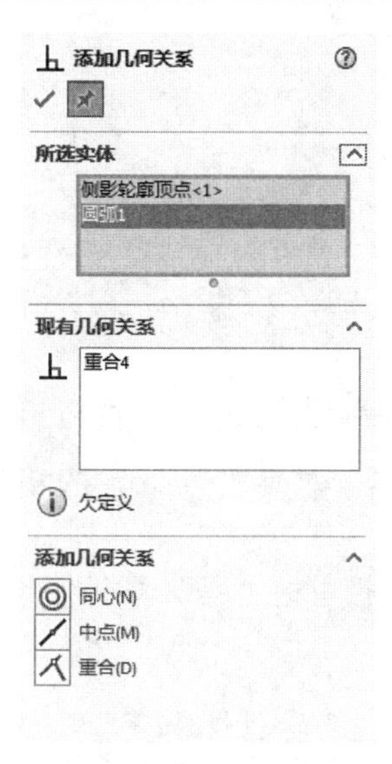

图 7-38　“添加几何关系”属性管理器

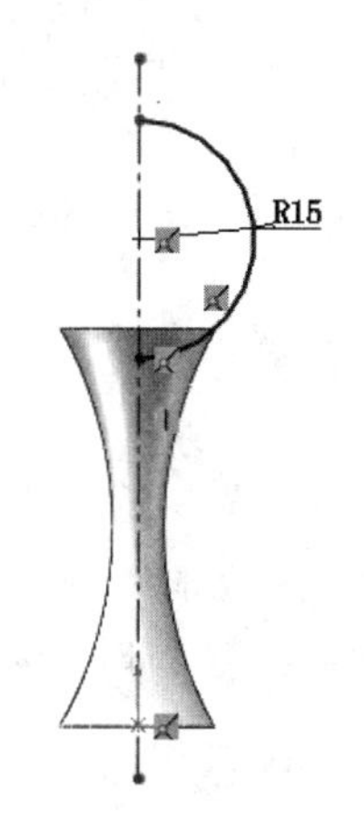

图 7-39　添加几何关系后的图形

（8）旋转实体。选择菜单栏中的“插入”→“凸台/基体”→“旋转”命令或单击“特征”面板中的“旋转凸台/基体”按钮，此时系统弹出是否将该草图闭合的提示框，选择“是”，然后弹出如图 7-40 所示的“旋转”属性管理器。按照图示设置后，单击属性管理器中的“确定”按钮，结果如图 7-41 所示。

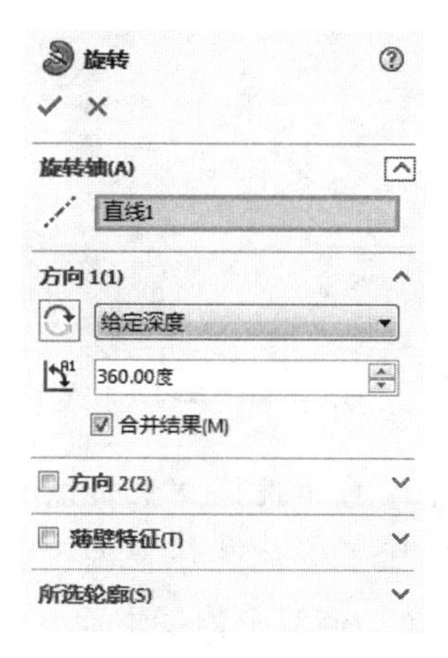

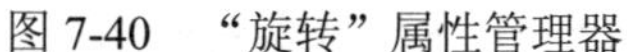

图 7-40　“旋转”属性管理器

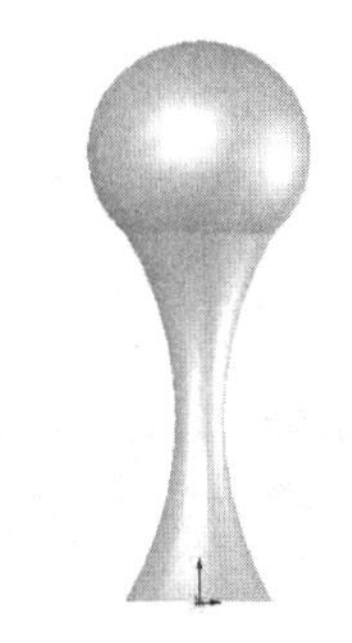

图 7-41　旋转后的图形

（9）设置基准面。单击右键，在弹出的快捷菜单中选择“旋转视图”命令或按住鼠标中键，在绘图区出现图标，改变视图的方向，然后用鼠标选择图 7-41 中下面的平面作为基准面，单击“前导视图”工具栏中的“正视于”按钮。结果如图 7-42 所示。

（10）绘制草图。单击“草图”面板中的“圆”按钮，以原点为圆心绘制一个圆，然后标注圆的直径。结果如图 7-43 所示。

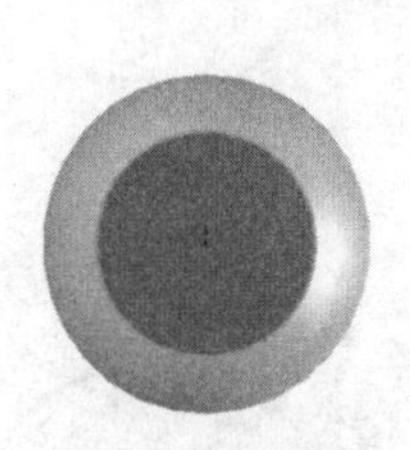

图 7-42　设置的基准面

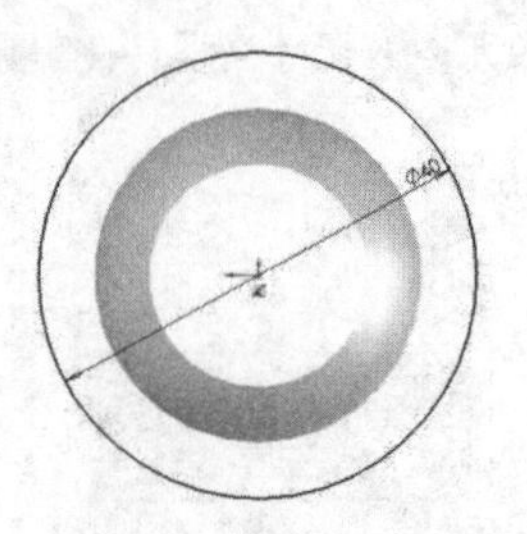

图 7-43　绘制的草图

（11）拉伸实体。单击“特征”面板中的“拉伸凸台/基体”按钮，此时系统弹出如图 7-44 所示的“凸台-拉伸”属性管理器。在“深度”一栏中输入值 20mm。按照图示进行设置后，单击属性管理器中的“确定”按钮。

（12）设置视图方向。单击“标准视图”工具栏中的“等轴测”按钮，将视图以等轴测方向显示。结果如图 7-45 所示。

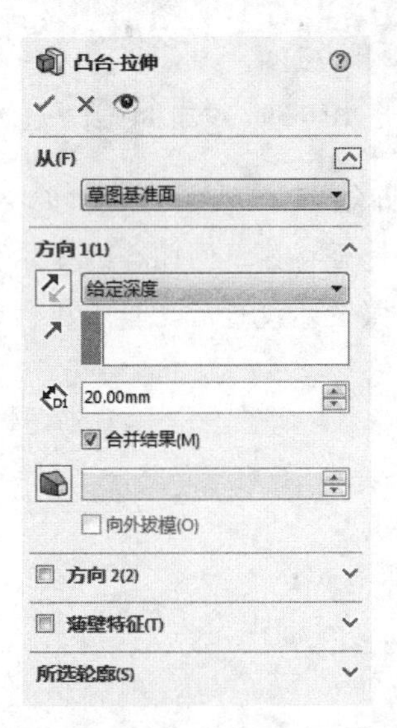

图 7-44　“凸台-拉伸”属性管理器

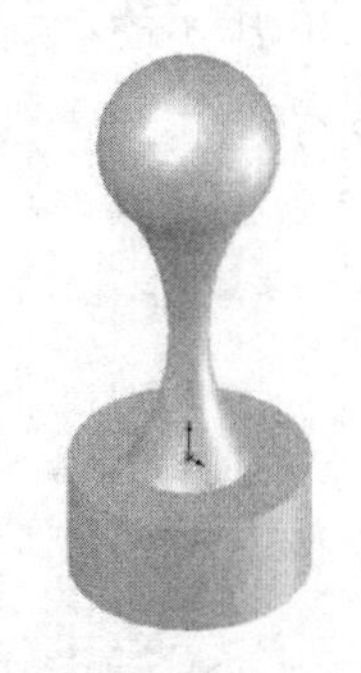

图 7-45　拉伸后的图形

（13）设置基准面。单击右键，在弹出的快捷菜单中选择“旋转视图”命令或按住鼠标中键，在绘图区出现图标，改变视图的方向。选择图 7-45 中下面的平面，然后单击“前导视图”工具栏中的“正视于”按钮，将该表面作为绘制图形的基准面。结果如图 7-46 所示。

（14）绘制草图文字。单击菜单栏中的“工具”→“草图绘制实体”→“文字”命令，或者单击“草图”面板中的“文字”按钮，此时系统弹出如图 7-47 所示的“草图文字”属性管理器。在“文字”一栏中输入需要的文字，并设置文字的大小及属性，然后用鼠标调整文字在基准面上的位置。单击属性管理器中的“确定”按钮，结果如图 7-48 所示。

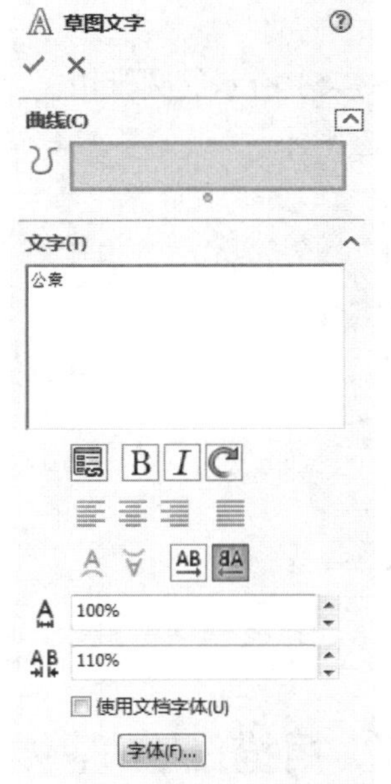

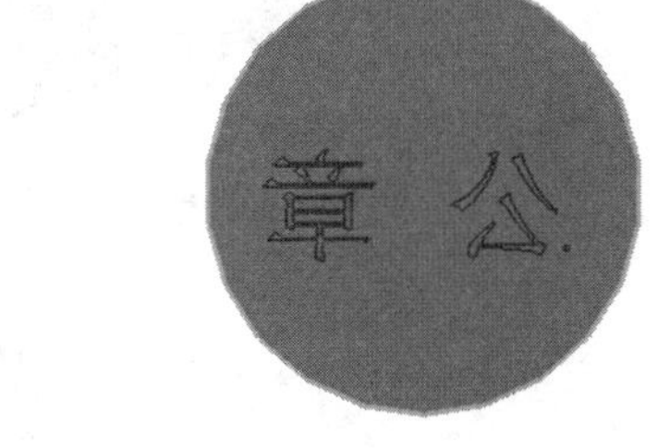

图 7-46 设置的基准面　　图 7-47 “草图文字”属性管理器　　图 7-48 绘制的草图文字

（15）拉伸草图文字。单击“特征”面板中的“拉伸凸台/基体”按钮，此时系统弹出如图 7-49 所示的“凸台-拉伸”属性管理器。在“深度”一栏中输入值 3。按照图示进行设置后，单击属性管理器中的“确定”按钮✔。

（16）设置视图方向。单击右键，在弹出的快捷菜单中选择“旋转视图”命令或按住鼠标中键，在绘图区出现图标，将视图以合适的方向显示。结果如图 7-50 所示。

图 7-49 “凸台-拉伸”属性管理器

图 7-50 拉伸后的图形

练一练——圆锥销

试利用上面所学知识绘制如图 7-51 所示的圆锥销。

思路点拨：

先绘制圆锥销截面草图，参考尺寸如图 7-52 所示，然后利用旋转功能生成实体。

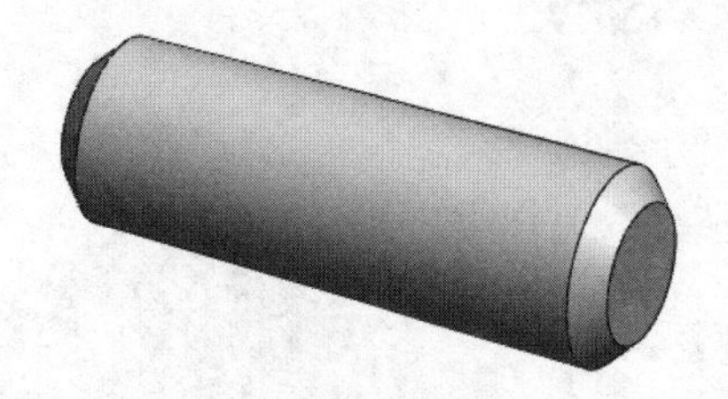

图 7-51 圆锥销

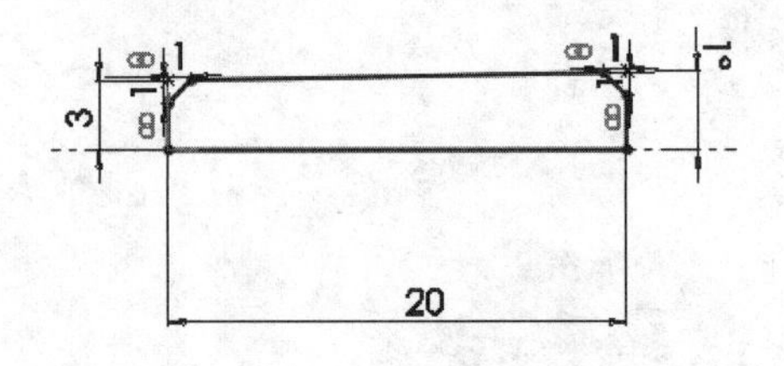

图 7-52 圆锥销截面草图

7.3 扫描凸台/基体特征

【执行方式】

- 工具栏：单击“特征”工具栏中的“扫描”按钮。
- 菜单栏：选择“插入”→“凸台/基体”→“扫描”命令。
- 控制面板：单击“特征”面板中的“扫描”按钮。

扫描特征是指由二维草绘平面沿一平面或空间轨迹线扫描而成的一类特征。沿着一条路径移动轮廓（截面）可以生成基体、凸台、切除或曲面，如图 7-53 所示。

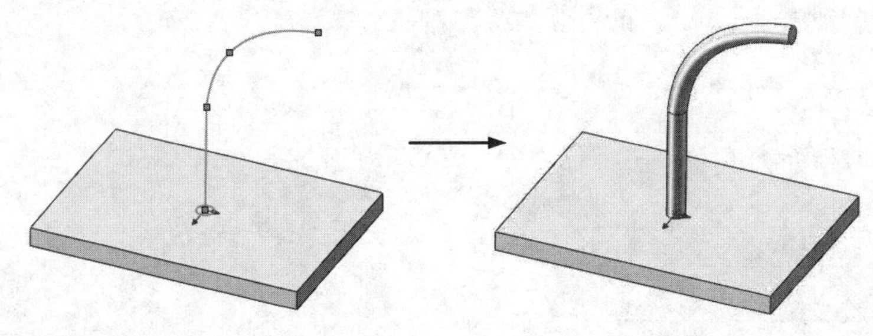

图 7-53 由扫描特征形成的零件

扫一扫，看视频

7.3.1 扫描凸台/基体

凸台/基体扫描特征属于叠加特征。下面介绍创建凸台/基体扫描特征的操作步骤。

★重点 动手学——凸台/基体扫描

操作步骤

（1）调用素材：源文件\原始文件\第 7 章\7.3.1.dwg。

（2）在一个基准面上绘制一个闭环的非相交轮廓。使用草图、现有的模型边线或曲线生成轮廓将遵循的路径，如图 7-54 所示。

（3）单击“特征”面板中的“扫描”按钮，或选择菜单栏中的“插入”→“凸台/基体”→“扫描”命令。

（4）系统弹出“扫描”属性管理器，同时在右侧的图形区中显示生成的扫描特征，如图 7-55 所示。

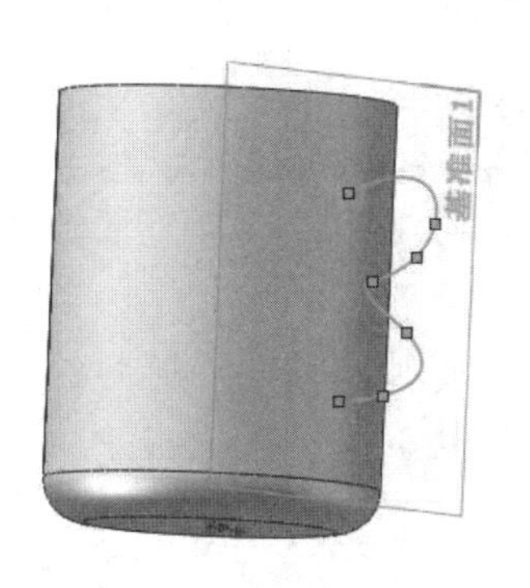

图 7-54　扫描草图

图 7-55　“扫描”属性管理器

（5）单击（轮廓）按钮，然后在图形区中选择轮廓草图。

（6）单击（路径）按钮，然后在图形区中选择路径草图。如果预先选择了轮廓草图或路径草图，则草图将显示在对应的属性管理器文本框中。

（7）在“方向/扭转类型”下拉列表框中选择以下选项之一。

- 随路径变化：草图轮廓随路径的变化而变换方向，其法线与路径相切，如图 7-56(a)所示。
- 保持法向不变：草图轮廓保持法线方向不变，如图 7-56（b）所示。

（8）如果要生成薄壁特征扫描，则勾选“薄壁特征”复选框，从而激活薄壁选项。

- 选择薄壁类型（单向、两侧对称或双向）。
- 设置薄壁厚度。

（9）扫描属性设置完毕，单击（确定）按钮。

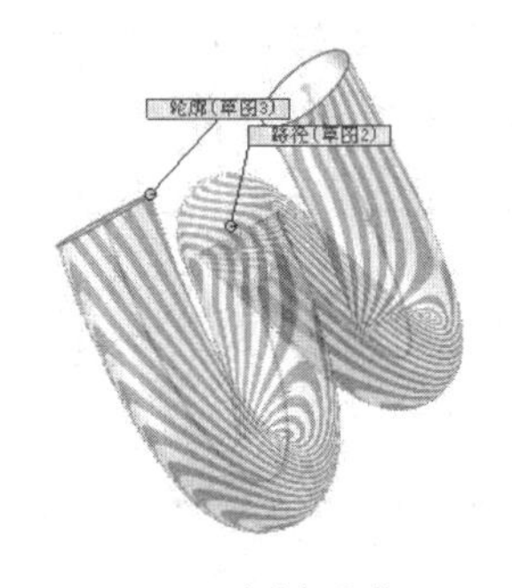

（a）随路径变化

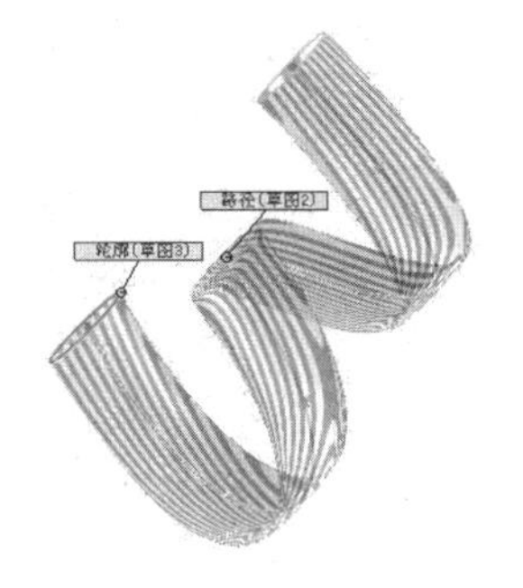

（b）保持法向不变

图 7-56　扫描特征

7.3.2 引导线扫描

SOLIDWORKS 2018 不仅可以生成等截面的扫描，还可以生成随着路径变化截面也发生变化的扫描——引导线扫描。如图 7-57 所示展示了引导线扫描效果。

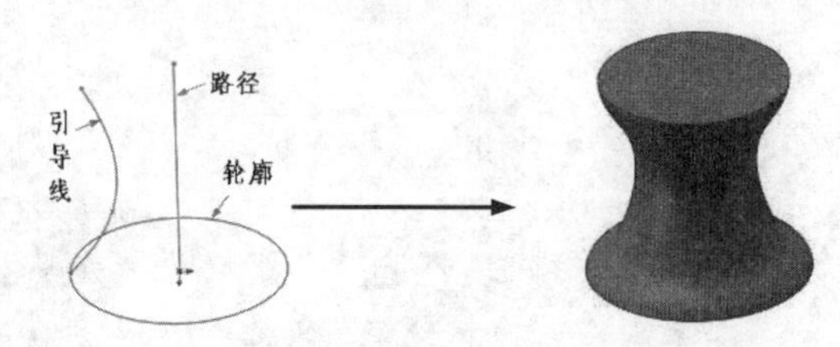

图 7-57　引导线扫描效果

在利用引导线生成扫描特征之前，应该注意以下几点。

- 应该先生成扫描路径和引导线，然后再生成截面轮廓。
- 引导线必须要和轮廓相交于一点，作为扫描曲面的顶点。
- 最好在截面草图上添加引导线上的点和截面相交处之间的穿透关系。

扫一扫，看视频

★重点　动手学——引导线扫描

下面介绍利用引导线生成扫描特征的操作步骤。

操作步骤

（1）打开文件。资源包：源文件\原始文件\7\7.3.2 中的相应文件，如图 7-58 所示。

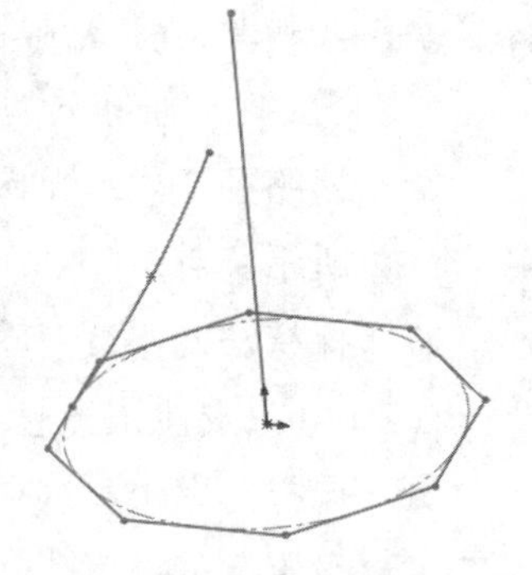

图 7-58　打开的文件实体

（2）在轮廓草图中引导线与轮廓相交处添加穿透几何关系。穿透几何关系将使截面沿着路径改变大小、形状或者两者均改变。截面受曲线的约束，但曲线不受截面的约束。

（3）单击“特征”面板中的“扫描”按钮，或选择菜单栏中的“插入”→“基体/凸台”→“扫描”命令。如果要生成切除扫描特征，则选择菜单栏中的“插入”→“切除”→“扫描”命令。

（4）弹出“扫描”属性管理器，同时在右侧的图形区中显示生成的基体或凸台扫描特征。

（5）单击（轮廓）按钮，然后在图形区中选择轮廓草图。

（6）单击（路径）按钮，然后在图形区中选择路径草图。如果勾选了“显示预览”复选框，此时在图形区中将显示不随引导线变化截面的扫描特征。

（7）在“引导线”选项组中单击（引导线）按钮，然后在图形区中选择引导线。此时在图形区中将显示随引导线变化截面的扫描特征，如图 7-59 所示。

（8）如果存在多条引导线，则可以单击（上移）按钮或（下移）按钮，改变使用引导线的顺序。

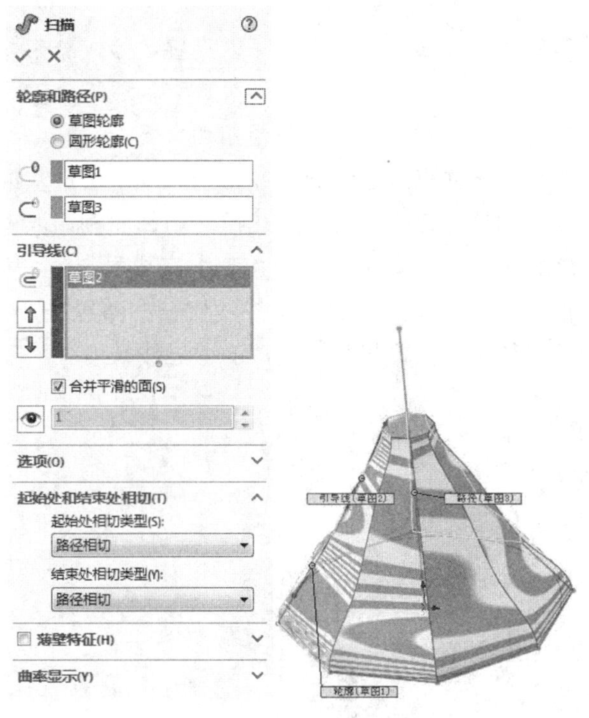

图 7-59　引导线扫描

（9）单击（显示截面）按钮，然后单击（微调框）箭头，根据截面数量查看并修正轮廓。

（10）在“选项”选项组的“方向/扭转类型”下拉列表框中可以选择以下选项。

- 随路径和第一引导线变化：如果引导线不只一条，选择该项将使扫描随第一条引导线变化，如图 7-60（a）所示。
- 随第一条和第二条引导线变化：如果引导线不只一条，选择该项将使扫描随第一条和第二条引导线同时变化，如图 7-60（b）所示。

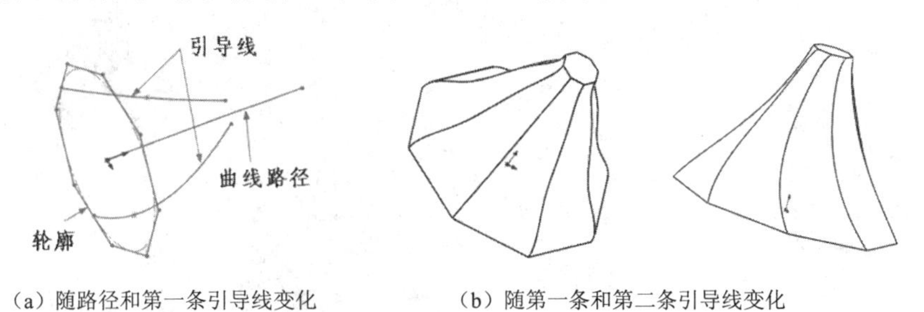

（a）随路径和第一条引导线变化　　（b）随第一条和第二条引导线变化

图 7-60　随路径和引导线扫描

（11）如果要生成薄壁特征扫描，则勾选“薄壁特征”复选框，从而激活薄壁选项。

- 选择薄壁类型（单向、两侧对称或双向）。

- 设置薄壁厚度。

（12）在“起始处和结束处相切”选项组中可以设置起始或结束处的相切选项。

- 无：不应用相切。
- 路径相切：扫描在起始处和终止处与路径相切。
- 方向向量：扫描与所选的直线边线或轴线相切，或与所选基准面的法线相切。
- 所有面：扫描在起始处和终止处与现有几何的相邻面相切。

（13）扫描属性设置完毕，单击✔（确定）按钮，完成引导线扫描。

扫描路径和引导线的长度可能不同，如果引导线比扫描路径长，扫描将使用扫描路径的长度；如果引导线比扫描路径短，扫描将使用最短的引导线长度。

扫一扫，看视频

7.3.3 实例——台灯

本例创建的台灯如图 7-61 所示。

图 7-61　台灯

思路分析：

本例利用扫描特征来制作一个台灯。先绘制台灯支架底座的外形草图，并拉伸为实体；然后扫描支架的支柱部分；最后使用旋转实体命令绘制灯罩。绘制台灯的流程图如图 7-62 所示。

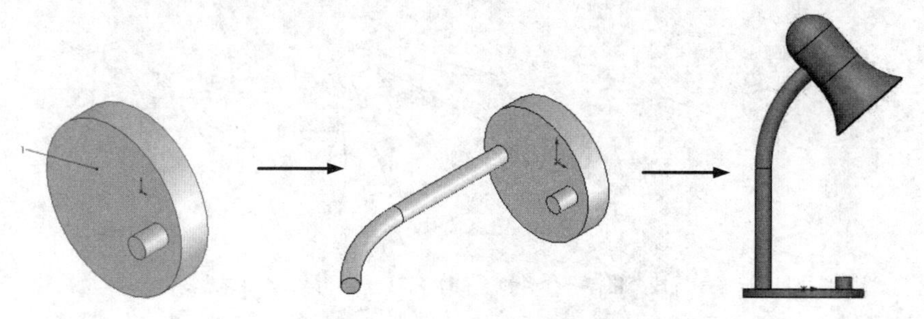

图 7-62　绘制台灯的流程图

操作步骤

（1）新建文件。启动 SOLIDWORKS 2018，选择菜单栏中的“文件”→“新建”命令，或者单击“快速访问”工具栏中的“新建”按钮，在弹出的“新建 SOLIDWORKS 文件”对话框中先单击“零件”按钮，再单击“确定”按钮，创建一个新的零件文件。

（2）绘制支架底座，绘制草图。在左侧的“FeatureManager 设计树”中用鼠标选择“前视基准面”作为绘制图形的基准面。单击“草图”面板中的“圆”按钮，以原点为圆心绘制一个圆。

（3）标注尺寸。选择菜单栏中的“工具”→“标注尺寸”→“智能尺寸”命令，标注圆的直径。结果如图 7-63 所示。

（4）拉伸实体。选择菜单栏中的“插入”→“凸台/基体”→“拉伸”命令，此时系统弹出“凸台-拉伸”属性管理器。在“深度”文本框中输入 30mm，单击对话框中的“确定”按钮。结果如图 7-64 所示。

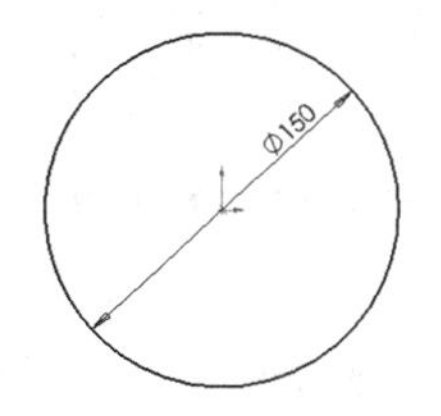

图 7-63　标注的草图

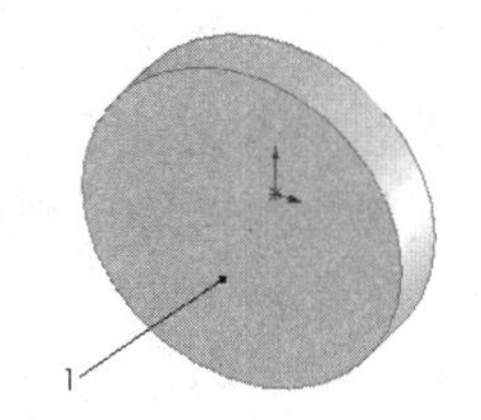

图 7-64　拉伸后的图形

（5）绘制开关旋钮，设置基准面。单击图 7-64 所示的表面 1，然后单击“前导视图”控制面板中的“正视于”图标，将该表面作为绘制图形的基准面。结果如图 7-65 所示。

（6）绘制草图。选择菜单栏中的“工具”→“草图绘制实体”→“直线”命令，或者单击“草图”面板中的“中心线”图标，绘制一条通过原点的水平中心线；单击“草图”面板中的“圆”图标，绘制一个圆。结果如图 7-66 所示。

图 7-65　设置的基准面

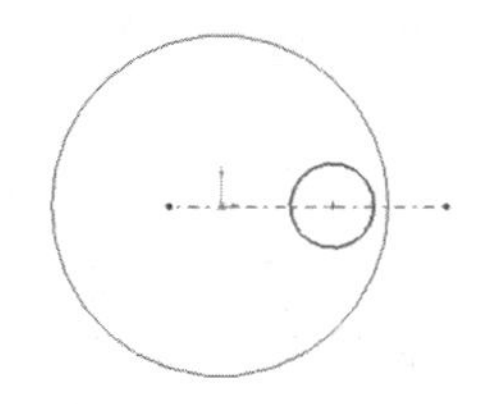

图 7-66　绘制的草图

（7）添加几何关系。选择菜单栏中的“工具”→“几何关系”→“添加”命令，或者单击“草图”面板中的“添加几何关系”图标，将圆心和水平中心线添加为“重合”几何关系。

（8）标注尺寸。单击“草图”面板中的“智能尺寸”图标，标注如图 7-67 所示圆的直径及其定位尺寸。

（9）拉伸实体。单击“特征”面板中的“拉伸凸台/基体”图标，此时系统弹出“凸台-拉伸”属性管理器。在“深度”文本框中输入 25mm，然后单击“确定”按钮。结果如图 7-68 所示。

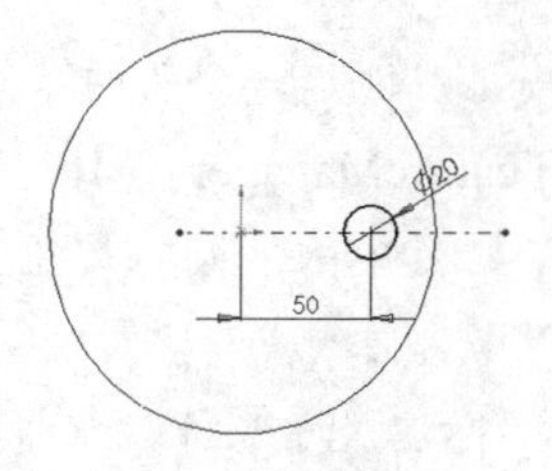

图 7-67　标注的图形

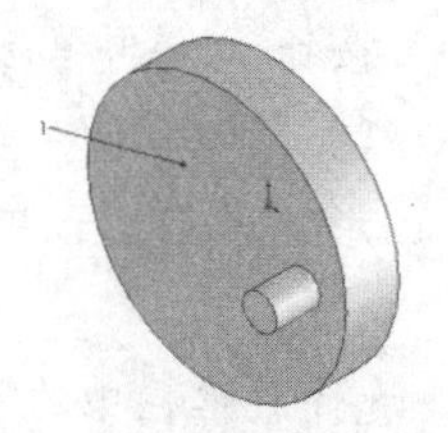

图 7-68　拉伸后的图形

（10）设置视图方向。单击“前导视图”工具栏中的“等轴测”图标，将视图以等轴测方向显示。结果如图 7-68 所示。

（11）绘制支柱部分，设置基准面。单击如图 7-68 所示的表面 1，然后单击“前导视图”工具栏中的“正视于”图标，将该表面作为绘制图形的基准面。

（12）绘制草图。单击“草图”面板中的“中心线”图标，绘制一条通过原点的水平中心线；单击“草图”面板中的“圆”图标，绘制一个圆。结果如图 7-69 所示。

（13）添加几何关系。单击“显示/删除几何关系”工具栏中的“添加几何关系”图标，将圆心和水平中心线添加为“重合”几何关系。

（14）标注尺寸。单击“草图”面板中的“智能尺寸”图标，标注图中的尺寸。结果如图 7-70 所示，然后退出草图绘制状态。

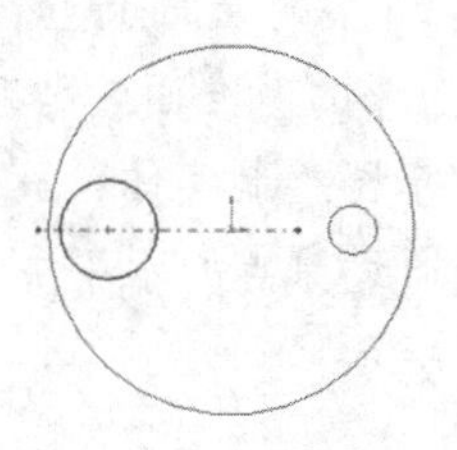
图 7-69　绘制的草图

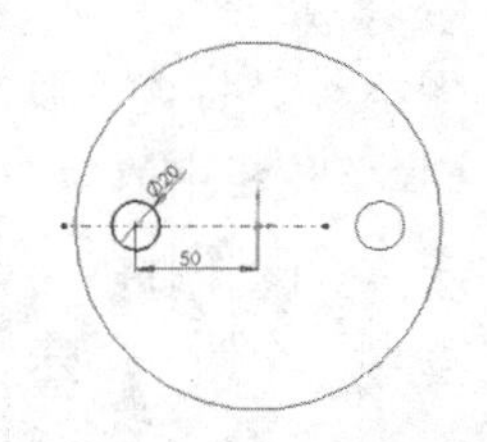

图 7-70　标注的图形

（15）设置基准面。单击“前导视图”工具栏中的“下视”图标，将该基准面作为绘制图形的基准面。结果如图 7-71 所示。

（16）绘制草图。单击“草图”面板中的“直线”图标，绘制一条直线，起点在直径为 50 的圆心处，然后单击“草图”面板中的“切线弧”图标，绘制一条通过绘制直线的圆弧。

（17）标注尺寸。单击“草图”面板中的“智能尺寸”图标，标注图中的尺寸。结果如图 7-72 所示，然后退出草图绘制。

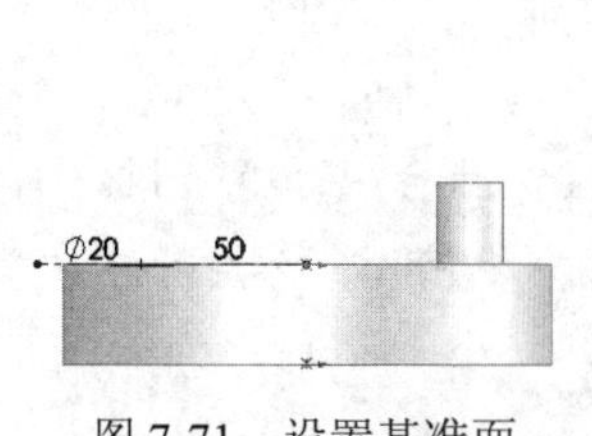

图 7-71　设置基准面

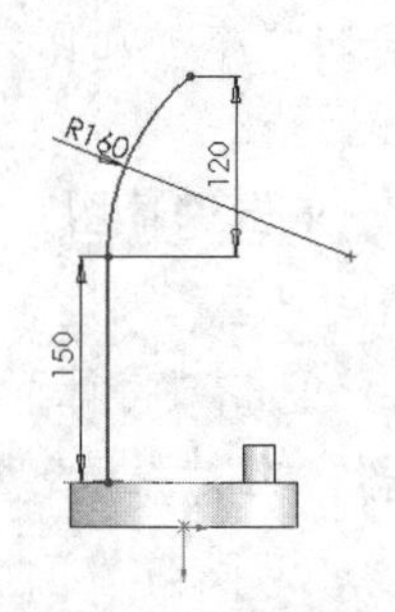

图 7-72　标注图形

（18）设置视图方向。单击“前导视图”工具栏中的“等轴测”图标，将视图以等轴测方向显示。结果如图 7-73 所示。

（19）扫描实体。单击“特征”面板中的“扫描”图标，此时系统弹出如图 7-74 所示的“扫描”属性管理器。在“轮廓”一栏中选择图 7-73 中的圆 1；在“路径”一栏中选择如图 7-73 所示的草图 2。按照图示进行设置后，单击“确定”按钮。结果如图 7-75 所示。

（20）绘制台灯灯罩，设置基准面。单击“前导视图”工具栏中的“下视”图标，将该基准面作为绘制图形的基准面。结果如图 7-76 所示。

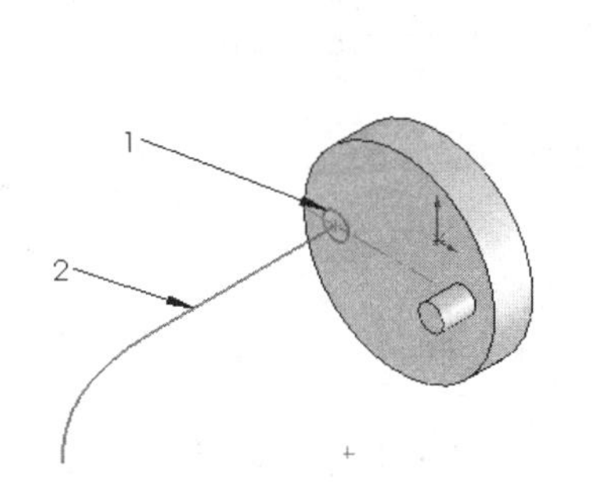

图 7-73　等轴测视图

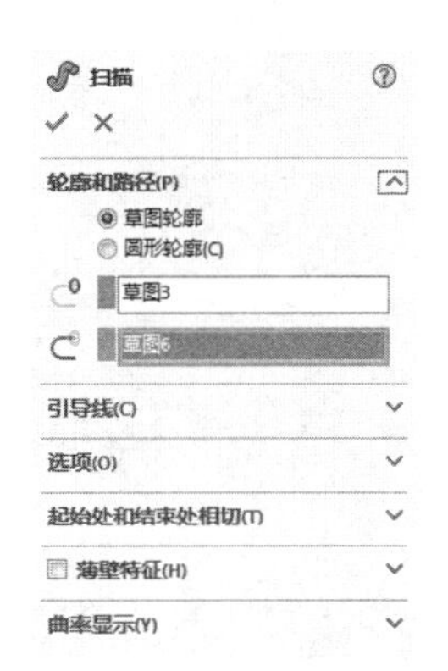

图 7-74　“扫描”属性管理器

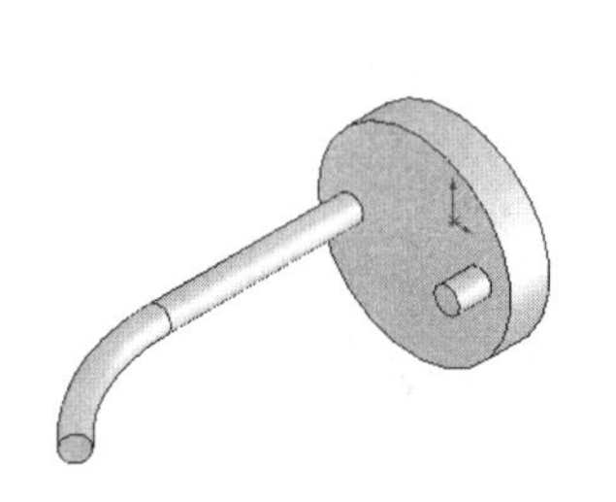

图 7-75　扫描后的图形

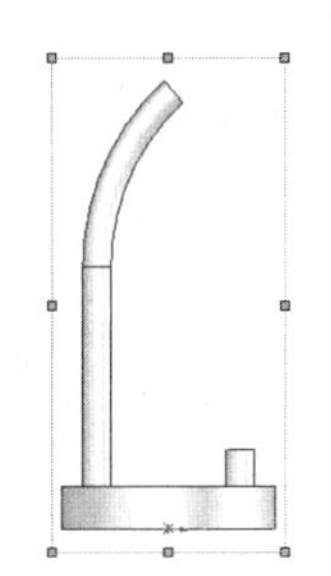

图 7-76　设置的基准面

（21）绘制草图。单击“草图”面板中的“中心线”图标，绘制一条中心线；单击“直线”图标，绘制一条直线；单击 “切线弧”图标，绘制两条切线弧。结果如图 7-77 所示。

（22）添加几何关系。单击“显示/删除几何关系”工具栏中的“添加几何关系”图标，将如图 7-77 所示的直线 1 和直线 2 添加为“重合”几何关系。然后重复此命令，将直线 1 和中心线 3 添加为“平行”几何关系。

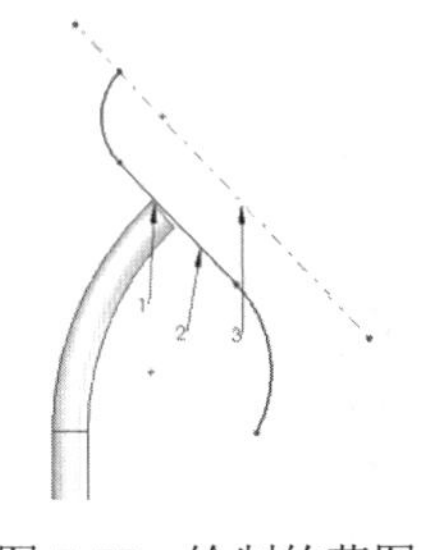

图 7-77　绘制的草图

技巧荟萃：

在设置几何关系中，可以先设置直线 1 和中心线 3 平行，然后再设置直线 1 和直线 2 重合，要灵活应用。

（23）标注尺寸。单击“草图”面板中的“智能尺寸”图标，标注尺寸。结果如图 7-78 所示。

（24）旋转实体。选择菜单栏中的“插入”→“凸台/基体”→“旋转”命令，此时系统弹出如图 7-79 所示的系统提示框。单击“否”按钮，旋转为一个薄壁实体，此时系统弹出如图 7-80 所示的“旋转”属性管理器。按照图示所示进行设置，单击“确定”按钮，旋转生成实体。

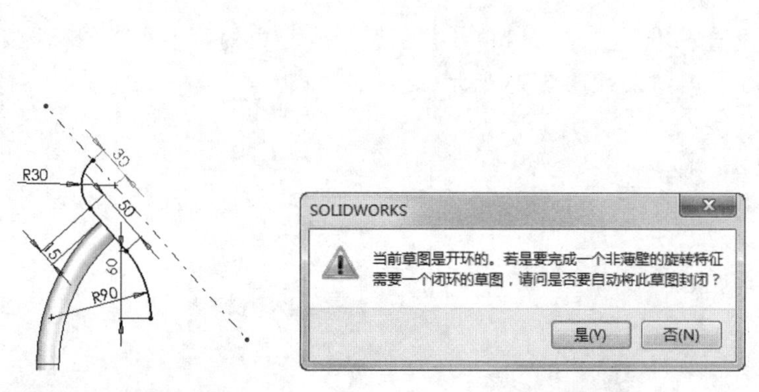

图 7-78　标注的图形　　图 7-79　系统提示框　　图 7-80　“旋转”属性管理器

（25）设置视图方向。单击“前导视图”工具栏中的“旋转视图”图标，将视图以合适的方向显示。结果如图 7-61 所示。

练一练——弯管

试利用上面所学知识绘制如图 7-81 所示的弯管。

思路点拨：

先绘制弯管法兰草图，参考尺寸如图 7-82 所示，利用拉伸功能生成法兰实体；然后绘制一条圆弧作为扫描路径，利用扫描功能生成弯管主体；同样方法生成另一端的法兰。

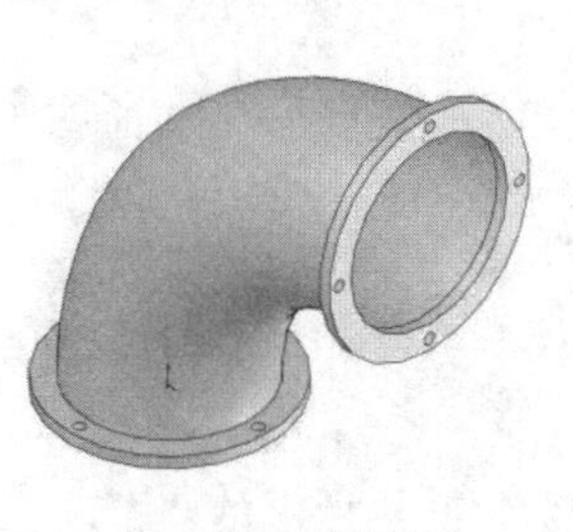

图 7-81　弯管

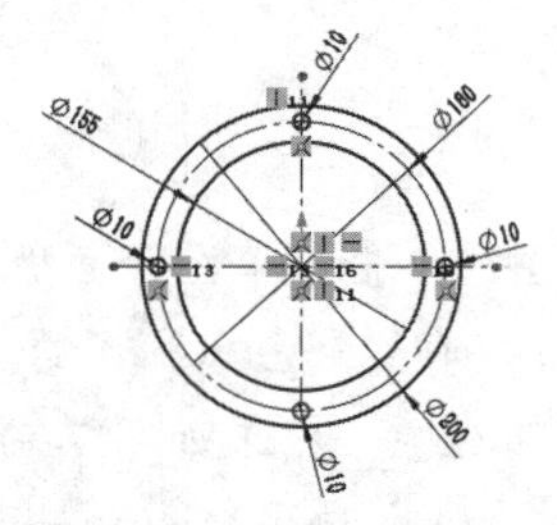

图 7-82　弯管法兰草图

7.4　放样凸台/基体特征

【执行方式】

- 工具栏：单击“特征”工具栏中的“放样凸台/基体”按钮。

➘ 菜单栏：选择“插入”→“凸台/基体”→“放样”命令。
➘ 控制面板：单击“特征”面板中的“放样凸台/基体”按钮。

放样是指连接多个剖面或轮廓形成的基体、凸台或切除，通过在轮廓之间进行过渡来生成特征。如图 7-83 所示是放样特征实例。

图 7-83　放样特征实例

扫一扫，看视频

7.4.1　放样凸台/基体

通过使用空间上两个或两个以上的不同平面轮廓，可以生成最基本的放样特征。

下面介绍创建空间轮廓的放样特征的操作步骤。

【操作步骤】

（1）打开文件。资源包：源文件\原始文件\7\7.4.1 中的相应文件，如图 7-84 所示。

（2）单击“特征”面板中的“放样凸台/基体”按钮，或选择菜单栏中的“插入”→“凸台”→“放样”命令。如果要生成切除放样特征，则选择菜单栏中的“插入”→“切除”→“放样”命令。

（3）此时弹出“放样”属性管理器，单击每个轮廓上相应的点，按顺序选择空间轮廓和其他轮廓的面，此时被选择轮廓显示在“轮廓”选项组中，在右侧的图形区中显示生成的放样特征，如图 7-85 所示。

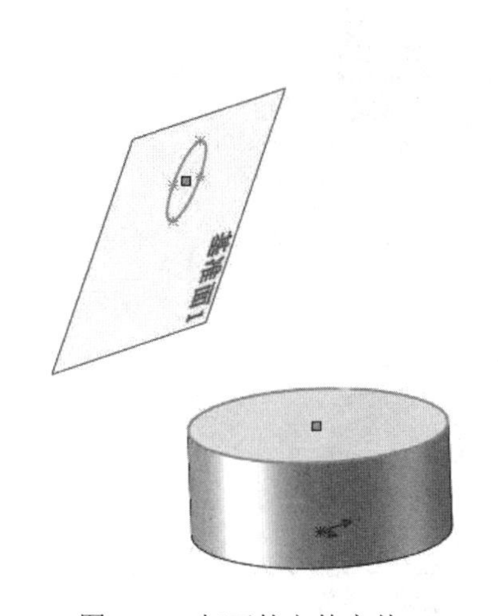

图 7-84　打开的文件实体

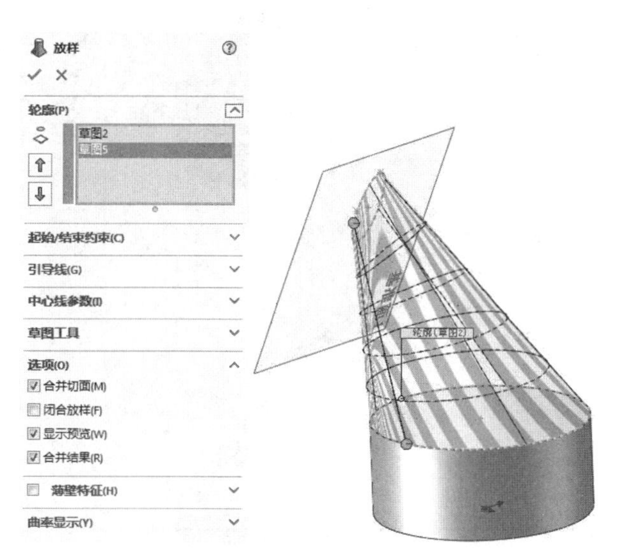

图 7-85　“放样”属性管理器

（4）单击（上移）按钮或（下移）按钮，改变轮廓的顺序。此项只针对两个以上轮廓的放样特征。

（5）如果要在放样的开始和结束处控制相切，则设置“起始/结束约束”选项组。图 7-86 分别显示了“开始约束”与“结束约束”两个下拉列表里的选项。

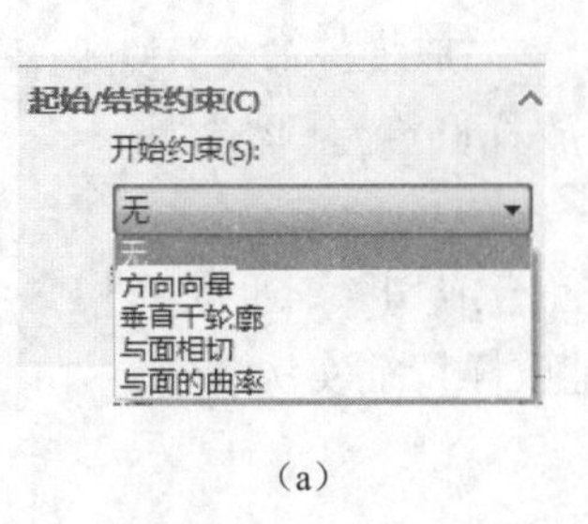

（a）

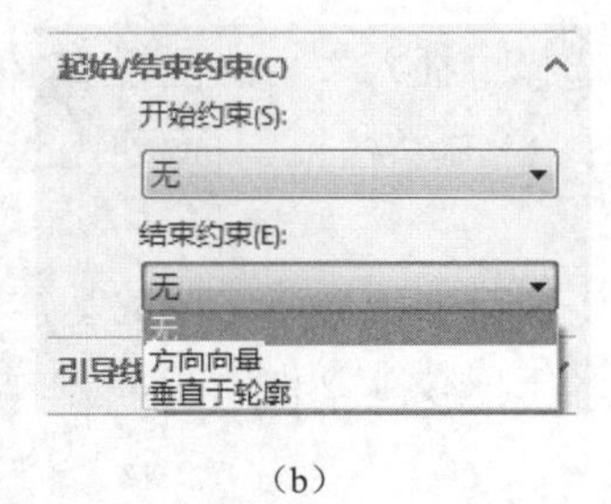

（b）

图 7-86　“起始/结束约束”选项组

下面分别介绍常用选项。

- 无：不应用相切。
- 垂直于轮廓：放样在起始和终止处与轮廓的草图基准面垂直。
- 方向向量：放样与所选的边线或轴相切，或与所选基准面的法线相切。
- 与面相切：使相邻面在所选开始或结束轮廓处相切。
- 与面的曲率：在所选开始或结束轮廓处应用平滑、具有美感的曲率连续放样。

如图 7-87 所示说明了相切选项的差异。

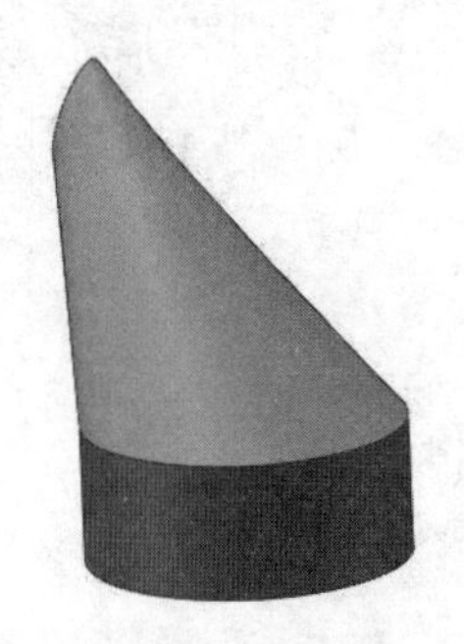

（a）开始约束：无相切
结束约束：无相切

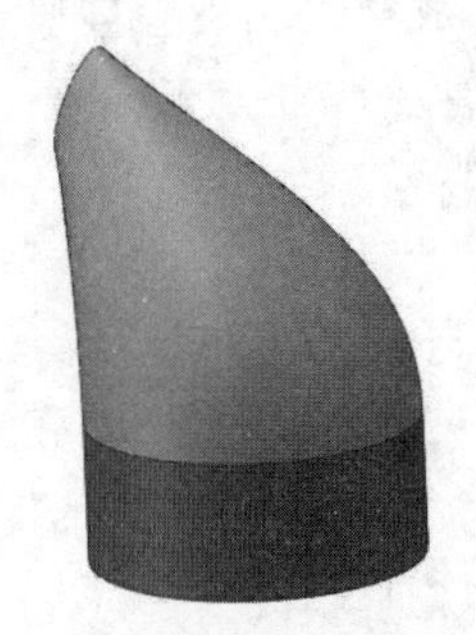

（b）开始约束：无相切
结束约束：垂直于轮廓

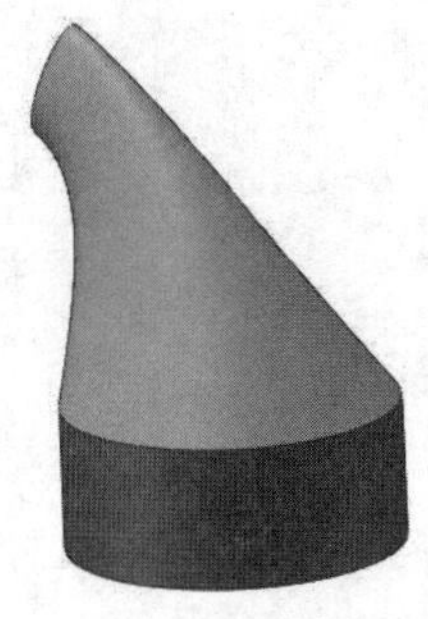

（c）开始约束：方向向量
结束约束：无相切

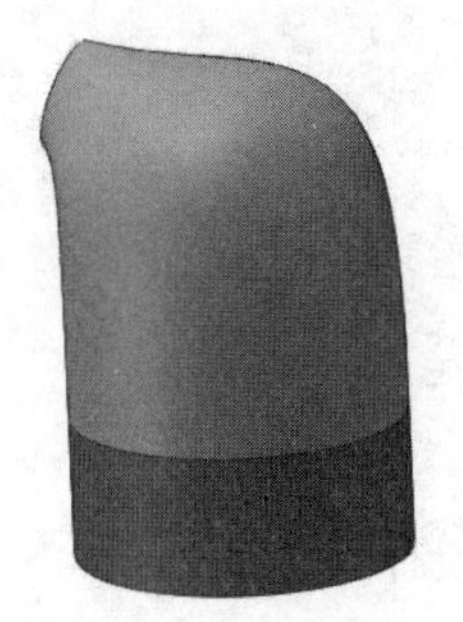

（d）开始约束：无相切
结束约束：与面的曲率

图 7-87　相切选项的差异

（6）如果要生成薄壁放样特征，则勾选“薄壁特征”复选框，从而激活薄壁选项。

- 选择薄壁类型（单向、两侧对称或双向）。
- 设置薄壁厚度。

（7）放样属性设置完毕，单击✔（确定）按钮，完成放样。

7.4.2　引导线放样

同生成引导线扫描特征一样，SOLIDWORKS 2018 也可以生成引导线放样特征。通过使用两个或多个轮廓并使用一条或多条引导线来连接轮廓，生成引导线放样特征。通过引导线可以帮助控制所生成的中间轮廓。如图 7-88 所示展示了引导线放样效果。

在利用引导线生成放样特征时，应该注意以下几点。

- 引导线必须与轮廓相交。
- 引导线的数量不受限制。
- 引导线之间可以相交。
- 引导线可以是任何草图曲线、模型边线或曲线。
- 引导线可以比生成的放样特征长，放样将终止于最短的引导线的末端。

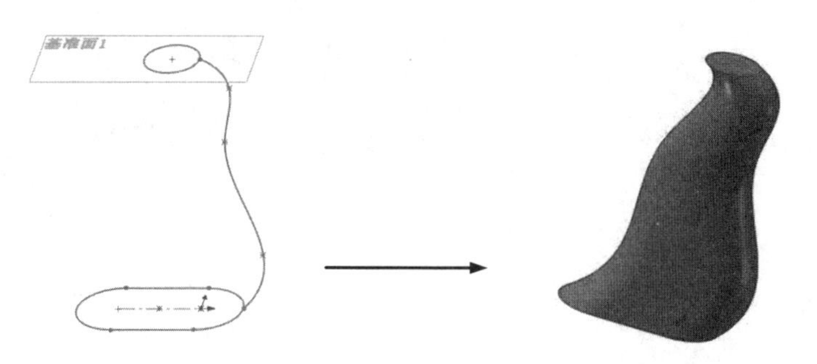

图 7-88　引导线放样效果

下面介绍创建引导线放样特征的操作步骤。

操作步骤

（1）打开文件。资源包：源文件\原始文件\7\7.4.2 中的相应文件，如图 7-89 所示。

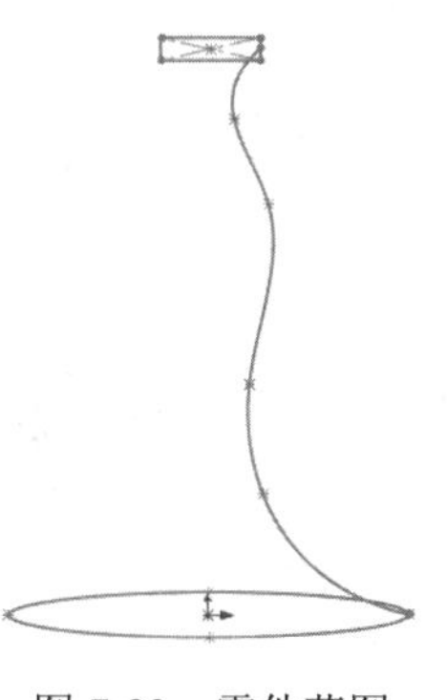

图 7-89　零件草图

（2）在轮廓所在的草图中为引导线和轮廓顶点添加穿透几何关系或重合几何关系。

（3）单击“特征”面板中的“放样凸台/基体”按钮，或选择菜单栏中的“插入”→“凸台”→“放样”命令，如果要生成切除特征，则选择菜单栏中的“插入”→“切除”→“放样”命令。

（4）弹出“放样”属性管理器，单击每个轮廓上相应的点，按顺序选择空间轮廓和其他轮廓的面，此时被选择轮廓显示在“轮廓”选项组中。

（5）单击⬆（上移）按钮或⬇（下移）按钮，改变轮廓的顺序，此项只针对两个以上轮廓的放样特征。

（6）在“引导线”选项组中单击（引导线框）按钮，然后在图形区中选择引导线。此时在图形区中将显示随引导线变化的放样特征，如图 7-90 所示。

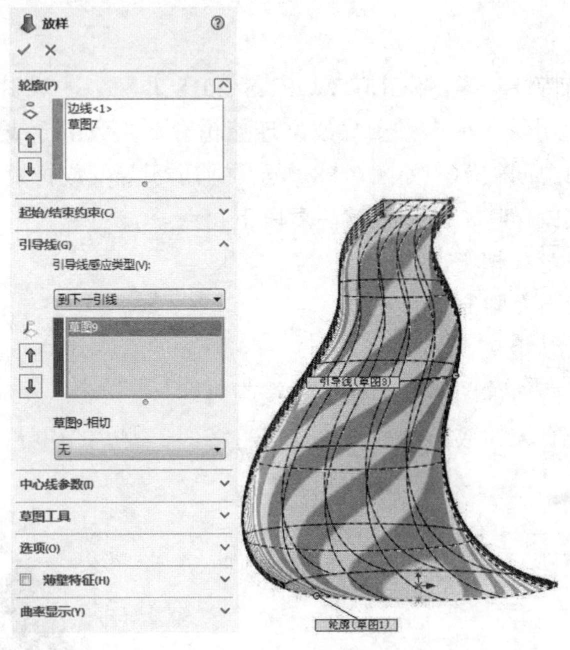

图 7-90 “放样”属性管理器

（7）如果存在多条引导线，则可以单击⬆（上移）按钮或⬇（下移）按钮，改变使用引导线的顺序。

（8）通过“起始/结束约束”选项组可以控制草图、面或曲面边线之间的相切量和放样方向。

（9）如果要生成薄壁特征，则勾选“薄壁特征”复选框，从而激活薄壁选项，设置薄壁特征。

（10）放样属性设置完毕，单击✔（确定）按钮，完成放样。

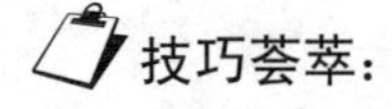

绘制引导线放样时，草图轮廓必须与引导线相交。

7.4.3 中心线放样

SOLIDWORKS 2018 还可以生成中心线放样特征。中心线放样是指将一条变化的引导线作为中心线进行的放样，在中心线放样特征中，所有中间截面的草图基准面都与此中心线垂直。

中心线放样特征的中心线必须与每个闭环轮廓的内部区域相交，而不是像引导线放样那样，引导线必须与每个轮廓线相交。如图 7-91 所示展示了中心线放样效果。

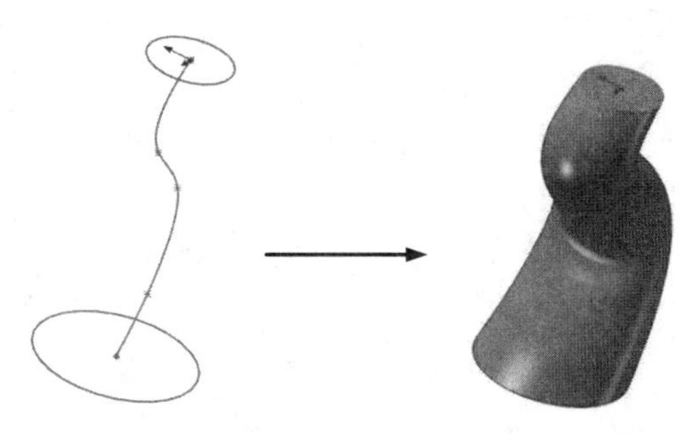

图 7-91　中心线放样效果

下面介绍创建中心线放样特征的操作步骤。

操作步骤

（1）打开文件。资源包：源文件\原始文件\7\7.4.3 中的相应文件，如图 7-91 左图所示。

（2）单击“特征”面板中的“放样凸台/基体”按钮，或选择菜单栏中的“插入”→“凸台”→“放样”命令。如果要生成切除特征，则选择菜单栏中的“插入”→“切除”→“放样”命令。

（3）弹出“放样”属性管理器，单击每个轮廓上相应的点，按顺序选择空间轮廓和其他轮廓的面，此时被选择轮廓显示在“轮廓”选项组中。

（4）单击（上移）按钮或（下移）按钮，改变轮廓的顺序，此项只针对两个以上轮廓的放样特征。

（5）在“中心线参数”选项组中单击（中心线框）按钮，然后在图形区中选择中心线，此时在图形区中将显示随着中心线变化的放样特征，如图 7-92 所示。

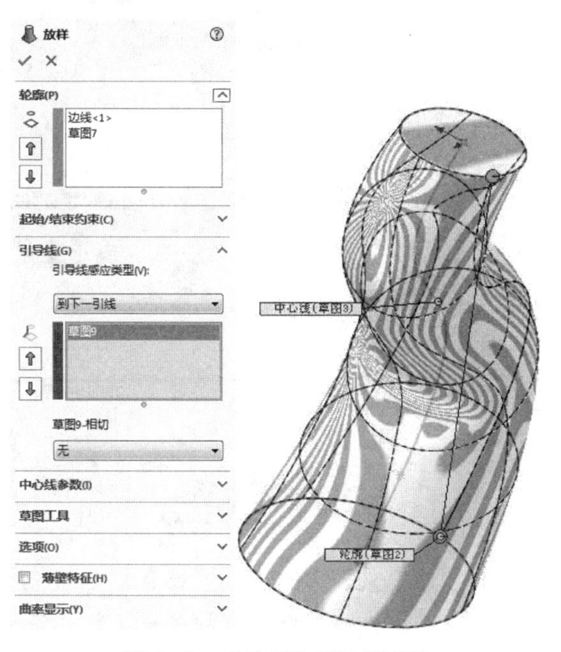

图 7-92　“放样”属性管理器

（6）调整“截面数”滑杆来更改在图形区显示的预览数。

（7）单击（显示截面）按钮，然后单击（微调框）箭头，根据截面数量查看并修正轮廓。

（8）如果要在放样的开始和结束处控制相切，则设置“起始/结束约束”选项组。

（9）如果要生成薄壁特征，则勾选“薄壁特征”复选框，并设置薄壁特征。

（10）放样属性设置完毕，单击✔（确定）按钮，完成放样。结果如图 7-91 右图所示。

技巧荟萃：

绘制中心线放样时，中心线必须与每个闭环轮廓的内部区域相交。

扫一扫，看视频

7.4.4 分割线放样

要生成一个与空间曲面无缝连接的放样特征，就必须要用到分割线放样。分割线放样可以将放样中的空间轮廓转换为平面轮廓，从而使放样特征进一步扩展到空间模型的曲面上。如图 7-93 所示说明了分割线放样效果。

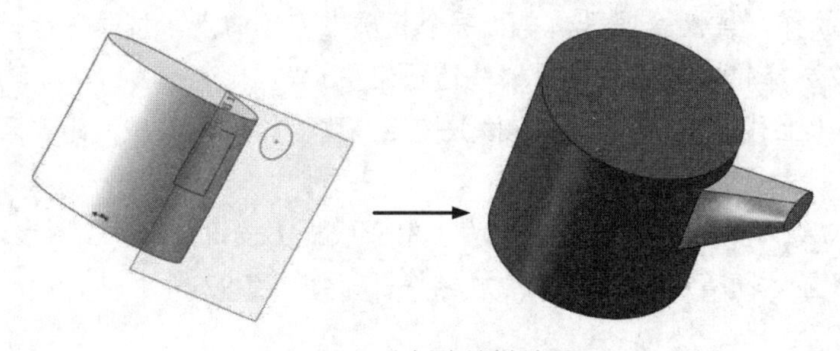

图 7-93　分割线放样效果

下面介绍创建分割线放样的操作步骤。

操作步骤

（1）打开文件。资源包：源文件\原始文件\7\7.4.4 中的相应文件，如图 7-93 左图所示。

（2）单击“特征”面板中的“放样凸台/基体”按钮，或选择菜单栏中的“插入”→“凸台”→“放样”命令。如果要生成切除特征，则选择菜单栏中的“插入”→“切除”→“放样”命令，弹出“放样”属性管理器。

（3）单击每个轮廓上相应的点，按顺序选择空间轮廓和其他轮廓的面，此时被选择轮廓显示在“轮廓”选项组中。此时，分割线也是一个轮廓。

（4）单击（上移）按钮或（下移）按钮，改变轮廓的顺序，此项只针对两个以上轮廓的放样特征。

（5）如果要在放样的开始和结束处控制相切，则设置“起始/结束约束”选项组。

（6）如果要生成薄壁特征，则勾选“薄壁特征”复选框，并设置薄壁特征。

（7）放样属性设置完毕，单击✔（确定）按钮，完成放样。效果如图 7-93 右图所示。

利用分割线放样不仅可以生成普通的放样特征，还可以生成引导线或中心线放样特征。它们的操作步骤基本一样，这里不再赘述。

7.4.5 实例——显示器

本例创建的显示器如图 7-94 所示。

图 7-94　显示器

思路分析：

首先绘制显示屏轮廓草图并拉伸实体，然后拉伸切除实体，再绘制显示器的支撑架，最后绘制显示器的底座。绘制流程如图 7-95 所示。

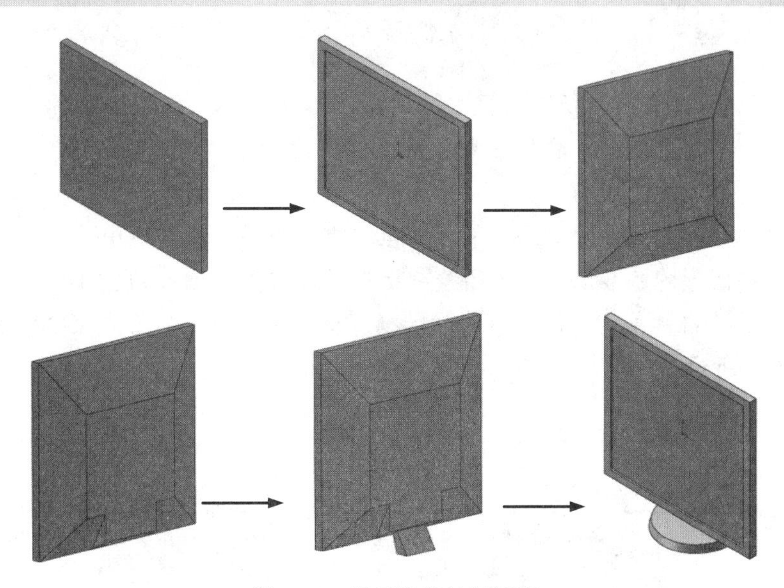

图 7-95　显示器的绘制流程

操作步骤

（1）新建文件。启动 SOLIDWORKS 2018，单击“标准”工具栏中的“新建”按钮，在弹出的“新建 SOLIDWORKS 文件”对话框中单击“零件”按钮，然后单击“确定”按钮，创建一个新的零件文件。

（2）绘制草图。在左侧的 FeatureManager 设计树中选择“前视基准面”作为绘制图形的基准面。单击“草图”面板中的“中心矩形”按钮，以原点为中心点绘制一个矩形并标注尺寸。效果如图 7-96 所示。

（3）拉伸实体。单击“特征”面板中的“拉伸凸台/基体”按钮，弹出“凸台-拉伸”属性管理器。在右侧的数值框中输入深度为 15mm，然后单击“确定”按钮。结果如图 7-97 所示。

（4）绘制草图。选择图 7-97 中的表面 1 作为绘制图形的基准面。单击“草图”面板中的“转换实体引用”按钮，提取上一步创建的拉伸体的外边线，单击“草图”面板中的“边角矩形”按钮，在设置的基准面上绘制一个矩形，并标注矩形各边的尺寸。结果如图 7-98 所示。

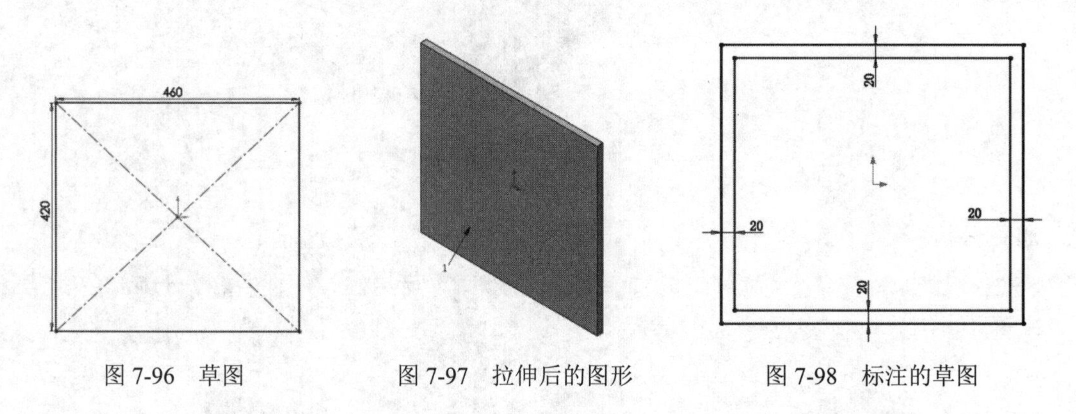

图 7-96　草图　　图 7-97　拉伸后的图形　　图 7-98　标注的草图

（5）拉伸实体。单击“特征”面板中的“拉伸凸台/基体”按钮，弹出“凸台-拉伸”属性管理器。在右侧的数值框中输入深度为 5mm，然后单击“确定”按钮。结果如图 7-99 所示。

（6）绘制草图。选择前视基准面，然后单击“前导视图”工具栏中的“正视于”按钮，将该表面作为绘制图形的基准面。在草图绘制状态下，按住 Ctrl 键的同时单击所选基准面的各条外边线，然后单击“草图”面板中的“转换实体引用”按钮，将各条边线转换为草图图素，如图 7-100 所示。

图 7-99　拉伸后的图形

图 7-100　转换实体引用

（7）添加基准面。在左侧的 FeatureManager 设计树中选择“前视基准面”，然后单击“特征”面板中的“基准面”按钮，弹出如图 7-101 所示的“基准面”属性管理器。在“距离”图标右侧的数值框中输入等距距离为 40mm，并调整设置基准面的方向。设置完成后，单击“确定”按钮，添加一个新的基准面。结果如图 7-102 所示。

图 7-101　“基准面”属性管理器　　　　图 7-102　添加的基准面

（8）绘制草图。选择图 7-102 中新建的基准面，然后单击“前导视图”工具栏中的“正视于”按钮，将该表面作为绘制图形的基准面。单击“草图”面板中的“边角矩形”按钮，在设置的基准面上绘制一个矩形。单击“草图”面板中的“智能尺寸”按钮，标注矩形各边的尺寸及其定位尺寸。结果如图 7-103 所示。

（9）放样实体。单击“特征”面板中的“放样凸台/基体”按钮，弹出“放样”属性管理器。在“轮廓”栏中，依次选择刚创建的两个草图，然后单击“确定”按钮。

（10）隐藏基准面。在 FeatureManager 设计树中选择“基准面 1”并右击，在弹出的快捷菜单中选择“隐藏”命令。

（11）设置视图方向。单击“前导视图”工具栏中的“旋转视图”按钮，将视图以合适的方向显示。结果如图 7-104 所示。

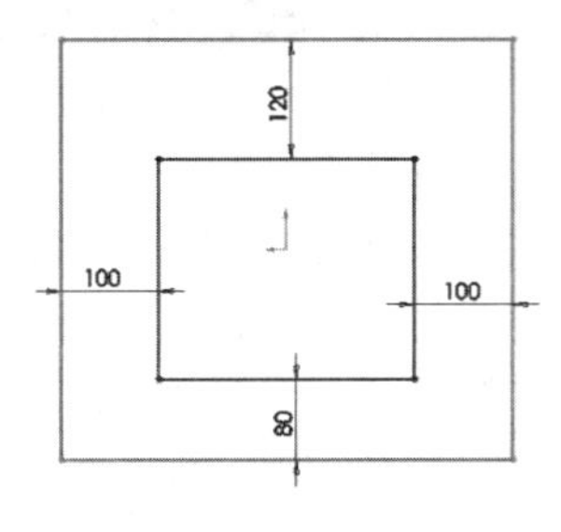

图 7-103　标注的草图

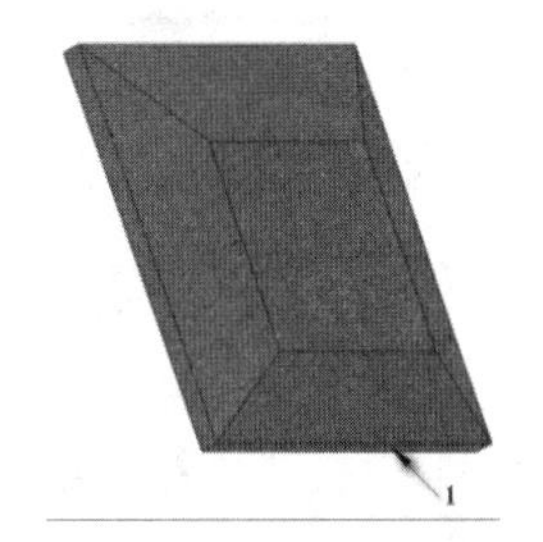

图 7-104　放样后的实体

（12）绘制草图。选择右视基准面，然后单击“前导视图”工具栏中的“正视于”按钮，将该表面作为绘制图形的基准面。单击“草图”面板中的“直线”按钮，绘制一个三角形。单击“草图”面板中的“智能尺寸”按钮，标注三角形的尺寸及其定位尺寸（如图 7-105 所示），然后退出草图绘制状态。

（13）拉伸实体。单击“特征”面板中的“拉伸凸台/基体”按钮，弹出“凸台-拉伸”属性管理器。设置拉伸类型为“两侧对称”，在“距离”图标右侧的数值框中输入深度为 150mm，然后单击“确定”按钮。结果如图 7-106 所示。

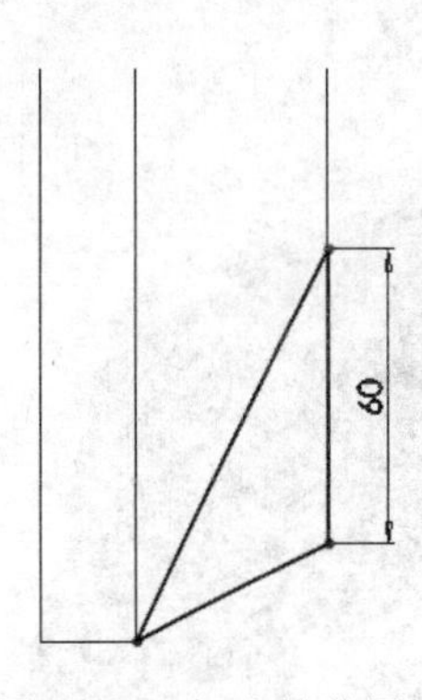

图 7-105　标注的草图

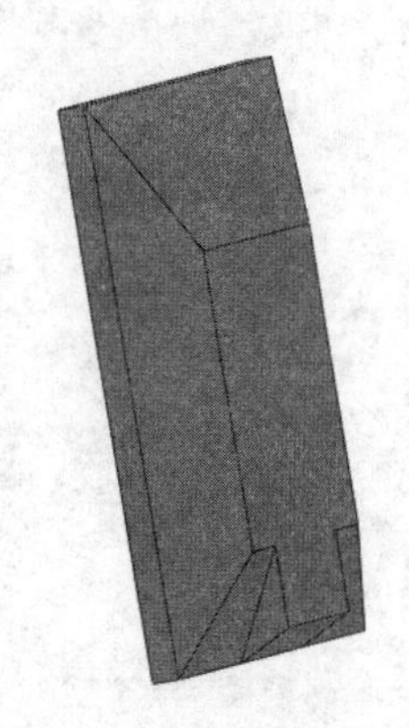

图 7-106　拉伸后的图形

（14）绘制草图。选择右视基准面，然后单击“前导视图”工具栏中的“正视于”按钮，将该表面作为绘制图形的基准面。单击“草图”面板中的“直线”按钮，绘制一个四边形。单击“草图”面板中的“智能尺寸”按钮，标注四边形的尺寸及其定位尺寸（如图 7-107 所示），然后退出草图绘制状态。

（15）拉伸实体。单击“特征”面板中的“拉伸凸台/基体”按钮，弹出“凸台-拉伸”属性管理器。设置拉伸类型为“两侧对称”，在右侧的数值框中输入深度为 80mm，然后单击“确定”按钮。结果如图 7-108 所示。

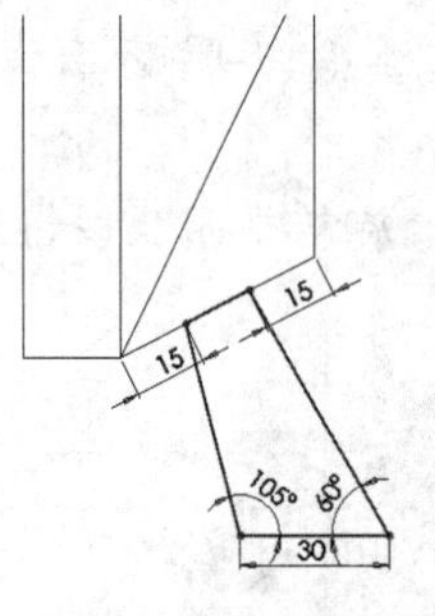

图 7-107　标注的草图

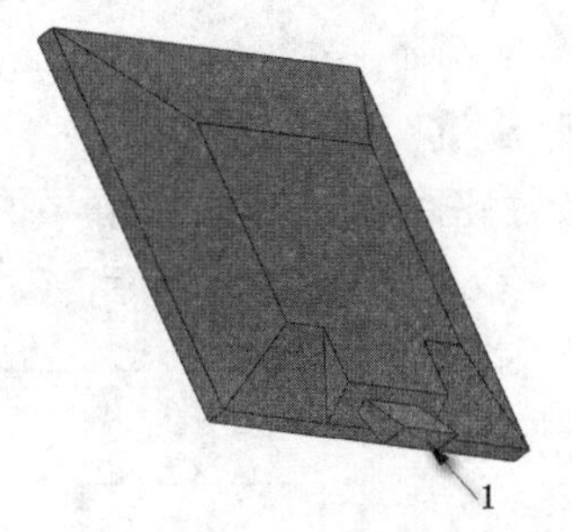

图 7-108　拉伸后的图形

（16）绘制草图。在左侧的 FeatureManager 设计树中选择图 7-108 中的面 1 作为绘制图形的基准面。单击“草图”面板中的“圆”按钮，以原点与圆心成竖直关系绘制一个圆。单击“草图”面板中的“智能尺寸”按钮，标注图中圆的直径。结果如图 7-109 所示。

（17）拉伸实体。单击“特征”面板中的“拉伸凸台/基体”按钮，弹出如图 7-110 所示的“凸台-拉伸”属性管理器。在“距离”图标右侧的数值框中输入深度为 20mm；在右侧的数值框中输入拔模角度为 15°；选中“向外拔模”复选框。完成设置后，单击“确定”按钮。结果如图 7-94 所示。

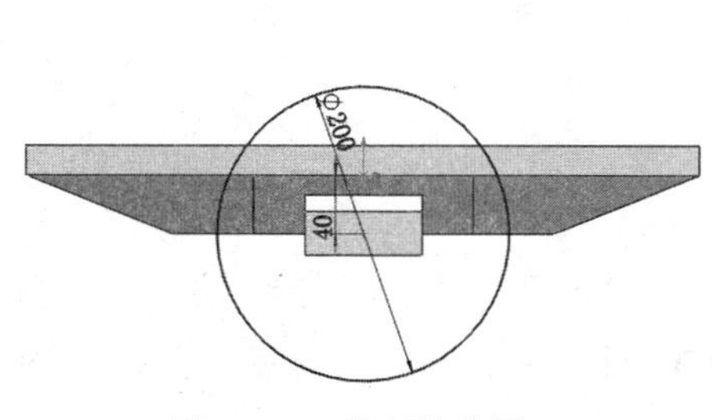

图 7-109　绘制的草图

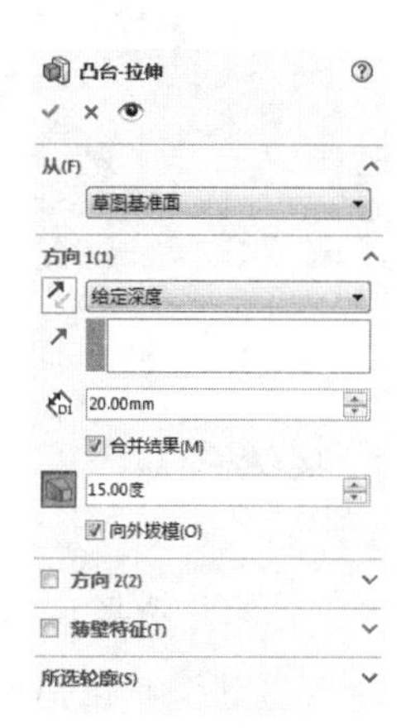

图 7-110　“凸台-拉伸”属性管理器

练一练——叶轮叶片

试利用上面所学知识绘制如图 7-111 所示的叶轮叶片。

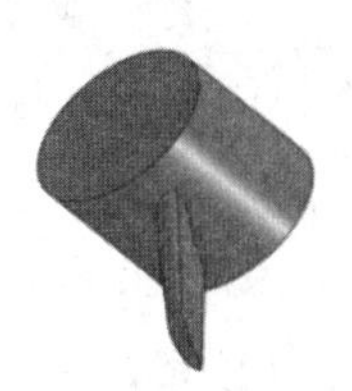

图 7-111　叶轮叶片

思路点拨：

先用拉伸工具绘制叶轮轴，然后利用放样工具生成叶轮叶片，尺寸可以适当选取。

7.5　综合实例——电源插头

扫一扫，看视频

本例创建的电源插头如图 7-112 所示。

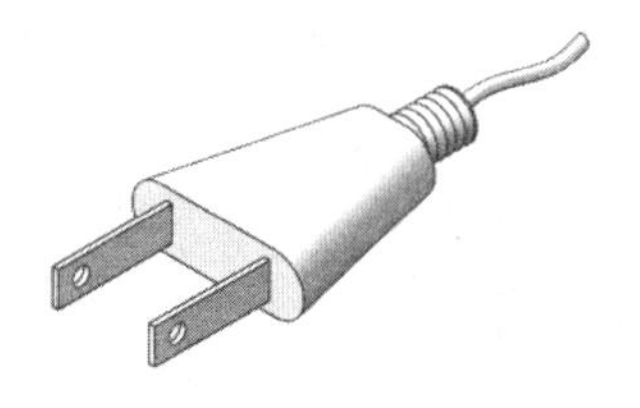

图 7-112　电源插头

✍ 思路分析：

首先绘制电源插座的主体草图并放样实体，然后在小端运用扫描和旋转命令绘制进线部分，最后在大端绘制插头。绘制流程如图 7-113 所示。

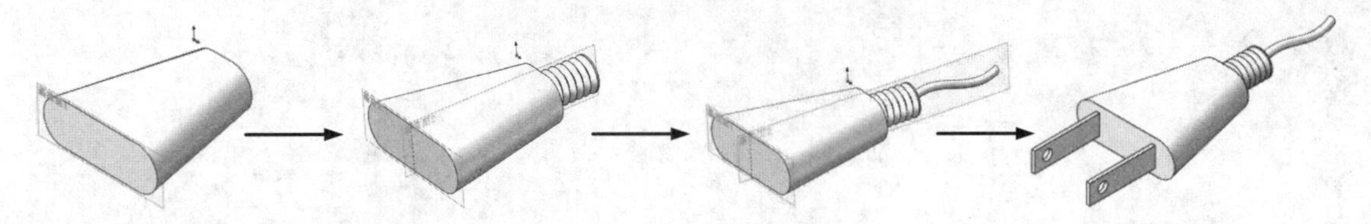

图 7-113　电源插头的绘制流程

7.5.1　生成基体

（1）新建文件。选择菜单栏中的“文件”→“新建”命令，或者单击“快速访问”工具栏中的“新建”按钮，在弹出的“新建 SOLIDWORKS 文件”对话框中先单击“零件”按钮，再单击“确定”按钮，创建一个新的零件文件。

（2）绘制草图。在左侧的“FeatureManager 设计树”中用鼠标选择“前视基准面”作为绘制图形的基准面。单击“草图”控制面板中的“边角矩形”图标，绘制一个矩形；单击“草图”控制面板中的“3 点圆弧”图标，绘制圆弧，圆弧半径为 5mm。

（3）标注尺寸。选择菜单栏中的“工具”→“标注尺寸”→“智能尺寸”命令，或者单击“草图”控制面板中的“智能尺寸”图标，标注矩形的尺寸，结果如图 7-114 所示，然后退出草图绘制状态。

（4）添加基准面。在左侧的“FeatureManager 设计树”中用鼠标选择“前视基准面”，然后选择菜单栏中的“插入”→“参考几何体”→“基准面”命令，此时系统弹出如图 7-115 所示的“基准面”属性管理器。在“偏移距离”文本框中输入 30mm，并调整设置基准面的方向。按照图示进行设置后，单击“确定”按钮，添加一个新的基准面 1。

（5）设置视图方向。单击“前导视图”工具栏中的“等轴测”图标，将视图以等轴测方向显示。结果如图 7-116 所示。

（6）设置基准面。用鼠标选择第 4 步添加的基准面 1，然后单击“前导视图”工具栏中的“正视于”图标，将该表面作为绘制图形的基准面。

（7）绘制草图。单击“草图”控制面板中的“边角矩形”图标，在上一步设置的基准面上绘制一个矩形；单击“草图”控制面板中的“3 点圆弧”图标，绘制圆弧，圆弧半径为 5mm。

（8）标注尺寸。单击“草图”面板中的“智能尺寸”图标，标注矩形各边的尺寸。结果如图 7-117 所示，然后退出草图绘制状态。

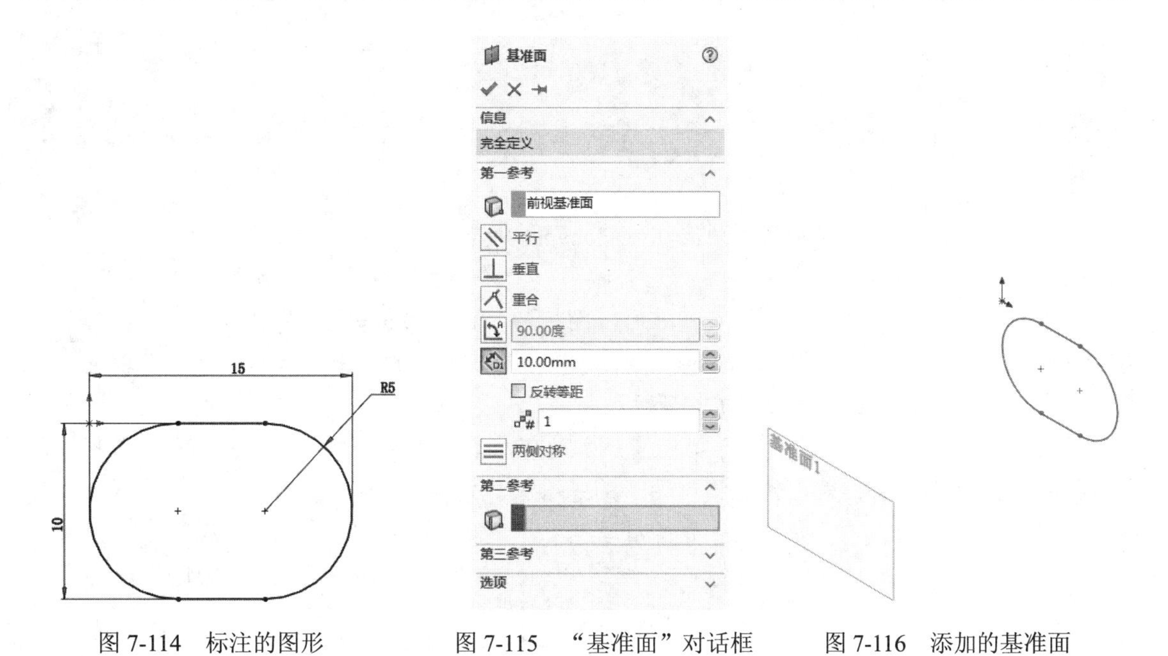

图 7-114　标注的图形　　图 7-115　“基准面”对话框　　图 7-116　添加的基准面

（9）放样实体。选择菜单栏中的“插入”→“凸台/基体”→“放样”命令，或者单击“特征”面板中的“放样凸台/基体”图标，此时系统弹出如图 7-118 所示的“放样”属性管理器。在“轮廓”一栏中，依次选择大矩形草图和小矩形草图。按照图示进行设置后，单击“确定”按钮。结果如图 7-119 所示。

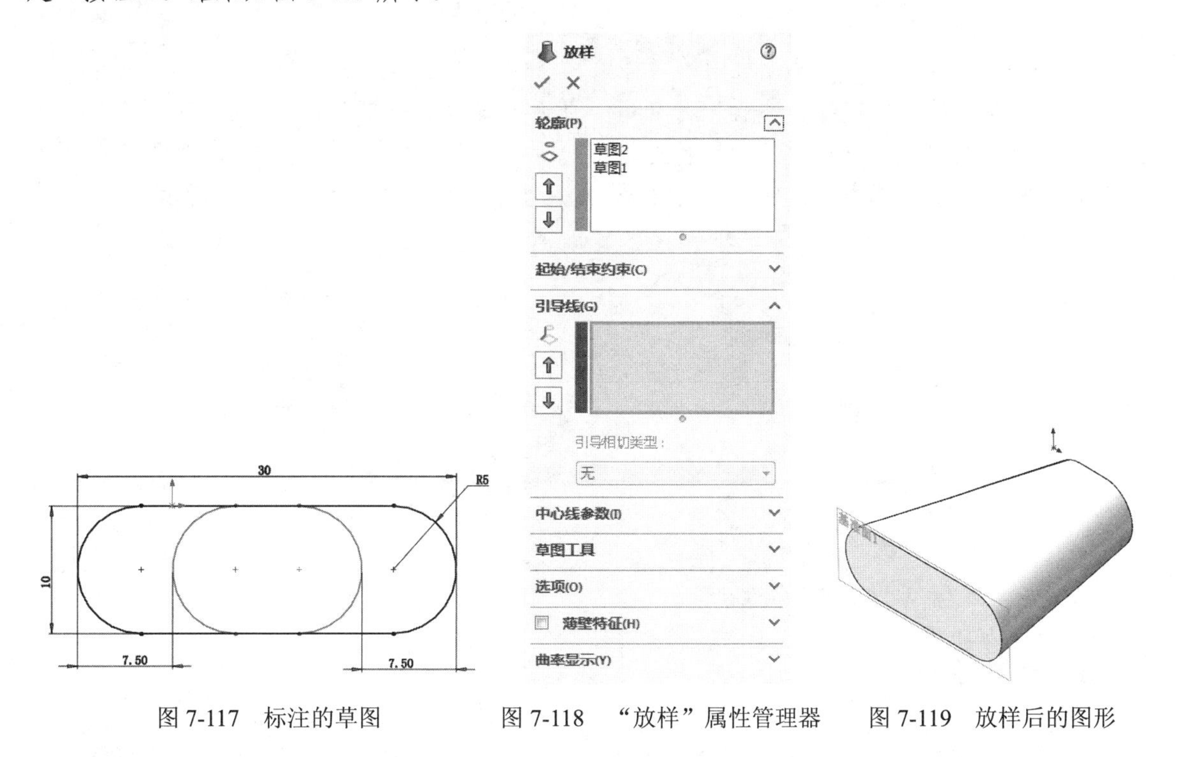

图 7-117　标注的草图　　图 7-118　“放样”属性管理器　　图 7-119　放样后的图形

技巧荟萃：

在选择放样的轮廓时，要先选择大端草图，然后选择小端草图，注意顺序不要改变，读者可以反选，观测放样的效果。

（10）添加基准面。在左侧的“FeatureManager 设计树”中用鼠标选择“右视基准面”，然后选择菜单栏中的“插入”→“参考几何体”→“基准面”命令，或者单击“特征”控制面板“参考几何体”下拉列表中的“基准面”图标，此时系统弹出“基准面”属性管理器。在“偏移距离”文本框中输入 7.5mm，并调整设置基准面的方向。单击“确定”按钮，添加一个新的基准面。结果如图 7-120 所示。

（11）设置基准面。用鼠标选择上一步添加的基准面，然后单击“前导视图”工具栏中的“正视于”图标，将该表面作为绘制图形的基准面。

（12）绘制草图。选择菜单栏中的“工具”→“草图绘制实体”→“直线”命令，或者单击“草图”面板中的“直线”图标，绘制一系列的直线段。结果如图 7-121 所示。

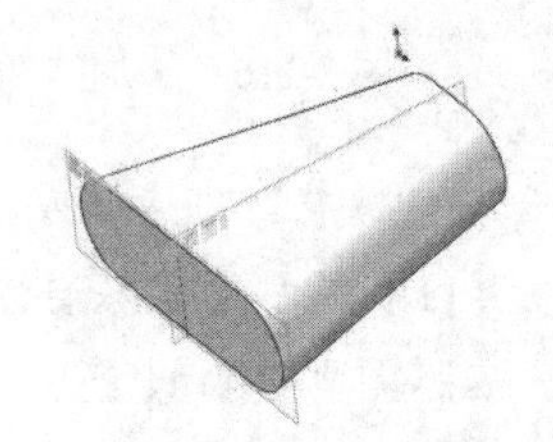

图 7-120　添加的基准面

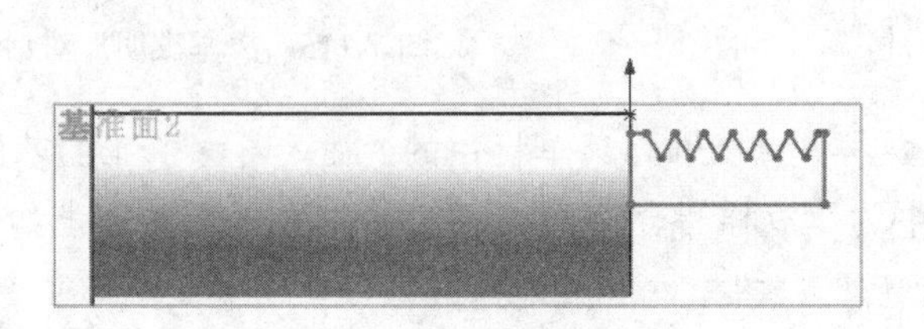

图 7-121　绘制的草图

（13）旋转实体。选择菜单栏中的“插入”→“凸台/基体”→“旋转”命令，或者单击“特征”面板中的“旋转凸台/基体”按钮，此时系统弹出如图 7-122 所示的“旋转”属性管理器。在“旋转轴”一栏中，用鼠标选择上一步绘制草图中的水平直线。按照图示进行设置后，单击属性管理器中的“确定”按钮，旋转生成实体。结果如图 7-123 所示。

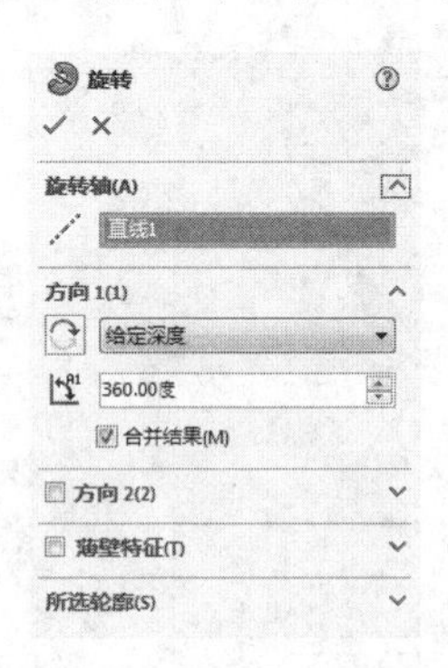

图 7-122　“旋转”属性管理器

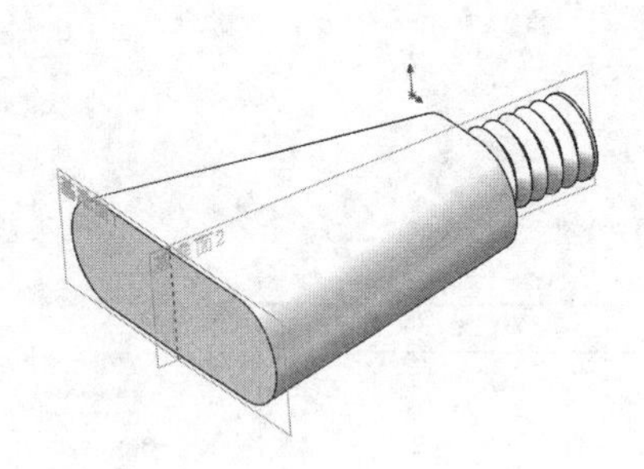

图 7-123　旋转后的图形

7.5.2　完成绘制

（1）设置基准面。用鼠标选择上一节第 10 步设置的基准面，然后单击“前导视图”工具栏中的“正视于”图标，将该基准面作为绘制图形的基准面。

（2）绘制草图。选择菜单栏中的“工具”→“草图绘制实体”→“样条曲线”命令，或者单击“草图”面板中的“样条曲线”图标，绘制一条曲线，结果如图 7-124 所示，然后退出草图绘制状态。

（3）设置基准面。用鼠标选择如图 7-124 所示的表面 1，然后单击“前导视图”工具栏中的“正视于”图标，将该表面作为绘制图形的基准面。

（4）绘制草图。单击“草图”面板中的“圆”图标，在上一步设置的基准面上绘制一个圆。

（5）标注尺寸。单击“草图”面板中的“智能尺寸”图标，标注圆的直径，结果如图 7-125 所示，然后退出草图绘制状态。

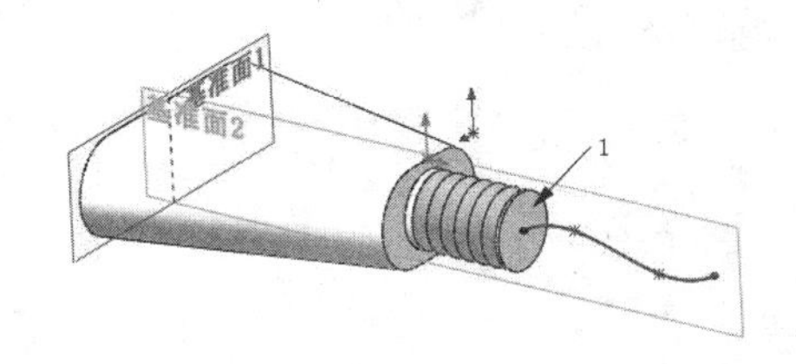

图 7-124　绘制的草图

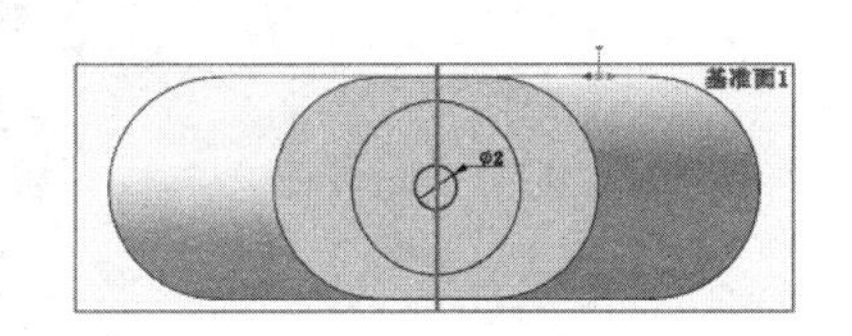

图 7-125　标注的草图

（6）扫描实体。选择菜单栏中的“插入”→“凸台/基体”→“扫描”命令，或者单击“特征”面板中的“扫描”图标，此时系统弹出如图 7-126 所示的“扫描”属性管理器。在“轮廓”栏中，用鼠标选择第 5 步标注的圆；在“路径”栏中，用鼠标选择第 2 步绘制的样条曲线，单击属性管理器中的“确定”图标。

（7）设置视图方向。单击“前导视图”工具栏中的“等轴测”图标，将视图以等轴测方向显示。结果如图 7-127 所示。

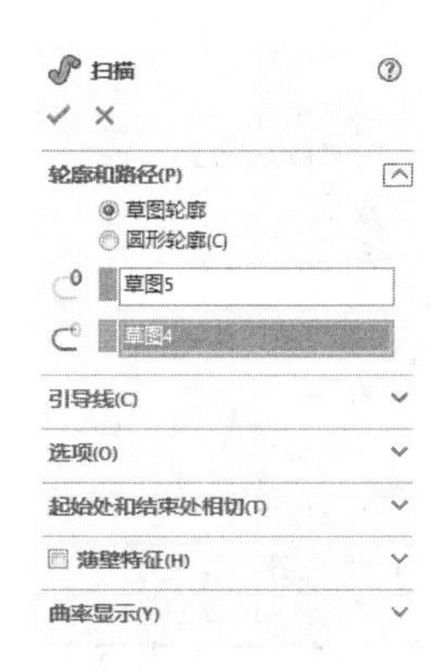

图 7-126　“扫描”属性管理器

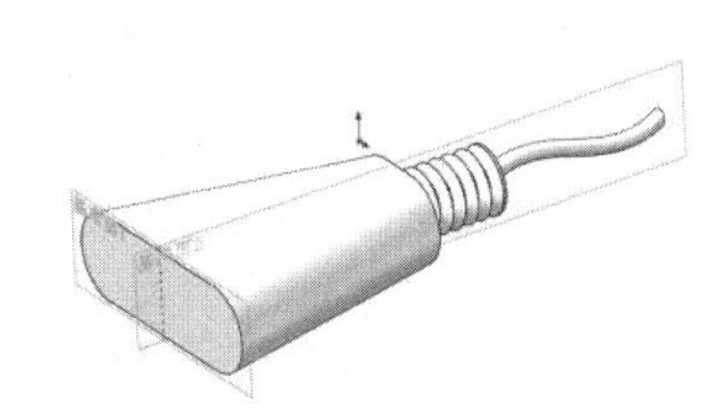

图 7-127　扫描后的图形

（8）添加基准面。在左侧的“FeatureManager 设计树”中用鼠标选择“基准面 2”，然后选择菜单栏中的“插入”→“参考几何体”→“基准面”命令，或者单击“参考几何体”工具栏中的“基准面”图标，此时系统弹出“基准面”属性管理器。在“偏移距离”文本框中输入 9mm，勾选“反转等距”复选框，调整设置基准面的方向。单击“确定”图标，添加一个新的基准面。结果如图 7-128 所示。

（9）绘制插针，设置基准面。选取基准面 3，然后单击“前导视图”工具栏中的“正视于”图标，将该面作为绘制图形的基准面。

（10）绘制草图。单击“草图”面板中的“边角矩形”图标，在上一步设置的基准面上绘制一个矩形。单击“草图”面板中的“圆”图标，绘制一个圆。

（11）标注尺寸。单击“草图”面板中的“智能尺寸”图标，标注矩形各边的尺寸及其定位尺寸。结果如图 7-129 所示。

（12）拉伸实体。选择菜单栏中的“插入”→“凸台/基体”→“拉伸”命令，或者单击“特征”面板中的“拉伸凸台/基体”图标，此时系统弹出“凸台-拉伸”属性管理器。在“深度”文本框中输入 1mm。单击“确定”图标，结果如图 7-130 所示。

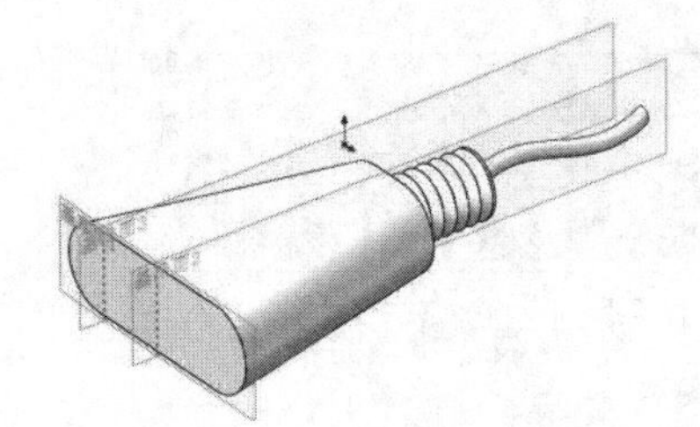

图 7-128　拉伸后的图形

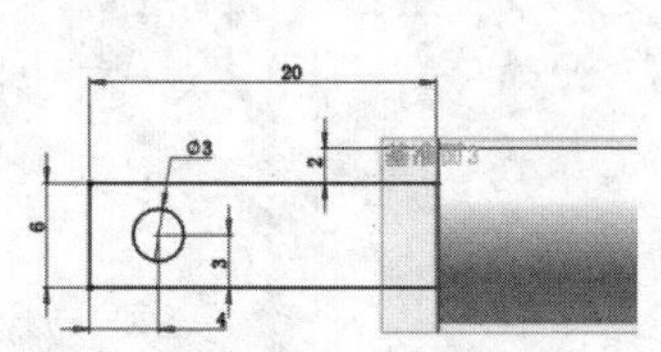

图 7-129　创建基准面 3

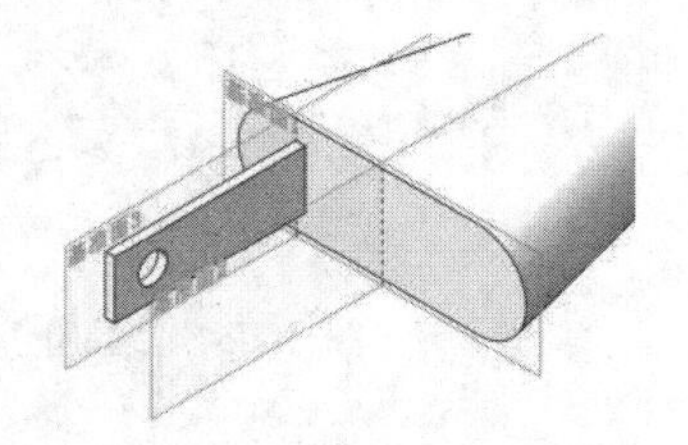

图 7-130　标注的草图

（13）添加基准面。在左侧的“FeatureManager 设计树”中用鼠标选择“基准面 2”，然后选择菜单栏中的“插入”→“参考几何体”→“基准面”命令，或者单击“参考几何体”工具栏中的“基准面”图标，此时系统弹出“基准面”属性管理器。在“偏移距离”文本框中输入 9mm，单击“确定”图标，添加一个新的基准面。结果如图 7-131 所示。

（14）绘制插针，设置基准面。选取基准面 3，然后单击“前导视图”工具栏中的“正视于”图标，将该面作为绘制图形的基准面。

（15）绘制草图。单击“草图”面板中的“边角矩形”图标，在上一步设置的基准面上绘制一个矩形。单击“草图”面板中的“圆”图标，绘制一个圆。

（16）标注尺寸。单击“草图”面板中的“智能尺寸”图标，标注矩形各边的尺寸及其定位尺寸。结果如图 7-132 所示。

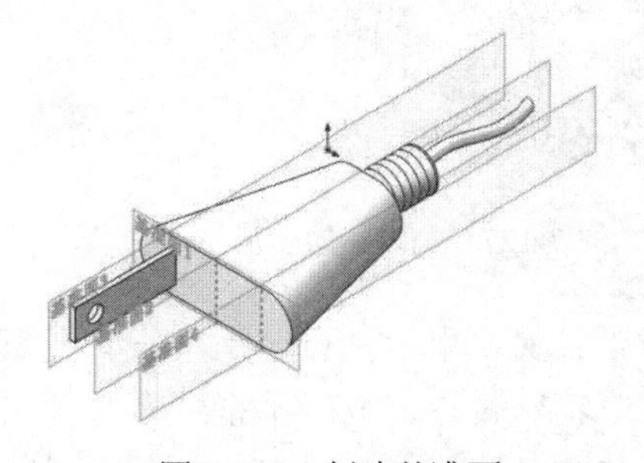

图 7-131　创建基准面 4

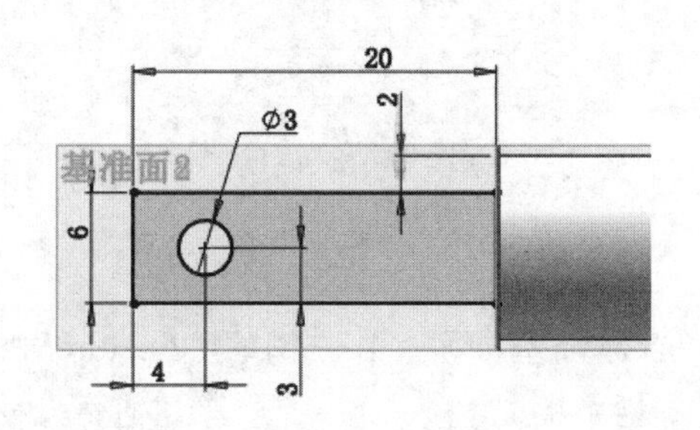

图 7-132　标注的草图

（17）拉伸实体。选择菜单栏中的“插入”→“凸台/基体”→“拉伸”命令，或者单击“特征”面板中的“拉伸凸台/基体”图标，此时系统弹出“凸台-拉伸”属性管理器。在“深度”文本框中输入 1mm，单击“反向”按钮，调整拉伸方向。单击“确定”图标，结果如图 7-133 所示。

（18）设置显示属性。选择菜单栏中的“视图”→“隐藏/显示”命令，此时系统弹出如图 7-134 所示的子菜单。用鼠标单击一下“基准面”“基准轴”和“临时轴”选项，则视图中的基准面、基准轴和临时轴不再显示。结果如图 7-112 所示。

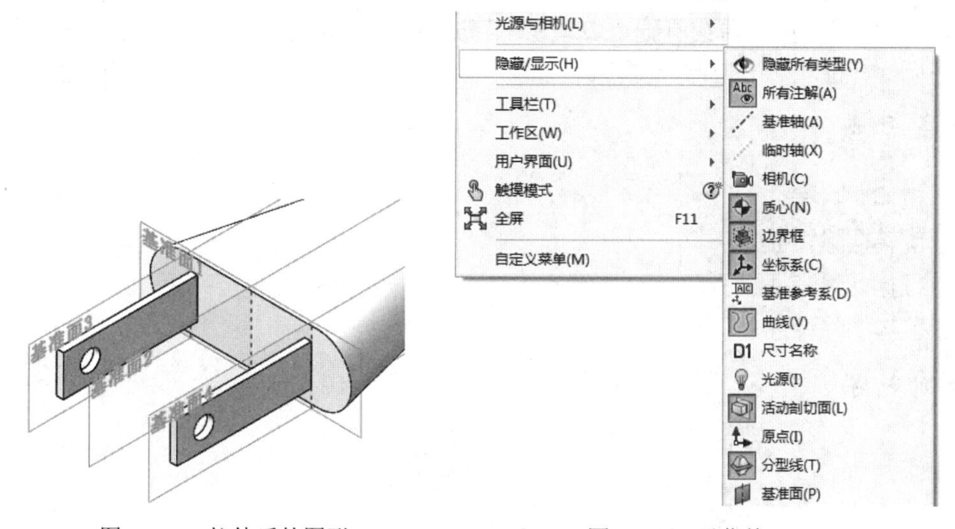

图 7-133　拉伸后的图形　　　　图 7-134　子菜单

练一练——调节螺母

综合利用上面所学知识绘制如图 7-135 所示的调节螺母。

思路点拨：

先绘制外接圆半径为 28 的正六边形螺帽草图，拉伸成螺帽；然后绘制螺杆草图，参考尺寸如图 7-136 所示，利用拉伸功能生成螺杆实体；接下来绘制一条螺旋线和三角形作为扫描路径和扫描截面，利用扫描功能生成螺纹，如图 7-137 所示。

图 7-135　调节螺母

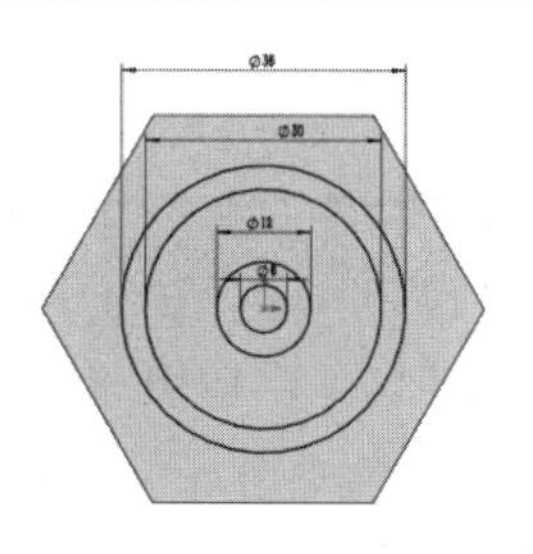

图 7-136　螺杆草图

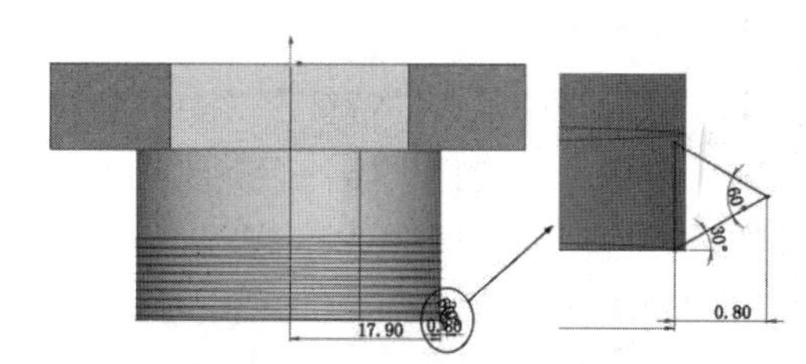

图 7-137　扫描截面草图

第 8 章　草绘切除特征

内容简介

与上一章所讲的草绘凸台/基体特征在草绘基础上以增量的方式生成实体特征相反，SOLIDWORKS 还可以在草绘基础上以减量的方式生成实体特征，这就是草绘切除特征。本章将介绍在切除特征状态下拉伸、旋转、扫描、放样这 4 种工具的具体使用方法与技巧。

内容要点

- 拉伸切除特征
- 旋转切除特征
- 扫描切除特征
- 放样切除特征

案例效果

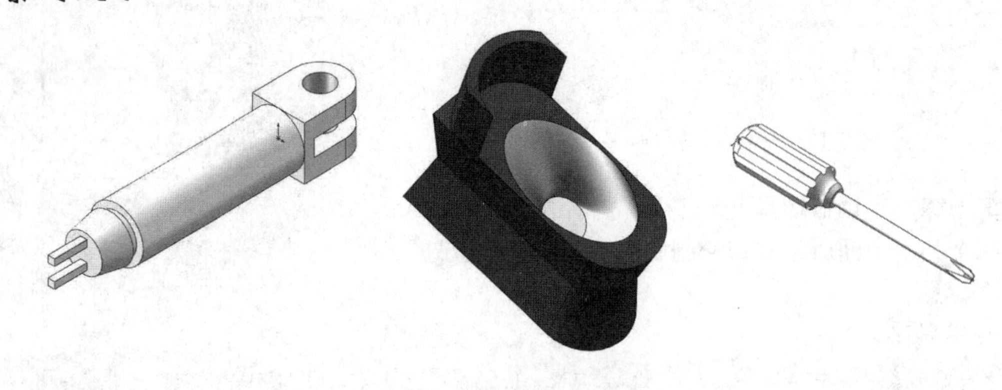

8.1　拉伸切除特征

【执行方式】

- 工具栏：单击“特征”工具栏中的“拉伸切除”按钮。
- 菜单栏：选择“插入”→“切除”→“拉伸”命令。
- 控制面板：单击“特征”面板中的“拉伸切除”按钮。

拉伸切除特征与上一章中讲到的拉伸基体/凸台特征既相似也相反：相似的是都是由截面轮廓草图经过拉伸而成，相反的是拉伸切除特征是在已有实体基础上减量生成新特征，与拉伸基体/凸台特征相反。

图8-1展示了利用拉伸切除特征生成的几种零件效果。

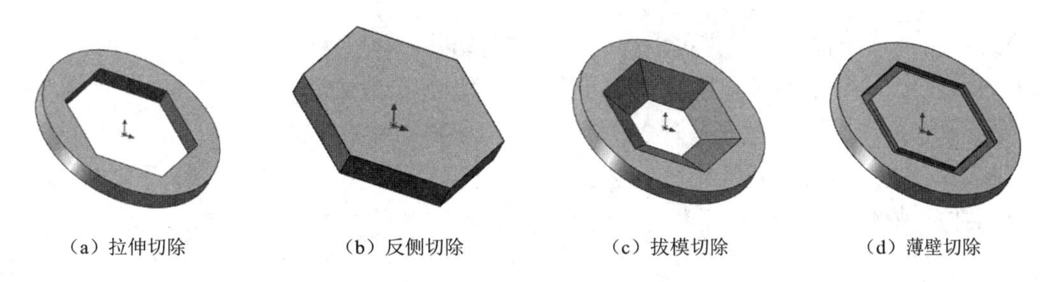

图 8-1　利用拉伸切除特征生成的几种零件效果

8.1.1　拉伸切除

下面通过一个简单实例介绍一下创建拉伸切除特征的操作步骤。

操作步骤

（1）打开通过扫码下载的源文件：源文件\原始文件\8\8.1.1 中的相应文件，如图 8-2 所示。

（2）在图 8-2 中保持草图处于激活状态，单击“特征”面板中的“拉伸切除”按钮。

（3）此时弹出“切除-拉伸”属性管理器，如图 8-3 所示。

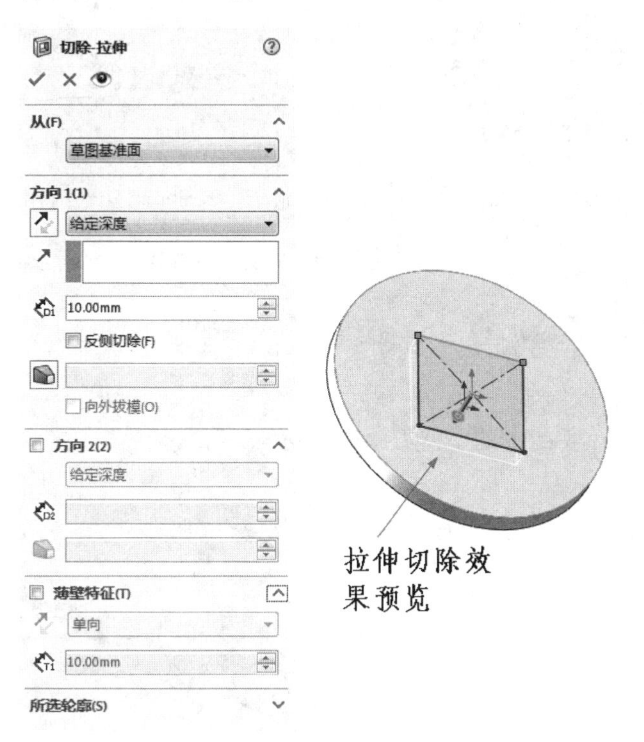

图 8-2　打开的文件实体

图 8-3　“切除-拉伸”属性管理器

（4）在“方向 1”选项组中执行如下操作。

- 在右侧的“终止条件”下拉列表框中选择“给定深度”。
- 如果勾选了“反侧切除”复选框，则将生成反侧切除特征。

- 单击↗（反向）按钮，可以向另一个方向切除。
- 单击（拔模开/关）按钮，可以给特征添加拔模效果。

（5）如果有必要，勾选“方向 2”复选框，将拉伸切除应用到第二个方向。

（6）如果要生成薄壁切除特征，勾选“薄壁特征”复选框，然后执行如下操作。

- 在↗右侧的下拉列表框中选择切除类型：单向、两侧对称或双向。
- 单击↗（反向）按钮，可以以相反的方向生成薄壁切除特征。
- 在（厚度微调）文本框中输入切除的厚度。

（7）单击✔（确定）按钮，完成拉伸切除特征的创建。

技巧荟萃：

下面以图 8-4 为例，说明“反侧切除”复选框对拉伸切除特征的影响。如图 8-4（a）所示为绘制的草图轮廓，如图 8-4（b）所示为取消勾选“反侧切除”复选框时的拉伸切除特征；如图 8-4（c）所示为勾选“反侧切除”复选框时的拉伸切除特征。

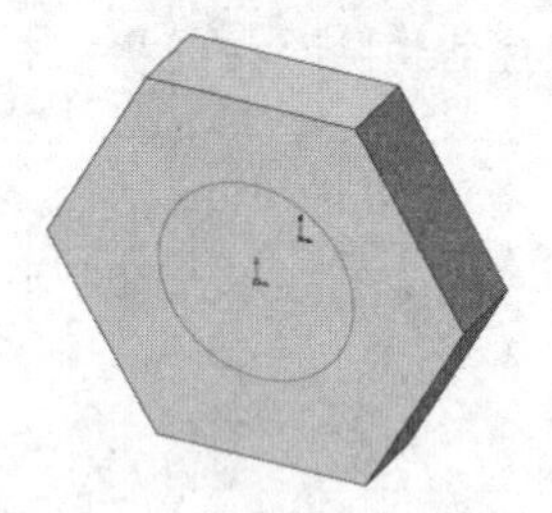

（a）绘制的草图轮廓

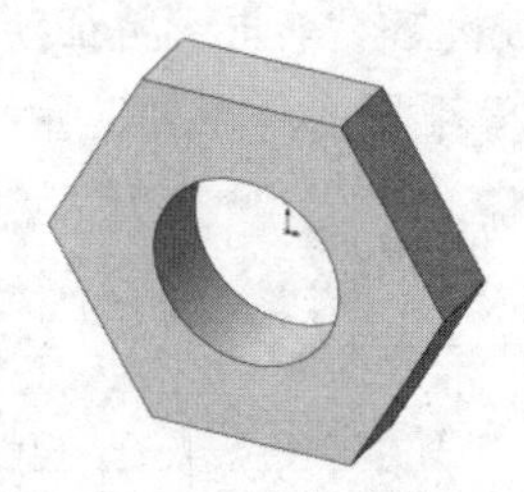

（b）取消勾选“反侧切除”复选框时的特征图形

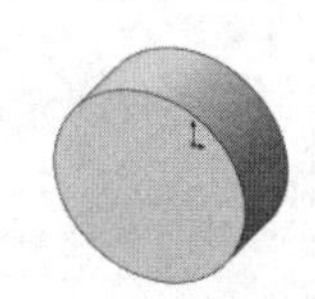

（c）勾选“反侧切除”复选框时的特征图形

图 8-4 “反侧切除”复选框对拉伸切除特征的影响

扫一扫，看视频

8.1.2 实例——小臂

本例绘制的小臂如图8-5所示。

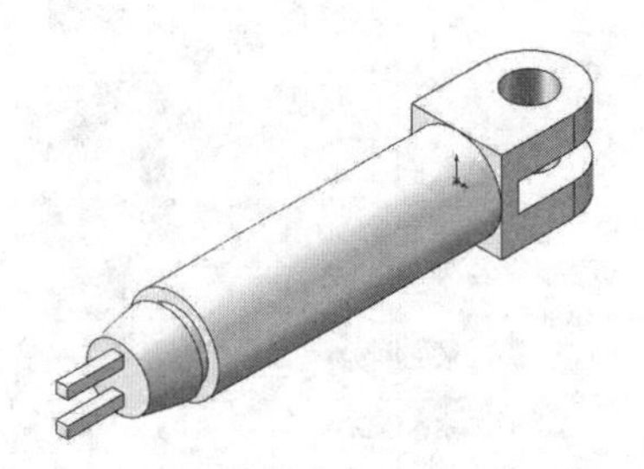

图 8-5 小臂

思路分析：

首先利用拉伸命令依次绘制小臂的外形轮廓，然后切除小臂局部实体，最后旋转剩余草图。绘制的流程图如图 8-6 所示。

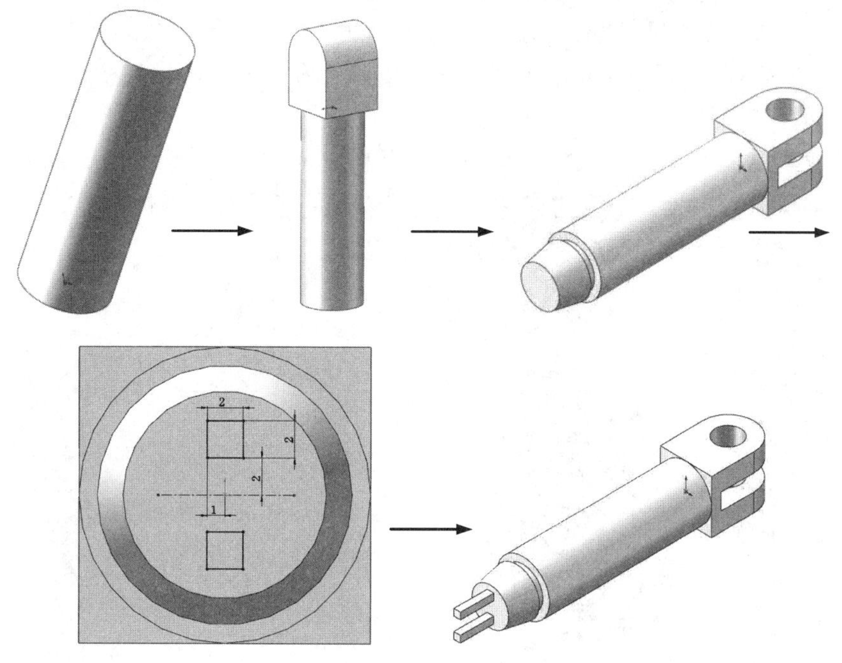

图 8-6　流程图

操作步骤

（1）新建文件。启动 SOLIDWORKS 2018，选择菜单栏中的“文件”→“新建”命令，或者单击标准工具栏中的“新建”按钮，在弹出的“新建 SOLIDWORKS 文件”对话框中单击“零件”按钮，然后单击“确定”按钮，创建一个新的零件文件。

（2）绘制草图。在左侧的 FeatureManager 设计树中用鼠标选择“前视基准面”作为绘制图形的基准面。单击“草图”面板中的“圆”按钮，在坐标原点绘制一个直径为 16mm 的圆。标注尺寸后结果如图 8-7 所示。

（3）拉伸实体。单击“特征”面板中的“拉伸凸台/基体”按钮，此时系统弹出如图 8-8 所示的“凸台-拉伸”属性管理器。设置拉伸终止条件为“给定深度”，输入拉伸距离为 50mm，然后单击“确定”按钮。结果如图 8-9 所示。

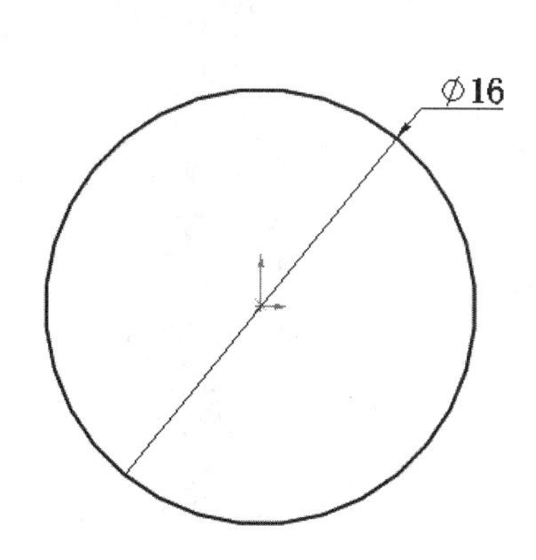

图 8-7　绘制草图

图 8-8　“凸台-拉伸”属性管理器

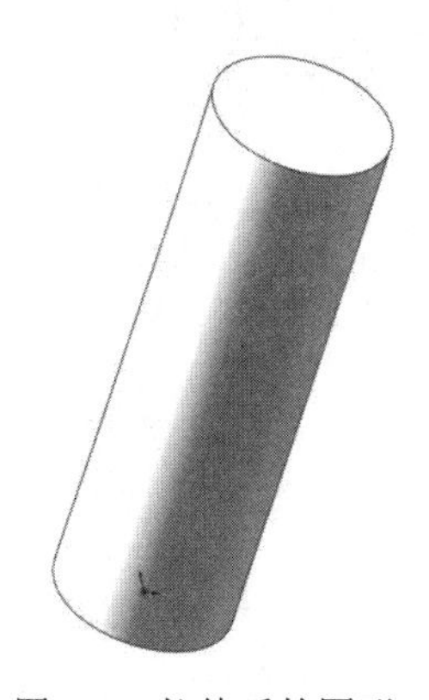

图 8-9　拉伸后的图形

（4）绘制草图。在左侧的 FeatureManager 设计树中用鼠标选择“上视基准面”作为绘制图形的基准面。单击“草图”面板中的“直线”按钮和“三点圆弧”按钮，绘制草图并标注尺寸，结果如图 8-10 所示。

（5）拉伸实体。单击“特征”面板中的“拉伸凸台/基体”按钮，此时系统弹出如图 8-11 所示的“凸台-拉伸”属性管理器。设置拉伸终止条件为“两侧对称”，输入拉伸距离为 16mm，然后单击“确定”按钮。结果如图 8-12 所示。

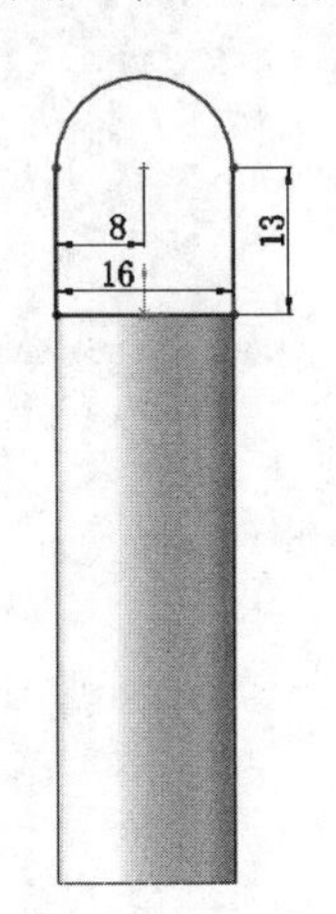

图 8-10　绘制草图

图 8-11　“凸台-拉伸”属性管理器

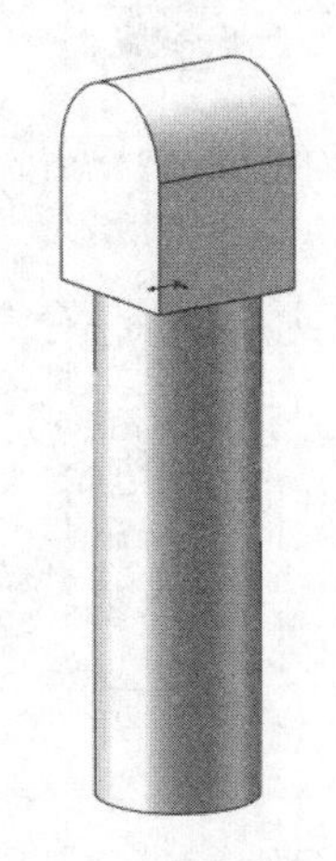

图 8-12　拉伸后的图形

（6）绘制草图。在左侧的 FeatureManager 设计树中用鼠标选择“上视基准面”作为绘制图形的基准面。单击“草图”面板中的“边角矩形”按钮，绘制草图并标注尺寸，结果如图 8-13 所示。

（7）拉伸切除实体。单击“特征”面板中的“拉伸切除”按钮，此时系统弹出如图 8-14 所示的“切除-拉伸”属性管理器。设置拉伸终止条件为“给定深度”，输入拉伸距离为 5mm，然后单击“确定”按钮。结果如图 8-15 所示。

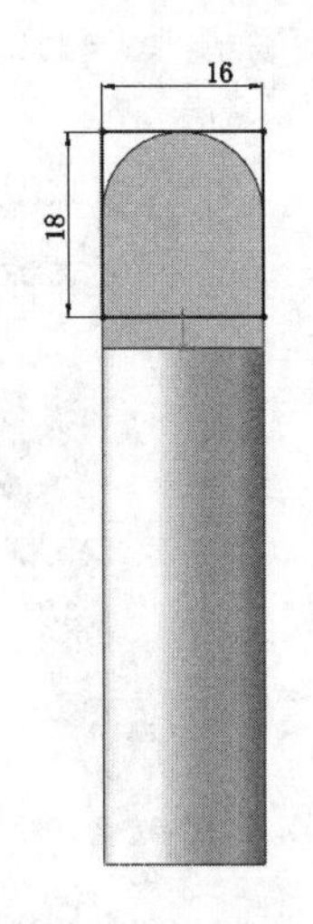

图 8-13　标注草图

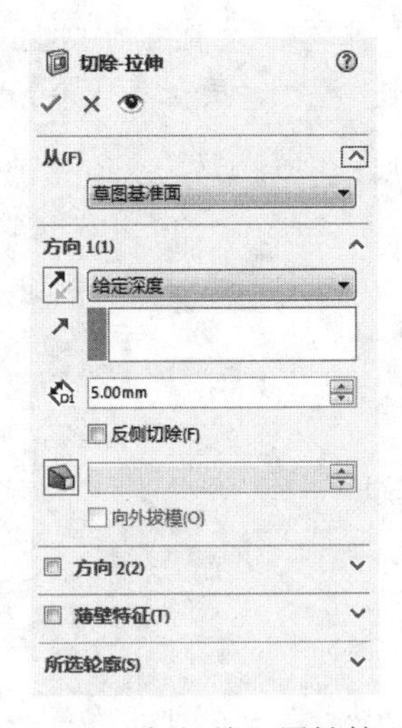

图 8-14　“切除-拉伸”属性管理器

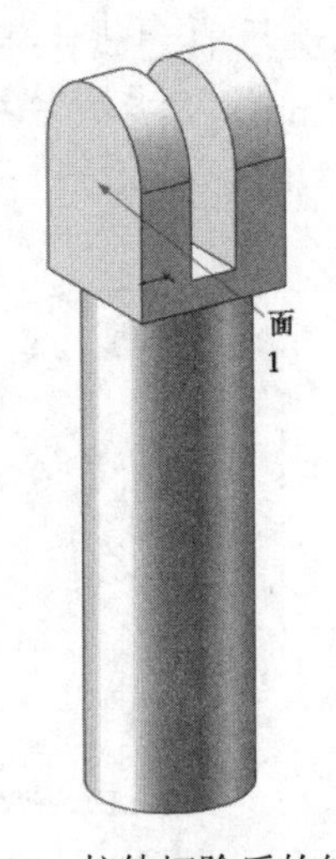

图 8-15　拉伸切除后的结果

（8）绘制草图。在视图中用鼠标选择如图 8-15 所示的面 1 作为绘制图形的基准面。单击"草图"工具栏中的"圆"按钮，绘制如图 8-16 所示的草图并标注尺寸。

（9）拉伸切除实体。单击"特征"面板中的"拉伸切除"按钮，此时系统弹出如图 8-17 所示的"切除-拉伸"属性管理器。设置拉伸终止条件为"完全贯穿"，然后单击"确定"按钮✓。结果如图 8-18 所示。

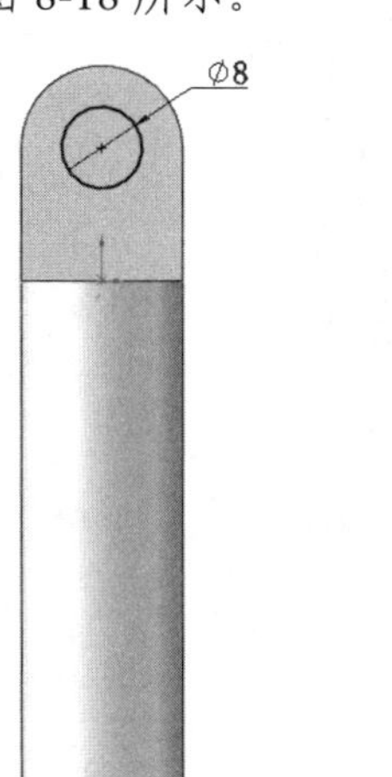

图 8-16　标注草图

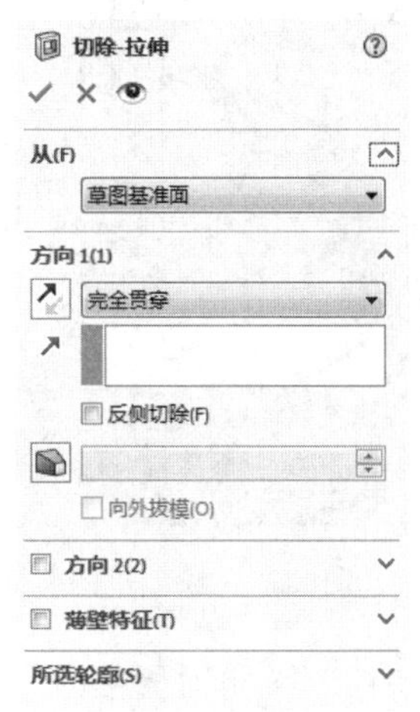

图 8-17　"切除-拉伸"属性管理器

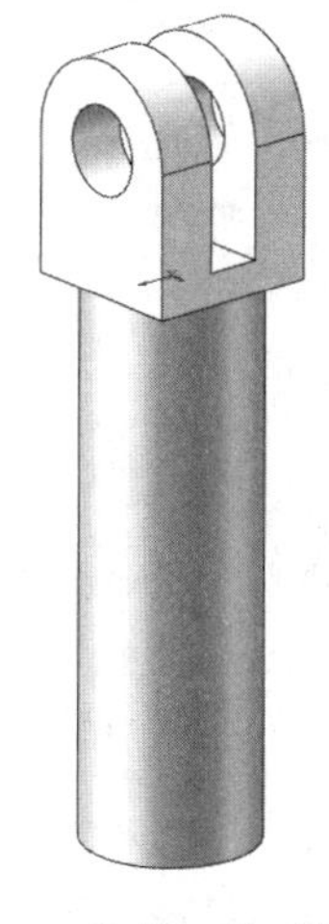

图 8-18　拉伸切除后的结果

（10）绘制草图。在左侧的 FeatureManager 设计树中用鼠标选择"上视基准面"作为绘制图形的基准面。单击"草图"面板中的"直线"按钮，绘制草图并标注尺寸，结果如图 8-19 所示。

（11）旋转实体。单击"特征"面板中的"旋转凸台/基体"按钮，此时系统弹出如图 8-20 所示的"旋转"属性管理器。采用默认设置，单击"确定"按钮✓。结果如图 8-21 所示。

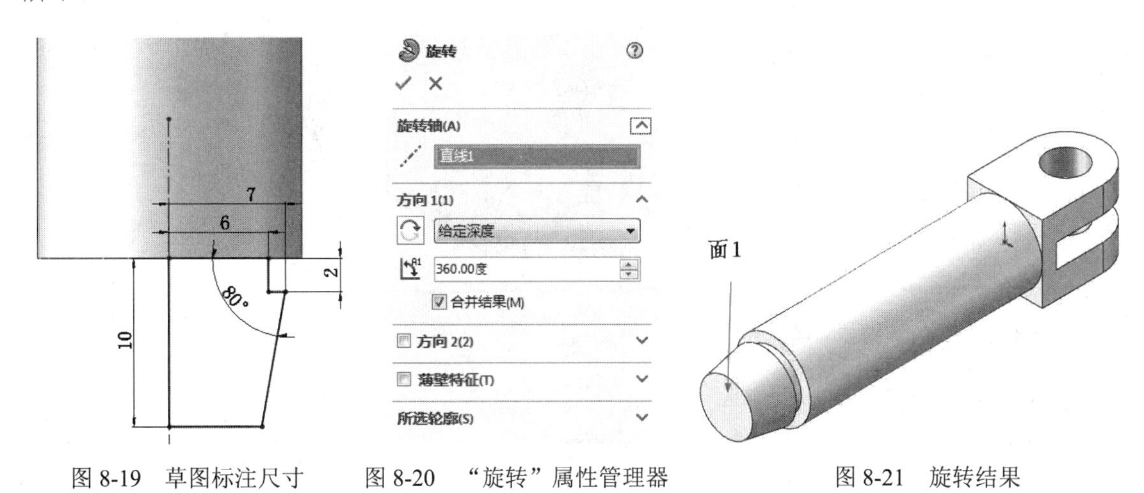

图 8-19　草图标注尺寸　　图 8-20　"旋转"属性管理器　　图 8-21　旋转结果

（12）绘制草图。在视图中用鼠标选择如图 8-21 所示的面 1 作为绘制图形的基准面。单击“草图”面板中的“中心线”按钮、“边角矩形”按钮和“镜像实体”按钮，绘制如图 8-22 所示的草图并标注尺寸。

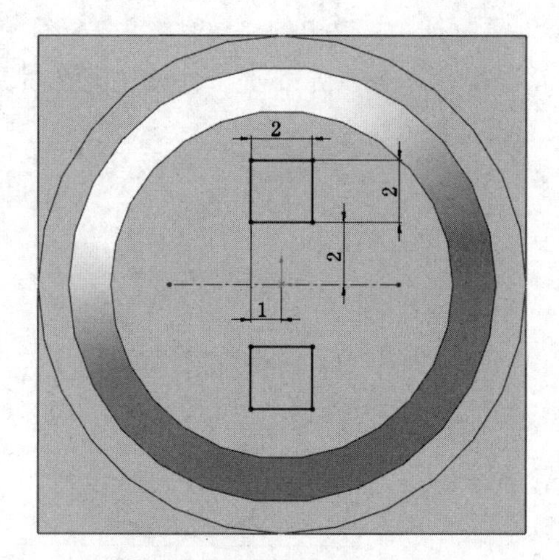

图 8-22　绘制草图并标注尺寸

（13）拉伸实体。单击“特征”控制面板中的“拉伸凸台/基体”按钮，此时系统弹出如图 8-23 所示的“凸台-拉伸”属性管理器。设置拉伸终止条件为“给定深度”，输入拉伸距离为 10mm，然后单击“确定”按钮。结果如图 8-24 所示。

图 8-23　“凸台-拉伸”属性管理器

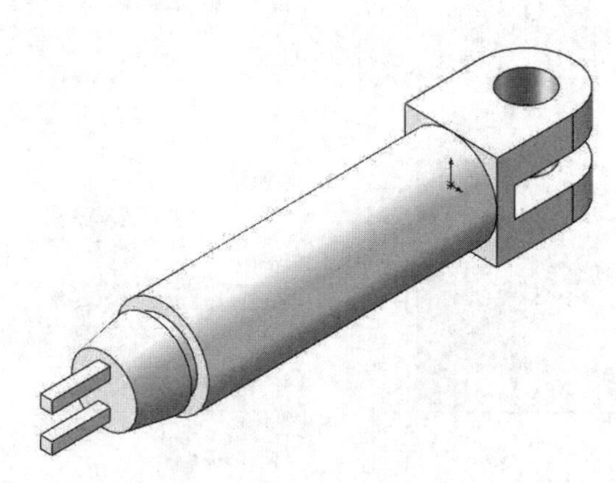

图 8-24　拉伸结果

练一练——摇臂

试利用上面所学知识绘制如图8-25所示的摇臂。

思路点拨：

先通过拉伸凸台功能绘制基本实体，然后通过拉伸切除功能绘制孔。参考尺寸如图 8-26 所示。

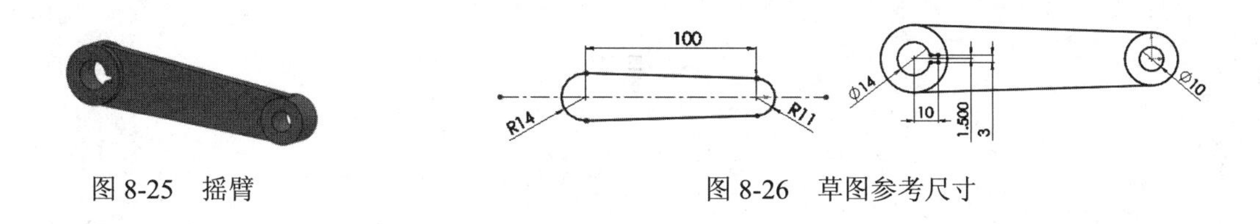

图 8-25　摇臂　　　　图 8-26　草图参考尺寸

8.2　旋转切除特征

【执行方式】

- 工具栏：单击“特征”工具栏中的“旋转切除”按钮。
- 菜单栏：选择“插入”→“切除”→“旋转”命令。
- 控制面板：单击“特征”面板中的“旋转切除”按钮。

与旋转凸台/基体特征不同的是，旋转切除特征用来产生切除特征，也就是用来去除材料。图8-27展示了旋转切除的几种效果。

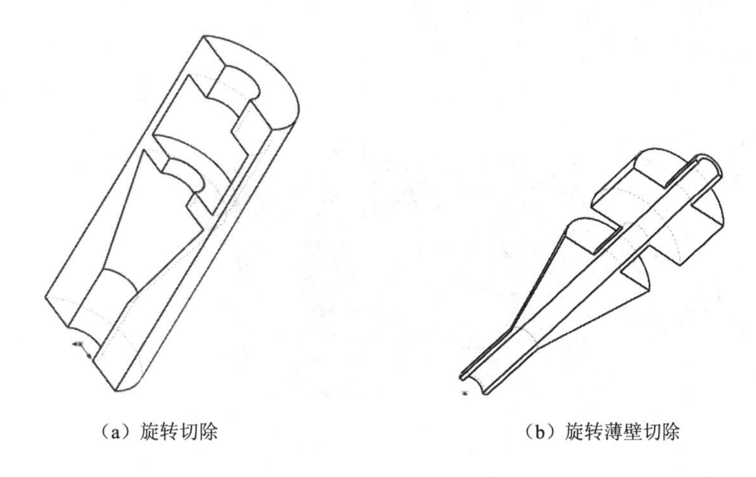

（a）旋转切除　　（b）旋转薄壁切除

图 8-27　旋转切除的几种效果

8.2.1　旋转切除

扫一扫，看视频

下面介绍创建旋转切除特征的操作步骤。

操作步骤

（1）打开文件。资源包：源文件\原始文件\8\8.2.1 中的相应文件，如图 8-28 所示。

（2）选择图 8-28 中模型面上的一个草图轮廓和一条中心线。

（3）单击“特征”面板中的“旋转切除”按钮。

（4）弹出“切除-旋转”属性管理器，同时在右侧的图形区中显示生成的切除旋转特征，如图 8-29 所示。

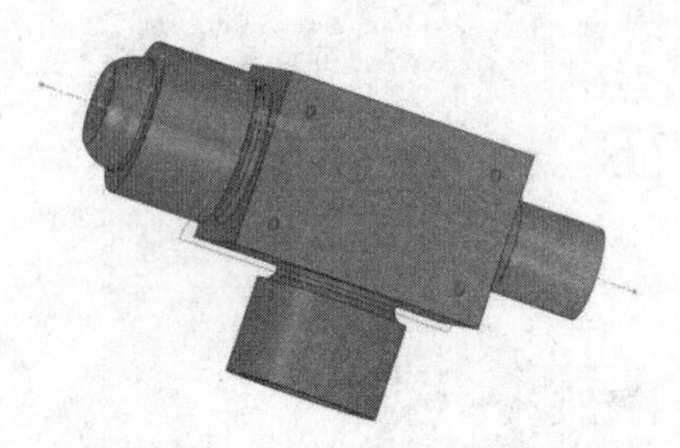

图 8-28　打开的文件实体

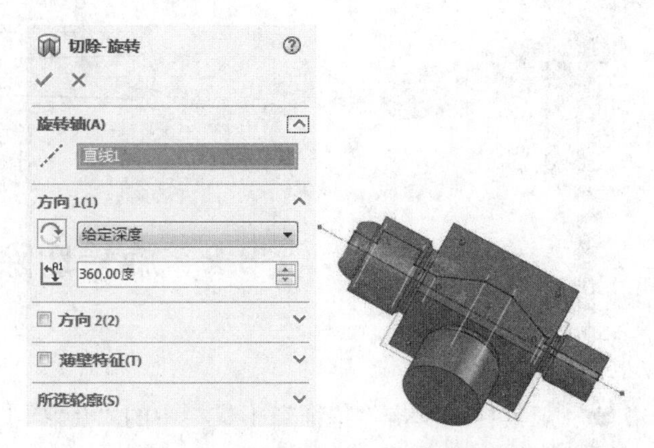

图 8-29　“切除-旋转”属性管理器

（5）在“旋转参数”选项组的下拉列表框中选择旋转类型（单向、两侧对称、双向）。其含义同“旋转凸台/基体”属性管理器中的“旋转类型”。

（6）在（角度）文本框中输入旋转角度。

（7）如果准备生成薄壁旋转，则勾选“薄壁特征”复选框，设定薄壁旋转参数。

（8）单击✔（确定）按钮，完成旋转切除特征的创建。结果如图 8-30 所示。

图 8-30　旋转切除结果

扫一扫，看视频

8.2.2　实例——酒杯

本实例绘制的酒杯如图 8-31 所示。

图 8-31　酒杯

思路分析：

首先绘制酒杯的外形轮廓草图，然后旋转成酒杯轮廓，最后拉伸切除为酒杯，如图 8-32 所示。

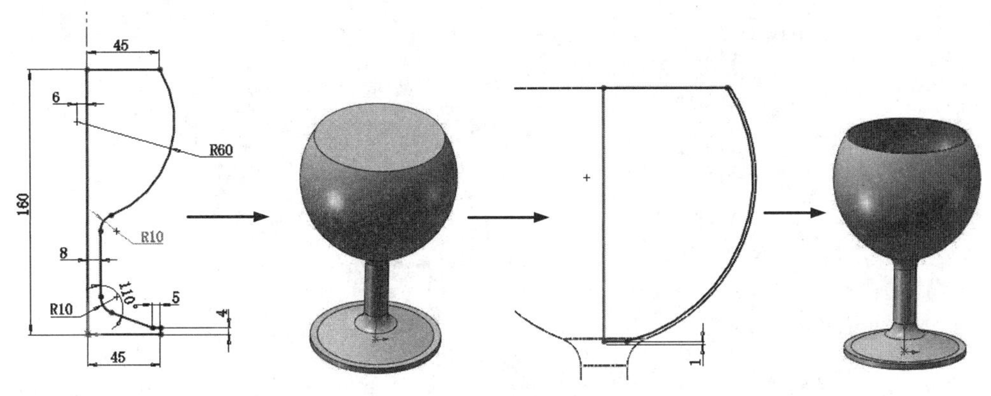

图 8-32　流程图

操作步骤

（1）单击标准工具栏中的“新建”按钮，在弹出的“新建 SOLIDWORKS 文件”对话框中单击“零件”按钮，再单击“确定”按钮，创建一个新的零件文件。

（2）在左侧的 FeatureManager 设计树中用鼠标选择“前视基准面”作为绘制图形的基准面。

（3）单击“草图”面板中的“直线”按钮，绘制一条通过原点的竖直中心线；单击“草图”面板中的“直线”按钮和“圆心/起/终点画弧”按钮以及“绘制圆角”按钮，绘制酒杯的草图轮廓。结果如图 8-33 所示。

（4）单击“草图”面板中的“智能尺寸”按钮，标注上一步绘制草图的尺寸。结果如图 8-34 所示。

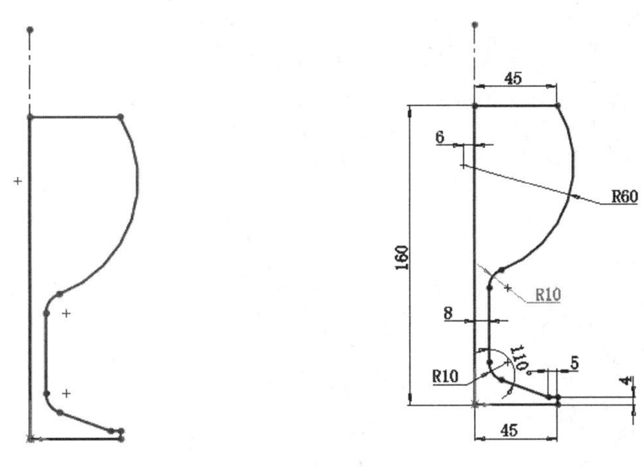

图 8-33　绘制的草图　　图 8-34　标注的草图

（5）单击“特征”面板中的“旋转凸台/基体”按钮，此时系统弹出如图 8-35 所示的

“旋转”属性管理器。按照图示设置后，单击“确定”按钮✓。结果如图 8-36 所示。

图 8-35 “旋转”属性管理器

图 8-36 旋转后的图形

技巧荟萃：

在使用旋转命令时，绘制的草图可以是封闭的，也可以是开环的。绘制薄壁特征的实体，草图应是开环的。

（6）在左侧的 FeatureManager 设计树中选择“前视基准面”，然后单击“标准视图”工具栏中的“正视于”按钮，将该表面作为绘制图形的基准面。结果如图 8-37 所示。

（7）单击“草图”面板中的“等距实体”按钮，绘制与酒杯圆弧边线相距 1mm 的轮廓线；单击“直线”按钮及“中心线”按钮，绘制草图，延长并封闭草图轮廓，如图 8-38 所示。

（8）单击“特征”面板中的“旋转切除”按钮，在图形区域中选择通过坐标原点的竖直中心线作为旋转的中心轴，其他属性设置如图 8-39 所示。单击“确定”按钮✓，生成旋转切除特征。

（9）单击“标准视图”面板中的“等轴测”按钮，将视图以等轴测方向显示，结果如图 8-40 所示。

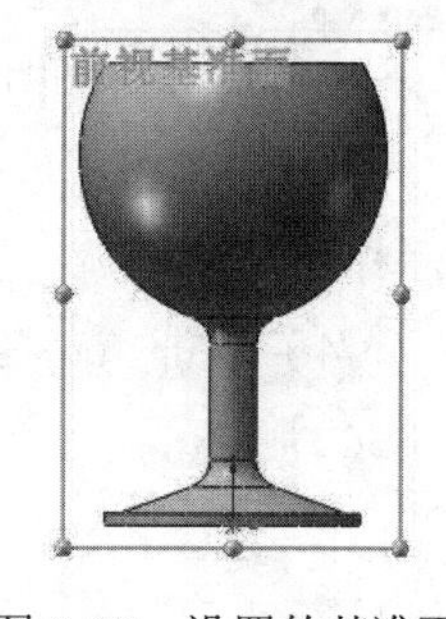

图 8-37 设置的基准面

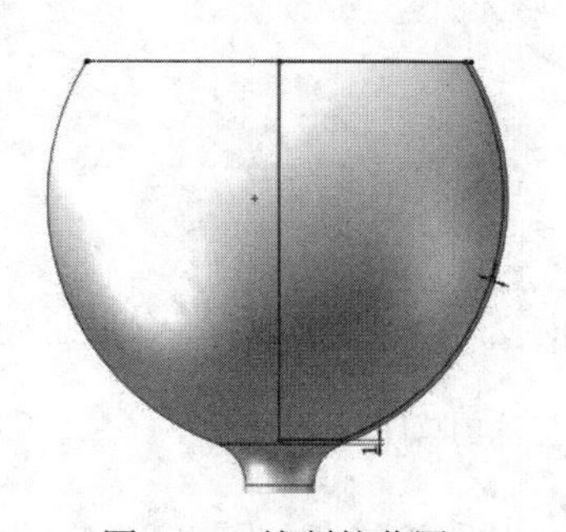

图 8-38 绘制的草图

图 8-39 “切除-旋转”属性管理器

图 8-40 切除后的图形

练一练——阶梯轴

试利用上面所学知识绘制如图8-41所示的阶梯轴。

思路点拨：

先通过拉伸凸台或旋转凸台功能绘制基本实体，然后通过旋转切除功能绘制阶梯。参考尺寸如图 8-42 所示。

图 8-41　阶梯轴

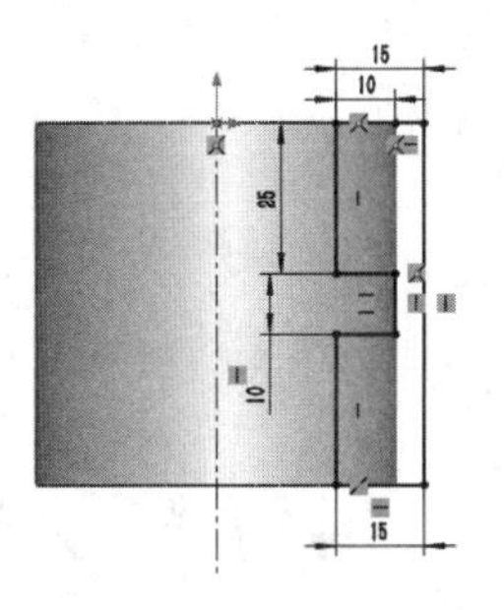

图 8-42　草图参考尺寸

8.3　扫描切除特征

【执行方式】

- 工具栏：单击“特征”工具栏中的“扫描切除”按钮。
- 菜单栏：选择“插入”→“切除”→“扫描”命令。
- 控制面板：单击“特征”面板中的“扫描切除”按钮。

扫描切除特征属于切割特征。与旋转切除特征相似，扫描切除特征是通过扫描产生切除特征，也是用来去除材料。如图8-43所示的螺母螺纹就是通过螺旋线扫描切除的效果。

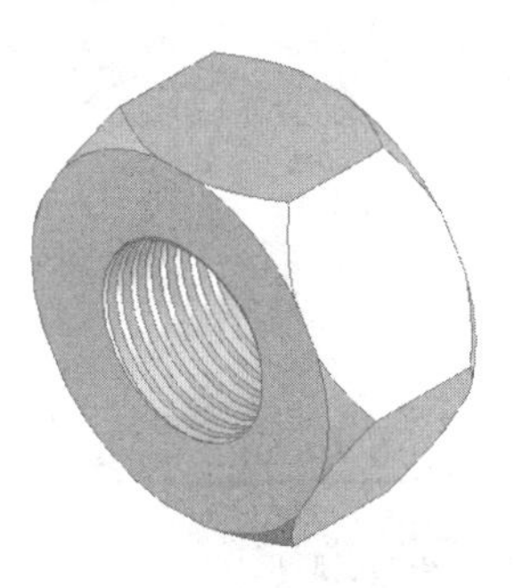

图 8-43　螺母螺纹

8.3.1　扫描切除

下面结合实例介绍创建扫描切除特征的操作步骤。

操作步骤

（1）打开文件。资源包：源文件\原始文件\8\8.3.1 中的相应文件，如图 8-44 所示。

（2）单击“特征”面板中的“扫描切除”按钮。

（3）此时弹出“切除-扫描”属性管理器，同时在右侧的图形区中显示生成的扫描切除特征，如图 8-45 所示。

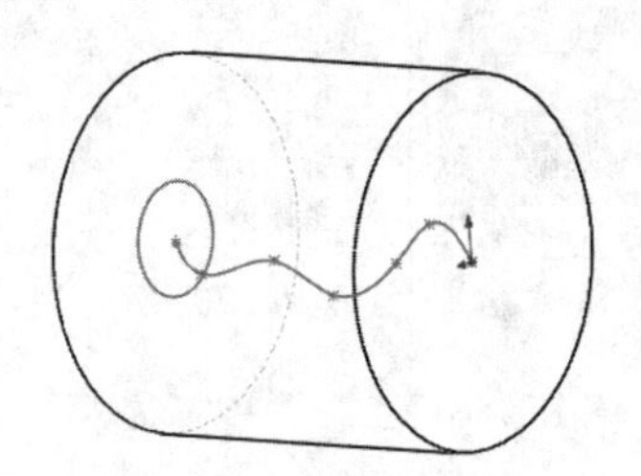

图 8-44　打开的文件实体

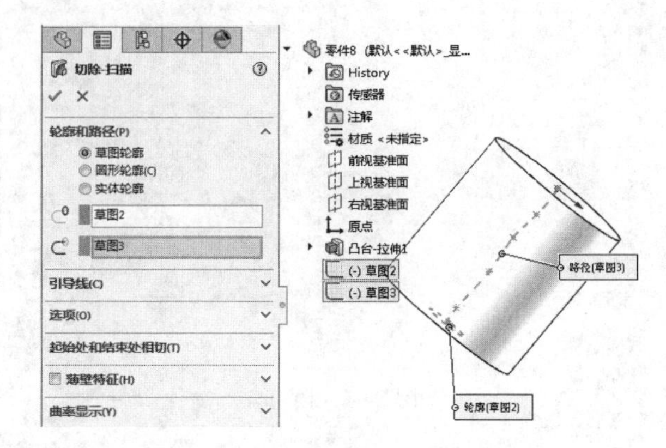

图 8-45　“切除-扫描”属性管理器

（4）单击（轮廓）按钮，然后在图形区中选择轮廓草图。

（5）单击（路径）按钮，然后在图形区中选择路径草图。如果预先选择了轮廓草图或路径草图，则草图将显示在对应的属性管理器方框内。

（6）在“选项”下拉列表框中，选择以下选项之一。

- 随路径变化：草图轮廓随路径的变化而变换方向，其法线与路径相切。
- 保持法线不变：草图轮廓保持法线方向不变。

（7）其余选项同凸台/基体扫描。

（8）扫描切除属性设置完毕，单击“确定”按钮。结果如图 8-46 所示。

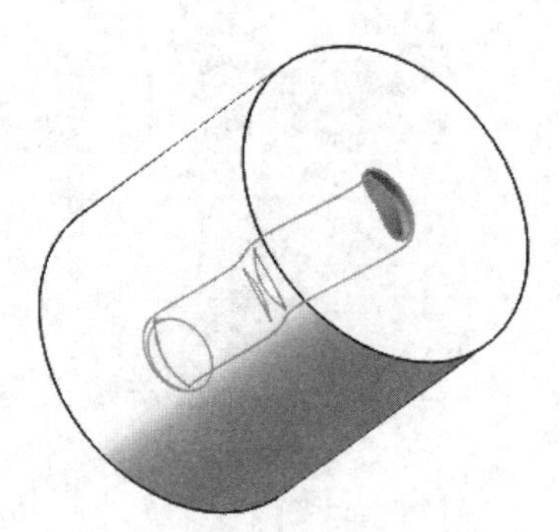

图 8-46　扫描切除结果

扫一扫，看视频

8.3.2　实例——电线盒

本实例绘制的电线盒如图8-47所示。

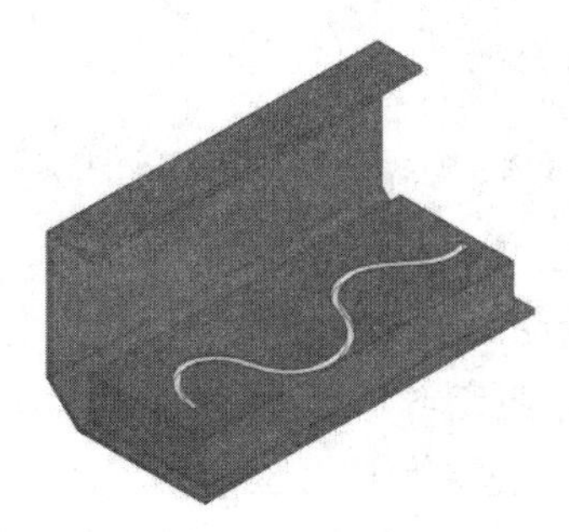

图 8-47　电线盒

思路分析：

本实例两次利用拉伸命令，拉伸盒盖、盒身，最后利用扫描切除命令绘制电线放置位置。绘制流程如图 8-48 所示。

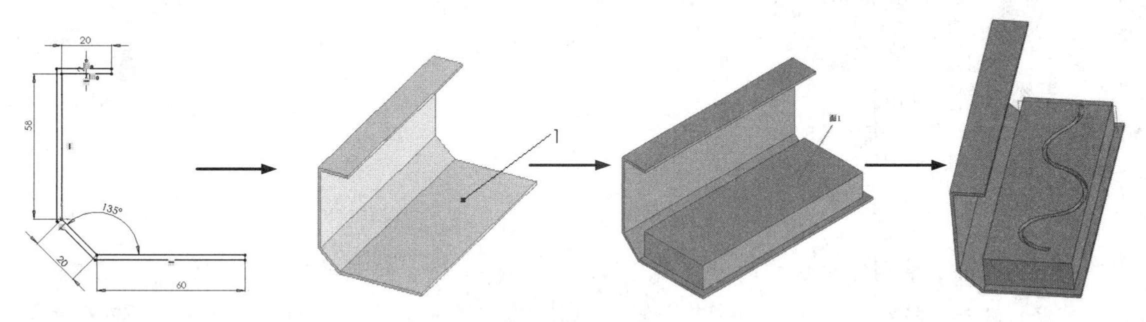

图 8-48　流程图

操作步骤

（1）单击标准工具栏中的“新建”按钮，在打开的“新建 SOLIDWORKS 文件”对话框中单击“零件”按钮，然后单击“确定”按钮，新建一个零件文件。

（2）绘制草图。在左侧的 FeatureManager 设计树中用鼠标选择“前视基准面”作为绘制图形的基准面。

（3）单击“草图”面板中的“直线”按钮，绘制一系列直线段，如图 8-49 所示。

（4）单击“草图”面板中的“智能尺寸”按钮，依次标注图 8-49 中的直线段，结果如图 8-50 所示。

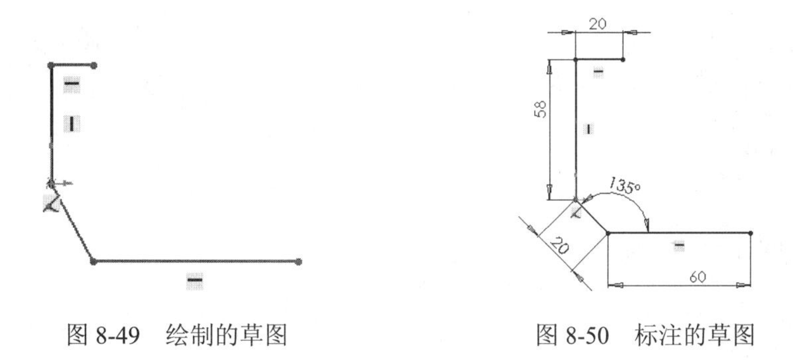

图 8-49　绘制的草图　　图 8-50　标注的草图

注意：

使用 SOLIDWORKS 绘制草图时，不需要绘制具有精确尺寸的草图，绘制好草图轮廓后，通过标注尺寸，可以智能调整各个草图实际的大小。

（5）单击“草图”控制面板中的“等距实体”按钮，此时系统弹出如图 8-51 所示的“等距实体”属性管理器。在“等距距离”微调框中输入 10mm，设置向外等距。按照图示进行设置后，单击“确定”按钮✔。结果如图 8-52 所示。

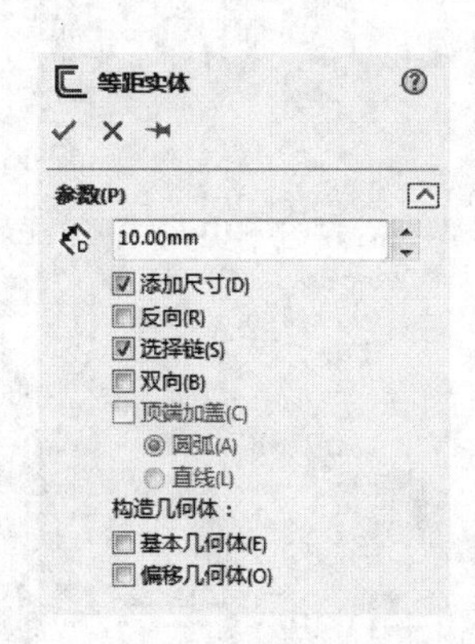

图 8-51 “等距实体”属性管理器

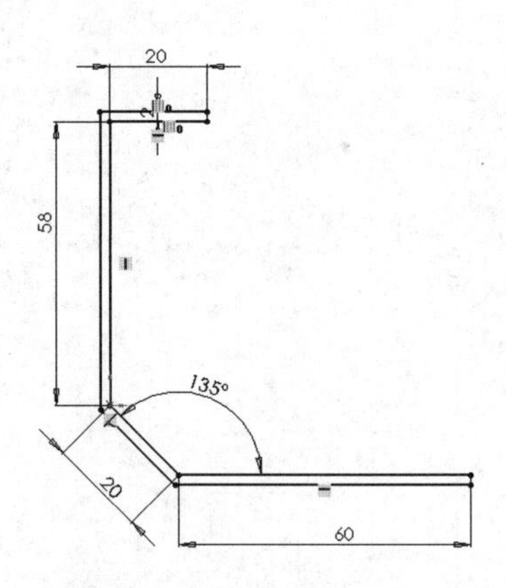

图 8-52 设置后的图形

（6）单击“草图”面板中的“直线”按钮，将上一步绘制的等距实体的两端闭合。

（7）单击“特征”面板中的“拉伸凸台/基体”按钮，此时系统弹出如图 8-53 所示的“凸台-拉伸”属性管理器。在“深度”微调框中输入 160mm。按照图示进行设置后，单击“确定”按钮✔。结果如图 8-54 所示。

图 8-53 “凸台-拉伸”属性管理器

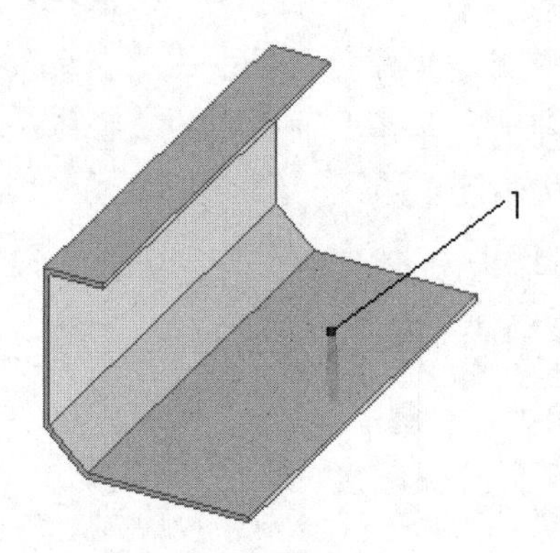

图 8-54 拉伸后的图形

（8）选择图 8-54 中的表面 1，然后单击“标准视图”工具栏中的“正视于”按钮，将该表面作为绘制图形的基准面。单击“草图”面板中的“草图绘制”按钮，进入草图绘制环境。

（9）单击“草图”面板中的“边角矩形”按钮，在上一步选择的基准面上绘制一个矩形，长宽可以是任意数值。结果如图 8-55 所示。

（10）单击“草图”面板中的“智能尺寸”按钮，依次标注图 8-55 中的直线段。结果如图 8-56 所示。

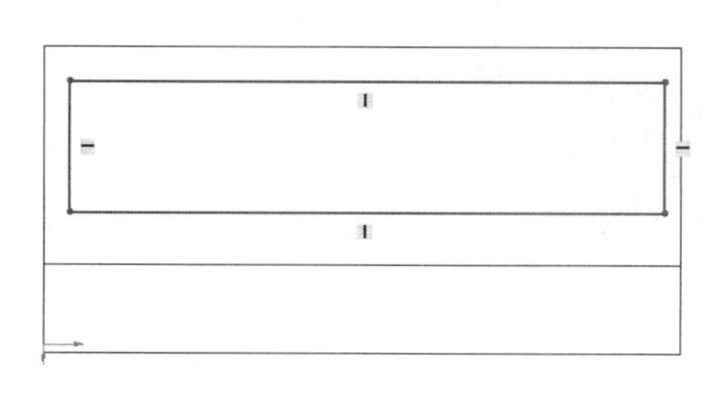

图 8-55　绘制的草图

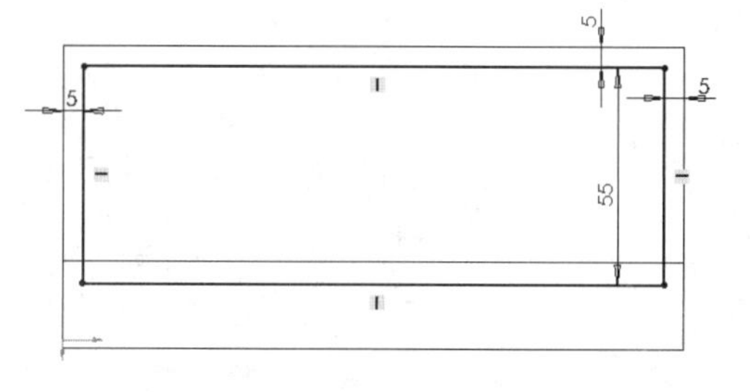

图 8-56　标注的草图

（11）单击“特征”面板中的“拉伸凸台/基体”按钮，此时系统弹出如图 8-57 所示的“凸台-拉伸”属性管理器。在“深度”微调框中输入 20mm。按照图示进行设置后，单击“确定”按钮。结果如图 8-58 所示。

（12）选择图 8-58 中的面 1，单击“草图”面板中的“草图绘制”按钮，然后单击“标准视图”工具栏中的“正视于”按钮，将该表面作为绘制图形的基准面。

（13）单击“草图”面板中的“样条曲线”按钮，在草绘平面绘制电线安放路径，如图 8-59 所示。

图 8-57　“凸台-拉伸”属性管理器

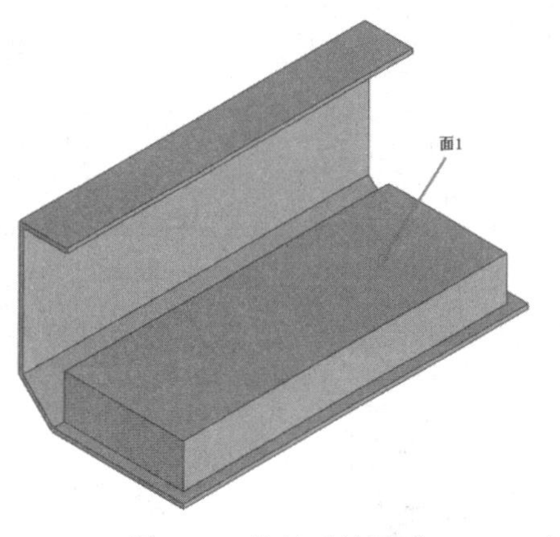

图 8-58　拉伸后的图形

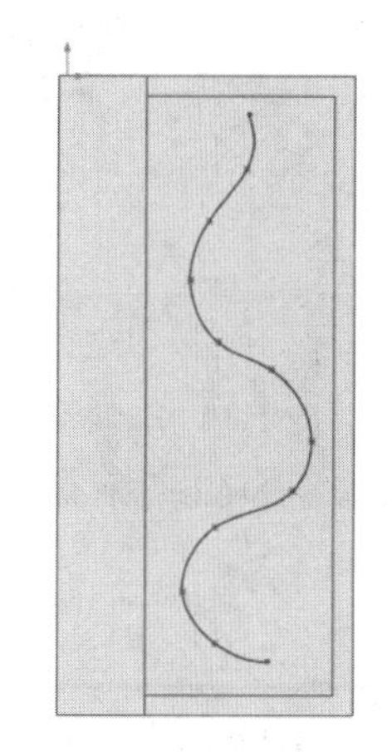

图 8-59　绘制电线安放路径

（14）单击“参考几何体”工具栏中的“基准面”按钮，弹出“基准面”属性管理器，选择点 1 及面 1，如图 8-60 所示。

（15）选择图 8-60 中的面 1，单击“草图”面板中的“草图绘制”按钮，然后单击“标准视图”工具栏中的“正视于”按钮，将该表面作为绘制图形的基准面，结果如图 8-61 所示。

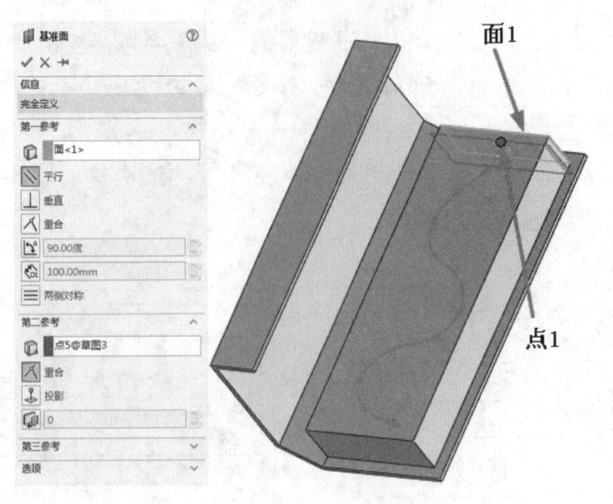

图 8-60　基准面设置

（16）单击“草图”面板中的“边角矩形”按钮，在草绘平面绘制电线安放轮廓。结果如图 8-62 所示。

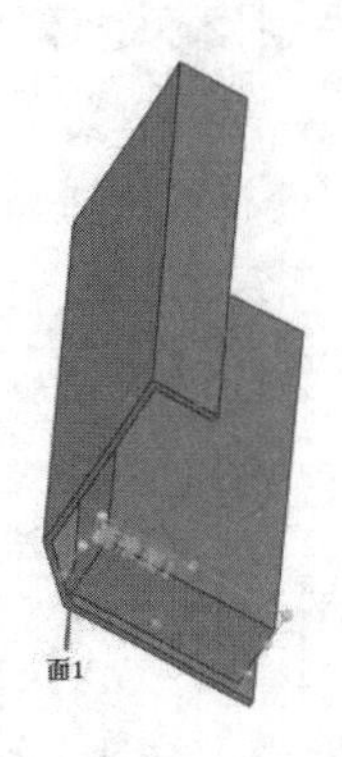

图 8-61　选择草绘基准面

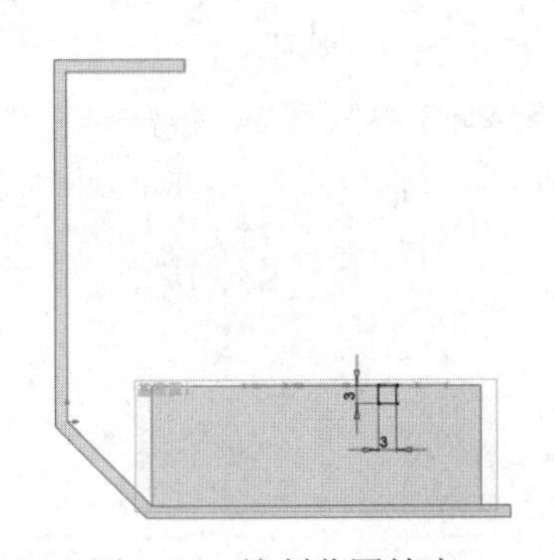

图 8-62　绘制草图轮廓

（17）单击“草图”面板中的“智能尺寸”按钮，依次标注图 8-62 中的直线段。

（18）单击“特征”面板中的“扫描切除”按钮，选择路径及轮廓，如图 8-63 所示。结果如图 8-64 所示。

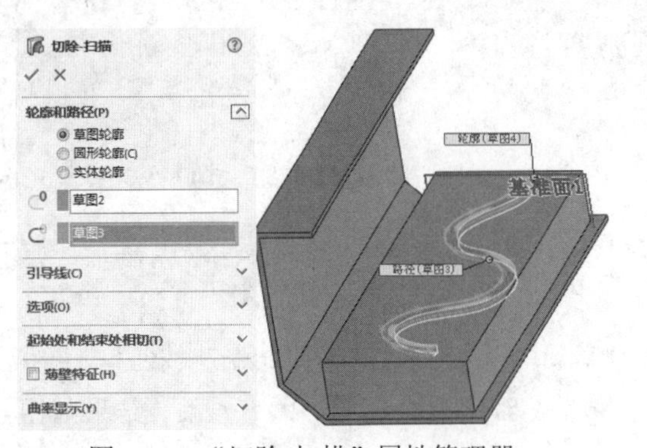

图 8-63　“切除-扫描”属性管理器

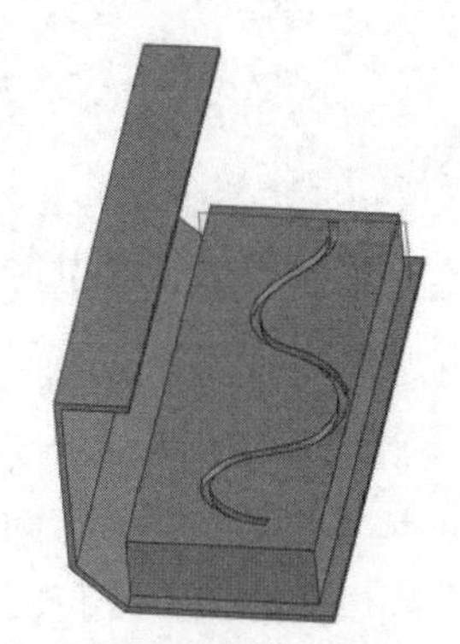

图 8-64　扫描切除后的图形

练一练——螺母

试利用上面所学知识绘制如图8-65所示的螺母。

思路点拨：

首先绘制螺母外形轮廓草图并拉伸实体，然后旋转切除边缘的倒角，最后通过扫描切除功能绘制内侧的螺纹。参考尺寸如图 8-66 所示。

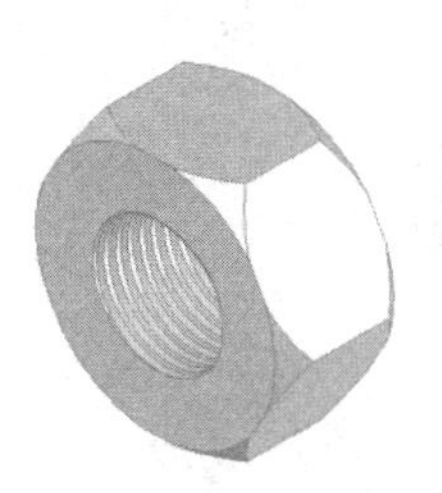

图 8-65 螺母

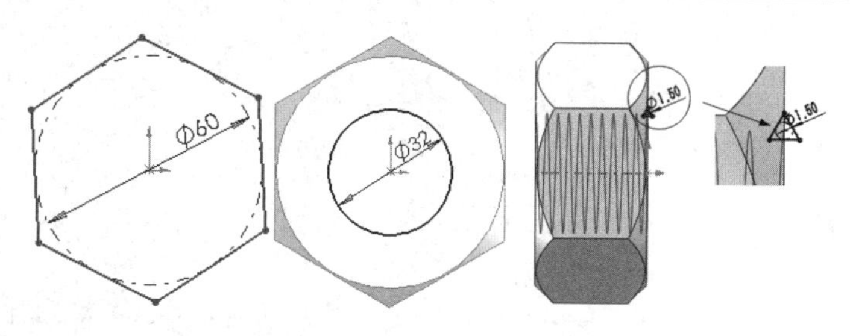

图 8-66 草图参考尺寸

8.4 放样切除特征

【执行方式】

- 工具栏：单击“特征”工具栏中的“放样切除”按钮。
- 菜单栏：选择“插入”→“切除”→“放样”命令。
- 控制面板：单击“特征”面板中的“放样切除”按钮。

放样切除是指在两个或多个轮廓之间通过放样移除材质来切除实体模型。放样切除特征也属于切割特征。

8.4.1 放样切除

扫一扫，看视频

下面结合实例介绍创建放样切除特征的操作步骤。

操作步骤

（1）打开文件。资源包：源文件\原始文件\8\8.4.1 中的相应文件，如图 8-67 所示。

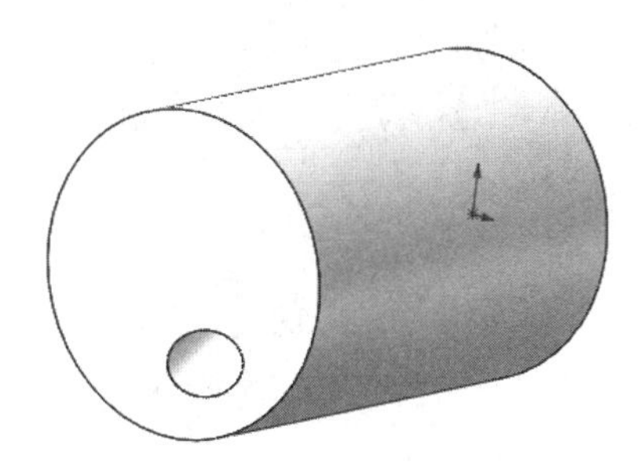

图 8-67 打开的文件实体

（2）单击“特征”面板中的“放样切除”按钮。

（3）弹出“切除-放样”属性管理器，单击每个轮廓上相应的点，按顺序选择空间轮廓和其他轮廓的面，此时被选择轮廓显示在“轮廓”选项组中，在右侧的图形区中显示生成的放样特征，如图 8-68 所示。结果如图 8-67 所示。

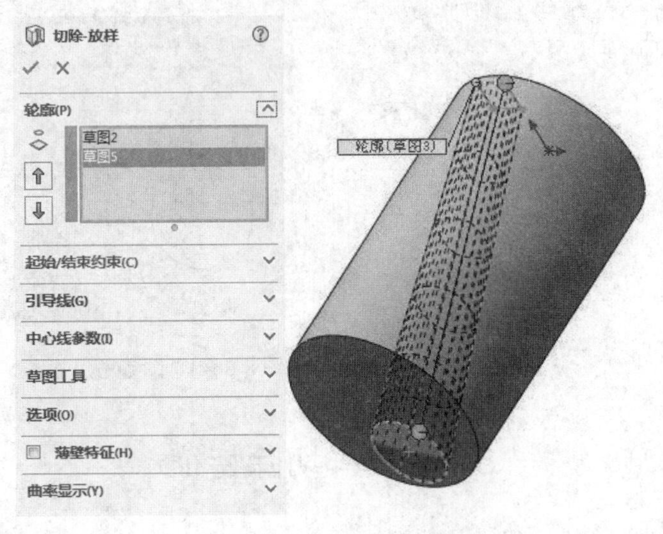

图 8-68 “切除-放样”属性管理器

【选项说明】

（1）单击（上移）按钮或（下移）按钮，可以改变轮廓的顺序。此项只针对两个以上轮廓的放样特征。

（2）其余属性设置同“凸台-放样”属性管理器。

扫一扫，看视频

8.4.2 实例——马桶

本实例绘制的马桶如图8-69所示。

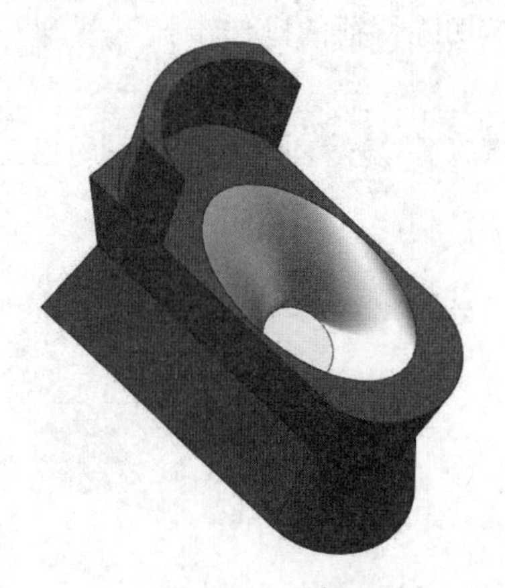

图 8-69 马桶

思路分析：

本实例首先利用拉伸命令绘制底座，再利用放样命令绘制中间部分，最后利用切除放样命令切除冲水口。绘制过程如图 8-70 所示。

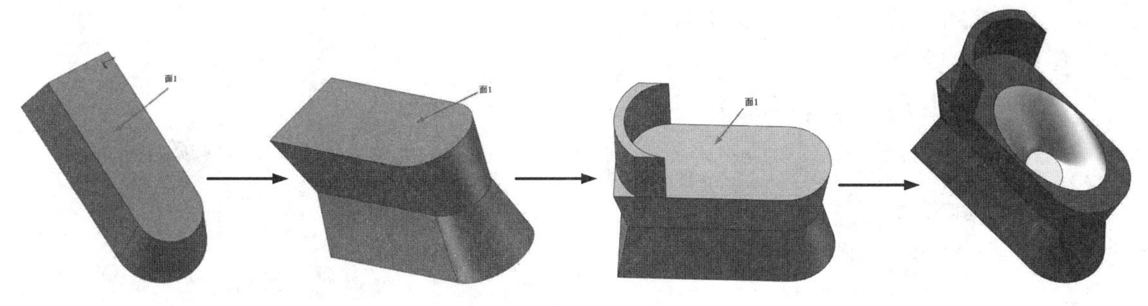

图 8-70 流程图

操作步骤

（1）单击标准工具栏中的"新建"按钮，在弹出的"新建 SOLIDWORKS 文件"对话框中单击"零件"按钮，然后单击"确定"按钮，创建一个新的零件文件。

（2）在左侧的 FeatureManager 设计树中用鼠标选择"前视基准面"作为绘制图形的基准面。

（3）单击"草图"面板中的"草图绘制"按钮，进入草图绘制环境。

（4）单击"草图"面板中的"直线"按钮以及"3 点圆弧"按钮，绘制草图轮廓。

（5）单击"草图"面板中的"智能尺寸"按钮，标注并修改尺寸。结果如图 8-71 所示。

（6）单击"特征"面板中的"拉伸凸台/基体"按钮，弹出"凸台-拉伸"属性管理器。设置拉伸终止条件为"给定深度"，输入拉伸距离为 200mm，单击（拔模开/关）按钮，然后输入拔模角度为 10°，最后单击"确定"按钮。结果如图 8-72 所示。

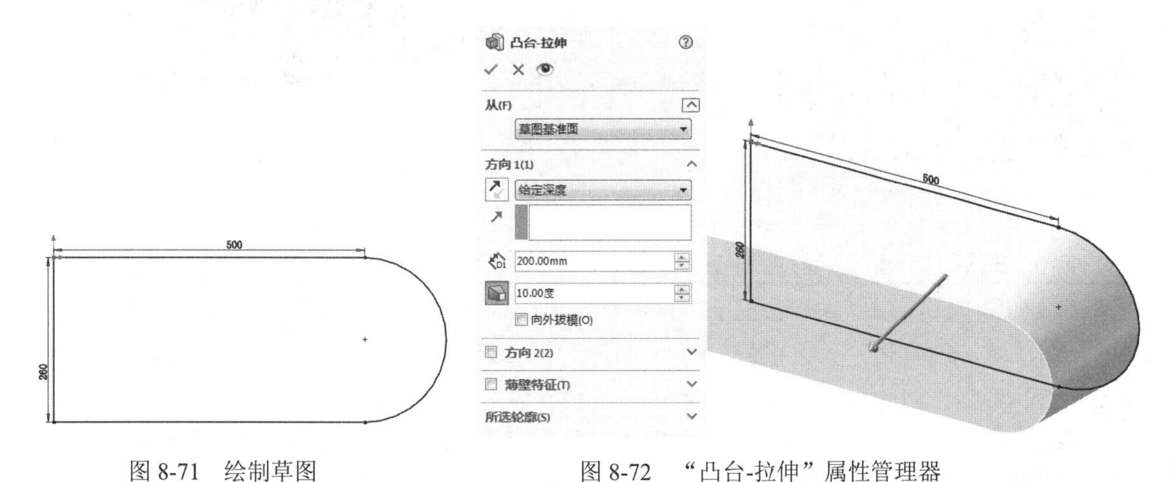

图 8-71 绘制草图　　图 8-72 "凸台-拉伸"属性管理器

（7）在左侧的 FeatureManager 设计树中用鼠标选择图 8-73 中的面 1 作为绘制图形的基

准面。单击“草图”面板中的“草图绘制”按钮，进入草图绘制状态。

（8）单击“草图”面板中的“转换实体引用”按钮，弹出“转换实体引用”属性管理器，选择实体最外侧边线，如图 8-74 所示。转换实体引用结果如图 8-75 所示。

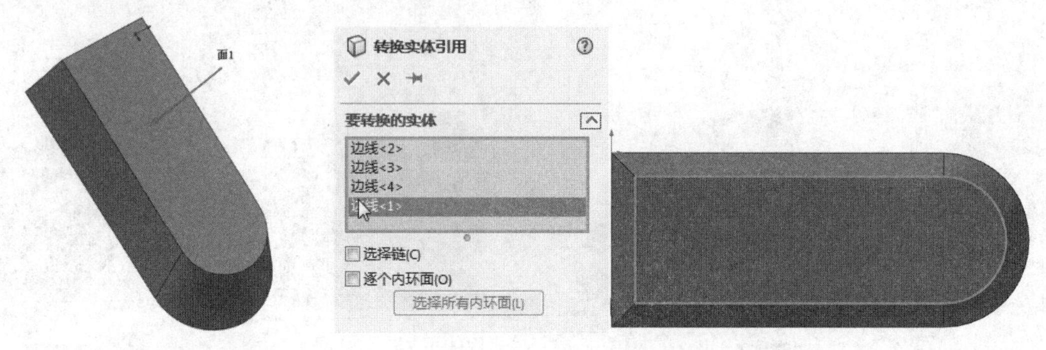

图 8-73　拉伸结果　　　　图 8-74　“转换实体引用”属性管理器

（9）单击“特征”面板“参考几何体”下拉列表中的“基准面”按钮，弹出“基准面”属性管理器，选择图 8-75 中的面 1，输入距离值为 200mm，如图 8-76 所示。

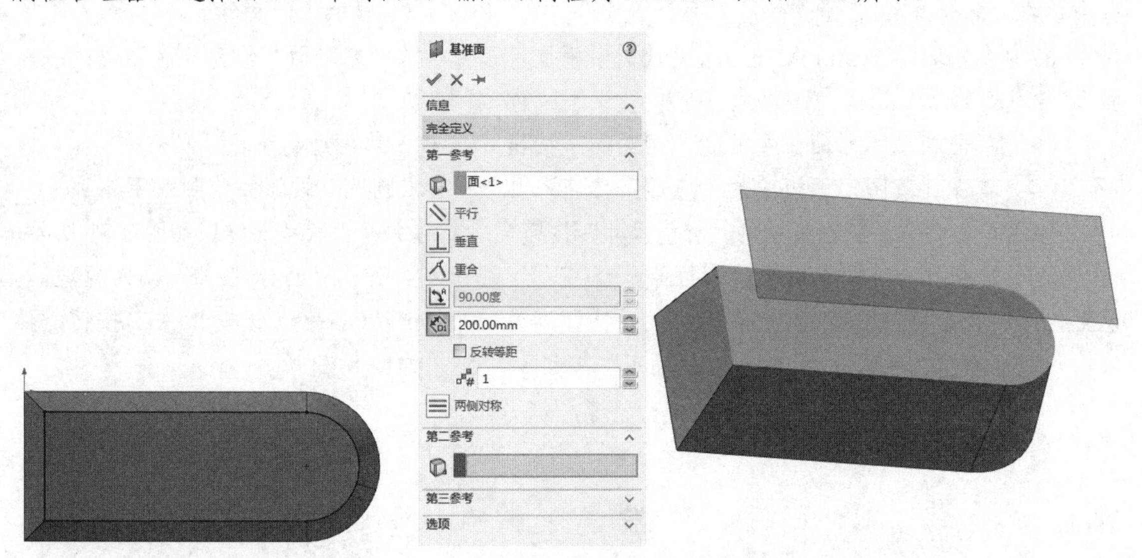

图 8-75　转换实体引用结果　　　　图 8-76　“基准面”属性管理器

（10）选择上一步绘制的基准面，单击“草图”面板中的“草图绘制”按钮，然后单击“标准视图”工具栏中的“正视于”按钮，将该表面作为绘制图形的基准面。

（11）单击“草图”面板中的“转换实体引用”按钮，弹出“转换实体引用”属性管理器，选择实体内侧边线，如图 8-77 所示。转换实体引用结果如图 8-78 所示。

（12）单击“特征”面板中的“放样凸台/基体”按钮，弹出“放样”属性管理器，在“轮廓”选项组中选择草图，其他属性选择默认值，然后单击“确定”按钮，如图 8-79 所示。

（13）依次选择基准面 1 及放样草图，右击弹出快捷菜单，选择“隐藏”命令，如图 8-80 所示。结果如图 8-81 所示。

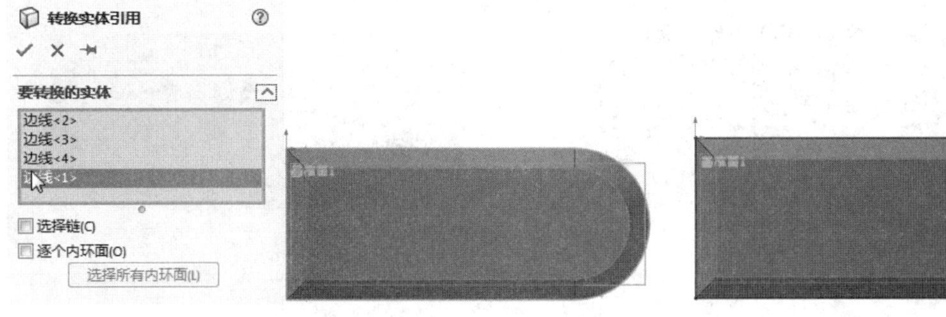

图 8-77　“转换实体引用”属性管理器　　　图 8-78　转换实体引用结果

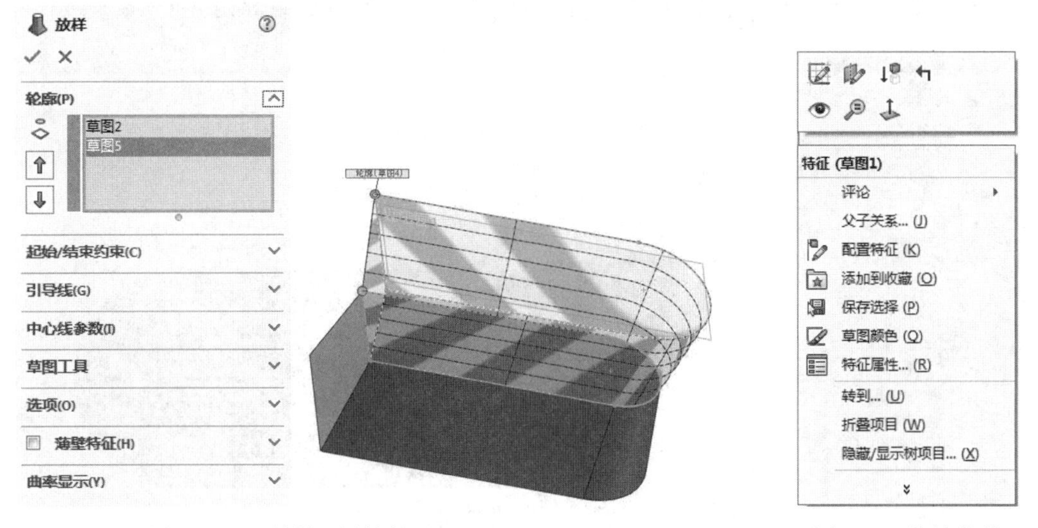

图 8-79　“放样”属性管理器　　　图 8-80　快捷菜单

（14）选择图 8-81 所示的面 1，单击“草图”面板中的“草图绘制”按钮，然后单击“标准视图”工具栏中的“正视于”按钮，将该表面作为绘制图形的基准面。

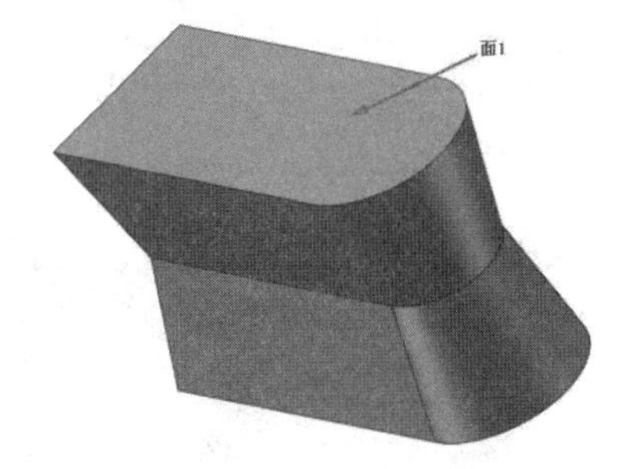

图 8-81　放样结果

（15）单击“草图”面板中的“转换实体引用”按钮，弹出“转换实体引用”属性管理器，选择实体内侧边线。转换实体引用结果如图 8-82 所示。

（16）单击“草图”面板中的“圆”按钮，绘制圆。结果如图 8-83 所示。

图 8-82　转换实体引用结果

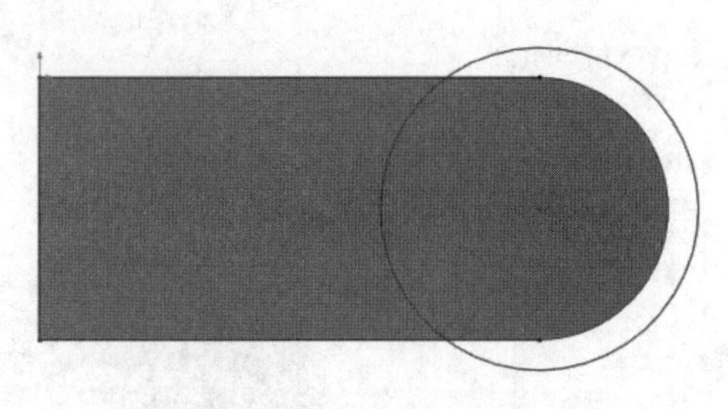

图 8-83　绘制圆

（17）单击“草图”面板中的“添加几何关系”按钮，弹出“添加几何关系”属性管理器选择圆及竖直直线，单击“相切”按钮，如图 8-84 所示。结果如图 8-85 所示。

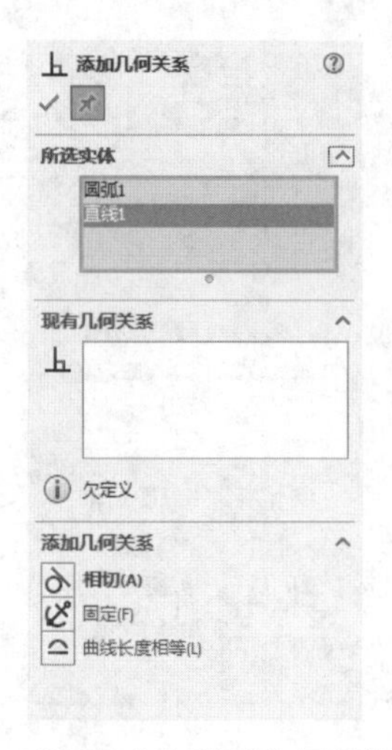

图 8-84　“添加几何关系”属性管理器

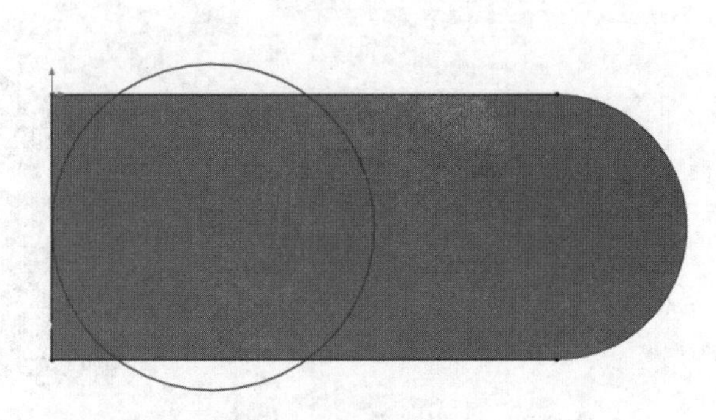

图 8-85　结果图

（18）单击“草图”面板中的“等距实体”按钮，弹出“等距实体”属性管理器，输入距离值为 30mm，如图 8-86 所示。

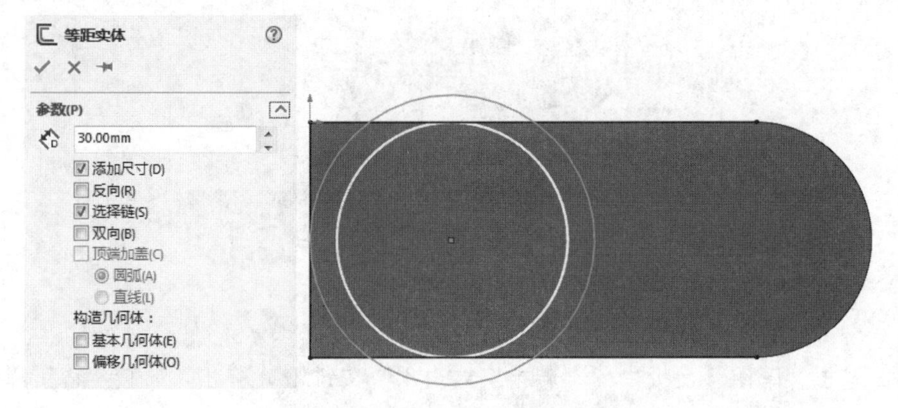

图 8-86　“等距实体”属性管理器

（19）单击“草图”面板中的“裁剪实体”按钮，修剪多余对象，如图 8-87 所示。

（20）单击“特征”面板中的“拉伸凸台/基体”按钮，弹出“凸台-拉伸”属性管理器，设置拉伸深度为 200mm，如图 8-88 所示。拉伸结果如图 8-89 所示。

图 8-87　修剪结果

图 8-88　“凸台-拉伸”属性管理器

（21）选择图 8-89 所示的面 1，单击“草图”面板中的“草图绘制”按钮，然后单击“标准视图”工具栏中的“正视于”按钮，将该表面作为绘制图形的基准面。

（22）单击“草图”面板中的“椭圆”按钮，绘制放样轮廓 1；单击“草图”面板中的“智能尺寸”按钮，标注结果如图 8-90 所示。

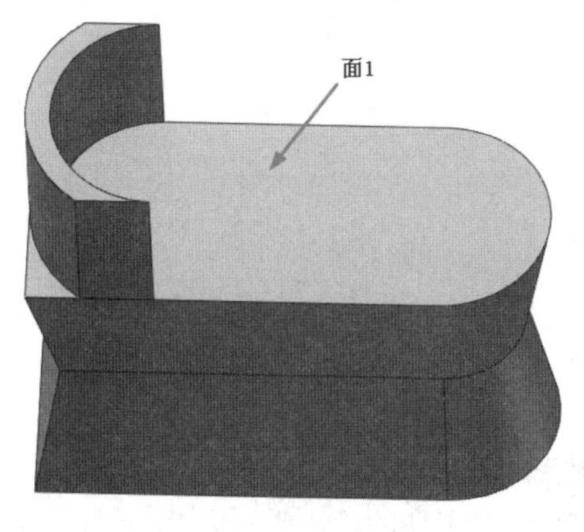

图 8-89　拉伸结果

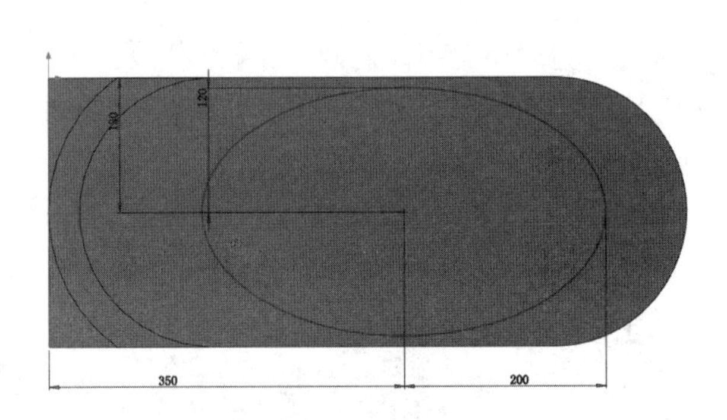

图 8-90　轮廓 1

（23）单击“特征”面板“参考几何体”下拉列表中的“基准面”按钮，弹出“基准面”属性管理器，如图 8-91 所示。选择面 1，输入偏移距离为 100mm。

（24）选择图 8-91 所示的基准面，单击“草图”面板中的“草图绘制”按钮，然后单击“标准视图”工具栏中的“正视于”按钮，将该表面作为绘制图形的基准面。

（25）单击“草图”面板中的“椭圆”按钮，绘制放样轮廓 2；单击“草图”面板中的“智能尺寸”按钮，标注结果如图 8-92 所示。

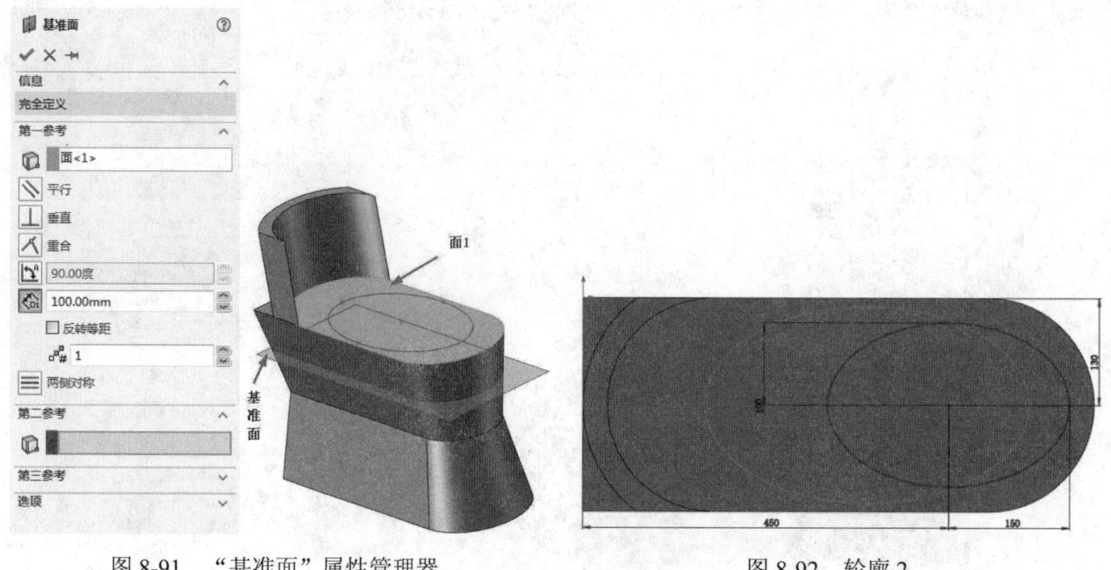

图 8-91　“基准面”属性管理器

图 8-92　轮廓 2

（26）单击“特征”面板“参考几何体”下拉列表中的“基准面”按钮，弹出“基准面”属性管理器，如图 8-93 所示。选择面 1，输入偏移距离为 200mm。

（27）选择图 8-93 所示的基准面，单击“草图”面板中的“草图绘制”按钮，然后单击“标准视图”工具栏中的“正视于”按钮，将该表面作为绘制图形的基准面。

（28）单击“草图”面板中的“圆”按钮，绘制放样轮廓 3；单击“草图”面板中的“智能尺寸”按钮，标注结果如图 8-94 所示。

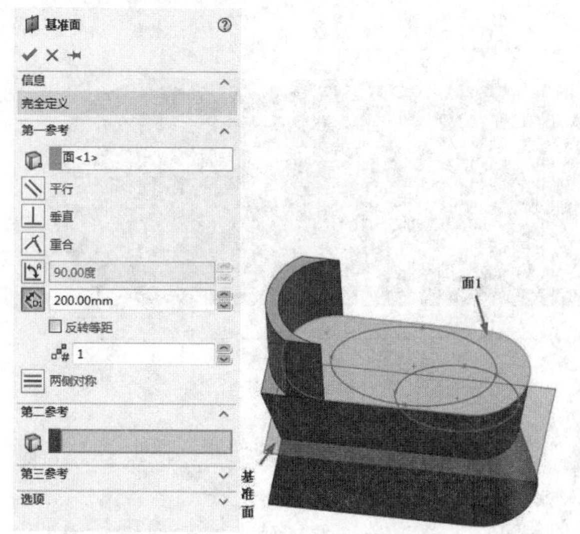

图 8-93　“基准面”属性管理器

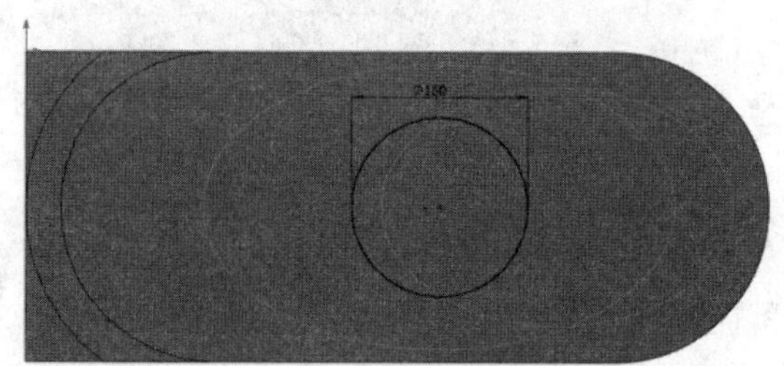

图 8-94　轮廓 3

（29）单击“特征”面板中的“放样切除”按钮，弹出“切除-放样”属性管理器，如图 8-95 所示。在“轮廓”选项组中选择上几步绘制的轮廓 1、轮廓 2、轮廓 3，单击“确定”按钮✔。结果如图 8-69 所示。

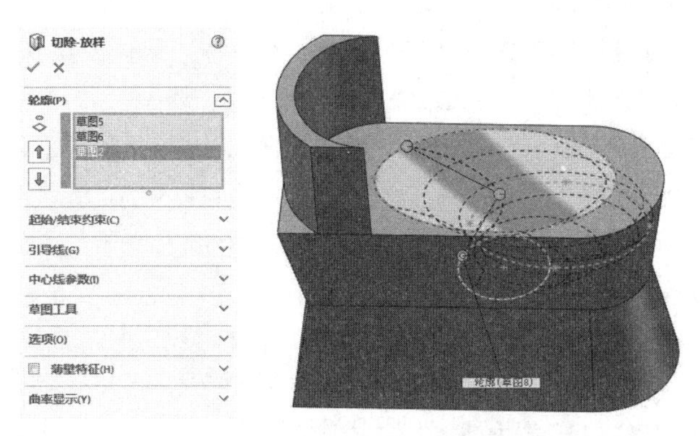

图 8-95　“切除-放样”属性管理器

8.5　综合实例——十字螺丝刀

本例创建的十字螺丝刀如图8-96所示。

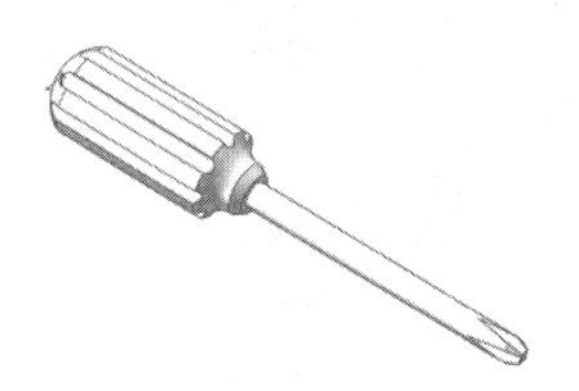

图 8-96　十字螺丝刀

✍ 思路分析：

本例绘制十字螺丝刀，首先绘制螺丝刀主体轮廓草图，通过旋转创建主体部分；然后绘制草图，通过拉伸切除创建细化手柄；最后通过扫描切除创建十字头部。绘制过程如图 8-97 所示。

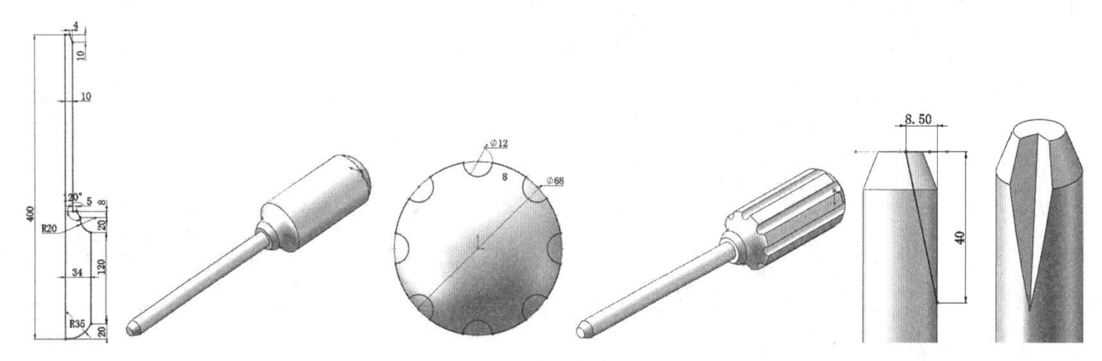

图 8-97　流程图

操作步骤 视频文件：动画演示\第 8 章\十字螺丝刀.avi

1．绘制螺丝刀主体

（1）选择菜单栏中的“文件”→“新建”命令，或者单击标准工具栏中的“新建”按钮，在弹出的“新建 SOLIDWORKS 文件”对话框中单击“零件”按钮，然后单击“确定”按钮，创建一个新的零件文件。

（2）在左侧的 FeatureManager 设计树中用鼠标选择“上视基准面”作为绘图基准面。单击“草图”面板中的“三点圆弧”按钮和“直线”按钮，绘制草图。

（3）单击“草图”面板中的“智能尺寸”按钮，标注上一步绘制的草图。结果如图 8-98 所示。

（4）单击“特征”面板中的“旋转凸台/基体”图标，此时系统弹出如图 8-99 所示的“旋转”属性管理器。设定旋转的终止条件为“给定深度”，输入旋转角度为 360°，保持其他属性的系统默认值不变，然后单击“确定”按钮。结果如图 8-100 所示。

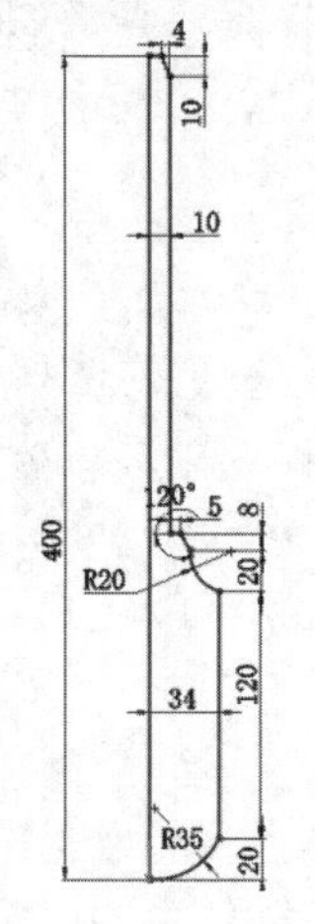

图 8-98 绘制草图

图 8-99 “旋转”属性管理器

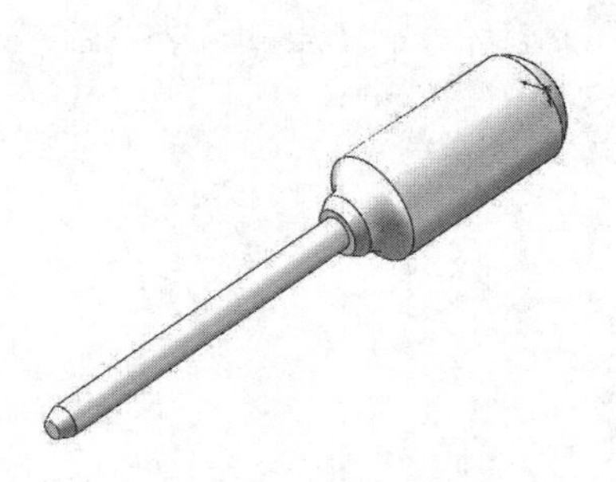

图 8-100 旋转实体

2．细化手柄

（1）在左侧的 FeatureManager 设计树中用鼠标选择“前视基准面”作为绘图基准面。单击“草图”面板中的“圆”按钮，以原点为圆心绘制一个大圆，然后以原点正上方的大圆处为圆心绘制一个小圆。

（2）单击“草图”面板中的“智能尺寸”按钮，标注上一步所绘圆的直径。结果如图 8-101 所示。

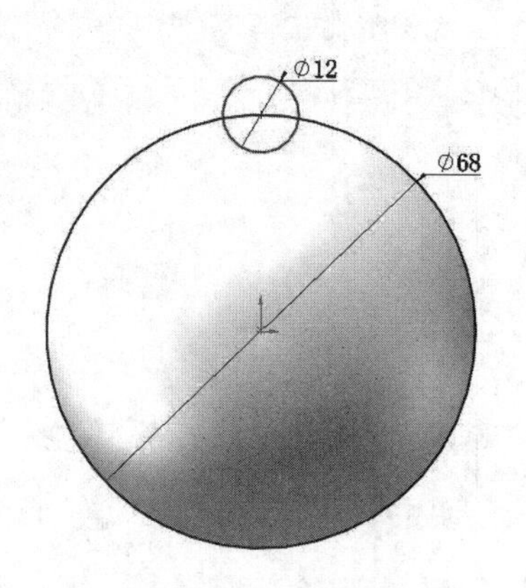

图 8-101 标注的草图

（3）单击“草图”面板中的“圆周草图阵列”按钮，此时系统弹出如图 8-102 所示的“圆周阵列”属性管理器。按照图示进行设置后，单击属性管理器中的“确定”图标。结果如图 8-103 所示。

（4）单击“草图”面板中的“剪裁实体”按钮，剪裁图中相应的圆弧处。结果如图 8-104 所示。

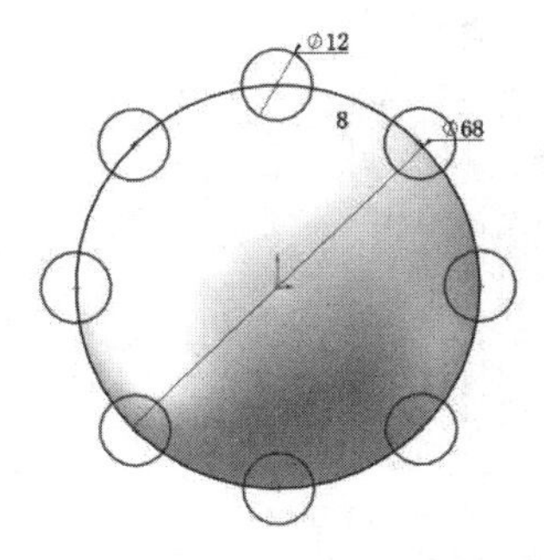

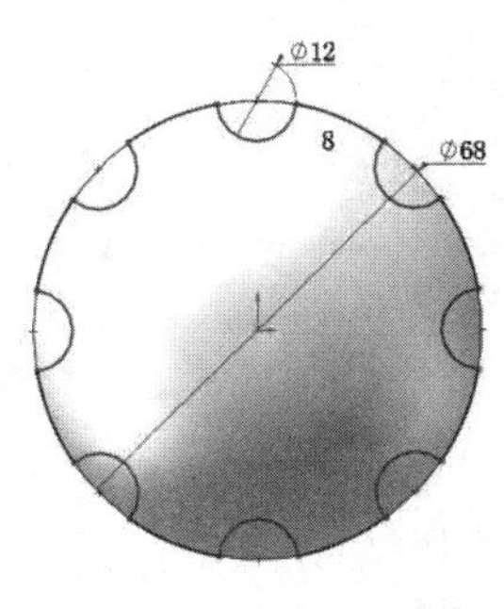

图 8-102　“圆周阵列”属性管理器　　图 8-103　阵列后的草图　　图 8-104　剪裁后的草图

（5）单击“特征”面板中的“拉伸切除”按钮，此时系统弹出如图 8-105 所示的“切除-拉伸”属性管理器。设置终止条件为“完全贯穿”，勾选“反侧切除”复选框，然后单击“确定”✓。结果如图 8-106 所示。

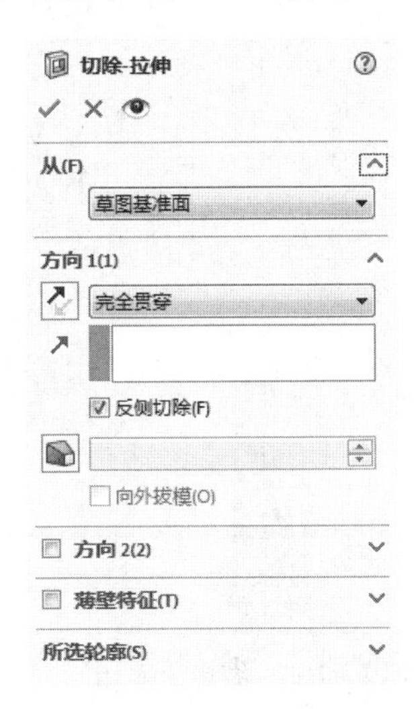

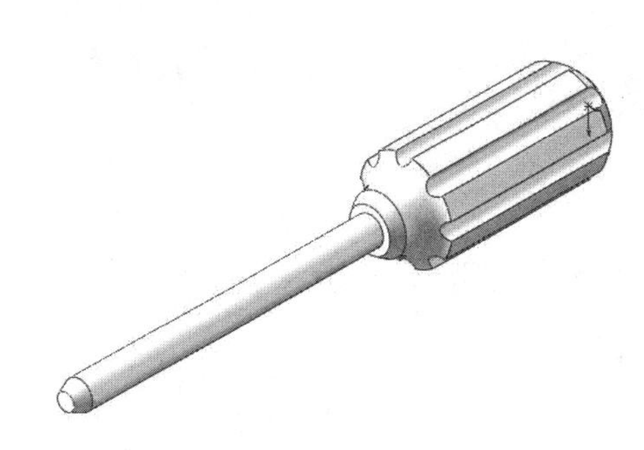

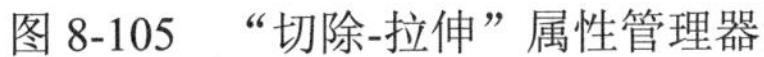

图 8-105　“切除-拉伸”属性管理器　　图 8-106　切除实体

3. 绘制十字头部

（1）单击图 8-106 中前表面，然后单击“标准视图”工具栏中的“正视于”图标，将该表面作为绘制图形的基准面。

（2）单击“草图”面板中的“转换实体引用”按钮、“中心线”按钮、“直线”按钮和“剪裁实体”按钮，绘制如图 8-107 所示的草图并标注尺寸。单击“退出草图”按钮，退出草图。

（3）在左侧的 FeatureManager 设计树中用鼠标选择“上视基准面”作为绘图基准面。然后单击“标准视图”工具栏中的“正视于”图标，将该表面作为绘制图形的基准面。

（4）单击“草图”面板中的“直线”按钮，绘制如图 8-108 所示的草图并标注尺寸。单击“退出草图”按钮，退出草图。

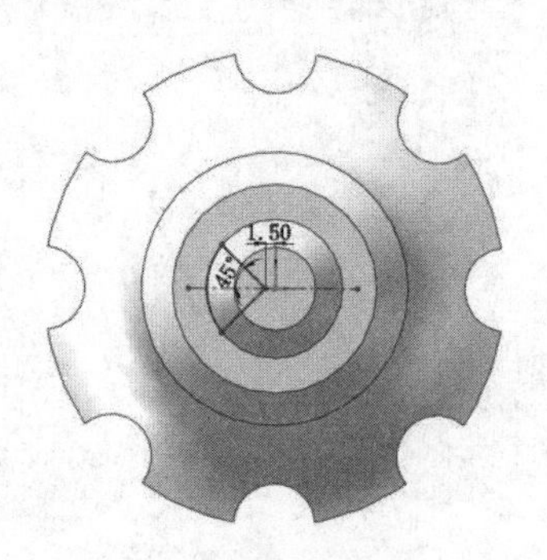

图 8-107　标注的草图

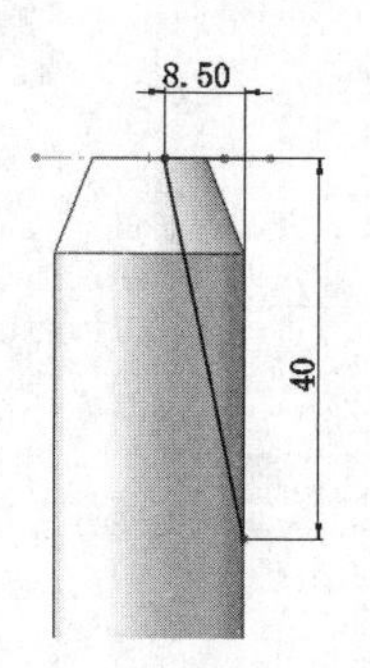

图 8-108　绘制扫描路径草图

（5）单击“特征”面板中的“扫描切除”按钮，此时系统弹出如图 8-109 所示的“切除-扫描”属性管理器。在视图中选择扫描轮廓草图为扫描轮廓，选择扫描路径草图为扫描路径，然后单击“确定”按钮✔。结果如图 8-110 所示。

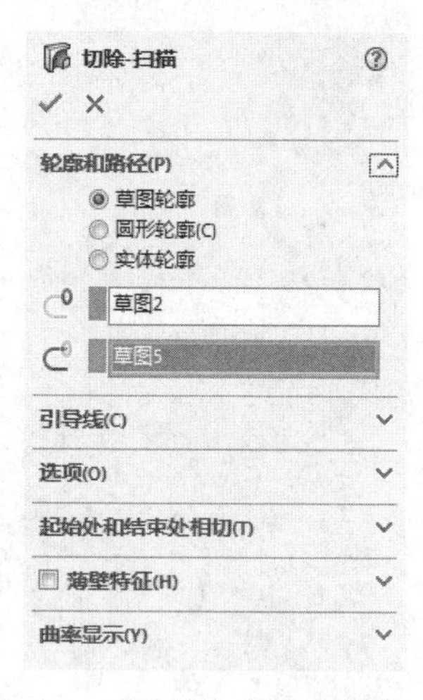

图 8-109　“切除-扫描”属性管理器

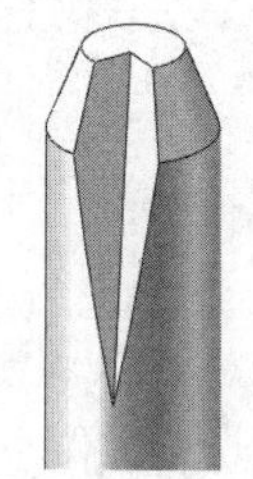

图 8-110　创建扫描切除实体

（6）重复步骤（1）～（5），创建其他 3 个扫描切除特征。结果如图 8-96 所示。

练一练——轴杆

试利用上面所学知识绘制如图8-111所示的轴杆。

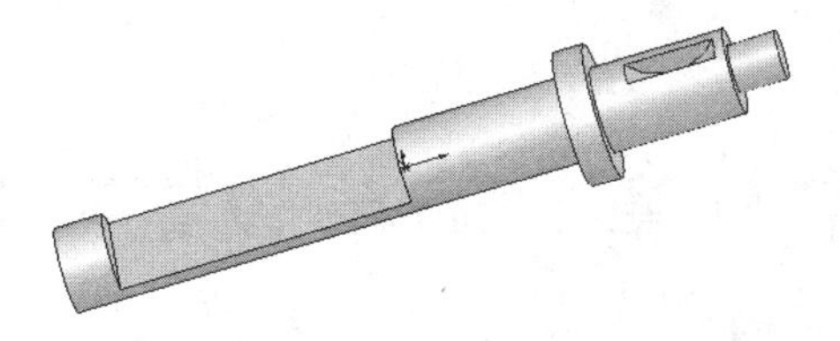

图 8-111　轴杆

思路点拨：

首先利用旋转凸台和旋转切除功能绘制基本实体，然后利用拉伸切除功能生成切口和半圆键槽。参考尺寸如图 8-112 所示。

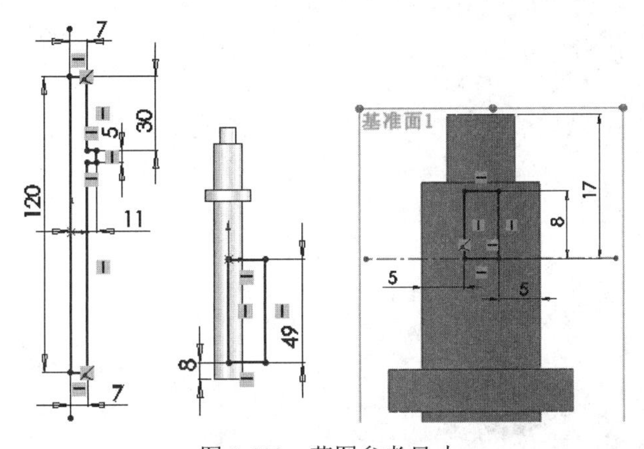

图 8-112　草图参考尺寸

第 9 章 简单放置特征

内容简介

在 SOLIDWORKS 中，除了利用实体建模功能创建基础特征外，还可通过圆角、倒角、圆顶特征等操作来实现产品的辅助设计。这些功能使得模型的创建更加精细化，可以更广泛地应用于各行业。

内容要点

- 圆角特征
- 倒角特征
- 圆顶特征

案例效果

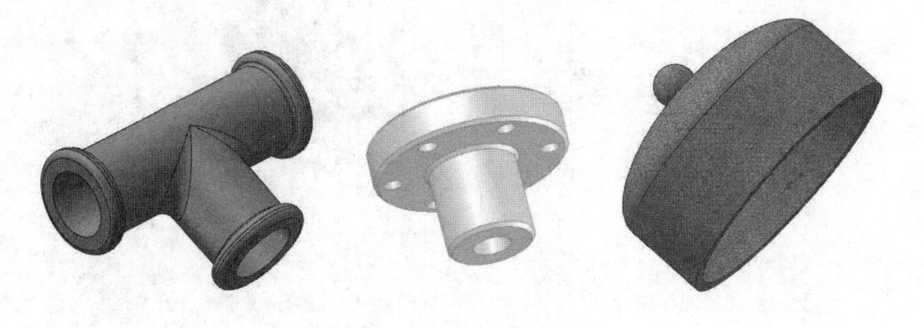

9.1 圆角特征

使用圆角特征可以在一零件上生成内圆角或外圆角。圆角特征在零件设计中起着重要作用。大多数情况下，如果能在零件特征上加入圆角，则有助于造型上的变化，或是产生平滑的效果。

【执行方式】

- 工具栏：单击“特征”工具栏中的“圆角”按钮。
- 菜单栏：选择“插入”→“特征”→“圆角”命令。
- 控制面板：单击“特征”面板中的“圆角”按钮。

SOLIDWORKS 2018可以为一个面上的所有边线、多个面、多条边线或多个边线环创建圆角特征。在SOLIDWORKS 2018中有以下几种圆角特征。

- 恒定大小圆角：对所选边线以相同的圆角半径进行倒圆角操作。
- 面圆角：可以在混合曲面之间沿着零件边线进行圆角，生成平滑过渡。
- 变量大小圆角：可以为边线的每个顶点指定不同的圆角半径。

➘ 完整圆角：通过它可以将不相邻的面混合起来。

图9-1展示了几种圆角特征效果。

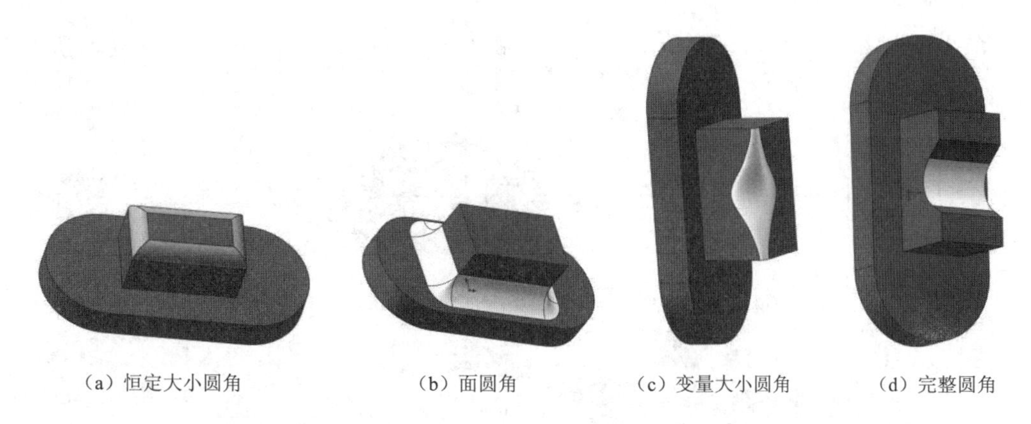

（a）恒定大小圆角　（b）面圆角　（c）变量大小圆角　（d）完整圆角

图 9-1　圆角特征效果

9.1.1　恒定大小圆角特征

扫一扫，看视频

恒定大小（等半径）圆角特征是指对所选边线以相同的圆角半径进行倒圆角操作。下面结合实例介绍创建恒定大小（等半径）圆角特征的操作步骤。

（1）打开如图 9-2 所示的实体模型，单击“特征”面板中的“圆角”按钮，或选择菜单栏中的“插入”→“特征”→“圆角”命令。

（2）在弹出的“圆角”属性管理器的“圆角类型”选项组中，点选“恒定大小圆角”按钮，如图 9-3 所示。

图 9-2　打开的文件实体

图 9-3　“圆角”属性管理器

（3）在“圆角参数”选项组的（半径）微调框中设置圆角的半径。

（4）打开（边线、面、特征和环）按钮右侧的列表框，然后在右侧的图形区中选择要进行圆角处理的模型边线、面或环。

（5）如果勾选“切线延伸”复选框，则圆角将延伸到与所选面或边线相切的所有面。切线延伸效果如图 9-4 所示。

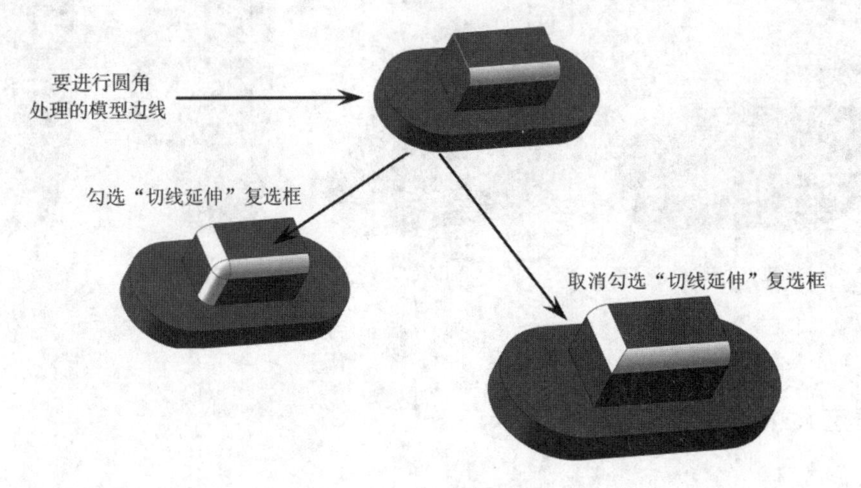

图 9-4　切线延伸效果

（6）在“圆角选项”选项组的“扩展方式”栏中选择一种扩展方式，如图 9-5 所示。

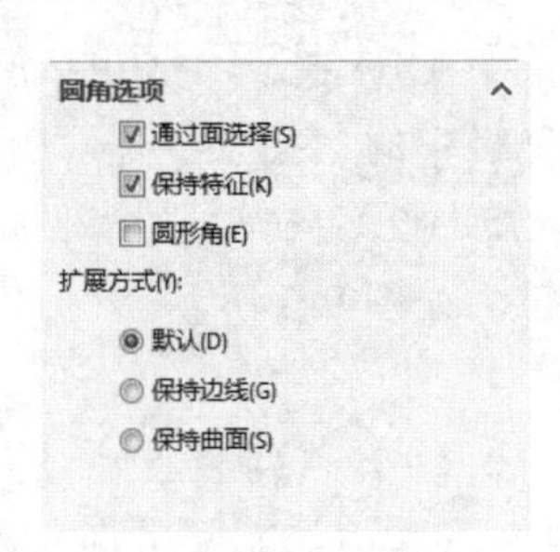

图 9-5　扩展方式

- 默认：系统根据几何条件（进行圆角处理的边线凸起和相邻边线等）默认选择“保持边线”或“保持曲面”方式。
- 保持边线：系统将保持邻近的直线形边线的完整性，但圆角曲面断裂成分离的曲面。在许多情况下，圆角的顶部边线中会有沉陷，如图 9-6（a）所示。
- 保持曲面：使用相邻曲面来剪裁圆角，因此圆角边线是连续且光滑的，但是相邻边线会受到影响，如图 9-6（b）所示。

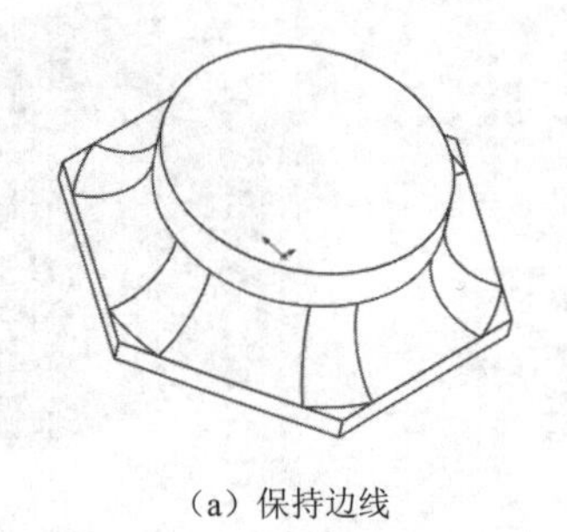

（a）保持边线

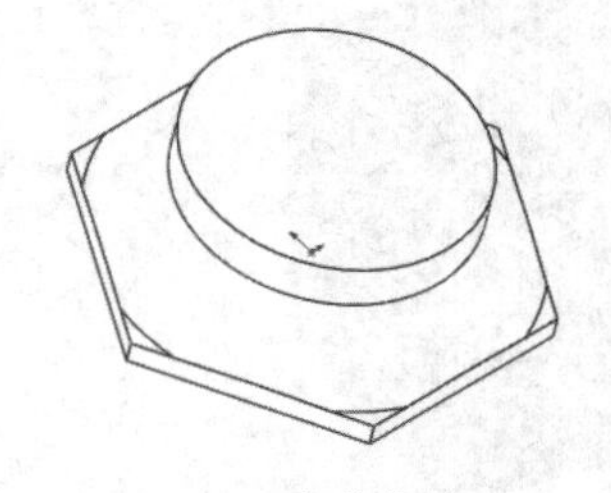

（b）保持曲面

图 9-6　保持边线与曲面

（7）圆角属性设置完毕，单击✔（确定）按钮，生成恒定大小（等半径）圆角特征。

9.1.2 变量大小圆角特征

使用变量大小圆角特征可以生成半径值变化的圆角。使用控制点来帮助定义圆角。下面介绍创建变量大小圆角特征的操作步骤。

变量大小（变半径）圆角特征通过对边线上的多个点（变半径控制点）指定不同的圆角半径来生成圆角，可以制造出另类的效果。变量大小变半径圆角特征如图9-7所示。

（a）有控制点

（b）无控制点

图 9-7 变量大小圆角特征

下面介绍创建变量大小（变半径）圆角特征的操作步骤。

（1）单击“特征”面板中的“圆角”按钮，或选择菜单栏中的“插入”→“特征”→“圆角”命令。

（2）在弹出的“圆角”属性管理器的“圆角类型”选项组中，点选“变量大小圆角”按钮。

（3）单击（要加圆角的边线）按钮右侧的列表框，然后在右侧的图形区中选择要进行圆角处理的第一条模型边线、面或环。

（4）在“变半径参数”选项组的（半径）微调框中设置圆角半径。

（5）重复步骤（3）~（4）的操作，对多条模型边线分别指定不同的圆角半径，直到设置完所有要进行圆角处理的边线。

（6）圆角属性设置完毕，单击✔（确定）按钮，生成变量大小（变半径）圆角特征。

9.1.3 面圆角特征

可以使用面圆角特征混合非相邻、非连续的面。

下面介绍创建面圆角特征的操作步骤。

（1）打开如图 9-8 所示的实体模型，单击“特征”面板中的“圆角”按钮，或选择菜单栏中的“插入”→“特征”→“圆角”命令。

（2）在弹出的“圆角”属性管理器的“圆角类型”选项组中，点选“面圆角”按钮。

（3）在“要圆角化的项目”选项组中，取消勾选“切线延伸”复选框。

（4）在“圆角参数”选项组的（半径）文本框中设置圆角半径。

（5）单击（面组 1、面组 2）按钮右侧的列表框，然后在右侧的图形区中选择两个或更多相邻的面。

（6）圆角属性设置完毕，单击（确定）按钮，生成面圆角特征，如图 9-9 所示。

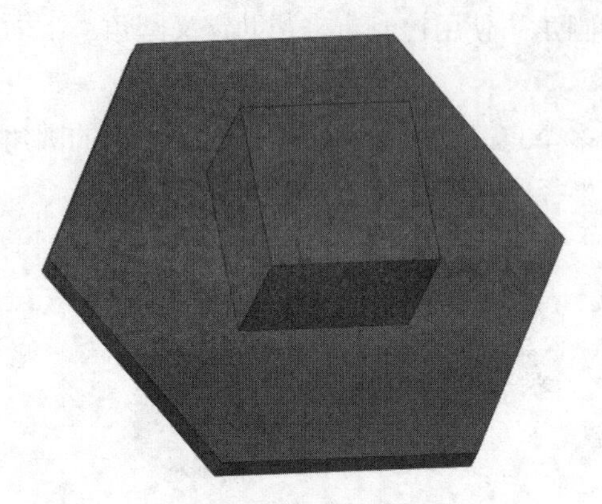

图 9-8　打开的文件实体

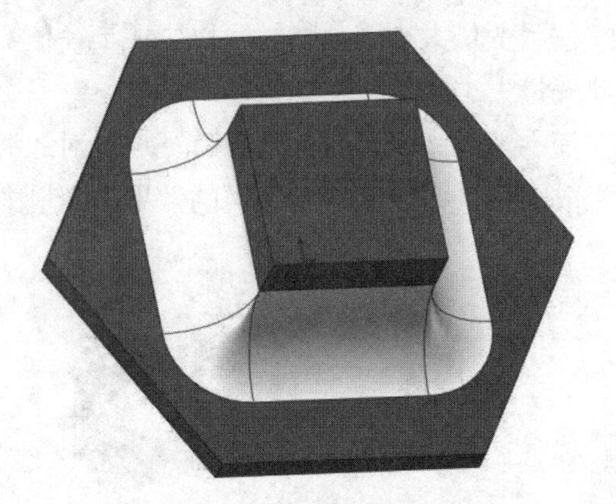

图 9-9　生成的面圆角特征

扫一扫，看视频

9.1.4　完整圆角特征

使用完整圆角特征可以生成相切于3个相邻面组（一个或多个面相切）的圆角，如图9-10所示。

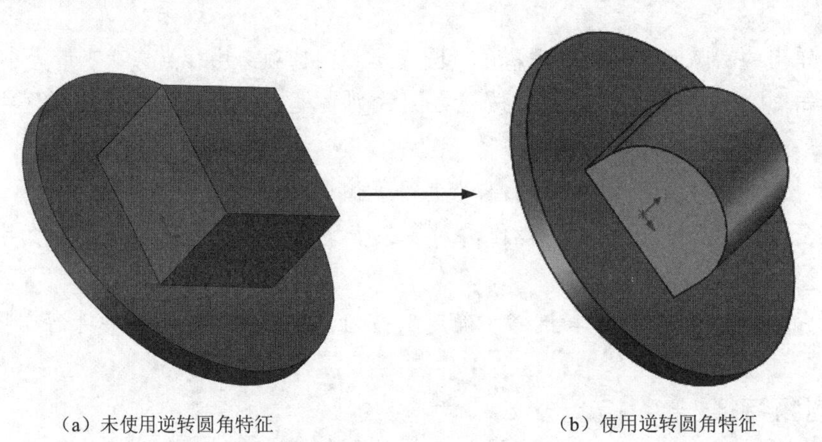

（a）未使用逆转圆角特征　　（b）使用逆转圆角特征

图 9-10　逆转圆角效果

下面介绍创建逆转圆角特征的操作步骤。

（1）单击“特征”面板中的“圆角”按钮，系统弹出“圆角”属性管理器。

（2）在“圆角类型”选项组中，点选“完整圆角”按钮。

（3）单击（面组 1）、（中央面组）、（面组 2）按钮右侧的显示框，依次选择第一个边侧面、中央面、相反于面组 1 的侧面。

技巧荟萃：

如果在生成变半径控制点的过程中，只指定两个顶点的圆角半径值，而不指定中间控制点的半径值，则可以生成平滑过渡的变半径圆角特征。
在生成圆角时，要注意以下几点。
（1）在添加小圆角之前先添加较大的圆角。当有多个圆角汇聚于一个顶点时，先生成较大的圆角。
（2）如果要生成具有多个圆角边线及拔模面的铸模零件，在大多数的情况下，应在添加圆角之前先添加拔模特征。
（3）应该最后添加装饰用的圆角。在大多数其他几何体定位后再尝试添加装饰圆角。如果先添加装饰圆角，则系统需要花费很长的时间重建零件。
（4）尽量使用一个“圆角”命令来处理需要相同圆角半径的多条边线，这样会加快零件重建的速度。但是，当改变圆角的半径时，在同一操作中生成的所有圆角都会改变。
此外，还可以通过为圆角设置边界或包络控制线来决定混合面的半径和形状。控制线可以是要生出圆角的零件边线或投影到一个面上的分割线。

9.1.5　实例——三通管

扫一扫，看视频

本例创建的三通管如图9-11所示。

图 9-11　三通管

思路分析：

三通管常用于管线的连接处，它将水平方向和垂直方向的管线连通成一条管路。本例利用拉伸工具的薄壁特征和圆角特征进行零件建模，最终生成三通管零件模型。绘制流程如图 9-12 所示。

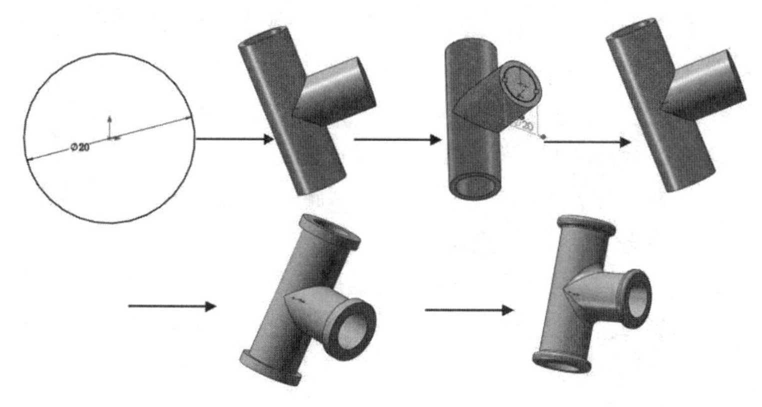

图 9-12　流程图

操作步骤

1. 创建三通管主体部分

（1）新建文件。启动 SOLIDWORKS 2018，选择菜单栏中的“文件”→“新建”命令，或单击标准工具栏中的“新建”按钮，在弹出的“新建 SOLIDWORKS 文件”对话框中单击“零件”按钮，然后单击“确定”按钮，新建一个零件文件。

（2）新建草图。在 FeatureManager 设计树中选择“上视基准面”作为草图绘制基准面，然后单击“草图”面板中的“草图绘制”按钮，新建一张草图。

（3）绘制圆。单击“草图”面板中的“圆”按钮，以原点为圆心绘制一个直径为 20mm 的圆作为拉伸轮廓草图，如图 9-13 所示。

（4）拉伸实体 1。单击“特征”面板中的“拉伸凸台/基体”按钮，在弹出的“凸台-拉伸”属性管理器中设置拉伸终止条件为“两侧对称”，在（深度）微调框中输入 80，勾选“薄壁特征”复选框，设定薄壁类型为“单向”、薄壁的厚度为 3mm，单击“确定”按钮，生成薄壁特征，如图 9-14 所示。

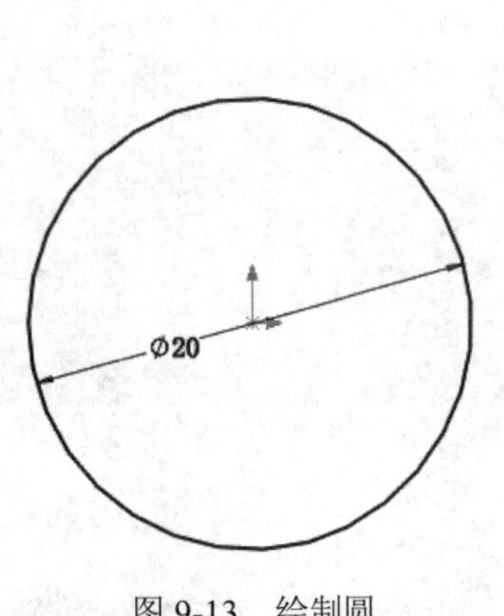

图 9-13　绘制圆

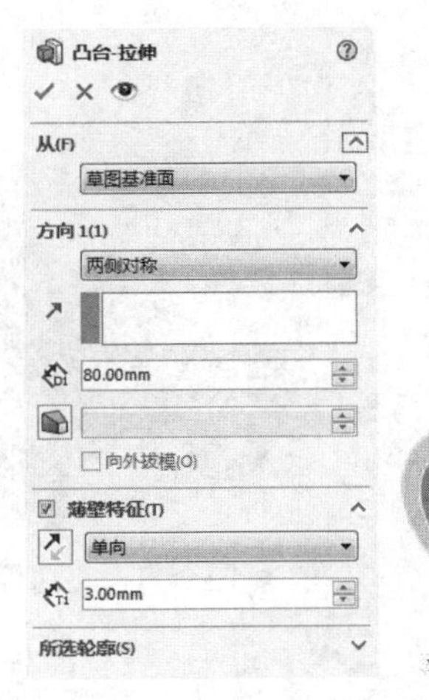

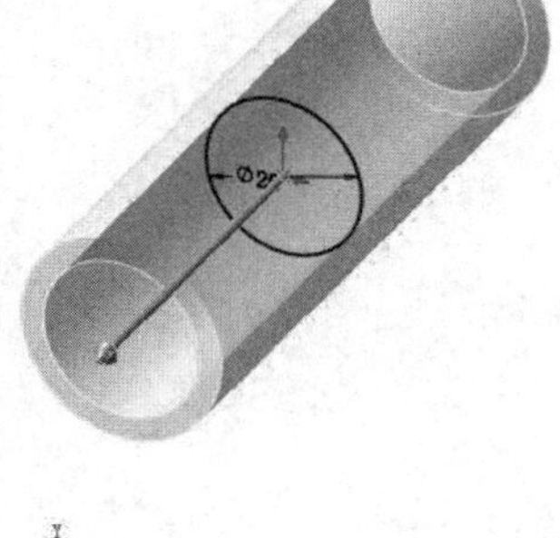

图 9-14　拉伸实体 1

（5）创建基准面。在 FeatureManager 设计树中选择“右视基准面”作为草图绘制基准面，然后单击“特征”面板“参考几何体”下拉列表中的“基准面”按钮，在“基准面”属性管理器的（偏移距离）微调框中输入 40，如图 9-15 所示。单击“确定”按钮，生成基准面 1。

（6）新建草图。选择基准面 1，单击“草图”面板中的“草图绘制”按钮，在基准面 1 上新建一张草图。单击“标准视图”工具栏中的“正视于”按钮，正视于基准面 1。

（7）绘制凸台轮廓。单击“草图”面板中的“圆”按钮，以原点为圆心，绘制一个直径为 26mm 的圆作为凸台轮廓，如图 9-16 所示。

（8）拉伸实体 2。单击“特征”面板中的“拉伸凸台/基体”按钮，在弹出的“凸台-拉伸”属性管理器中设置拉伸终止条件为“成形到一面”，如图 9-17 所示。单击“确定”按钮，生成凸台拉伸特征。

（9）设置视图方向。单击“标准视图”工具栏中的“等轴测”按钮，以等轴测视图观看模型。

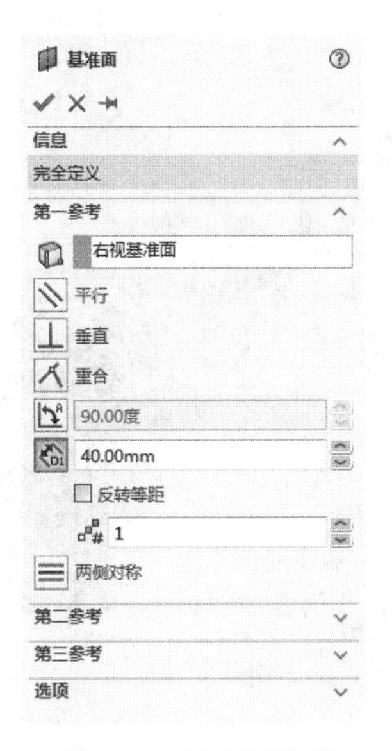

图 9-15　创建基准面

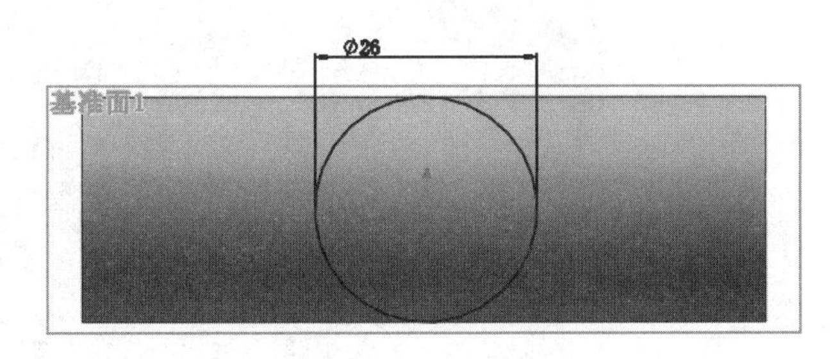

图 9-16　绘制凸台轮廓

（10）隐藏基准面。单击“特征”面板“参考几何体”下拉列表中的“基准面”按钮，将基准面 1 隐藏起来。在 FeatureManager 设计树中选择基准面 1 并右击，在弹出的快捷菜单中单击“隐藏”按钮，将基准面 1 隐藏。此时的模型如图 9-18 所示。

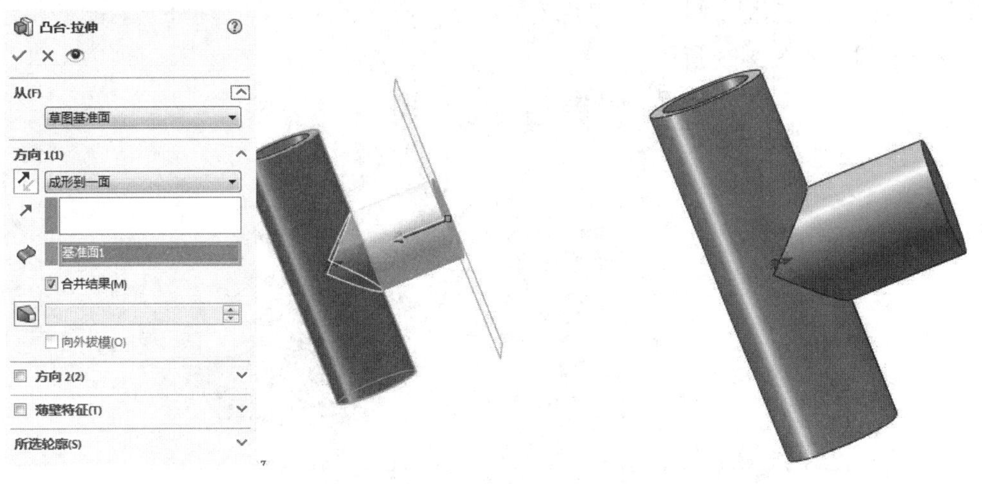

图 9-17　拉伸实体 2

图 9-18　隐藏基准面

（11）新建草图。选择生成的凸台面，单击“草图”面板中的“草图绘制”按钮，在其上新建一张草图。

（12）绘制拉伸切除轮廓。单击“草图”面板中的“圆”按钮，以原点为圆心，绘制一个直径为 20mm 的圆作为拉伸切除的轮廓，如图 9-19 所示。

（13）切除实体。单击“特征”面板中的“拉伸切除”按钮，在弹出的“切除-拉伸”

属性管理器中设置切除的终止条件为“给定深度”，切除深度为 40mm，单击“确定”按钮，生成切除特征，如图 9-20 所示。

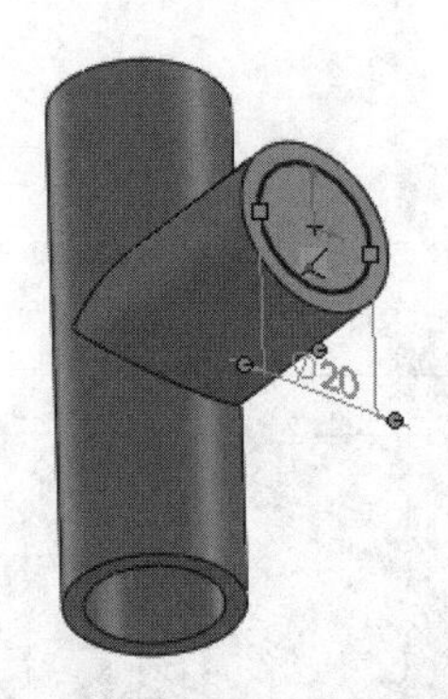

图 9-19　绘制拉伸切除轮廓

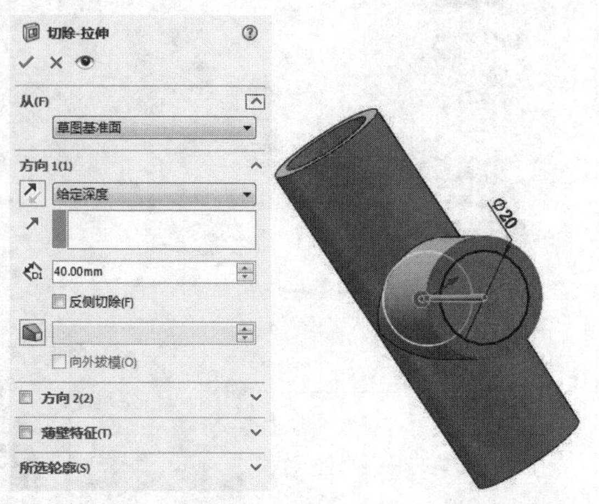

图 9-20　切除实体

2．创建接头

（1）新建草图。选择基体特征的顶面，单击“草图”面板中的“草图绘制”按钮，在其上新建一张草图。

（2）生成等距圆。选择圆环的外侧边缘，单击“草图”面板中的“等距实体”按钮，在弹出的“等距实体”属性管理器中设置等距距离为 3mm，方向向外，单击“确定”按钮，生成等距圆，如图 9-21 所示。

图 9-21　生成等距圆

（3）拉伸生成薄壁特征。单击“特征”面板中的“拉伸凸台/基体”按钮，在弹出的“凸台-拉伸”属性管理器中设定拉伸的终止条件为“给定深度”，拉伸深度为 5mm，方向向下，勾选“薄壁特征”复选框，并设置薄壁厚度为 4mm，薄壁的拉伸方向向内，如图 9-22 所示。单击“确定”按钮，生成薄壁特征。

（4）生成另外两个端面上的薄壁特征。仿照上面的步骤，在模型的另外两个端面生成薄壁特征，特征参数与第一个薄壁特征相同。生成的模型如图 9-23 所示。

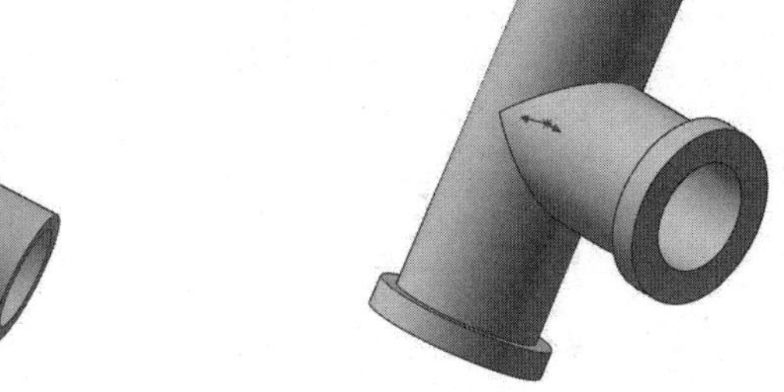

图 9-22　拉伸生成薄壁特征　　　图 9-23　生成另外两个端面上的薄壁特征

（5）创建圆角。单击“特征”面板中的“圆角”按钮，在弹出的“圆角”属性管理器中设置圆角类型为“等半径”，在（半径）微调框中输入 2，单击图标右侧的选项框，然后在绘图区选择一个端面拉伸薄壁特征的两条边线，如图 9-24 所示。单击“确定”按钮，生成等半径特征。

（6）创建其他圆角特征。仿照步骤 5，在（半径）微调框中输入 1，单击图标右侧的选项框，然后在绘图区选择 3 条边线，如图 9-25 所示。继续创建管接头圆角，圆角半径为 5，如图 9-26 所示。倒圆角最终效果如图 9-27 所示。

图 9-24　创建圆角

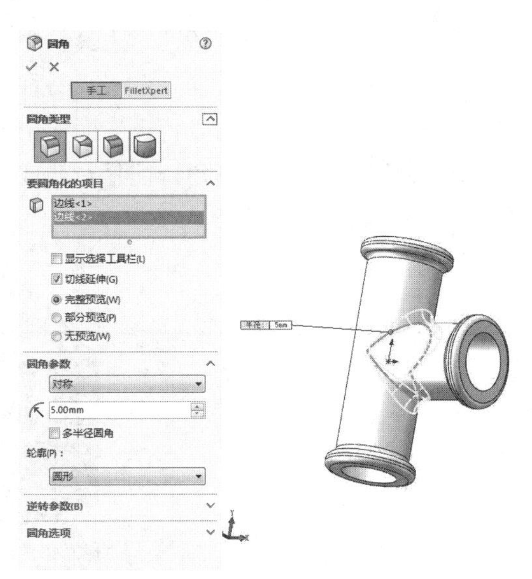

图 9-25　选择圆角边

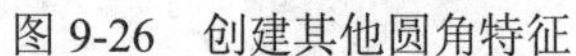
图 9-26　创建其他圆角特征

图 9-27　最终结果

（7）单击标准工具栏中的“保存”按钮，将零件保存为“三通管.sldprt”。

9.2　倒角特征

本节将介绍倒角特征。在零件设计过程中，通常会对锐利的零件边角进行倒角处理，以防止伤人、避免应力集中，便于搬运、装配等。此外，有些倒角特征也是机械加工过程中不可缺少的工艺。

【执行方式】

- 工具栏：单击“特征”工具栏中的“倒角”按钮。
- 菜单栏：选择“插入”→“特征”→“倒角”命令。
- 控制面板：单击“特征”面板中的“倒角”按钮。

与圆角特征类似，倒角特征是对边或角进行倒角。如图 9-28 所示是应用倒角特征后的零件实例。

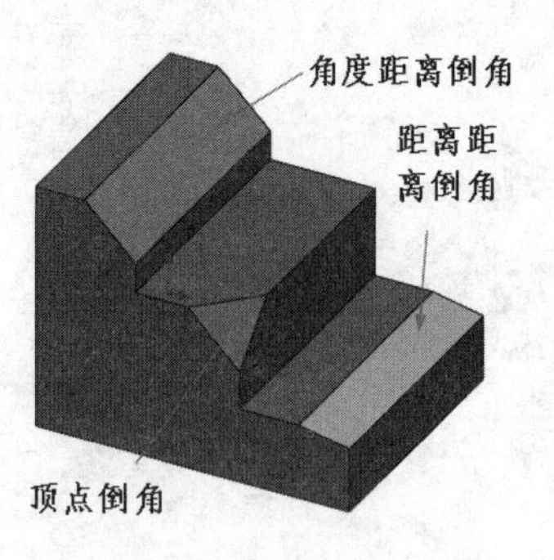

图 9-28　倒角特征零件实例

扫一扫，看视频

9.2.1　创建倒角特征

下面介绍在零件模型上创建倒角特征的操作步骤。

（1）单击“特征”面板中的“倒角”按钮，系统弹出“倒角”属性管理器。

（2）在“倒角”属性管理器中选择倒角类型。

- 角度距离：在所选边线上指定距离和倒角角度来生成倒角特征，如图 9-29(a)所示。
- 距离—距离：在所选边线的两侧分别指定两个距离值来生成倒角特征，如图 9-29（b）所示。
- 顶点：在与顶点相交的 3 条边线上分别指定距顶点的距离来生成倒角特征，如图 9-29（c）所示。

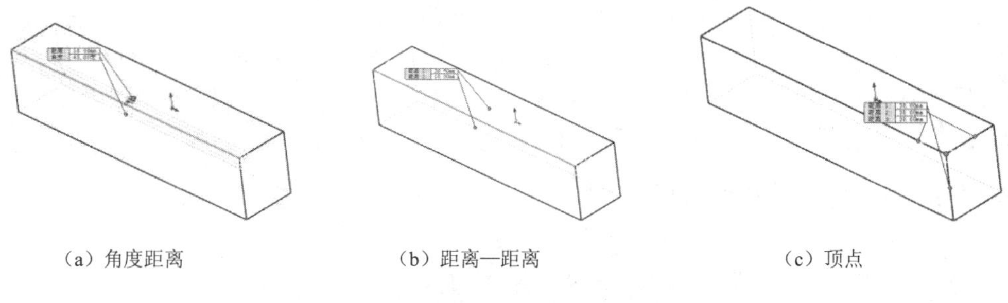

（a）角度距离　　（b）距离—距离　　（c）顶点

图 9-29　倒角类型

（3）单击（边线、面和环）按钮右侧的列表框，然后在绘图区中选择边线、面或环，设置倒角参数，如图 9-30 所示。

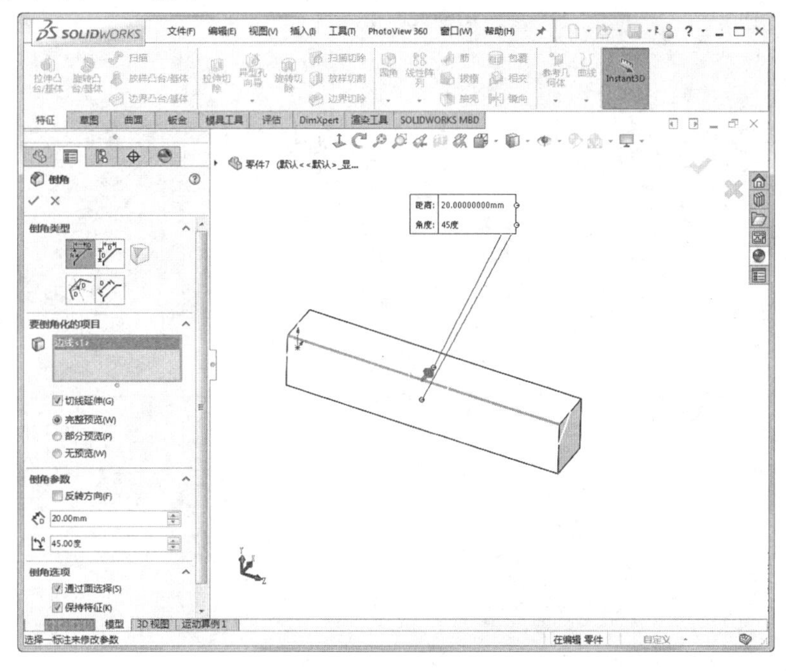

图 9-30　设置倒角参数

（4）在对应的微调框中指定距离或角度值。

（5）如果勾选“保持特征”复选框，则当应用倒角特征时，会保持零件的其他特征，如图 9-31 所示。

（6）倒角参数设置完毕，单击✔（确定）按钮，生成倒角特征。

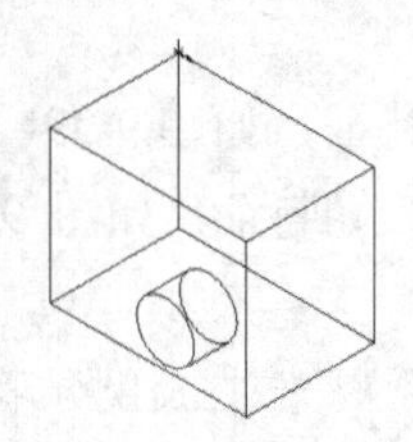

（a）原始零件

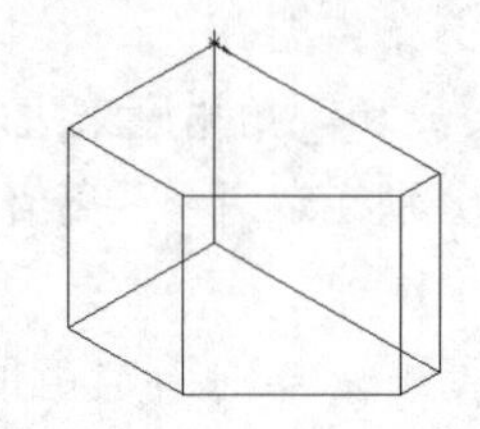

（b）取消勾选“保持特征”复选框

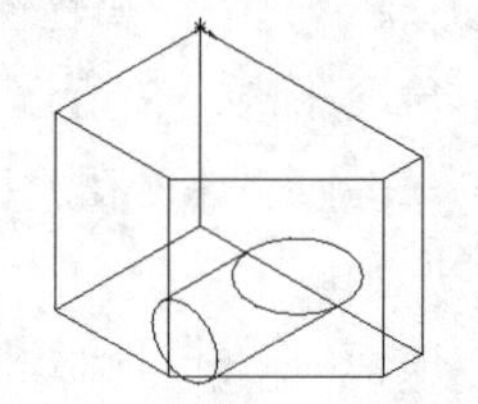

（c）勾选“保持特征”复选框

图 9-31　倒角特征

扫一扫，看视频

9.2.2　实例——法兰盘

本实例绘制的法兰盘如图9-32所示。

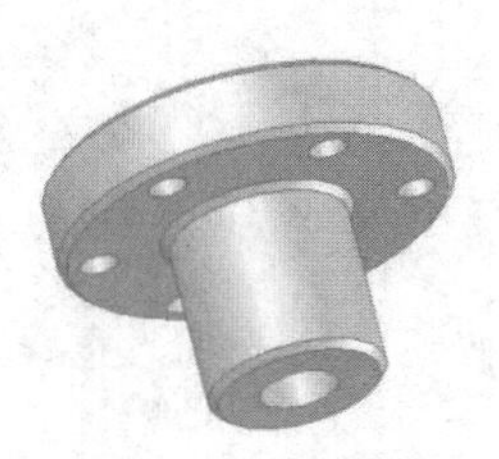

图 9-32　法兰盘

思路分析：

首先绘制法兰盘的底座草图并拉伸，然后绘制法兰盘轴部并拉伸切除轴孔，最后对法兰盘相应的部分进行倒角处理。绘制流程如图 9-33 所示。

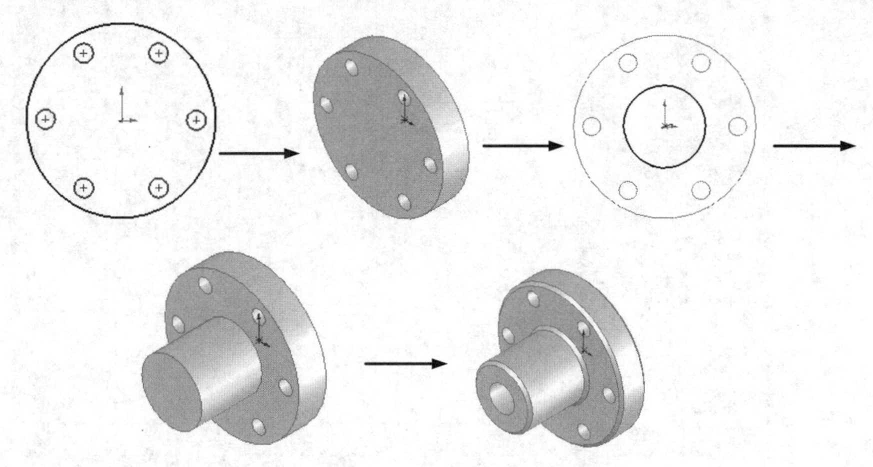

图 9-33　流程图

操作步骤

（1）新建文件。启动 SOLIDWORKS 2018，选择菜单栏中的“文件”→“新建”命令或单击标准工具栏中的“新建”按钮，创建一个新的零件文件。

（2）绘制法兰盘底座的草图。在 FeatureManager 设计树中选择“前视基准面”作为绘制图形的基准面。单击“草图”面板中的“圆”按钮，以原点为圆心绘制一个大圆，然后在原点水平位置的左侧绘制一个小圆。

（3）标注尺寸。单击“草图”面板中的“智能尺寸”按钮，标注步骤（2）所绘圆的直径以及定位尺寸，如图 9-34 所示。

（4）添加几何关系。单击“草图”面板中的“添加几何关系”按钮，此时系统弹出“添加几何关系”属性管理器。选择两个圆的圆心，然后单击属性管理器中的“水平”按钮。设置好几何关系后，单击（确定）按钮。

（5）圆周阵列草图。单击“草图”面板中的“圆周草图阵列”按钮，此时系统弹出“阵列（圆周）”属性管理器。在“要阵列的实体”选项组中，选择如图 9-34 所示的小圆。按照图 9-35 所示进行设置后，单击（确定）按钮。阵列草图如图 9-36 所示。

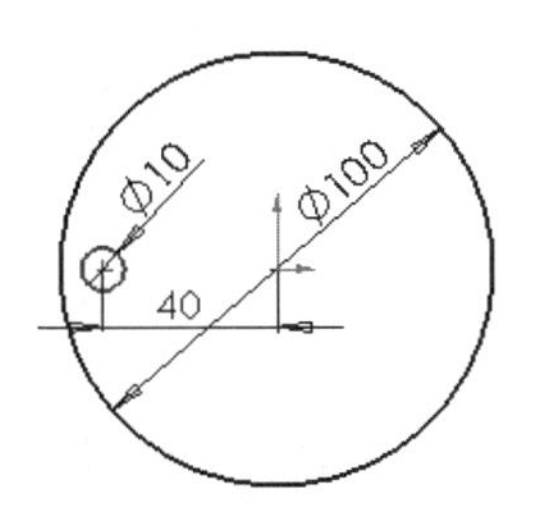

图 9-34　标注尺寸 1

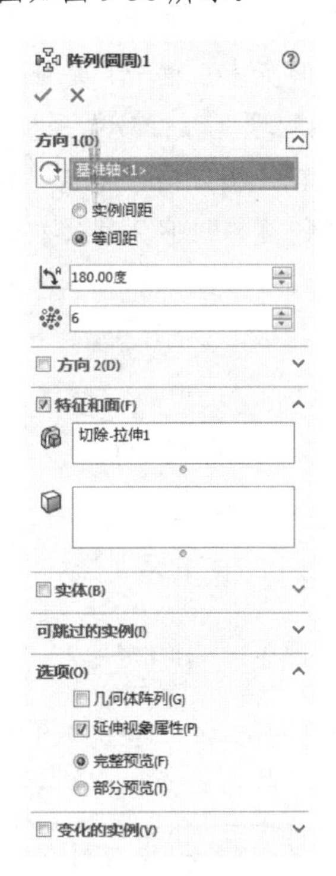

图 9-35　“阵列（圆周）”属性管理器

（6）拉伸实体。单击“特征”控制面板中的“拉伸凸台/基体”按钮，此时系统弹出“凸台-拉伸”属性管理器。在（深度）文本框中输入 20，然后单击（确定）按钮。

（7）设置视图方向。单击“标准视图”工具栏中的“等轴测”按钮，将视图以等轴测方向显示。创建的拉伸 1 特征如图 9-37 所示。

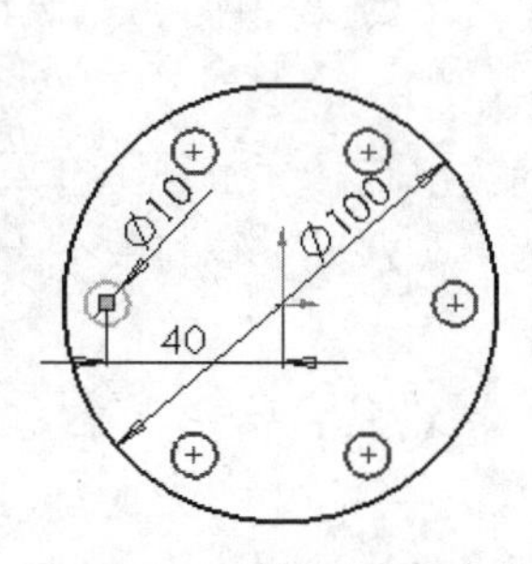

图 9-36　圆环阵列草图

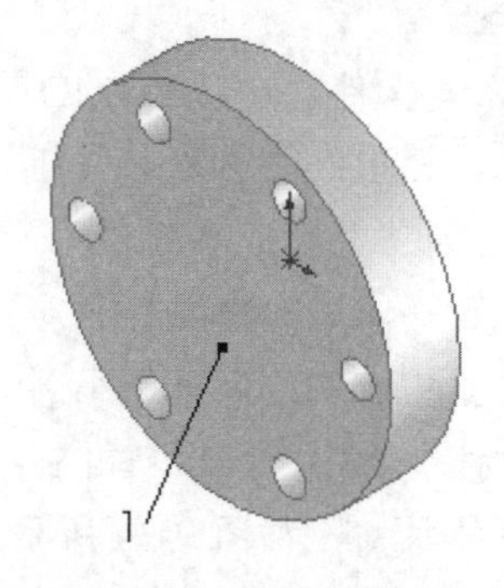

图 9-37　创建拉伸 1 特征

（8）设置基准面。选择如图 9-37 所示的表面 1，然后单击“标准视图”工具栏中的“正视于”按钮，将该表面作为绘制图形的基准面。

（9）绘制草图。单击“草图”面板中的“圆”按钮，以原点为圆心绘制一个圆。

（10）标注尺寸。单击“草图”面板中的“智能尺寸”按钮，标注步骤（9）所绘圆的直径，如图 9-38 所示。

（11）拉伸实体。单击“特征”面板中的“拉伸凸台/基体”按钮，此时系统弹出“凸台-拉伸”属性管理器。在（深度）微调框中输入 45，然后单击（确定）按钮。

（12）设置视图方向。单击“标准视图”工具栏中的“等轴测”按钮，将视图以等轴测方向显示。创建的拉伸 2 特征如图 9-39 所示。

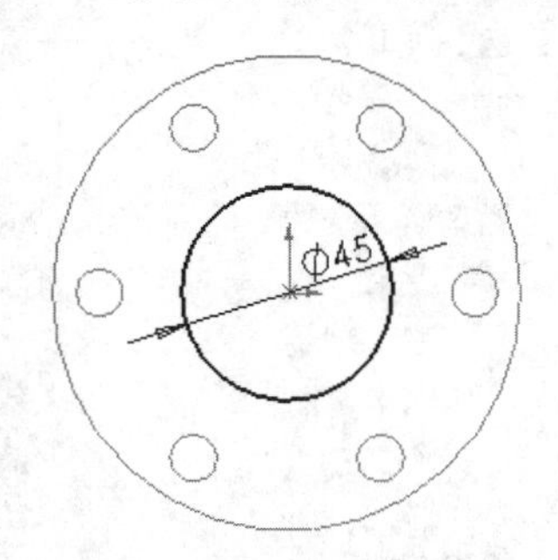

图 9-38　标注尺寸 2

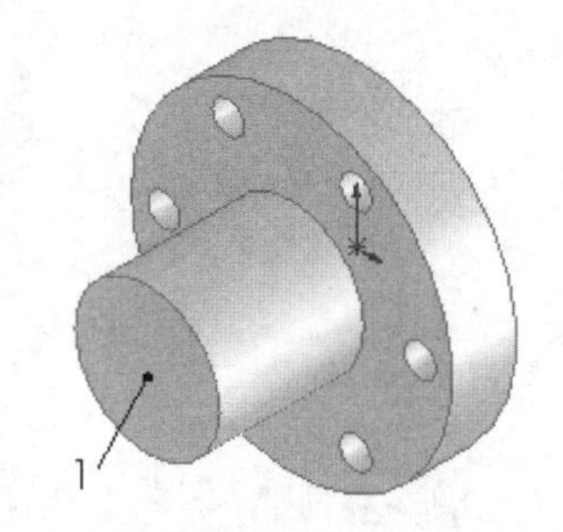

图 9-39　创建拉伸 2 特征

（13）设置基准面。选择如图 9-39 所示的表面 1，然后单击“标准视图”工具栏中的“正视于”按钮，将该表面作为绘制图形的基准面。

（14）绘制草图。单击“草图”面板中的“圆”按钮，以原点为圆心绘制一个圆。

（15）标注尺寸。单击“草图”面板中的“智能尺寸”按钮，标注步骤（14）所绘圆的直径，如图 9-40 所示。

（16）拉伸实体。单击“特征”面板中的（拉伸切除）按钮，此时系统弹出“切除-拉伸”属性管理器。在（深度）微调框中输入 45，然后单击（确定）按钮。

（17）设置视图方向。单击“标准视图”工具栏中的“等轴测”按钮，将视图以等轴测方向显示。创建的拉伸 3 特征如图 9-41 所示。

（18）倒角实体。单击“特征”面板中的“倒角”按钮，此时系统弹出“倒角”属性管理器。在（距离）微调框中输入 2，然后选择如图 9-41 所示的边线 1、边线 2、边线 3 和边线 4。单击（确定）按钮，倒角后的图形如图 9-42 所示。

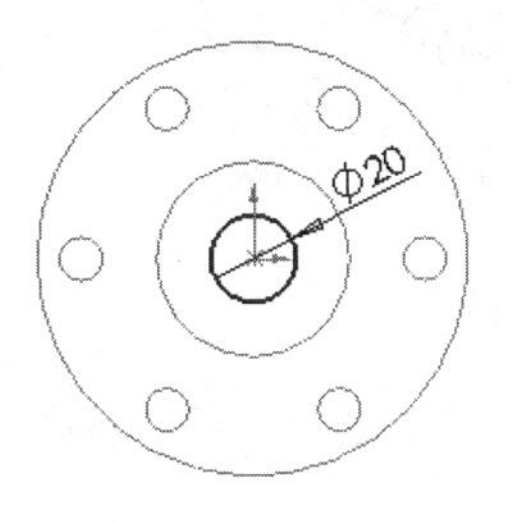

图 9-40　标注尺寸 3

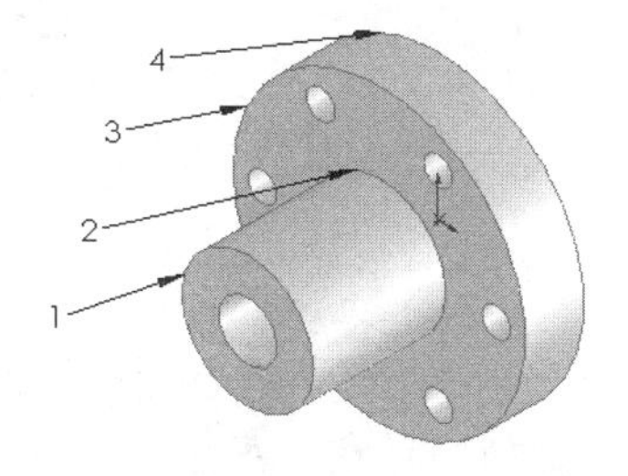

图 9-41　创建拉伸 3 特征

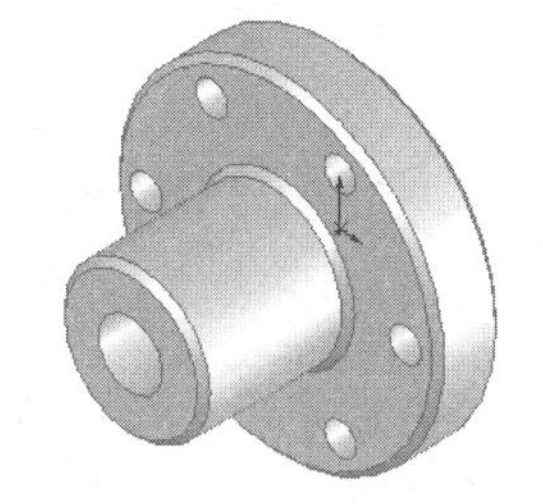
图 9-42　倒角后的图形

9.3　圆顶特征

圆顶特征是对模型的一个面进行变形操作，生成圆顶形凸起特征。

【执行方式】

- 工具栏：单击“特征”工具栏中的“圆顶”按钮。
- 菜单栏：选择“插入”→“特征”→“圆顶”命令。

图9-43展示了圆顶特征的几种效果。

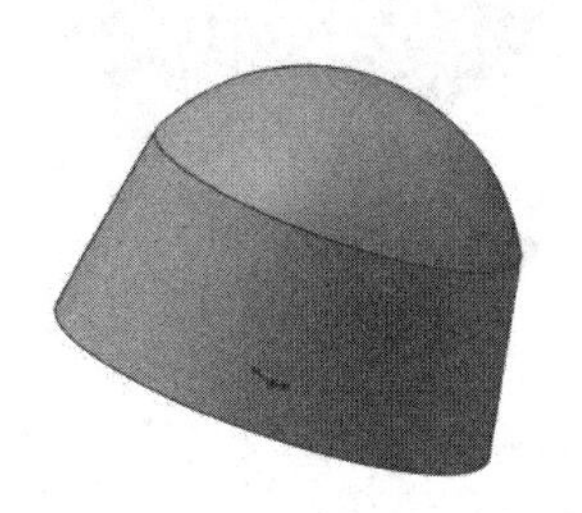
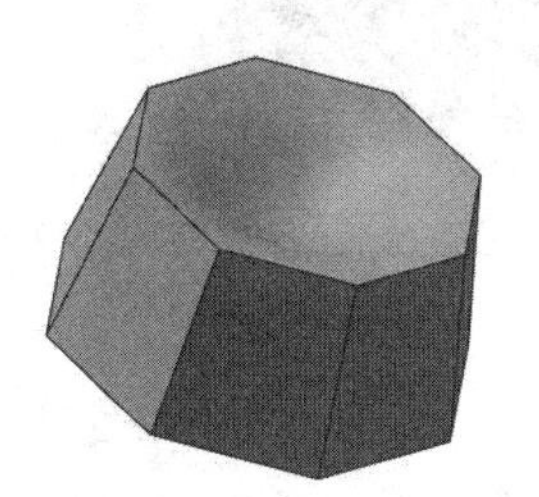
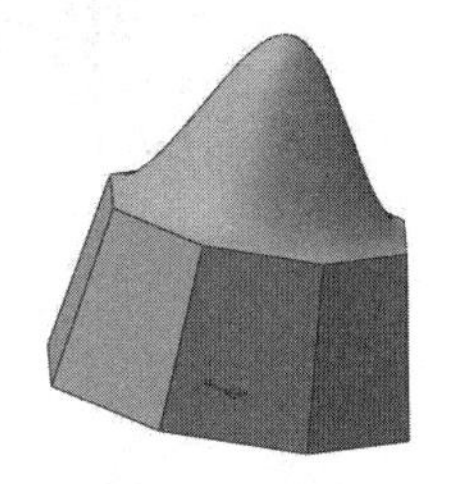
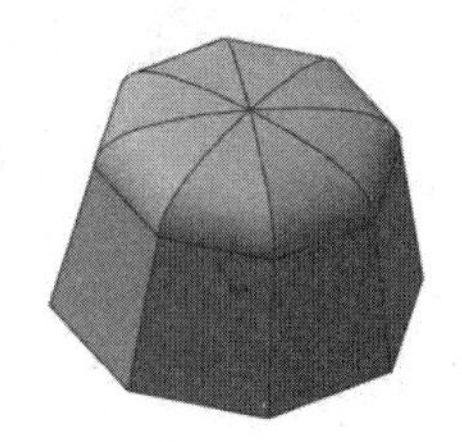

图 9-43　圆顶特征效果

9.3.1　创建圆顶特征

扫一扫，看视频

下面介绍创建圆顶特征的操作步骤。

（1）创建一个新的零件文件。

（2）在左侧的 FeatureManager 设计树中选择“前视基准面”作为绘制图形的基准面。

（3）单击“草图”面板中的“直槽口”按钮，以原点为起点绘制一个直槽口并标注尺寸，如图 9-44 所示。

（4）单击“特征”面板中的“拉伸凸台/基体”按钮，将步骤（3）中绘制的草图拉伸成深度为 60mm 的实体。拉伸后的图形如图 9-45 所示。

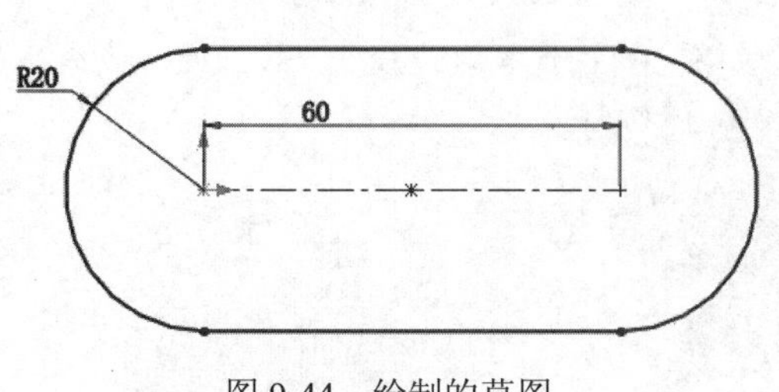

图 9-44　绘制的草图

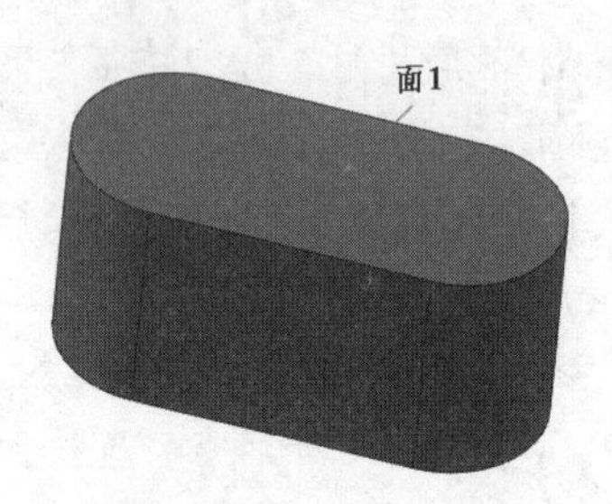

图 9-45　拉伸图形

（5）选择菜单栏中的“插入”→“特征”→“圆顶”命令，或者单击“特征”面板中的“圆顶”按钮，此时系统弹出“圆顶”属性管理器。

（6）在“参数”选项组中，选择如图 9-45 所示的表面 1，在“距离”微调框中输入 50，勾选“连续圆顶”复选框。“圆角”属性管理器设置如图 9-46 所示。

（7）单击属性管理器中的✓（确定）按钮，并调整视图的方向。连续圆顶的图形如图 9-47 所示；如图 9-48 所示为取消勾选“连续圆顶”复选框生成的圆顶图形。

图 9-46　“圆顶”属性管理器

图 9-47　连续圆顶的图形

图 9-48　不连续圆顶的图形

技巧荟萃：

在圆柱和圆锥模型上，可以将“距离”设置为 0，此时系统会使用圆弧半径作为圆顶的基础来计算距离。

扫一扫，看视频

9.3.2　实例——瓜皮小帽

本实例绘制的瓜皮小帽如图9-49所示。

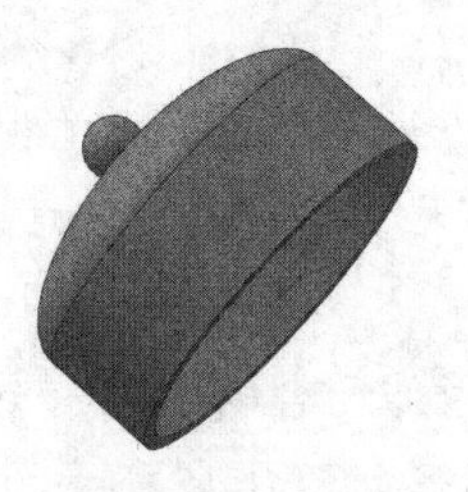

图 9-49　瓜皮小帽

✍ 思路分析：

首先绘制瓜皮小帽的帽围，然后利用“圆顶”命令绘制椭圆帽顶，利用“抽壳”命令绘制帽里，最后利用“旋转”命令绘制头饰。绘制流程如图 9-50 所示。

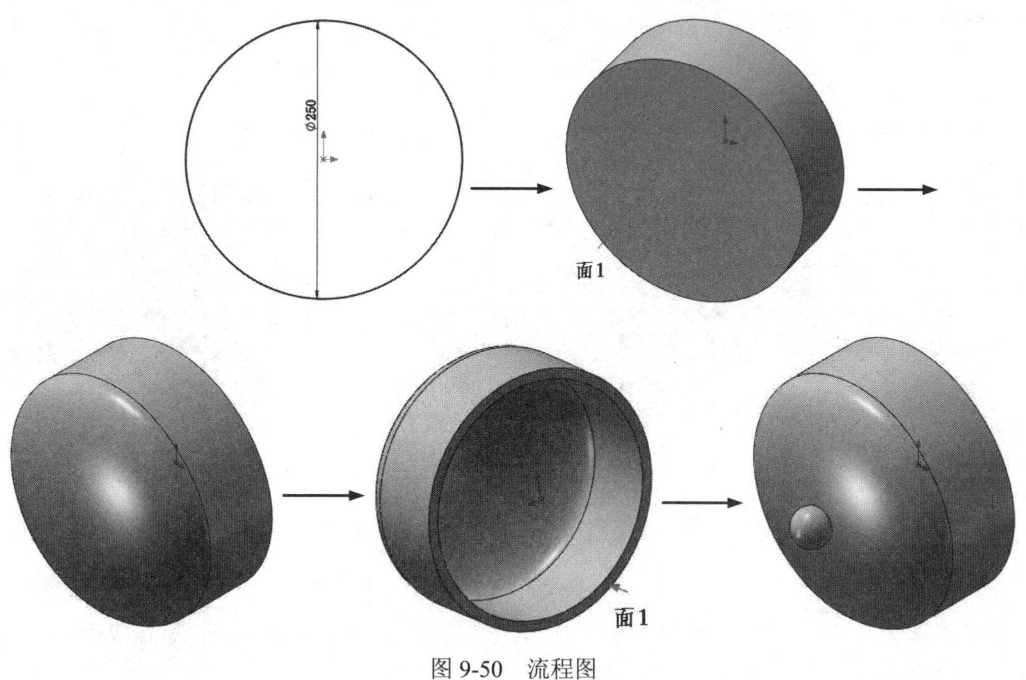

图 9-50　流程图

操作步骤

（1）新建文件。启动 SOLIDWORKS 2018，选择菜单栏中的“文件”→“新建”命令，创建一个新的零件文件。

（2）绘制帽子轮廓草图。在左侧的 FeatureManager 设计树中选择“前视基准面”作为绘图基准面。单击“草图”面板中的“圆”按钮，以原点为圆心绘制一个圆。

（3）标注尺寸。单击“草图”面板中的“智能尺寸”按钮，标注步骤（2）所绘圆的直径，如图 9-51 所示。

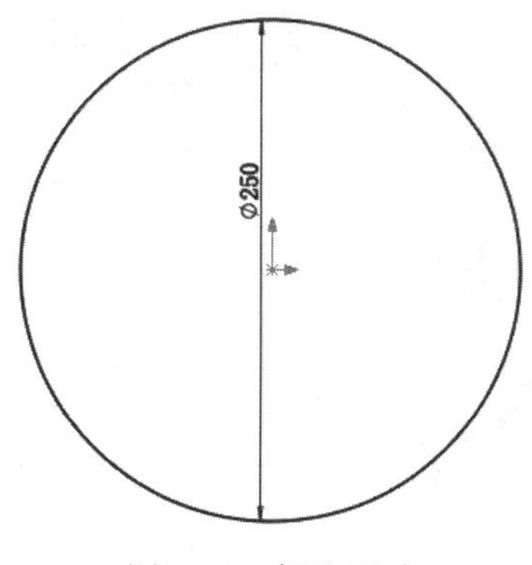

图 9-51　标注尺寸

（4）拉伸实体。单击“特征”面板中的“拉伸凸台/基体”按钮，此时系统弹出“凸台-拉伸”属性管理器。在（深度）微调框中输入 80，如图 9-52 所示。单击（确定）按钮，结果如图 9-53 所示。

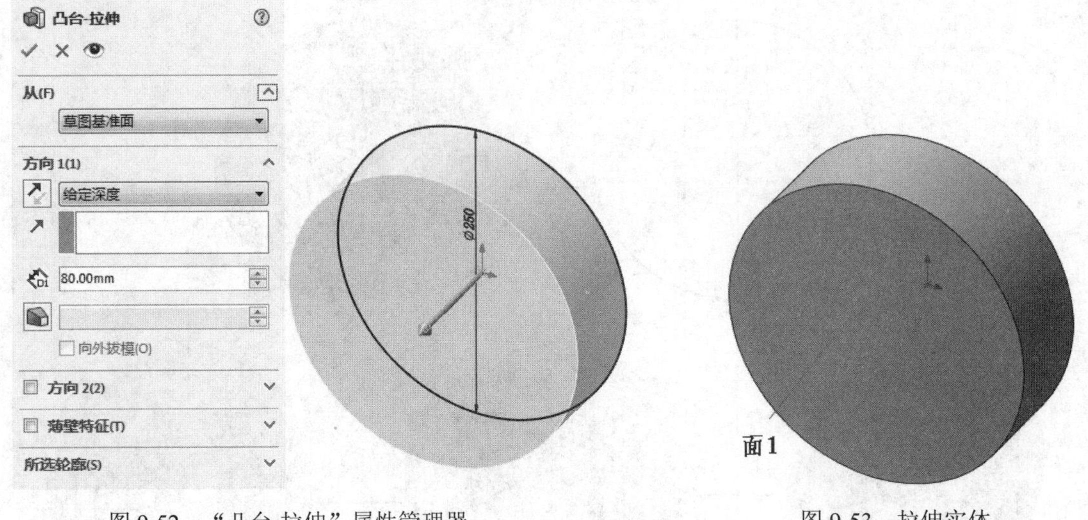

图 9-52　“凸台-拉伸”属性管理器　　　　图 9-53　拉伸实体

（5）圆顶实体。选择菜单栏中的“插入”→“特征”→“圆顶”命令，此时系统弹出“圆顶”属性管理器。在“参数”选项组中，选择如图 9-53 所示的表面 1。按照图 9-54 所示进行设置后，单击（确定）按钮，圆顶实体如图 9-55 所示。

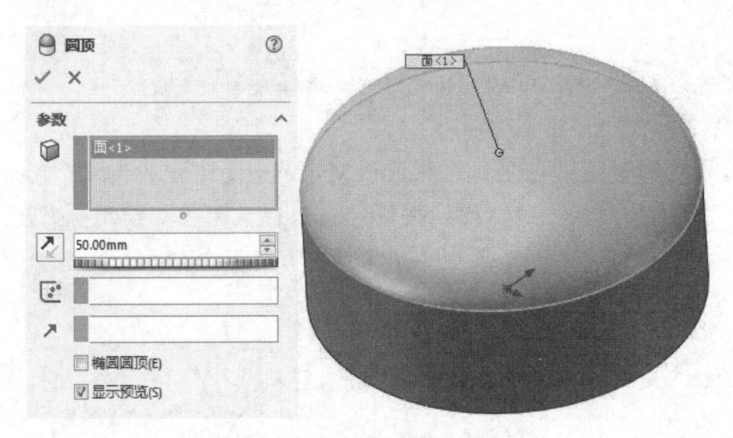

图 9-54　“圆顶”属性管理器

（6）绘制切除实体草图。在左侧的 FeatureManager 设计树中选择“右视基准面”作为绘图基准面。单击“草图”面板中的“中心线”按钮，过原点绘制一条竖直中心线。单击“草图”面板中的“等距实体”按钮，弹出“等距实体”属性管理器，选择草图边线，在（等距距离）微调框中输入 10mm，如图 9-56 所示。单击“草图”面板中的“直线”按钮，完成闭合图形的绘制。结果如图 9-57 所示。

图 9-55　圆顶操作结果　　　　图 9-56　“等距实体”属性管理器

（7）旋转切除实体。单击“特征”面板中的“旋转切除”按钮，此时系统弹出“切除-旋转”属性管理器。按图 9-58 所示进行设置后，单击（确定）按钮。结果如图 9-59 所示。

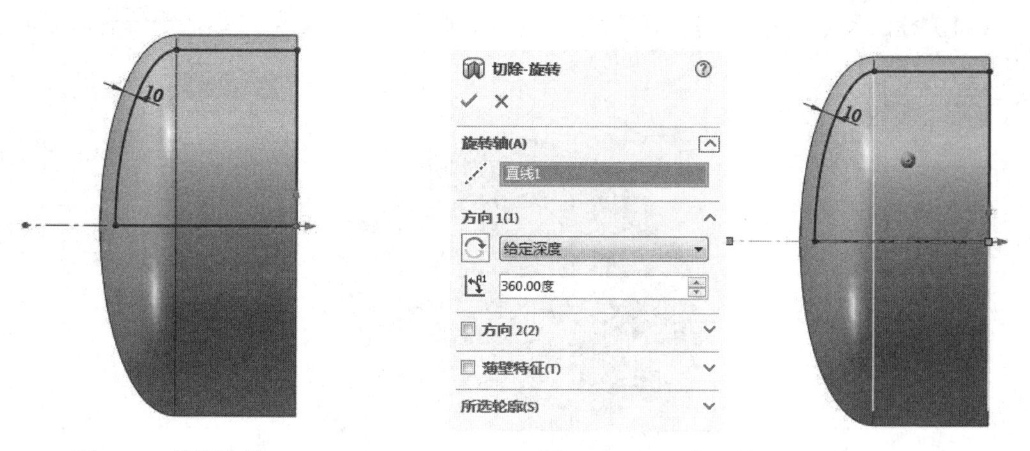

图 9-57　等距结果　　　　图 9-58　“切除-旋转”属性管理器

（8）设置基准面。单击“特征”面板“参考几何体”下拉列表中的“基准面”按钮，弹出“基准面”属性管理器。在“第一参考”选项组下按钮右侧列表框中选择如图 9-59 所示面 1，输入偏移距离为 140，如图 9-60 所示。然后单击（确定）按钮，结果如图 9-61 所示。

（9）绘制草图。选择上一步绘制的基准面 1 为草绘平面，单击“草图”面板中的“草图绘制”按钮，新建一个草图文件。

（10）单击“草图”面板中的“圆”按钮，以原点为圆心绘制一个圆；单击“草图”面板中的“直线”按钮，绘制过原点竖直线；单击“草图”面板中的“裁剪实体”按钮，修剪单侧圆弧。

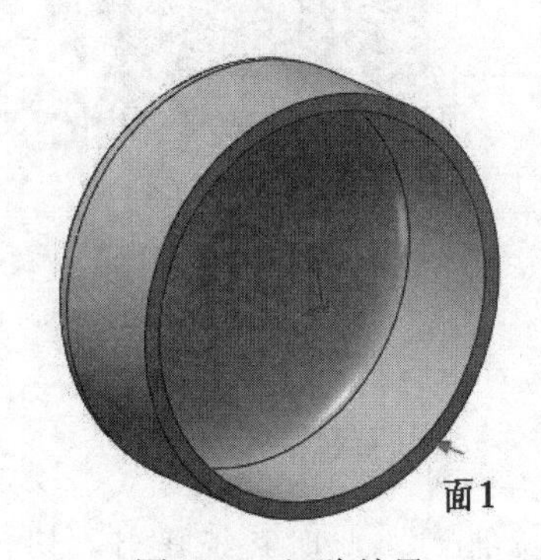

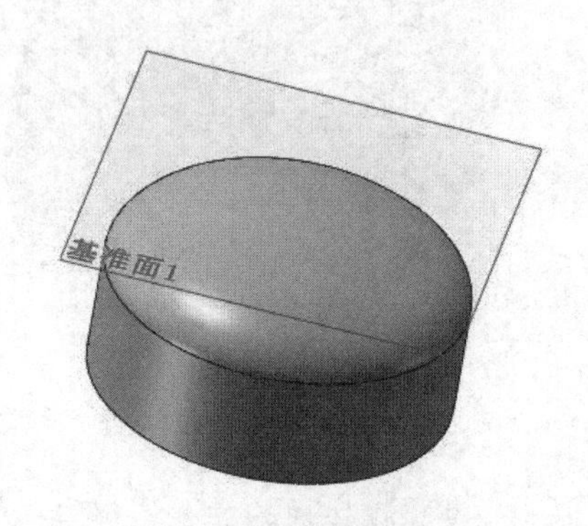

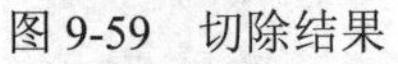

图 9-59　切除结果　　图 9-60　“基准面”属性管理器　　图 9-61　创建基准面 1

（11）标注尺寸。单击“草图”面板中的“智能尺寸”按钮，标注刚绘制的圆的直径，如图 9-62 所示。

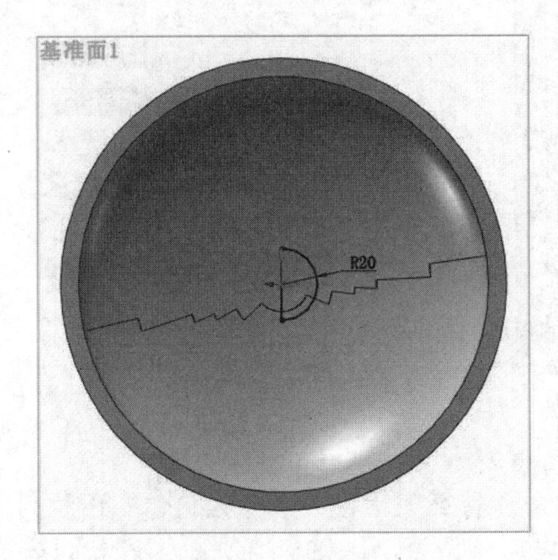

图 9-62　草图标注尺寸

（12）旋转实体。单击“特征”面板中的“旋转”按钮，此时系统弹出“旋转”属性管理器。在（旋转轴）列表框中选择竖直直线，然后单击（确定）按钮，如图 9-63 所示。

（13）隐藏基准面。右击基准面 1，在弹出的快捷菜单中单击（隐藏）按钮，取消基准面 1 的显示。

（14）设置视图方向。单击“标准视图”工具栏中的（等轴测）按钮，将视图以等轴测方向显示。绘制结果如图 9-64 所示。

图 9-63 “旋转”属性管理器

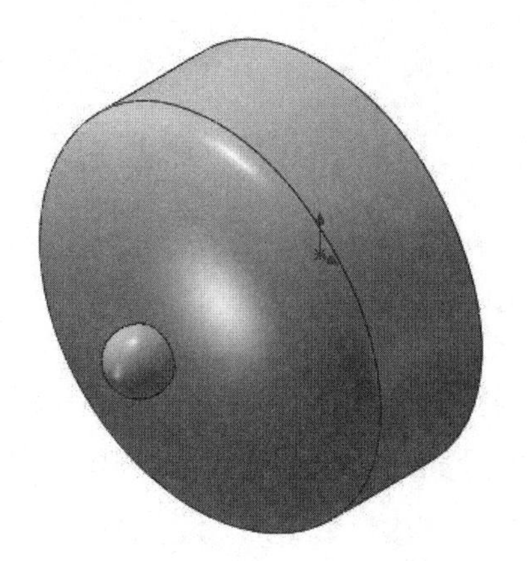

图 9-64 等轴测视图结果

第 10 章　复杂放置特征

内容简介

SOLIDWORKS 除了提供基础特征的实体建模功能外，还通过高级抽壳、圆顶、筋特征以及倒角等操作来实现产品的辅助设计。这些功能使模型创建更精细化，能更广泛地应用于各行业。

内容要点

- 孔特征
- 抽壳特征
- 拔模特征
- 筋特征

案例效果

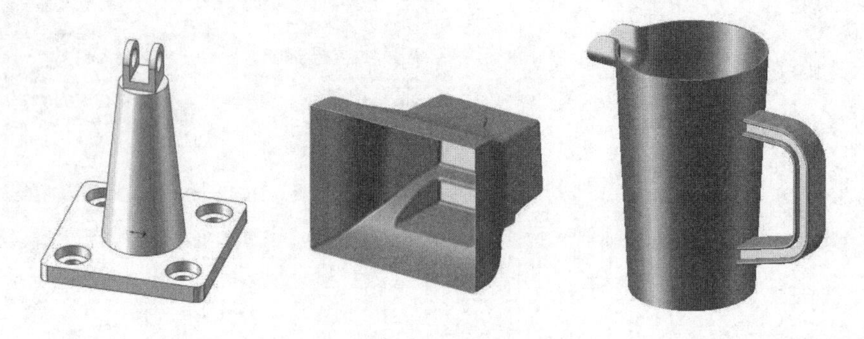

10.1　孔特征

钻孔特征是指在已有的零件上生成各种类型的孔特征。SOLIDWORKS提供了两大类孔特征：简单直孔和异型孔。

扫一扫，看视频

10.1.1　创建简单直孔

简单直孔是指在确定的平面上，设置孔的直径和深度。孔深度的“终止条件”类型与拉伸切除的“终止条件”类型基本相同。

【执行方式】

- 工具栏：单击“特征”工具栏中的“简单直孔”按钮。
- 菜单栏：选择“插入”→“特征”→“简单直孔”命令。

下面结合实例介绍不同钻孔特征的操作步骤。

【操作步骤】

（1）执行上述命令后，打开“孔”属性管理器。在“终止条件”下拉列表框中选择“完全贯穿”选项，在（孔直径）文本框中输入30，“孔”属性管理器设置如图10-1所示。

（2）单击“孔”属性管理器中的（确定）按钮，钻孔后的实体如图10-2所示。

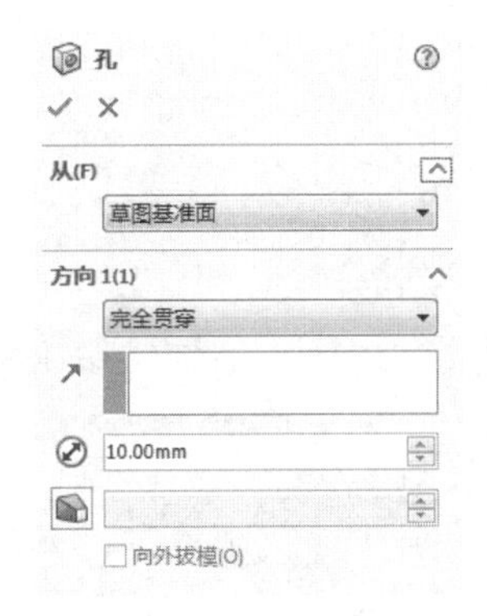

图10-1　“孔”属性管理器

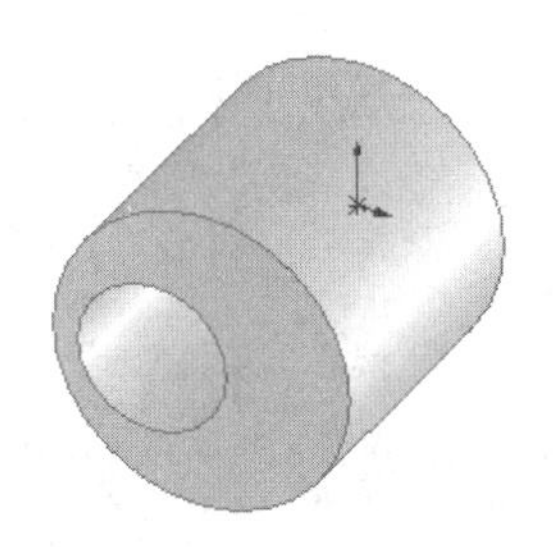

图10-2　实体钻孔

（3）在FeatureManager设计树中，右击步骤（1）中添加的孔特征选项，此时系统弹出的快捷菜单如图10-3所示。单击其中的“编辑草图”按钮，编辑草图如图10-4所示。

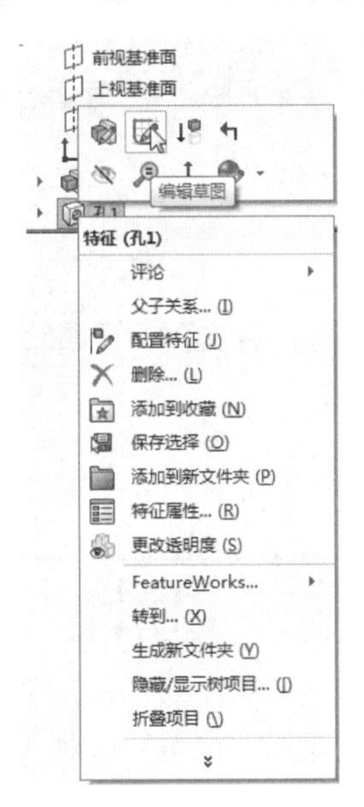

图10-3　快捷菜单

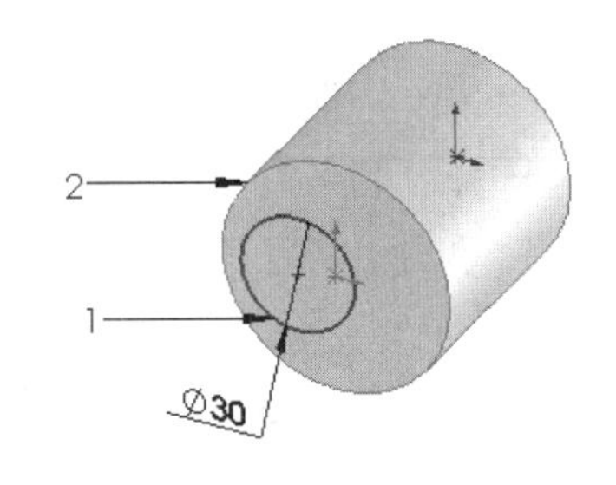

图10-4　编辑草图

（4）按住Ctrl键，选择如图10-4所示的圆弧1和边线弧2，此时系统弹出的“属性”属性管理器如图 10-5 所示。

（5）单击“添加几何关系”选项组中的“同心”按钮，此时“同心”几何关系显示在“现有几何关系”选项组中。为圆弧 1 和边线弧 2 添加“同心”几何关系，再单击“确定”按钮✔。

（6）单击图形区右上角的“退出草图绘制”按钮，创建的简单孔特征如图 10-6 所示。

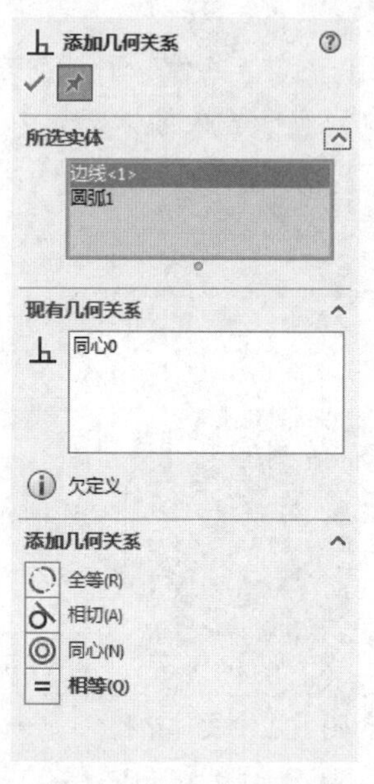

图 10-5 “属性”属性管理器

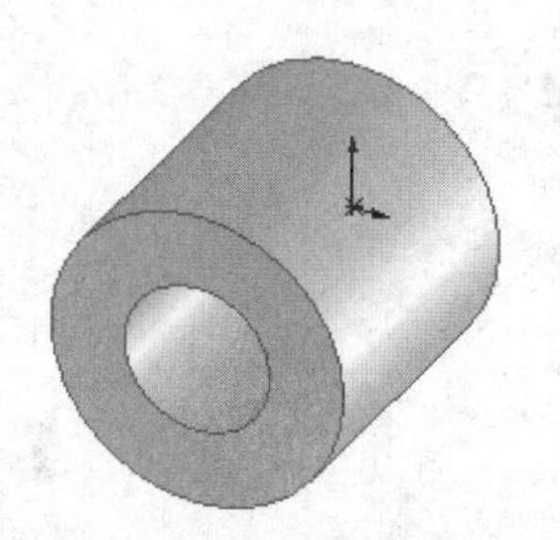

图 10-6 创建的简单孔特征

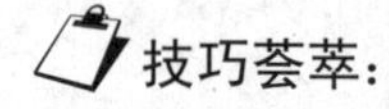

技巧荟萃：

在确定简单孔的位置时，可以通过标注尺寸的方式来确定，对于特殊的图形可以通过添加几何关系来确定。

扫一扫，看视频

10.1.2 创建异型孔

异型孔即具有复杂轮廓的孔，主要包括柱孔、锥孔、孔、螺纹孔、管螺纹孔和旧制孔6种。异型孔的类型和位置都是在“孔规格”属性管理器中完成。

【执行方式】

- 工具栏：单击“特征”工具栏中的“异型孔向导”按钮。
- 菜单栏：选择“插入”→“特征”→“孔向导”命令。
- 控制面板：单击“特征”控制面板中的“异型孔向导”按钮。

【操作步骤】

（1）在“孔类型”选项组按照图 10-7 进行设置，然后单击“位置”选项卡，此时单击“3D 草图”按钮，在如图 10-7 所示的表面上添加 4 个点。

（2）选择草图 2，单击右键选择“编辑草图”命令，标注添加 4 个点的定位尺寸，如图 10-8 所示。单击“孔规格”属性管理器中的“确定”按钮✔，添加的孔如图 10-9 所示。

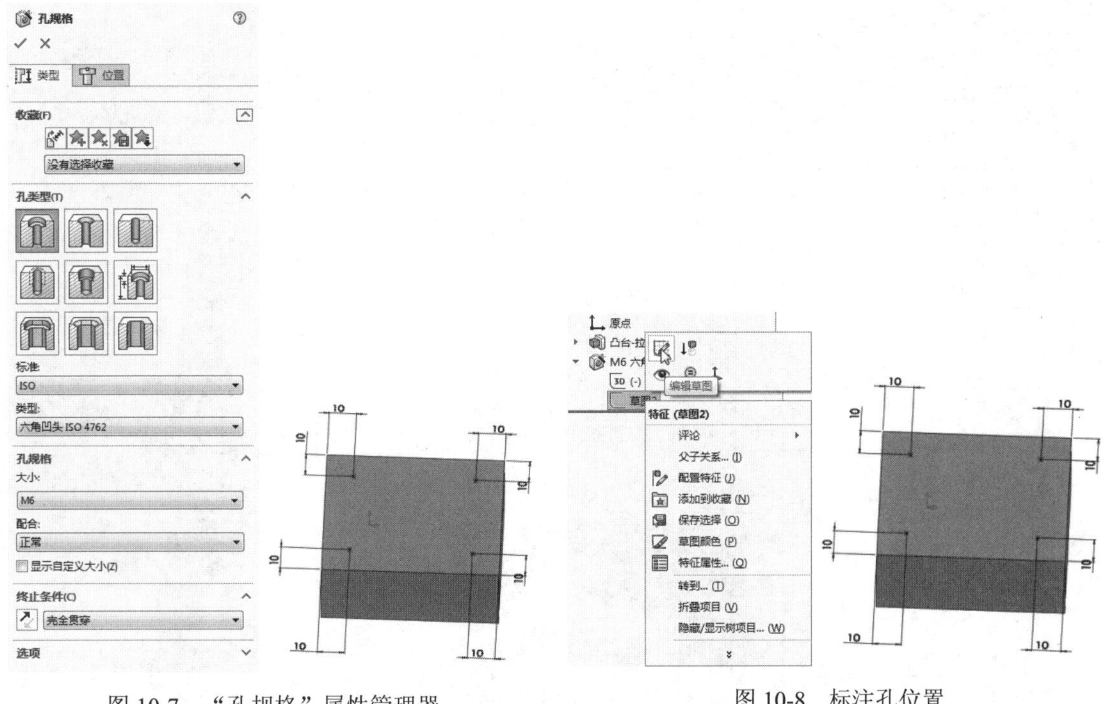

图 10-7　“孔规格”属性管理器　　　　图 10-8　标注孔位置

（3）选择菜单栏中的“视图”→“修改”→“旋转视图”命令，将视图以合适的方向显示。旋转视图后的图形如图 10-10 所示。

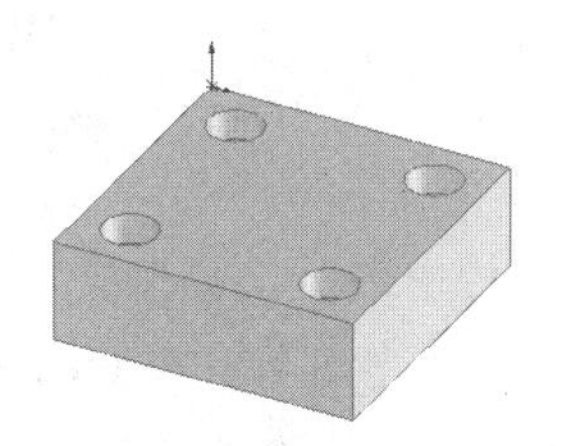

图 10-9　添加孔

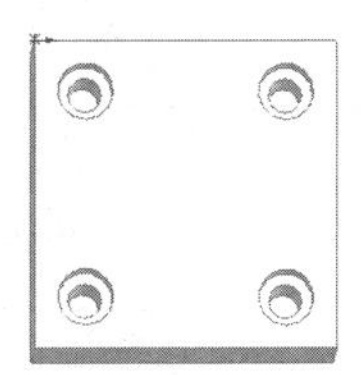

图 10-10　旋转视图后的图形

10.1.3　实例——基座

扫一扫，看视频

本例绘制的基座如图10-11所示。

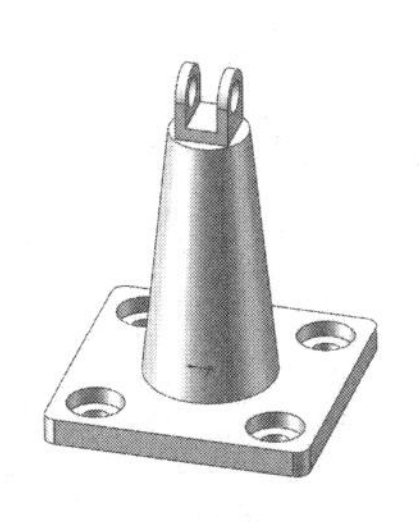

图 10-11　基座

思路分析：

首先绘制基座的外形轮廓草图，然后旋转成为基座主体轮廓，最后进行倒角处理。绘制的流程图如图 10-12 所示。

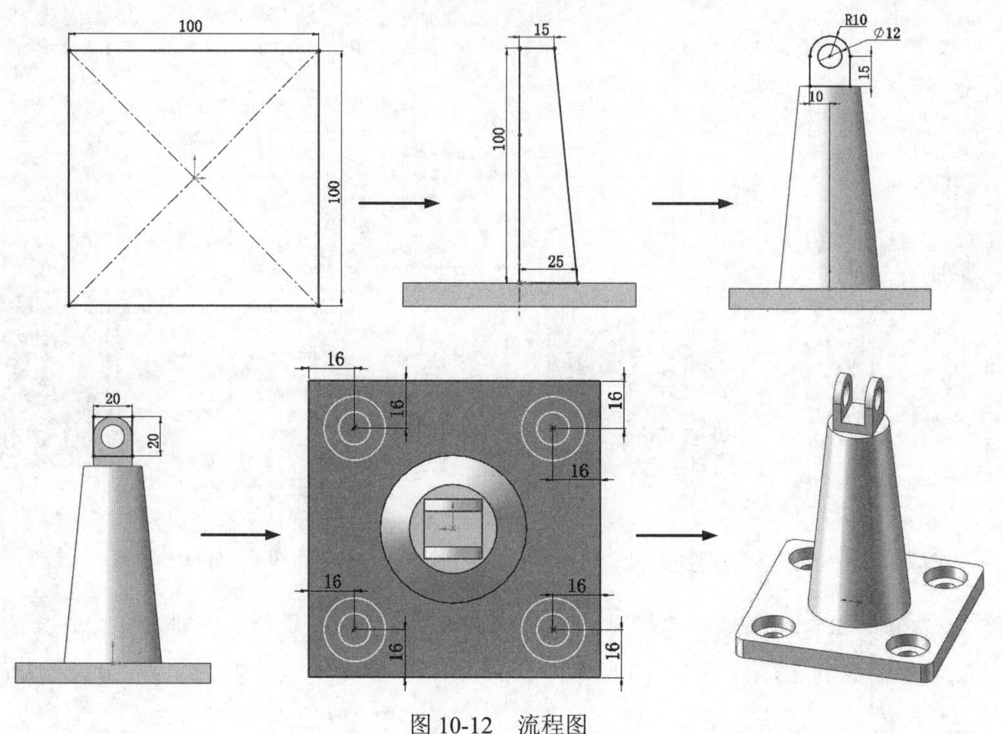

图 10-12　流程图

操作步骤

（1）新建文件。启动 SOLIDWORKS 2018，选择菜单栏中的“文件”→“新建”命令，或者单击“标准”工具栏中的“新建”按钮，在弹出的“新建 SOLIDWORKS 文件”对话框中选择“零件”按钮，然后单击“确定”按钮，创建一个新的零件文件。

（2）绘制草图。在左侧的“FeatureManager 设计树”中用鼠标选择“前视基准面”作为绘制图形的基准面。单击“草图”控制面板中的“中心矩形”按钮，在坐标原点绘制边长为 100 的正方形。标注尺寸后结果如图 10-13 所示。

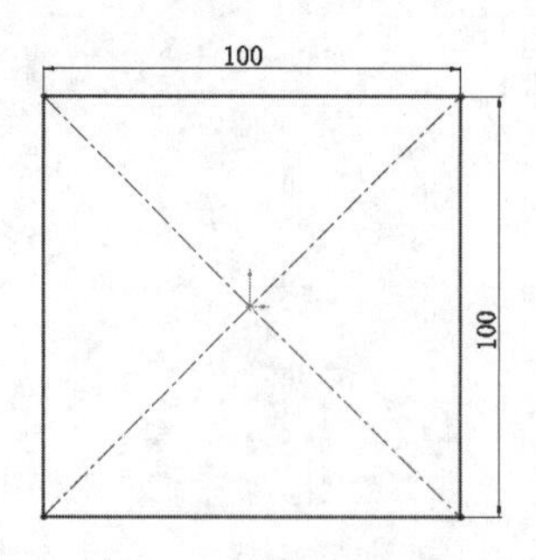

图 10-13　绘制草图

（3）拉伸实体。单击“特征”控制面板中的“拉伸凸台/基体”按钮，此时系统弹出如图 10-14 所示的“凸台-拉伸”属性管理器。设置拉伸终止条件为“给定深度”，输入拉伸距离为 10mm，然后单击“确定”按钮。结果如图 10-15 所示。

（4）绘制草图。在左侧的“FeatureManager 设计树”中用鼠标选择“上视基准面”作为绘制图形的基准面。单击“草图”控制面板中的“中心线”按钮和“直线”按钮，绘制如图 10-16 所示的草图并标注尺寸。

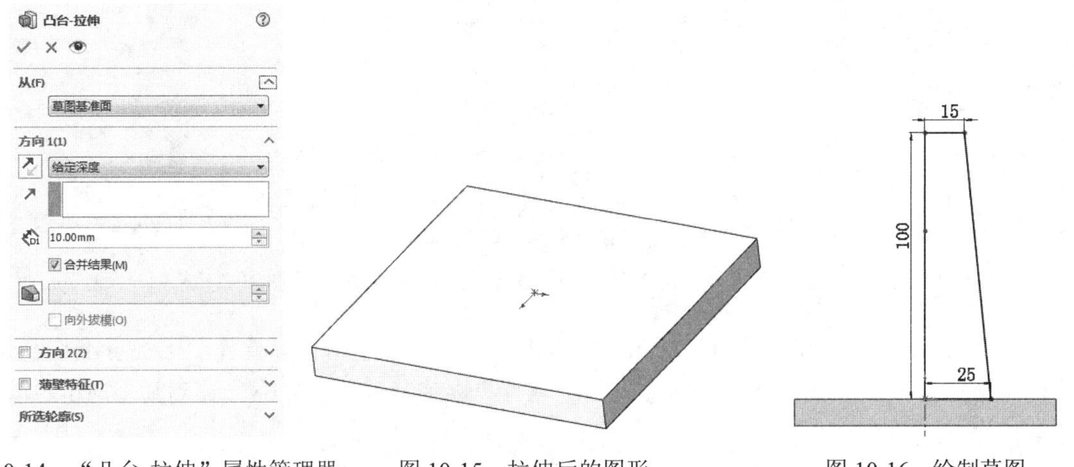

图 10-14　“凸台-拉伸”属性管理器　　图 10-15　拉伸后的图形　　图 10-16　绘制草图

（5）旋转实体。单击“特征”控制面板中的“旋转凸台/基体”按钮，此时系统弹出如图 10-17 所示的“切除-旋转”属性管理器。采用默认设置，然后单击“确定”按钮。结果如图 10-18 所示。

图 10-17　“切除-旋转”属性管理器

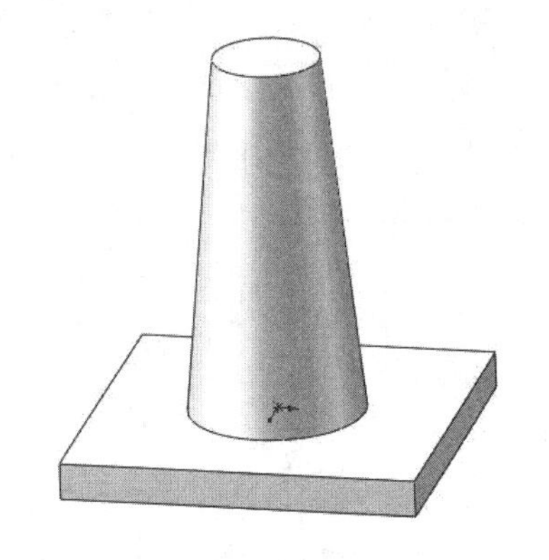

图 10-18　绘制结果

（6）绘制草图。在左侧的“FeatureManager 设计树”中用鼠标选择“上视基准面”作为绘制图形的基准面。单击“草图”控制面板中的“直线”按钮、“圆”按钮和“剪裁实体”按钮，绘制如图 10-19 所示的草图并标注尺寸。

（7）拉伸实体。单击“特征”控制面板中的“拉伸凸台/基体”按钮，此时系统弹出如

图 10-20 所示的“凸台-拉伸”属性管理器。设置拉伸终止条件为“两侧对称”，输入拉伸距离为 20mm，然后单击“确定”按钮✓。结果如图 10-21 所示。

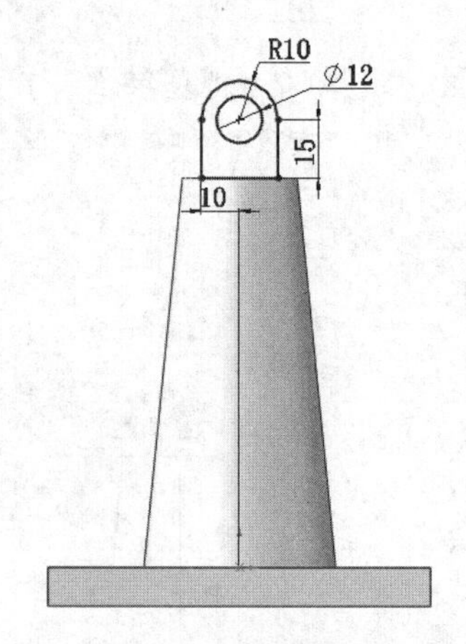

图 10-19　绘制草图尺寸

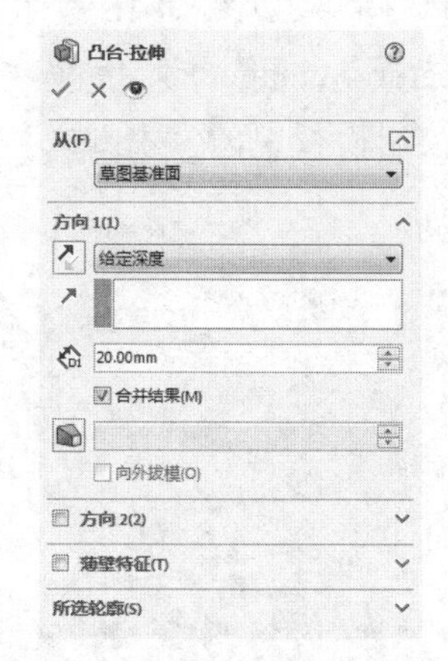

图 10-20　“凸台-拉伸”属性管理器

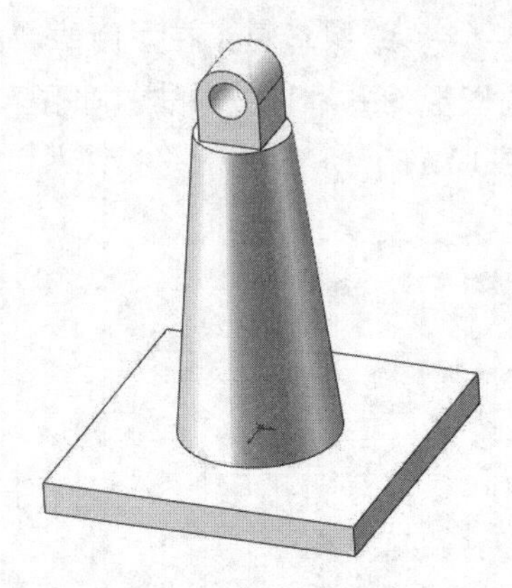

图 10-21　拉伸结果

（8）绘制草图。在左侧的“FeatureManager 设计树”中用鼠标选择“上视基准面”作为绘制图形的基准面。单击“草图”控制面板中的“边角矩形”按钮□，绘制如图 10-22 所示的草图并标注尺寸。

（9）拉伸切除实体。单击“特征”控制面板中的“切除拉伸”按钮，此时系统弹出如图 10-23 所示的“切除-拉伸”属性管理器。设置拉伸终止条件为“两侧对称”，输入拉伸距离为 12mm，然后单击“确定”按钮✓。结果如图 10-24 所示。

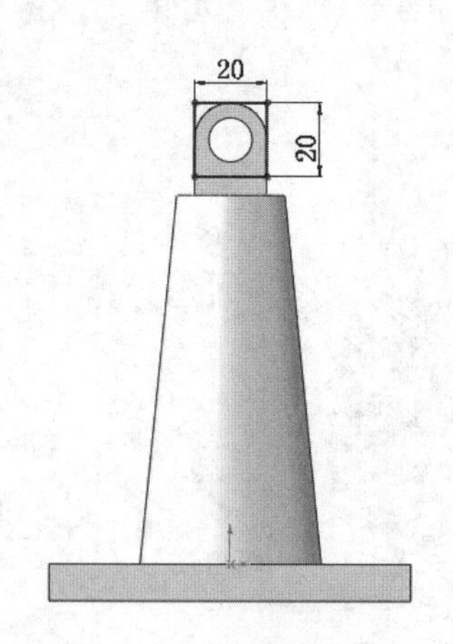

图 10-22　绘制草图尺寸

图 10-23　“切除-拉伸”属性管理器

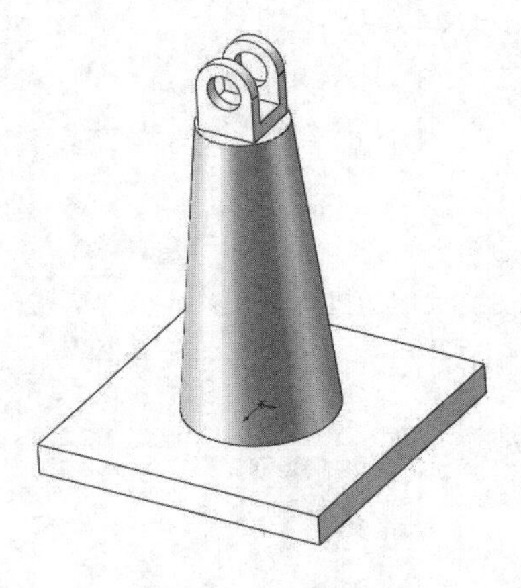

图 10-24　拉伸结果

（10）创建沉头孔。单击“特征”控制面板中的“异型孔向导”按钮，此时系统弹出如图 10-25 所示的“孔规格”属性管理器，选择“六角螺栓等级”类型，大小为 M10，设置终止条件为“完全贯穿”，选择“位置”选项卡，单击“3D 草图”按钮。依次在绘图基准面上放置孔，单击“草图”工具栏中的“智能尺寸”按钮，标注上一步绘制孔。然后单击“确定”按钮✓。结果如图 10-26 所示。

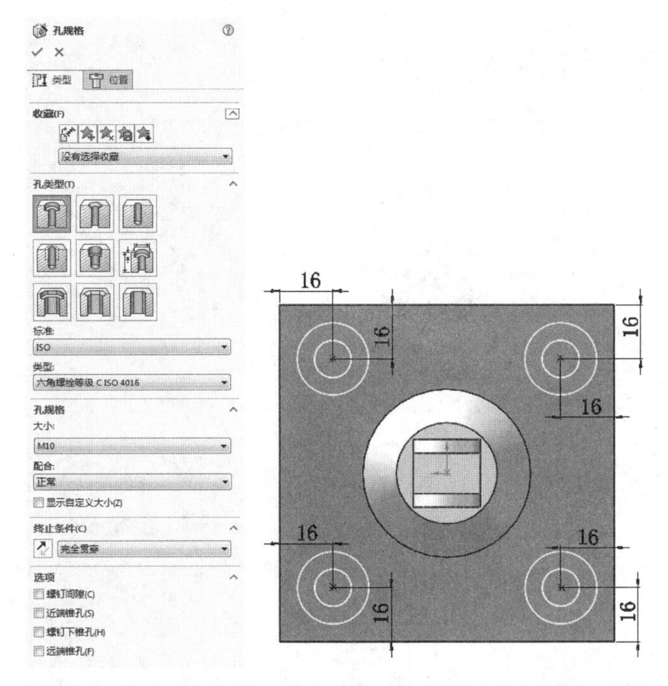

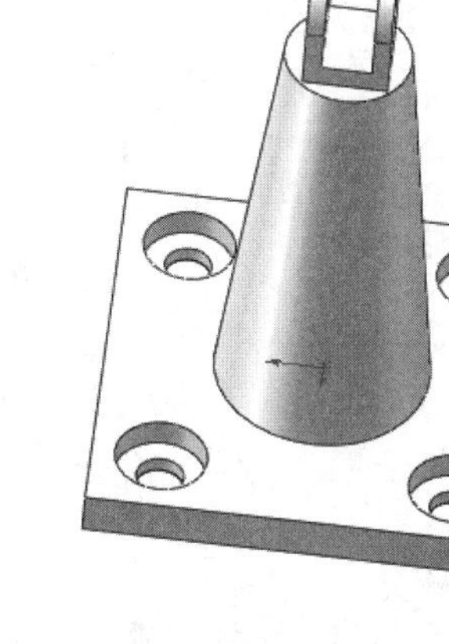

图 10-25　“孔规格”属性管理器　　　　图 10-26　绘制孔结果

（11）圆角实体。单击“特征”控制面板中的“圆角”按钮，此时系统弹出如图 10-27 所示的“圆角”属性管理器。在“半径”一栏中输入值 5mm，然后用鼠标选取图 10-28 中的边线。最后单击属性管理器中的“确定”按钮✓，结果如图 10-29 所示。

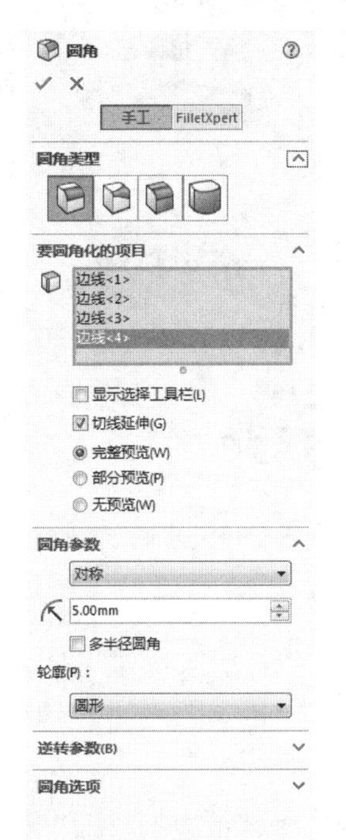

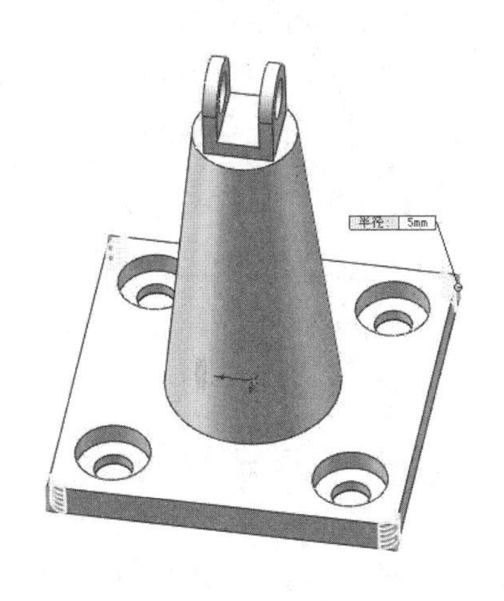

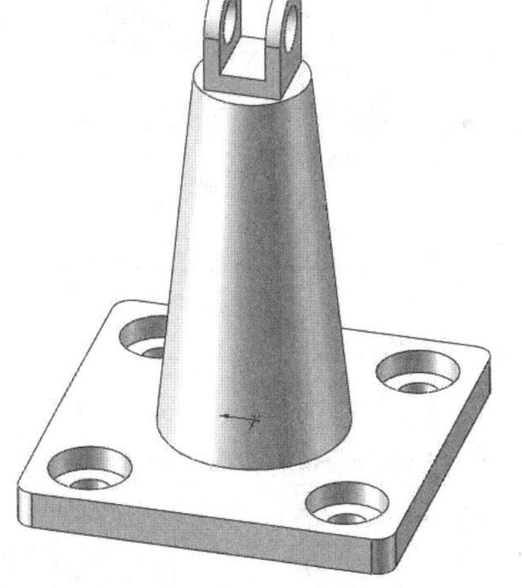

图 10-27　“圆角”属性管理器　　图 10-28　选择圆角边　　图 10-29　倒圆角结果

扫一扫，看视频

10.1.4 实例——支架

本例绘制的支架如图10-30所示。

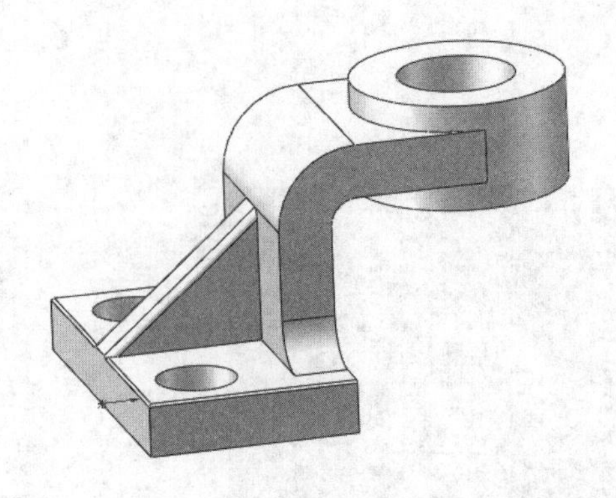

图 10-30 支架

✍ **思路分析：**

首先绘制底座草图通过拉伸创建底座，然后通过扫描创建支撑台，再创建筋，最后创建安装孔。绘制支架的流程图如图 10-31 所示。

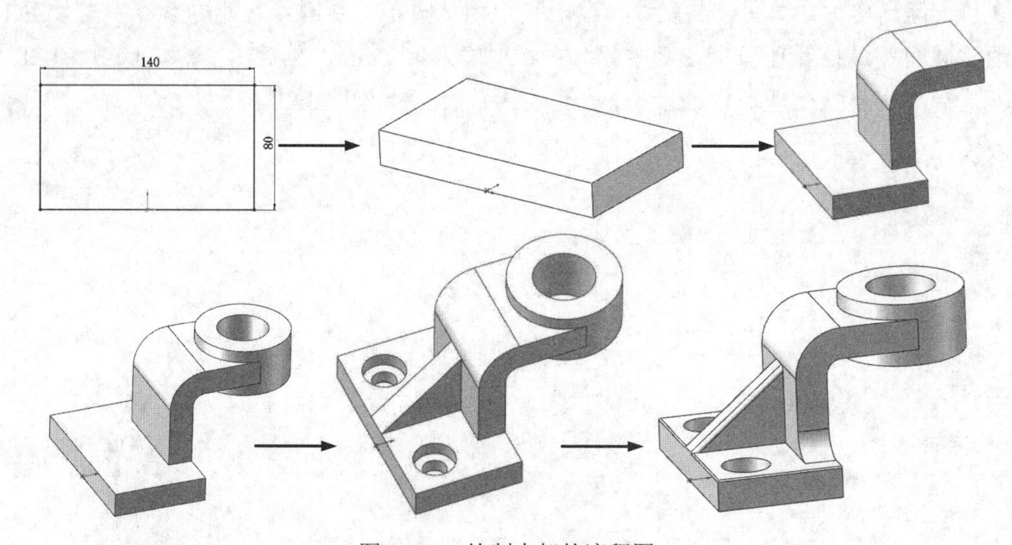

图 10-31 绘制支架的流程图

操作步骤

（1）新建文件。启动 SOLIDWORKS，单击“标准”工具栏中的“新建”按钮，在打开的“新建 SOLIDWORKS 文件”对话框中，选择“零件”按钮，再单击“确定”按钮，创建一个新的零件文件。

（2）新建草图。在左侧的“FeatureManager 设计树”中用鼠标选择“前视基准面”作为草图绘制基准面，单击“草图”控制面板上的“草图绘制”按钮，新建一张草图。

（3）绘制中心线。单击“草图”控制面板中的“边角矩形”按钮，绘制草图。

（4）标注尺寸。单击“草图”控制面板中的“智能尺寸”按钮，为草图标注尺寸，注意直线中点在坐标原点，如图 10-32 所示。

（5）拉伸形成实体。单击“特征”控制面板中的“拉伸凸台/基体”按钮，弹出如图 10-33 所示的“凸台-拉伸”属性管理器。设定拉伸的终止条件为“给定深度”。输入拉伸距离为 20mm，保持其他选项的系统默认值不变。单击属性管理器中的“确定”按钮。结果如图 10-34 所示。

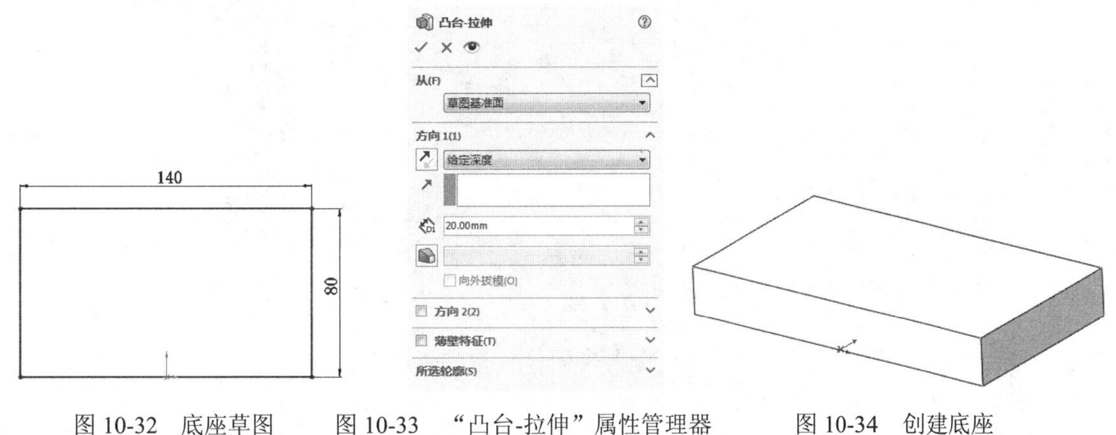

图 10-32　底座草图　　图 10-33　“凸台-拉伸”属性管理器　　图 10-34　创建底座

（6）新建扫描路径草图。在左侧的“FeatureManager 设计树”中用鼠标选择“右视基准面”作为草图绘制基准面，单击“草图”控制面板中的“草图绘制”按钮，新建一张草图。

（7）绘制草图。单击“草图”控制面板中的“直线”按钮和“绘制圆角”按钮，绘制草图并标注尺寸，如图 10-35 所示。单击“退出草图”按钮，退出草图。

（8）新建草图。在图 10-35 中选择上表面作为草图绘制基准面，单击“草图”控制面板上的“草图绘制”按钮，新建一张草图。

（9）绘制扫描轮廓草图。单击“草图”控制面板中的“边角矩形”按钮，绘制草图并标注尺寸，如图 10-36 所示。单击“退出草图”按钮，退出草图。

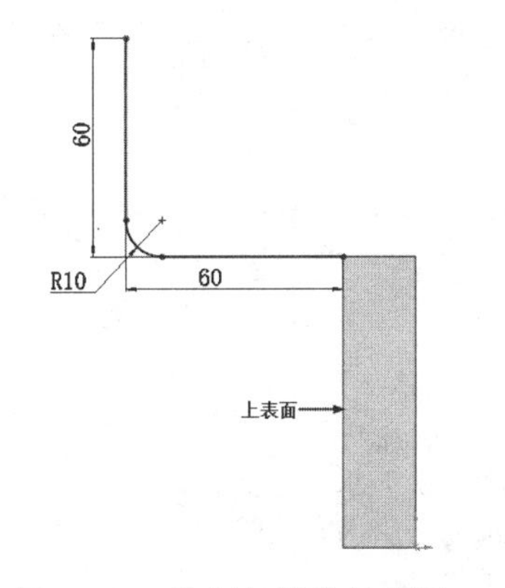

图 10-35　绘制扫描路径草图

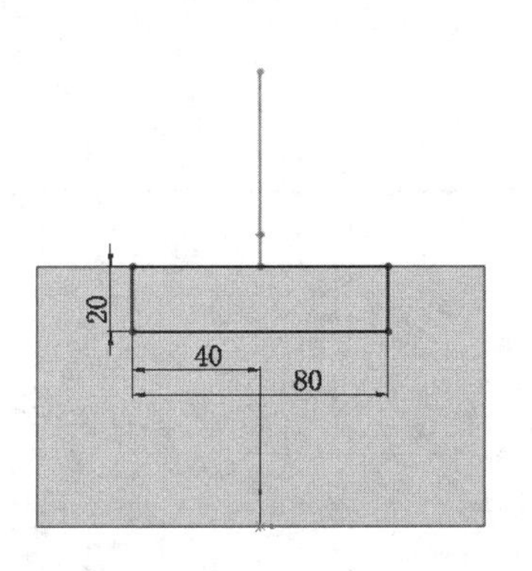

图 10-36　绘制扫描轮廓草图

（10）扫描实体。单击“特征”控制面板中的“扫描”按钮，弹出如图 10-37 所示的“扫描”属性管理器。选择草图 4 为扫描路径，选择扫描 3 为扫描轮廓，如图 10-37 所示。单击属性管理器中的“确定”按钮✓，结果如图 10-38 所示。

图 10-37 “扫描”属性管理器

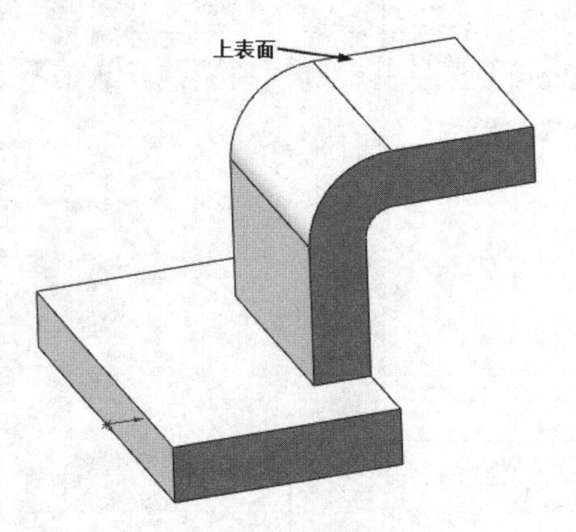

图 10-38 扫描实体

（11）新建草图。在图 10-38 中选择上表面作为草图绘制基准面，单击“草图”控制面板上的“草图绘制”按钮，新建一张草图。

（12）绘制草图。单击“草图”控制面板中的“圆”按钮，在扫描体的边线中点处绘制直径为 80mm 的圆。

（13）拉伸实体。单击“特征”控制面板中的“拉伸凸台/基体”按钮，弹出如图 10-39 所示的“凸台-拉伸”属性管理器。在方向 1 中输入拉伸距离为 10，在方向 2 中输入拉伸距离为 30，如图 10-39 所示。单击属性管理器中的“确定”按钮✓，结果如图 10-40 所示。

图 10-39 “凸台-拉伸”属性管理器

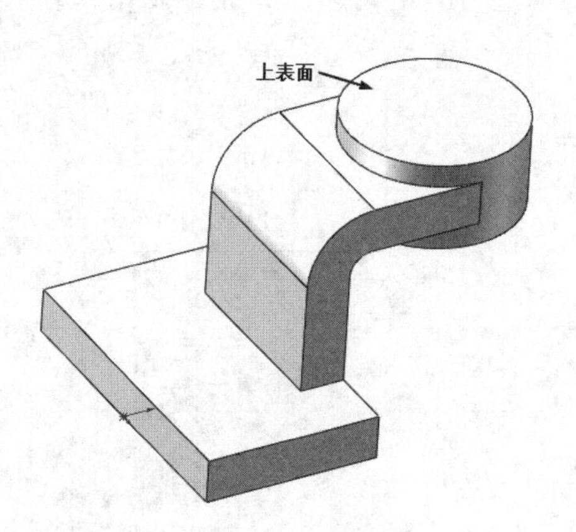

图 10-40 拉伸实体

（14）新建草图。在图 10-40 中选择上表面作为草图绘制基准面，单击“草图”工具栏上的“草图绘制”按钮，新建一张草图。

（15）绘制草图。单击“草图”控制面板中的“圆”按钮，在拉伸体的圆心处绘制直径为 44 的圆。

（16）切除拉伸实体。单击“特征”控制面板上的“拉伸切除”按钮，弹出如图 10-41 所示的“切除-拉伸”属性管理器。设置终止条件为“完全贯穿”，如图 10-41 所示。单击属性管理器中的“确定”按钮，结果如图 10-42 所示。

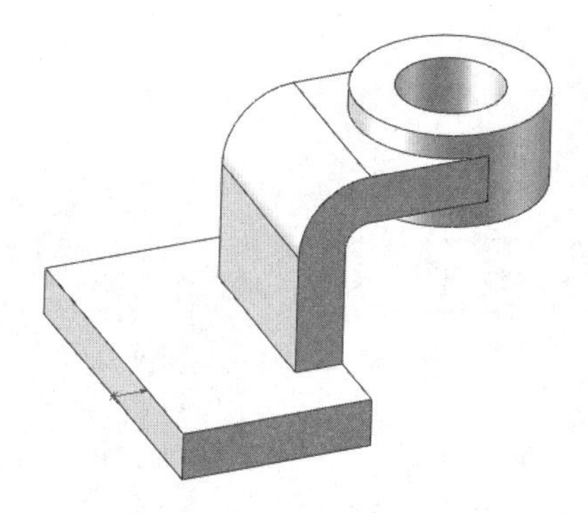

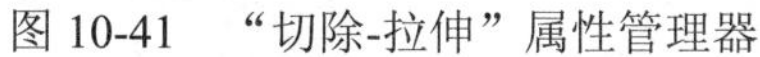
图 10-41　“切除-拉伸”属性管理器　　　　图 10-42　切除拉伸实体

（17）新建草图。在左侧的“FeatureManager 设计树”中用鼠标选择“右视基准面”作为草图绘制基准面，单击“草图”控制面板中的“草图绘制”按钮，新建一张草图。

（18）绘制草图。单击“草图”控制面板中的“直线”按钮，绘制草图并标注尺寸，如图 10-43 所示。

（19）创建筋。单击“特征”控制面板中的“筋”按钮，弹出“筋”属性管理器，选择“两侧”厚度，输入厚度为 18，选择拉伸方向为“平行于草图”，如图 10-44 所示。单击属性管理器中的“确定”按钮，结果如图 10-45 所示。

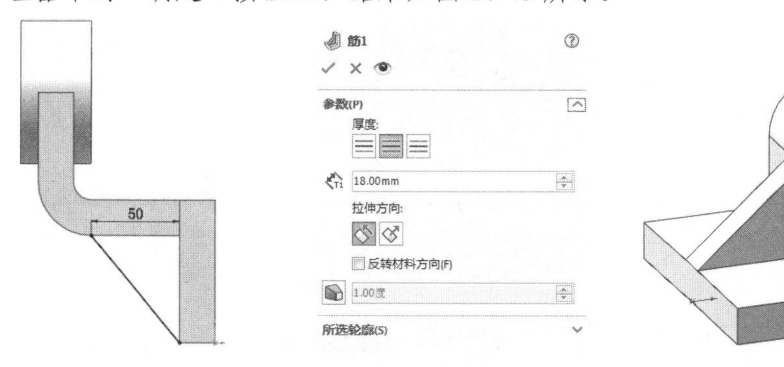

图 10-43　绘制筋草图　　图 10-44　“筋”属性管理器　　图 10-45　创建筋

（20）创建异型孔。单击“特征”控制面板中的“异型孔向导”按钮，弹出“孔规格”属性管理器，选择“柱形沉头孔”孔类型，设置孔大小为 M16，终止条件为“完全贯穿”，如图10-46所示，单击“位置” 位置选项卡，打开“孔位置”属性管理器，单击“3D草图”按钮，进入草图绘制环境，在外表面上放置孔，并单击“草图”工具栏中的“智能尺寸”按钮添加孔位置，如图10-47所示。单击属性管理器中的“确定”按钮，结果如图10-48所示。

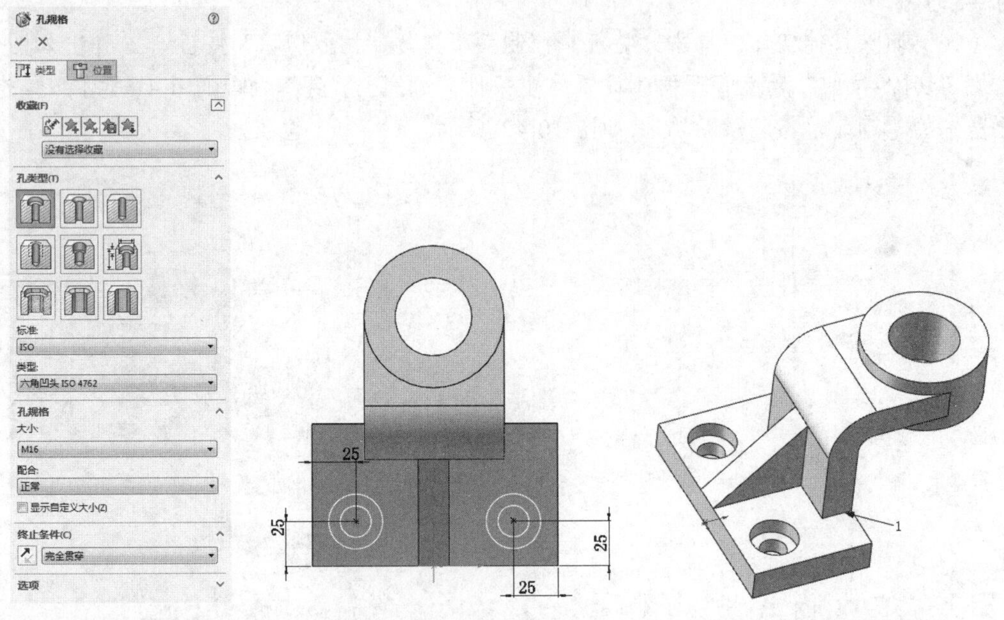

图10-46　“孔规格”属性管理器　　图10-47　添加尺寸　　图10-48　创建沉头孔

（21）圆角处理。单击“特征”控制面板中的“圆角”按钮，系统打开如图10-49所示的“圆角”属性管理器，在视图中选择图10-48所示两侧的边1，输入圆角半径为16，单击属性管理器中的“确定”按钮。重复“圆角”命令，对筋的上表面边线进行圆角处理，圆角半径为3。结果如图10-50所示。

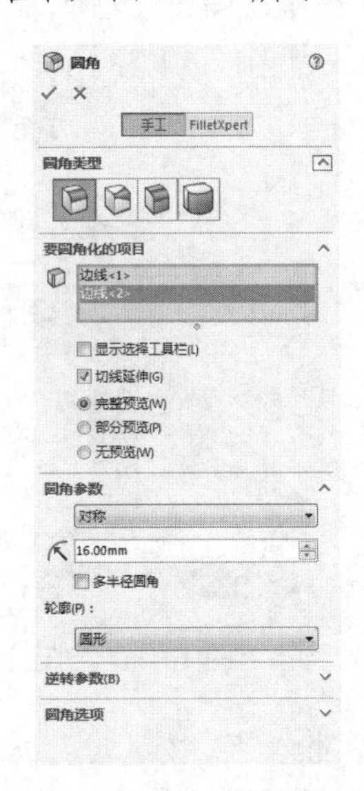

图10-49　“圆角”属性管理器

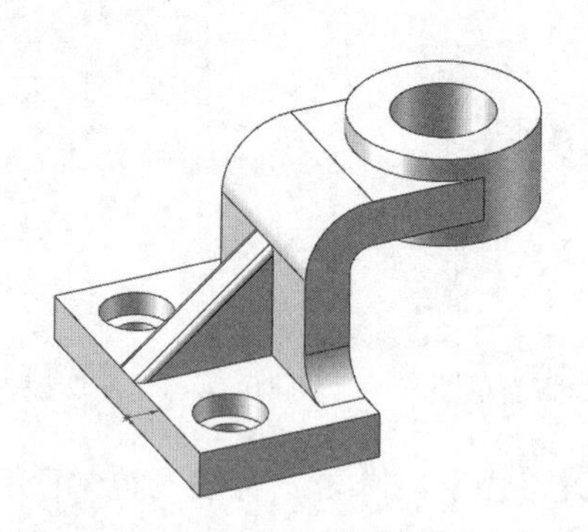

图10-50　倒圆角

（22）倒角处理。单击“特征”控制面板中的“倒角”按钮，系统打开如图 10-51 所示的“倒角”属性管理器，在视图中选择底座的上表面边线，设置倒角尺寸为 1×45°，单击属性管理器中的“确定”按钮✔。结果如图 10-52 所示。

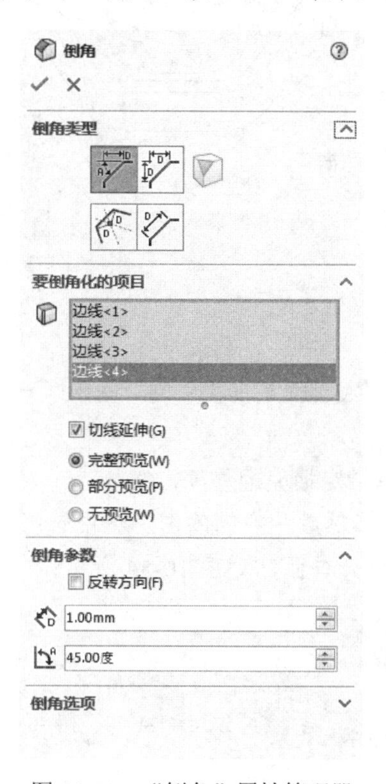

图 10-51　“倒角”属性管理器

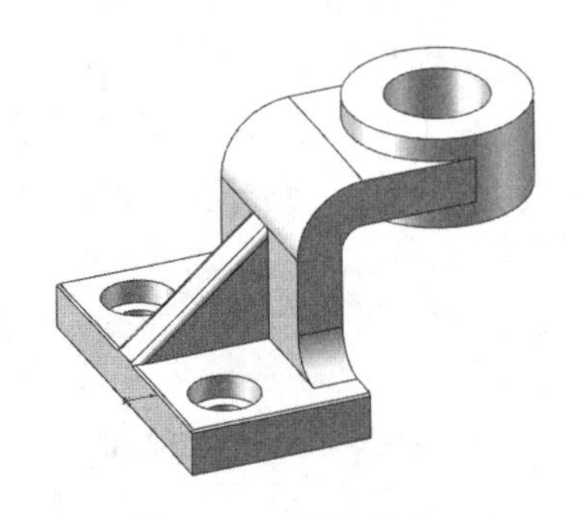

图 10-52　倒角处理

10.2　抽壳特征

抽壳特征是零件建模中的重要特征，它能使一些复杂工作变得简单化。当在零件的一个面上抽壳时，系统会掏空零件的内部，使所选择的面敞开，在剩余的面上生成薄壁特征。如果没有选择模型上的任何面，而直接对实体零件进行抽壳操作，则会生成一个闭合、掏空的模型。通常，抽壳时各个表面的厚度相等，也可以对某些表面的厚度进行单独指定，这样抽壳特征完成之后，各个零件表面的厚度就不相等了。

【执行方式】

- 工具栏：单击“特征”工具栏中的“抽壳”按钮。
- 菜单栏：选择“插入”→“特征”→“抽壳”命令。
- 控制面板：单击“特征”控制面板中的“抽壳”按钮。

如图10-53所示是对零件创建抽壳特征后建模的实例。

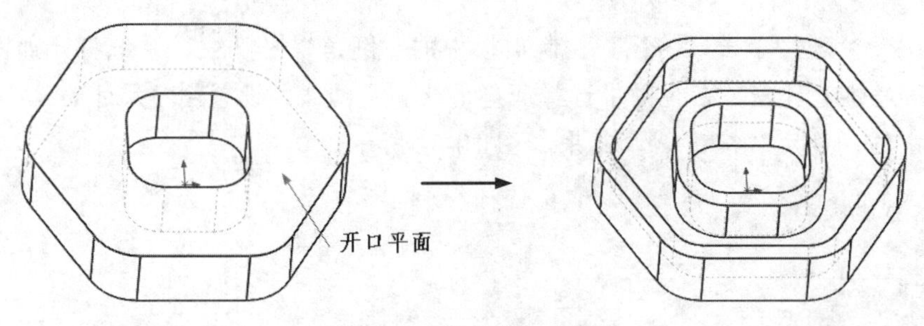

图 10-53　抽壳特征实例

扫一扫，看视频

10.2.1　等厚度抽壳特征

下面介绍生成等厚度抽壳特征的操作步骤。

（1）单击“特征”工具栏中的“抽壳”按钮，或选择菜单栏中的“插入”→“特征”→“抽壳”命令，系统弹出“抽壳”属性管理器。

（2）在“参数”选项组的（厚度）文本框中指定抽壳的厚度。

（3）单击（要移除的面）图标右侧的列表框，然后从右侧的图形区中选择一个或多个开口面作为要移除的面。此时在列表框中显示所选的开口面，如图 10-54 所示。

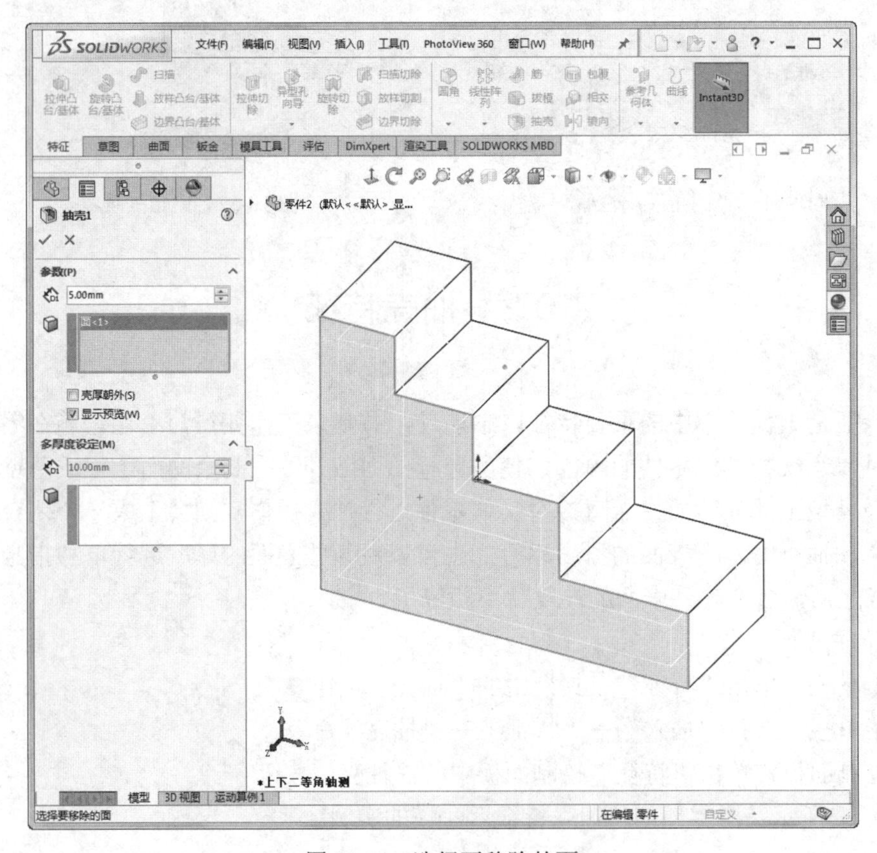

图 10-54　选择要移除的面

（4）如果勾选了“壳厚朝外”复选框，则会增加零件外部尺寸，从而生成抽壳。

（5）抽壳属性设置完毕，单击✔（确定）按钮，生成等厚度抽壳特征。

技巧荟萃：

如果在步骤 3 中没有选择开口面，则系统会生成一个闭合、掏空的模型。

10.2.2　多厚度抽壳特征

扫一扫，看视频

下面介绍生成具有多厚度面抽壳特征的操作步骤。

（1）单击“特征”工具栏中的“抽壳”按钮，或选择菜单栏中的“插入”→“特征”→“抽壳”命令，系统弹出“抽壳”属性管理器。

（2）单击“参数”选项组（要移除的面）图标右侧的列表框，在图形区中选择开口面 1，如图 10-55 所示，这些面会在该列表框中显示出来。

（3）单击“多厚度设定”选项组（多厚度面）图标右侧的列表框，激活多厚度设定。

（4）在列表框中选择多厚度面，然后在“多厚度设定”选项组的（厚度）文本框中输入对应的壁厚。

图 10-55　多厚度抽壳

（5）重复步骤 4，直到为所有选择的多厚度面指定了厚度。

（6）如果要使壁厚添加到零件外部，则勾选“壳厚朝外”复选框。

（7）抽壳属性设置完毕，单击✔（确定）按钮，生成多厚度抽壳特征。其剖视图如图 10-55 所示。

技巧荟萃：

如果想在零件上添加圆角特征，则应当在生成抽壳之前对零件进行圆角处理。

10.2.3　实例——闪盘盖

扫一扫，看视频

本实例绘制的闪盘盖如图10-56所示。

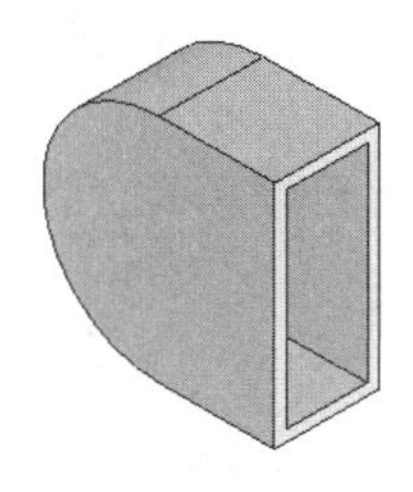

图 10-56　闪盘盖

✍ 思路分析：

首先绘制盖轮廓草图并拉伸，然后对拉伸后的实体进行抽壳处理。绘制流程如图 10-57 所示。

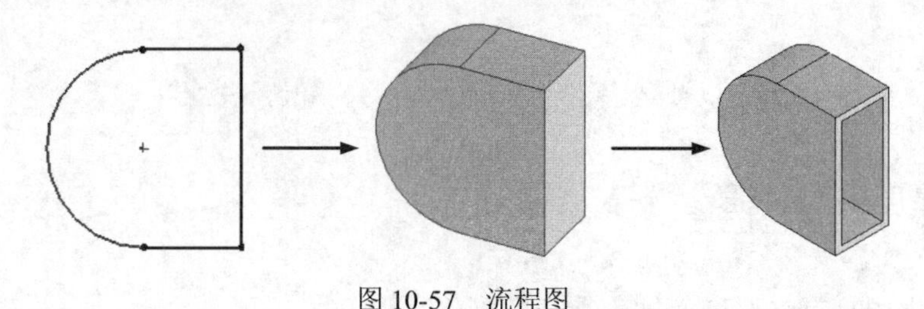

图 10-57　流程图

操作步骤

（1）新建文件。启动 SOLIDWORKS 2018，选择菜单栏中的“文件”→“新建”命令，创建一个新的零件文件。

（2）绘制草图。在左侧的 FeatureManager 设计树中选择“前视基准面”作为绘制图形的基准面。单击“草图”控制面板中的“边角矩形”按钮，以原点为角点绘制一个矩形；单击“草图”控制面板中的“3 点圆弧”按钮，在矩形的左侧绘制一个圆弧。

（3）标注尺寸。单击“草图”控制面板中的“智能尺寸”按钮，然后标注步骤 2 中绘制草图的尺寸，如图 10-58 所示。

（4）剪裁实体。单击“草图”控制面板中的“裁剪实体”按钮，裁减如图 10-58 所示的直线 1。剪裁后的图形如图 10-59 所示。

（5）拉伸实体。单击“特征”控制面板中的“拉伸凸台/基体”按钮，此时系统弹出“拉伸”属性管理器。在（深度）文本框中输入 9，然后单击（确定）按钮。

（6）设置视图方向。单击“标准视图”工具栏中的“等轴测”按钮，将视图以等轴测方向显示。创建的拉伸特征如图 10-60 所示。

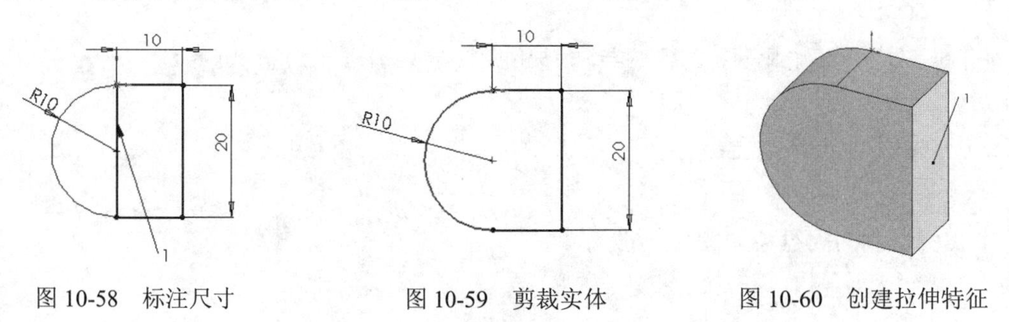

图 10-58　标注尺寸　　图 10-59　剪裁实体　　图 10-60　创建拉伸特征

（7）抽壳实体。单击“特征”控制面板中的“抽壳”按钮，此时系统弹出“抽壳”属性管理器。在“参数”选项组的（厚度）文本框中输入 1，单击（要移除的面）图标右侧的列表框，选择如图 10-60 所示的面 1。“抽壳”属性管理器设置如图 10-61 所示，单击（确定）按钮。

（8）设置视图方向。单击“标准视图”工具栏中的“等轴测”按钮，将视图以等轴测方向显示。抽壳实体如图 10-62 所示。

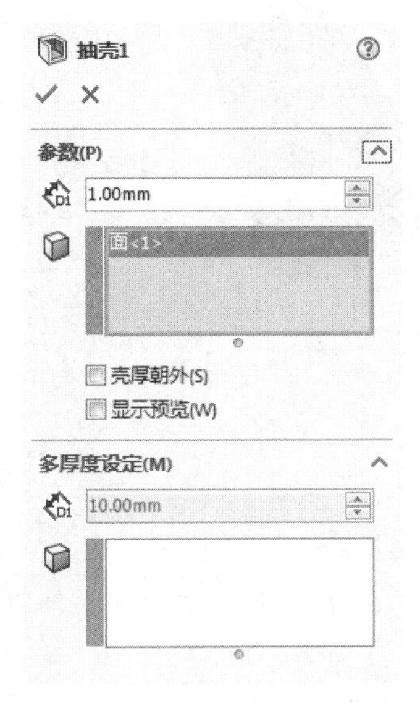

图 10-61 “抽壳”属性管理器

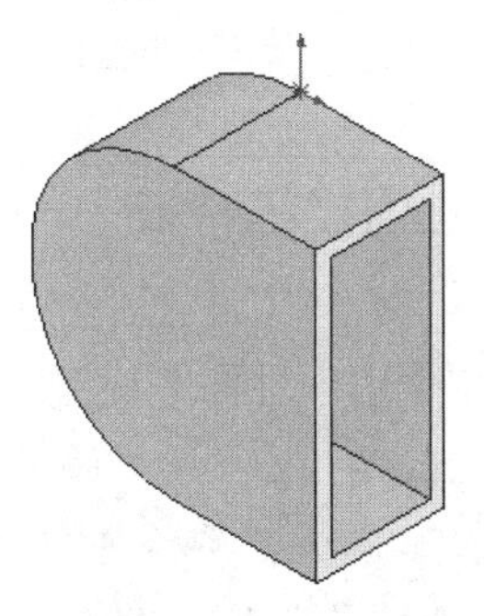

图 10-62 抽壳实体

10.3 拔模特征

拔模是零件模型上常见的特征，是以指定的角度斜削模型中所选的面。经常应用于铸造零件，由于拔模角度的存在可以使型腔零件更容易脱出模具。SOLIDWORKS提供了丰富的拔模功能。用户既可以在现有的零件上插入拔模特征，也可以在拉伸特征的同时进行拔模。

【执行方式】

- 工具栏：单击“特征”工具栏中的“拔模”按钮。
- 菜单栏：选择“插入”→“特征”→“拔模”命令。
- 控制面板：单击“特征”控制面板中的“拔模”按钮。

本节主要介绍在现有的零件上插入拔模特征。

下面对与拔模特征有关的术语进行说明。

- 拔模面：选取的零件表面，此面将生成拔模斜度。
- 中性面：在拔模的过程中大小不变的固定面，用于指定拔模角的旋转轴。如果中性面与拔模面相交，则相交处即为旋转轴。
- 拔模方向：用于确定拔模角度的方向。

如图 10-63 所示是一个拔模特征的应用实例。

要在现有的零件上插入拔模特征，从而以特定角度斜削所选的面，可以使用中性面拔模、分型线拔模和阶梯拔模。

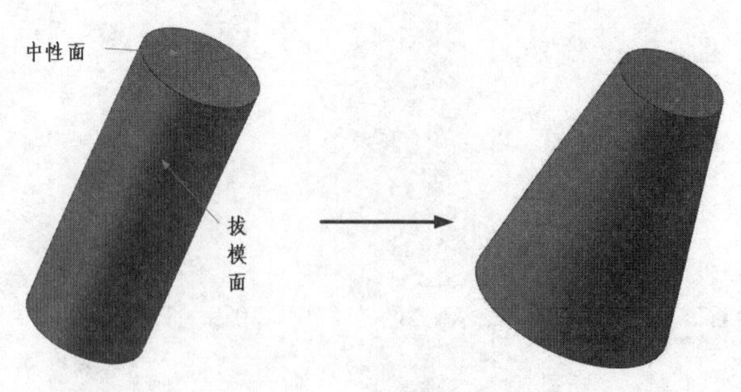

图 10-63　拔模特征实例

扫一扫，看视频

10.3.1　中性面拔模特征

下面介绍使用中性面在模型面上生成拔模特征的操作步骤。

（1）单击"特征"控制面板中的"拔模"按钮，或选择菜单栏中的"插入"→"特征"→"拔模"命令，系统弹出"拔模"属性管理器。

（2）在"拔模类型"选项组中，选择"中性面"单选按钮。

（3）在"拔模角度"选项组的（角度）文本框中设定拔模角度。

（4）单击"中性面"选项组中的列表框，然后在图形区中选择面或基准面作为中性面，如图 10-64 所示。

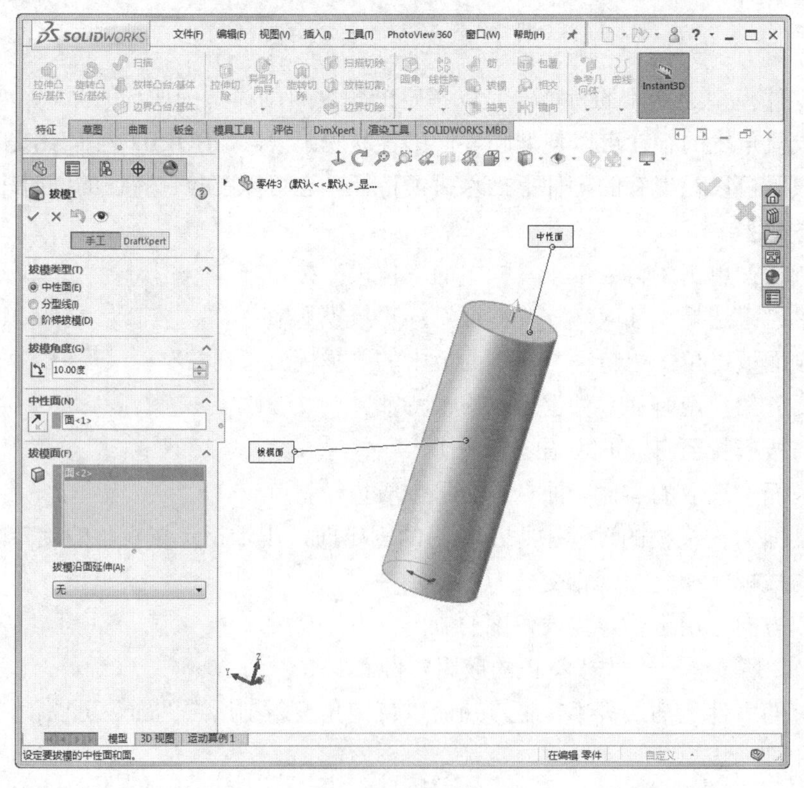

图 10-64　选择中性面

（5）图形区中的控标会显示拔模的方向，如果要向相反的方向生成拔模，单击（反向）按钮。

（6）单击“拔模面”选项组（拔模面）图标右侧的列表框，然后在图形区中选择拔模面。

（7）如果要将拔模面延伸到额外的面，从“拔模沿面延伸”下拉列表框中选择以下选项。

- 沿切面：将拔模延伸到所有与所选面相切的面。
- 所有面：所有从中性面拉伸的面都进行拔模。
- 内部的面：所有与中性面相邻的内部面都进行拔模。
- 外部的面：所有与中性面相邻的外部面都进行拔模。
- 无：拔模面不进行延伸。

（8）拔模属性设置完毕，单击（确定）按钮，完成中性面拔模特征。

10.3.2 分型线拔模特征

利用分型线拔模可以对分型线周围的曲面进行拔模。下面介绍插入分型线拔模特征的操作步骤。

（1）单击“特征”工具栏中的“拔模”按钮，或选择菜单栏中的“插入”→“特征”→“拔模”命令，系统弹出“拔模”属性管理器。

（2）在“拔模类型”选项组中，选择“分型线”单选按钮。

（3）在“拔模角度”选项组的（角度）文本框中指定拔模角度。

（4）单击“拔模方向”选项组中的列表框，然后在图形区中选择一条边线或一个面来指示拔模方向。

（5）如果要向相反的方向生成拔模，单击（反向）按钮。

（6）单击“分型线”选项组（分型线）图标右侧的列表框，在图形区中选择分型线，如图10-65所示。

（7）如果要为分型线的每一线段指定不同的拔模方向，单击“分型线”选项组（分型线）图标右侧列表框中的边线名称，然后单击“其他面”按钮。

（8）在“拔模沿面延伸”下拉列表框中选择拔模沿面延伸类型。

- 无：只在所选面上进行拔模。
- 沿相切面：将拔模延伸到所有与所选面相切的面。

（9）拔模属性设置完毕，单击（确定）按钮，完成分型线拔模特征。

技巧荟萃：

拔模分型线必须满足以下条件：（1）在每个拔模面上至少有一条分型线段与基准面重合；（2）其他所有分型线段处于基准面的拔模方向；（3）没有分型线段与基准面垂直。

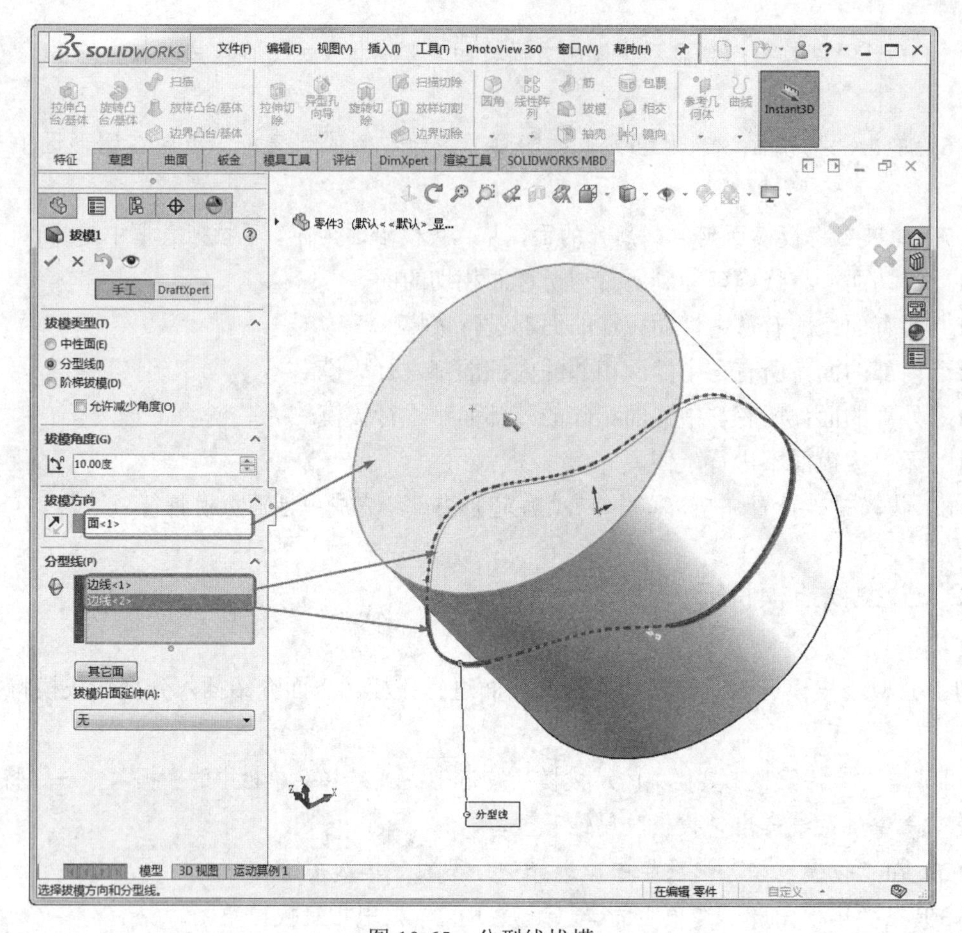

图 10-65　分型线拔模

扫一扫，看视频

10.3.3　阶梯拔模特征

除了中性面拔模和分型线拔模以外，SOLIDWORKS还提供了阶梯拔模。阶梯拔模为分型线拔模的变体，它的分型线可以不在同一平面内，如图10-66所示。

下面介绍插入阶梯拔模特征的操作步骤。

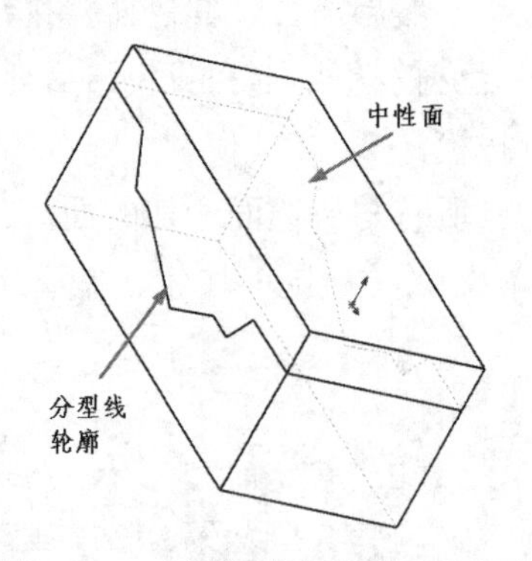

图 10-66　阶梯拔模中的分型线轮廓

（1）单击"特征"控制面板中的"拔模"按钮，或选择菜单栏中的"插入"→"特征"→"拔模"命令，系统弹出"拔模"属性管理器。

（2）在"拔模类型"选项组中，选择"阶梯拔模"单选按钮。

（3）如果想使曲面与锥形曲面一样生成，则勾选"锥形阶梯"复选框；如果想使曲面垂直于原主要面，则勾选"垂直阶梯"复选框。

（4）在"拔模角度"选项组的（角度）文本框中指定拔模角度。

（5）单击"拔模方向"选项组中的列表框，然后在图形区中选择一基准面指示拔模方向。

（6）如果要向相反的方向生成拔模，则单击（反向）按钮。

（7）单击"分型线"选项组（分型线）图标右侧的列表框，然后在图形区中选择分型线，如图10-67（a）所示。

（8）如果要为分型线的每一线段指定不同的拔模方向，则在"分型线"选项组（分型线）图标右侧的列表框中选择边线名称，然后单击"其他面"按钮。

（9）在"拔模沿面延伸"下拉列表框中选择拔模沿面延伸类型。

（10）拔模属性设置完毕，单击（确定）按钮，完成阶梯拔模特征，如图10-67（b）所示。

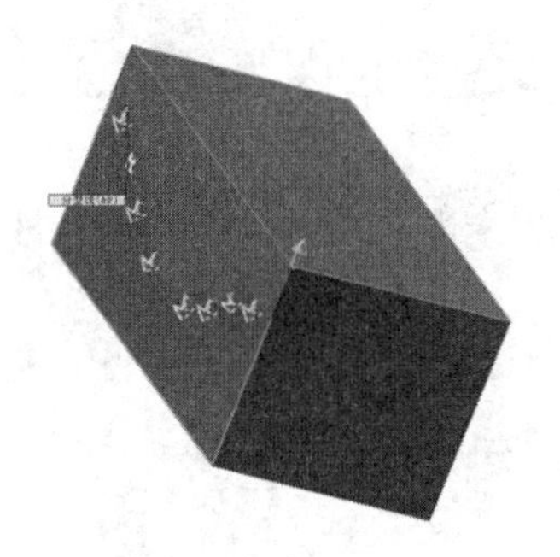

（a）选择分型线

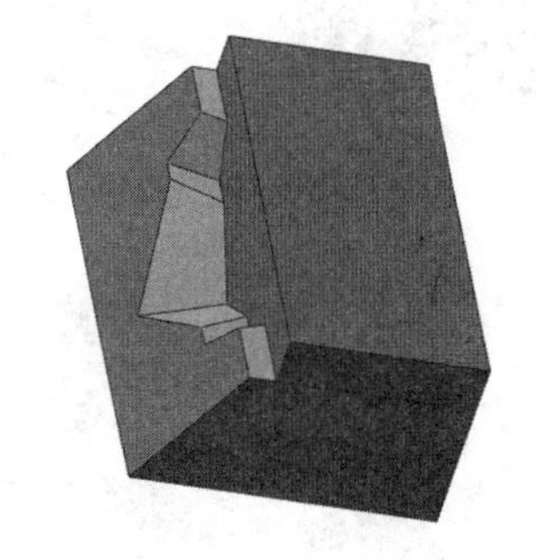

（b）阶梯拔模效果

图10-67 创建阶梯拔模

10.3.4 实例——显示器壳体

扫一扫，看视频

本实例绘制的显示器壳体如图10-68所示。

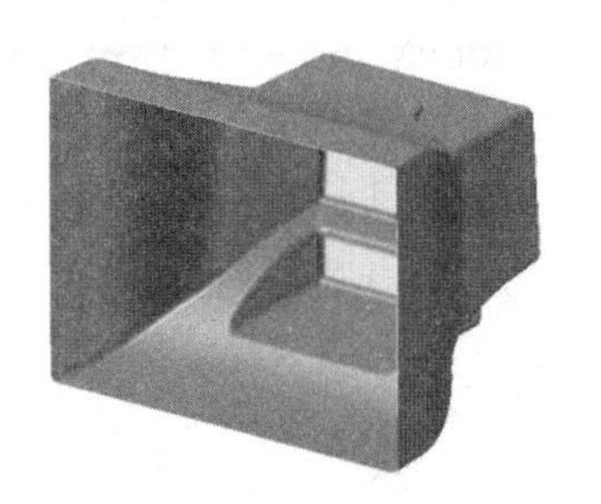

图10-68 显示器壳体

思路分析：

首先绘制一个拉伸实体，然后在实体局部拉伸实体，完成显示器壳体外形设计，最后对实体各边进行倒圆角操作并进行抽壳操作，完成显示器壳体的绘制。绘制流程如图 10-69 所示。

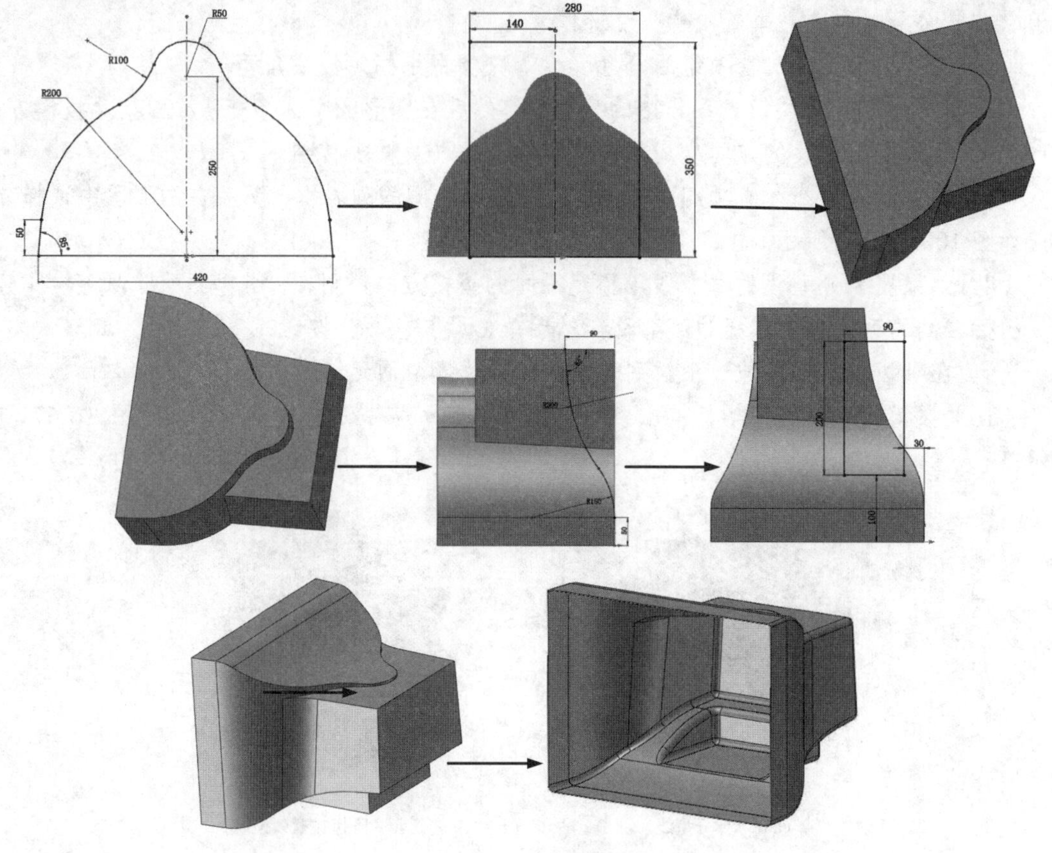

图 10-69　流程图

操作步骤

（1）新建文件。启动 SOLIDWORKS 2018，选择菜单栏中的“文件”→“新建”命令，或者单击“标准”工具栏中的“新建”按钮，在弹出的“新建 SOLIDWORKS 文件”属性管理器中选择“零件”按钮，然后单击“确定”按钮，创建一个新的零件文件。

（2）绘制草图。在左侧的“FeatureManager 设计树”中用鼠标选择“前视基准面”作为绘制图形的基准面。单击“草图”控制面板中的“中心线”按钮、“直线”按钮、“三点圆弧”按钮和“镜像”按钮，绘制如图 10-70 所示的草图。

（3）拉伸实体。单击“特征”控制面板中的“拉伸凸台/基体”按钮，此时系统弹出如图 10-71 所示的“凸台-拉伸”属性管理器。输入拉伸距离为 320。单击属性管理器中的“确定”按钮，结果如图 10-72 所示。

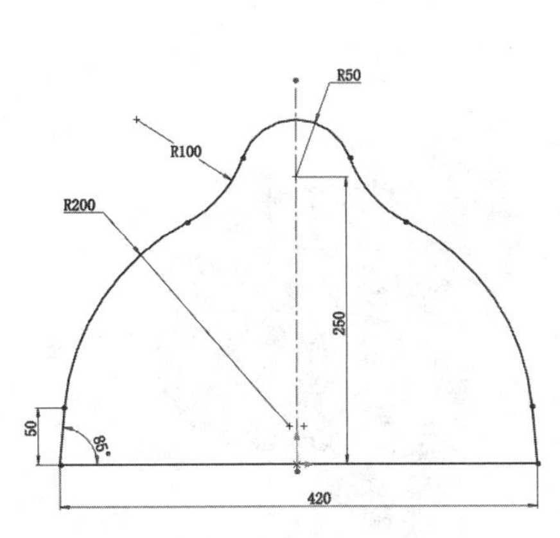

图 10-70　绘制草图尺寸

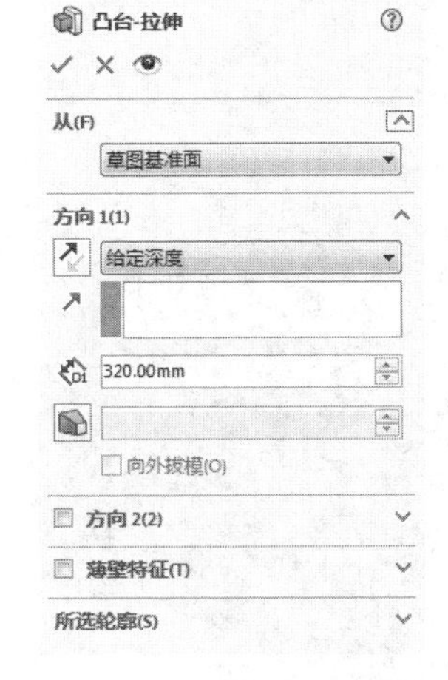

图 10-71　“凸台-拉伸”属性管理器

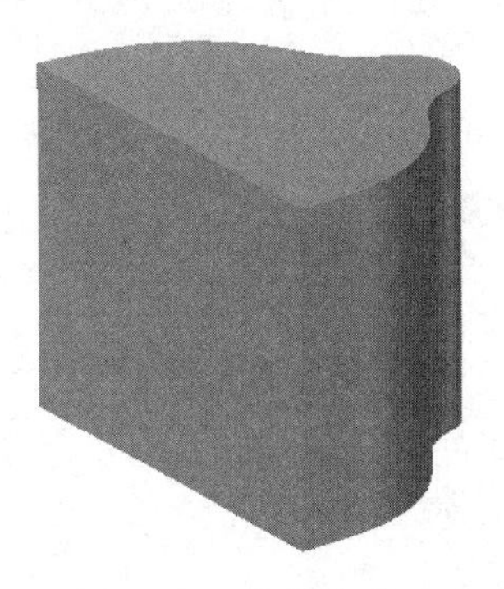

图 10-72　拉伸实体

（4）绘制草图。在左侧的“FeatureManager 设计树”中用鼠标选择“前视基准面”作为绘制图形的基准面。单击“草图”控制面板中的“中心线”按钮和“边角矩形”按钮，绘制如图 10-73 所示的草图。

（5）拉伸实体。单击“特征”控制面板中的“拉伸凸台/基体”按钮，此时系统弹出“凸台-拉伸”属性管理器。输入拉伸距离为 250。单击属性管理器中的“确定”按钮，结果如图 10-74 所示。

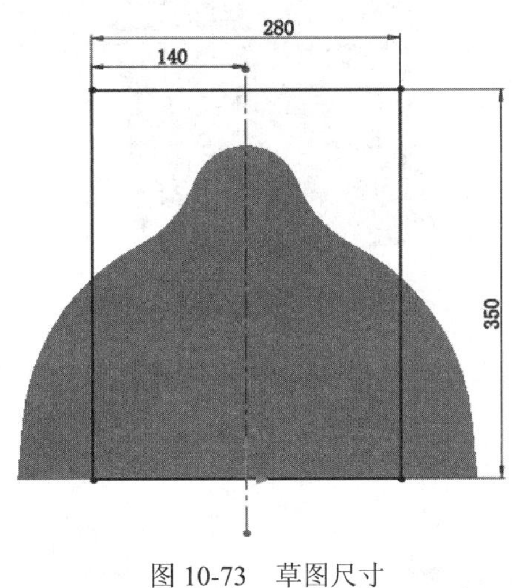

图 10-73　草图尺寸

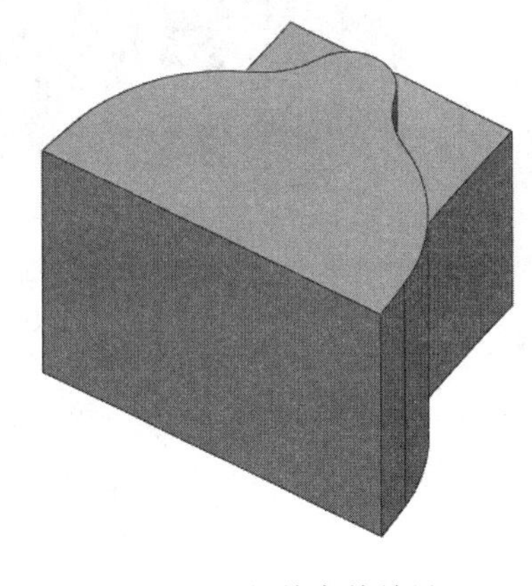

图 10-74　拉伸实体结果

（6）拔模实体。单击“特征”控制面板中的“拔模”按钮，此时系统弹出如图 10-75 所示的“拔模”属性管理器。在视图中选择上一步创建拉伸体的外表面为中性面，两侧面为拔模面，如图 10-75 所示，输入拔模角度为 3。单击属性管理器中的“确定”按钮，结果如图 10-76 所示。

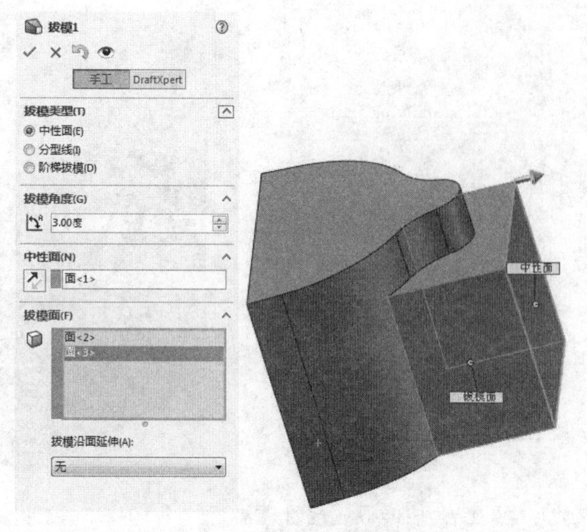

图 10-75 “拔模”属性管理器

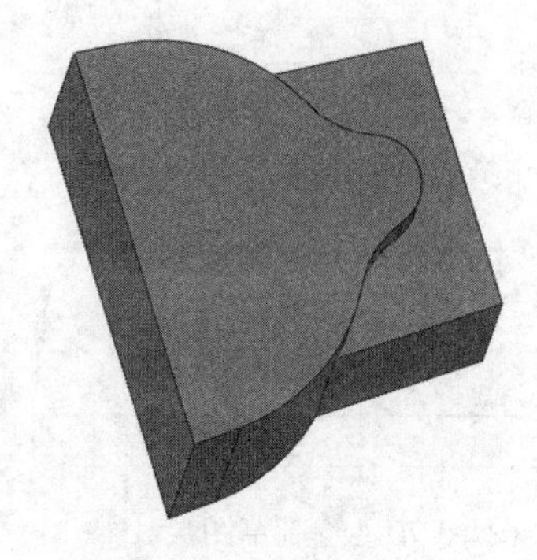

图 10-76 拔模实体结果

（7）拔模其他实体。重复上述步骤继续进行拔模操作，在右侧绘图区选择上一步创建拉伸体的下表面为中性面，两侧面为拔模面，如图 10-77 所示，输入拔模角度为 3。单击属性管理器中的“确定”按钮✔，结果如图 10-78 所示。

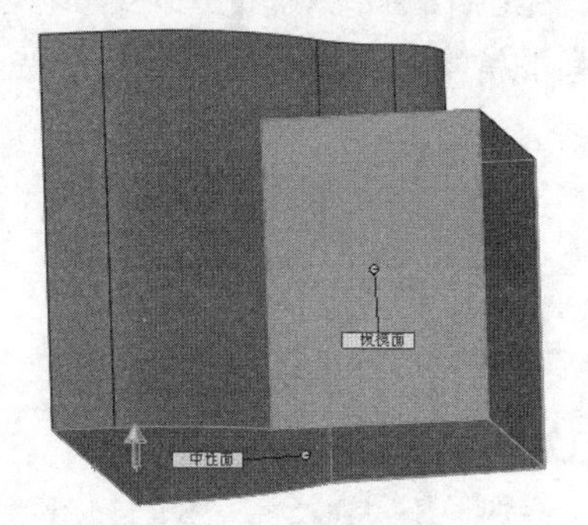

图 10-77 选择拔模面

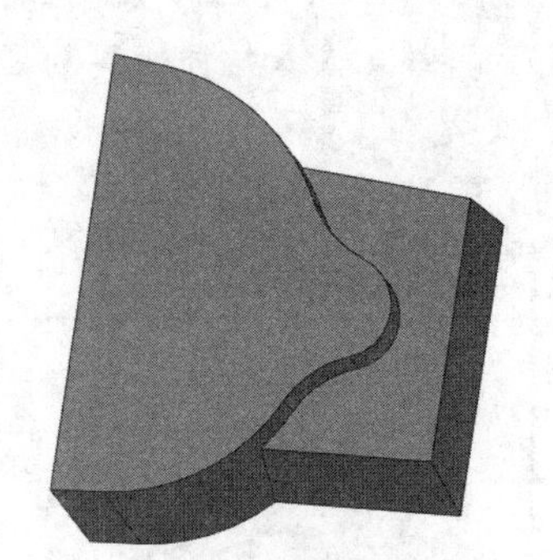

图 10-78 拔模结果

（8）绘制草图。在左侧的“FeatureManager 设计树”中用鼠标选择“右视基准面”作为绘制图形的基准面。单击“草图”控制面板中的“直线”按钮和“三点圆弧”按钮，绘制如图 10-79 所示的草图。

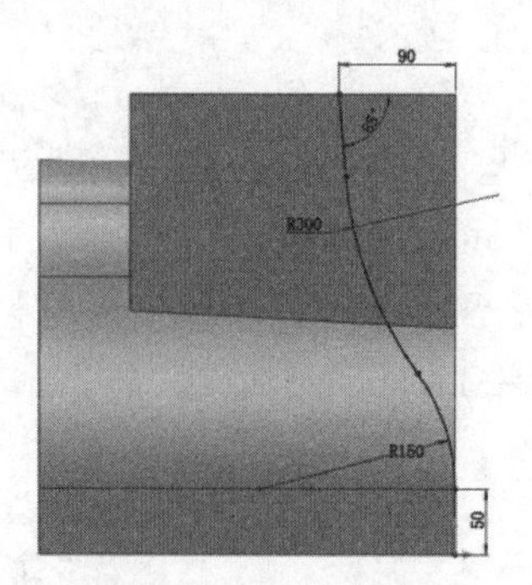

图 10-79 绘制草图尺寸

（9）切除把手。单击“特征”控制面板中的“切除拉伸”按钮，此时系统弹出“切除-拉伸”属性管理器。设置方向 1 和方向 2 的终止条件为“完全贯穿”，勾选“反侧切除”复选框，如图 10-80 所示。单击属性管理器中的“确定”按钮，结果如图 10-81 所示。

图 10-80　“切除-拉伸”属性管理器

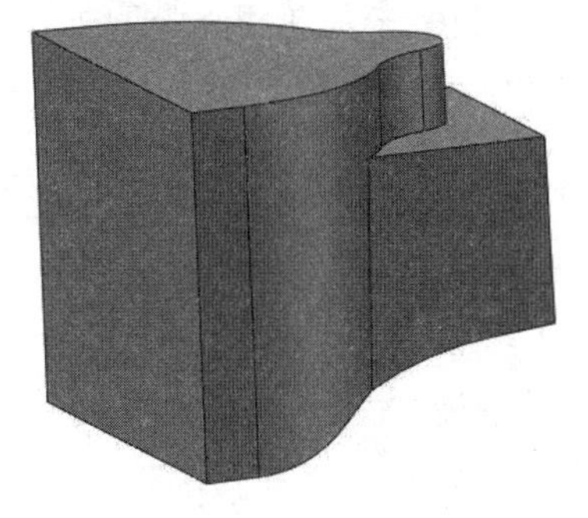

图 10-81　切除结果

（10）绘制草图。在左侧的“FeatureManager 设计树”中用鼠标选择“右视基准面”作为绘制图形的基准面。单击“草图”控制面板中的“直线”按钮和“三点圆弧”按钮，绘制如图 10-82 所示的草图。

（11）切除把手。单击“特征”控制面板中的“切除拉伸”按钮，此时系统弹出“切除-拉伸”属性管理器。设置方向 1 和方向 2 的终止条件为“完全贯穿”，然后单击属性管理器中的“确定”按钮，结果如图 10-83 所示。

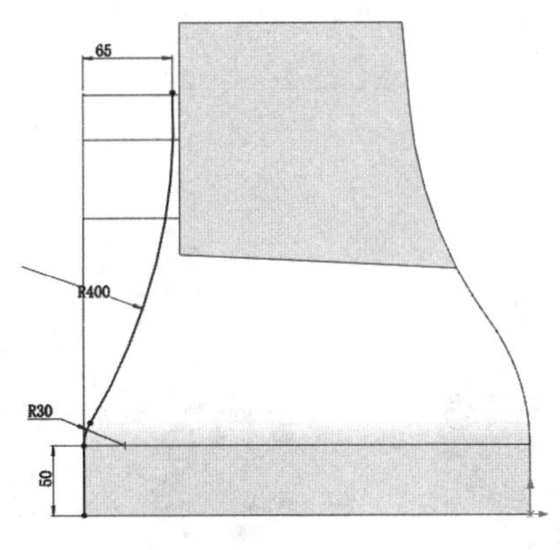

图 10-82　绘制草图尺寸

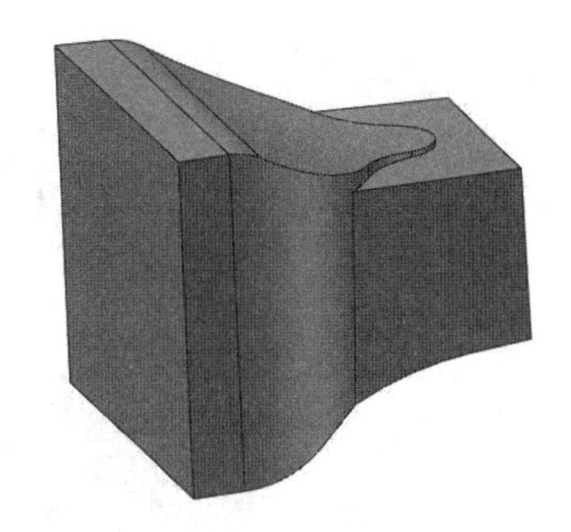

图 10-83　切除结果

（12）绘制草图。在左侧的“FeatureManager 设计树”中用鼠标选择“右视基准面”作为绘制图形的基准面。单击“草图”控制面板中的“边角矩形”按钮，绘制如图 10-84 所示的草图。

（13）拉伸实体。单击“特征”控制面板中的“拉伸凸台/基体”按钮，此时系统弹出如图 10-85 所示的“凸台-拉伸”属性管理器。设置终止条件为“两侧对称”，输入拉伸距离为 200。单击属性管理器中的“确定”按钮，结果如图 10-86 所示。

（14）圆角实体。单击“特征”控制面板中的“圆角”按钮，此时系统弹出如图 10-87 所示的“圆角”属性管理器。选择“恒定大小圆角”按钮，在视图中选取如图 10-88 所示的边线，输入半径为 100，然后单击属性管理器中的“确定”按钮，结果如图 10-89 所示。

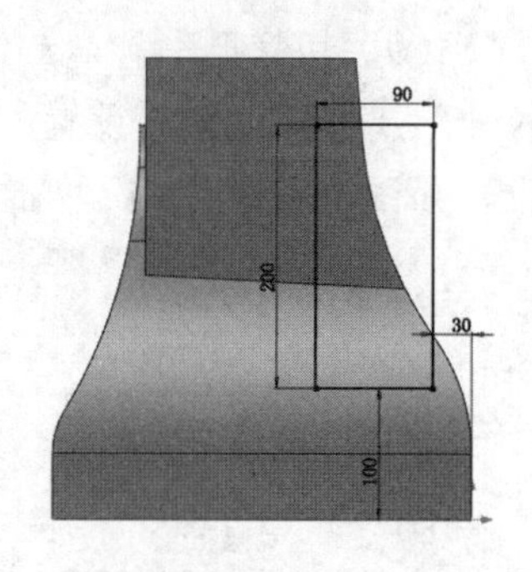

图 10-84　绘制草图结果

图 10-85　“凸台-拉伸”属性管理器

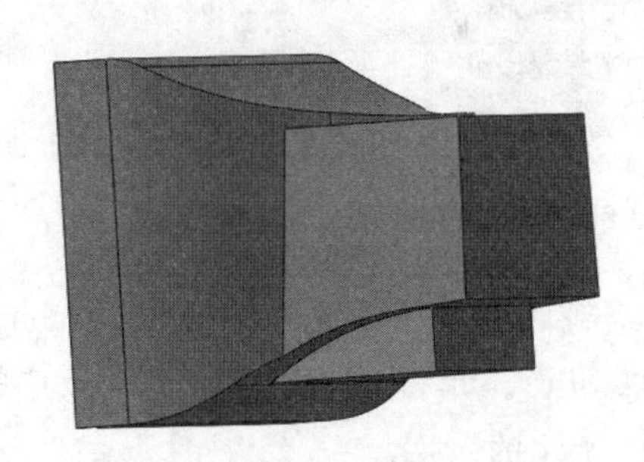
图 10-86　拉伸结果

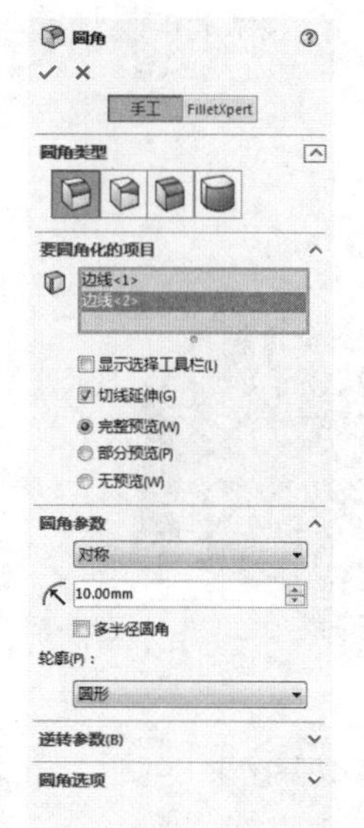

图 10-87　“圆角”属性管理器

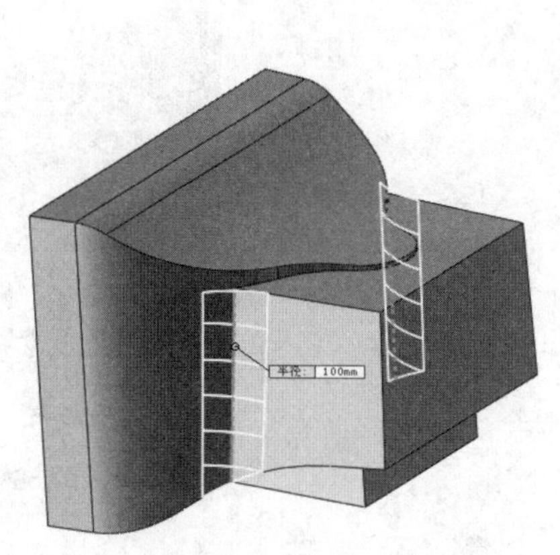
图 10-88　选择圆角边线

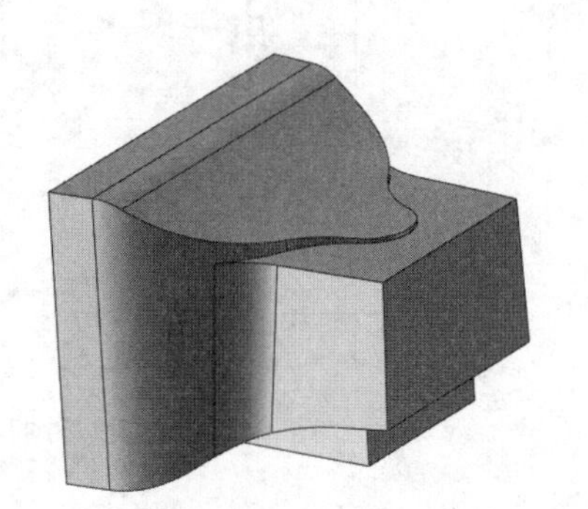
图 10-89　绘制圆角结果

（15）重复“圆角”命令，选择如图 10-90（a）、（b）、（c）、（d）、（e）所示的边线，创建圆角半径为 10，结果如图 10-90（f）所示。

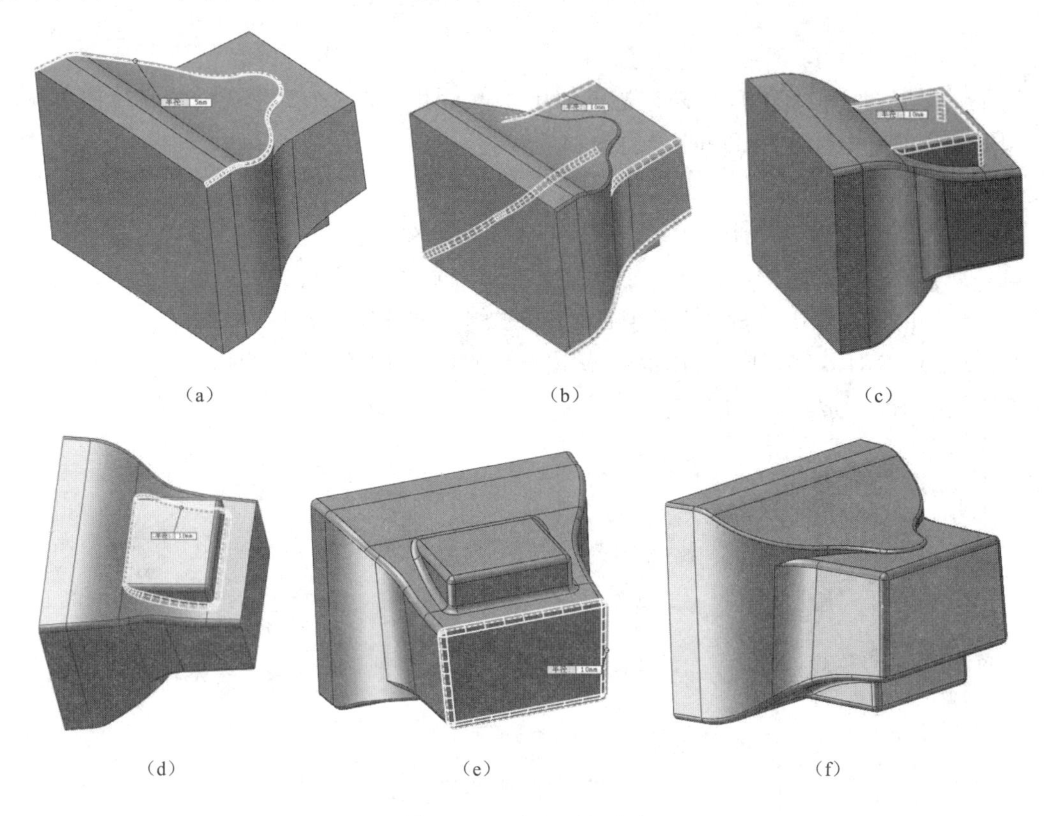

（a）　（b）　（c）

（d）　（e）　（f）

图 10-90　选择圆角边线

（16）抽壳。单击“特征”控制面板中的“抽壳”按钮，此时系统弹出如图 10-91 所示的“抽壳”属性管理器。在视图中选取外表面为移除面，输入半径为 1，然后单击属性管理器中的“确定”按钮✔，结果如图 10-92 所示。

图 10-91　“抽壳”属性管理器

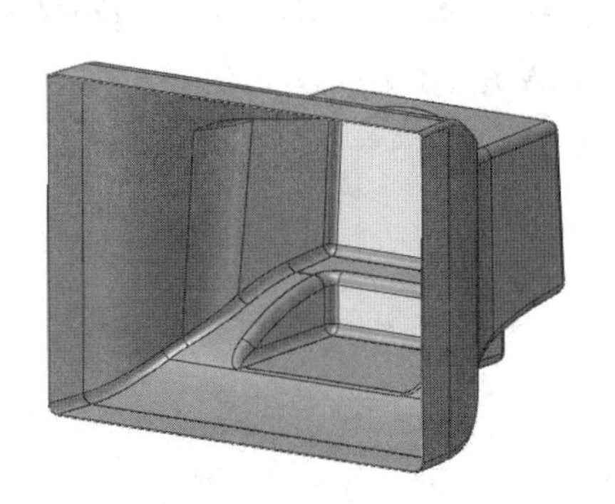

图 10-92　抽壳结果

10.4　筋特征

筋是零件上增加强度的部分，它是一种从开环或闭环草图轮廓生成的特殊拉伸实体，它在草图轮廓与现有零件之间添加指定方向和厚度的材料。

【执行方式】

- 工具栏：单击“特征”工具栏中的“筋”按钮。
- 菜单栏：选择“插入”→“特征”→“筋”命令。
- 控制面板：单击“特征”控制面板中的“筋”按钮。

在SOLIDWORKS 2018中，筋实际上是由开环的草图轮廓生成的特殊类型的拉伸特征。如图10-93所示展示了筋特征的几种效果。

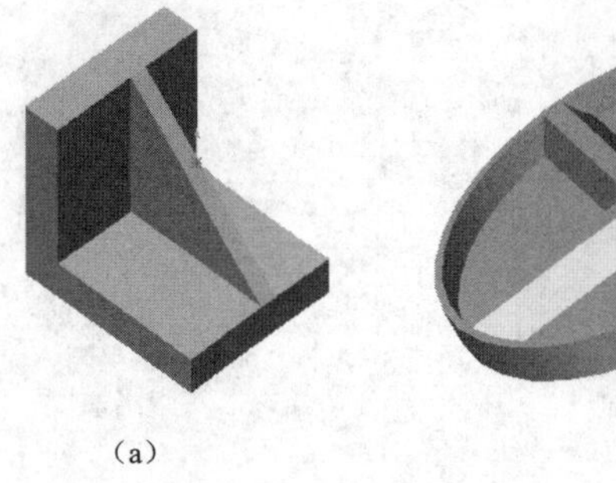
（a）

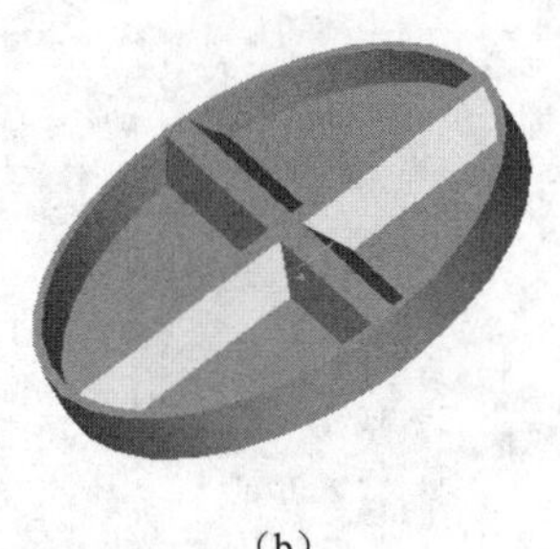
（b）

（c）

图 10-93　筋特征效果

扫一扫，看视频

10.4.1　创建筋特征

下面介绍筋特征创建的操作步骤。

（1）创建一个新的零件文件。

（2）在左侧的 FeatureManager 设计树中选择“前视基准面”作为绘制图形的基准面。

（3）单击“草图”控制面板中的“边角矩形”按钮，绘制两个矩形，并标注尺寸。

（4）单击“草图”控制面板中的“剪裁实体”按钮，裁剪后的草图如图 10-94 所示。

（5）单击“特征”控制面板中的“拉伸凸台/基体”按钮，系统弹出“凸台-拉伸”属性管理器。在（深度）文本框中输入 40，然后单击（确定）按钮，创建的拉伸特征如图 10-95 所示。

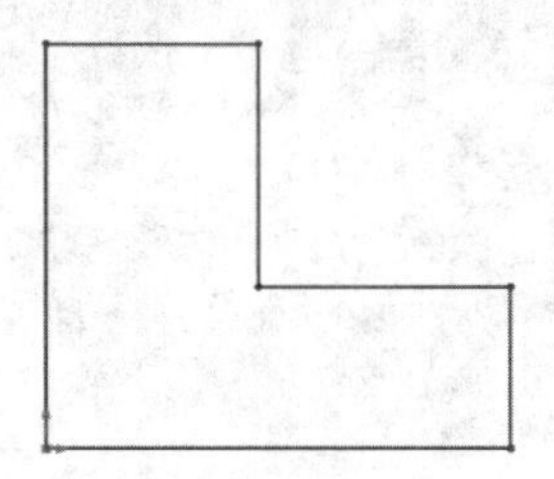
图 10-94　裁剪后的草图

图 10-95　创建拉伸特征

（6）在左侧的 FeatureManager 设计树中选择“前视基准面”，然后单击“标准视图”工具栏中的（正视于）按钮，将该基准面作为绘制图形的基准面。

（7）单击“草图”控制面板中的“直线”按钮，在前视基准面上绘制如图 10-96 所示的草图。

（8）单击“特征”控制面板中的“筋”按钮，此时系统弹出“筋”属性管理器。按照图 10-97 进行参数设置，然后单击（确定）按钮。

（9）单击“前导视图”工具栏中的“等轴测”按钮，将视图以等轴测方向显示。添加的筋如图 10-98 所示。

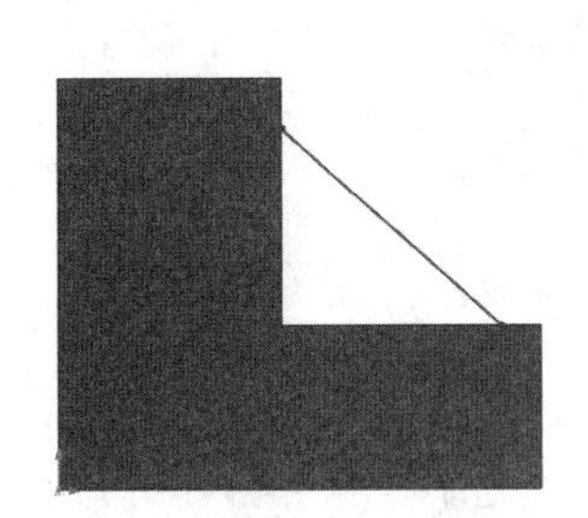

图 10-96　绘制草图

图 10-97　“筋”属性管理器

图 10-98　添加筋

10.4.2　实例——导流盖

扫一扫，看视频

本例创建的导流盖如图10-99所示。

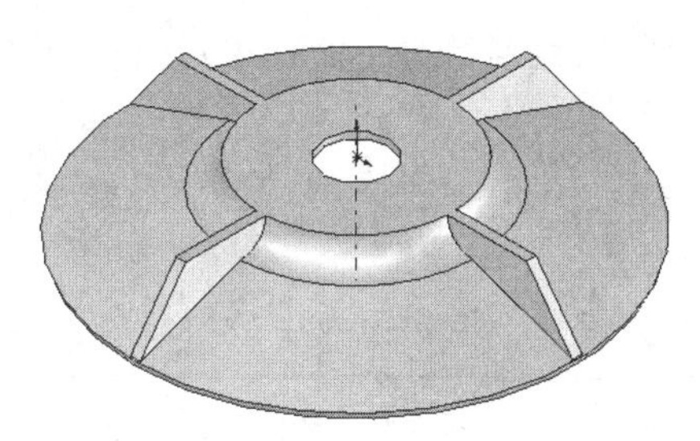

图 10-99　导流盖

思路分析：

本例首先绘制开环草图，旋转成薄壁模型，接着绘制筋特征，重复操作绘制其余筋，完成零件建模，最终生成导流盖模型。绘制过程如图 10-100 所示。

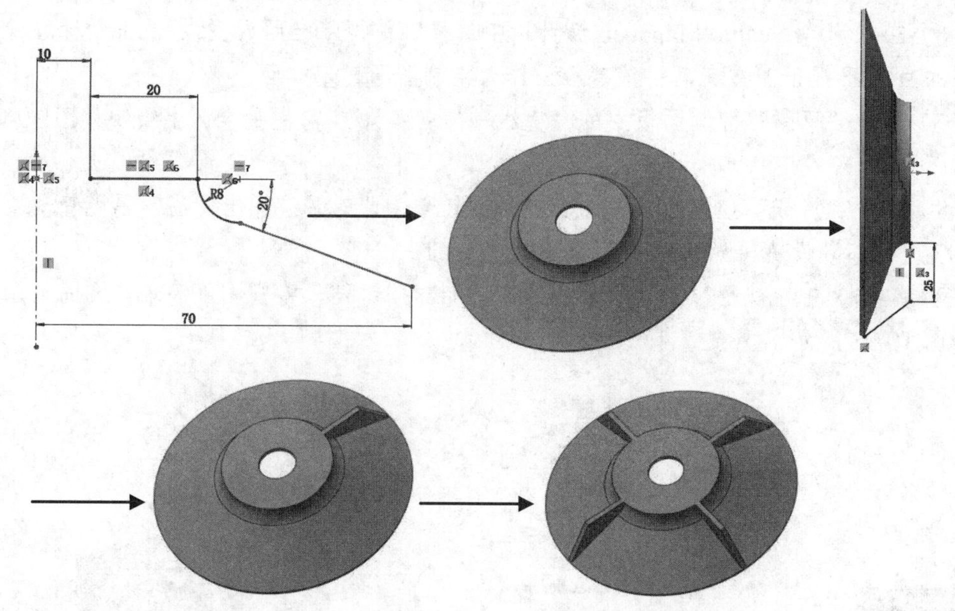

图 10-100　流程图

操作步骤

1．生成薄壁旋转特征

（1）新建文件。启动 SOLIDWORKS 2018，选择菜单栏中的“文件”→“新建”命令，或单击“标准”工具栏中的“新建”按钮，在弹出的“新建 SOLIDWORKS 文件”对话框中，单击“零件”按钮，然后单击“确定”按钮，新建一个零件文件。

（2）新建草图。在“FeatureManager 设计树”中选择“前视基准面”作为草图绘制基准面，单击“草图”工具栏中的“草图绘制”按钮，新建一张草图。

（3）绘制中心线。单击“草图”控制面板中的“中心线”按钮，过原点绘制一条竖直中心线。

（4）绘制轮廓。单击“草图”控制面板中的“直线”按钮和“切线弧”按钮，绘制旋转草图轮廓。

（5）标注尺寸。单击“草图”控制面板中的“智能尺寸”按钮，为草图标注尺寸，如图 10-101 所示。

（6）旋转生成实体。单击“特征”控制面板中的“旋转凸台/基体”按钮，在弹出的询问对话框中单击“否”按钮，如图 10-102 所示。

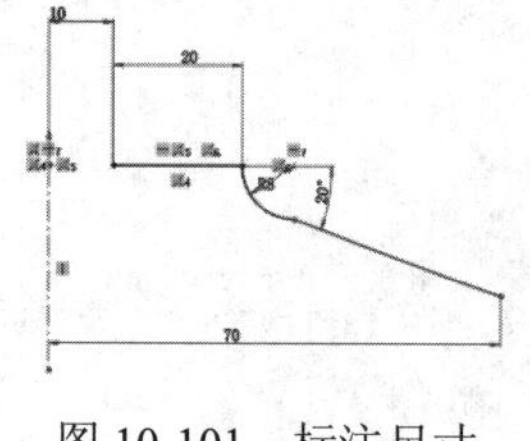

图 10-101　标注尺寸

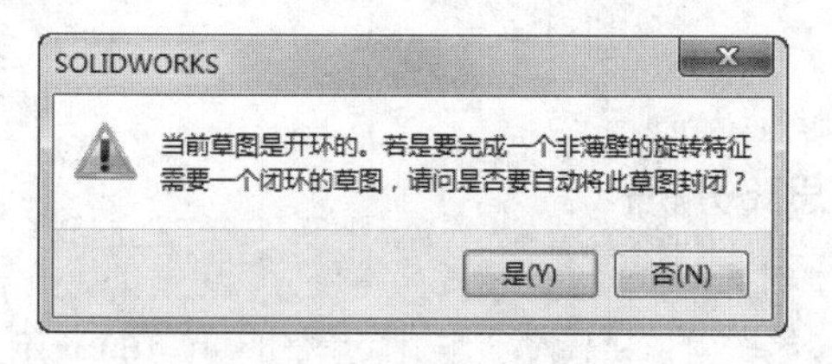

图 10-102　询问对话框

（7）生成薄壁旋转特征。在“旋转”属性管理器中设置旋转类型为“单向”，并在“角度”文本框中输入 360，单击“薄壁特征”面板中的“反向”按钮，使薄壁向内部拉伸，在“厚度”文本框中输入 2，如图 10-103 所示。单击“确定”按钮，生成薄壁旋转特征。

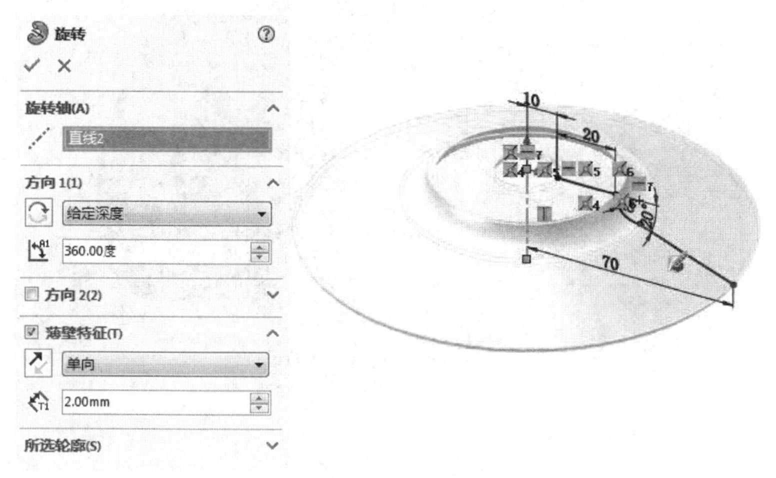

图 10-103　生成薄壁旋转特征

2. 创建筋特征

（1）新建草图。在“FeatureManager 设计树”中选择“右视基准面”作为草图绘制基准面，单击“草图”控制面板中的“草图绘制”按钮，新建一张草图。单击“标准视图”工具栏中的“正视于”按钮，正视于右视图。

（2）绘制直线。单击“草图”控制面板中的“直线”按钮，将光标移到台阶的边缘，当光标变为形状时，表示指针正位于边缘上，移动光标以生成从台阶边缘到零件边缘的折线。

（3）标注尺寸。单击“草图”控制面板中的“智能尺寸”按钮，为草图标注尺寸，如图 10-104 所示。

（4）设置视图方向。单击“标准视图”工具栏中的“等轴测”按钮，用等轴测视图观看图形。

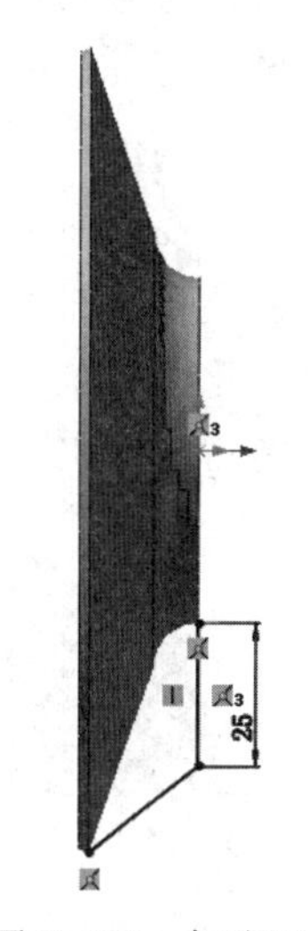

图10-104　标注尺寸

（5）创建筋特征。单击“特征”控制面板中的“筋”按钮，弹出“筋”属性管理器；单击“两侧”按钮，设置厚度生成方式为两边均等添加材料，在“筋厚度”文本框中输入 3，单击“平行于草图”按钮，设定筋的拉伸方向为平行于草图，如图 10-105 所示，单击“确定”按钮，生成筋特征。

（6）重复步骤 4、5 的操作，创建其余 3 个筋特征。同时也可利用圆周阵列命令阵列筋特征。最终结果如图 10-99 所示。

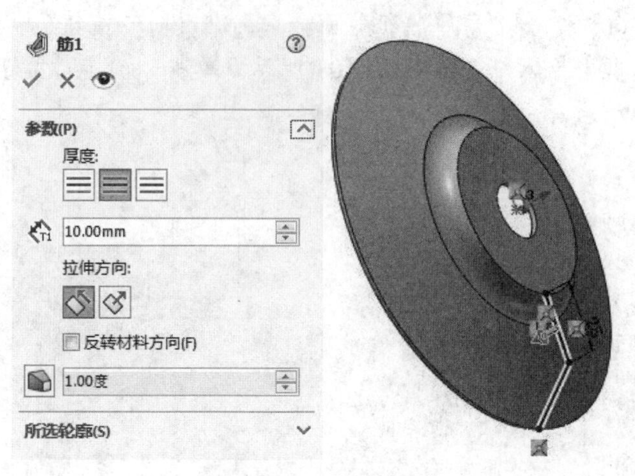

图 10-105　创建筋特征

10.5　包覆

【执行方式】

- 工具栏：单击“特征”工具栏中的“包覆”按钮。
- 菜单栏：选择“插入”→“特征”→“包覆”命令。
- 控制面板：单击“特征”控制面板中的“包覆”按钮。

包覆特征将草图包裹到平面或非平面。可从圆柱、圆锥或拉伸的模型生成一平面，也可选择一平面轮廓来添加多个闭合的样条曲线草图。包覆特征支持轮廓选择和草图再用，可以将包覆特征投影至多个面上。图10-106显示了不同参数设置下包覆实例效果。

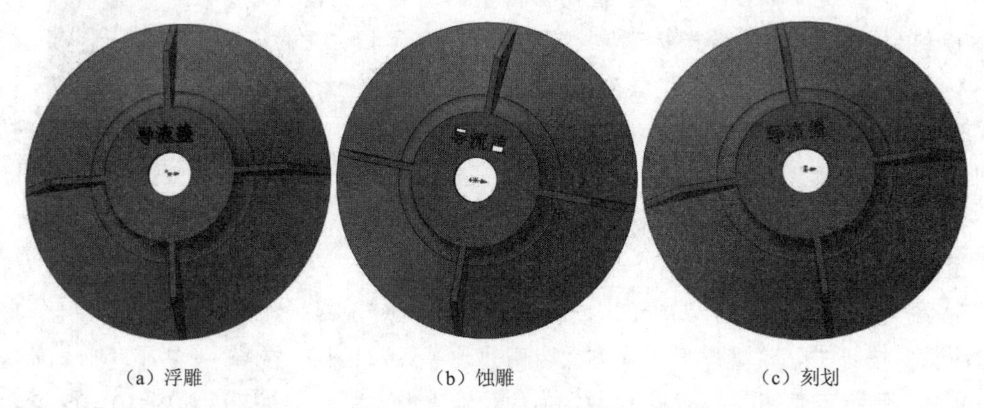

（a）浮雕　　（b）蚀雕　　（c）刻划

图 10-106　包覆特征效果

单击“特征”控制面板中的“包覆”按钮，系统打开如图10-107所示的“包覆”属性管理器，其中的可控参数如下。

图 10-107 “包覆”属性管理器

1.“包覆参数”选项组

（1）“浮雕”：在面上生成一突起特征。

（2）“蚀雕”：在面上生成一缩进特征。

（3）“刻划”：在面上生成一草图轮廓的压印。

（4）“包覆草图的面”：选择一个非平面的面。

（5）“厚度”：输入厚度值。勾选“反向”复选框，更改方向。

2.“拔模方向”选项组

选取一直线、线性边线或基准面来设定拔模方向。对于直线或线性边线，拔模方向是选定实体的方向。对于基准面，拔模方向与基准面正交。

3.“源草图”选项组

在视图中选择要创建包覆的草图。

10.6 综合实例——凉水壶

扫一扫，看视频

本实例绘制的凉水壶如图10-108所示。

图 10-108 凉水壶

✍ 思路分析：

本例绘制的凉水壶主要利用“拉伸”命令拉伸基本轮廓，并利用“抽壳”命令绘制壶身，然后利用“扫描”命令扫描壶把，最后利用“圆角”命令修饰外形。绘制流程如图 10-109 所示。

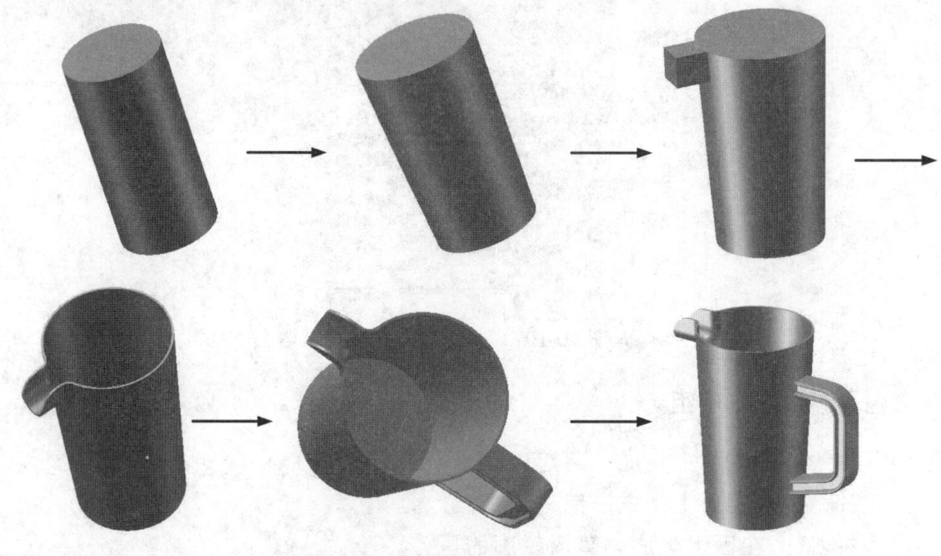

图 10-109 流程图

操作步骤

（1）新建文件。启动 SOLIDWORKS 2018，选择菜单栏中的“文件”→“新建”命令，或者单击“标准”工具栏中的“新建”按钮，在弹出的“新建 SOLIDWORKS 文件”对话框中选择“零件”按钮，然后单击“确定”按钮，创建一个新的零件文件。

（2）绘制草图。在左侧的“FeatureManager 设计树”中用鼠标选择“前视基准面”作为绘制图形的基准面。单击“草图”控制面板中的“圆”按钮，绘制如图 10-110 所示的圆。

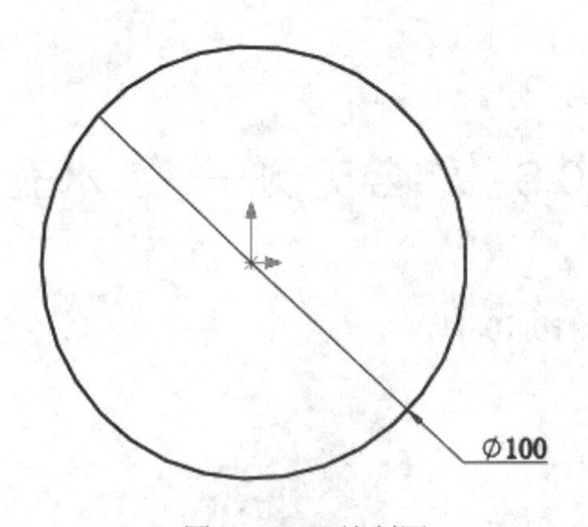

图 10-110 绘制圆

（3）拉伸实体。单击“特征”控制面板中的“拉伸凸台/基体”按钮，此时系统弹出如图 10-111 所示的“凸台-拉伸”属性管理器。输入拉伸距离为 200。单击属性管理器中的“确定”按钮✔，结果如图 10-112 所示。

图 10-111　“凸台-拉伸”属性管理器

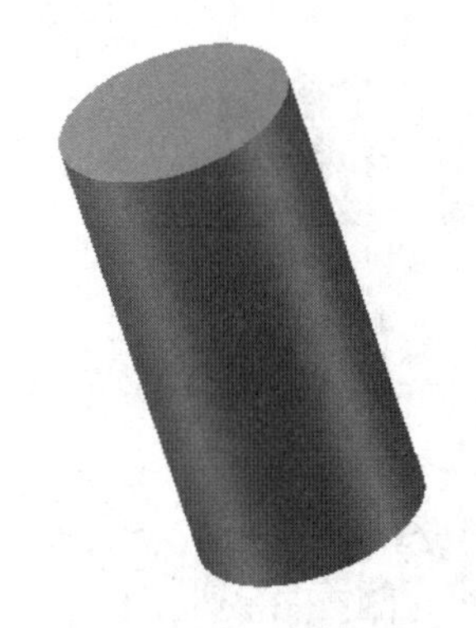

图 10-112　拉伸实体

（4）拔模实体。单击“特征”控制面板中的“拔模”按钮，此时系统弹出如图 10-113 所示的“拔模”属性管理器。在视图中选择拉伸体的下表面为中性面，外表面为拔模面，输入拔模角度为 3°。单击属性管理器中的“确定”按钮✔，结果如图 10-114 所示。

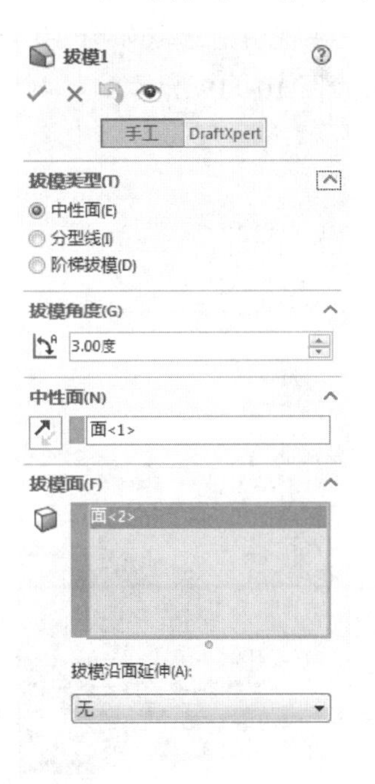

图 10-113　“拔模”属性管理器

图 10-114　拔模结果

（5）绘制草图。在左侧的“FeatureManager 设计树”中用鼠标选择“上视基准面”作为绘制图形的基准面。单击“草图”控制面板中的“矩形”按钮，绘制如图 10-115 所示的草图。

（6）拉伸实体。单击“特征”控制面板中的“拉伸凸台/基体”按钮，此时系统弹出“凸台-拉伸”属性管理器。设置拉伸终止条件为“给定深度”，输入拉伸距离为 90mm，然后单击“确定”按钮✔。结果如图 10-116 所示。

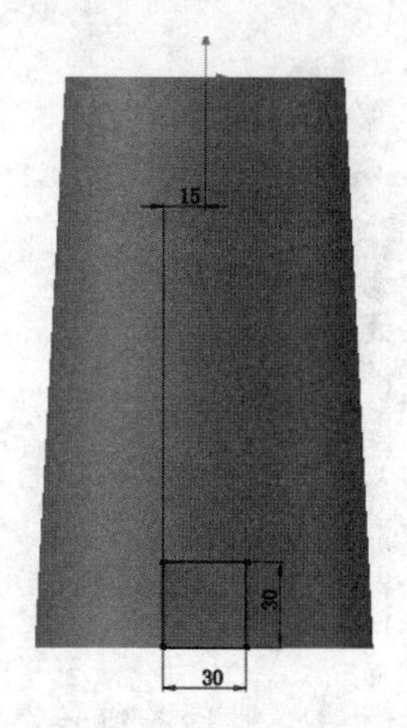

图 10-115　草图绘制结果

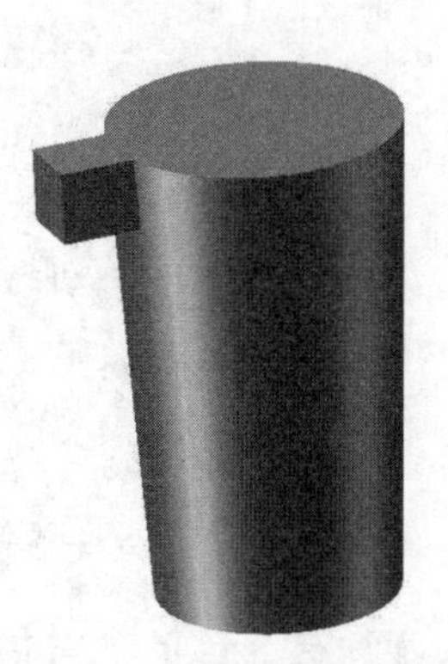

图 10-116　拉伸实体结果

（7）圆角实体。单击“特征”控制面板中的“圆角”按钮，此时系统弹出如图 10-117 所示的“圆角”属性管理器。选择“完整圆角”类型，在视图中选取如图 10-118 所示的三个面，然后单击属性管理器中的“确定”按钮✔。结果如图 10-119 所示。

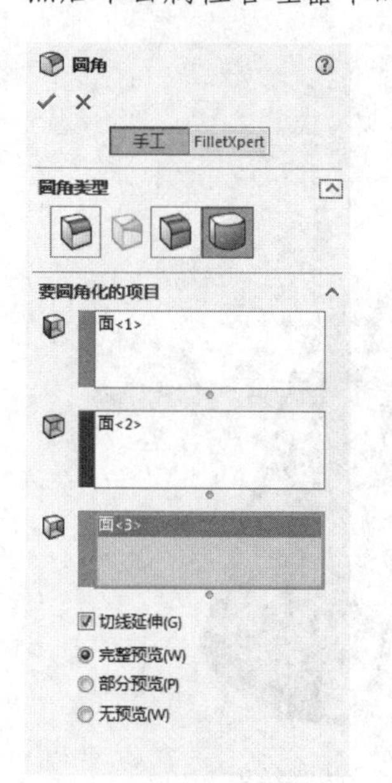

图 10-117　“圆角”属性管理器

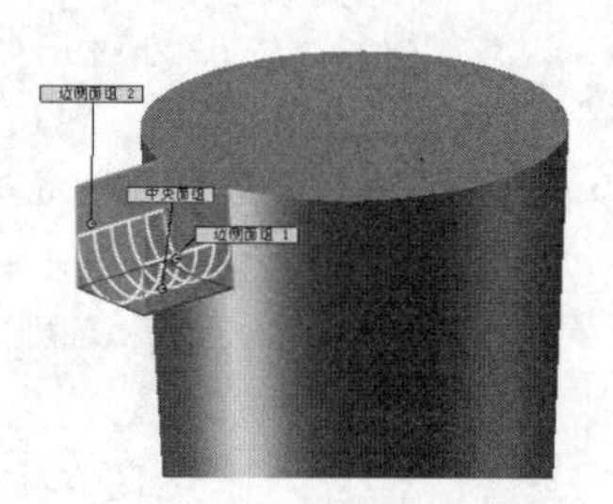

图 10-118　选择圆角边 1

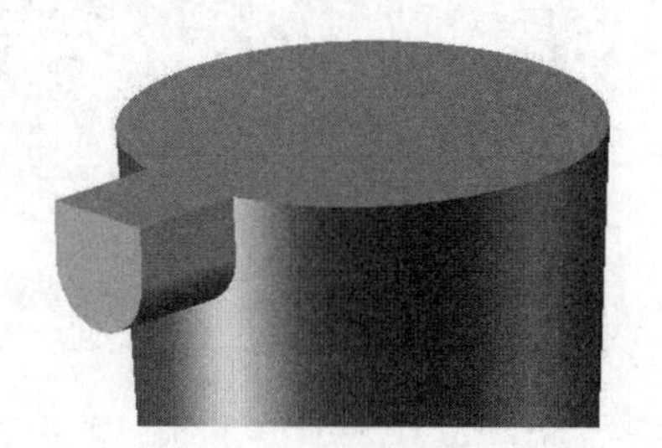

图 10-119　圆角绘制结果

（8）圆角处理。单击“特征”工具栏中的“圆角”按钮，此时系统弹出“圆角”属性管理器。选择“恒定大小圆角”按钮，输入半径为 20，在视图中选取如图 10-120 所示的边线，然后单击属性管理器中的“确定”按钮✔，重复“圆角”命令，在属性管理器中输入半径为 10，选取如图 10-121 所示的边线进行圆角处理。结果如图 10-122 所示。

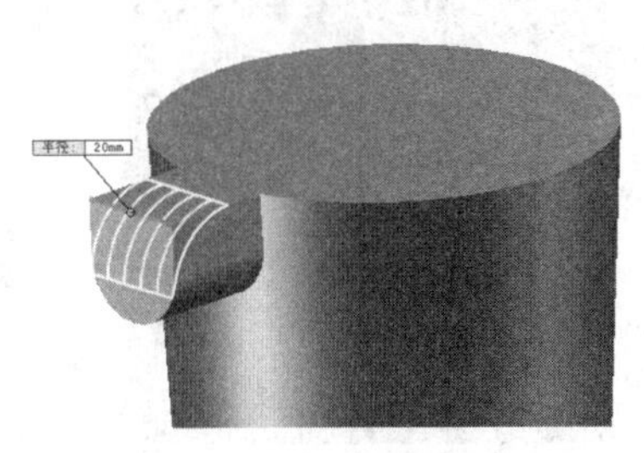

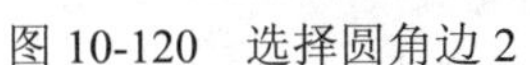

图 10-120 选择圆角边 2

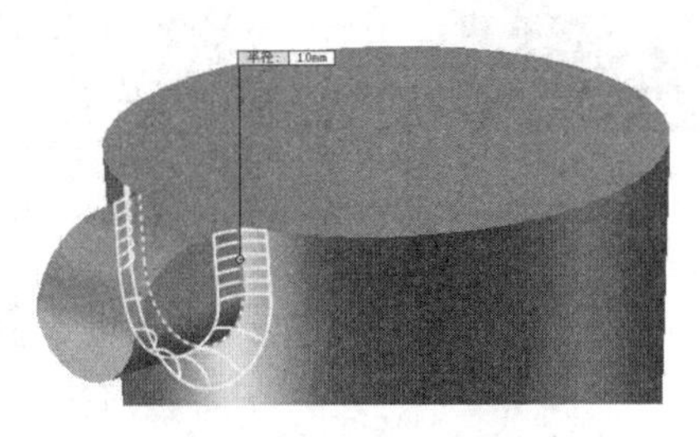

图 10-121 选择圆角边 3

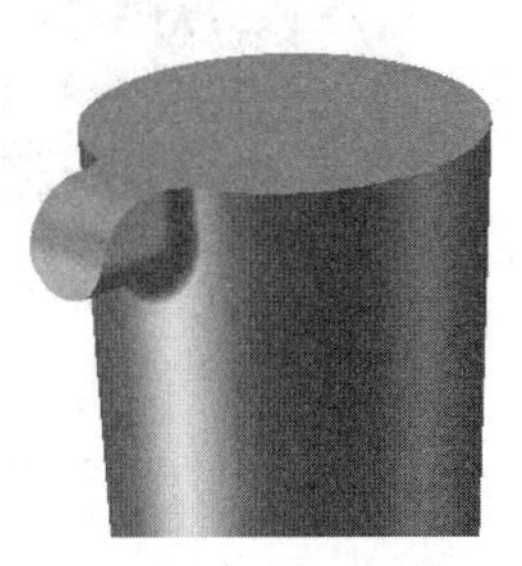

图 10-122 圆角绘制结果

（9）抽壳处理。单击“特征”控制面板中的“抽壳”按钮，此时系统弹出“抽壳”属性管理器。输入厚度为 2，在视图中选取如图 10-123 所示的面为移除面，然后单击属性管理器中的“确定”按钮✔。结果如图 10-124 所示。

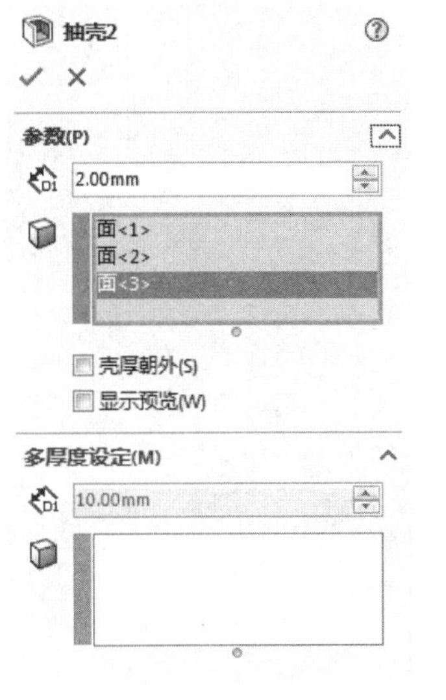

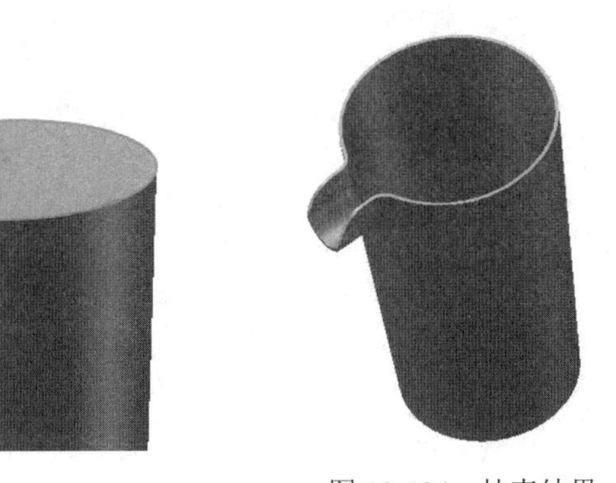

图 10-123 “抽壳”属性管理器

图 10-124 抽壳结果

（10）绘制扫描路径。在左侧的“FeatureManager 设计树”中用鼠标选择“右视基准面”作为绘制图形的基准面。单击“草图”控制面板中的“直线”按钮和“圆角”按钮，绘制如图 10-125 所示的草图。

（11）绘制扫描截面。在左侧的“FeatureManager 设计树”中用鼠标选择“上视基准面”作为绘制图形的基准面。单击“草图”控制面板中的“直线”按钮，绘制如图 10-126 所示的草图。

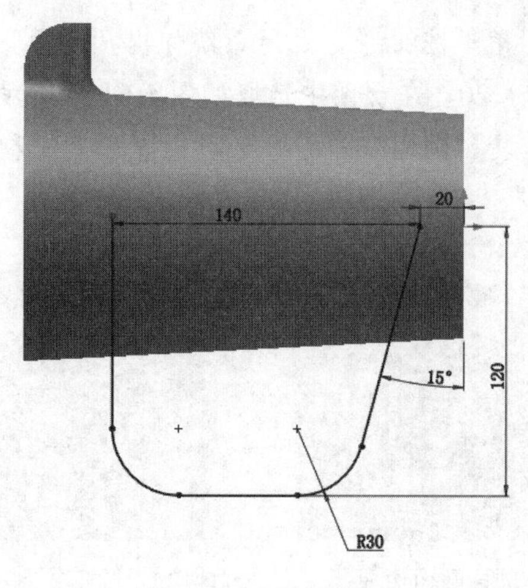

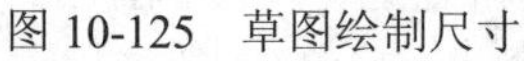

图 10-125　草图绘制尺寸

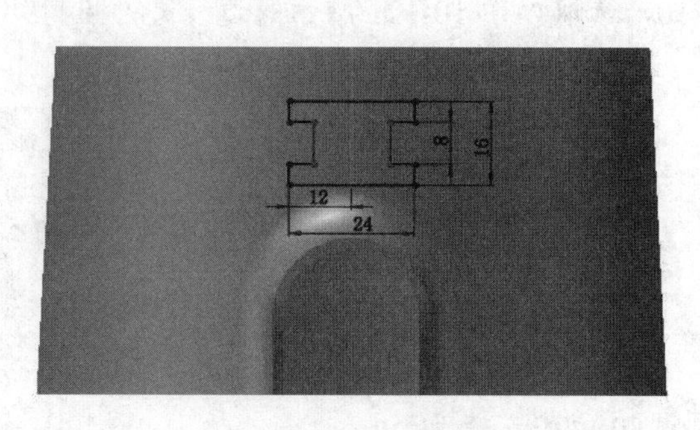

图 10-126　扫描截面

（12）扫描把手。单击“特征”控制面板中的“扫描”按钮，此时系统弹出“扫描”属性管理器，如图 10-127 所示。选取第 11 步绘制的草图为扫描轮廓，选取第 10 步绘制的草图为扫描路径，然后单击属性管理器中的“确定”按钮✓。结果如图 10-128 所示。

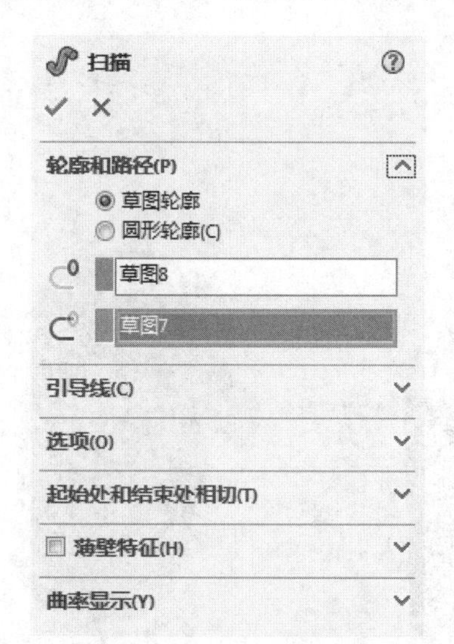

图 10-127　“扫描”属性管理器

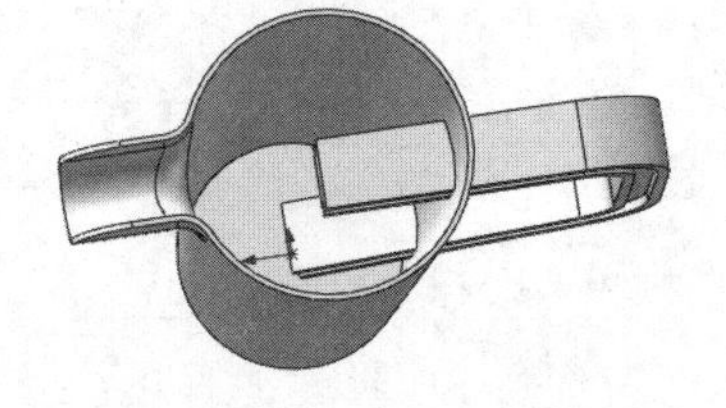

图 10-128　壶把绘制结果

（13）绘制扫描截面。在视图中选择水壶的内底面作为绘制图形的基准面。单击“草图”控制面板中的“转换实体引用”按钮，将底面边线转换为草图。

（14）切除把手。单击“特征”控制面板中的“切除拉伸”按钮，此时系统弹出“切除-拉伸”属性管理器。设置终止条件为“完全贯穿”，单击“拔模”按钮，输入拔模角度为 3°，勾选“向外拔模”复选框，如图 10-129 所示，然后单击属性管理器中的“确定”按钮✓。结果如图 10-130 所示。

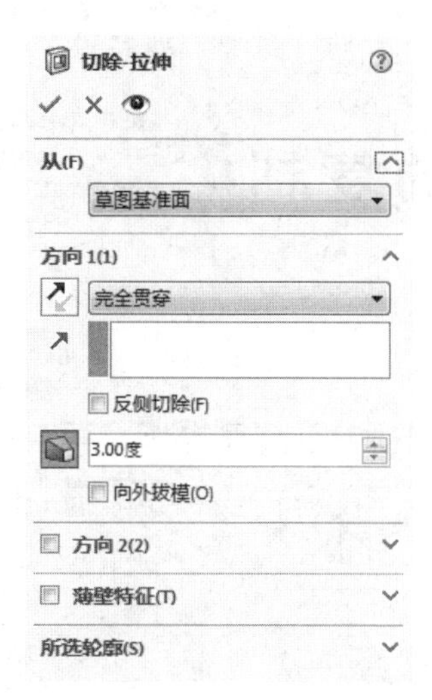

图 10-129　“切除-拉伸”属性管理器

图 10-130　把手切除结果

（15）圆角处理。单击“特征”控制面板中的“圆角”按钮，此时系统弹出“圆角”属性管理器。选择“恒定大小圆角”按钮，输入半径为 2，在视图中选取如图 10-131 所示的边线，然后单击属性管理器中的“确定”按钮✓。结果如图 10-132 所示。

图 10-131　选择圆角边线

图 10-132　倒圆角结果

第 11 章　特征的复制

内容简介

在进行特征建模时，为方便操作，简化步骤，选择进行特征复制操作，其中包括阵列特征、镜像特征等操作，将某特征根据不同参数设置进行复制，这一命令的使用，在很大程度上缩短了操作时间，简化了实体创建过程，使建模功能更全面。

内容要点

- 阵列特征
- 镜像特征
- 特征的复制与删除

案例效果

11.1　阵列特征

阵列特征用于将任意特征作为原始样本特征，通过指定阵列尺寸产生多个类似的子样本特征。特征阵列完成后，原始样本特征和子样本特征成为一个整体，用户可将它们作为一个特征进行相关的操作，如删除、修改等。如果修改了原始样本特征，则阵列中的所有子样本特征也随之更改。

SOLIDWORKS 2018提供了线性阵列、圆周阵列、草图驱动阵列、曲线驱动阵列、表格驱动阵列和填充阵列6种阵列方式。下面详细介绍前三种常用的阵列方式。

扫一扫，看视频

11.1.1　线性阵列

【执行方式】

- 工具栏：单击“特征”工具栏中的“线性阵列”按钮。

➘ 菜单栏：选择“插入”→“阵列/镜像”→“线性阵列”命令。

➘ 控制面板：单击“特征”控制面板中的“线性阵列”按钮。

线性阵列是指沿一条或两条直线路径生成多个子样本特征。如图11-1所示列举了线性阵列的零件模型。

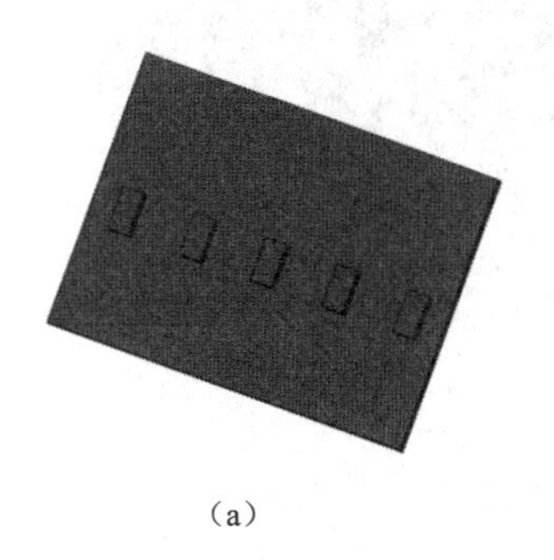

（a）

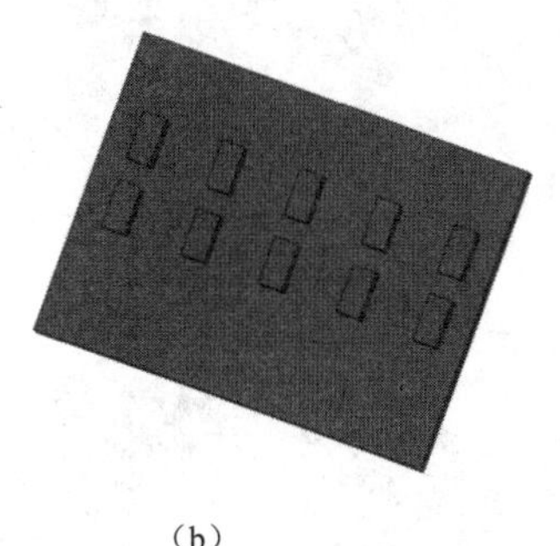

（b）

图 11-1　线性阵列模型

下面介绍创建线性阵列特征的操作步骤，阵列前实体如图 11-2 所示。

（1）在图形区中选择原始样本特征（切除、孔或凸台等）。

（2）单击“特征”工具栏中的“线性阵列”按钮，或选择菜单栏中的“插入”→“阵列/镜像”→“线性阵列”命令，系统弹出“线性阵列”属性管理器。在“要阵列的特征”选项组中将显示步骤 1 中所选择的特征。如果要选择多个原始样本特征，在选择特征时，需按住 Ctrl 键。

图 11-2　打开的文件实体

技巧荟萃：

当使用特型特征来生成线性阵列时，所有阵列的特征都必须在相同的面上。

（3）在“方向 1”选项组中单击第一个列表框，然后在图形区中选择模型的一条边线或尺寸线指出阵列的第一个方向。所选边线或尺寸线的名称出现在该列表框中。

（4）如果图形区中表示阵列方向的箭头不正确，则单击（反向）按钮，可以反转阵列方向。

（5）在“方向 1”选项组的（间距）文本框中指定阵列特征之间的距离。

（6）在“方向 1”选项组的（实例数）文本框中指定该方向下阵列的特征数（包括原始样本特征）。此时在图形区中可以预览阵列效果，如图 11-3 所示。

（7）如果要在另一个方向上同时生成线性阵列，则仿照步骤 3～6 中的操作，对“方向 2”选项组进行设置。

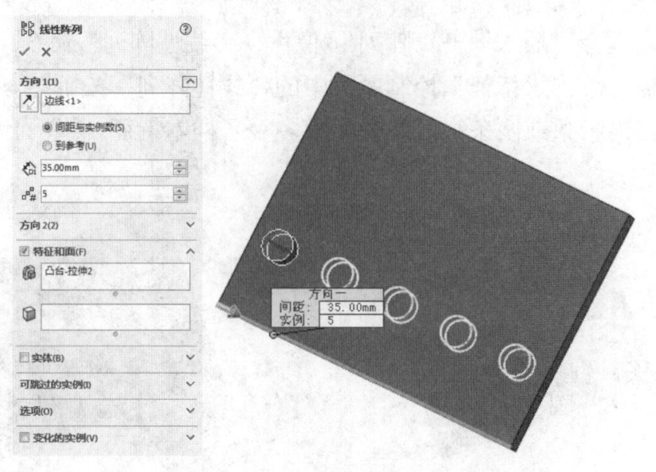

图 11-3　设置线性阵列

（8）在“方向 2”选项组中有一个“只阵列源”复选框。如果勾选该复选框，则在第 2 方向中只复制原始样本特征，而不复制“方向 1”中生成的其他子样本特征，如图 11-4 所示。

（a）勾选“只阵列源”复选框　　（b）未勾选“只阵列源”复选框

图 11-4　只阵列源与阵列所有特征的效果对比

（9）在阵列中如果要跳过某个阵列子样本特征，则在“可跳过的实例”选项组中单击（要跳过的实例）图标右侧的列表框，并在图形区中选择想要跳过的某个阵列特征，这些特征将显示在该列表框中。图 11-5 显示了可跳过的实例效果。

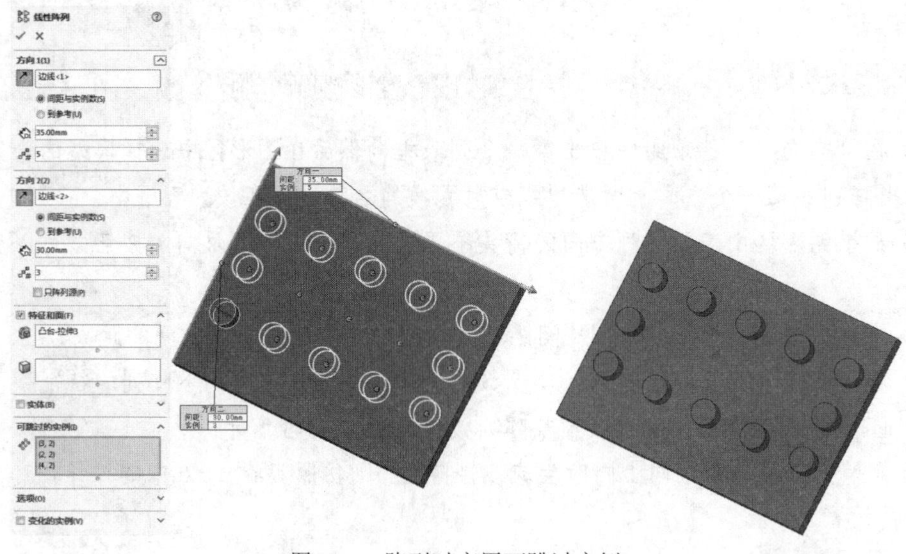

图 11-5　阵列时应用可跳过实例

（10）线性阵列属性设置完毕，单击✔（确定）按钮，生成线性阵列。

扫一扫，看视频

11.1.2　实例——电容

本例绘制的电容如图 11-6 所示。首先绘制电容电解池草图，然后拉伸实体，即电容的主体；再绘制电容的封盖，然后以封盖为基准面绘制电容的引脚；最后以主体为基准面，在其上绘制草图文字并拉伸。

图 11-6　电容

操作步骤

（1）新建文件。启动 SOLIDWORKS 2018，选择菜单栏中的“文件”→“新建”命令，或者单击“快速访问”工具栏中的“新建”按钮，在弹出的“新建 SOLIDWORKS 文件”对话框中先单击“零件”按钮，再单击“确定”按钮，创建一个新的零件文件。

（2）绘制电容电解池草图。在左侧的“FeatureManager 设计树”中用鼠标选择“前视基准面”作为绘制图形的基准面。单击“草图”控制面板中的“边角矩形”按钮，绘制一个矩形；单击“草图”控制面板中的“3 点圆弧”按钮，在矩形的左右两侧绘制两个圆弧。结果如图 11-7 所示。

（3）标注尺寸。单击“草图”控制面板中的“智能尺寸”按钮，标注图中矩形各边的尺寸及圆弧的尺寸。结果如图 11-8 所示。

（4）剪裁实体。单击“草图”控制面板中的“剪裁实体”按钮，将如图 11-8 所示矩形和圆弧交界的两条直线进行剪裁。结果如图 11-9 所示。

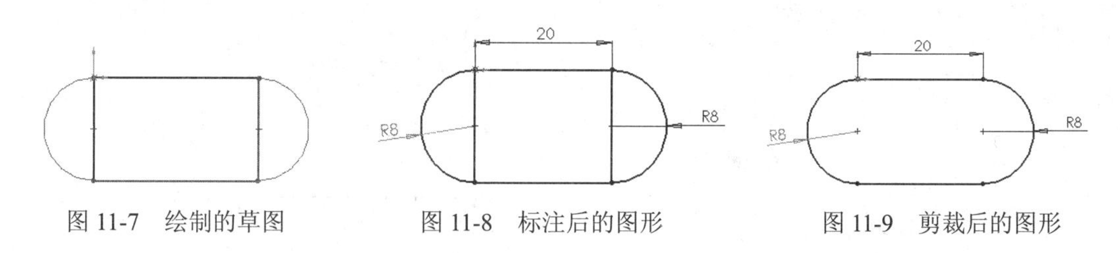

图 11-7　绘制的草图　　图 11-8　标注后的图形　　图 11-9　剪裁后的图形

（5）拉伸实体。单击“特征”控制面板中的“拉伸凸台/基体”按钮，此时系统弹出“凸台-拉伸”属性管理器。在“深度”文本框中输入 40mm，然后单击“确定”按钮✔。

（6）设置视图方向。单击“前导视图”工具栏中的“等轴测”按钮，将视图以等轴测方向显示，结果如图 11-10 所示。

（7）绘制电容的封盖，设置基准面。选择如图 11-10 所示的表面 1，然后单击“前导视图”工具栏中的“正视于”按钮，将该表面作为绘图的基准面。

（8）绘制草图。单击“草图”控制面板中的“边角矩形”按钮，绘制一个矩形，单击“草图”控制面板中的“3 点圆弧”按钮，在矩形的左右两侧绘制两个圆弧。

（9）标注尺寸。单击“草图”控制面板中的“智能尺寸”按钮，标注上一步绘制的矩形各边的尺寸及圆弧的尺寸。结果如图 11-11 所示。

（10）剪裁实体。单击“草图”控制面板中的“剪裁实体”按钮，将如图 11-11 所示矩形和圆弧交界的两个直线进行剪裁。结果如图 11-12 所示。

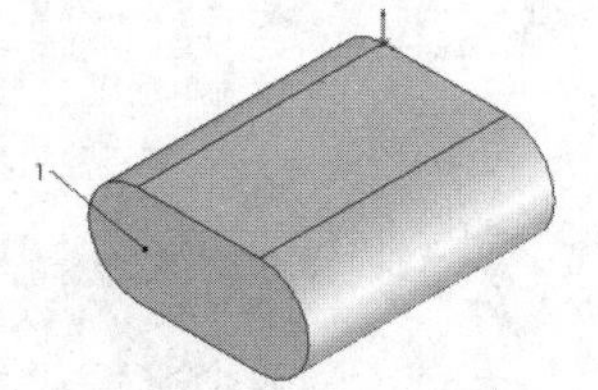

图 11-10　拉伸后的图形

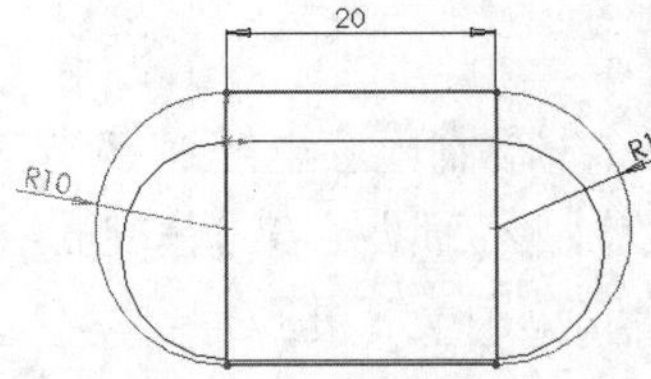

图 11-11　标注后的图形

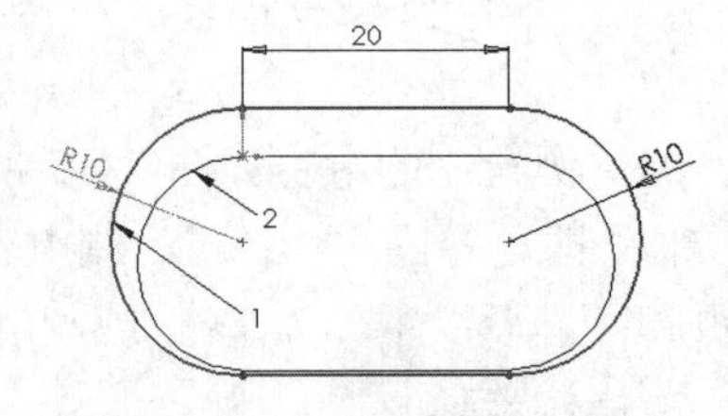

图 11-12　剪裁后的图形

（11）添加几何关系。单击“草图”控制面板中的“添加几何关系”按钮，此时系统弹出如图 11-13 所示的“添加几何关系”属性管理器。单击如图 11-12 所示的圆弧 1 和圆弧 2，此时所选的实体出现在属性管理器中，然后单击属性管理器中的“同心”按钮，此时“同心”关系出现在属性管理器中。设置好几何关系后，单击属性管理器中的“确定”按钮。结果如图 11-14 所示。

（12）拉伸实体。单击“特征”控制面板中的“拉伸凸台/基体”按钮，此时系统弹出“凸台-拉伸”属性管理器。在“深度”文本框中输入 2，然后单击“确定”按钮。

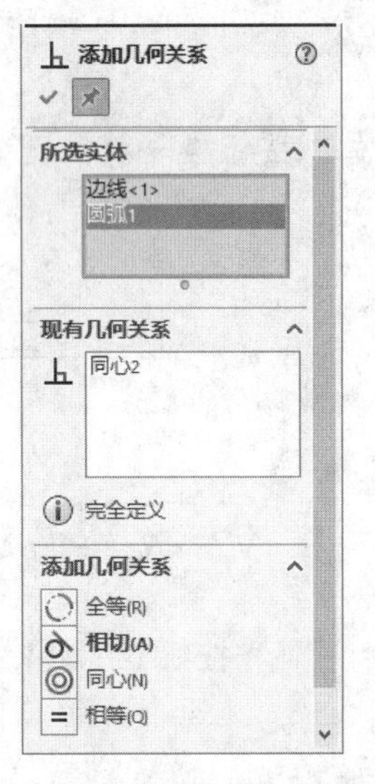

图 11-13　“添加几何关系”属性管理器

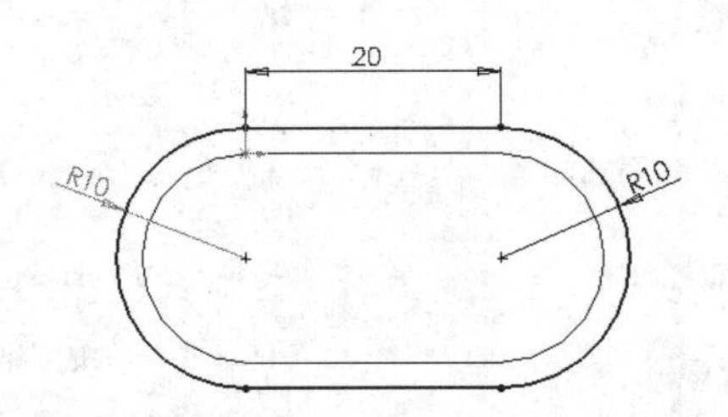

图 11-14　同心后的图形

（13）设置视图方向。单击“前导视图”工具栏中的“等轴测”按钮，将视图以等轴测方向显示。结果如图 11-15 所示。

（14）绘制电容引脚，设置基准面。选择如图 11-15 所示的表面 1，然后单击“前导视图”工具栏中的“正视于”按钮，将该表面作为绘图的基准面。

（15）绘制草图。单击“草图”控制面板中的“圆”按钮，在上一步设置的基准面上绘制一个圆。

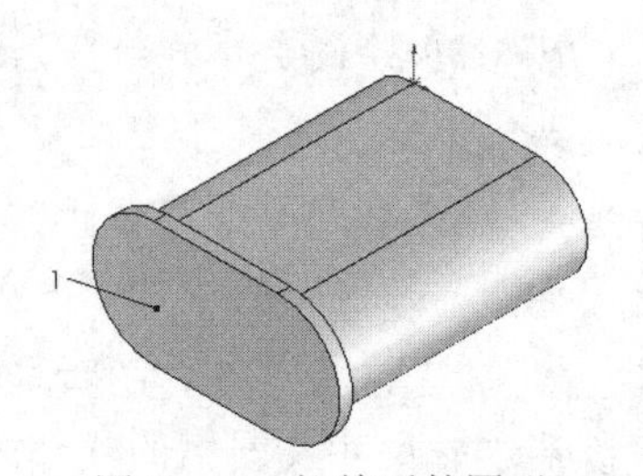

图 11-15　拉伸后的图形

（16）标注尺寸。单击“草图”控制面板中的“智能尺寸”按钮，标注圆的直径。结果如图 11-16 所示。

（17）添加几何关系。单击“草图”控制面板中的“添加几何关系”按钮，将如图 11-16 所示的圆弧 1 和圆弧 2 添加为“同心”几何关系，具体操作参见第 11 步的介绍，然后退出草图绘制状态。

（18）创建基准面 1。单击“特征”控制面板“参考几何体”下拉列表中的“基准面”按钮，选择“基准面”命令，对弹出的“基准面”属性管理器进行设置。第一参考选择直径为 3mm 圆的圆心，第二参考为右视基准面。单击“确定”按钮完成基准面 1 的创建。

（19）绘制草图。单击“草图”控制面板中的“直线”按钮，绘制两条直线，直线的一个端点在第 15 步绘制的圆的圆心处。结果如图 11-17 所示。

（20）绘制圆角。单击“草图”控制面板中的“绘制圆角”按钮，此时系统弹出“绘制圆角”属性管理器。在“半径”文本框中输入 6mm，然后选择上一步绘制的两条直线段，结果如图 11-18 所示，然后退出草图绘制状态。

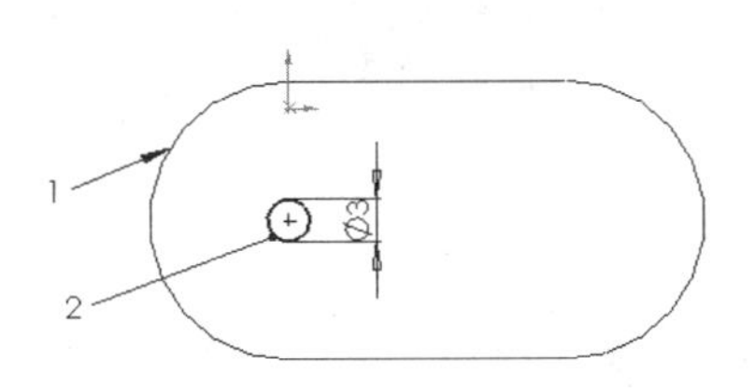

图 11-16　标注后的图形

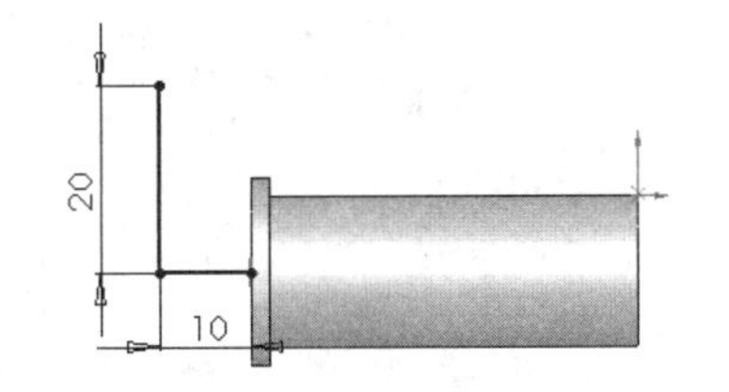

图 11-17　绘制的草图

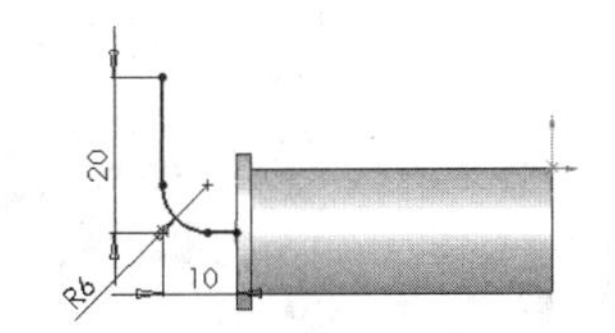

图 11-18　圆角后的图形

（21）设置视图方向。单击“前导视图”工具栏中的“等轴测”按钮，将视图以等轴测方向显示。结果如图 11-19 所示。

（22）扫描实体。单击“特征”控制面板中的“扫描”按钮，此时系统弹出“扫描”属性管理器。在“轮廓”一栏中，用鼠标选择如图 11-19 所示圆 1；在“路径”栏用鼠标选择如图 11-19 所示的草图 2。单击“确定”按钮，结果如图 11-20 所示。

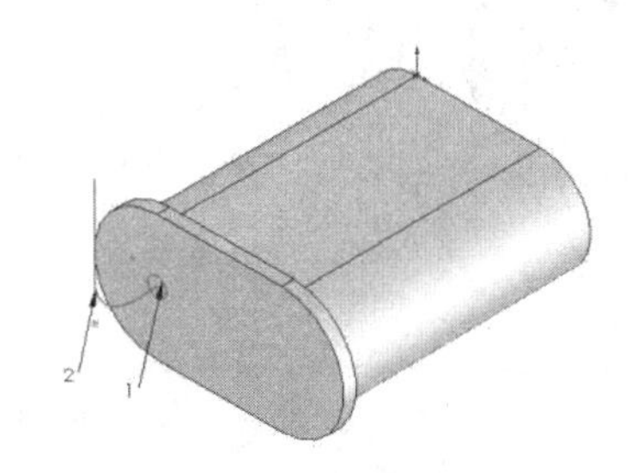

图 11-19　等轴测视图

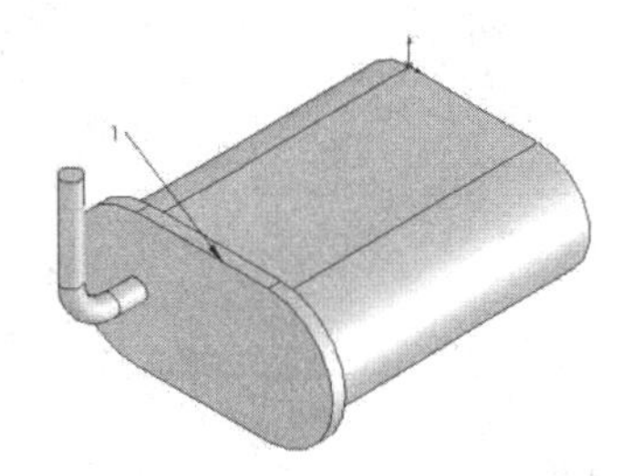

图 11-20　扫描后的图形

（23）线性阵列实体。单击“特征”控制面板中的“线性阵列”按钮，此时系统弹出“线性阵列”属性管理器，如图 11-21 所示。在“边线”栏用鼠标选择如图 11-20 所示的边线 1；在“间距”文本框中输入值 20mm；在“实例数”文本框中输入 2；在“要阵列的特征”栏选择第 22 步扫描的实体。单击“确定”按钮，结果如图 11-22 所示。

（24）绘制电容文字，设置基准面。用鼠标选择如图 11-22 所示的底面，然后单击“前导视图”工具栏中的“正视于”按钮，将该表面作为绘制图形的基准面。

（25）绘制文字草图。单击“草图”控制面板中的“文字”按钮，此时弹出如图 11-23 所示的“文字”属性管理器。在“文字”栏中输入 600pf，并设置文字的大小及属性，然后用鼠标调整文字在基准面上的位置。单击属性管理器中的“确定”按钮，结果如图 11-24 所示。

图 11-21　“线性阵列”属性管理器

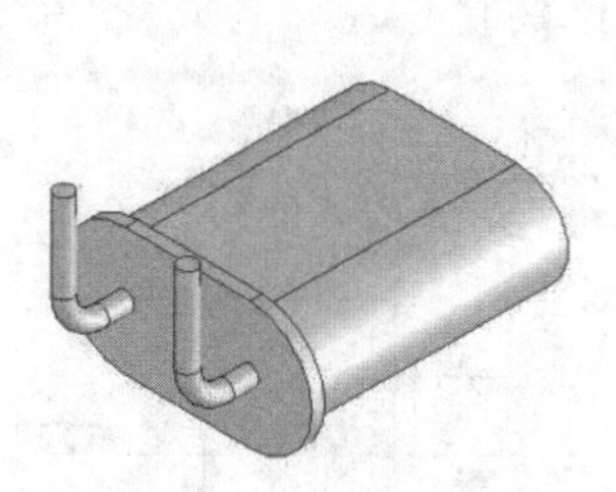

图 11-22　阵列后的图形

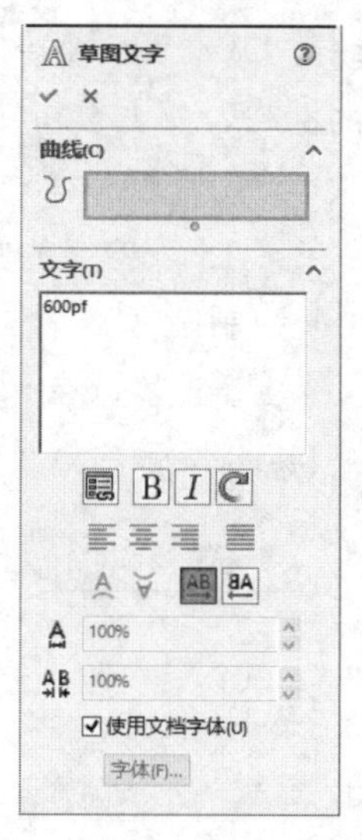

图 11-23　“草图文字”属性管理器

（26）拉伸草图文字。单击“特征”控制面板中的“拉伸凸台/基体”按钮，此时系统弹出如图 11-25 所示“凸台-拉伸”属性管理器。在“深度”文本框中输入 1mm，按照图示进行设置后，单击“确定”按钮。结果如图 11-26 所示。

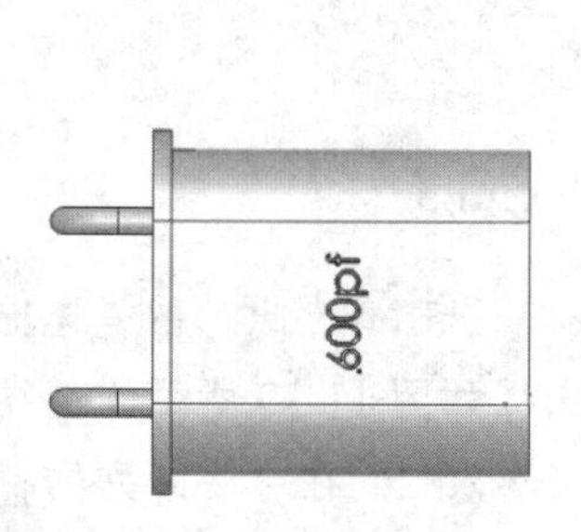

图 11-24　绘制的草图文字

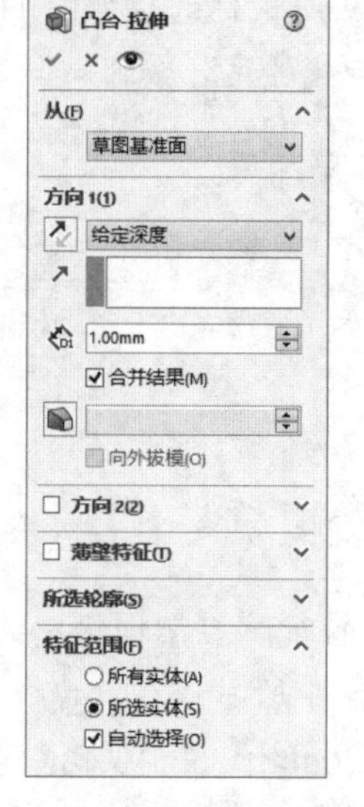

图 11-25　“凸台-拉伸”属性管理器

图 11-26　拉伸后的图形

（27）设置视图方向。单击“标准视图”工具栏中的“旋转视图”按钮，将视图以合适的方向显示。结果如图 11-6 所示。

练一练——芯片

利用上面所学知识创建的芯片模型如图11-27所示。

图 11-27　芯片

思路点拨：

首先绘制芯片的主体轮廓草图并拉伸实体，然后利用拉伸和线性阵列功能绘制芯片的引脚。以轮廓的表面为基准面，在其上绘制文字草图并拉伸，再绘制端口标志。

11.1.3　圆周阵列

扫一扫，看视频

【执行方式】

- 工具栏：单击“特征”工具栏中的“圆周阵列”按钮。
- 菜单栏：选择“插入”→“阵列/镜像”→“圆周阵列”命令。
- 控制面板：单击“特征”控制面板中的“圆周阵列”按钮。

圆周阵列是指绕一个轴心以圆周路径生成多个子样本特征。在创建圆周阵列特征之前，首先要选择一个中心轴，这个轴可以是基准轴或者临时轴。每一个圆柱和圆锥面都有一条轴线，称之为临时轴。临时轴是由模型中的圆柱和圆锥隐含生成的，在图形区中一般不可见。在生成圆周阵列时需要使用临时轴，选择菜单栏中的“视图”→“临时轴”命令就可以显示临时轴。此时该菜单旁边出现标记“√”，表示临时轴可见。此外，还可以生成基准轴作为中心轴。

下面介绍创建圆周阵列特征的操作步骤。

（1）选择菜单栏中的“视图”→“临时轴”命令，显示特征基准轴，如图 11-28 所示。

（2）在图形区选择原始样本特征（切除、孔或凸台等）。

（3）单击“特征”控制面板中的“圆周阵列”按钮，或选择菜单栏中的“插入”→“阵列/镜像”→“圆周阵列”命令，系统弹出“圆周阵列”属性管理器。

（4）在“要阵列的特征”选项组中高亮显示步骤 2 中所选择的特征。如果要选择多个原始样本特征，需按住 Ctrl 键进行选择。此时，在图形区生成一个中心轴，作为圆周阵列的圆心位置。在“参数”选项组中，单击第一个列表框，然后在图形区中选择中心轴，则所选中心轴的名称显示在该列表框中。

（5）如果图形区中阵列的方向不正确，则单击（反向）按钮，可以翻转阵列方向。

（6）在“参数”选项组的（角度）文本框中指定阵列特征之间的角度。

（7）在“参数”选项组的（实例数）文本框中指定阵列的特征数（包括原始样本特征）。此时在图形区中可以预览阵列效果，如图 11-29 所示。

图 11-28　打开的文件实体

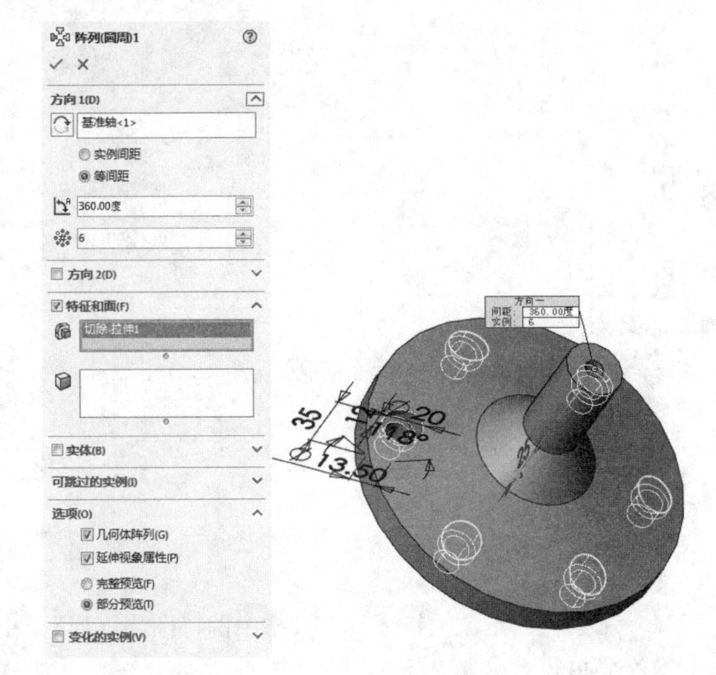

图 11-29　预览圆周阵列效果

（8）选中“等间距”单选按钮，则总角度将默认为 360°，所有的阵列特征会等角度均匀分布。

（9）勾选“几何体阵列”复选框，则只复制原始样本特征而不对它进行求解，这样可以加速生成及重建模型的速度。但是如果某些特征的面与零件的其余部分合并在一起，则不能为这些特征生成几何体阵列。

（10）圆周阵列属性设置完毕，单击（确定）按钮，生成圆周阵列。

扫一扫，看视频

11.1.4　草图驱动阵列

【执行方式】

- 工具栏：单击“特征”工具栏中的“由草图驱动的阵列”按钮。
- 菜单栏：选择“插入”→“阵列/镜像”→“由草图驱动的阵列”命令。
- 控制面板：单击“特征”控制面板中的“由草图驱动的阵列”按钮。

SOLIDWORKS 2018还可以根据草图上的草图点来安排特征的阵列。用户只要控制草图上的草图点，就可以将整个阵列扩散到草图中的每个点。

下面介绍创建草图驱动阵列的操作步骤。

（1）单击“草图”控制面板中的“草图绘制”按钮，在零件的面上打开一个草图。

（2）单击“草图”控制面板中的“点”按钮，绘制驱动阵列的草图点。

（3）单击“草图”控制面板中的“草图绘制”按钮，关闭草图。

（4）单击“特征”控制面板工中的“草图驱动的阵列”按钮，或者选择菜单栏中的“插入”→“阵列/镜像”→“由草图驱动的阵列”命令，系统弹出“由草图驱动的阵列”属性管理器。

（5）在“选择”选项组中，单击（参考草图）图标右侧的列表框，然后选择驱动阵列的草图，则所选草图的名称显示在该列表框中。

（6）选择参考点。

- 重心：如果选中该单选按钮，则使用原始样本特征的重心作为参考点。
- 所选点：如果选中该单选按钮，则在图形区中选择参考顶点。可以使用原始样本特征的重心、草图原点、顶点或另一个草图点作为参考点。

（7）单击“要阵列的特征”选项组（要阵列的特征）图标右侧的列表框，然后选择要阵列的特征。此时在图形区中可以预览阵列效果，如图 11-30 所示。

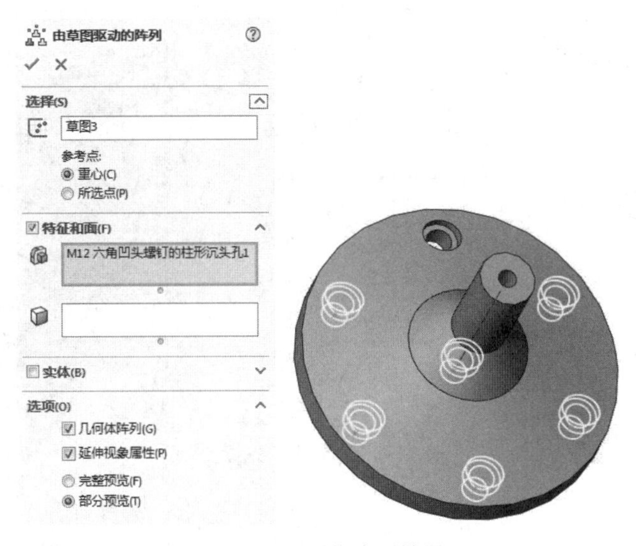

图 11-30　预览阵列效果

（8）勾选“几何体阵列”复选框，则只复制原始样本特征而不对它进行求解，这样可以加速生成及重建模型的速度。但是如果某些特征的面与零件的其余部分合并在一起，则不能为这些特征生成几何体阵列。

（9）草图阵列属性设置完毕，单击（确定）按钮，生成草图驱动的阵列。

11.1.5　曲线驱动阵列

扫一扫，看视频

曲线驱动阵列是指沿平面曲线或者空间曲线生成的阵列实体。

【执行方式】

➘ 工具栏：单击“特征”工具栏中的“曲线驱动的阵列”按钮。

➘ 菜单栏：选择“插入”→“阵列/镜像”→“曲线驱动的阵列”命令。

➘ 控制面板：单击“特征”控制面板中的“曲线驱动的阵列”按钮。

下面介绍创建曲线驱动阵列的操作步骤。

（1）设置基准面。用鼠标选择图 11-31 中的表面 1，然后单击“标准视图”工具栏中的“正视于”按钮，将该表面作为绘制图形的基准面。

（2）绘制草图。选择菜单栏中的“工具“→“草图绘制实体”→“样条曲线”命令，绘制如图 11-32 所示的样条曲线，然后退出草图绘制状态。

（3）执行曲线驱动阵列命令。选择菜单栏中的“插入”→“阵列/镜像”→“曲线驱动的阵列”命令，或者单击“特征”工具栏中的“曲线驱动的阵列”按钮，此时系统弹出如图 11-33 所示的“曲线驱动的阵列”属性管理器。

图 11-31　打开的文件实体

图 11-32　切除拉伸的图形

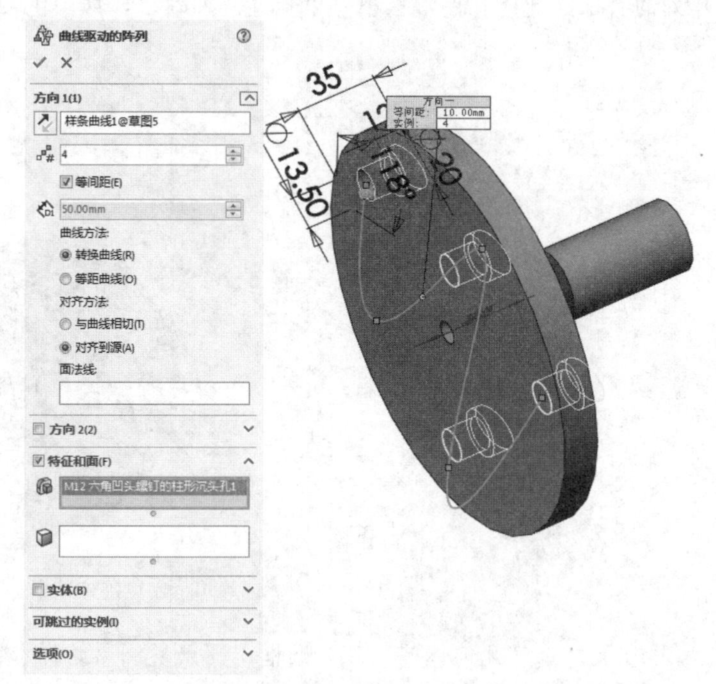

图 11-33　“曲线驱动的阵列”属性管理器

（4）设置属性管理器。在“要阵列的特征”一栏中，用鼠标选择如图 11-32 所示沉头孔；在“阵列方向”一栏中，用鼠标选择样条曲线。其他设置参考如图 11-33 所示。

（5）确认曲线驱动阵列的特征。单击“曲线驱动的阵列”属性管理器中的“确定”按钮✓，结果如图 11-34 所示。

（6）取消视图中草图显示。选择菜单栏中的“视图”→“草图”命令，取消视图中草图的显示。结果如图 11-35 所示。

图 11-34　曲线驱动阵列的图形

图 11-35　取消草图显示的图形

11.1.6　表格驱动阵列

表格驱动阵列是指添加或检索以前生成的 X-Y 坐标，在模型的面上增添源特征。

【执行方式】

- 工具栏：单击“特征”工具栏中的“表格驱动的阵列”按钮。
- 菜单栏：选择“插入”→“阵列/镜像”→“表格驱动的阵列”命令。
- 控制面板：单击“特征”控制面板中的“表格驱动的阵列”按钮。

下面介绍创建表格驱动阵列的操作步骤。

（1）执行坐标系命令。选择“特征”控制面板“参考几何体”下拉列表中的“坐标系”按钮，此时系统弹出“坐标系”属性管理器，创建一个新的坐标系。

（2）设置属性管理器。在“原点”一栏中，用鼠标选择如图 11-36 所示中的点 A；单击“坐标系”属性管理器中的“确定”按钮，结果如图 11-37 所示。

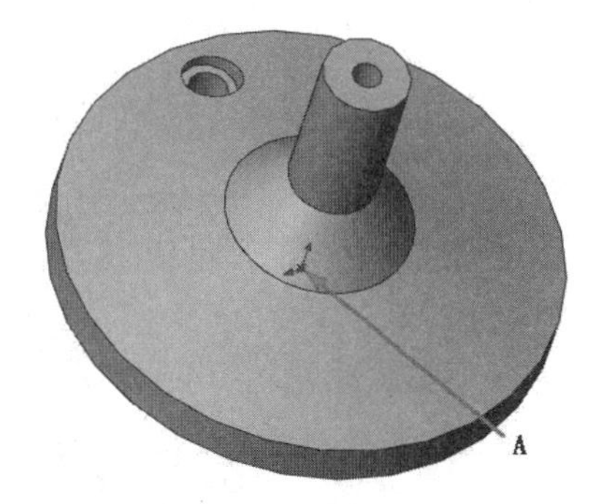

图 11-36　绘制的图形

图 11-37　创建坐标系的图形

（3）单击“特征”控制面板中的“表格驱动的阵列”按钮，此时系统弹出如图 11-38 所示的“由表格驱动的阵列”属性管理器。

（4）设置属性管理器。在“要复制的特征”一栏中，用鼠标选择如图 11-36 所示的沉头孔；在“坐标系”一栏中，用鼠标选择如图 11-37 所示中的坐标系 2。点 0 的坐标为源特征的坐标；双击点 1 的 X和Y 的文本框，输入要阵列的坐标值；重复此步骤，输入点 2 到点 5 的坐标值。“由表格驱动的阵列”属性管理器设置如图 11-39 所示。

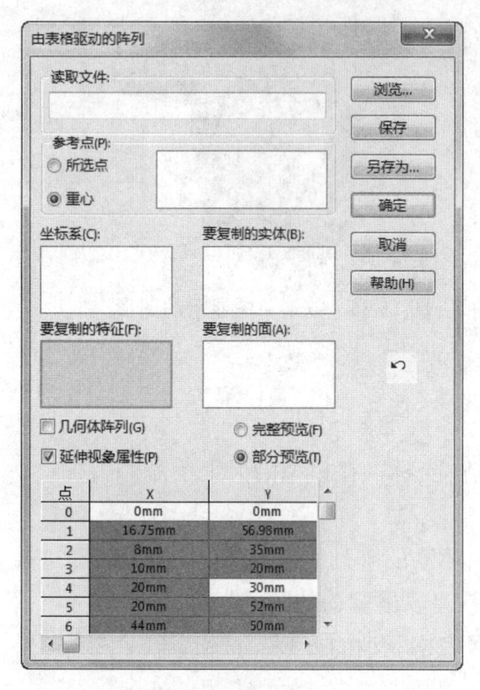

图 11-38 “由表格驱动的阵列”属性管理器

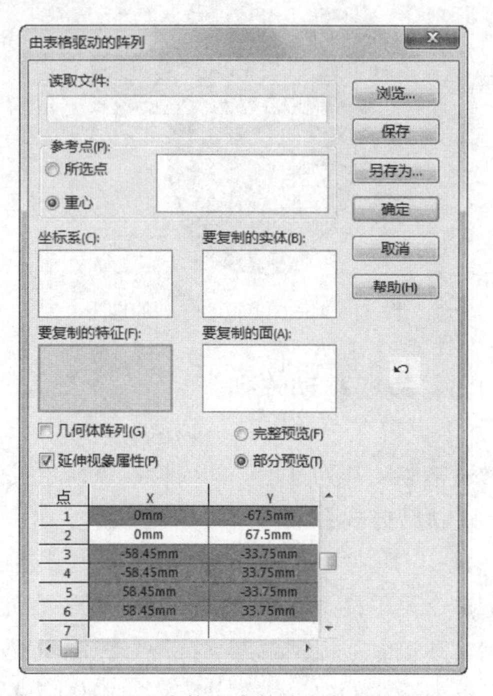

图 11-39 “由表格驱动的阵列”属性管理器

（5）确认表格驱动阵列特征。单击“由表格驱动的阵列”属性管理器中的“确定”按钮，结果如图 11-40 所示。

（6）取消显示视图中的坐标系。选择菜单栏中的“视图”→“坐标系”命令，取消视图中坐标系的显示。结果如图 11-41 所示。

图 11-40 阵列的图形

图 11-41 取消坐标系显示的图形

扫一扫，看视频

11.1.7 填充阵列

填充阵列是在特定边界内，通过设置参数来控制阵列位置、数量的特征方式。

【执行方式】

- 工具栏：单击“特征”工具栏中的“填充阵列”按钮。
- 菜单栏：选择“插入”→“阵列/镜像”→“填充阵列”命令。
- 控制面板：单击“特征”控制面板中的“填充阵列”按钮。

下面介绍创建填充阵列的操作步骤。

（1）选择菜单栏中的“插入”→“阵列/镜像”→“填充阵列”命令，或者单击“特征”工具栏中的“填充阵列”按钮，此时系统弹出如图 11-42 所示的“填充阵列”属性管理器。

（2）在“填充边界”选项组下（选择面或共面上的草图、平面曲线）图标右侧列表框中选择面 1，如图 11-43 所示。

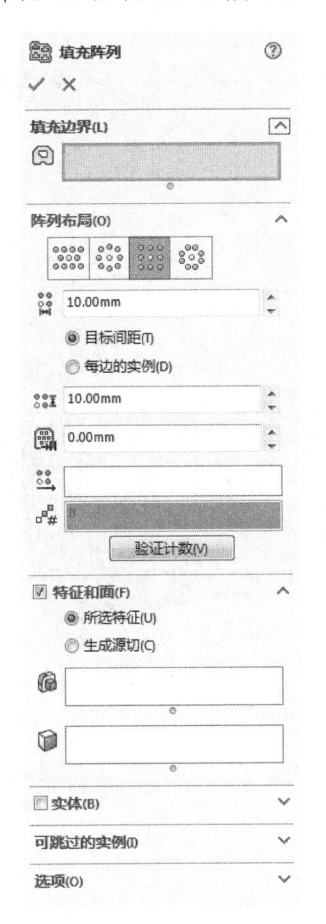

图 11-42　“填充阵列”属性管理器

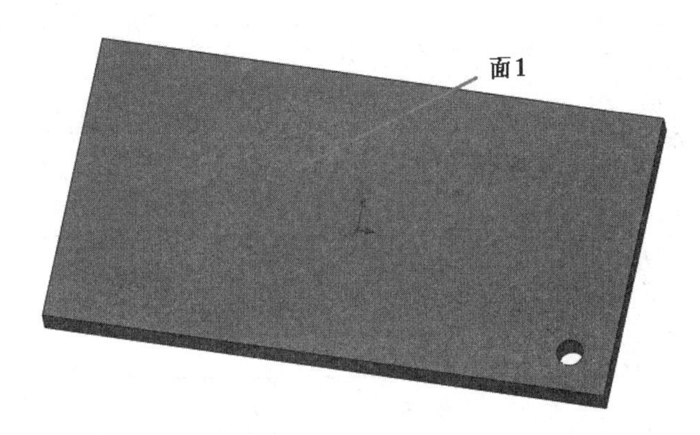

图 11-43　选择面

（3）在“阵列布局”选项组中设置参数如下。

- 穿孔：为钣金穿孔式阵列生成网格。
- 在（实例间距）图标右侧文本框中输入两特征间距值。
- 在（交错断续角度）图标右侧文本框中输入两特征夹角值。

- 在（边距）图标右侧文本框中输入填充边界边距值。
- 在（阵列方向）图标右侧文本框中确定阵列方向。
  - 圆周：生成圆周形阵列。
  - 方形：生成方形阵列。
  - 多边形：生成多边形阵列。
- 选择布局方式为“穿孔”。

（4）在“特征和面”选项组下设置参数，选择“所选特征”单选按钮，在（要阵列的特征）图标右侧选择特征，如图 11-44 所示，在属性管理器中设置参数。

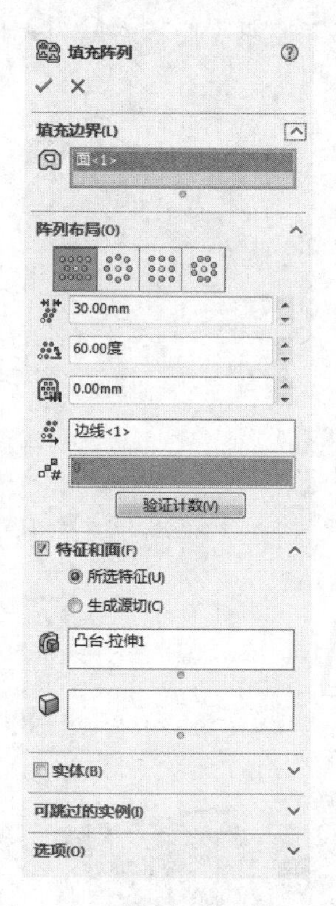

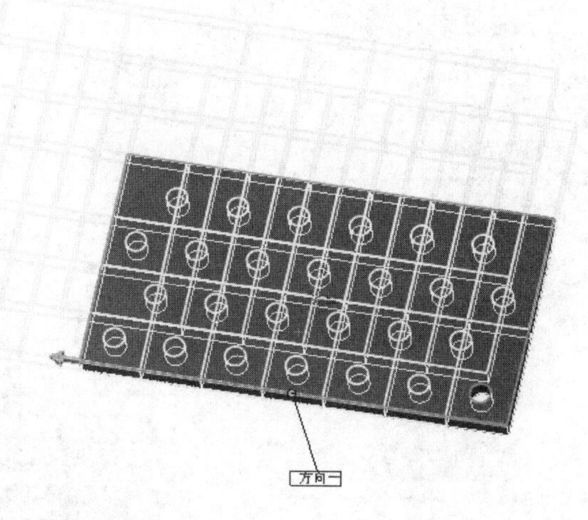

图 11-44　选择特征

（5）选中“生成源切”单选按钮，如图 11-45 所示，选中“方形”按钮，效果如图 11-46 所示。

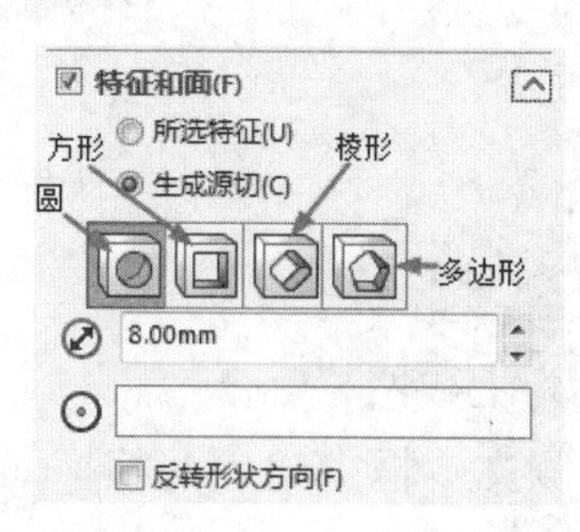

图 11-45　要阵列的特征

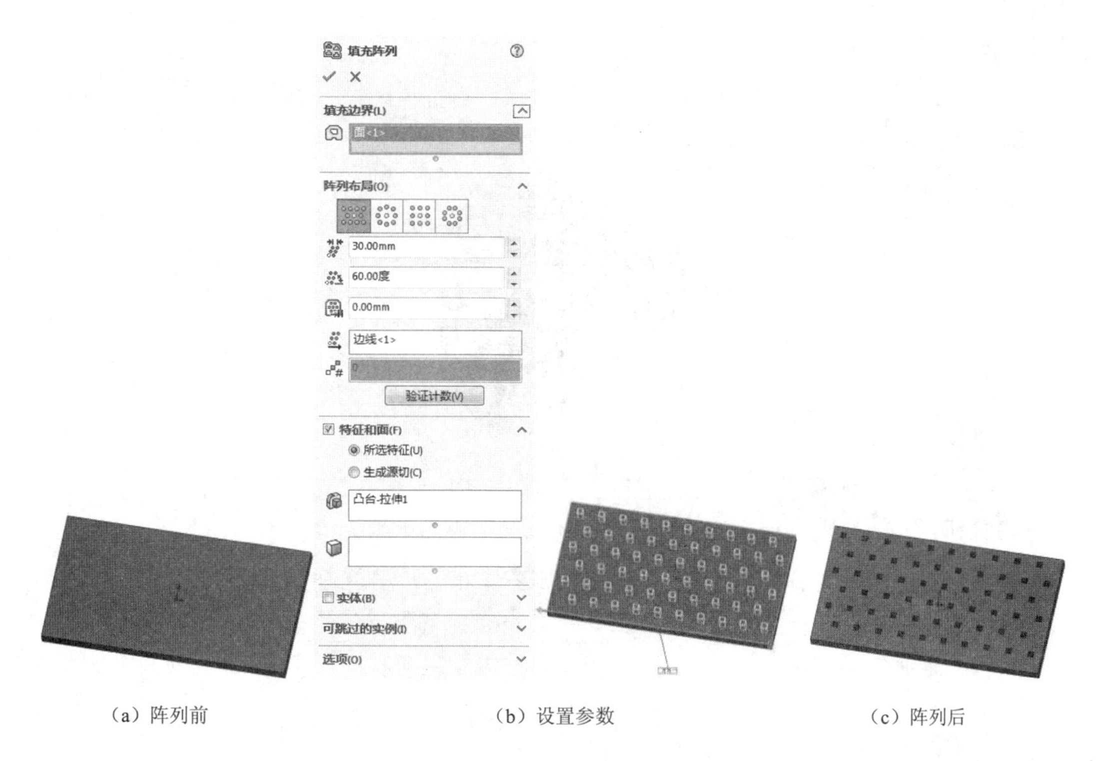

（a）阵列前　　（b）设置参数　　（c）阵列后

图 11-46　填充整列-方形

下面在图11-47中显示其他阵列效果实例（设置“布局类型”及“源切”类型）。

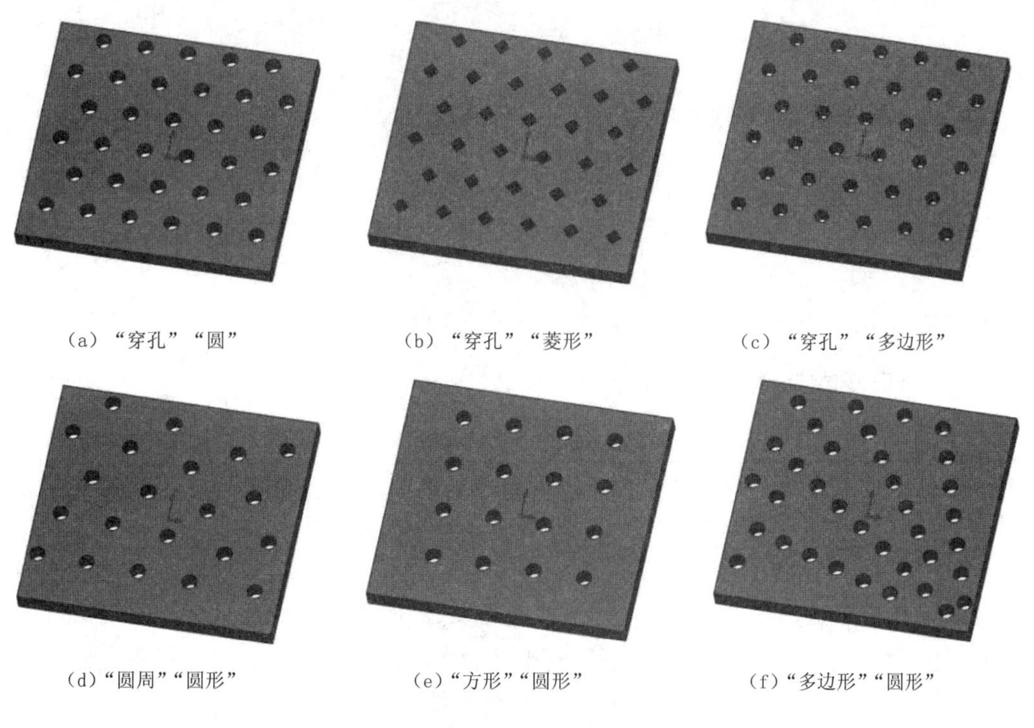

（a）“穿孔”“圆”　　（b）“穿孔”“菱形”　　（c）“穿孔”“多边形”

（d）“圆周”“圆形”　　（e）“方形”“圆形”　　（f）“多边形”“圆形”

图 11-47　阵列效果实例

扫一扫，看视频

11.1.8 实例——法兰盘

本例创建的法兰盘如图11-48所示。

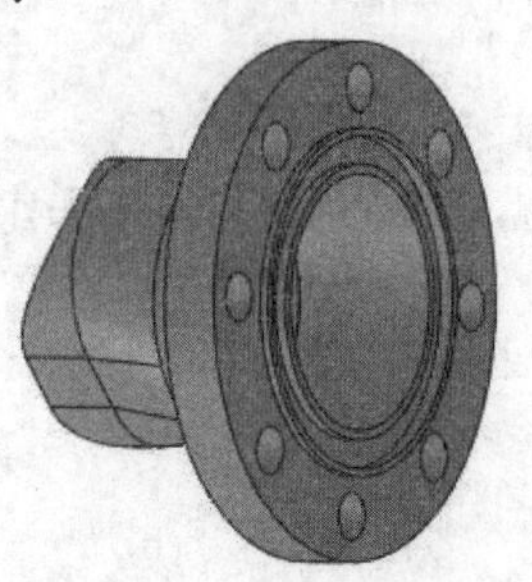

图 11-48　法兰盘

思路分析：

接口零件主要起传动、连接、支撑、密封等作用。其主体为回转体或其他平板型实体，厚度方向的尺寸比其他两个方向的尺寸小，其上常有凸台、凹坑、螺孔、销孔、轮辐等局部结构。由于接口要和一段圆环焊接，所以其根部采用压制后再使用铣刀加工圆弧沟槽的方法加工。法兰盘的基本创建过程如图 11-49 所示。

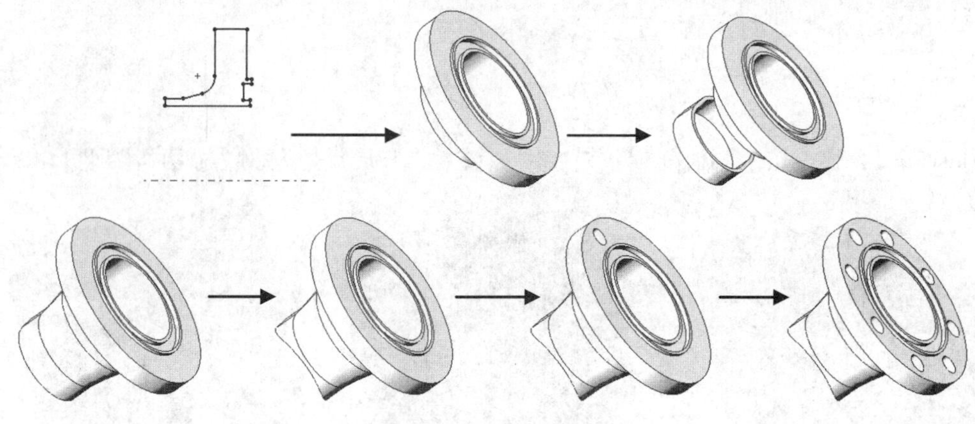

图 11-49　流程图

操作步骤

1. 创建接口基体端部特征

（1）新建文件。启动 SOLIDWORKS 2018，单击“标准”工具栏中的“新建”按钮，或选择菜单栏中的“文件”→“新建”命令，在弹出的“新建 SOLIDWORKS 文件”对话框中，单击“零件”按钮，然后单击“确定”按钮，创建一个新的零件文件。

（2）新建草图。在“FeatureManager 设计树”中选择“前视基准面”作为草图绘制基准面，单击“草图”控制面板中的“草图绘制”按钮，创建一张新草图。

（3）绘制草图。单击“草图”控制面板中的“中心线”按钮，过坐标原点绘制一条水平中心线作为基体旋转的旋转轴；然后单击“直线”按钮，绘制法兰盘轮廓草图。单击“草图”控制面板中的“智能尺寸”按钮，为草图添加尺寸标注，如图 11-50 所示。

（4）创建接口基体端部实体。单击“特征”控制面板中的“旋转凸台/基体”按钮，弹出“旋转”属性管理器；SOLIDWORKS 会自动将草图中惟一的一条中心线作为旋转轴，设置旋转类型为“给定深度”，在“角度”文本框中输入 360，其他选项设置如图 11-51 所示，单击“确定”按钮，生成接口基体端部实体。

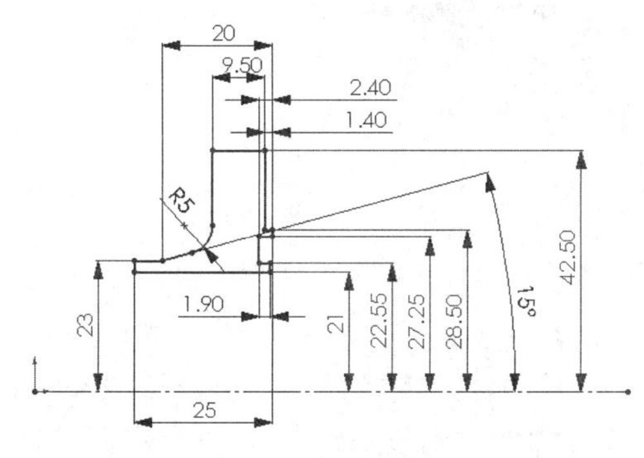

图 11-50　绘制草图并标注尺寸

图 11-51　“旋转”属性管理器

2．创建接口根部特征

接口根部的长圆段是从距法兰密封端面40mm处开始的，所以这里要先创建一个与密封端面相距40mm的参考基准面。

（1）创建基准面。单击“特征”控制面板“参考几何体”下拉列表中的“基准面”按钮，弹出“基准面”属性管理器；在“参考实体”选项框中选择接口的密封面作为参考平面，在“偏移距离”文本框中输入 40，勾选“反转”复选框，其他选项设置如图 11-52 所示，单击“确定”按钮，创建基准面。

（2）新建草图。选择生成的基准面，单击“草图”控制面板中的“草图绘制”按钮，在其上新建一张草图。

（3）绘制草图。单击“草图”控制面板中的“直槽口”按钮和“智能尺寸”按钮，绘制根部的长圆段草图并标注。结果如图 11-53 所示。

图 11-52　创建基准面

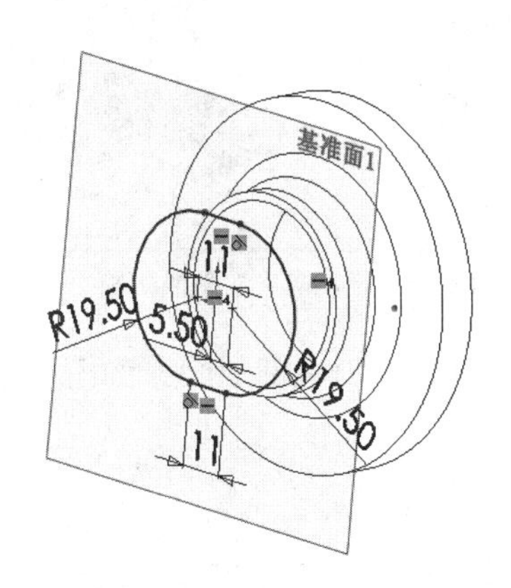

图 11-53　绘制草图

（4）拉伸实体。单击“特征”控制面板中的“拉伸凸台/基体”按钮，弹出“凸台-拉伸”属性管理器。

（5）设置拉伸方向和深度。单击“反向”按钮，使根部向外拉伸，指定拉伸类型为“单向”，在 “深度”文本框中设置拉伸深度为 12mm。

（6）生成接口根部特征。勾选“薄壁特征”复选框，在“薄壁特征”面板中单击“反向”按钮，使薄壁的拉伸方向指向轮廓内部，选择拉伸类型为“单向”，在 “厚度”文本框中输入 2，其他选项设置如图 11-54 所示，单击“确定”按钮，生成法兰盘根部特征。

3．创建长圆段与端部的过渡段

（1）选择放样工具。单击“特征”控制面板中的“放样凸台/基体”按钮，系统弹出“放样”属性管理器。

（2）生成放样特征。选择法兰盘基体端部的外扩圆作为放样的一个轮廓，在“FeatureManager 设计树”中选择刚刚绘制的“草图 2”作为放样的另一个轮廓；勾选“薄壁特征”复选框，展开“薄壁特征”面板，单击“反向”按钮，使薄壁的拉伸方向指向轮廓内部，选择拉伸类型为“单向”，在 “厚度”文本框中输入 2，其他选项设置如图 11-55 所示，单击“确定”按钮，创建长圆段与基体端部圆弧段的过渡特征。

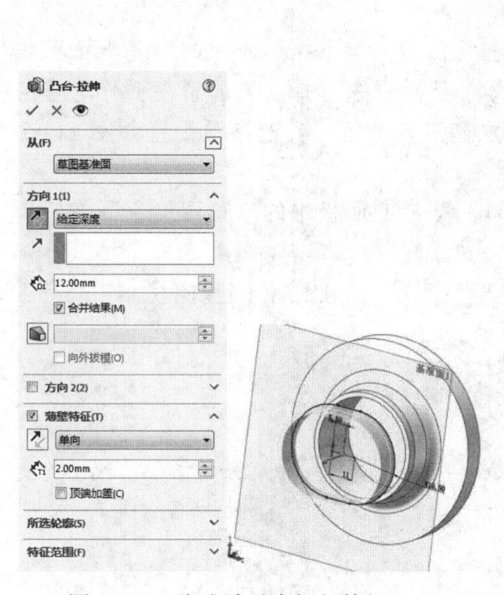

图 11-54　生成法兰盘根部特征

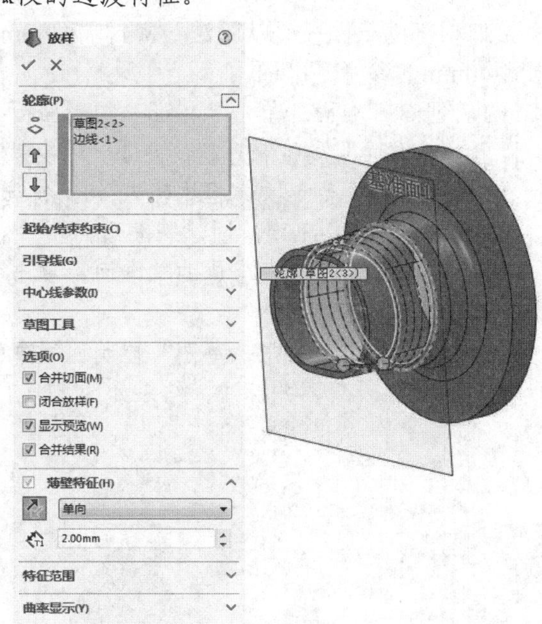

图 11-55　生成放样特征

4．创建接口根部的圆弧沟槽

（1）新建草图。在“FeatureManager 设计树”中选择“前视基准面”作为草图绘制基准面，单击“草图”控制面板中的“草图绘制”按钮，在其上新建一张草图。单击“标准视图”工具栏中的“正视于”按钮，使视图方向正视于草图平面。

（2）绘制中心线。单击“草图”控制面板中的“中心线”按钮，过坐标原点绘制一条水平中心线。

（3）绘制圆。单击“草图”控制面板中的“圆”按钮，绘制一圆心在中心线上的圆。

（4）标注尺寸。单击“草图”控制面板中的“智能尺寸”按钮，标注圆的直径为 48mm。

（5）添加“重合”几何关系。单击“草图”控制面板“参考几何体”下拉列表中的“添加几何关系”按钮，弹出“添加几何关系”属性管理器；为圆和法兰盘根部的角点添加“重合”几何关系，如图 11-56 所示，定位圆的位置。

（6）创建根部的圆弧沟槽。单击“特征”控制面板中的“拉伸切除”按钮，弹出“切除-拉伸”属性管理器，设置切除终止条件为“两侧对称”，在“深度”文本框中输入 100，其他选项设置如图 11-57 所示，单击“确定”按钮，生成根部的圆弧沟槽。

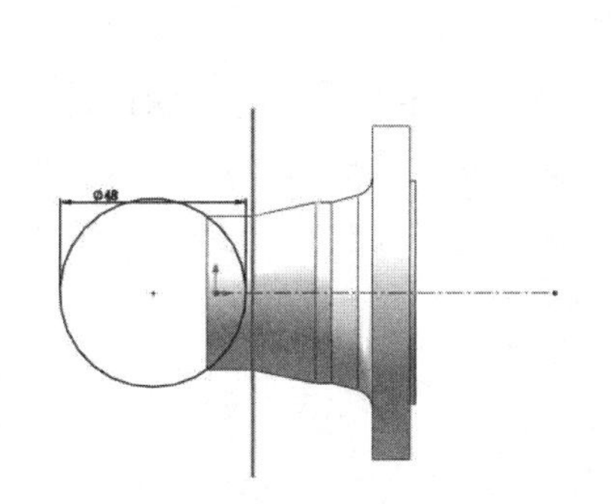

图 11-56　添加“重合”几何关系

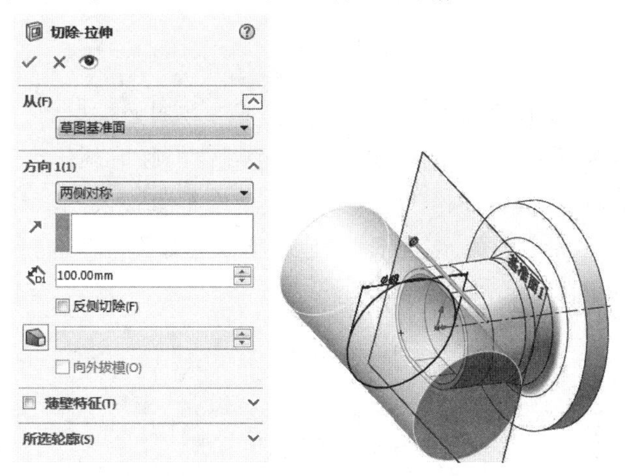

图 11-57　创建根部的圆弧沟槽

5. 创建接口螺栓孔

（1）新建草图。选择接口的基体端面，单击“草图”控制面板中的“草图绘制”按钮，在其上新建一张草图。单击“标准视图”工具栏中的“正视于”按钮，使视图方向正视于草图平面。

（2）绘制构造线。单击“草图”控制面板中的“圆”按钮，利用 SOLIDWORKS 的自动跟踪功能绘制一个圆，使其圆心与坐标原点重合，在“圆”属性管理器中勾选“作为构造线”复选框，将圆设置为构造线，如图 11-58 所示。

（3）标注尺寸。单击“草图”控制面板中的“智能尺寸”按钮，标注圆的直径为 70mm。

（4）绘制圆。单击“草图”控制面板中的“圆”按钮，利用 SOLIDWORKS 的自动跟踪功能绘制一圆，使其圆心落在所绘制的构造圆上，并且其 X 坐标值为 0。

（5）拉伸切除实体。单击“特征”控制面板中的“拉伸切除”按钮，弹出“切除-拉伸”属性管理器；设置切除的终止条件为“完全贯穿”，其他选项设置如图 11-59 所示，单击“确定”按钮，创建一个法兰盘螺栓孔。

（6）显示临时轴。选择菜单栏中的“视图”→“隐藏/显示”→“临时轴”命令，显示模型中的临时轴，为进一步阵列特征做准备。

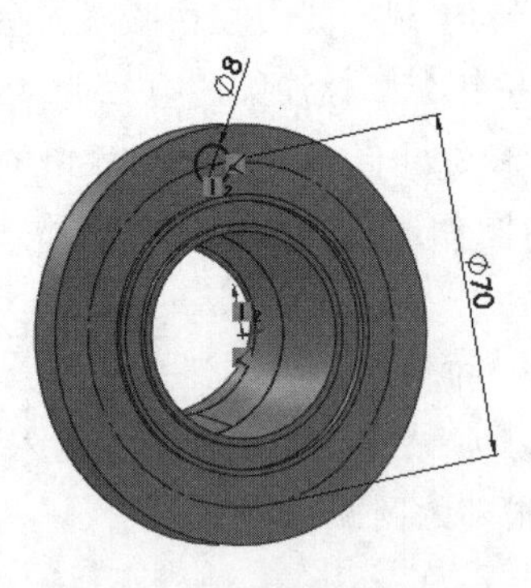

图 11-58　设置圆为构造线

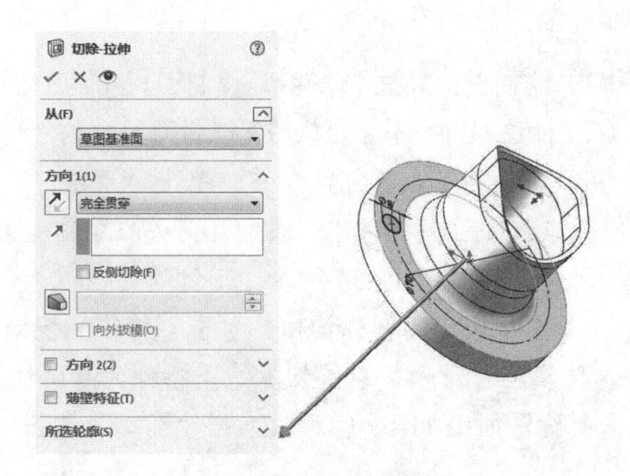

图 11-59　拉伸切除实体

（7）阵列螺栓孔。单击“特征”控制面板中的“圆周阵列”按钮，弹出“圆周阵列”属性管理器；在绘图区选择法兰盘基体的临时轴作为圆周阵列的阵列轴，在“角度”文本框中输入 360，在“实例数”文本框中输入 8，勾选“等间距”单选按钮，在绘图区选择步骤 5 中创建的螺栓孔，其他选项设置如图 11-60 所示，单击“确定”按钮，完成螺栓孔的圆周阵列。

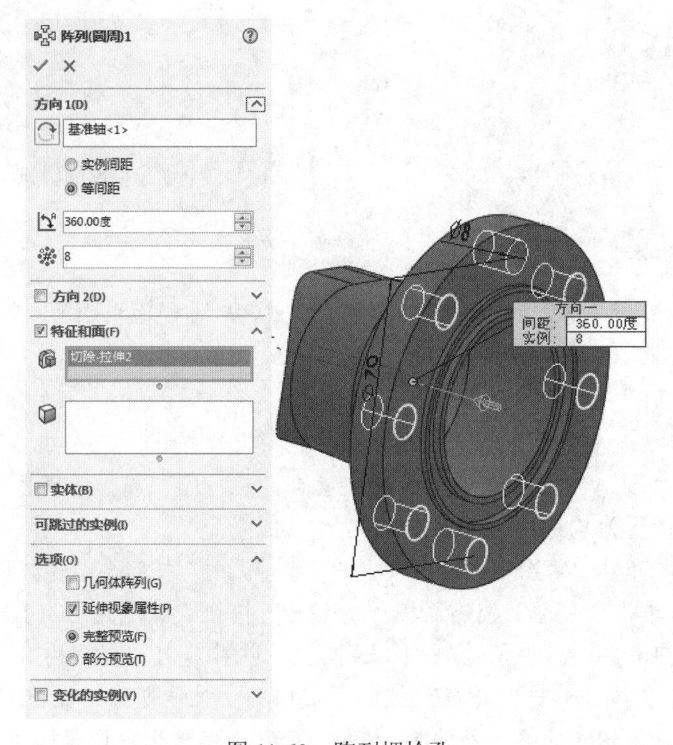

图 11-60　阵列螺栓孔

（8）保存文件。单击“标准”工具栏中的“保存”按钮，将零件保存为“法兰盘.sldprt”。使用旋转观察功能观察零件图，最终效果如图 11-61 所示。

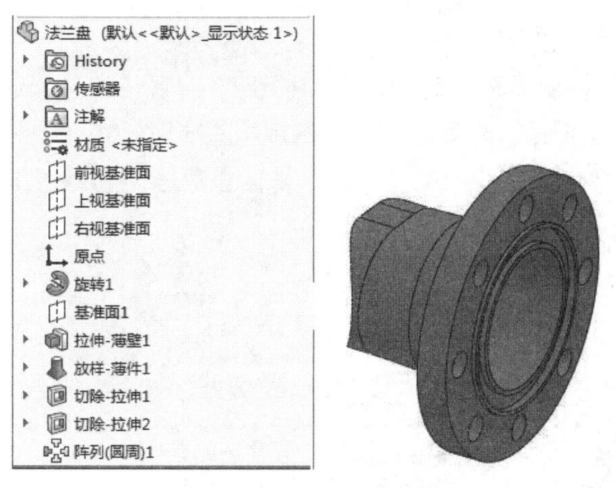

图 11-61　法兰盘的最终效果

11.2　镜像特征

【执行方式】

- 工具栏：单击“特征”工具栏中的“镜像”按钮。
- 菜单栏：选择“插入”→“阵列/镜像”→“镜像”命令。
- 控制面板：单击“特征”控制面板中的“镜像”按钮。

如果零件结构是对称的，用户可以只创建零件模型的一半，然后使用镜像特征的方法生成整个零件。如果修改了原始特征，则镜像的特征也随之更改。如图11-62所示为运用镜像特征生成的零件模型。

图 11-62　镜像特征生成零件

镜像特征是指对称于基准面镜像所选的特征。按照镜像对象的不同，可以分为镜像特征和镜像实体。

11.2.1　镜像特征

扫一扫，看视频

镜像特征是指以某一平面或者基准面作为参考面，对称复制一个或者多个特征。

下面介绍创建镜像特征的操作步骤，图11-63所示为实体文件。

（1）单击“特征”控制面板中的“镜像”按钮，系统弹出“镜像”属性管理器。

（2）在“镜像面/基准面”选项组中，选择前视基准面；在“要镜像的特征”选项组中，选择如图 11-64 所示的“切除-旋转 1”。“镜像”属性管理器设置如图 11-64 所示。单击（确定）按钮，创建的镜像特征如图 11-65 所示。

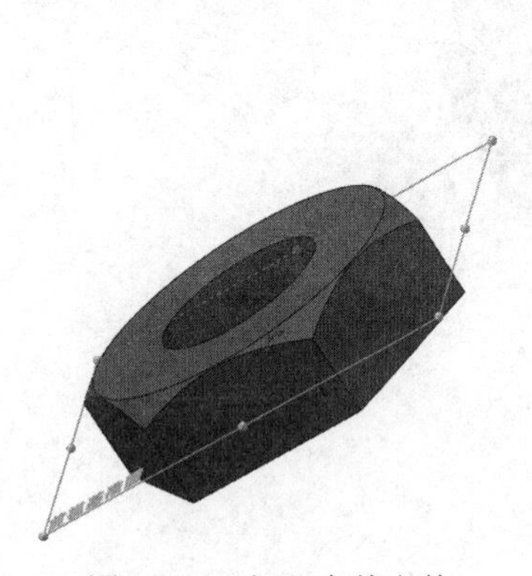

图 11-63　打开实体文件

图 11-64　“镜像”属性管理器

图 11-65　镜像特征

扫一扫，看视频

11.2.2　镜像实体

镜像实体是指以某一平面或者基准面作为参考面，对称复制视图中的整个模型实体。

下面介绍创建镜像实体的操作步骤。

（1）接着图 11-63 中的实体，单击“特征”控制面板中的“镜像”按钮，系统弹出“镜像”属性管理器。

（2）在“镜像面/基准面”选项组中，选择如图 11-65 所示的面 1；在“要镜像的实体”选项组中，选择如图 11-63 所示模型实体上的任意一点。“镜像”属性管理器设置如图 11-66 所示。单击（确定）按钮，创建的镜像实体如图 11-67 所示。

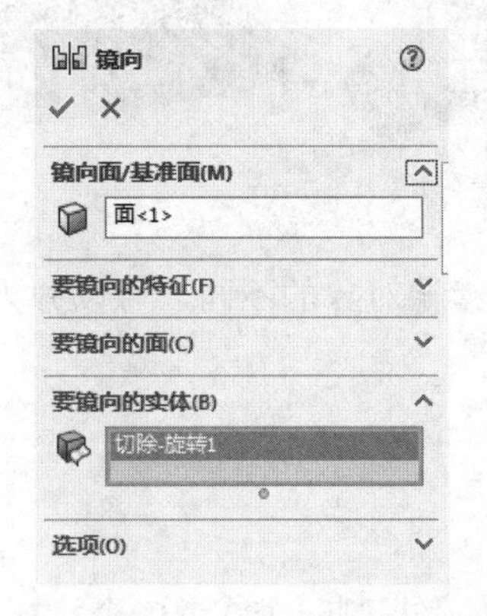

图 11-66　“镜像”属性管理器

图 11-67　镜像实体

11.2.3　实例——连杆

扫一扫，看视频

本例绘制的连杆如图11-68所示。

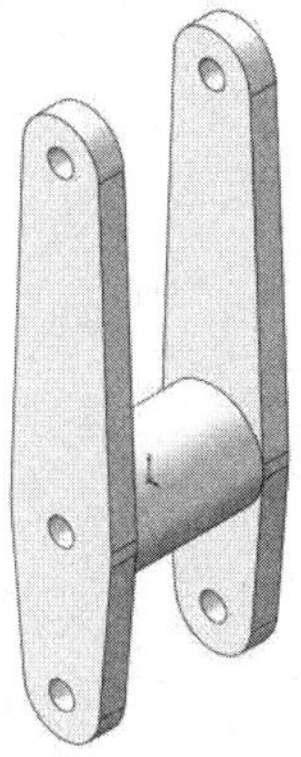

图 11-68　连杆

✍ 思路分析：

首先绘制连杆的外形轮廓草图，然后拉伸成为连杆主体轮廓，最后进行镜像和圆角处理。绘制的流程图如图 11-69 所示。

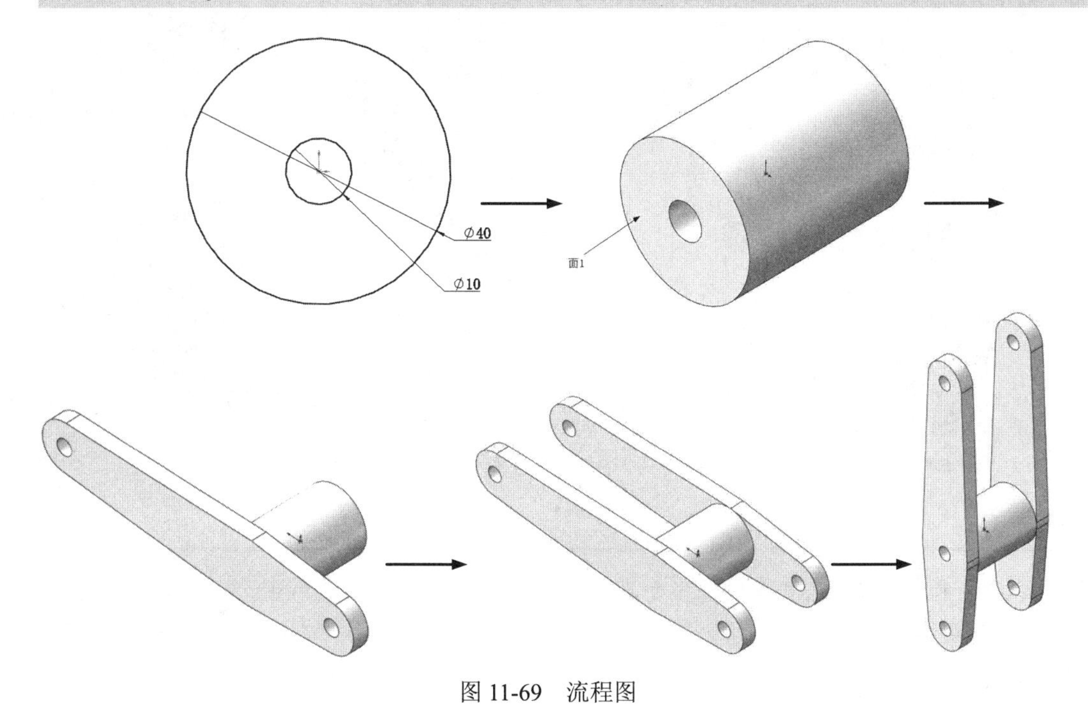

图 11-69　流程图

操作步骤

（1）新建文件。启动 SOLIDWORKS 2018，选择菜单栏中的“文件”→“新建”命令，或者单击“标准”工具栏中的“新建”按钮，在弹出的“新建 SOLIDWORKS 文件”对话框中单击“零件”按钮，然后单击“确定”按钮，创建一个新的零件文件。

（2）绘制草图 1。在左侧的“FeatureManager 设计树”中用鼠标选择“前视基准面”作为绘制图形的基准面。单击“草图”控制面板中的“圆”按钮，绘制并标注草图，如图 11-70 所示。

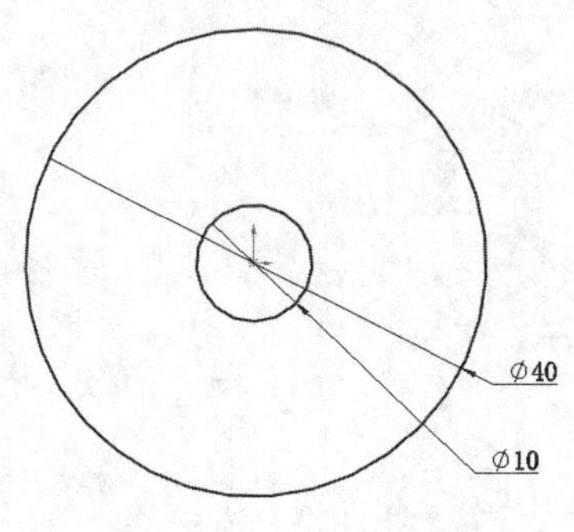

图 11-70　绘制草图 1

（3）拉伸实体 1。单击“特征”控制面板中的“拉伸凸台/基体”按钮，此时系统弹出如图 11-71 所示的“凸台-拉伸”属性管理器。设置拉伸终止条件为“两侧对称”，输入拉伸距离为 50mm，然后单击“确定”按钮。结果如图 11-72 所示。

图 11-71　“凸台-拉伸”属性管理器

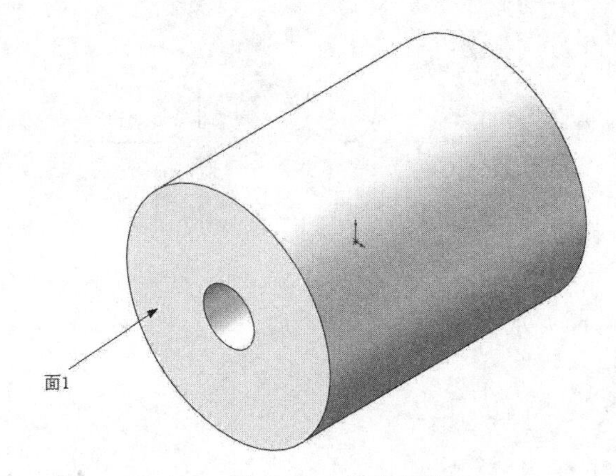

图 11-72　拉伸实体 1

（4）绘制草图 2。在视图中选择如图 11-72 所示的面 1 作为绘制图形的基准面。单击“草图”控制面板中的“直线”按钮，“圆”按钮和“剪裁实体”按钮，绘制并标注草图，如图 11-73 所示。

（5）拉伸实体 2。单击“特征”控制面板中的“拉伸凸台/基体”按钮，此时系统弹出如图 11-74 所示的“凸台-拉伸”属性管理器。设置拉伸终止条件为“给定深度”，输入拉伸距离为 10mm，然后单击“确定”按钮。结果如图 11-75 所示。

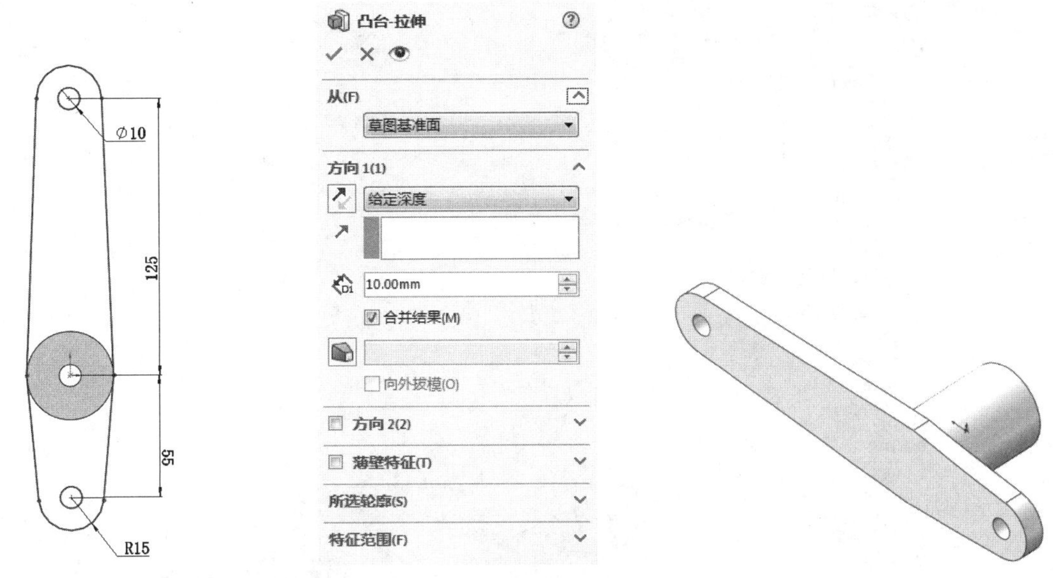

图 11-73　绘制草图 2　　图 11-74　“凸台-拉伸”属性管理器　　图 11-75　拉伸实体 2

（6）镜像特征。单击“特征”控制面板中的“镜像”按钮，此时系统弹出如图 11-76 所示的“镜像”属性管理器。选择“前视基准面”为镜像面，在视图中选择上一步创建的拉伸特征为要镜像的特征，然后单击“确定”按钮✔。结果如图 11-77 所示。

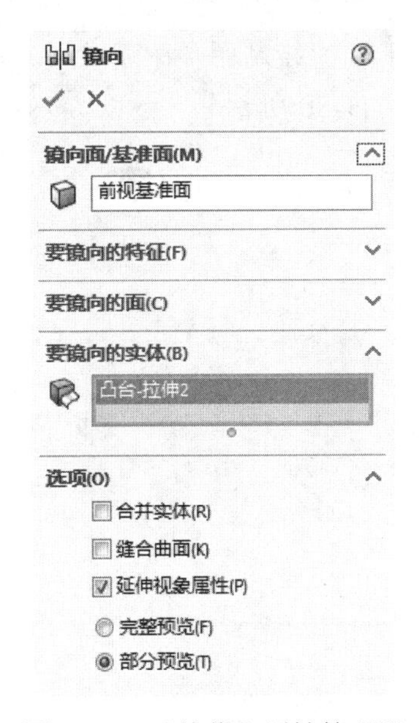

图 11-76　“镜像”属性管理器

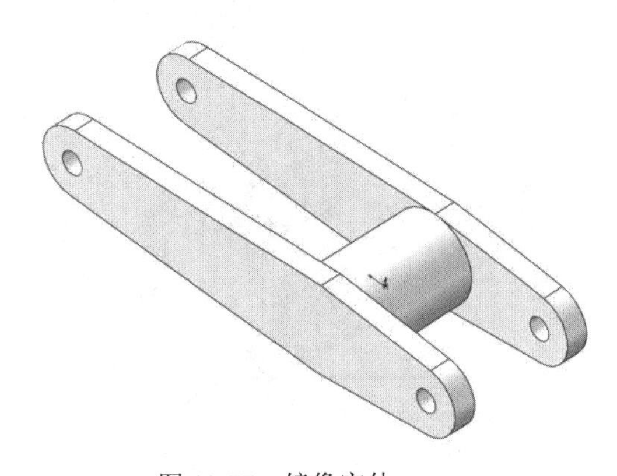

图 11-77　镜像实体

（7）圆角实体。单击“特征”控制面板中的“圆角”按钮，此时系统弹出如图 11-78 所示的“圆角”属性管理器。在“半径”一栏中输入值 40mm，然后用鼠标选取图 11-78 中的边线。最后单击属性管理器中的“确定”按钮✔，结果如图 11-79 所示。

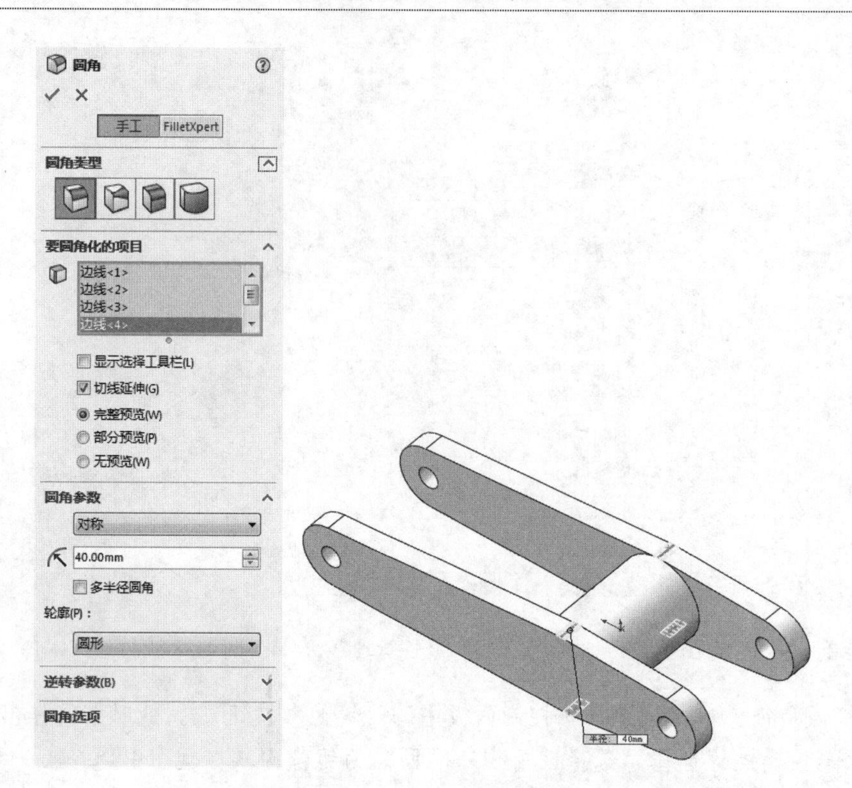

图 11-78 “圆角”属性管理器

（8）绘制草图。在视图中选择如图 11-79 所示的面 1 作为绘制图形的基准面。单击“草图”控制面板中的“圆”按钮，绘制并标注草图，如图 11-80 所示。

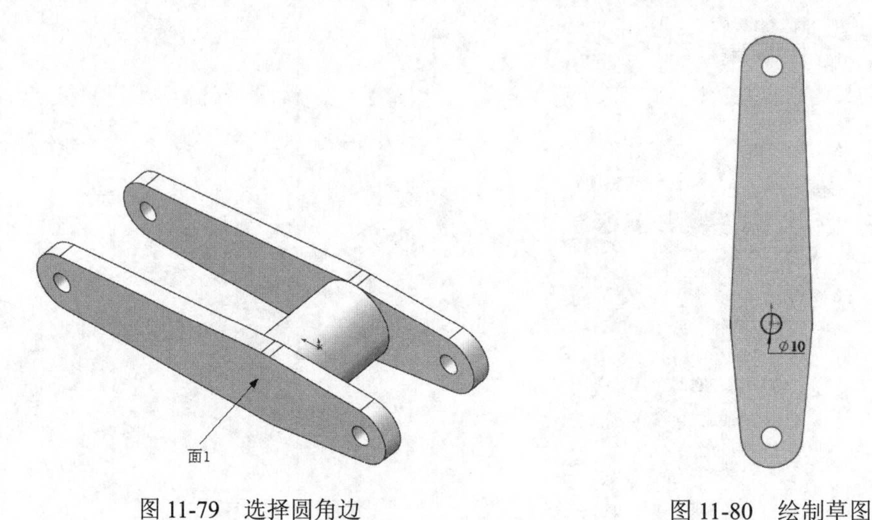

图 11-79 选择圆角边

图 11-80 绘制草图

（9）切除拉伸实体。单击“特征”控制面板中的“切除拉伸”按钮，此时系统弹出如图 11-81 所示的“切除-拉伸”属性管理器。设置方向 1 和方向 2 的切除终止条件为“完全切除”，然后单击属性管理器中的“确定”按钮。结果如图 11-82 所示。

练一练——管接头

利用上面所学知识创建的管接头模型如图11-83所示。

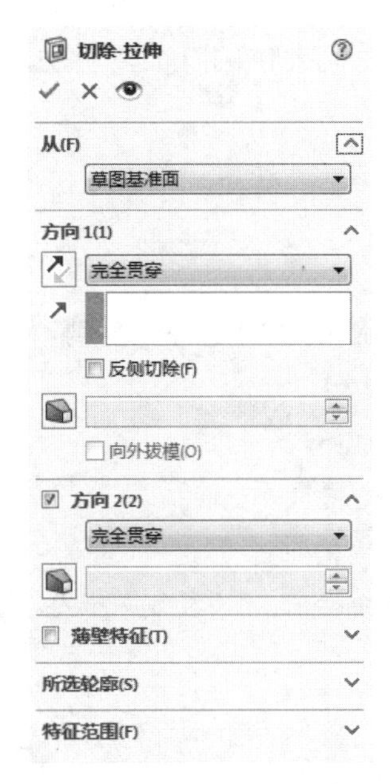

图 11-81 “切除-拉伸”属性管理器

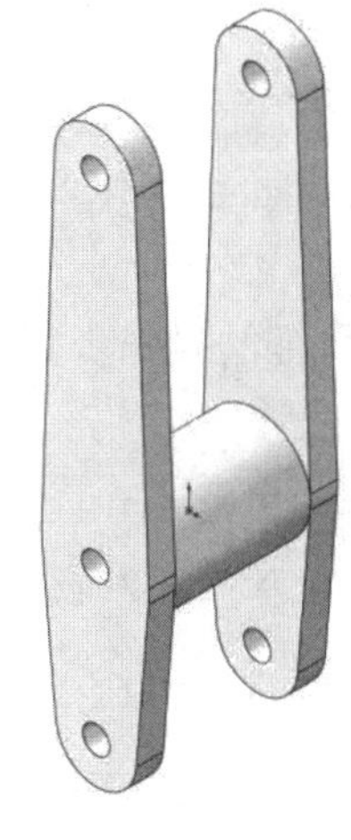

图 11-82 切除实体

图 11-83 管接头

思路点拨：

管接头二维工程图如图 11-84 所示，先用拉伸功能绘制基本形体，再利用倒角功能绘制喇叭口工作面，然后利用旋转切除功能绘制球接触工作面，接着进行倒角和圆角处理，最后利用拉伸和镜像功能绘制保险孔。

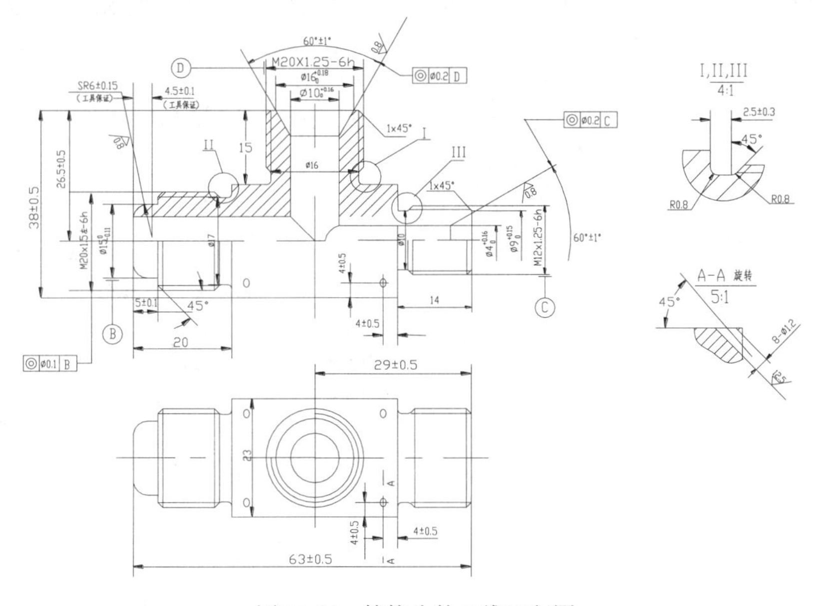

图 11-84 管接头的二维工程图

扫一扫，看视频

11.3 特征的复制与删除

在零件建模过程中，如果有相同的零件特征，用户可以利用系统提供的特征复制功能进行复制，这样可以节省大量的时间，达到事半功倍的效果。

【执行方式】

- 工具栏：单击“标准”工具栏中的“复制”按钮。
- 菜单栏：选择“插入”→“复制”命令。

SOLIDWORKS 2018提供的复制功能，不仅可以实现同一个零件模型中的特征复制，还可以实现不同零件模型之间的特征复制。

下面介绍在同一个零件模型中复制特征的操作步骤。

（1）在图 11-85 中选择特征，此时该特征在图形区中将以高亮度显示。

（2）按住 Ctrl 键，拖动特征到所需的位置上（同一个面或其他的面上）。

（3）如果特征具有限制其移动的定位尺寸或几何关系，则系统会弹出“复制确认”对话框，如图 11-86 所示，询问对该操作的处理。

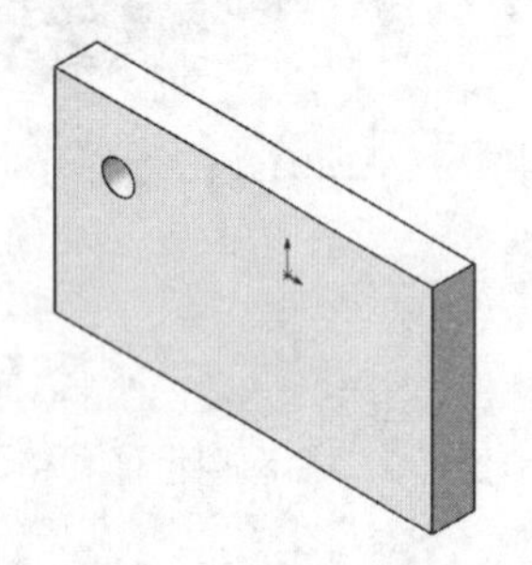
图 11-85　打开的文件实体

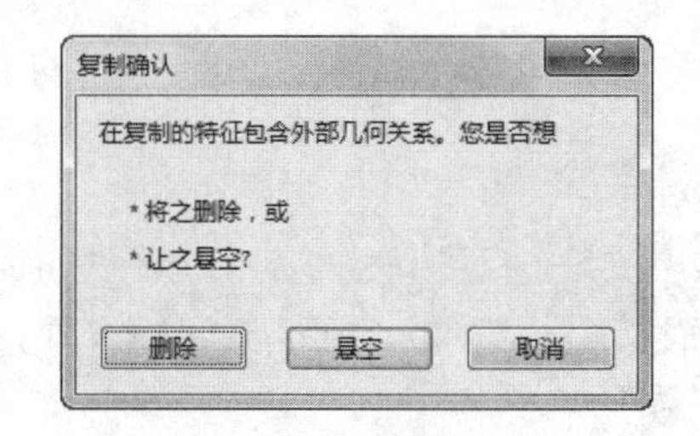

图 11-86　“复制确认”对话框

- 单击“删除”按钮，将删除限制特征移动的几何关系和定位尺寸。
- 单击“悬空”按钮，将不对尺寸标注、几何关系进行求解。
- 单击“取消”按钮，将取消复制操作。

（4）如果在步骤 3 中单击“悬空”按钮，则系统会弹出 SOLIDWORKS 对话框，如图 11-87 所示。警告在模型特征中存在错误，可能会复制失败，需要修复，单击“继续（忽略错误）”按钮，退出对话框，同时，模型树列表中显示上一步复制零件特征存在错误，需要修改。

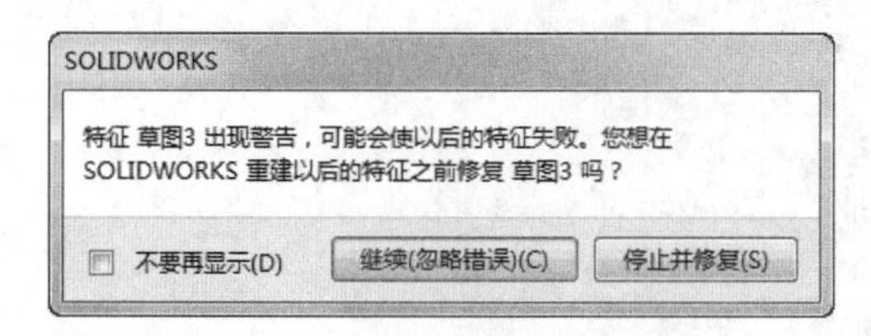

图 11-87　SOLIDWORKS 对话框

（5）要重新定义悬空尺寸，首先在 FeatureManager 设计树中右击对应特征的草图，在弹出的快捷菜单中选择“编辑草图”命令。此时悬空尺寸将以灰色显示，在尺寸的旁边还有对应的红色控标，如图 11-88 所示。然后按住鼠标左键，将红色控标拖动到新的附加点。释放鼠标左键，将尺寸重新附加到新的边线或顶点上，即完成了悬空尺寸的重新定义。

下面介绍将特征从一个零件复制到另一个零件上的操作步骤。

（1）选择菜单栏中的“窗口”→“横向平铺”命令，以平铺方式显示多个文件。

（2）在一个文件的 FeatureManager 设计树中选择要复制的特征。

（3）选择菜单栏中的“编辑”→“复制”命令，或单击“标准”工具栏中的（复制）按钮。

（4）在另一个文件中，选择菜单栏中的“编辑”→“粘贴”命令，或单击“标准”工具栏中的“粘贴”按钮。

如果要删除模型中的某个特征，只要在 FeatureManager 设计树或图形区中选择该特征，然后按 Delete 键，或右击，从弹出的快捷菜单中选择“删除”命令即可。系统会在“确认删除”对话框中提出询问，如图 11-89 所示。单击“是”按钮，就可以将特征从模型中删除掉。

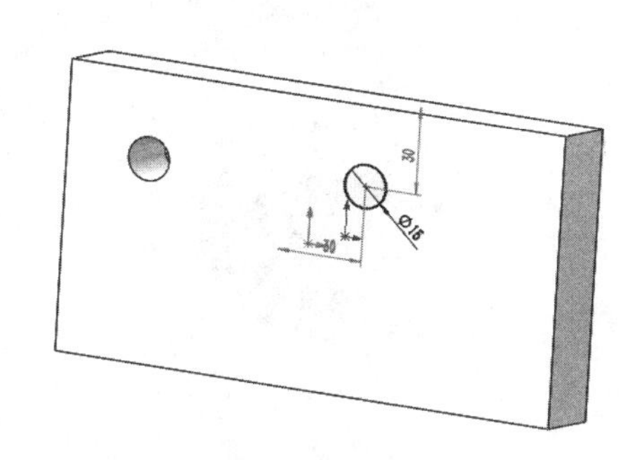

图 11-88　显示悬空尺寸

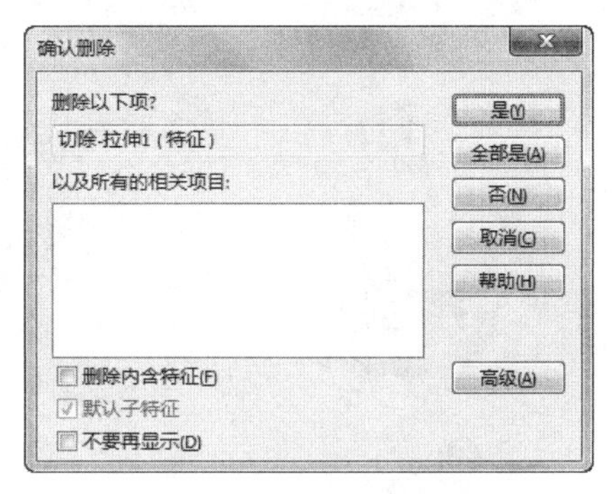

图 11-89　“确认删除”对话框

技巧荟萃：

对于有父子关系的特征，如果删除父特征，则其所有子特征将一起被删除，而删除子特征时，父特征不受影响。

11.4　综合实例——壳体

本例创建的壳体模型如图11-90所示。

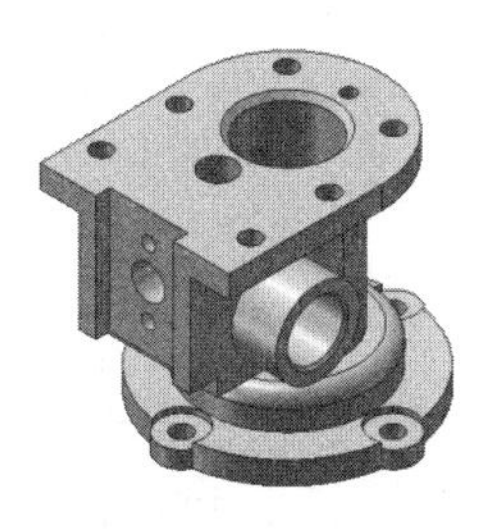

图 11-90　壳体模型

✍ 思路分析：

创建壳体模型时，先利用旋转、拉伸及拉伸切除命令来创建壳体的底座主体，然后主要利用拉伸命令来创建壳体上半部分，之后生成安装沉头孔及其他工作部分用孔，最后生成壳体的筋及其倒角和圆角特征。壳体的建模过程如图 11-91 所示。

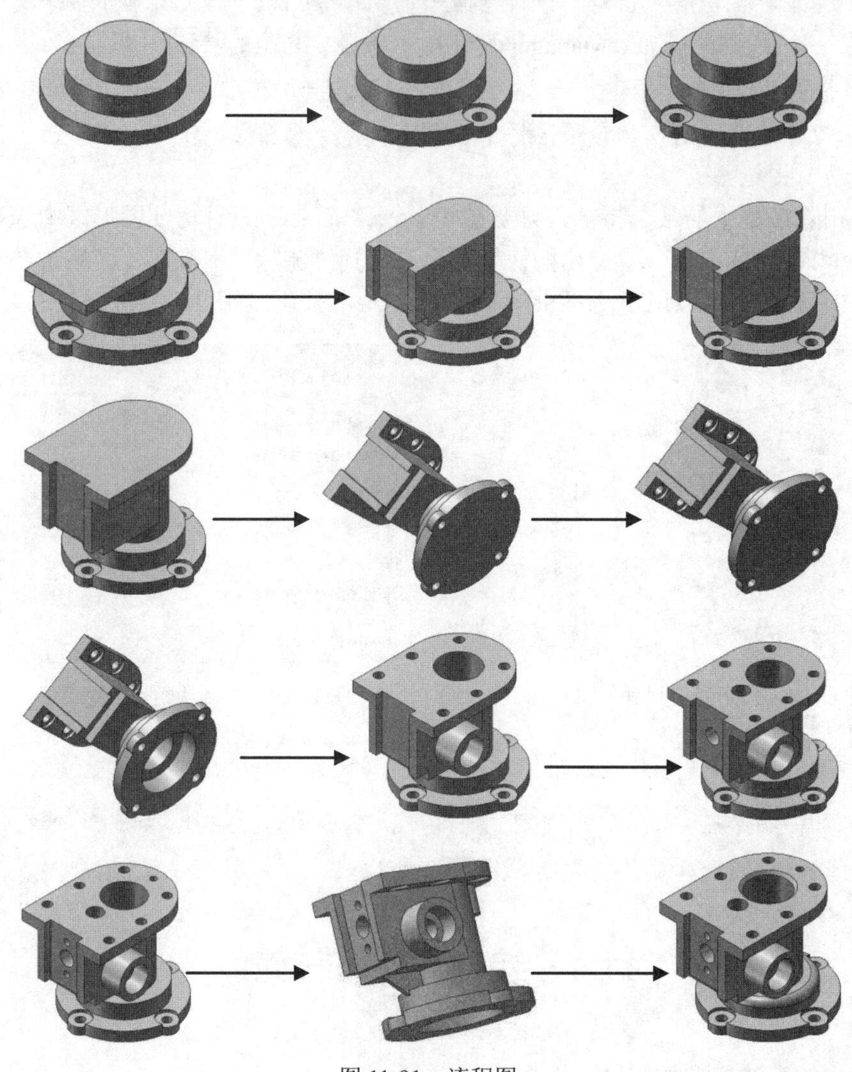

图 11-91　流程图

操作步骤

扫一扫，看视频

11.4.1　创建底座部分

（1）新建文件。启动 SOLIDWORKS2018，单击“标准”工具栏中的“新建”按钮，在弹出的“新建 SOLIDWORKS 文件”对话框中单击“零件”按钮，单击“确定”按钮，创建一个新的零件文件。

（2）绘制中心线。在左侧的“FeatureManager 设计树”中选择“前视基准面”作为绘图基准面，然后单击“草图”控制面板中的“中心线”按钮，绘制一条中心线。

（3）绘制草图。单击“草图”控制面板中的“直线”按钮，在绘图区域绘制底座的外形轮廓线。

（4）标注尺寸。单击“草图”控制面板中的“智能尺寸”按钮，对草图进行尺寸标注，调整草图尺寸。结果如图 11-92 所示。

（5）旋转生成底座实体。单击“特征”控制面板中的“旋转凸台/基体”按钮，系统弹出“旋转”属性管理器，如图 11-93 所示。在属性管理器中单击“旋转轴”栏，然后单击拾取草图中心线；旋转类型为“给定深度”，输入旋转角度360°，单击“确定”按钮。结果如图 11-94 所示。

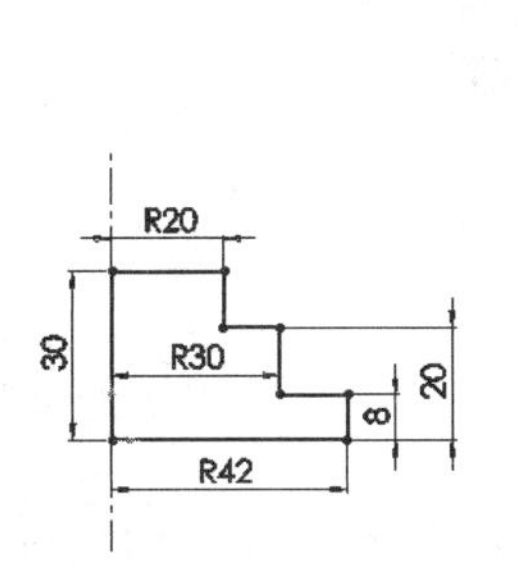

图 11-92　绘制底座轮廓草图

图 11-93　拉伸草图参数设置

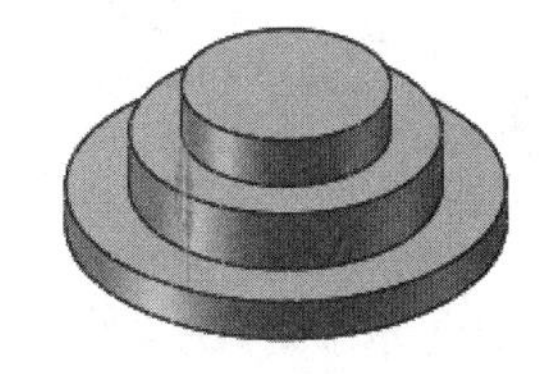

图 11-94　旋转生成的实体

（6）绘制草图。在左侧的“FeatureManager 设计树”中选择“上视基准面”作为绘图基准面，然后单击“草图”控制面板中的“圆”按钮，绘制如图 11-95 所示的草图，并标注尺寸。

（7）拉伸实体。单击“特征”控制面板中的“拉伸凸台/基体”按钮，此时系统弹出“凸台-拉伸”属性管理器，在“深度”一栏中输入值 6mm，其他设置如图 11-96 所示，单击“确定”按钮。结果如图 11-97 所示。

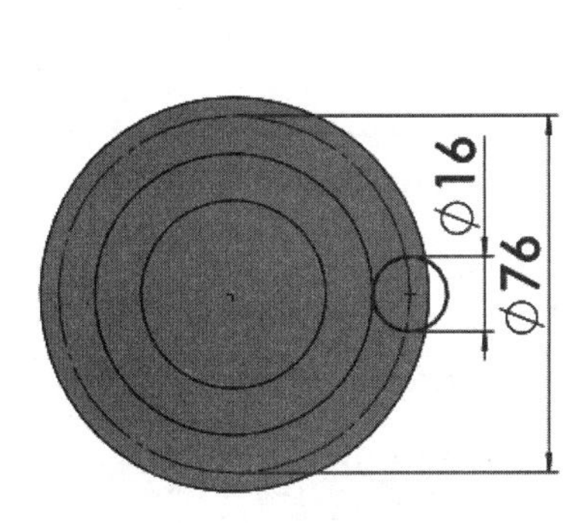

图 11-95　绘制草图

图 11-96　拉伸参数设置

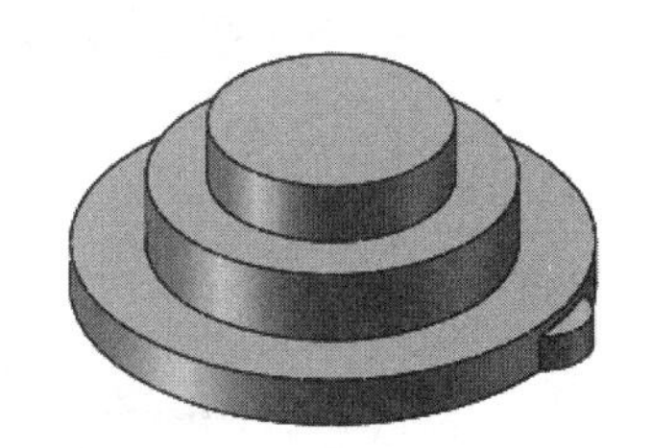

图 11-97　拉伸后效果

（8）设置基准面。单击刚才创建的圆柱实体顶面，然后单击“标准视图”工具栏中的“正视于”按钮，将该表面作为绘制图形的基准面。

（9）转换实体引用。选择圆柱的草图，然后单击“草图”控制面板中的“转换实体引用”按钮，生成草图。

（10）拉伸切除实体。单击“特征”控制面板中的“拉伸切除”按钮，此时系统弹出“切除-拉伸”属性管理器，在“深度”一栏中输入值 2mm，单击“反向”按钮，然后单击“确定”按钮。结果如图 11-98 所示。

（11）设置基准面。选择图 11-98 所示面 1，单击“标准视图”工具栏中的“正视于”按钮，将该表面作为绘制图形的基准面。绘制如图 11-99 所示的草图并标注尺寸。

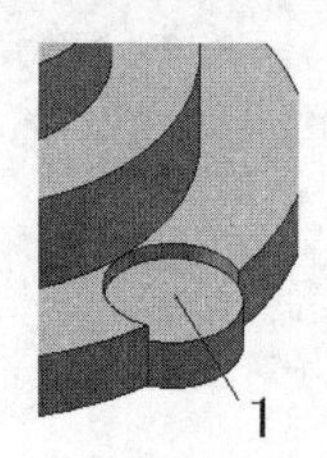

图 11-98　拉伸切除特征

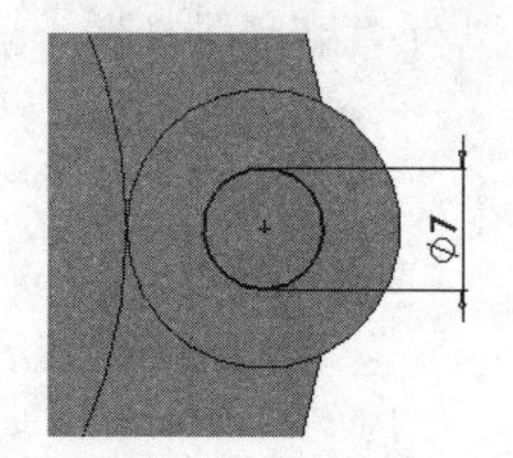

图 11-99　绘制草图

（12）切除拉伸实体。切除拉伸 $\phi 7$ 圆孔特征，设置切除终止条件为“完全贯穿”，得到切除拉伸 2 特征。

（13）显示临时轴。选择菜单栏中的“视图”→“隐藏/显示”→“临时轴”命令，将隐藏的临时轴显示出来。

（14）圆周阵列实体。单击“特征”控制面板中的“圆周阵列”按钮，单击图 11-100 中的临时轴 1，输入角度值 360°，输入实例数为 4；在“要阵列的特征”选项组中，通过设计树选择刚才创建的一个拉伸两个切除特征，单击“确定”按钮。

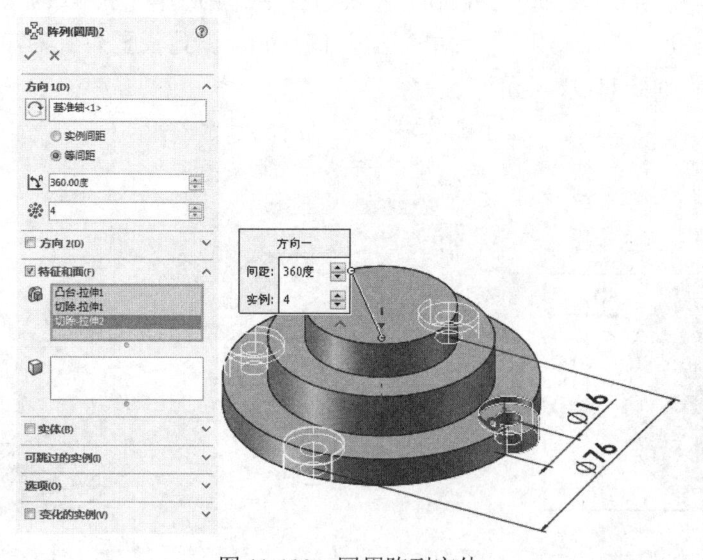

图 11-100　圆周阵列实体

扫一扫，看视频

11.4.2　创建主体部分

（1）设置基准面。单击底座实体顶面，然后单击“标准视图”工具栏中的“正视于”按钮，将该表面作为绘制图形的基准面。

（2）绘制草图。单击“草图”控制面板中的“直线”按钮和“圆”按钮。绘制凸台草图，如图 11-101 所示。

（3）拉伸实体。单击“特征”控制面板中的“拉伸凸台/基体”按钮，拉伸生成实体，拉伸深度为 6mm。结果如图 11-102 所示。

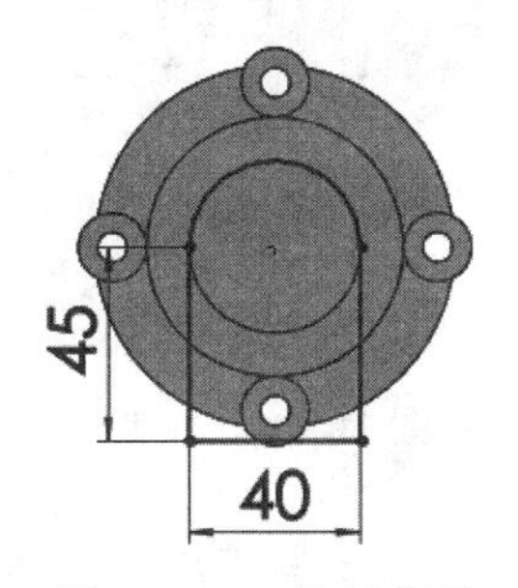

图 11-101　绘制草图

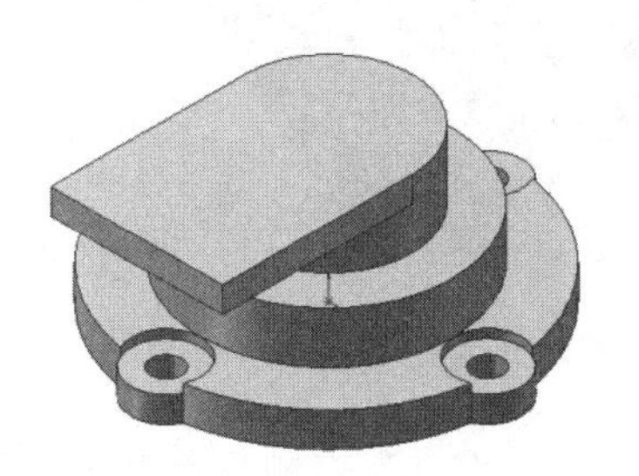
图 11-102　拉伸实体

（4）设置基准面。单击刚才所建凸台顶面，然后单击“标准视图”控制面板中的“正视于”按钮，将该表面作为绘制图形的基准面。

（5）绘制草图。单击“草图”控制面板中的“直线”按钮和“圆”按钮，绘制如图 11-103 所示凸台草图，单击“草图”控制面板中的“智能尺寸”按钮，对草图进行尺寸标注，调整草图尺寸。结果如图 11-103 所示。

（6）拉伸实体。单击“特征”控制面板中的“拉伸凸台/基体”按钮，拉伸生成实体，拉伸深度为 36mm。结果如图 11-104 所示。

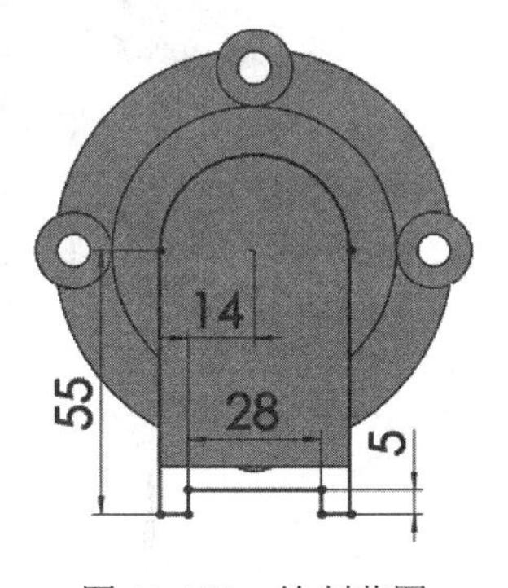

图 11-103　绘制草图

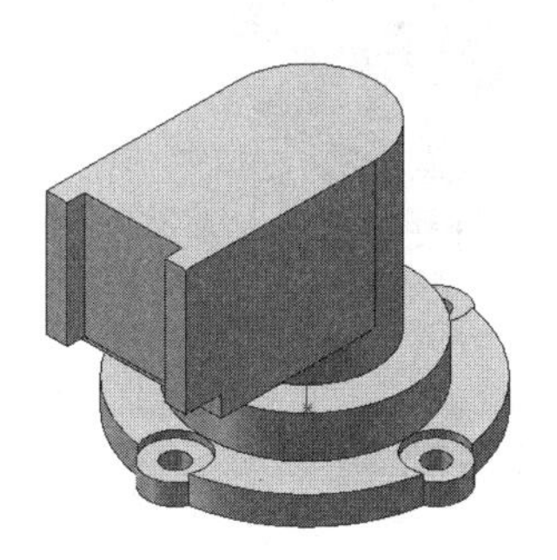
图 11-104　拉伸实体

（7）设置基准面。单击刚才所建凸台顶面，然后单击“视图”工具栏中的“正视于”按钮，将该表面作为绘制图形的基准面。

（8）绘制草图。单击“草图”控制面板中的“圆”按钮，绘制如图 11-105 所示凸台草图，单击“草图”控制面板中的“智能尺寸”按钮，对草图进行尺寸标注，调整草图尺寸。结果如图 11-105 所示。

（9）拉伸实体。单击“特征”控制面板中的“拉伸凸台/基体”按钮，拉伸生成实体，拉伸深度为 16mm。结果如图 11-106 所示。

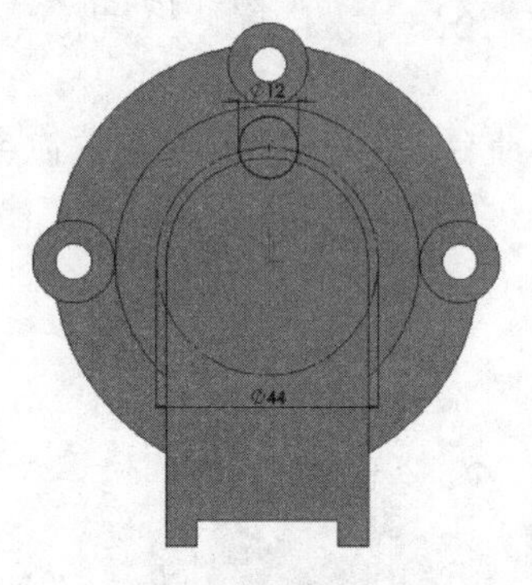

图 11-105　绘制草图

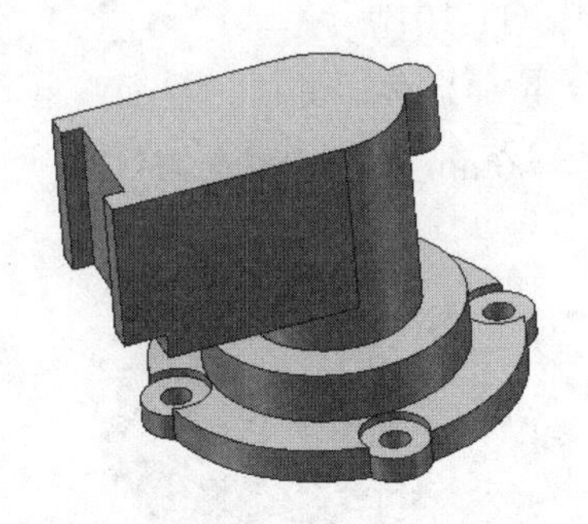
图 11-106　拉伸实体

（10）设置基准面。单击刚才所建凸台顶面，然后单击“标准视图”工具栏中的“正视于”按钮，将该表面作为绘制图形的基准面。

（11）绘制草图。利用草图绘制工具绘制如图 11-107 所示凸台草图，单击“草图”控制面板中的“智能尺寸”按钮，对草图进行尺寸标注，调整草图尺寸。结果如图 11-107 所示。

（12）拉伸实体。单击“特征”控制面板中的“拉伸凸台/基体”按钮，拉伸生成实体，拉伸深度为 8mm。结果如图 11-108 所示。

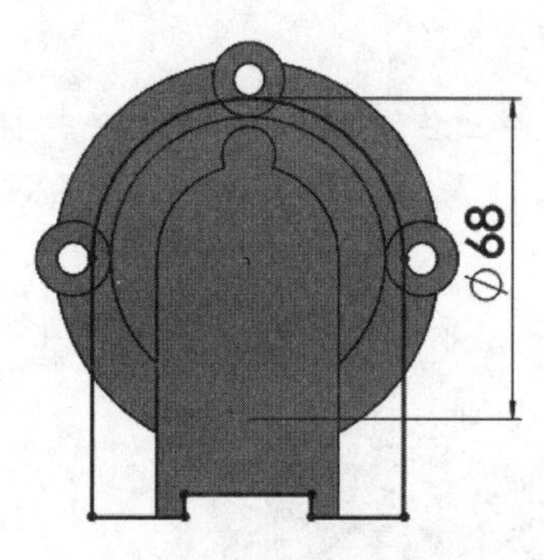

图 11-107　绘制草图

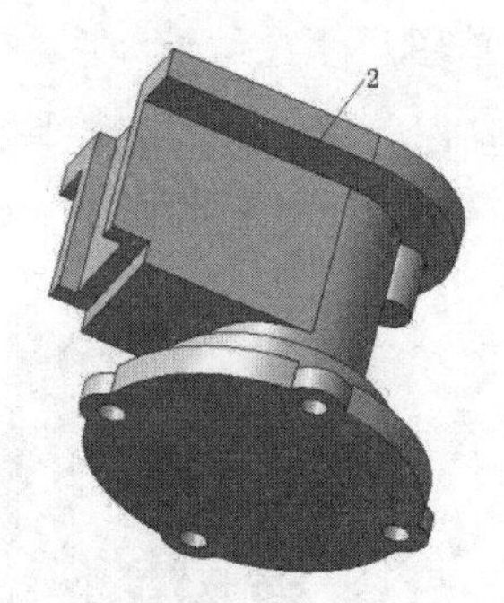

图 11-108　拉伸实体

扫一扫，看视频

11.4.3　生成顶部安装孔

（1）设置基准面。单击如图 11-108 中所示面 2，然后单击“标准视图”工具栏中的“正视于”按钮，将该表面作为绘制图形的基准面。

（2）绘制草图。单击“草图”控制面板中的“直线”按钮和“圆”按钮，绘制凸台草图，单击“草图”控制面板中的“智能尺寸”按钮，对草图进行尺寸标注，调整草图尺寸，如图 11-109 所示。

（3）拉伸切除实体。单击“特征”控制面板中的“拉伸切除”按钮，拉伸切除深度为 2mm，单击“确定”按钮。结果如图 11-110 所示。

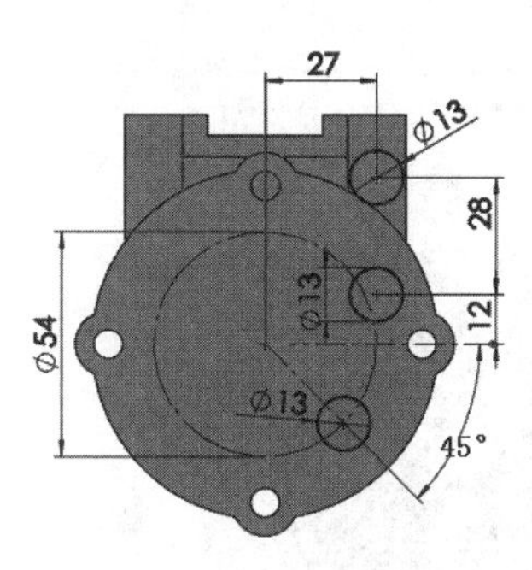

图 11-109　绘制草图

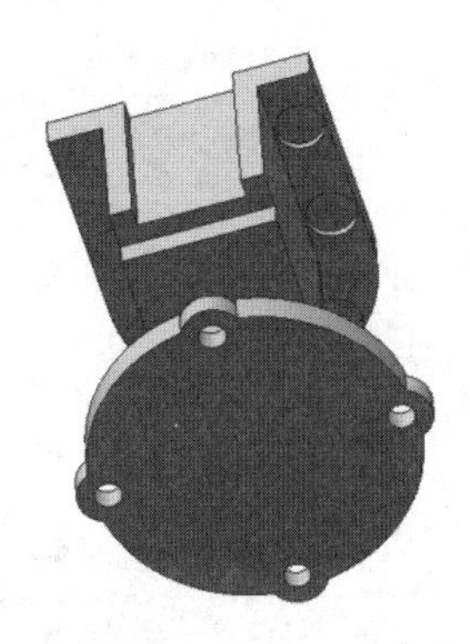
图 11-110　拉伸切除实体

（4）设置基准面。单击如图 11-110 所示的沉头孔底面，然后单击“标准视图”工具栏中的“正视于”按钮，将该表面作为绘制图形的基准面。

（5）显示隐藏线。单击“标准视图”工具栏中的“隐藏线可见”按钮。单击“草图”控制面板中的“圆”按钮和自动捕捉功能绘制安装孔草图，单击“草图”控制面板中的“智能尺寸”按钮，对圆进行尺寸标注，如图 11-111 所示。

（6）拉伸切除实体。单击“特征”控制面板中的“拉伸切除”按钮，拉伸切除深度为 6mm，然后单击“确定”按钮，生成沉头孔，单击“标准视图”工具栏中的“带边线上色”按钮。结果如图 11-112 所示。

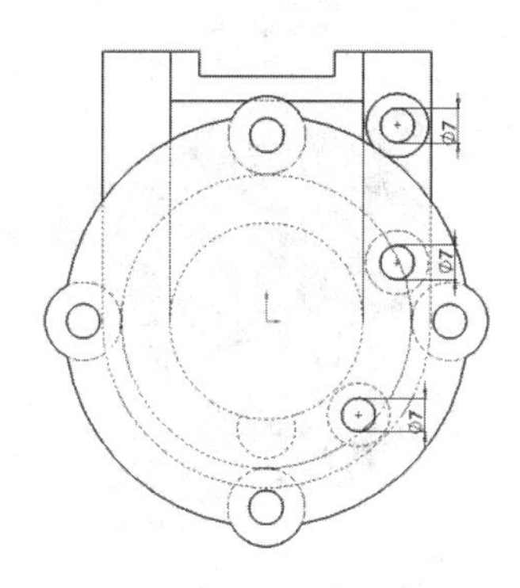

图 11-111　绘制草图

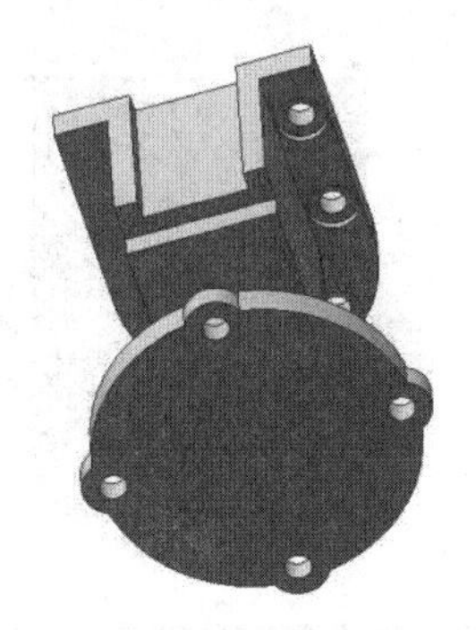
图 11-112　拉伸切除实体

（7）镜像实体。单击“特征”控制面板中的“镜像”按钮，系统弹出“镜像”属性管理器。在“镜像面/基准面”选项栏中，选择右视基准面作为镜像面；在“要镜像的特征”选项栏中，用鼠标选择前面步骤建立的所有特征，其余参数如图 11-113 所示。单击“确定”按钮，完成顶部安装孔特征的镜像。

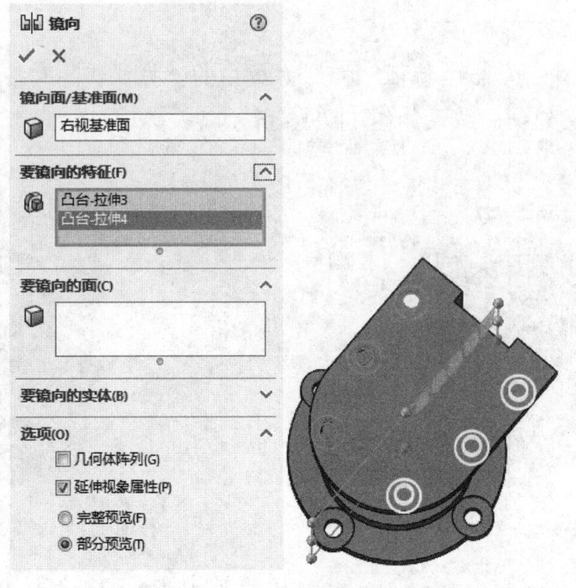

图 11-113　镜像实体

扫一扫，看视频

11.4.4　壳体内部孔的生成

（1）设置基准面。单击所建壳体底面作为绘图基准面，然后单击“草图”控制面板中的“圆”按钮，绘制一个圆。单击“草图”控制面板中的“智能尺寸”按钮，标注圆的直径。结果如图 11-114 所示。

（2）拉伸切除实体。单击“特征”控制面板中的“拉伸切除”按钮，拉伸切除深度为 2mm，单击“确定”按钮✔。结果如图 11-115 所示。

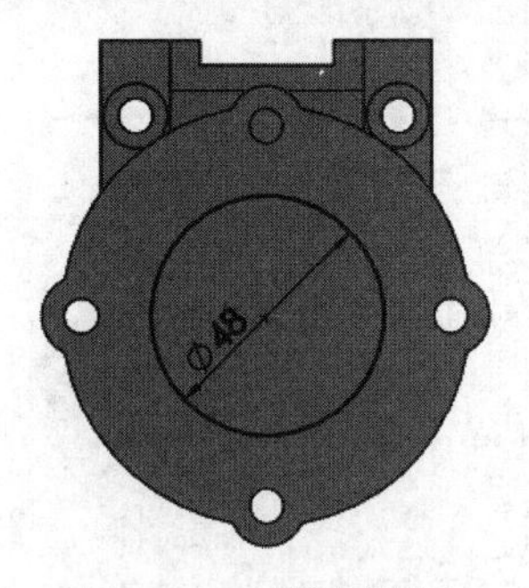

图 11-114　绘制草图

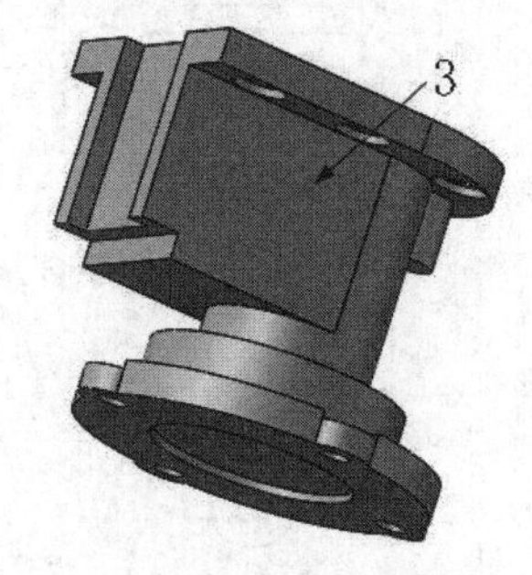

图 11-115　生成底孔

（3）设置基准面。单击所建底孔底面作为绘图基准面，然后单击“草图”控制面板中的“圆”按钮，绘制一个圆。单击“草图”控制面板中的“智能尺寸”按钮，标注圆的直径 30mm。结果如图 11-116 所示。

（4）拉伸切除实体。单击“特征”控制面板中的“拉伸切除”按钮，拉伸选项为“完全贯穿”，单击“确定”按钮✔。结果如图 11-117 所示。

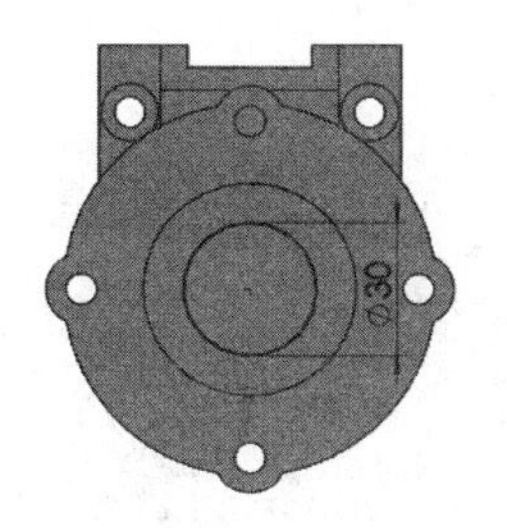

图 11-116　绘制草图

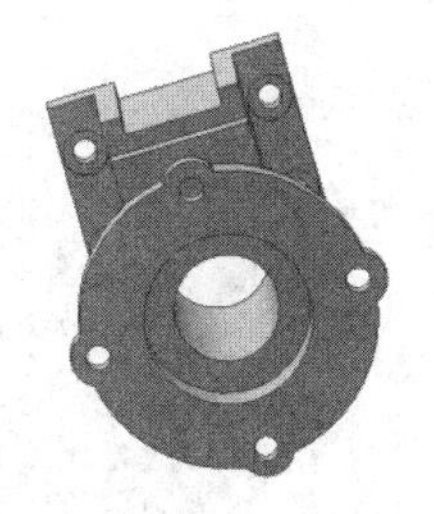

图 11-117　生成通孔

11.4.5　创建其余工作用孔

扫一扫，看视频

（1）设置基准面。单击图 11-115 中侧面 3，然后单击“标准视图”工具栏中的“正视于”按钮，将该表面作为绘制图形的基准面。

（2）绘制草图。单击“草图”控制面板中的“圆”按钮，绘制一个圆。单击“草图”控制面板中的“智能尺寸”按钮，标注圆的直径 30mm。结果如图 11-118 所示。

（3）拉伸实体。单击“特征”控制面板中的“拉伸凸台/基体”按钮，拉伸生成实体，拉伸深度为 16mm。结果如图 11-119 所示。

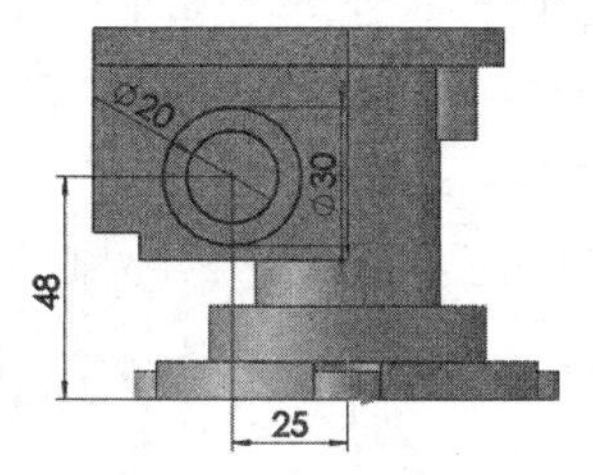

图 11-118　绘制草图

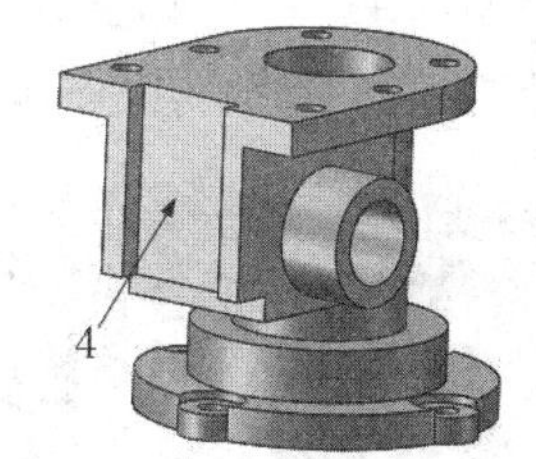

图 11-119　拉伸侧面凸台孔

（4）设置基准面。单击壳体的上表面的平面，然后单击“标准视图”工具栏中的“正视于”按钮，将该表面作为绘制图形的基准面。

（5）添加孔。单击“特征”控制面板中的“异型孔向导”按钮，选择普通孔，在“孔规格”属性管理器的“大小”栏中选择 ϕ12 规格，在“终止条件”栏中选择“给定深度”，深度设为 40mm。其他设置如图 11-120 所示。单击“孔规格”属性管理器中的“位置”选项卡，利用草图绘制工具确定孔的位置，如图 11-121 所示，最后单击“确定”按钮。结果如图 11-122 所示（利用钻孔工具添加的孔具有加工时生成的底部倒角）。

（6）设置基准面。单击如图 11-119 中所示正面 4，然后单击“标准视图”工具栏中的“正视于”按钮，将该表面作为绘制图形的基准面。

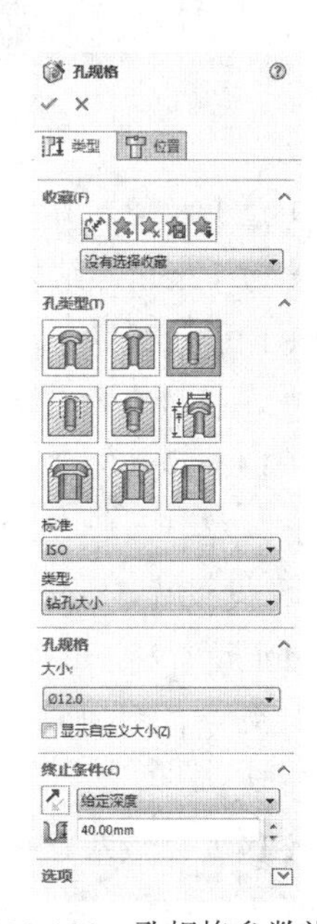

图 11-120　孔规格参数设置

图 11-121　孔位置设置

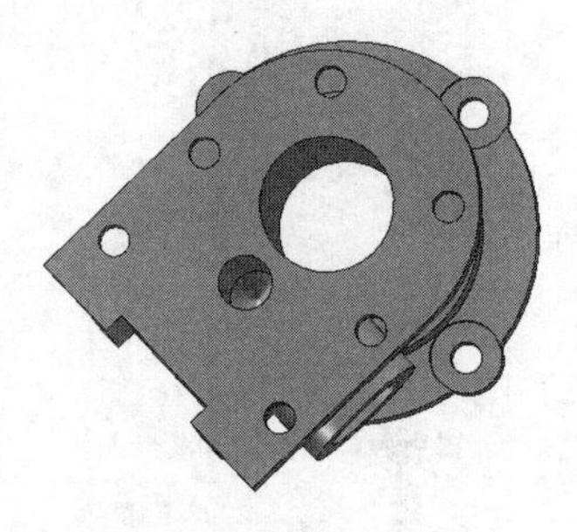

图 11-122　添加孔后效果

（7）绘制草图。单击“草图”控制面板中的“圆”按钮，绘制一个圆。单击“草图”工具栏中的“智能尺寸”按钮，标注圆的直径 12mm。结果如图 11-123 所示。

（8）拉伸切除实体。单击“特征”控制面板中的“拉伸切除”按钮，拉伸生成实体，拉伸深度为 10mm。结果如图 11-124 所示。

（9）设置基准面。单击刚才建立的 ϕ12 孔的底面，然后单击“视图”工具栏中的“正视于”按钮，将该表面作为绘制图形的基准面。

（10）绘制草图。单击“草图”控制面板中的“圆”按钮，绘制一个圆。单击“草图”工具栏中的“智能尺寸”按钮，标注圆的直径 8mm。结果如图 11-125 所示。

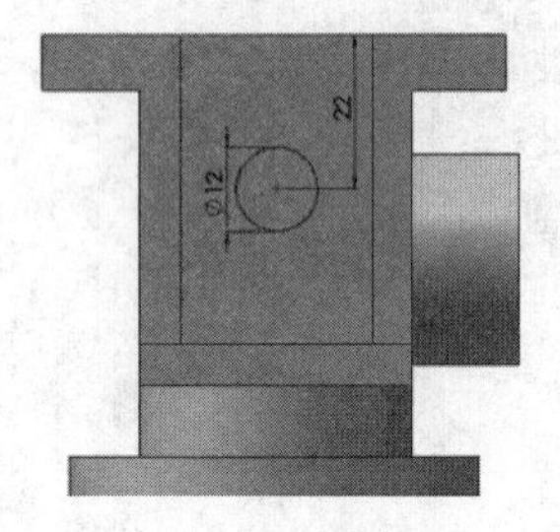

图 11-123　绘制草图

图 11-124　创建正面 ϕ12 孔

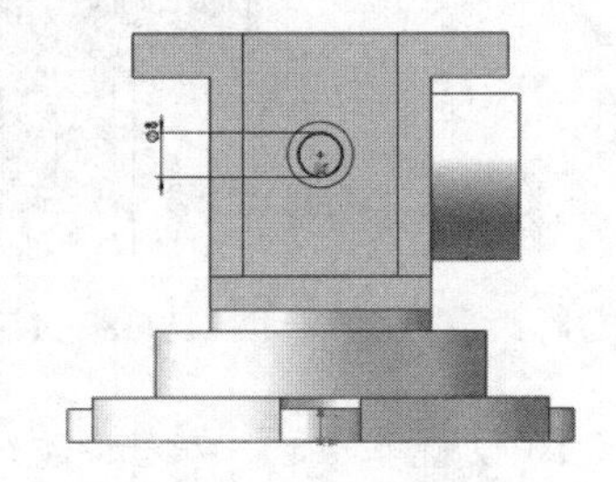

图 11-125　绘制草图

（11）拉伸实体。单击“特征”控制面板中的“拉伸切除”按钮，拉伸生成实体，拉伸深度为 12mm。结果如图 11-126 所示。

（12）设置基准面。单击所建壳体的顶面，然后单击“标准视图”工具栏中的“正视于”按钮，将该表面作为绘制图形的基准面。

（13）添加孔。单击“特征”控制面板中的“异型孔向导”按钮，选择普通螺纹孔，在“孔规格”属性管理器的“大小”栏中选择 M6 规格，在“终止条件”栏中选择“给定深度”，深度设为 18mm。其他设置如图 11-127 所示。单击“确定”按钮✔。在左侧的“FeatureManager 设计树”中右击“M6 螺纹孔 1”中的第一个草图，在弹出的快捷菜单中选择“编辑草图”命令，利用草图绘制工具确定孔的位置，如图 11-128 所示。单击“确定”按钮完成草图修改。

（14）设置基准面。单击如图 11-119 中所示正面 4，然后单击“标准视图”工具栏中的“正视于”按钮，将该表面作为绘制图形的基准面。

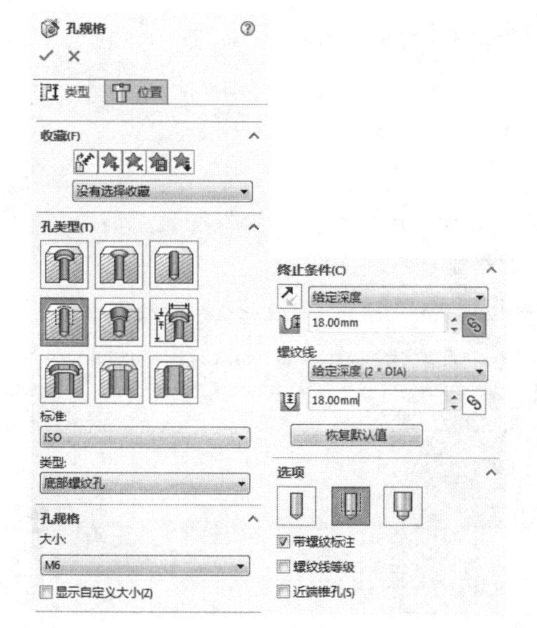

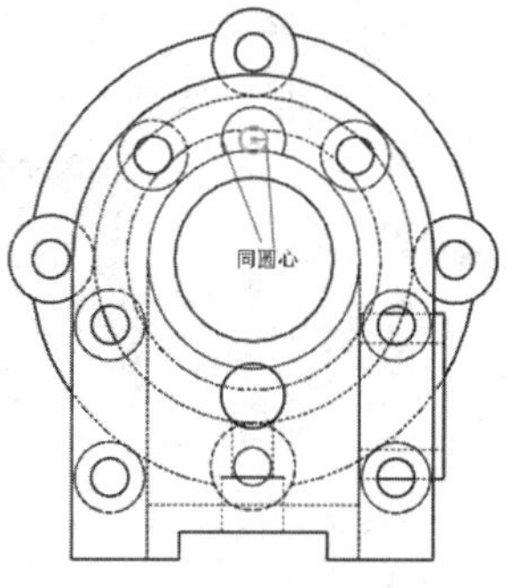

图 11-126　创建正面 ϕ18 孔　　图 11-127　孔规格参数设置　　图 11-128　确定孔位置

（15）添加孔。单击“特征”控制面板中的“异型孔向导”按钮，选择普通螺纹孔，在“孔规格”属性管理器的“大小”栏中选择 M6 规格，在“终止条件”栏中选择“给定深度”，深度设为 15mm。其他设置如图 11-129 所示。单击“孔规格”属性管理器中的“位置”选项卡。在添加孔的所建平面上适当位置单击左键，再添加一 M6 孔，利用草图绘制工具确定两孔的位置，如图 11-130 所示。单击“孔规格”属性管理器中的“确定”按钮✓，结果如图 11-131 所示。

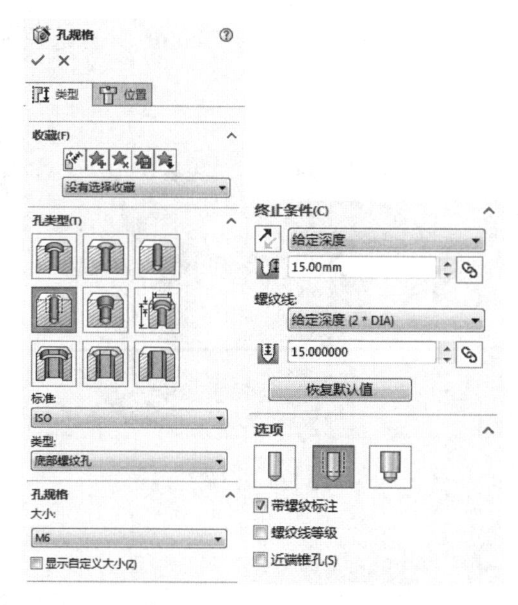

图 11-129　绘制草图

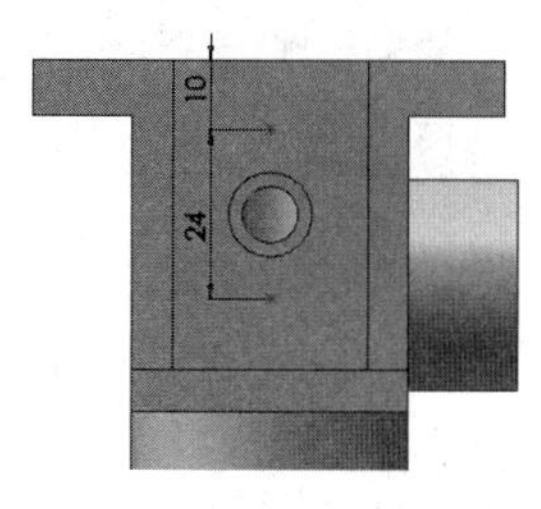

图 11-130　确定孔位置

图 11-131　绘制草图

扫一扫，看视频

11.4.6 筋的创建及倒角、圆角的添加

1. 创建筋

（1）在 FeatureManager 设计树中选择“右视基准面”，然后单击“标准视图”工具栏中的“正视于”按钮，将该表面作为绘制图形的基准面。单击“特征”控制面板中的“筋”按钮，系统自动进入草图绘制状态。

（2）单击“草图”控制面板中的“直线”按钮，在绘图区域绘制筋的轮廓线，如图 11-132 所示。单击“确定”按钮，完成筋草图的生成，如图 11-133 所示。

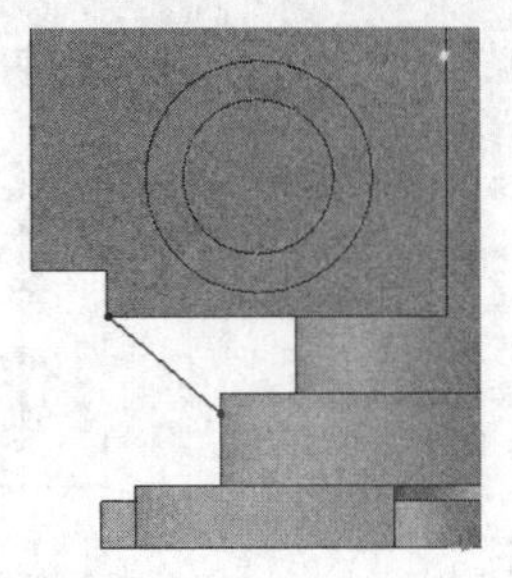

图 11-132　绘制筋草图

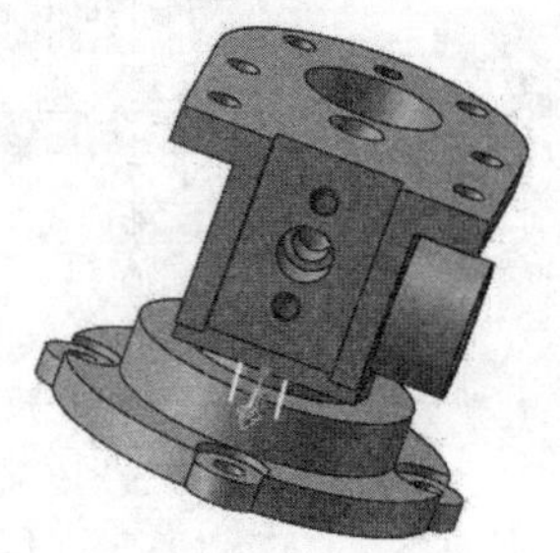

图 11-133　绘制草图

（3）系统弹出“筋”属性管理器，在属性管理器中单击“两侧”按钮，然后输入距离为 3mm；其余选项如图 11-134 所示。在绘图区域选择如图 11-134 所示的拉伸方向。然后单击“确定”按钮。

2. 圆角

单击“特征”控制面板中的“圆角”按钮，弹出“圆角”属性管理器。在右侧的图形区域中选择如图 11-135 所示边线；在按钮右侧的微调框中设置圆角半径 5mm。具体选项如图 11-136 所示。单击“确定”按钮，完成底座部分圆角的创建。

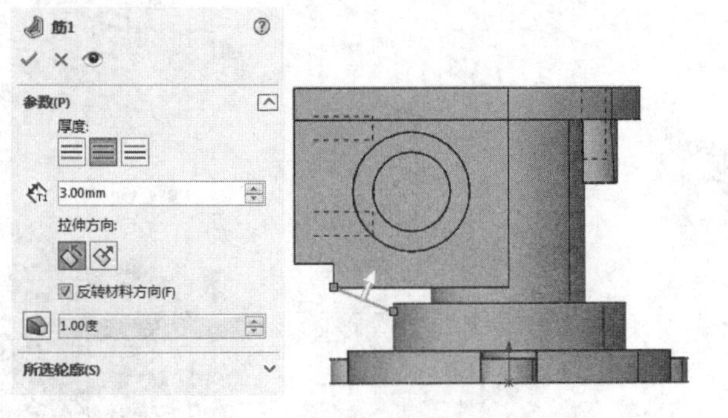

图 11-134　生成筋

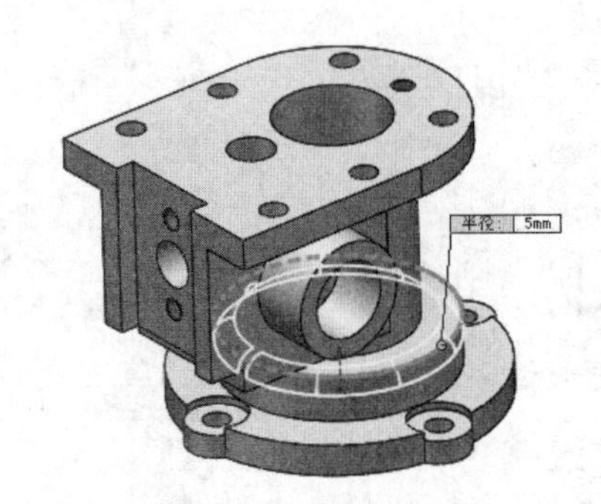

图 11-135　圆角边线选择

3. 倒角 1

单击“特征”控制面板中的“倒角”按钮，弹出“倒角”属性管理器。在右侧的图形

区域中选择如图11-137所示顶面与底面的两条边线；在按钮右侧的微调框中设置倒角距离2mm。具体选项如图11-138所示。单击“确定”按钮，完成2mm倒角的创建。

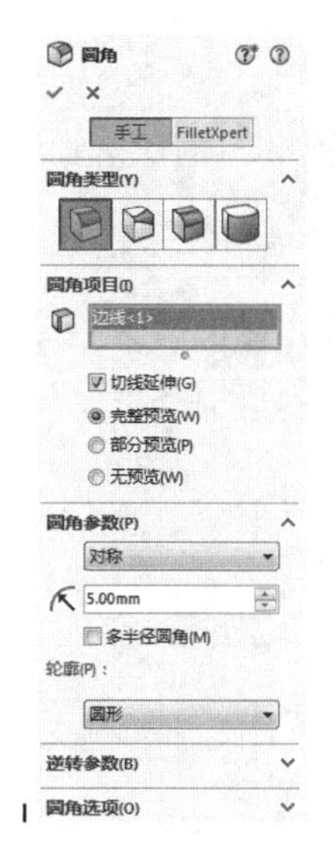

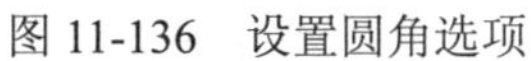

图 11-136　设置圆角选项

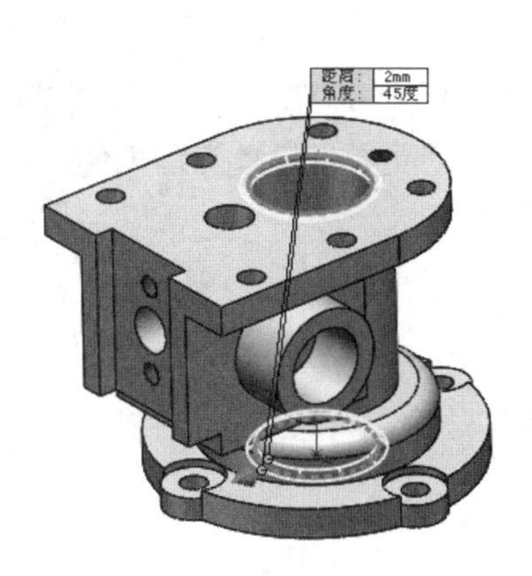

图 11-137　倒角 1 边线选择

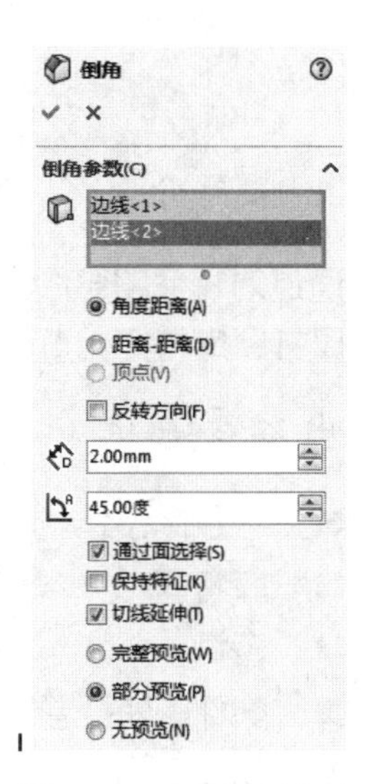

图 11-138　设置倒角选项

4．倒角 2

单击“特征”控制面板中的“倒角”按钮，弹出“倒角”属性管理器。在右侧的图形区域中选择如图11-139所示的边线；在按钮右侧的微调框中设置倒角距离1mm。具体选项如图11-140所示。单击“确定”按钮，完成1mm倒角的创建。

最后完成效果如图11-141所示。

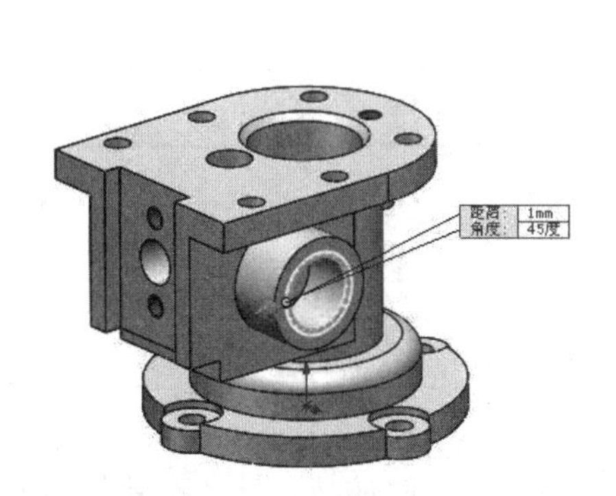

图 11-139　倒角 2 边线选择

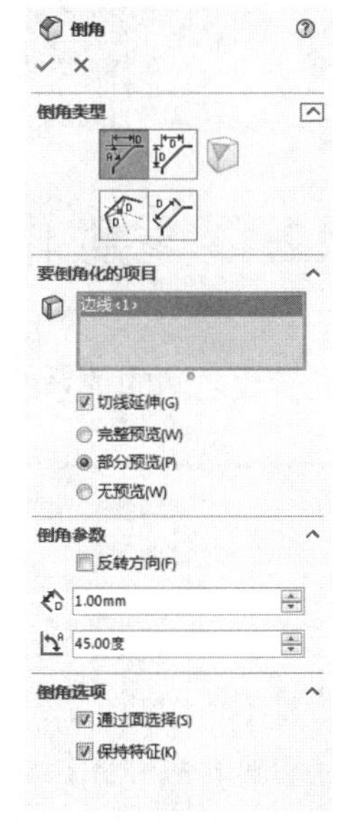

图 11-140　“倒角”属性管理器

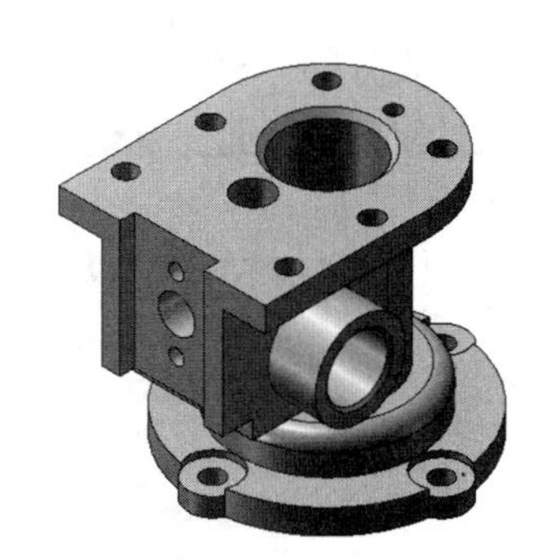

图 11-141　壳体最后效果图

第 12 章　修改零件

内容简介

通过对特征和草图的动态修改，用拖曳的方式实现实时的设计修改。参数修改主要包括特征尺寸、库特征、查询等特征管理，使模型设计更智能化，更提高了设计效率。

内容要点

- 参数化设计
- 库特征
- 查询
- 零件的特征管理
- 模型显示

案例效果

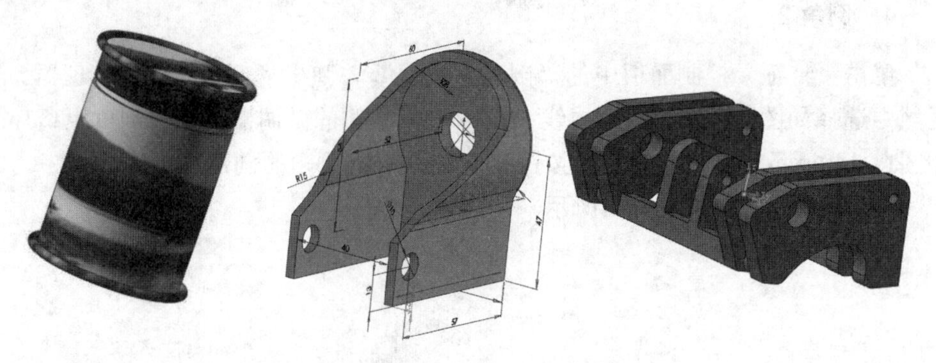

12.1　参数化设计

在设计的过程中，可以通过设置参数之间的关系或事先建立参数的规范达到参数化或智能化建模的目的。下面简要介绍。

扫一扫，看视频

12.1.1　特征尺寸

特征尺寸是指不属于草图部分的数值（如两个拉伸特征的深度）的一种方法。

下面介绍的是显示零件所有特征的所有尺寸操作步骤。

（1）在 FeatureManager 设计树中，右击 A（注解）文件夹，在弹出的快捷菜单中选择“显示特征尺寸”命令。此时在图形区中零件的所有特征尺寸都显示出来。作为特征定义尺寸，它们是蓝色的，而对应特征中的草图尺寸则显示为黑色，如图 12-1 所示。

（2）如果要隐藏其中某个特征的所有尺寸，只要在 FeatureManager 设计树中右击该特征，然后在弹出的快捷菜单中选择“隐藏所有尺寸”命令即可。

（3）如果要隐藏某个尺寸，只要在图形区域中右击该尺寸，然后在弹出的快捷菜单中选择“隐藏”命令即可。

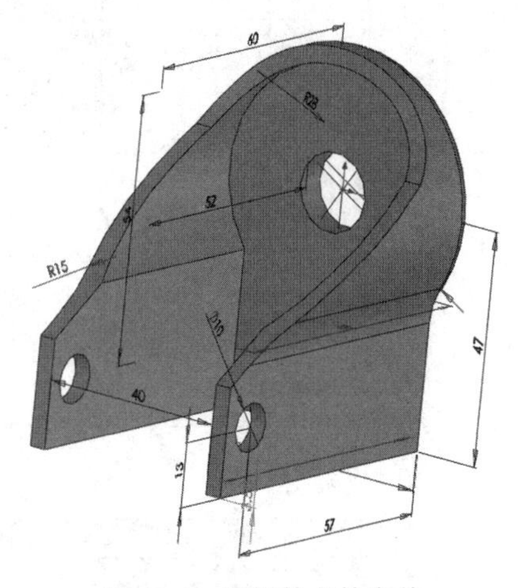

图 12-1　打开的文件实体

扫一扫，看视频

12.1.2　方程式驱动尺寸

特征尺寸只能控制特征中不属于草图部分的数值，即特征定义尺寸，而方程式可以驱动任何尺寸。当在模型尺寸之间生成方程式后，特征尺寸成为变量，它们之间必须满足方程式的要求，互相牵制。当删除方程式中使用的尺寸或尺寸所在的特征时，方程式也一起被删除。

下面介绍生成方程式驱动尺寸的操作步骤。

1. 为尺寸添加变量名

（1）在 FeatureManager 设计树中，右击（注解）文件夹，在弹出的快捷菜单中选择“显示特征尺寸”命令。此时在图形区中零件的所有特征尺寸都显示出来。

（2）在图 12-1 所示实体文件中，单击尺寸值，系统弹出“尺寸”属性管理器。

（3）在“数值”选项卡的“主要值”选项组的文本框中输入尺寸名称，单击✔（确定）按钮。

2. 建立方程式驱动尺寸

（1）选择菜单栏中的“工具”→“方程式”命令，系统弹出“方程式、整体变量及尺寸”对话框，如图 12-2 所示。

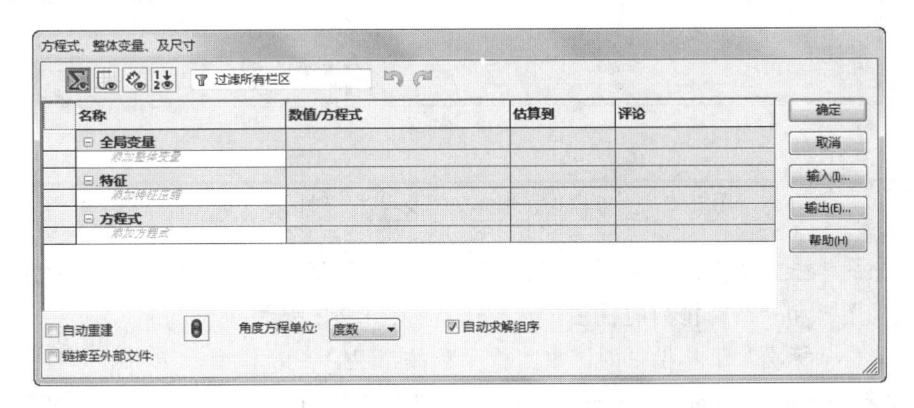

（a）

图 12-2　“方程式、整体变量及尺寸”对话框

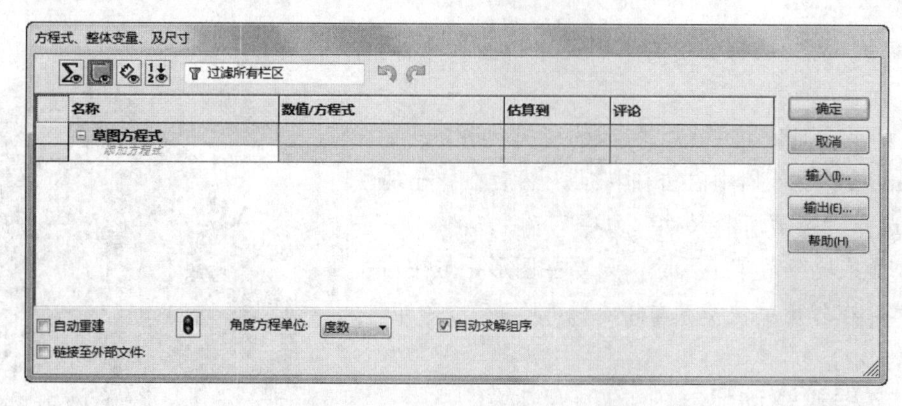

（b）

（c）

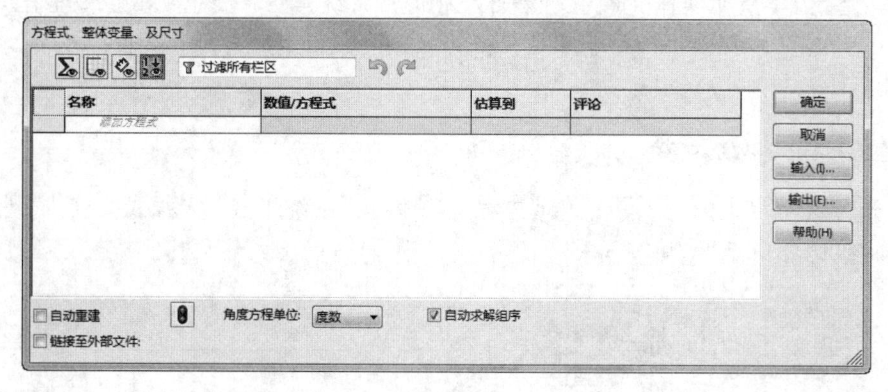

（d）

图 12-2　“方程式、整体变量及尺寸”对话框（续）

（2）分别单击左上角的“视图”按钮，可显示“方程式视图”“草图方程式视图”“尺寸视图”和“按需排列的视图”选项卡，如图 12-2 所示。

（3）单击“标准”工具栏中的“重建模型”按钮，更新模型，所有被方程式驱动的尺寸会立即更新。此时在 FeatureManager 设计树中会出现（方程式）文件夹，右击该文件夹即可对方程式进行编辑、删除、添加等操作。

技巧荟萃：

被方程式驱动的尺寸无法在模型中以编辑尺寸值的方式来改变。

为了更好地了解设计者的设计意图，还可以在方程式中添加注释文字，也可以像编程那样将某个方程式注释掉，避免该方程式的运行。

下面介绍在方程式中添加注释文字的操作步骤。

（1）可直接在“方程式”下方空白框中输入内容，如图 12-2（a）所示。

（2）单击图 12-2“方程式、整体变量及尺寸”对话框中的 输入(I)... 按钮，弹出如图 12-3 所示的“打开”对话框，选择要添加注释的方程式，即可添加外部方程式文件。

（3）同理，单击“输出”按钮，则可输出外部方程式文件。

图 12-3　“打开”对话框

在SOLIDWORKS 2018中方程式支持的运算和函数如表12-1所示。

表 12-1　方程式支持的运算和函数

函数或运算符	说　明
+	加法
-	减法
*	乘法
/	除法
^	求幂

（续表）

函数或运算符	说　明
sin(a)	正弦，a 为以弧度表示的角度
cos(a)	余弦，a 为以弧度表示的角度
tan(a)	正切，a 为以弧度表示的角度
atn(a)	反正切，a 为以弧度表示的角度
abs(a)	绝对值，返回 a 的绝对值
exp(a)	指数，返回 e 的 a 次方
log(a)	对数，返回 a 的以 e 为底的自然对数
sqr(a)	平方根，返回 a 的平方根
int(a)	取整，返回 a 的整数部分

扫一扫，看视频

12.1.3　系列零件设计表

如果用户的计算机上同时安装了 Microsoft Excel，就可以使用 Excel 在零件文件中直接嵌入新的配置。配置是指由一个零件或一个部件派生而成的形状相似、大小不同的一系列零件或部件集合。在 SOLIDWORKS 中大量使用的配置是系列零件设计表，用户可以利用该表很容易地生成一系列形状相似、大小不同的标准零件，如螺母、螺栓等，从而形成一个标准零件库。

使用系列零件设计表具有如下优点。

- 可以采用简单的方法生成大量的相似零件，对于标准化零件管理有很大帮助。
- 使用系列零件设计表，不必一一创建相似零件，可以节省大量时间。
- 使用系列零件设计表，在零件装配中很容易实现零件的互换。

生成的系列零件设计表保存在模型文件中，不会连接到原来的 Excel 文件，在模型中所进行的更改不会影响原来的 Excel 文件。

下面介绍在模型中插入一个新的空白的系列零件设计表的操作步骤。

（1）选择菜单栏中的“插入”→“表格”→“设计表”命令，系统弹出“系列零件设计表”属性管理器，如图 12-4 所示。在“源”选项组中选中“空白”单选按钮，然后单击✔（确定）按钮。

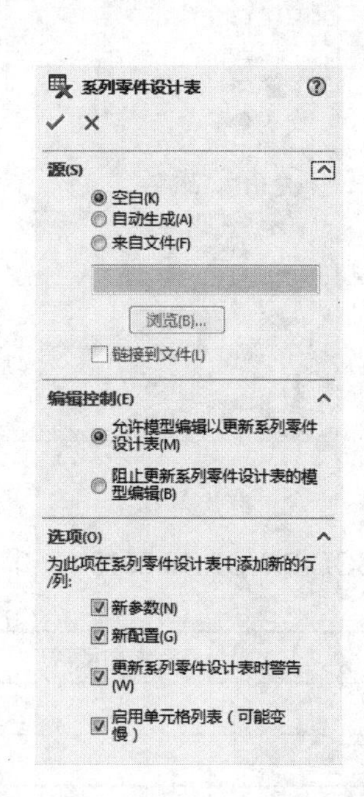

图 12-4　“系列零件设计表”属性管理器

（2）此时，一个 Excel 工作表出现在零件文件窗口中，Excel 工具栏取代了 SOLIDWORKS 工具栏，如图 12-5 所示。

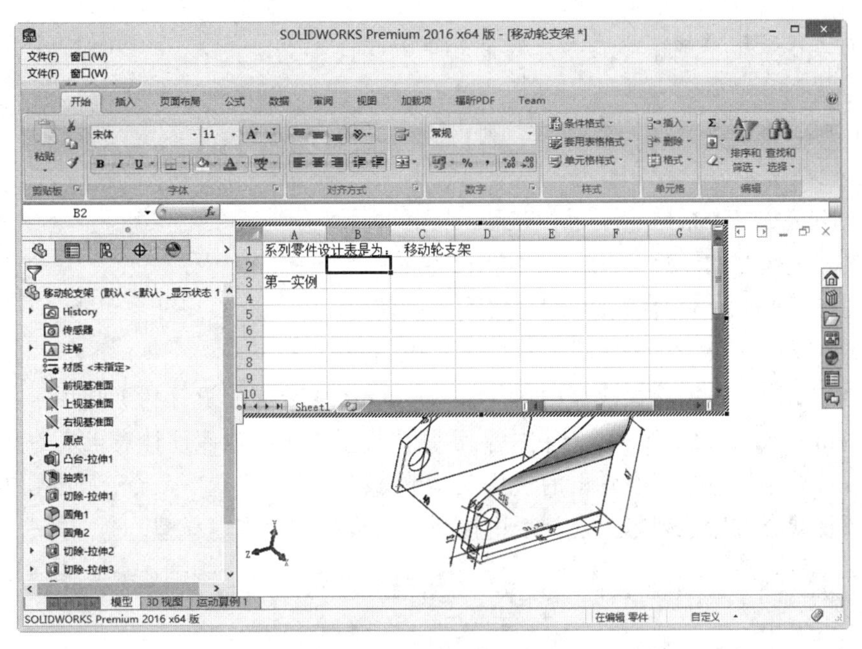

图 12-5　插入的 Excel 工作表

（3）在表的第 2 行输入要控制的尺寸名称，也可以在图形区中双击要控制的尺寸，则相关的尺寸名称出现在第 2 行中，同时该尺寸名称对应的尺寸值出现在“第一实例”行中。

（4）重复步骤 3，直到定义完模型中所有要控制的尺寸。

（5）如果要建立多种型号，则在列 A（单元格 A4、A5...）中输入想生成的型号名称。

（6）在对应的单元格中输入该型号对应控制尺寸的尺寸值，如图 12-6 所示。

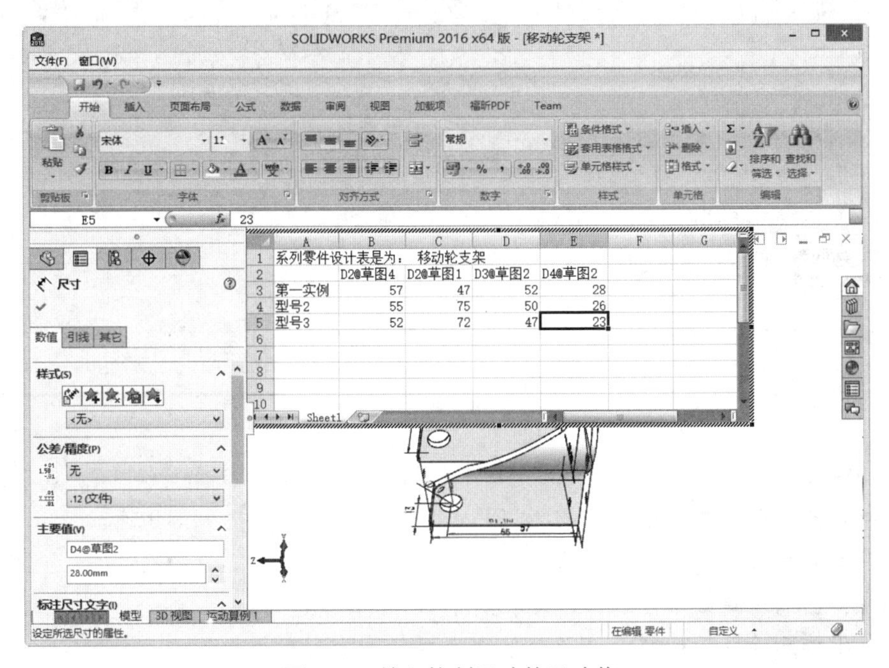

图 12-6　输入控制尺寸的尺寸值

（7）向工作表中添加信息后，在表格外单击，将其关闭。

（8）此时，系统会显示一条信息，列出所生成的型号，如图 12-7 所示。

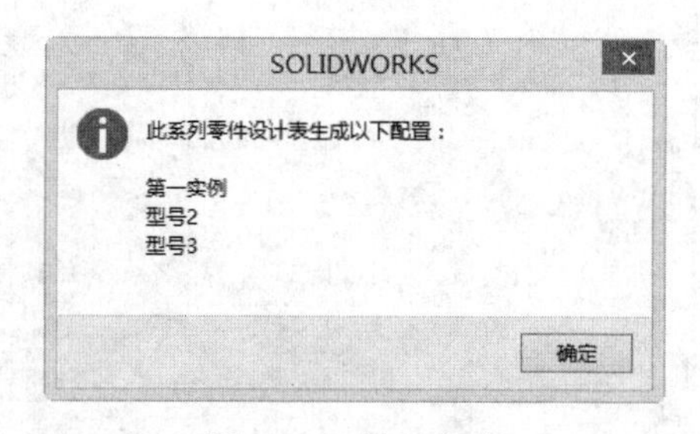

图 12-7　显示信息

当用户创建完成一个系列零件设计表后，其原始样本零件就是其他所有型号的样板，原始零件的所有特征、尺寸、参数等均有可能被系列零件设计表中的型号复制使用。

下面介绍将系列零件设计表应用于零件设计中的操作步骤。

（1）单击图形区左侧面板顶部的（ConfigurationManager 设计树）选项卡。

（2）ConfigurationManager 设计树中显示了该模型中系列零件设计表生成的所有型号。

（3）右击要应用型号，在弹出的快捷菜单中选择“显示配置”命令，如图 12-8 所示。

（4）系统就会按照系列零件设计表中该型号的模型尺寸重建模型。

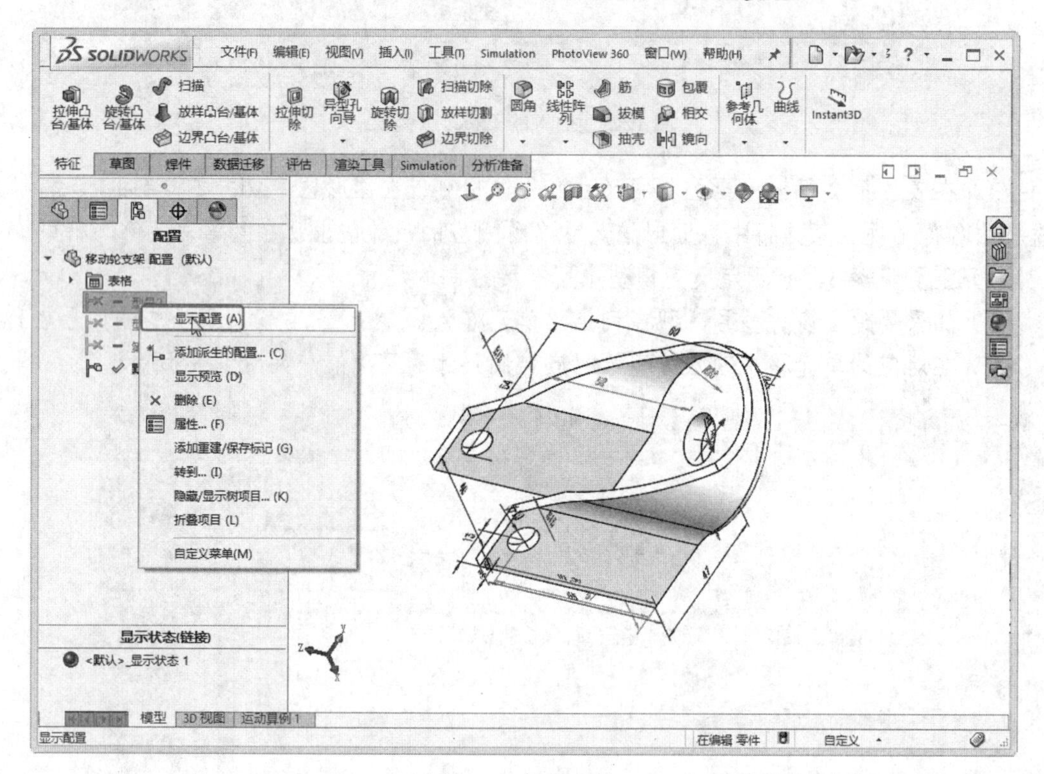

图 12-8　快捷菜单

下面介绍对已有的系列零件设计表进行编辑的操作步骤。

（1）单击图形区左侧面板顶部的（FeatureManager 设计树）选项卡。

（2）在 FeatureManager 设计树中，右击（系列零件设计表）按钮。

（3）在弹出的快捷菜单中选择“编辑定义”命令。

（4）如果要删除该系列零件设计表，则选择“删除”命令。

在任何时候，用户均可在原始样本零件中加入或删除特征。如果是加入特征，则加入后的特征将是系列零件设计表中所有型号成员的共有特征。若某个型号成员正在被使用，则系统将会依照所加入的特征自动更新该型号成员。如果是删除原样本零件中的某个特征，则系列零件设计表中的所有型号成员的该特征都将被删除。若某个型号成员正在被使用，则系统会将工作窗口自动切换到现在的工作窗口，完成更新被使用的型号成员。

12.2　库特征

SOLIDWORKS 2018允许用户将常用的特征或特征组（如具有公用尺寸的孔或槽等）保存到库中，便于日后使用。用户可以使用几个库特征作为块来生成一个零件，这样既可以节省时间，又有助于保持模型中的统一性。

用户可以编辑插入零件的库特征。当库特征添加到零件后，目标零件与库特征零件就没有关系了，对目标零件中库特征的修改不会影响到包含该库特征的其他零件。

库特征只能应用于零件，不能添加到装配体中。

技巧荟萃：

大多数类型的特征可以作为库特征使用，但不包括基体特征本身。系统无法将包含基体特征的库特征添加到已经具有基体特征的零件中。

扫一扫，看视频

12.2.1　库特征的创建与编辑

如果要创建一个库特征，首先要创建一个基体特征来承载作为库特征的其他特征，也可以将零件中的其他特征保存为库特征。

下面介绍创建库特征的操作步骤。

（1）新建一个零件，或打开一个已有的零件。如果是新建的零件，则必须首先创建一个基体特征。

（2）在基体上创建包括库特征的特征。如果要用尺寸来定位库特征，则必须在基体上标注特征的尺寸。

（3）在 FeatureManager 设计树中，选择作为库特征的特征。如果要同时选取多个特征，则在选择特征的同时按住 Ctrl 键。

（4）选择菜单栏中的“文件”→“另存为”命令，系统弹出“另存为”对话框。选择“保存类型”为 Lib Feat Part Files（*.sldlfp），并输入文件名称。单击“保存”按钮，生成库特征。

此时，在FeatureManager设计树中，零件图标将变为库特征图标，其中库特征包括的每个特征都用字母L标记。

在库特征零件文件中（.sldlfp）还可以对库特征进行编辑。

➘　如要添加另一个特征，则右击要添加的特征，在弹出的快捷菜单中选择“添加到库”命令。

- 如要从库特征中移除一个特征，则右击该特征，在弹出的快捷菜单中选择“从库中删除”命令。

扫一扫，看视频

12.2.2 将库特征添加到零件中

在库特征创建完成后，就可以将库特征添加到零件中去。

下面介绍将库特征添加到零件中的操作步骤。

（1）在图形区右侧的任务窗格中单击“设计库”按钮，系统弹出“设计库”对话框，如图 12-9 所示。这是 SOLIDWORKS 2018 安装时预设的库特征。

（2）浏览到库特征所在目录，从下窗格中选择库特征，然后将其拖动到零件的面上，即可将库特征添加到目标零件中。打开的库特征文件如图 12-10 所示。

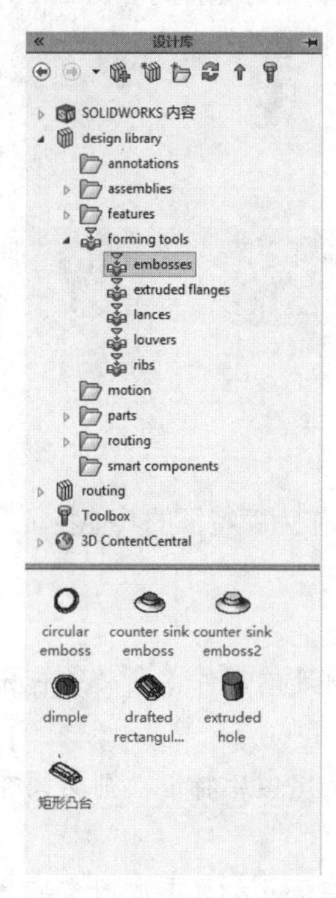

图 12-9 “设计库”对话框

图 12-10 打开的库特征文件

在将库特征插入到零件中后，可以用下列方法编辑库特征。

- 使用“编辑特征”按钮或“编辑草图”命令编辑库特征。
- 通过修改定位尺寸将库特征移动到目标零件的另一位置。

此外，还可以将库特征分解为该库特征中包含的每个单个特征。只需在 FeatureManager 设计树中右击库特征图标，然后在弹出的快捷菜单中选择“解散库特征”命令，则库特征图标被移除，库特征中包含的所有特征都在 FeatureManager 设计树中单独列出。

12.3　查询

查询功能主要是查询所建模型的表面积、体积及质量等相关信息，计算设计零部件的结构强度、安全因子等。SOLIDWORKS提供了3种查询功能，即测量、质量属性与截面属性。这3个命令按钮位于“工具”工具栏中。

12.3.1　测量

扫一扫，看视频

【执行方式】

- 工具栏：单击“工具”工具栏中的“测量”按钮。
- 菜单栏：选择“工具”→“评估”→“测量”命令。
- 控制面板：单击“评估”面板中的“测量”按钮。

测量功能可以测量草图、三维模型、装配体或者工程图中直线、点、曲面、基准面的距离、角度、半径、大小，以及它们之间的距离、角度、半径或尺寸。当测量两个实体之间的距离时，deltaX、Y和Z的距离会显示出来。当选择一个顶点或草图点时，会显示其X、Y和Z的坐标值。

下面介绍测量点坐标、测量距离、测量面积与周长的操作步骤。

（1）选择菜单栏中的“工具”→“评估”→“测量”命令，或者单击“工具”工具栏中的“测量”按钮，系统弹出“测量”对话框。

（2）测量点坐标。测量点坐标主要用来测量草图中的点、模型中的顶点坐标。单击如图 12-11 所示的点 1，在“测量”对话框中便会显示该点的坐标值，如图 12-12 所示。

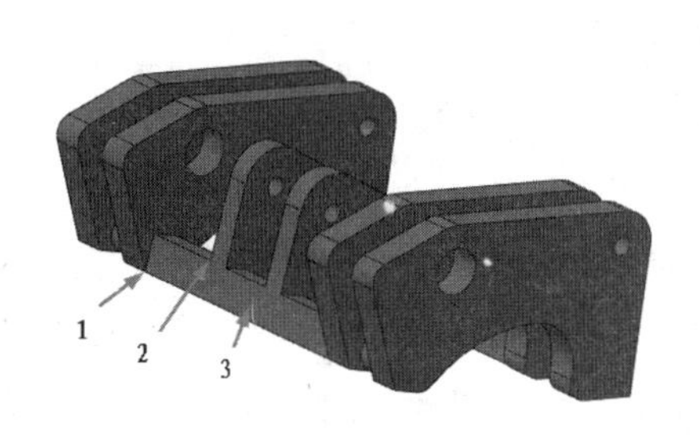

图 12-11　打开的文件实体

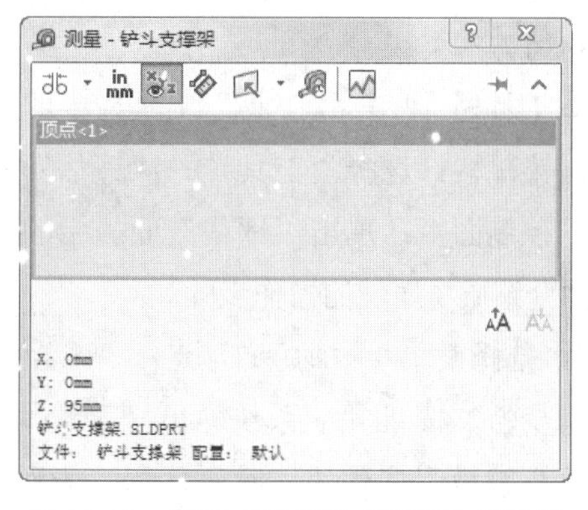

图 12-12　测量点坐标的“测量”对话框

（3）测量距离。测量距离主要用来测量两点、两条边和两面之间的距离。单击如图 12-11 所示的点 1 和点 2，在“测量”对话框中便会显示所选两点的绝对距离以及 X、Y 和 Z 坐标的差值，如图 12-13 所示。

（4）测量面积与周长。测量面积与周长主要用来测量实体某一表面的面积与周长。单击如图 12-11 所示的面 3，在“测量”对话框中便会显示该面的面积与周长，如图 12-14

所示。

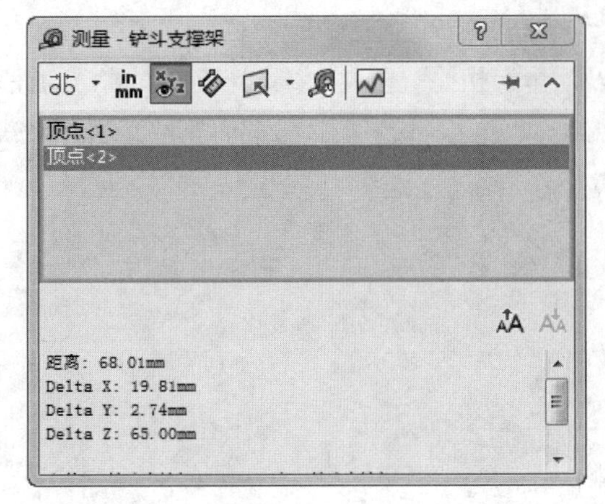

图 12-13　测量距离的“测量”对话框

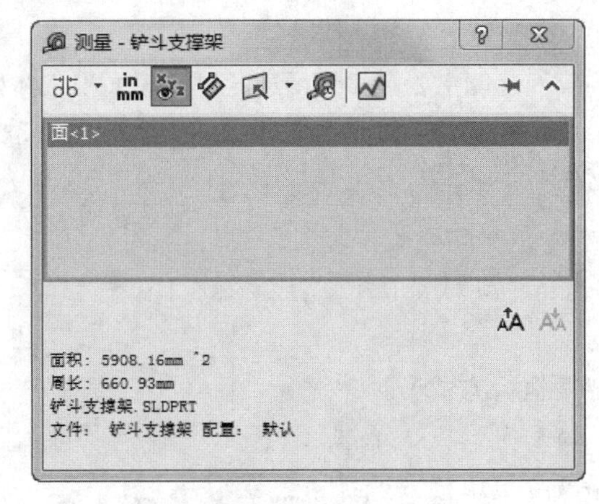

图 12-14　测量面积与周长的“测量”对话框

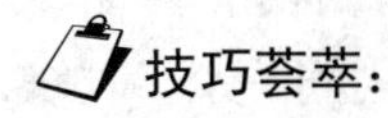
技巧荟萃：

执行“测量”命令时，可以不必关闭对话框而切换不同的文件。当前激活的文件名会出现在“测量”对话框的顶部，如果选择了已激活文件中的某一测量项目，则对话框中的测量信息会自动更新。

扫一扫，看视频

12.3.2　质量属性

质量属性功能可以测量模型实体的质量、体积、表面积与惯性矩等。

【执行方式】

- 工具栏：单击“工具”工具栏中的“质量属性”按钮。
- 菜单栏：选择“工具”→“评估”→“质量属性”命令。
- 控制面板：单击“评估”面板中的“质量属性”按钮。

下面介绍质量属性的操作步骤。

（1）选择菜单栏中的“工具”→“评估”→“质量属性”命令，或者单击“评估”面板中的“质量属性”按钮，系统弹出“质量属性”对话框，如图 12-15 所示。在该对话框中会自动计算出该模型实体的质量、体积、表面积与惯性矩等，模型实体的主轴和质量中心显示在视图中，如图 12-16 所示。

（2）单击“质量属性”对话框中的“选项”按钮，系统弹出“质量/剖面属性选项”对话框，如图 12-17 所示。选中“使用自定义设定”单选按钮，在“材料属性”选项组的“密度”文本框中可以设置模型实体的密度。

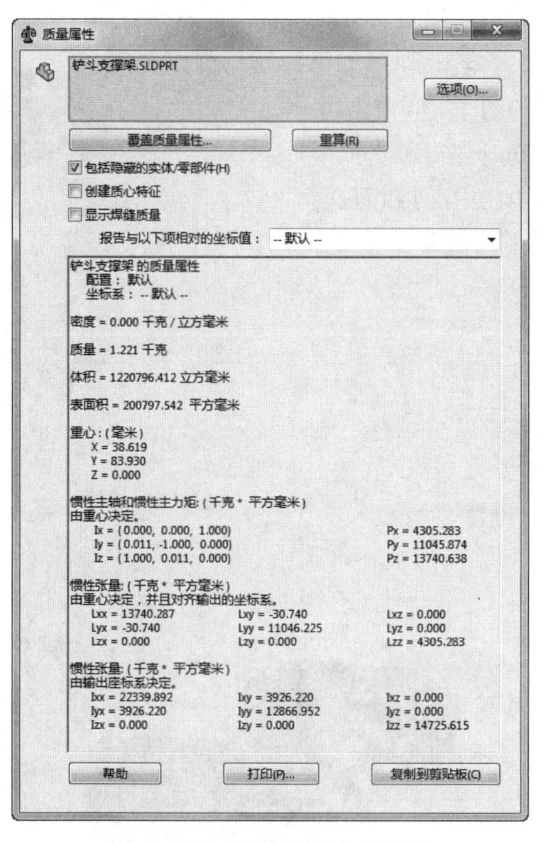

图 12-15　“质量属性”对话框

图 12-16　显示主轴和质量中心的视图

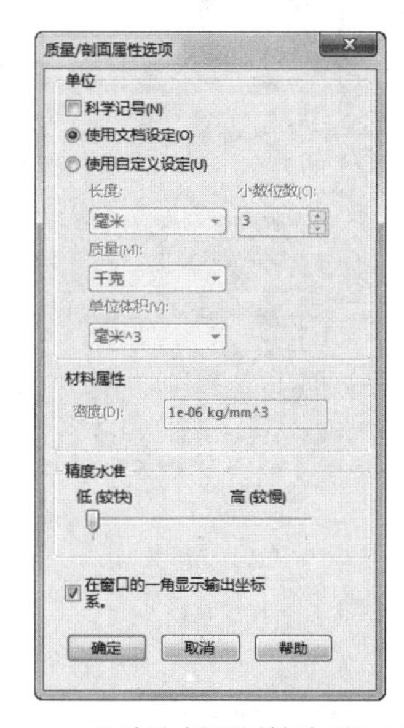

图 12-17　“质量/剖面属性选项”对话框

技巧荟萃：

在计算另一个零件的质量属性时，不需要关闭“质量属性”对话框，选择需要计算的零部件，然后单击“重算”按钮即可。

12.3.3　截面属性

扫一扫，看视频

【执行方式】

- 工具栏：单击“工具”工具栏中的“截面属性”按钮。
- 菜单栏：选择“工具”→“评估”→“截面属性”命令。
- 控制面板：单击“评估”面板中的“截面属性”按钮。

截面属性可以查询草图、模型实体重心平面或者剖面的某些特性，如截面面积、截面重心的坐标、在重心的面惯性矩、在重心的面惯性极力矩、位于主轴和零件轴之间的角度以及面心的二次矩等。下面介绍截面属性的操作步骤。

（1）打开的文件实体如图 12-18 所示。选择菜单栏中的“工具”→“评估”→“截面属性”命令，或者单击“评估”面板中的“截面属性”按钮，系统弹出“截面属性”对话框。

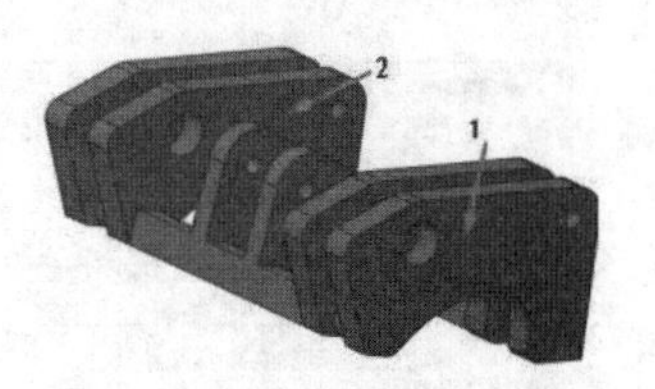

图 12-18　打开的文件实体

（2）单击如图 12-18 所示的面 1，然后单击“截面属性”对话框中的“重算”按钮，计算结果出现在该对话框中，如图 12-19 所示。所选截面的主轴和重心显示在视图中，如图 12-20 所示。

截面属性不仅可以查询单个截面的属性，而且还可以查询多个平行截面的联合属性。如图12-21所示为图12-18中面1和面2的联合属性，如图12-22所示为面1和面2的主轴和重心显示。

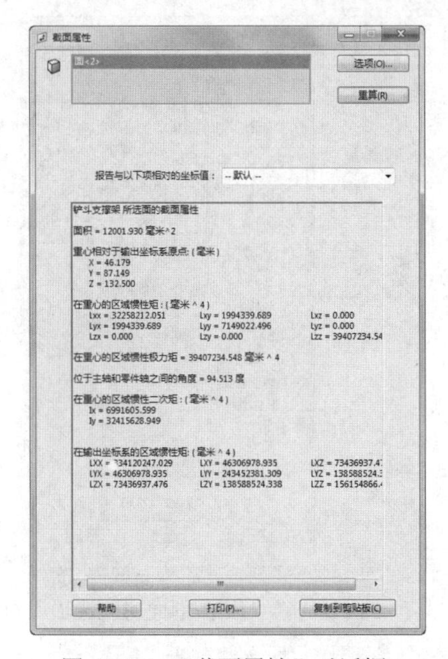

图 12-19　“截面属性”对话框 1

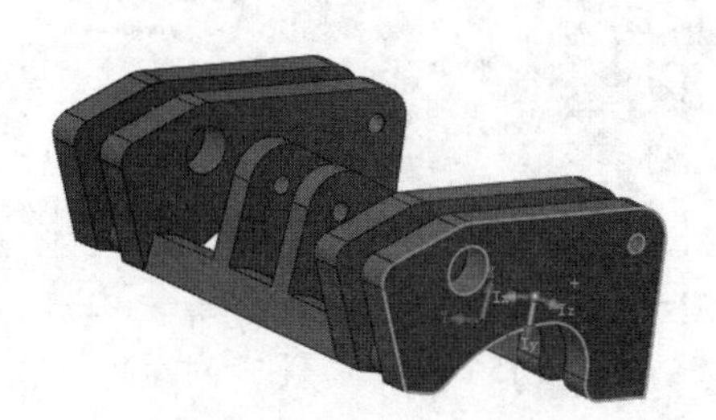

图 12-20　显示主轴和重心的图形 1

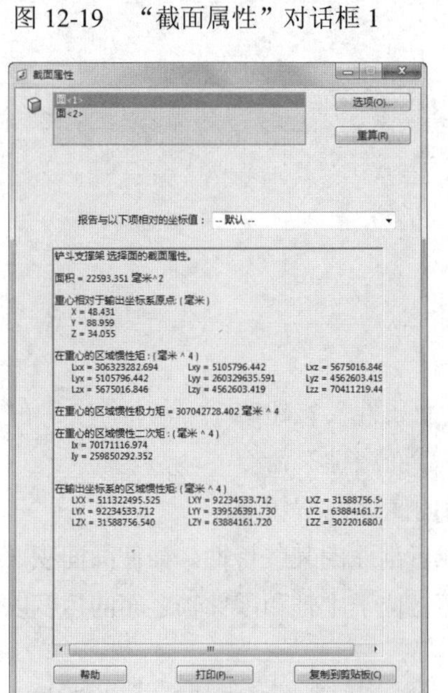

图 12-21　“截面属性”对话框 2

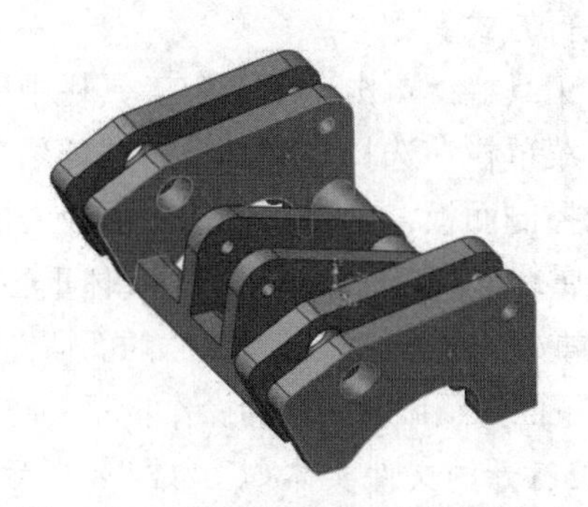

图 12-22　显示主轴和重心的图形 2

12.4　零件的特征管理

零件的建模过程实际上是创建和管理特征的过程。本节介绍零件的特征管理，即退回与插入特征、压缩与解除压缩特征、动态修改特征。

扫一扫，看视频

12.4.1　退回与插入特征

退回特征命令可以查看某一特征生成前后模型的状态，插入特征命令用于在某一特征之后插入新的特征。

1. 退回特征

退回特征有两种方式，第一种为使用“退回控制棒”，另一种为使用快捷菜单。在FeatureManager设计树的底端有一条粗实线，该线就是“退回控制棒”。

下面介绍退回特征的操作步骤。

（1）打开的文件实体如图12-23所示。基座的FeatureManager设计树如图12-24所示。

图 12-23　打开的文件实体

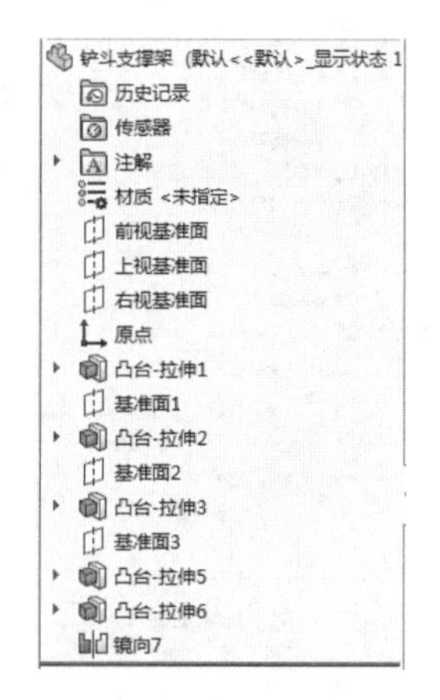

图 12-24　基座的 FeatureManager 设计树

（2）将光标放置在“退回控制棒”上时，光标变为形状。单击，此时“退回控制棒”以蓝色显示，然后按住鼠标左键，拖动光标到欲查看的特征上，并释放鼠标。操作后的FeatureManager 设计树如图 12-25 所示，退回的零件模型如图 12-26 所示。

从图12-26中可以看出，查看特征后的特征在零件模型上没有显示，表明该零件模型退回到该特征以前的状态。

退回特征可以使用快捷菜单进行操作，右击FeatureManager设计树中的“镜像7”特征，系统弹出的快捷菜单如图12-27所示，单击“退回”按钮，此时该零件模型退回到该特征以前的状态，如图12-26所示。也可以在退回状态下，使用如图12-28所示的退回快捷菜单，根据需要选择需要的退回操作。

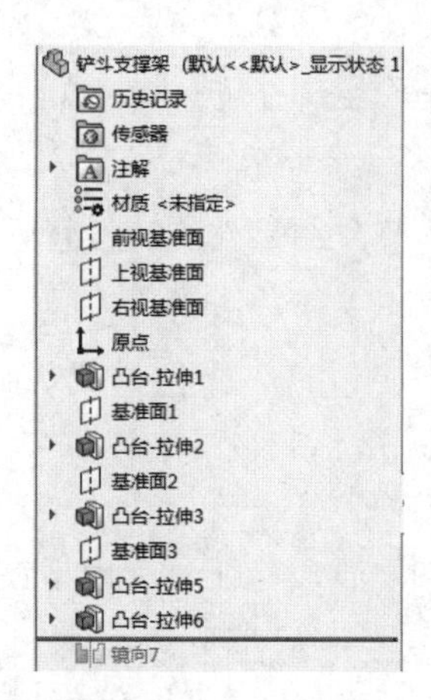

图 12-25　操作后的 FeatureManager 设计树

图 12-26　退回的零件模型

在退回快捷菜单中，“向前推进”命令表示退回到下一个特征；“退回到前”命令表示退回到上一退回特征状态；“退回到尾”命令表示退回到特征模型的末尾，即处于模型的原始状态。

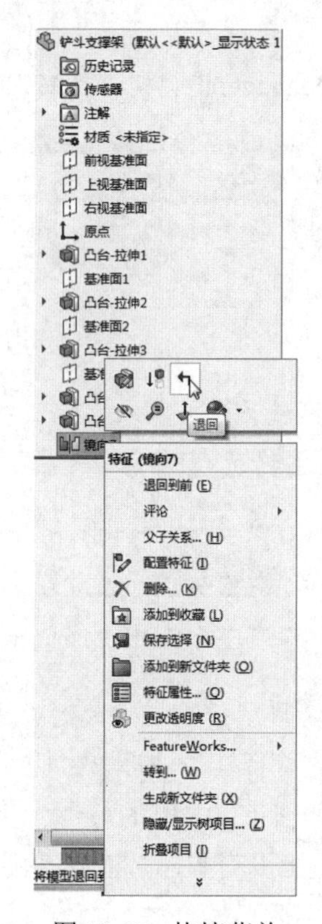

图 12-27　快捷菜单

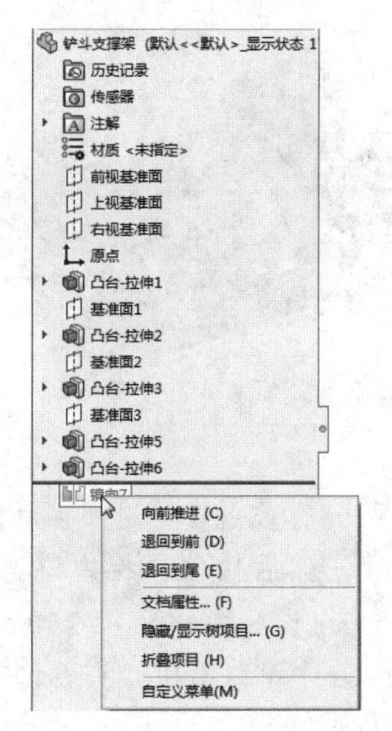

图 12-28　退回快捷菜单

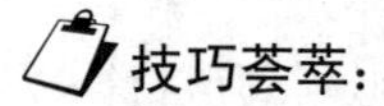

技巧荟萃：

（1）当零件模型处于退回特征状态时，将无法访问该零件的工程图和基于该零件的装配图。

（2）不能保存处于退回特征状态的零件图，在保存零件时，系统将自动释放退回状态。

（3）在重新创建零件的模型时，处于退回状态的特征不会被考虑，即视其处于压缩状态。

2．插入特征

插入特征是零件设计中一项非常实用的操作，其操作步骤如下。

（1）将 FeatureManager 设计树中的“退回控制棒”拖到需要插入特征的位置。

（2）根据设计需要生成新的特征。

（3）将“退回控制棒”拖动到设计树的最后位置，完成特征插入。

12.4.2　压缩与解除压缩特征

扫一扫，看视频

1．压缩特征

可以从 FeatureManager 设计树中选择需要压缩的特征，也可以从视图中选择需要压缩特征的一个面。压缩特征的方法有以下几种。

（1）工具栏方式：选择要压缩的特征，然后单击“特征”工具栏中的“压缩”按钮。

（2）菜单栏方式：选择要压缩的特征，然后选择菜单栏中的“编辑”→“压缩”→“此配置”命令。

（3）快捷菜单方式：在 FeatureManager 设计树中，右击需要压缩的特征，在弹出的快捷菜单中单击“压缩”按钮，如图 12-29 所示。

（4）对话框方式：在 FeatureManager 设计树中，右击需要压缩的特征，在弹出的快捷菜单中选择“特征属性”命令，在弹出的“特征属性”对话框中勾选“压缩”复选框，然后单击“确定”按钮，如图 12-30 所示。

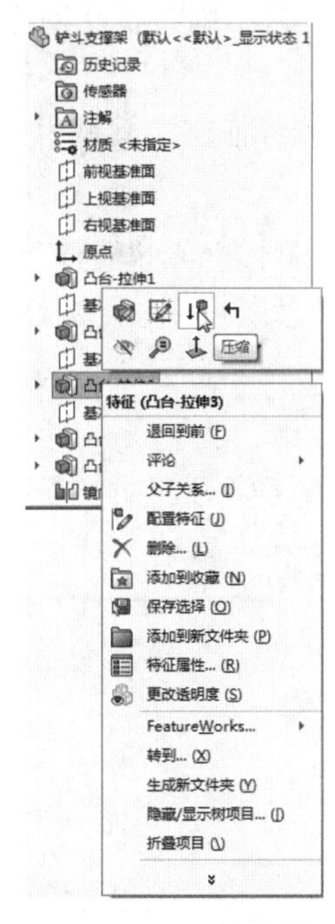

图 12-29　快捷菜单

图 12-30　“特征属性”对话框

特征被压缩后，在模型中不再被显示，但是并没有被删除，被压缩的特征在 FeatureManager 设计树中以灰色显示。如图 12-31 所示为基座后面 4 个特征被压缩后的图形，如图 12-32 所示为压缩后的 FeatureManager 设计树。

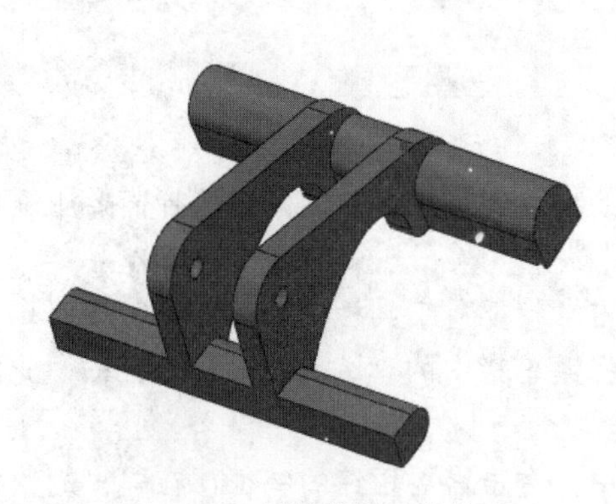

图 12-31　压缩特征后的基座

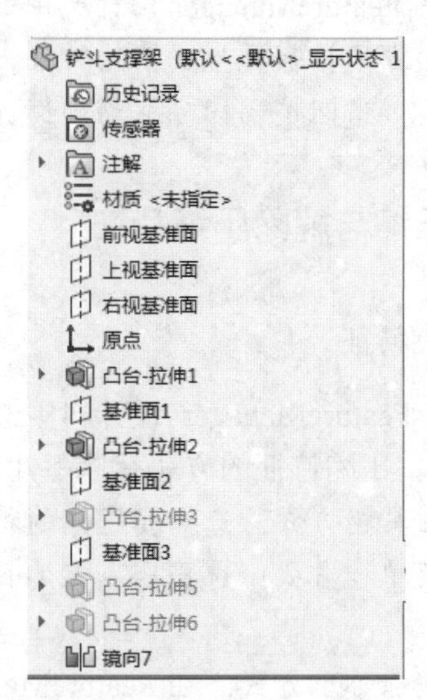

图 12-32　压缩后的 FeatureManager 设计树

2．解除压缩特征

解除压缩的特征必须从 FeatureManager 设计树中选择需要解除压缩的特征，而不能从视图中选择该特征的某一个面，因为视图中该特征不被显示。与压缩特征相对应，解除压缩特征的方法有以下几种。

（1）工具栏方式：选择要解除压缩的特征，然后单击“特征”工具栏中的“解除压缩”按钮。

（2）菜单栏方式：选择要解除压缩的特征，然后选择菜单栏中的“编辑”→“解除压缩”→“此配置”命令。

（3）快捷菜单方式：在 FeatureManager 设计树中，右击要解除压缩的特征，在弹出的快捷菜单中单击“解除压缩”按钮。

（4）对话框方式：在 FeatureManager 设计树中，右击要解除压缩的特征，在弹出的快捷菜单中选择“特征属性”命令，在弹出的“特征属性”对话框中取消对“压缩”复选框的勾选，然后单击“确定”按钮。

压缩的特征被解除以后，视图中将显示该特征，FeatureManager 设计树中该特征将以正常模式显示。

扫一扫，看视频

12.4.3　Instant3D（动态修改特征）

Instant3D 可以使用户通过拖动控标或标尺来快速生成和修改模型几何体。动态修改特征是指系统不需要退回编辑特征的位置，直接对特征进行动态修改的命令。动态修改是通过控标移动、旋转来调整拉伸及旋转特征的大小。通过动态修改可以修改草图，也可以修改特征。

下面介绍动态修改特征的操作步骤。

1．修改草图

（1）单击“特征”工具栏中的 Instant3D 按钮，开始动态修改特征操作。

（2）单击 FeatureManager 设计树中的“拉伸 1”作为要修改的特征，视图中该特征被亮显，如图 12-33 所示，同时，出现该特征的修改控标。

（3）拖动直径为 80mm 的控标，屏幕出现标尺，如图 12-34 所示。使用屏幕上的标尺可以精确地修改草图，修改后的草图如图 12-35 所示。

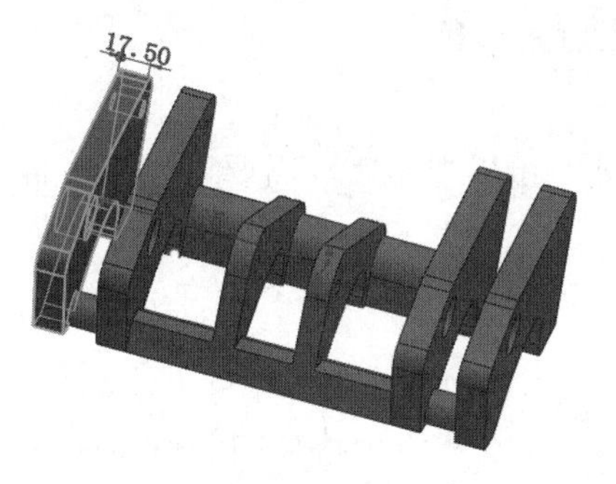

图 12-33　选择需要修改的特征 1

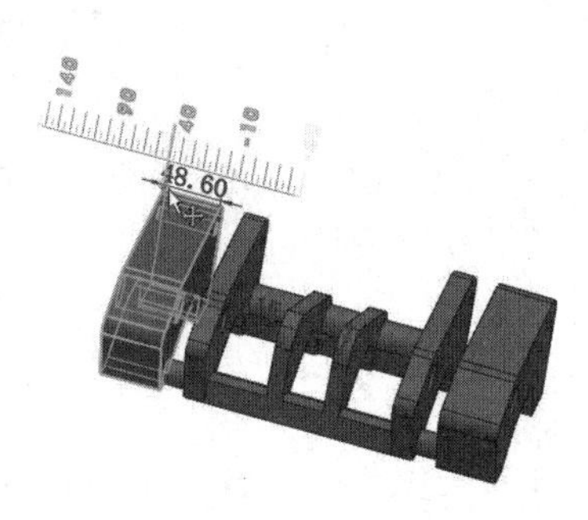

图 12-34　标尺

（4）单击“特征”工具栏中的 Instant3D 按钮，退出 Instant3D 特征操作。修改后的模型如图 12-36 所示。

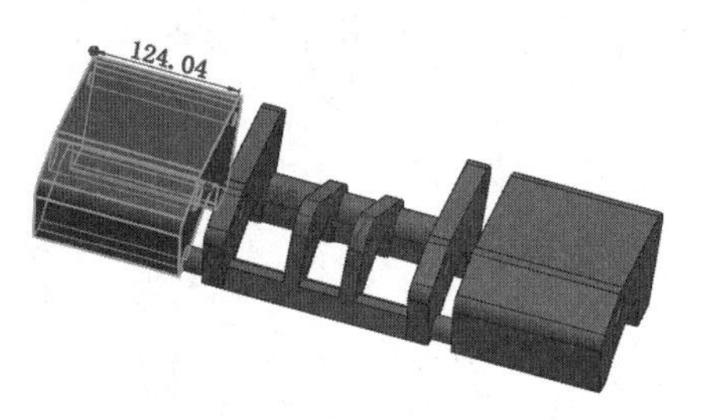

图 12-35　修改后的草图

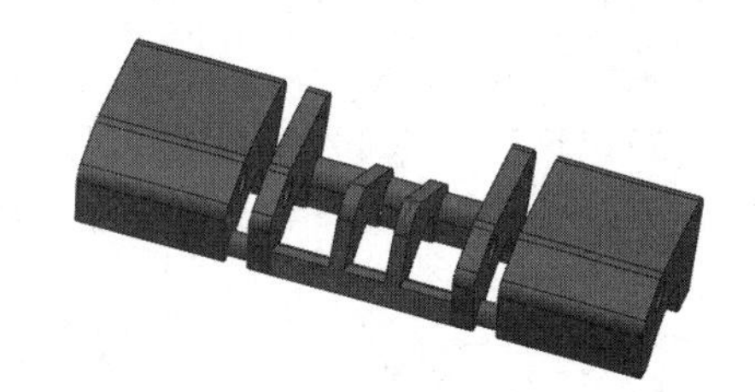

图 12-36　修改后的模型 1

2．修改特征

（1）单击“特征”工具栏中的 Instant3D 按钮，开始动态修改特征操作。

（2）单击 FeatureManager 设计树中的“拉伸 2”作为要修改的特征，视图中该特征被亮显，如图 12-37 所示，同时，出现该特征的修改控标。

（3）拖动距离为 5mm 的修改光标，调整拉伸的长度，如图 12-38 所示。

（4）单击“特征”工具栏中的 Instant3D 按钮，退出 Instant3D 特征操作。修改后的模型如图 12-39 所示。

图 12-37　选择需要修改的特征 2

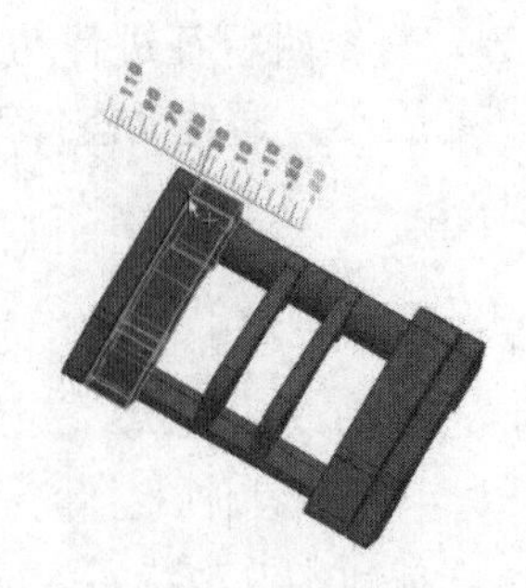

图 12-38　拖动修改控标

图 12-39　修改后的模型 2

12.5　模型显示

零件建模时，SOLIDWORKS 提供了外观显示。可以根据实际需要设置零件的颜色及透明度，使设计的零件更加接近实际情况。

扫一扫，看视频

12.5.1　设置零件的颜色

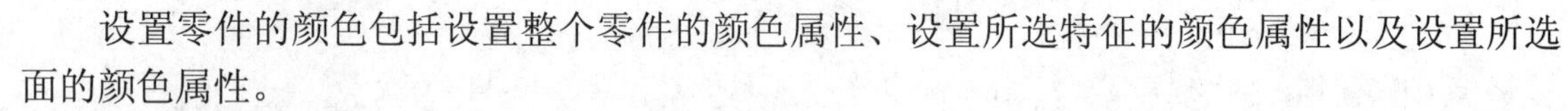

设置零件的颜色包括设置整个零件的颜色属性、设置所选特征的颜色属性以及设置所选面的颜色属性。

下面介绍设置零件颜色的操作步骤。

1. 设置零件的颜色属性

（1）右击FeatureManager设计树中的文件名称，在弹出的快捷菜单中选择“外观”→“外观”命令，如图12-40所示。

（2）系统弹出的“外观”属性管理器如图12-41所示，在“颜色”选项组中选择需要的颜色，然后单击✔（确定）按钮，此时整个零件将以设置的颜色显示。

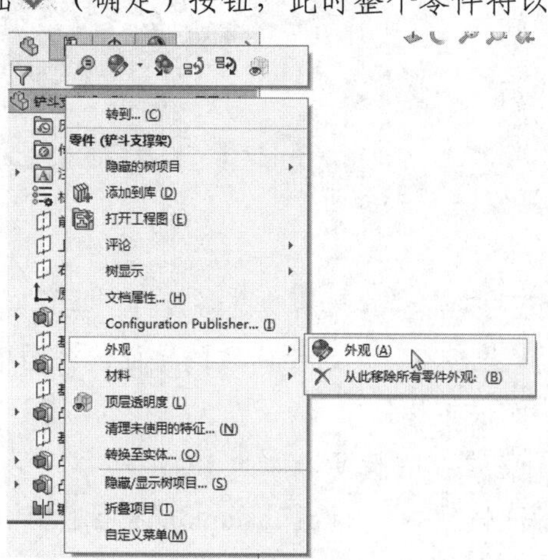

图 12-40　快捷菜单 1

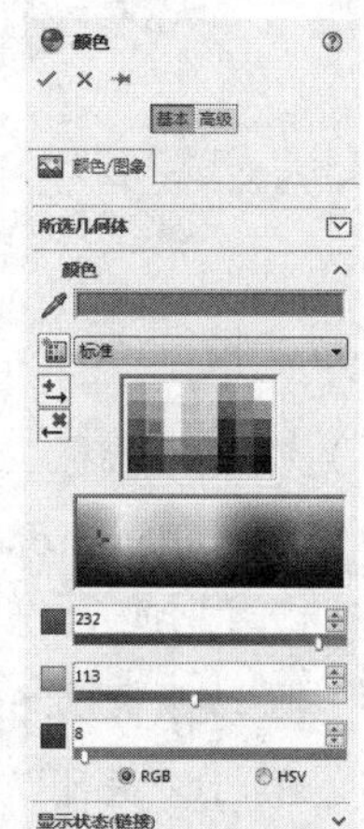

图 12-41　“外观”属性管理器

2．设置所选特征的颜色

（1）在 FeatureManager 设计树中选择需要改变颜色的特征，可以按 Ctrl 键选择多个特征。

（2）右击所选特征，在弹出的快捷菜单中单击“外观”按钮，在下拉菜单中选择步骤 1 中选中的特征，如图 12-42 所示。

（3）系统弹出的“外观”属性管理器如图 12-41 所示，在“颜色”选项中选择需要的颜色，然后单击✓（确定）按钮。设置颜色后的特征如图 12-43 所示。

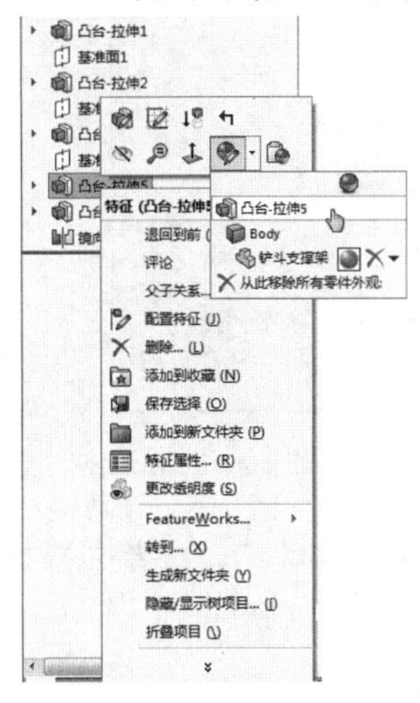

图 12-42　快捷菜单 2

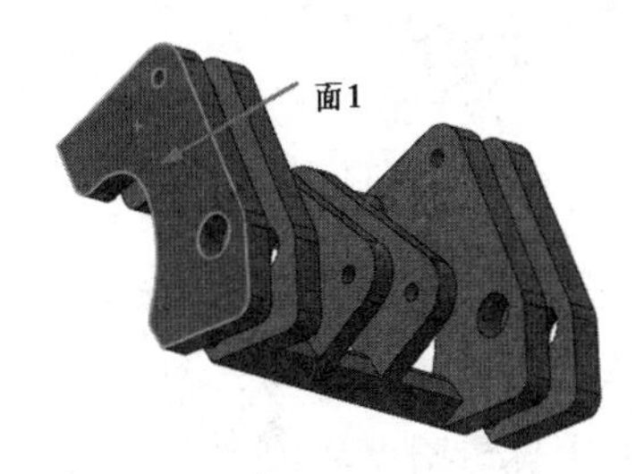

图 12-43　设置特征颜色

3．设置所选面的颜色属性

（1）右击如图 12-43 所示的面 1，在弹出的快捷菜单中单击“外观”按钮，在下拉菜单中选择刚选中的面，如图 12-44 所示。

（2）系统弹出的“外观”属性管理器如图 12-41 所示。在“颜色”选项组中选择需要的颜色，然后单击✓（确定）按钮。设置颜色后的面如图 12-45 所示。

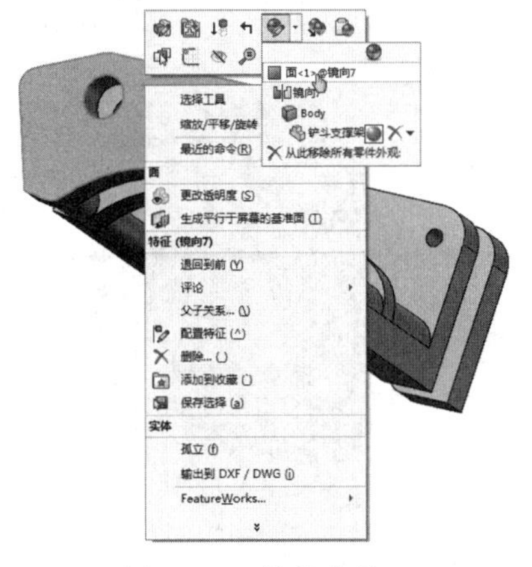

图 12-44　快捷菜单 3

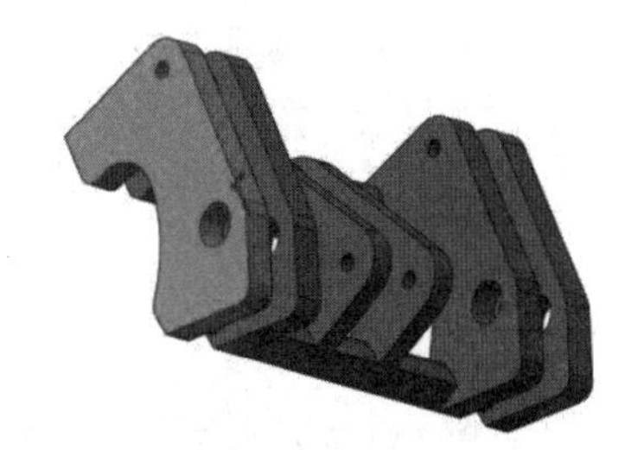

图 12-45　设置面颜色

扫一扫，看视频

12.5.2 设置零件的透明度

在装配体零件中，外面零件遮挡内部的零件，给零件的选择造成困难。设置零件的透明度后，可以透过透明零件选择非透明对象。

下面介绍设置零件透明度的操作步骤。

（1）打开的文件实体如图 12-46 所示。传动装配体的 FeatureManager 设计树如图 12-47 所示。

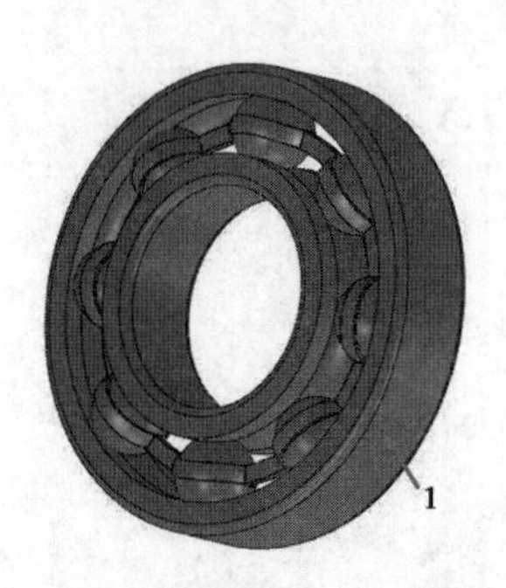

图 12-46 打开的文件实体

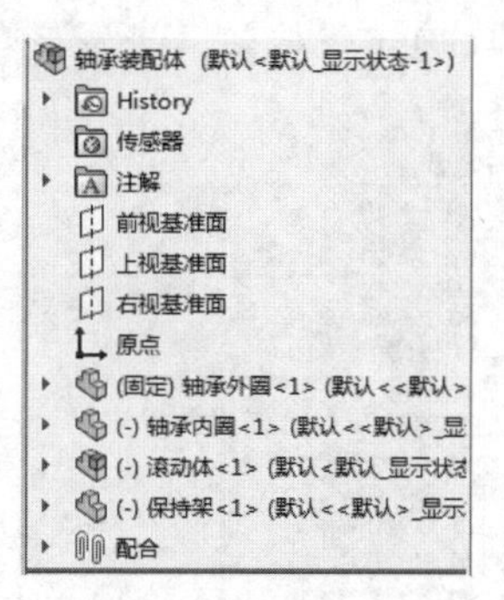

图 12-47 传动装配体的 FeatureManager 设计树

（2）右击 FeatureManager 设计树中的文件名称“轴承外圈<1>”，或者右击视图中的基座 1，系统弹出快捷菜单。单击“更改透明度”按钮，如图 12-48 所示。

（3）设置透明度后的图形如图 12-49 所示。

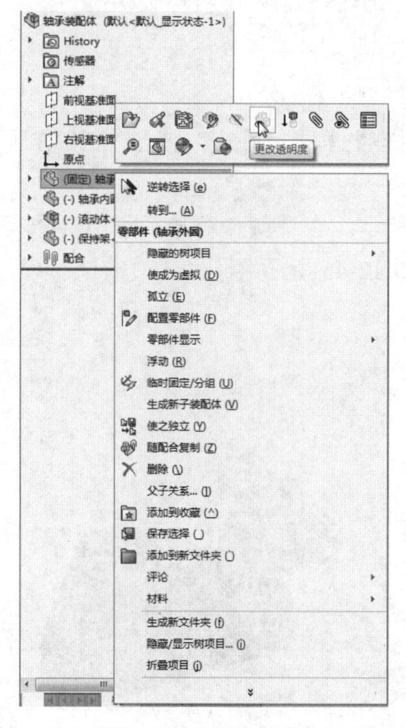

图 12-48 快捷菜单

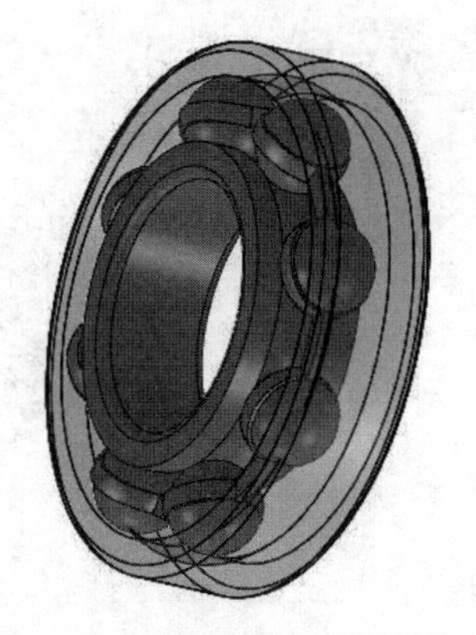

图 12-49 设置透明度后的图形

扫一扫，看视频

12.5.3　贴图

贴图是指在零件、装配模型面上覆盖图片，覆盖的图片在特定路径下保存，若特殊需要，也可以自己绘制图片，保存添加到零件、装配图中。

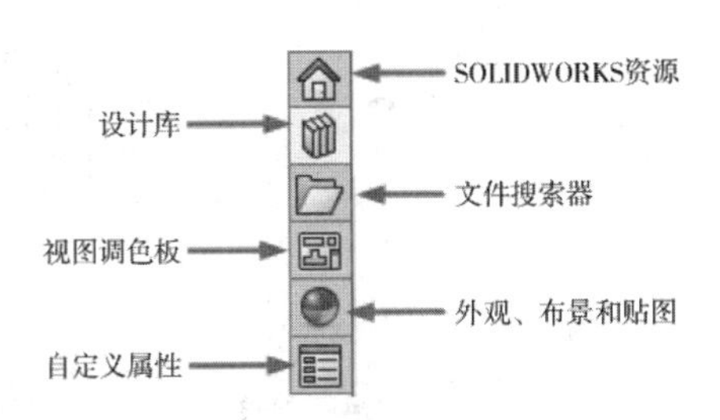

图 12-50　右侧属性按钮

下面介绍设置零件贴图的操作步骤。

（1）在绘图区右侧单击“外观、布景和贴图”按钮，如图 12-50 所示，弹出如图 12-51 所示的“外观、布景和贴图”属性管理器，单击“标志”子选项，在管理器下部显示标志图片。选择对应图标 gs，将图标拖动到零件模型面上，在左侧显示“显示”属性管理器。

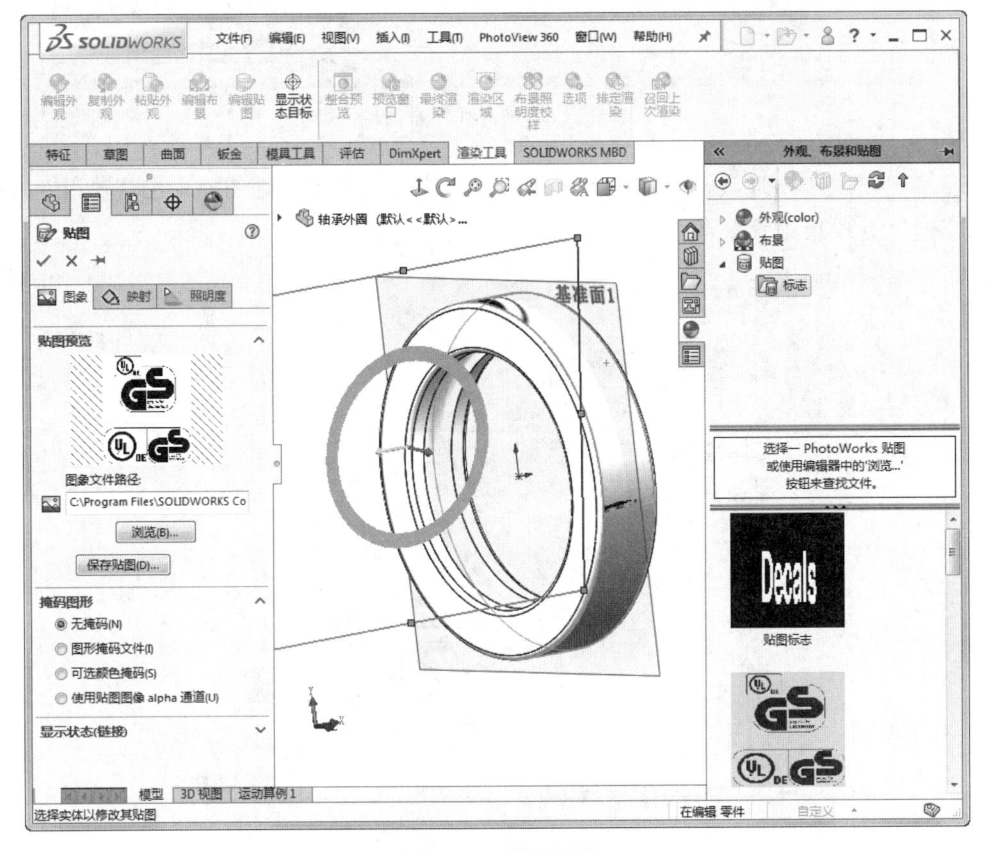

图 12-51　放置贴图

（2）打开“图像”选项卡，在“贴图预览”选项组中显示图标，在“图像文件路径”列表中显示图片路径，单击 浏览(B)... 按钮，弹出“打开”对话框，选择所需图片，勾选“缩略图”复选框，在右侧显示图片缩写，如图 12-52 所示。

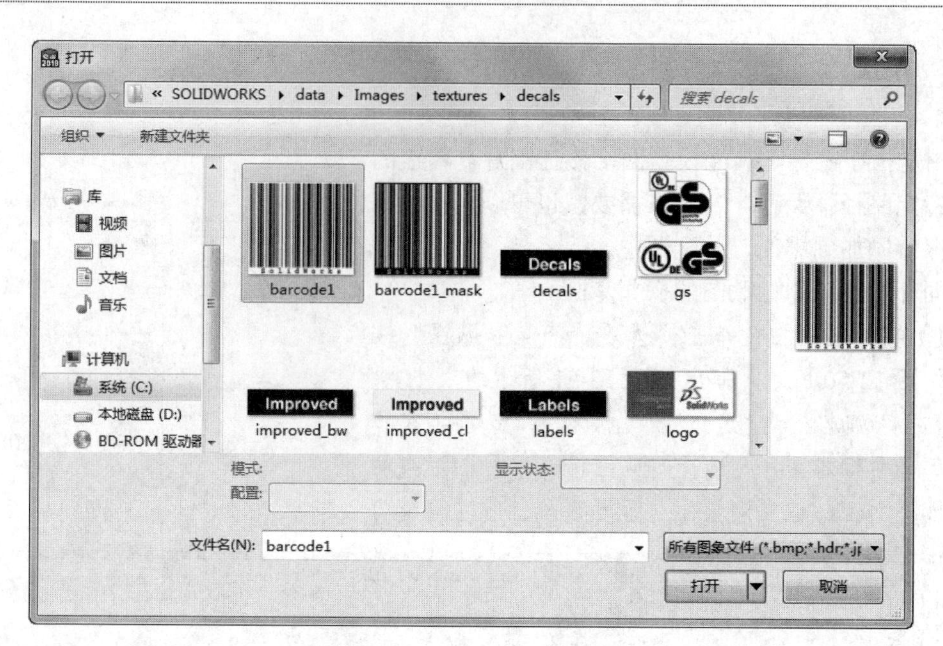

图 12-52 “打开”对话框

（3）打开“映射”选项卡，在“所选几何体”选项组中选择贴图面，在“映射”选项组、“大小/方向”选项组中设置参数，如图 12-53 所示。

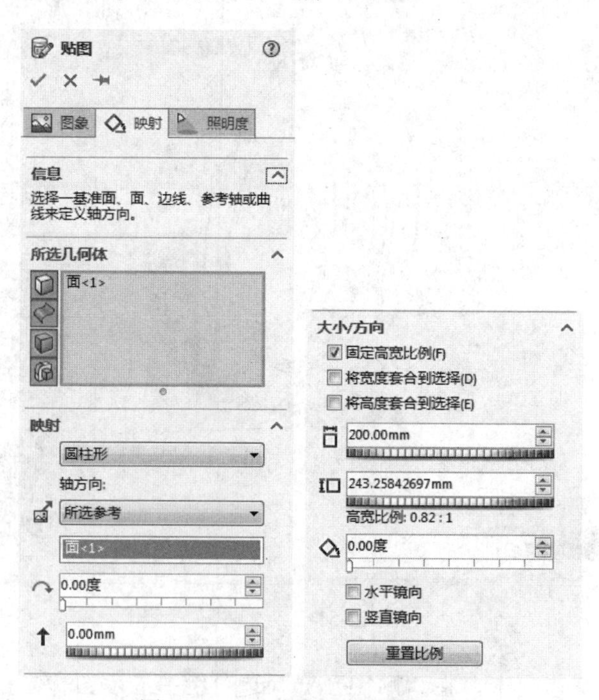

图 12-53 “贴图”属性管理器

（4）同时也可以在绘图区调节矩形框大小，调整图片大小；选择矩形框中心左边，旋转图标，如图 12-54 所示。

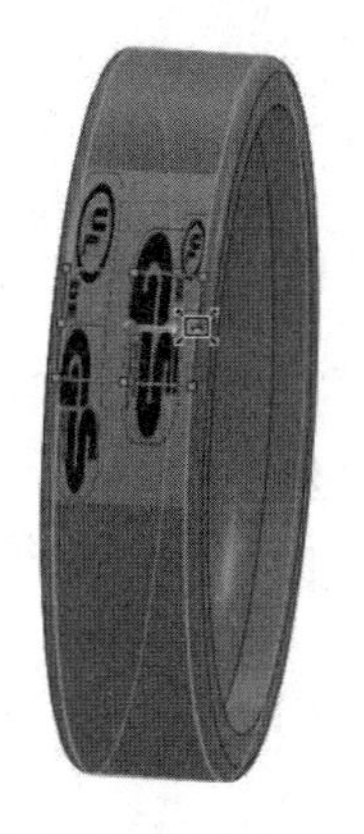

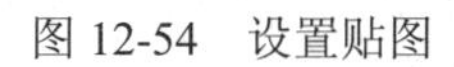
（a）调整图标大小　　（b）调整图标角度　　（c）贴图结果

图 12-54　设置贴图

扫一扫，看视频

12.5.4　布景

布景是指在模型后面提供一可视背景。在 SOLIDWORKS 中，它们在模型上提供反射。在插入了 PhotoView 360 插件时，布景提供逼真的光源，包括照明度和反射，从而要求更少光源操纵。布景中的对象和光源可在模型上形成反射并可在楼板上投射阴影。

布景由以下组成：

- 选择的基于预设布景或图像的球形环境映射到模型周围。
- 2D 背景可以是单色、渐变颜色或您选择的图像。虽然环境单元被背景部分遮掩，但仍然会在模型中反映出来。也可以关闭背景，以显示球形环境。
- 可以在 2D 地板上看到阴影和反射。可以更改模型与地板之间的距离。

在绘图区右侧单击“外观、布景和贴图”图标，选择在右侧，如图12-55所示。

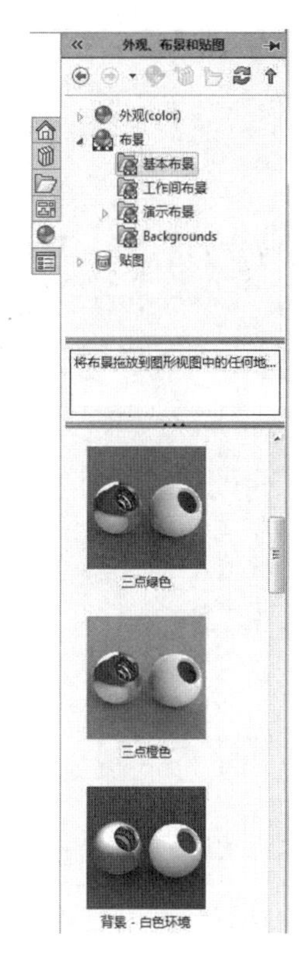

图 12-55　“布景”属性栏

在“基本布景”子选项中选择“三点绿色”，并将所选背景拖动到绘图区。模型显示如图12-56所示。

图 12-56　模型显示

扫一扫，看视频

12.5.5 PhotoView 360 渲染

（1）选择菜单栏中的“工具”→“插件”命令，弹出“插件”对话框，勾选 PhotoView 360 复选框，如图 12-57 所示。

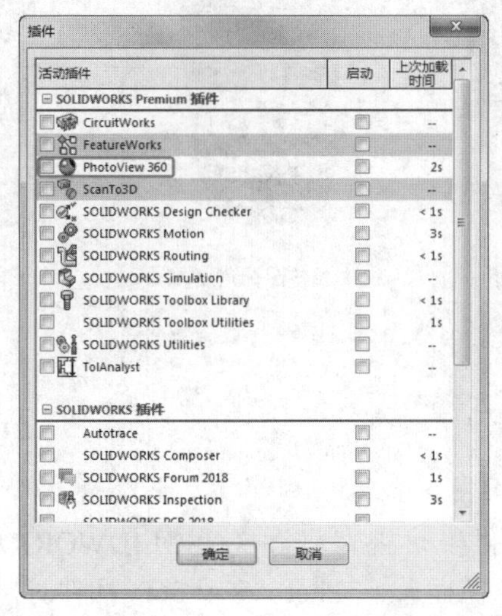

图 12-57　“插件”对话框

（2）单击“确定”按钮，在菜单栏显示添加的 PhotoView 360 菜单，如图 12-58 所示。

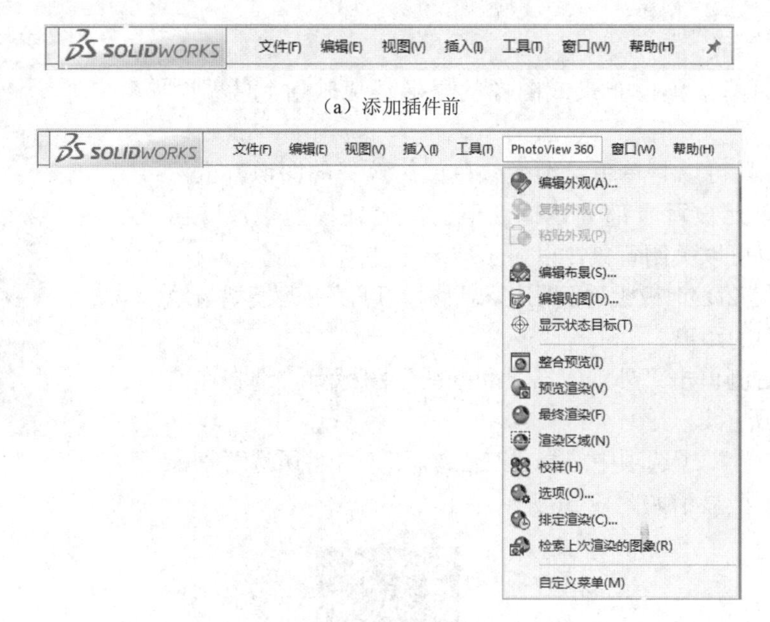

（a）添加插件前

（b）添加插件后

图 12-58　菜单栏

（3）选择菜单栏中的 PhotoView 360→“编辑外观”命令，在左右两侧弹出属性管理器，如图 12-59 所示。

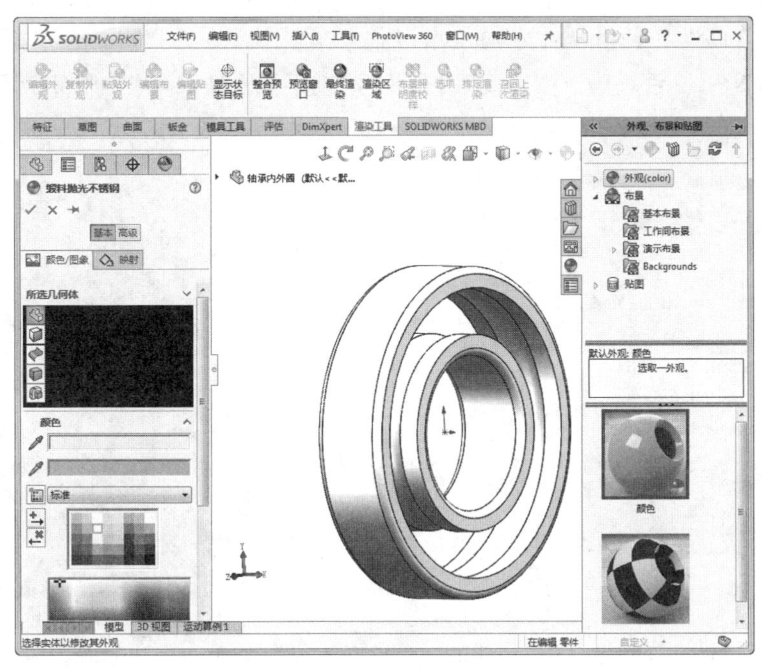

图 12-59　编辑外观

（4）选择菜单栏中的 PhotoView 360→“编辑布景”命令，弹出“背景显示设定”对话框，设置布景，参见 12.5.4 节。

（5）选择菜单栏中的 PhotoView 360→“编辑贴图”命令，弹出属性管理器，如图 12-60 所示，设置贴图。

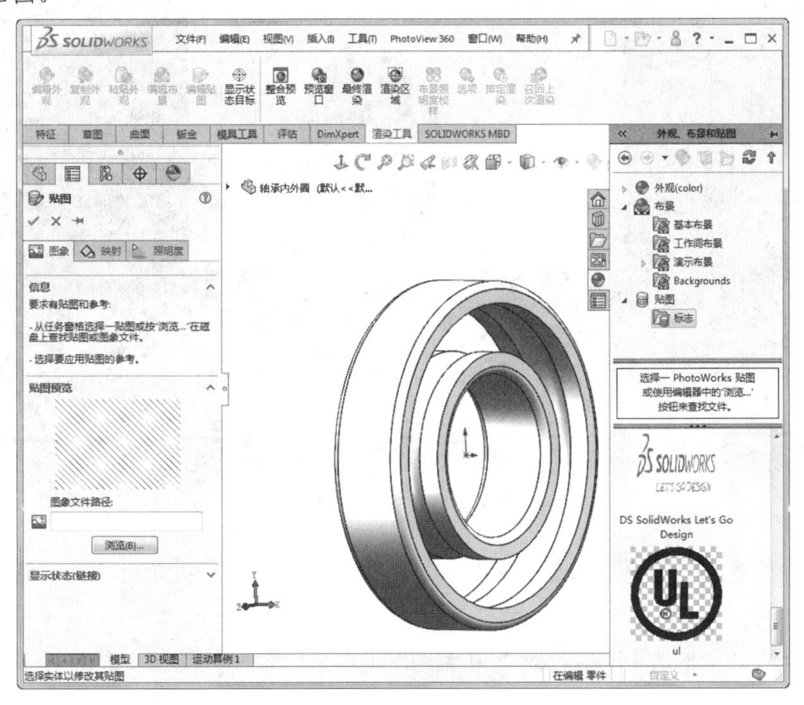

图 12-60　编辑贴图

（6）选择菜单栏中的 PhotoView 360→“整合预览”命令，弹出“在渲染中使用透视图”对话框，如图 12-61 所示，单击“确定”按钮，渲染模型。结果如图 12-62 所示。

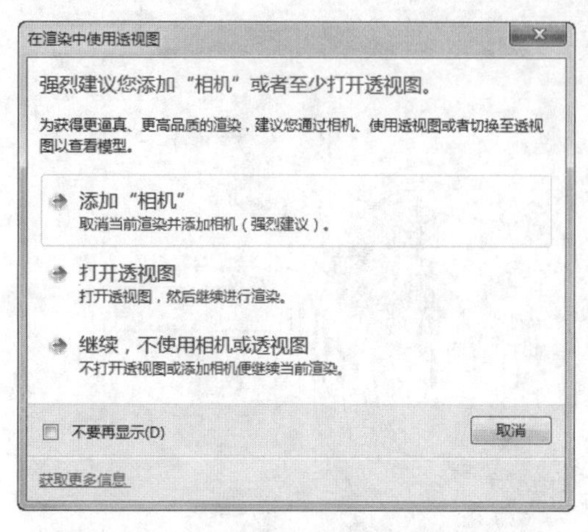

图 12-61　“在渲染中使用透视图”对话框

图 12-62　渲染结果

（7）选择菜单栏中的 PhotoView 360→“最终渲染”命令，弹出“最终渲染”对话框，显示渲染结果，如图 12-63 所示。

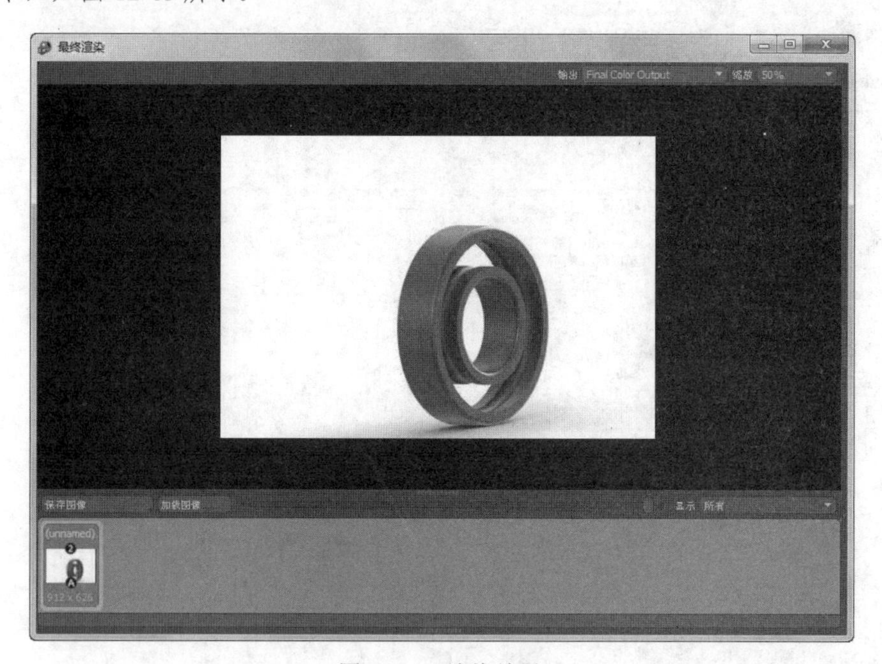

图 12-63　渲染结果

（8）选择菜单栏中的 PhotoView 360→“选项”命令，在左侧弹出“PhotoView 360 选项”属性管理器，如图 12-64 所示。

（9）选择菜单栏中的 PhotoView 360→“排定渲染”命令，弹出“排定渲染”对话框，如图 12-65 所示。

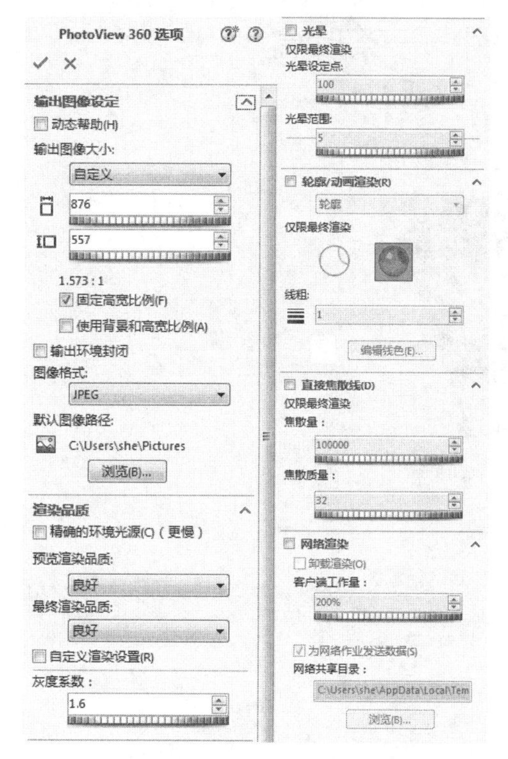

图 12-64　“PhotoView 360 选项”属性管理器

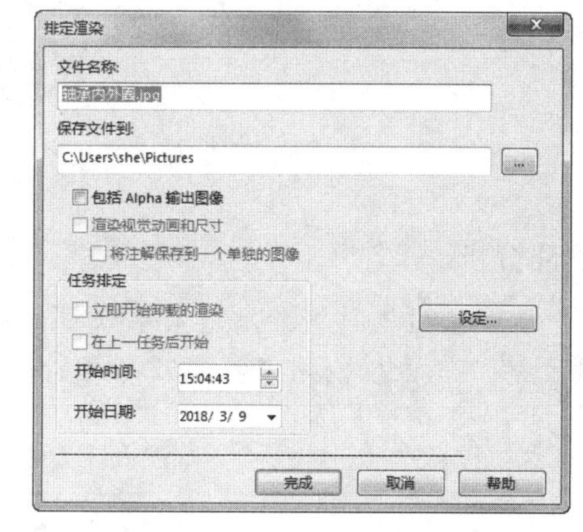

图 12-65　“排定渲染”对话框

（10）选择菜单栏中的 PhotoView 360→“检索上次渲染的图像”命令，弹出“最终渲染”对话框，如图 12-66 所示。

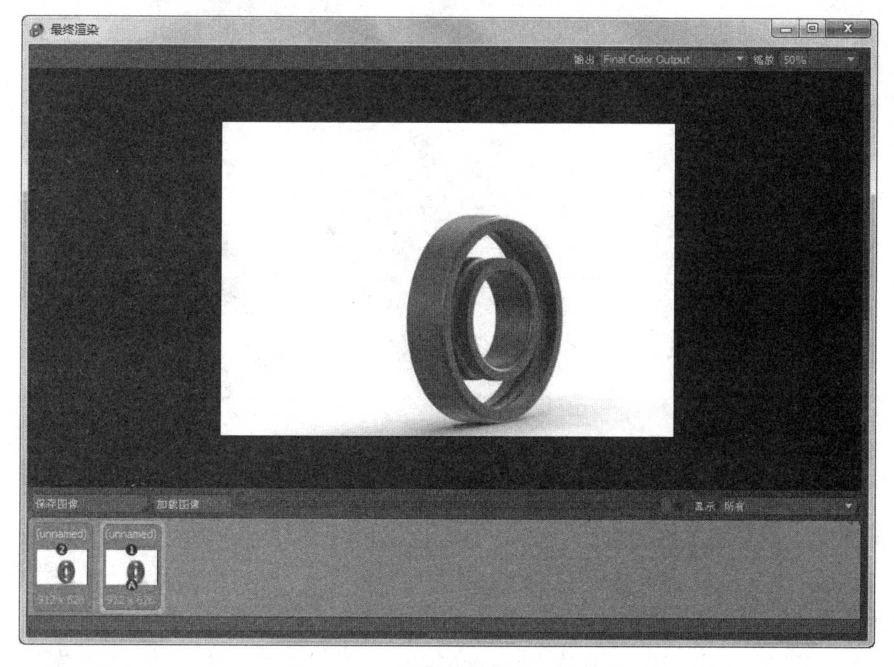

图 12-66　“最终渲染”对话框

扫一扫，看视频

12.6　综合实例——茶叶盒

本实例绘制的茶叶盒如图12-67所示。

图 12-67　茶叶盒

思路分析：

首先利用“旋转”命令绘制茶叶盒盒身，再利用“旋转切除”等命令设置局部细节，再利用模型显示，最后设置各表面的外观和颜色。绘制流程如图 12-68 所示。

图 12-68　流程图

操作步骤

（1）新建文件。启动 SOLIDWORKS 2018，选择菜单栏中的“文件”→“新建”命令，创建一个新的零件文件。

（2）绘制茶叶盒草图。在左侧的 FeatureManager 设计树中选择“前视基准面”作为草绘基准面。单击“草图”控制面板中的“直线”按钮，绘制通过原点的竖直中心线；单击“草图”控制面板中的“直线”按钮，绘制 3 条直线。

（3）标注尺寸。单击“草图”控制面板中的“智能尺寸”按钮，标注步骤 2 中绘制的各直线段的尺寸，如图 12-69 所示。

（4）旋转薄壁实体。单击“特征”控制面板中的“旋转凸台/基体”按钮，弹出 SOLIDWORKS 对话框，如图 12-70 所示，单击“否”按钮，系统弹出“旋转”属性管理器。在“薄壁特征”选项组中（方向 1 厚度）图标右侧文本框中输入 2。其他选项设置如图 12-71 所示，单击✔（确定）按钮。

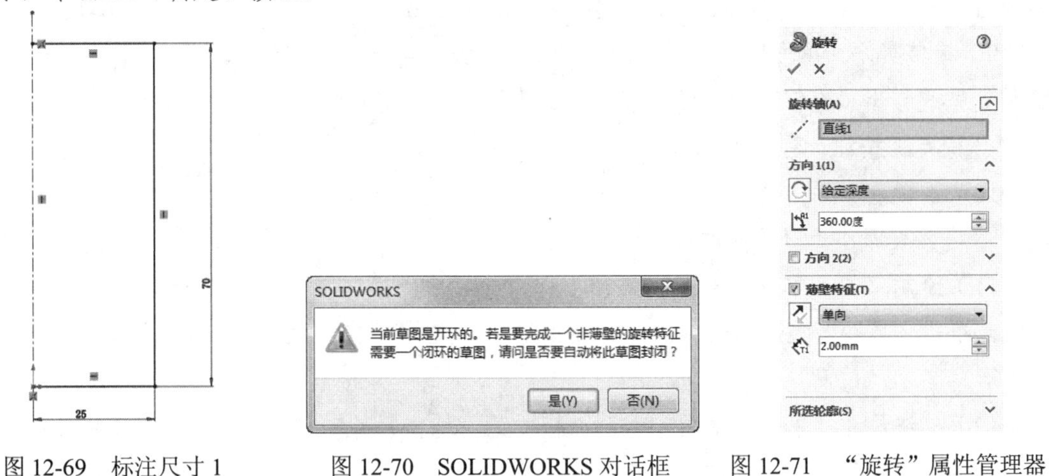

图 12-69　标注尺寸 1　　图 12-70　SOLIDWORKS 对话框　　图 12-71　“旋转”属性管理器

（5）设置剖面图显示。在“标准视图”工具栏中单击“剖面视图”按钮，显示模型剖面视图，如图 12-72 所示，单击✔（确定）按钮，退出剖面视图。

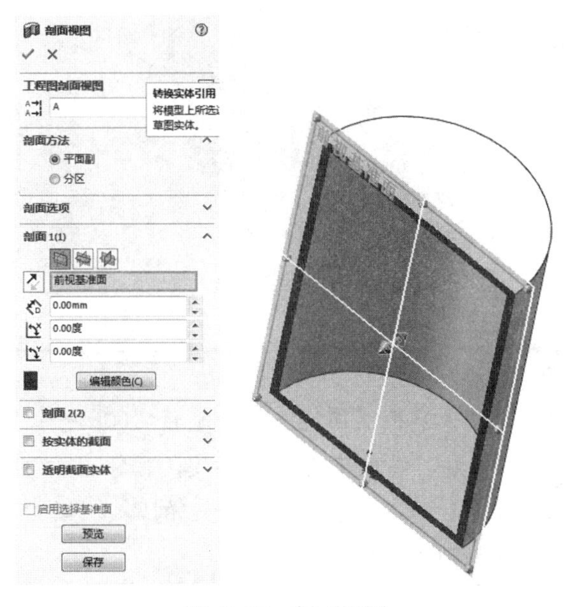

图 12-72　剖面视图

（6）设置基准面。在左侧的 FeatureManager 设计树中选择“前视基准面”，然后单击“标准视图”工具栏中的（正视于）按钮，将该基准面作为草绘基准面。

（7）绘制草图。单击“草图”控制面板中的“中心线”按钮，绘制通过原点的竖直中心线；单击“草图”控制面板中的“圆”按钮，绘制圆。

（8）标注尺寸。单击“草图”控制面板中的“智能尺寸”按钮，标注步骤 7 中绘制草图的尺寸，如图 12-73 所示。

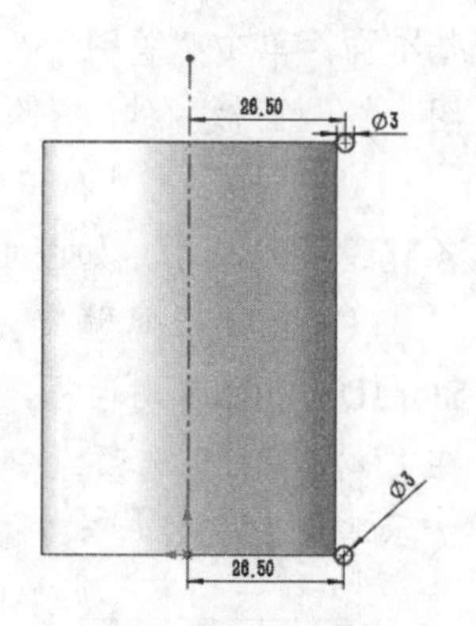

图 12-73　标注草图尺寸

（9）旋转实体。单击“特征”控制面板中的“旋转凸台/基体”按钮，系统弹出“旋转”属性管理器。选项设置如图 12-74 所示，单击（确定）按钮。完成实体如图 12-75 所示。

（10）设置基准面。选择“前视基准面”，然后单击“标准视图”工具栏中的“正视于”按钮，将该表面作为草绘基准面。

（11）绘制草图。单击“草图”控制面板中的“中心线”按钮，绘制通过原点的竖直中心线；单击“草图”控制面板中的“边角矩形”按钮，在步骤 10 中设置的基准面上绘制一个矩形。

（12）标注尺寸。单击“草图”控制面板中的“智能尺寸”按钮，标注步骤 11 中绘制矩形的尺寸及其定位尺寸，如图 12-76 所示。

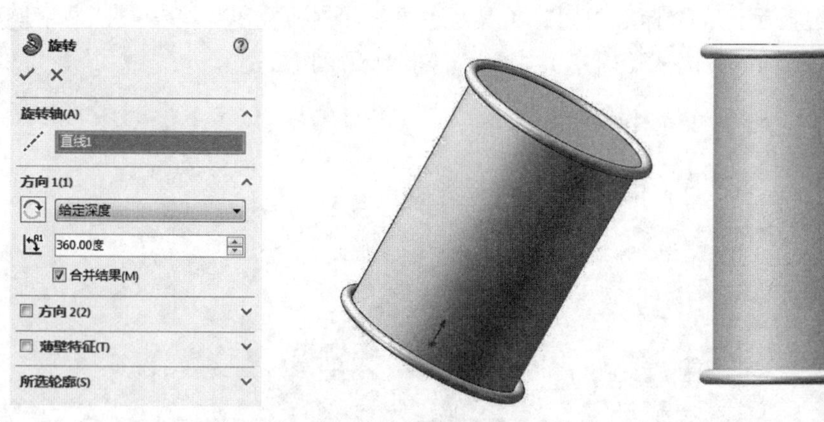

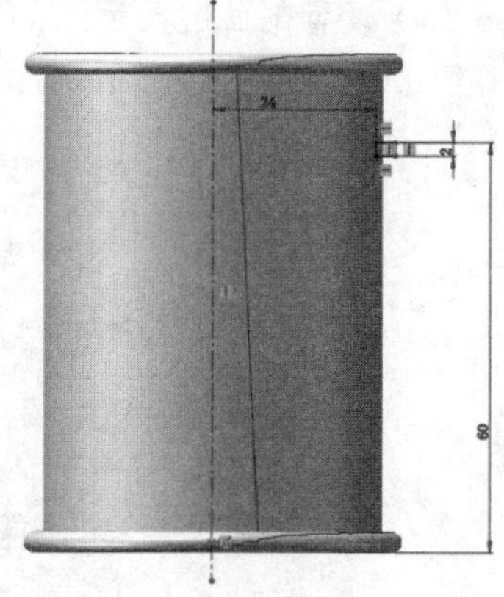
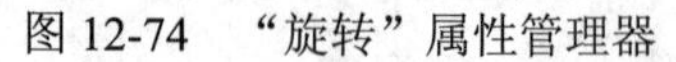
图 12-74　“旋转”属性管理器　　图 12-75　创建旋转实体　　图 12-76　标注尺寸 2

（13）切除实体。单击“特征”控制面板中的“旋转切除”按钮，系统弹出“切除-旋转”属性管理器，如图 12-77 所示，然后单击（确定）按钮。

（14）设置视图方向。单击“标准视图”工具栏中的（等轴测）按钮，将视图以等轴测方向显示。创建的实体特征如图 12-78 所示。

图 12-77 “切除-旋转”属性管理器

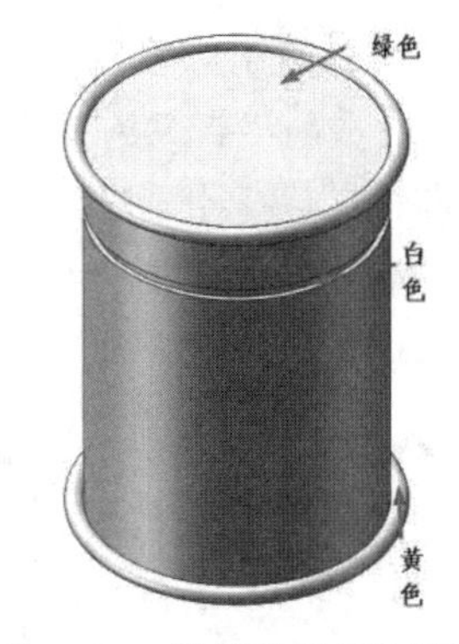

图 12-78 设置外观后的图形

技巧荟萃：

在 SOLIDWORKS 中，外观设置的对象有多种：面、曲面、实体、特征、零部件等。其外观库是系统预定义的，通过对话框既可以设置纹理的比例和角度，也可以设置其混合颜色。

（15）设置颜色属性。选择菜单栏中的 PhotoView 360→“编辑外观”命令或者选择特征单击右键，在系统弹出的快捷菜单中单击“外观”按钮，在下拉菜单中选择刚选中的实体，系统弹出“颜色”属性管理器，如图 12-79 所示。按图 12-78 中面对应的颜色设置实体。单击“颜色”属性管理器中的（确定）按钮，设置外观后的图形如图 12-80 所示。

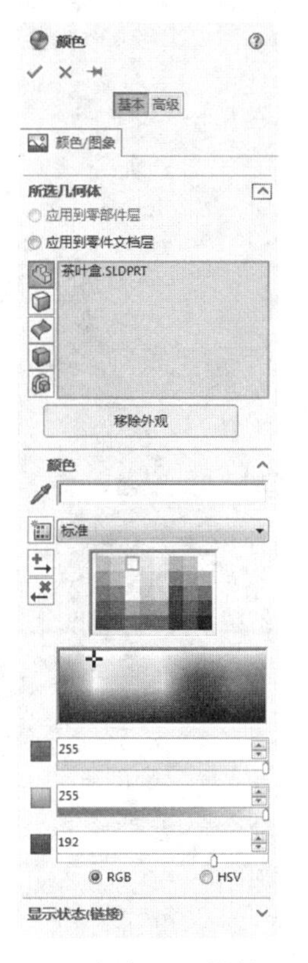

图 12-79 “颜色”属性管理器

图 12-80 设置实体颜色

（16）设置贴图。选择菜单栏“PhotoView 360→“编辑贴图”命令，弹出属性管理器，如图 12-81 所示，单击“浏览”按钮浏览(B)...，弹出“打开”对话框，选择图片，如图 12-82 所示，单击打击“打开”按钮，在绘图区选择面，如图 12-83 所示，在绘图区将鼠标放置在矩形框上，绘图区显示图标后，调整图片，单击✔（确定）按钮，完成设置。重复此操作设置其余面，设置后的图形如图 12-84 所示。

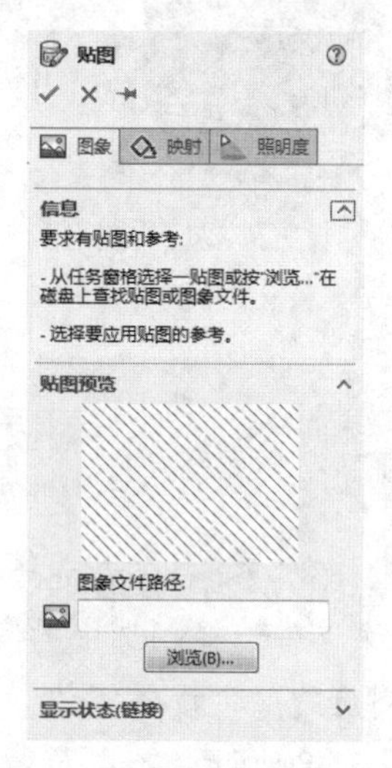

图 12-81 “贴图”属性管理器

图 12-82 “打开”对话框

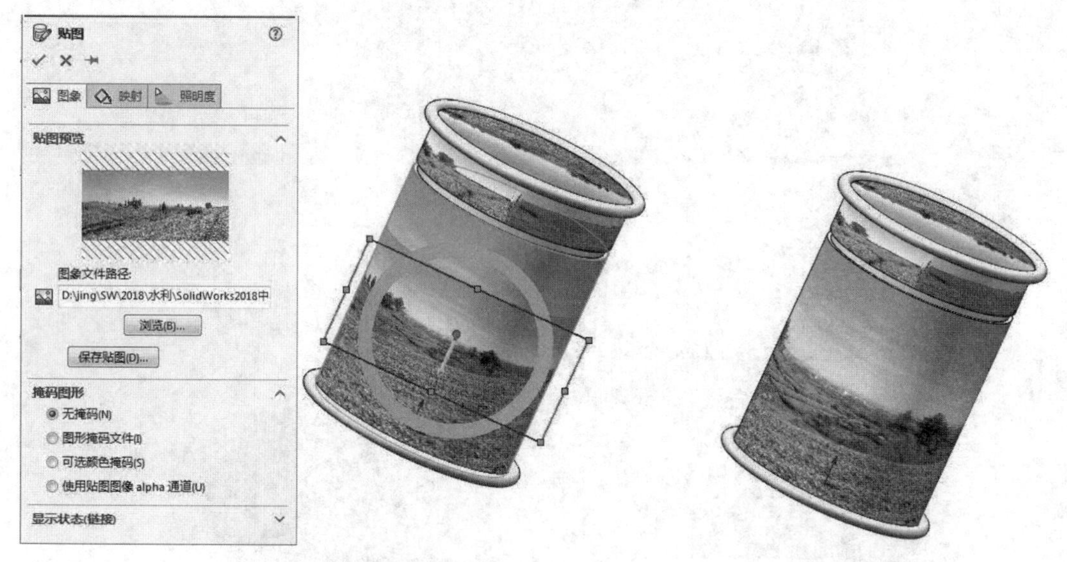

图 12-83 “贴图”属性管理器

图 12-84 设置后的图形

（17）选择菜单栏中的 PhotoView 360→“最终渲染”命令，进行渲染，完成渲染后弹出“最终渲染”对话框，显示渲染结果，如图 12-85 所示。

最终渲染
输出 Final Color Output
缩放 100%
保存图像
加载图像
显示 所有
(unnamed)
876 x 557

图 12-85 渲染结果

第 13 章　曲面设计

内容简介

有别于传统的实体建模工具，曲面通过带控制线的扫描、放样、填充以及拖动可控制的相切操作产生复杂的曲面。可以直观地对曲面进行修剪、延伸、倒角和缝合等曲面的操作。它同样包含拉伸、旋转、扫描等操作，只是针对对象为曲面，绘制效果也有很大不同。

本章主要讲解曲面的基本操作，通过各种创建与编辑功能熟练掌握曲面功能。

内容要点

- 创建曲面
- 编辑曲面

案例效果

13.1　创建曲面

一个零件中可以有多个曲面实体。SOLIDWORKS提供了专门的“曲面”控制面板，如图13-1所示。利用“曲面”控制面板中的按钮既可以生成曲面，也可以对曲面进行编辑。

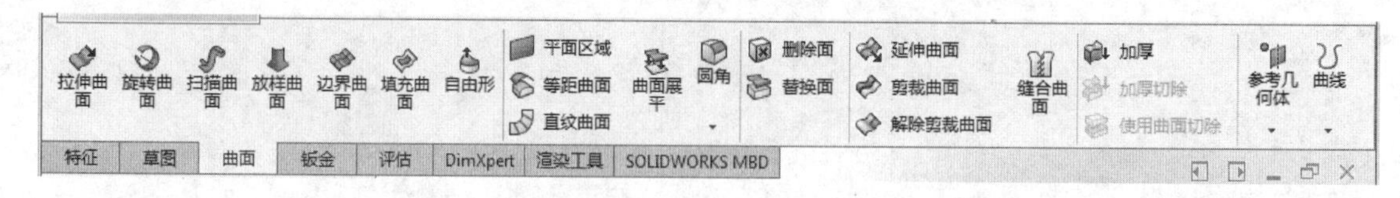

图 13-1　“曲面”控制面板

SOLIDWORKS提供多种方式来创建曲面，主要有以下几种。

- 由草图或基准面上的一组闭环边线插入一个平面。
- 由草图拉伸、旋转、扫描或者放样生成曲面。

- 由现有面或者曲面生成等距曲面。
- 从其他程序（如 CATIA、ACIS、Pro/ENGINEER、Unigraphics、SolidEdge、Autodesk Inverntor 等）输入曲面文件。
- 由多个曲面组合成新的曲面。

13.1.1 拉伸曲面

扫一扫，看视频

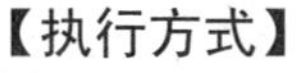
【执行方式】

- 工具栏：单击“曲面”工具栏中的“拉伸曲面”按钮。
- 菜单栏：选择“插入”→“曲面”→“拉伸曲面”命令。
- 控制面板：单击“曲面”控制面板中的“拉伸曲面”按钮。

拉伸曲面是指将一条曲线拉伸为曲面。拉伸曲面可以从以下几种情况开始拉伸，即从草图所在的基准面拉伸、从指定的曲面/面/基准面开始拉伸、从草图的顶点开始拉伸以及从与当前草图基准面等距的基准面上开始拉伸等。

下面介绍拉伸曲面的操作步骤。

【操作步骤】

（1）新建一个文件，在左侧的 FeatureManager 设计树中选择“前视基准面”作为草绘基准面。

（2）单击“草图”控制面板中的“样条曲线”按钮，在步骤 1 中设置的基准面上绘制一个样条曲线，如图 13-2 所示。

（3）单击“曲面”控制面板中的“拉伸曲面”按钮，系统弹出“曲面-拉伸”属性管理器，如图 13-3 所示。

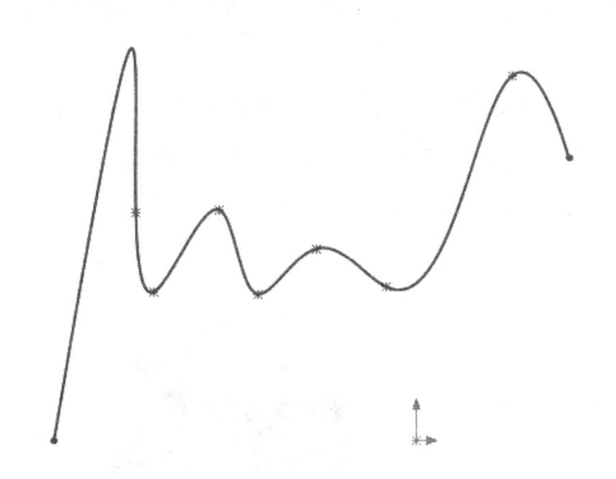
图 13-2　绘制样条曲线

图 13-3　“曲面-拉伸”属性管理器

（4）按照如图 13-3 所示进行选项设置，注意设置曲面拉伸的方向，然后单击（确定）按钮，完成曲面拉伸。得到的拉伸曲面如图 13-4 所示。

在“曲面-拉伸”属性管理器中，“方向 1”选项组的“终止条件”下拉列表框用来设置拉伸的终止条件，其各选项的意义如下。

图 13-4　拉伸曲面

- 给定深度：从草图的基准面拉伸特征到指定距离处形成拉伸曲面。
- 成形到一顶点：从草图基准面拉伸特征到模型的一个顶点所在的平面，这个平面平行于草图基准面且穿越指定的顶点。
- 成形到一面：从草图基准面拉伸特征到指定的面或者基准面。
- 到离指定面指定的距离：从草图基准面拉伸特征到离指定面的指定距离处生成拉伸曲面。
- 成形到实体：从草图基准面拉伸特征到指定实体处。
- 两侧对称：以指定的距离拉伸曲面，并且拉伸的曲面关于草图基准面对称。

扫一扫，看视频

13.1.2　旋转曲面

【执行方式】

- 工具栏：单击“曲面”工具栏中的“旋转曲面”按钮。
- 菜单栏：选择“插入”→“曲面”→“旋转曲面”命令。
- 控制面板：单击“曲面”控制面板中的“旋转曲面”按钮。

旋转曲面是指将交叉或者不交叉的草图，用所选轮廓指针生成旋转曲面。旋转曲面主要由三部分组成，即旋转轴、旋转类型和旋转角度。

下面介绍旋转曲面的操作步骤。

【操作步骤】

（1）新建一个文件，在左侧的 FeatureManager 设计树中选择“前视基准面”作为草绘基准面，绘制如图 13-5 所示的草图。

（2）单击“曲面”控制面板中的“旋转曲面”按钮，系统弹出“曲面-旋转”属性管理器。

（3）按照如图 13-6 所示进行选项设置，注意设置曲面拉伸的方向，然后单击✔（确定）按钮，完成曲面旋转。得到的旋转曲面如图 13-7 所示。

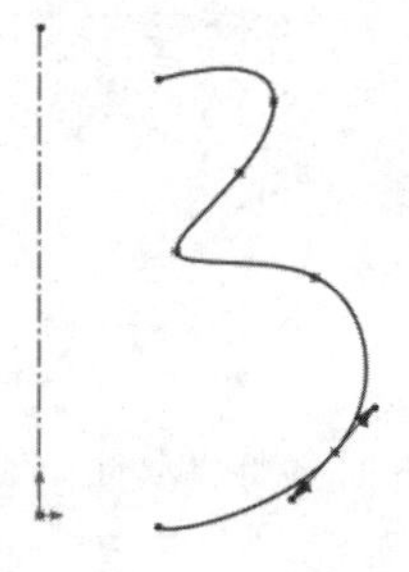

图 13-5　草图

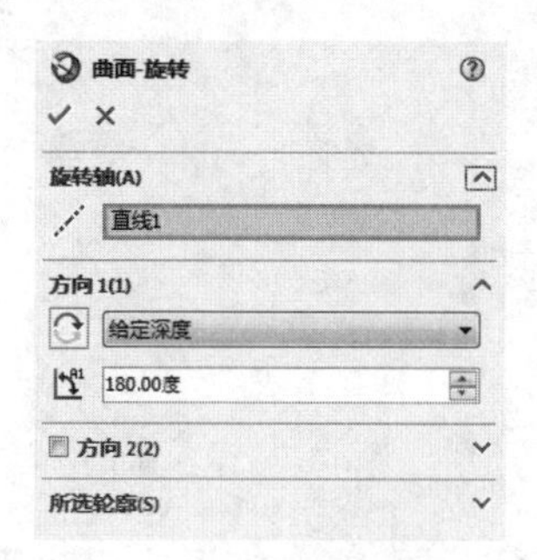

图 13-6　“曲面-旋转”属性管理器

图 13-7　旋转曲面后

技巧荟萃：

生成旋转曲面时，绘制的样条曲线可以和中心线交叉，但是不能穿越。

在“曲面-旋转”属性管理器中，“旋转参数”选项组的“旋转类型”下拉列表框用来设置旋转的终止条件，其各选项的意义如下。

- 单向：草图沿一个方向旋转生成旋转曲面。如果要改变旋转的方向，单击“旋转类型”下拉列表框左侧的（反向）按钮即可。
- 两侧对称：草图以所在平面为中面分别向两个方向旋转，并且关于中面对称。
- 双向：草图以所在平面为中面分别向两个方向旋转指定的角度，这两个角度可以分别指定。

13.1.3　扫描曲面

扫一扫，看视频

【执行方式】

- 工具栏：单击“曲面”工具栏中的“扫描曲面”按钮。
- 菜单栏：选择“插入”→“曲面”→“扫描曲面”命令。
- 控制面板：单击“曲面”控制面板中的“扫描曲面”按钮。

扫描曲面是指通过轮廓和路径的方式生成曲面，与扫描特征类似，也可以通过引导线扫描曲面。

下面介绍扫描曲面的操作步骤。

【操作步骤】

（1）新建一个文件，在左侧的 FeatureManager 设计树中选择“前视基准面”作为草绘基准面。

（2）单击“草图”控制面板中的“样条曲线”按钮，在步骤 1 中设置的基准面上绘制一个样条曲线，作为扫描曲面的轮廓，如图 13-8 所示，然后退出草图绘制状态。

（3）在左侧的 FeatureManager 设计树中选择“上视基准面”，然后单击“标准视图”工具栏中的“正视于”按钮，将右视基准面作为草绘基准面。

（4）单击“草图”控制面板中的“样条曲线”按钮，在步骤 3 中设置的基准面上绘制一个样条曲线，作为扫描曲面的路径，如图 13-9 所示，然后退出草图绘制状态。

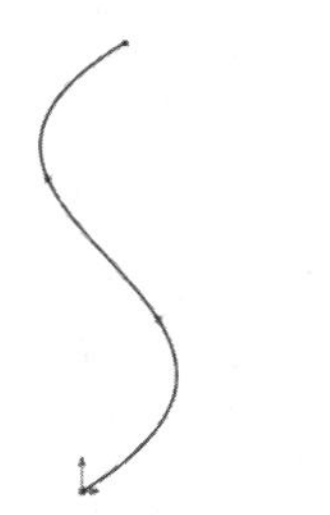

图 13-8　绘制样条曲线 1

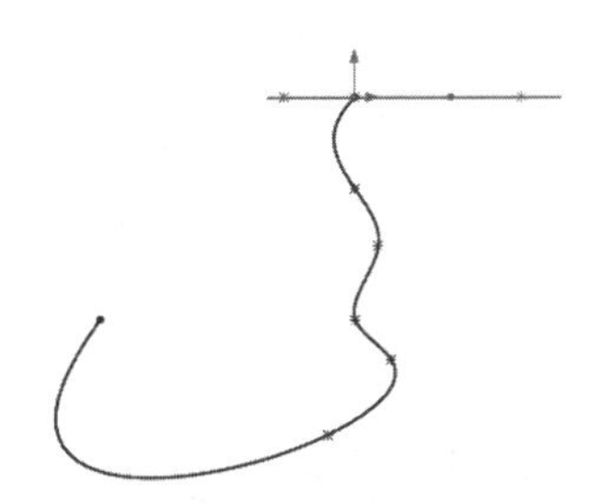

图 13-9　绘制样条曲线 2

（5）单击“曲面”控制面板中的“扫描曲面”按钮，系统弹出“曲面-扫描”属性管理器。

（6）在（轮廓）列表框中，选择步骤 2 中绘制的样条曲线；在（路径）列表框中，选择步骤 4 中绘制的样条曲线，如图 13-10 所示。单击（确定）按钮，完成曲面扫描。

（7）单击“标准视图”工具栏中的“等轴测”按钮，将视图以等轴测方向显示。创建的扫描曲面如图 13-11 所示。

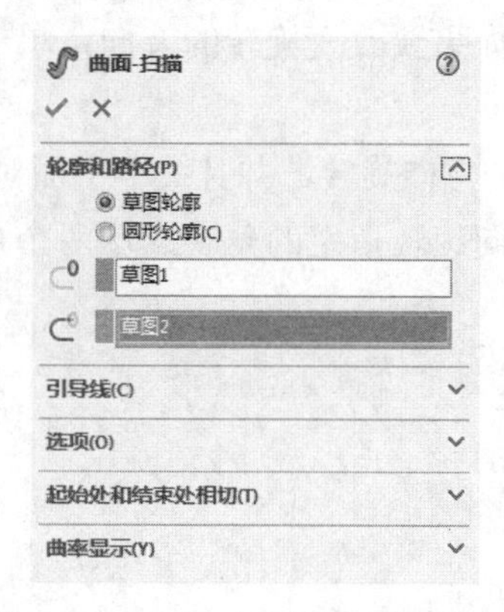

图 13-10　“曲面-扫描”属性管理器

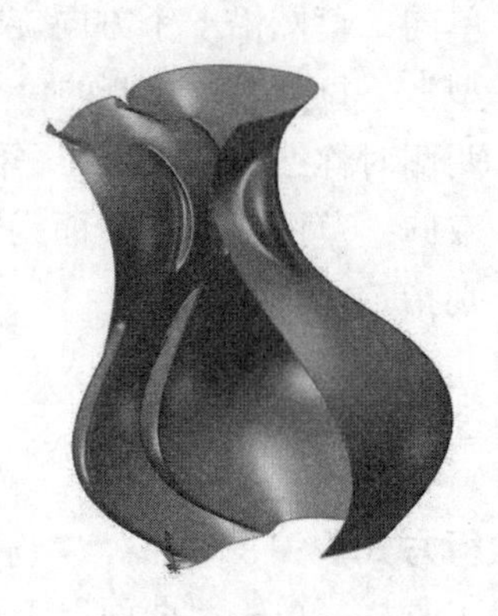

图 13-11　扫描曲面

技巧荟萃：

在使用引导线扫描曲面时，引导线必须贯穿轮廓草图，通常需要在引导线和轮廓草图之间建立重合和穿透几何关系。

扫一扫，看视频

13.1.4　放样曲面

【执行方式】

- 工具栏：单击“曲面”工具栏中的“放样曲面”按钮。
- 菜单栏：选择“插入”→“曲面”→“放样曲面”命令。
- 控制面板：单击“曲面”控制面板中的“放样曲面”按钮。

放样曲面是指通过曲线之间的平滑过渡而生成曲面的方法。放样曲面主要由放样的轮廓曲线组成，如果有必要可以使用引导线。

下面介绍放样曲面的操作步骤。

【操作步骤】

（1）单击“曲面”控制面板中的“放样曲面”按钮，系统弹出“曲面-放样”属性管理器。

（2）在“轮廓”选项组中，依次选择如图 13-12 所示的样条曲线 1、样条曲线 2 和样条曲线 3，如图 13-13 所示。

（3）单击属性管理器中的（确定）按钮，创建的放样曲面如图 13-14 所示。

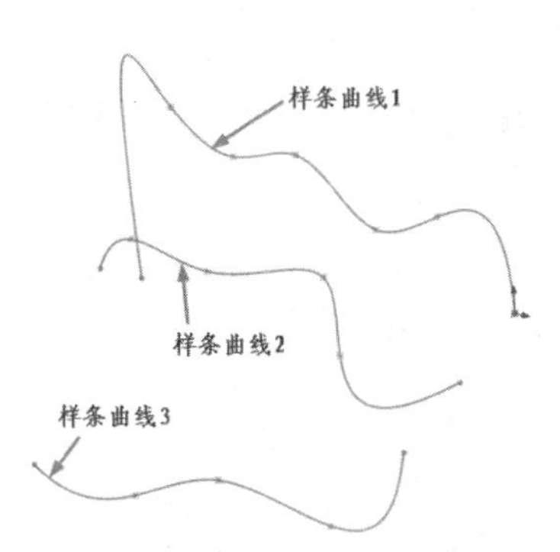

图 13-12 源文件

图 13-13 “曲面-放样”属性管理器

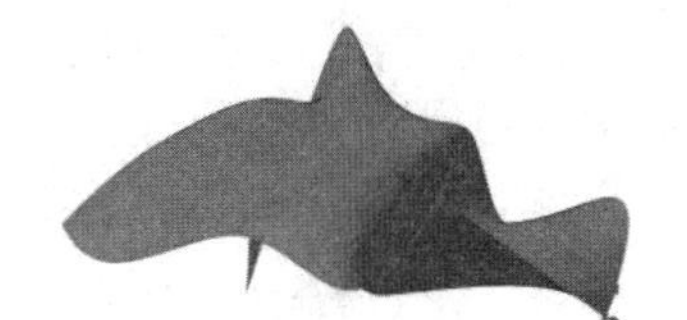

图 13-14 放样曲面

技巧荟萃：

（1）放样曲面时，轮廓曲线的基准面不一定要平行。

（2）放样曲面时，可以应用引导线控制放样曲面的形状。

13.1.5 等距曲面

【执行方式】

- 工具栏：单击“曲面”工具栏中的“等距曲面”按钮。
- 菜单栏：选择“插入”→“曲面”→“等距曲面”命令。
- 控制面板：单击“曲面”控制面板中的“等距曲面”按钮。

等距曲面是指将已经存在的曲面以指定的距离生成另一个曲面，该曲面可以是模型的轮廓面，也可以是绘制的曲面。

下面介绍等距曲面的操作步骤。

【操作步骤】

（1）单击“曲面”控制面板中的“等距曲面”按钮，系统弹出“等距曲面”属性管理器。

（2）在（要等距的曲面或面）列表框中，选择如图 13-15 所示的面 1；在（等距距离）文本框中输入 60，并注意调整等距曲面的方向，如图 13-16 所示。

（3）单击（确定）按钮，生成的等距曲面如图 13-17 所示。

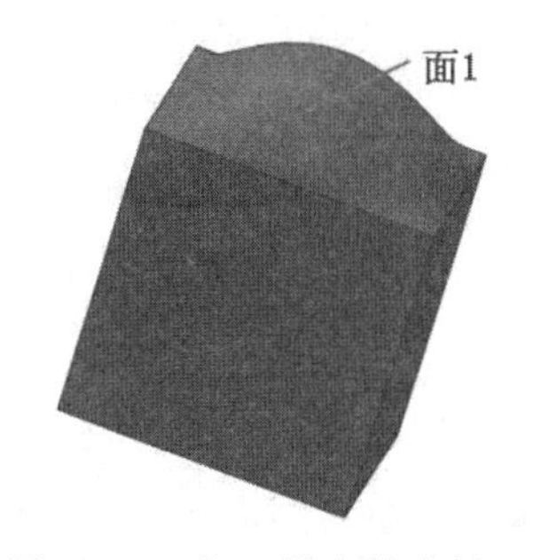

图 13-15 打开的文件实体

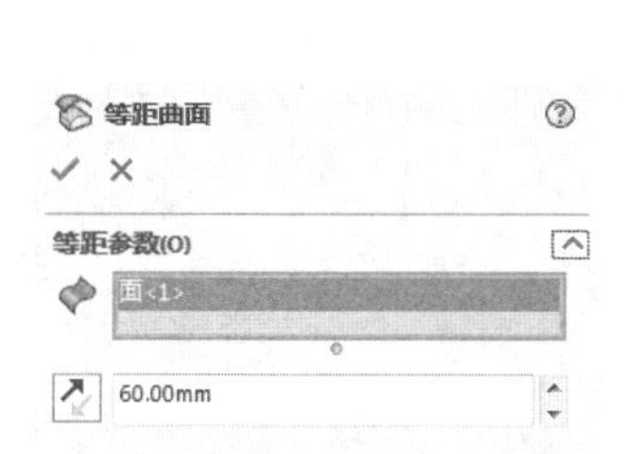

图 13-16 “等距曲面”属性管理器

图 13-17 等距曲面

技巧荟萃：

等距曲面可以生成距离为 0 的等距曲面，用于生成一个独立的轮廓面。

扫一扫，看视频

13.1.6 延展曲面

【执行方式】

- 工具栏：单击“曲面”工具栏中的“延展曲面”按钮。
- 菜单栏：选择“插入”→“曲面”→“延展曲面”命令。

延展曲面是指通过沿所选平面方向延展实体或者曲面的边线来生成曲面。延展曲面主要通过指定延展曲面的参考方向、参考边线和延展距离来确定。

下面介绍延展曲面的操作步骤。

【操作步骤】

（1）选择菜单栏中的“插入”→“曲面”→“延展曲面”命令，或者单击“曲面”工具栏中的“延展曲面”按钮，系统弹出“延展曲面”属性管理器。

（2）在（延展方向参考）列表框中，选择如图 13-18 所示的面 2；在（要延展的边线）列表框中，选择如图 13-18 所示的边线 1，如图 13-19 所示。

（3）单击（确定）按钮，生成的延展曲面如图 13-20 所示。

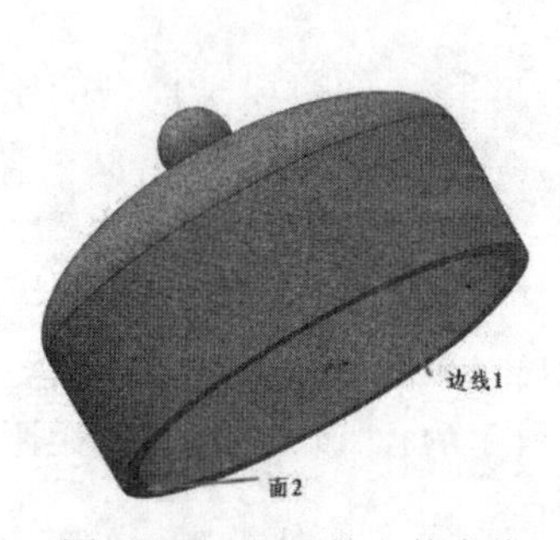

图 13-18　打开的文件实体

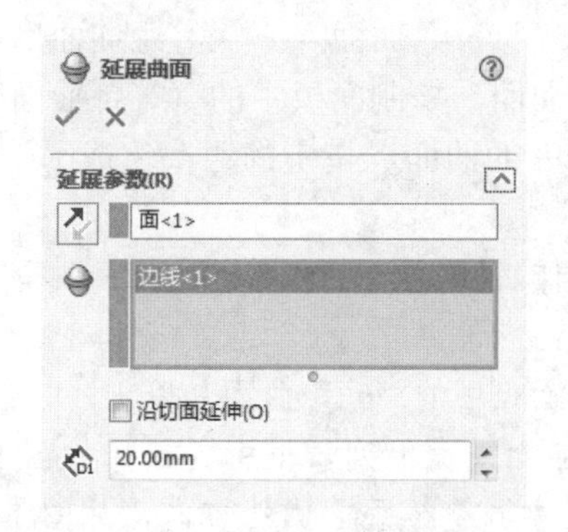

图 13-19　“延展曲面”属性管理器

图 13-20　延展曲面

生成的曲面可以进行编辑，在SOLIDWORKS 2018中如果修改相关曲面中的一个曲面，另一个曲面也将进行相应的修改。SOLIDWORKS提供了缝合曲面、延伸曲面、剪裁曲面、填充曲面、中面、替换面、删除面、解除剪裁曲面、分型面和直纹曲面等多种曲面编辑方式，相应的曲面编辑按钮在“曲面”工具栏中。

扫一扫，看视频

13.1.7 实例——灯罩

灯罩模型如图13-21所示。

图 13-21　灯罩

思路分析：

本例绘制的灯罩利用曲面放样命令放样实体，在绘制过程中绘制多个不同平面草图，大量使用草图绘制工具，按要求绘制放样草图。流程图如图 13-22 所示。

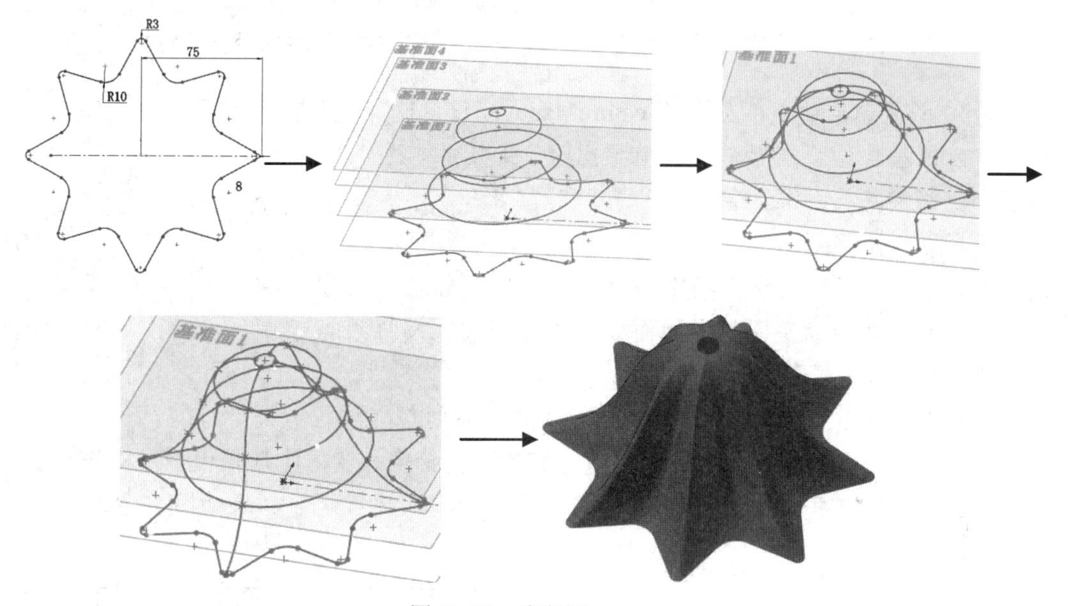

图 13-22　流程图

操作步骤

（1）新建文件。选择菜单栏中的“文件”→“新建”命令，或者单击“标准”工具栏中的“新建”按钮，在弹出的“新建 SOLIDWORKS 文件”对话框中先单击“零件”按钮，再单击“确定”按钮，创建一个新的零件文件。

（2）创建基准面。选择“插入”→“参考几何体”→“基准面”命令，或者单击“特征”控制面板“参考几何体”下拉列表中的“基准面”按钮，弹出如图 13-23 所示的“基准面”属性管理器。选择“前视基准面”为参考面，在中输入偏移距离为 20mm，单击“确定”按钮，完成基准面 1 的创建。重复“基准面”命令，分别创建距离前视基准面为 40mm、60mm 和 70mm 的基准面，如图 13-24 所示。

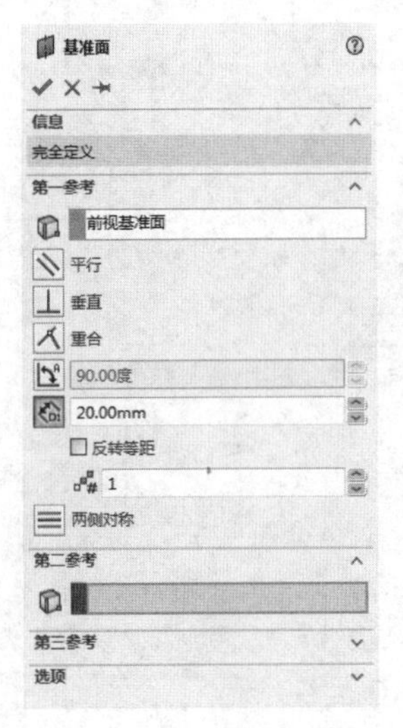

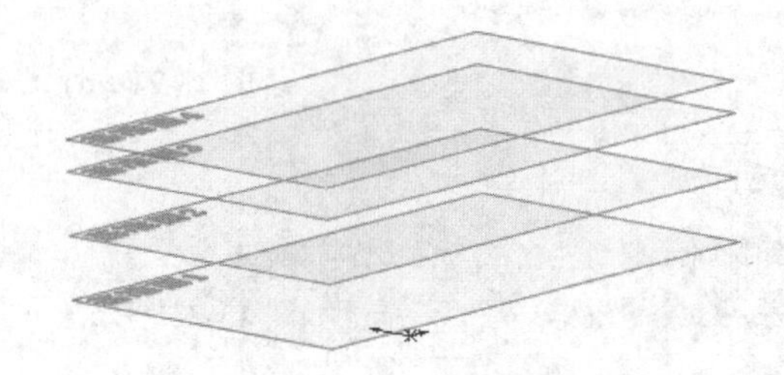

图 13-23 “基准面”属性管理器　　图 13-24 创建基准面

（3）设置基准面。在左侧“FeatureManager 设计树”中用鼠标选择“前视基准面”，然后单击“前导视图”工具栏中的“正视于”按钮，将该基准面作为绘制图形的基准面。

（4）绘制草图。

①单击“草图”控制面板中的“中心线”按钮，绘制一条水平中心线，单击“草图”控制面板中的“直线”按钮，绘制如图 13-25 所示的草图并标注尺寸。

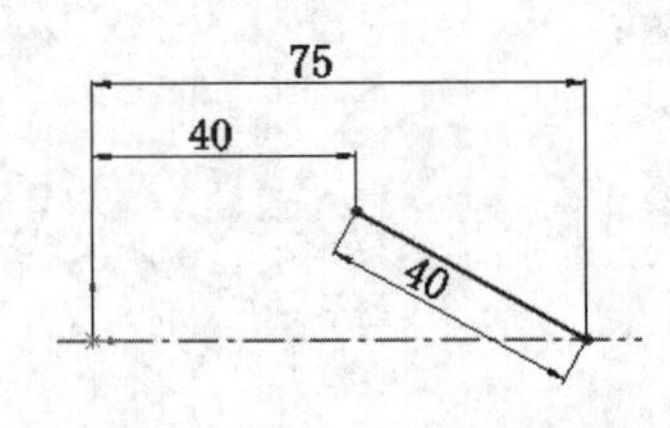

图 13-25 绘制的草图

②单击“草图”控制面板中的“镜像实体”按钮，弹出“镜像实体”属性管理器，选择上一步创建的直线为要镜像的实体，选择水平中心线为镜像点，勾选“复制”复选框，如图 13-26 所示。单击“确定”按钮，结果如图 13-27 所示。

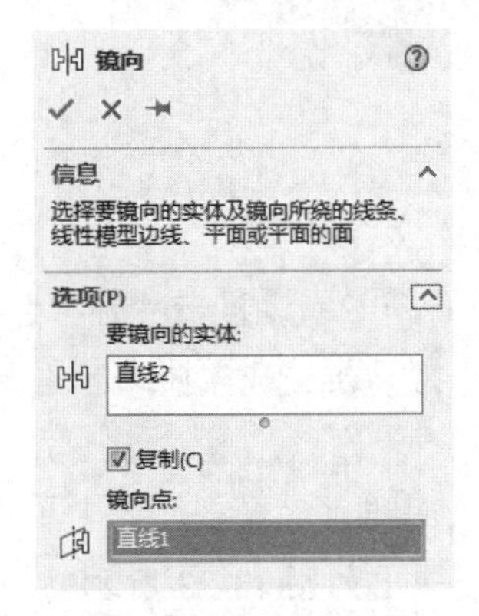

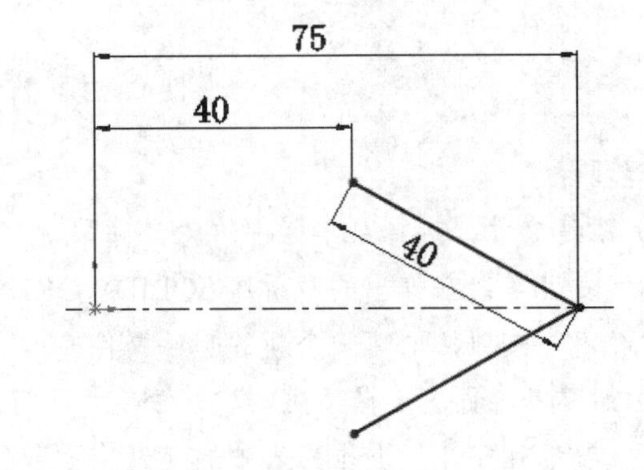

图 13-26 “镜像”属性管理器　　图 13-27 镜像草图

③单击“草图”控制面板中的“圆周阵列”按钮，弹出“圆周阵列”属性管理器，选择上两步创建的直线为圆周阵列实体，选择坐标原点为中心点，输入阵列个数为 8，勾选“等

间距”复选框，如图 13-28 所示。单击“确定”按钮✔，结果如图 13-29 所示。

图 13-28　“圆周阵列”属性管理器

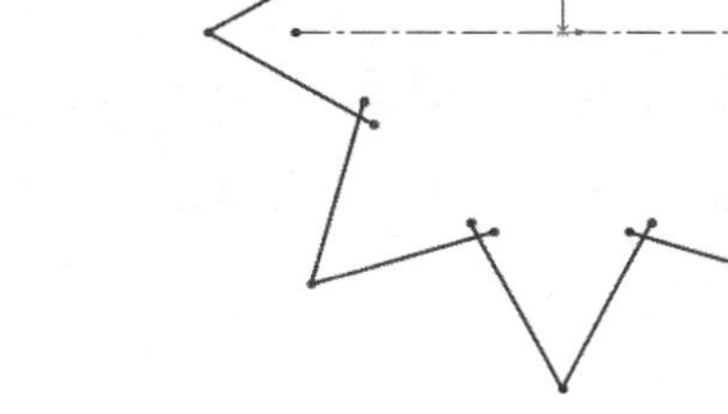

图 13-29　圆周阵列直线

④单击“草图”控制面板中的“绘制圆角”按钮，弹出“绘制圆角”属性管理器，输入圆角半径为 10，如图 13-30 所示。单击“确定”按钮✔，结果如图 13-31 所示。

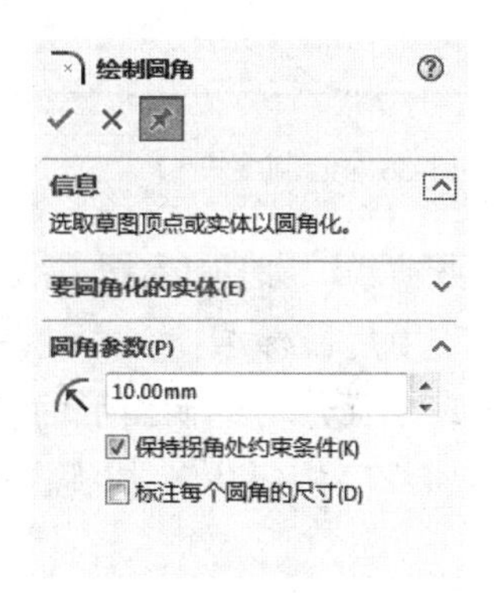

图 13-30　“绘制圆角”属性管理器

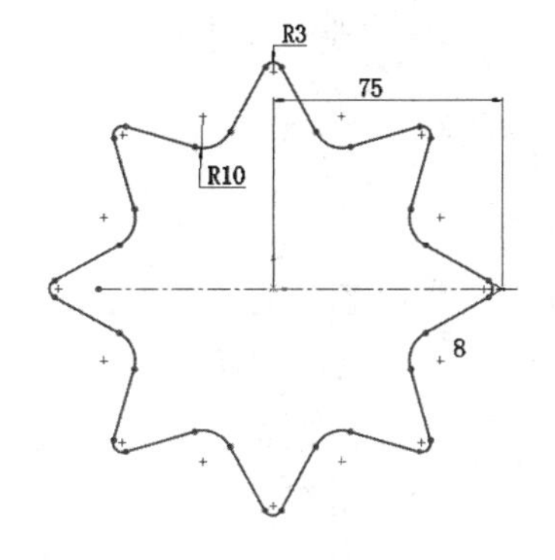

图 13-31　绘制圆角

（5）设置基准面。在左侧“FeatureManager 设计树”中用鼠标选择“基准面 1”，然后单击“标准视图”工具栏中的“正视于”按钮，将该基准面作为绘制图形的基准面。

（6）绘制草图。单击“草图”控制面板中的“圆”按钮，在坐标原点处绘制直径为 90mm 的圆。

（7）设置基准面。在左侧“FeatureManager 设计树”中用鼠标选择“基准面 2”，然后单击“标准视图”工具栏中的“正视于”按钮，将该基准面作为绘制图形的基准面。

（8）绘制草图。单击“草图”控制面板中的“圆”按钮，在坐标原点处绘制直径为 70mm 的圆。

（9）设置基准面。在左侧“FeatureManager 设计树”中用鼠标选择“基准面 3”，然后单击“标准视图”工具栏中的“正视于”按钮，将该基准面作为绘制图形的基准面。

（10）绘制草图。单击“草图”控制面板中的“圆”按钮，在坐标原点处绘制直径为50mm的圆。

（11）设置基准面。在左侧“FeatureManager 设计树”中用鼠标选择“基准面 4”，然后单击“标准视图”工具栏中的“正视于”按钮，将该基准面作为绘制图形的基准面。

（12）绘制草图。单击“草图”控制面板中的“圆”按钮，在坐标原点处绘制直径为10mm的圆，结果如图13-32所示。

（13）设置基准面。在左侧“FeatureManager 设计树”中用鼠标选择“上视基准面”，然后单击“标准视图”工具栏中的“正视于”按钮，将该基准面作为绘制图形的基准面。

（14）绘制草图。单击“草图”控制面板中的“样条曲线”按钮，捕捉圆的节点绘制样条曲线，结果如图13-33所示。单击“退出草图”按钮，退出草图。

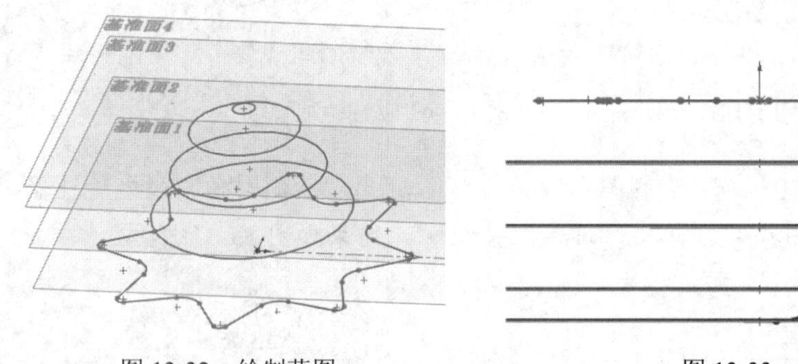

图13-32　绘制草图

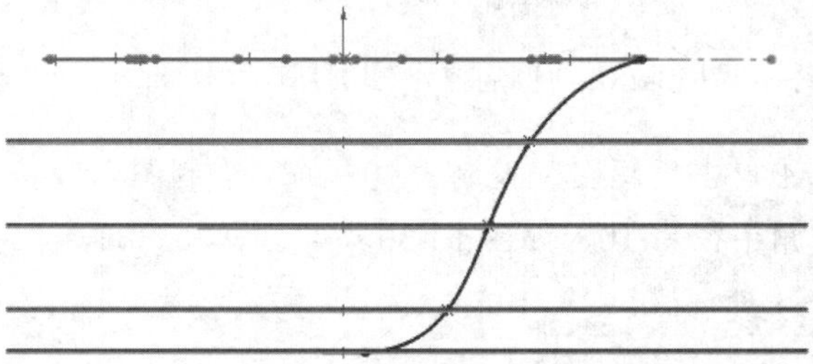

图13-33　绘制草图

（15）重复上面两步，在上视基准面的另一侧创建样条曲线，如图13-34所示。

（16）设置基准面。在左侧“FeatureManager 设计树”中用鼠标选择“右视基准面”，然后单击“标准视图”工具栏中的“正视于”按钮，将该基准面作为绘制图形的基准面。

（17）绘制草图。单击“草图”控制面板中的“样条曲线”按钮，捕捉圆的节点绘制样条曲线。单击“退出草图”按钮，退出草图。

（18）重复上面两步，在右视基准面的另一侧创建样条曲线，如图13-35所示。

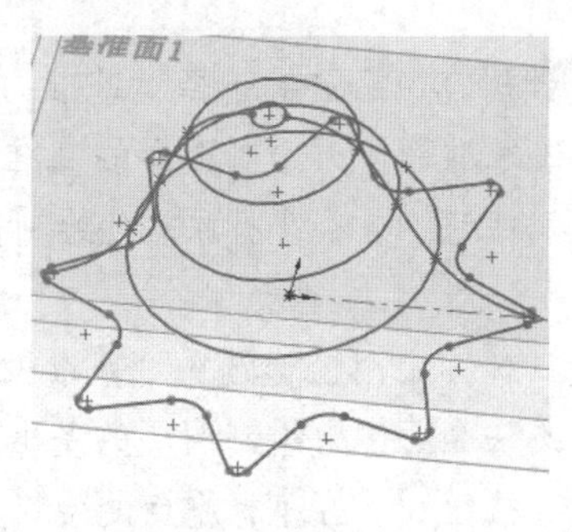

图13-34　绘制草图

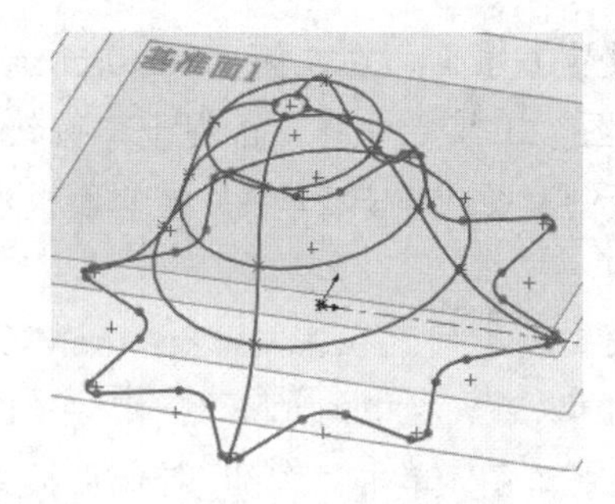

图13-35　绘制草图

（19）放样曲面。单击“曲面”控制面板中的“放样曲面”按钮，此时系统弹出如

图 13-36 所示的“曲面-放样”属性管理器。选择草图 1 和草图 5 为轮廓，选择四条样条曲线为引导性，单击属性管理器中的“确定”按钮✔，结果如图 13-37 所示。

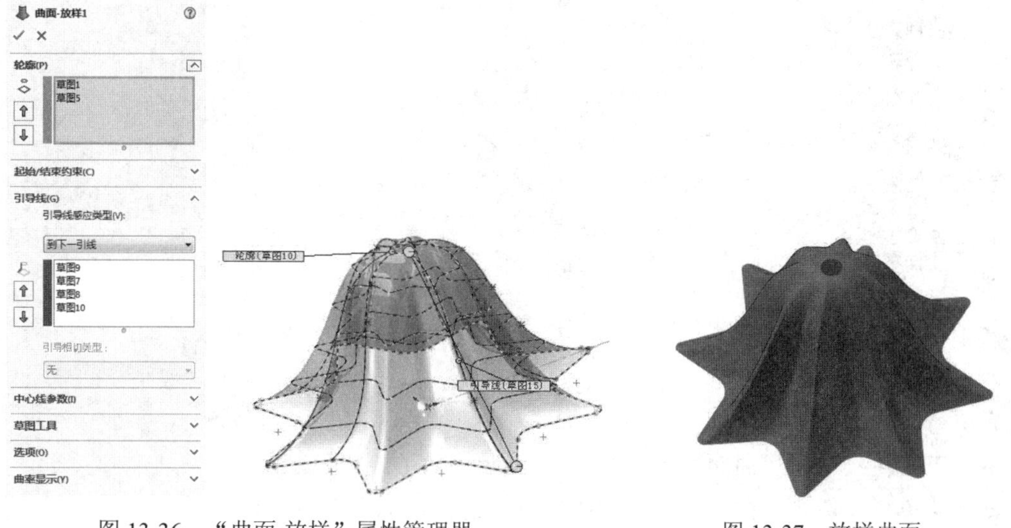

图 13-36　“曲面-放样”属性管理器　　　图 13-37　放样曲面

13.2　编辑曲面

扫一扫，看视频

13.2.1　缝合曲面

【执行方式】

- 工具栏：单击“曲面”工具栏中的“缝合曲面”按钮。
- 菜单栏：选择“插入”→“曲面”→“缝合曲面”命令。
- 控制面板：单击“曲面”控制面板中的“缝合曲面”按钮。

缝合曲面是将两个或者多个平面或者曲面组合成一个面。

下面介绍缝合曲面的操作步骤。

【操作步骤】

（1）选择菜单栏中的“插入”→“曲面”→“缝合曲面”命令，或者单击“曲面”工具栏中的“缝合曲面”按钮，系统弹出“缝合曲面”属性管理器。

（2）单击（要缝合的曲面和面）列表框，选择如图 13-38 所示的面 1、面 2 和面 3。

图 13-38　打开的文件实体

（3）单击✔（确定）按钮，生成缝合曲面。

技巧荟萃：

使用曲面缝合时，要注意以下几项。
（1）曲面的边线必须相邻并且不重叠。
（2）曲面不必处于同一基准面上。
（3）缝合的曲面实体可以是一个或多个相邻曲面实体。
（4）缝合曲面不吸收用于生成它们的曲面。
（5）在缝合曲面形成一闭合体积或保留为曲面实体时生成一实体。
（6）在使用基面选项缝合曲面时，必须使用延展曲面。
（7）曲面缝合前后，曲面和面的外观没有任何变化。

扫一扫，看视频

13.2.2 延伸曲面

【执行方式】

- 工具栏：单击“曲面”工具栏中的“延伸曲面”按钮。
- 菜单栏：选择“插入”→“曲面”→“延伸曲面”命令。
- 控制面板：单击“曲面”控制面板中的“延伸曲面”按钮。

延伸曲面是指将现有曲面的边缘，沿着切线方向，以直线或者随曲面的弧度方向产生附加的延伸曲面。

下面介绍延伸曲面的操作步骤。

【操作步骤】

（1）单击“曲面”控制面板中的“延伸曲面”按钮，系统弹出“延伸曲面”属性管理器。

（2）单击（所选面/边线）列表框，选择如图 13-39 所示的边线 1；选中“距离”单选按钮，在（距离）文本框中输入 60；在“延伸类型”选项组中，选中“同一曲面”单选按钮，如图 13-40 所示。

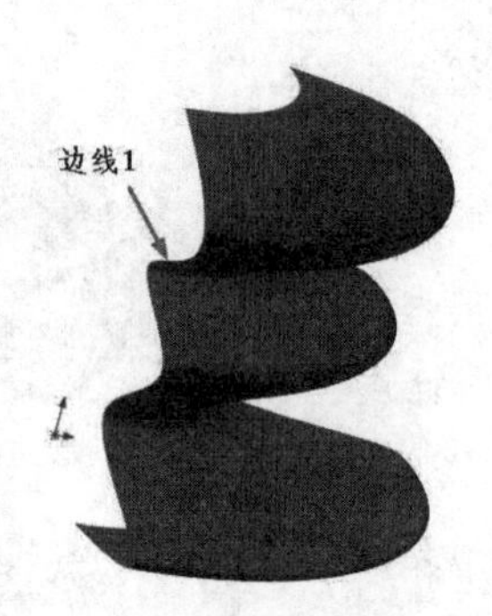

图 13-39　打开的文件实体

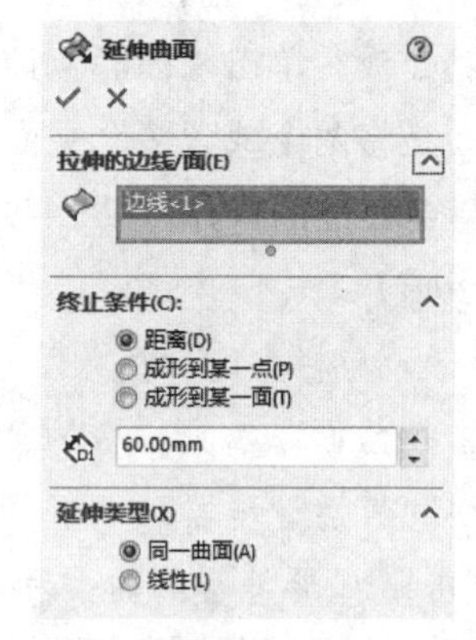

图 13-40　“延伸曲面”属性管理器

（3）单击（确定）按钮，生成的延伸曲面如图 13-41 所示。

延伸曲面的延伸类型有两种方式：一种是同一曲面类型，是指沿曲面的几何体延伸曲面；

另一种是线性类型，是指沿边线相切于原有曲面来延伸曲面。如图 13-41 所示是使用同一曲面类型生成的延伸曲面，如图 13-42 所示是使用线性类型生成的延伸曲面。

图 13-41　同一曲面类型生成的延伸曲面

图 13-42　线性类型生成的延伸曲面

在“延伸曲面”属性管理器的“终止条件”选项中，各单选按钮的意义如下。

- 距离：按照在（距离）文本框中指定的数值延伸曲面。
- 成形到某一面：将曲面延伸到（曲面/面）列表框中选择的曲面或者面。
- 成形到某一点：将曲面延伸到（顶点）列表框中选择的顶点或者点。

13.2.3　剪裁曲面

扫一扫，看视频

剪裁曲面是指使用曲面、基准面或者草图作为剪裁工具来剪裁相交曲面，也可以将曲面和其他曲面联合使用作为相互的剪裁工具。

【执行方式】

- 工具栏：单击“曲面”工具栏中的“剪裁曲面”按钮。
- 菜单栏：选择“插入”→“曲面”→“剪裁曲面”命令。
- 控制面板：单击“曲面”控制面板中的“剪裁曲面”按钮。

剪裁曲面有标准和相互两种类型。标准类型是指使用曲面、草图实体、曲线、基准面等来剪裁曲面；相互类型是指曲面本身来剪裁多个曲面。

下面介绍两种类型剪裁曲面的操作步骤。

【操作步骤】

1．标准类型剪裁曲面

（1）单击“曲面”控制面板中的“剪裁曲面”按钮，系统弹出“剪裁曲面”属性管理器。

（2）在“剪裁类型”选项组中，选中“标准”单选按钮；选中“保留选择”单选按钮，并在（剪裁曲面、基准面或草图）列表框中，选择如图 13-43 所示的曲面 2 所标注处，在（保留的部分）列表框中选择曲面 1 所标注处。属性管理器设置如图 13-44 所示。

图 13-43　打开的文件实体

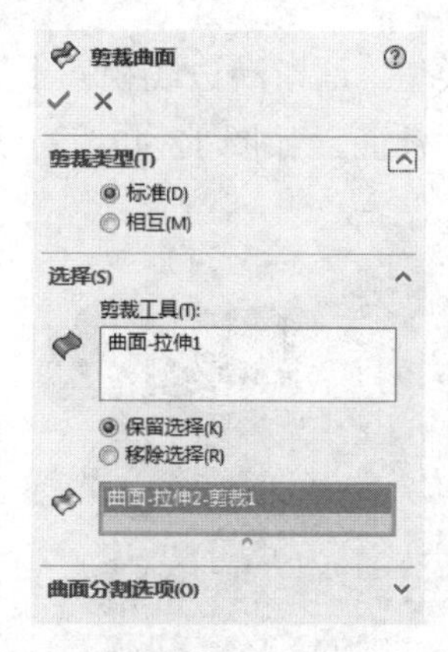

图 13-44　“剪裁曲面”属性管理器 1

（3）单击（确定）按钮，生成剪裁曲面。保留选择的剪裁图形如图 13-45 所示。

如果在“剪裁曲面”属性管理器中选中“移除选择”单选按钮，并在（剪裁曲面、基准面或草图）列表框中，选择如图13-43所示的曲面1所标注处，在（保留的部分）列表框中选择曲面2所标注处，则会移除曲面1下面的曲面2部分。移除选择的剪裁图形如图13-46所示。

图 13-45　保留选择的剪裁图形 1

图 13-46　移除选择的剪裁图形 1

2．相互类型剪裁曲面

（1）单击“曲面”控制面板中的“剪裁曲面”按钮，系统弹出“剪裁曲面”属性管理器。

（2）在“剪裁类型”选项组中，选中“相互”单选按钮；在“剪裁工具”列表框中，选择如图 13-43 所示的曲面 1 和曲面 2；选中“保留选择”单选按钮，并在（保留的部分）列表框中选择如图 13-43 所示的曲面 1 左侧和曲面 2 下侧。其他设置如图 13-47 所示。

（3）单击（确定）按钮，生成剪裁曲面。保留选择的剪裁图形如图 13-48 所示。

如果在“剪裁曲面”属性管理器中选中“移除选择”单选按钮，并在（要移除的部分）列表框中，选择如图13-43所示的曲面1和曲面2所标注处，则会移除曲面1

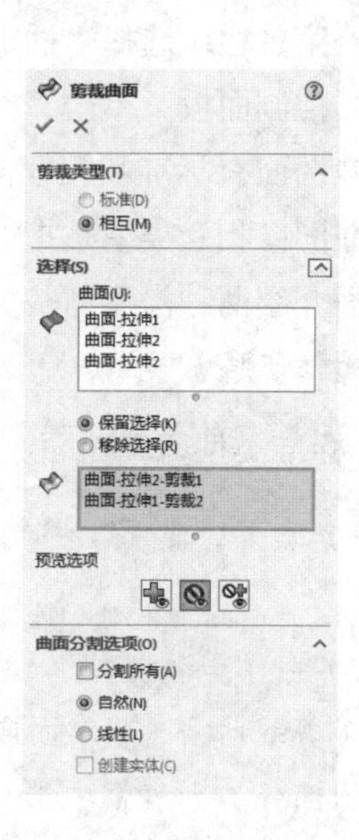

图 13-47　“剪裁曲面”属性管理器 2

和曲面2的所选择部分。移除选择的剪裁图形如图13-49所示。

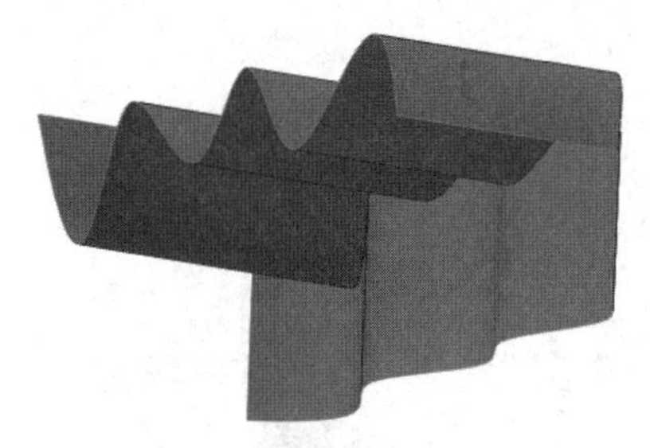

图 13-48　保留选择的剪裁图形 2

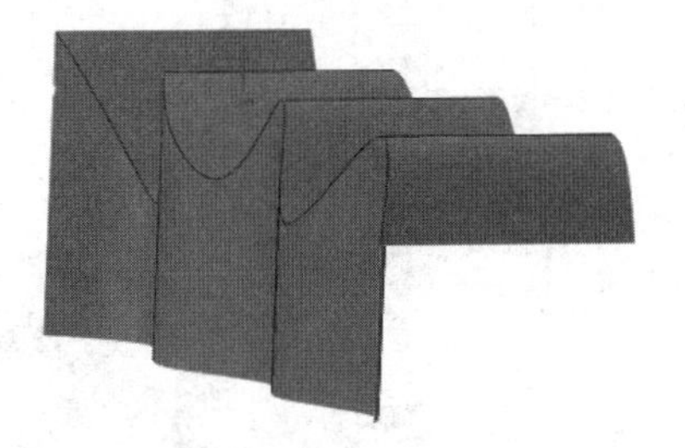

图 13-49　移除选择的剪裁图形 2

扫一扫，看视频

13.2.4　填充曲面

【执行方式】

- 工具栏：单击“曲面”工具栏中的“填充曲面”按钮。
- 菜单栏：选择“插入”→“曲面”→“填充”命令。
- 控制面板：单击“曲面”控制面板中的“填充曲面”按钮。

填充曲面是指在现有模型边线、草图或者曲线定义的边界内构成带任何边数的曲面修补。填充曲面通常用在以下几种情况中。

- 纠正没有正确输入到 SOLIDWORKS 中的零件，如该零件有丢失的面。
- 填充型心和型腔造型零件中的孔。
- 构建用于工业设计的曲面。
- 生成实体模型。
- 用于包括作为独立实体的特征或合并这些特征。

下面介绍填充曲面的操作步骤。

【操作步骤】

（1）单击“曲面”控制面板中的“填充曲面”按钮，系统弹出“填充曲面”属性管理器。

（2）在“修补边界”选项组中，依次选择如图 13-50 所示的边线 1、边线 2、边线 3、边线 4、边线 5 和边线 6，其他设置如图 13-51 所示。

（3）单击✔（确定）按钮，生成的填充曲面如图 13-52 所示。

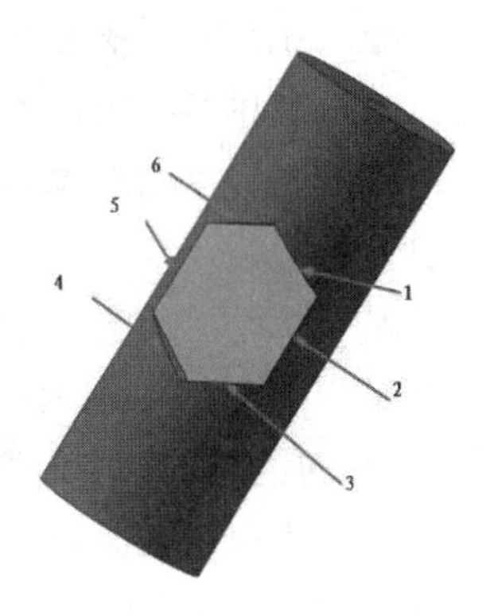

图 13-50　打开的文件实体

技巧荟萃：

进行拉伸切除实体时，一定要注意调节拉伸切除的方向，否则系统会提示所进行的切除不与模型相交，或者切除的实体与所需要的切除相反。

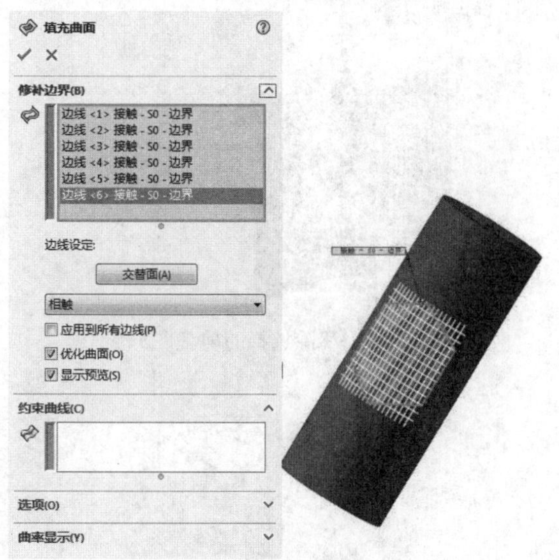

图 13-51 “填充曲面”属性管理器　　图 13-52 填充曲面

扫一扫，看视频

13.2.5 中面

中面工具可让在实体上合适的所选双对面之间生成中面。合适的双对面应该处处等距，并且必须属于同一实体。

【执行方式】

- 工具栏：单击“曲面”工具栏中的“中面”按钮。
- 菜单栏：选择“插入”→“曲面”→“中面”命令。

与所有在 SOLIDWORKS 中生成的曲面相同，中面包括所有曲面的属性。中面通常有以下几种情况。

- 单个：从图形区中选择单个等距面生成中面。
- 多个：从图形区中选择多个等距面生成中面。
- 所有：单击“曲面-中间面”属性管理器中的“查找双对面”按钮，让系统选择模型上所有合适的等距面，用于生成所有等距面的中面。

下面介绍中面的操作步骤。

【操作步骤】

（1）选择菜单栏中的“插入”→“曲面”→“中面”命令，或者单击“曲面”工具栏中的“中面”按钮，系统弹出“中间”属性管理器。

（2）在“面 1”列表框中，选择如图 13-53 所示的面 1；在“面 2”列表框中，选择如图 13-53 所示的面 2；在“定位”文本框中输入 50。“中面”属性管理器设置如图 13-54 所示。

（3）单击（确定）按钮，生成的中面如图 13-55 所示。

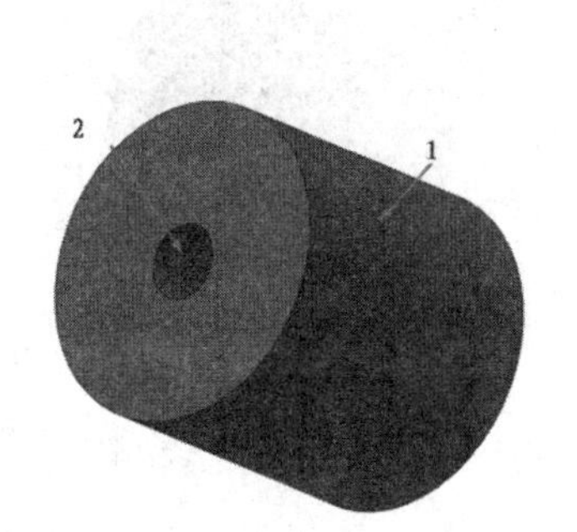

图 13-53　打开的文件实体

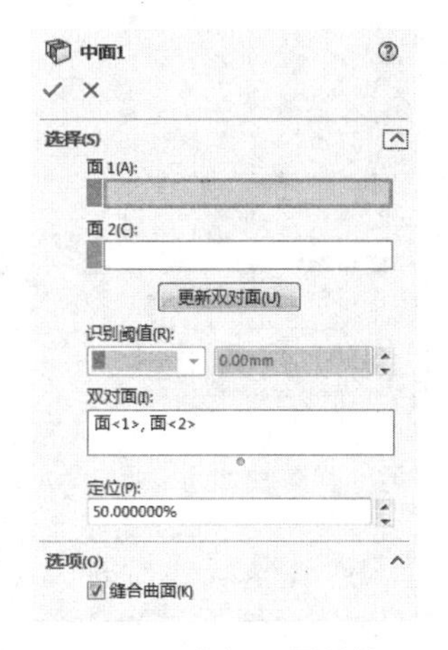

图 13-54　“中间”属性管理器

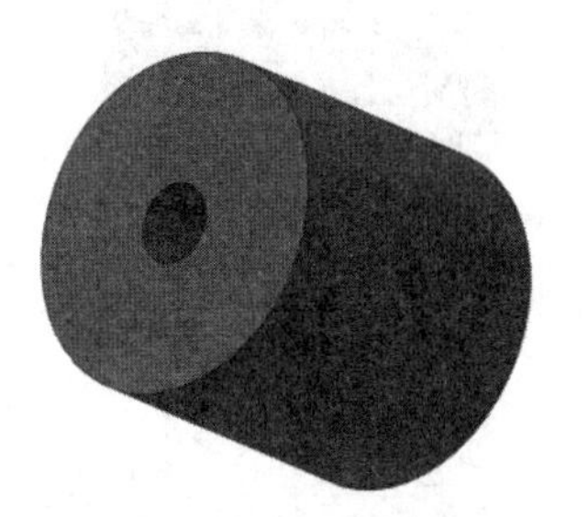

图 13-55　创建中面

技巧荟萃：

生成中面的定位值，是从面 1 的位置开始，位于面 1 和面 2 之间。

13.2.6　替换面

【执行方式】

- 工具栏：单击“曲面”工具栏中的“替换面”按钮。
- 菜单栏：选择“插入”→“面”→“替换”命令。
- 控制面板：单击“曲面”控制面板中的“替换面”按钮。

替换面是指以新曲面实体来替换曲面或者实体中的面。替换曲面实体不必与旧的面具有相同的边界。在替换面时，原来实体中的相邻面自动延伸并剪裁到替换曲面实体。

替换面通常有以下几种情况。

- 以一曲面实体替换另一个或者一组相联的面。
- 在单一操作中，用一相同的曲面实体替换一组以上相联的面。
- 在实体或曲面实体中替换面。

在上面的几种情况中，比较常用的是用一曲面实体替换另一个曲面实体中的一个面。下面介绍该替换面的操作步骤。

【操作步骤】

（1）单击“曲面”控制面板中的“替换面”按钮，系统弹出“替换面 1”属性管理器。

（2）在（替换的目标面）列表框中，选择如图 13-56 所示的面 2；在（替换曲面）列表框中，选择如图 13-56 所示的曲面 1，如图 13-57 所示。

（3）单击✔（确定）按钮，生成的替换面如图 13-58 所示。

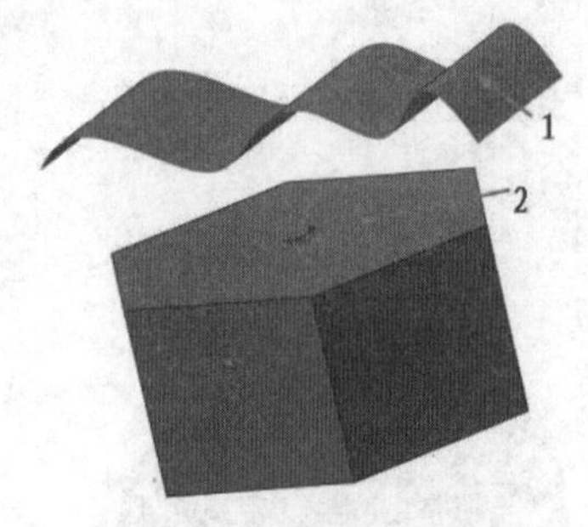

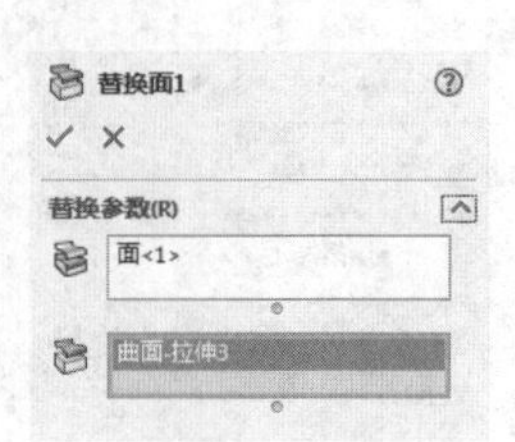

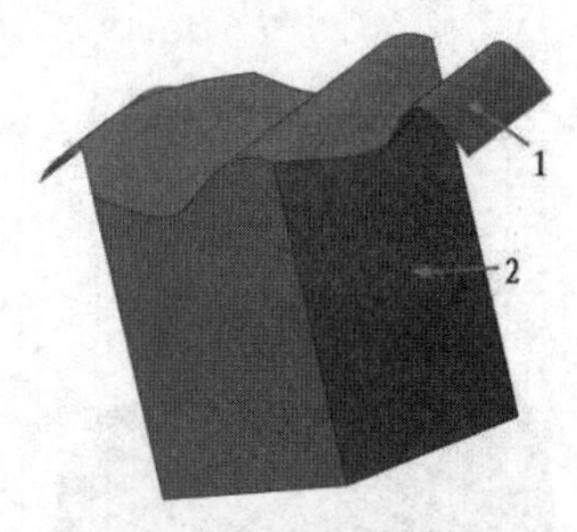

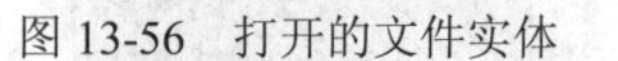

图 13-56　打开的文件实体　　图 13-57　“替换面 1”属性管理器　　图 13-58　创建替换面

（4）右击如图 13-58 所示的曲面 1，在系统弹出的快捷菜单中单击（隐藏）按钮，如图 13-59 所示。隐藏目标面后的实体如图 13-60 所示。

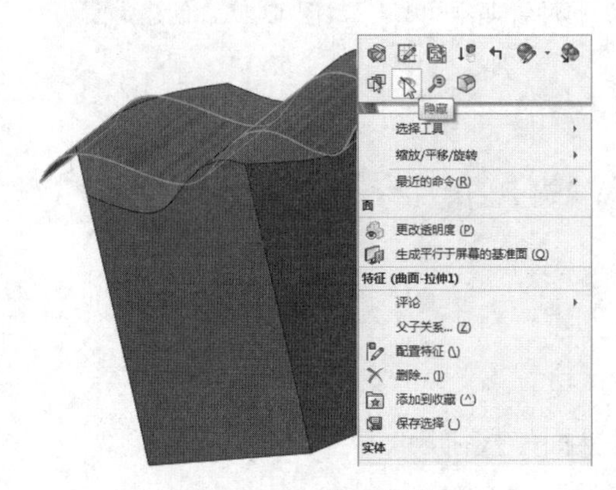

图 13-59　快捷菜单

图 13-60　隐藏目标面后的实体

在替换面中，替换的面有两个特点：一是必须替换，必须相联；二是不必相切。替换曲面实体可以是以下几种类型之一。

- 可以是任何类型的曲面特征，如拉伸、放样等。
- 可以是缝合曲面实体或者复杂的输入曲面实体。
- 通常比正替换的面要宽和长，但在某些情况下，当替换曲面实体比要替换的面小的时候，替换曲面实体会自动延伸以与相邻面相遇。

扫一扫，看视频

13.2.7　删除面

【执行方式】

- 工具栏：单击“曲面”工具栏中的“删除面”按钮。
- 菜单栏：选择“插入”→“面”→“删除”命令。
- 控制面板：单击“曲面”控制面板中的“删除面”按钮。

删除面通常有以下几种情况。

- 删除：从曲面实体删除面，或者从实体中删除一个或多个面来生成曲面。

- 删除并修补：从曲面实体或者实体中删除一个面，并自动对实体进行修补和剪裁。
- 删除并填补：删除面并生成单一面，将任何缝隙填补起来。

下面介绍删除面的操作步骤。

【操作步骤】

（1）单击“曲面”控制面板中的“删除面”按钮，系统弹出“删除面”属性管理器。

（2）在（要删除的面）列表框中，选择如图 13-61 所示的面 1；在“选项”选项组中选中“删除”单选按钮，如图 13-62 所示。

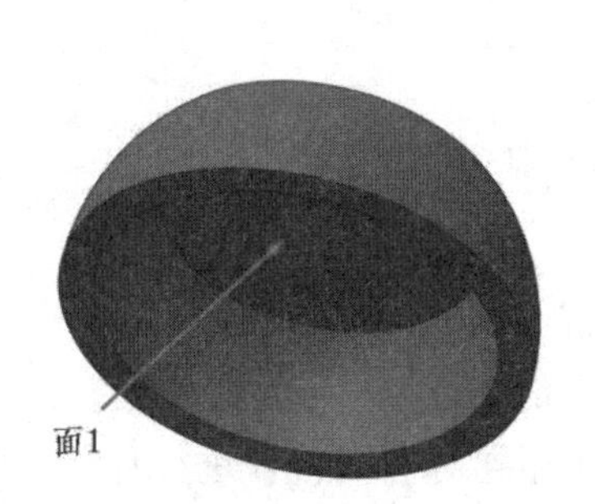

图 13-61　打开的文件实体

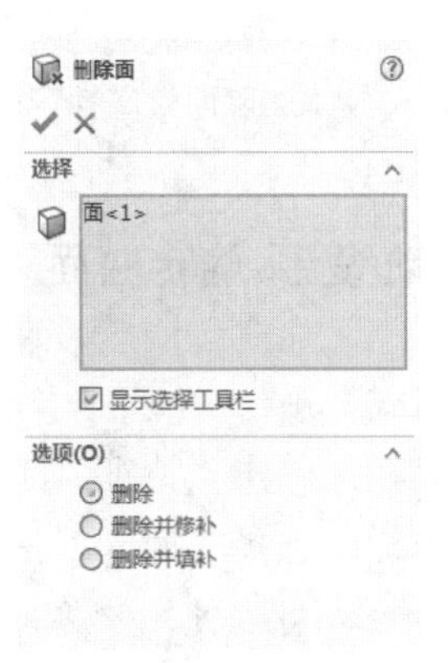

图 13-62　“删除面”属性管理器 1

（3）单击（确定）按钮，将选择的面删除。删除面后的实体如图 13-63 所示。

（4）执行删除面命令，可以将指定的面删除并修补。以如图 13-61 所示的实体为例，执行删除面命令时，在“删除面”属性管理器的（要删除的面）列表框中，选择如图 13-61 所示的面 1；在“选项”选项组中选中“删除并修补”单选按钮，然后单击（确定）按钮，面 1 被删除并修补。删除并修补面后的实体如图 13-64 所示。

图 13-63　删除面后的实体

图 13-64　删除并修补面后的实体

（5）执行删除面命令，可以将指定的面删除并填补删除面后的实体。以如图 13-61 所示的实体为例，执行删除面命令时，在“删除面”属性管理器的（要删除的面）列表框中，选择如图 13-61 所示的面 1；在“选项”选项组中选中“删除并填补”单选按钮，并勾选“相切填补”复选框。“删除面”属性管理器设置如图 13-65 所示。单击（确定）按钮，面 1 被删除并相切填充。删除并填补面后的实体如图 13-66 所示。

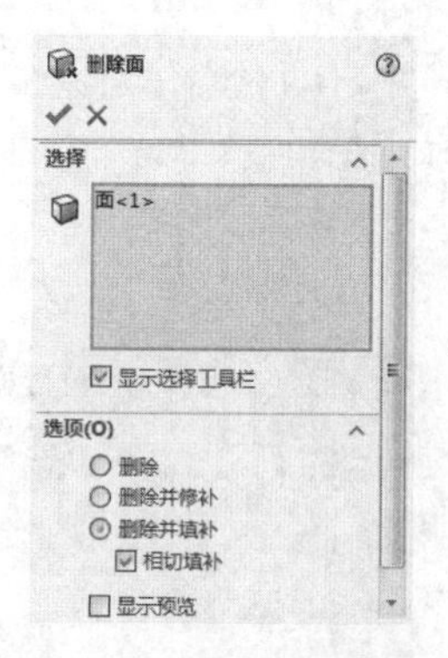

图 13-65 “删除面”属性管理器 2

图 13-66 删除并填补面后的实体

扫一扫，看视频

13.2.8 移动/复制/旋转曲面

【执行方式】

- 工具栏：单击“特征”工具栏中的“移动/复制实体”按钮
- 菜单栏：选择“插入”→“曲面”→“移动/复制”命令。

执行该命令，可以使用户像对拉伸特征、旋转特征那样对曲面特征进行移动、复制和旋转等操作。

【操作步骤】

1. 移动曲面

下面介绍移动曲面的操作步骤。

（1）选择菜单栏中的“插入”→“曲面”→“移动/复制”命令，系统弹出“移动/复制实体”属性管理器。

（2）单击最下面的“平移/旋转”按钮，在“要移动/复制的实体”选项组中，选择待移动的曲面，在“平移”选项组中输入 X、Y 和 Z 的相对移动距离。“移动/复制实体”属性管理器的设置及预览效果如图 13-67 所示。

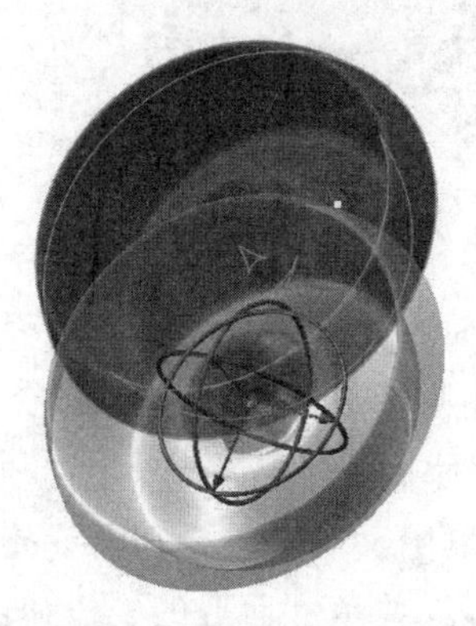

图 13-67 “移动/复制实体”属性管理器的设置及预览效果

（3）单击✔（确定）按钮，完成曲面的移动。

2. 复制曲面

下面介绍复制曲面的操作步骤。

（1）选择菜单栏中的“插入”→“曲面”→“移动/复制”命令，或者单击“特征”工具栏中的“移动/复制实体”按钮，系统弹出“移动/复制实体”属性管理器。

（2）在“要移动/复制的实体”选项组中，选择待移动和复制的曲面；勾选“复制”复选框，并在（复制数）文本框中输入 6；然后分别输入 X 相对复制距离、Y 相对复制距离和 Z 相对复制距离。“移动/复制实体”属性管理器的设置及预览效果如图 13-68 所示。

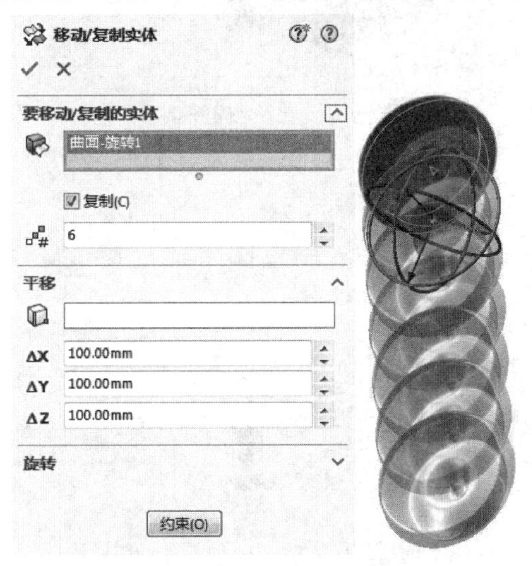

图 13-68 “移动/复制实体”属性管理器的设置及预览效果

（3）单击✔（确定）按钮，复制的曲面如图 13-69 所示。

图 13-69 复制曲面

3. 旋转曲面

下面介绍旋转曲面的操作步骤。

（1）选择菜单栏中的“插入”→“曲面”→“移动/复制”命令，或者单击“特征”工具栏中的“移动/复制实体”按钮，系统弹出“移动/复制实体”属性管理器。

（2）在“旋转”选项组中，分别输入 X 旋转原点、Y 旋转原点、Z 旋转原点、X 旋转角度、Y 旋转角度和 Z 旋转角度值。“移动/复制实体”属性管理器的设置及预览效果如图 13-70 所示。

（3）单击✔（确定）按钮，旋转后的曲面如图 13-71 所示。

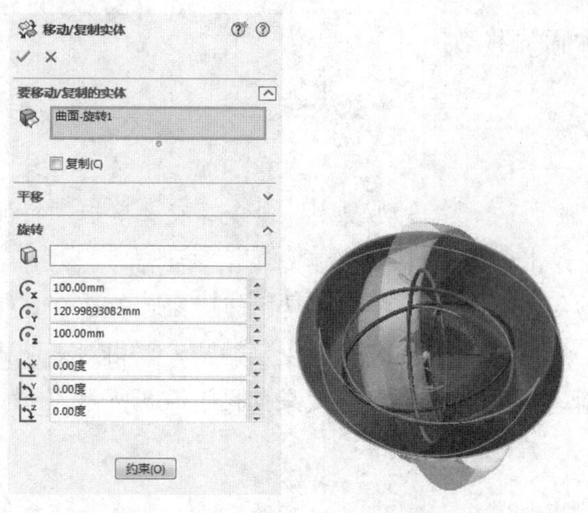

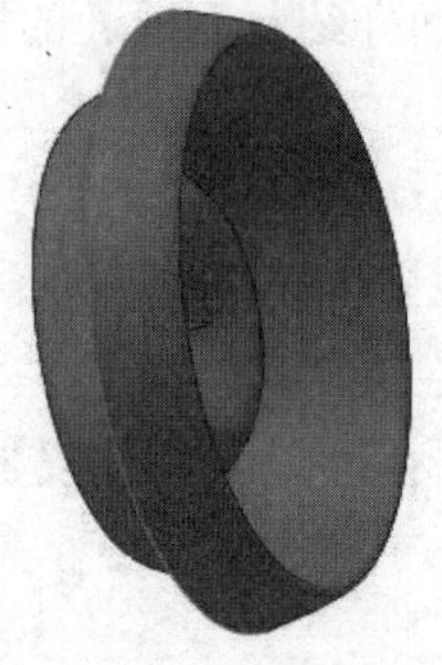

图 13-70 “移动/复制实体”属性管理器的设置及预览效果

图 13-71 旋转后的曲面

扫一扫，看视频

13.2.9 实例——吹风机

吹风机模型如图13-72所示。

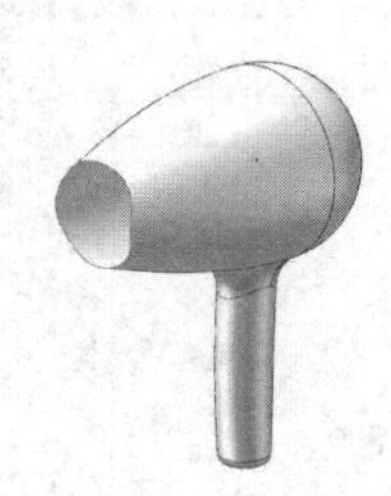

图 13-72 吹风机

思路分析：

本例绘制的吹风机模型主要是用曲面操作，通过旋转曲面、拉伸曲面，确定模型基本形状，其次使用剪裁曲面修饰局部。流程图如图 13-73 所示。

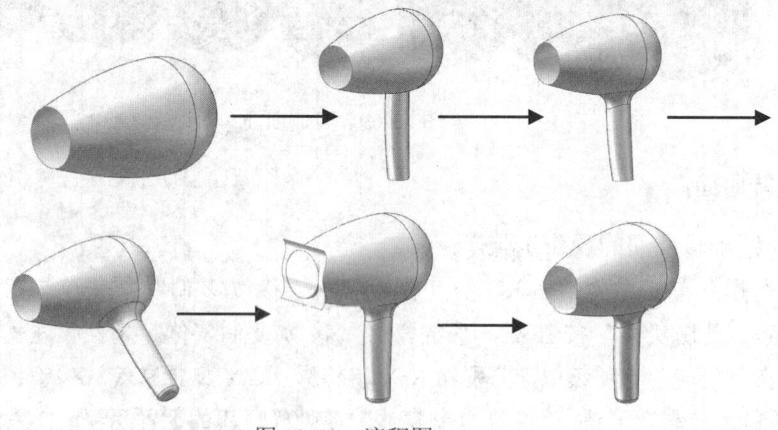

图 13-73 流程图

操作步骤

（1）新建文件。选择菜单栏中的“文件”→“新建”命令，或者单击“标准”工具栏中的“新建”按钮，在弹出的“新建 SOLIDWORKS 文件”对话框中先单击“零件”按钮，再单击“确定”按钮，创建一个新的零件文件。

（2）绘制草图 1。在左侧“FeatureManager 设计树”中用鼠标选择“前视基准面”作为绘制图形的基准面。单击“草图”控制面板中的“中心线”按钮、“样条曲线”按钮和“圆心/起/终点圆弧”按钮，绘制如图 13-74 所示的草图并标注尺寸。

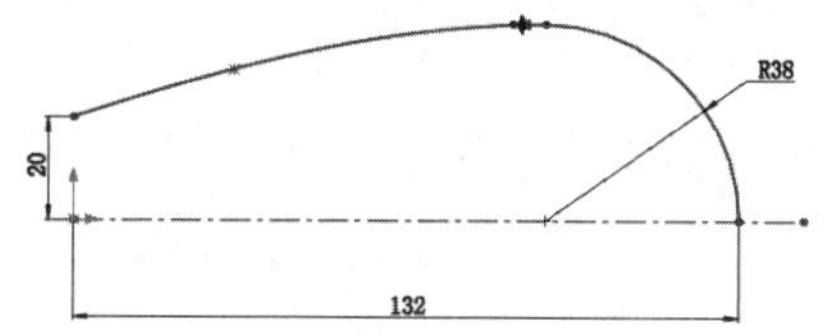

图 13-74　草图标注 1

（3）旋转曲面。单击“曲面”控制面板中的“旋转曲面”按钮，此时系统弹出如图 13-75 所示的“曲面-旋转”属性管理器。在“旋转轴”一栏中，用鼠标选择图 13-74 中的水平中心线。单击属性管理器中的“确定”按钮，结果如图 13-76 所示。

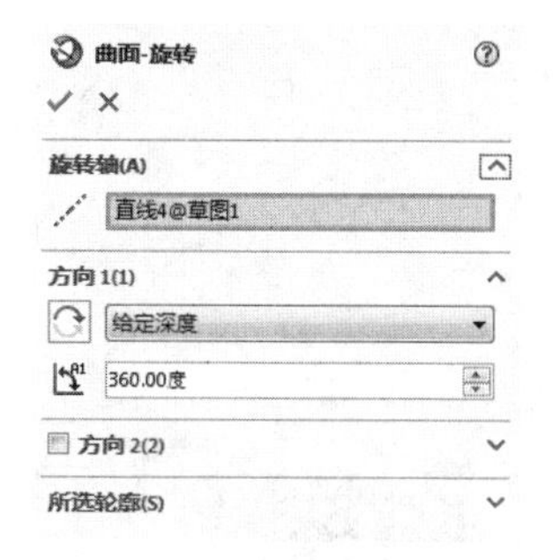

图 13-75　“曲面-旋转”属性管理器

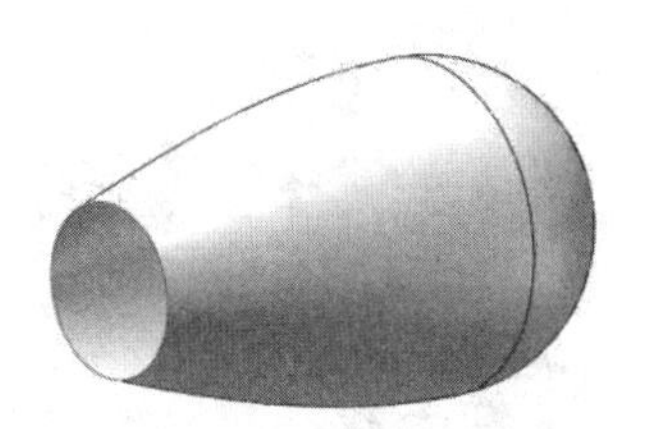
图 13-76　旋转曲面

（4）绘制草图 2。在左侧的“FeatureManager 设计树”中用鼠标选择“上视基准面”作为绘制图形的基准面。单击“草图”控制面板中的“直线”按钮，绘制如图 13-77 所示的草图并标注尺寸。

（5）绘制草图 3。在左侧的“FeatureManager 设计树”中用鼠标选择“上视基准面”作为绘制图形的基准面。单击“草图”控制面板中的“三点圆弧”按钮，绘制如图 13-78 所示的草图并标注尺寸。

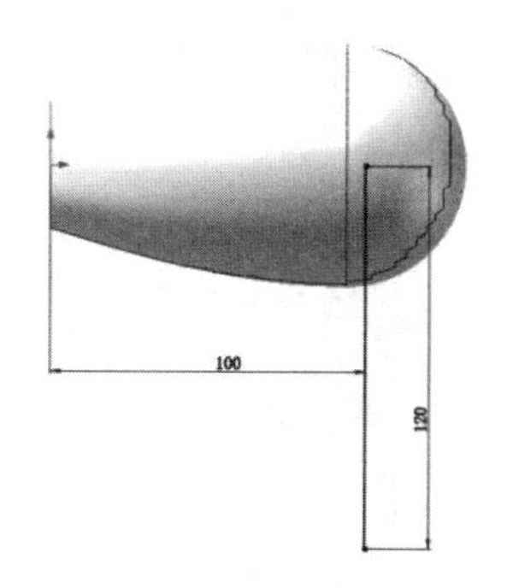

图 13-77　草图标注 2

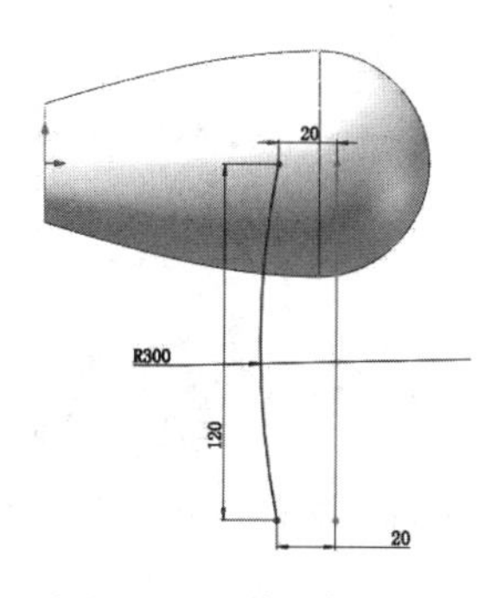

图 13-78　草图标注 3

（6）绘制草图 4。在左侧的“FeatureManager 设计树”中用鼠标选择“前视基准面”作为绘制图形的基准面。单击“草图”控制面板中的“圆”按钮，绘制如图 13-79 所示的草图并标注尺寸。

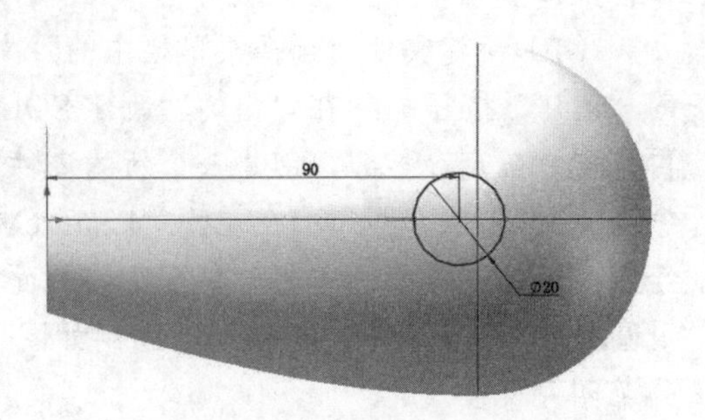

图 13-79　草图标注 4

（7）创建基准面。单击“特征”控制面板“参考几何体”下拉列表中的“基准面”按钮，此时系统弹出如图 13-80 所示的“基准面”属性管理器。选择“前视基准面”为第一参考。选择图 13-81 所示的草图 2 中直线下端点为第二参考，单击属性管理器中的“确定”按钮，结果如图 13-81 所示。

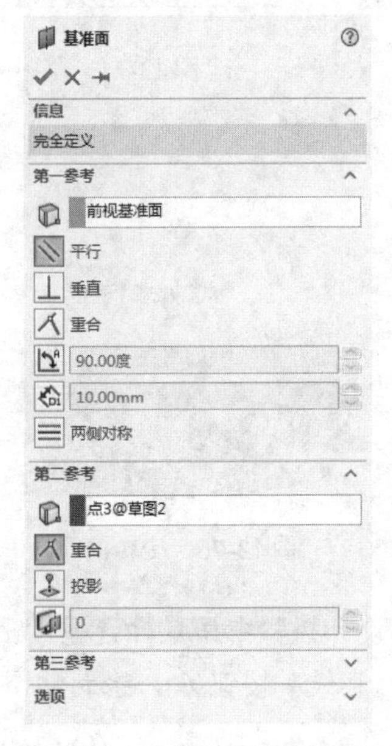

图 13-80　“基准面”属性管理器

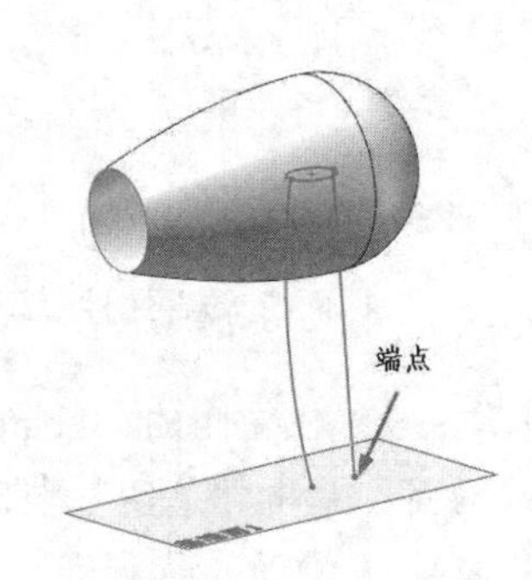

图 13-81　创建基准面

（8）绘制草图 5。在左侧的“FeatureManager 设计树”中用鼠标选择“基准面 1”作为绘制图形的基准面。单击“草图”控制面板中的“圆”按钮，绘制如图 13-82 所示的草图并标注尺寸。

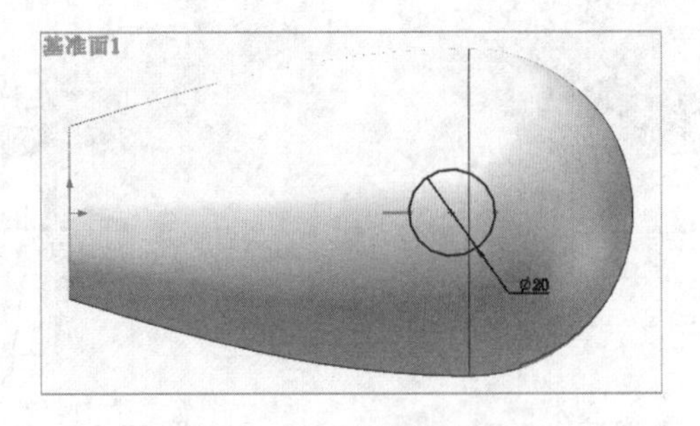

图 13-82　草图标注 5

（9）放样曲面。单击“曲面”控制面板中的“放样曲面”按钮，此时系统弹出如图 13-83 所示的“曲面-放样”属性管理器。用鼠标选择草图 4 和草图 5 为放样轮廓，选择草图 2 和草图 3 为引导线。单击属性管理器中的“确定”按钮✓，隐藏基准面 1 结果如图 13-84 所示。

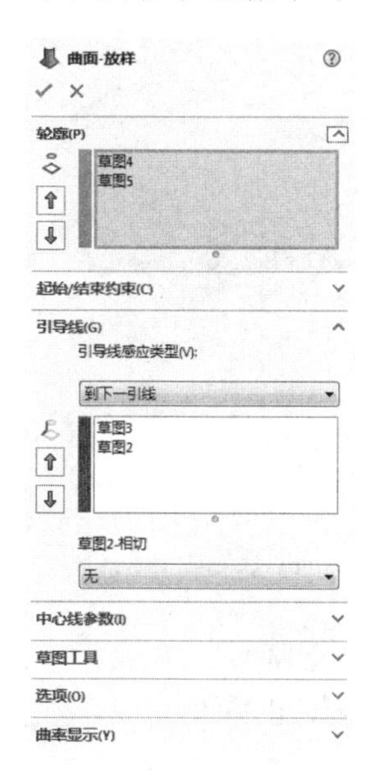

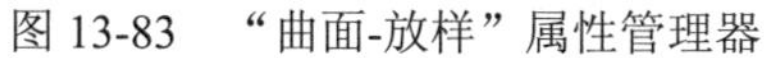
图 13-83 “曲面-放样”属性管理器

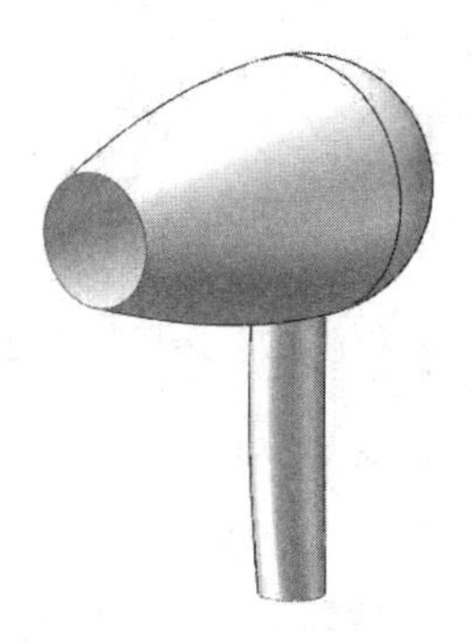
图 13-84 放样结果

（10）裁剪曲面。单击“曲面”控制面板中的“剪裁曲面”按钮，此时系统弹出如图 13-85 所示的“剪裁曲面”属性管理器。在属性管理器中选择剪裁类型为“相互”，在视图中选择旋转曲面和放样曲面为剪裁曲面，选择如图 13-85 所示的两个面为保留曲面。单击属性管理器中的“确定”按钮✓，结果如图 13-86 所示。

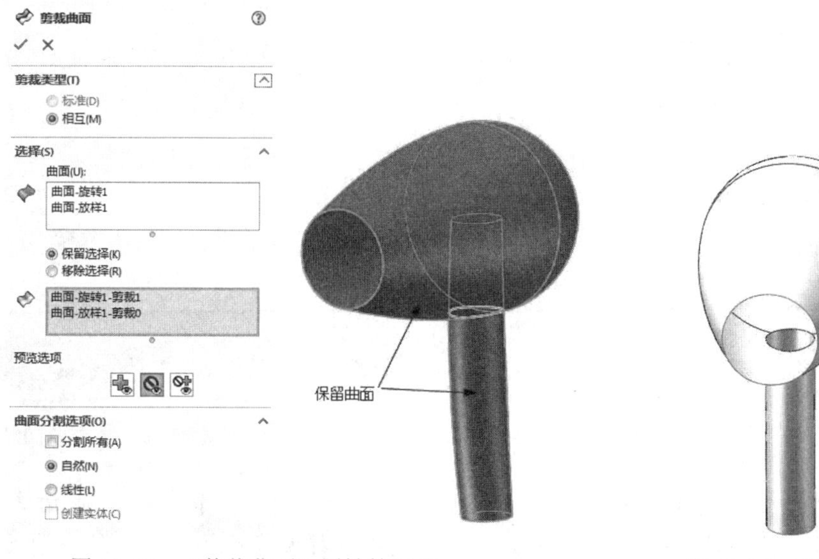

图 13-85 “剪裁曲面”属性管理器

图 13-86 裁剪结果

（11）圆角处理。单击“特征”控制面板中的“圆角”按钮，此时系统弹出“圆角”属性管理器。在属性管理器中输入圆角半径为 15，在视图中选择如图 13-87 所示的边线。单击属性管理器中的“确定”按钮✔，结果如图 13-88 所示。

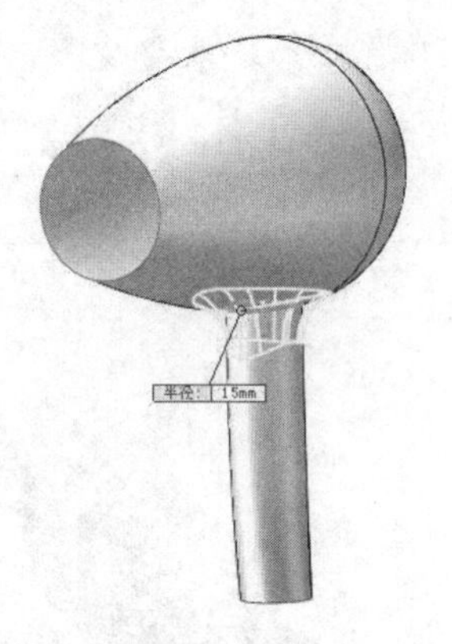

图 13-87　选择圆角边线

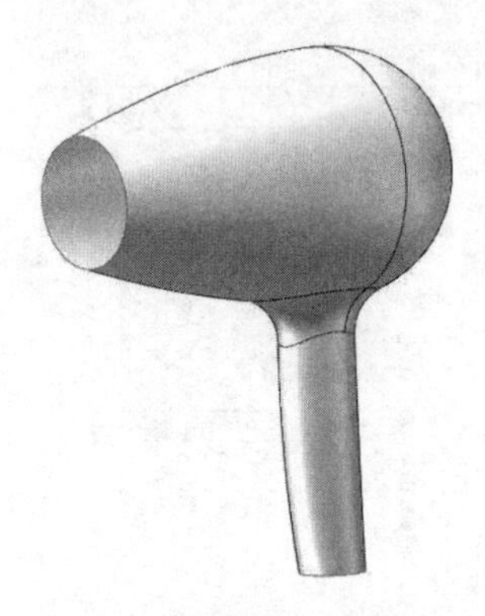

图 13-88　圆角结果

（12）填充曲面。单击“曲面”控制面板中的“填充曲面”按钮，此时系统弹出如图 13-89 所示的“曲面填充”属性管理器。在视图中选择如图 13-89 所示的边线。单击属性管理器中的“确定”按钮✔，结果如图 13-90 所示。

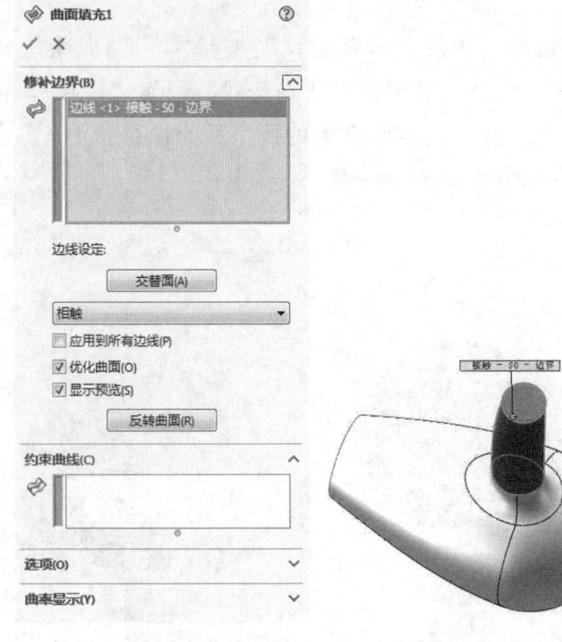

图 13-89　“曲面填充”属性管理器

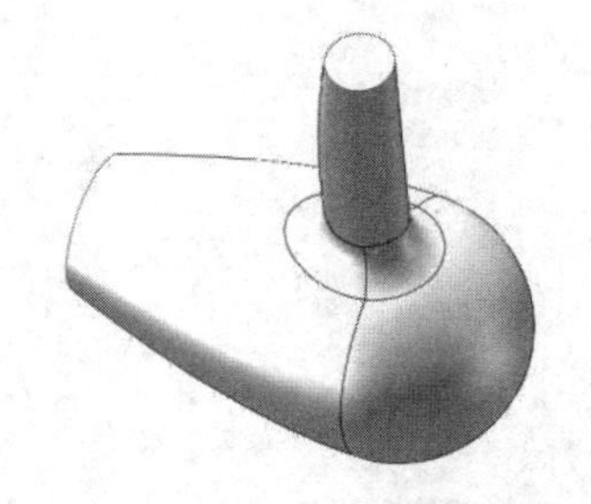

图 13-90　填充曲面结果

（13）缝合曲面。单击“曲面”控制面板中的“缝合曲面”按钮，此时系统弹出如图 13-91 所示的“曲面-缝合”属性管理器。在视图中选择圆角后的曲面和填充曲面。单击属性管理器中的“确定”按钮✔，结果如图 13-92 所示。

（14）圆角处理。单击“特征”控制面板中的“圆角”按钮，此时系统弹出“圆角”属性管理器。在属性管理器中输入圆角半径为 4，在视图中选择如图 13-92 所示的边线。单击属性管理器中的“确定”按钮✔，结果如图 13-93 所示。

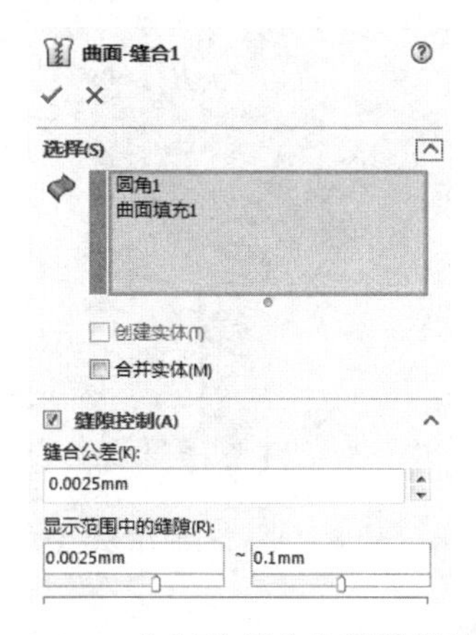

图 13-91　“曲面-缝合”属性管理器

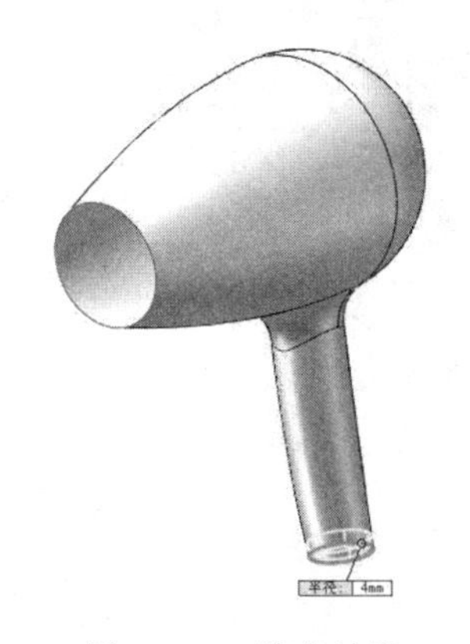

图 13-92　缝合结果

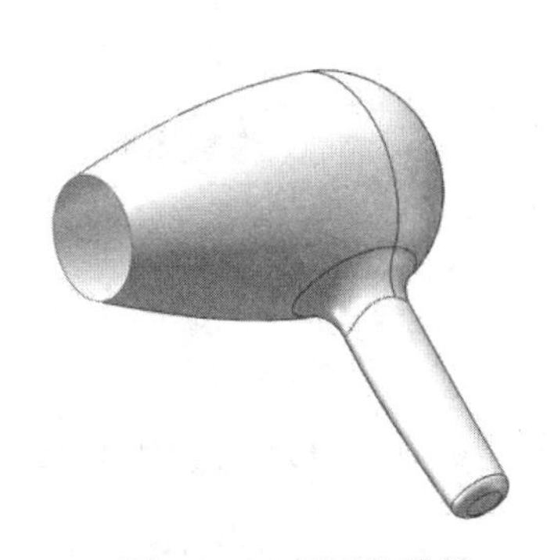

图 13-93　倒圆角结果

（15）绘制草图 6。在左侧的“FeatureManager 设计树”中用鼠标选择“上视基准面”作为绘制图形的基准面。单击“草图”控制面板中的“样条曲线”按钮，绘制如图 13-94 所示的草图并标注尺寸。

（16）拉伸曲面。单击“曲面”控制面板中的“拉伸曲面”按钮，此时系统弹出如图 13-95 所示的“曲面-拉伸”属性管理器。设置拉伸方向为两侧对称，输入拉伸距离为 50。单击属性管理器中的“确定”图标✔，结果如图 13-96 所示。

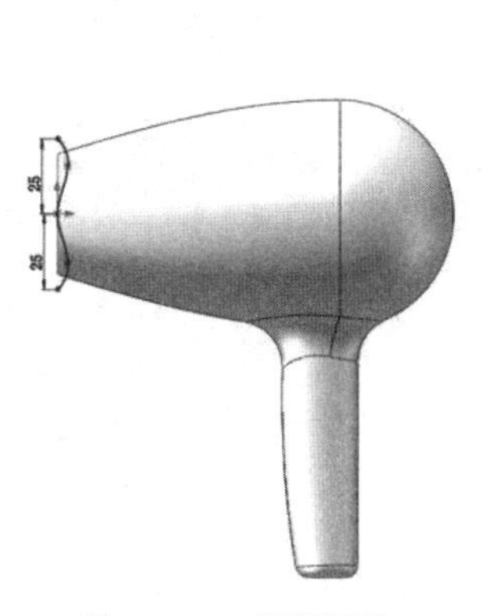

图 13-94　草图标注 6

图 13-95　“曲面-拉伸”属性管理器

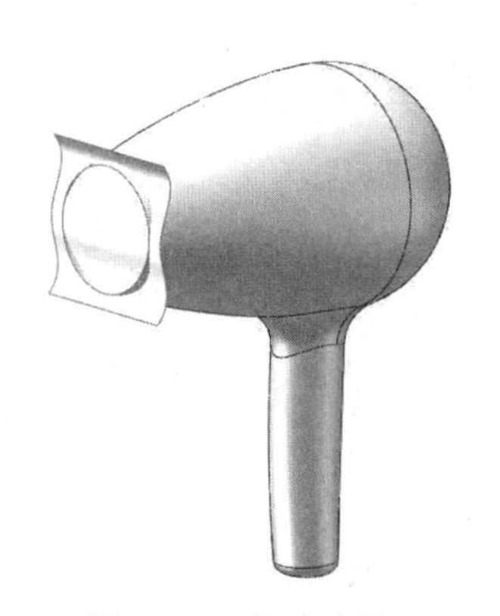

图 13-96　拉伸结果

（17）裁剪曲面。单击“曲面”控制面板中的“剪裁曲面”按钮，此时系统弹出如图 13-97 所示的“剪裁曲面”属性管理器。在属性管理器中选择剪裁类型为“标准”，在视图中选择拉伸为剪裁曲面，选择如图 13-97 所示的面为保留曲面。单击属性管理器中的“确定”按钮✔，隐藏拉伸曲面后结果如图 13-98 所示。

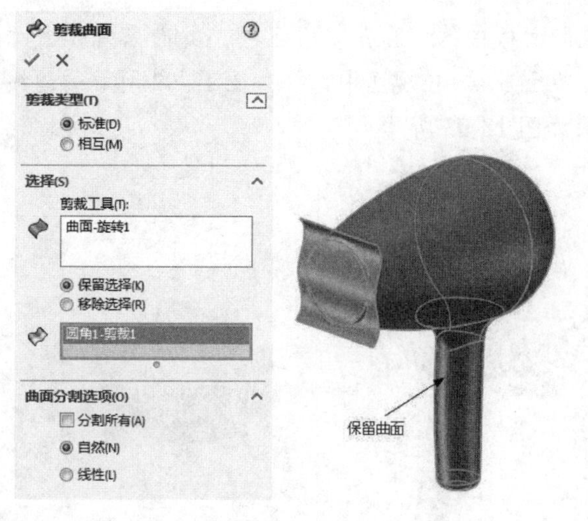

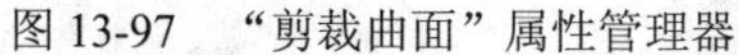
图 13-97　“剪裁曲面”属性管理器

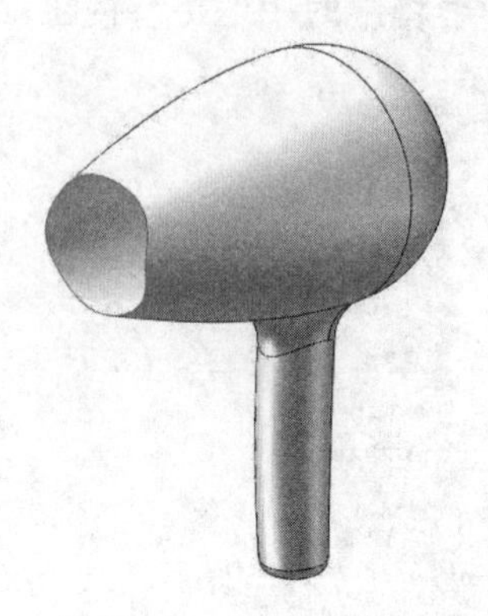
图 13-98　剪裁曲面结果

练一练——飞机模型

飞机模型如图13-99所示。

图 13-99　飞机模型

思路点拨：

本例绘制的飞机模型主要利用旋转曲面、拉伸曲面绘制机体模型，利用放样曲面、裁剪曲面、填充曲面命令绘制机翼零件，其中，利用圆角命令修饰模型，最后利用裁剪曲面完成机舱绘制。

13.3　综合实例——熨斗

本例创建的熨斗，如图13-100所示。

图 13-100　熨斗

✍ 思路分析：

首先通过放样绘制熨斗模型的基础曲面，然后创建平面区域并将其与放样曲面进行缝合，再做拉伸曲面裁剪修饰烫斗尾部；然后切割曲面生成孔，并通过放样创建把手部位的曲面；最后拉伸底部的底板。绘制熨斗的流程图如图 13-101 所示。

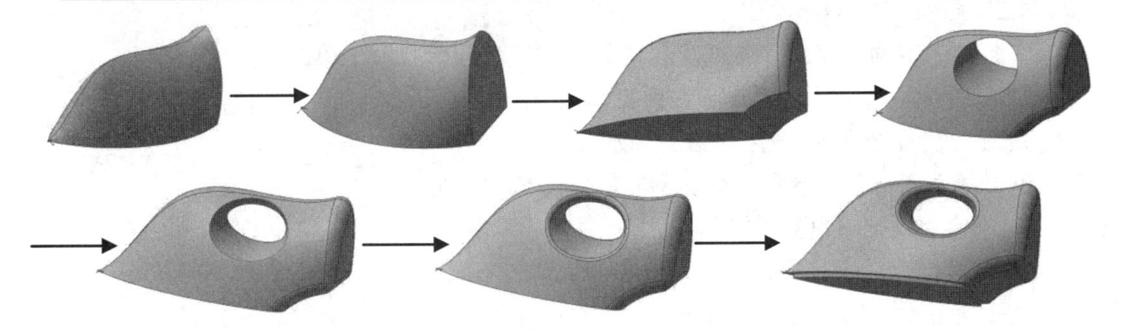

图 13-101　绘制熨斗的流程图

13.3.1　绘制熨斗主体

扫一扫，看视频

（1）新建文件。启动 SOLIDWORKS 2018，单击“标准”工具栏中的“新建”按钮，或选择菜单栏中的“文件”→“新建”命令，在弹出的“新建 SOLIDWORKS 文件”对话框中，单击“零件”按钮，然后单击“确定”按钮，新建一个零件文件。

（2）设置基准面。在左侧“FeatureManager 设计树”中用鼠标选择“前视基准面”，然后单击“标准视图”工具栏中的“正视于”按钮，将该基准面作为绘制图形的基准面。单击“草图”控制面板中的“草图绘制”按钮，进入草图绘制状态。

（3）绘制草图 1。单击“草图”控制面板中的“样条曲线”按钮，绘制如图 13-102 所示的草图并标注尺寸。单击“退出草图”按钮，退出草图。

（4）设置基准面。在左侧“FeatureManager 设计树”中用鼠标选择“前视基准面”，然后单击“标准视图”工具栏中的“正视于”按钮，将该基准面作为绘制图形的基准面。单击“草图”控制面板中的“草图绘制”按钮，进入草图绘制状态。

（5）绘制草图 2。单击“草图”控制面板中的“中心线”按钮、“转换实体引用”按钮和“镜像实体”按钮，将草图沿水平中心线进行镜像，如图 13-103 所示。单击“退出草图”按钮，退出草图。

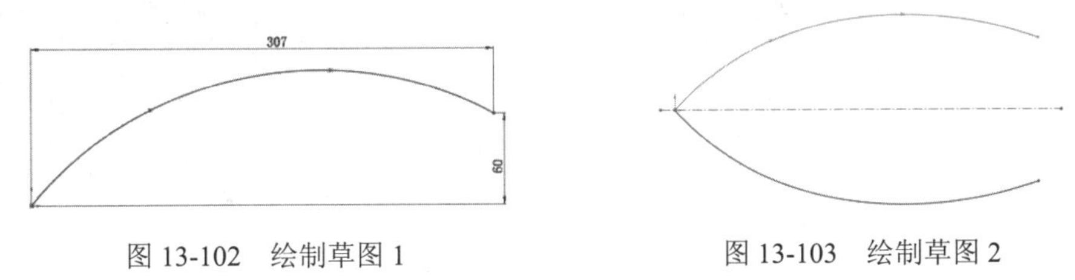

图 13-102　绘制草图 1　　　　图 13-103　绘制草图 2

（6）设置基准面。在左侧“FeatureManager 设计树”中用鼠标选择“上视基准面”，然后单击“标准视图”工具栏中的“正视于”按钮，将该基准面作为绘制图形的基准面。单击“草图”控制面板中的“草图绘制”按钮，进入草图绘制状态。

（7）绘制草图 3。单击“草图”控制面板中的“样条曲线”按钮，绘制如图 13-104 所示的草图并标注尺寸。单击“退出草图”按钮，退出草图。

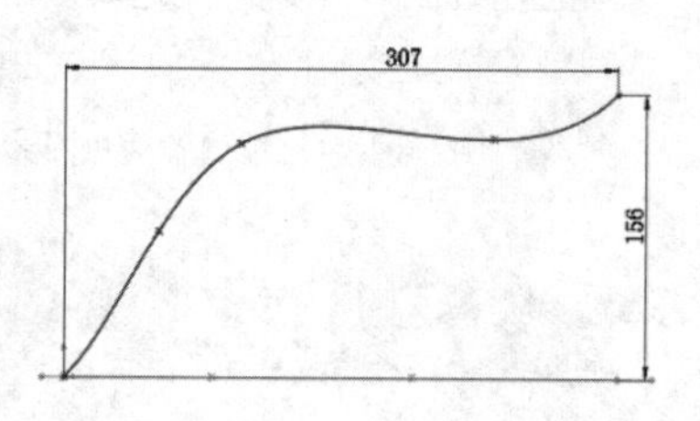

图 13-104　绘制草图 3

（8）创建基准面。单击“特征”控制面板“参考几何体”下拉列表中的“基准面”按钮，弹出如图 13-105 所示的“基准面”属性管理器。选择“右视基准面”为参考面，选择草图 3 的端点为第二参考，单击“确定”按钮，完成基准面 1 的创建，如图 13-106 所示。

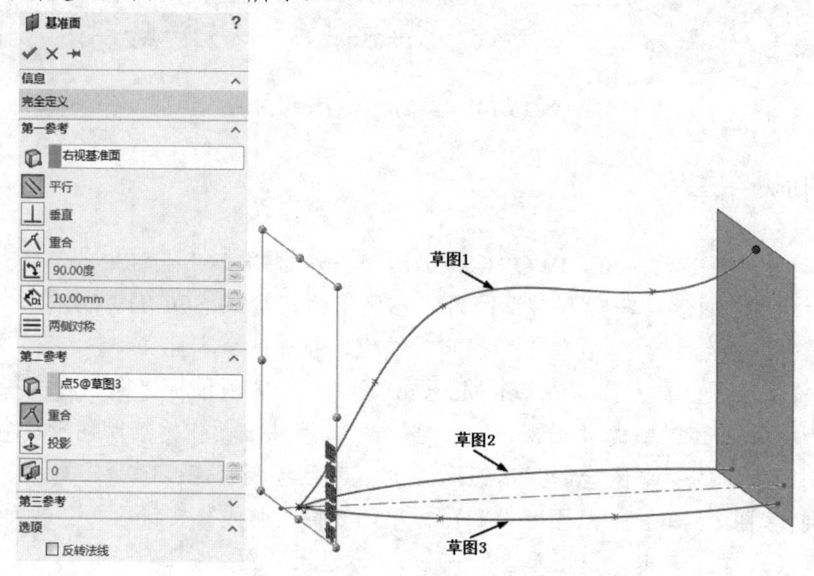

图 13-105　“基准面”属性管理器

（9）设置基准面。在左侧“FeatureManager 设计树”中用鼠标选择“基准面 1”，然后单击“标准视图”工具栏中的“正视于”按钮，将该基准面作为绘制图形的基准面。单击“草图”控制面板中的“草图绘制”按钮，进入草图绘制状态。

（10）绘制草图 4。单击“草图”控制面板中的“中心线”按钮、“直线”按钮和“样条曲线”按钮，绘制如图 13-107 所示的草图。单击“退出草图”按钮，退出草图。

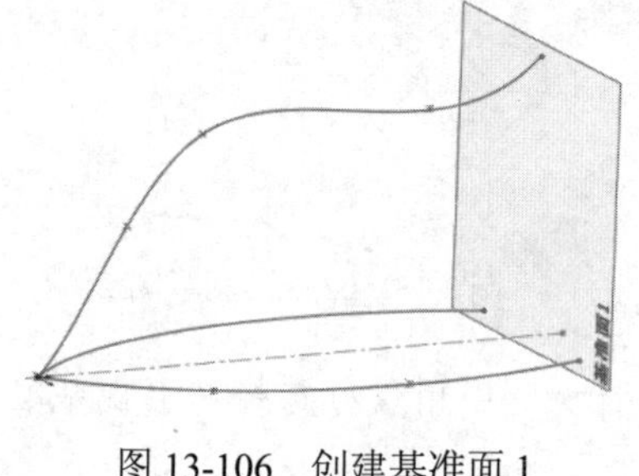

图 13-106　创建基准面 1

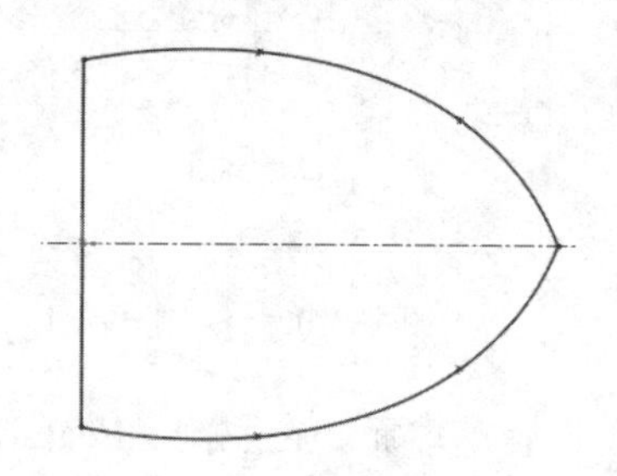

图 13-107　绘制草图 4

（11）放样曲面。单击“曲面”控制面板中的“放样曲面”按钮，系统弹出“曲面-放样”属性管理器，如图 13-108 所示，在“轮廓”选项组中，依次选择图 13-105 中的端点和图 13-107 中的草图 4，在“引导线”选项组中，依次选择图 13-105 中的草图 1、草图 2 和草图 3，单击“确定”按钮✓，生成放样曲面。效果如图 13-109 所示。

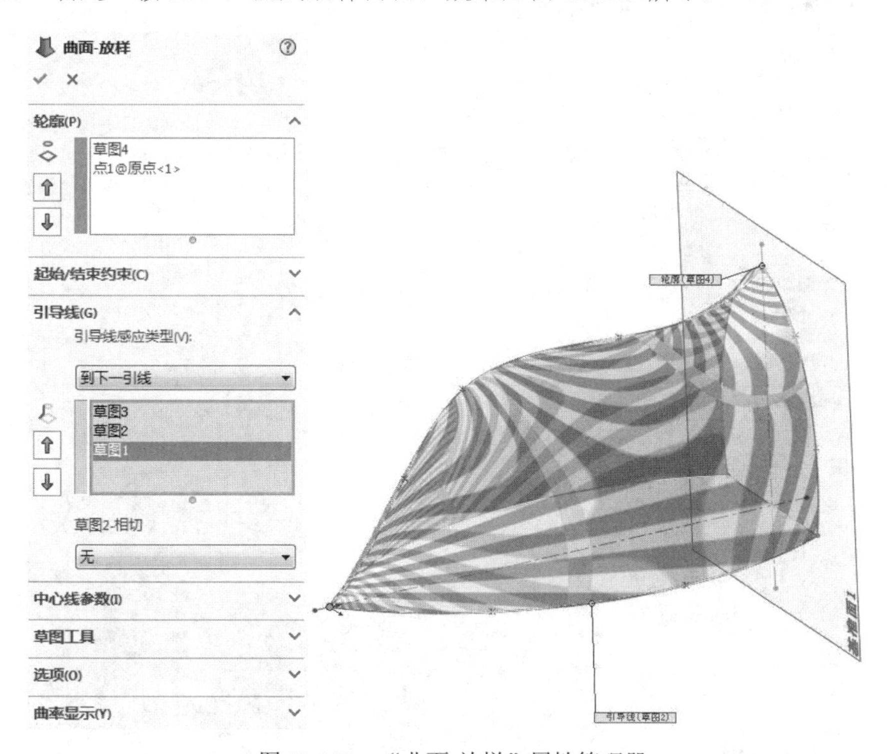

图 13-108　“曲面-放样”属性管理器

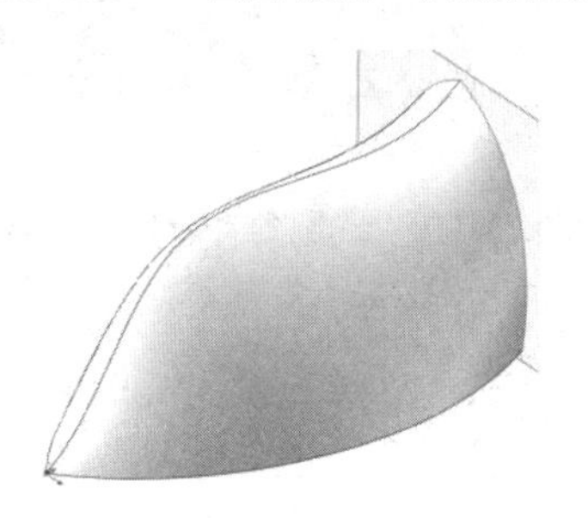

图 13-109　放样曲面

（12）曲面圆角。单击“曲面”控制面板中的“圆角”按钮，此时系统弹出如图 13-110 所示的“圆角”属性管理器。选择“变半径”圆角类型，选择“变量大小圆角”类型，选择如图 13-110 所示最上端边线，输入顶点半径为 0，中点和终点半径为 20，单击属性管理器中的“确定”按钮✓。结果如图 13-111 所示。

（13）设置基准面。在左侧“FeatureManager 设计树”中用鼠标选择“基准面 1”，然后单击“标准视图”工具栏中的“正视于”按钮，将该基准面作为绘制图形的基准面。单击

“草图”控制面板中的“草图绘制”按钮，进入草图绘制状态。

（14）绘制草图 5。单击“草图”控制面板中的“实体转换引用”按钮，将放样曲面的边线转换为草图，如图 13-112 所示。

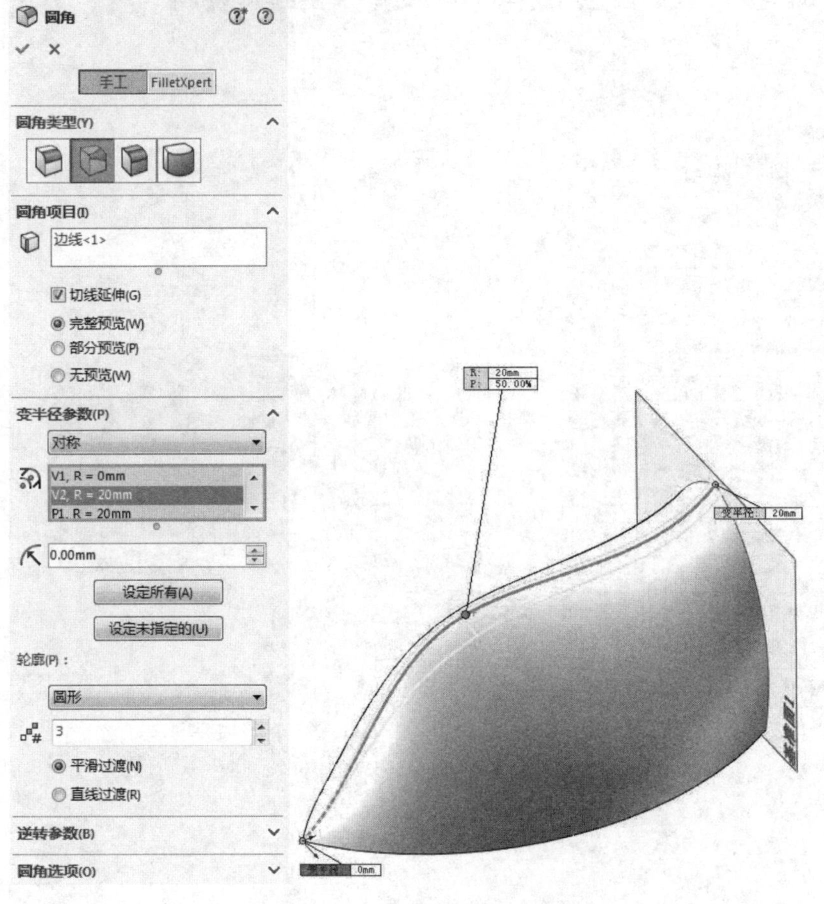

图 13-110 “圆角”属性管理器

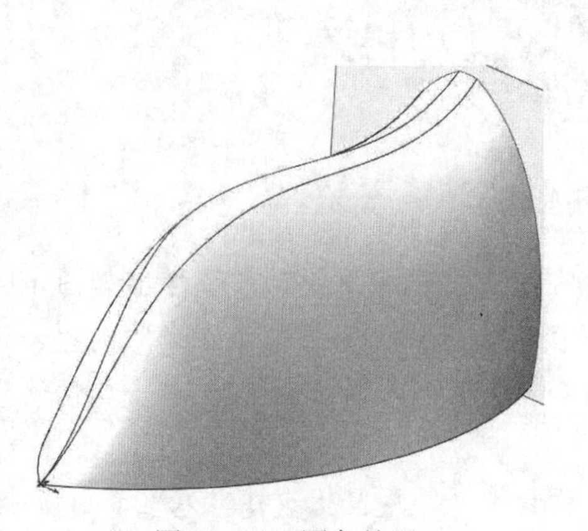

图 13-111 圆角处理

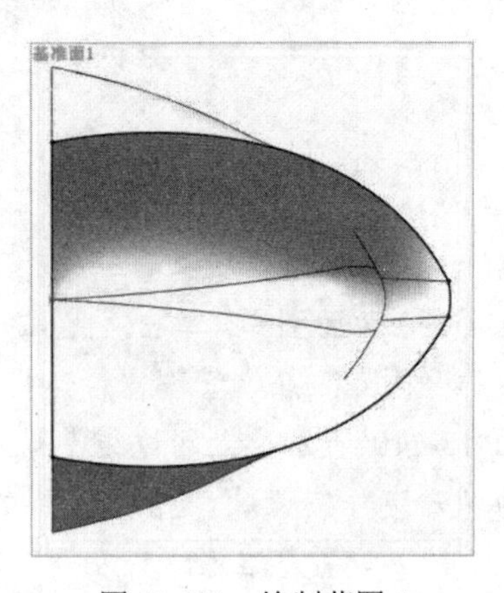

图 13-112 绘制草图 5

（15）平面曲面。单击“曲面”控制面板中的“平面区域”按钮，此时系统弹出如图13-113所示的“平面”属性管理器。选择上一步创建的草图为边界，单击属性管理器中的“确定”按钮✔，结果如图13-114所示。

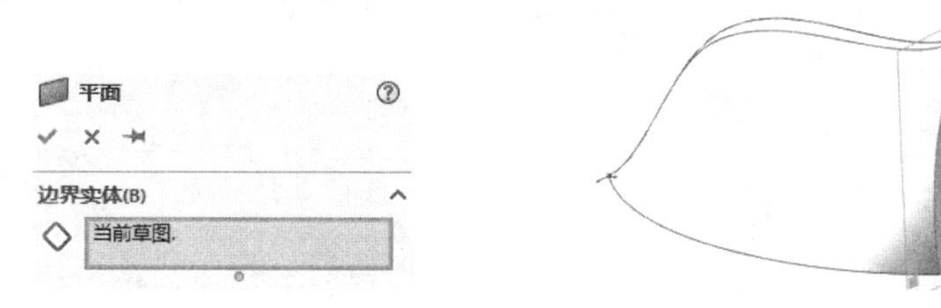

图13-113 “平面”属性管理器　　图13-114 创建平面

（16）缝合曲面。单击“曲面”控制面板中的“缝合曲面”按钮，此时系统弹出如图13-115所示的“缝合曲面”属性管理器。选择放样曲面和平面曲面，单击属性管理器中的“确定”按钮✔。

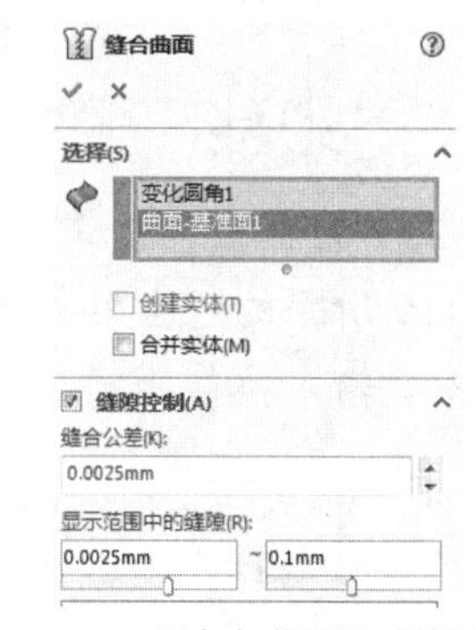

图13-115 “缝合曲面”属性管理器

（17）曲面圆角。单击“曲面”控制面板中的“圆角”按钮，此时系统弹出如图13-116所示的“圆角”属性管理器。选择“等半径”圆角类型，输入半径为15，选择如图13-116所示边线，单击属性管理器中的“确定”按钮✔。结果如图13-117所示。

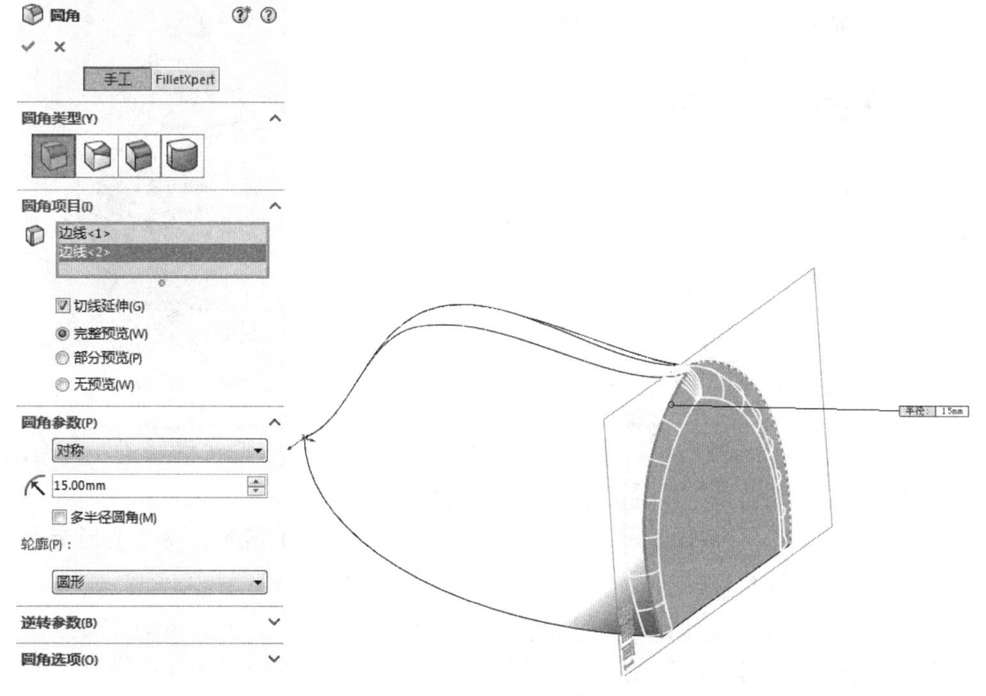

图13-116 “圆角”属性管理器

（18）设置基准面。在左侧“FeatureManager 设计树”中用鼠标选择“上视基准面”，然后单击“标准视图”工具栏中的“正视于”按钮，将该基准面作为绘制图形的基准面。单击“草图”控制面板中的“草图绘制”按钮，进入草图绘制状态。

（19）绘制草图 6。单击“草图”控制面板中的“三点圆弧”按钮，绘制如图 13-118 所示的草图并标注尺寸。

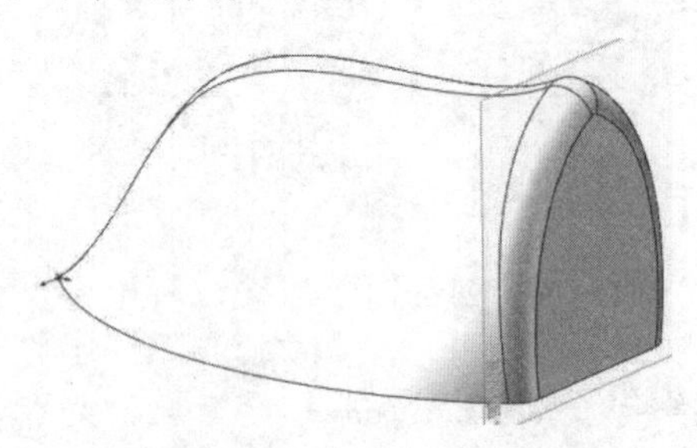

图 13-117　圆角处理

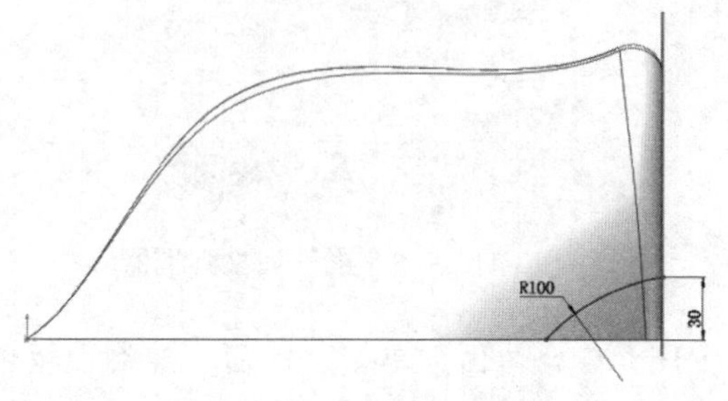

图 13-118　绘制草图 6

（20）拉伸曲面。单击“曲面”控制面板中的“拉伸曲面”按钮，此时系统弹出如图 13-119 所示的“曲面-拉伸”属性管理器。选择上一步创建的草图，设置终止条件为“两侧对称”，输入拉伸距离为 200mm，单击属性管理器中的“确定”按钮✔。结果如图 13-120 所示。

图 13-119　“曲面-拉伸”属性管理器

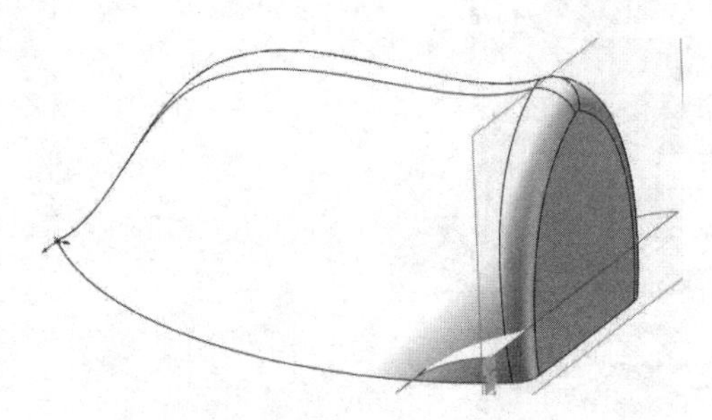

图 13-120　拉伸曲面

（21）剪裁曲面。单击“曲面”控制面板中的“剪裁曲面”按钮，此时系统弹出如图 13-121 所示的“剪裁曲面”属性管理器。选中“相互”单选按钮，选择拉伸曲面和缝合后的曲面为裁剪曲面，选中“移除选择”单选按钮，选择图 13-121 所示的两个曲面为要移除的面，单击属性管理器中的“确定”按钮✔。结果如图 13-122 所示。

（22）曲面圆角。单击“曲面”控制面板中的“圆角”按钮，此时系统弹出如图 13-123 所示的“圆角”属性管理器。选择“恒定大小圆角”圆角类型，输入半径为 15，选择如图 13-123 所示边线，单击属性管理器中的“确定”按钮✔。结果如图 13-124 所示。

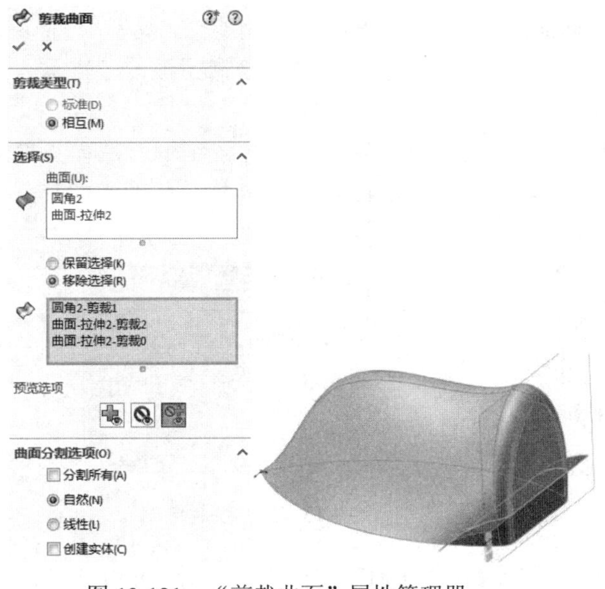

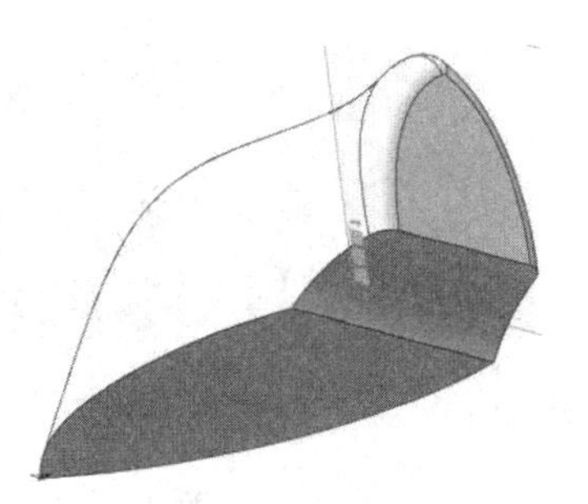

图 13-121 “剪裁曲面”属性管理器　　图 13-122 剪裁曲面

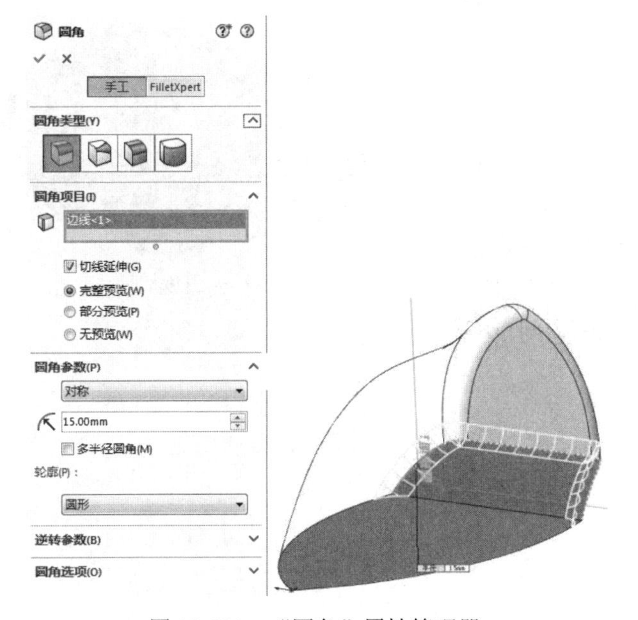

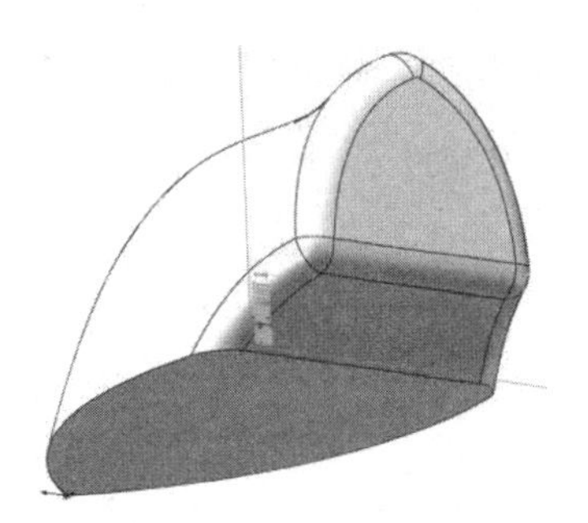

图 13-123 “圆角”属性管理器　　图 13-124 圆角处理

13.3.2 绘制熨斗把手

扫一扫，看视频

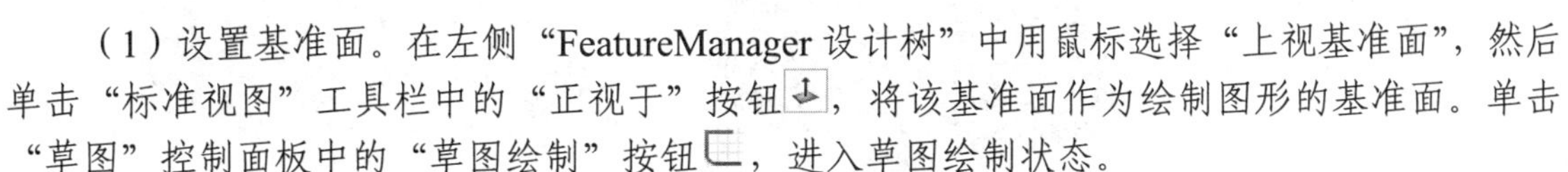
（1）设置基准面。在左侧“FeatureManager 设计树”中用鼠标选择“上视基准面”，然后单击“标准视图”工具栏中的“正视于”按钮，将该基准面作为绘制图形的基准面。单击“草图”控制面板中的“草图绘制”按钮，进入草图绘制状态。

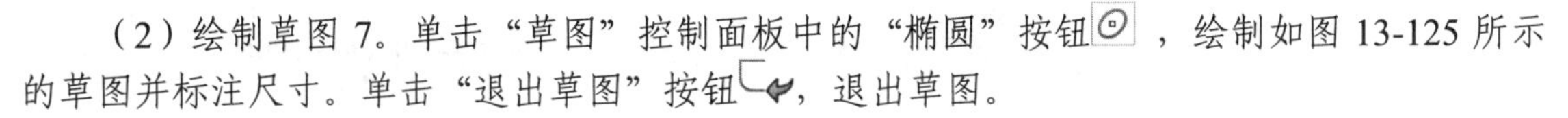
（2）绘制草图 7。单击“草图”控制面板中的“椭圆”按钮，绘制如图 13-125 所示的草图并标注尺寸。单击“退出草图”按钮，退出草图。

（3）设置基准面。在左侧“FeatureManager 设计树”中用鼠标选择“上视基准面”，然后单击“标准视图”工具栏中的“正视于”按钮，将该基准面作为绘制图形的基准面。单击“草图”控制面板中的“草图绘制”按钮，进入草图绘制状态。

（4）绘制草图 8。单击“草图”控制面板中的“转换实体引用”按钮，将草图 7 转换为图素，然后单击“草图”控制面板中的“等距实体”按钮，将转换后的图素向外偏移，偏移距离为 10mm，如图 13-126 所示。

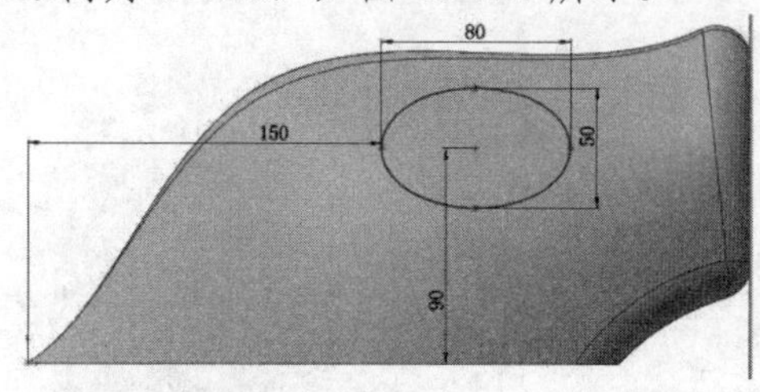

图 13-125　绘制草图 7

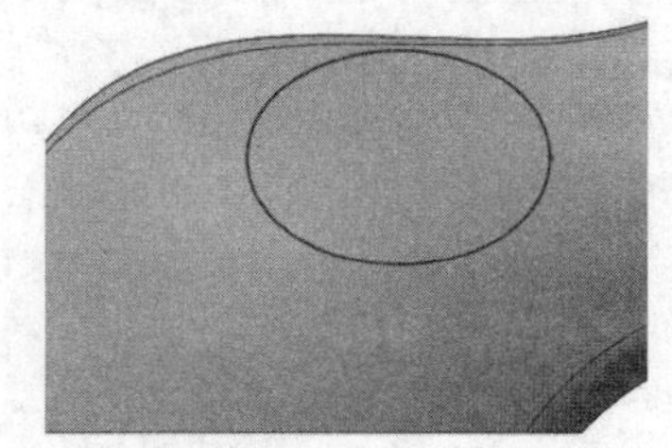
图 13-126　绘制草图 8

（5）拉伸曲面。单击“曲面”控制面板中的“拉伸曲面”按钮，此时系统弹出“曲面-拉伸”属性管理器。选择上一步创建的草图，设置终止条件为“两侧对称”，输入拉伸距离为 200mm，单击属性管理器中的“确定”按钮✓。结果如图 13-127 所示。

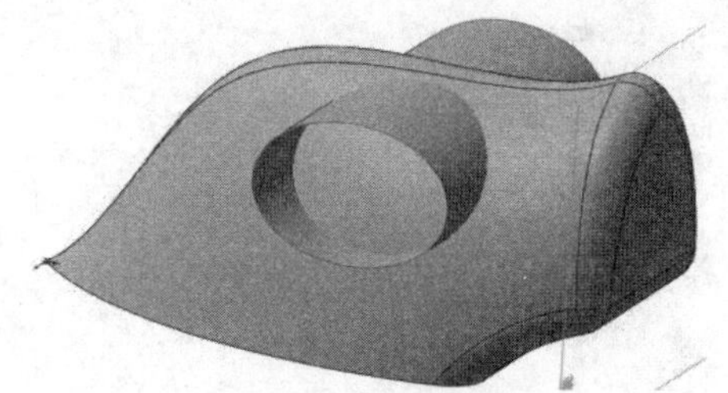
图 13-127　拉伸曲面

（6）剪裁曲面。单击“曲面”控制面板中的“剪裁曲面”按钮，此时系统弹出“剪裁曲面”属性管理器。选中“相互”单选按钮，选择拉伸曲面和放样曲面为裁剪曲面，选中“移除选择”单选按钮，选择图 13-128 所示的四个曲面为要移除的面，单击属性管理器中的“确定”按钮✓。结果如图 13-129 所示。

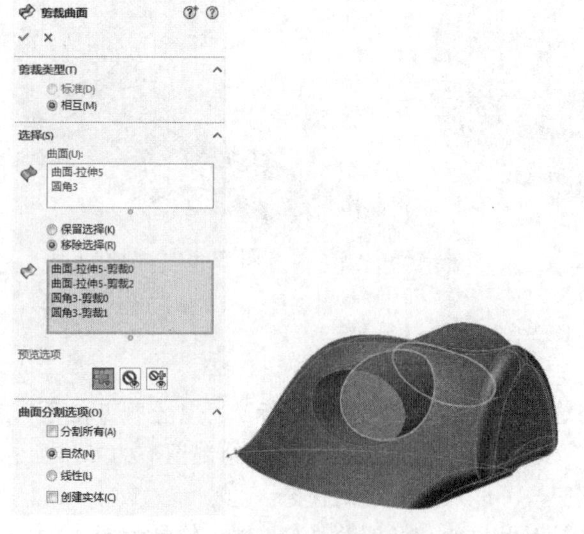

图 13-128　“剪裁曲面”属性管理器

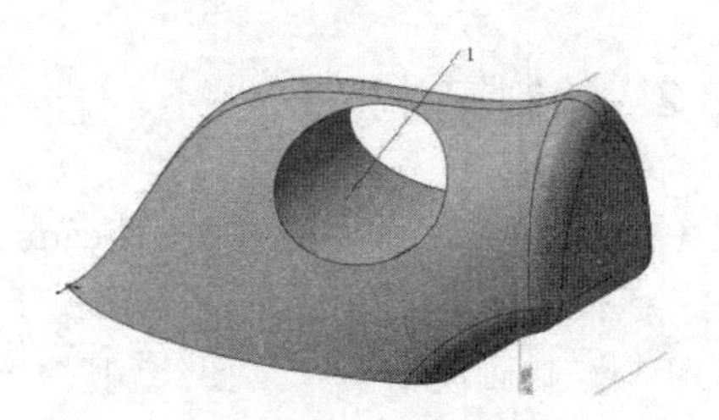
图 13-129　剪裁曲面

（7）删除面。单击“曲面”控制面板中的“删除面”按钮，此时系统弹出如图 13-130 所示的“删除面”属性管理器。选择如图 13-129 所示的面 1 为要删除的面，选中“删除”单选按钮，单击属性管理器中的“确定”按钮✓。结果如图 13-131 所示。

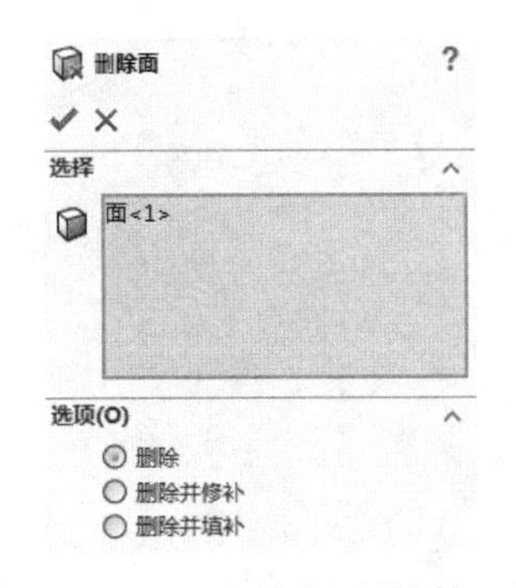

图 13-130　“删除面”属性管理器

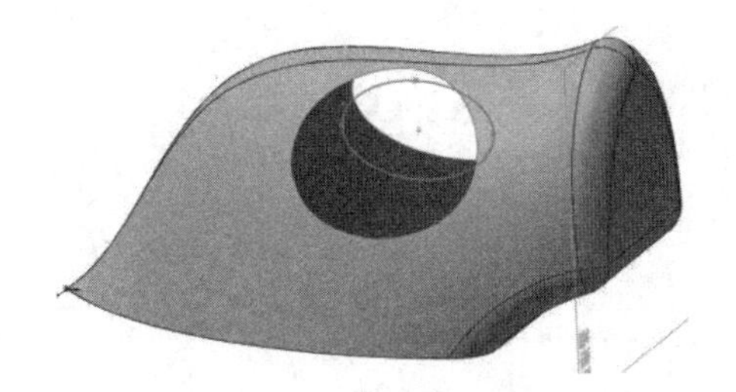

图 13-131　删除面

（8）放样曲面。单击“曲面”控制面板中的“放样曲面”按钮，系统弹出“曲面-放样”属性管理器；在“轮廓”选项组中，依次选择图 13-132 中的边线和椭圆草图，单击“确定”按钮✓，生成放样曲面。效果如图 13-133 所示。

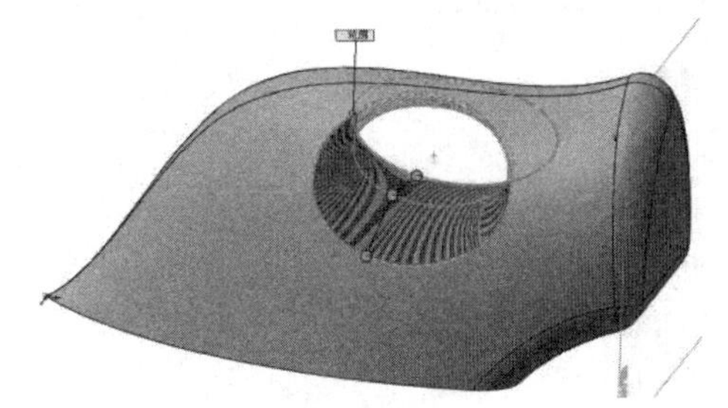

图 13-132　选择放样曲线

图 13-133　创建放样曲面

（9）缝合曲面。单击“曲面”控制面板中的“缝合曲面”按钮，此时系统弹出如图 13-134 所示的“缝合曲面”属性管理器。选择视图中的所有曲面，勾选“创建实体”和“合并实体”复选框，将曲面创建为实体，单击属性管理器中的“确定”按钮✓。结果如图 13-135 所示。

图 13-134　“缝合曲面”属性管理器

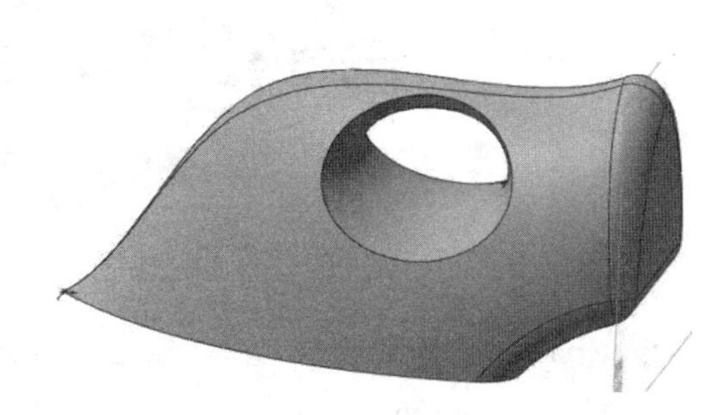

图 13-135　缝合曲面

（10）圆角处理。单击“曲面”控制面板中的“圆角”按钮，此时系统弹出如图 13-136 所示的“圆角”属性管理器。选择“等半径”圆角类型，输入半径为 5，选择如图 13-136 所示边线，单击属性管理器中的“确定”按钮✔。结果如图 13-137 所示。

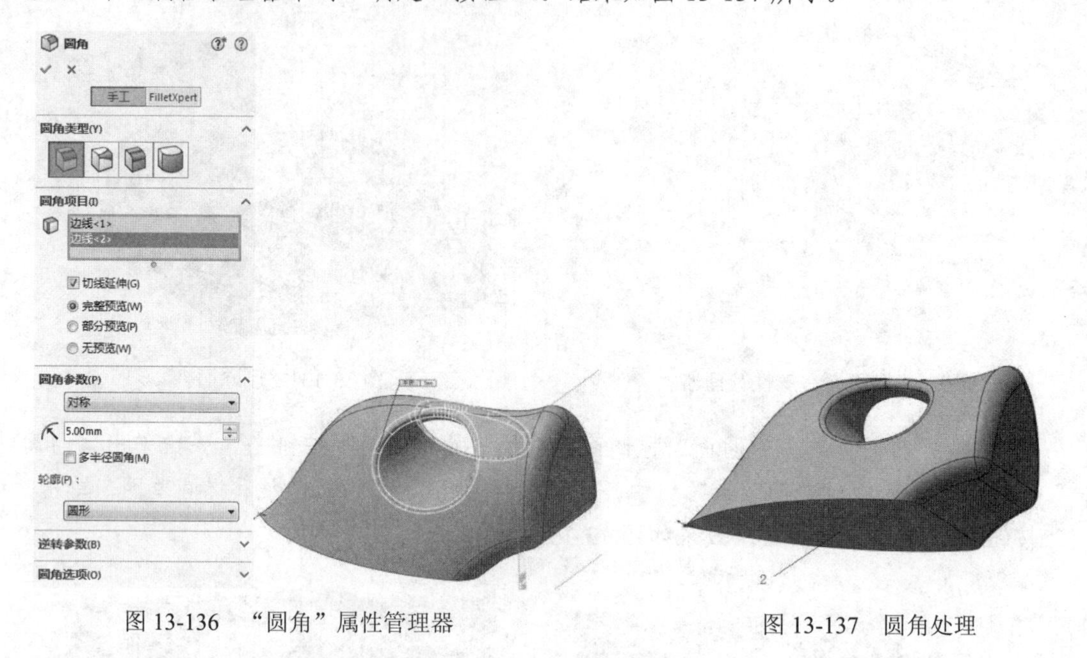

图 13-136　“圆角”属性管理器　　　　图 13-137　圆角处理

扫一扫，看视频

13.3.3　绘制熨斗底板

（1）设置基准面。在视图中选择如图 13-137 所示的面 2 作为草图基准面，然后单击“标准视图”工具栏中的“正视于”按钮，将该基准面作为绘制图形的基准面。单击“草图”控制面板中的“草图绘制”按钮，进入草图绘制状态。

（2）绘制草图 9。单击“草图”控制面板中的“转换实体引用”按钮，将草图绘制面转换为图素，然后单击“草图”控制面板中的“等距实体”按钮，将转换后的图素向内偏移，偏移距离为 10mm，如图 13-138 所示。

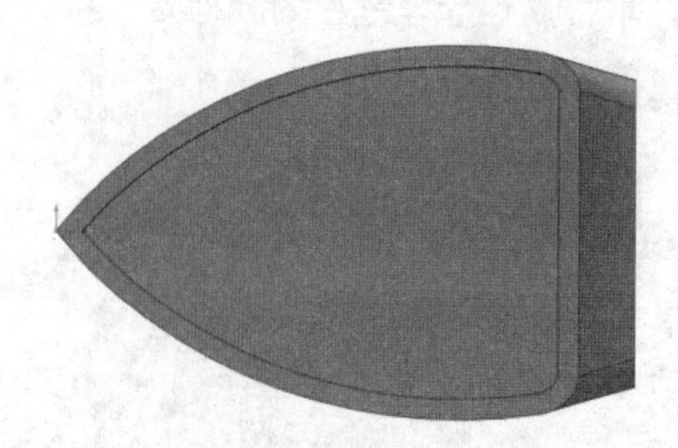

图 13-138　绘制草图 9

（3）凸台拉伸实体。单击“特征”控制面板中的“拉伸凸台/基体”按钮，系统弹出“凸台-拉伸”属性管理器。如图 13-139 所示，设置拉伸终止条件为“给定深度”，输入拉伸距离为 5mm，勾选“合并结果”复选框，单击“确定”按钮✓，完成凸台拉伸操作。效果如图 13-140 所示。

图 13-139　“凸台-拉伸”属性管理器

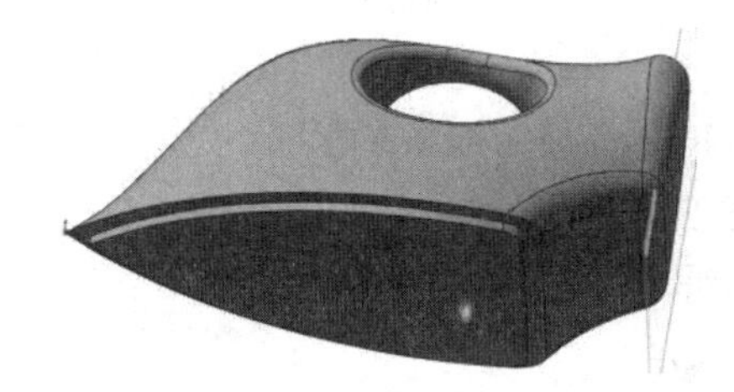

图 13-140　拉伸实体

练一练——轮毂

本例创建的轮毂如图 13-141 所示。

图 13-141　轮毂

第 14 章　钣金特征

内容简介

本章简要介绍了 SOLIDWORKS 钣金设计的一些基本操作，是用户进行钣金操作必须掌握的基础知识。本章主要目的是使读者了解钣金基础的概况，熟练钣金特征设计的操作。

内容要点

- 概述
- 钣金特征工具与钣金菜单
- 钣金主壁特征
- 钣金细节特征

案例效果

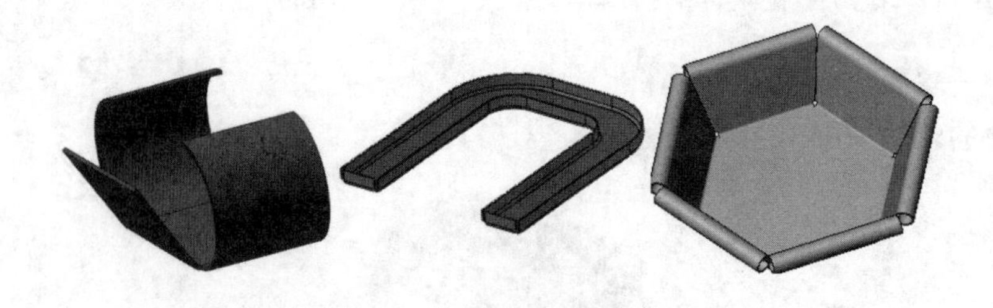

14.1　概述

使用SOLIDWORKS 2018软件进行钣金零件设计，常用的方法基本上可以分为两种：

（1）使用钣金特有的特征来生成钣金零件。这种设计方法将直接考虑作为钣金零件来开始建模：从最初的基体法兰特征开始，利用了钣金设计软件的所有功能和特殊工具、命令和选项。对于几乎所有的钣金零件而言，这是最佳的方法。因为用户从最初设计阶段开始就生成零件作为钣金零件，所以消除了多余步骤。

（2）将实体零件转换成钣金零件。在设计钣金零件过程中，也可以按照常见的设计方法设计零件实体，然后将其转换为钣金零件。也可以在设计过程中，先将零件展开，以便于应用钣金零件的特定特征。由此可见，将一个已有的零件实体转换成钣金零件是本方法的典型应用。

14.2　“钣金特征”工具栏与“钣金”菜单

14.2.1　启用“钣金特征”工具栏

启动SOLIDWORKS 2018软件并新建零件后，选择“工具”→“自定义”命令，弹出如

图14-1所示的“自定义”对话框。在对话框中，单击工具栏中“钣金”选项，然后单击“确定”按钮。在SOLIDWORKS用户界面将显示“钣金特征”工具栏，如图14-2所示。

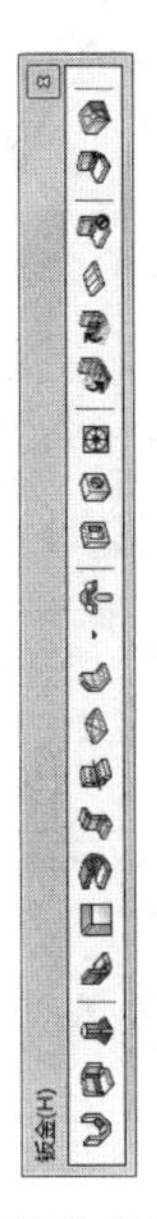

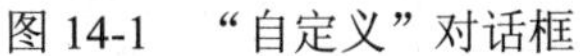

图 14-1　“自定义”对话框　　　　图 14-2　“钣金特征”工具栏

14.2.2　“钣金”菜单

选择“插入”→“钣金”命令，将可以找到“钣金”下拉菜单，如图14-3所示。

图 14-3　“钣金”菜单

14.2.3 “钣金”控制面板

在控制面板处单击鼠标右键，弹出如图14-4所示的快捷菜单。然后单击“钣金”图标，弹出“钣金”控制面板，如图14-5所示。

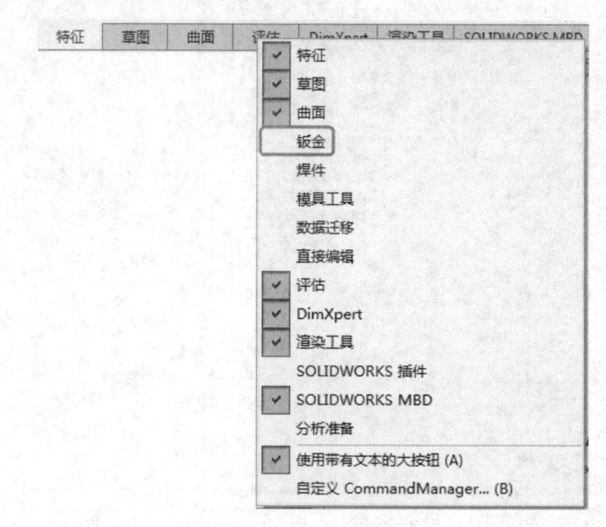

图 14-4　快捷菜单

图 14-5　“钣金”控制面板

14.3　钣金主壁特征

扫一扫，看视频

14.3.1　法兰特征

SOLIDWORKS 具有4种不同的法兰特征工具来生成钣金零件，使用这些法兰特征可以按预定的厚度给零件增加材料。这4种法兰特征依次是基体法兰、薄片（凸起法兰）、边线法兰、斜线法兰。

1．基体法兰

【执行方式】

- 工具栏：单击“钣金”工具栏中的“基体法兰/薄片”按钮。
- 菜单栏：选择“插入”→“钣金”→“基体法兰”命令。
- 控制面板：单击“钣金”控制面板中的“基体法兰/薄片”按钮。

基体法兰是新钣金零件的第一个特征。基体法兰被添加到 SOLIDWORKS 零件后，系统就会将该零件标记为钣金零件。折弯添加到适当位置，并且特定的钣金特征被添加到 FeatureManager 设计树中。

基体法兰特征是从草图生成的。草图可以是单一开环轮廓、单一闭环轮廓或多重封闭轮廓，如图14-6所示。

- 单一开环轮廓：单一开环轮廓可用于拉伸、旋转、剖面、路径、引导线以及钣金。典型的开环轮廓以直线或其草图实体绘制。
- 单一闭环轮廓：单一闭环轮廓可用于拉伸、旋转、剖面、路径、引导线以及钣金。典型的单一闭环轮廓是用圆、方形、闭环样条曲线以及其他封闭的几何形状绘制的。
- 多重封闭轮廓：多重封闭轮廓可用于拉伸、旋转以及钣金。如果有一个以上的轮廓，其中一个轮廓必须包含其他轮廓。典型的多重封闭轮廓是用圆、矩形以及其他封闭的几何形状绘制的。

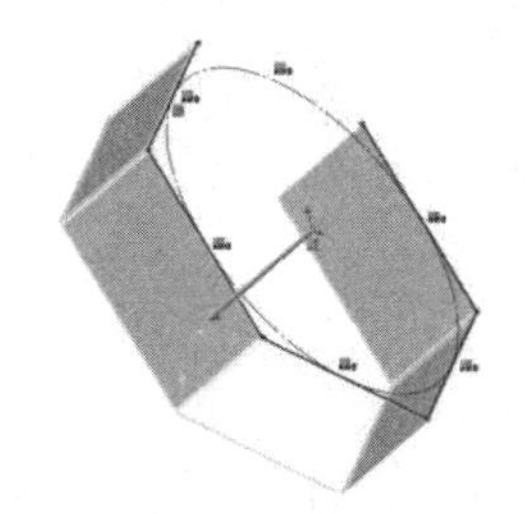

（a）单一开环轮廓生成基体法兰

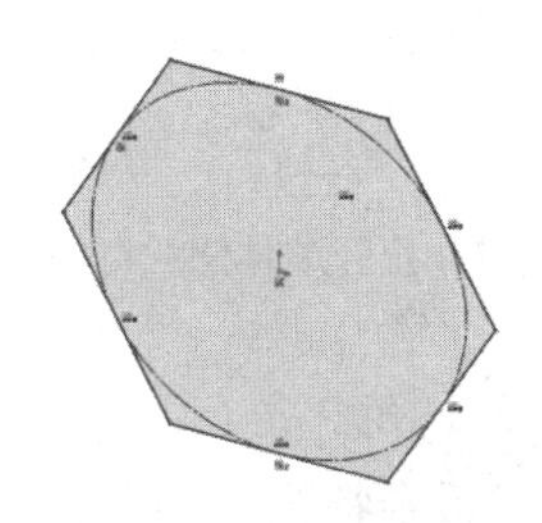

（b）单一闭环轮廓生成基体法兰

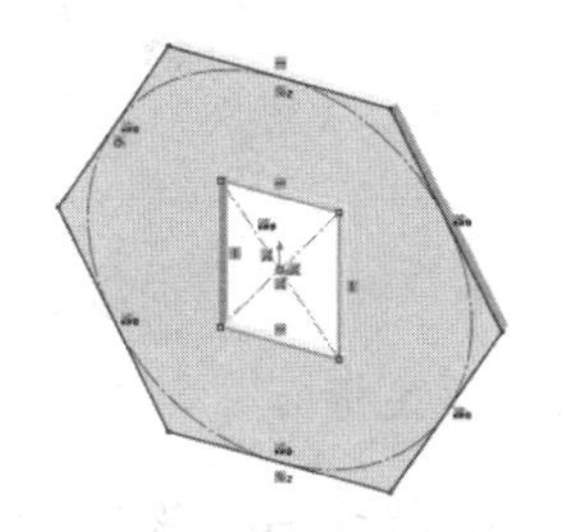

（c）多重封闭轮廓生成基体法兰

图 14-6　基体法兰图例

技巧荟萃：

在一个 SOLIDWORKS 零件中，只能有一个基体法兰特征，且样条曲线对于包含开环轮廓的钣金为无效的草图实体。

在进行基体法兰特征设计过程中，开环草图作为拉伸薄壁特征来处理，封闭的草图则作为展开的轮廓来处理。如果用户需要从钣金零件的展开状态开始设计钣金零件，则可以使用封闭的草图来建立基体法兰特征。

（1）单击“钣金”控制面板中的“基体法兰/薄片”按钮。

（2）绘制草图。在左侧的 FeatureManager 设计树中选择“前视基准面”作为绘图基准面，绘制草图，然后单击“退出草图”按钮。结果如图 14-7 所示。

（3）修改基体法兰参数。在“基体法兰”对话框中，修改“深度”栏中的数值为 30mm；“厚度”栏中的数值为 5mm；“折弯半径”栏中的数值为 10mm，然后单击“确定”按钮。生成基体法兰实体如图 14-8 所示。

基体法兰在FeatureManager设计树中显示为基体-法兰，注意同时添加了其他两种特征：钣金和平板型式，如图14-9所示。

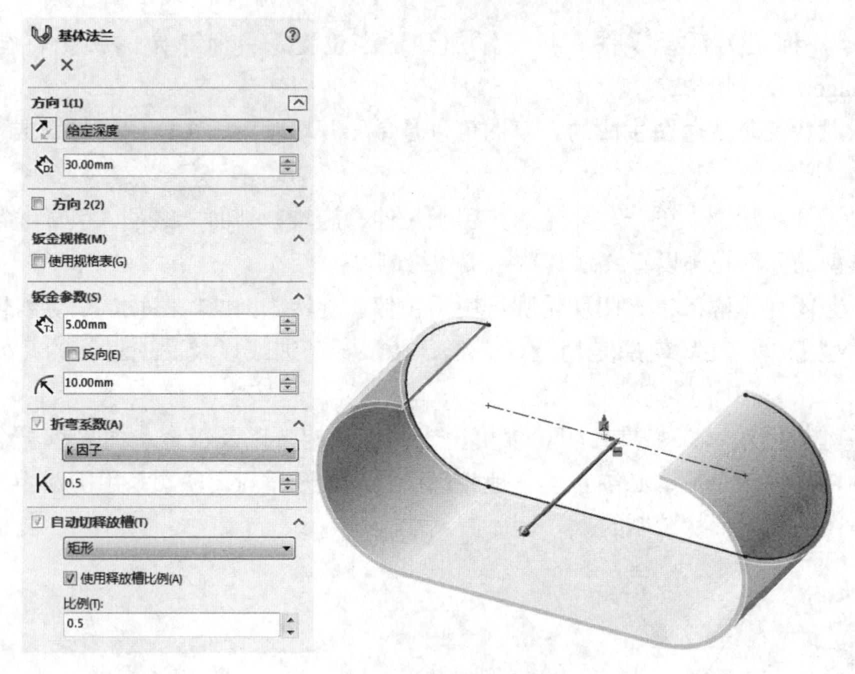

图 14-7　拉伸基体法兰草图

2．钣金特征

在生成基体-法兰特征时，同时生成钣金特征，如图14-9所示。通过对钣金特征的编辑，可以设置钣金零件的参数。

图 14-8　生成的基体法兰实体

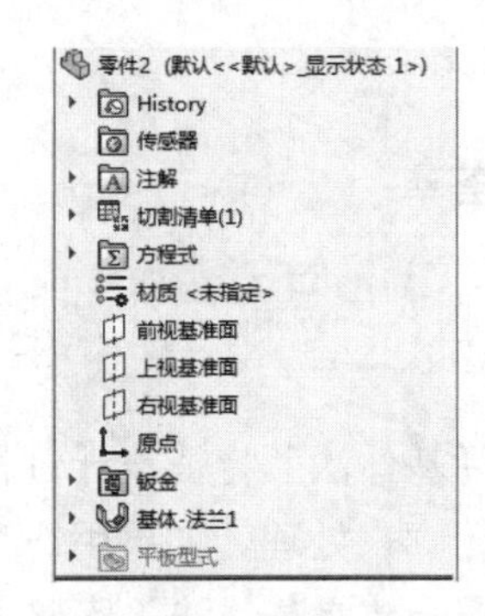

图 14-9　FeatureManager 设计树

在FeatureManager设计树中用鼠标右击钣金特征，在弹出的快捷菜单中单击“编辑特征”按钮，如图14-10所示。弹出“钣金”属性管理器，如图14-11所示。钣金特征中包含用来设计钣金零件的参数，这些参数可以在其他法兰特征生成的过程中设置，也可以在钣金特征中编辑定义来改变它们。

（1）折弯参数。

- 固定的面和边：该选项被选中的面或边在展开时保持不变。在使用基体法兰特征建立钣金零件时，该选项不可选。

- 折弯半径：该选项定义了建立其他钣金持征时默认的折弯半径，也可以针对不同的折弯给定不同的半径值。

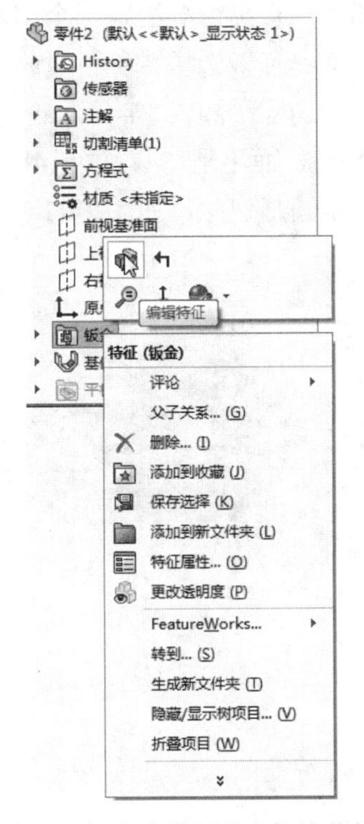

图 14-10　右击特征弹出快捷菜单

图 14-11　“钣金”属性管理器

（2）折弯系数。在“折弯系数”选项中，用户可以选择 4 种类型的折弯系数表，如图 14-12 所示。

- 折弯系数表：折弯系数表是一种指定材料（如钢、铝等）的表格，它包含基于板厚和折弯半径的折弯运算，折弯系数表是 Execl 表格文件，其扩展名为“*.xls”。
  可以通过选择“插入”→“钣金”→“折弯系数表”→“从文件”命令，在当前的钣金零件中添加折弯系数表。也可以在钣金特征PropertyManager对话框的“折弯系数”下拉列表框中选择“折弯系数表”，并选择指定的折弯系数表，或单击“浏览”按钮使用其他的折弯系数表，如图14-13所示。

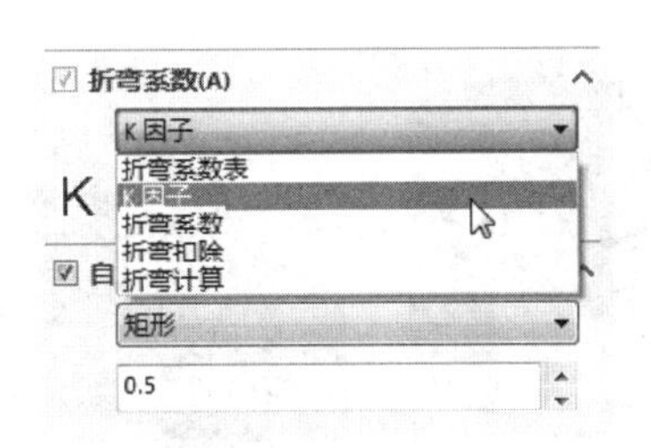

图 14-12　“折弯系数”类型

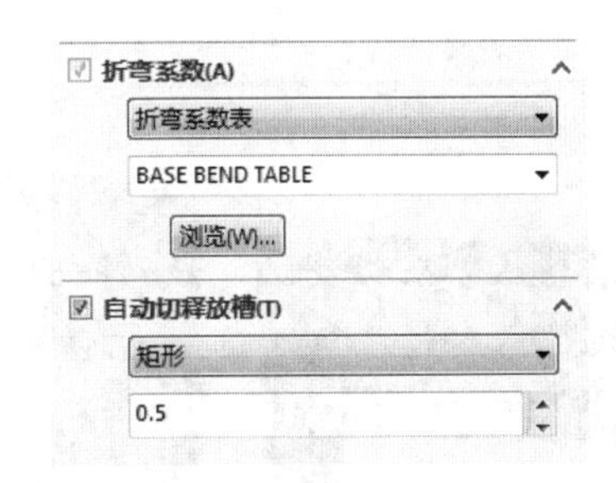

图 14-13　选择“折弯系数表”

- K 因子：K 因子在折弯计算中是一个常数，它是内表面到中性面的距离与材料厚度的比率。
- 折弯系数和折弯扣除：可以根据用户的经验和工厂实际情况给定一个实际的数值。

（3）自动切释放槽。在“自动切释放槽”下拉列表框中可以选择 3 种不同的释放槽类型：

- 矩形：在需要进行折弯释放的边上生成一个矩形切除，如图 14-14（a）所示。
- 撕裂形：在需要撕裂的边和面之间生成一个撕裂口，而不是切除，如 14-14（b）所示。
- 矩圆形：在需要进行折弯释放的边上生成一个矩圆形切除，如图 14-14(c)所示。

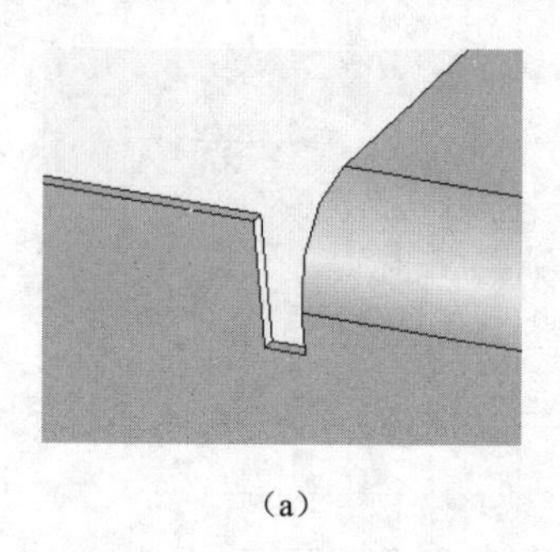

（a）

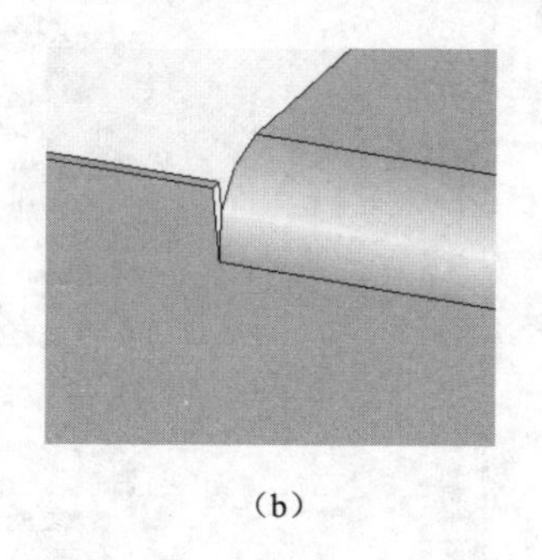

（b）

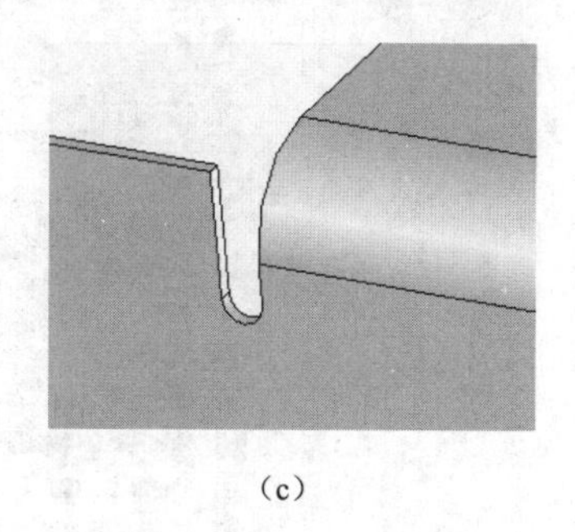

（c）

图 14-14　释放槽类型

3. 薄片

薄片特征可为钣金零件添加薄片，系统会自动将薄片特征的深度设置为钣金零件的厚度。至于深度的方向，系统会自动将其设置为与钣金零件重合，从而避免实体脱节。

在生成薄片特征时，需要注意的是，草图可以是单一闭环、多重闭环或多重封闭轮廓。草图必须位于垂直于钣金零件厚度方向的基准面或平面上。可以编辑草图，但不能编辑定义。其原因是已将深度、方向及其他参数设置为与钣金零件参数相匹配。

操作步骤如下：

（1）单击“钣金”控制面板中的“基体法兰/薄片”按钮，系统提示要求绘制草图或者选择已绘制好的草图。

（2）单击鼠标左键，选择零件表面作为绘制草图基准面，如图 14-15 所示。

（3）在选择的基准面上绘制草图，如图 14-16 所示。然后单击 “退出草图”按钮，生成薄片特征，如图 14-17 所示。

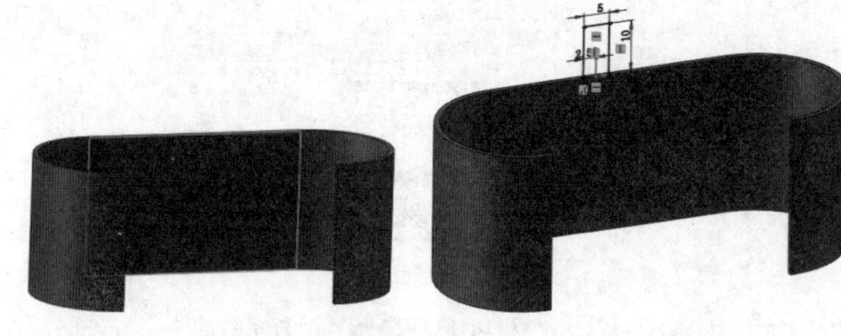

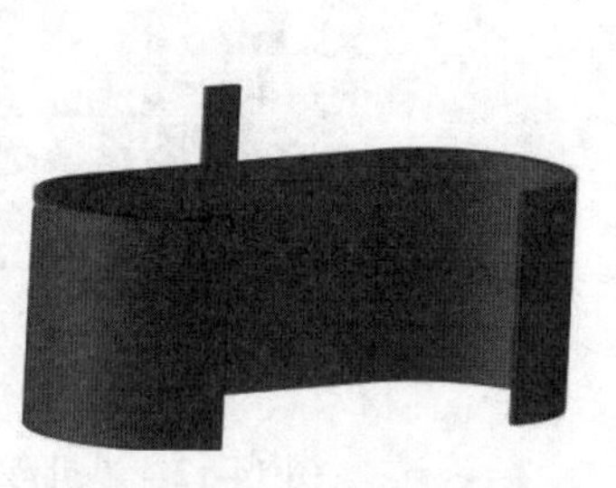

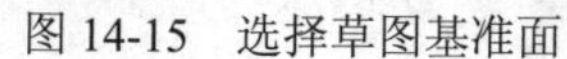

图 14-15　选择草图基准面　　图 14-16　绘制草图　　图 14-17　生成薄片特征

技巧荟萃：

也可以先绘制草图，然后再单击“钣金”控制面板中的“基体-法兰/薄片”按钮，来生成薄片特征。

扫一扫，看视频

14.3.2　边线法兰

【执行方式】

- 工具栏：单击“钣金”工具栏中的“边线法兰”按钮。
- 菜单栏：选择“插入”→“钣金”→“边线法兰”命令。
- 控制面板：单击“钣金”控制面板中的“边线法兰”按钮。

使用边线法兰特征工具可以将法兰添加到一条或多条边线。添加边线法兰时，所选边线必须为线性，系统自动将褶边厚度链接到钣金零件的厚度上。轮廓的一条草图直线必须位于所选边线上。

（1）单击“钣金”控制面板中的“边线法兰”按钮，弹出“边线法兰”属性管理器，如图 14-18 所示。单击鼠标选择钣金零件的一条边，在属性管理器的选择边线栏中将显示所选择边线，如图 14-18 所示。

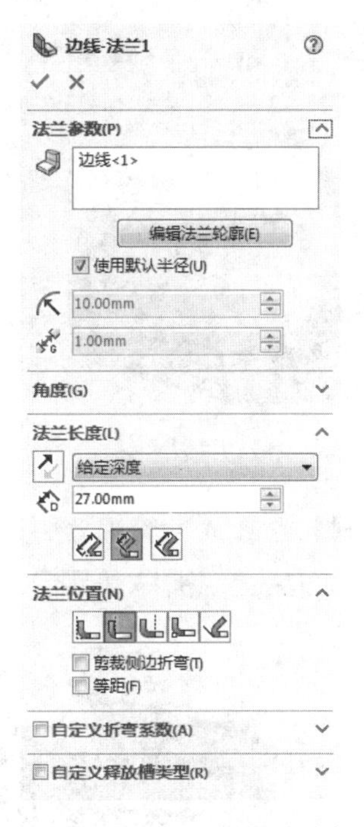

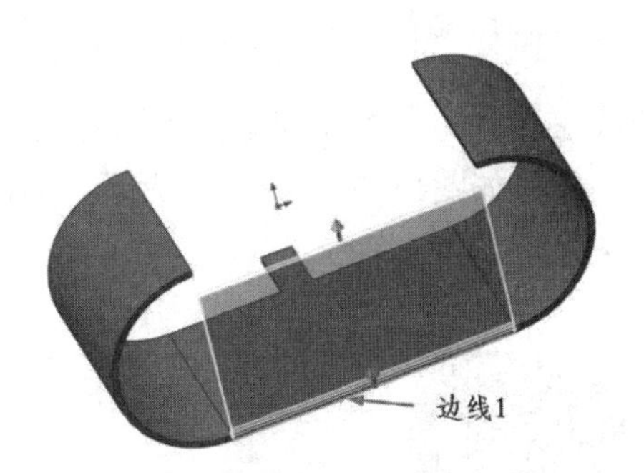

图 14-18　添加边线法兰

（2）设定法兰角度和长度。在角度输入栏中输入角度值 60。在法兰长度输入栏选择给定深度选项，同时输入值 35。确定法兰长度有两种方式，即“外部虚拟交点”或“内部虚拟交点”来决定长度开始测量的位置，如图 14-19 和图 14-20 所示。

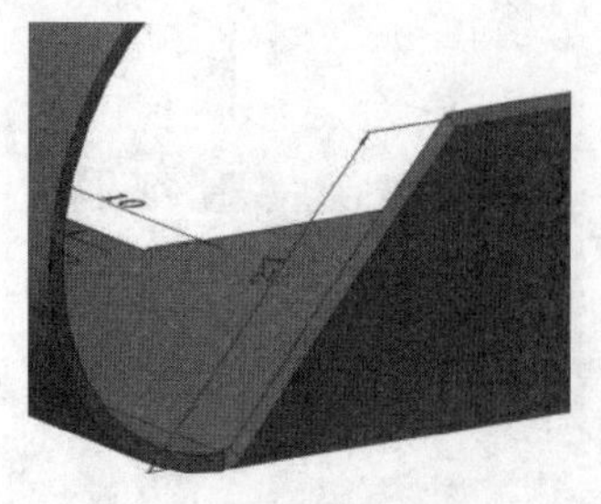

图 14-19　采用“外部虚拟交点”确定法兰长度

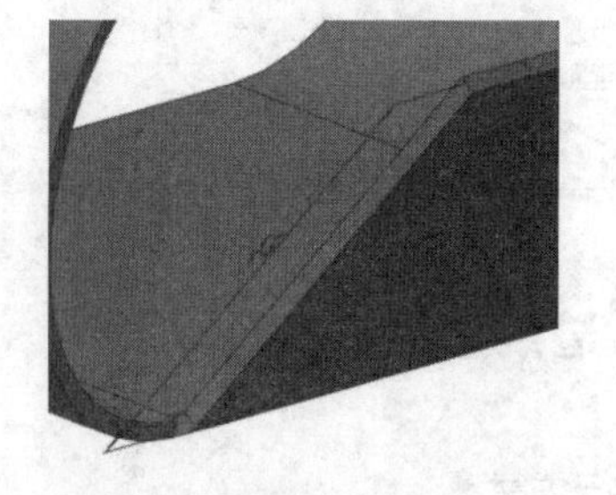

图 14-20　采用“内部虚拟交点”确定法兰长度

（3）设定法兰位置。在“法兰位置”选项组中有 5 种选项可供选择，即“材料在内”、“材料在外”、“折弯向外”、“虚拟交点的折弯”和“与折弯相切”，不同的选项产生的法兰位置不同，如图 14-21~图 14-24 所示。在本实例中，选择“材料在外”选项，最后结果如图 14-25 所示。

图 14-21　材料在内

图 14-22　材料在外

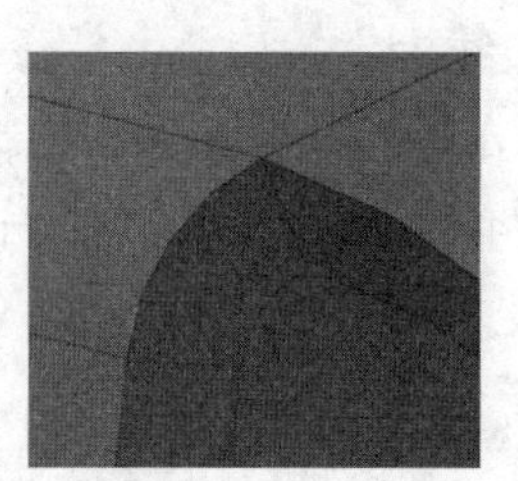

图 14-23　折弯向外

图 14-24　虚拟交点的折弯

图 14-25　生成边线法兰

在生成边线法兰时，如果要切除邻近折弯的多余材料，在属性管理器中选择“剪裁侧边折弯”复选框，结果如图14-26所示。欲从钣金实体等距法兰，选择“等距”复选框。然后，设定等距终止条件及其相应参数，如图14-27所示。

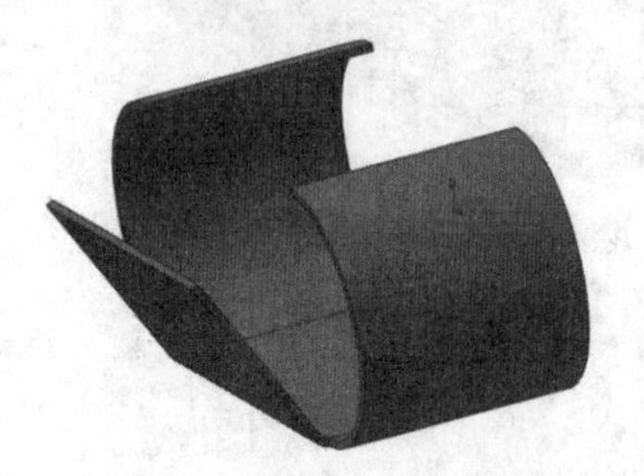

图 14-26　生成边线法兰时剪裁侧边折弯

图 14-27　生成边线法兰时生成等距法兰

14.3.3　斜接法兰

扫一扫，看视频

【执行方式】

- 工具栏：单击“钣金”工具栏中的“斜接法兰”按钮。
- 菜单栏：选择“插入”→“钣金”→“斜接法兰”命令。
- 控制面板：单击“钣金”控制面板中的“斜接法兰”按钮。

斜接法兰特征可将一系列法兰添加到钣金零件的一条或多条边线上。生成斜接法兰特征之前首先要绘制法兰草图，斜接法兰的草图可以是直线或圆弧。使用圆弧绘制草图生成斜接法兰，圆弧不能与钣金零件厚度边线相切，如图14-28所示，此圆弧不能生成斜接法兰；圆弧可与长边线相切，或通过在圆弧和厚度边线之间放置一小段的草图直线，如图14-29和图14-30所示，这样可以生成斜接法兰。

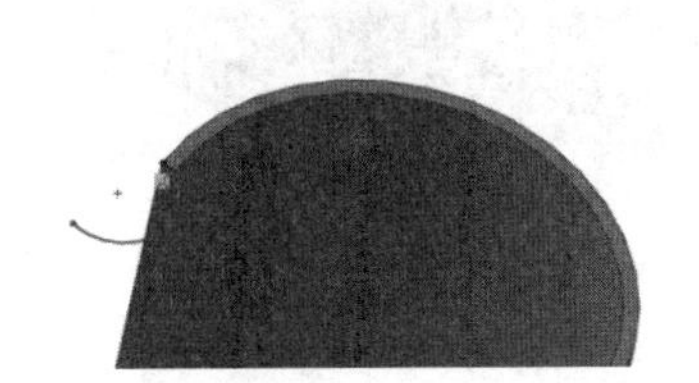

图 14-28　圆弧与厚度边线相切

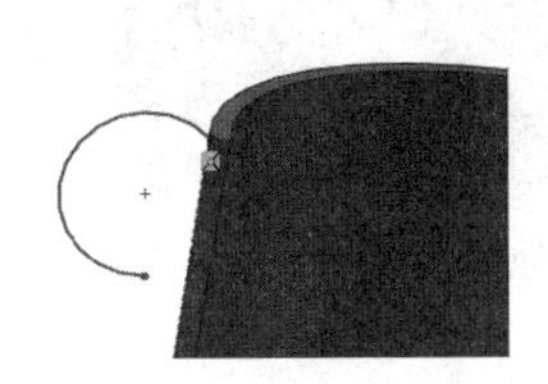

图 14-29　圆弧与长度边线相切

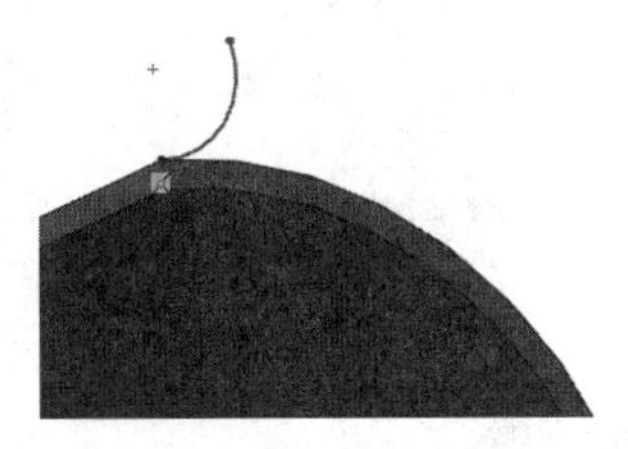

图 14-30　圆弧通过直线与厚度边相接

斜接法兰轮廓可以包括一个以上的连续直线。例如，它可以是 L 形轮廓。草图基准面必须垂直于生成斜接法兰的第一条边线，系统自动将褶边厚度链接到钣金零件的厚度上，可以在一系列相切或非相切边线上生成斜接法兰特征。可以指定法兰的等距，而不是在钣金零件的整条边线上生成斜接法兰。

操作步骤如下：

（1）单击鼠标，选择如图 14-31 所示面 1 作为绘制草图基准面，绘制直线草图，直线长度为 10mm。

（2）单击“钣金”控制面板中的“斜接法兰”按钮，弹出“斜接法兰”属性管理器，如图 14-32 所示。系统随即会选定斜接法兰特征的第一条边线，且图形区域中出现斜接法兰的预览。

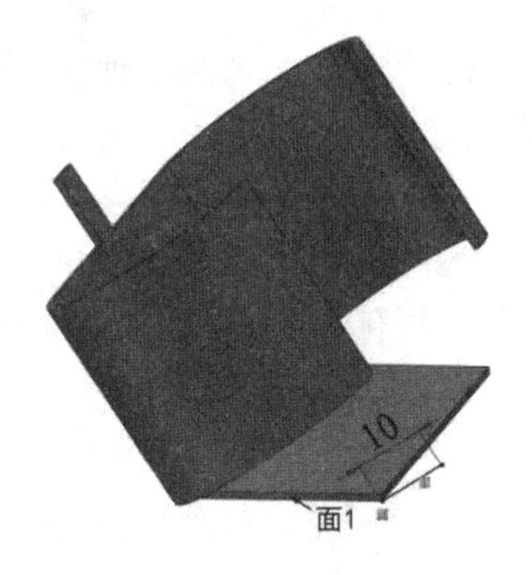

图 14-31　绘制直线草图

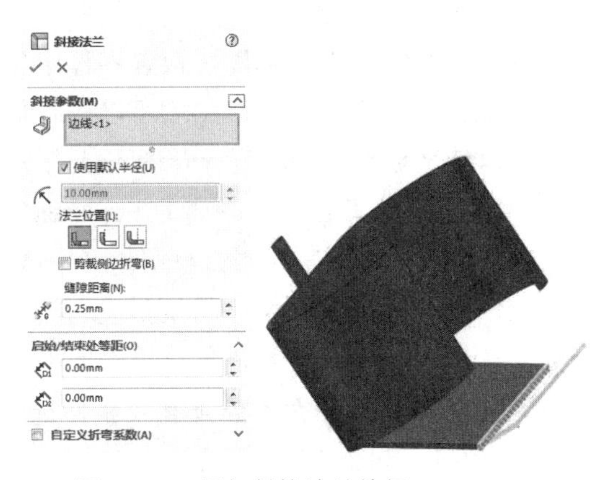

图 14-32　添加斜接法兰特征

（3）单击鼠标拾取钣金零件的其他边线，结果如图 14-33 所示。然后单击“确定”按钮✔，最后结果如图 14-34 所示。

图 14-33　拾取斜接法兰其他边线

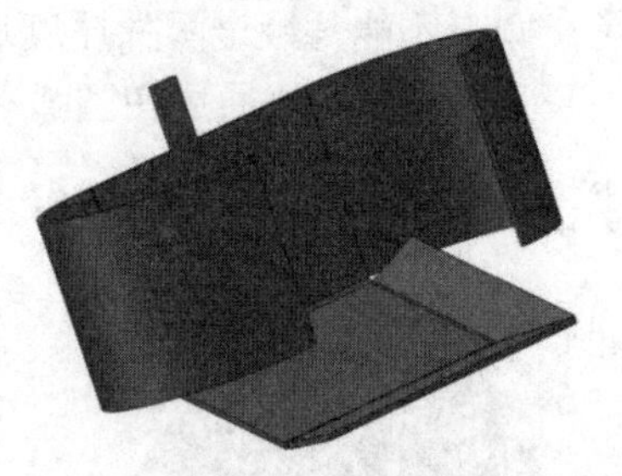

图 14-34　生成斜接法兰

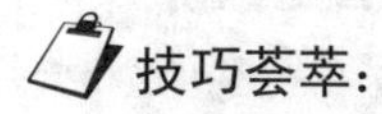

技巧荟萃：

如有必要，可以为部分斜接法兰指定等距距离。在“斜接法兰”属性管理器的“启始/结束处等距”输入栏中输入“开始等距距离”和“结束等距距离”数值。（如果想使斜接法兰跨越模型的整个边线，将这些数值设置到零）其他参数设置可以参考前面有关边线法兰的讲解。

扫一扫，看视频

14.3.4　放样折弯

【执行方式】

- 工具栏：单击“钣金”工具栏中的“放样折弯”按钮。
- 菜单栏：选择“插入”→“钣金”→“放样的折弯”命令。
- 控制面板：单击“钣金”控制面板中的“放样折弯”按钮。

使用放样折弯特征工具可以在钣金零件中生成放样的折弯。放样的折弯和零件实体设计中的放样特征相似，需要两个草图才可以进行放样操作。草图必须为开环轮廓，轮廓开口应同向对齐，以使平板型式更精确。草图不能有尖锐边线。

（1）绘制第 1 个草图。在左侧的 FeatureManager 设计树中选择“上视基准面”作为绘图基准面，然后单击“草图”控制面板中的“中心矩形”按钮，绘制一个圆心在原点的矩形，标注矩形长宽值分别为 50、50。将矩形直角进行圆角，半径值为 10，如图 14-35 所示。绘制一条竖直的构造线，然后绘制两条与构造线平行的直线，单击“草图”控制面板中的“添加几何关系”按钮，选择两条竖直直线和构造线添加“对称”几何关系，然后标注两条竖直直线距离值为 0.1，如图 14-36 所示。

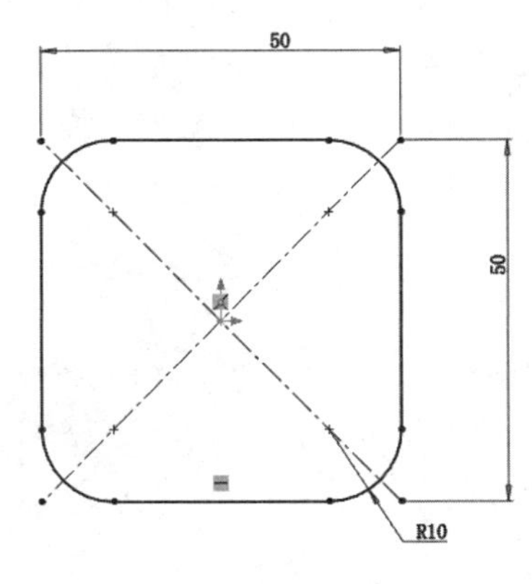

图 14-35　绘制矩形

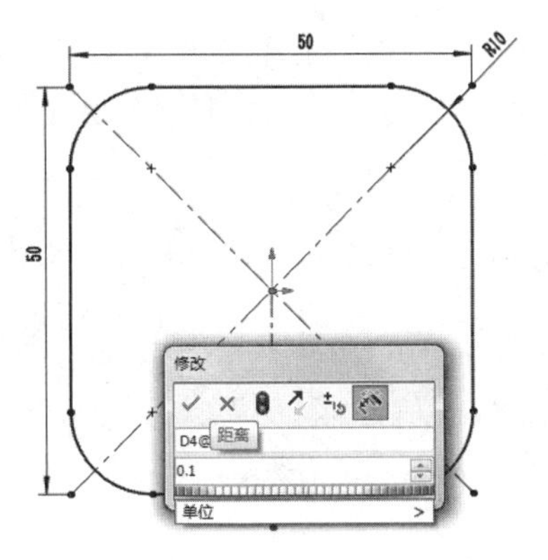

图 14-36　绘制两条竖直直线

（2）单击“草图”控制面板中的“剪裁实体”按钮，对竖直直线和六边形进行剪裁，最后使六边形具有 0.1mm 宽的缺口，从而使草图为开环，如图 14-37 所示。然后单击“退出草图”按钮。

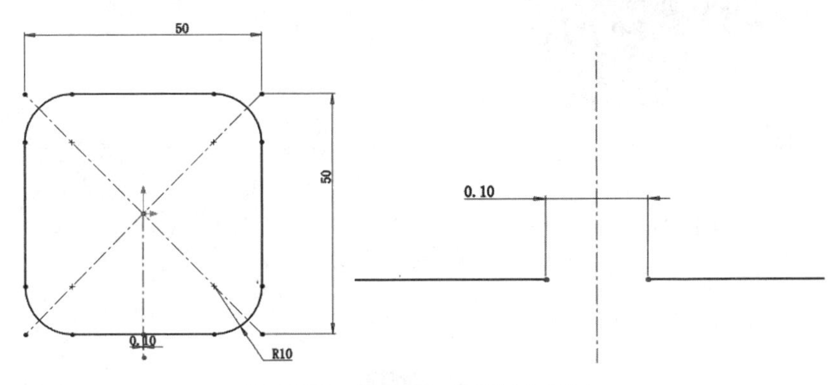

图 14-37　绘制缺口使草图为开环

（3）绘制第 2 个草图。单击“特征”控制面板“参考几何体”下拉列表中的“基准面”按钮，弹出“基准面”属性管理器，在对话框的“选择参考实体”栏中选择上视基准面，输入距离值 40，生成与上视基准面平行的基准面，如图 14-38 所示。使用上述相似的操作方法，在圆草图上绘制一个 0.1mm 宽的缺口，使圆草图为开环，如图 14-39 所示。然后单击“退出草图”按钮。

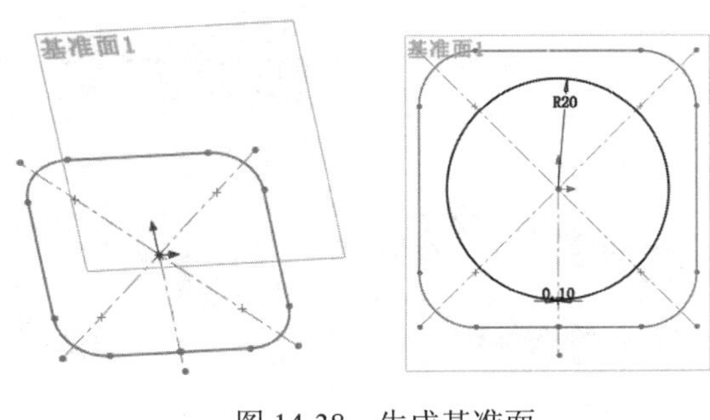

图 14-38　生成基准面

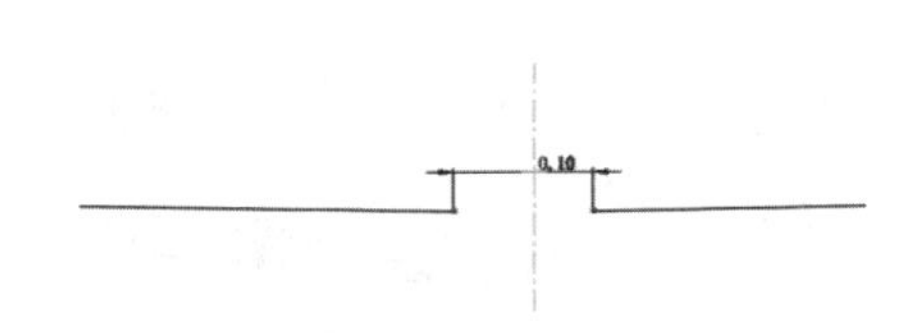

图 14-39　绘制开环的圆草图

（4）单击“钣金”控制面板中的“放样折弯”按钮，弹出“放样折弯”属性管理器，在图形区域中选择两个草图，起点位置要对齐。输入厚度值 1，单击“确定”按钮，结果如图 14-40 所示。

技巧荟萃：

基体-法兰特征不与放样的折弯特征一起使用。放样折弯使用 K 因子和折弯系数来计算折弯。放样的折弯不能被镜像。在选择两个草图时，起点位置要对齐，即要在草图的相同位置，否则将不能生成放样折弯。如图 14-41 所示，箭头所选起点则不能生成放样折弯。

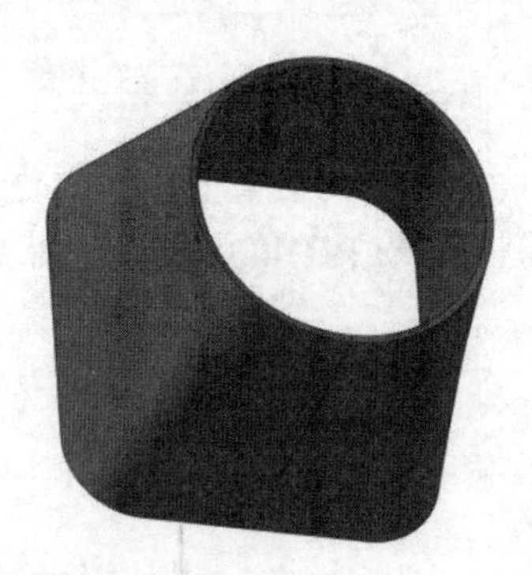

图 14-40　生成的放样折弯特征

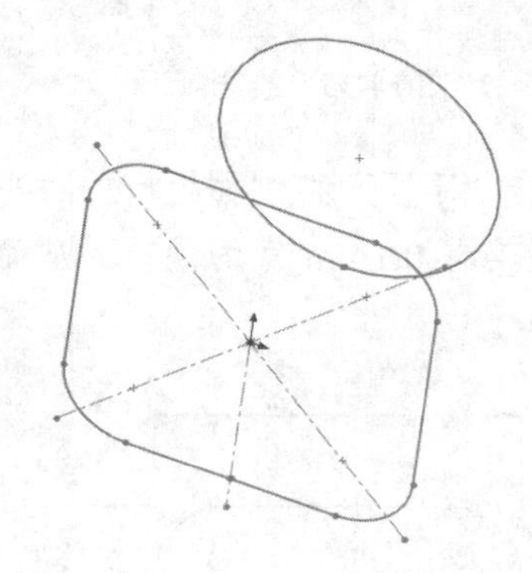

图 14-41　错误地选择草图起点

扫一扫，看视频

14.3.5　实例——U 形槽

U形槽模型如图14-42所示。

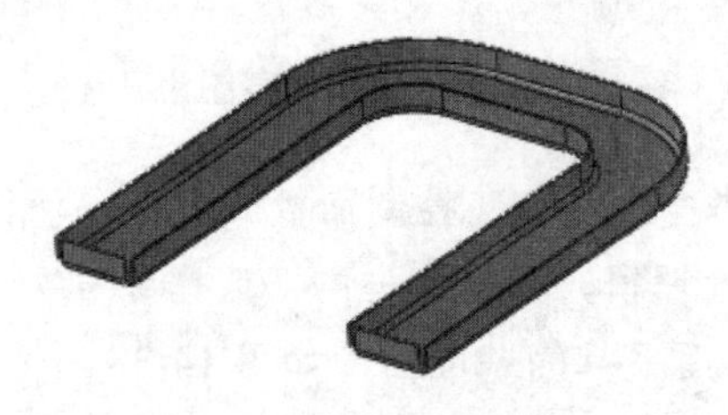

图 14-42　U 形槽

思路分析：

通过对 U 形槽的设计，可以进一步熟练掌握钣金的边线法兰等钣金工具的使用方法，尤其是在曲线边线上生成边线法兰。流程图如图 14-43 所示。

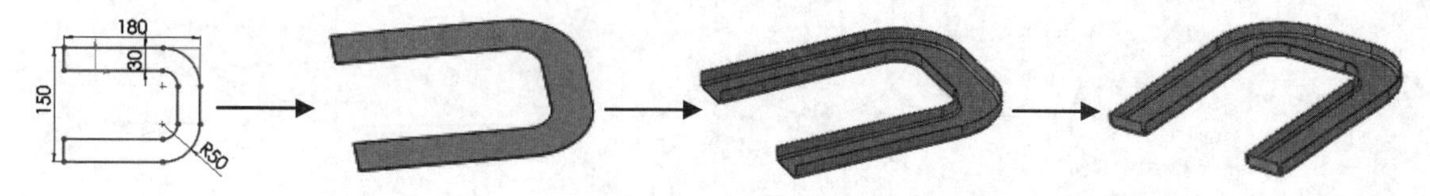

图 14-43　流程图

操作步骤　视频文件：动画演示\第 14 章\U 形槽.avi

（1）启动 SOLIDWORKS 2018，单击“标准”工具栏中的“新建”按钮，或选择“文件”→“新建”命令，创建一个新的零件文件。

（2）绘制草图。

①在左侧的“FeatureManager 设计树”中选择“前视基准面”作为绘图基准面，然后单击“草图”控制面板中的“边角矩形”按钮，绘制一个矩形，标注矩形的智能尺寸，如图 14-44 所示。

②单击“草图”控制面板中的“绘制圆角”按钮，绘制圆角，如图 14-45 所示。

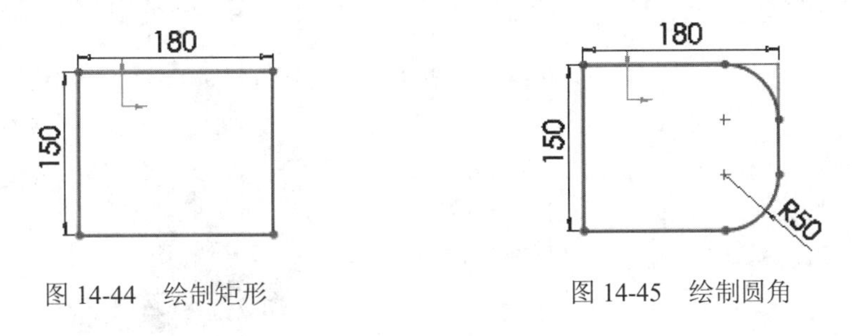

图 14-44　绘制矩形　　　　图 14-45　绘制圆角

③单击“草图”控制面板中的“等距实体”按钮，在“等距实体”属性管理器中取消勾选“选择链”选项，然后选择图 14-45 所示草图的线条，输入等距距离数值 30，生成等距 30mm 的草图，如图 14-46 所示。剪裁竖直的一条边，结果如图 14-47 所示。

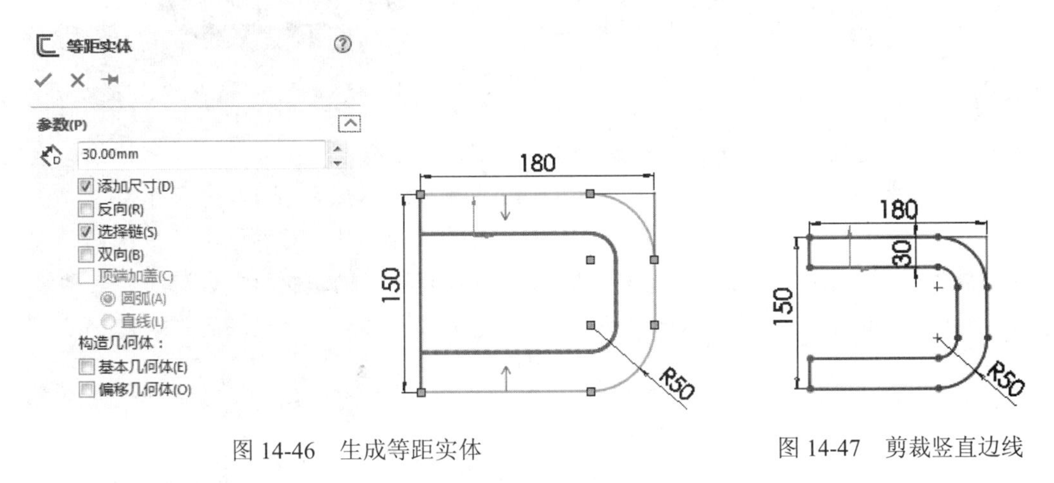

图 14-46　生成等距实体　　　　图 14-47　剪裁竖直边线

（3）生成“基体法兰”特征。单击“钣金”控制面板中的“基体法兰/薄片”按钮，在属性管理器中钣金参数厚度栏中输入厚度值 1；其他设置如图 14-48 所示，最后单击“确定”按钮✓。

（4）生成“边线法兰”特征。单击“钣金”控制面板中的“边线法兰”按钮，在“边线法兰”属性管理器的法兰长度栏中输入值 10；其他设置如图 14-49 所示，单击钣金零件的外边线，单击“确定”按钮✓。

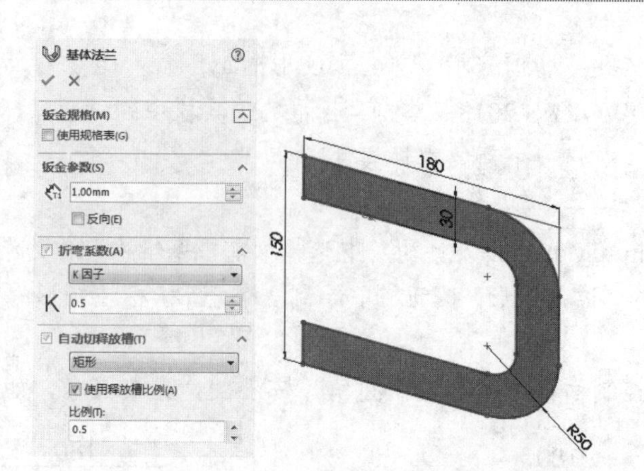

图 14-48　生成基体法兰

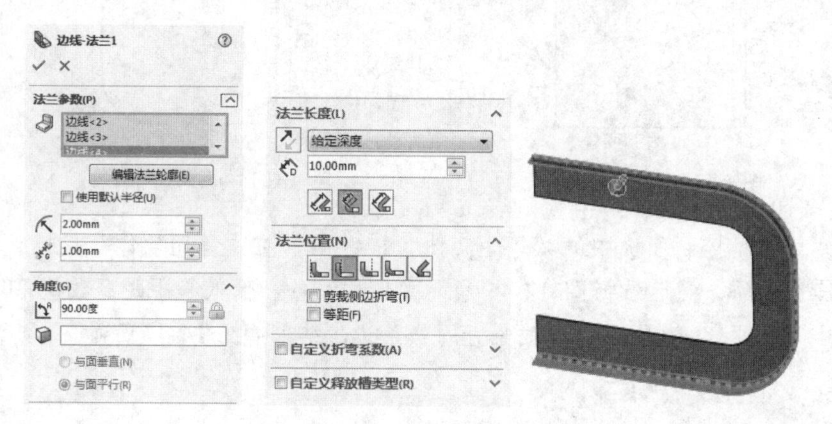

图 14-49　生成边线法兰操作

（5）生成“边线法兰”特征。重复上述的操作，单击拾取钣金零件的其他边线，生成边线法兰，法兰长度为 10mm，其他设置与图 14-49 中相同，结果如图 14-50 所示。

（6）生成端面的“边线法兰”。单击“钣金”控制面板中的“边线法兰”按钮，在“边线法兰”属性管理器的法兰长度栏中输入值 10；勾选“剪裁侧边折弯”复选框，其他设置如图 14-51 所示，单击钣金零件端面的一条边线，如图 14-52 所示，生成边线法兰如图 14-53 所示。

图 14-50　生成另一侧边线法兰

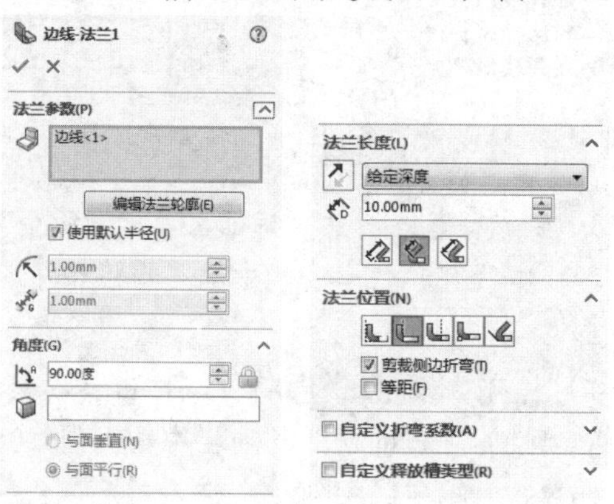

图 14-51　生成端面边线法兰的设置

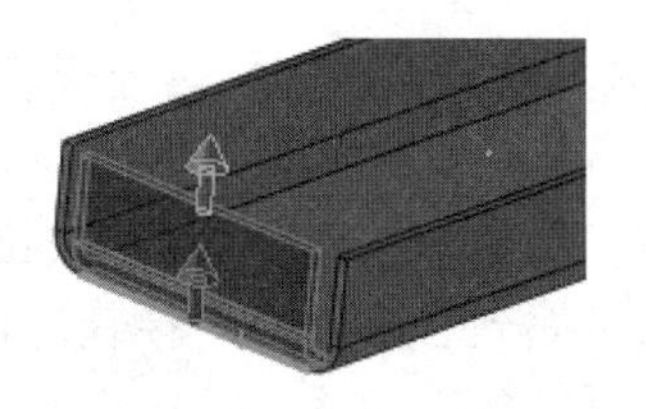

图 14-52 选择边线

图 14-53 生成边线法兰

（7）生成另一侧端面的“边线法兰”。单击“钣金”控制面板中的“边线法兰”按钮，设置参数与上述相同，生成另一侧端面的边线法兰，结果如图 14-54 所示。

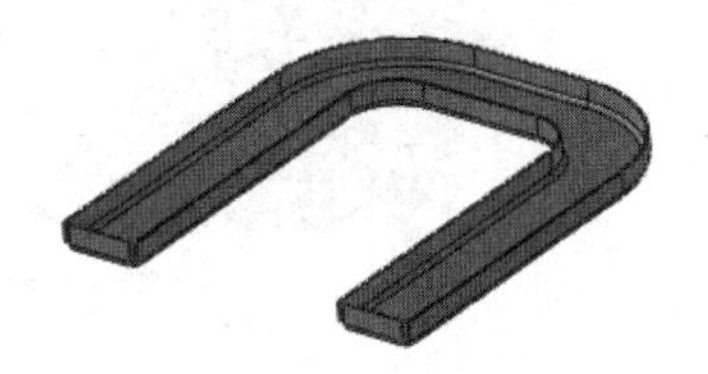

图 14-54 U 形槽

14.4 钣金细节特征

14.4.1 切口特征

使用切口特征工具可以在钣金零件或者其他任意的实体零件上生成切口特征。能够生成切口特征的零件，应该具有一个相邻平面且厚度一致，这些相邻平面形成一条或多条线性边线或一组连续的线性边线，而且是通过平面的单一线性实体。

【执行方式】

- 工具栏：单击“钣金”工具栏中的“切口”按钮。
- 菜单栏：选择“插入”→“钣金”→“切口”命令。
- 控制面板：单击“钣金”控制面板中的“切口”按钮。

在零件上生成切口特征时，可以沿所选内部或外部模型边线生成，或者从线性草图实体生成，也可以通过组合模型边线和单一线性草图实体生成切口特征。下面在一壳体零件（如图14-55所示）上生成切口特征。

（1）选择壳体零件的上表面作为绘图基准面，然后单击“标准视图”工具栏中的“正视于”按钮，单击“草图”控制面板中的“直线”按钮，绘制一条直线，如图 14-56 所示。

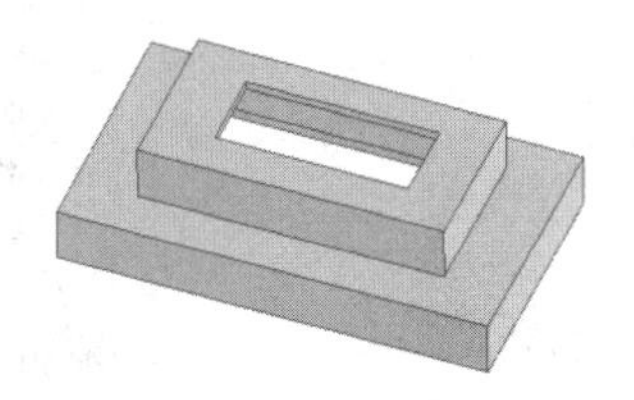

图 14-55 壳体零件

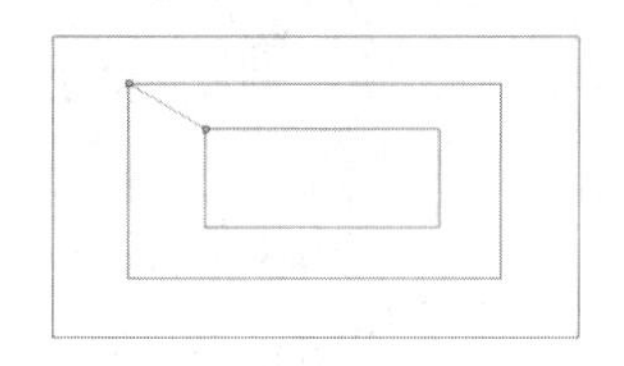

图 14-56 绘制直线

（2）单击“钣金”控制面板中的“切口”按钮，弹出“切口”属性管理器，单击鼠标选择绘制的直线和一条边线来生成切口，如图 14-57 所示。

（3）在对话框的“切口缝隙”输入框中，输入数值 1。单击“改变方向”按钮改变方向(C)，将可以改变切口的方向，每单击一次，切口方向将能切换到一个方向，接着是另外一个方向，然后返回到两个方向。单击“确定”按钮✓，结果如图 14-58 所示。

图 14-57 “切口”属性管理器

图 14-58 生成切口特征

技巧荟萃：

在钣金零件上生成切口特征，操作方法与上面的讲解相同。

扫一扫，看视频

14.4.2 通风口

【执行方式】

- 工具栏：单击“钣金”工具栏中的“通风口”按钮。
- 控制面板：单击“钣金”控制面板中的“通风口”按钮。

使用通风口特征工具可以在钣金零件上添加通风口。在生成通风口特征之前与生成其他钣金特征相似，也要先绘制生成通风口的草图，然后在“通风口”特征PropertyManager对话框中设定各种选项，从而生成通风口。

（1）在钣金零件的表面绘制如图 14-59 所示的通风口草图。为了使草图清晰，可以选择“视图”→“隐藏/显示”→“草图几何关系”命令（如图 14-60 所示）使草图几何关系不显示，结果如图 14-61 所示。然后单击“退出草图”按钮。

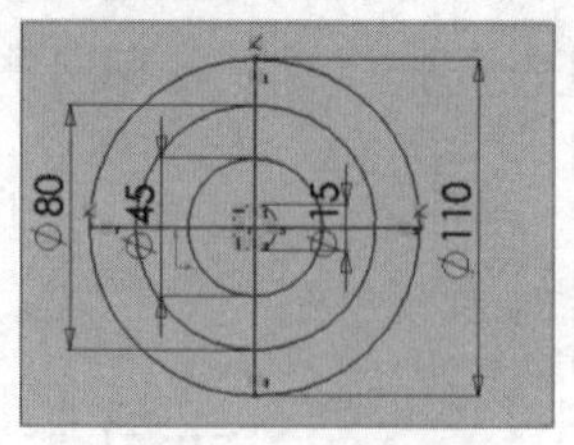

图 14-59 通风口草图

图 14-60 “视图”菜单

（2）单击“钣金”控制面板中的“通风口”按钮，弹出“通风口”属性管理器，首先选择草图的最大直径的圆草图作为通风口的边界轮廓，如图 14-62 所示。同时，在几何体属性的“放置面”栏中自动输入绘制草图的基准面作为放置通风口的表面。

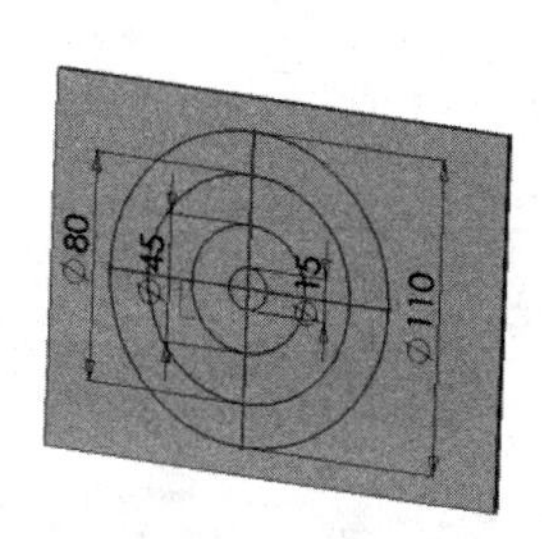

图 14-61　使草图几何关系不显示

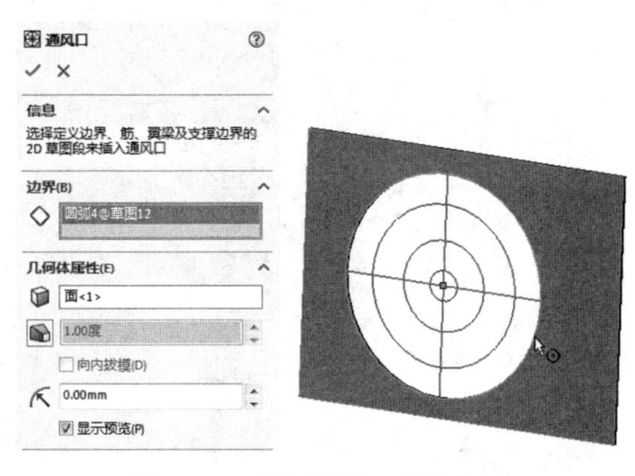

图 14-62　选择通风口的边界

（3）在“圆角半径”输入栏中输入相应的圆角半径数值，本实例中输入数值 5。这些值将应用于边界、筋、翼梁和填充边界之间的所有相交处产生圆角，如图 14-63 所示。

（4）在“筋”下拉列表框中选择通风口草图中的两个互相垂直的直线作为筋轮廓，在“筋宽度”输入栏中输入数值 5，如图 14-64 所示。

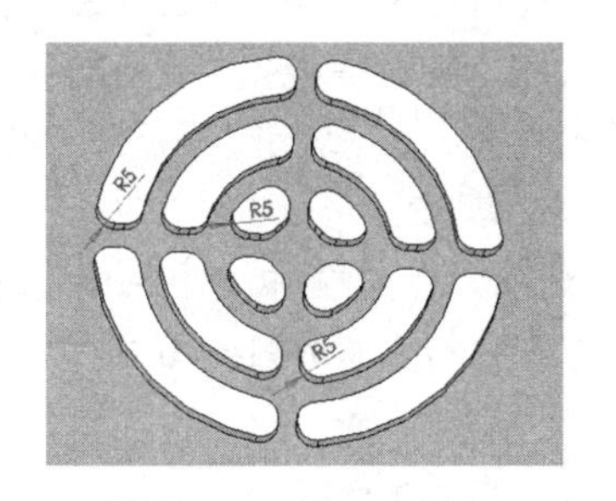

图 14-63　通风口圆角

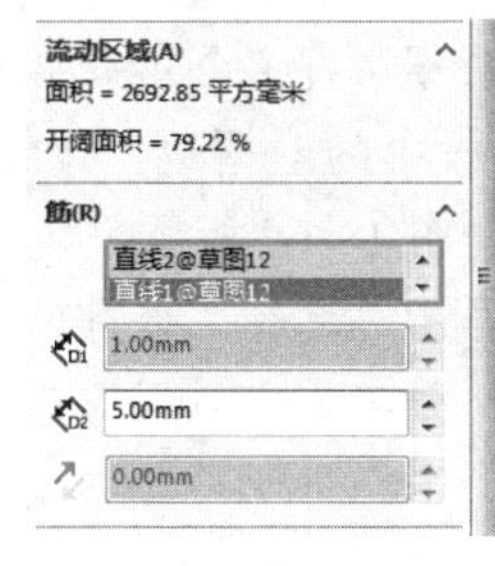

图 14-64　选择筋草图

（5）在“翼梁”下拉列表框中选择通风口草图中的两个同心圆作为翼梁轮廓，在“翼梁宽度”输入栏中输入数值 5，如图 14-65 所示。

（6）在“填充边界”下拉列表框中选择通风口草图中的最小圆作为填充边界轮廓，如图 14-66 所示。最后单击“确定”按钮✔，结果如图 14-67 所示。

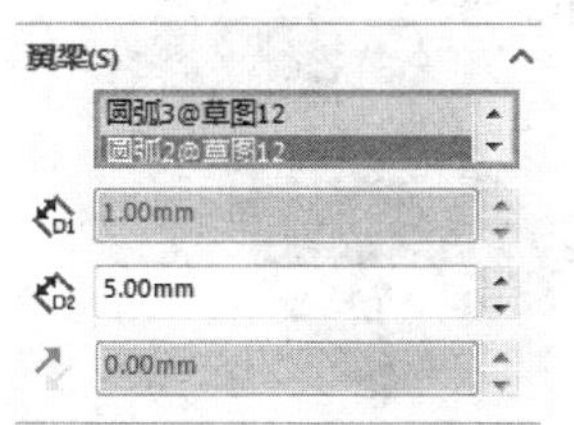

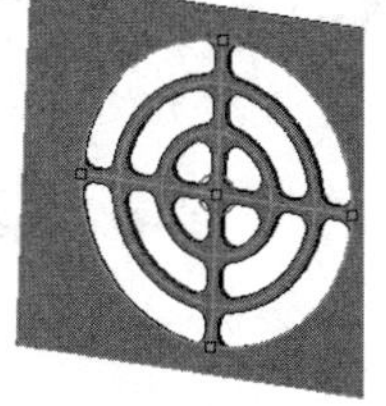

图 14-65　选择翼梁草图

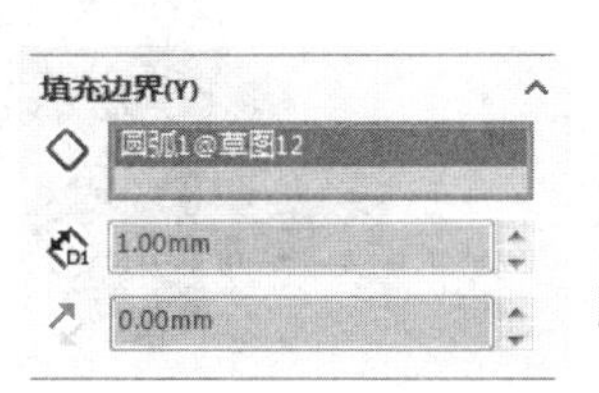

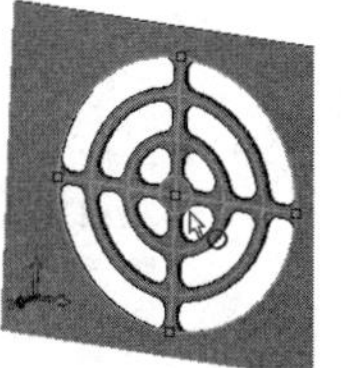

图 14-66　选择填充边界草图

技巧荟萃：

如果在“钣金”工具栏中找不到“通风口”按钮，可以利用“视图”→“工具栏”→“扣合特征”命令，使“扣合特征”工具栏在操作界面中显示出来，在此工具栏中可以找到“通风口”按钮，如图 14-68 所示。

图 14-67　生成通风口特征

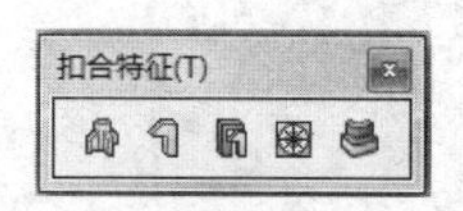

图 14-68　“扣合特征”工具栏

扫一扫，看视频

14.4.3　褶边特征

【执行方式】

- 工具栏：单击“钣金”工具栏中的“褶边”按钮。
- 菜单栏：选择“插入”→“钣金”→“褶边”命令。
- 控制面板：单击“钣金”控制面板中的“褶边”按钮。

褶边工具可将褶边添加到钣金零件的所选边线上。生成褶边特征时所选边线必须为直线。斜接边角被自动添加到交叉褶边上。如果选择多个要添加褶边的边线，则这些边线必须在同一个面上。

（1）单击“钣金”控制面板中的“褶边”按钮，弹出“褶边”属性管理器。在图形区域中，选择想添加褶边的边线，如图 14-69 所示。

（2）在“褶边”属性管理器中，选择“材料在内”选项，在类型和大小栏中，选择“打开”选项，其他设置默认。然后单击“确定”按钮，最后结果如图 14-70 所示。

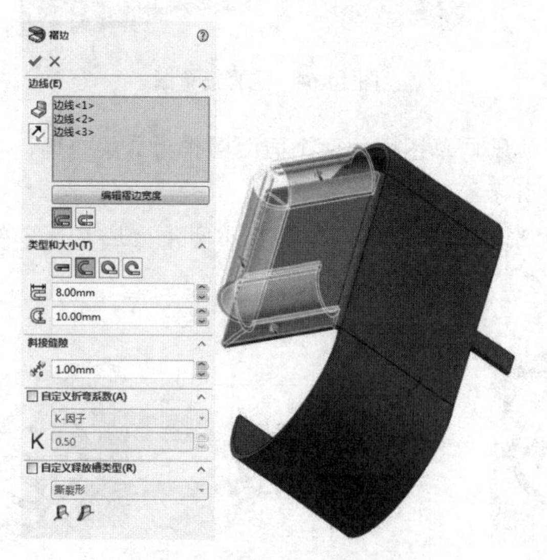

图 14-69　选择添加褶边边线

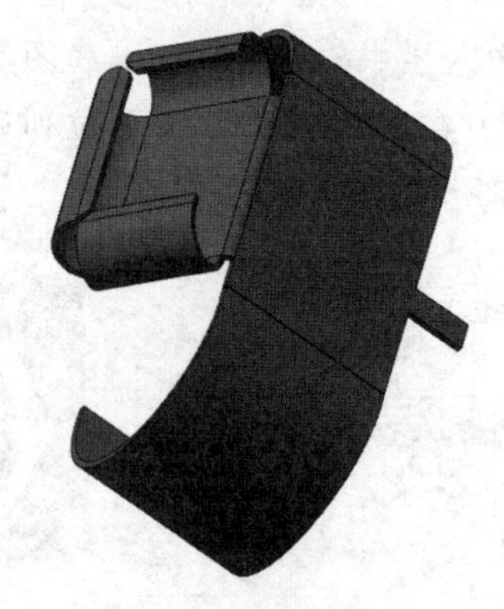

图 14-70　生成褶边

褶边类型共有4种，分别是“闭合” ，如图14-71所示；“打开” ，如图14-72所示；“撕裂形” ，如图14-73所示；“滚轧” ，如图14-74所示。每种类型褶边都有其对应的尺寸设置参数。长度参数只应用于闭合和打开褶边，间隙距离参数只应用于打开褶边，角度参数只应用于撕裂形和滚轧褶边，半径参数只应用于撕裂形和滚轧褶边。

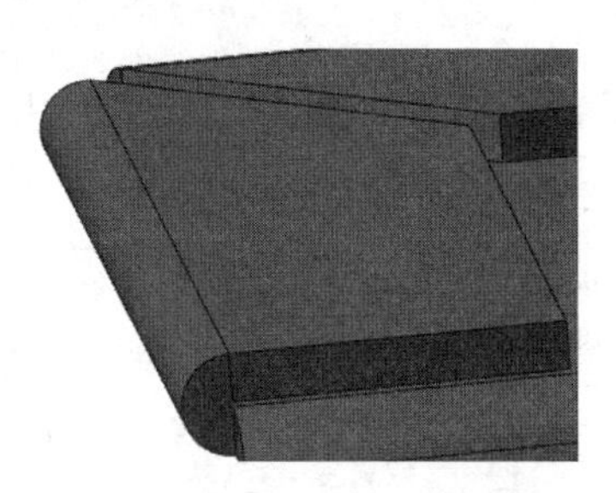

图 14-71 “闭合”类型褶边

图 14-72 “打开”类型褶边

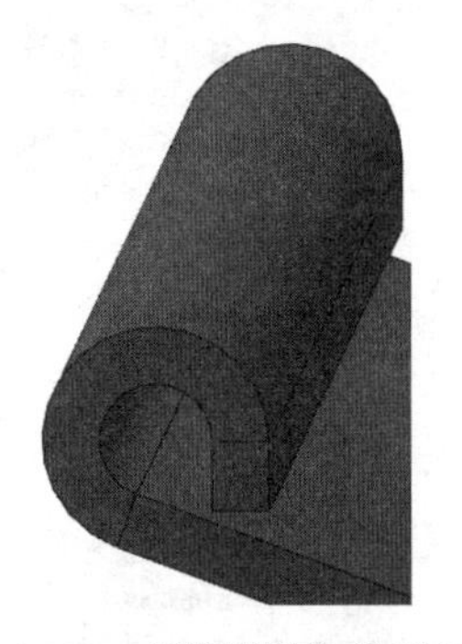

图 14-73 “撕裂形”类型褶边

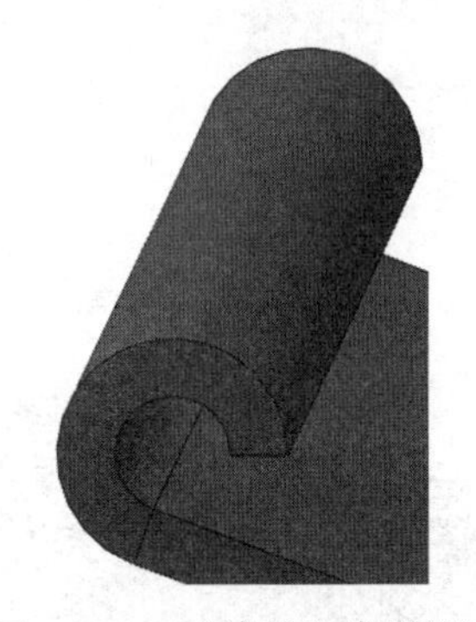

图 14-74 “滚轧”类型褶边

选择多条边线添加褶边时，在属性管理器中可以通过设置“斜接缝隙”的“斜接缝隙”数值来设定这些褶边之间的缝隙，斜接边角被自动添加到交叉褶边上。例如，输入斜轧角度250，更改后如图14-75所示。

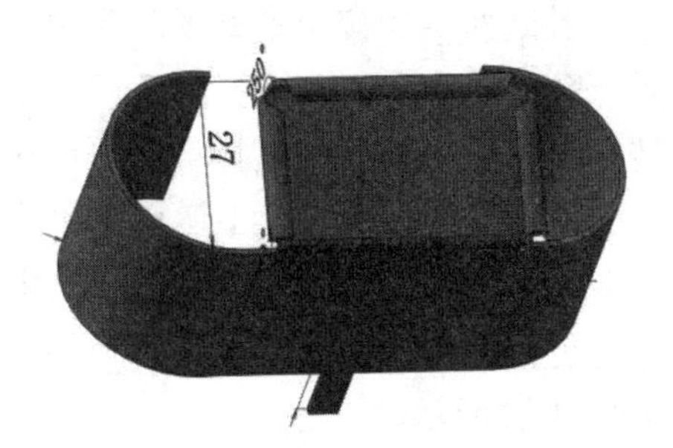

图 14-75 更改褶边之间的角度

14.4.4 转折特征

扫一扫，看视频

【执行方式】

➘ 工具栏：单击“钣金”工具栏中的“转折”按钮 。

- 菜单栏：选择“插入”→“钣金”→“转折”命令。
- 控制面板：单击“钣金”控制面板中的“转折”按钮。

使用转折特征工具可以在钣金零件上通过从草图直线生成两个折弯。生成转折特征的草图必须只包含一根直线。直线不需要是水平和垂直直线。折弯线长度不一定必须与正折弯的面的长度相同。

（1）在生成转折特征之前首先绘制草图，选择钣金零件的上表面作为绘图基准面，绘制一条直线，如图 14-76 所示。

（2）在绘制的草图被打开状态下，单击“钣金”控制面板中的“转折”按钮，弹出“转折”属性管理器，选择箭头所指的面作为固定面，如图 14-77 所示。

图 14-76　绘制直线草图

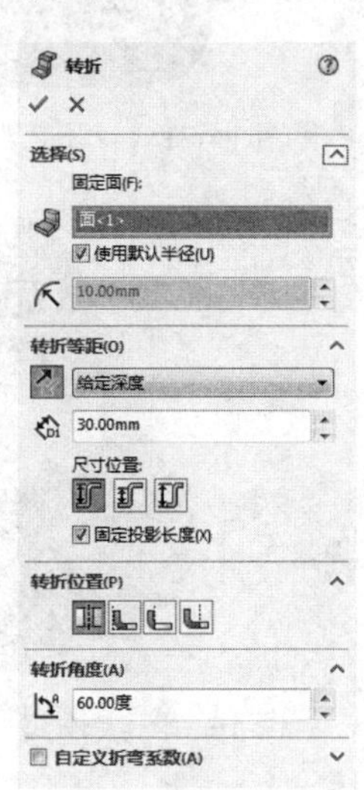

图 14-77　“转折”属性管理器

（3）选择“使用默认半径”复选框。在转折等距栏中输入等距距离值 30。选择尺寸位置栏中的“外部等距”选项，并且选择“固定投影长度”复选框。在转折位置栏中选择“折弯中心线”选项。其他设置为默认，单击“确定”按钮✓，结果如图 14-78 所示。

生成转折特征时，在“转折”属性管理器中选择不同的尺寸位置选项、是否选择“固定投影长度”选项都将生成不同的转折特征。例如，上述实例中使用“外部等距”选项生成的转折特征尺寸如图14-79所示。使用“内部等距”选项生成的转折特征尺寸如图14-80所示。使用“总尺寸”选项生成的转折特征尺寸如图14-81所示。取消“固定投影长度”复选框生成的转折投影长度将减小，如图14-82所示。

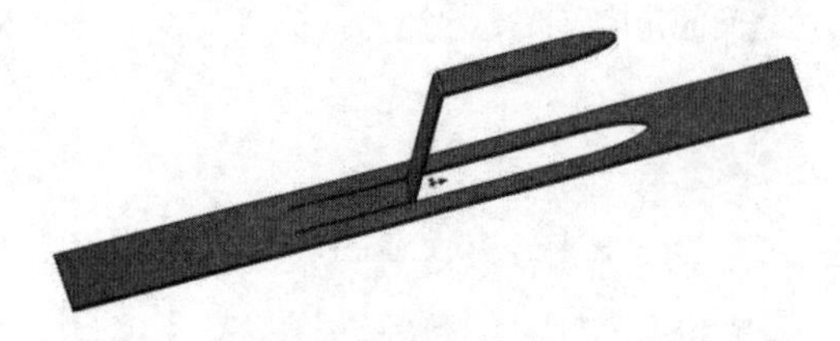

图 14-78　生成转折特征

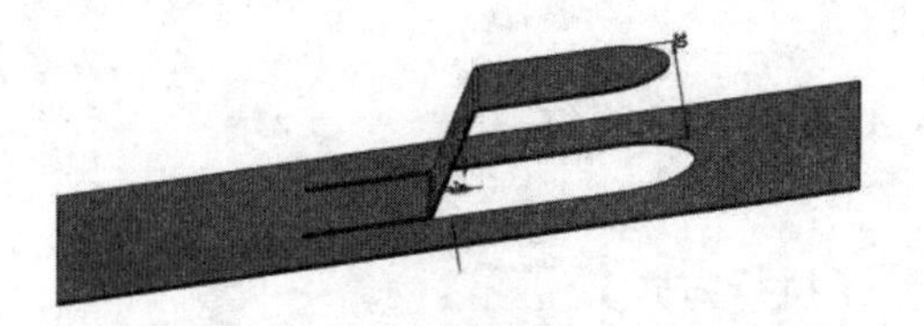

图 14-79　使用“外部等距”生成的转折

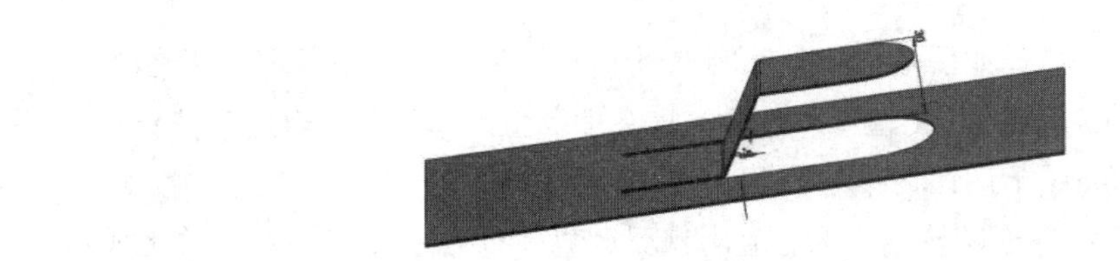

图 14-80　使用“内部等距”生成的转折

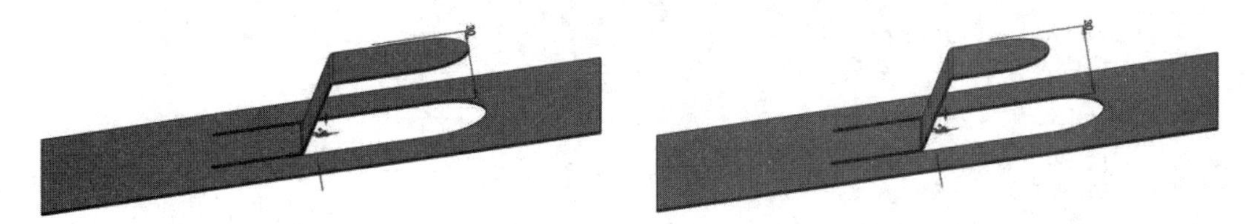

图 14-81　使用“总尺寸”生成的转折　　图 14-82　取消“固定投影长度”复选框生成的转折

在转折位置栏中还有不同的选项可供选择，在前面的特征工具中已经讲解过，这里不再重复。

扫一扫，看视频

14.4.5　绘制的折弯特征

【执行方式】

- 工具栏：单击“钣金”工具栏中的“绘制的折弯”按钮。
- 菜单栏：选择“插入”→“钣金”→“绘制的折弯”命令。
- 控制面板：单击“钣金”控制面板中的“绘制的折弯”按钮。

绘制的折弯特征可以在钣金零件处于折叠状态时绘制草图将折弯线添加到零件。草图中只允许使用直线，可为每个草图添加多条直线。折弯线长度不一定非得与被折弯的面的长度相同。

（1）单击“钣金”控制面板中的“绘制的折弯”按钮，系统提示选择平面来生成折弯线和选择现有草图为特征所用，如图 14-83 所示。如果没有绘制好草图，可以首先选择基准面绘制一条直线；如果已经绘制好了草图，可以单击鼠标选择绘制好的直线，弹出“绘制的折弯”属性管理器，如图 14-84 所示。

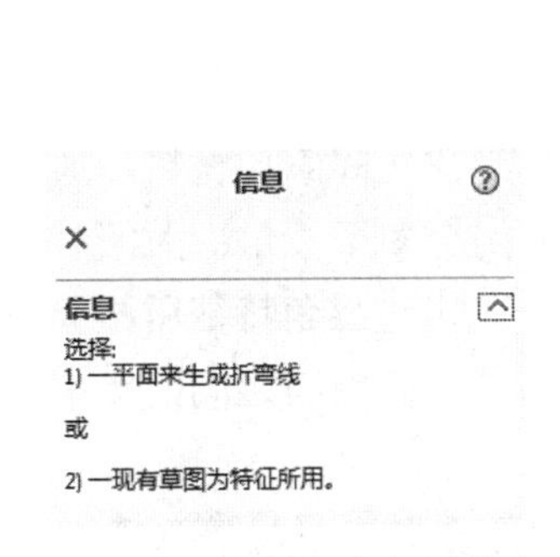

图 14-83　绘制的折弯提示信息

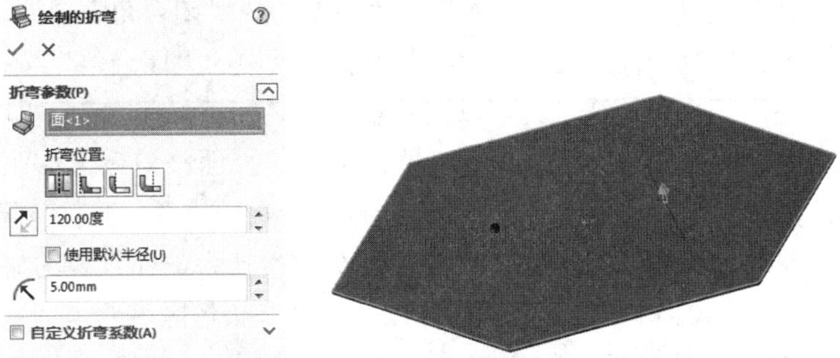

图 14-84　“绘制的折弯”属性管理器

（2）在图形区域中，选择如图 14-84 所示所选的面作为固定面，选择“折弯位置”选项组中的“折弯中心线”，输入角度值 120，输入折弯半径值 5，单击“确定”按钮。

（3）右击 FeatureManager 设计树中绘制的折弯 1 特征的草图，单击“显示”按钮，如图 14-85 所示。绘制的直线将可以显示出来，直观观察到以“折弯中心线”选项生成的折弯特征的效果，如图 14-86 所示。其他选项生成折弯特征效果可以参考前面的讲解。

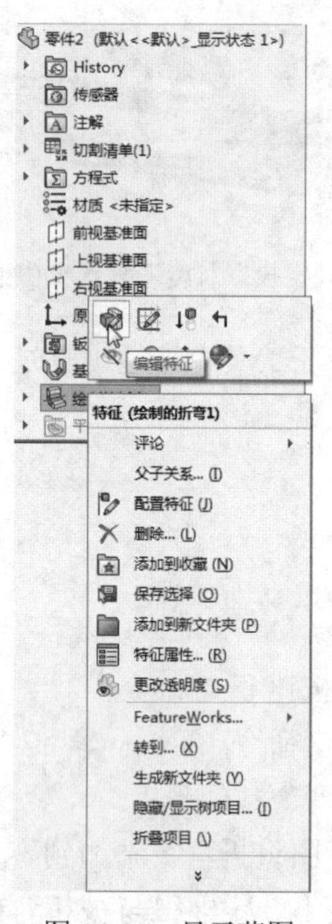

图 14-85　显示草图

图 14-86　生成绘制的折弯

扫一扫，看视频

14.4.6　闭合角特征

【执行方式】

- 工具栏：单击“钣金”工具栏中的“闭合角”按钮。
- 菜单栏：选择“插入”→“钣金”→“闭合角”命令。
- 控制面板：单击“钣金”控制面板中的“闭合角”按钮。

使用闭合角特征工具可以在钣金法兰之间添加闭合角，即钣金特征之间添加材料。通过闭合角特征工具可以完成以下功能：通过选择面来为钣金零件同时闭合多个边角；关闭非垂直边角；将闭合边角应用到带有 90°以外折弯的法兰；调整缝隙距离，由边界角特征所添加的两个材料截面之间的距离；调整重叠/欠重叠比率，即重叠的材料与欠重叠材料之间的比率，数值 1 表示重叠和欠重叠相等；闭合或打开折弯区域。

（1）单击“钣金”控制面板中的“闭合角”按钮，弹出“闭合角”属性管理器，如图 14-87 所示。选择需要延伸的面，如图 14-88 所示。

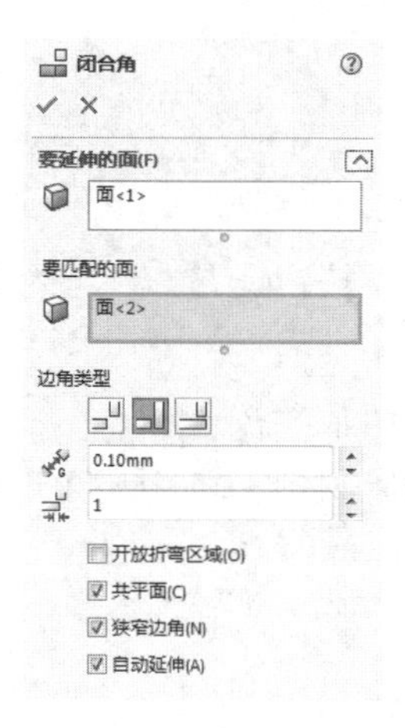

图 14-87　“闭合角”属性管理器

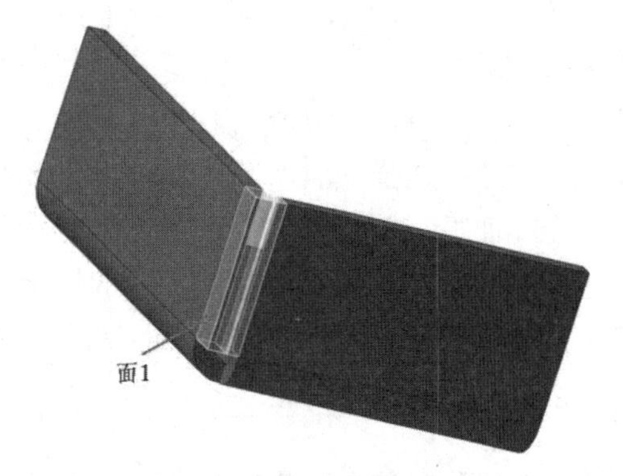

图 14-88　选择需要延伸的面

（2）选择边角类型中的“重叠”选项，单击“确定”按钮。在“缝隙距离”栏中输入数值过小时系统提示错误，如图 14-89 所示，不能生成闭合角。

（3）在“缝隙距离”栏中，更改缝隙距离数值为 0.5，单击“确定”按钮，生成“重叠”闭合角。结果如图 14-90 所示。

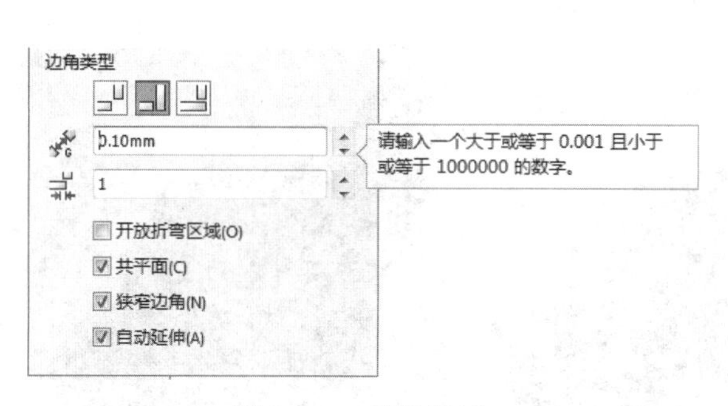

图 14-89　错误提示

图 14-90　生成“重叠”类型闭合角

使用其他边角类型选项可以生成不同形式的闭合角。如图14-91所示，是使用边角类型中“对接”选项生成的闭合角；如图14-92所示，是使用边角类型中“欠重叠”选项生成的闭合角。

图 14-91　“对接”类型闭合角

图 14-92　“欠重叠”类型闭合角

扫一扫，看视频

14.4.7 断裂边角/边角剪裁特征

【执行方式】

- 工具栏：单击“钣金”工具栏中的“断裂边角/边角剪裁”按钮。
- 菜单栏：选择“插入”→“钣金”→“断裂边角”命令。
- 控制面板：单击“钣金”控制面板中的“断裂边角/边角剪裁”按钮。

使用断裂边角特征工具可以从折叠的钣金零件的边线或面切除材料。使用边角剪裁特征工具可以从展开的钣金零件的边线或面切除材料。

1. 断裂边角

断裂边角操作只能在折叠的钣金零件中操作。

（1）单击“钣金”工具栏中的“断裂边角/边角剪裁”按钮，或者选择“插入”→“钣金”→“断裂边角”命令，弹出“断裂边角”属性管理器。在图形区域中，单击想断裂的边角边线或法兰面，如图 14-93 所示。

（2）在“折断类型”选项组中选择“倒角”选项，输入距离值 5，单击“确定”按钮。结果如图 14-94 所示。

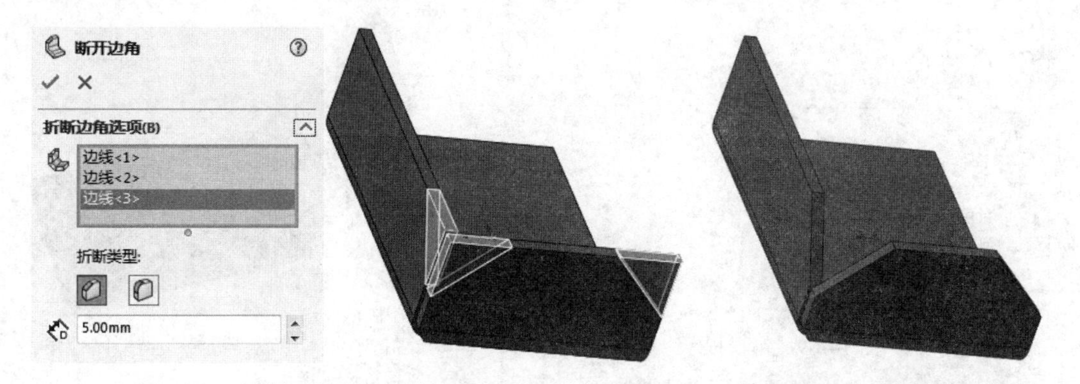

图 14-93　选择要断裂边角的边线和面　　图 14-94　生成断裂边角特征

2. 边角剪裁

边角剪裁操作只能在展开的钣金零件中操作，在零件被折叠时边角剪裁特征将被压缩。

（1）单击“钣金”控制面板中的“展开”按钮，或选择“插入”→“钣金”→“展开”命令，将钣金零件整个展开，如图 14-95 所示。

（2）单击“钣金”控制面板中的“断裂边角/边角剪裁”按钮，选择“插入”→“钣金”→“断裂边角/边角剪裁”命令，在图形区域中，选择要折断边角边线或法兰面，如图 14-96 所示。

（3）在“折断类型”选项组中选择“倒角”选项，输入距离值 5，单击“确定”按钮。结果如图 14-97 所示。

图 14-95 展开钣金零件

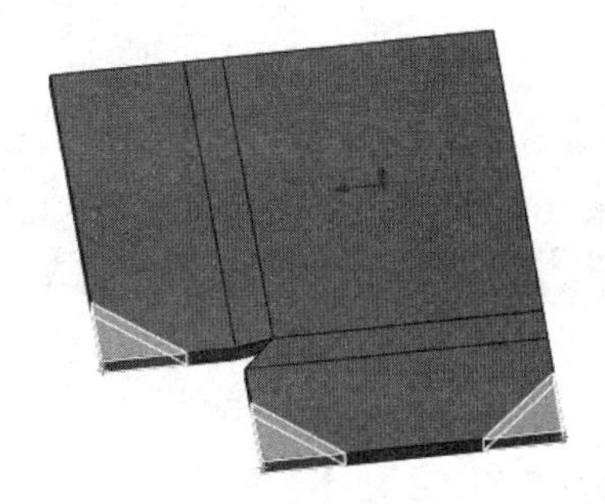

图 14-96 选择要折断边角的边线和面

（4）右击钣金零件 FeatureManager 设计树中的平板型式特征，在弹出的快捷菜单中选择“压缩”命令，或者单击“钣金”控制面板中的“折叠”按钮，使此图标弹起，将钣金零件折叠。边角剪裁特征将被压缩，如图 14-98 所示。

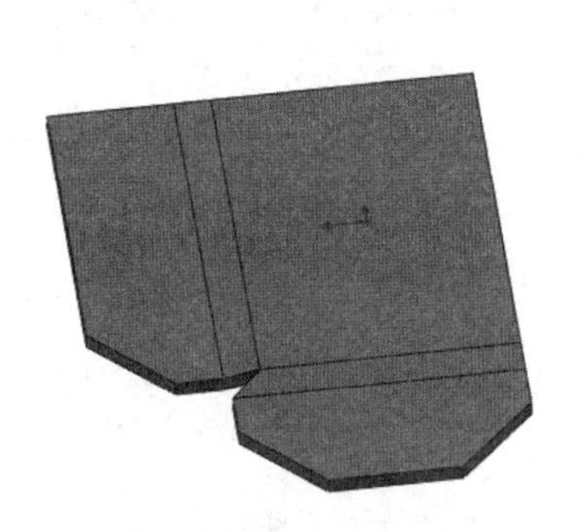

图 14-97 生成边角剪裁特征

图 14-98 折叠钣金零件

14.4.8 实例——六角盒

扫一扫，看视频

绘制如图14-99所示的六角盒。

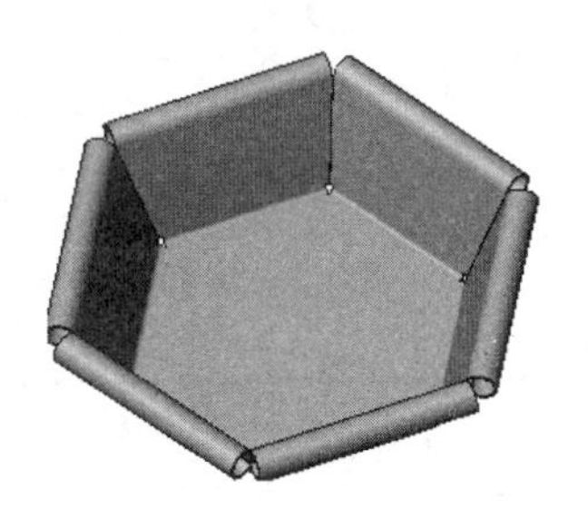

图 14-99 六角盒及展开图

思路分析：

本例绘制的六角盒模型主要利用实体建模绘制基体模型，拉伸实体，再利用抽壳命令抽空腔体，最后利用钣金知识，使用褶边命令绘制六角盒边角。绘制流程图如图 14-100 所示。

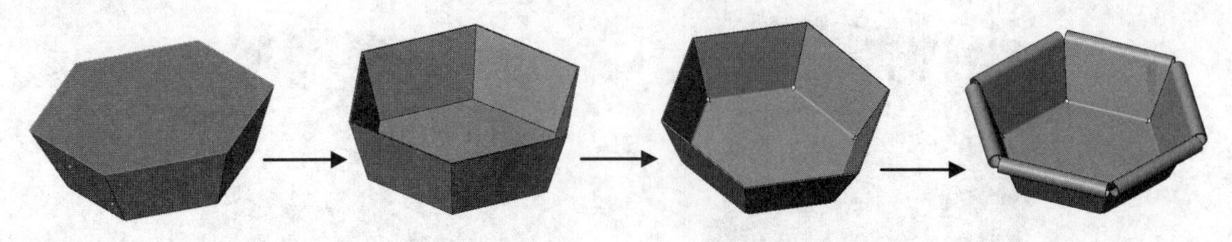

图 14-100　流程图

操作步骤

（1）启动 SOLIDWORKS 2018，选择菜单栏中的“文件”→“新建”命令，或者单击“标准”工具栏中的“新建”按钮，在弹出的“新建 SOLIDWORKS 文件”对话框中选择“零件”按钮，然后单击“确定”按钮，创建一个新的零件文件。

（2）绘制草图。在左侧的“FeatureManager 设计树”中选择“前视基准面”作为绘图基准面，然后单击“草图”控制面板中的“多边形”按钮，绘制一个六边形，标注六边形的内接圆的直径智能尺寸，如图 14-101 所示。

（3）生成“拉伸”特征。单击“特征”控制面板中的“拉伸凸台/基体”按钮，系统弹出“拉伸”属性管理器，在方向 1 的“终止条件”栏中选择“给定深度”，在“深度”栏中输入值 50，在“拔模斜度”栏中输入数值 20，如图 14-102 所示，然后单击“确定”按钮。

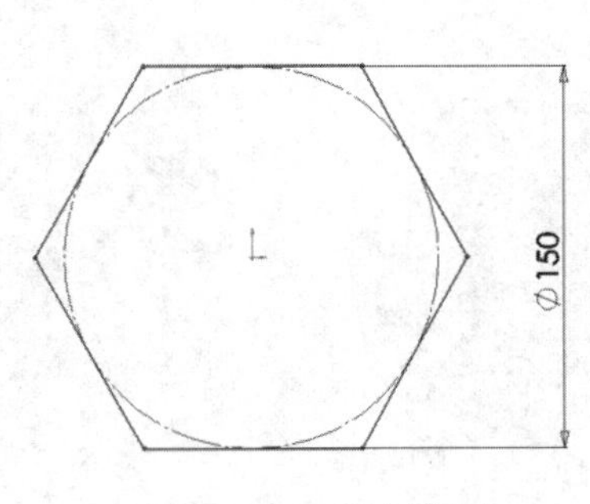

图 14-101　绘制草图

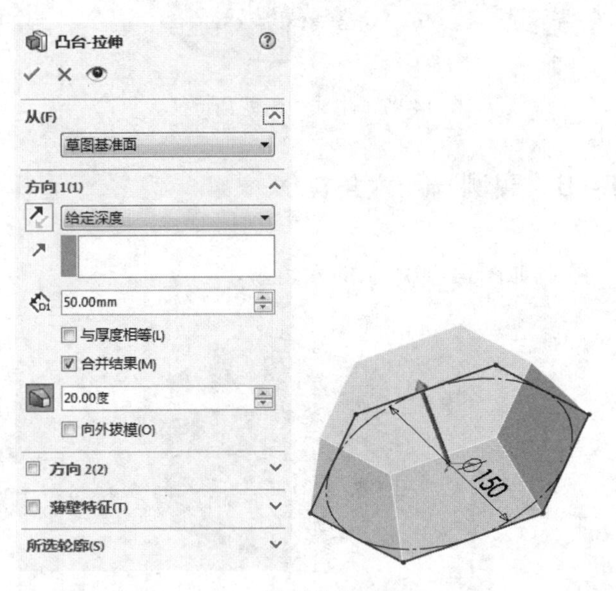

图 14-102　进行拉伸操作

（4）生成“抽壳”特征。单击“特征”控制面板中的“抽壳”按钮，系统弹出“抽壳”属性管理器，在“厚度”栏中输入值 1，单击实体表面作为要移除的面，如图 14-103 所示，然后单击“确定”按钮。结果如图 14-104 所示。

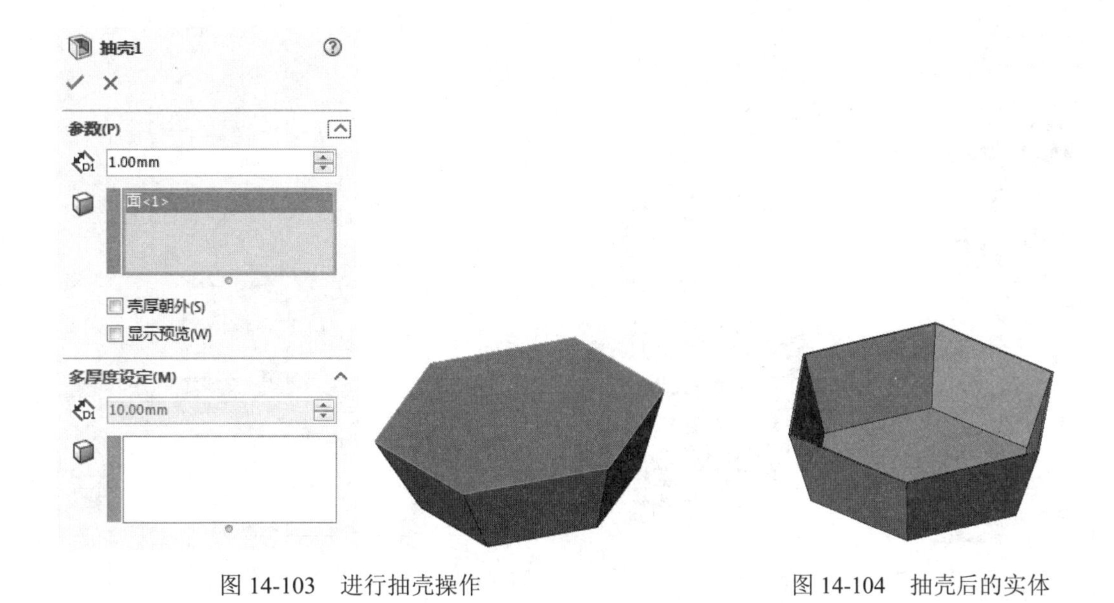

图 14-103　进行抽壳操作　　图 14-104　抽壳后的实体

（5）生成“切口”特征。单击“钣金”控制面板中的“切口”按钮，系统弹出“切口”属性管理器，在“切口缝隙”栏中输入值 0.1，单击实体表面的各棱线作为要生成切口的边线，如图 14-105 所示，然后单击“确定”按钮✔。结果如图 14-106 所示。

图 14-105　进行切口操作　　图 14-106　生成切口特征

（6）插入折弯。单击“钣金”控制面板中的“插入折弯”按钮，系统弹出“折弯”属性管理器，单击如图 14-107 所示的面作为固定表面，输入折弯半径数值 2，其他设置如图 14-107 所示。单击“确定”按钮✔，弹出如图 14-108 所示对话框，单击“确定”按钮。插入折弯如图 14-109 所示。

（7）生成“褶边”特征。单击“钣金”控制面板中的“褶边”按钮，系统弹出“褶边”属性管理器，单击如图 14-110 所示的边作为添加褶边的边线，单击“材料在内”按钮，单击“滚轧”按钮，输入如图 14-110 所示的角度数值和半径数值，其他设置默认，单击“确定”按钮✔。生成褶边如图 14-111 所示。

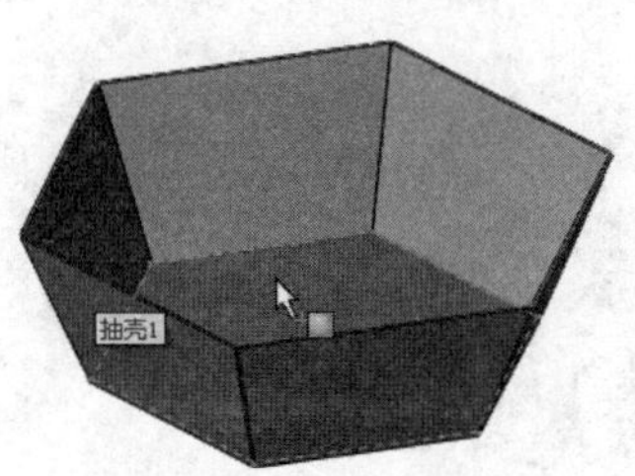

图 14-107　插入折弯

图 14-108　“切释放槽”对话框

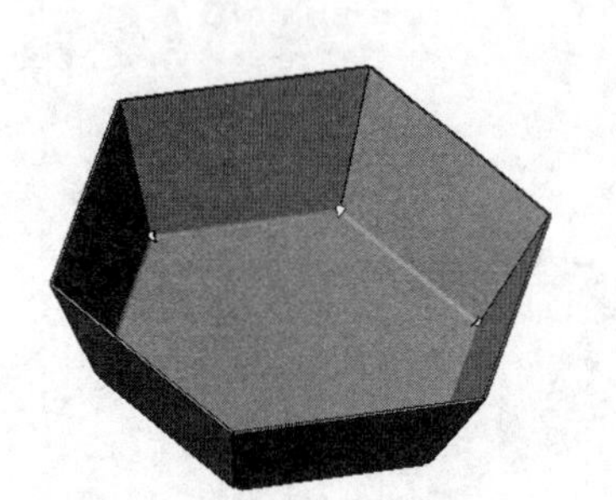

图 14-109　插入的折弯

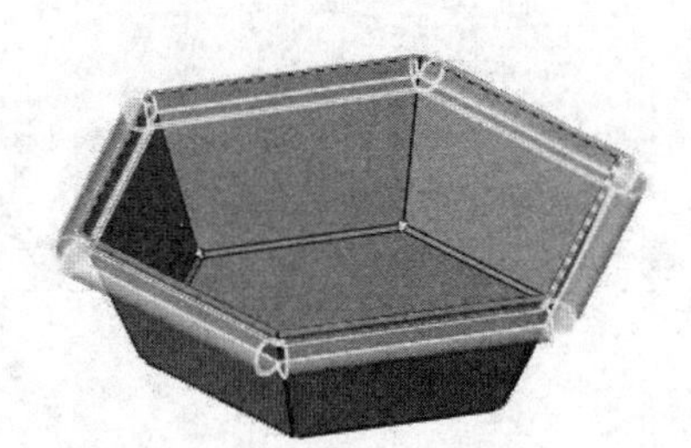

图 14-110　生成褶边操作

图 14-111　生成的褶边

第 15 章　钣金展开与成型

内容简介

SOLIDWORKS 的钣金设计功能十分强大，而且简单易学，利用它设计者可以在较短的时间内完成较复杂钣金零件的设计。

本章将介绍 SOLIDWORKS 软件钣金设计的钣金展开和钣金成型工具等入门常识，为以后进行钣金零件设计的具体操作打下基础。熟练掌握本章所讲内容，可以大大提高后续操作的工作效率。

内容要点

- 钣金展开
- 钣金成型

案例效果

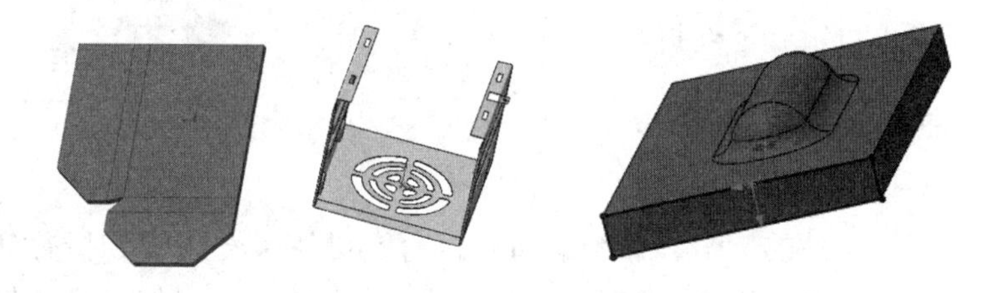

15.1　钣金展开

【执行方式】

- 工具栏：单击“钣金”工具栏中的“展开”按钮。
- 菜单栏：选择“插入”→“钣金”→“展开”命令。
- 控制面板：单击“钣金”控制面板中的“展开”按钮。

15.1.1　整个钣金零件展开

要展开整个零件，如果钣金零件的FeatureManager设计树中的平板型式特征存在，可以右击平板型式1特征，在弹出的快捷菜单中单击“解除压缩”按钮，如图15-1所示。或者单击“钣金”控制面板中的“展开”按钮，弹出“展开”属性管理器，如图15-2所示。可以将钣金零件整个展开，如图15-3所示。

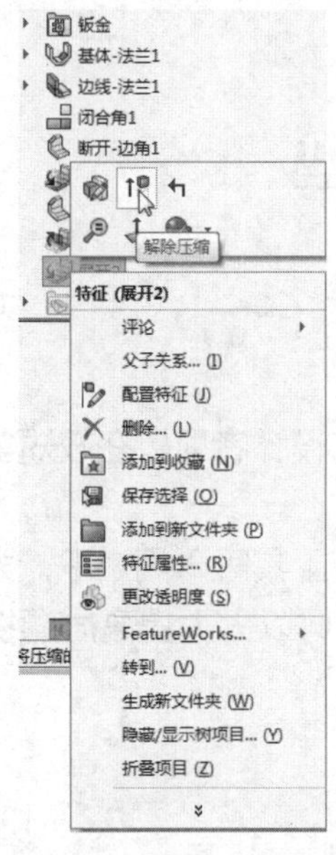

图 15-1　解除平板特征的压缩

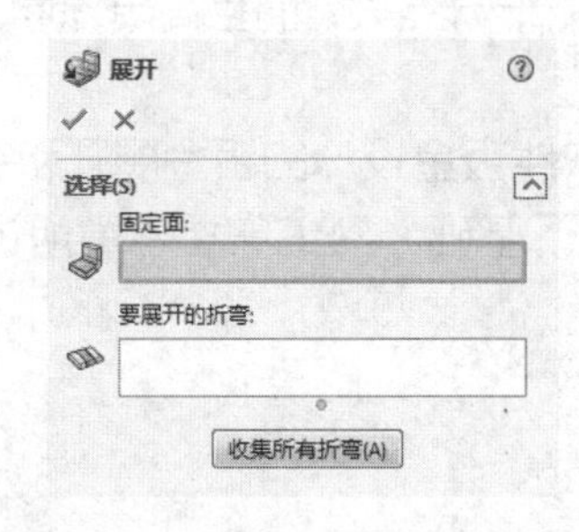

图 15-2　“展开”属性管理器

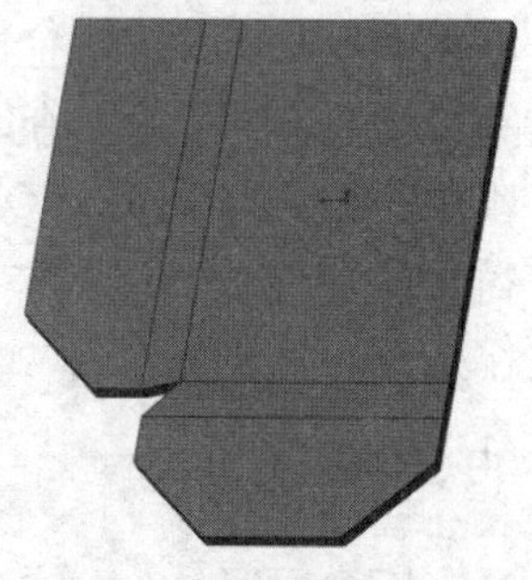

图 15-3　展开整个钣金零件

要将整个钣金零件折叠，可以右击钣金零件FeatureManager设计树中的平板型式特征，在弹出的快捷菜单中单击“压缩”按钮，或者单击“钣金”控制面板中的“折叠”按钮，使此图标弹起，即可以将钣金零件折叠。

扫一扫，看视频

15.1.2　将钣金零件部分展开

要展开或折叠钣金零件的一个、多个或所有折弯，可使用展开和折叠特征工具。使用此展开特征工具可以沿折弯上添加切除特征。首先，添加一展开特征来展开折弯，然后添加切除特征，最后，添加一折叠特征将折弯返回到其折叠状态。

（1）单击“钣金”控制面板中的“展开”按钮，弹出“展开”属性管理器，如图 15-2 所示。

（2）在图形区域中选择箭头所指的面作为固定面，选择箭头所指的折弯作为要展开的折弯，如图 15-4 所示。单击“确定”按钮，结果如图 15-5 所示。

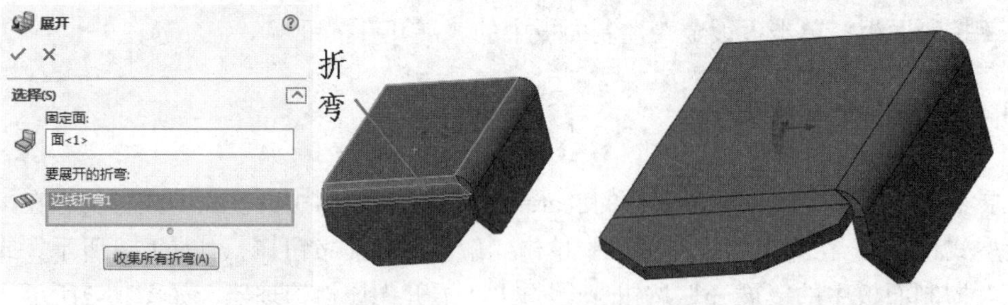

图 15-4　选择固定边和要展开的折弯

图 15-5　展开一个折弯

（3）选择钣金零件上箭头所指表面作为绘图基准面，如图 15-6 所示。然后单击“标准视图”工具栏中的“正视于”按钮，再单击“草图”控制面板中的“边角矩形”按钮，绘制矩形草图，如图 15-7 所示。单击“特征”控制面板中的“拉伸切除”按钮，在弹出“切除拉伸”属性管理器，在“终止条件”一栏中选择“完全贯通”，然后单击“确定”按钮✓，生成切除拉伸特征，如图 15-8 所示。

图 15-6　设置基准面

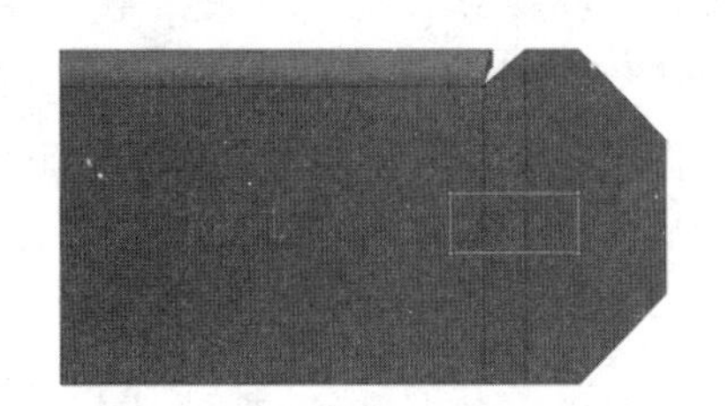

图 15-7　绘制矩形草图

（4）单击“钣金”控制面板中的“折叠”按钮，弹出“展开”属性管理器。

（5）在图形区域中选择在展开操作中选择的面作为固定面，选择展开的折弯作为要折叠的折弯，单击“确定”按钮✓。结果如图 15-9 所示。

图 15-8　生成切除拉伸特征

图 15-9　将钣金零件重新折叠

技巧荟萃：

在设计过程中，为使系统性能更快，只展开和折叠正在操作项目的折弯。在“展开”特征 PropertyManager 对话框和“折叠”特征 PropertyManager 对话框，选择“收集所有折弯”命令，将可以把钣金零件所有折弯展开或折叠。

15.2　钣金成型

利用SOLIDWORKS软件中的钣金成型工具可以生成各种钣金成型特征，软件系统中已有的成型工具有5种，分别是embosses（凸起)、extruded flanges（冲孔）、louvers（百叶窗板）、ribs（筋）、lances（切开）5种成型特征。

用户也可以在设计过程中自己创建新的成型工具或者对已有的成型工具进行修改。

扫一扫，看视频

15.2.1 使用成型工具

使用成型工具的操作步骤如下：

（1）创建或者打开一个钣金零件文件。单击“设计库”按钮，弹出“设计库”对话框，在对话框中按照路径 design library\forming tools\可以找到 5 种成型工具的文件夹，在每一个文件夹中都有若干种成型工具，如图 15-10 所示。

（2）在设计库中选择 embosses（凸起)工具中的 counter sink emboss 成型图标，按下鼠标左键，将其拖入钣金零件需要放置成型特征的表面，如图 15-11 所示。

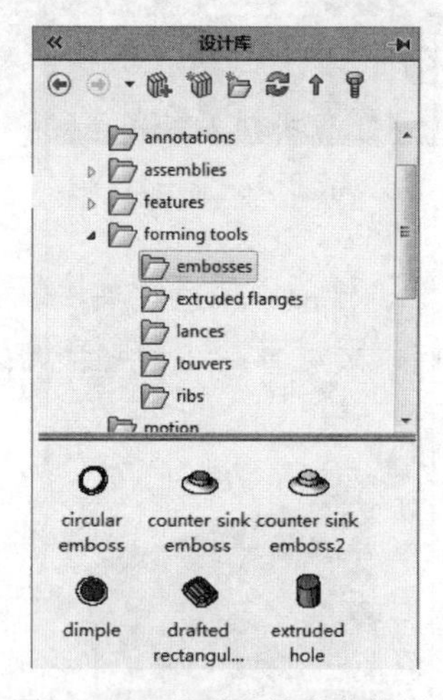

图 15-10　成型工具存在位置　　　图 15-11　将成型工具拖入放置表面

（3）随意拖放的成型特征可能位置并不一定合适，所以系统会弹出“放置成型特征”对话框，提示是否编辑成型特征的位置，如图 15-12 所示。可以单击“草图”控制面板中的“智能尺寸”按钮，标注如图所示 15-13 所示的尺寸。然后单击“完成”按钮，结果如图 15-14 所示。

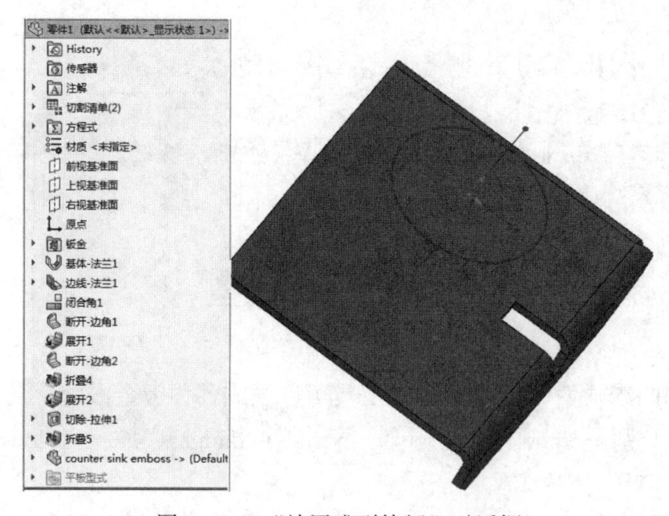

图 15-12　“放置成型特征”对话框

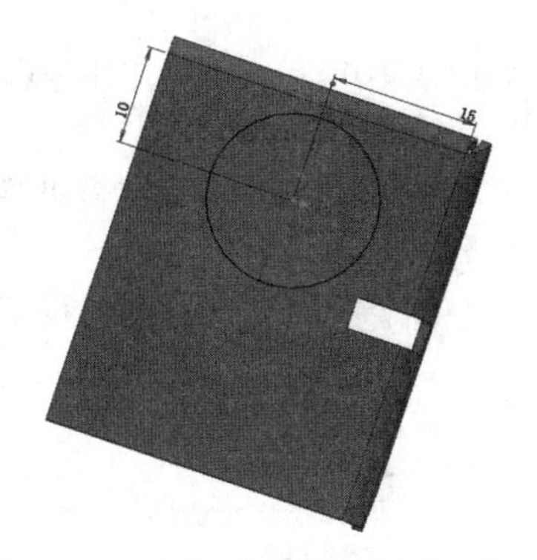

图 15-13　标注成型特征位置尺寸

图 15-14　生成的成型特征

技巧荟萃：

使用成型工具时，默认情况下成型工具向下行进，即形成的特征方向是“凹”，如果要使其方向变为“凸”，需要在拖入成型特征的同时按一下 Tab 键。

扫一扫，看视频

15.2.2　修改成型工具

SOLIDWORKS软件自带的成型工具形成的特征在尺寸上不能满足用户使用要求，用户可以自行进行修改。

修改成型工具的操作步骤如下：

（1）单击“设计库”按钮，在对话框中按照路径 design library\forming tools\找到需要修改的成型工具，双击成型工具图标。例如，双击 embosses（凸起)工具中的 dimple 成型图标，如图 15-15 所示，系统将会进入 dimple 成型特征的设计界面。

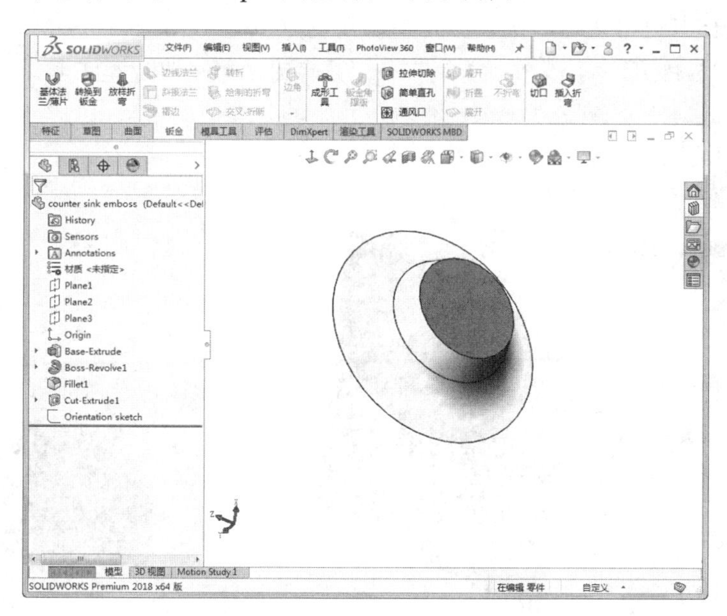

图 15-15　双击 circular emboss 成型图标

（2）在左侧的 FeatureManager 设计树中右击 Boss-Revolve 特征，在弹出的快捷菜单中单击“编辑草图”按钮，如图 15-16 所示。

（3）双击草图中的圆弧直径尺寸，将其数值更改为 70，然后单击“退出草图”按钮，成型特征的尺寸将变大。

（4）在左侧的 FeatureManager 设计树中右击 Fillet1 特征，在弹出的快捷菜单中单击“编辑特征”按钮，如图 15-17 所示。

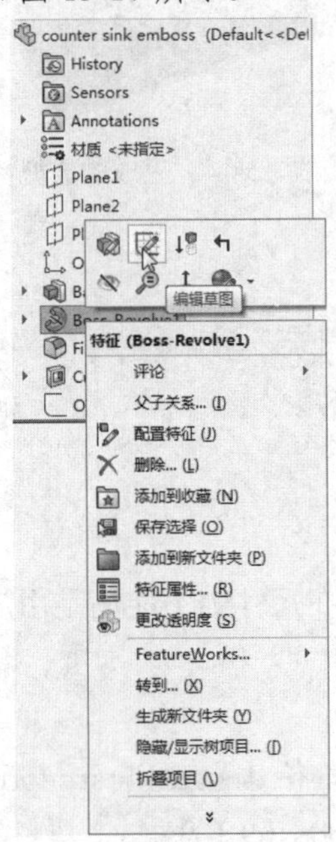

图 15-16　编辑 Boss-Revolvel 特征草图

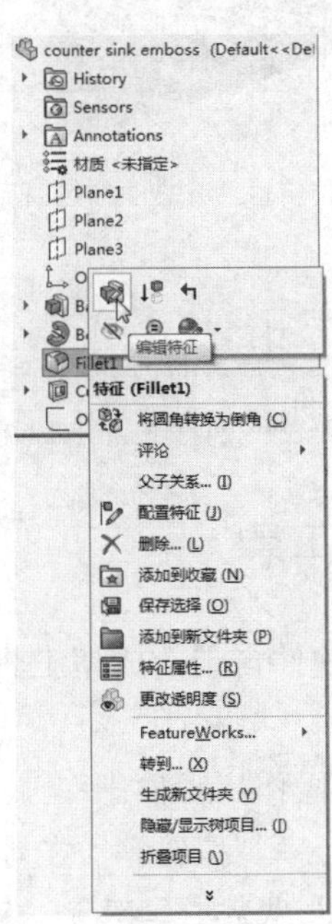

图 15-17　编辑 Fillet1 特征

（5）在 Fillet1 属性管理器中更改圆角半径数值为 10，如图 15-18 所示。单击“确定”按钮，结果如图 15-19 所示，选择“文件”→“另存为”命令将成型工具保存。

图 15-18　编辑 Fillet1 特征

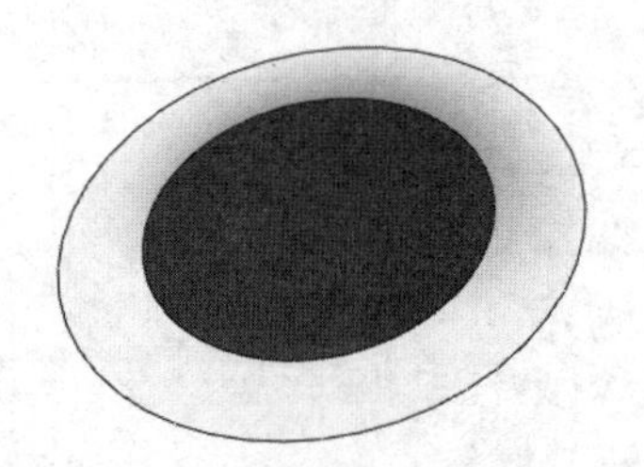

图 15-19　修改后的 Boss-Revolve 特征

15.2.3 创建新成型工具

用户可以自己创建新的成型工具，然后将其添加到“设计库”中，以备后用。创建新的成型工具和创建其他实体零件的方法一样。操作步骤如下：

（1）创建一个新的文件，在操作界面左侧的 FeatureManager 设计树中选择“前视基准面”作为绘图基准面，然后单击“草图”控制面板中的“边角矩形”按钮，绘制一个矩形，如图 15-20 所示。

（2）单击“特征”控制面板中的“拉伸凸台/基体”按钮，在“深度”一栏中输入值 50，然后单击“确定”按钮。结果如图 15-21 所示。

（3）单击图 15-21 中的上表面，然后单击“标准视图”工具栏中的“正视于”按钮，将该表面作为绘制图形的基准面。在此表面上绘制一个“成型工具”草图，如图 15-22 所示。

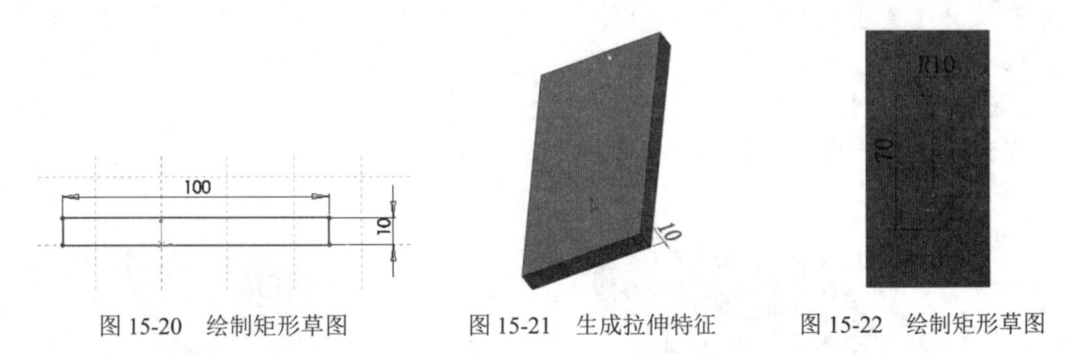

图 15-20 绘制矩形草图　　图 15-21 生成拉伸特征　　图 15-22 绘制矩形草图

（4）单击“特征”控制面板中的“旋转凸台/基体”按钮，在“角度”一栏中输入值 180，旋转生成特征如图 15-23 所示。

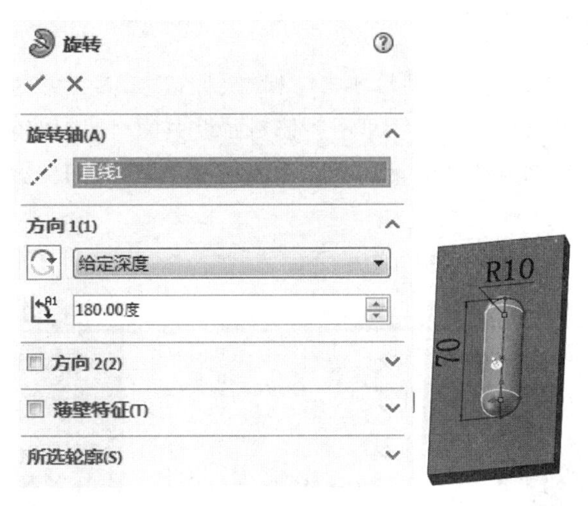

图 15-23 生成旋转特征

（5）单击“特征”控制面板中的“圆角”按钮，输入圆角半径值 6，选择旋转特征的边线，如图 15-24 所示，然后单击“确定”按钮，结果如图 15-25 所示。

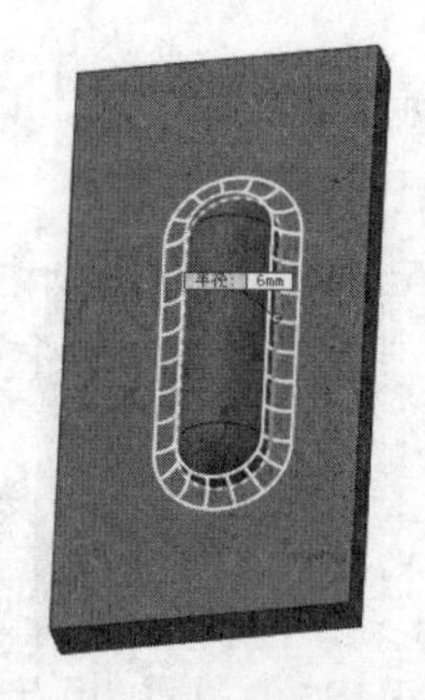

图 15-24　选择圆角边线

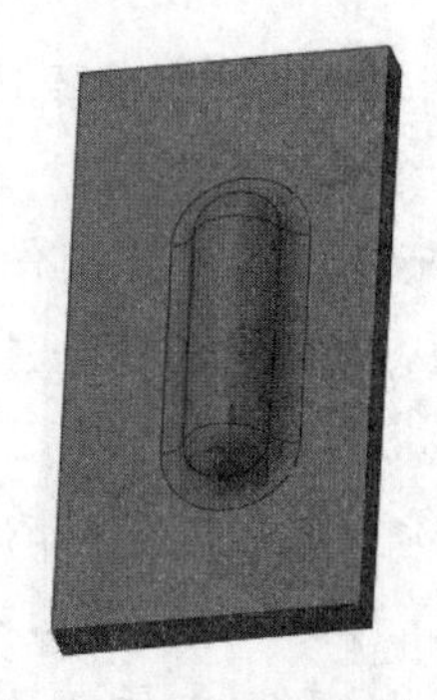

图 15-25　生成圆角特征

（6）单击图 15-25 中矩形实体的一个侧面，然后单击“草图”控制面板中的“草图绘制”按钮，然后单击“草图”控制面板中的“转换实体引用”按钮，生成矩形草图，如图 15-26 所示。

（7）单击“特征”控制面板中的“拉伸切除”按钮，弹出“切除拉伸”属性管理器，在“终止条件”一栏中选择“完全贯穿”，如图 15-27 所示，然后单击“确定”按钮。

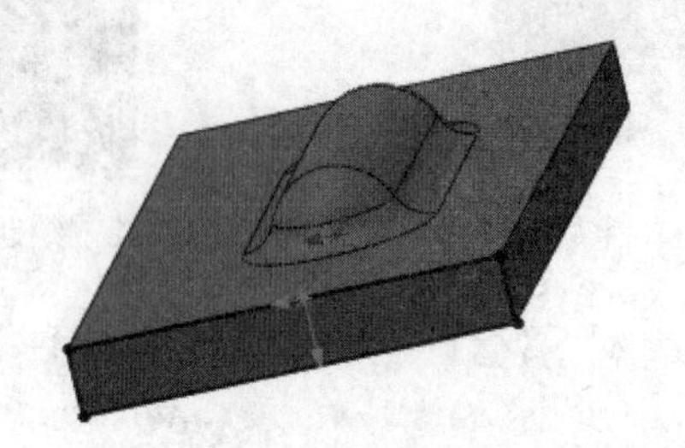

图 15-26　转换实体引用

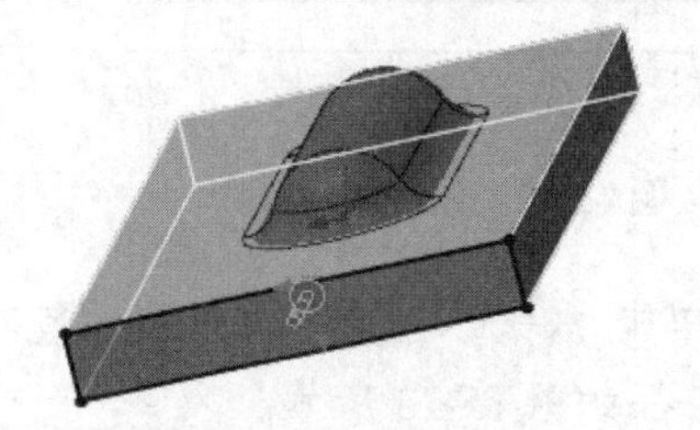

图 15-27　完全贯穿切除

（8）单击图 15-28 中的底面，然后单击“标准视图”工具栏中的“正视于”按钮，将该表面作为绘制图形的基准面。单击“草图”控制面板中的“圆”按钮和“直线”按钮，以基准面的中心为圆心绘制一个圆和两条互相垂直的直线，如图 15-29 所示，单击“退出草图”按钮。

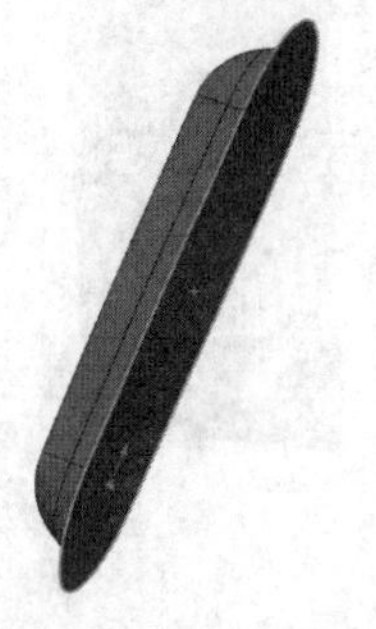

图 15-28　选择草图基准面

图 15-29　绘制定位草图

技巧荟萃：

在步骤 8 中绘制的草图是成型工具的定位草图，必须要绘制，否则成型工具将不能放置到钣金零件上。

（9）首先，将零件文件保存，然后，在操作界面左边成型工具零件的 FeatureManager 设计树中右击零件名称，在弹出的快捷菜单中选择“添加到库”命令，如图 15-30 所示，系统弹出“另存为”对话框，在对话框中选择保存路径 design library\forming tools\embosses\，如图 15-31 所示。将此成型工具命名为“弧形凸台”，单击“保存”按钮，可以把新生成的成型工具保存在设计库中，如图 15-32 所示。

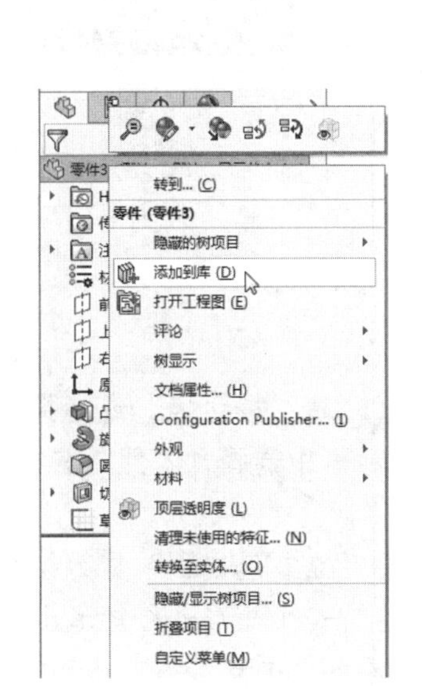

图 15-30　选择“添加到库”命令

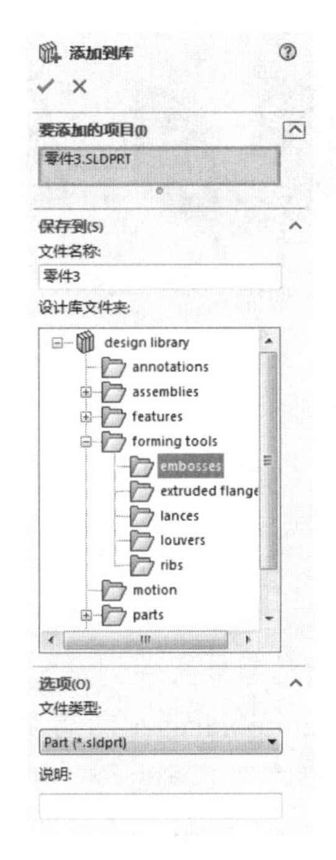

图 15-31　保存成型工具到设计库

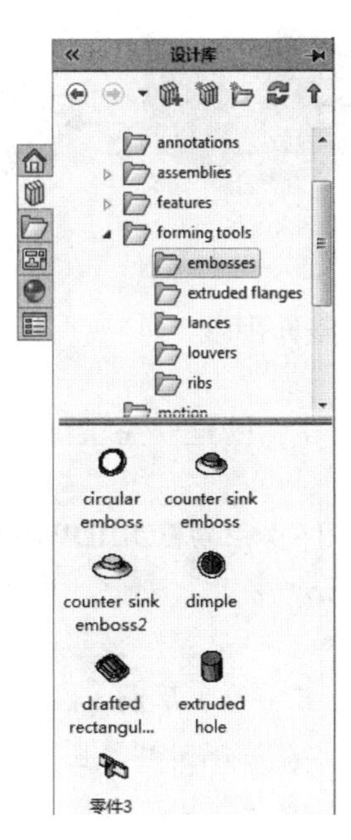

图 15-32　添加到设计库

15.3　综合实例——硬盘支架

绘制如图15-33所示的硬盘支架。

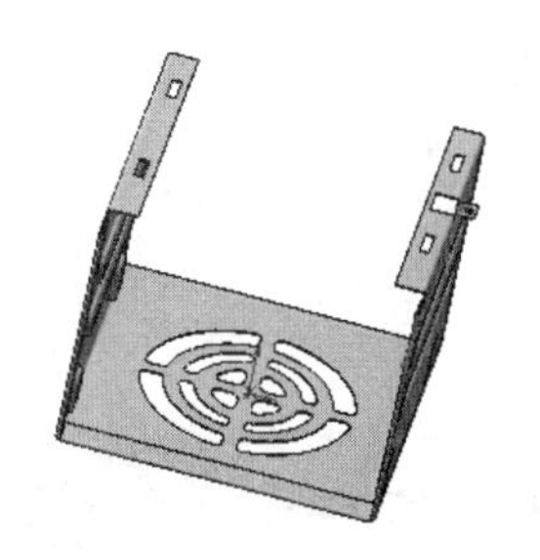

图 15-33　硬盘支架模型

思路分析：

在本节中介绍了硬盘支架的设计过程，在设计过程中运用了基体法兰、边线法兰、褶边、自定义成型工具、添加成型工具及通风口等钣金设计工具。此钣金件是一个较复杂的钣金零件，在设计过程中，综合运用了钣金的各项设计功能。其流程图如图 15-34 所示。

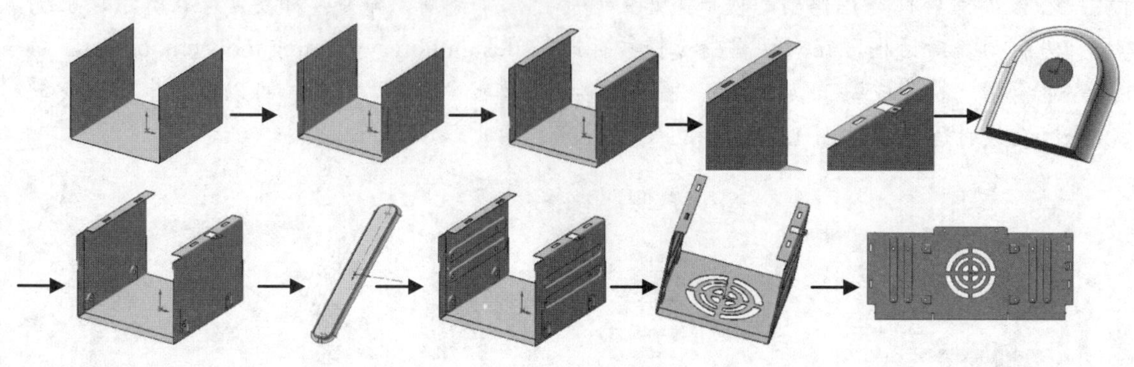

图 15-34　流程图

操作步骤

扫一扫，看视频

15.3.1　创建钣金基体

（1）启动 SOLIDWORKS 2018，单击“标准”工具栏中的“新建”按钮，或选择“文件”→“新建”命令，在弹出的“新建 SOLIDWORKS 文件”对话框中选择“零件”按钮，然后单击“确定”按钮，创建--个新的零件文件。

（2）绘制草图。在左侧的“FeatureManager 设计树”中选择“前视基准面”作为绘图基准面，然后单击“草图”控制面板中的“边角矩形”按钮，绘制一个矩形，将矩形上直线删除，标注相应的智能尺寸，如图 15-35 所示。将水平线与原点添加“中点”约束几何关系，如图 15-36 所示，然后单击“退出草图”按钮。

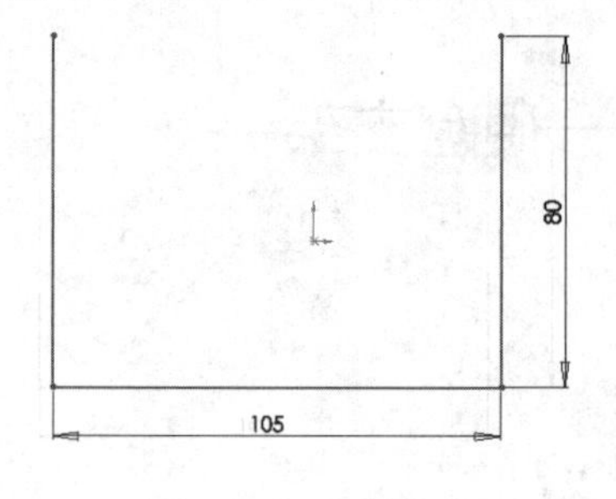

图 15-35　绘制草图

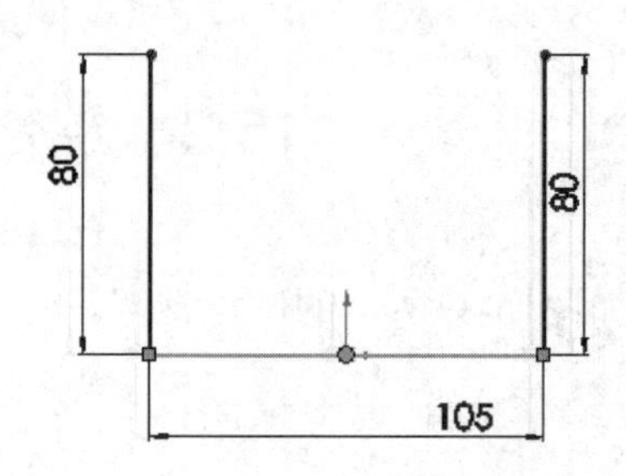

图 15-36　添加“中点”约束

（3）生成“基体法兰”特征。单击草图 1，然后单击“钣金”控制面板中的“基体法兰/薄片”按钮，在属性管理器中方向 1 的“终止条件”栏中选择“两侧对称”，在“深度”栏中输入数值 110，在“厚度”栏中输入数值 0.5，圆角半径值为 1，其他设置如图 15-37 所示，最后，单击“确定”按钮。

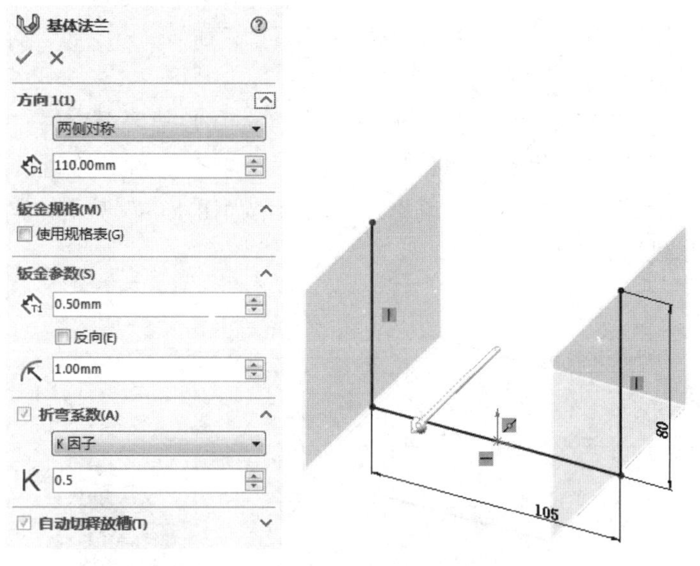

图 15-37　生成“基体法兰”特征操作

（4）生成“褶边”特征。单击“钣金”控制面板中的“褶边”按钮，在属性管理器中单击“材料在内”按钮，在“类型和大小”栏中单击“闭合”按钮，其他设置如图 15-38 所示。单击鼠标拾取图 15-38 所示的三条边线，生成“褶边”特征，最后，单击“确定”按钮。

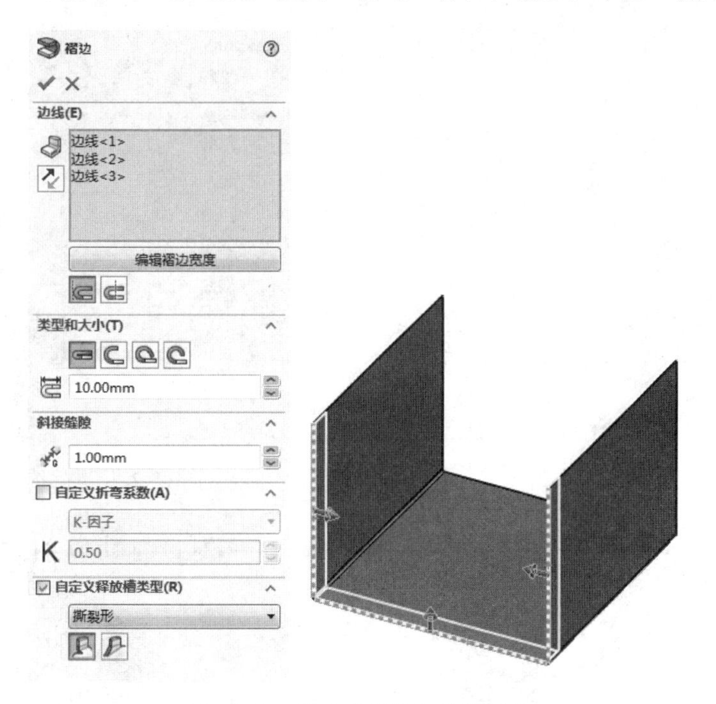

图 15-38　生成“褶边”特征操作

（5）生成“边线法兰”特征。

①单击“钣金”控制面板中的“边线法兰”按钮，在属性管理器的“法兰长度”栏中

输入数值 10，单击“外部虚拟交点”按钮，在“法兰位置”栏中单击“折弯在外”按钮，其他设置如图 15-39 所示。

②单击鼠标拾取如图 15-40 所示的边线，然后，单击属性管理器中的“编辑法兰轮廓”按钮，进入编辑法兰轮廓状态，如图 15-41 所示。单击如图 15-42 所示的边线，删除其“在边线上”的约束，然后通过标注智能尺寸，编辑法兰轮廓，如图 15-43 所示。单击“完成”按钮，结束对法兰轮廓的编辑。

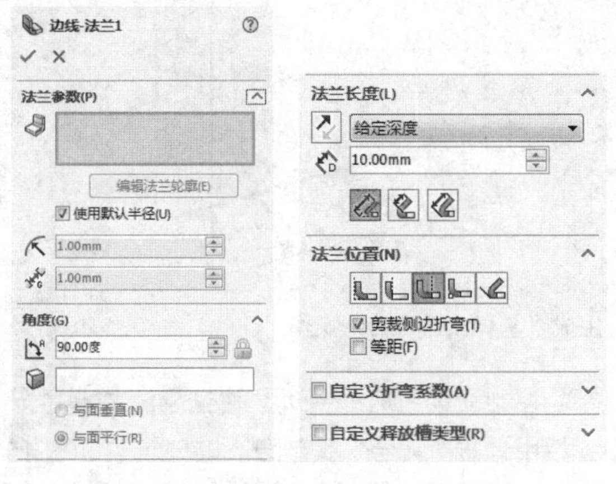

图 15-39　生成“边线法兰”特征操作

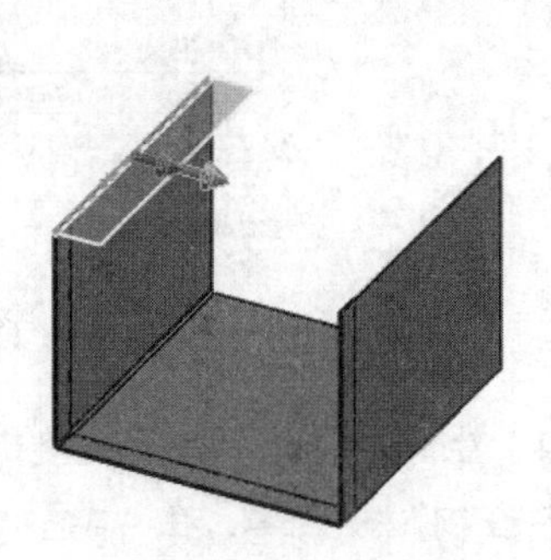

图 15-40　拾取边线

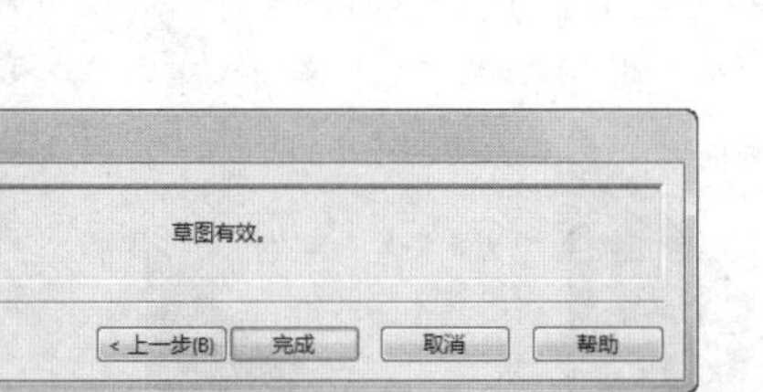

图 15-41　编辑法兰轮廓

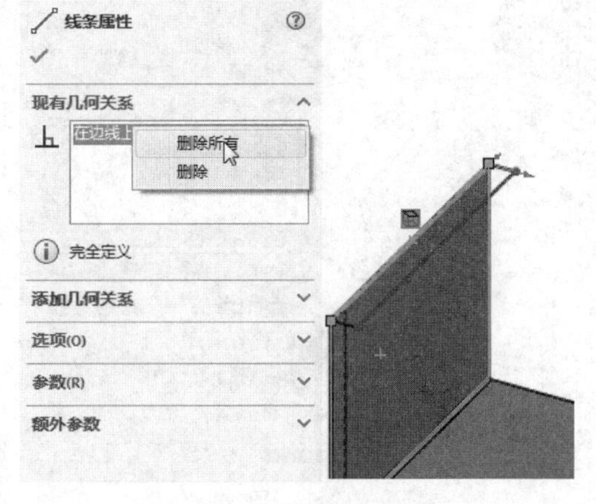

图 15-42　删除约束关系

（6）同理，生成钣金件另一侧面上的“边线法兰”特征，如图 15-44 所示。

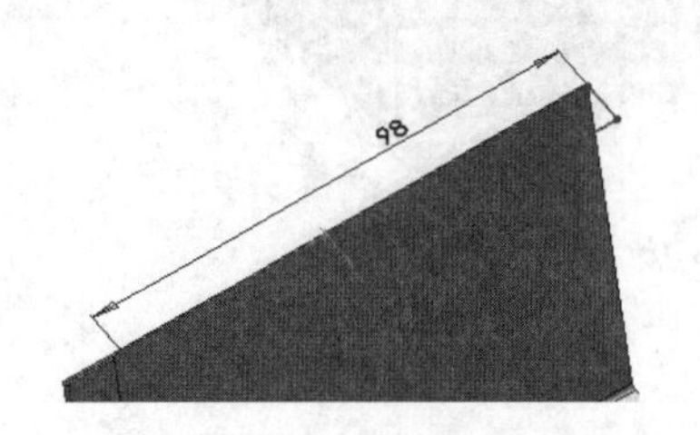

图 15-43　编辑尺寸

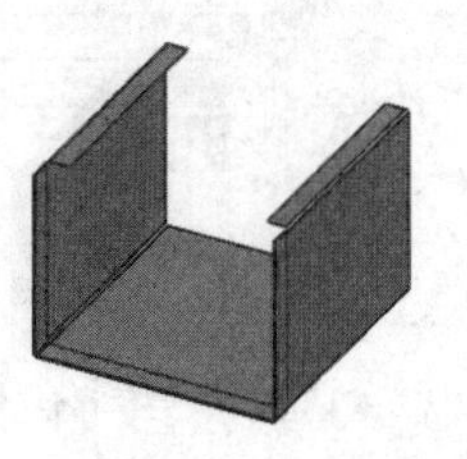

图 15-44　生成的另一侧“边线法兰”特征

（7）选择绘图基准面。单击钣金件的面 A，单击“标准视图”工具栏中的“正视于”按钮，将该基准面作为绘制图形的基准面，如图 15-45 所示。

（8）绘制草图。在基准面上绘图如图 15-46 所示的草图，标注其智能尺寸。

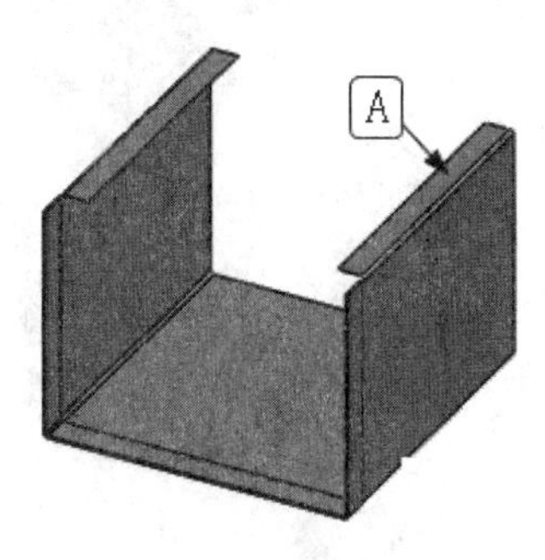

图 15-45 选择绘图基准面

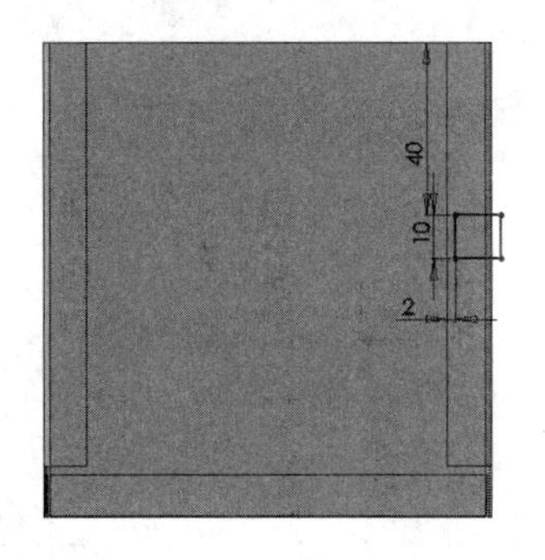

图 15-46 绘制草图

（9）生成“拉伸切除”特征。单击“特征”控制面板中的“拉伸切除”按钮，在属性管理器的“深度”栏中输入数值 1.5，其他设置如图 15-47 所示，最后，单击“确定”按钮✔。

（10）生成“边线法兰”特征。

①单击“钣金”控制面板中的“边线法兰”按钮，在属性管理器的“法兰长度”栏中输入数值 6，单击“外部虚拟交点”按钮，在“法兰位置”栏中单击“折弯在外”按钮，其他设置如图 15-48 所示。

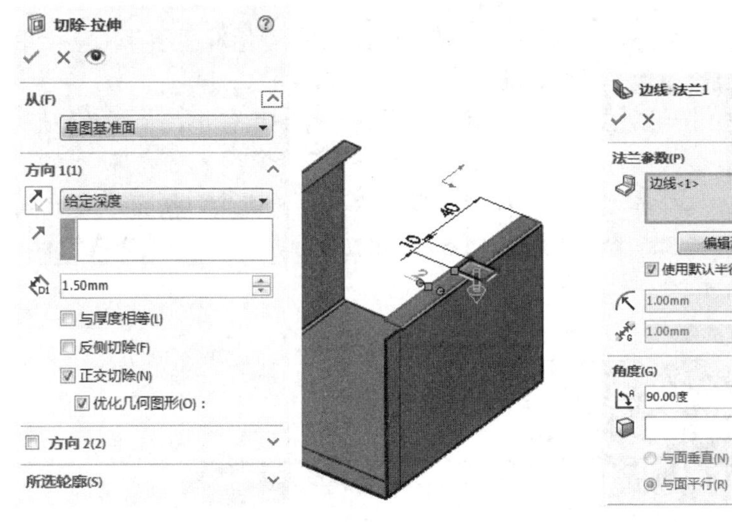

图 15-47 进行拉伸切除操作

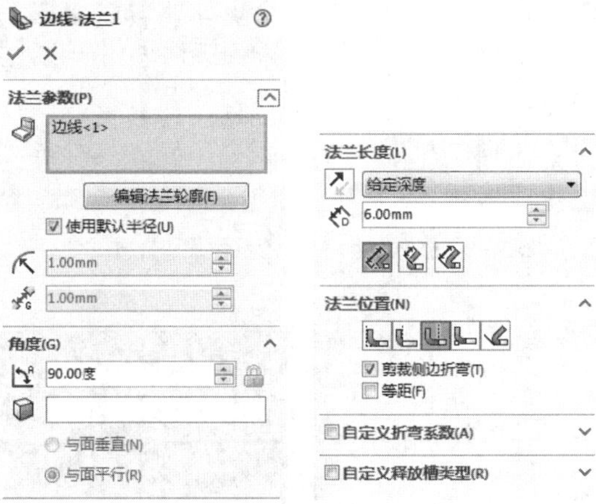

图 15-48 生成“边线法兰”操作

②单击鼠标拾取如图 15-49 所示的边线，然后，单击属性管理器中的“编辑法兰轮廓”按钮，进入编辑法兰轮廓状态，通过标注智能尺寸，编辑法兰轮廓，如图 15-50 所示。最后，单击“完成”按钮，结束对法兰轮廓的编辑。

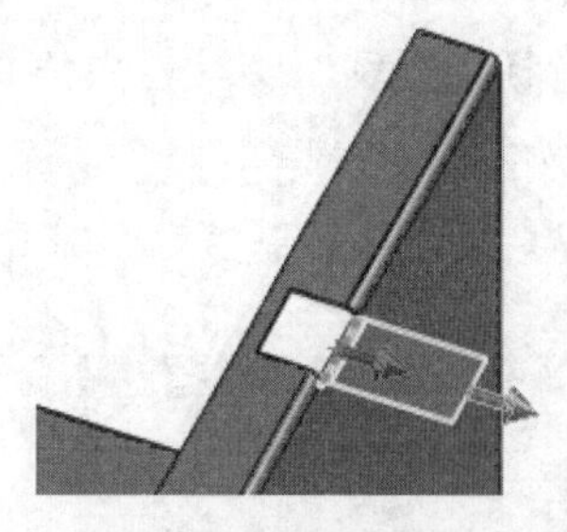

图 15-49　拾取边线

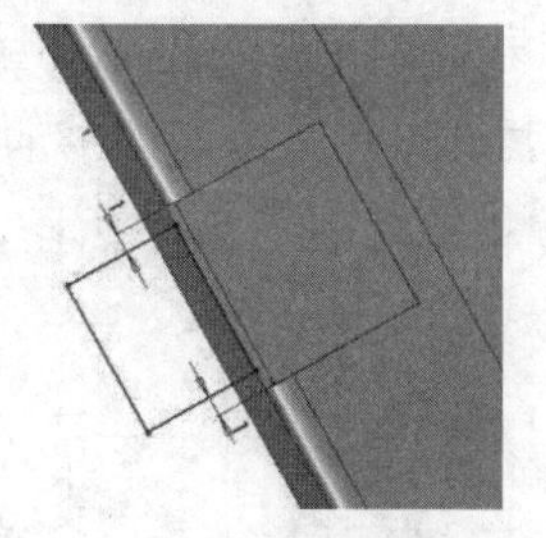

图 15-50　编辑法兰轮廓

（11）生成“边线法兰”上的孔。在图 15-51 所示的边线法兰面上绘制一个直径为 3mm 的圆，进行拉伸切除操作，生成一个通孔，如图 15-52 所示，单击“确定”按钮✔。

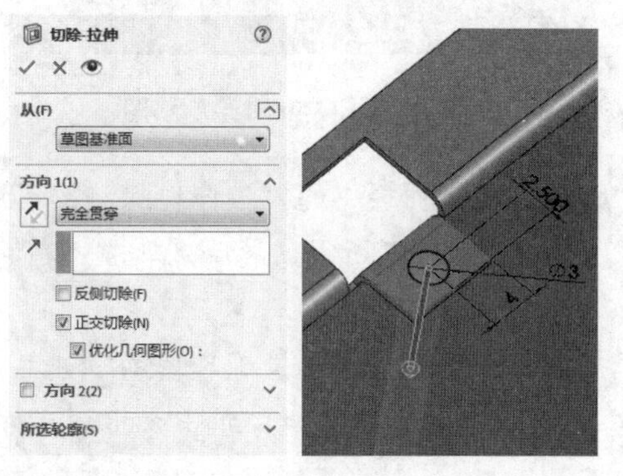

图 15-51　生成边线法兰上的孔

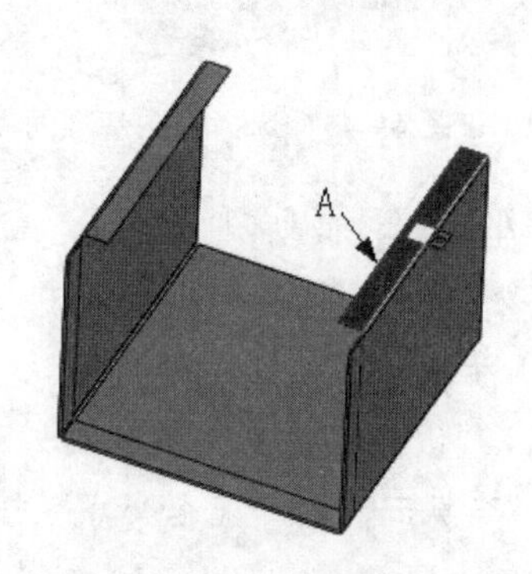

图 15-52　选择基准面

（12）选择绘图基准面。单击如图 15-52 所示的钣金件面 A，单击“标准视图”工具栏中的“正视于”按钮，将该面作为绘制图形的基准面。

（13）绘制草图。在如图 15-52 所示的基准面上，单击“草图”控制面板中的“边角矩形”按钮，绘制 4 个矩形，标注其智能尺寸，如图 15-53 所示。

（14）生成“拉伸切除”特征。单击“特征”控制面板中的“拉伸切除”按钮，在属性管理器的“深度”栏中输入数值 0.5，其他设置如图 15-54 所示，最后，单击“确定”按钮✔，生成拉伸切除特征，如图 15-55 所示。

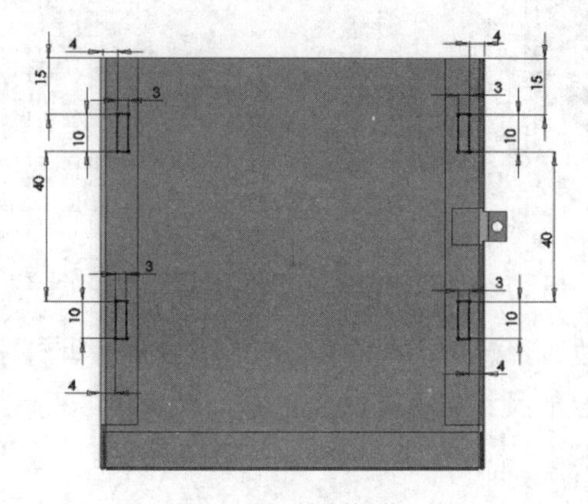

图 15-53　绘制操作

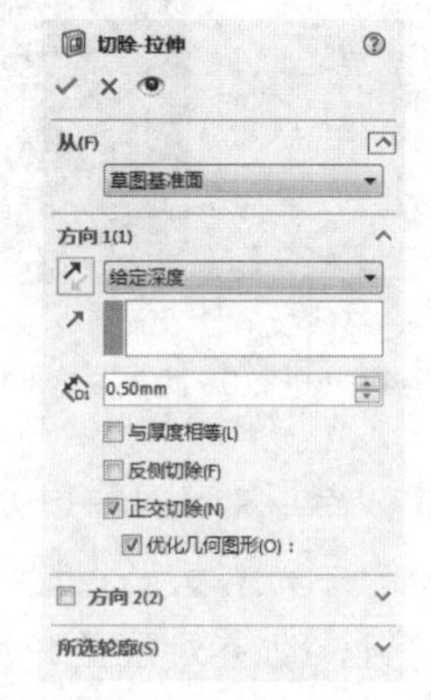

图 15-54　进行拉伸切除操作

15.3.2　创建第 1 个成形工具

扫一扫，看视频

（1）建立自定义的成型工具。

在进行钣金设计过程中，如果软件设计库中没有需要的成型特征，就要求用户自己创建。下面介绍本钣金件中创建成型工具的过程。

①建立新文件。单击“标准”工具栏中的“新建”按钮，或选择“文件”→“新建”命令，在弹出的“新建 SOLIDWORKS 文件”对话框中选择“零件”按钮，然后单击“确定”按钮，创建一个新的零件文件。

②绘制草图。在左侧的“FeatureManager 设计树”中选择“前视基准面”作为绘图基准面，然后单击“草图”控制面板中的“圆”按钮，绘制一个圆，将圆心落在原点上；单击“草图”控制面板中的“边角矩形”按钮，绘制一个矩形，如图 15-56 所示。单击“草图”控制面板中的“添加几何关系”按钮，添加矩形左边竖边线与圆的“相切”约束，如图 15-57 所示，然后添加矩形另外一条竖边与圆的“相切”约束。单击“草图”控制面板中的“剪裁实体”按钮，将矩形上边线和圆的部分线条剪裁掉，如图 15-58 所示，标准智能尺寸如图 15-59 所示。

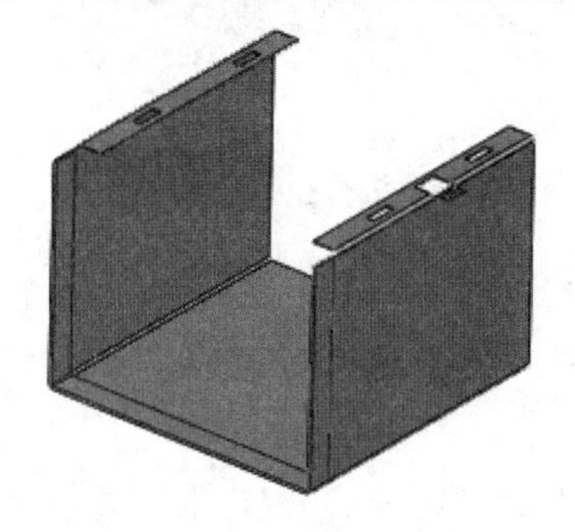

图 15-55　生成的“拉伸切除”特征

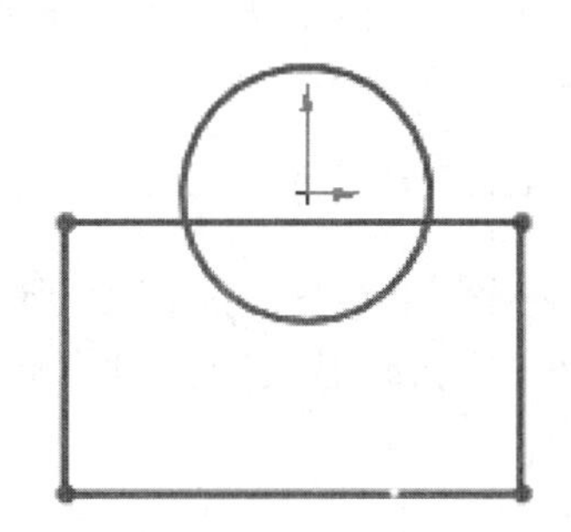

图 15-56　绘制草图

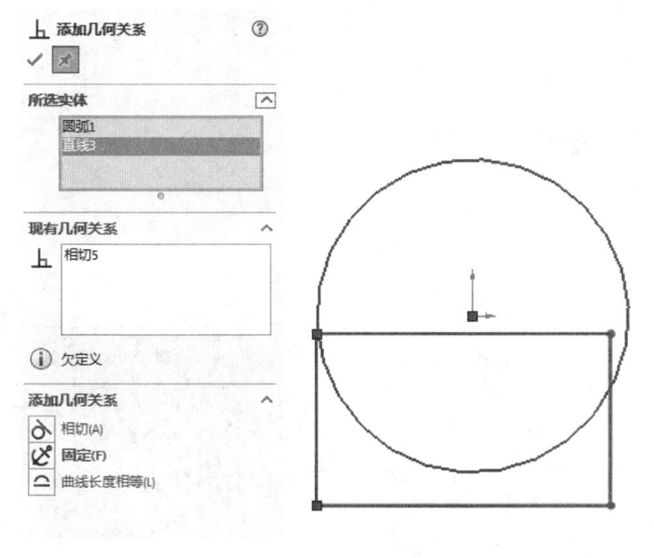

图 15-57　添加“相切”约束

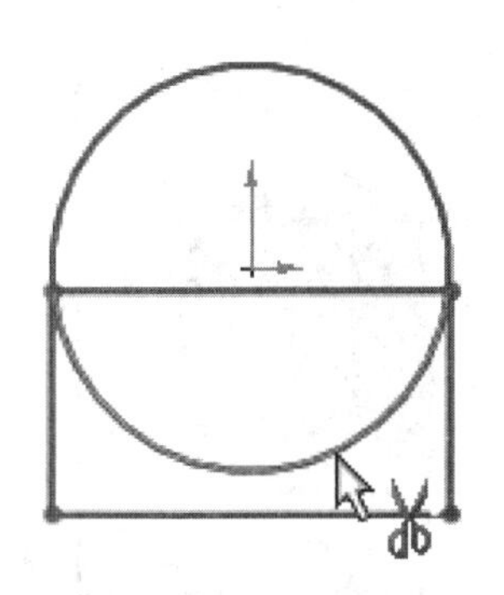

图 15-58　剪裁草图

③生成“拉伸”特征。单击“特征”控制面板中的“拉伸凸台/基体”按钮，系统弹出“凸台-拉伸”属性管理器，在方向 1 的“深度”栏中输入数值 2，如图 15-60 所示，单击“确定”按钮✓。

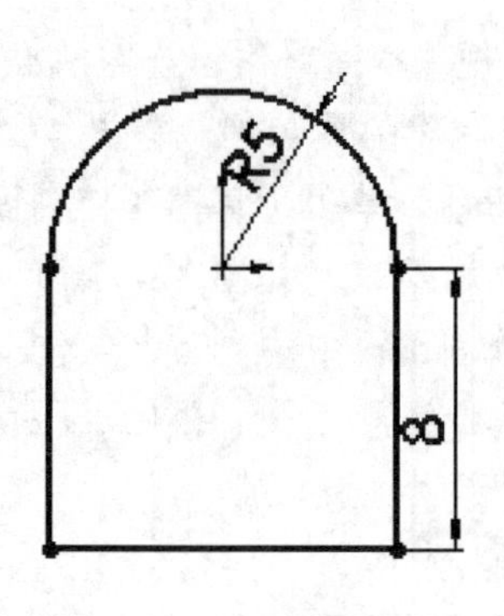

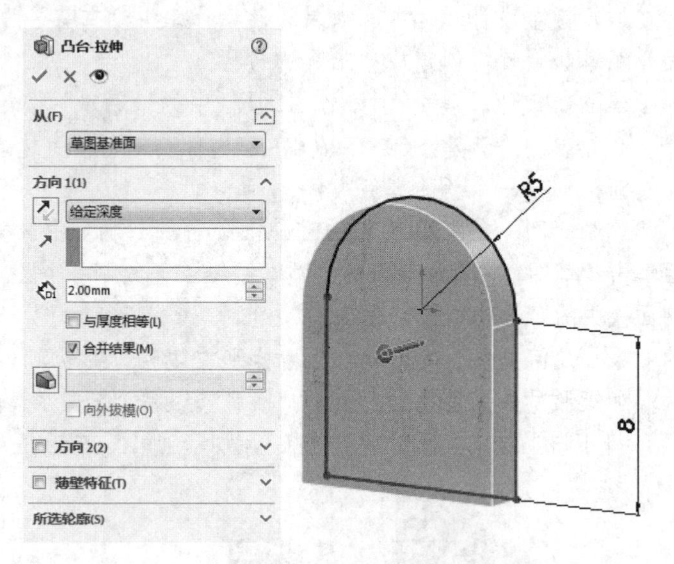

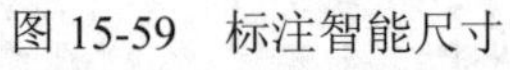

图 15-59　标注智能尺寸　　图 15-60　进行拉伸操作

④绘制另一个草图。单击图 15-60 所示的拉伸实体的一个面作为基准面，然后单击“草图”控制面板中的“边角矩形”按钮，绘制一个矩形，矩形要大于拉伸实体的投影面积，如图 15-61 所示。

⑤生成“拉伸”特征。单击“特征”控制面板中的“拉伸凸台/基体”按钮，系统弹出“凸台-拉伸”属性管理器，在方向 1 的“深度”栏中输入数值 5，如图 15-62 所示，单击“确定”按钮✓。

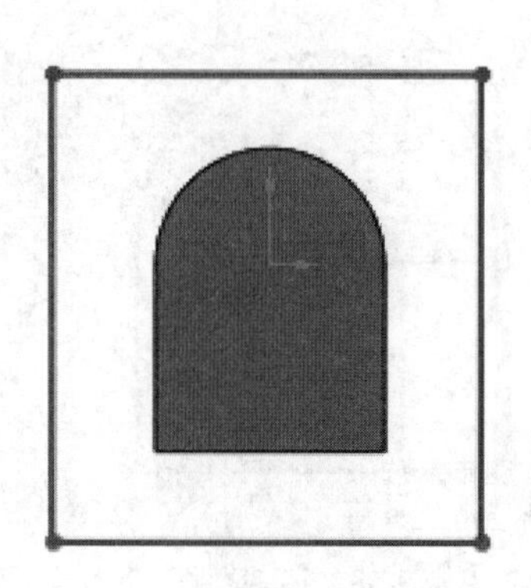

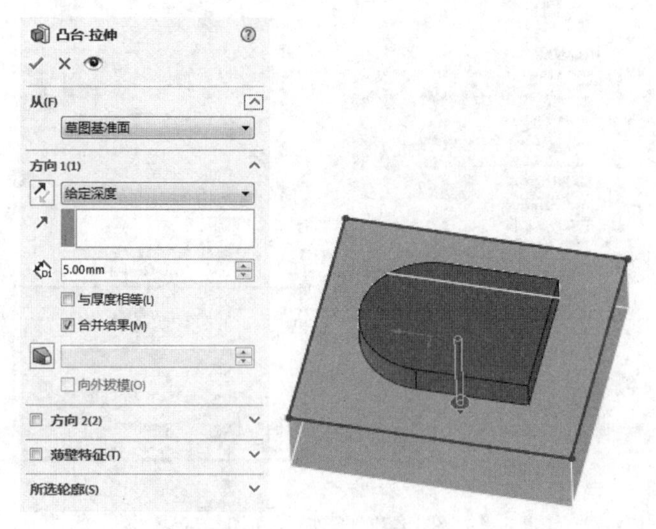

图 15-61　绘制矩形　　图 15-62　进行拉伸操作

⑥生成“圆角”特征。单击“特征”控制面板中的“圆角”按钮，系统弹出“圆角”属性管理器，选择圆角类型为“恒定大小圆角”，在圆角半径输入栏中输入数值 1.5，单击鼠标拾取实体的边线，如图 15-63 所示，单击“确定”按钮生成圆角。继续单击“特征”控制面板中的“圆角”按钮，弹出“圆角”属性管理器，选择圆角类型为“恒定大小圆角”，在圆角半径输入栏中输入数值 0.5，单击鼠标拾取实体的另一条边线，如图 15-64 所示，单击“确定”按钮生成另一个圆角。

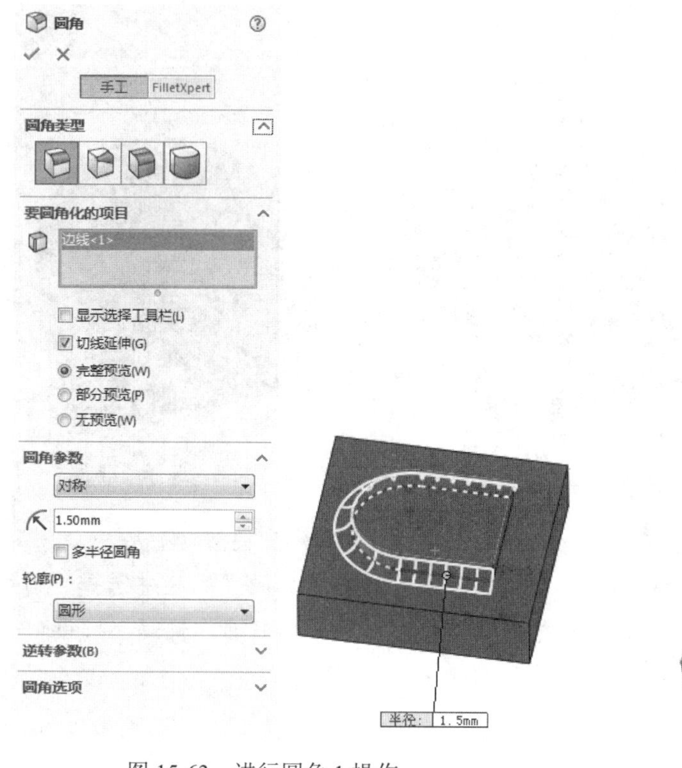

图 15-63　进行圆角 1 操作

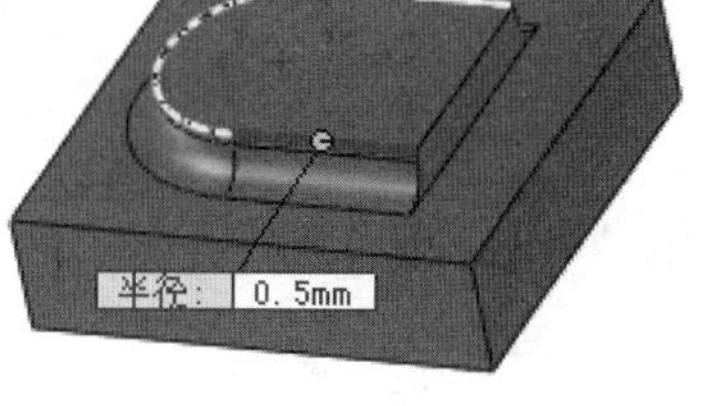

图 15-64　进行圆角 2 操作

⑦绘制草图。在实体上选择如图 15-65 所示的面作为绘图的基准面，单击“草图”控制面板中的“草图绘制”按钮，然后单击“草图”控制面板中的“转换实体引用”按钮，将选择的矩形表面转换成矩形图素，如图 15-66 所示。

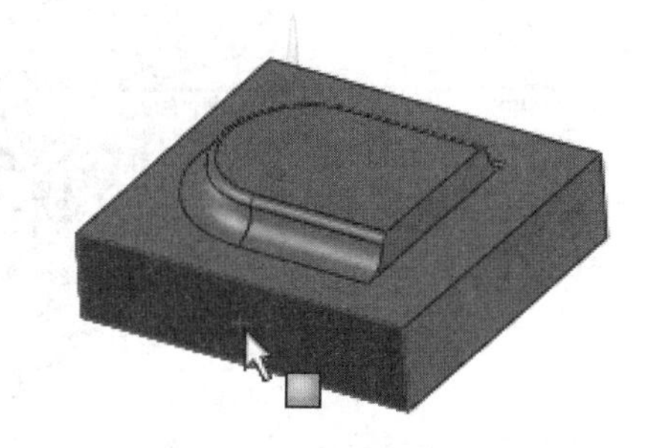

图 15-65　选择基准面

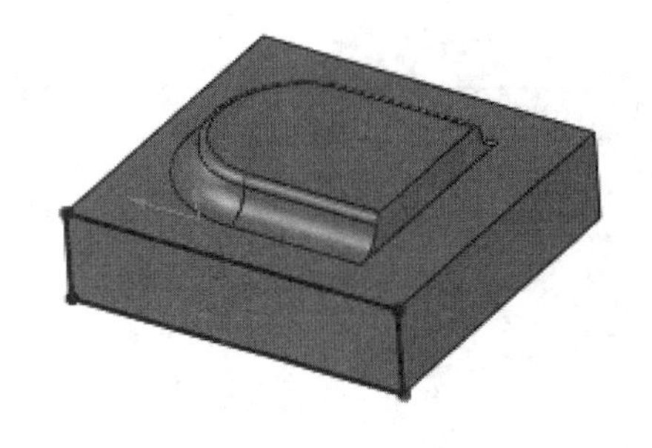

图 15-66　生成草图

⑧生成“拉伸切除”特征。单击“特征”控制面板中的“拉伸切除”按钮，在属性管理器方向 1 的终止条件中选择“完全贯穿”，如图 15-67 所示，单击“确定”按钮，完成拉伸切除操作。

⑨绘制草图。在实体上选择如图 15-68 所示的面作为基准面，单击“草图”控制面板中的“圆”按钮，在基准面上绘制一个圆，圆心与原点重合，标注直径智能尺寸，如图 15-69 所示，单击“退出草图”按钮。

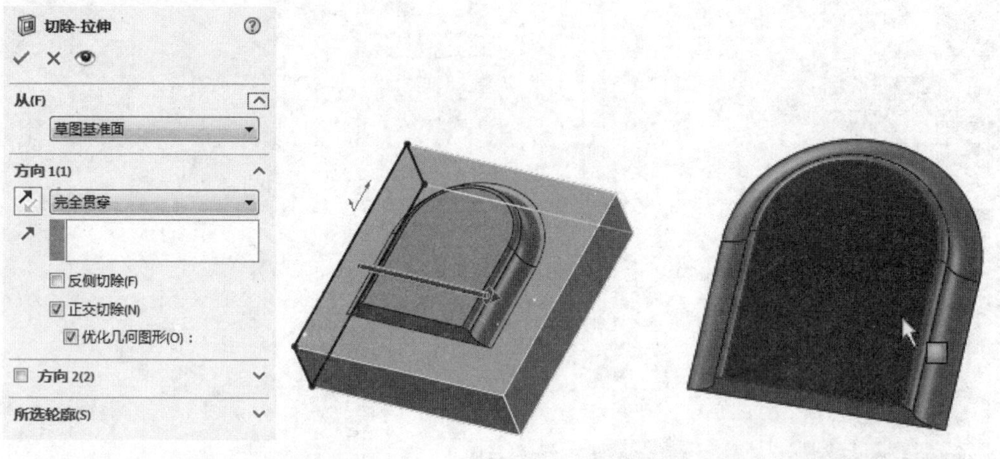

图 15-67　进行拉伸切除操作　　图 15-68　选择基准面

⑩生成“分割线”特征。单击“特征”控制面板中的“分割线”按钮，弹出“分割线”属性管理器，在分割类型中选择“投影”单选按钮，在“要投影的草图”栏中选择“圆”草图，在“要分割的面”栏中选择实体的上表面，如图 15-70 所示，单击“确定”按钮，完成分割线操作。

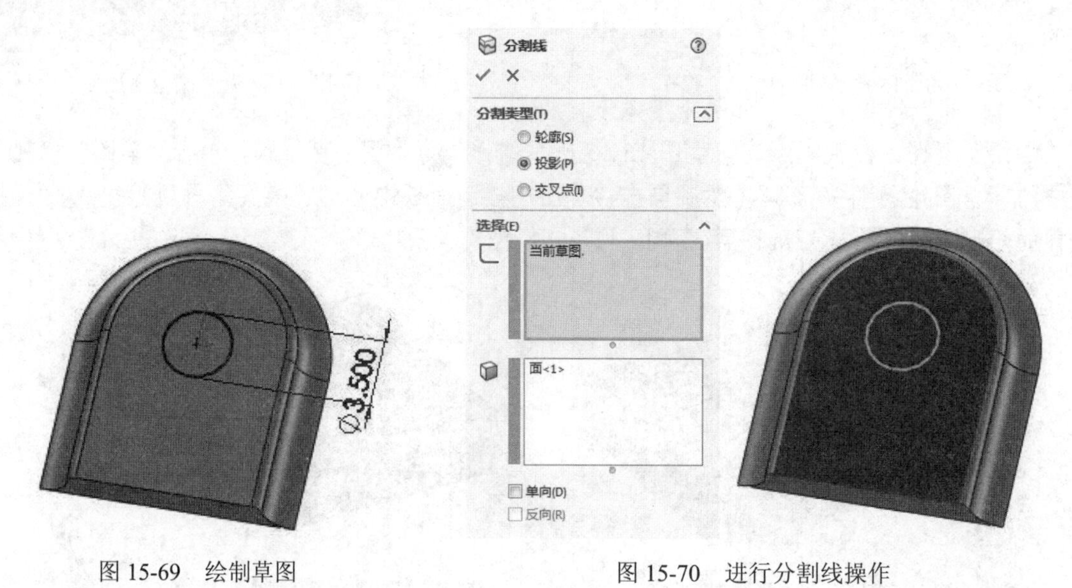

图 15-69　绘制草图　　图 15-70　进行分割线操作

⑪更改成型工具切穿部位的颜色。在使用成型工具时，如果遇到成型工具中红色的表面，软件系统将对钣金零件作切穿处理。所以，在生成成型工具时，需要切穿的部位要将其颜色更改为红色。拾取成型工具的两个表面，单击“标准”工具栏中的“编辑外观”按钮，弹出“颜色”属性管理器，选择“红色”RGB 标准颜色，即 R=255，G=0，B=0，其他设置默认，如图 15-71 所示，单击“确定”按钮✓。

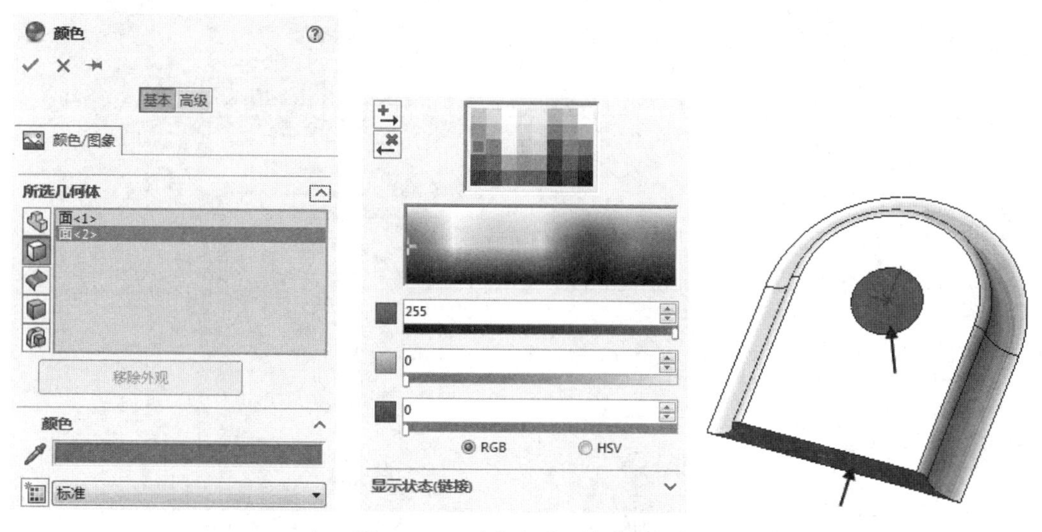

图 15-71　更改成型工具表面颜色

⑫绘制成型工具定位草图。单击成型工具如图 15-72 所示的表面作为基准面，单击“草图”控制面板中的“草图绘制”按钮，然后单击“草图”控制面板中的“转换实体引用”按钮，将选择表面转换成图素。然后，单击“草图”控制面板中的“中心线”按钮，绘制两条互相垂直的中心线，中心线交点与圆心重合，终点都与圆重合，如图 15-73 所示，单击“退出草图”按钮。

图 15-72　选择基准面

图 15-73　绘制定位草图

注意：

在设计成型工具的过程中定位草图必须绘制，如果没有定位草图，这个成型工具将不能够使用。

⑬保存成型工具。在 FeatureManager 设计树中右击成型工具零件名称，在弹出的快捷菜单中选择“添加到库”命令，如图 15-74 所示。这时，将会弹出“添加到库”属性管理器，在“设计库文件夹”栏中选择 lances 文件夹作为成型工具的保存位置，如图 15-75 所示。将此成型工具命名为“硬盘成型工具 1”，如图 15-76 所示，保存类型为 sldprt，单击“确定”按钮✓，完成对成型工具的保存。

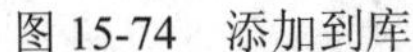
图 15-74　添加到库

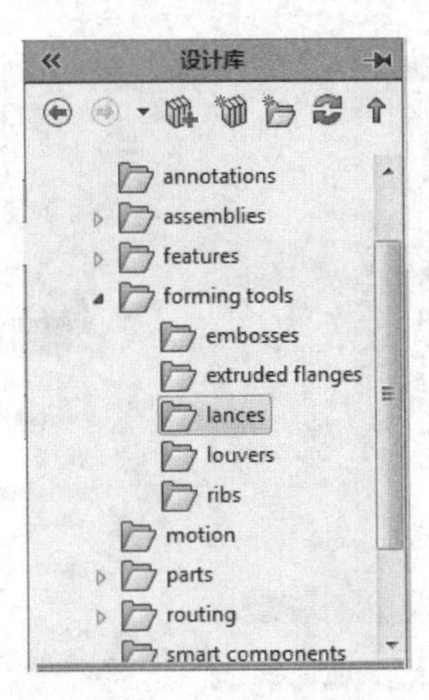

图 15-75　选择保存位置

这时，单击系统右边的“设计库”按钮，根据如图15-77所示的路径可以找到保存的成型工具。

图 15-76　将成型工具命名

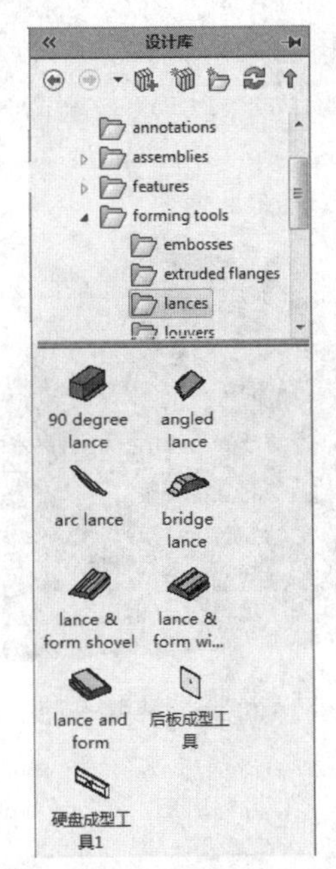

图 15-77　已保存成型工具

（2）向硬盘支架钣金件添加成型工具。

①单击系统右边的“设计库”按钮，根据如图 15-77 所示的路径可以找到成型工具的文件夹 lances，找到需要添加的成型工具“硬盘成型工具 1”，将其拖放到钣金零件的侧面上。

②单击“草图”控制面板中的“智能尺寸”按钮，标注出成型工具在钣金件上的位置尺寸，如图 15-78 所示，最后，单击“放置成型特征”对话框中的“完成”按钮，完成对成型工具的添加。

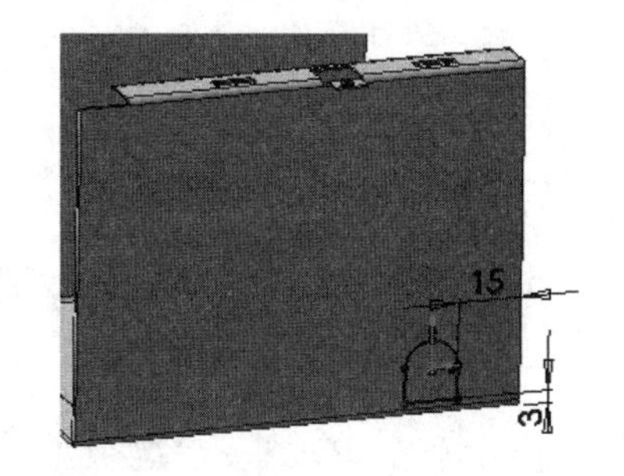

图 15-78　标注成型工具的位置尺寸

注意：

在添加成型工具时，系统默认成型工具所放置的面是凹面，拖放成型工具的过程中，如果按下 Tab 键，系统将会在凹面和凸面间进行切换，从而可以更改成型工具在钣金件上所放置的面。

（3）线性阵列成型工具。单击“特征”控制面板中的“线性阵列”按钮，弹出“线性阵列”属性管理器，在方向 1 的“阵列方向”栏中单击鼠标，拾取钣金件的一条边线，单击按钮切换阵列方向，在“间距”栏中输入数值 70，然后在 FeatureManager 设计树中单击“硬盘成型工具 1”名称，如图 15-79 所示，单击“确定”按钮，完成对成型工具的线性阵列，结果如图 15-80 所示。

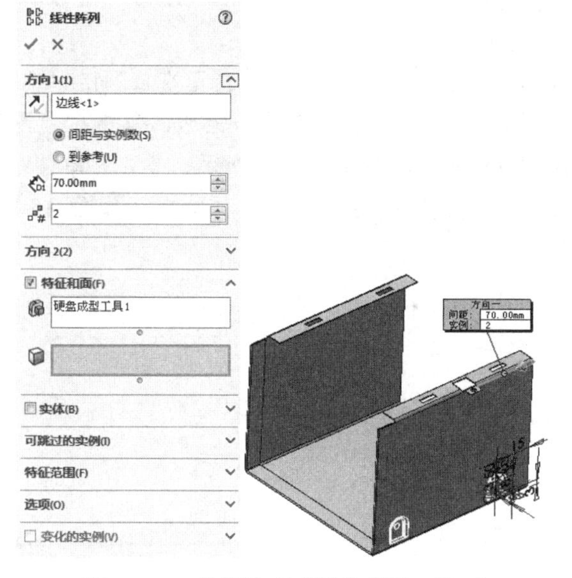

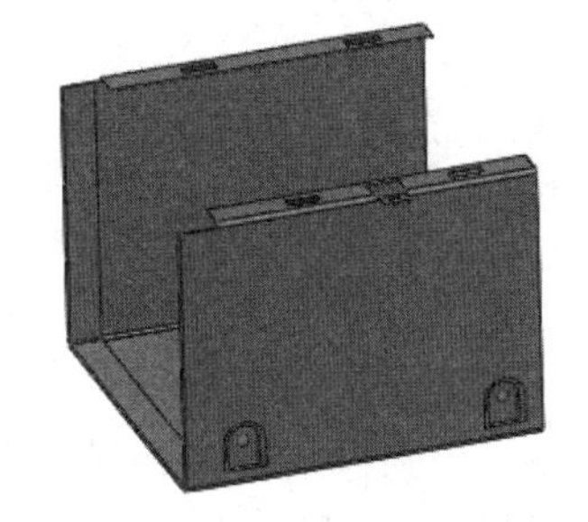

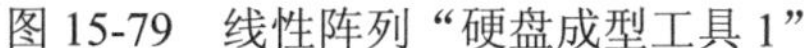

图 15-79　线性阵列“硬盘成型工具 1”　　图 15-80　线性阵列生成的特征

（4）镜像成型工具。单击“特征”控制面板中的“镜像”按钮，弹出“镜像”属性管理器，在“镜像面/基准面”栏中单击鼠标，在 FeatureManager 设计树中单击“右视基准面”作为镜像面，单击“要镜像的特征”栏，在 FeatureManager 设计树中单击“硬盘成型工具 1”和“阵列（线性）1”作为要镜像的特征，其他设置默认，如图 15-81 所示，单击“确定”按钮，完成对成型工具的镜像。

图 15-81　镜像成型工具

扫一扫，看视频

15.3.3　创建第 2 个成形工具

（1）建立自定义的第 2 个成型工具。在此钣金件设计过程中，需要自定义两个成型工具，下面介绍第 2 个成型工具的创建过程。

①建立新文件。单击“标准”工具栏中的“新建”按钮，或选择“文件”→“新建”命令，在弹出的“新建 SOLIDWORKS 文件”对话框中选择“零件”按钮，然后单击“确定”按钮，创建一个新的零件文件。

②绘制草图。在左侧的“FeatureManager 设计树”中选择“前视基准面”作为绘图基准面，然后单击“草图”控制面板中的“边角矩形”按钮，绘制一个矩形，单击“草图”控制面板中的“中心线”按钮，绘制矩形的一条对角线，如图 15-82 所示。单击“草图”控制面板中的“添加几何关系”按钮，添加矩形对角线与原点的“中点”约束，如图 15-83 所示。标注矩形的智能尺寸，如图 15-84 所示。

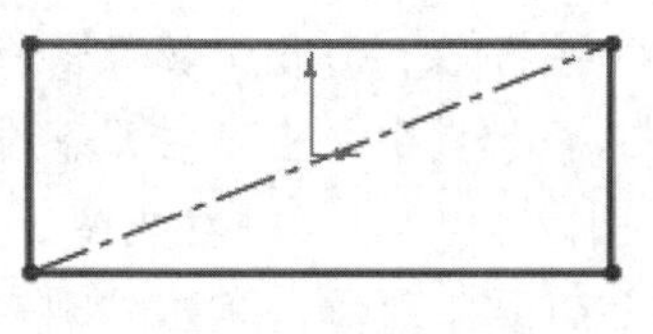

图 15-82　绘制草图

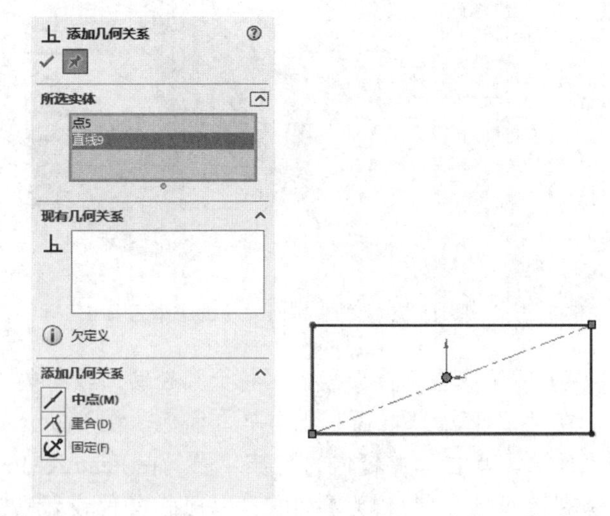

图 15-83　添加“中点”约束

③生成“拉伸”特征。单击“特征”控制面板中的“拉伸凸台/基体”按钮，系统弹出“凸台-拉伸”属性管理器，在方向 1 的“深度”栏中输入数值 2，如图 15-85 所示，单击“确定”按钮✓。

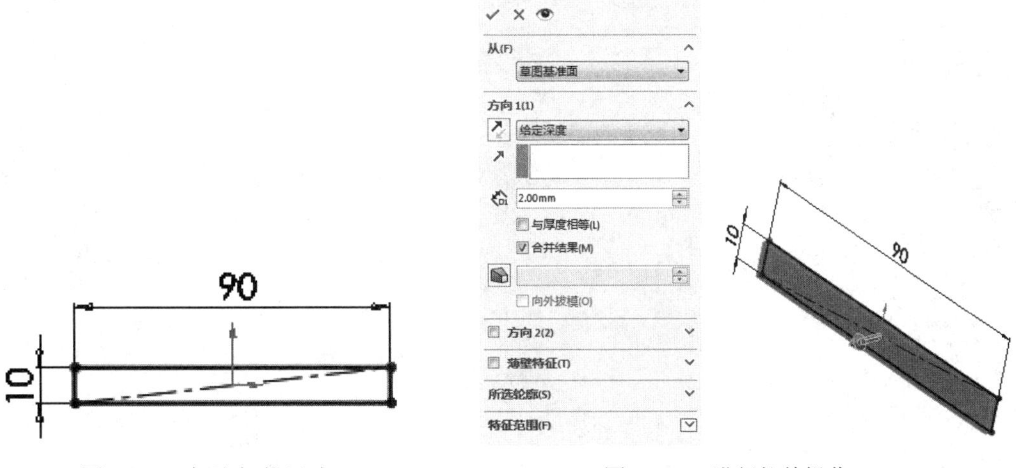

图 15-84　标注智能尺寸　　　　图 15-85　进行拉伸操作

④绘制另一个草图。单击图 15-85 所示的拉伸实体的一个面作为基准面，然后单击“草图”控制面板中的“边角矩形”按钮，绘制一个矩形，矩形要大于拉伸实体的投影面积，如图 15-86 所示。

⑤生成“拉伸”特征。单击“特征”控制面板中的“拉伸凸台/基体”按钮，系统弹出“凸台-拉伸”属性管理器，在方向 1 的“深度”栏中输入数值 5，如图 15-87 所示，单击“确定”按钮✓。

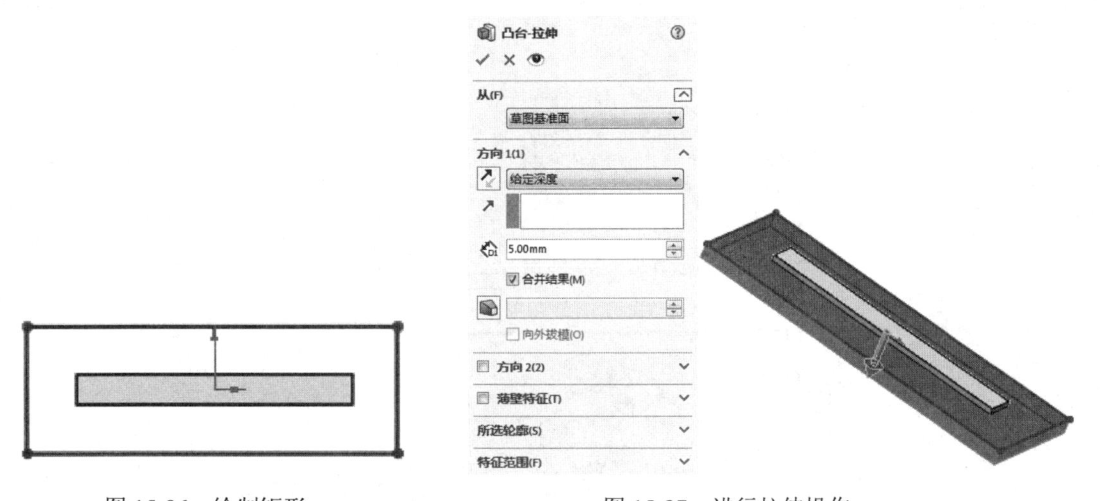

图 15-86　绘制矩形　　　　图 15-87　进行拉伸操作

⑥生成“圆角”特征。单击“特征”控制面板中的“圆角”按钮，系统弹出“圆角”属性管理器，选择圆角类型为“恒定大小圆角”，在圆角半径输入栏中输入数值 4，单击鼠标

拾取实体的边线，如图 15-88 所示，单击“确定”按钮✓生成圆角。

⑦单击“特征”控制面板中的“圆角”按钮，弹出“圆角”属性管理器，选择圆角类型为“恒定大小圆角”，在圆角半径输入栏中输入数值 1.5，单击鼠标拾取实体的另一条边线，如图 15-89 所示，单击“确定”按钮✓，生成另一个圆角。

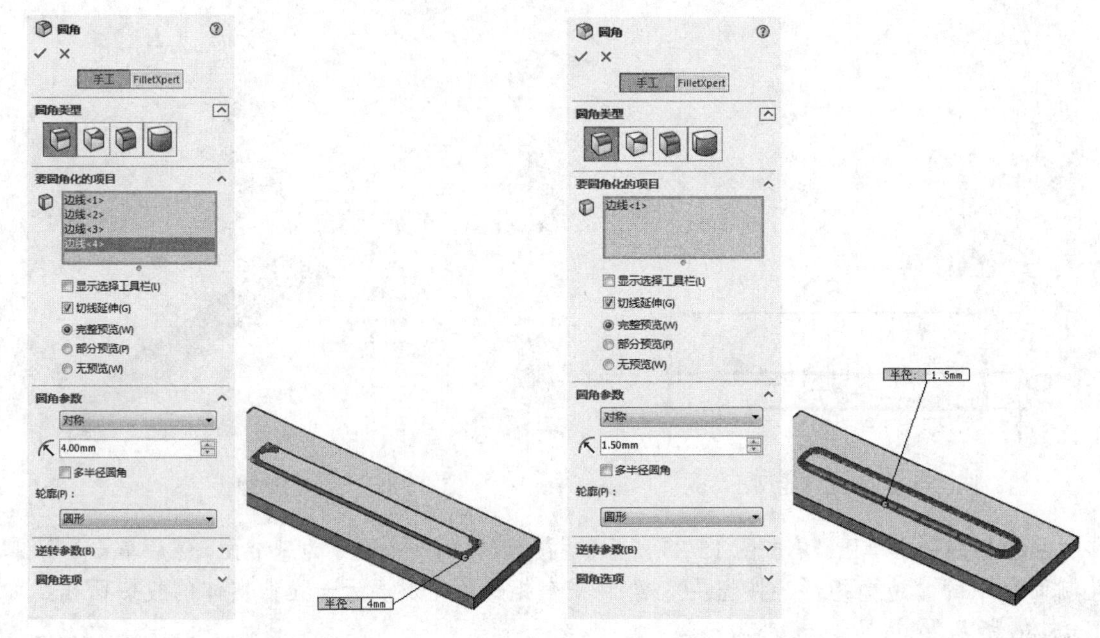

图 15-88　进行圆角 1 操作　　图 15-89　进行圆角 2 操作

⑧单击“特征”控制面板中的“圆角”按钮，选择圆角类型为“恒定大小圆角”，在圆角半径输入栏中输入数值 0.5，单击鼠标拾取实体的另一条边线，如图 15-90 所示，单击“确定”按钮✓，生成另一个圆角。

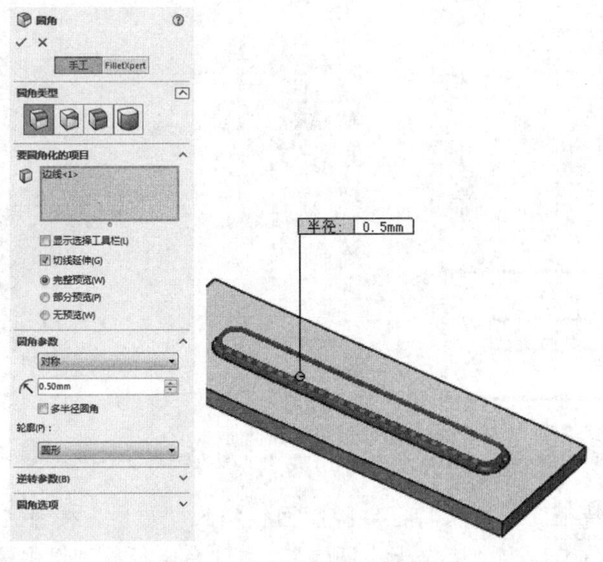

图 15-90　进行圆角 3 操作

⑨绘制草图。在实体上选择如图15-91所示的面作为绘图的基准面，单击“草图”控制面板中的“草图绘制”按钮，然后单击“草图”工具栏中的“转换实体引用”按钮，将选择的矩形表面转换成矩形图素，如图15-92所示。

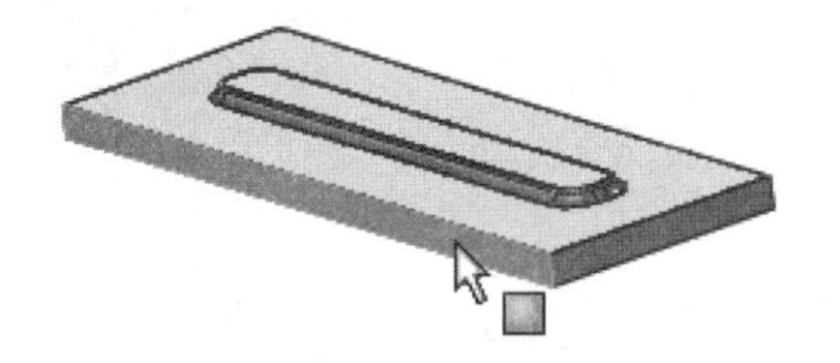

图15-91　选择基准面

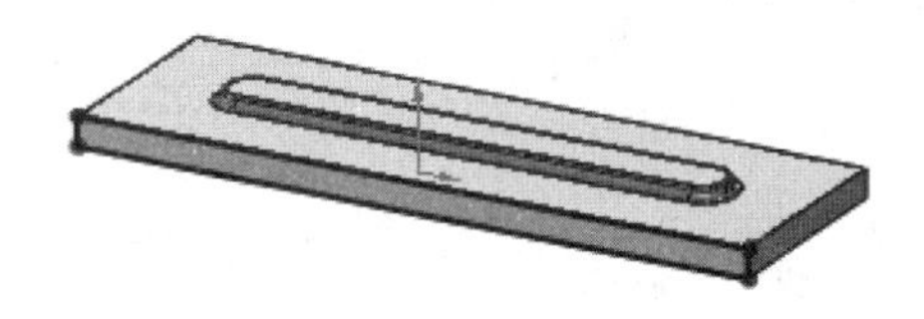

图15-92　生成草图

⑩生成“拉伸切除”特征。单击“特征”控制面板中的“拉伸切除”按钮，在属性管理器中方向1的终止条件中选择“完全贯穿”，如图15-93所示，单击“确定”按钮✓，完成拉伸切除操作。

⑪绘制成型工具定位草图。单击成型工具如图15-94所示的表面作为基准面，单击“草图”控制面板中的“草图绘制”按钮，然后单击“草图”控制面板中的“转换实体引用”按钮，将选择表面转换成图素。然后，单击“草图”控制面板中的“中心线”按钮，绘制两条互相垂直的中心线，中心线交点与圆心重合，如图15-95所示，单击“退出草图”按钮。

图15-93　进行拉伸切除操作

图15-94　选择基准面

⑫保存成型工具。在FeatureManager设计树中右击成型工具零件名称，在弹出的快捷菜单中选择“添加到库”命令，将会弹出“添加到库”属性管理器，在“设计库文件夹”栏中选择lances文件夹作为成型工具的保存位置，将此成型工具命名为“硬盘成型工具2”，保存类型为sldprt，如图15-96所示，单击“确定”按钮✓，完成对成型工具2的保存。

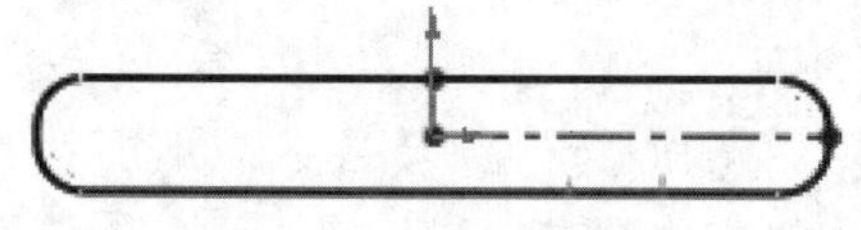

图 15-95 绘制定位草图

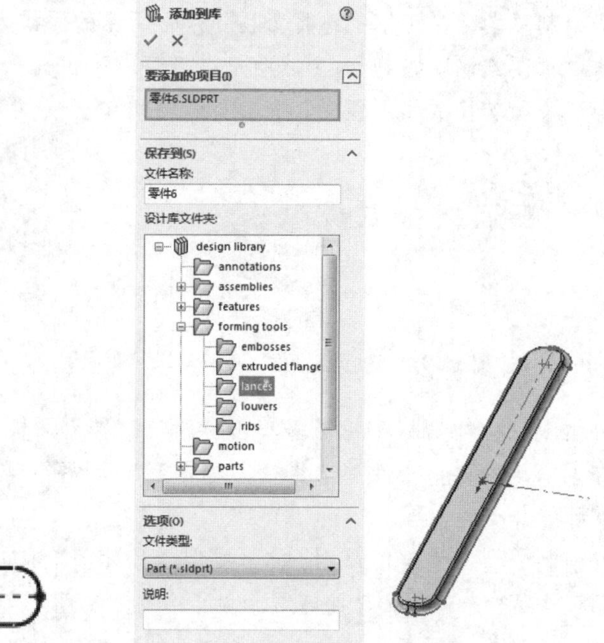

图 15-96 保存成型工具

（2）向硬盘支架钣金件添加成型工具。单击系统右边的“设计库”按钮，找到需要添加的成型工具“硬盘成型工具 2”，将其拖放到钣金零件的侧面上。

（3）单击“草图”控制面板中的“智能尺寸”按钮，标注出成型工具在钣金件上的位置尺寸，如图 15-97 所示，最后，单击“放置成型特征”对话框中的“完成”按钮，完成对成型工具的添加。

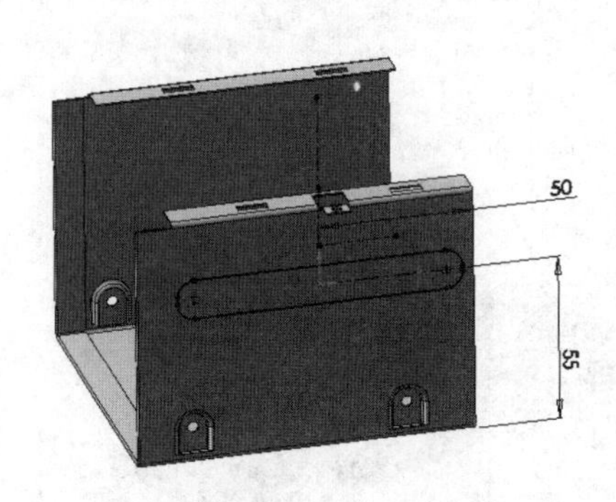

图 15-97 标注成型工具的位置尺寸

（4）镜像成型工具。单击“特征”控制面板中的“镜像”按钮，弹出“镜像”属性管理器，在 “镜像面/基准面”栏中单击鼠标，在 FeatureManager 设计树中单击“右视基准面”作为镜像面，单击“要镜像的特征”栏，在 FeatureManager 设计树中单击“硬盘成型工具 2”作为要镜像的特征，其他设置默认，如图 15-98 所示，单击“确定”按钮，完成对成型工具的镜像。

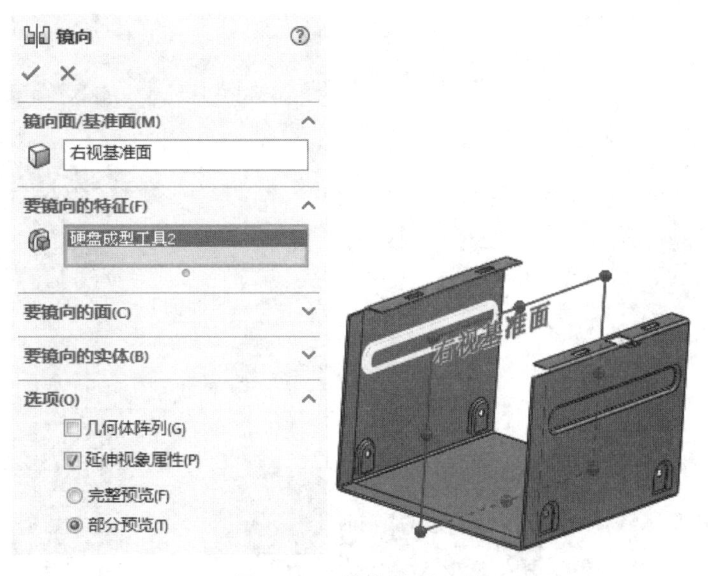

图 15-98　镜像成型工具

（5）绘制草图。单击图 15-99 所示的面作为基准面，单击“草图”控制面板中的“中心线”按钮，绘制三条构造线——一条水平构造线和两条竖直构造线，两条竖直构造线通过箭头所指圆的圆心，如图 15-100 所示。添加水平构造线如图 15-101 所示。

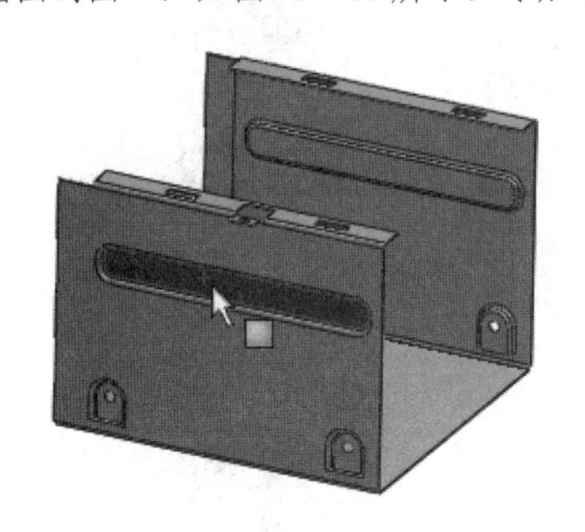

图 15-99　选择绘图基准面

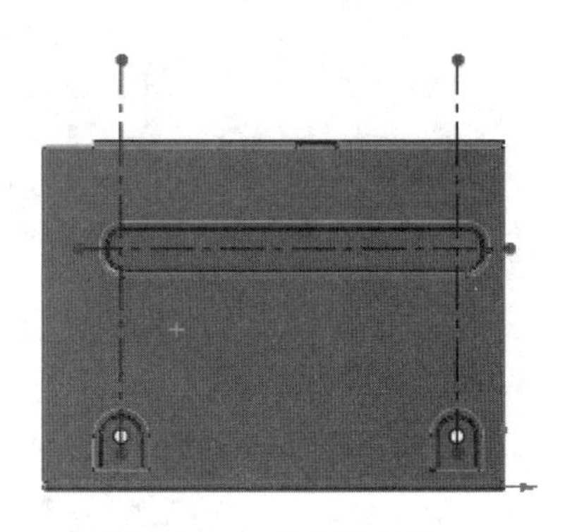

图 15-100　绘制构造线

（6）单击“草图”控制面板中的“添加几何关系”按钮，添加水平构造线与图 15-101 中箭头所指两边线“对称”约束，单击“退出草图”按钮。

（7）生成“孔”特征。单击“特征”控制面板中的“异型孔向导”按钮，系统弹出“孔规格”属性管理器。在该属性管理器中，单击“孔”按钮，选择 GB 标准，选择孔大小为 $\phi3.5$，给定深度为 120mm，如图 15-102 所示。将对话框切换到位置选项下，然后，单击拾取图 15-101 中的两竖直构造线与水平构造线的交点，如图 15-103 所示，确定孔的位置，单击“确定”按钮。生成孔特征如图 15-104 所示。

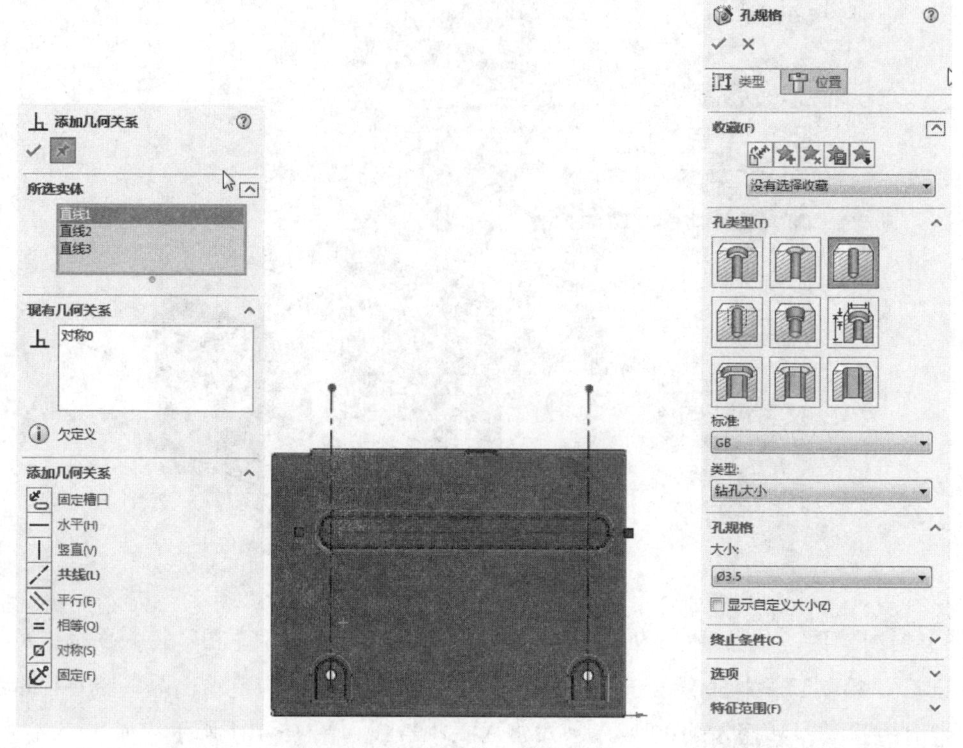

图 15-101　添加“对称”约束　　　　图 15-102　“孔规格”属性管理器

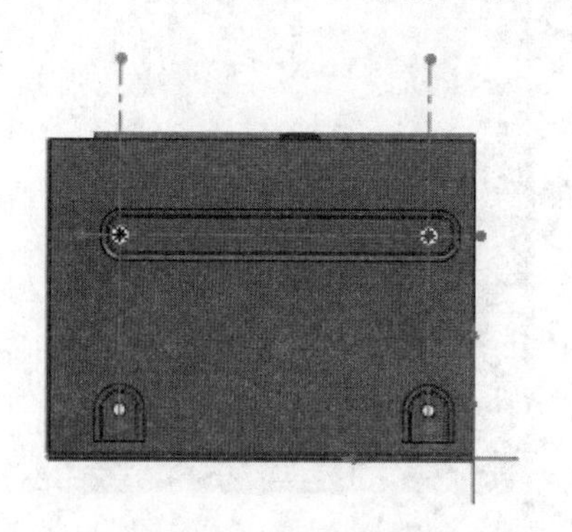

图 15-103　拾取孔位置点

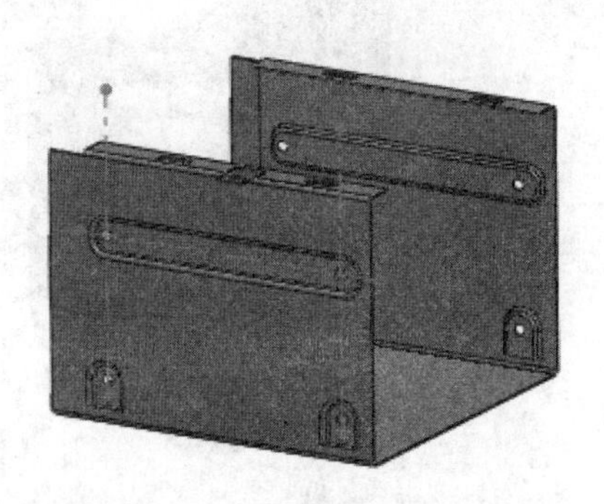

图 15-104　生成的孔特征

（8）线性阵列成型工具。单击“特征”控制面板中的“线性阵列”按钮，弹出“线性阵列”属性管理器，在方向 1 的“阵列方向”栏中单击鼠标，拾取钣金件的一条边线，如图 15-105 所示，在“间距”栏中输入 20，然后在 FeatureManager 设计树中单击“硬盘成型工具 2”“镜像”“ϕ3.5（3.5）直径孔 1”名称，如图 15-106 所示，单击“确定”按钮✓，完成对成型工具的线性阵列。结果如图 15-107 所示。

扫一扫，看视频

15.3.4　创建通风孔

（1）选择基准面。单击钣金件的底面，单击“标准视图”工具栏中的“正视于”按钮，将该基准面作为绘制图形的基准面，如图 15-108 所示。

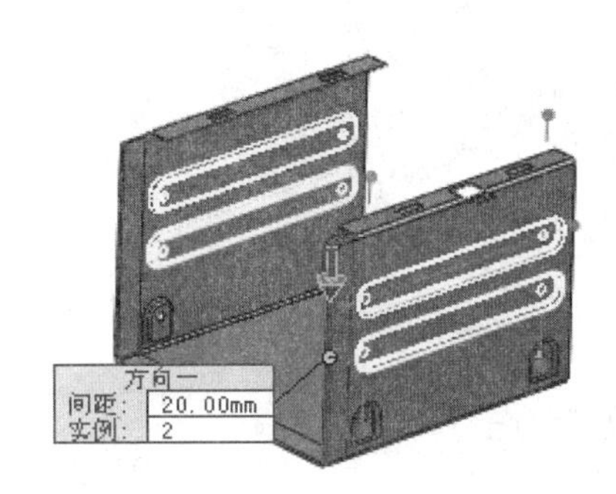

图 15-105　选择阵列方向

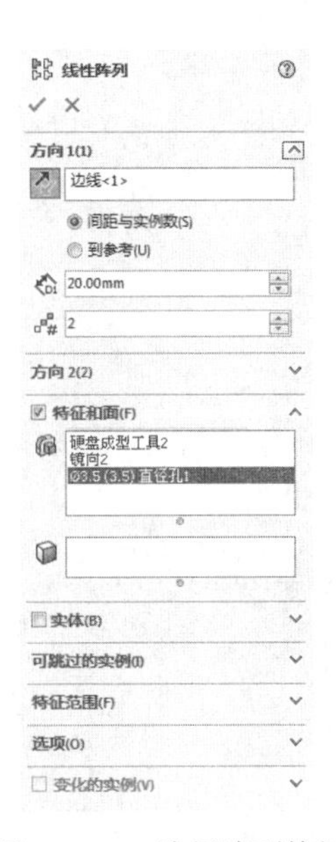

图 15-106　选择阵列特征

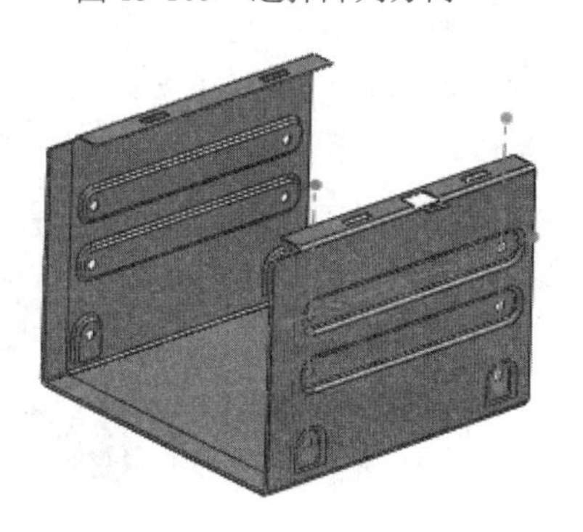

图 15-107　阵列后的结果

图 15-108　选择绘图基准面

（2）绘制草图。单击“草图”控制面板中的“圆”按钮，绘制四个同心圆，标注其直径尺寸，如图 15-109 所示。单击“草图”控制面板中的“直线”按钮，绘制两条互相垂直的直线，直线均过圆心，如图 15-110 所示，单击“退出草图”按钮。

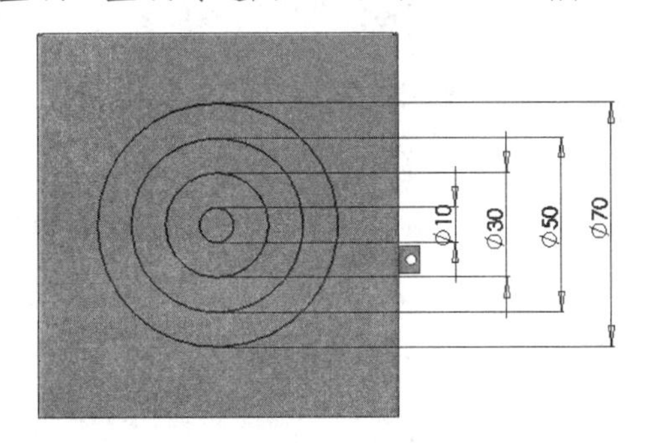

图 15-109　绘制同心圆

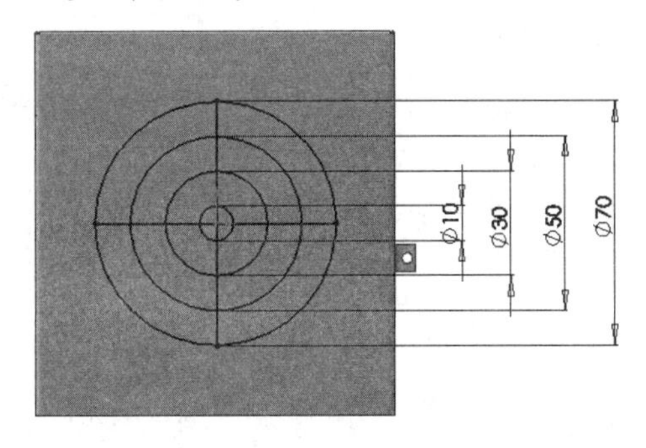

图 15-110　绘制互相垂直的直线

（3）生成“通风口”特征。单击“钣金”控制面板中的“通风口”按钮，弹出“通风口”属性管理器，选择通风口草图中的最大直径圆作为边界，输入圆角半径数值 2，如图 15-111 所示。

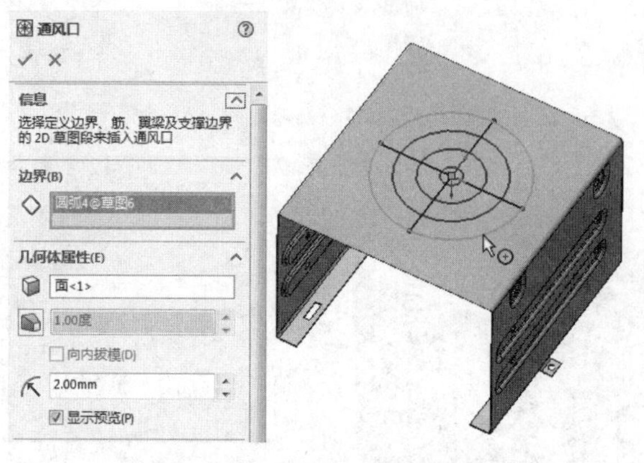

图 15-111　选择通风口边界

（4）在草图中选择两条互相垂直的直线作为通风口的筋，输入筋的宽度数值 5，如图 15-112 所示。在草图中选择中间的两个圆作为通风口的翼梁，输入翼梁的宽度数值 5，如图 15-113 所示。在草图中选择最小直径的圆作为通风口的填充边界，如图 15-114 所示。设置结束后，单击“确定”按钮✔，生成的通风口如图 15-115 所示。

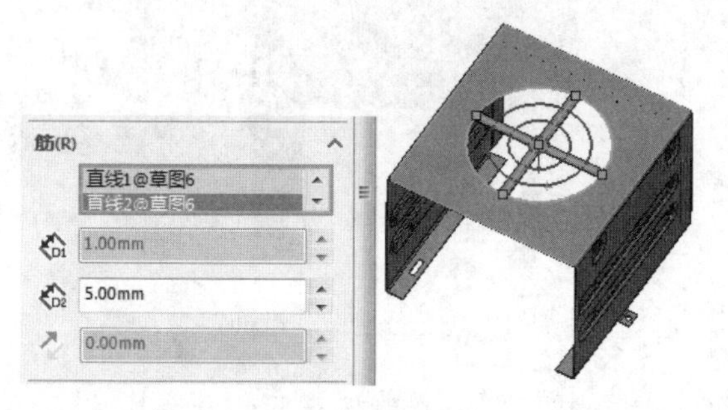

图 15-112　选择通风口筋

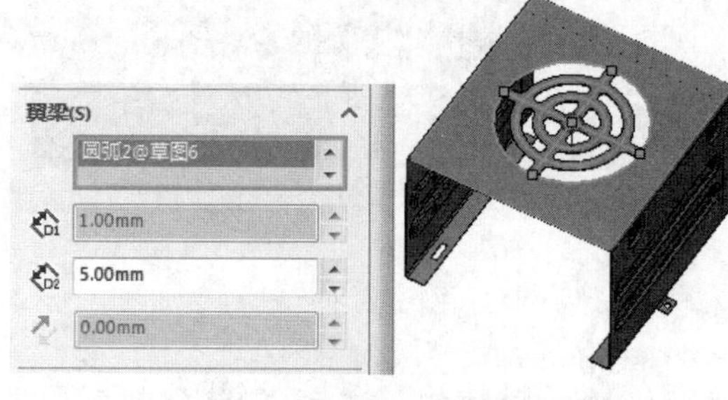

图 15-113　选择通风口翼梁

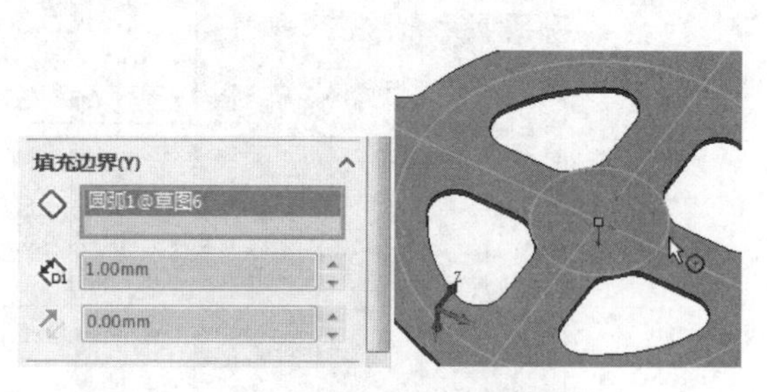

图 15-114　选择通风口填充边界

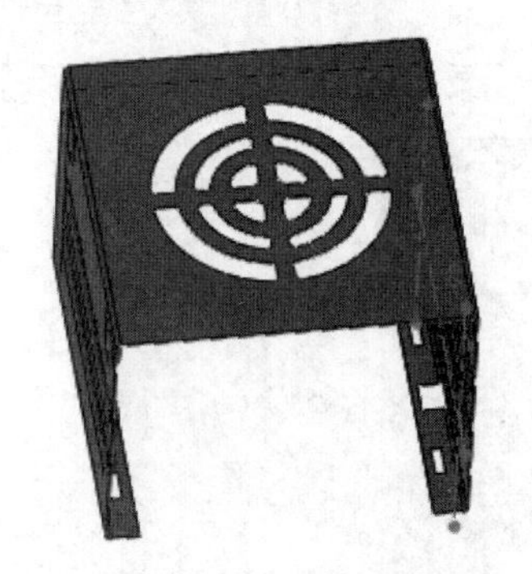

图 15-115　生成的通风口

（5）生成“边线法兰”特征。单击“钣金”控制面板中的“边线法兰”按钮，在属性管理器的“法兰长度”栏中输入数值 10，单击“外部虚拟交点”按钮，在“法兰位置”栏中单击“材料在内”按钮，勾选“剪裁侧边折弯”复选框，其他设置如图 15-116 所示。

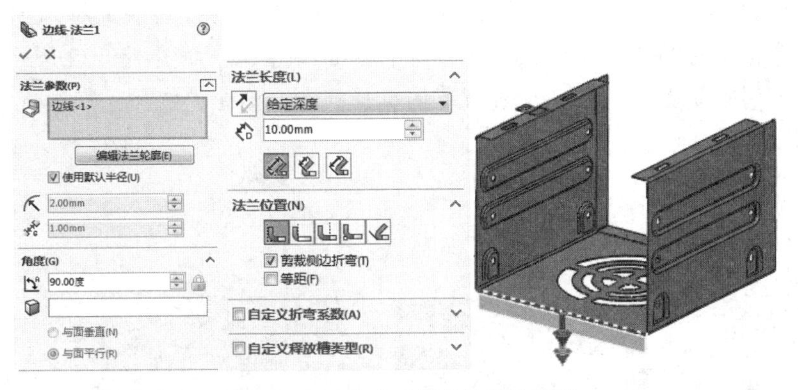

图 15-116　生成“边线法兰”操作

（6）编辑边线法兰的草图。在 FeatureManager 设计树中右击“边线法兰”，在弹出的快捷菜单中单击“编辑草图”按钮，如图 15-117 所示。这时，将进入边线法兰的草图编辑状态，如图 15-118 所示。

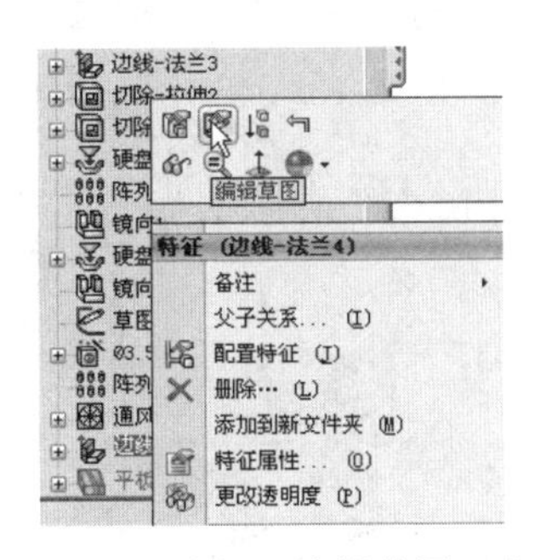

图 15-117　选择“编辑草图”命令

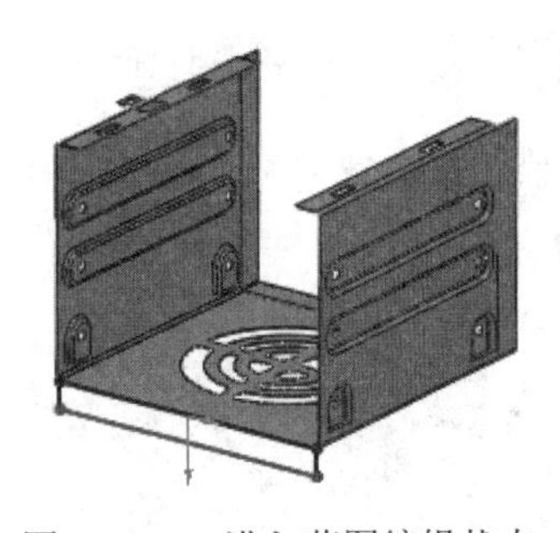

图 15-118　进入草图编辑状态

（7）圆角。单击“草图”控制面板中的“绘制圆角”按钮，在对话框中输入圆角半径数值 5，在草图中添加圆角，如图 15-119 所示，单击“退出草图”按钮。

（8）选择基准面。单击如图 15-120 所示的面，单击“标准视图”工具栏中的“正视于”按钮，将该面作为绘制图形的基准面。

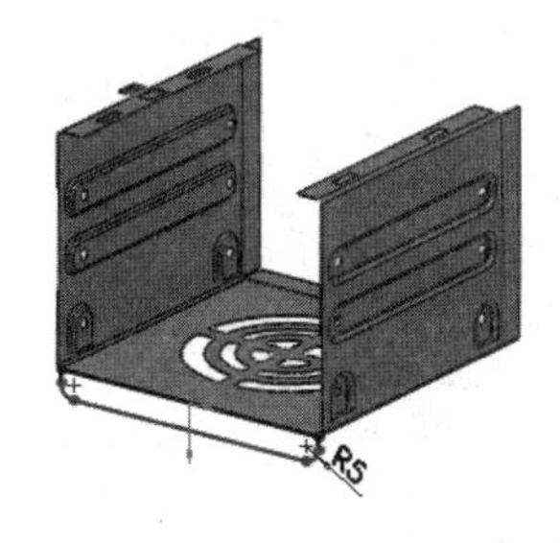

图 15-119　进行圆角编辑

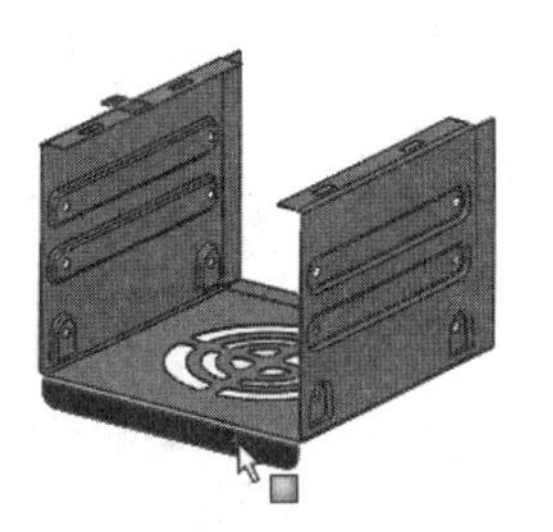

图 15-120　选择基准面

（9）生成“简单直孔”特征。单击“特征”控制面板中的“简单直孔”按钮。在“孔”属性管理器中勾选“与厚度相等”复选框，输入孔直径尺寸数值3.5，如图15-121所示，单击“确定”按钮✓，生成简单直孔特征。

（10）编辑简单直孔的位置。在生成简单直孔时，有可能孔位置并不是很合适，这样就需要重新进行定位。在FeatureManager设计树中右击“孔1”，如图15-122所示，在弹出的快捷菜单中单击“编辑草图”按钮，进入草图编辑状态，标注智能尺寸如图15-123所示，单击“退出草图”按钮。

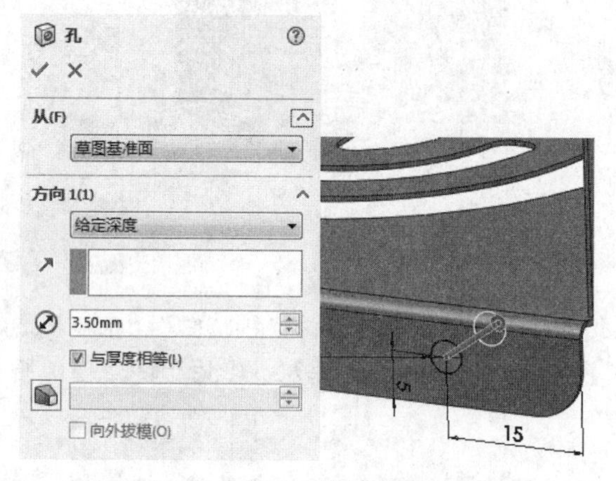

图15-121　生成“简单直孔”特征操作

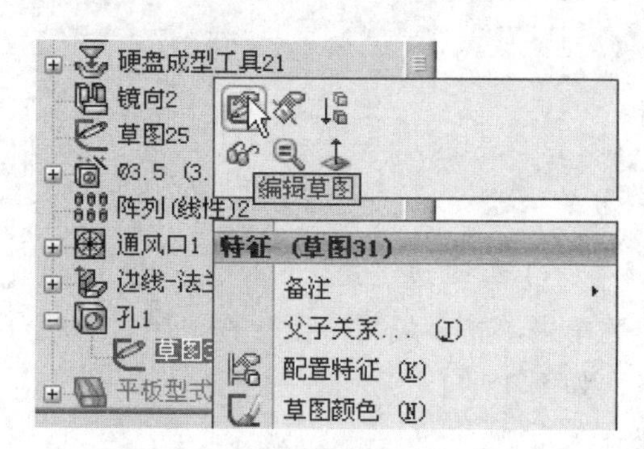

图15-122　单击“编辑草图”按钮

（11）生成另一个简单直孔。重复上述的操作，在同一个表面上生成另一个简单直孔，直孔的位置如图15-124所示。

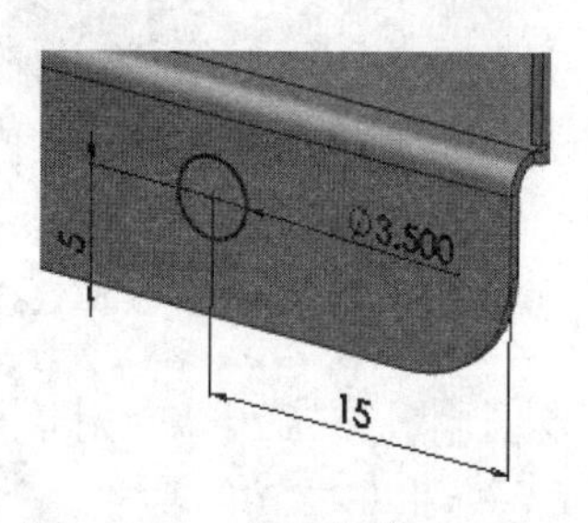

图15-123　标注智能尺寸

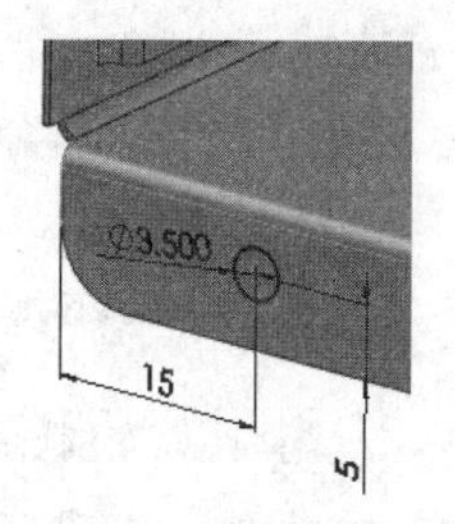

图15-124　生成另一个简单直孔

（12）展开硬盘支架。右击“FeatureManager 设计树”中的“平板型式 1”，在弹出的快捷菜单中选择“解除压缩”命令将钣金零件展开，如图15-125所示。

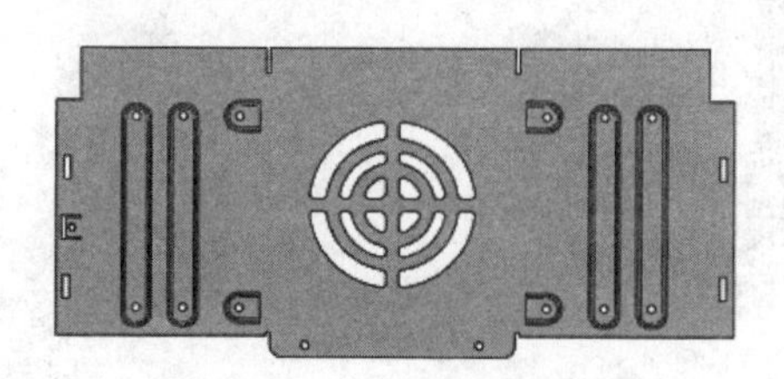

图15-125　展开的钣金件

第 16 章　装配体设计

内容简介

在 SOLIDWORKS 中，当生成新零件时，可以直接参考其他零件并保持这种参考关系。在装配的环境里，可以方便地设计和修改零部件，使 SOLIDWORKS 的性能得到极大的提高。

内容要点

- 装配体基本操作
- 定位零部件
- 零件的复制、阵列与镜像
- 爆炸视图

案例效果

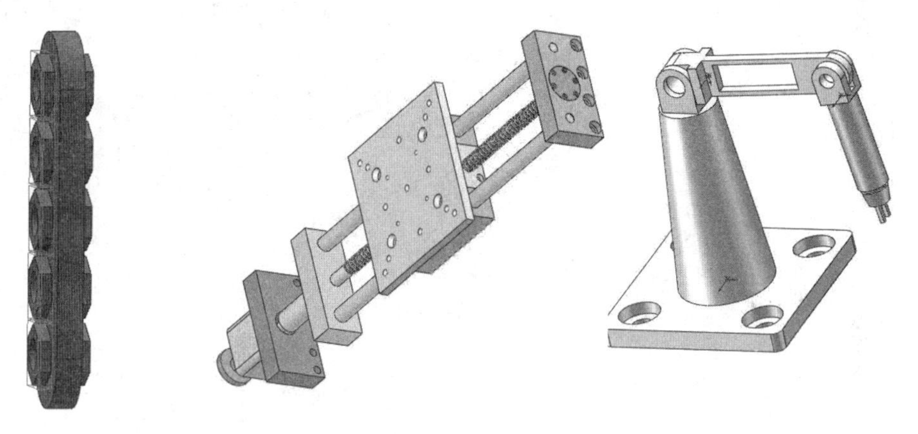

16.1　装配体基本操作

要实现对零部件进行装配，必须首先创建一个装配体文件。本节将介绍创建装配体的基本操作，包括新建装配体文件、插入装配零件与删除装配零件。

16.1.1　创建装配体文件

扫一扫，看视频

下面介绍创建装配体文件的操作步骤。

（1）选择菜单栏中的“文件”→“新建”命令，弹出“新建 SOLIDWORKS 文件”对话框，如图 16-1 所示。

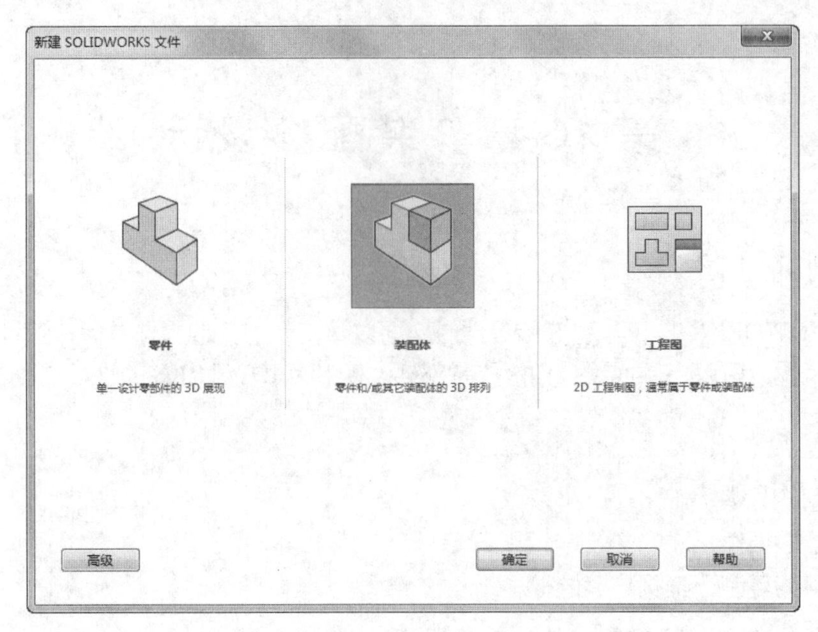

图 16-1　“新建 SOLIDWORKS 文件”对话框

（2）单击 （装配体）→“确定”按钮，进入装配体制作界面，如图 16-2 所示。

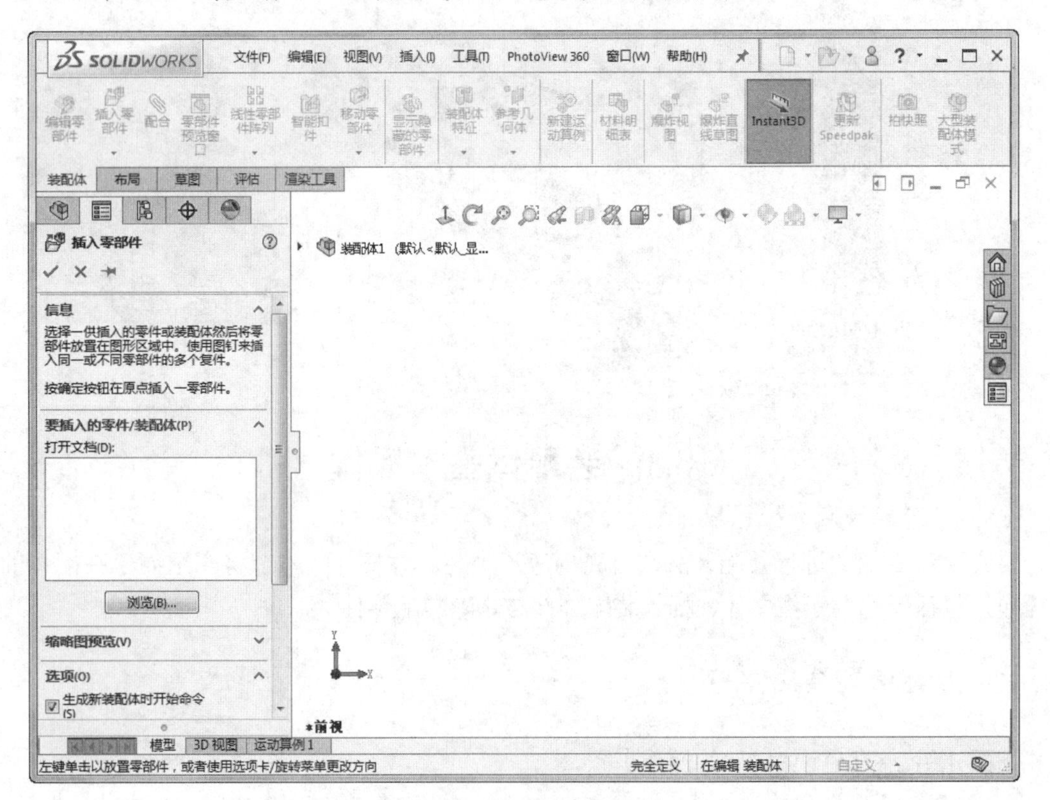

图 16-2　装配体制作界面

（3）在“开始装配体”属性管理器中，单击“要插入的零件/装配体”选项组中的“浏览”

按钮，弹出“打开”对话框。

（4）选择一个零件作为装配体的基准零件，单击“打开”按钮，然后在图形区合适位置单击以放置零件。然后调整视图为“等轴测”，即可得到导入零件后的界面，如图 16-3 所示。

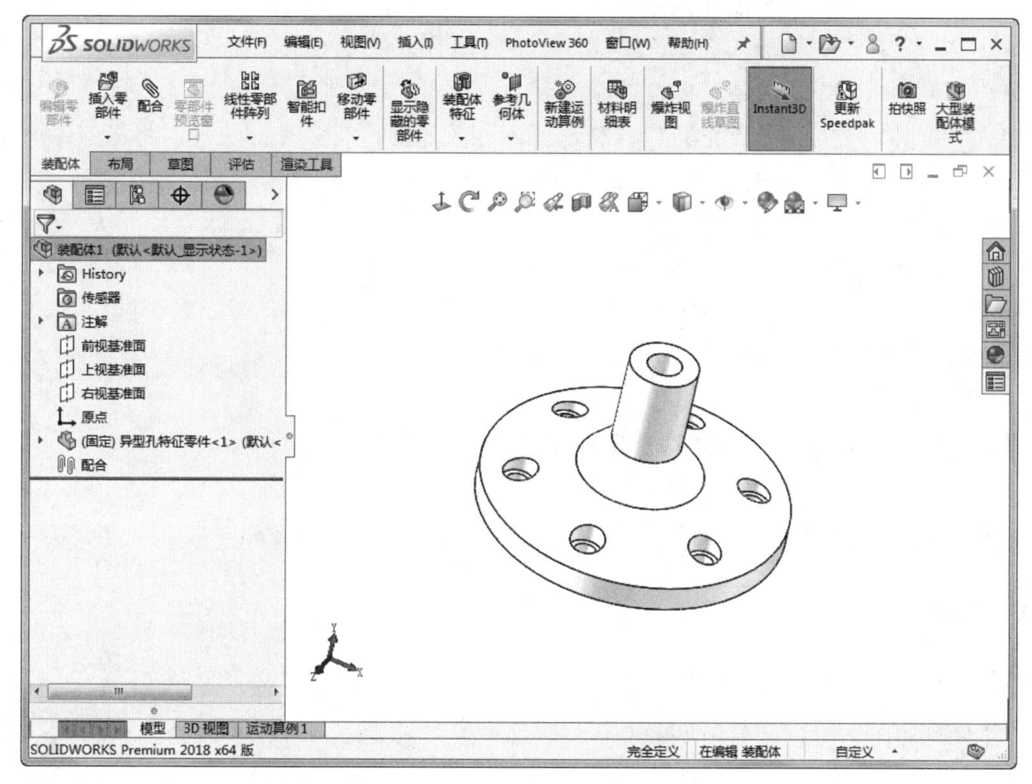

图 16-3　导入零件后的界面

装配体制作界面与零件的制作界面基本相同，特征管理器中出现一个配合组，在装配体制作界面中出现如图 16-4 所示的“装配体”控制面板，对“装配体”控制面板的操作与前面介绍的控制面板操作相同。

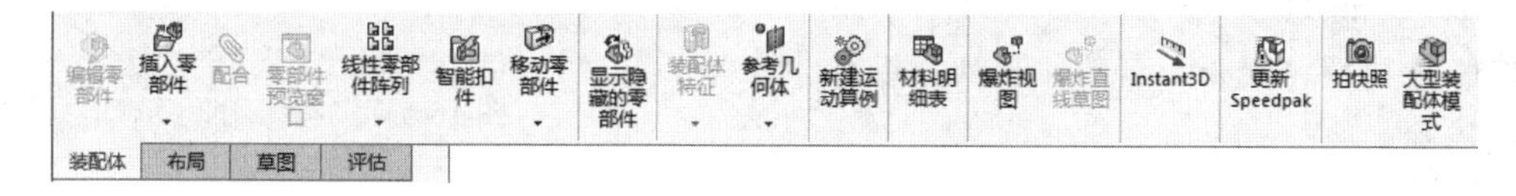

图 16-4　“装配体”控制面板

（5）将一个零部件（单个零件或子装配体）放入装配体中时，这个零部件文件会与装配体文件链接。此时零部件出现在装配体中，零部件的数据还保存在原零部件文件中。

技巧荟萃：

对零部件文件所进行的任何改变都会更新装配体。保存装配体时文件的扩展名为“*.sldasm”，其文件名前的图标也与零件图不同。

扫一扫，看视频

16.1.2 插入装配零件

【执行方式】

➘ 工具栏：单击“装配体”工具栏中的“插入零部件”按钮。

➘ 菜单栏：选择“插入”→“零部件”→“现有零件/装配体”命令。

➘ 控制面板：单击“装配体”控制面板中的“插入零部件”按钮。

制作装配体需要按照装配的过程，依次插入相关零件，有多种方法可以将零部件添加到一个新的或现有的装配体中。

（1）使用插入零部件属性管理器。

（2）从任何窗格中的文件探索器拖动。

（3）从一个打开的文件窗口中拖动。

（4）从资源管理器中拖动。

（5）从 Internet Explorer 中拖动超文本链接。

（6）在装配体中拖动以增加现有零部件的实例。

（7）从任何窗格的设计库中拖动。

（8）使用插入、智能扣件来添加螺栓、螺钉、螺母、销钉以及垫圈。

扫一扫，看视频

16.1.3 删除装配零件

下面介绍删除装配零件的操作步骤。

（1）在图形区或 FeatureManager 设计树中单击零部件。

（2）按 Delete 键，或选择菜单栏中的“编辑”→“删除”命令，或右击，在弹出的快捷菜单中选择“删除”命令，此时会弹出如图 16-5 所示的“确认删除”对话框。

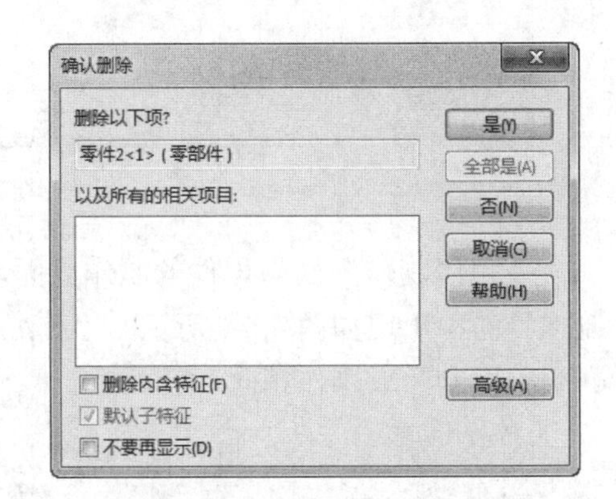

图 16-5 “确认删除”对话框

（3）单击“是”按钮以确认删除，此零部件及其所有相关项目（配合、零部件阵列、爆炸步骤等）都会被删除。

技巧荟萃：

（1）第一个插入的零件在装配图中，默认的状态是固定的，即不能移动和旋转的，在 FeatureManager 设计树中显示为“固定”。如果不是第一个零件，则是浮动的，在 FeatureManager 设计树中显示为（－）。固定和浮动显示如图 16-6 所示。

（2）系统默认第一个插入的零件是固定的，也可以将其设置为浮动状态，右击 FeatureManager 设计树中固定的文件，在弹出的快捷菜单中选择“浮动”命令。反之，也可以将其设置为固定状态。

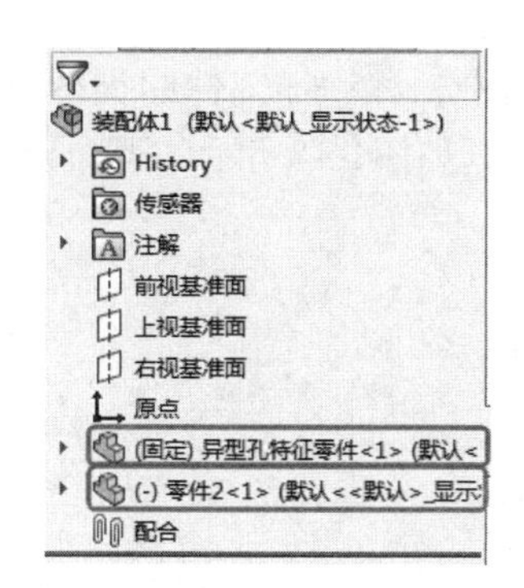

图 16-6　固定和浮动显示

16.2　定位零部件

在零部件放入装配体中后，用户可以移动、旋转零部件或固定它的位置，用这些方法可以大致确定零部件的位置，然后再使用配合关系来精确地定位零部件。

16.2.1　固定零部件

扫一扫，看视频

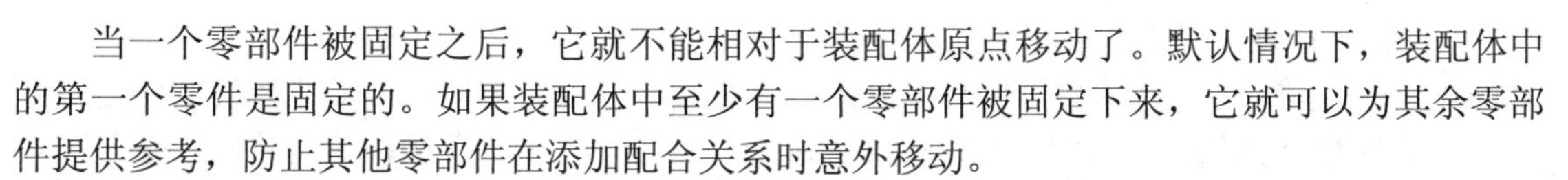

当一个零部件被固定之后，它就不能相对于装配体原点移动了。默认情况下，装配体中的第一个零件是固定的。如果装配体中至少有一个零部件被固定下来，它就可以为其余零部件提供参考，防止其他零部件在添加配合关系时意外移动。

要固定零部件，只要在FeatureManager设计树或图形区中右击要固定的零部件，在弹出的快捷菜单中选择“固定”命令即可。如果要解除固定关系，只要在快捷菜单中选择“浮动”命令即可。

当一个零部件被固定之后，在FeatureManager设计树中，该零部件名称的左侧出现文字“固定”，表明该零部件已被固定。

16.2.2　移动零部件

扫一扫，看视频

【执行方式】

- 工具栏：单击“装配体”工具栏中的“移动零部件”按钮。
- 菜单栏：选择“工具”→“零部件”→“移动”命令。
- 控制面板：单击“装配体”控制面板中的“移动零部件”按钮。

在FeatureManager设计树中，只要前面有“(-)”符号的，该零件即可被移动。

下面介绍移动零部件的操作步骤。

【操作步骤】

（1）单击“装配体”控制面板中的“移动零部件”按钮，系统弹出的“移动零部件”属性管理器，如图16-7所示。

（2）选择需要移动的类型，然后拖动到需要的位置。

（3）单击（确定）按钮，或者按Esc键，取消命令操作。

在“移动零部件”属性管理器中，移动零部件的类型有自由拖动、沿装配体XYZ、沿实体、由Delta XYZ和到XYZ位置5种，如图16-8所示。下面分别介绍。

图 16-7 “移动零部件”属性管理器

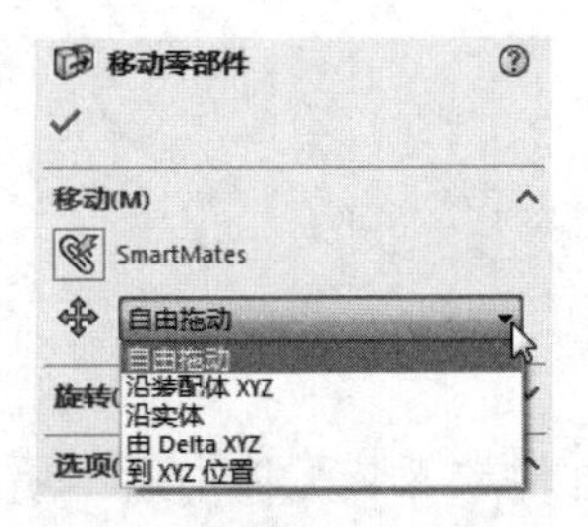

图 16-8 移动零部件的类型

- 自由拖动：系统默认选项，可以在视图中把选中的文件拖动到任意位置。
- 沿装配体 XYZ：选择零部件并沿装配体的 X、Y 或 Z 方向拖动。视图中显示的装配体坐标系可以确定移动的方向，在移动前要在欲移动方向的轴附近单击。
- 沿实体：首先选择实体，然后选择零部件并沿该实体拖动。如果选择的实体是一条直线、边线或轴，所移动的零部件具有一个自由度。如果选择的实体是一个基准面或平面，所移动的零部件具有两个自由度。
- 由 Delta XYZ：在属性管理器中输入移动 Delta XYZ 的范围，如图 16-9 所示，然后单击“应用”按钮，零部件按照指定的数值移动。
- 到 XYZ 位置：选择零部件的一点，在属性管理器中输入 X、Y 或 Z 坐标，如图 16-10 所示，然后单击“应用”按钮，所选零部件的点移动到指定的坐标位置。如果选择的项目不是顶点或点，则零部件的原点会移动到指定的坐标处。

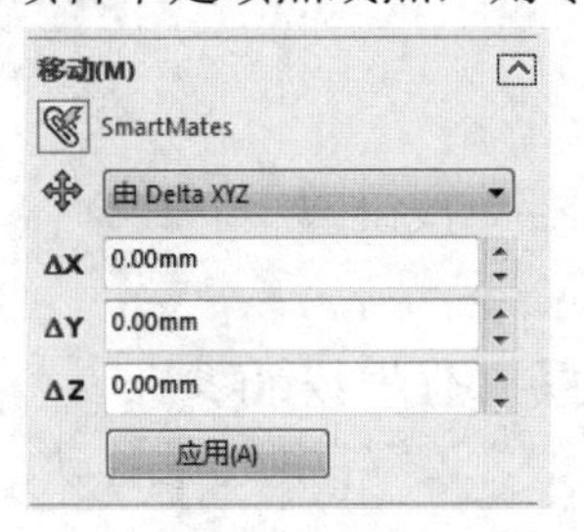

图 16-9 “由 Delta XYZ”设置

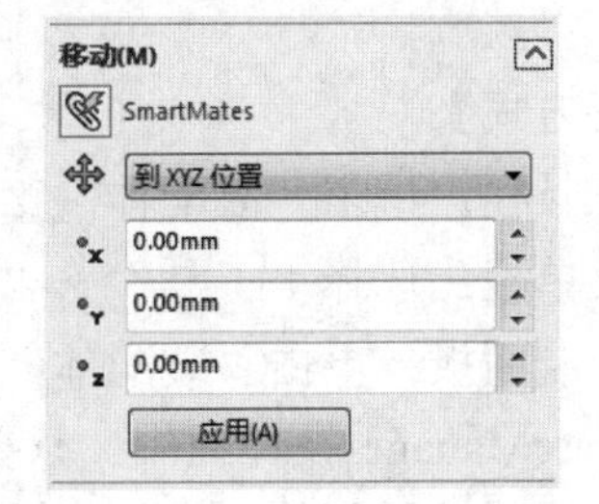

图 16-10 “到 XYZ 位置”设置

扫一扫，看视频

16.2.3 旋转零部件

【执行方式】

- 工具栏：单击“装配体”工具栏中的“旋转零部件”按钮。

➘ 菜单栏：选择“工具”→“零部件”→“旋转”命令。

➘ 控制面板：单击“装配体”控制面板中的“旋转零部件”按钮。

在 FeatureManager 设计树中，只要前面有“(-)”符号，该零件即可被旋转。

下面介绍旋转零部件的操作步骤。

【操作步骤】

（1）单击“装配体”控制面板中的“旋转零部件”按钮，系统弹出“旋转零部件”属性管理器，如图 16-11 所示。

（2）选择需要旋转的类型，然后根据需要确定零部件的旋转角度。

（3）单击✔（确定）按钮，或者按 Esc 键，取消命令操作。

在“旋转零部件”属性管理器中，旋转零部件的类型有 3 种，即自由拖动、对于实体和由 Delta XYZ，如图 16-12 所示。下面分别介绍。

➘ 自由拖动：选择零部件并沿任何方向旋转拖动。

➘ 对于实体：选择一条直线、边线或轴，然后围绕所选实体旋转零部件。

➘ 由 Delta XYZ：在属性管理器中输入旋转 Delta XYZ 的范围，然后单击“应用”按钮，零部件按照指定的数值进行旋转。

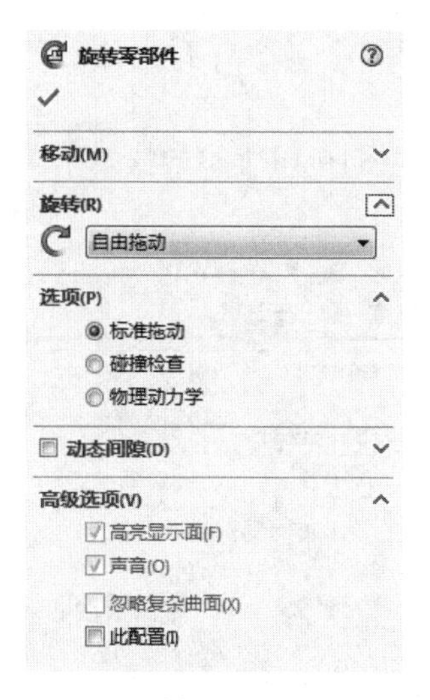

图 16-11 “旋转零部件”属性管理器

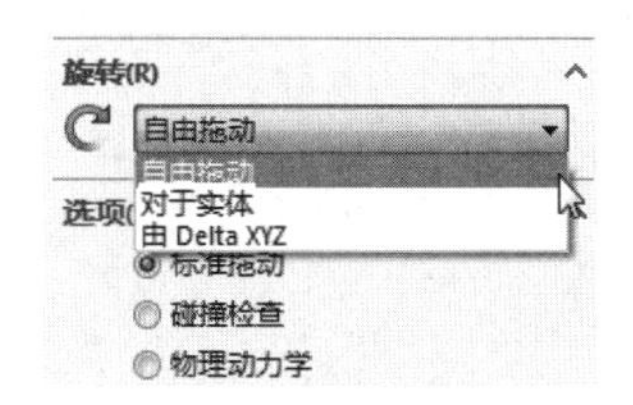

图 16-12 旋转零部件的类型

技巧荟萃：

（1）不能移动或者旋转一个已经固定或者完全定义的零部件。

（2）只能在配合关系允许的自由度范围内移动和选择该零部件。

扫一扫，看视频

16.3 设计方法

设计方法分为自下而上和自上而下两种。在零件的某些特征上、完整零件上或整个装配体上使用自上而下设计方法技术。在实践中，设计师通常使用自上而下设计方法来布局其装配体并捕捉对其装配体特定的自定义零件的关键方面。

16.3.1 自下而上设计方法

自下而上设计法是比较传统的方法。首先设计并创建零件，然后将零件插入装配体，再使用配合来定位零件。如果想更改零件，必须单独编辑零件，更改后的零件在装配体中可见。

自下而上设计对于先前建造、现售的零件或者对于金属器件、皮带轮、马达等标准零部件是优先技术，这些零件不根据设计而更改形状和大小。本书中的装配文件都采用自下而上设计方法。

16.3.2 自上而下设计方法

在自上而下装配设计中，零件的一个或多个特征由装配体中的某项命令定义，如布局草图或另一个零件的几何体。设计意图来自顶层，即装配体，并下移至零件中，因此称为“自上而下”。

可以在关联装配体中生成一个新零件，也可以在关联装配体中生成新的子装配体。

下面介绍在装配体中生成零件的操作步骤。

（1）新创建一个装配体文件。

（2）选择菜单栏中的“插入”→“零部件”→“新零件”命令，在设计树中添加一个新零件，如图16-13所示。

（3）在设计树中的新建零件上单击鼠标右键，弹出如图16-14所示的快捷菜单，选择“编辑”命令，进入零件编辑模式。

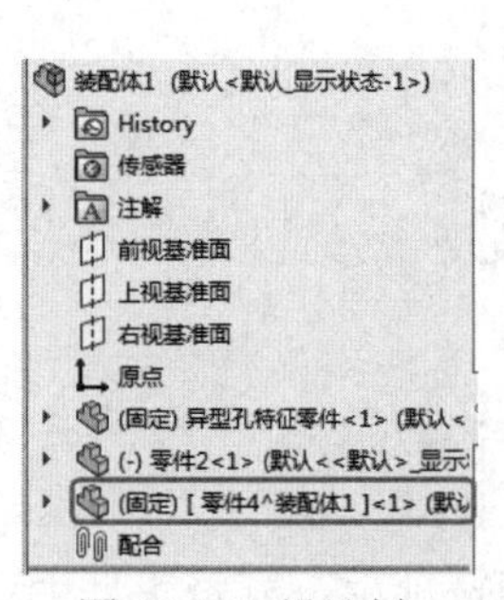

图 16-13　设计树

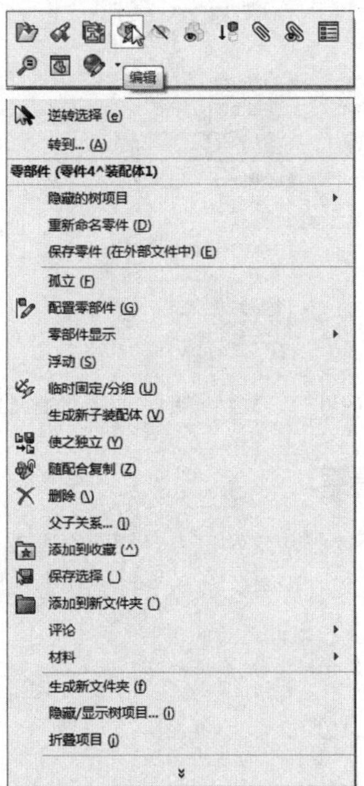

图 16-14　进入零件编辑模式

（4）绘制完零件后，单击右上角的 按钮，返回到装配环境。

16.4　配合关系

扫一扫，看视频

16.4.1　添加配合关系

【执行方式】

- 工具栏：单击“装配体”工具栏中的“配合”按钮。
- 菜单栏：选择“插入”→“配合”命令。
- 控制面板：单击“装配体”控制面板中的“配合”按钮。

使用配合关系，可相对于其他零部件来精确地定位零部件，还可定义零部件如何相对于其他的零部件移动和旋转。只有添加了完整的配合关系，才算完成了装配体模型。

下面介绍为零部件添加配合关系的操作步骤。

【操作步骤】

（1）单击“装配体”控制面板中的“配合”按钮，或选择菜单栏中的“插入”→“配合”命令，系统弹出“配合”属性管理器。

（2）在图形区中的零部件上选择要配合的实体，所选实体会显示在（要配合实体）列表框中，如图 16-15 所示。

图 16-15　“配合”属性管理器

（3）选择所需的对齐条件。

- （同向对齐）：以所选面的法向或轴向的相同方向来放置零部件。
- （反向对齐）：以所选面的法向或轴向的相反方向来放置零部件。

（4）系统会根据所选的实体，列出有效的配合类型。单击对应的配合类型按钮，选择配合类型。

- （重合）：面与面、面与直线（轴）、直线与直线（轴）、点与面、点与直线之间重合。
- （平行）：面与面、面与直线（轴）、直线与直线（轴）、曲线与曲线之间平行。
- （垂直）：面与面、直线（轴）与面之间垂直。
- （同轴心）：圆柱与圆柱、圆柱与圆锥、圆形与圆弧边线之间具有相同的轴。

（5）图形区中的零部件将根据指定的配合关系移动，如果配合不正确，单击“撤销”按钮，然后根据需要修改选项。

（6）单击（确定）按钮，应用配合。

当在装配体中建立配合关系后，配合关系会在 FeatureManager 设计树中以按钮表示。

扫一扫，看视频

16.4.2 删除配合关系

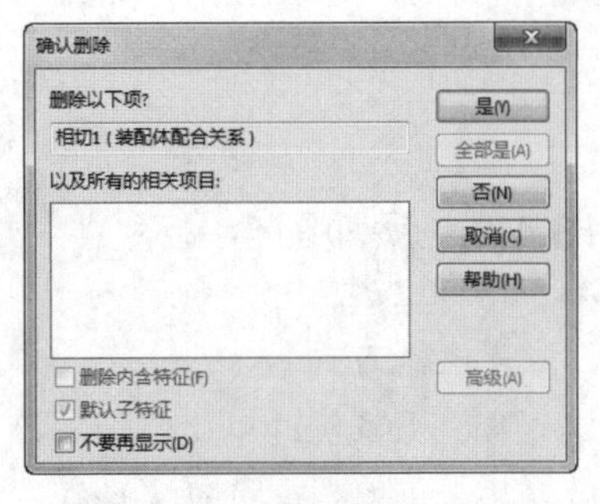

图 16-16 “确认删除”对话框

如果装配体中的某个配合关系有错误，用户可以随时将它从装配体中删除掉。

下面介绍删除配合关系的操作步骤。

（1）在 FeatureManager 设计树中，右击想要删除的配合关系。

（2）在弹出的快捷菜单中选择“删除”命令，或按 Delete 键。

（3）弹出“确认删除”对话框，如图 16-16 所示，单击“是”按钮，以确认删除。

扫一扫，看视频

16.4.3 修改配合关系

用户可以像重新定义特征一样，对已经存在的配合关系进行修改。

下面介绍修改配合关系的操作步骤。

（1）在 FeatureManager 设计树中，右击要修改的配合关系。

（2）在弹出的快捷菜单中单击“编辑定义”按钮。

（3）在弹出的属性管理器中改变所需选项。

（4）如果要替换配合实体，在（要配合实体）列表框中删除原来实体后，重新选择实体。

（5）单击（确定）按钮，完成配合关系的重新定义。

16.5 零件的复制、阵列与镜像

在同一个装配体中可能存在多个相同的零件，在装配时用户可以不必重复地插入零件，而是利用复制、阵列或者镜像的方法，快速完成具有规律性的零件的插入和装配。

扫一扫，看视频

16.5.1 零件的复制

SOLIDWORKS 可以复制已经在装配体文件中存在的零部件，下面结合实例介绍复制零部件的操作步骤。

（1）按住 Ctrl 键，在 FeatureManager 设计树中选择需要复制的零部件，如图 16-17 所示，然后将其拖动到视图中合适的位置，复制后的装配体如图 16-18 所示，复制后的 FeatureManager 设计树如图 16-19 所示。

图 16-17 打开的文件实体

（2）添加相应的配合关系，配合后的装配体如图 16-20 所示。

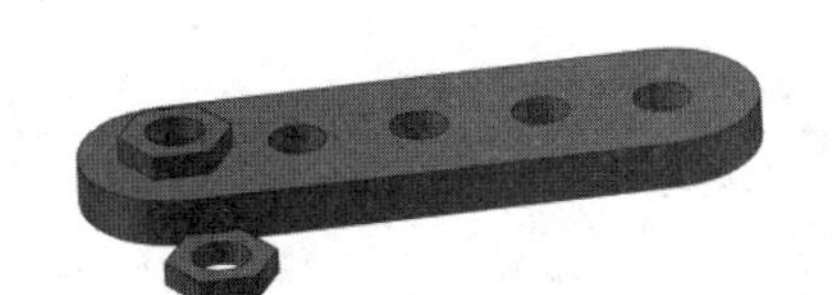

图 16-18　复制后的装配体

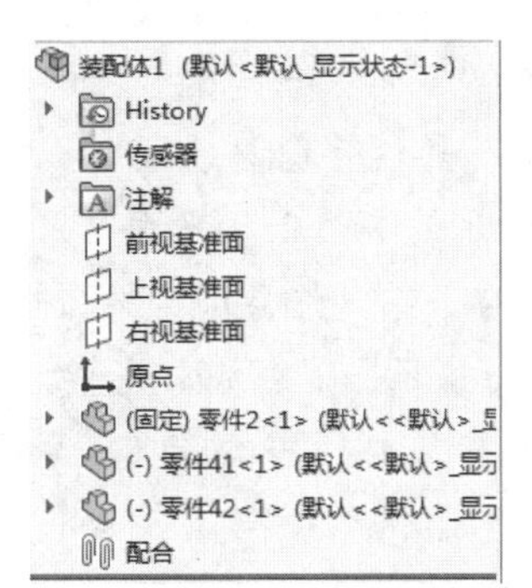

图 16-19　复制后的 FeatureManager 设计树

图 16-20　底座零件

16.5.2　零件的阵列

零件的阵列分为线性阵列和圆周阵列。如果装配体中具有相同的零件，并且这些零件按照线性或者圆周的方式排列，可以使用线性阵列和圆周阵列命令进行操作。下面结合实例介绍线性阵列的操作步骤，其圆周阵列操作与此类似，读者可自行练习。

【执行方式】

- 工具栏：单击“装配体”工具栏中的“线性零部件阵列/圆周零部件阵列”按钮。
- 菜单栏：选择“插入”→“零部件阵列”→“线性零部件阵列/圆周零部件阵列”命令。
- 控制面板：单击“装配体”控制面板中的“线性零部件阵列/圆周零部件阵列”按钮。

线性阵列可以同时阵列一个或者多个零部件，并且阵列出来的零件不需要再添加配合关系，即可完成配合。

（1）选择菜单栏中的“文件”→“新建”命令，创建一个装配体文件。

（2）选择菜单栏中的“插入”→“零部件”→“现有零件/装配体”命令，插入已绘制的名为“底座”文件，并调节视图中零件的方向。底座零件的尺寸如图 16-20 所示。

（3）选择菜单栏中的“插入”→“零部件”→“现有零件/装配体”命令，插入已绘制的名为“圆柱”文件，圆柱零件的尺寸如图 16-21 所示。调节视图中各零件的方向，插入零件后的装配体如图 16-22 所示。

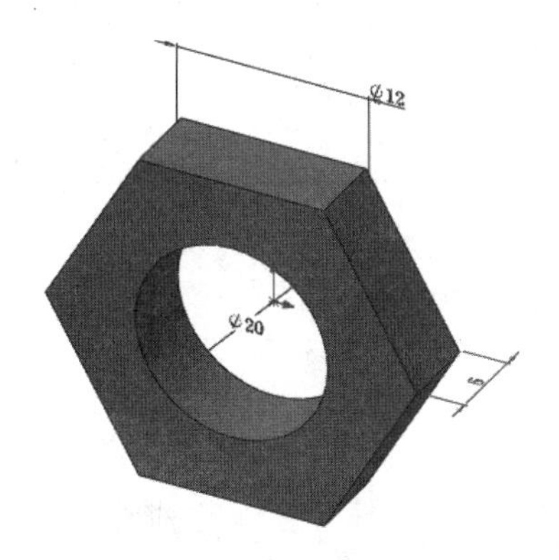

图 16-21　圆柱零件

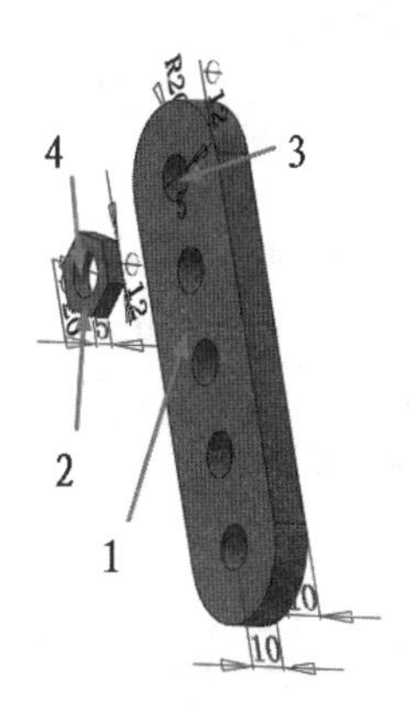

图 16-22　插入零件后的装配体

（4）选择菜单栏中的“工具”→“配合”命令，或者单击“装配体”工具栏中的“配合”按钮，系统弹出“配合”属性管理器。

（5）将如图 16-22 所示的平面 1 和平面 2 添加为“重合”配合关系，将圆柱面 3 和圆柱面 4 添加为“同轴心”配合关系，注意配合的方向。

（6）单击（确定）按钮，配合添加完毕。

（7）单击“标准视图”工具栏中的（等轴测）按钮，将视图以等轴测方向显示。配合后的等轴测视图如图 16-23 所示。

（8）选择菜单栏中的“插入”→“零部件阵列”→“线性阵列”命令，系统弹出“线性阵列”属性管理器。

（9）在“要阵列的零部件”选项组中，选择如图 16-23 所示的圆柱；在“方向 1”选项组的（阵列方向）列表框中，选择如图 16-23 所示的边线 1，注意设置阵列的方向，其他设置如图 16-24 所示。

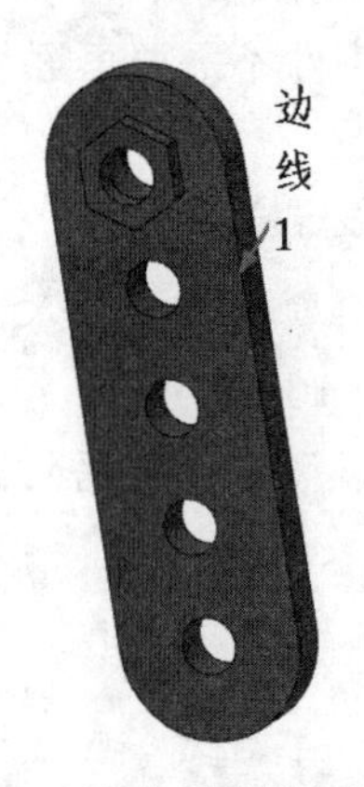

图 16-23　配合后的等轴测视图

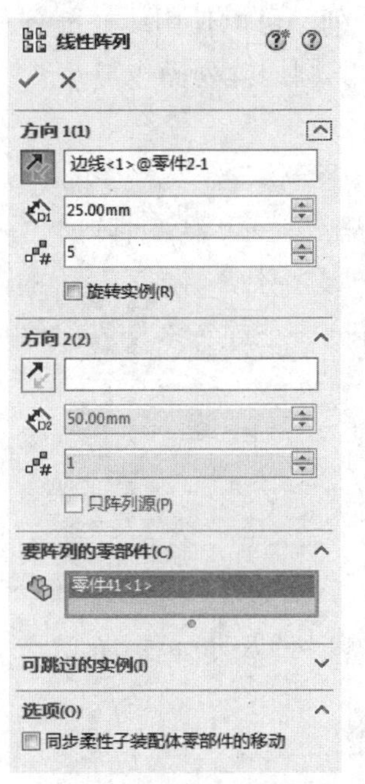

图 16-24　“线性阵列”属性管理器

（10）单击“确定”按钮，完成零件的线性阵列。线性阵列后的图形如图 16-25 所示，此时装配体的 FeatureManager 设计树如图 16-26 所示。

扫一扫，看视频

16.5.3　零件的镜像

【执行方式】

➘ 工具栏：单击“装配体”工具栏“线性零部件阵列”下拉列表中的“镜像零部件”按钮。

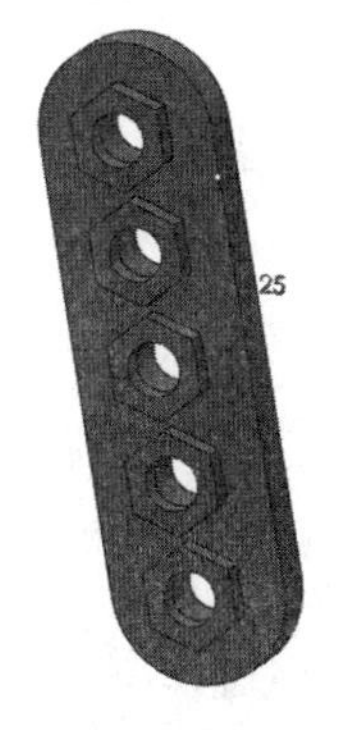

图 16-25　线性阵列

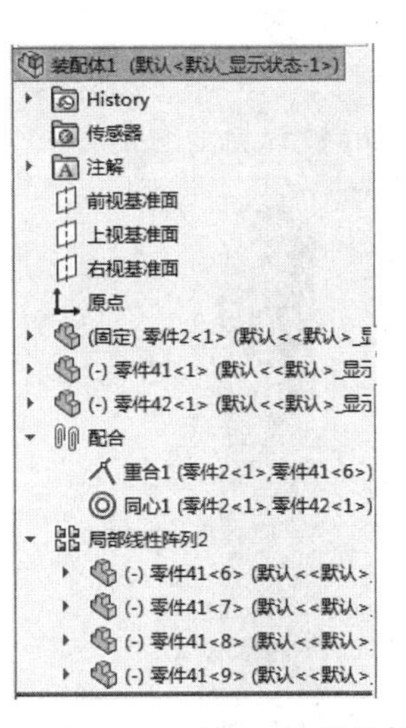

图 16-26　FeatureManager 设计树

➘ 菜单栏：选择“插入”→“镜像零部件”命令。

➘ 控制面板：单击“装配体”控制面板“线性零部件阵列”下拉列表中的“镜像零部件”按钮。

装配体环境中的镜像操作与零件设计环境中的镜像操作类似。在装配体环境中，有相同且对称的零部件时，可以使用镜像零部件操作来完成。

（1）打开零件图，如图 16-25 所示。

（2）选择菜单栏中的“插入”→“镜像零部件”命令，系统弹出“镜像零部件”属性管理器。

（3）在“镜像基准面”列表框中，选择前视基准面；在“要镜像的零部件”列表框中，选择如图 16-25 所示的零件，如图 16-27 所示。单击“下一步”按钮，“镜像零部件”属性管理器如图 16-28 所示。

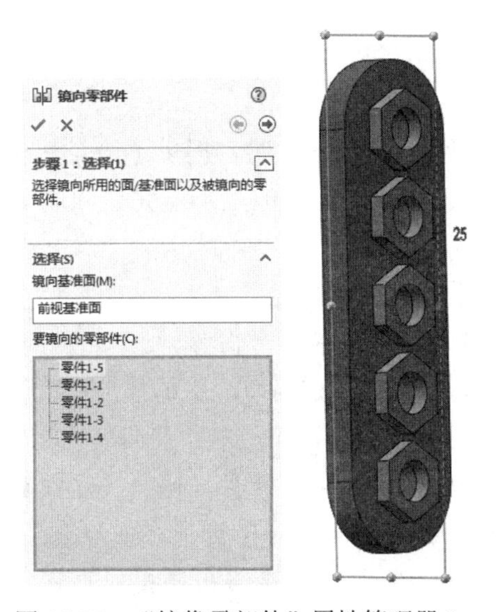

图 16-27　“镜像零部件”属性管理器 1

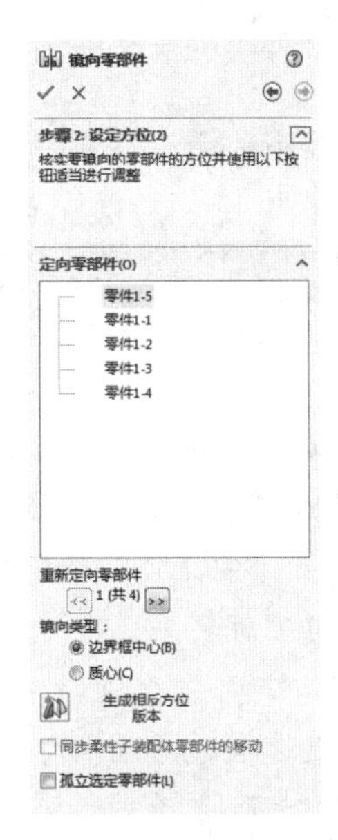

图 16-28　“镜像零部件”属性管理器 2

（4）单击✔（确定）按钮，零件镜像完毕，镜像后的图形如图 16-29 所示。此时装配体文件的 FeatureManager 设计树如图 16-30 所示。

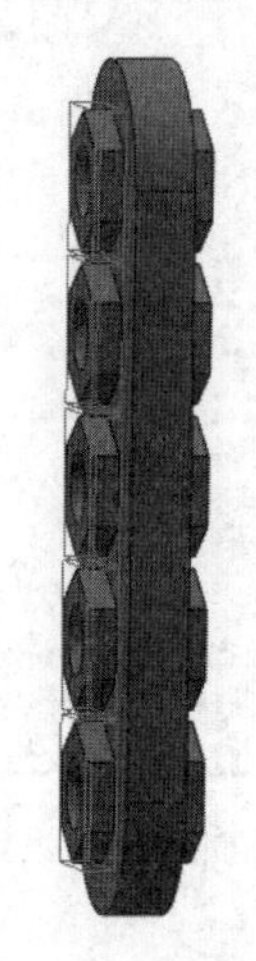

图 16-29　镜像零件

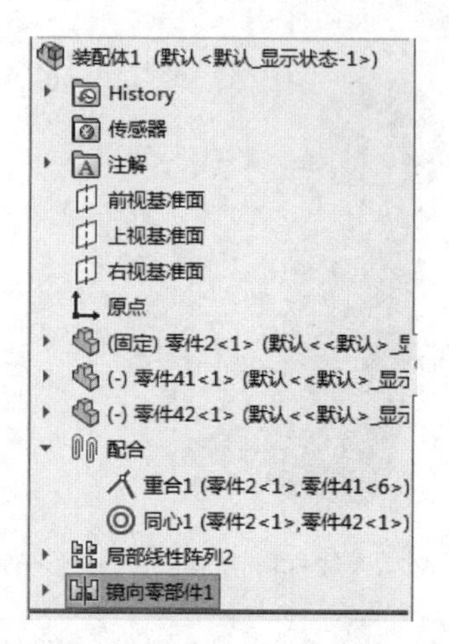

图 16-30　设计树

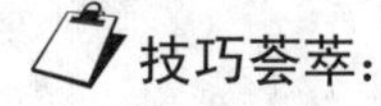

技巧荟萃：

从上面的案例操作步骤可以看出，不但可以对称的镜像原零部件，而且还可以反方向镜像零部件，要灵活应用该命令。

16.6　装配体检查

装配体检查主要包括碰撞测试、动态间隙、体积干涉检查和装配体统计等，用来检查装配体各个零部件装配后装配的正确性、装配信息等。

扫一扫，看视频

16.6.1　碰撞测试

在 SOLIDWORKS 装配体环境中，移动或者旋转零部件时，提供了检查其与其他零部件的碰撞情况。在进行碰撞测试时，零件必须做适当的配合，但是不能完全限制配合，否则零件无法移动。

下面介绍碰撞测试的操作步骤。

（1）两个撞块与撞击台添加配合，使撞块只能在边线 3 方向移动。

（2）单击“装配体”控制面板中的“移动零部件”按钮，系统弹出“移动零部件”属性管理器或者“旋转零部件”属性管理器。

（3）在“选项”选项组中选中“碰撞检查”和“所有零部件之间”单选按钮，勾选“碰撞时停止”复选框，则碰撞时零件会停止运动；在“高级选项”选项组中勾选“亮显显示面”复选框和“声音”复选框，则碰撞时零件会亮显并且计算机会发出碰撞的声音。碰撞设置如

图 16-31 所示。

（4）拖动如图 16-32 所示的零件 2 向零件 1 移动，在碰撞零件 1 时，零件 2 会停止运动，并且零件 2 会亮显。碰撞检查时的装配体如图 16-33 所示。

物理动力是碰撞检查中的一个选项，勾选“物理动力学”复选框时，等同于向被撞零部件施加一个碰撞力。

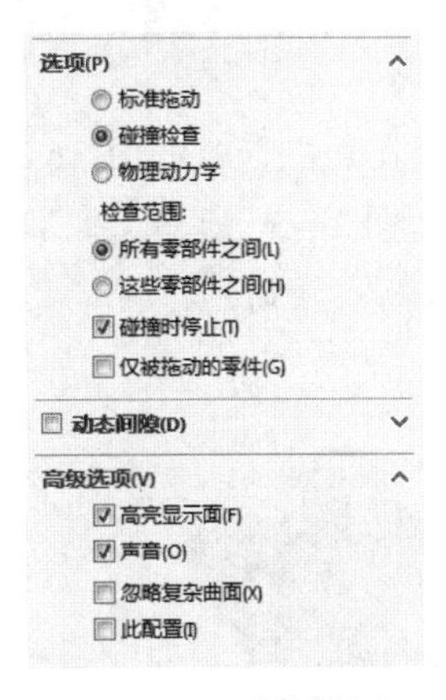

图 16-31　碰撞设置

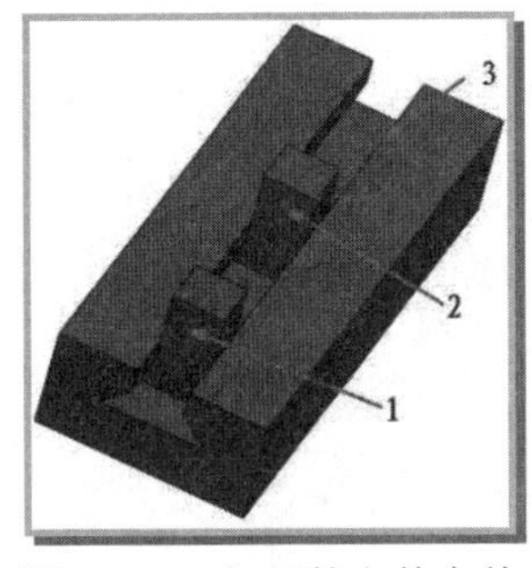

图 16-32　打开的文件实体

图 16-33　碰撞检查时的装配体

（5）在“移动零部件”属性管理器或者“旋转零部件”属性管理器的“选项”选项组中选中“物理动力学”和“所有零部件之间”单选按钮，用“敏感度”工具条可以调节施加的力；在“高级选项”选项组中勾选“高亮显示面”和“声音”复选框，则碰撞时零件会亮显并且计算机会发出碰撞的声音。物理动力设置如图 16-34 所示。

（6）拖动如图 16-32 所示的零件 2 向零件 1 移动，在碰撞零件 1 时，零件 1 和 2 会以给定的力一起向前运动。物理动力检查时的装配体如图 16-35 所示。

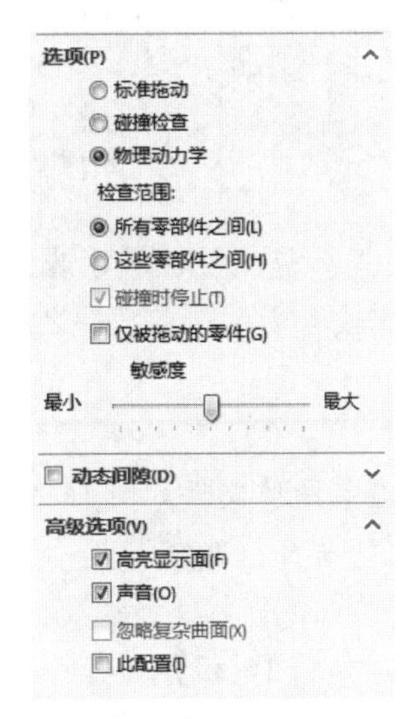

图 16-34　物理动力设置

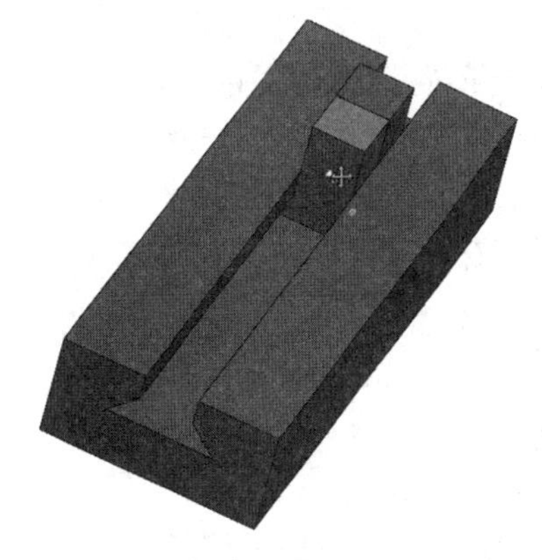

图 16-35　物理动力检查时的装配体

扫一扫，看视频

16.6.2 动态间隙

动态间隙用于在零部件移动过程中，动态显示两个零部件间的距离。

下面介绍动态间隙的操作步骤。

（1）打开装配体，如图 16-32 所示。

（2）单击“装配体”控制面板中的“移动零部件”按钮，系统弹出“移动零部件”属性管理器。

（3）勾选“动态间隙”复选框，在（所选零部件几何体）列表框中选择如图 16-32 所示的撞块 1 和撞块 2，然后单击“恢复拖动”按钮。动态间隙设置如图 16-36 所示。

（4）拖动如图 16-32 所示的零件 2 移动，则两个撞块之间的距离会实时地改变。动态间隙图形如图 16-37 所示。

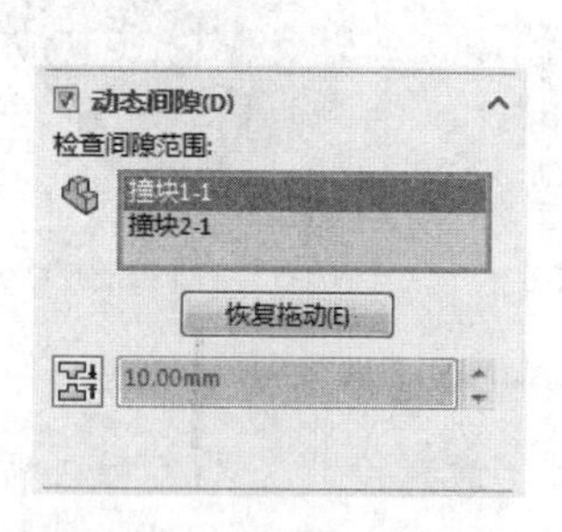

图 16-36　动态间隙设置

图 16-37　动态间隙图形

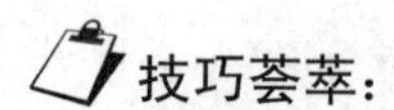

设置动态间隙时，在（指定间隙停止）文本框中输入的值用于确定两零件之间停止的距离。当两零件之间的距离为该值时，零件就会停止运动。

扫一扫，看视频

16.6.3 体积干涉检查

在一个复杂的装配体文件中，直接判别零部件是否发生干涉是一件比较困难的事情。SOLIDWORKS 提供了体积干涉检查工具，利用该工具可以比较容易地在零部件之间进行干涉检查，并且可以查看发生干涉的体积。

下面介绍体积干涉检查的操作步骤。

（1）打开装配体，调节两个撞块相互重合。体积干涉检查装配体文件如图 16-38 所示。

（2）选择菜单栏中的“工具”→“评估”→“干涉检查”命令，系统弹出“干涉检查”属性管理器。

（3）勾选“视重合为干涉”复选框，单击“计算”按钮，如图 16-39 所示。

（4）干涉检查结果出现在“结果”选项组中，如图 16-40 所示。在“结果”选项组中，不但显示干涉的体积，而且还显示干涉的数量以及干涉的个数等信息。

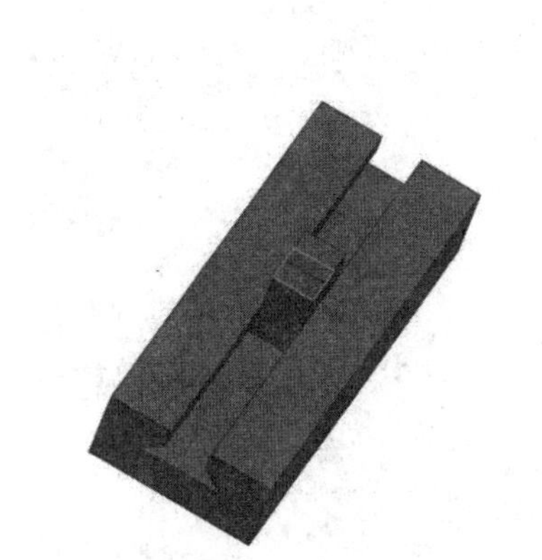

图 16-38 体积干涉检查装配体文件

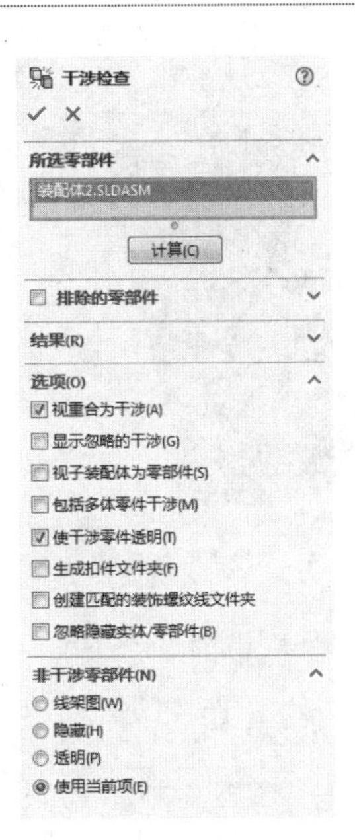

图 16-39 “干涉检查”属性管理器

（a）

（b）

图 16-40 干涉检查结果

16.6.4 装配体统计

扫一扫，看视频

SOLIDWORKS 提供了对装配体进行统计报告的功能，即装配体统计。通过装配体统计，可以生成一个装配体文件的统计资料。

下面介绍装配体统计的操作步骤。

（1）打开文件实体，如图 16-41 所示。装配体的 FeatureManager 设计树如图 16-42 所示。

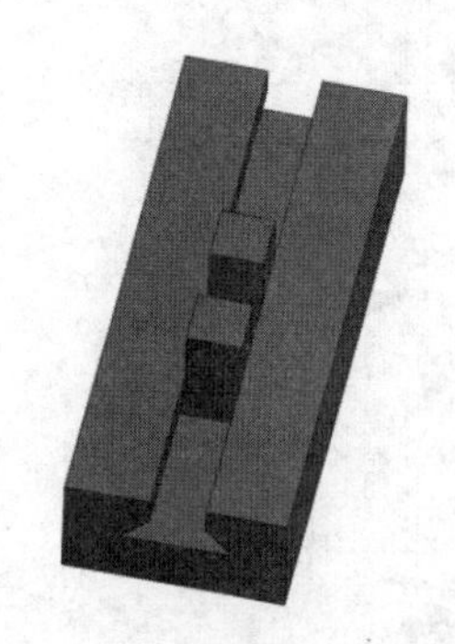

图 16-41　打开的文件实体

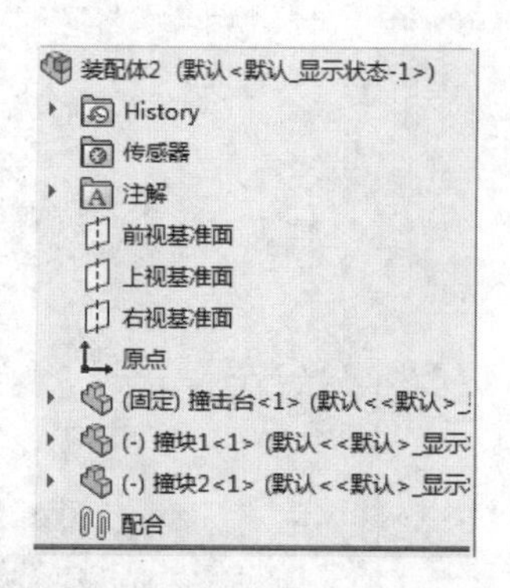

图 16-42　FeatureManager 设计树

（2）选择菜单栏中的“工具”→“评估”→“性能评估”命令，系统弹出“性能评估-装配体”对话框，如图 16-43 所示。

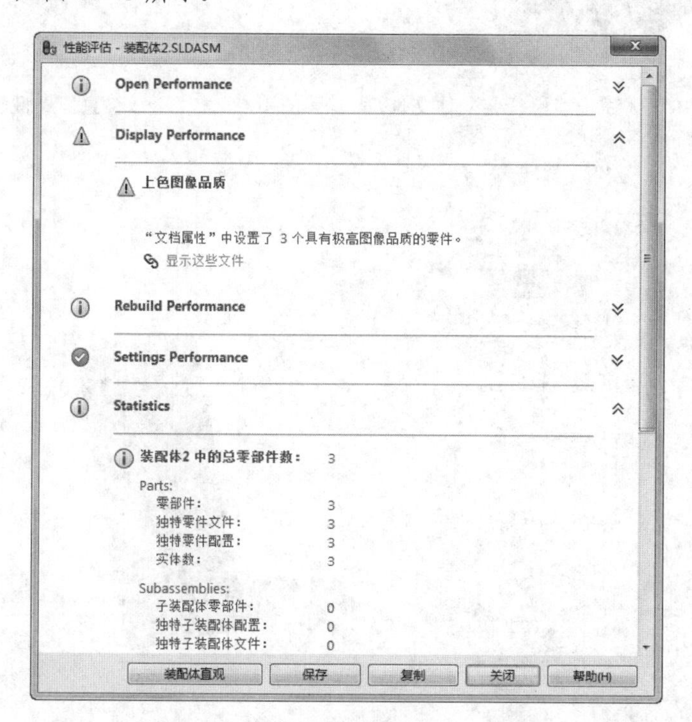

图 16-43　“性能评估-装配体”对话框

（3）单击“性能评估-装配体”对话框中的“关闭”按钮，关闭该对话框。

从“性能评估-装配体”对话框中，可以查看装配体文件的统计资料。对话框中各项的意义如下。

- 零部件：统计的零件数包括装配体中所有的零件，无论是否被压缩，但是被压缩的子装配体的零部件不包括在统计中。
- 子装配体：统计装配体文件中包含的子装配体个数。
- 还原零部件：统计装配体文件处于还原状态的零部件个数。

- 压缩零部件：统计装配体文件处于压缩状态的零部件个数。
- 顶层配合：统计最高层装配体文件中所包含的配合关系个数。

16.7　爆炸视图

在零部件装配体完成后，为了在制造、维修及销售中直观地分析各个零部件之间的相互关系，将装配图按照零部件的配合条件来产生爆炸视图。装配体爆炸以后，用户不可以对装配体添加新的配合关系。

扫一扫，看视频

16.7.1　生成爆炸视图

【执行方式】

- 工具栏：单击“装配体”工具栏中的“爆炸视图”按钮。
- 菜单栏：选择“插入”→“爆炸视图”命令。
- 控制面板：单击“装配体”控制面板中的“爆炸视图”按钮。

利用爆炸视图可以很形象地查看装配体中各个零部件的配合关系，它也常称为系统立体图。爆炸视图通常用于介绍零件的组装流程、仪器的操作手册及产品使用说明书中。

下面介绍爆炸视图的操作步骤。

（1）打开的文件实体如图 16-44 所示。

（2）选择菜单栏中的“插入”→“爆炸视图”命令，系统弹出“爆炸”属性管理器。

（3）在“设定”选项组的（爆炸步骤零部件）列表框中，单击如图 16-44 所示的“底座”零件，此时装配体中被选中的零件被亮显，并且出现一个设置移动方向的坐标。选择零件后的装配体如图 16-45 所示。

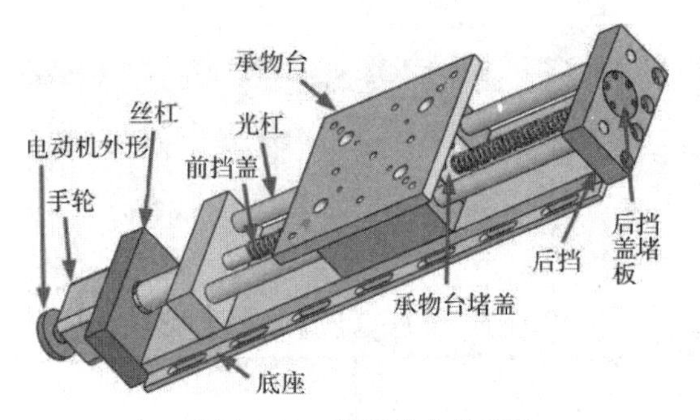

图 16-44　打开的文件实体

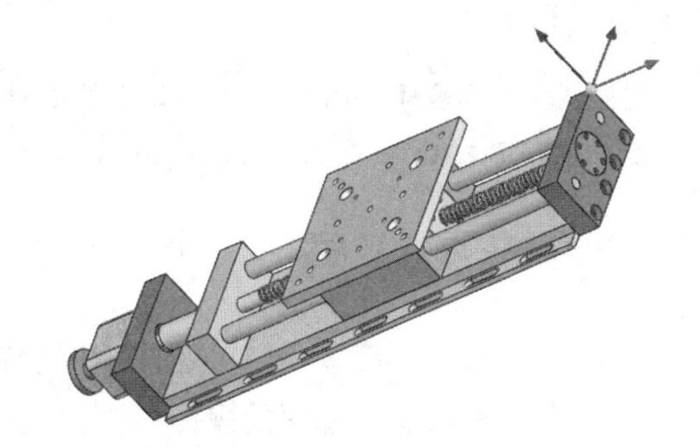

图 16-45　选择零件后的装配体

（4）单击如图 16-45 所示的坐标的某一方向，确定要爆炸的方向，然后在“设定”选项组的（爆炸距离）文本框中输入爆炸的距离值，如图 16-46 所示。

（5）在“设定”选项组中，单击（反向）按钮，反方向调整爆炸视图，单击“应用”按钮，观测视图中预览的爆炸效果。单击“完成”按钮，第一个零件爆炸完成。第一个爆炸零件视图如图 16-47 所示，并且在“爆炸步骤”选项组中生成“爆炸步骤 1”，如图 16-48 所示。

图 16-46 “设定”选项组的设置

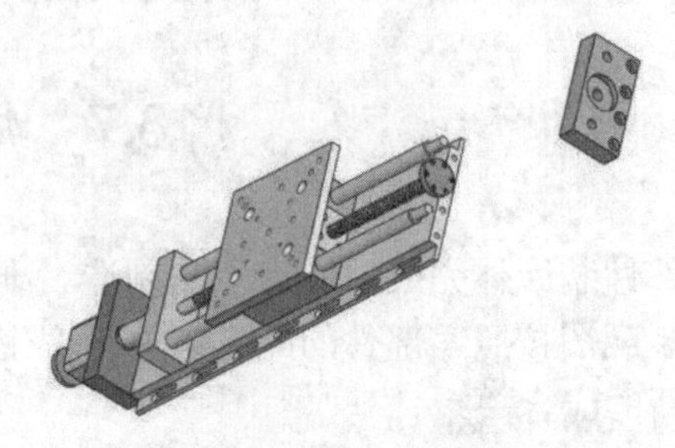

图 16-47 第一个爆炸零件视图

（6）重复步骤 3 ~ 5，将其他零部件爆炸，最终生成的爆炸视图如图 16-49 所示，共有 9 个爆炸步骤。

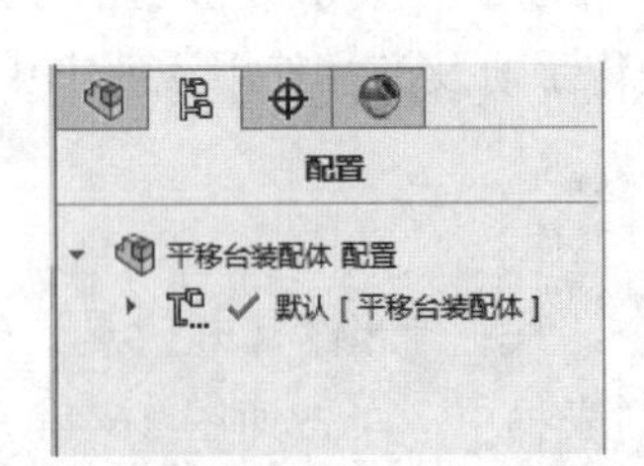

图 16-48 生成的爆炸步骤 1

图 16-49 最终爆炸视图

技巧荟萃：

在生成爆炸视图时，建议对每一个零件在每一个方向上的爆炸设置为一个爆炸步骤。如果一个零件需要在 3 个方向上爆炸，建议使用 3 个爆炸步骤，这样可以很方便地修改爆炸视图。

16.7.2 编辑爆炸视图

装配体爆炸后，可以利用“爆炸”属性管理器进行编辑，也可以添加新的爆炸步骤。

下面介绍编辑爆炸视图的操作步骤。

（1）打开爆炸后的“平移台”装配体文件，如图 16-49 所示。

（2）选择菜单栏中的“插入”→“爆炸视图”命令，系统弹出“爆炸”属性管理器。

（3）右击“爆炸步骤”选项组中的“爆炸步骤 1”，在弹出的快捷菜单中选择“编辑步骤”命令，此时“爆炸步骤 1”的爆炸设置显示在“设定”选项组中。

（4）修改“设定”选项组中的距离参数，或者拖动视图中要爆炸的零部件，然后单击“完成”按钮，即可完成对爆炸视图的修改。

（5）在“爆炸步骤 1”的右键快捷菜单中选择“删除”命令，该爆炸步骤就会被删除，零部件恢复爆炸前的配合状态。删除爆炸步骤 1 后的视图如图 16-50 所示。

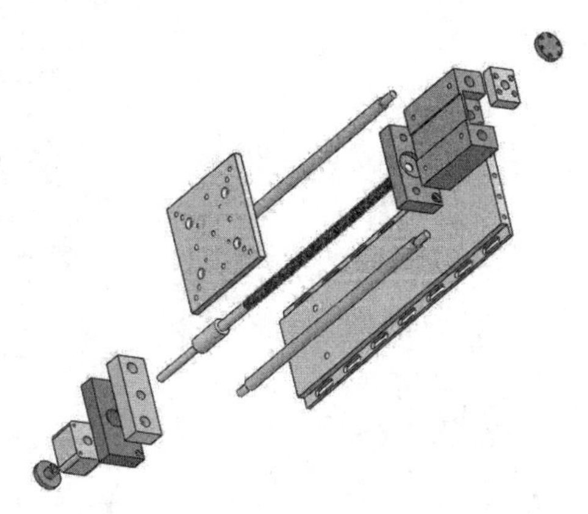

图 16-50　删除爆炸步骤 1 后的视图

16.8　装配体的简化

在实际设计过程中，一个完整的机械产品的总装配图是很复杂的，通常由许多的零件组成。SOLIDWORKS 提供了多种简化的手段，通常使用的是改变零部件的显示属性以及改变零部件的压缩状态来简化复杂的装配体。SOLIDWORKS 中的零部件有两种显示状态。

- （隐藏）：仅隐藏所选零部件在装配图中的显示。
- （压缩）：装配体中的零部件不被显示，并且可以减少工作时装入和计算的数据量。

扫一扫，看视频

16.8.1　零部件显示状态的切换

零部件有显示和隐藏两种状态。通过设置装配体文件中零部件的显示状态，可以将装配体文件中暂时不需要修改的零部件隐藏起来。零部件的显示和隐藏不影响零部件的本身，只是改变在装配体中的显示状态。

切换零部件显示状态常用的有 3 种方法，下面分别介绍。

（1）快捷菜单方式。在 FeatureManager 设计树或者图形区中，单击要隐藏的零部件，在弹出的左键快捷菜单中单击“隐藏零部件”按钮，如图 16-51 所示。如果要显示隐藏的零部件，则右击图形区，在弹出的右键快捷菜单中选择“显示隐藏的零部件”命令，如图 16-52 所示。

（2）工具栏方式。在 FeatureManager 设计树或者图形区中，选择需要隐藏或者显示的零部件，然后单击“装配体”控制面板中的“显示隐藏的零部件”按钮，即可实现零部件的显示状态。

（3）菜单方式。在 FeatureManager 设计树或者图形区中，选择需要隐藏的零部件，然后选择菜单栏中的“编辑”→“隐藏”→“当前显示状态”命令，将所选零部件切换到隐藏状态。选择需要显示的零部件，然后选择菜单栏中的“编辑”→“显示”→“当前显示状态”

命令，将所选的零部件切换到显示状态。

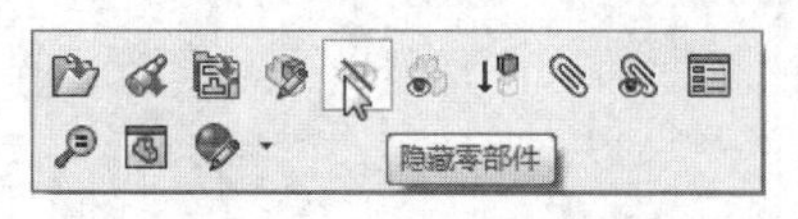

图 16-51　左键快捷菜单

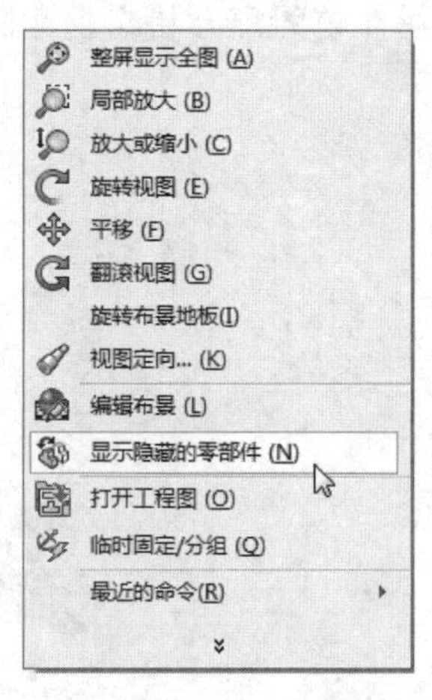

图 16-52　右键快捷菜单

如图 16-53 所示为平移台装配体图形，如图 16-54 所示为平移台的 FeatureManager 设计树，如图 16-55 所示为隐藏底座零件后的装配体图形，如图 16-56 所示为隐藏零件后的 FeatureManager 设计树。

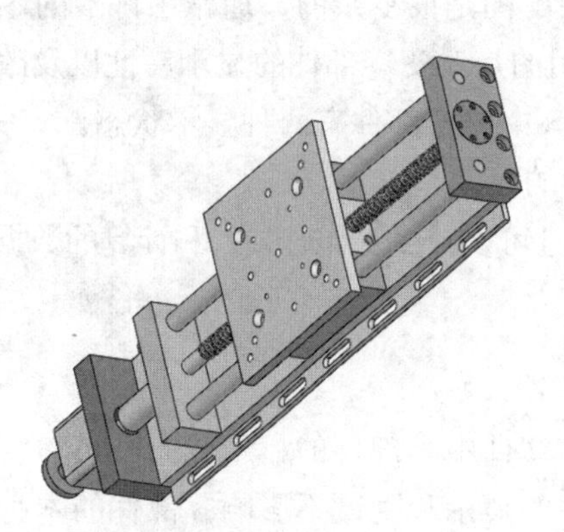

图 16-53　平移台装配体图形

图 16-54　平移台的 FeatureManager 设计树

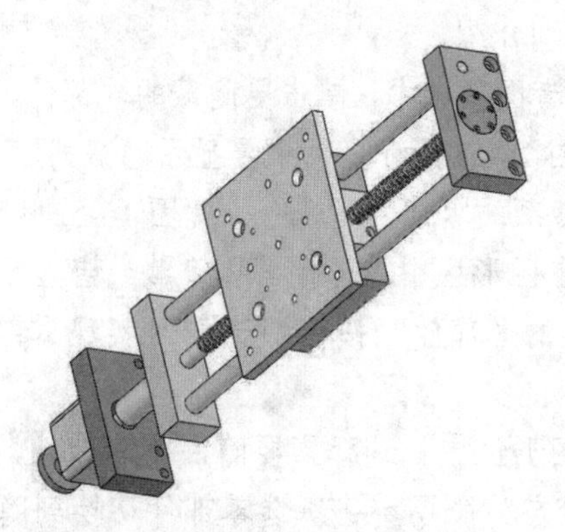

图 16-55　隐藏底座后的装配体图形

图 16-56　隐藏零件后的 FeatureManager 设计树

16.8.2　零部件压缩状态的切换

在某段设计时间内，可以将某些零部件设置为压缩状态，这样可以减少工作时装入和计算的数据量。装配体的显示和重建会更快，可以更有效地利用系统资源。

装配体零部件共有还原、压缩两种压缩状态，下面分别介绍。

1．还原

还原是使装配体中的零部件处于正常显示状态，还原的零部件会完全装入内存，可以使用所有功能并可以完全访问。

常用设置还原状态的操作步骤是使用左键快捷菜单，具体操作步骤如下。

（1）在 FeatureManager 设计树中，单击被轻化或者压缩的零件，系统弹出左键快捷菜单，单击“解除压缩”按钮。

（2）在 FeatureManager 设计树中，右击被轻化的零件，在系统弹出的右键快捷菜单中选择“设定为还原”命令，则所选的零部件将处于正常的显示状态。

2．压缩

压缩命令可以使零件暂时从装配体中消失。处于压缩状态的零件不再装入内存，所以装入速度、重建模型速度及显示性能均有提高，减少了装配体的复杂程度，提高了计算机的运行速度。

被压缩的零部件不等同于该零部件被删除，它的相关数据仍然保存在内存中，只是不参与运算而已，它可以通过设置很方便地调入装配体中。

被压缩零部件包含的配合关系也被压缩。因此，装配体中的零部件位置可能变为欠定义。当恢复零部件显示时，配合关系可能会发生矛盾，因此在生成模型时，要小心使用压缩状态。

常用设置压缩状态的操作步骤是使用右键快捷菜单，在 FeatureManager 设计树或者图形区中，右击需要压缩的零件，在系统弹出的右键快捷菜单中单击（压缩）按钮，则所选的零部件将处于压缩状态。

16.9　综合实例——机械臂装配

本例创建的机械臂装配如图 16-57 所示。

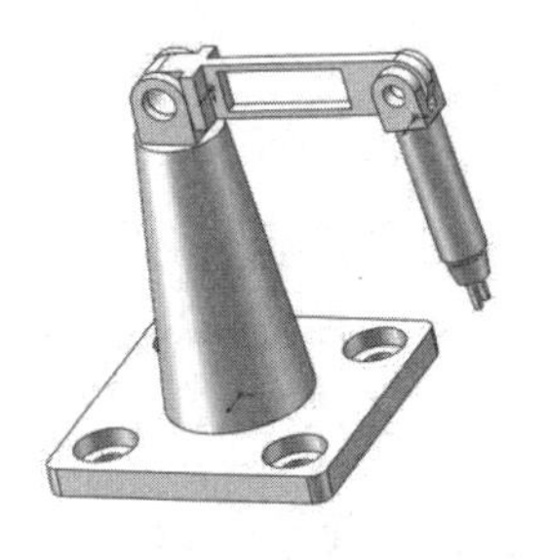

图 16-57　机械臂装配

思路分析：

首先导入基座定位，然后插入大臂并装配，再插入小臂并装配，最后将零件旋转到适当角度。绘制的流程图如图 16-58 所示。

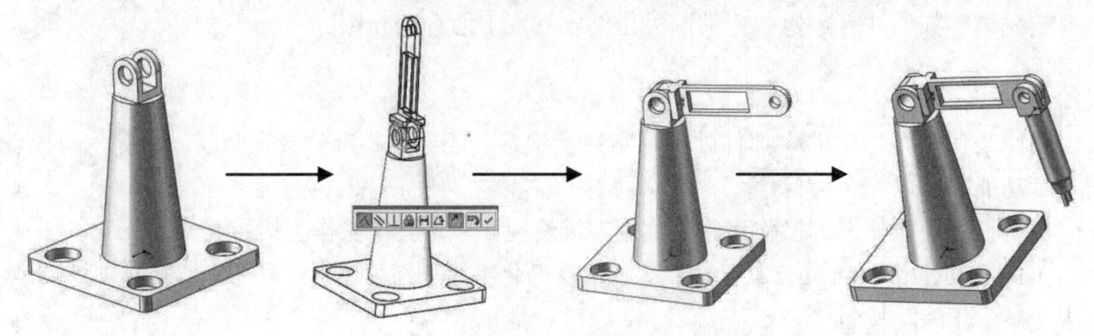

图 16-58　流程图

操作步骤

（1）启动 SOLIDWORKS 2018，单击“标准”工具栏中的“新建”按钮，或选择“文件”→“新建”命令，在弹出的“新建 SOLIDWORKS 文件”对话框中单击“装配体”按钮，如图 16-59 所示。然后单击“确定”按钮，创建一个新的装配文件，系统弹出“开始装配体”属性管理器，如图 16-60 所示。

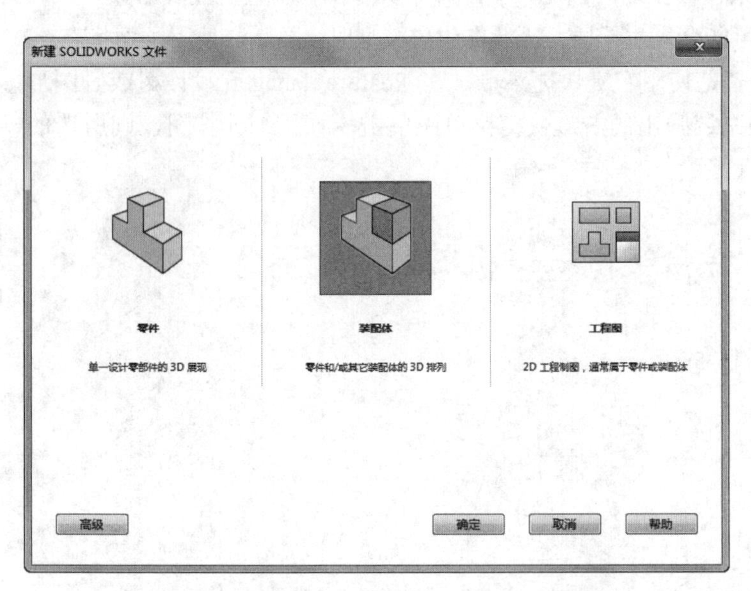

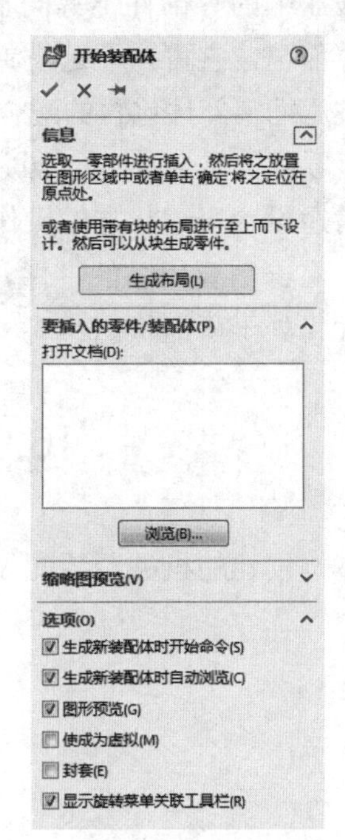

图 16-59　“新建 SOLIDWORKS 文件”对话框　　　　图 16-60　“开始装配体”属性管理器

（2）定位基座。单击“开始装配体”属性管理器中的“浏览”按钮，系统弹出“打开”对话框，选择已创建的“基座”零件，这时对话框的浏览区中将显示零件的预览结果，如

图 16-61 所示。在“打开”对话框中单击“打开”按钮，系统进入装配界面，光标变为形状，选择菜单栏中的“视图”→“隐藏/显示”→“原点”命令，显示坐标原点，将光标移动至原点位置，光标变为形状，如图 16-62 所示，在目标位置单击将基座放入装配界面中，如图 16-63 所示。

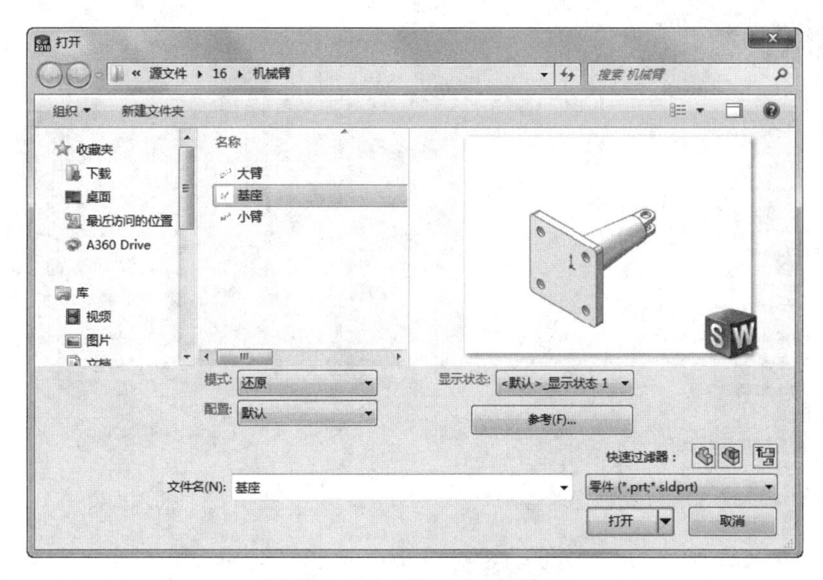

图 16-61 “打开”对话框

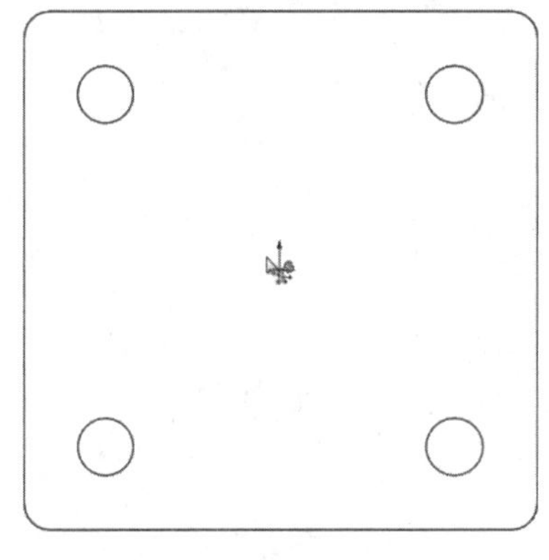

图 16-62 定位原点

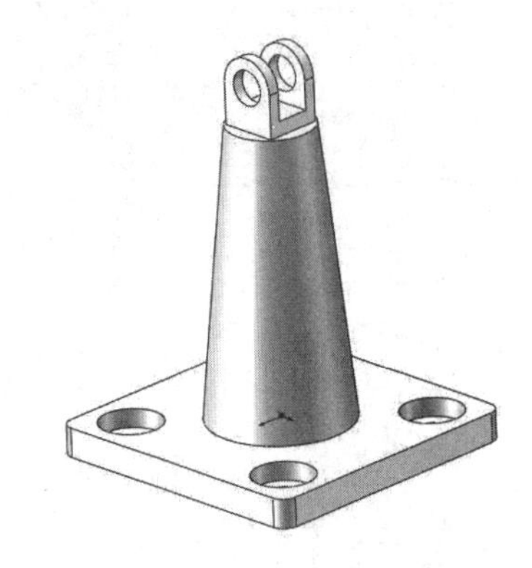

图 16-63 插入基座

（3）插入大臂。单击“装配体”控制面板中的“插入零部件”按钮，弹出如图 16-64 所示的“插入零部件”属性管理器，单击“浏览”按钮，在弹出的“打开”对话框中选择“大臂”，将其插入到装配界面中，如图 16-65 所示。

（4）添加装配关系。单击“装配体”控制面板中的“配合”按钮，系统弹出“配合”属性管理器，如图 16-66 所示。选择图 16-67 所示的配合面，在“配合”属性管理器中单击“同轴心”按钮，添加“同轴心”关系，单击“确定”按钮。选择如图 16-67 所示的配合面，在“配合”属性管理器中单击“重合”按钮，添加“重合”关系，单击“确定”按钮。拖动大臂旋转到适当位置，如图 16-68 所示。

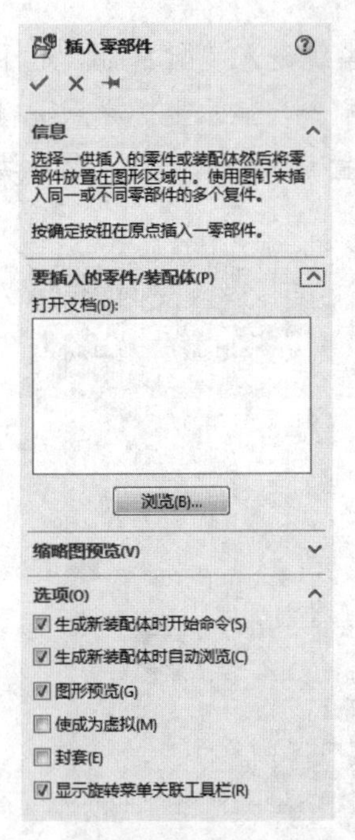

图 16-64　“插入零部件”属性管理器

图 16-65　插入大臂

图 16-66　“配合”属性管理器

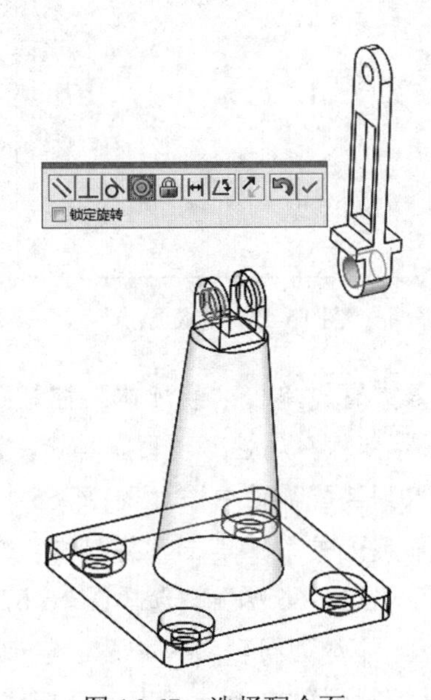

图 16-67　选择配合面

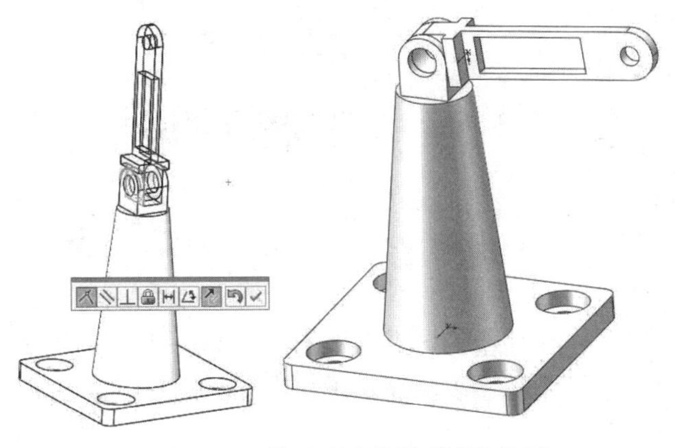

图 16-68　拖动大臂旋转到适当位置

（5）插入小臂。单击“装配体”控制面板中的“插入零部件”按钮，弹出“插入零部件”属性管理器，单击“浏览”按钮，在弹出的“打开”对话框中选择“小臂”，将其插入到装配界面中，如图 16-69 所示。

（6）添加装配关系。单击“装配体”控制面板中的“配合”按钮，系统弹出“配合”属性管理器，如图 16-66 所示。选择图 16-70 所示的配合面，在“配合”属性管理器中单击“同轴心”按钮，添加“同轴心”关系，单击“确定”按钮。选择如图 16-71 所示的配合面，在“配合”属性管理器中单击“重合”按钮，添加“重合”关系，单击“确定”按钮。拖动小臂旋转到适当位置，如图 16-72 所示。

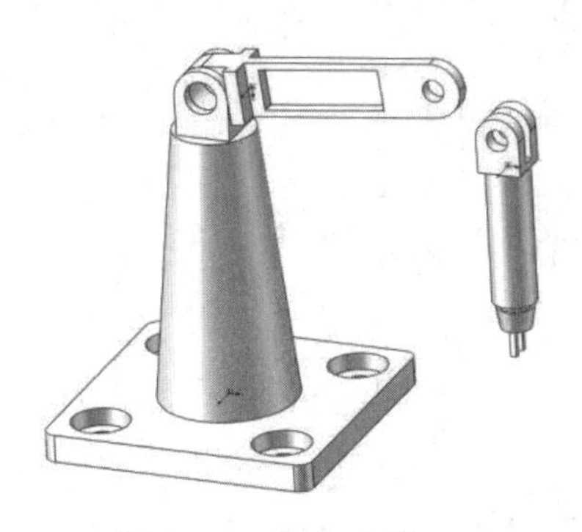

图 16-69　插入小臂

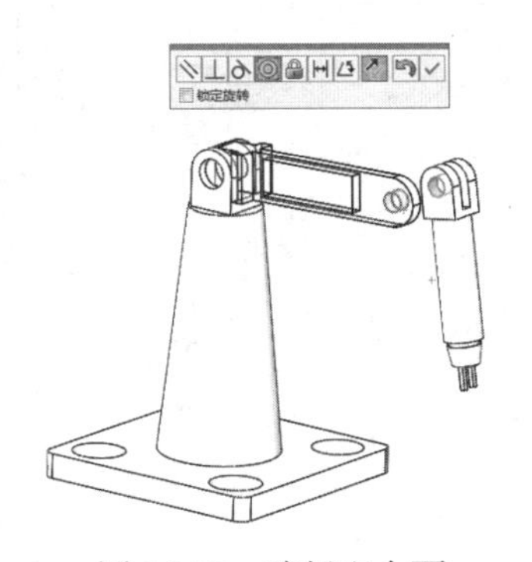

图 16-70　选择配合面

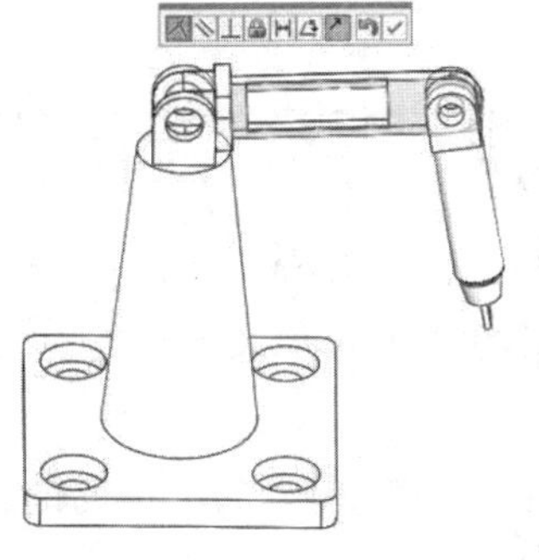

图 16-71　选择配合面

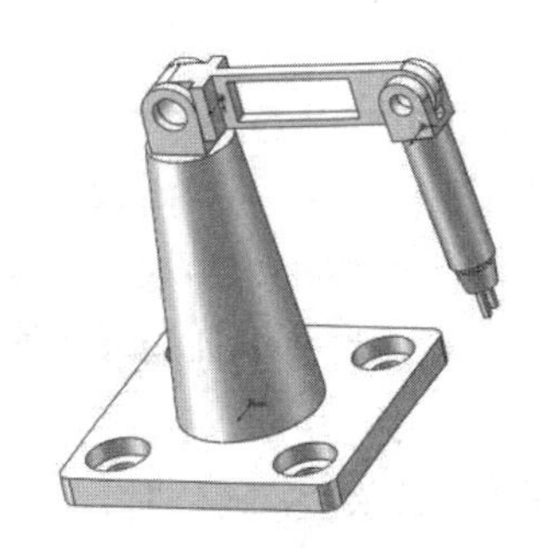

图 16-72　配合结果

第 17 章　工程图设计

内容简介

SOLIDWORKS 提供了生成完整的详细工程图的工具。本章将为读者介绍工程图的绘制方法、图纸格式定义、绘制模型视图以及编辑工程视图的方法，以便读者能够熟练掌握工程图的应用。

内容要点

- 工程图的绘制方法
- 定义图纸格式
- 模型视图的绘制
- 编辑工程视图

案例效果

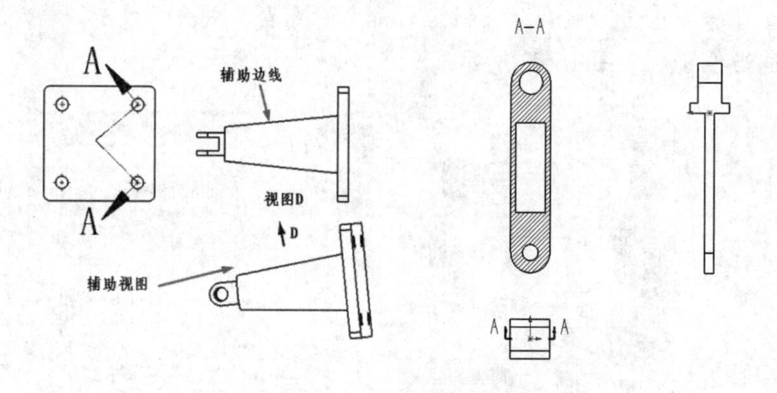

扫一扫，看视频

17.1　工程图的绘制方法

默认情况下，SOLIDWORKS 系统在工程图和零件或装配体三维模型之间提供全相关的功能，全相关意味着无论什么时候修改零件或装配体的三维模型，所有相关的工程视图将自动更新，以反映零件或装配体的形状和尺寸变化；反之，当在一个工程图中修改一个零件或装配体尺寸时，系统也将自动地将相关的其他工程视图及三维零件或装配体中的相应尺寸加以更新。

在安装 SOLIDWORKS 软件时，可以设定工程图与三维模型间的单向链接关系，这样当在工程图中对尺寸进行了修改时，三维模型并不更新。如果要改变此选项的话，只有再重新安装一次软件。

此外，SOLIDWORKS 系统提供多种类型的图形文件输出格式，包括最常用的 DWG 和 DXF 格式以及其他几种常用的标准格式。

工程图包含一个或多个由零件或装配体生成的视图。在生成工程图之前，必须先保存与它有关的零件或装配体的三维模型。

下面介绍创建工程图的操作步骤。

（1）单击“标准”工具栏中的“新建”按钮，或选择菜单栏中的“文件”→“新建”命令。

（2）在弹出的“新建 SOLIDWORKS 文件”对话框中单击“工程图”按钮，如图 17-1 所示。

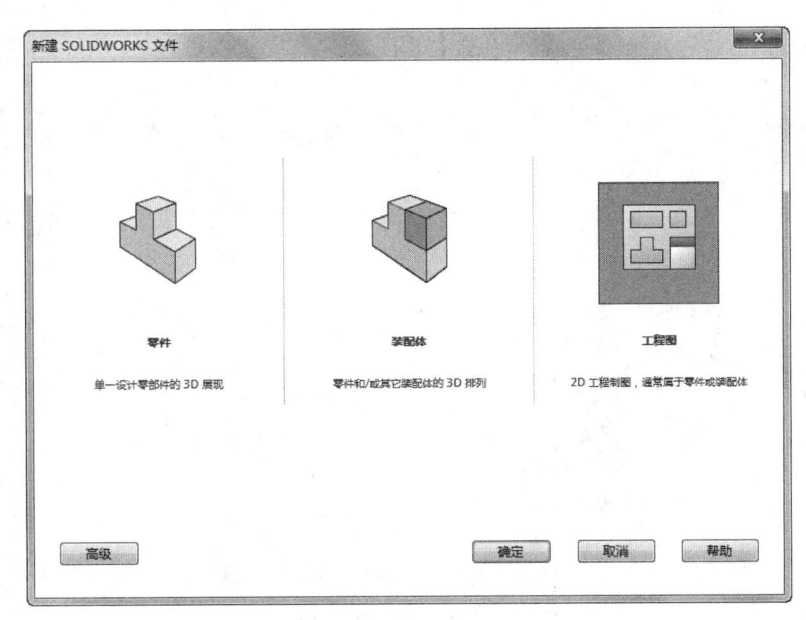

图 17-1　“新建 SOLIDWORKS 文件”对话框

（3）单击“确定”按钮，关闭该对话框。

（4）在弹出的“图纸格式/大小”对话框中，选择图纸格式，如图 17-2 所示。

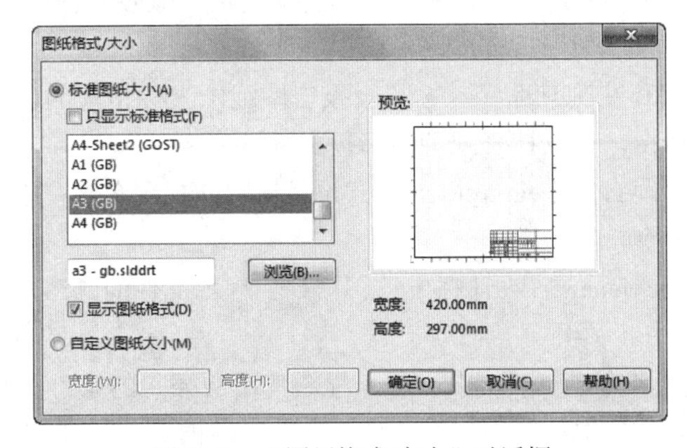

图 17-2　“图纸格式/大小”对话框

➘ 标准图纸大小：在列表框中选择一个标准图纸大小的图纸格式。

➘ 自定义图纸大小：在“宽度”和“高度”文本框中设置图纸的大小。

如果要选择已有的图纸格式，则单击“浏览”按钮导航到所需的图纸格式文件。

（5）在“图纸格式/大小”对话框中单击“确定”按钮，进入工程图编辑状态。

工程图窗口中也包括FeatureManager设计树，它与零件和装配体窗口中的FeatureManager设计树相似，包括项目层次关系的清单。每张图纸有一个图标，每张图纸下有图纸格式和每个视图的图标。项目图标旁边的符号 ⊞ 表示它包含相关的项目，单击它将展开所有的项目并显示其内容。工程图窗口如图 17-3 所示。

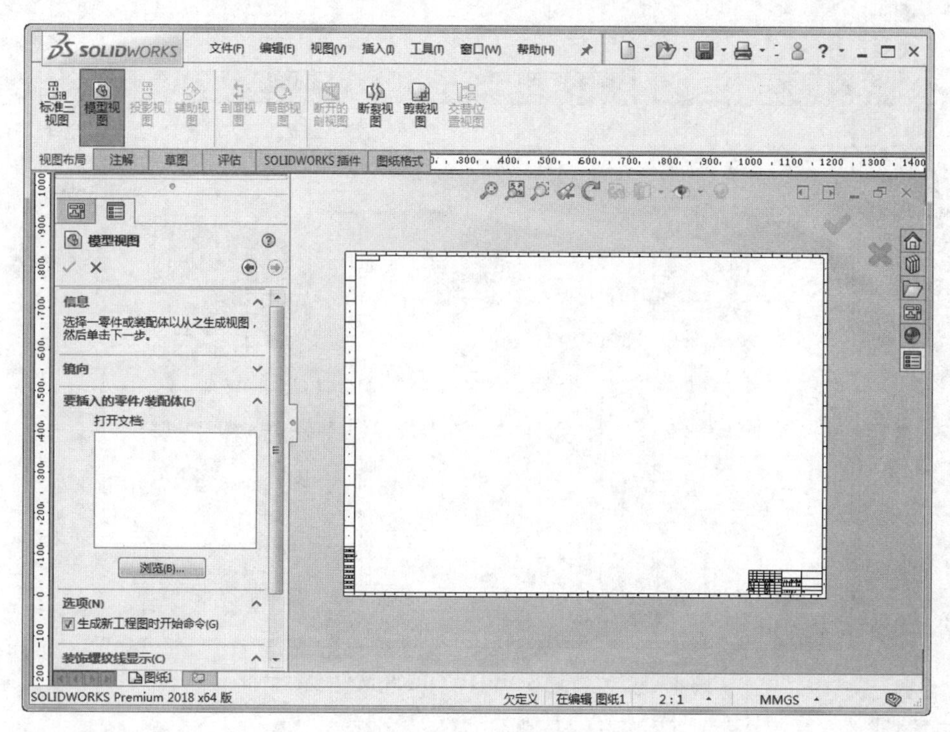

图 17-3　工程图窗口

标准视图包含视图中显示的零件和装配体的特征清单。派生的视图（如局部或剖面视图）包含不同的特定视图项目（如局部视图图标、剖切线等）。

工程图窗口的顶部和左侧有标尺，标尺会报告图纸中光标指针的位置。选择菜单栏中的“视图”→“标尺”命令，可以打开或关闭标尺。

如果要放大到视图，右击 FeatureManager 设计树中的视图名称，在弹出的快捷菜单中选择“放大所选范围”命令。

用户可以在 FeatureManager 设计树中重新排列工程图文件的顺序，在图形区拖动工程图到指定的位置。

工程图文件的扩展名为“.slddrw”。新工程图使用所插入的第一个模型的名称。保存工程图时，模型名称作为默认文件名出现在“另存为”对话框中，并带有扩展名“.slddrw”。

扫一扫，看视频

17.2　定义图纸格式

SOLIDWORKS 提供的图纸格式不符合任何标准，用户可以自定义工程图纸格式以符合本单位的标准格式。

1. 定义图纸格式

下面介绍定义工程图纸格式的操作步骤。

（1）右击工程图纸上的空白区域，或者右击 FeatureManager 设计树中的（图纸 1）图标。

（2）在弹出的快捷菜单中选择“编辑图纸格式”命令。

（3）双击标题栏中的文字，即可修改文字。同时在“注释”属性管理器的“文字格式”选项组中可以修改对齐方式、文字旋转角度和字体等属性，如图 17-4 所示。

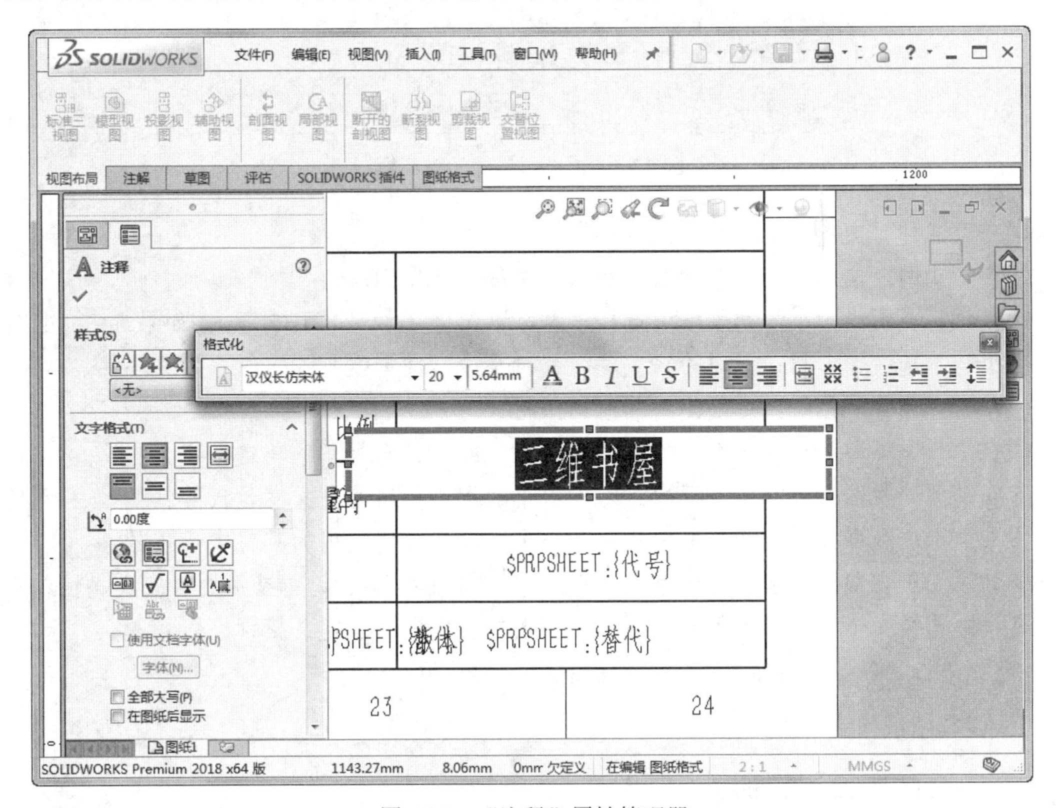

图 17-4　“注释”属性管理器

（4）如果要移动线条或文字，单击该项目后将其拖动到新的位置。

（5）如果要添加线条，则单击“草图”工具栏中的“直线”按钮，然后绘制线条。

（6）在 FeatureManager 设计树中右击（图纸）选项，在弹出的快捷菜单中单击“属性”按钮。

（7）系统弹出“图纸属性”对话框，如图 17-5 所示。具体设置如下。

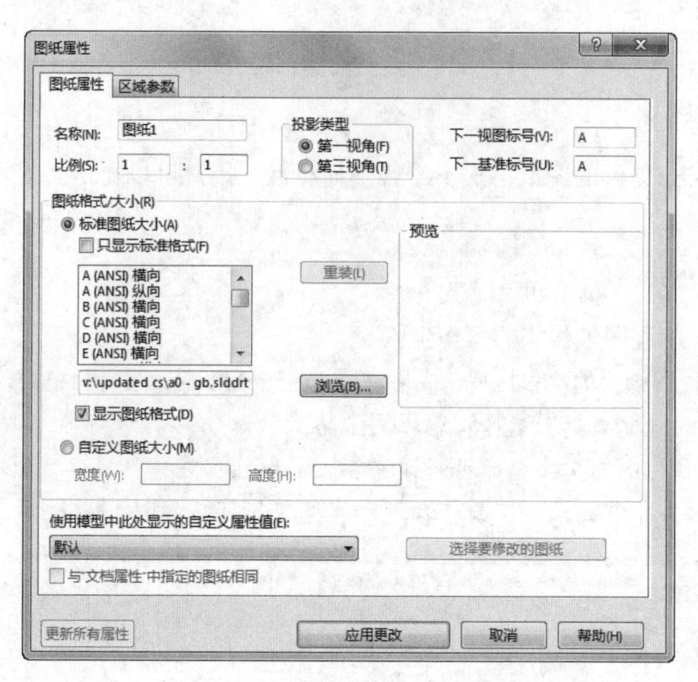

图 17-5 “图纸属性”对话框

①在“名称”文本框中输入图纸的标题。

②在“比例”文本框中指定图纸上所有视图的默认比例。

③在“标准图纸大小”列表框中选择一种标准纸张（如 A4、B5 等）。如果选中“自定义图纸大小”单选按钮，则在下面的“宽度”和“高度”文本框中指定纸张的大小。

④单击“浏览”按钮，可以使用其他图纸格式。

⑤在“投影类型”选项组中选中“第一视角”或“第三视角”单选按钮。

⑥在“下一视图标号”文本框中指定下一个视图要使用的英文字母代号。

⑦在“下一基准标号”文本框中指定下一个基准标号要使用的英文字母代号。

⑧如果图纸上显示了多个三维模型文件，在“使用模型中此处显示的自定义属性值”下拉列表框中选择一个视图，工程图将使用该视图包含模型的自定义属性。

（8）单击“确定”按钮，关闭“图纸属性”对话框。

2. 保存图纸格式

下面介绍保存图纸格式的操作步骤。

（1）选择菜单栏中的“文件”→“保存图纸格式”命令，系统弹出“保存图纸格式”对话框。

（2）如果要替换 SOLIDWORKS 提供的标准图纸格式，则选中“标准图纸大小”单选按钮，然后在下拉列表框中选择一种图纸格式。单击“确定”按钮，图纸格式将被保存在<安装目录>\data 下。

（3）如果要使用新的图纸格式，可以选中“自定义图纸大小”单选按钮，自行输入图纸的高度和宽度；或者单击“浏览”按钮，选择图纸格式保存的目录并打开，然后输入图纸格式名称，最后单击“确定”按钮。

（4）单击“保存”按钮，关闭对话框。

17.3　标准三视图的绘制

在创建工程图前，应根据零件的三维模型，考虑和规划零件视图，如工程图由几个视图组成，是否需要剖视图等。考虑清楚后，再进行零件视图的创建工作，否则如同用手工绘图一样，可能创建的视图不能很好地表达零件的空间关系，给其他用户的识图、看图造成困难。

标准三视图是指从三维模型的主视、左视、俯视 3 个正交角度投影生成 3 个正交视图，如图 17-6 所示。

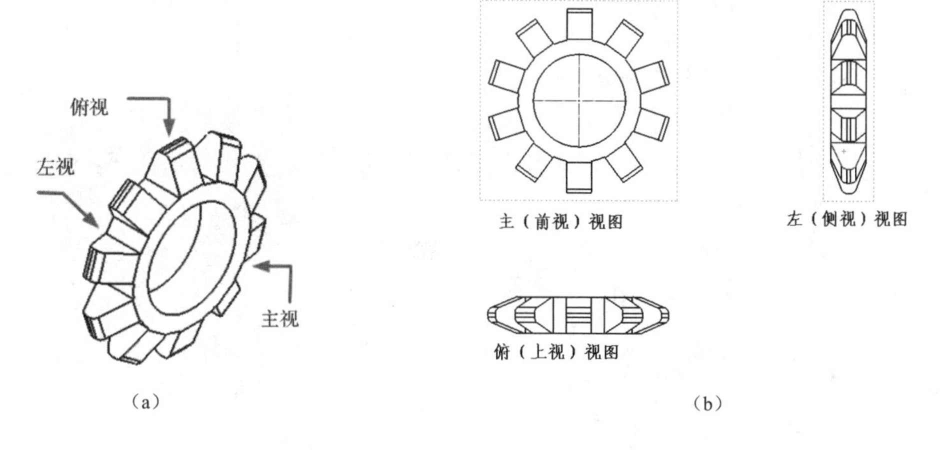

图 17-6　标准三视图

在标准三视图中，主视图与俯视图及侧视图有固定的对齐关系。俯视图可以竖直移动，侧视图可以水平移动。SOLIDWORKS 生成标准三视图的方法有多种，这里只介绍常用的两种。

17.3.1　用标准方法生成标准三视图

【执行方式】

- 工具栏：单击“工程图”工具栏中的“标准三视图”按钮。
- 菜单栏：选择“插入”→“工程图视图”→“标准三视图”命令。
- 控制面板：单击“视图布局”控制面板中的“标准三视图”按钮。

下面介绍用标准方法生成标准三视图的操作步骤。

【操作步骤】

（1）新建一张工程图。

（2）单击“视图布局”面板中的“标准三视图”按钮，或选择菜单栏中的“插入”→“工程图视图”→“标准三视图”命令，此时光标指针变为形状。

（3）在“标准视图”属性管理器中提供了4种选择模型的方法。

- 选择一个包含模型的视图。
- 从另一窗口的FeatureManager设计树中选择模型。
- 从另一窗口的图形区中选择模型。
- 在工程图窗口右击，在弹出的快捷菜单中选择“从文件中插入”命令。

（4）选择菜单栏中的“窗口”→“文件”命令，进入到零件或装配体文件中。

（5）利用步骤4中的一种方法选择模型，系统会自动回到工程图文件中，并将三视图放置在工程图中。

如果不打开零件或装配体模型文件，用标准方法生成标准三视图的操作步骤如下。

（1）新建一张工程图。

（2）单击“工程图”工具栏中的“标准三视图”按钮，或选择菜单栏中的“插入”→“工程视图”→“标准三视图”命令。

（3）在弹出的“标准三视图”属性管理器中，单击“浏览”按钮。

（4）在弹出的“插入零部件”对话框中浏览到所需的模型文件，单击“打开”按钮，标准三视图便会放置在图形区中。

扫一扫，看视频

17.3.2 用超文本链接生成标准三视图

利用Internet Explorer中的超文本链接生成标准三视图的操作步骤如下。

（1）新建一张工程图。

（2）在Internet Explorer（4.0或更高版本）中，导航到包含SOLIDWORKS零件文件超文本链接的位置。

（3）将超文本链接从Internet Explorer窗口拖动到工程图窗口中。

（4）在出现的“另存为”对话框中保存零件模型到本地硬盘中，同时零件的标准三视图也被添加到工程图中。

扫一扫，看视频

17.4 模型视图的绘制

【执行方式】

- 工具栏：单击“工程图”工具栏中的“模型视图”按钮。
- 菜单栏：选择“插入”→“工程图视图”→“模型”命令。

➘ 控制面板：单击“视图布局”控制面板中的“模型视图”按钮。

标准三视图是最基本也是最常用的工程图，但是它所提供的视角十分固定，有时不能很好地描述模型的实际情况。SOLIDWORKS 提供的模型视图解决了这个问题。通过在标准三视图中插入模型视图，可以从不同的角度生成工程图。

下面介绍插入模型视图的操作步骤。

【操作步骤】

（1）单击“视图布局”控制面板中的“模型视图”按钮，或选择菜单栏中的“插入”→“工程图视图”→“模型视图”命令。

（2）和生成标准三视图中选择模型的方法一样，在零件或装配体文件中选择一个模型。文件实体如图 17-6（a）所示。

（3）当回到工程图文件中时，光标指针变为形状，用光标拖动一个视图方框表示模型视图的大小。

（4）在“模型视图”属性管理器的“方向”选项组中选择视图的投影方向。

（5）单击，从而在工程图中放置模型视图，如图 17-7 所示。

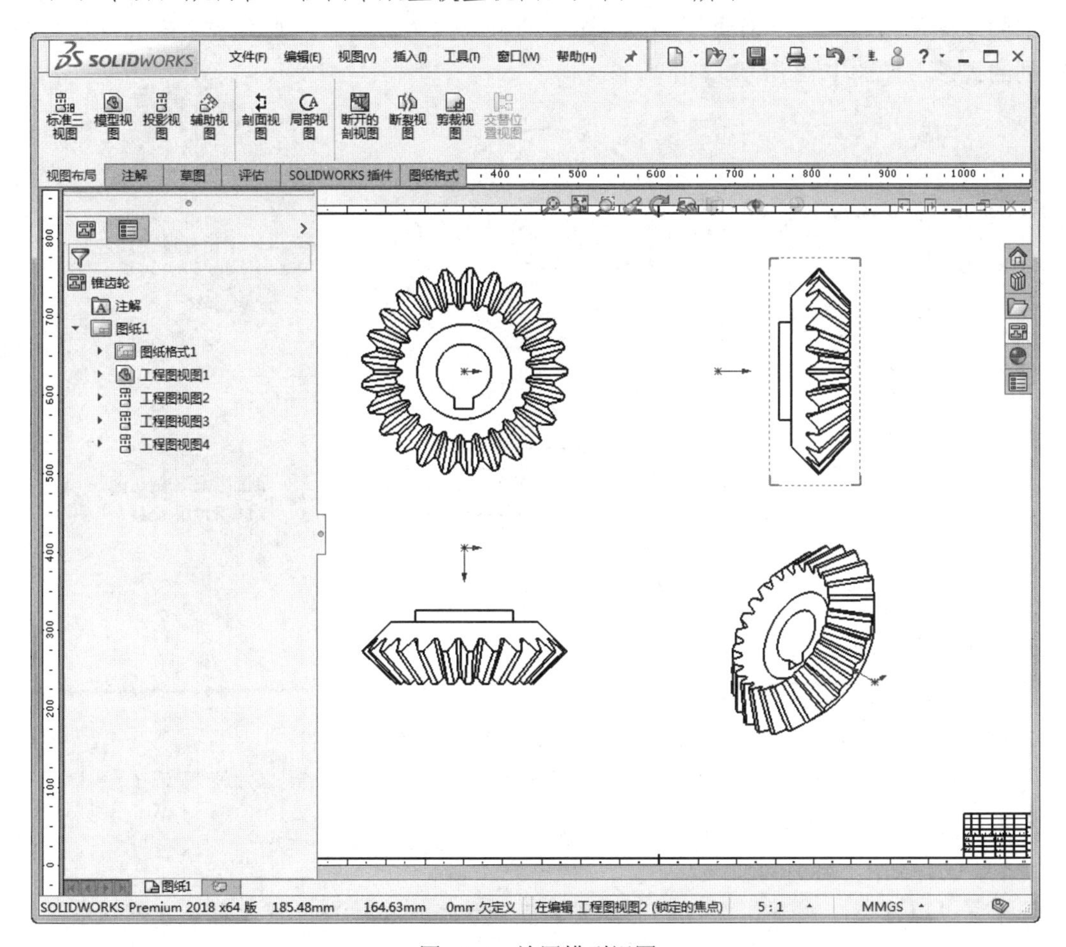

图 17-7　放置模型视图

（6）如果要更改模型视图的投影方向，则双击“方向”选项中的视图方向。

（7）如果要更改模型视图的显示比例，则选中“使用自定义比例”单选按钮，然后输入显示比例。

（8）单击“确定”按钮✔，完成模型视图的插入。

17.5 绘制视图

扫一扫，看视频

17.5.1 剖面视图

【执行方式】

- 工具栏：单击“工程图”工具栏中的“剖面视图”按钮。
- 菜单栏：选择“插入”→“工程图视图”→“剖面视图”命令。
- 控制面板：单击“视图布局”控制面板中的“剖面视图”按钮。

剖面视图是指用一条剖切线分割工程图中的一个视图，然后从垂直于生成的剖面方向投影得到的视图，如图 17-8 所示。

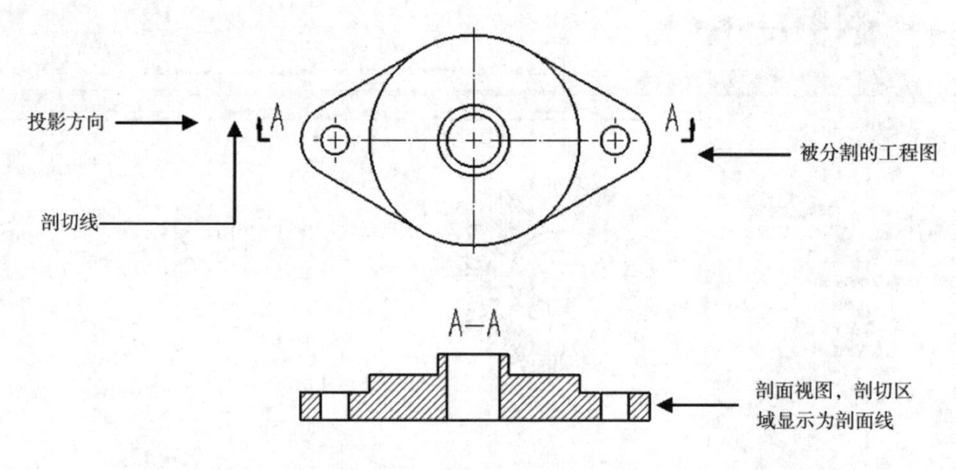

图 17-8　剖面视图（水平）举例

要生成一个剖面视图，可如下操作：

（1）打开要生成剖面视图的工程图。

（2）单击“视图布局”控制面板中的“剖面视图”图标。

（3）此时会出现“剖面视图辅助”属性管理器，如图 17-9 所示。光标显示为样式，同时激活快捷菜单，如图 17-10 所示。

（4）在工程图上绘制剖切线。

①单击（竖直）按钮，在视图中出现竖直剖切线，在适当位置放置竖直剖切线后向外拖动，系统会在垂直于剖切线的方向出现一个方框，表示剖切视图的大小。拖动这个方框到

适当的位置，在快捷菜单中单击按钮，释放鼠标，则剖切视图被放置在工程图中，如图 17-11 所示为剖面视图 B-B。

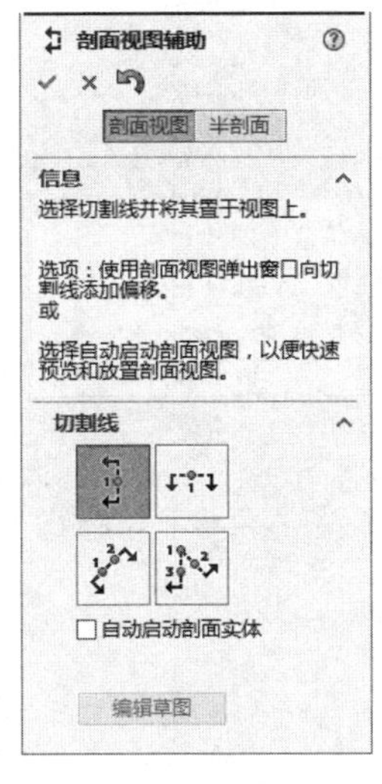

图 17-9　“剖面视图辅助”属性管理器

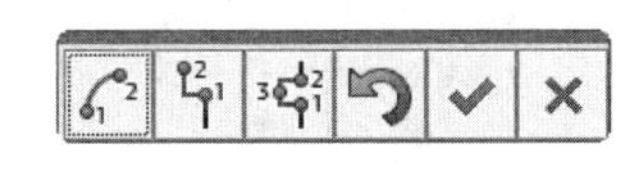

图 17-10　快捷菜单

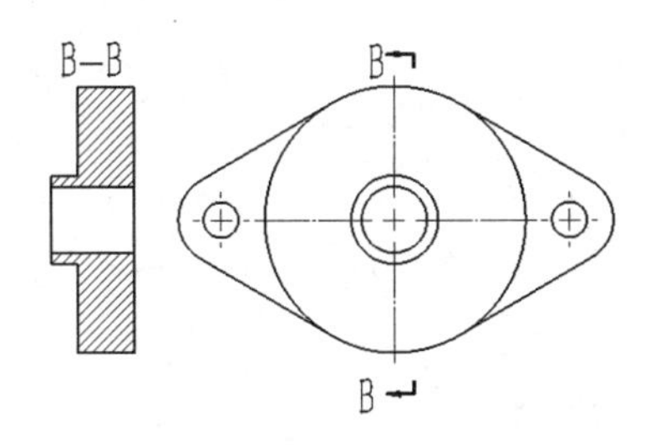

图 17-11　剖面视图 B-B

②单击（水平）按钮，在视图中出现水平剖切线，在适当位置放置水平剖切线后向外拖动，系统会在平行于剖切线的方向出现一个方框，表示剖切视图的大小。拖动这个方框到适当的位置，在快捷菜单中单击按钮，释放鼠标，则剖切视图被放置在工程图中，生成如图 17-8 所示剖面视图 A-A。

③同样的方法，单击（辅助视图）、（对齐）按钮，生成剖面视图 C-C、D-D，如图 17-12 和图 17-13 所示。

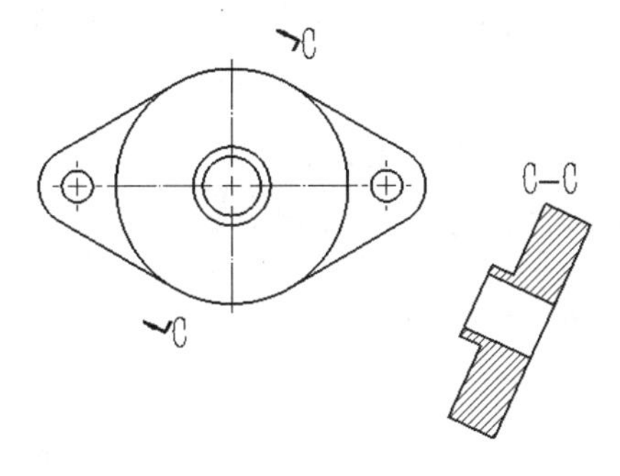

图 17-12　剖面视图 C-C

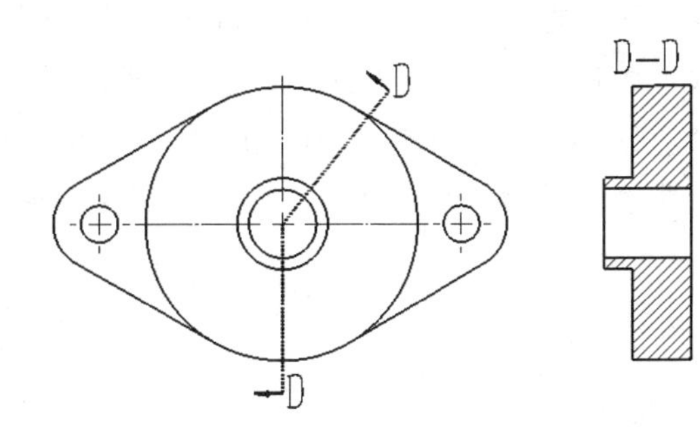

图 17-13　剖面视图 D-D

（5）完成视图放置后，在“剖面视图”属性管理器中设置选项，如图 17-14 所示。

①如果选择“反转方向”按钮，则会反转切除的方向。

②在名称微调框中指定与剖面线或剖面视图相关的字母。

③如果剖面线没有完全穿过视图，选择“部分剖面”复选框将会生成局部剖面视图。

④“使用自定义比例”单选按钮用来定义剖面视图在工程图纸中的显示比例。

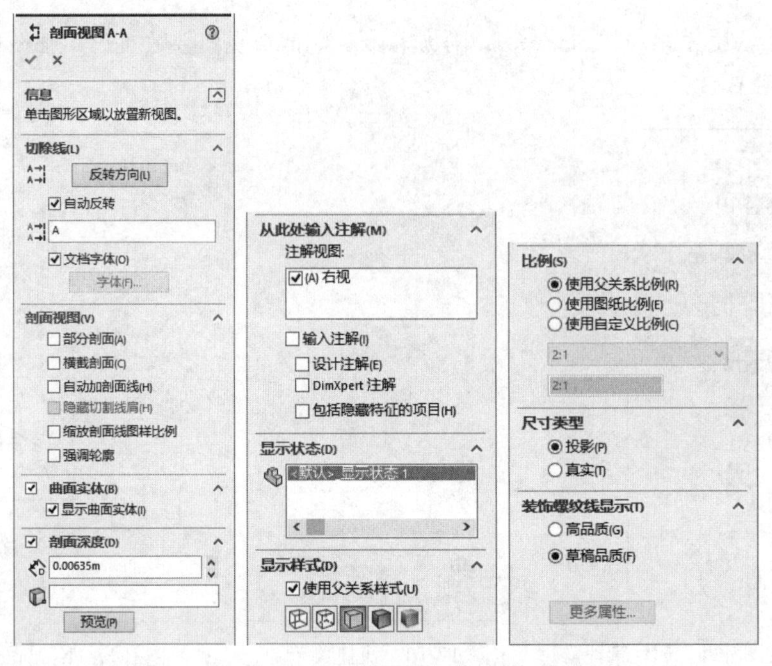

图 17-14 “剖面视图”属性管理器

（6）单击“确定”图标✓，完成剖面视图的插入。

新剖面是由原实体模型计算得来的，如果模型更改，此视图将随之更新。

扫一扫，看视频

17.5.2 投影视图

【执行方式】

- 工具栏：单击“工程图”工具栏中的“投影视图”按钮。
- 菜单栏：选择“插入”→“工程图视图”→“投影视图”命令。
- 控制面板：单击“视图布局”控制面板中的“投影视图”按钮。

投影视图是通过从正交方向对现有视图投影生成的视图，如图 17-15 所示。

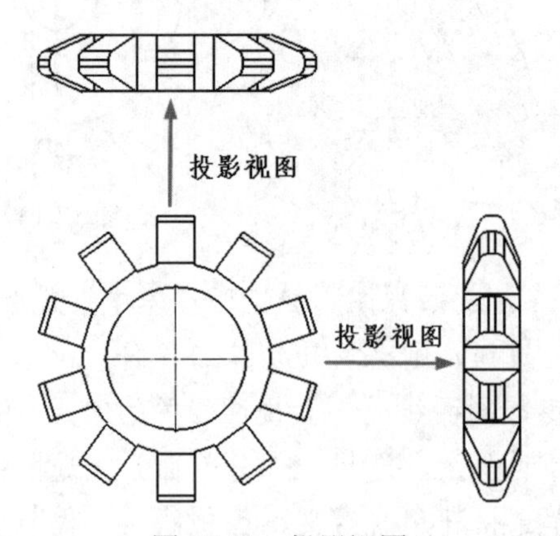

图 17-15 投影视图

下面介绍生成投影视图的操作步骤。

【操作步骤】

（1）在工程图中选择一个要投影的工程视图（打开的工程图如图 17-15 所示）。

（2）单击“视图布局”控制面板中的“投影视图”按钮，或选择菜单栏中的“插入”→“工程图视图”→“投影视图”命令。

（3）系统将根据光标指针在所选视图的位置决定投影方向。可以从所选视图的上、下、左、右 4 个方向生成投影视图。

（4）系统会在投影方向出现一个方框，表示投影视图的大小，拖动这个方框到适当的位置，则投影视图被放置在工程图中。

（5）单击（确定）按钮，生成投影视图。

17.5.3 辅助视图

【执行方式】

- 工具栏：单击“工程图”工具栏中的“辅助视图”按钮。
- 菜单栏：选择“插入”→“工程图视图”→“辅助视图”命令。
- 控制面板：单击“视图布局”控制面板中的“辅助视图”按钮。

辅助视图类似于投影视图，它的投影方向垂直所选视图的参考边线，如图 17-16 所示。

图 17-16 辅助视图举例

下面介绍插入辅助视图的操作步骤。

【操作步骤】

（1）打开的工程图如图 17-16 所示。

（2）单击“视图布局”控制面板中的“辅助视图”按钮，或选择菜单栏中的“插入”→“工程图视图”→“辅助视图”命令。

（3）选择要生成辅助视图的工程视图中的一条直线作为参考边线，参考边线可以是零件的边线、侧影轮廓线、轴线或所绘制的直线。

（4）系统会在与参考边线垂直的方向出现一个方框，表示辅助视图的大小，拖动这个方框到适当的位置，则辅助视图被放置在工程图中。

（5）在“辅助视图”属性管理器中设置相关选项，如图 17-17（a）所示。

①在（名称）文本框中指定与剖面线或剖面视图相关的字母。

②如果勾选“反转方向”复选框，则会反转切除的方向。

（6）单击（确定）按钮，生成辅助视图，如图 17-17（b）所示。

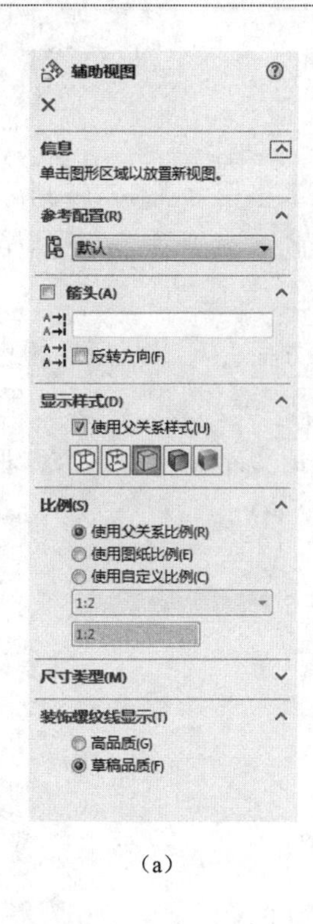

（a）

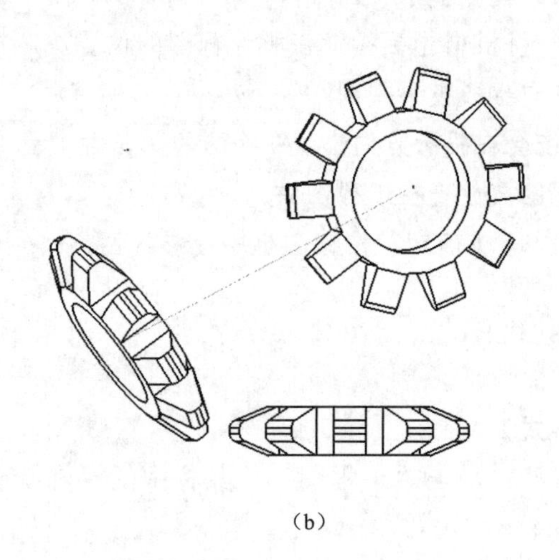

（b）

图 17-17　绘制辅助视图

扫一扫，看视频

17.5.4　局部视图

【执行方式】

- 工具栏：单击“工程图”工具栏中的“局部视图”按钮。
- 菜单栏：选择“插入”→“工程图视图”→“局部视图”命令。
- 控制面板：单击“视图布局”控制面板中的“局部视图”按钮。

可以在工程图中生成一个局部视图，来放大显示视图中的某个部分，如图 17-18 所示。局部视图可以是正交视图、三维视图或剖面视图。

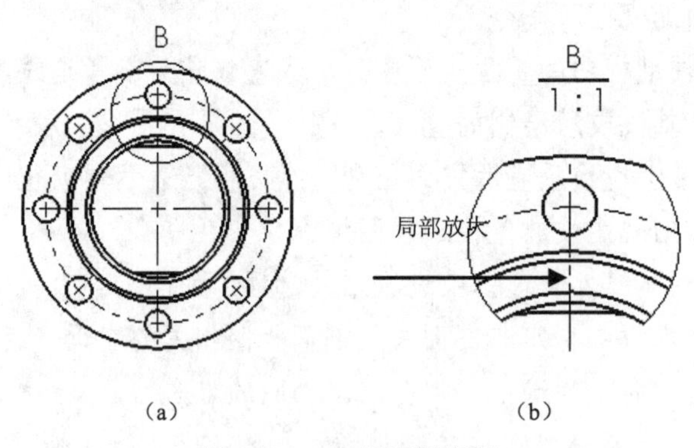

（a）　（b）

图 17-18　局部视图举例

下面介绍绘制局部视图的操作步骤。

【操作步骤】

（1）打开的工程图如图 17-18（a）所示。

（2）单击“工程图”工具栏中的“局部视图”按钮，或选择菜单栏中的“插入”→“工程图视图”→“局部视图”命令。

（3）此时，“草图”工具栏中的“圆”按钮被激活，利用它在要放大的区域绘制一个圆。

（4）系统弹出局部视图，拖动这个视图到适当的位置，则局部视图被放置在工程图中。

（5）在“局部视图”属性管理器中设置相关选项，如图 17-19（a）所示。

①（样式）下拉列表框：在下拉列表框中选择局部视图图标的样式，有“依照标准”、“断裂圆”、“带引线”、“无引线”和“相连”5 种样式。

②（标号）文本框：在文本框中输入与局部视图相关的字母。

③如果在“局部视图”选项组中勾选了“完整外形”复选框，则系统会显示局部视图中的轮廓外形。

④如果在“局部视图”选项组中勾选了“钉住位置”复选框，在改变派生局部视图的视图大小时，局部视图将不会改变大小。

⑤如果在“局部视图”选项组中勾选了“缩放剖面线图样比例”复选框，将根据局部视图的比例来缩放剖面线图样的比例。

（6）单击（确定）按钮，生成局部视图，如图 17-19（b）所示。

此外，局部视图中的放大区域还可以是其他任何的闭合图形。其方法是首先绘制用来作放大区域的闭合图形，然后再单击“局部视图”按钮，其余的步骤相同。

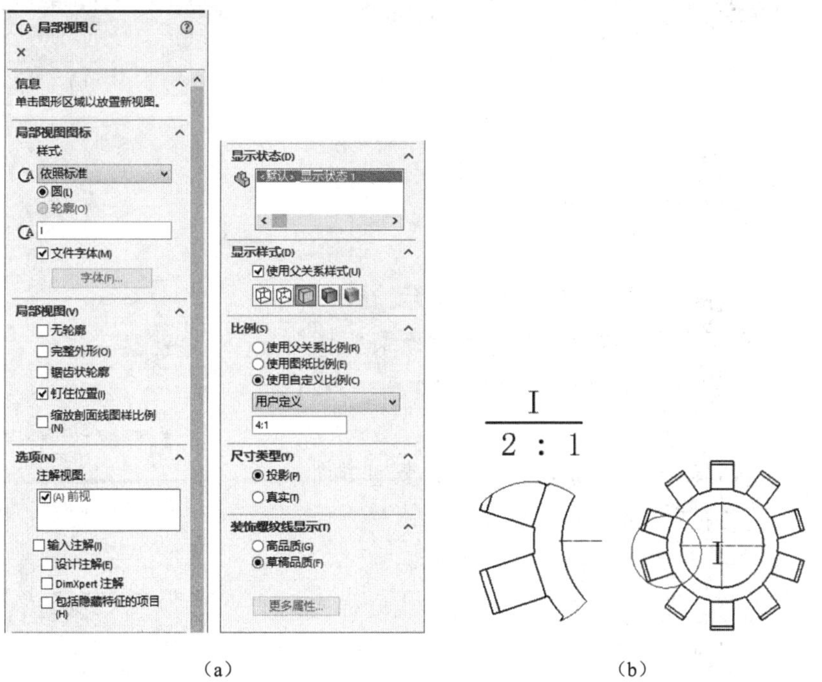

（a）　　　　（b）

图 17-19　绘制局部视图

扫一扫，看视频

17.5.5 断裂视图

【执行方式】

- 工具栏：单击“工程图”工具栏中的“断裂视图”按钮。
- 菜单栏：选择“插入”→“工程图视图”→“断裂视图”命令。
- 控制面板：单击“视图布局”控制面板中的“断裂视图”按钮。

工程图中有一些截面相同的长杆件（如长轴、螺纹杆等），这些零件在某个方向的尺寸比其他方向的尺寸大很多，而且截面没有变化。因此可以利用断裂视图将零件用较大比例显示在工程图上，如图 17-20 所示。

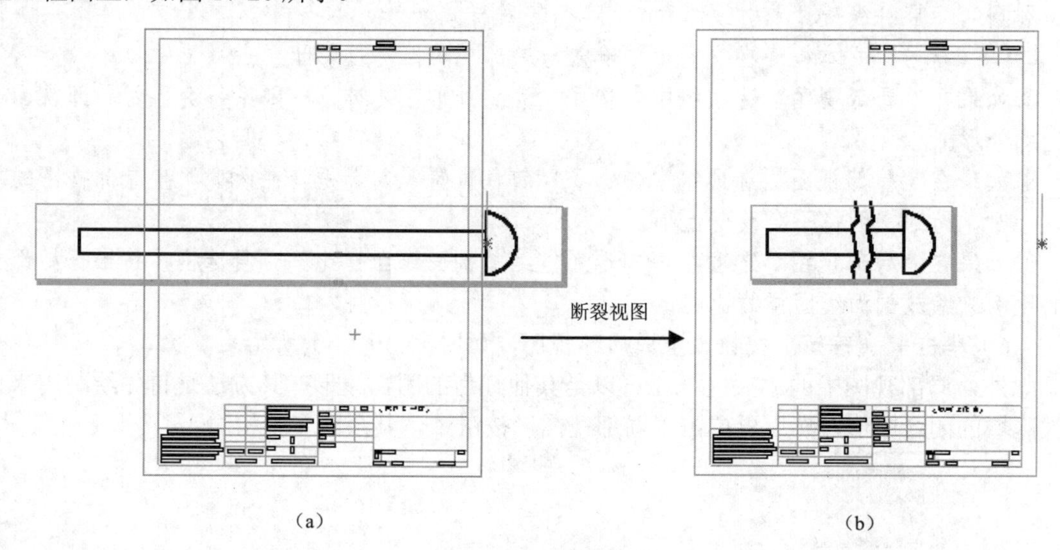

图 17-20　断裂视图

下面介绍绘制断裂视图的操作步骤。

【操作步骤】

（1）打开的文件实体如图 17-20（a）所示。

（2）单击“视图布局”控制面板中的“断裂视图”图标，弹出“断裂视图”属性管理器，如图 17-21 所示。

①：单击此图标，设置添加的折断线为竖直方向。

②：单击此图标，设置添加的折断线为水平方向。

③“缝隙大小”：设置两条折断线之间的距离。

④“折断线样式”：在下拉列表中选择折断线的样式，包括“直线切断”、“曲线切断”、“锯齿线切断”和“小锯齿线切断”四种。

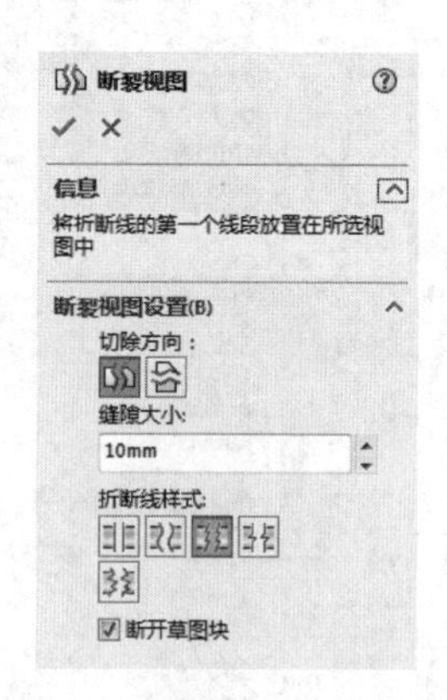

图 17-21　“断裂视图”属性管理器

（3）将折断线拖动到希望生成断裂视图的位置。

（4）单击“确定”图标✔，生成断裂视图。

此时，折断线之间的工程图都被删除，折断线之间的尺寸变为悬空状态。如果要修改折断线的形状，右击折断线，在弹出的快捷菜单中选择一种折断线样式：直线、曲线、锯齿线和小锯齿线。

扫一扫，看视频

17.5.6 实例——机械臂基座模型视图

机械臂基座零件模型如图 17-22 所示。

图 17-22　机械臂基座零件模型

思路分析：

本例将通过如图 17-22 所示机械臂基座零件模型，介绍零件图到工程图的转换，及工程图视图的创建，熟悉绘制工程图的步骤与方法。流程图如图 17-23 所示。

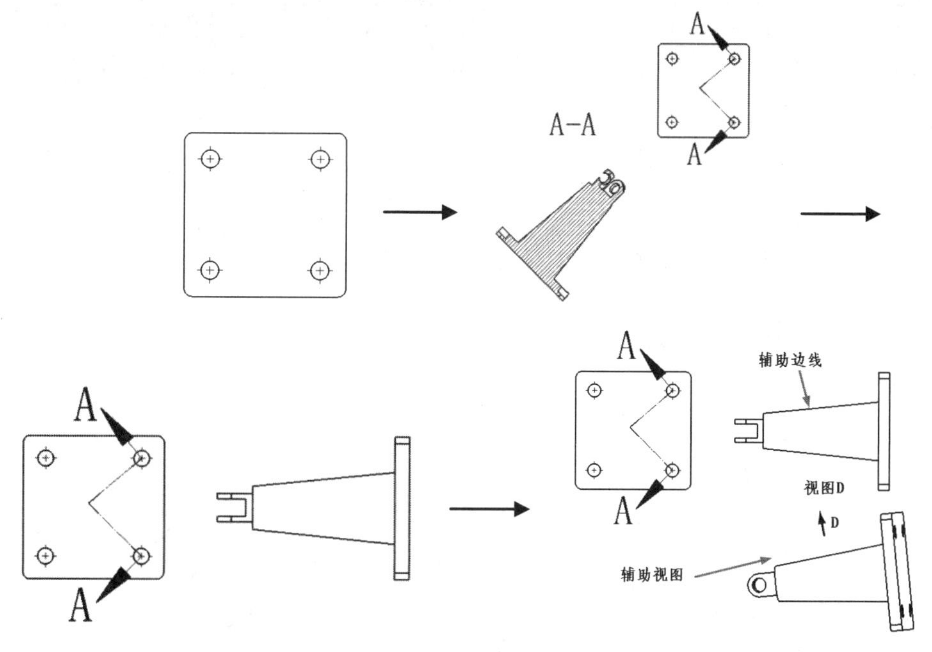

图 17-23　流程图

操作步骤

（1）进入 SOLIDWORKS 2018，选择菜单栏中的“文件”→“新建”命令或单击“标准”工具栏中的“新建”按钮，在弹出的“新建”对话框中，如图 17-24 所示，单击“工程图”按钮，新建工程图文件。

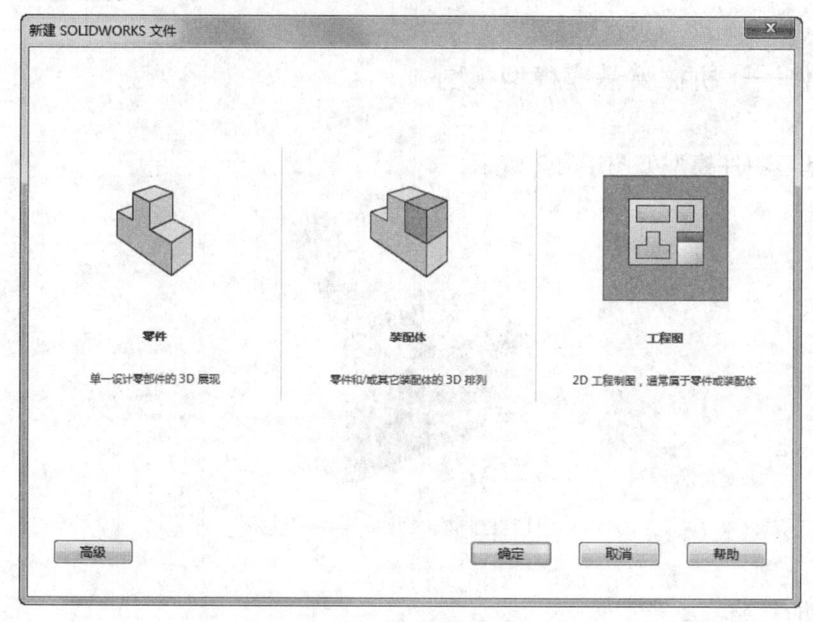

图 17-24 “新建”对话框

（2）此时在图形编辑窗口左侧，会出现如图 17-25 所示“模型视图”属性管理器，单击 浏览(B)... 按钮，在弹出的“打开”对话框中选择需要转换成工程图视图的零件“基座”，单击“打开”按钮，在图形编辑窗口出现矩形框，如图 17-26 所示，打开左侧“模型视图”属性管理器中“方向”选项组，选择视图方向为“前视”，如图 17-27 所示，并在图纸中合适的位置放置视图，如图 17-28 所示。

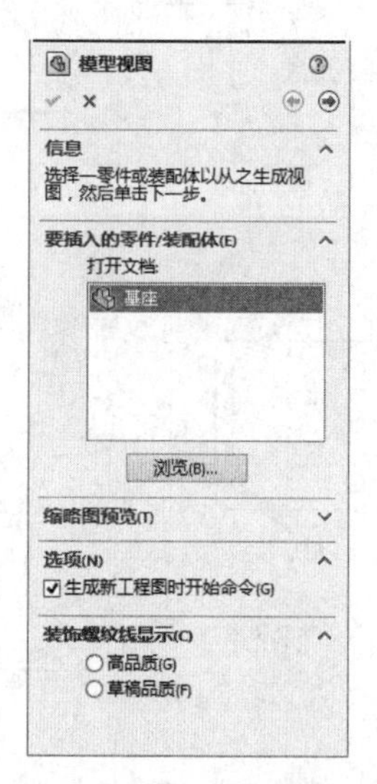

图 17-25 “模型视图”属性管理器

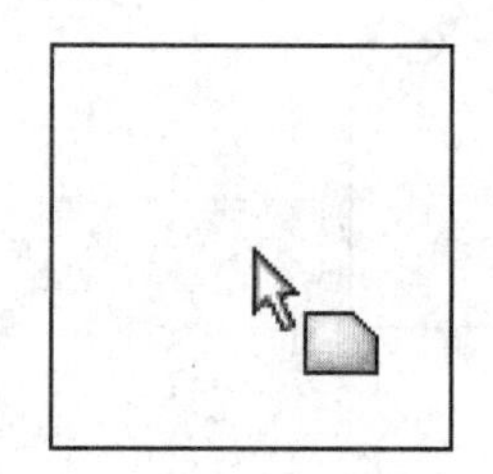

图 17-26 矩形图框

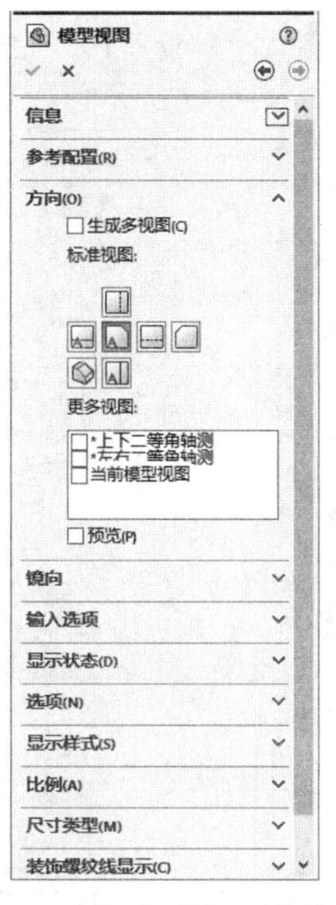

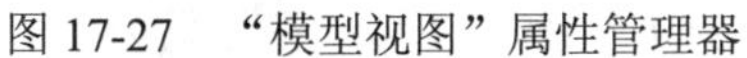
图 17-27　“模型视图”属性管理器

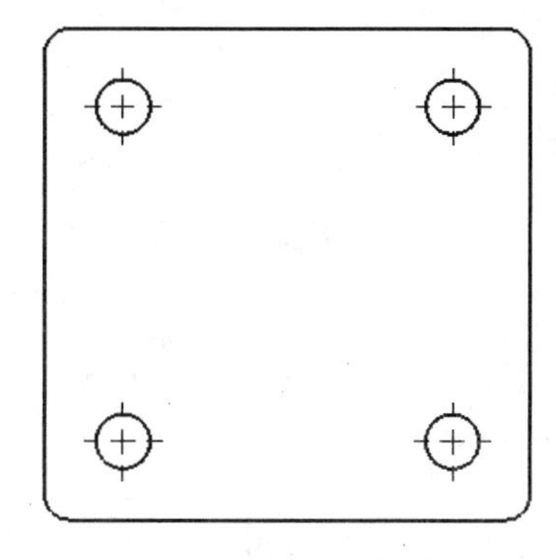
图 17-28　视图模型

（3）选择菜单栏中的“插入”→“工程图视图”→“剖面视图”命令，或者单击“视图布局”控制面板中的“剖面视图”按钮，会出现“剖面视图辅助”属性管理器，如图 17-29 所示，单击“对齐”按钮，同时在视图中确定剖切线位置，并向外拖动放置生成的剖视图。最后在属性管理器中设置各参数，在（标号）图标右侧文本框中输入剖面号“A”，取消“文档字体”复选框的勾选，单击 字体(F)... 按钮，弹出“选择字体”对话框，设置“高度”值，如图 17-30 所示，单击属性管理器中的✔按钮，这时会在视图中显示剖面图，如图 17-31 所示。

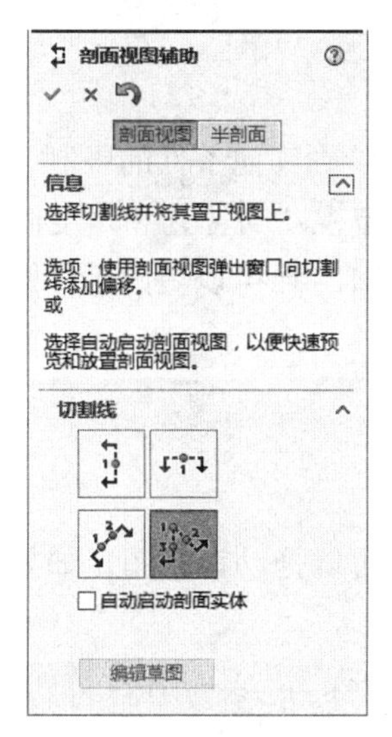

图 17-29　“剖面视图辅助”属性管理器

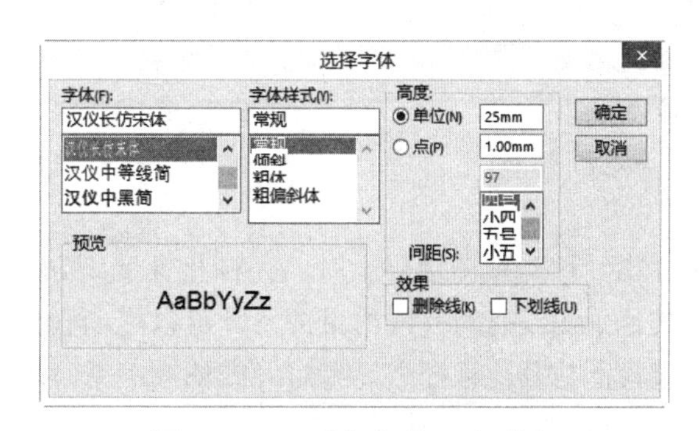

图 17-30　“选择字体”对话框

（4）依次在“视图布局”控制面板中单击“投影视图”、“辅助视图”按钮，在绘图区放置对应视图。得到的结果如图 17-32 和图 17-33 所示。

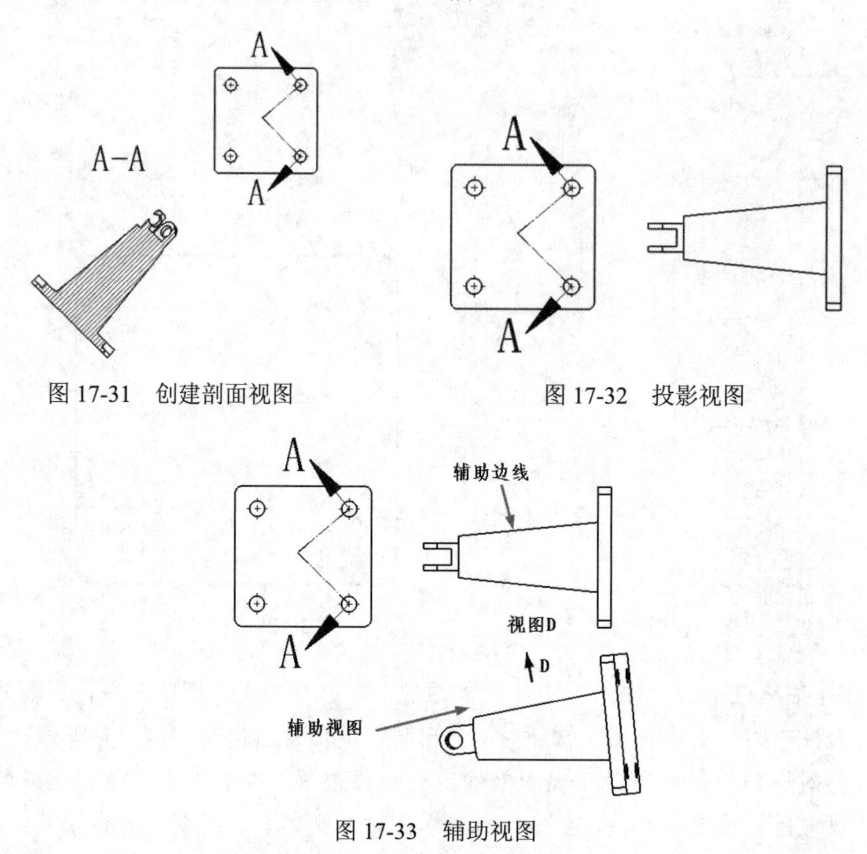

图 17-31　创建剖面视图

图 17-32　投影视图

图 17-33　辅助视图

17.6　编辑工程视图

在 17.5 小节的派生视图中，许多视图的生成位置和角度都受到其他条件的限制（如辅助视图的位置与参考边线相垂直）。有时，用户需要自己任意调节视图的位置和角度以及显示和隐藏，SOLIDWORKS 就提供了这项功能。此外，SOLIDWORKS 还可以更改工程图中的线型、线条颜色等。

扫一扫，看视频

17.6.1　移动视图

光标指针移到视图边界上时，光标指针变为形状，表示可以拖动该视图。如果移动的视图与其他视图没有对齐或约束关系，可以拖动它到任意的位置。

如果视图与其他视图之间有对齐或约束关系，若要任意移动视图，其操作步骤如下。

（1）单击要移动的视图。

（2）选择菜单栏中的“工具”→“对齐工程视图”→“解除对齐关系”命令。

（3）单击该视图，即可以拖动它到任意的位置。

17.6.2 旋转视图

SOLIDWORKS 提供了两种旋转视图的方法，一种是绕着所选边线旋转视图，一种是绕视图中心点以任意角度旋转视图。

1. 要绕边线旋转视图

（1）在工程图中选择一条直线。

（2）选择菜单栏中的“工具”→“对齐工程视图”→“水平边线”命令，或选择菜单栏中的“工具”→“对齐工程视图”→“竖直边线”命令。

（3）此时视图会旋转，直到所选边线为水平或竖直状态。旋转视图如图 17-34 所示。

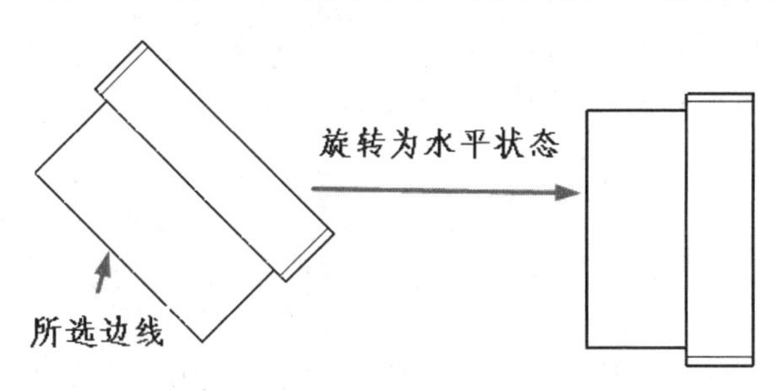

图 17-34 旋转视图

2. 要围绕中心点旋转视图

（1）选择要旋转的工程视图。

（2）单击右键，在弹出的快捷菜单中选择“旋转视图”命令或按住鼠标中键，在绘图区出现图标。系统弹出的“旋转工程视图”对话框如图 17-35 所示。

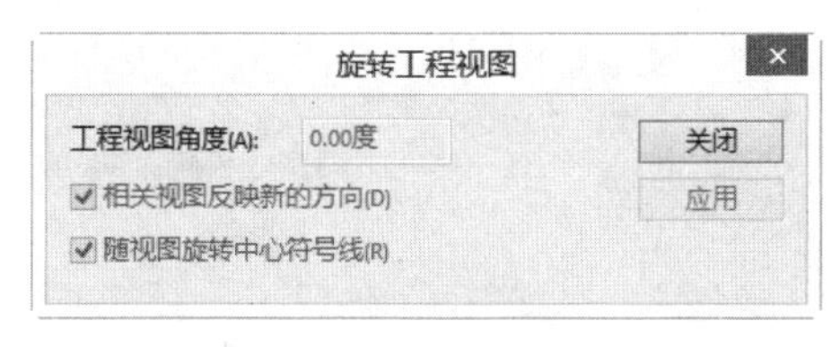

图 17-35 “旋转工程视图”对话框

（3）使用以下方法旋转视图。

- 在“旋转工程视图”对话框的“工程视图角度”文本框中输入旋转的角度。
- 使用鼠标直接旋转视图。

（4）如果在“旋转工程视图”对话框中勾选了“相关视图反映新的方向”复选框，则与该视图相关的视图将随着该视图的旋转做相应的旋转。

（5）如果勾选了“随视图旋转中心符号线”复选框，则中心符号线将随视图一起旋转。

17.7 视图显示控制

扫一扫，看视频

17.7.1 显示和隐藏

在编辑工程图时，可以使用“隐藏”命令来隐藏一个视图。隐藏视图后，可以使用“显示”命令再次显示此视图。

下面介绍隐藏或显示视图的操作步骤。

（1）在 FeatureManager 设计树或图形区中右击要隐藏的视图。

（2）在弹出的快捷菜单中选择“隐藏”命令，此时，视图被隐藏起来。当光标移动到该视图的位置时，将只显示该视图的边界。

（3）如果要查看工程图中隐藏视图的位置，但不显示它们，则选择菜单栏中的“视图”→“被隐藏的视图”命令，此时被隐藏的视图将显示如图 17-36 所示的形状。

（4）如果要再次显示被隐藏的视图，则右击被隐藏的视图，在弹出的快捷菜单中选择“显示”命令。

图 17-36　被隐藏的视图

扫一扫，看视频

17.7.2 更改零部件的线型

在装配体中为了区别不同的零件，可以改变每一个零件边线的线型。

下面介绍改变零件边线线型的操作步骤。

（1）在工程视图中右击要改变线型的视图。

（2）在弹出的快捷菜单中选择“零部件线型”命令，系统弹出“零部件线型”对话框，如图 17-37 所示。

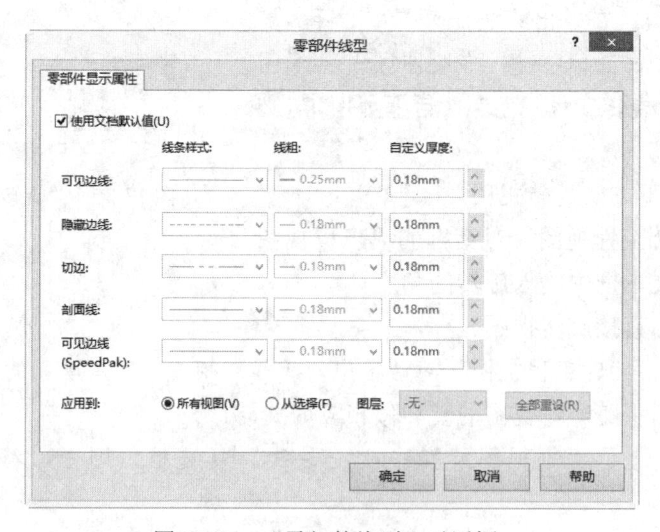

图 17-37　“零部件线型”对话框

（3）取消对“使用文档默认值”复选框的勾选。

（4）在对应的“线条样式”和“线粗”下拉列表框中选择线条样式和线条粗细。

（5）重复步骤 4，直到为所有边线类型设定线型。

（6）如果选中“应用到”选项组中的“从选择”单选按钮，则会将此边线类型设定应用到该零件视图和它的从属视图中。

（7）如果选中“所有视图”单选按钮，则将此边线类型设定应用到该零件的所有视图。

（8）如果零件在图层中，可以从“图层”下拉列表框中改变零件边线的图层。

（9）单击“确定”按钮，关闭对话框，应用边线类型设定。

17.7.3 图层

图层是一种管理素材的方法，可以将图层看作是重叠在一起的透明塑料纸，假如某一图层上没有任何可视元素，就可以透过该层看到下一层的图像。用户可以在每个图层上生成新的实体，然后指定实体的颜色、线条粗细和线型。还可以将标注尺寸、注解等项目放置在单一图层上，避免它们与工程图实体之间的干涉。SOLIDWORKS 还可以隐藏图层，或将实体从一个图层上移动到另一图层。

下面介绍建立图层的操作步骤。

（1）选择菜单栏中的“视图”→“工具栏”→“图层”命令，打开“图层”工具栏，如图 17-38 所示。

图 17-38 “图层”工具栏

（2）单击“图层属性”按钮，打开“图层”对话框。

（3）在“图层”对话框中单击“新建”按钮，则在对话框中建立一个新的图层，如图 17-39 所示。

（4）在“名称”选项中指定图层的名称。

（5）双击“说明”选项，然后输入该图层的说明文字。

（6）在“开关”选项中有一个灯泡图标，若要隐藏该图层，则双击该图标，灯泡变为灰色，图层上的所有实体都被隐藏起来。要重新打开图层，再次双击该灯泡图标。

（7）如果要指定图层上实体的线条颜色，单击“颜色”选项，在弹出的“颜色”对话框中选择颜色，如图 17-40 所示。

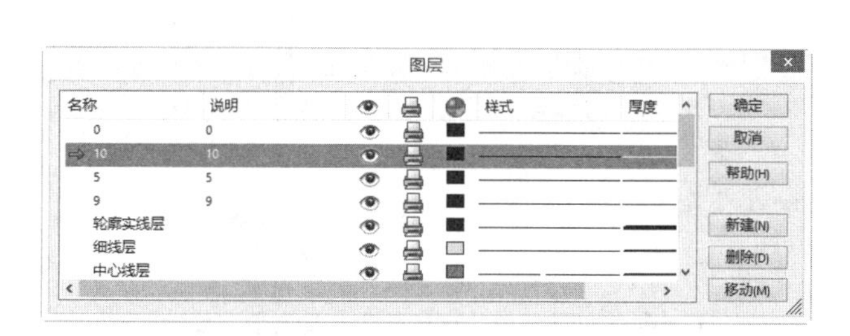

图 17-39 “图层”对话框

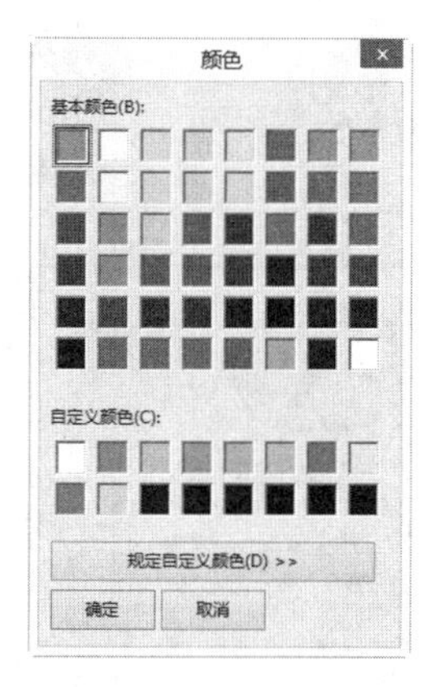

图 17-40 “颜色”对话框

（8）如果要指定图层上实体的线条样式或厚度，则单击“样式”或“厚度”选项，然后从弹出的清单中选择想要的样式或厚度。

（9）如果建立了多个图层，可以使用“移动”按钮来重新排列图层的顺序。

（10）单击“确定”按钮，关闭对话框。

建立了多个图层后，只要在“图层”工具栏的“图层”下拉列表框中选择图层，就可以导航到任意的图层。

扫一扫，看视频

17.8 综合实例——大臂工程图创建

本实例是将如图 17-41 所示的大臂零件图转化为工程图。

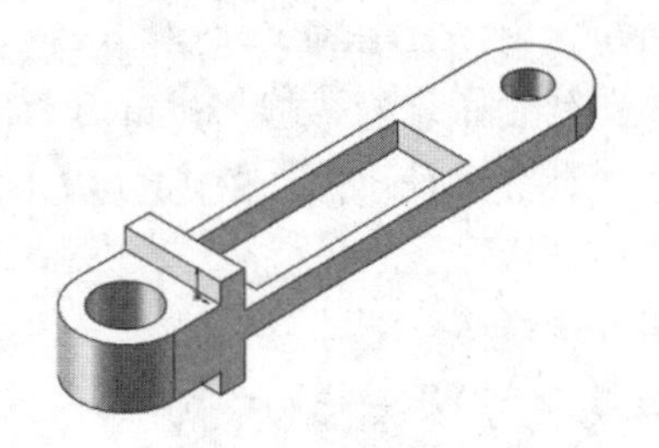

图 17-41 大臂零件图

操作步骤

（1）打开文件。启动 SOLIDWORKS 2018，单击“标准”工具栏中的“打开”按钮，在弹出的“打开”对话框中选择将要转化为工程图的零件文件。

（2）设置图纸。单击“文件”工具栏中的“从零件/装配图制作工程图”按钮，此时会弹出“图纸格式/大小”对话框，选择“自定义图纸大小”单选按钮并设置图纸尺寸，如图 17-42 所示。单击“确定”按钮，完成图纸设置。

图 17-42 “图纸格式/大小”对话框

（3）创建前视图。在工程图文件绘图区右侧显示“视图调色板”属性管理器，如图 17-43 所示，选择前视图，并在图纸中合适的位置放置前视图，如图 17-44 所示。

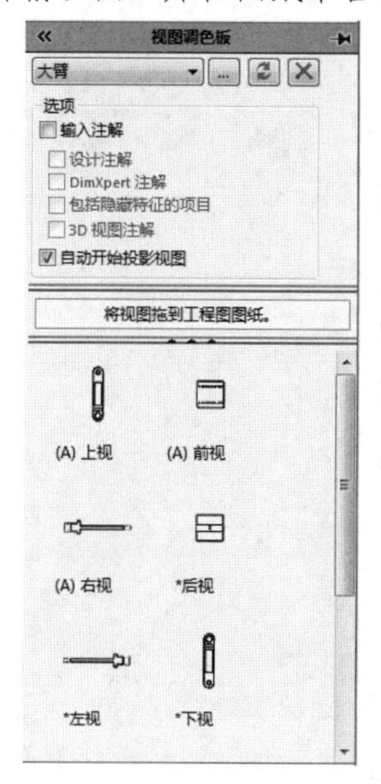

图 17-43　“视图调色板”属性管理器

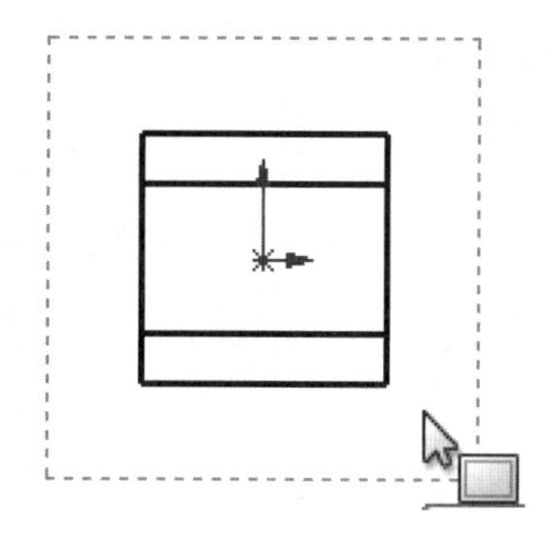

图 17-44　创建前视图

（4）剖面视图。单击“视图布局”控制面板中的“剖面视图”按钮，系统弹出“剖面视图辅助”属性管理器，如图 17-45 所示，选择“水平”切割线，将水平剖视线放置在前视图圆心处，弹出“剖面视图”对话框，单击“确定”按钮，系统弹出“剖面视图”属性管理器，采用默认设置，将剖视图放置在前视图的上方，单击“确定”按钮。生成剖面图如图 17-46 所示。

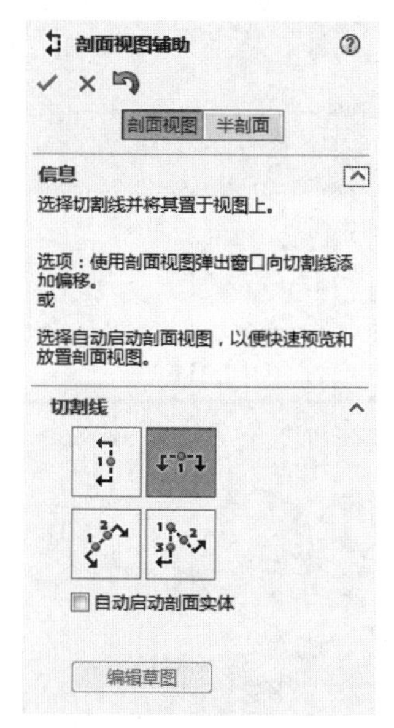

图 17-45　“剖面视图辅助”属性管理器

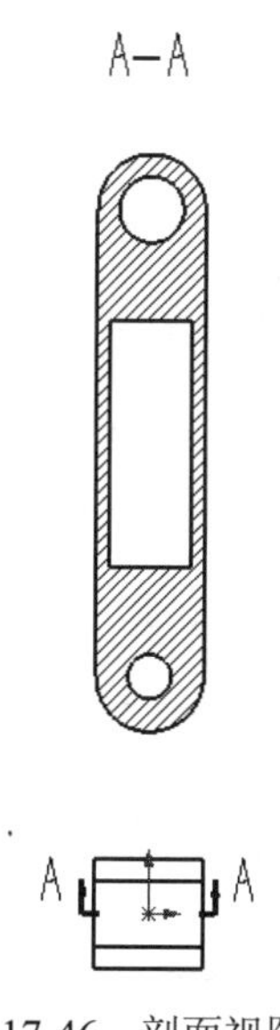

图 17-46　剖面视图

（5）投影视图。单击“视图布局”控制面板中的“投影视图”按钮，在剖面图上单击，向右拖动鼠标。生成投影视图如图 17-47 所示。

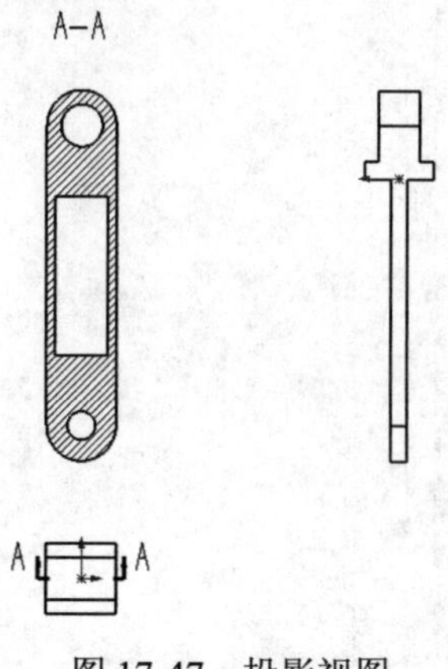

图 17-47　投影视图

第 18 章　工程图标注

内容简介

SOLIDWORKS 提供了生成完整的详细工程图的工具。同时工程图是全相关的，当修改图纸时，三维模型、各个视图、装配体都会自动更新，也可从三维模型中自动产生工程图，包括视图、尺寸和标注。

内容要点

- 标注尺寸
- 打印工程图

案例效果

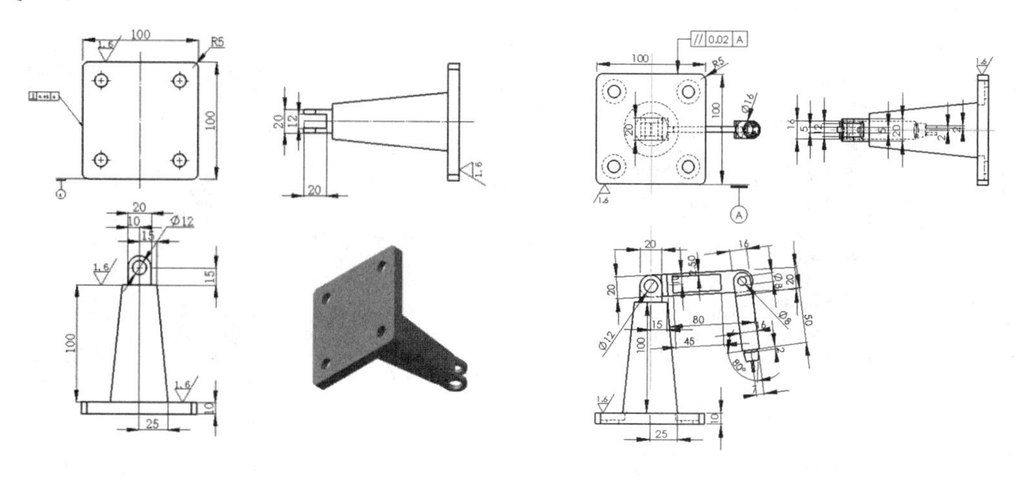

18.1　标注尺寸

如果在三维零件模型或装配体中添加了尺寸、注释或符号，则在将三维模型转换为二维工程图纸的过程中，系统会将这些尺寸、注释等一起添加到图纸中。在工程图中，用户可以添加必要的参考尺寸、注解等，这些注解和参考尺寸不会影响零件或装配体文件。

工程图中的尺寸标注是与模型相关联的，模型中的更改会反映在工程图中。通常用户在生成每个零件特征时生成尺寸，然后将这些尺寸插入到各个工程视图中。在模型中更改尺寸会更新工程图，反之，在工程图中更改插入的尺寸也会更改模型。用户可以在工程图文件中添加尺寸，但是这些尺寸是参考尺寸，并且是从动尺寸，参考尺寸显示模型的测量值，但并不驱动模型，也不能更改其数值，但是当更改模型时，参考尺寸会相应更新。当压缩特征时，特征的参考尺寸也随之被压缩。

扫一扫，看视频

18.1.1 插入模型尺寸

【执行方式】

- 工具栏：单击“注解”工具栏中的“模型项目”按钮。
- 菜单栏：选择“插入”→“模型项目”命令。
- 控制面板：单击“注解”控制面板中的“模型项目”按钮。

默认情况下，插入的尺寸显示为黑色，包括零件或装配体文件中显示为蓝色的尺寸（如拉伸深度），参考尺寸显示为灰色，并带有括号。

（1）执行命令。单击“注解”控制面板中的“模型项目”按钮，执行模型项目命令。

（2）设置属性管理器。系统弹出如图18-1所示的“模型项目”属性管理器，“尺寸”选项组中的“为工程图标注”一项自动被选中。如果只将尺寸插入到指定的视图中，取消勾选“将项目输入到所有视图”复选框，然后在工程图选择需要插入尺寸的视图，此时“来源/目标”选项组如图18-2所示，自动显示“目标视图”列表框。

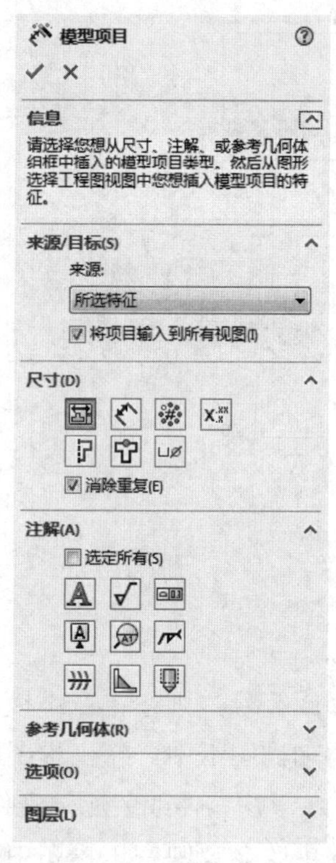

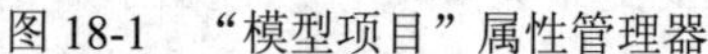
图18-1 “模型项目”属性管理器

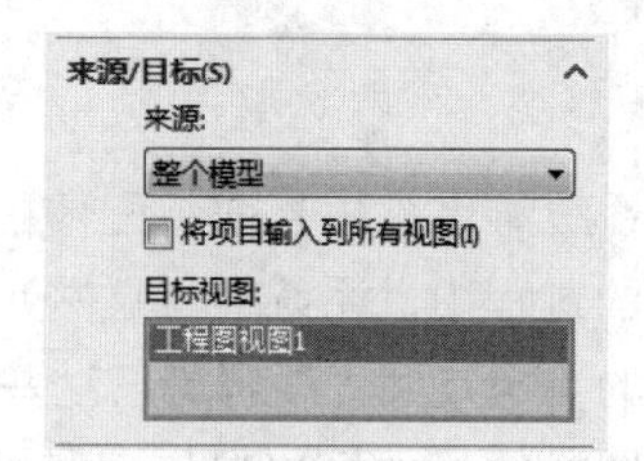

图18-2 “来源/目标”设置框

（3）确认插入的模型尺寸。单击“模型项目”属性管理器中的“确定”按钮，完成模型尺寸的标注。

注意：

插入模型项目时，系统会自动将模型尺寸或者其他注解插入到工程图中。当模型特征很多时，插入的模型尺寸会显得很乱，所以在建立模型时需要注意以下几点：

（1）因为只有在模型中定义的尺寸才能插入到工程图中，所以，在创建模型特征时，要养成良好的习惯，并且使草图处于完全定义状态。

（2）在绘制模型特征草图时，仔细地设置草图尺寸的位置，这样可以减少尺寸插入到工程图后调整尺寸的时间。

如图 18-3 所示为插入模型尺寸并调整尺寸位置后的工程图。

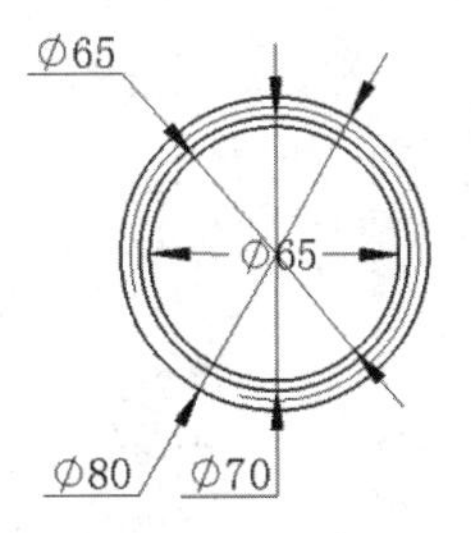

图 18-3　插入模型尺寸后的工程视图

扫一扫，看视频

18.1.2　注释

【执行方式】

- 工具栏：单击“注解”工具栏中的“注释”按钮A。

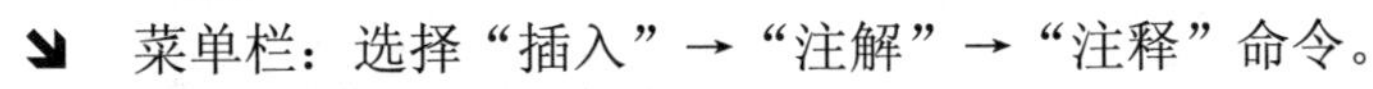

- 菜单栏：选择“插入”→“注解”→“注释”命令。
- 控制面板：单击“注解”控制面板中的“注释”按钮A，。

为了更好地说明工程图，有时要用到注释。注释可以包括简单的文字、符号或超文本链接。下面介绍添加注释的操作步骤。

【操作步骤】

（1）打开的工程图如图 18-4 所示。

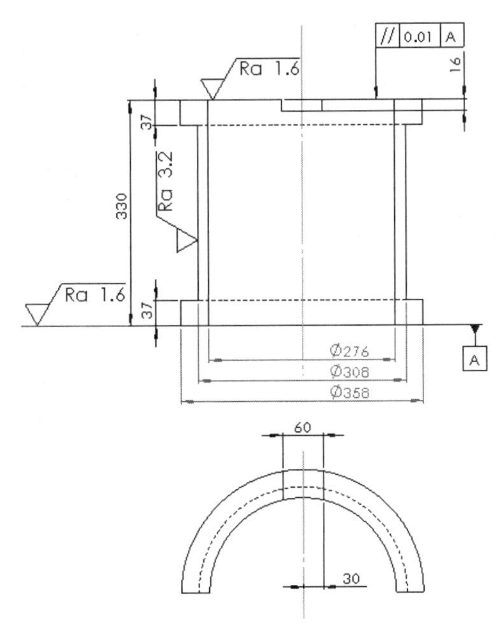

图 18-4　打开的工程图

（2）单击“注解”控制面板中的“注释”按钮A，系统弹出“注释”属性管理器。

（3）在“引线”选项组中选择引导注释的引线和箭头类型。

（4）在“文字格式”选项组中设置注释文字的格式。

（5）拖动光标指针到要注释的位置，在图形区添加注释文字，如图 18-5 所示。

（6）单击✔（确定）按钮，完成注释。

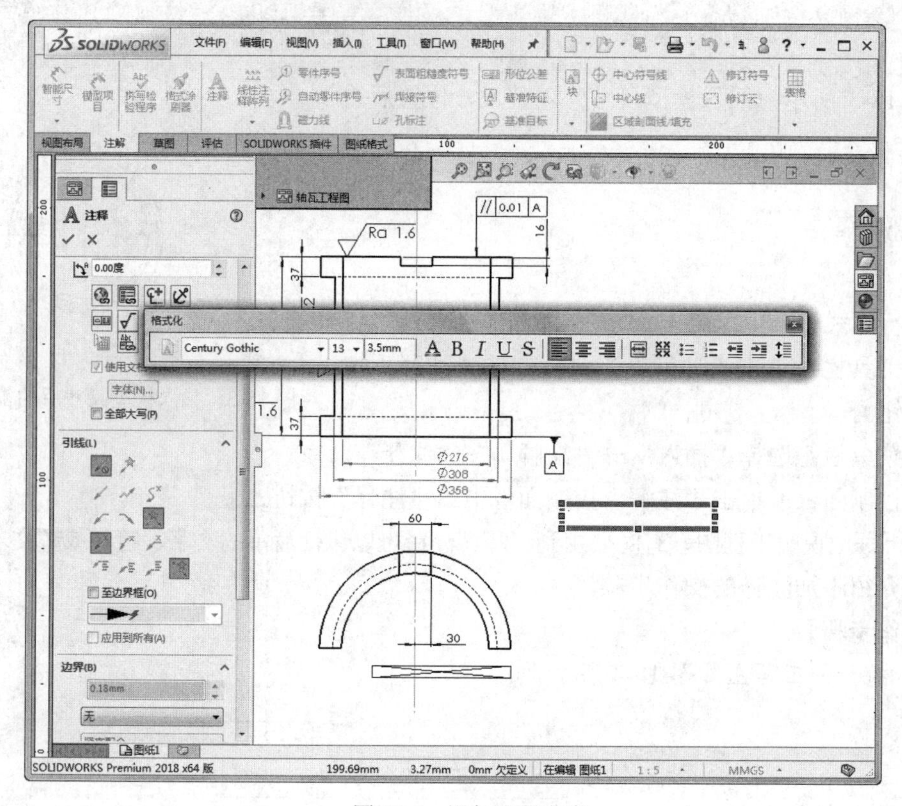

图 18-5　添加注释文字

扫一扫，看视频

18.1.3　标注表面粗糙度

【执行方式】

- 工具栏：单击“注解”工具栏中的“表面粗糙度”按钮√。
- 菜单栏：选择“插入”→“注解”→“表面粗糙度符号”命令。
- 控制面板：单击“注解”控制面板中的“表面粗糙度”按钮√。

表面粗糙度符号√用来表示加工表面上的微观几何形状特性，它对于机械零件表面的耐磨性、疲劳强度、配合性能、密封性、流体阻力以及外观质量等都有很大的影响。

下面介绍插入表面粗糙度的操作步骤。

【操作步骤】

（1）打开的工程图如图 18-4 所示。

（2）单击“注解”控制面板中的“表面粗糙度”按钮√，或选择菜单栏中的“插入”→“注解”→“表面粗糙度符号”命令。

（3）在弹出的“表面粗糙度”属性管理器中设置表面粗糙度的属性，如图 18-6 所示。

（4）在图形区中单击，以放置表面粗糙度符号。

（5）可以不关闭对话框，设置多个表面粗糙度符号到图形上。

（6）单击✔（确定）按钮，完成表面粗糙度的标注。

18.1.4　标注形位公差

扫一扫，看视频

【执行方式】

- 工具栏：单击“注解”工具栏中的“形位公差”按钮▣。
- 菜单栏：选择“插入”→“注解”→“形位公差”命令。
- 控制面板：单击“注解”控制面板中的“形位公差”按钮▣。

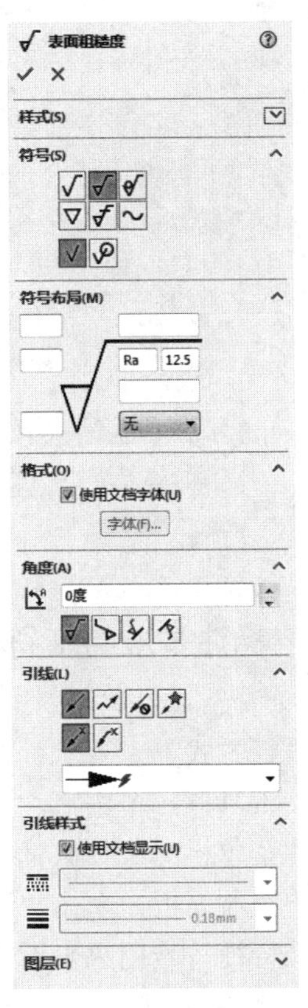

图 18-6　“表面粗糙度”属性管理器

形位公差是机械加工工业中一项非常重要的基础，尤其在精密机器和仪表的加工中，形位公差是评定产品质量的重要技术指标。它对于在高速、高压、高温、重载等条件下工作的产品零件的精度、性能和寿命等有较大的影响。

下面介绍标注形位公差的操作步骤。

【操作步骤】

（1）打开的工程图如图 18-7 所示。

（2）单击“注解”控制面板中的“形位公差”按钮▣，或选择菜单栏中的“插入”→“注解”→“形位公差”命令，系统弹出“属性”对话框。

（3）单击“符号”文本框右侧的下拉按钮，在弹出的下拉面板中选择形位公差符号。

（4）在“公差”文本框中输入形位公差值。

（5）设置好的形位公差会在“属性”对话框中显示，如图 18-8 所示。

（6）在图形区中单击，以放置形位公差。

（7）可以不关闭对话框，设置多个形位公差到图形上。

（8）单击“确定”按钮，完成形位公差的标注。

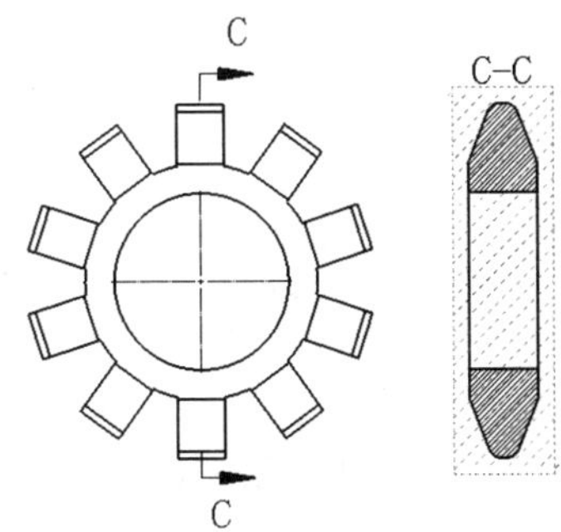

图 18-7　打开的工程图

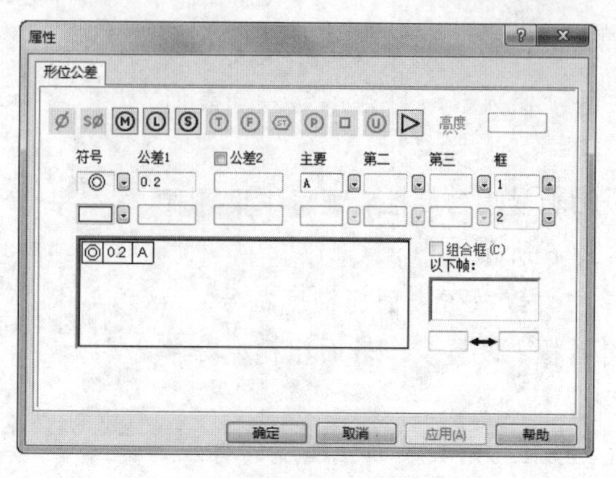

图 18-8　“属性”对话框

扫一扫，看视频

18.1.5　标注基准特征符号

【执行方式】

- 工具栏：单击“注解”工具栏中的“基准特征”按钮。
- 菜单栏：选择“插入”→“注解”→“基准特征符号”命令。
- 控制面板：单击“注解”控制面板中的“基准特征”按钮。

基准特征符号用来表示模型平面或参考基准面。

下面介绍插入基准特征符号的操作步骤。

【操作步骤】

（1）打开的工程图如图 18-9 所示。

（2）单击“注解”控制面板中的“基准特征”按钮，或选择菜单栏中的“插入”→“注解”→“基准特征符号”命令。

（3）在弹出的“基准特征”属性管理器中设置属性，如图 18-10 所示。

图 18-9　打开的工程图

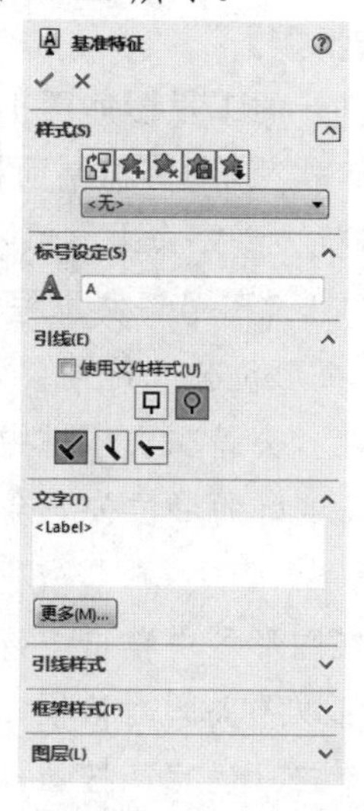

图 18-10　“基准特征”属性管理器

（4）在图形区中单击，以放置符号。

（5）可以不关闭对话框，设置多个基准特征符号到图形上。

（6）单击✔（确定）按钮，完成基准特征符号的标注。

18.1.6　实例——机械臂基座视图尺寸标注

机械臂基座工程图如图 18-11 所示。

图 18-11　机械臂基座工程图

思路分析：

本例将通过如图 18-11 所示机械臂基座模型，重点介绍视图各种尺寸标注及添加类型，同时复习零件模型到工程图视图的转换。流程图如图 18-12 所示。

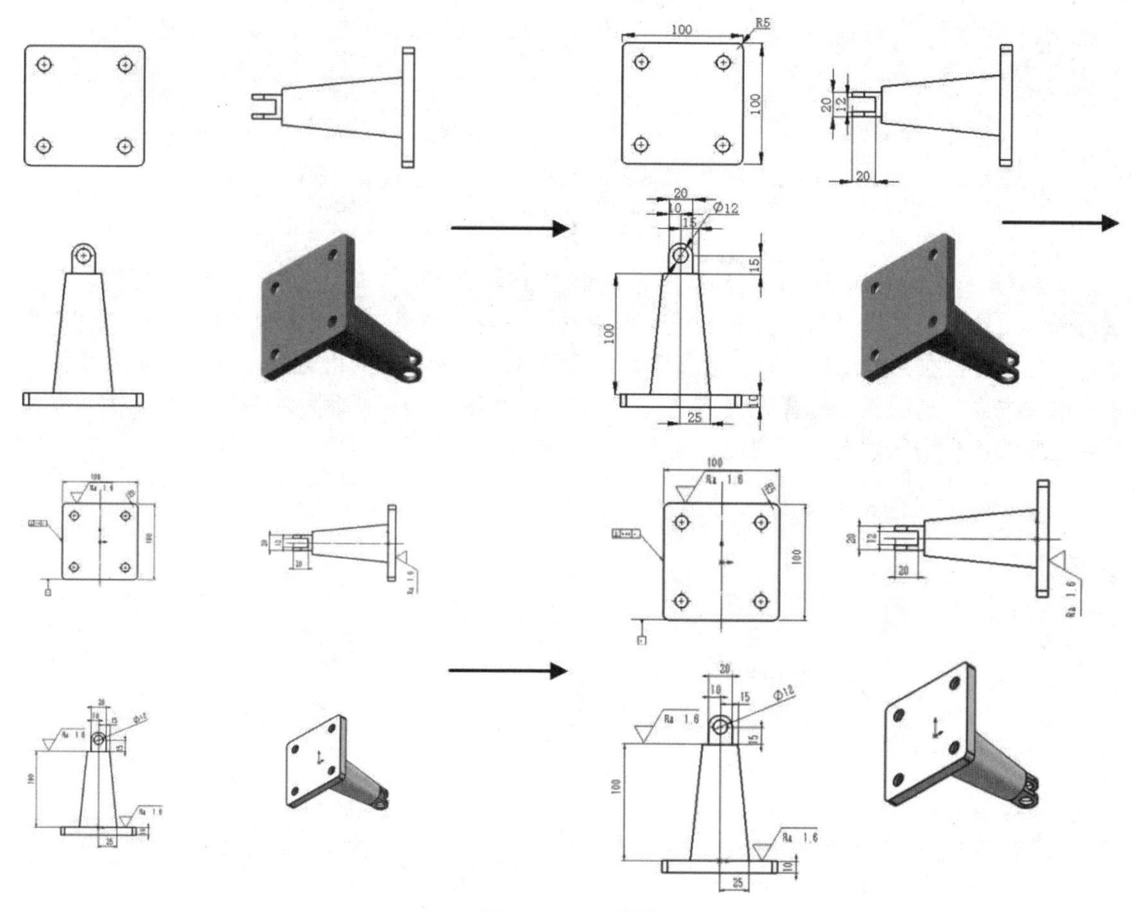

图 18-12　流程图

操作步骤

（1）进入 SOLIDWORKS 2018，选择菜单栏中的“文件”→“新建”命令或单击“标准”工具栏中的“新建”按钮，在弹出的如图 18-13 所示“新建”对话框中单击“工程图”按钮，新建工程图文件。

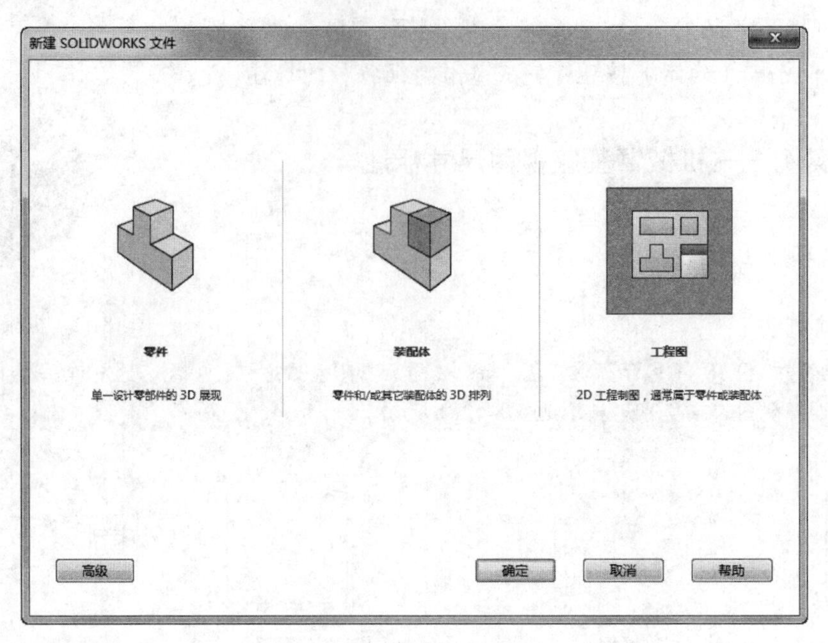

图 18-13　“新建”对话框

（2）此时在图形编辑窗口左侧，会出现如图 18-14 所示“模型视图”属性管理器，单击 浏览(B)... 按钮，在弹出的“打开”对话框中选择需要转换成工程视图的零件“基座”，单击“打开”按钮，在图形编辑窗口出现矩形框，如图 18-15 所示，打开左侧“模型视图”属性管理器中“方向”选项组，选择视图方向为“前视”，如图 18-16 所示，利用鼠标拖动矩形框沿灰色虚线依次在不同位置放置视图。放置过程如图 18-17 所示。

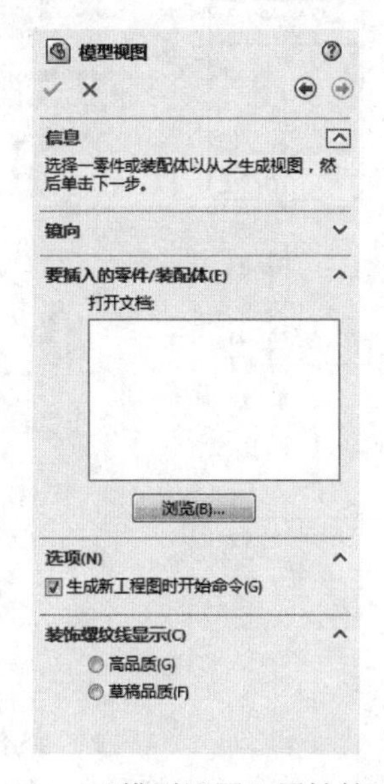

图 18-14　“模型视图”属性管理器

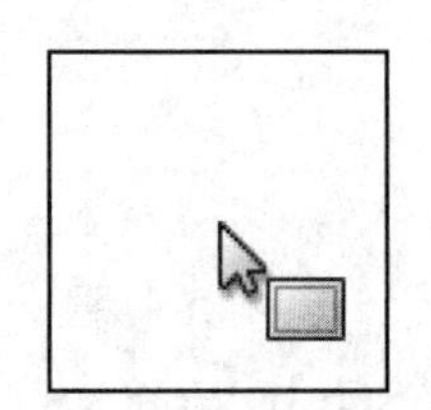

图 18-15　矩形图框

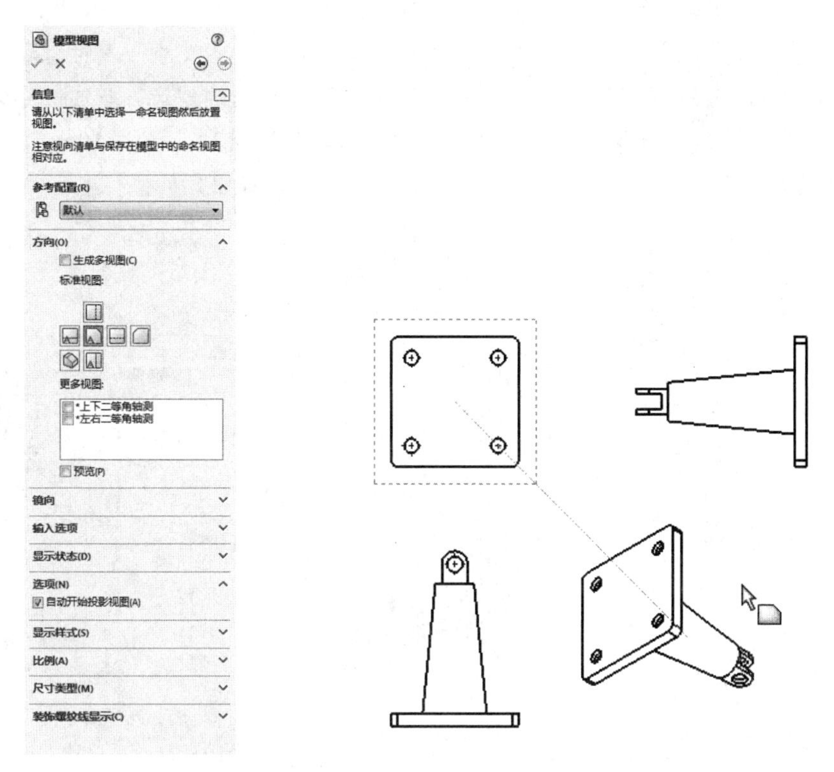

图 18-16　“模型视图”属性管理器　　　　图 18-17　视图模型

（3）在图形窗口中的右下角视图 4 单击，此时会出现“模型视图”属性管理器中设置相关参数：在“显示样式”面板中选择“带边线上色”按钮。工程图结果如图 18-18 所示。

（4）选择菜单栏中的“插入”→“模型项目”命令，或者单击“注解”工具栏中的“模型项目”按钮，会出现“模型项目”属性管理器，在属性管理器中设置各参数如图 18-19 所示，单击属性管理器中的✔按钮，这时会在视图中自动显示尺寸，如图 18-20 所示。

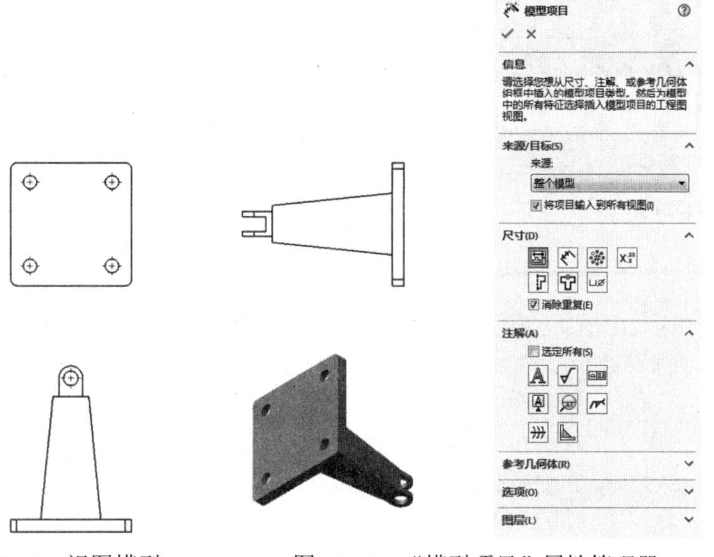

图 18-18　视图模型　　　　图 18-19　“模型项目”属性管理器

（5）在视图中选取要调整的尺寸，在绘图窗口左侧显示“尺寸”属性管理器，单击“其他”选项卡，如图 18-21 所示，取消“使用文档字体”复选框的勾选，单击“字体”按钮，弹出“选择字体”对话框，修改“高度”选项组中的“单位”选项，值为 10mm，如图 18-22 所示，单击✔（确定）按钮，完成尺寸显示设置。结果如图 18-23 所示。

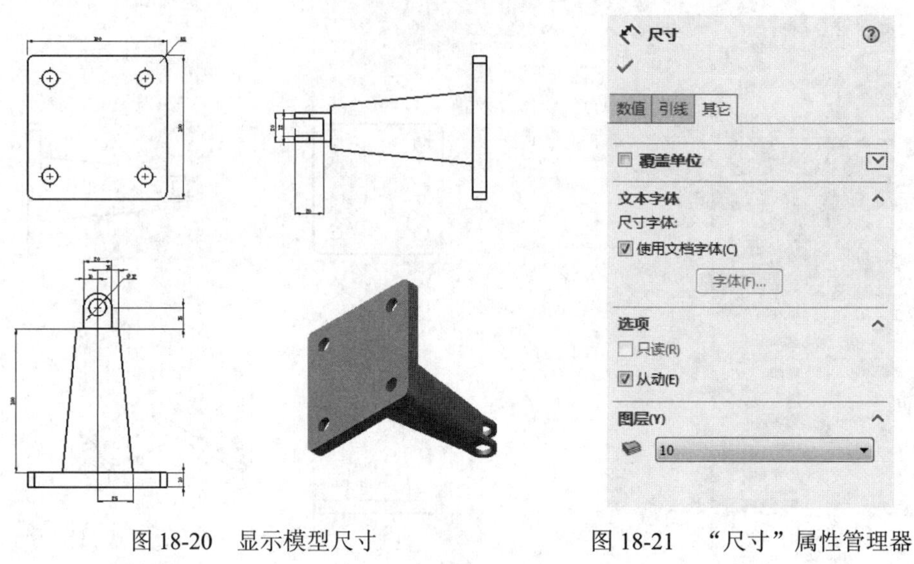

图 18-20　显示模型尺寸　　　　图 18-21　“尺寸”属性管理器

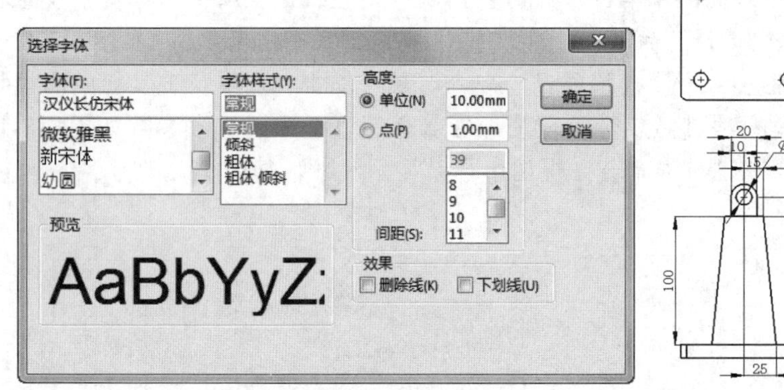

图 18-22　“选择字体”对话框

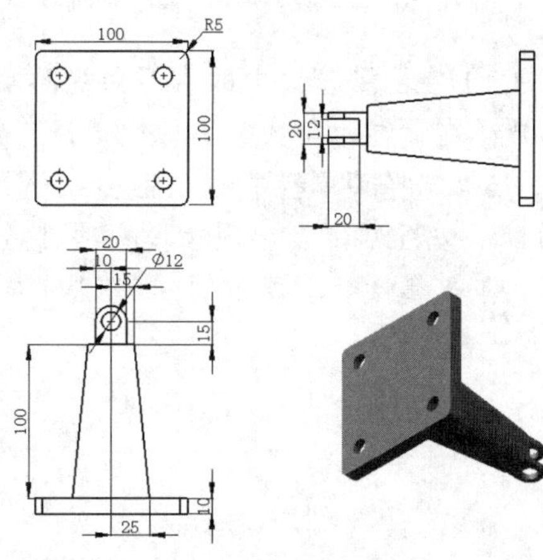

图 18-23　调整尺寸

注意：

由于系统设置不同，有时模型尺寸默认单位以及尺寸大小差异过大，若出现 0.01、0.001,等精度数值时，可进行相应设置。步骤如下：

选择菜单栏中的“工具”→“选项”命令，弹出“选项”对话框，切换到“文档属性”选项卡，在左侧树形列表中选择“单位”选项，如图 18-24 所示。在“单位系统”选项组中勾选“MMGS（毫米、克、秒）”单选按钮，单击“确定”按钮，退出对话框。

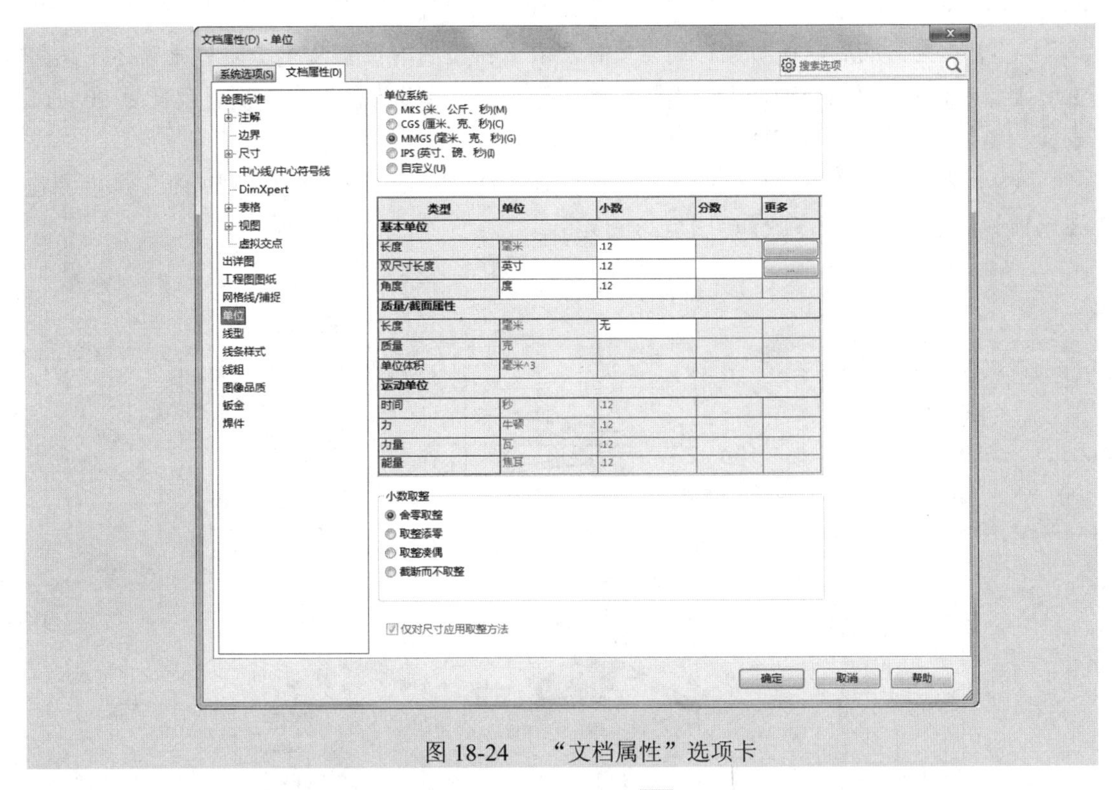

图 18-24 “文档属性”选项卡

（6）单击“草图绘制”工具栏中的“中心线”按钮，在视图中绘制中心线，如图 18-25 所示。

（7）单击“注解”工具栏中的“表面粗糙度符号”按钮，会出现“表面粗糙度”属性管理器，在属性管理器中设置各参数如图 18-26 所示。

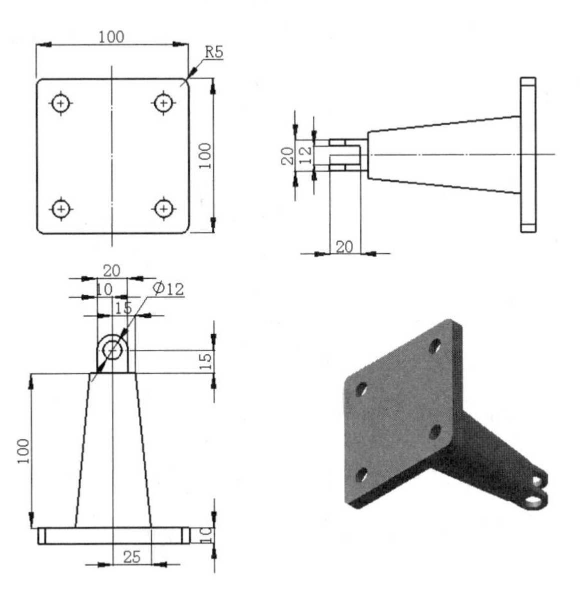

图 18-25 绘制中心线

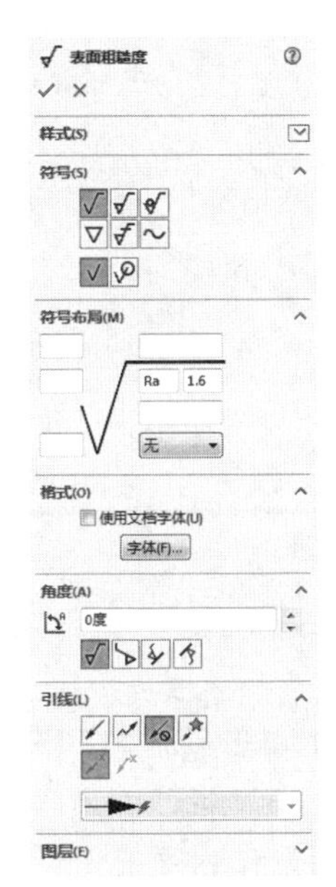

图 18-26 “表面粗糙度”属性管理器

（8）设置完成后，移动光标到需要标注表面粗糙度的位置，单击即可完成标注，单击属性管理器中的✔按钮，表面粗糙度即可标注完成。下表面的标注需要设置角度为 90°，标注表面粗糙度效果如图 18-27 所示。

（9）单击“注解”工具栏中的“基准特征”按钮，会出现“基准特征”属性管理器，在属性管理器中设置各参数如图 18-28 所示。

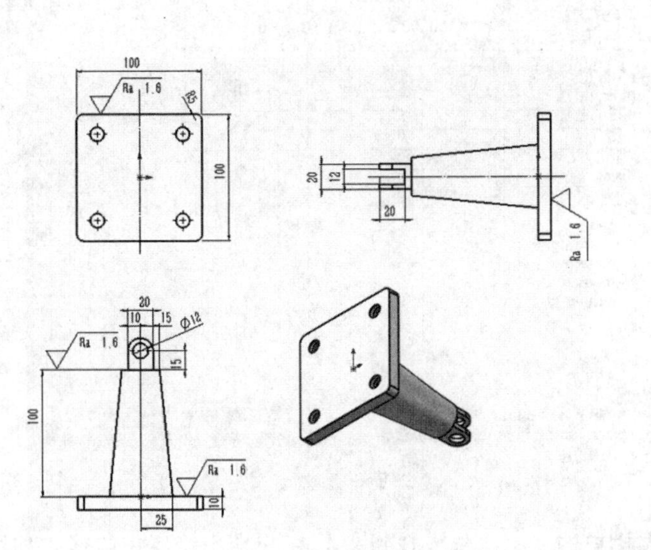

图 18-27　标注表面粗糙度

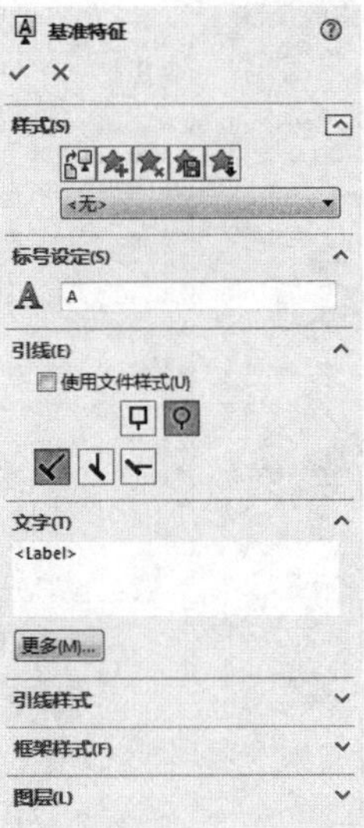

图 18-28　“基准特征”属性管理器

（10）设置完成后，移动光标到需要添加基准特征的位置单击，然后拖动鼠标到合适的位置再次单击即可完成标注，单击✔按钮即可在图中添加基准符号，如图 18-29 所示。

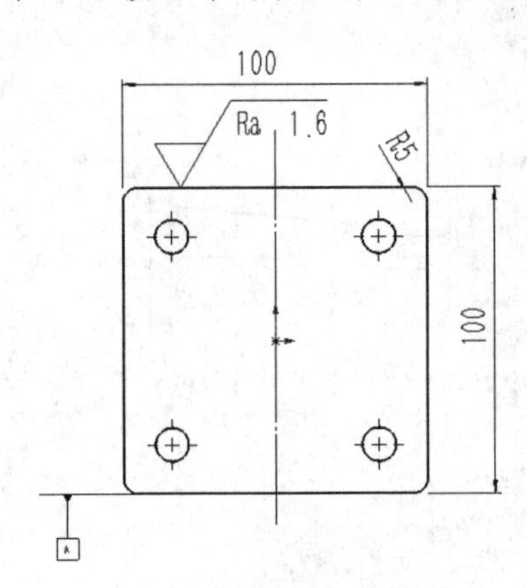

图 18-29　添加基准符号

（11）单击“注解”工具栏中的“形位公差”按钮，会出现“形位公差”属性管理器及“属性”对话框，在属性管理器中设置各参数如图 18-30 所示，在“属性”对话框中设置各参数如图 18-31 所示。

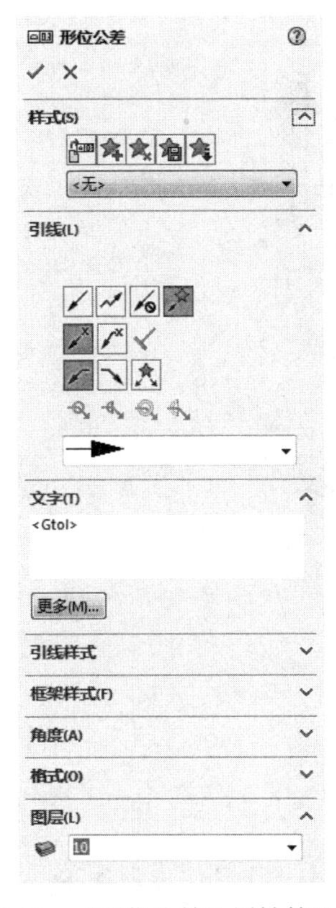

图 18-30　“形位公差”属性管理器

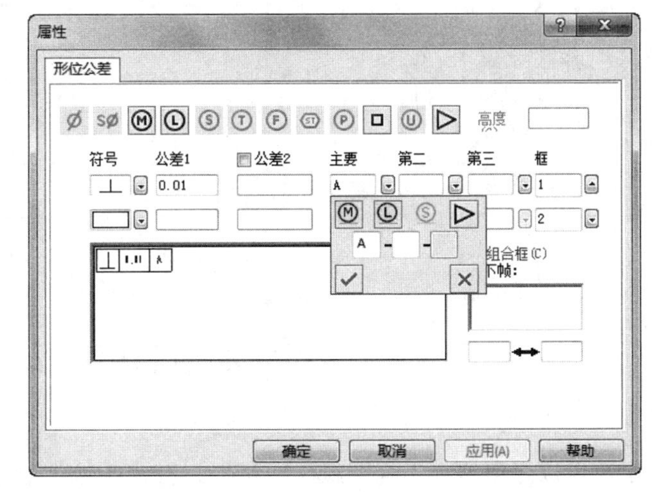

图 18-31　“属性”对话框

（12）设置完成后，移动光标到需要添加形位公差的位置单击即可完成标注，单击✔按钮即可在图中添加形位公差符号，如图 18-32 所示。

（13）选择视图中的所有尺寸，打开“尺寸”属性管理器的“引线”选项卡中的“尺寸界线/引线显示”属性管理器中实心箭头，如图 18-33 所示，单击“确定”按钮。最终可以得到如图 18-34 所示的工程图。工程图的生成到此即结束。

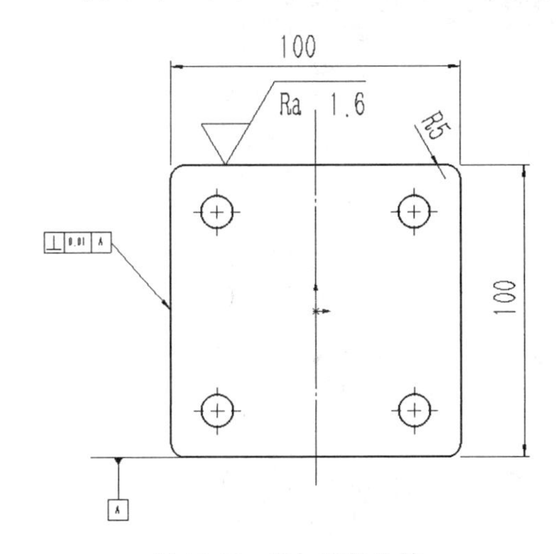

图 18-32　添加形位公差

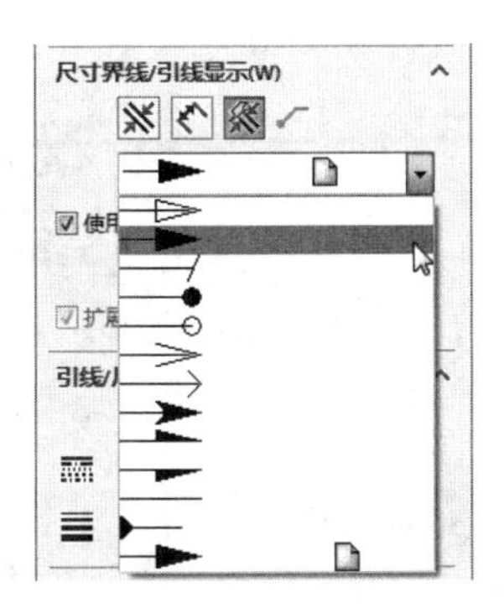

图 18-33　“尺寸界线/引线显示”属性管理器

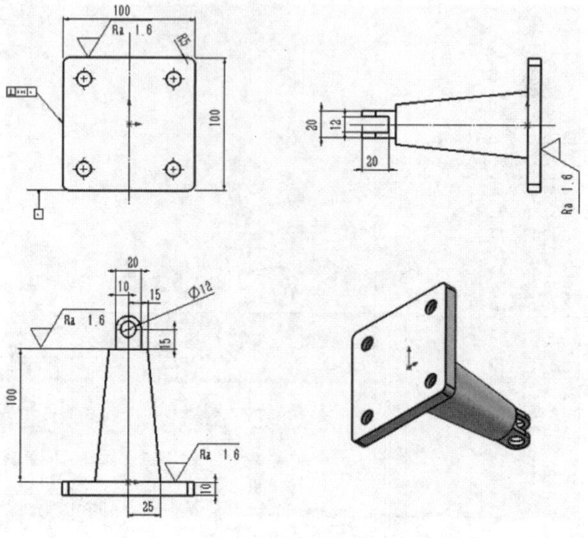

图 18-34　工程图

18.2　打印工程图

用户可以打印整个工程图纸，也可以只打印图纸中所选的区域，其操作步骤如下。

选择菜单栏中的“文件”→“打印”命令，弹出“打印”对话框，如图 18-35 所示。在该对话框中设置相关打印属性，如打印机的选择，打印效果的设置，页眉、页脚设置，打印线条粗细的设置等。在“打印范围”选项组中选中“所有图纸”单选按钮，可以打印整个工程图纸；选中其他三个单选按钮，可以打印工程图中所选区域。单击“确定”按钮，开始打印。

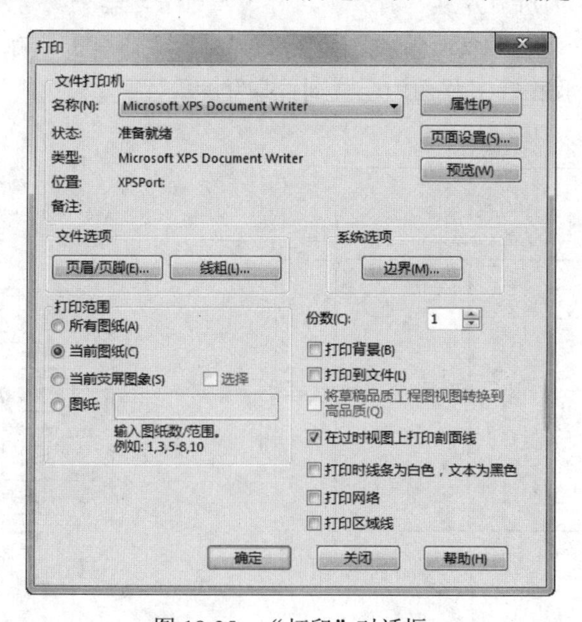

图 18-35　“打印”对话框

18.3　综合实例——机械臂装配体工程图

机械臂装配体工程图如图 18-36 所示。

图 18-36　机械臂装配体

思路分析：

本例将通过如图 18-36 所示机械臂装配体的工程图创建实例，综合利用前面所学的知识讲述利用 SOLIDWORKS 的工程图功能创建工程图的一般方法和技巧。绘制的流程图如图 18-37 所示。

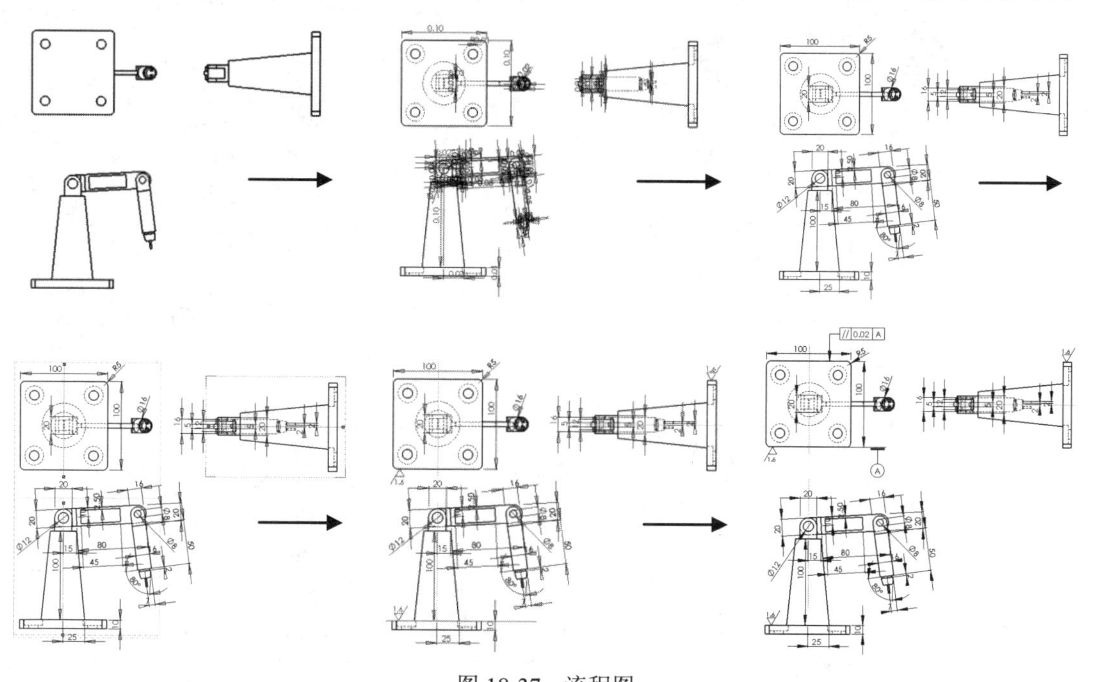

图 18-37　流程图

操作步骤

（1）进入 SOLIDWORKS 2018，选择菜单栏中的“文件”→“打开”命令或单击“标准”工具栏中的“打开”按钮，在弹出的“打开”对话框中选择将要转化为工程图的零件文件。

（2）单击“标准”工具栏中的“从零件/装配图制作工程图”命令，此时会弹出“图纸格式/大小”对话框，选中“自定义图纸大小”单选按钮并设置图纸尺寸，如图 18-38 所示。单击“确定”按钮，完成图纸设置。

图 18-38　“图纸格式/大小”对话框

（3）此时在图形编辑窗口右侧，会出现如图 18-39 所示“视图调色板”属性管理器，选择上视图，在图纸中合适的位置放置上视图，如图 18-40 所示。

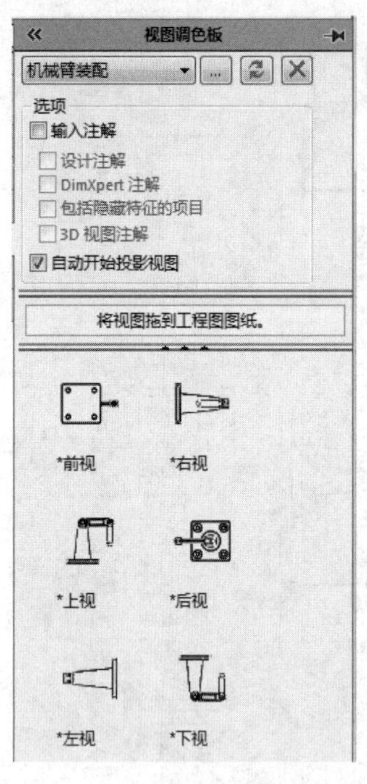

图 18-39　“视图调色板”属性管理器

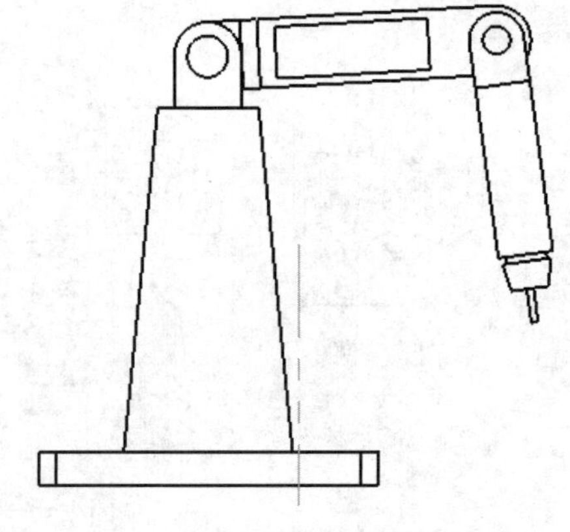

图 18-40　上视图

（4）利用同样的方法，在图形操作窗口放置前视图、左视图，相对位置如图 18-41 所示。

（5）在图形窗口中的上视图内单击，此时会出现“模型视图”属性管理器中设置相关参数：在“显示样式”选项组中单击“隐藏线可见”按钮（如图 18-42 所示），在“比例”选项组中选中“使用自定义比例”单选按钮，此时的三视图将显示隐藏线。工程图结果如图 18-43 所示。

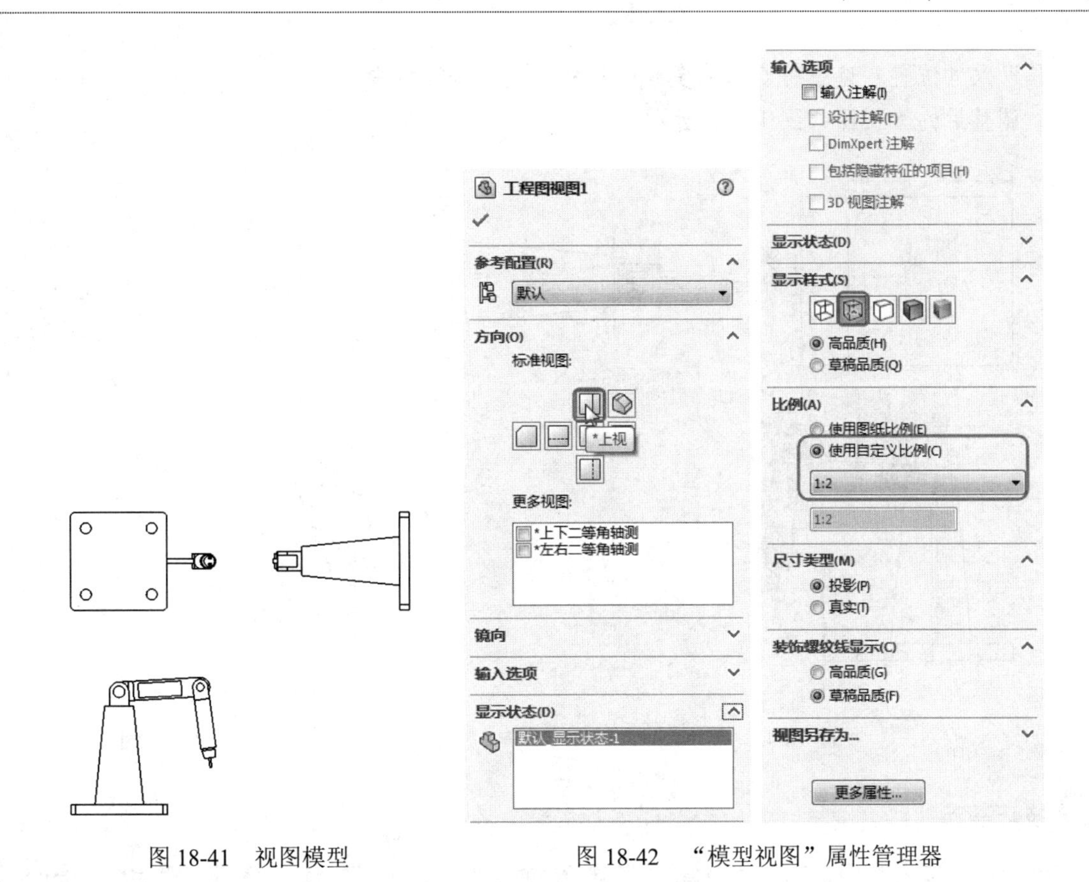

图 18-41　视图模型　　　　图 18-42　“模型视图”属性管理器

（6）选择菜单栏中的“插入”→“模型项目”命令，或者单击“注解”控制面板中的“模型视图”按钮，会出现“模型项目”属性管理器，在属性管理器中设置各参数如图 18-44 所示，单击属性管理器中的✔按钮，这时会在视图中自动显示尺寸，如图 18-45 所示。

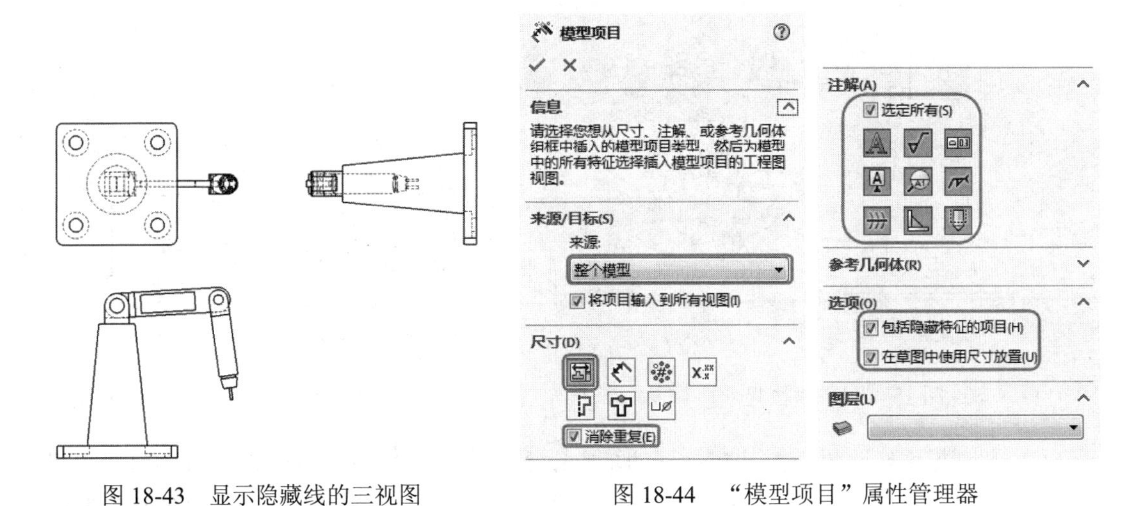

图 18-43　显示隐藏线的三视图　　　　图 18-44　“模型项目”属性管理器

（7）在上视图中选取要移动的尺寸，按住鼠标左键移动光标位置，即可在同一视图中动态地移动尺寸位置。选中将要删除多余的尺寸，然后按键盘中的 Delete 键即可将多余的尺寸删除。调整后的上视图如图 18-46 所示。

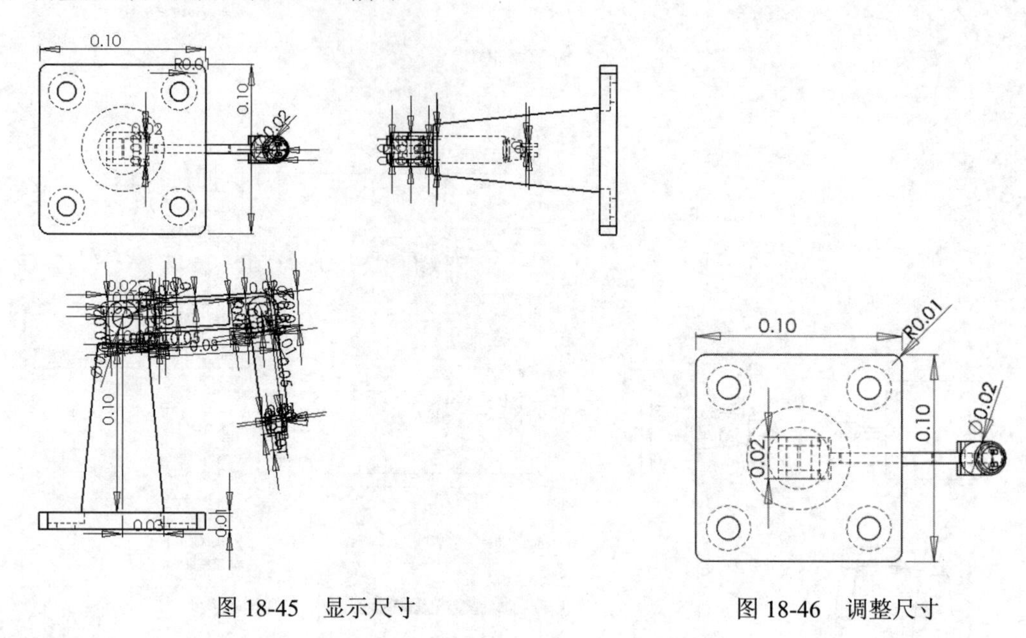

图 18-45　显示尺寸　　　　图 18-46　调整尺寸

技巧荟萃：

如果要在不同视图之间移动尺寸，首先选择要移动的尺寸并按住鼠标左键，然后按住键盘中的 Shift 键，移动光标到另一个视图中释放鼠标左键，即可完成尺寸的移动。

（8）利用同样的方法可以调整前视图、左视图，得到的结果如图 18-47 和图 18-48 所示。

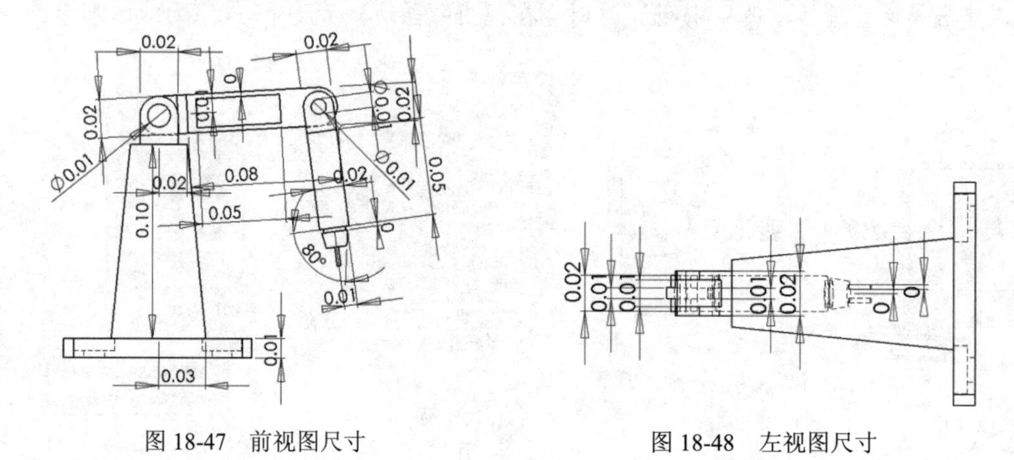

图 18-47　前视图尺寸　　　　图 18-48　左视图尺寸

（9）选择菜单栏中的“工具”→“选项”命令，弹出“选项”对话框，切换到“文档选项”选项卡，在左侧树形列表中选择“单位”选项，如图 18-49 所示。在“单位系统”选项组中选中“MMGS（毫米、克、秒）”单选按钮，单击“确定”按钮，退出对话框。设置完成的三视图如图 18-50 所示。

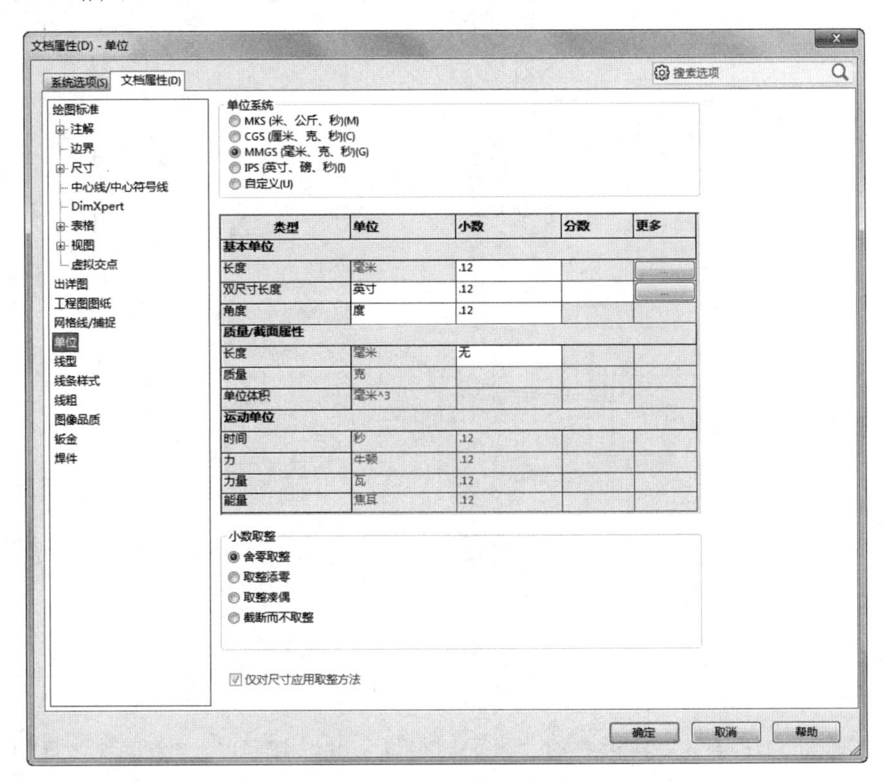

图 18-49　“文档属性”选项卡

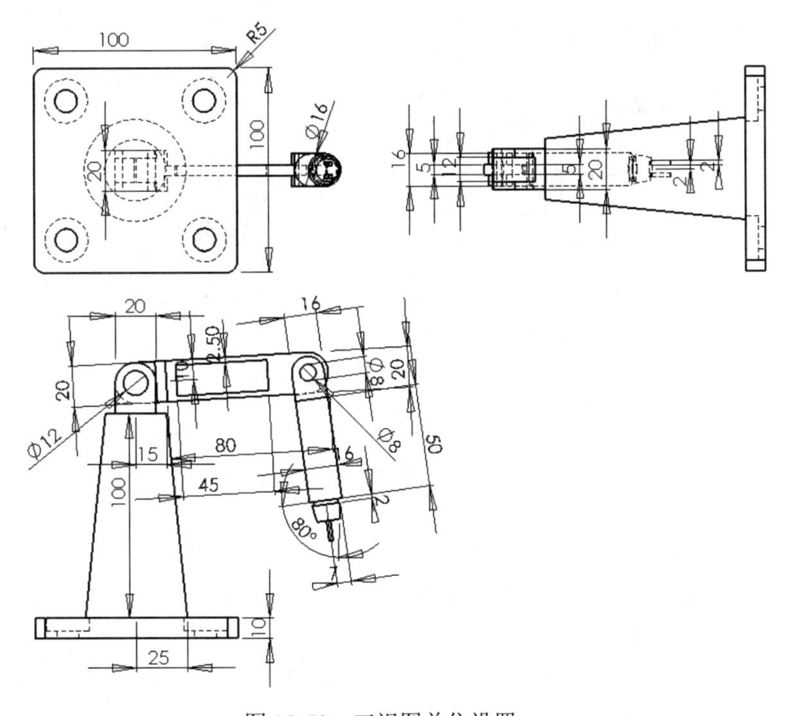

图 18-50　三视图单位设置

（10）单击“草图绘制”工具栏中的“中心线”按钮，在三视图中绘制中心线，如图 18-51 所示。

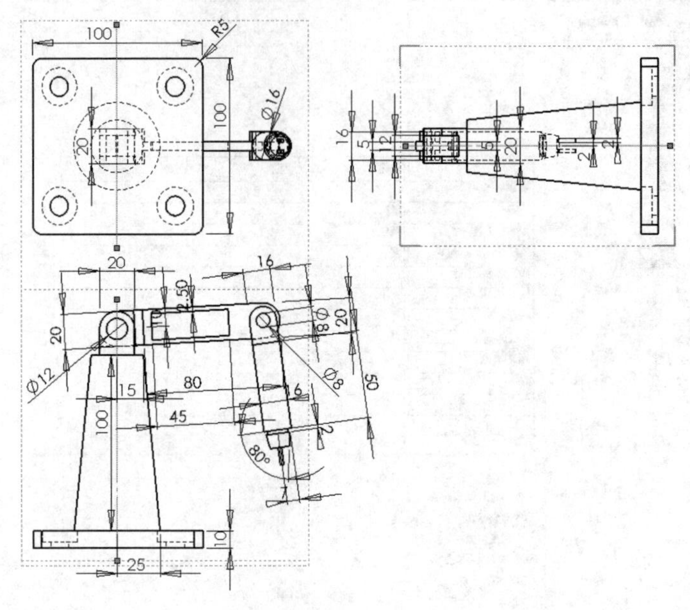

图 18-51 绘制中心线

（11）单击“注解”工具栏中的“表面粗糙度符号”按钮，会出现“表面粗糙度”属性管理器，在属性管理器中设置各参数如图 18-52 所示。

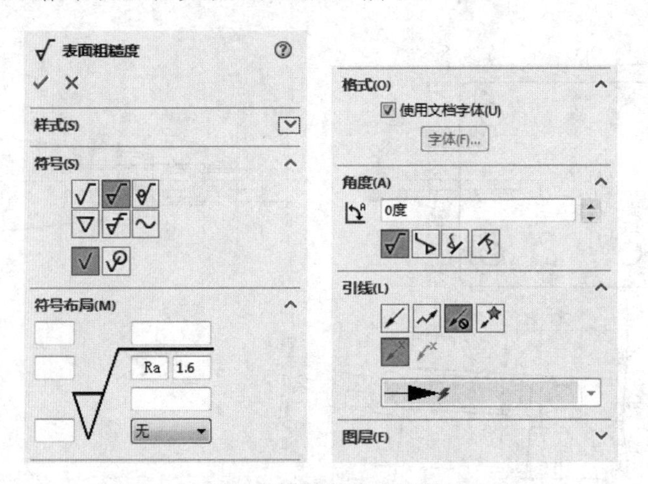

图 18-52 “表面粗糙度”属性管理器

（12）设置完成后，移动光标到需要标注表面粗糙度的位置，单击即可完成标注，单击属性管理器中的按钮，表面粗糙度即可标注完成。下表面的标注需要设置角度为 180°，标注表面粗糙度效果如图 18-53 所示。

（13）单击“注解”工具栏中的“基准特征”按钮，会出现“基准特征”属性管理器，在属性管理器中设置各参数如图 18-54 所示。

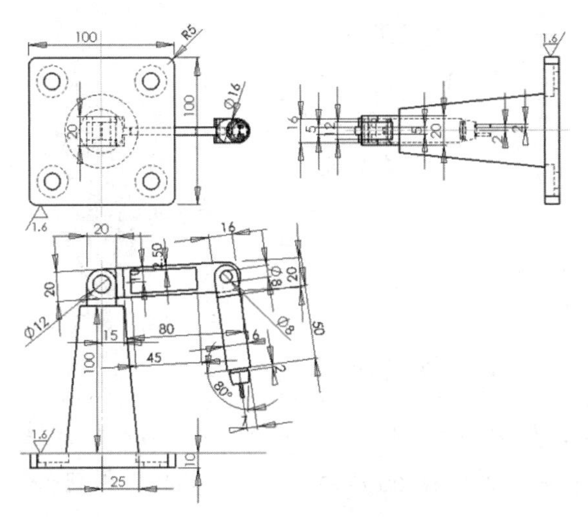

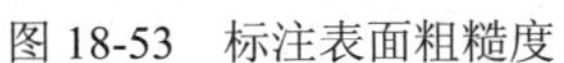
图 18-53 标注表面粗糙度

图 18-54 “基准特征”属性管理器

（14）设置完成后，移动光标到需要添加基准特征的位置单击，然后拖动鼠标到合适的位置再次单击即可完成标注，单击✓按钮即可在图中添加基准符号，如图 18-55 所示。

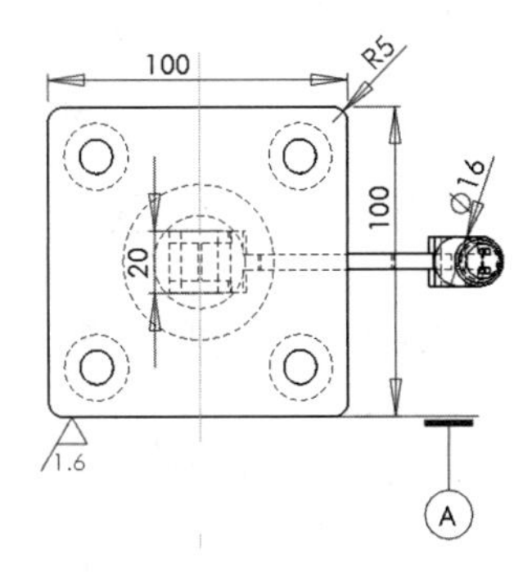

图 18-55 添加基准符号

（15）单击“注解”工具栏中“形位公差”按钮，会出现“形位公差”属性管理器及“属性”对话框，在属性管理器中设置各参数如图 18-56 所示，在“属性”对话框中设置各参数如图 18-57 所示。

（16）设置完成后，移动光标到需要添加形位公差的位置单击即可完成标注，单击✓按钮即可在图中添加形位公差符号，如图 18-58 所示。

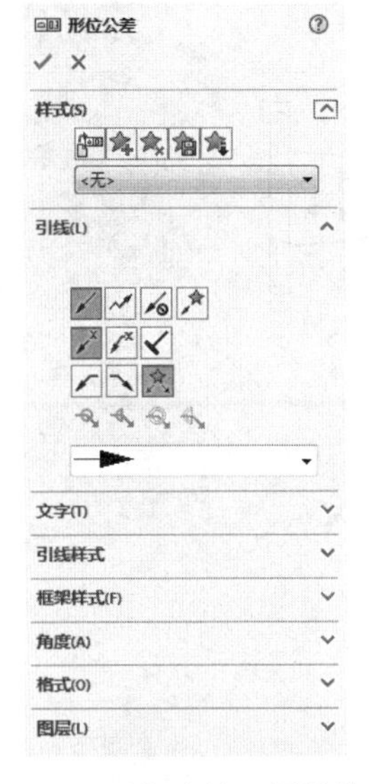

图 18-56 “形位公差”属性管理器

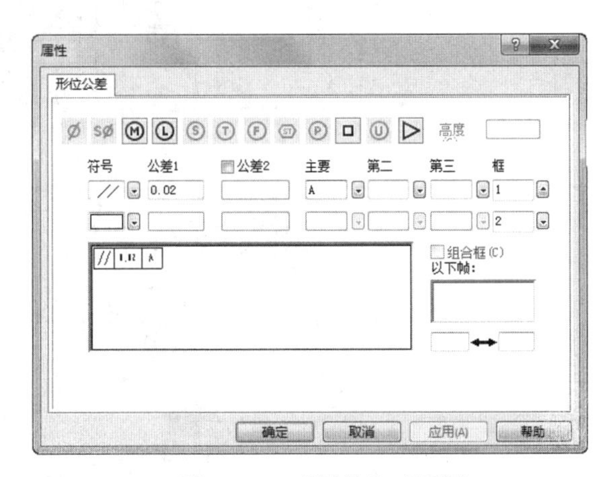

图 18-57 “属性”对话框

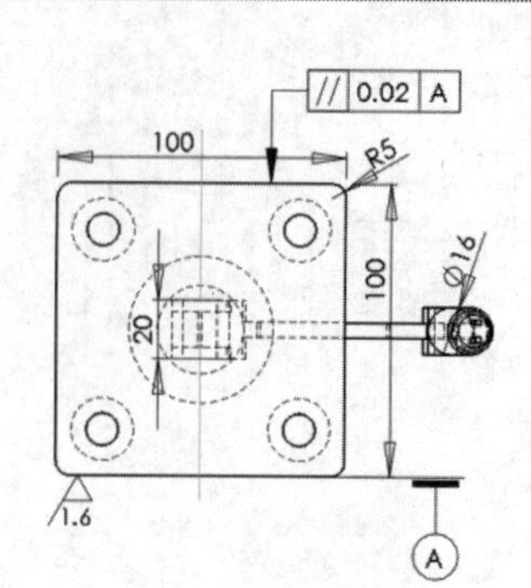

图 18-58　添加形位公差

（17）选择上视图中的所有尺寸，如图 18-59 所示，打开“尺寸”属性管理器中的“尺寸界线/引线显示”属性管理器中实心箭头，如图 18-60 所示，单击“确定”按钮。

（18）利用同样的方法修改前视图、左视图中尺寸的属性，最终可以得到如图 18-61 所示的工程图。工程图的生成到此即结束。

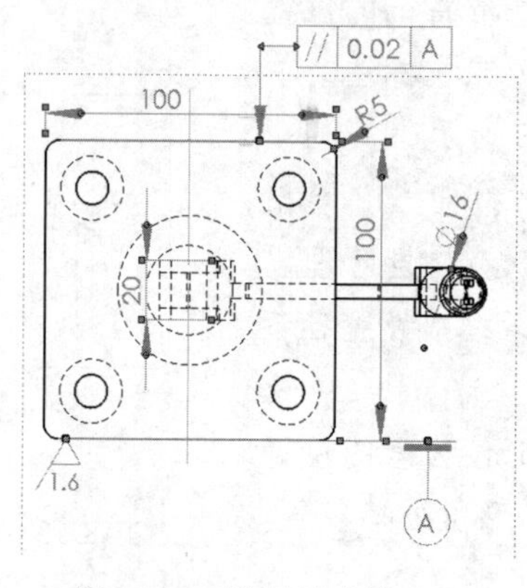

图 18-59　选择尺寸线

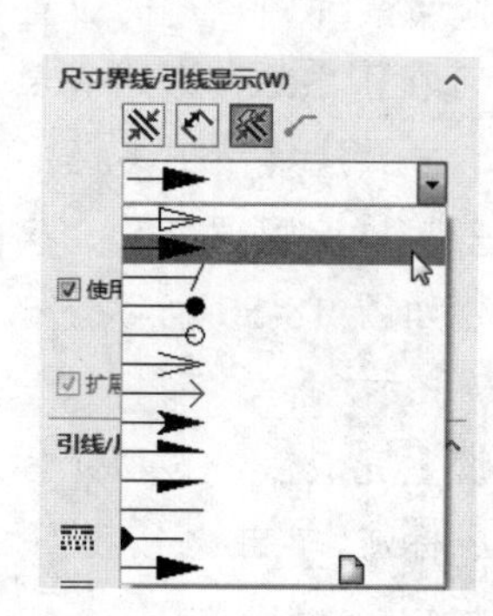

图 18-60　“尺寸界线/引线显示”属性管理器

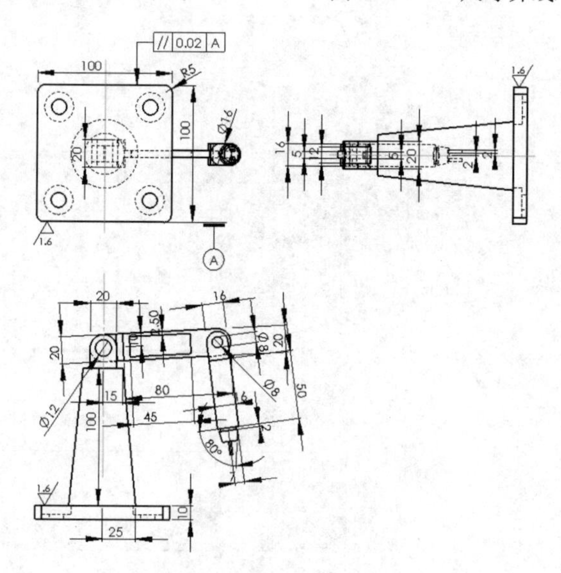

图 18-61　工程图

第 19 章　动画制作

内容简介

SOLIDWORKS 是一款功能强大的中高端 CAD 软件，方便快捷是其最大特色，特别是自 SOLIDWORKS 2001 后内置的 animator 插件，秉承 SOLIDWORKS 一贯的简便易用的风格，可以很方便地完成工程机构的演示动画，让原先呆板的设计成品动了起来，用最简单的办法实现了产品的功能展示，增强了产品的竞争力以及与客户的亲和力。

内容要点

- 运动算例
- 动画向导
- 动画

案例效果

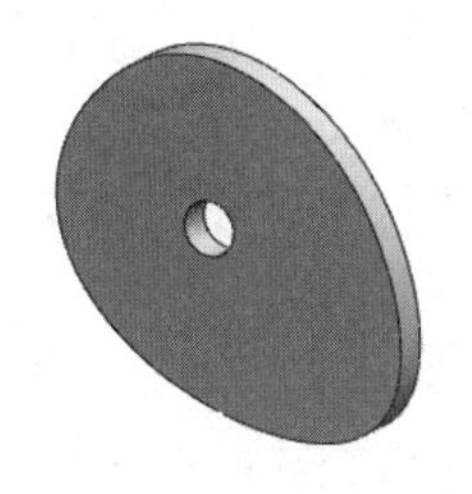

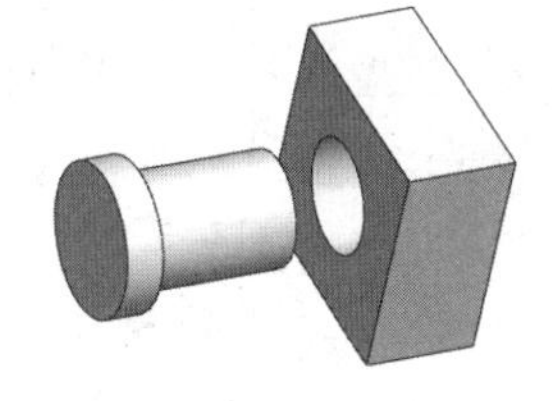

19.1　运动算例

运动算例是装配体模型运动的图形模拟，可将诸如光源和相机透视图之类的视觉属性融合到运动算例中。运动算例不更改装配体模型或其属性。

19.1.1　新建运动算例

新建运动算例有两种方法：

（1）新建一个零件文件或装配体文件，在 SOLIDWORKS 界面左下角会出现“运动算例”标签。右击“运动算例”标签，在弹出的快捷菜单中选择“生成新运动算例”命令，如图 19-1 所示，自动生成新的运动算例。

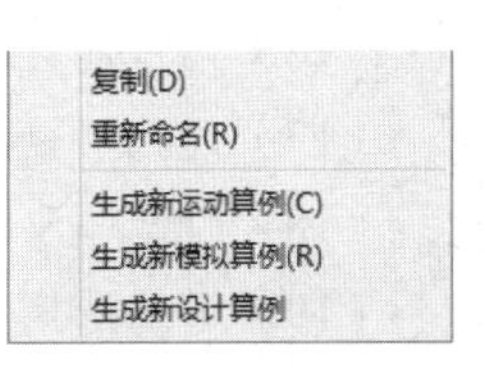

图 19-1　右键快捷菜单

（2）打开装配体文件，单击“装配体”控制面板中的“新建运动算例”按钮，在左下角自动生成新的运动算例。

19.1.2 运动算例 MotionManager 简介

单击“运动算例 1”标签，弹出“运动算例 1”MotionManager，如图 19-2 所示。

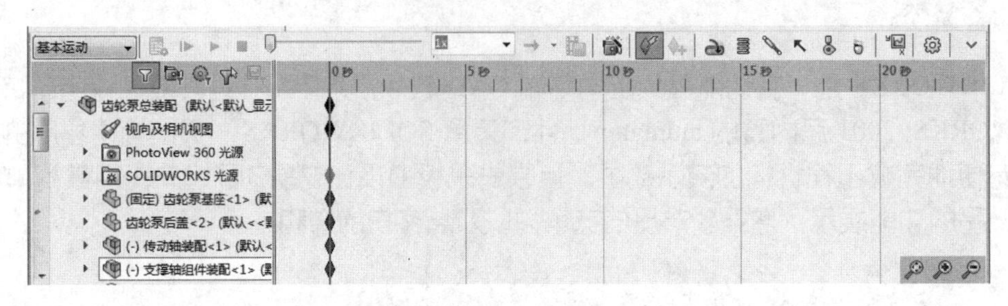

图 19-2 MotionManager

1. MotionManager 工具

（1）算例类型：选取运动类型的逼真度，包括动画和基本运动。

（2）计算：单击此按钮，部件的视象属性将会随着动画的进程而变化。

（3）从头播放：重设定部件并播放模拟，在计算模拟后使用。

（4）播放：从当前时间栏位置播放模拟。

（5）停止：停止播放模拟。

（6）播放速度：设定播放速度乘数或总的播放持续时间。

（7）播放模式：包括正常、循环和往复。正常：一次性从头到尾播放。循环：从头到尾连续播放，然后从头反复，继续播放。往复：从头到尾连续播放，然后从尾反放。

（8）保存动画：将动画保存为 AVI 或其他类型。

（9）动画向导：在当前时间栏位置插入视图旋转或爆炸/解除爆炸。

（10）自动解码：当按下此按钮时，在移动或更改零部件时自动放置新键码。再次单击可切换该选项。

（11）添加/更新键码：单击以添加新键码或更新现有键码的属性。

（12）马达：移动零部件，似乎由马达所驱动。

（13）弹簧：在两个零部件之间添加一弹簧。

（14）接触：定义选定零部件之间的接触。

（15）引力：给算例添加引力。

（16）无过滤：显示所有项。

（17）过滤动画：显示在动画过程中移动或更改的项目。

（18）过滤驱动：显示引发运动或其他更改的项目。

（19）过滤选定：显示选中项。

（20）过滤结果：显示模拟结果项目。

（21）放大：放大时间线以将关键点和时间栏更精确定位。

（22）缩小：缩小时间线以在窗口中显示更大时间间隔。

（23）全屏显示全图：重新调整时间线视图比例。

2. MotionManager 界面

（1）时间线：时间线是动画的时间界面。时间线位于 MotionManager 设计树的右方。时间线显示运动算例中动画事件的时间和类型。时间线被竖直网格线均分，这些网络线对应于表示时间的数字标记，数字标记从 00:00:00 开始。时标依赖于窗口大小和缩放等级。

（2）时间栏：时间线上的纯黑灰色竖直线即为时间栏。它代表当前时间。在时间栏上单击鼠标右键，弹出快捷菜单，如图 19-3 所示。其中部分选项介绍如下。

- 放置键码：指针位置添加新键码点并拖动键码点以调整位置。
- 粘贴：粘贴先前剪切或复制的键码点。
- 选择所有：选取所有键码点以将之重组。

图 19-3　时间栏右键快捷菜单

（3）更改栏：更改栏是连接键码点的水平栏，表示键码点之间的更改。

（4）键码点代表动画位置更改的开始或结束或者某特定时间的其他特性。

（5）关键帧是键码点之间可以为任何时间长度的区域。其定义装配体零部件运动或视觉属性更改所发生的时间。

MotionManager 界面上的按钮和更改栏功能如表 19-1 所示。

表 19-1　更改栏功能

图标和更改栏	更改栏功能
	总动画持续时间
	视向及相机视图
	选取了禁用观阅键码播放
	驱动运动
	从动运动
	爆炸
	外观
	配合尺寸
	任何零部件或配合键码
	任何压缩的键码
	位置还未解出
	位置不能到达
	隐藏的子关系

19.2　动画向导

单击“运动算例 1” MotionManager 上的“动画向导”按钮，弹出“选择动画类型”对话框，如图 19-4 所示。

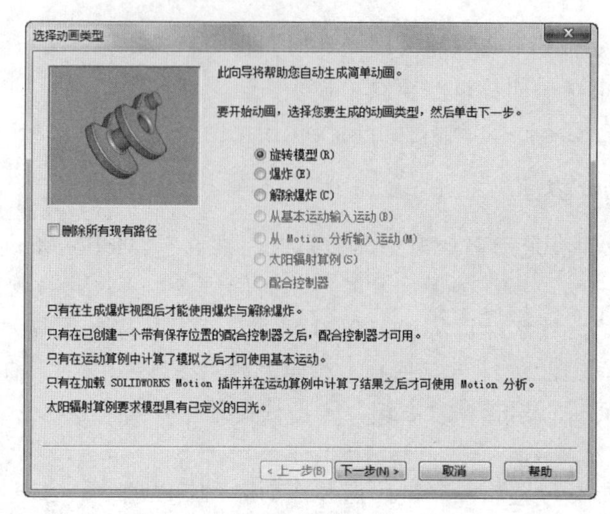

图 19-4 “选择动画类型”对话框

扫一扫，看视频

19.2.1 旋转

下面结合实例讲述旋转零件或装配体的方法。

操作步骤

（1）打开零件文件。打开“凸轮”零件，如图 19-5 所示。

（2）单击“运动算例 1”中 MotionManager 上的“动画向导”按钮，弹出“选择动画类型”对话框。

（3）在“选择动画类型”对话框中选中“旋转模型”单选按钮，单击“下一步”按钮。

（4）弹出“选择-旋转轴”对话框，如图 19-6 所示，在对话框中选择旋转轴为“Z-轴”，旋转次数为 1，逆时针旋转。单击“下一步”按钮。

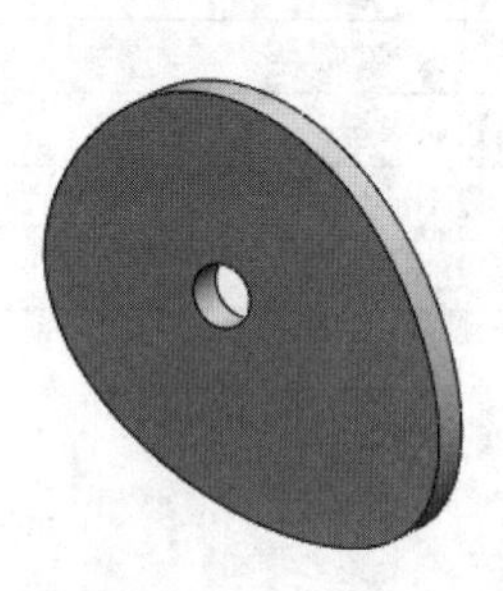

图 19-5 “凸轮”零件

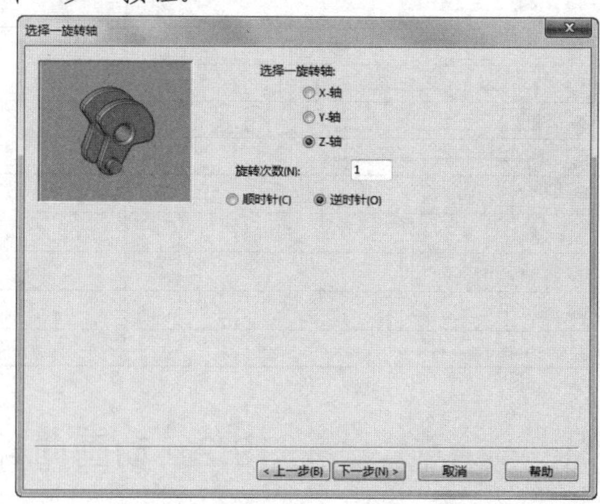

图 19-6 “选择-旋转轴”对话框

（5）弹出“动画控制选项”对话框，如图 19-7 所示。在对话框中设置时间长度为 10，开始时间为 0，单击“完成”按钮。

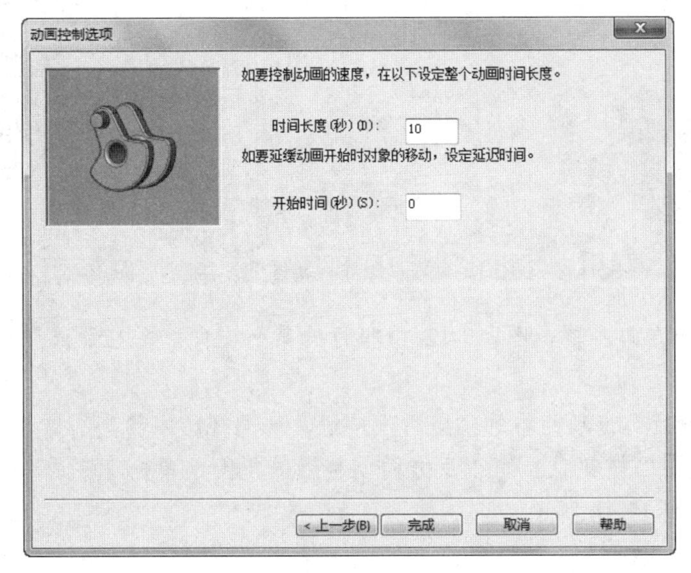

图 19-7 “动画控制选项”对话框

（6）单击“运动算例 1”中 MotionManager 上的“播放” ▶按钮，视图中的实体绕 z 轴逆时针旋转 10s，图 19-8 所示是凸轮旋转到 5s 时的动画，MotionManager 界面如图 19-9 所示。

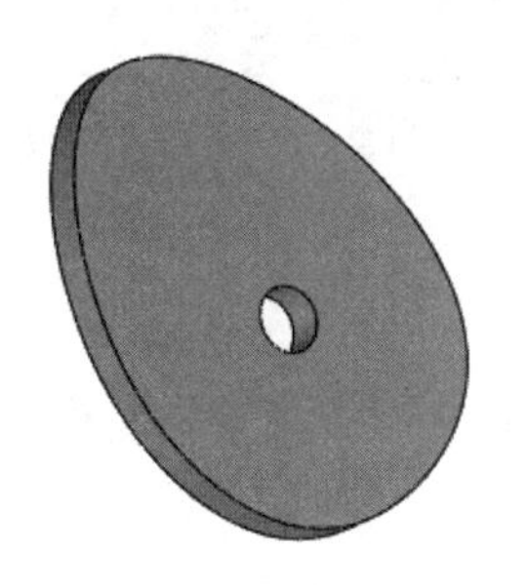

图 19-8 动画

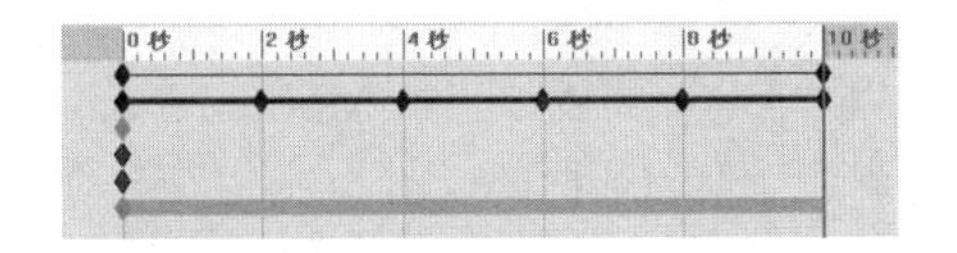

图 19-9 MotionManager 界面

19.2.2 爆炸/解除爆炸

扫一扫，看视频

下面结合实例讲述爆炸/解除爆炸的方法。

操作步骤

（1）打开装配体文件。打开实体“同轴心”装配体，如图 19-10 所示。

（2）执行创建爆炸视图命令。选择菜单栏中的“插入”→“爆炸视图”命令，此时系统弹出如图 19-11 所示的“爆炸”属性管理器。

（3）设置属性管理器。在“设定”选项组中单击“爆炸步骤零部件”按钮右侧的列表框，然后在绘图区中，单击图 19-10 中的“同轴心 1”零件，此时装配体中被选中的零件被亮显，并且出现一个设置移动方向的坐标，如图 19-12 所示。

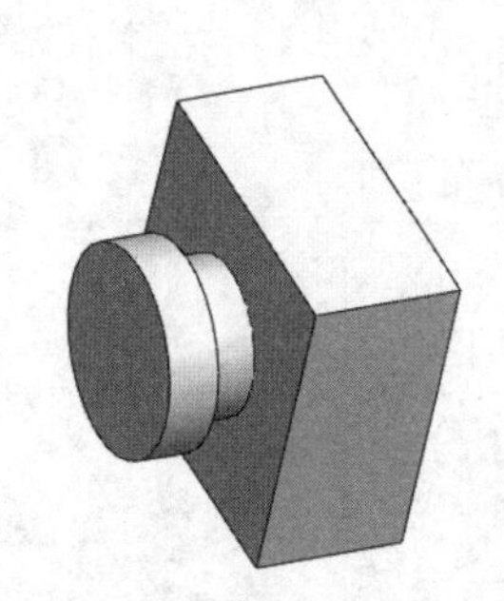

图 19-10 “同轴心”装配体

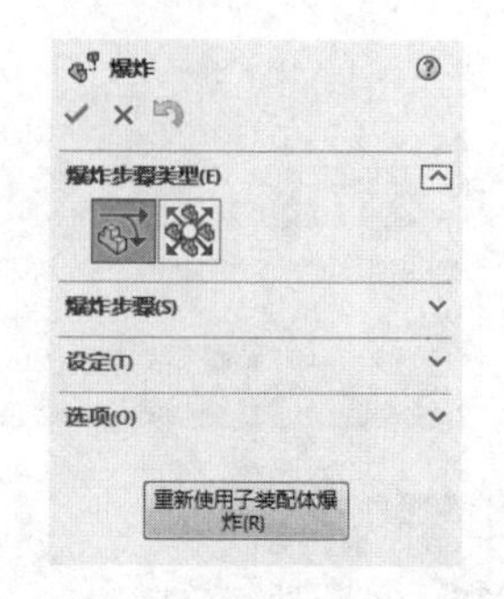

图 19-11 “爆炸”属性管理器

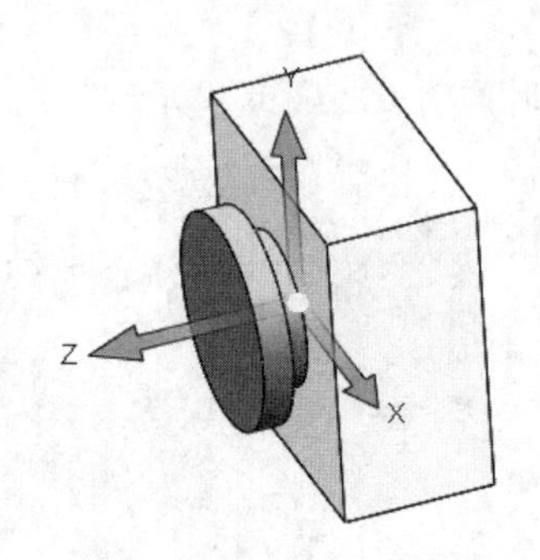

图 19-12 移动方向的坐标

（4）设置爆炸方向。单击图 19-12 中坐标的某一方向，并在距离中设置爆炸距离，如图 19-13 所示。

（5）单击“设定”选项组中的“应用”按钮，观测视图中预览的爆炸效果，单击“爆炸方向”前面的“反向”按钮，可以反方向调整爆炸视图。单击“完成”按钮，第一个零件爆炸完成。结果如图 19-14 所示。

图 19-13 设置方向和距离

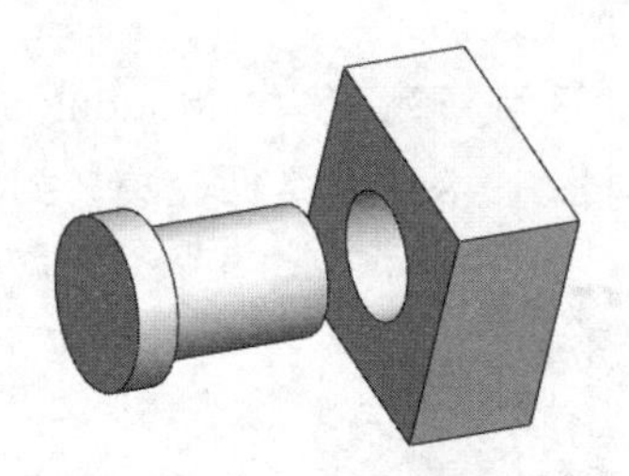

图 19-14 爆炸视图

（6）单击“运动算例 1”中 MotionManager 上的“动画向导”按钮，弹出“选择动画类型”对话框，如图 19-15 所示。

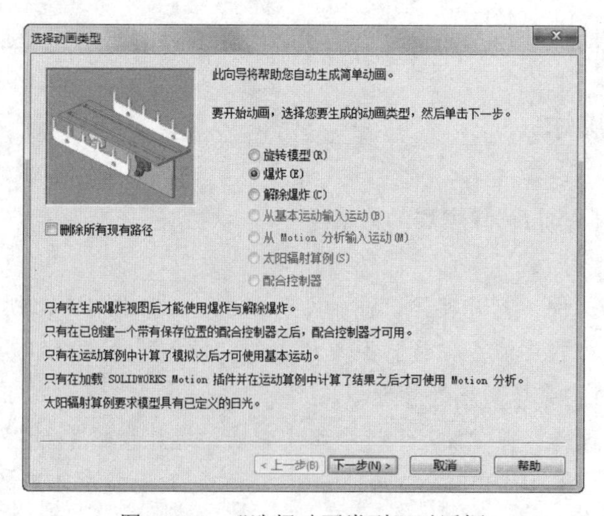

图 19-15 “选择动画类型”对话框

（7）在“选择动画类型”对话框中选中“爆炸”单选按钮，单击“下一步”按钮。

（8）弹出“动画控制选项”对话框，如图 19-16 所示。在对话框中设置时间长度为 10，开始时间为 0，单击“完成”按钮。

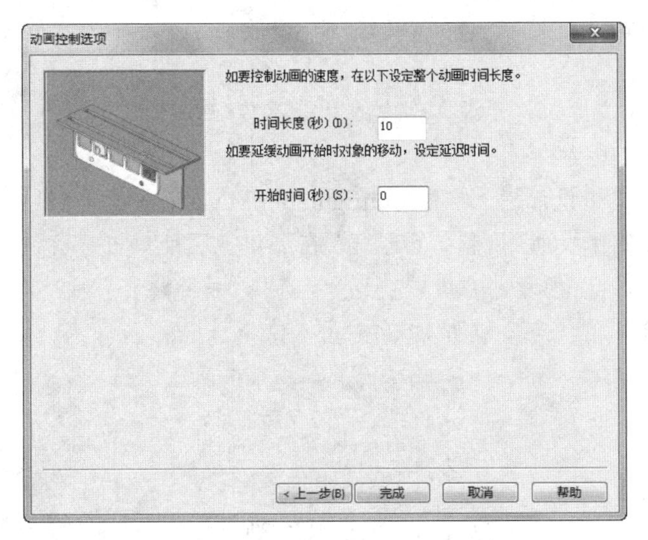

图 19-16　“动画控制选项”对话框

（9）单击“运动算例 1”中 MotionManager 上的“播放”按钮▶，视图中的“同轴心 1”零件沿 z 轴正向运动。动画如图 19-17 所示，MotionManager 界面如图 19-18 所示。

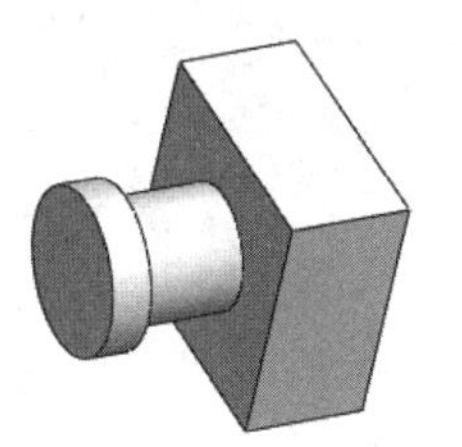

图 19-17　动画

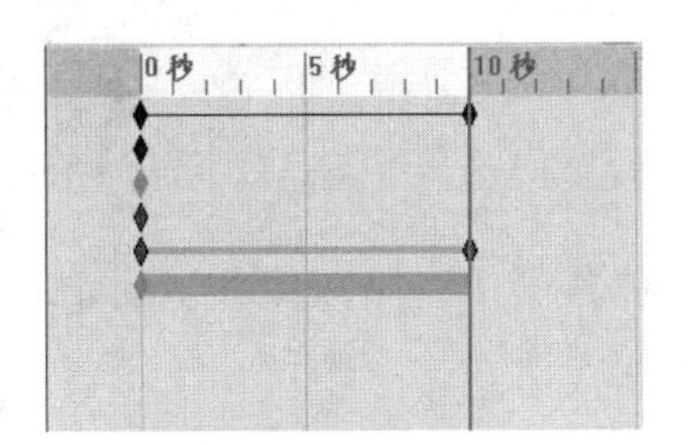

图 19-18　MotionManager 界面

（10）在“选择动画类型”对话框中选中“解除爆炸”单选按钮。

（11）单击“运动算例 1”中 MotionManager 上的“播放”按钮▶，视图中的“同轴心 1”零件向 z 轴负方向运动。动画如图 19-19 所示，MotionManager 界面如图 19-20 所示。

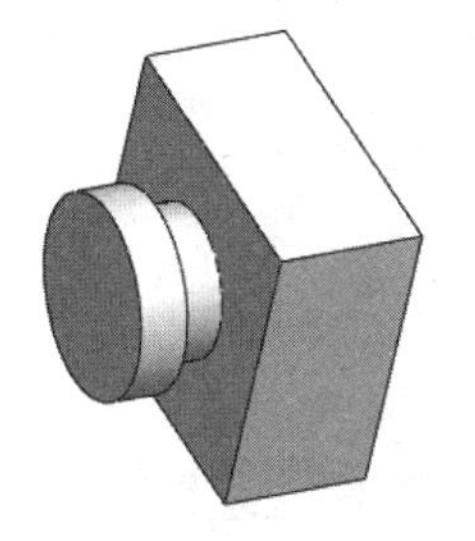

图 19-19　动画

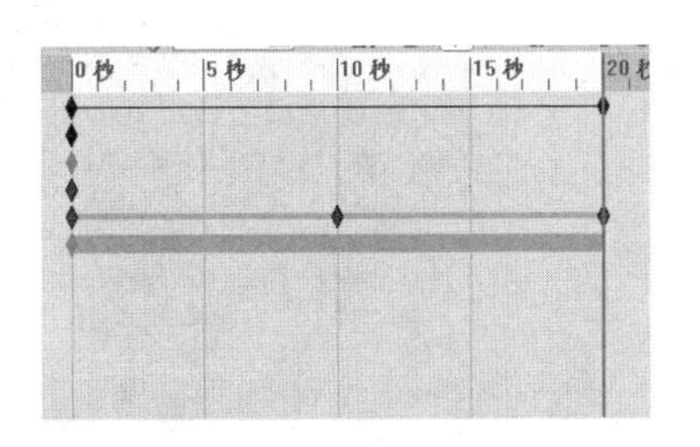

图 19-20　MotionManager 界面

扫一扫，看视频

19.2.3 实例——轴承装配体分解结合动画

本例将通过轴承装配体分解结合动画实例讲述利用动画向导建立动画的一般过程。

图 19-21 轴承装配体爆炸

操作步骤

（1）打开装配体文件。打开源文件中的“轴承装配体爆炸”实体模型，如图 19-21 所示。

（2）解除爆炸。单击设计树上方的 ConfigurationManager 标签栏，打开如图 19-22 所示的“配置”管理器，在爆炸视图处单击鼠标右键，弹出如图 19-23 所示的右键快捷菜单，选择“解除爆炸”命令，装配体恢复爆炸前状态，如图 19-24 所示。

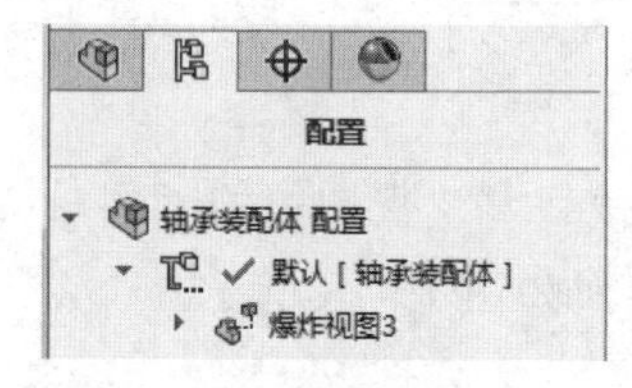

图 19-22 “配置”管理器

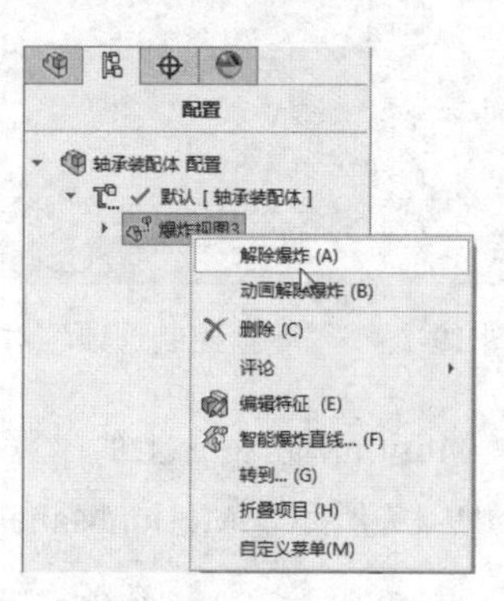

图 19-23 右键快捷菜单

图 19-24 解除爆炸

（3）爆炸动画。

①单击“运动算例 1”中 MotionManager 上的“动画向导”按钮，弹出“选择动画类型”对话框，如图 19-25 所示。

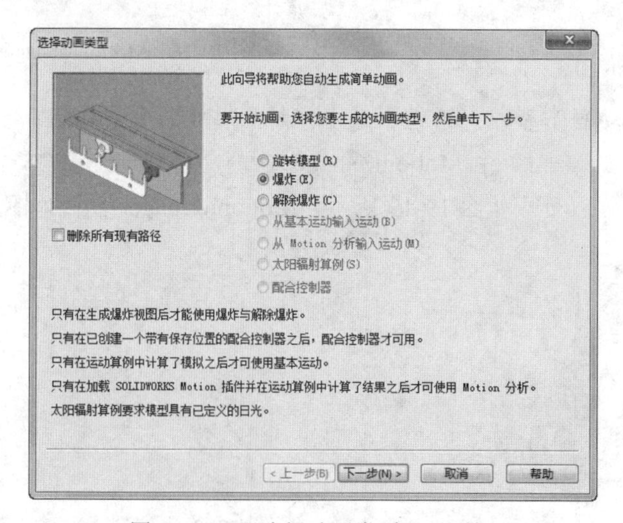

图 19-25 “选择动画类型”对话框

②在“选择动画类型”对话框中选中“爆炸”单选按钮，单击“下一步”按钮。

③弹出“动画控制选项”对话框，如图 19-26 所示。在对话框中设置时间长度为 15，开始时间为 0，单击“完成”按钮。

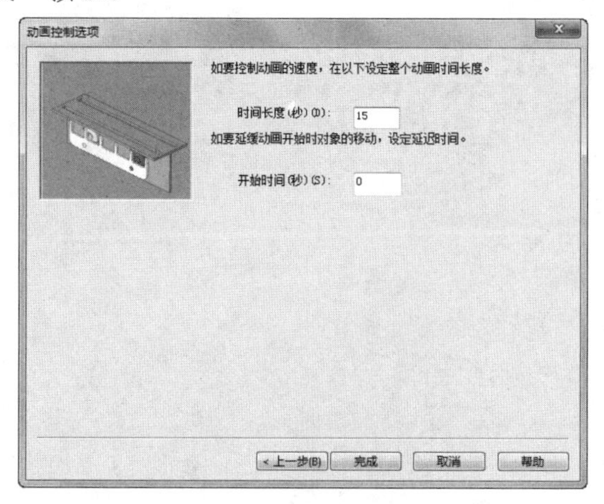

图 19-26　“动画控制选项”对话框

④单击“运动算例 1”中 MotionManager 上的“播放”按钮▶，视图中的各个零件按照爆炸图的路径运动。在 6s 处的动画如图 19-27 所示，MotionManager 界面如图 19-28 所示。

图 19-27　在 6s 处的动画

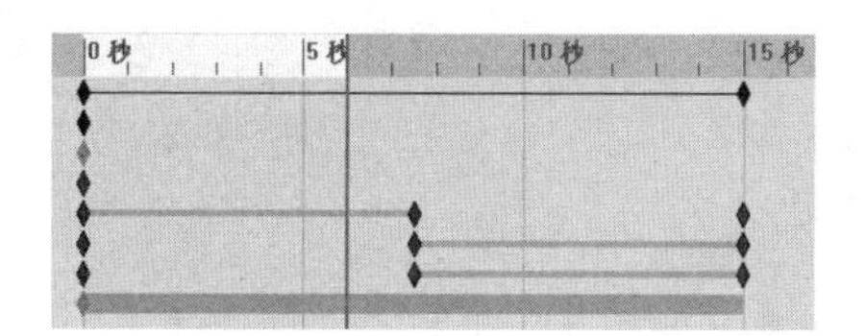

图 19-28　MotionManager 界面

（4）结合动画。

①单击“运动算例 1”中 MotionManager 上的“动画向导”按钮，弹出“选择动画类型”对话框，如图 19-29 所示。

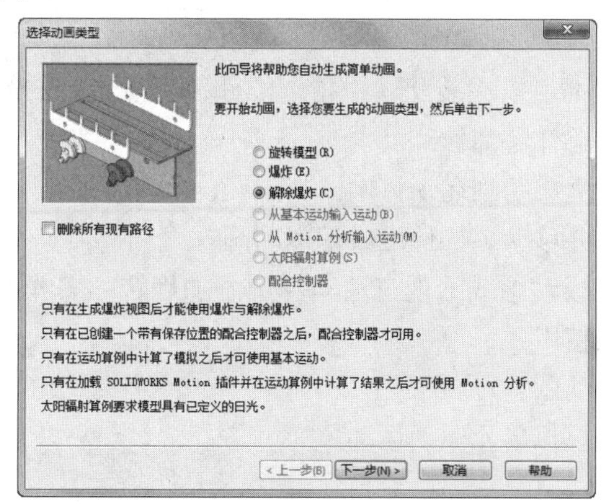

图 19-29　“选择动画类型”对话框

②在“选择动画类型”对话框中选中“解除爆炸”单选按钮，单击“下一步”按钮。

③弹出“动画控制选项”对话框，如图 19-30 所示。在对话框中设置时间长度为 15，开始时间为 16，单击“完成”按钮。

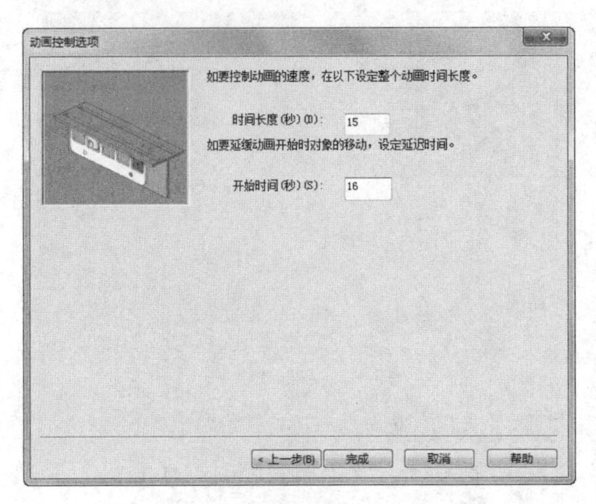

图 19-30 “动画控制选项”对话框

④单击“运动算例 1”中 MotionManager 上的“播放”按钮▶，视图中的各个零件按照爆炸图的路径运动。在 21.5s 处的动画如图 19-31 所示，MotionManager 界面如图 19-32 所示。

图 19-31 在 21.5s 处的动画

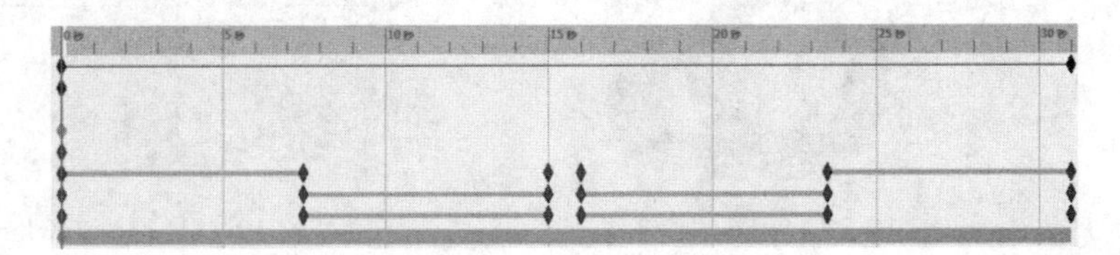

图 19-32 MotionManager 界面

19.3 动画

使用动画来生成使用插值以在装配体中指定零件点到点运动的简单动画，可使用动画将基于马达的动画应用到装配体零部件。

可以通过以下方式来生成动画运动算例。

- 通过拖动时间栏并移动零部件生成基本动画。
- 使用动画向导生成动画或给现有运动算例添加旋转、爆炸或解除爆炸效果（在运动分析算例中无法使用）。
- 生成基于相机的动画。
- 使用马达或其他模拟单元驱动运动。

19.3.1　基于关键帧动画

可以通过沿时间线拖动时间栏到某一时间关键点，然后移动零部件到目标位置的方式来创建基本的动画。MotionManager 将零部件从其初始位置移动到指定的特定时间的位置。

沿时间线移动时间栏为装配体位置中的下一更改定义时间。

19.3.2　实例——创建茶壶的动画

扫一扫，看视频

本例将通过茶壶动画实例讲述基于关键帧建立动画的一般过程。

操作步骤

（1）打开源文件中的“茶壶”装配体，单击“前导视图”工具栏中的“等轴测”视图，如图 19-33 所示。

（2）在 MotionManager 中的“视向及相机视图”栏时间线 0s 处单击鼠标右键，在弹出的快捷菜单中选择“替换键码”命令。

（3）将时间线拖动到 2s 处，在视图中将视图旋转，如图 19-34 所示。

图 19-33　等轴测视图

图 19-34　旋转后的视图

（4）在“视向及相机视图”栏时间线上单击鼠标右键，在弹出的快捷菜单中选择“放置键码”命令。

（5）单击 MotionManager 工具栏上的▶键，茶壶动画如图 19-35 所示，MotionManager 界面如图 19-36 所示。

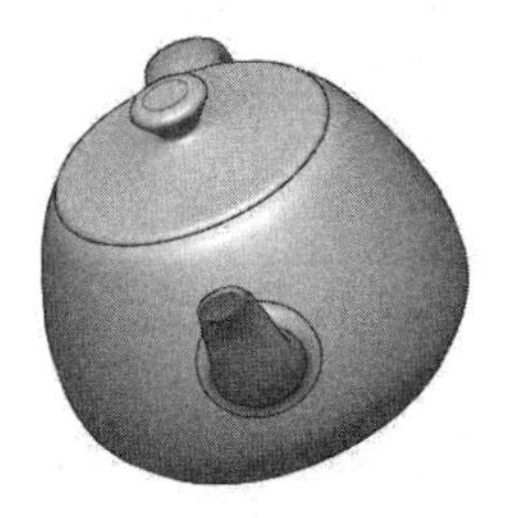
图 19-35　动画中的茶壶

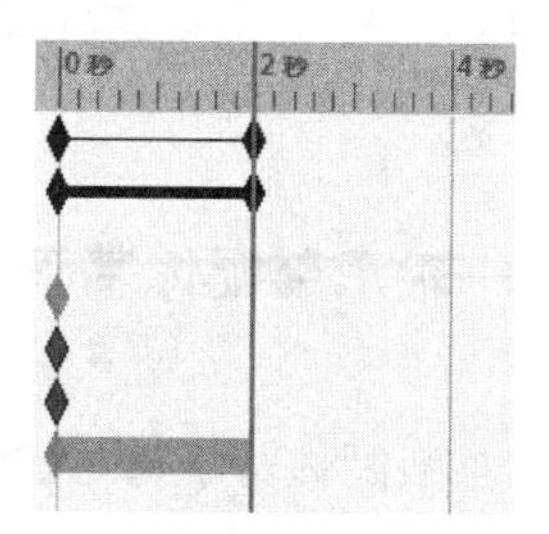

图 19-36　MotionManager 界面

（6）将时间线拖动到 4s 处。

（7）在茶壶装配 FeatureManager 设计树中，删除或压缩重合配合，如图 19-37 所示。

（8）单击“运动算例 1”中 MotionManager 上的“自动键码”按钮，当按下时，会自动为拖动的部件在当前时间栏生成键码。

（9）单击“装配体”面板中的“移动零部件”按钮，在视图中拖动壶盖沿 Y 轴移动，如图 19-38 所示。

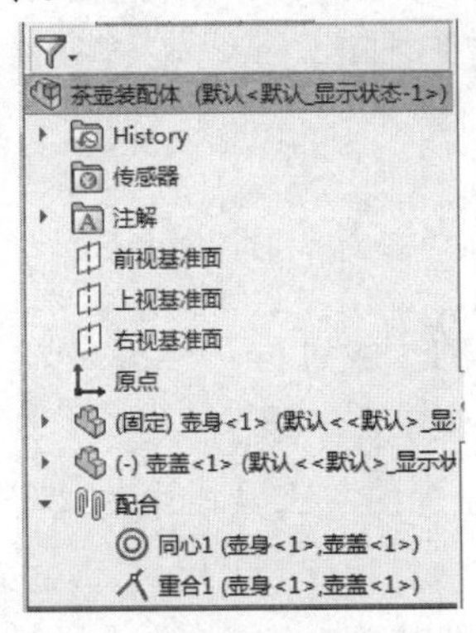

图 19-37　茶壶装配 FeatureManager 设计树

图 19-38　移动壶盖

（10）单击 MotionManager 工具栏上的▶键，茶壶动画如图 19-39 所示，MotionManager 界面如图 19-40 所示。

图 19-39　动画中的茶壶

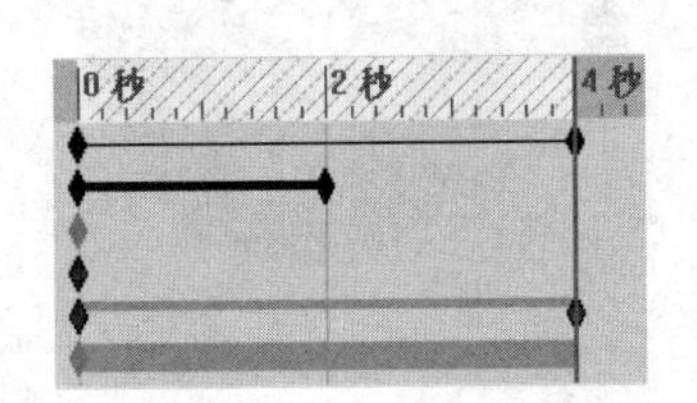

图 19-40　MotionManager 界面

19.3.3　基于马达的动画

可以通过“马达”属性管理器创建旋转马达或线性马达。下面结合实例讲述基于马达的动画设置的方法。

扫一扫，看视频

19.3.4　实例——轴承装配体基于马达的动画

本例将通过轴承装配体基于马达的动画实例讲述基于马达建立动画的一般过程。

操作步骤

1. 基于旋转马达的动画

（1）打开文件。资源包：源文件\第 19 章\轴承装配体\轴承装配体.SLDASM”装配体，如图 19-41 所示。

（2）在轴承装配体“FeatureManager 设计树”上删除所有的配合，然后将保持架零件拖到滚珠装配体中，如图 19-42 所示。

（3）将时间线拖到 5s 处。

（4）单击 MotionManager 工具栏上的“马达”按钮，弹出“马达”属性管理器。

（5）在属性管理器“马达类型”选项组中选择“旋转马达”，在“马达位置”列表框中选择内圈的内表面，在“要相对移动的零部件”列表框中选择保持架装配体，属性管理器和旋转方向如图 19-43 所示。

图 19-41　轴承装配体

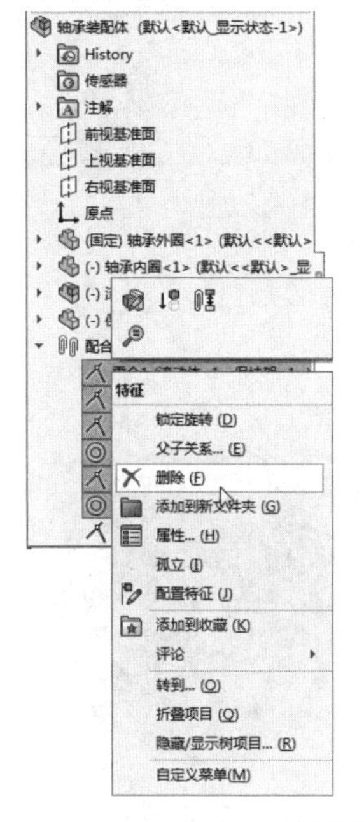

图 19-42　FeatureManager 设计树

图 19-43　选择旋转方向

（6）在属性管理器中选择“等速”运动，单击属性管理器中的“确定”按钮，完成马达的创建。

（7）单击 MotionManager 工具栏上的“播放”按钮，滚珠装配体绕中心轴旋转，传动动画如图 19-44 所示，MotionManager 界面如图 19-45 所示。

图 19-44　传动动画

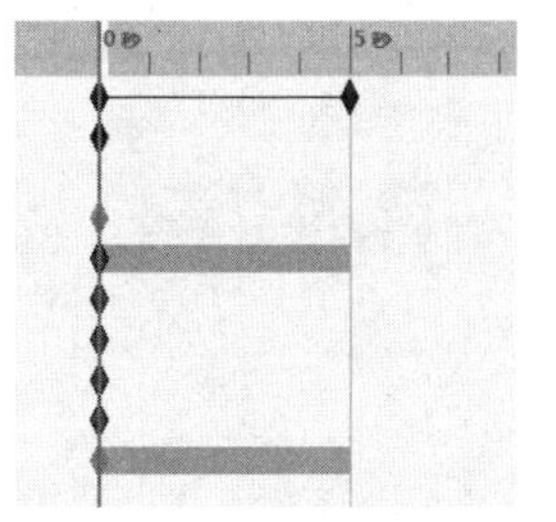

图 19-45　MotionManager 界面

2. 基于线性马达的动画

（1）新建运动算例。右击“运动算例”标签，在弹出的快捷菜单中选择“生成新运动算例”命令。

（2）单击 MotionManager 工具栏上的“马达”按钮，弹出“马达”属性管理器。

（3）在属性管理器“马达类型”选项组中选择“线性马达”，在“马达位置”列表框中选择外圈的边线，在“要相对移动的零部件”列表框中选择滚珠装配体，属性管理器和线性方向如图 19-46 所示。

（4）单击属性管理器中的“确定”按钮，完成马达的创建。

（5）单击 MotionManager 工具栏上的“播放”按钮，保持架装配体沿 y 轴移动，传动动画如图 19-47 所示，MotionManager 界面如图 19-48 所示。

图 19-46 属性管理器和线性方向

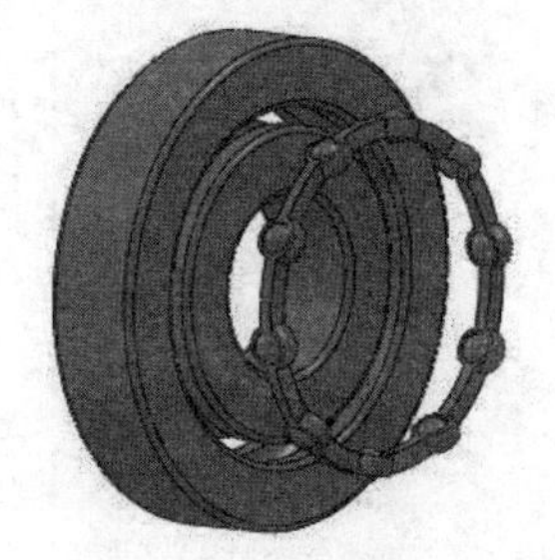

图 19-47 传动动画

（6）单击 MotionManager 工具栏上的“马达”按钮，弹出“马达”属性管理器。

（7）在属性管理器“马达类型”选项组中选择“线性马达（驱动器）”，在视图中选择外圈上的边线，属性管理器和线性方向如图 19-49 所示。

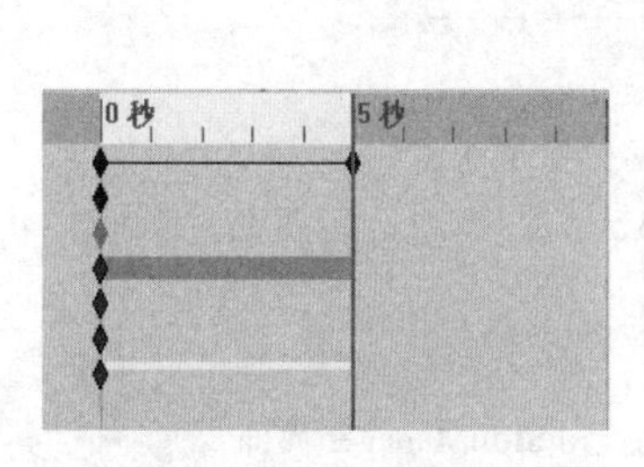

图 19-48 MotionManager 界面

图 19-49 选择零件和方向

（8）在属性管理器中选择“距离”运动，设置距离为 200mm，起始时间为“0 秒”，终止时间为“10 秒”，如图 19-50 所示。

（9）单击属性管理器中的“确定”✔按钮，完成马达的创建。

（10）在 MotionManager 界面上的时间栏上将总动画持续时间拉到 10s 处，在线性马达 1 栏 5s 时间栏键码处单击鼠标右键，在弹出的快捷菜单中单击关闭，关闭线性马达 1，在线性马达 2 栏将时间拉至 5s 处。

（11）单击 MotionManager 工具栏上的“播放”▶按钮，内圈沿 y 轴移动，传动动画如图 19-51 所示。

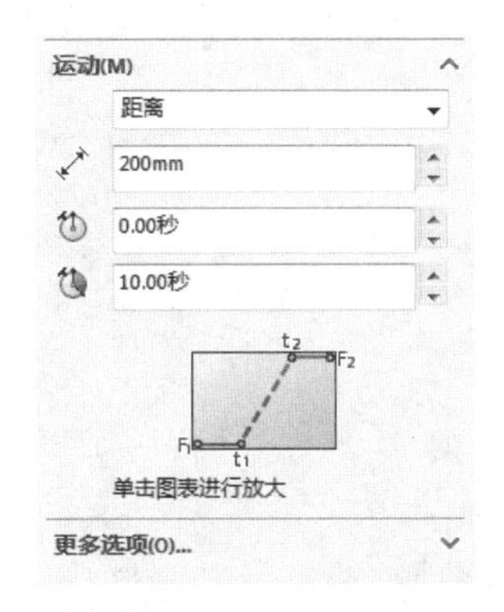

图 19-50　设置“运动”参数

图 19-51　传动动画

（12）传动动画的结果如图 19-52 所示，MotionManager 界面如图 19-53 所示。

图 19-52　动画结果

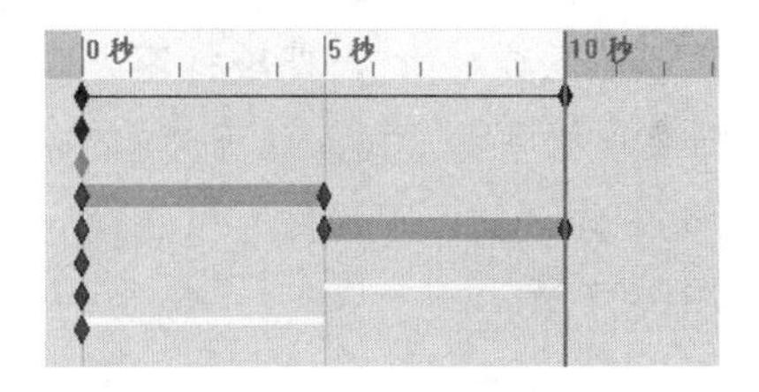

图 19-53　MotionManager 界面

19.3.5　基于相机橇的动画

通过生成一个假零部件作为相机橇，然后将相机附加到相机橇上的草图实体来生成基于相机的动画。其主要方式有以下几种。

- 沿模型或通过模型而移动相机。
- 观看一解除爆炸或爆炸的装配体。
- 导览虚拟建筑。
- 隐藏假零部件以只在动画过程中观看相机视图。

扫一扫，看视频

19.3.6 实例——轴承装配体基于相机的动画

本例将通过轴承装配体基于相机的动画实例讲述基于相机建立动画的一般过程。

操作步骤

1. 创建相机橇

（1）在左侧的“FeatureManager 设计树”中用鼠标选择“上视基准面”作为绘制图形的基准面。

（2）选择菜单栏中的“工具”→“草图绘制实体”→“边角矩形”命令，以原点为一角点绘制一个边长为 60 的正方形，结果如图 19-54 所示。

（3）选择菜单栏中的“插入”→“凸台/基体”→“拉伸”命令，将上一步绘制的草图拉伸为“深度”为 10 的实体，结果如图 19-55 所示。

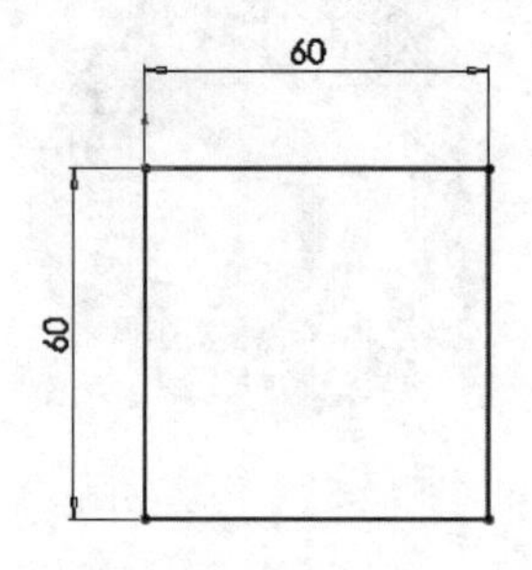

图 19-54　绘制草图

图 19-55　拉伸实体

（4）单击“保存”按钮，将文件保存为“相机橇.SLDPRT”。

（5）打开“轴承装配体”，调整视图方向如图 19-56 所示。

（6）选择菜单栏中的“插入”→“零部件”→“现有零件/装配体”命令，或者单击“装配体”控制面板中的“插入零部件”按钮。将步骤 1~4 创建的相机橇零件添加到传动装配文件中，如图 19-57 所示。

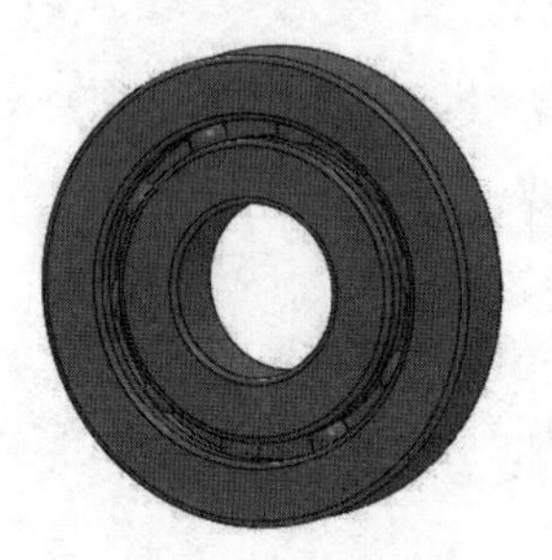
图 19-56　轴承装配体

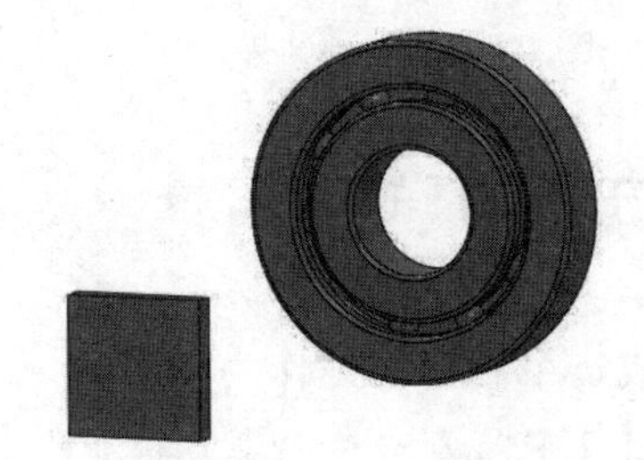
图 19-57　插入相机橇

（7）选择菜单栏中的“插入”→“配合”命令，或者单击“装配体”控制面板中的“配合”按钮，弹出“配合”属性管理器，如图 19-58 所示。将相机橇正面和轴承装配体中的基座正面进行平行装配，如图 19-59 所示。

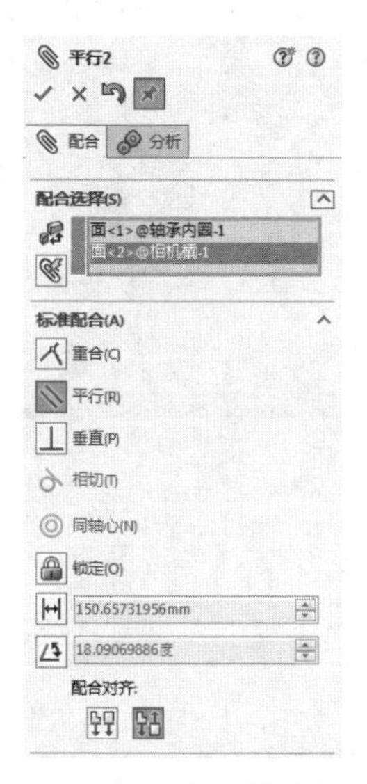

图 19-58　“配合”属性管理器

图 19-59　平行装配 1 结果

（8）单击“前导标准”工具栏中的“右视”按钮，将视图切换到右视，将相机橇移动到如图 19-60 所示的位置。

（9）选择菜单栏中的“文件”→“另存为”命令，将传动装配体保存为“相机橇-轴承装配.SLDASM”。

2．添加相机并定位相机橇

（1）用鼠标右键单击 MotionManager 树上的“光源、相机与布景”，弹出右键快捷菜单，在快捷菜单中选择“添加相机”命令，如图 19-61 所示。

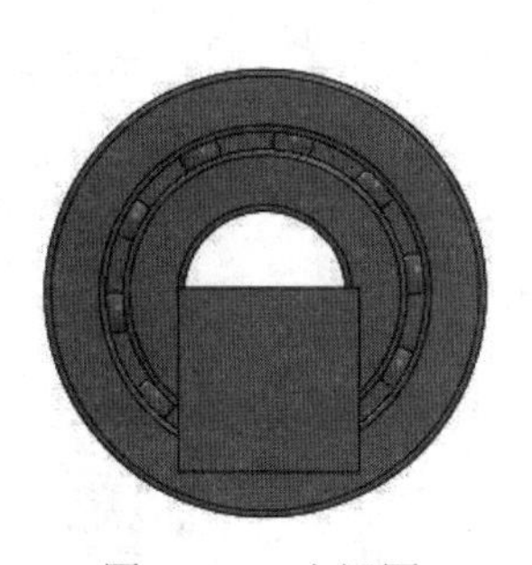

图 19-60　右视图

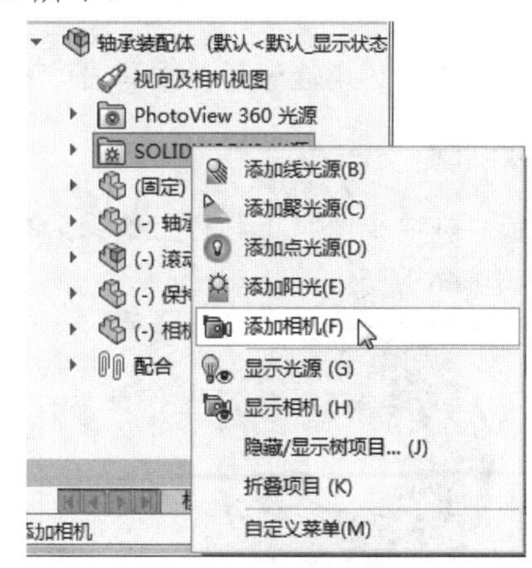

图 19-61　添加相机

（2）弹出“相机”属性管理器，屏幕被分割成两个视口，如图 19-62 所示。

（3）在左边视口中选择相机撬的上表面前边线中点为目标点，如图 19-63 所示。

（4）选择相机撬的上表面后边线中点为相机位置，“相机”属性管理器和视图如图 19-64 所示。

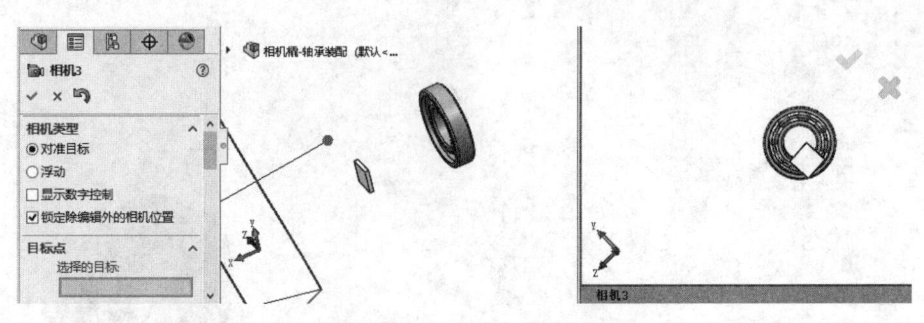

图 19-62　相机视口

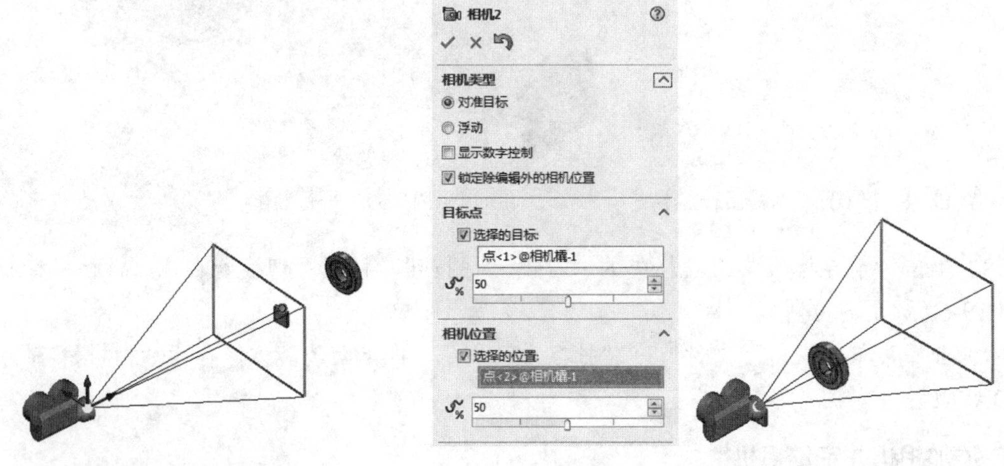

图 19-63　设置目标点　　　　图 19-64　设置相机位置

（5）拖动相机视野以通过使用视口作为参考来进行拍照，右视口中的图形如图 19-65 所示。

（6）在“相机”属性管理器中单击“确定”按钮✔，完成相机的定位。

3. 生成动画

（1）在“前导视图”工具栏上选择后视，在左边显示相机橇，在右侧显示轴承装配体零部件，如图 19-66 所示。

图 19-65　相机定位　　　　图 19-66　后视图

（2）将时间栏放置在 6s 处，将相机撬移动到如图 19-67 所示的位置。

（3）在 MotionManager 设计树的视向及相机视图上单击鼠标右键，在弹出的快捷菜单中选择“禁用观阅键码播放”命令，如图 19-68 所示。

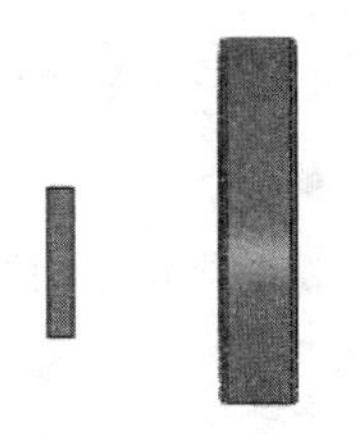

图 19-67　移动相机撬

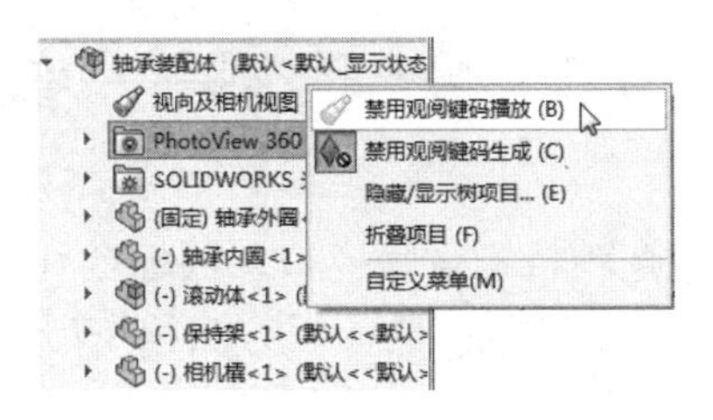

图 19-68　右键快捷菜单

（4）在“MotionManager 界面”时间 6s 内单击鼠标右键，在弹出的快捷菜单中选择“相机视图”命令，如图 19-69 所示，切换到相机视图。

（5）在 MotionManager 工具栏上单击“从头播放”按钮，动画如图 19-70 所示，Motion Manager 界面如图 19-71 所示。

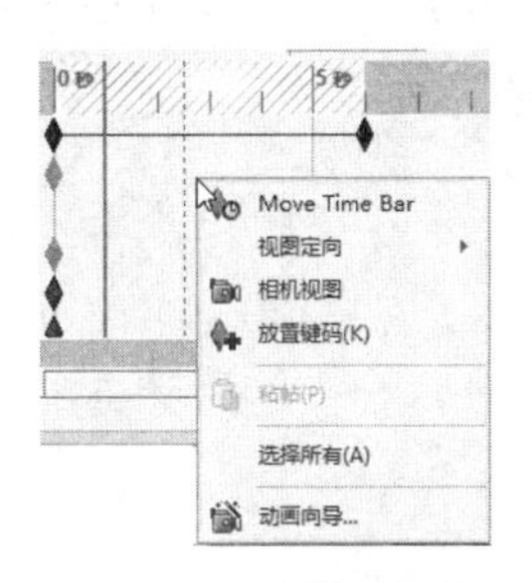

图 19-69　添加视图

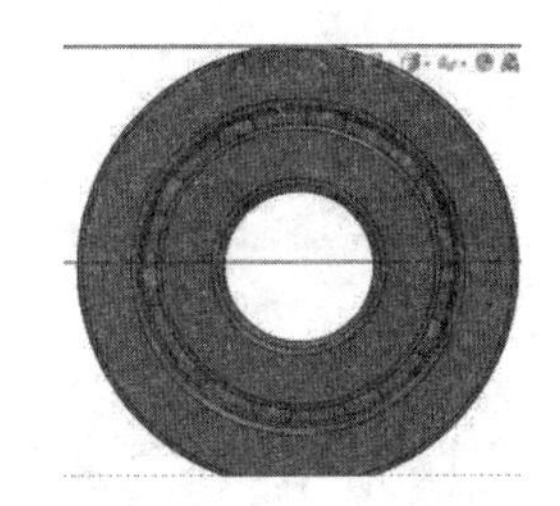

图 19-70　动画

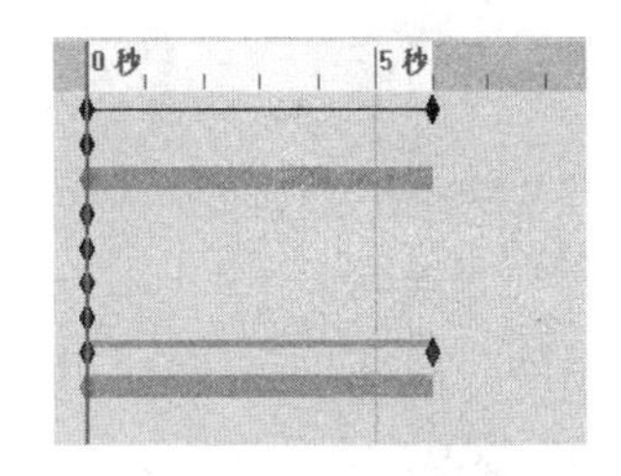

图 19-71　MotionManager 界面

19.4　保存动画

单击“运动算例 1”中 MotionManager 上的“保存动画”按钮，弹出“保存动画到文件”对话框，如图 19-72 所示，利用该对话框可以把动画保存为相应格式的文件。

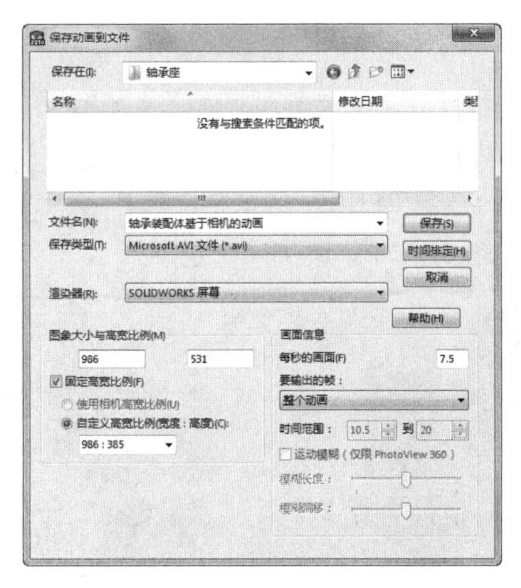

图 19-72　“保存动画到文件”对话框

扫一扫，看视频

19.5　综合实例——变速箱机构运动模拟

本例将通过变速箱机构运动模拟实例综合利用前面所学的知识讲述利用 SOLIDWORKS 的动画功能进行机构运动模拟的一般方法和技巧。

操作步骤

1. 创建大齿轮转动

（1）打开通过扫码下载的源文件“X:\源文件\第 19 章\变速箱装配体\变速箱装配体.SLDASM”，如图 19-73 所示。

（2）单击 MotionManager 工具栏上的“马达”按钮，弹出“马达”属性管理器。

（3）在属性管理器“马达类型”栏选择“旋转马达”，在视图中选择大齿轮，属性管理器和旋转方向如图 19-74 所示。

图 19-73　变速箱装配体

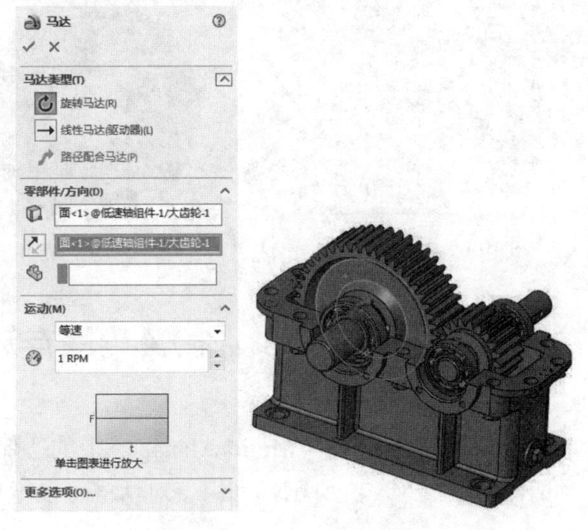

图 19-74　选择旋转方向

（4）在属性管理器中选择“等速”运动，设置转速为 1RPM，单击属性管理器中的“确定”按钮✔，完成马达的创建。

（5）单击 MotionManager 工具栏上的“播放”按钮▶，大齿轮绕 y 轴旋转，传动动画如图 19-75 所示，MotionManager 界面如图 19-76 所示。

图 19-75　传动动画

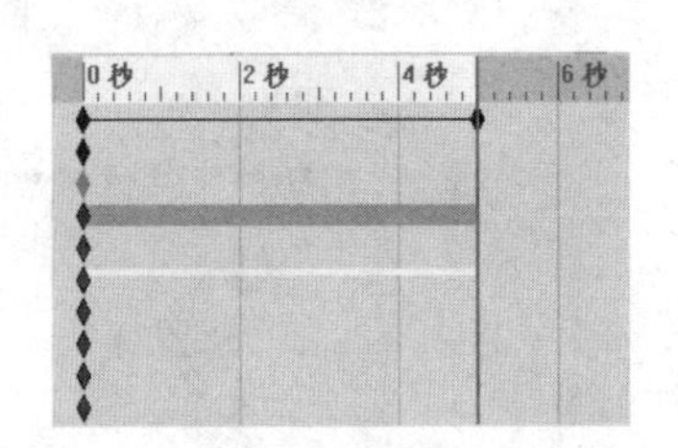

图 19-76　MotionManager 界面

2. 创建小齿轮转动

（1）单击 MotionManager 工具栏上的“马达”按钮，弹出“马达”属性管理器。

（2）在属性管理器“马达类型”选项组中选择“旋转马达”，在视图中选择小齿轮，属性管理器和旋转方向如图 19-77 所示。

图 19-77　选择旋转方向

（3）在属性管理器中选择“等速”运动，设置转速为 2.3RPM，单击属性管理器中的“确定”按钮✔，完成马达的创建。

（4）单击 MotionManager 工具栏上的“计算”按钮，小齿轮绕 y 轴旋转，传动动画如图 19-78 所示，MotionManager 界面如图 19-79 所示。

图 19-78　传动动画

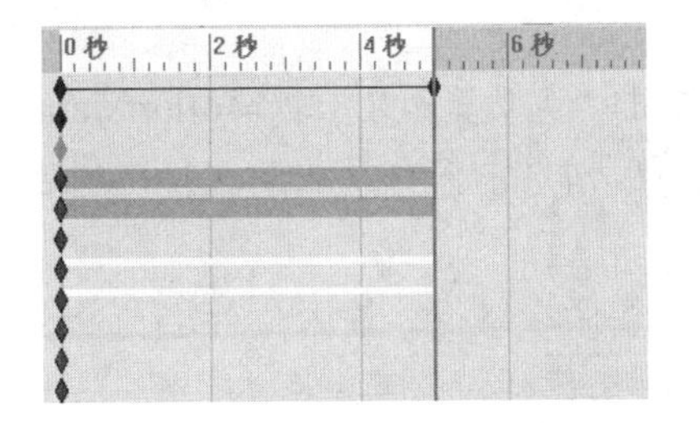

图 19-79　MotionManager 界面

3. 更改时间点

在 MotionManager 界面中的“变速箱装配体”栏上 5s 处单击鼠标右键，弹出如图 19-80 所示的快捷菜单，选择“编辑关键点时间”选项，弹出“编辑时间”对话框，输入时间为 60s。单击“确定”按钮✔，完成时间点的编辑，如图 19-81 所示。

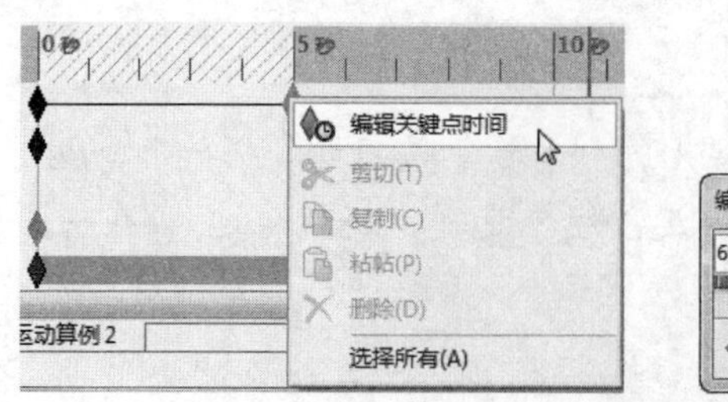

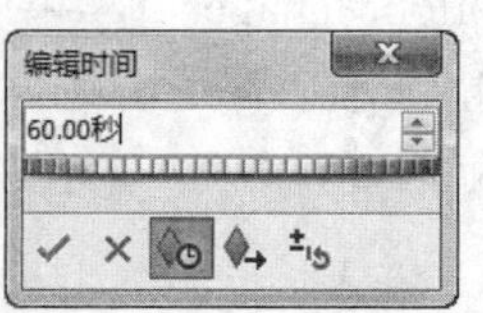

图 19-80　右键快捷菜单

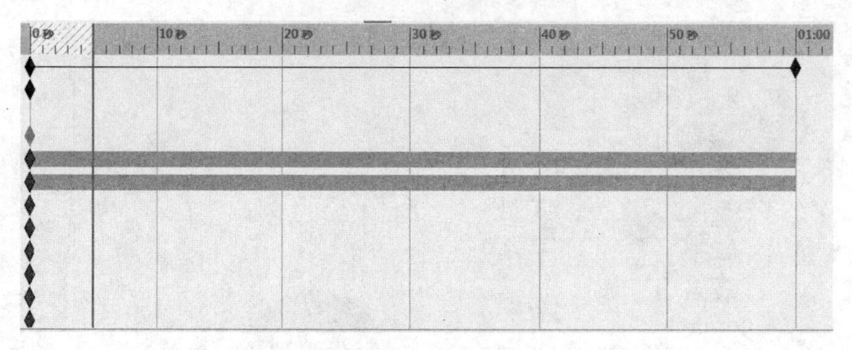

图 19-81　编辑时间点

4．设置差动机构的视图方向

为了更好地观察齿轮一周的转动，下面将视图转换到其他方向。

（1）将时间轴拖到时间栏上某一位置，将视图调到合适的位置，在“视向及相机视图”一栏与时间轴的交点处单击，弹出如图 19-82 所示的快捷菜单，选择“放置键码”命令。

（2）重复步骤 1，在其他时间放置视图键码。

（3）为了保证视图在某一时间段是不变的，可以将前一个时间键码复制，粘贴到视图变化前的某一个时间点。

图 19-82　快捷菜单

5．保存动画

（1）单击“运动算例 1”中 MotionManager 上的“动画向导”按钮，弹出“保存动画到文件”对话框，如图 19-83 所示。

（2）设置保存路径，输入文件名为“变速箱机构运动模拟”。在“要输出的帧”下拉列表中选择“整个动画”。

（3）首先取消选中“固定高宽比例”复选框，然后在图像大小与高宽比例中输入宽度为 800，高度为 600，单击“保存”按钮。

（4）弹出“视图压缩”对话框，如图 19-84 所示。在“压缩程序”下拉列表中选择 Microsoft Video 1，拖动“压缩质量”下的滑动块设置压缩质量为 85，输入帧为 8，单击“确定”按钮，生成动画。

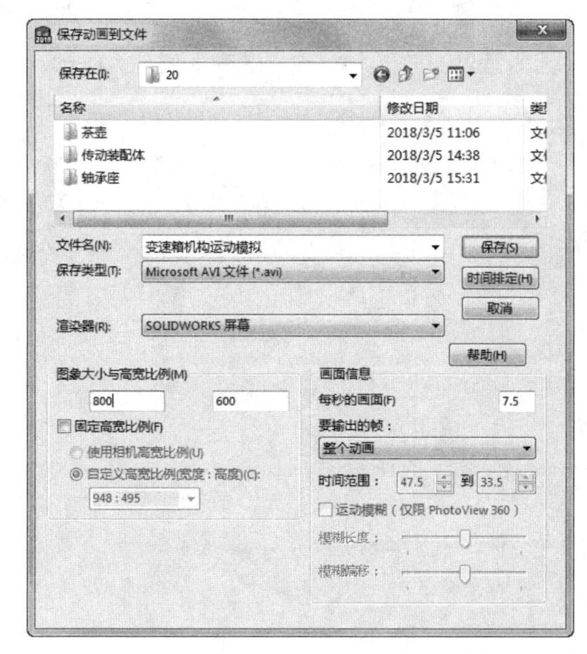

图 19-83 “保存动画到文件”对话框

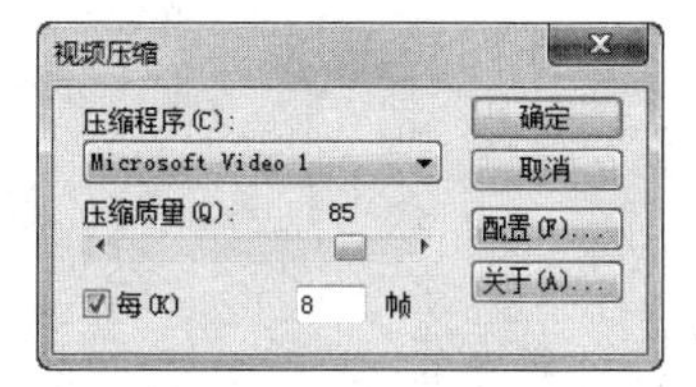

图 19-84 “视图压缩”对话框